單元操作與輸送現象完全解析 三版

林育生 著

推薦序

作者是我在工程公司方法(製程)設計部門的同事，在方法部門裡紮下深厚的基礎，對於製程的問題和看法有別於一般的教科書(進化工廠才知道教科書裡的知識眞的是很死板，且也眞的是非常皮毛)，再加上作者本身於化工產業的實務經驗，讓他在理論設計和實務經驗上更能相輔相成，更加靈活運用於解決製程問題上，對於製程數據收集和分析，進而找出問題的眞正原因，再利用本身方法的背景，進行工程計算、製程設計到試俥，這一連貫的流程，若沒有融會貫通，其實是非常不容易辦到的。本書除了教科書上的解題方式外，還有工程公司裡方法設計的觀念和計算方法，會讓讀者發現，用不同的角度去看一個題目，其解題的方法會不同，但結果卻是相同，讓讀者的眼界不會侷限於教科書上，因此本書除了非常適合要準備考試的人員外，也非常適合於剛進化工產業人員的紮根基礎。

舒政賢
7/13 '21

序言：做正確的事

會想出一本關於考試用書，也在於自己這一路上求學過程，無論是考研究所或者是考經濟部特考時發現坊間的教科書與題解書都有不少盲點，如果是以學校的教授編著的中譯本或是個人整理的參考書籍，裡面不是放了太多經驗圖表，最常出現解釋不清楚；不然就是不知如何從經驗圖表查到所需要的數值，整個編排太過於偏向教科書的形式，這點對準備考試的人而言不容易抓到重點，另外就是整個編輯上偏重於理論與學術，陳述了一堆理論，但對於破題完全沒有幫助，變成此種書籍可參考的題型很少，此類書所放的題型比較像是學校求學中有一些想整人的教授考 Open Book 的題型，還有一種就是補習班老師出的題解本，但對於沒有時間去上補習班或經濟狀況較不富裕的朋友們閱讀這些題解，會發現錯誤很多，此外計算或推導過程中省去了很多步驟，自然很容易浪費不少時間作修正或參考其他的書輯作確認內容的正確性，但這種朋友算是最認眞的，還會去參考其他書輯，另一種則是不分青紅皂白的背解題過程，還有一種最糟糕的就是直接放棄了，也或許是出版時打字上沒有校稿，或者是補習班的講師希望留一手，畢竟自己自修看不懂，你自然而然就會去補習，而且現在的補習班很多都是用錄影帶教學，有了問題也無從問起，對補習班而言出書整個偏商業導向，對準備考試者完全沒太大幫助。

我個人是非常不喜歡以上兩種類型的編排，所以在編排上的原則我儘量用較容易理解的白話，配合原文書與坊間的教科書整理，加上詳細的解題過程，讓沒有時間去上補習班的上班族或者是沒時間去補習的朋友，或者是你已經厭倦去補習看錄影帶，但有問題卻無法解決的朋友，我相信看了這本書與作了這本書的題解，一定會讓你開卷有益，在短時間半年至一年的準備考試過程中在解題技巧可以突飛猛進，此本書收錄的考古題將近 25 年的題目，對於單操輸送這個領域，相信目前坊間還沒有第二本有如此的編排內容&考試分佈與重點提醒，而且對於敘述與題解部份較難的內容，摘錄於原文書內容敘述與題型或者是坊間教科書也都會附上出處，對化工系的朋友們可以節省不少花費在閱讀原文書的內容，更容易抓的到考題重點與方向，畢竟我也相當認同，有時方向錯誤跟沒讀書的下場幾乎是差不多慘，但很多人不認爲是這種原因，會覺得是自己讀不夠熟，其實追根究底跟一本書主義有很大的關係，會把補習班的題解本當成是聖經下去閱讀，無論如何都要死背起來的感覺，其實這種作法會讓自己在學習上會有很大的盲點，還有一種朋友被學校的一些八股教授洗腦，一直欺騙你沒有學好工程數學，單操輸送就會無法學好的屁話，所以對此科目一直存在恐懼感，偏偏還是有人一直被這種謊話欺騙了30年(因爲我本人也是受害者之一)，其實分析這十年的考題，純工數的時代早已過去，取而代之則是靈活題目的計算與應用題，所以這本書可以讓你重新燃起學習單操輸送的信心，而且能讓你反應實質的進步在你的分數上大幅躍進。

理工系的朋友們一定有很大的認知，沒有熟悉與充足的練習大量的題型，很容易在考場上挫敗，而且是毀滅性的失敗，簡單來說一張考卷沒有幾題可以寫的，尤其現在的國家考試題型相當的靈活，對於是一本書主義者很容易會考不好，簡單的原因說穿了，只要考超出這本書範圍你就不會解了，所以在題型的收集上我特別去收錄原文書與坊間教科書重要的例題讓你準備時萬無一失，另外在單元操作部份，例如：蒸餾、蒸發、吸收、萃取、換熱器，我也把我在業界對於方法工程的觀念放入其中，我相信對於考經濟部特考與化工技師的朋友們會有很大的幫助，對於一般在學的同學也可更爲了解化學工程在實務上是如何作應用，而不是跟著學校的教授或者是補習班的老師胡亂算了一堆題目卻無法理解其中的意義在哪？也無法判斷其正確性，如果未來接觸石化工業的領域無法將觀念應用在工作場合上是較爲可惜的，畢竟理論也是需要實務經驗作配合，如果是單純作學術，是不要命的把原文書整本拿起來死命的K，但今天我們準備考試不是作研究，而是短時間要提升你的分數才是重點，相信以上敘述這些編排，一定會對你有所幫助，這本書也算是我準備考研究所與經濟部特考沒有去補習班自學的歷程縮圖，雖然這一路上求學與工作也是跌跌撞撞不太順遂，但畢竟也是抱持著想幫助人的心情分享內容，也希望少一些人走冤枉路，但我一直相信正確的準備方法加上研讀的方向正確，一定可以讓你準備考試上輕鬆的許多，分數也會增加不少，就像牛頓說過的一句話：如果說我看得比別人遠些，那是因爲我站在巨人的肩膀上，閱讀這本書對於準備考試的人而言，我相信你也會有這種感覺的，雖然算完這些題目，也不能讓你在實務經驗上在方法工程設計領域變成一個武林高手，但相較於其他人你是更懂得將這些知識如何靈活運用在考場上。

也歡迎有問題的朋友們可以在我FB私訊給我，畢竟只要是人算的或是手打字多少會有我們沒檢查出來錯誤，雖然我們已經校稿好幾次了，能爲讀者們解答是我的榮幸，也歡迎在其他書本上的問題或者是相關領域求職上的問題，我所了解的部份我都願意和各位分享，我相信這也是另一種經驗上的傳承，其實多閱讀相關書籍截取自己所需要的部份這觀念也來自於我研究所的指導教授，他本身從小在國外讀書，老外求學的觀念上也是如此，惟有多涉獵題型與觀念，可以幫助你思考，也可以使自己解題上更輕鬆，未來在職場上需要自己去找答案的機會更是多，培養自我找尋答案也是一個很重要的技能，這也是我想分享給各位讀者的一個觀念。

另外，可以順利出版這本題解書也很感謝我的校稿手戴夢祥，他是我的高中好友，研究所就讀於國立台灣科技大學化工系，他的求學心路歷程幾乎跟我相同，在考試上或是在業界的專業能力相信也是無庸置疑的，也很感謝這一路上幫忙過自己的朋友，不管是在求學階段還是職場生涯，有了你們才讓我的生活過得更充實，最後也希望未來可以聽到更多朋友們上榜的好消息！這對於我來說是最值得開心的事情了！

林育生 謹識

再序言

很高興能走到再版這一步，也因應 106~107 年考古題的更新範圍，做了一些微幅修正，我們在研讀書本和練習解題時如果遇到解不出來的題目或想不出觀念時，會去尋找老師或同學，這本書最高期望還是做到像老師與同學一樣的親切，歡迎有問題者可直接利用信箱或 FB 提出，也感謝白象出版社的各位同仁，尤其是林榮威主編一直在校稿期間一直被我壓榨，再者感謝白象文化發行人張輝潭與其他出版社同仁。還有一些細心的讀者: 林珮瑋(Patty)、曾逸聖、鄭雅文、湛翔鉦、陳育佑、胡文瀚、錢子傑、古鴻賢……等等，謝謝你們給了我一些再版的意見，但其實我最感謝的還是我週圍的讀者，有了你們才有我再版的動力，如果問我爲何對這門學科這麼堅持，簡單來說，這就是像我的信仰一樣，最後祝買此書的讀者都能開卷有益，金榜題名。

林育生 謹識

三版再序

很高興能走到三版這一步，也因應108~109年考古題的更新範圍，又做了一些微幅修正，其實有時候想想能走到這一步非常不容易，況且現在出版的獲利實在非常低，出版完全是興趣導向，但也由於這本書認識了很多之後在業界的同好，這也是一個非常寶貴的經驗，這次再版還有我之前的同事，也是我在中鼎工程公司的前輩林政賢，他也是我在方法工程領域的師傅，之前在台化、台橡、大連化工、台灣志氣服務過，也參加過工場的預試車，前陣子在中橡公司他也是方法設計部的主任，有了他幫我推薦，我覺得再適合不過了，也感謝我現在新三輕組的林淑品經理，他也提供很多建廠時的資料跟當初試車時現場實務上的操作經驗，也願意讓我有機會在目前輕油裂解的操作中參與製程改善，讓我得以從實際的操作情況去做分析與比對現有的操作數據，進而做驗證業界學理上的知識，這兩年多因緣際會被調動到現場單位，藉此機會也驗證跟學習了不少以前很多無法釐清的製程異常原因，人生最大的快事就是遇到一個好同事跟好主管，好同事可以互相幫忙學習，好主管願意給你機會，或是給你方向，但當你遇到問題時他也願意挺身而出承擔責任，也希望這本書也可以在考試路上當你最好的同事或好主管，最後還是不免再提起去感謝這些一路上幫過我的人，還有我的女朋友金姿妍，也是她常跟我開玩笑說，我現在是有社會責任的人，也感謝她的精神支持，這本書我才有再進版的動力。

林育生 謹識

參考書籍

W.L.McCabe & J.C.Smith & P.Harriott, "Unit Operations of Chemical Engineering" 6th Ed., McGraw-Hill, New York(2001).*書中稱 McCabe*

Bird.R.B,W.E. Stewart and E.N. Lightfoot, "Transport Phenomena",2nd Ed., John Wiley and Sons, New York(2002). *書中稱 Bird *

J.R. Welty & C.E.Wick & R.E.Wilson & G.Rorrer, "Foundamentals of Momentum, Heat,and Mass Transfer" 4th Ed., Jonn Wiley&Sons,Inc, New York(2000). *書中稱 3W，因爲其中三個作者姓爲 W 開頭 *

Geankoplis, C. J.,"Transport Processes and Separation Process Principles",4th Ed., Prentice Hall, Upper Saddle River, New Jersey(2003). *書中稱 Geankoplis *

Frank.P.Incropera David P.DeWitt "Foundamentals of Heat,and Mass Transfer" 4th Ed., Jonn Wiley&Sons,Inc, New York(1996).

林俊一 輸送現象 全威圖書(2004)

林俊一 單元操作與輸送現象 全威圖書(2011)

林俊一 單元操作題庫與詳解 高立圖書(1996)

單元操作與輸送現象問題詳解 曉園出版社(1983)

葉和明 輸送現象與單元操作(一)(二)(三) 三民書局(2006)

葉和明 單元操作演習 三民書局(1994)

蔡豐欽 熱傳遞 高立圖書(2002)

陳景祥 單元操作與輸送現象 滄海書局(2011)

呂維明 化工單元操作(一)(二)(三) 高立圖書(2010)

呂維明/余政靖/黃孝平/錢義隆 化工程序設計概論 高立圖書(2011)

王啓川 熱交換設計 五南圖書(2014)

陳振揚 單元操作 三民書局(1998)

游文卿 化工輸送現象 台灣區域發展研究院(1993)

王茂齡 輸送現象 高立圖書(1998)

劉復 化工裝置 台科大出版社(2015)

江元能 化工原理精要 全華科技圖書(2001)

林勳棟 化工機械與實習 成龍出版社(1999)
張學民、張學義 單元操作與題解 文京圖書(1997)
林隆 單元操作與輸送現象 鼎茂圖書(2012)
林隆 單操輸送奪分攻略 鼎茂圖書(2011)
陳金鋒 單元操作與輸送現象 高點圖書(2010)
呂德寶 單元操作(一)(二)(三) 鼎茂圖書(2000)

信箱：k59252003@gmail.com
Facebook：請搜尋林育生(Eason Lin)

閱讀方式與準備方向

高考三等、地方特考：

目前這十年的考試很明顯大約是輸送 20%，單操佔 80%，但很常出現的情況則是單操幾乎是 100%，輸送則是一題都沒出，但輸送出現的題型大約都是簡單的基本題型居多，將這本書內的基本題型準備好，大概八九不離十可以掌握，單操的部分重點還是著重於換熱器、蒸餾、蒸發、吸收與氣提、柏努力/機械能與泵計算、流量計的計算與運用，其他如乾燥、濕度、萃取、結晶則出題機率較小，地方特考的題型相較高考三等冷箭題較多，整體而言偏難，當年度如無冷箭題，掌握本書內的題型則分數可以穩拿 80 分以上。

化工技師：

技師現在準備的人較少，但準備方式跟高考三等、地方特考的方向幾乎相同，其實做考選部的考古題，我個人有一個感覺，其實命題的人大約就是這幾個在輪替，出題者應該也是大學教授居多，很多題型都是原文書內直接英翻中，不然就是坊間的中譯本抄出來的，所以對準備者而言，方向大致跟高考相似，除了一些較偏實務的觀念，有時間就需多注意，大致上跟本書擷取的內容相似。

經濟部特考：

這部份我個人覺得是較難抓方向的，觀察 96-109 的題型，命題者都不是同一掛人，據我所知都是各事業部的技術組至少 5 年以上年資且具有碩士學位的人在命題，可能今年是桃廠，明年是大林廠後年是林園廠，也有可能是嘉義煉研所，所以相當難猜測，一張考卷有好幾個人出題，然後再選題目，命題者還有考前入圍一個禮拜的時間不等，在無法和外界聯繫上，命題上算是相當公平，在出題部分有時候是必須具有一些實務經驗的人才答得出來，例如：102 旋風分離器、97 裂解爐構造；另外，輸送差不多也是佔 20%，或完全沒出(96 與 104 年考題除外)，單操幾乎是 100%，而這些人非常喜好抄研究所的基本題型，如：成大、台科大、北科、中興，尤其以成大考古題機率最高，可能跟中油職員內部成大畢業的人居多，本書內爲了防止這種情況，我也加上了一些近幾年成大研究所的基本題型，單操的部分重點還是著重於換熱器、蒸餾、吸收與氣提、柏努力/機械能與泵計算、流量計的計算與運用，其他如乾燥、濕度、萃取、結晶則出題機率較小，至於有人會問到程控的部份，我個人的建議是，如果有時間再去準備，因爲考出來幾乎沒幾個人會，除非你要考榜首!至於要練習題型的話，我個人建議是鄧禮堂教授有一本程序控制，但其實內容也相當艱深，我大致將裡面的內容，例如：拉式與反拉式轉換背起來使用、一階線性、控制器與控制閥、羅氏分析法。讀者若時間不允許也不需要準備了，掌握單操內的基本分數會比較重要，此科佔了 50%，等於贏對手 10 分而總平均多出 5 分，所以這小細節要特別注意。

<u>普考、地方特考四等</u>：

準備普考的朋友須了解，普考是針對高中職畢業者設計的，考科名稱爲化工機械概要，所以準備時輸送可以完全跳過，只需注意簡單的計算題即可，另外除了閱讀本書的觀念外，有一些解釋名詞可參考台科大出版社的化工裝置，裡面幾乎所有單元操作的基本觀念都有，普考、地方特考四等準備解釋名詞方面反而更要多花時間去作理解與記憶，因爲有時一題簡單設備概念與操作注意事項就 20 分，而且以國家考試而言，申論或解釋名詞很難給你完整分數，就算寫的再完整一定多少會扣一點分數，只有計算題部份較有可能拿到完整分數，整體而言準備方向跟上面三種考試是完全不一樣的，切勿求好心切全部準備。

研讀方式

本書收集題型及考古題相當完整，如果有基礎之讀者建議直接從考古題著手，如果不理解之處可再瀏覽每個章節前的重點整理，可事半功倍。若覺得自己基礎較弱之讀者可從最前面的重點整理作理解，再做類題演練。另外，一個題型至少要動手做三次以上才有較完整之觀念與熟悉度，建議前兩次練習可看解題過程，第三次開始複習時需將解答遮住進行演練，第三次或許還是會有解不出來的情況，這時候需多做思考相關定理與解題技巧，切勿完全沒有思考就直接看解答，在考場有時遇到完全沒看過之題型，這時候懂得如何思考做破題非常重要。

以上的考試幾乎是計算與導衍公式含問答，在相關網站的歷屆試題是沒有解題過程可參考，此書很多計算過程我是參考以上提供書籍做爲解題基礎，也不見得是 100%的正確，難免在解題端會出現沒有考慮到的地方或小錯誤，也希望看了此書的讀者，有在其他的書籍看到和此書題型有相關處或者是公佈考題沒放上來的難題部份都歡迎提供解題過程供我參考，以便將來有機會再版時可做修正。

目　錄

輸送現象

單元操作

※此書內的作圖題幾乎都是微軟的投影片手繪，在數值上可能會有些微誤差，讀者需了解的部份是解題過程，實際數據與圖表可由題目所提供之原文書出處或考題年份自行上網下載題目參考與練習。

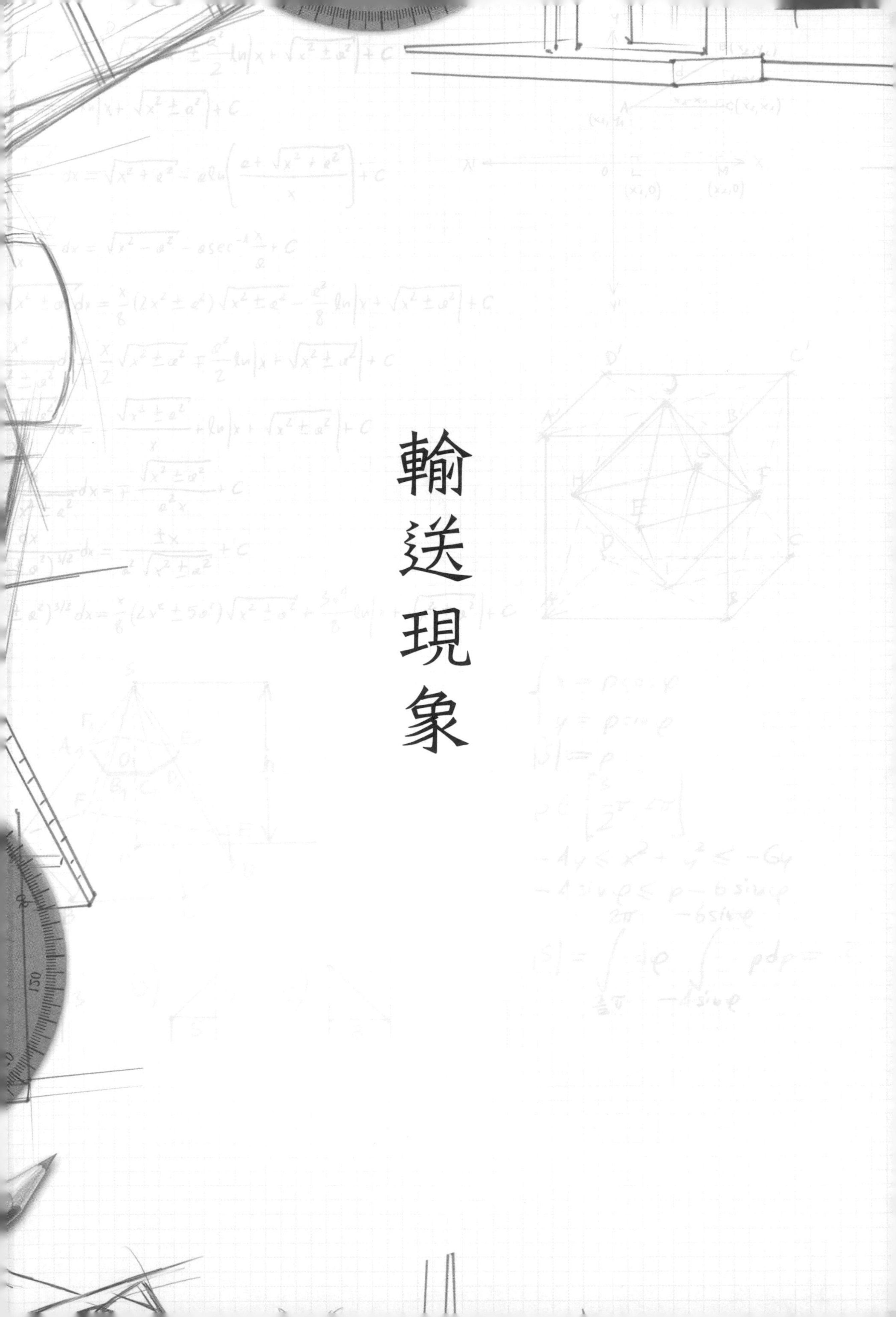

輸送現象

零、因次分析

本書無因次群解法參考 3W 書中的解法，考試時題目如無指定解法，建議以白金漢法解之，雷諾分析法的解法較複雜且需設定變數，白金漢法則無此問題，只要一開始所設的變數群和一般讀者所常見無因次群相同則可順利解出，驗算時確認解出之無因次群是否有和常見的無因次有無一致性，可簡單的做辨別解題過程是否有錯，另外如果單位換算觀念比較不好的同學，分不清楚 SI 和 FPS 制的差異，建議可以去翻閱台科大出版社的化工裝置的第一章：單位與因次，可更事半功倍。本章節考的比例上不多，但偶而有單位因次或因次分析的冷箭題型出現必需注意。

(一)因次分析法定義

許多重要的工程問題無法以理論或數學方法完全解決時，必需借助因次分析法(dimensional analysis)來簡化複雜問題，將有關變數做合理歸納，成爲無因次群，並由實驗數據完成變數與函數之間的圖形關係，也可能成爲方程式，以解決工程上難以解決的問題。

(二)白金漢理論(Buckingham π Theory)

1.定出變數 n 及採用之基本變數 r(一般爲$M.L.\theta$);無因次群數目爲$\pi = n - r$。

2.選 r 個再現變數(recurring variables)必須使所採用之基本因次皆出現至少一次。

3.將基本因次改以再現變數取代。

4.將非再現變數乘以因次倒數，變成無因次群 π。

5.將無因次群中的基本因次以再現變數取代，即可得到最終之無因次群。

(三)雷諾分析法(Rayleigh 法)：保留變數類似 try and error

1.列出函數和指數之間的乘積。

2.列出函數和指數之間的因次。

3.列出因次方程式求指數之間的關係(需保留變數才能解)。

4.列出變數間的關係(以無因次群表示)。

(四)因次分析法的優點和缺點：
優點：(1)方程式齊次化。
(2)找出影響實驗的重要變數。
(3)作爲量產(scale up)。
(4)作爲實驗設計的基礎。
缺點：無法得知變數如何影響實驗程度的大小，也就是無法得知數學關係。

類題解析

〈類題 0－1〉
流體在管內流動之壓力降(△P)，因管徑(D)、管長(L)、流體密度(ρ)、流體黏度(μ)和流體速度(u)等變動而變動，試利用白金漢理論(Buckingham π Theory)求出無因次群。

Sol：先求無因次群的數目：$\pi = n - r = 6 - 3(M.L.\theta) = 3$
再以因次表示如下：

$\Delta P = \frac{M}{L\theta^2}$；$D = L$；$L = L$；$\rho = \frac{M}{L^3}$；$\mu = \frac{M}{L\theta}$；$u = \frac{L}{\theta}$

π_1：$(D)^a(u)^b(\rho)^c(\mu)$ $=>\pi_1 = (L)^a(\frac{L}{\theta})^b(\frac{M}{L^3})^c(\frac{M}{L\theta})$

M：$c + 1 = 0$ $c = -1$

L：$a + b - 3c - 1 = 0$ $a = -1$ $\pi_1 = \frac{Du\rho}{\mu}$

θ：$-b - 1 = 0$ $b = -1$

π_2：$(D)^a(u)^b(\rho)^c(\Delta P)$ $=>\pi_2 = (L)^a(\frac{L}{\theta})^b(\frac{M}{L^3})^c(\frac{M}{L\theta^2})$

M：$c + 1 = 0$ $c = -1$

L：$a + b - 3c - 1 = 0$ $a = 0$ $\pi_2 = \frac{\Delta P}{\rho u^2}$

θ：$-b - 2 = 0$ $b = -2$

π_3：$(D)^a(u)^b(\rho)^c(L)$ $\quad \pi_3 = (L)^a(\frac{L}{\theta})^b(\frac{M}{L^3})^c(L)$

M：$c = 0$

L：$a + b - 3c + 1 = 0 \quad a = -1 \qquad \pi_3 = \frac{L}{D}$

θ：$-b = 0 \qquad b = 0$

可得此關係如證明：$\frac{\Delta P}{\rho u^2} = f(\frac{Du\rho}{\mu}，\frac{L}{D})$

〈類題 0－2〉利用雷諾分析法(Rayleigh 法)解上題：

Sol：由$\Delta P = f(D、L、\rho、\mu、u)$ =>5 個變數需有 3 個方程式，需保留兩個變數。

令$\Delta P = f(D^a、L^b、\rho^c、\mu^d、u^e)$

M：$1 = c + d$ (1)

※先保留 d，方程式內出現最多次，但 c 和 e 不能保留否則方程式不能解！

L：$-1 = a + b - 3c - d + e$ (2)

θ：$-2 = -d - e$ (3)

$=>\frac{M}{L\theta^2} = (M)^{c+d}(L)^{a+b-3c-d+e}(\theta)^{-d-e}$

由(1)式$c = 1 - d$；由(3)式$e = 2 - d$

(1)和(3)式代入(2)式$=>a + b - 3(1 - d) - d + (2 - d) = -1 => a = -d - b$

※b 和 a 之間選擇保留 b，但如果保留 a，則方程式解得之無因次群則和一般常見的無因次群不同。

$=>\Delta P = f(D)^{-d-b}(L)^b(\rho)^{1-d}(\mu)^d、(u)^{2-d}$

$=>\frac{\Delta P}{\rho u^2} = f(\frac{Du\rho}{\mu})^{-d}(\frac{L}{D})^b$，可得此關係如證明：$\frac{\Delta P}{\rho u^2} = f(Re，\frac{L}{D})$

〈類題 0－3〉攪拌器之動力 P 可因輪葉轉速(N)、輪葉直徑(D_a)、液體密度(ρ)、液體黏度(μ)和重力加速度(g)等變動而變動，試利用白金漢理論(Buckingham π Theory)求出無因次群。

Sol：先求無因次群的數目：$\pi = n - r = 6 - 3(M.L.\theta) = 3$；再以因次表示如下：

$N = \frac{1}{\theta}$；$D_a = L$；$\rho = \frac{M}{L^3}$；$\mu = \frac{M}{L\theta}$；$g = \frac{L}{\theta^2}$；$P = \frac{J}{Sec} = \frac{kg{\cdot}m^2}{sec^3} = \frac{ML^2}{\theta^3}$

π_1：$(D_a)^a(N)^b(\rho)^c(P)$ $=>\pi_1=(L)^a(\frac{1}{\theta})^b(\frac{M}{L^3})^c(\frac{ML^2}{\theta^3})$

M：$c+1=0$ $c=-1$

L：$a-3c+2=0$ $a=-5$ $\pi_1=\frac{P}{D_a^5N^3\rho}$

θ：$-b-3=0$ $b=-3$

π_2：$(D_a)^a(N)^b(\rho)^c(g)$ $=>\pi_2=(L)^a(\frac{1}{\theta})^b(\frac{M}{L^3})^c(\frac{L}{\theta^2})$

M：$c=0$

L：$a-3c+1=0$ $a=-1$ $\pi_2=\frac{D_a N^2}{g}$

θ：$-b-2=0$ $b=-2$

π_3：$(D_a)^a(N)^b(\rho)^c(\mu)$ $=>\pi_3=(L)^a(\frac{1}{\theta})^b(\frac{M}{L^3})^c(\frac{M}{L\theta})$

M：$c+1=0$ $c=-1$

L：$a-3c-1=0$ $a=-2$ $\pi_3=\frac{D_a^2N\rho}{\mu}$

θ：$-b-1=0$ $b=-1$

可得此關係如證明：$\frac{P}{D_a^5N^3\rho}=f(\frac{D_a^2N\rho}{\mu}，\frac{D_a N^2}{g})$

〈類題 0－4〉利用雷諾分析法(Raylcigh 法)解上題：

Sol：由$P=f(N、D_a、\mu、\rho、g)$

令$P=f(N^a、D_a^b、\mu^c、\rho^d、g^e)$

M：$1=c+d$ (1)

L：$2=b-c-3d+e$ (2)

θ：$-3=-a-c-2e$ (3)

$=>\frac{ML^2}{\theta^3}=(M)^{c+d}(L)^{b-c-3d+e}(\theta)^{-a-c-2e}$

=>先保留 c 和 e，因爲方程式內出現最多次=>由(1)式$c=1-d$

=>由(1)$d=1-c$代入(2)式=>$b=5-2c-e$，由(3)式$a=3-c-2e$

$=>P=f(N)^{3-c-2e}(D_a)^{5-2c-e}(\mu)^c(\rho)^{1-c}(g)^e$

$$=>\frac{P}{D_a^5N^3\rho}=f(\frac{D_a^2N\rho}{\mu})^{-c}(\frac{D_a\ N^2}{g})^{-e}$$

可得此關係如證明：$\frac{P}{D_a^5N^3\rho}=f(\frac{D_a^2N\rho}{\mu}\ ,\ \frac{D_a\ N^2}{g})$

〈類題 0－5〉流體在管內流動對流熱傳係數(h)，因管徑(D)、管長(L) 、管壁和流體溫度差(ΔT)、流體密度(ρ)、流體黏度(μ)、流體速度(u)、熱傳導係數 k、熱容量 Cp 等變動而變動，試利用白金漢理論(Buckingham π Theory)求出無因次群。

Sol：先求無因次群的數目：$\pi=n-r=9-4(M.L.\theta.T)=5$，再以因次表示如下：

$h=\frac{M}{T\theta^3}$； $L=L;\rho=\frac{M}{L^3}$ ；$\mu=\frac{M}{L\theta}$ ；$u=\frac{L}{\theta}$ ； $k=\frac{ML}{T\theta^3}$；$Cp=\frac{L^2}{T\theta^2}$;$\Delta T=T$；$D=L$

π_1：$(D)^a(u)^b(\mu)^c(k)^d\rho=>\pi_1=(L)^a(\frac{L}{\theta})^b(\frac{M}{L\theta})^c(\frac{ML}{T\theta^3})^d(\frac{M}{L^3})$

M：$c+d+1=0$　　$c=-1$

L：$a+b-c+d-3=0$　$a=1$　　　　$\pi_1=\frac{Du\rho}{\mu}$

θ：$-b-c-3d=0$　　$b=1$

T：$-d=0$　　　$d=0$

π_2：$(D)^a(u)^b(\mu)^c(k)^dC_p$ $=>\pi_2=(L)^a(\frac{L}{\theta})^b(\frac{M}{L\theta})^c(\frac{ML}{T\theta^3})^d(\frac{L^2}{T\theta^2})$

M：$c+d=0$　　$c=1$

L：$a+b-c+d+2=0$　$a=0$　　　　$\pi_2=\frac{C_p\mu}{k}$

θ：$-b-c-3d-2=0$　　$b=0$

T：$-d-1=0$　　$d=-1$

π_3：$(D)^a(u)^b(\mu)^c(k)^d\Delta T=>\pi_3=(L)^a(\frac{L}{\theta})^b(\frac{M}{L\theta})^c(\frac{ML}{T\theta^3})^d(T)$

M：$c+d=0$　　$c=-1$

L：$a+b-c+d=0$　$a=0$　　$\pi_3=\frac{u^2\mu}{k\Delta T}$

θ：$-b-c-3d=0$　　$b=-2$

T：$-d+1=0$　　$d=1$

π_4：$(D)^a(u)^b(\mu)^c(k)^d L$ $=>\pi_4 = (L)^a(\frac{L}{\theta})^b(\frac{M}{L\theta})^c(\frac{ML}{T\theta^3})^d(L)$

M：$c + d = 0$　　$c = 0$

L：$a + b - c + d + 1 = 0$　$a = -1$　　$\pi_4 = \frac{L}{D}$

θ：$-b - c - 3d = 0$　　$b = 0$

T：$-d = 0$　　$d = 0$

π_5：$(D)^a(u)^b(\mu)^c(k)^d h$ $=>\pi_5 = (L)^a(\frac{L}{\theta})^b(\frac{M}{L\theta})^c(\frac{ML}{T\theta^3})^d(\frac{M}{T\theta^3})$

M：$c + d + 1 = 0$　　$c = 0$

L：$a + b - c + d = 0$　　$a = 1$　　$\pi_5 = \frac{hD}{k}$

θ：$-b - c - 3d - 3 = 0$　　$b = 0$

T：$-d - 1 = 0$　　$d = -1$

〈類題 0－6〉(93 化工技師)(20 分)

在攪拌槽中進行液體攪拌所需要的功率(P)與許多操作變數有關，例如：液體的黏度(μ)與密度(ρ)、攪拌翼的直徑(d)與轉速(N)、重力加速度(g)及攪拌槽直徑(D)等…。(一)試以因次分析法推導影響攪拌操作的重要無因次群(dimensionless group)。(二)經由實驗室的測試後，在攪拌槽的規模放大時，需注意那些原則？

Sol：(一)先求無因次群的數目：$\pi = n - r(M.L.\theta) = 7 - 3 = 4$

再以因次表示如下：$N = \frac{1}{\theta}$； $D = L$ ；$\rho = \frac{M}{L^3}$ ；$\mu = \frac{M}{L\theta}$ ；$g = \frac{L}{\theta^2}$ ；

$P = \frac{J}{Sec} = \frac{kg \cdot m^2}{sec^3} = \frac{ML^2}{\theta^3}$； $d = L$

π_1：$(D)^a(N)^b(\rho)^c(P) => \pi_1 = (L)^a(\frac{1}{\theta})^b(\frac{M}{L^3})^c(\frac{ML^2}{\theta^3})$

M：$c + 1 = 0$　　$c = -1$

L：$a - 3c + 2 = 0$　　$a = -5$　　$\pi_1 = \frac{P}{D^5 N^3 \rho}$

θ：$-b - 3 = 0$　　$b = -3$

π_2：$(D)^a(N)^b(\rho)^c(g)$ =>$\pi_2 = (L)^a(\frac{1}{\theta})^b(\frac{M}{L^3})^c(\frac{L}{\theta^2})$

M：$c = 0$

L：$a - 3c + 1 = 0 \quad a = -1 \qquad \pi_2 = \frac{DN^2}{g}$

θ：$-b - 2 = 0 \qquad b = -2$

π_3：$(D)^a(N)^b(\rho)^c(\mu)$ =>$\pi_3 = (L)^a(\frac{1}{\theta})^b(\frac{M}{L^3})^c(\frac{M}{L\theta})$

M：$c + 1 = 0 \qquad c = -1$

L：$a - 3c - 1 = 0 \quad a = -2 \qquad \pi_3 = \frac{D^2N\rho}{\mu}$

θ：$-b - 1 = 0 \qquad b = -1$

π_4：$(D)^a(N)^b(\rho)^c(d)$ =>$\pi_4 = (L)^a(\frac{1}{\theta})^b(\frac{M}{L^3})^c(L)$

M：$c = 0$

L：$a - 3c + 1 = 0 \quad a = -1 \qquad \pi_4 = \frac{D}{d}$

θ：$-b = 0 \qquad b = 0$

(二)必須注意攪拌槽內流體流動所造成的溫度變化、濃度變化，甚至在連續操作系統內所產生的滯留時間不均勻所引起的問題，另外流體黏度、流體速度等變化也需一並考量，才不至於偏離量產後的實際狀況。

歷屆試題解析

〈考題 0－1〉(84 高考二等)(20 分)

在強制對流流過圓球時，假設對流熱傳係數 h 和以下變數有關：球直徑 D，流體熱傳導係數 k，流體密度ρ，流體黏度 μ，流體熱容量Cp及流體速度 V。根據因次分析原理，可得到幾個無因次群？

Sol：$\pi = n - r(M.L.\theta.T) = 7 - 4 = 3$

〈考題 0－2〉(90 簡任升等)(5 分)

說明輸送現象在化學工程中所扮演的角色？

Sol：將物理現象加以分析寫成統御方程式(governing equation)加上觀察到的邊界條件(boundary conditions)接著解出來得到一個理論公式供化工機械設計之用。

〈考題 0－3〉(84 高考二等)(20 分)

今考慮圓管內流體與管壁間之質傳現象，其中重要的變數包括：Tube diameter D，流速 u，流體密度ρ，流體黏度 μ，擴散係數D_{AB}，質傳係數k_c等。請運用因次分析法，建立下述關係：Sh = f(Re，Sc)

Sol：先求無因次群的數目：$\pi = n - r(M.L.\theta) = 6 - 3 = 3$，再以因次表示如下：

$u = \frac{L}{\theta}$; $D = L$; $\rho = \frac{M}{L^3}$; $\mu = \frac{M}{L\theta}$; $k_c = \frac{L}{\theta}$; $D_{AB} = \frac{L^2}{\theta}$

π_1：$(D)^a(\rho)^b(D_{AB})^c(\mu) \Rightarrow \pi_1 = (L)^a(\frac{M}{L^3})^b(\frac{L^2}{\theta})^c(\frac{M}{L\theta})$

M：$b + 1 = 0 \quad b = -1$

L：$a - 3b + 2c - 1 = 0 \quad a = 0 \quad \pi_1 = \frac{\mu}{\rho D_{AB}} = Sc$

θ：$-c - 1 = 0 \quad c = -1$

π_2：$(D)^a(\rho)^b(D_{AB})^c(k_c) \Rightarrow \pi_2 = (L)^a(\frac{M}{L^3})^b(\frac{L^2}{\theta})^c(\frac{L}{\theta})$

M：$b = 0$

L：$a - 3b + 2c + 1 = 0 \quad a = 1 \quad \pi_2 = \frac{k_c D}{D_{AB}} = Sh$

θ： $-c-1=0$　　$c=-1$

π_3：$(D)^a(\rho)^b(D_{AB})^c(u)$　=>$\pi_3=(L)^a(\frac{M}{L^3})^b(\frac{L^2}{\theta})^c(\frac{L}{\theta})$

M：$b=0$

L：$a-3b+2c+1=0$　$a=1$　　$\pi_3=\frac{Du}{D_{AB}}=\frac{Du\rho}{\mu}=Re$

θ： $-c-1=0$　　$c=-1$

=>$Sh=f(Re，Sc)$得證

〈考題 0－4〉(92 簡任升等)(每小題 3 分，共 30 分)

請寫出下列各名詞之 SI 單位。(一)黏性應力(viscous stress)(二)表面張力(surface tension)(三)動量通量(momentum flux)(四)黏度(viscosity)(五)動黏度(kinematic viscosity)(六)熱導度(thermal conductivity)(七)熱傳係數(heat transfer coefficient)(八)比熱(specific heat)(九)擴散係數(diffusion coefficient)(十)質傳係數(mass transfer coefficient)(105 高考二等)

Sol：(一)$\tau_{yx}=-\mu\frac{dV_x}{dy}=\frac{kg}{m\cdot sec^2}$ (二) $\sigma=\frac{N}{m}=\frac{\frac{kg\cdot m}{sec^2}}{m}=\frac{kg}{sec^2}$

(三) $\tau_{yx}=-\frac{\mu}{\rho}\frac{d(\rho u_x)}{dy}=\frac{kg}{m\cdot sec^2}$ (四)$\mu=\frac{kg}{m\cdot sec}$ (五) $\upsilon=\frac{\mu}{\rho}=\frac{m^2}{Sec}$

(六) $k=\frac{W}{m\cdot k}=\frac{\frac{N\cdot m}{sec}}{m\cdot k}=\frac{kg\cdot m}{sec^3\cdot k}$ (七) $h=\frac{W}{m^2\cdot k}=\frac{\frac{J}{sec}}{m^2\cdot k}=\frac{J}{m^2\cdot sec\cdot k}$

(八)$C_p=\frac{m^2}{sec^2\cdot k}$ (九)$D_{AB}=\frac{m^2}{Sec}$ (十)$k_c=\frac{m}{sec}$

〈考題 0－5〉(84 第二次化工技師)(每小題 3 分，共 30 分)

請寫出下列各名詞之 SI 單位。(一)應變率(viscous stress)(二)雷諾應力(Reynolds stress)(三)黏度(viscosity)(四)動力黏度(viscosity)(五)熱通量(Heat flux)(六)熱導度(thermal conductivity)(七)比熱(specific heat)(八)擴散係數(diffusion coefficient)(九)熱傳係數(heat transfer coefficient)(十)質傳係數(mass transfer coefficient)

Sol：(一)$\frac{dV_x}{dy}=\frac{1}{sec}$　(二) $\tau=\rho u_x u_x=\frac{kg}{m\cdot sec^2}$ (三) $\mu=\frac{kg}{m\cdot sec}$

(四)$\upsilon=\frac{\mu}{\rho}=\frac{m^2}{sec}$　(五) $q=\frac{W}{m^2}=\frac{\frac{N\cdot m}{sec}}{m^2}=\frac{N}{m\cdot sec}=\frac{kg}{sec^3}$ (六) $\alpha=\frac{k}{\rho C_p}=\frac{m^2}{sec}$

(七)$C_p = \frac{m^2}{sec^2 \cdot k}$ (八)$D_{AB} = \frac{m^2}{sec}$ (九) $h = \frac{W}{m^2 \cdot k} = \frac{\frac{J}{sec}}{m^2 \cdot k} = \frac{J}{m^2 \cdot sec \cdot k}$

(十) $k_c = \frac{m}{sec}$

一、黏度及動量傳送機制

此章節針對各種流體的性質作分析，也沒有困難的數學式的計算，出題的比例不高，有出的部份都是解釋名詞居多，只要熟記此書整理的題型就能拿到高分，算是平易近人的一個小章節。

(一)基本定義

質量流率$\dot{m}$(mass flow rate)：單位時間內，流體通過的質量。$\dot{m}=\frac{W}{t}$

體積流率$\dot{Q}$(volume flow rate)：單位時間內，流體通過的體積，亦稱體積流量。

$\dot{Q}=\frac{V}{t}$

平均速度u(average velocity)：單位時間內，單位截面積流體通過的體積。$u=\frac{\dot{Q}}{A_c}$

截面積 A_c (cross-section area)，$\dot{m}=\rho\dot{Q}=\rho uA_c$

黏度μ(viscosity)爲流體抵抗流動程度的一種度量，屬於流體的一種性質。

$\mu=\frac{\tau}{-\frac{du}{dy}}=\frac{剪應力}{速度梯度}$ (96經濟部特考)

單位：$\mu=\frac{\tau}{-\frac{du}{dy}}=\frac{N/m^2}{(m/sec)/m}=\frac{\frac{kg\cdot m}{sec^2}/m^2}{1/sec}=\frac{kg}{m\cdot sec}$；Poise(泊)= $\frac{g}{cm\cdot sec}$

；cp(厘泊)= $10^{-2}\frac{g}{cm\cdot sec}$

※水的黏度：25°C下的水的黏度：

$$\mu=1cp=0.01Poise=10^{-2}\left(\frac{g}{cm\cdot sec}\right)=10^{-3}\left(\frac{kg}{m\cdot sec}\right)=6.72\times10^{-3}\left(\frac{lbm}{ft\cdot sec}\right)$$

※影響黏度的因素
種類：黏度大小：固體(s)>液體(L)>氣體(g)
溫度：氣體黏度，隨溫度上升而上升。液體：液體黏度，隨溫度上升而下降。壓力：氣體和液體皆隨壓力上升而上升。

(二)剪應力τ(shear stress)

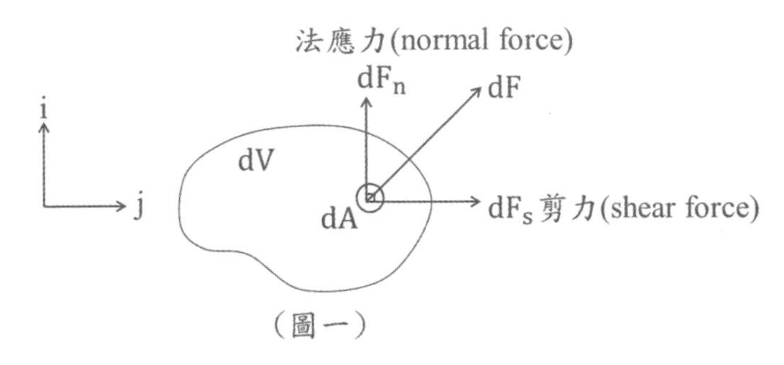

(圖一)

F_n：normal force(法應力)　θ：normal stress (壓力)
F_s：shear force(剪力)　　τ：shear stress(剪應力)

定義：$\lim_{dA\to 0}\frac{\overrightarrow{dF_n}}{dA}=\theta_{ii}=\theta_i$　　$\lim_{dA\to 0}\frac{\overrightarrow{dF_s}}{dA}$

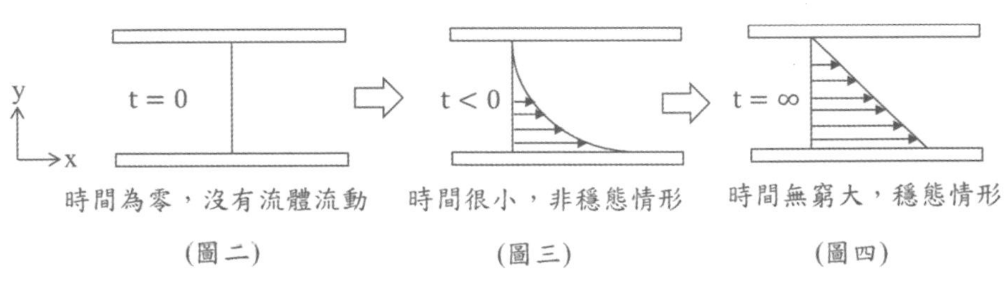

(圖二)　(圖三)　(圖四)

※圖二至圖四皆爲兩塊板子間流體的速度分佈情況，書中都是以這種畫法表示。
由(圖四)得知：速度減少的方向=>動量減少的方向=>動量輸送的方向。
τ_{yx}(剪應力)：方向爲動量輸送的方向，大小爲動量輸送的大小。
※另一種解釋τ_{yx}(剪應力)：流體在 x 方向的流動，造成 y 方向的動量傳送。

(三)流體的流動模式(fluid model)
理想流體(ideal fluid)或非黏性流體(inviscid fluid)$\mu = 0$
黏性流體(viscous fluid)$\mu \neq 0$ =>牛頓流體(Newtonian fluid)
非牛頓流體(non-Newtonian fluid)(82 第二次化工技師)
理想流體：$\mu = 0$的流體，故其流動不產生剪應力。因此理想流體流經物體表面時不產生拖曳力(drag force)亦即是不產生摩擦。所以其流動的速度分佈爲柱狀流(plug flow)，如圖五所示。

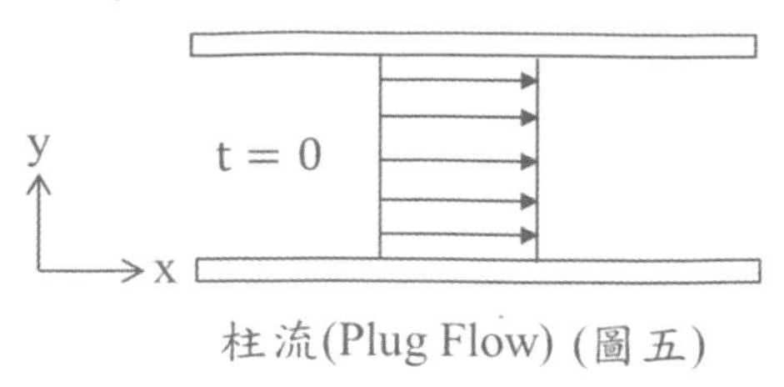

柱流(Plug Flow) (圖五)

牛頓流體(Newtonian fluid)：流動期間所產生的τ_{yx}(剪應力)和負的速度梯度$-\frac{du_x}{dy}$(剪切率)呈線性且通過原點，即爲牛頓流體，如圖六所示。(82 第二次化工技師)(84 普考)

$$\boxed{\tau_{yx} = -\mu\frac{du_x}{dy}}$$ τ_{yx} ：momentum flux(動量流通量)

$-\frac{du_x}{dy}$ ：rate of strain(剪切率) (105 高考二等)

冪次定律流體(Power-law model)(如圖七所示)

$$\tau_{yx} = -m\left|\frac{du_x}{dy}\right|^{n-1}\left(\frac{du_x}{dy}\right) = -\eta\frac{du_x}{d_y} \quad \eta：視黏度 = m\left|\frac{du_x}{dy}\right|^{n-1} \neq const$$

1.當$n = 1$ =>牛頓流體

2.當$n > 1$ =>η和$-\frac{du_x}{dy}$成正比 =>膨脹性流體(dilatant fluid)

3.當$n < 1$ =>η和$-\frac{du_x}{dy}$成反比 =>假塑性流體(pseudo plastic fluid)

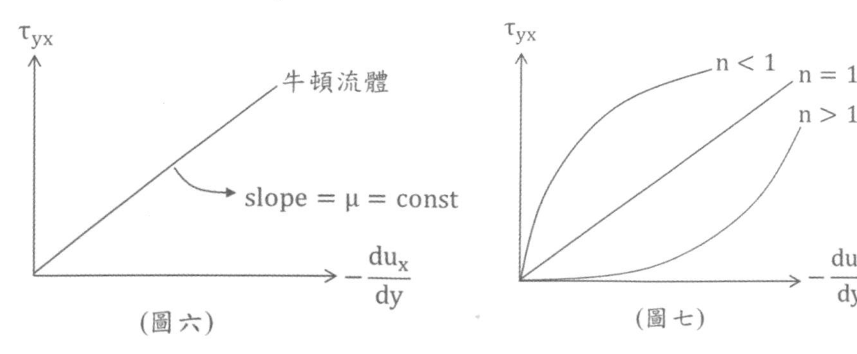

(圖六) (圖七)

賓漢流體(Bingham model)：此流體剪應力大於τ_0才會發生形變而改變速度分佈。

當$\tau_{yx} < \tau_0$ =>$-\frac{du_x}{dy} = 0$

當$\tau_{yx} > \tau_0$ =>τ_{yx}和$-\frac{du_x}{dy}$呈線性=>$\tau_{yx} = \tau_0 - \mu\frac{du_x}{dy}$

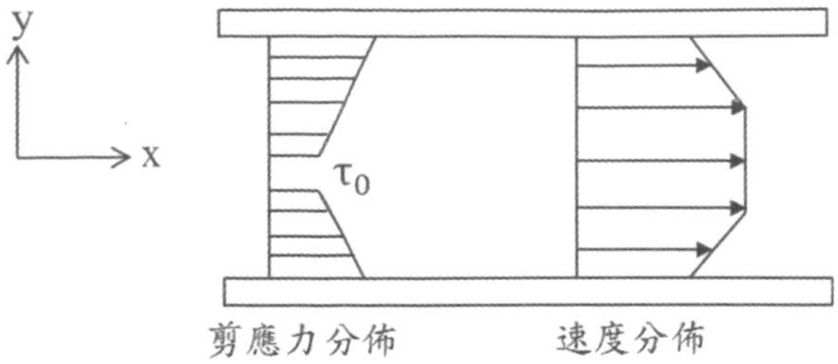

y
x
τ_0
剪應力分佈
速度分佈

(圖八)

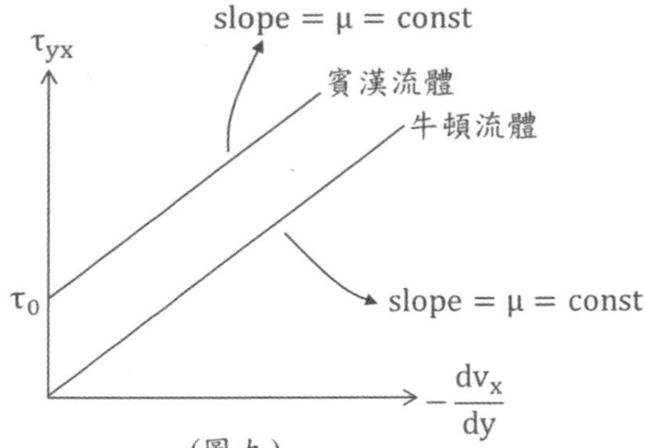

slope = μ = const
τ_{yx}
賓漢流體
牛頓流體
τ_0
slope = μ = const
$-\frac{dv_x}{dy}$

(圖九)

(四)流動的定義

層流(Laminar flow)：流體流動只有平行流，而無垂直流或渦流者。(98 地方特考四等)，如圖十。

染料注入器
染料線在管內的移動

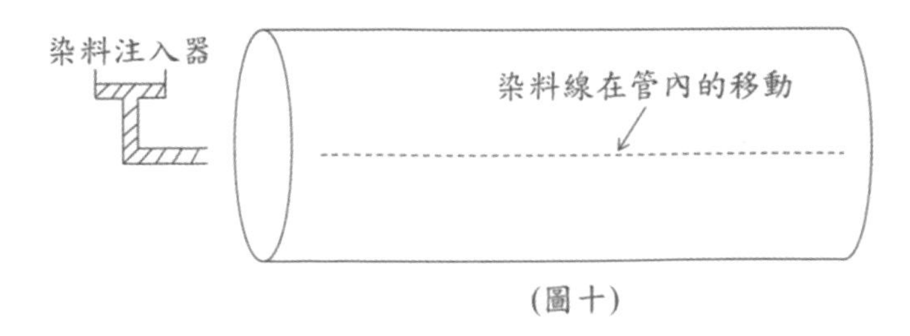

(圖十)

亂流(Turbulent flow)：流體流動不僅有平行流亦有垂直流或渦流者，如：圖十一。(96 地方特考四等)

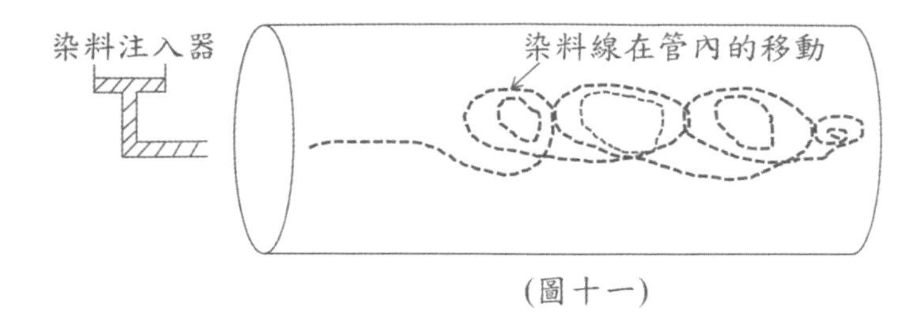

(圖十一)

柱流(Plug flow)：截面上各點流速皆相同之流動(無速度梯度)。如：圖十二。

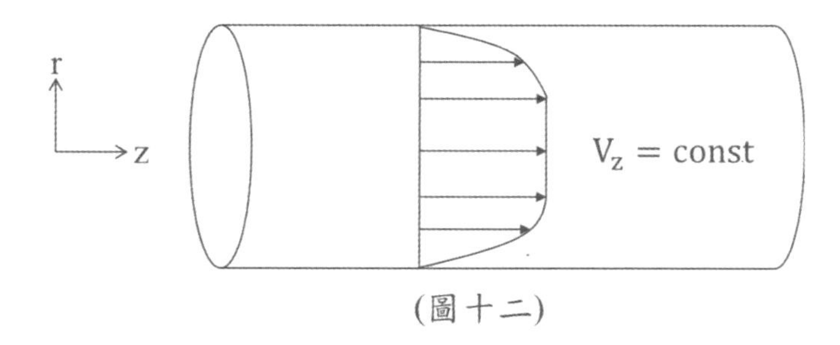

(圖十二)

全展流(fully-developed flow)：除了原流動方向的速度存在，另兩個方向的速度爲零的流動。亦是流體速度分佈不變的流動。如：圖十三(中心點速度最大，管壁速度爲零)。(83 第二次化工技師)

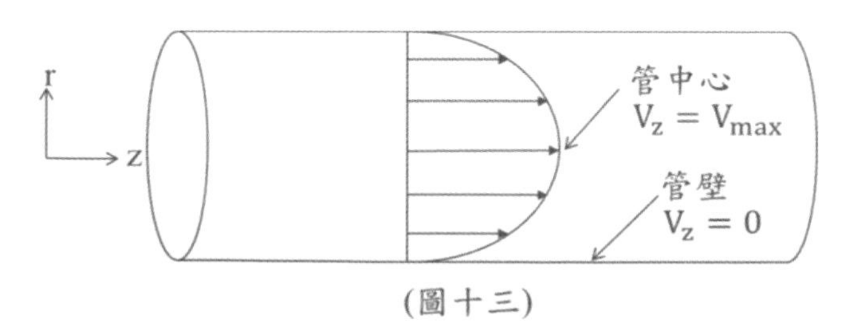

(圖十三)

也可解釋成流體流動時，當速度分佈與流動距離無關，也稱全展流。

※另外圓管層流與亂流下的速度分佈數學式如下：

$$V_z = V_{max}\left[1-\left(\frac{r}{R}\right)^2\right] \text{ (層流)}$$

$$V_z = V_{max}\left(1-\frac{r}{R}\right)^{\frac{1}{7}} \text{ (亂流)}$$

類題解析

〈類題 1－1〉說明牛頓流體(Newtonian fluid)與非牛頓流體(Non-Newtonian fluid)的差異？

Sol：牛頓流體的黏度不隨剪應力而改變，非牛頓流體的黏度隨剪應力而改變。

〈類題 1－2〉液體黏度與溫度間的關係，隨溫度提高而增加？或是降低？請說明原因。

Sol：液體黏度隨溫度遞增而遞減。原因爲溫度上升導致分子接近，增加分子摩擦的機率。

〈類題 1－3〉一流體利用黏度計測得下列數據$\tau = 10\,\mathrm{kgf/m^2}$時，剪切率爲 $1.0\mathrm{sec^{-1}}$，$\tau = 20\,\mathrm{kgf/m^2}$時，剪切率爲 $1.42\mathrm{sec^{-1}}$，試問此流體爲何種流體？

Sol：由冪次定律流體(Power-law model) $\tau = \mu(\frac{du_x}{dy})$

剪應力τ和剪切率$\frac{du_x}{dy}$成正比 => $\left(\frac{10}{20}\right) = (\frac{1}{1.42})^n$

=> $n = \dfrac{\ln(\frac{10}{20})}{\ln(\frac{1}{1.42})} = 1.97 > 1$ 此爲膨脹性流體！

〈類題 1－4〉寫出三種主要的非牛頓流體(Non-Newtonian fluid)的名稱？

Sol：賓漢流體(Bingham model)、膨脹性流體(dilatant fluid) 、假塑性流體(pseudo plastic fluid)。

〈類題 1－5〉牛頓流體(Newtonian fluid)之剪應力τ_{yx}與剪率$\frac{du}{dy}$之關係爲$\tau_{yx} = \frac{\mu}{g_c}(\frac{du}{dy})^n$

(a)牛頓流體$n = 1$(b)膨脹性流體$n > 1$(c)假塑性流體$0 < n < 1$令$\mu_{ap} = K(\frac{du}{dy})^{n-1}$以

μ_{ap}爲直座標，$\frac{du}{dy}$爲橫座標作圖，表示上列三種流體特性。

Sol：

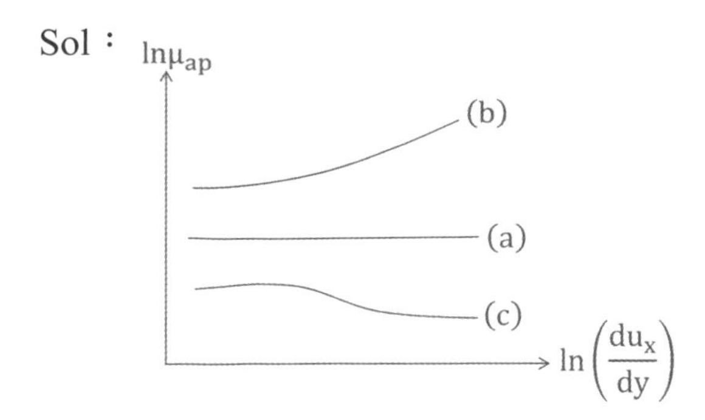

〈類題 1－6〉牛頓流體(Newtonian fluid)之剪應力τ_{yx}與剪率$\frac{du_x}{dy}$之關係爲$\tau_{yx}=\frac{\mu}{g_c}\frac{du}{dy}$式中$u_x$表示 x 方向之流速。μ爲黏度。$\tau_{yx}$之因次是什麼？

Sol：$\tau_{yx}=\frac{F}{A}=\frac{ML/\theta^2}{L^2}=\frac{ML/\theta}{\theta L^2}=\frac{(動量)}{(時間)(截面積)}=$ 動量流通量

歷屆試題解析

〈考題 1－1〉(83 化工技師)(10 分)
請以數學式加以簡單說明下列兩類流體：
(一) Power-law model (二) Bingham Fluid。

Sol：(一) $\tau_{yx}=-m\left|\frac{du_x}{dy}\right|^{n-1}\left(\frac{du_x}{dy}\right)=-\eta\frac{du_x}{d_y}$

η：視黏度 $=m\left|\frac{du_x}{dy}\right|^{n-1}\neq$ const

1. 當$n=1$ =>牛頓流體

2. 當$n>1$ =>η和$-\frac{du_x}{dy}$成正比 =>膨脹性流體(dilatant fluid)

3. 當$n<1$ =>η和$-\frac{du_x}{dy}$成反比 =>假塑性流體(pseudo plastic fluid)

(二)賓漢流體(Bingham model)：此流體剪應力大於τ_0才會發生形變而改變速度分佈。

當$\tau_{yx} < \tau_0$ =>$-\frac{du_x}{dy} = 0$

當$\tau_{yx} > \tau_0$ =>τ_{yx}和$-\frac{du_x}{dy}$呈線性 =>$\tau_{yx} = \tau_0 - \mu\frac{du_x}{dy}$

⟨考題 1－2⟩(83 化工技師)(10 分)
若冰山的密度爲 0.92g/cm³，而海水密度爲 1.03g/cm³，則一冰山的整個體積中有多少百分比露出在海面上？

Sol：$\Delta V_{ice} = \frac{18\frac{g}{mol}}{0.92\frac{g}{cm^3}} = 19.565(\frac{cm^3}{mol})$；$\Delta V_{H_2O} = \frac{18\frac{g}{mol}}{1.03\frac{g}{cm^3}} = 17.475(\frac{cm^3}{mol})$

$\% = \frac{\Delta V_{ice} - \Delta V_{H_2O}}{\Delta V_{H_2O}} \times 100\% = \frac{19.565-17.475}{17.475} \times 100\% = 11.96\%$

⟨考題 1－3⟩(83 化工技師)(25 分)
下圖爲某賓漢(Bingham plastic)流體之應力(Stress)對應變(Strain)關係圖。取一內直徑 10cm，長 50cm 之垂直圓管，先將下端封緊然後裝入賓漢流體，再將下端封口打開。問此流體會不會往下流動？請說明理由。

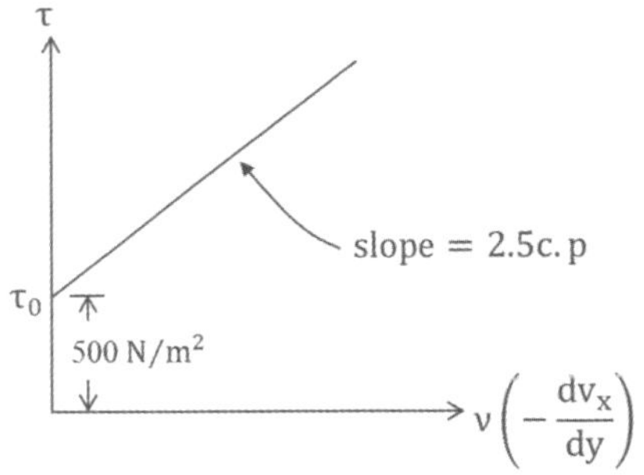

Sol：已知$\tau_0 = 500\frac{N}{m^2}$

剪力(Shear Force)= $\tau_0 \cdot A_s = 500\left[\pi\left(\frac{10}{100}\right)\left(\frac{50}{100}\right)\right] = 78.5(N)$

流體所受重力= $mg = \rho Vg = \rho\left[\pi\left(\frac{5}{100}\right)^2\left(\frac{50}{100}\right)\right](9.8) = 0.0385\rho(N)$

如果流體往下流動則重力>>剪力=>$0.0385\rho > 78.5$ => $\rho > 2039$

∴流體往下流動，則流體密度需大於$2039\frac{kg}{m^3}$

〈考題1－4〉(84委任升等)(5分)

(一)氣體和液體中何者爲可壓縮流體(Compressible fluid)？何者爲不可壓縮流體(Incompressible fluid)？

(二)SI制的長度、質量和時間的單位分別是什麼？

Sol：(一)可壓縮流體：空氣；不可壓縮流體：水

(二)長度：公尺(m)；質量：公斤(kg)；時間：秒(sec)

〈考題 1－5〉(86 化工技師)(20 分)

請以 SI 單位(SI units)表示下列各值溫度

(一) 600^0R (Rankine scale) (二)壓力 1bar (三)壓力 1torr (四)黏度 1 poise (五)地球表面重力加速度 g 與牛頓定律比例因子(Newtonian's-law proportionality factor)gc。

Sol：(一)$\frac{600}{1.8} = 333(\text{k})$ (二)$1\ \text{bar} = 10^5(\text{Pa})$

(三)$1\text{torr} \times \frac{1\text{atm}}{760\text{torr}} \times \frac{101325\text{Pa}}{1\text{atm}} = 133(\text{Pa})$

(四)$g = 9.8\frac{\text{m}}{\text{sec}^2}$；$g_c = 1\ \frac{\text{kg}\cdot\text{m}}{\text{N}\cdot\text{sec}^2}$

〈考題 1－6〉(87 高考三等)(4 分)

某礦物油之黏度爲 48cp，比重爲 0.8，則其動黏度(kinematic viscosity)爲多少？

Sol：$\upsilon = \frac{\mu}{\rho} = \frac{48\times10^{-2}}{0.8} = 0.6\left(\frac{\text{cm}^2}{\text{sec}}\right) = 6\times10^{-5}\left(\frac{\text{m}^2}{\text{sec}}\right)$

〈考題 1－7〉(90 普考)(25 分)

由流動圖(Rheogram)，即剪應力(shear stress τ_{yx})對減速率(Rate of Shear $-du_x/dy$)作圖，由圖上表示出下列流體，並以數學模式表示之。(一)牛頓流體(Newtonian fluid)(二)賓漢流體(Bingham model)(97 地方特考)(三)擬塑性流體(pseudoplastic fluid)(四)膨脹性流體(Dilatant fluid)。

Sol：(一)牛頓流體 $\tau_{yx} = -m\left|\frac{du_x}{dy}\right|^{n-1}\left(\frac{du_x}{dy}\right) = -\eta\frac{du_x}{d_y}$

；當$n = 1$ =>牛頓流體

(二)賓漢流體 當$\tau_{yx} < \tau_0$ =>$-\frac{du_x}{dy} = 0$

當$\tau_{yx} > \tau_0$=>τ_{yx}和$-\frac{du_x}{dy} = 0$ 呈線性=>$\tau_{yx} = \tau_0 - \mu\frac{du_x}{dy}$

(三)擬塑性流體$\eta < 1$ => η和$-\frac{du_x}{dy}$成反比

(四)膨脹性流體$\eta > 1$ => η和$-\frac{du_x}{dy}$成正比

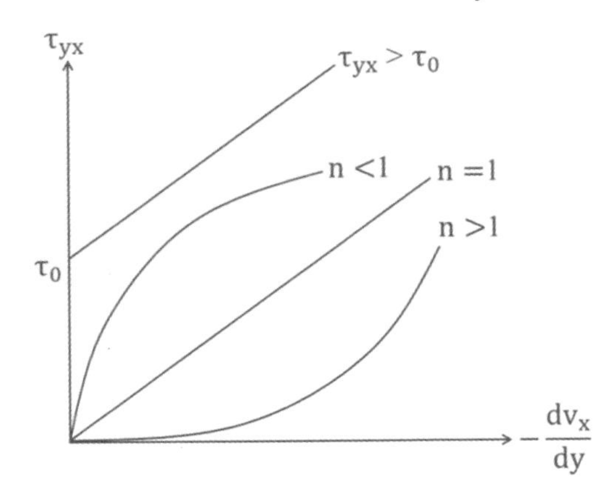

〈考題 1－8〉(88 普考)(5 分)

流體在圓管內流動，雷諾數(Reynolds number)大於多少時為紊流(Turbulent flow)？

Sol：同〈考題 1－9〉說明。

〈考題 1－9〉(95 普考)(10 分)

判定流體在管內流動是線流或紊流，所依據之雷諾數(Reynolds number)值各為何？

Sol：$Re < 2100$線流(層流)；$Re > 4000$紊流(亂流)

〈考題1－10〉(90簡任升等)(5分)

下列流體：水、空氣、聚苯烯熔融液、熔融鋼液，那一些流體之流動行為Newtonian fluid's law of viscosity描述。說明理由。

Sol：只有水與空氣符合牛頓流體(Newtonian fluid)，流動期間所產生的τ_{yx}(剪應力)和負的速度梯度$-\frac{du_x}{dy}$ (剪切率)呈線性且通過原點，即為牛頓流體。

〈考題 1－11〉(93 經濟部特考)(105 高考二等)(4/5 分)

何謂Reynolds's Stresses？

Sol：$u=\bar{u}+u'$ =>瞬間速度 = 平均速度 + 波動速度

雷諾應力 = (密度)(波動速度)(垂直 x 軸方向的波動速度)

V'爲垂直 x 軸方向的波動速度

$\tau_t=-\rho u'V'$；τ_t雷諾應力

$\rho V'$單位時間流過與瞬間速度

u 之流動方向垂直的單位面積流體質量

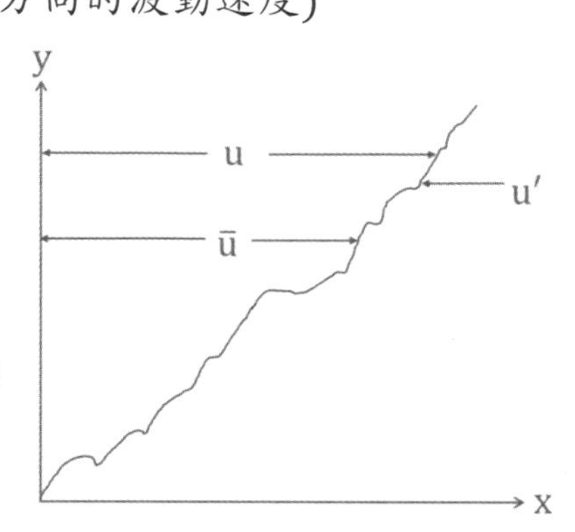

亂流下的總剪應力爲 $\tau=\tau_{(層流)}+\tau_{(亂流)}$

$$=>\tau=\mu\frac{d\bar{u}}{dy}-\rho u'V'$$

亂流下的剪應力不是和時間平均速度梯度成正比，它還跟速度的時間變化分量有關。

Reynolds's Stresses= $\rho uu=\left(\frac{kg}{m^3}\right)\left(\frac{m}{sec}\right)\left(\frac{m}{sec}\right)=\frac{kg}{m\cdot sec^2}$，也可稱作亂流應力。

〈考題 1－12〉(94 地方特考)(5 分)

臨界雷諾數(Critical Reynolds number)

Sol：當流體在管道中、板面上或具有一定形狀的物體表面上流過時，流體的一部份或全部會隨條件的變化而由層流轉變爲湍流，此時，摩擦系統、阻力係數等會發生顯著的變化。轉變點處的雷諾數即爲臨界雷諾數。用$Re_{(c)}$表示，下標 c 代表 Critical(臨界)。

〈考題1－13〉(94簡任升等)(各10分)

有一液體於內徑爲10mm的管中流動，其雷諾數(Reynolds number)爲2000。此液體之密度爲850kg/m³，黏度爲20cp。(一)管中之液體整體流速爲多少？ (二)如管中雷諾數維持爲2000，且液體保持如上述之流速，但液體爲另一種流體其密度爲900kg/m³，黏度爲15cp，請問此時之管內徑爲何？

Sol：(一)雷諾數定義$Re=\frac{Du\rho}{\mu}$ =>$2000=\frac{\left(\frac{10}{1000}\right)(u)(850)}{20\times10^{-3}}$ =>$u=4.7\left(\frac{m}{sec}\right)$

(二)$2000=\frac{(D)(4.7)(900)}{15\times10^{-3}}$ =>$D=7.09\times10^{-3}(m)$

〈考題1－14〉(95高考三等)(16分)
如圖所示，有一個 U形管，管中較重的流體A是水銀，其密度是$13.69g \cdot cm^{-3}$；較輕的流體B則是水，其密度爲$1.00g \cdot cm^{-3}$。
R＝32.7cm，請算出p_a與p_b的壓力差，即
$p_a - p_b = ？ N \cdot m^{-2}$。

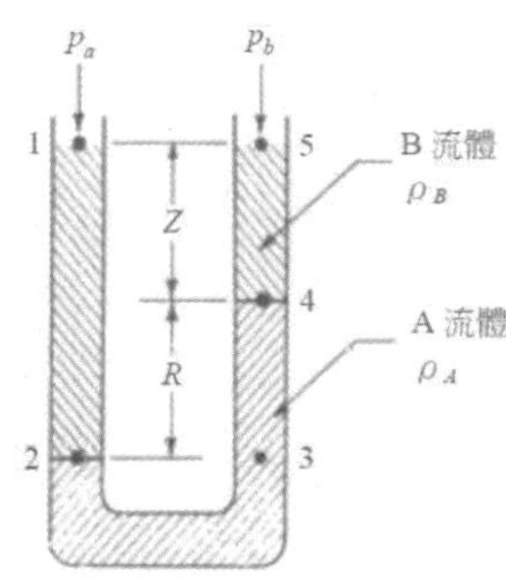

Sol：由流體靜力學$P_{左} = P_{右}$

$$=>P_A + \rho_B \frac{g}{g_c}(Z+R) = P_B + \rho_B \frac{g}{g_c} Z + \rho_A \frac{g}{g_c} R$$

$$=>P_A - P_B = R(\rho_A - \rho_B)\frac{g}{g_c} = \left(\frac{32.7}{100}\right)(13690-1000)\left(\frac{9.8}{1}\right) = 40666(\frac{N}{m^2})$$

〈考題1－15〉(98地方特考四等)(20分)
試由右圖所示之U型壓力計，
求出A與B之壓力差$(P_A - P_B)$。
其中油(oil)之比重0.85。

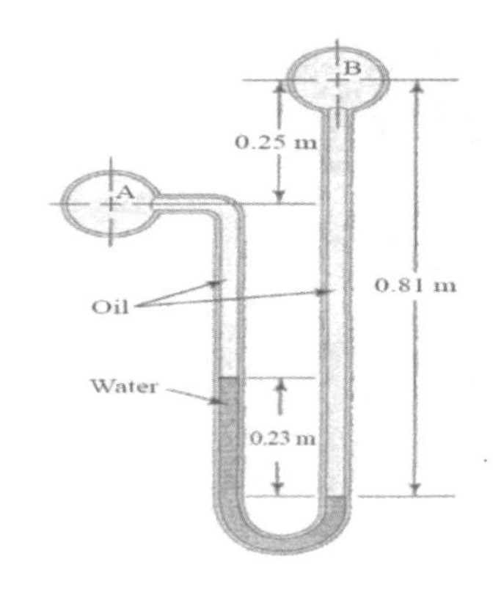

Sol: 由流體靜力學:$P_A = P_B$

$$=>P_A + \rho_{oil}\frac{g}{g_c} Z + \rho_{water}\frac{g}{g_c} R = P_B + \rho_{oil}\frac{g}{g_c}(Z+R)$$

$$=>P_A + (0.81-0.25-0.23)\left(\frac{9.8}{1}\right)(850) + (0.23)\left(\frac{9.8}{1}\right)(1000) = P_B +$$

$$(0.81)\left(\frac{9.8}{1}\right)(850) => (P_A - P_B) = (-\Delta P) = 1744(\frac{N}{m^2})$$

〈考題1－16〉(98地方特考四等)(5分)
試說明如何由毛細管粘度計(capillary tube viscometer)計算液體之粘度。
Sol：樣品容器包括毛細管內充滿待測樣品置於恆溫水浴中，紀錄樣品液面到達刻度線所需的時間，由所需時間計算出黏度，利用$\dot{Q} = \langle V_z \rangle A = \langle V_z \rangle \pi R^2 = \frac{\pi R^4}{8\mu}\left(-\frac{\partial P}{\partial z}\right)$黑根-帕舒(Hagen-Poiseuille)公式計算，此方法適合粗略性黏度的測定。

〈考題1－17〉(100經濟部特考)(各2分共10分)

動量傳送、黏度之流動學(rheology)原理：$\tau = \tau_0 + \mu(\frac{du}{dy})^n$

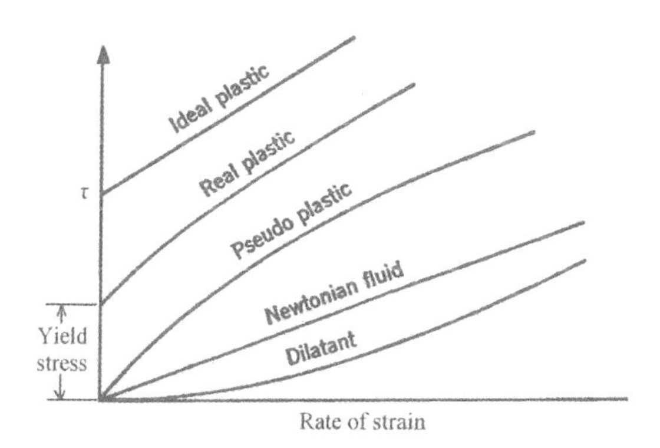

Stress rate-of-strain relation for newtonian and non-newtonian fluids.

請依上圖試以動量傳送、黏度之流動學(rheology)原理，討論各流體之剪應力(shear stress)和速度梯度(或剪速率rate of strain)之關係特性。

Sol：$\tau = \tau_0 + \mu(\frac{du}{dy})^n = \tau_0 + \mu(\frac{du}{dy})^{n-1}\left(\frac{du}{dy}\right)$ (1)

由附圖可得知爲Y 軸 $= \tau$ Vs. X 軸 $= \left(\frac{du}{dy}\right)$作圖；斜率爲$\mu(\frac{du}{dy})^{n-1}$；截距爲$\tau_0$

(一)牛頓流體(Newtonian fluid)：如：水、與大部份氣體。

由圖得知截距$\tau_0 = 0$，斜率爲μ，$n = 1$ => $\tau = \mu\left(\frac{du}{dy}\right)$通過原點之直線。

(二)眞實塑性流體(Real plastic)：由圖得知截距τ_0的曲線。

$n < 1$ => $\tau = \tau_0 + \mu(\frac{du}{dy})^{n-1}\left(\frac{du}{dy}\right)$ ，斜率爲$\mu(\frac{du}{dy})^{n-1}$

(三)假塑性流體(pseudo plastic fluid)：如：紙漿、膠體、高分子溶液。

由圖得知截距$\tau_0 = 0$，$n < 1$ => $\tau = \mu(\frac{du}{dy})^{n-1}\left(\frac{du}{dy}\right)$

過原點曲線，斜率$\mu(\frac{du}{dy})^{n-1}$隨$\left(\frac{du}{dy}\right)$越來越小

(四)膨脹性流體(dilatant fluid)：如：澱粉、有砂的懸浮液。

由圖得知截距$\tau_0 = 0$，$n > 1$ => $\tau = \mu(\frac{du}{dy})^{n-1}\left(\frac{du}{dy}\right)$

過原點曲線，斜率$\mu(\frac{du}{dy})^{n-1}$隨$\left(\frac{du}{dy}\right)$越來越大

(五)理想塑性流體(Ideal plastic fluid)也稱賓漢流體，如：泥漿、黏土、牙膏。截距爲$\tau_0 \neq 0$，$n = 1$ 代入(1)式 =>$\tau = \tau_0 + \mu\left(\frac{du}{dy}\right)$

〈考題1－18〉(102高考二等)(每小題3分，共6分)
請回答下列問題：(一)請說明剪應力(shear stress)共有幾個分量，並敘述各個分量之符號(notation)？ (二)其中法應力(normal stress)之施力方向與其他剪應力分量施力方向有何不同？

Sol：(一) 9個分量 $\tau = \begin{vmatrix} \tau_{xx} & \tau_{xy} & \tau_{xz} \\ \tau_{yx} & \tau_{yy} & \tau_{yz} \\ \tau_{zx} & \tau_{zy} & \tau_{zz} \end{vmatrix}$

(二)如重點整理剪應力圖一畫法表示。

〈考題1－19〉(101經濟部特考)(8分)
簡述穩定狀態(Steady state)、均勻分布(Uniform)、微觀(Microscopic)、巨觀(Macroscopic)
Sol：穩定狀態(Steady state)：系統任一點的物理性質不隨時間改變而改變。
均勻分布(Uniform)：系統任一點的物理性質不隨位置改變而改變。
微觀(Microscopic)：當系統的尺寸爲原子級或更小，肉眼看不見需用儀器觀察的情況，例如：薄殼理論(Shell-balance)，取一個微小的控制體積做流體行爲分析。
巨觀(Macroscopic)：可用肉眼直接觀察與測量，例如：一個鹽水攪拌槽的系統，或是一個蒸餾塔系統。

〈考題1－20〉(102經濟部特考)(3分)
請將下列流體 CO_2 (20°C, 1atm)、CO_2 (100°C, 1atm)、H_2O (10°C, 1atm)、H_2O(80°C, 1atm)依黏度大小排序，並說明排序理由。
Sol：溫度影響：氣體隨溫度上升而上升。液體：隨溫度上升而下降。
黏度大小：固體(s)>液體(L)>氣體(g)
H_2O(10°C, 1atm)> H_2O(80°C, 1atm)>CO_2(100°C, 1atm)> CO_2(20°C, 1atm)

二、層流之殼動量均衡及速度分佈

薄殼理論 Shell-balance 是解輸送裡面的相當重要的一環，我們通常對一微小的控制體積去做結算，在流體力學中就是做動量結算；熱量傳送就是做能量結算；在質量傳送中就是做質量結算。另一種方法則是利用輸送三大公式去做約減解題，解輸送只有在剛開始選擇不一樣，題目未指定，你可以使用薄殼理論或者是公式解，如果題目有指定方法，那務必請按照題目所指定方式解之，兩種方式務必都要學會，公式簡化法一般考試都會給 model，只要懂得去做刪除不必要的項目，設起始條件 I.C(initial condition)和邊界條件 B.C(boundary condition)則可解之。

解題過程第一步先做動量均衡先令殼的厚度趨近於零，利用積分第一定律獲得動量流通量(momentum flux)的微分方程式，接著將此微分方程式做積分，得到動量分佈的公式，再來將牛頓黏度定律代入，可得速度微分的方程式，再將微分方程式做積分後就可得到速度分佈的公式。再由速度分佈公式可導正出最大速度、平均速度、體積流率質量流率或固體在邊界的力。當然上述的解題過程中要將微分方程式做積分，積分時一定要有相關的邊界條件才能解出微分方程式。

針對高普考，地方特考，經濟部特考部分，通常使用工數的解法不多，爲什麼呢？因爲通常牽涉到需假設 I.C 的題目需要用到工數的結合變數法或分離變數法，解熱傳還會用到工數中的傅立葉級數，解題過程會相當的繁瑣，所以近年來的單操輸送考試，全工數解題的時代也已過去，也比較不是主流了，反而強調觀念和活用的題目會變多，基本上近幾年國家考試遇到時間項的題目，只要會從公式簡化，然後假設 I.C 和 B.C 就大功告成了，繁瑣使用工數的題目也不常出現，所以讀者也不需太過於緊張，很多公式只要懂得怎麼用並了解其中的物理意義就足夠，少部分的讀者會考高考二級，如果是高考二級輸送考到繁雜解法的機會相當多，工數複雜解法這部分就不能跳過了，準備一般考試的讀者這個章節最主要就是如何利用題目所給的提示去設 B.C，這才是這個章節所需要學習的部分。

其實一開始看到一些怪異的數學式會很恐懼，其實讀者不用害怕，只要將本書內的題型動筆練個幾次，其實並沒有這麼難，流體力學的解法觀念，熱傳和質傳的觀念都是換湯不換藥，讀者若能練習本書的題型至最後，就會發現一些解題的觀念技巧，其實解輸送也可以很輕鬆。

原文書的各版本有很多種薄殼理論的推導模式，讀者或許會問哪種才正確，我的回答是：其實都對，因爲像 3W，Bird，McCabe，Geankoplips 是最常見的原文書，但推導模式都有些許不同，但結果是一樣的，在流體力學方面我個人比較喜好鼎茂出版社林隆老師的解法，就看讀者的喜好所定，選擇自己熟悉的解法。

※流體力學解題技巧整理：

(一)必要記憶的公式：連續方程式 $\frac{\partial \rho}{\partial t}+\nabla\cdot(\rho\vec{V})=0$ (物理意義可參考第三章)，

另外在密度爲常數時，在平板流動時速度向量運算子座標 x.y.z 展開的方式$\frac{\partial V_x}{\partial x}+\frac{\partial V_y}{\partial y}+\frac{\partial V_z}{\partial z}=0$，在圓柱座標向量運算子r、θ、z展開的方式$\frac{1}{r}\frac{\partial}{\partial r}(r\cdot V_r)+\frac{1}{r}\frac{\partial V_\theta}{\partial \theta}+\frac{\partial V_z}{\partial z}=0$，請背起來。另外，球體連續方程式的展開在此章節考題不常見，所以不用背。(二)約減不必要的項目，通常都爲一維空間，保留題目所需的流動方向即可。(三)畫出流動方向的簡圖，標示出座標，此處非常重要，因爲座標取的位置關係到邊界條件，一般定的越簡單越好，舉例來說，兩塊平板間距離爲 2B，座標就定在中間最方便推導與計算，當然也可以定在板子的最上方或最下方，雖然推導出的結果會相同，但反而吃力不討好，這部份就是題型要多累積，才懂得如何訂出最理想的座標。(四)寫出薄殼動量平衡，請將平板、圓柱的導正方法記憶一套屬於適合自己的方式，或是按照此書的寫法動筆跟著寫增加記憶，也可使用原文書的方式。(五)定出邊界條件，不牽涉時間項至少會有兩個 B.C，解出 C_1 與 C_2 再配合邊界條件解出速度分佈，當然上述的解題過程中要將微分方程式做積分，積分時一定要有相關的 B.C 才能解出微分方程式。再由速度分佈爲基礎導出其他題目所需要之要求。相關常用之 B.C 可參考〈考題 2 – 12〉(91 地方特考)。

〈例題 2－1〉兩平板間的流體流動

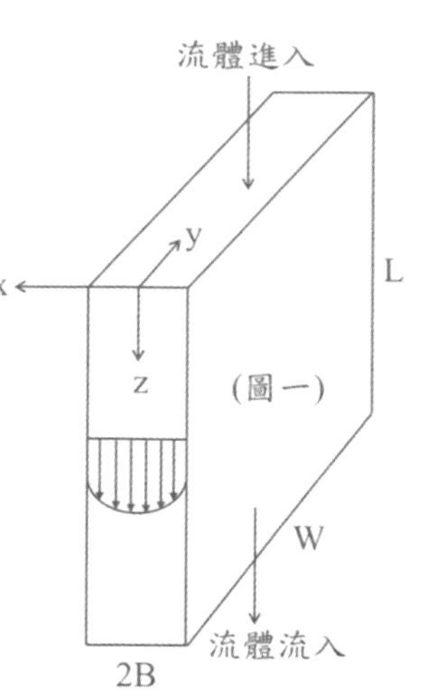

以圖一所示求(一)最大速度(二)平均速度(三)體積流率(四)質量流率(五)流體作用在平板的力，請由薄殼理論(shell-balance)推導以上結果。

Sol：由連續方程式 $\frac{\partial\rho}{\partial t}+\nabla\cdot(\rho\vec{V})=0$

不可壓縮流體$\rho=\text{const}$代入上式 $\Rightarrow \nabla\cdot\vec{V}=0 \Rightarrow \frac{\partial V_x}{\partial x}+\frac{\partial V_y}{\partial y}+\frac{\partial V_z}{\partial z}=0$

全展流下 $V_x=0$ $V_y=0$代入上式$\Rightarrow \frac{\partial V_z}{\partial z}=0 \Rightarrow V_z=V_{z(x)}$only

Shell-balance：$\rho V_zV_z\,dx\,dy|_z-\rho V_zV_z\,dx\,dy|_{z+\triangle z}+P\,dx\,dy|_z-P\,dx\,dy|_{z+\triangle z}+\tau_{xz}dydz|_x-\tau_{xz}dydz|_{x+\triangle x}+\rho g dxdydz=0$

上式同除以 dxdydz 同時令 dxdydz→0

$\Rightarrow -\frac{\partial(\rho V_zV_z)}{\partial z}-\frac{\partial P}{\partial z}-\frac{\partial\tau_{xz}}{\partial x}+\rho g=0$ (1) $\because V_z=V_{z(x)}$

令$\left(-\frac{\partial\bar{P}}{\partial z}\right)=\left(-\frac{\partial P}{\partial z}\right)+\rho g$ (1)式變爲$\left(\frac{\partial\tau_{xz}}{\partial x}\right)=\left(-\frac{\partial\bar{P}}{\partial z}\right)$

積分得$\tau_{xz}=\left(-\frac{\partial\bar{P}}{\partial z}\right)x+c_1$ (2)

B.C.1 $x=0$ $\tau_{xz}=0$ 代入(2)式得$c_1=0 \Rightarrow \tau_{xz}=\left(-\frac{\partial\bar{P}}{\partial z}\right)x$ (3)

對牛頓流體$\tau_{xz}=-\mu\frac{dV_z}{dx}$ (4) => 結合(3)和(4)式$\Rightarrow -\mu\frac{dV_z}{dx}=\left(-\frac{\partial\bar{P}}{\partial z}\right)x$

$\Rightarrow \frac{dV_z}{dx}=-\frac{1}{\mu}\left(-\frac{\partial\bar{P}}{\partial z}\right)x$ 移向積分得$\Rightarrow V_z=-\frac{1}{2\mu}\left(-\frac{\partial\bar{P}}{\partial z}\right)x^2+c_2$ (5)

B.C.2 $x=B$ $V_z=0$ 代入(5)式得$c_2=\frac{B^2}{2\mu}\left(-\frac{\partial\bar{P}}{\partial z}\right)$ 代入(5)式

$\Rightarrow V_z=\frac{B^2}{2\mu}\left(-\frac{\partial\bar{P}}{\partial z}\right)\left[1-\left(\frac{x}{B}\right)^2\right]$ (速度分佈)

(一) $x=0$ $V_z=V_{z\,max}$ $\Rightarrow V_{z\,max}=\frac{B^2}{2\mu}\left(-\frac{\partial\bar{P}}{\partial z}\right)$

(二)$\langle V_z\rangle = \dfrac{\int_0^W\int_{-B}^{B}\frac{B^2}{2\mu}\left(-\frac{\partial\bar{P}}{\partial z}\right)\left[1-(\frac{x}{B})^2\right]dx\,dy}{\int_0^W\int_{-B}^{B}dx\,dy} = \dfrac{W\int_{-B}^{B}\frac{B^2}{2\mu}\left(-\frac{\partial\bar{P}}{\partial z}\right)\left[1-(\frac{x}{B})^2\right]dx}{2BW}$

(令$u=\frac{x}{B}$；$x = B\ u = 1$ ；$x = -B\ \ u = -1$)

$= \frac{B^2}{4\mu}\left(-\frac{\partial\bar{P}}{\partial z}\right)\int\left[1-(\frac{x}{B})^2\right]d\left(\frac{x}{B}\right) = \frac{B^2}{4\mu}\left(-\frac{\partial\bar{P}}{\partial z}\right)\left(u-\frac{u^3}{3}\right)\Big|_{-1}^{1} = \frac{B^2}{4\mu}\left(-\frac{\partial\bar{P}}{\partial z}\right)\left(\frac{4}{3}\right)$

$= \frac{B^2}{3\mu}\left(-\frac{\partial\bar{P}}{\partial z}\right)$

(三) $\dot{Q} = \langle V_z\rangle A = \frac{B^2}{3\mu}\left(-\frac{\partial\bar{P}}{\partial z}\right)(2BW) = \frac{2B^3W}{3\mu}\left(-\frac{\partial\bar{P}}{\partial z}\right)$

(四) $\dot{m} = \langle V_z\rangle A\rho = \dot{Q}\rho = \frac{2B^3W\rho}{3\mu}\left(-\frac{\partial\bar{P}}{\partial z}\right)$

(五)$F_z = 2\tau_{xz}\big|_{x=B}LW = \left(-\frac{\partial\bar{P}}{\partial z}\right)BLW = 2(-\partial\bar{P})BW$ (2 代表兩塊板子)

〈例題 2 − 2〉如圖二，將〈例題 2 − 1〉改成水平板，求(一)剪應力分佈(二)速度分佈(三)最大速度(四)體積流率(五)平均速度(六)質量流率(七)流體作用在平板的力。

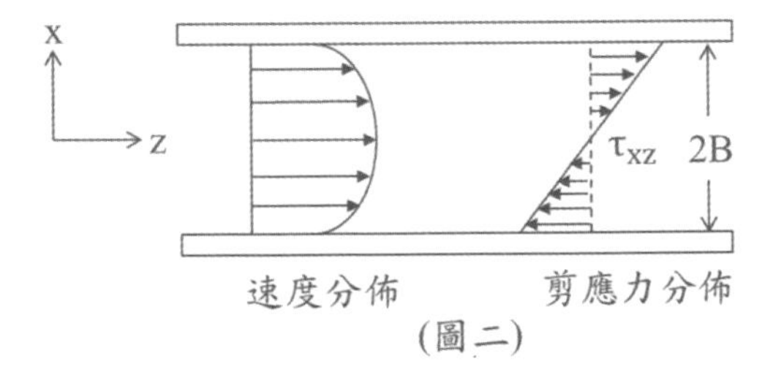

(圖二)

Sol：(一) $\tau_{xz} = \left(-\frac{\partial P}{\partial z}\right)x$ (二) $V_z = \frac{B^2}{2\mu}\left(-\frac{\partial P}{\partial z}\right)\left[1-(\frac{x}{B})^2\right]$

(三) $V_{z\,max} = \frac{B^2}{2\mu}\left(-\frac{\partial P}{\partial z}\right)$ (四) $\dot{Q} = \frac{2B^3W}{3\mu}\left(-\frac{\partial P}{\partial z}\right)$

(五)$V_z = \frac{2B^2}{3\mu}\left(-\frac{\partial P}{\partial z}\right)$ (六) $\dot{m} = \langle V_z\rangle A\rho = \dot{Q}\rho = \frac{2B^3W\rho}{3\mu}\left(-\frac{\partial P}{\partial z}\right)$

(七)$F_z = 2\left(-\frac{\partial P}{\partial z}\right)BLW = 2(-\partial P)BW$ (2 代表兩塊板子)

※解題技巧：將〈例題 2 − 2〉中(2)式$\left(-\frac{\partial\bar{P}}{\partial z}\right)$重力項忽略變爲$\left(-\frac{\partial P}{\partial z}\right)$，其他推導過程

相同。

※薄殼理論(shell-balance)討論的力平衡物理意義如下：

慣性力(inertial force)：$-\frac{\partial(\rho V_z V_z)}{\partial z}$ 流體有流動

壓力(pressure force)：$\left(-\frac{\partial P}{\partial z}\right)$ 密閉系統才有考慮壓力差

黏滯力(viscous force)：$-\frac{\partial \tau_{xz}}{\partial x}$ 流體具有黏度

重力(gravity force)：ρg 流體流動方向是否受到重力影響

〈例題 2－3〉將〈例題 2－1〉如下圖三改成賓漢流體(Binghum fluid)時，速度分佈爲何？

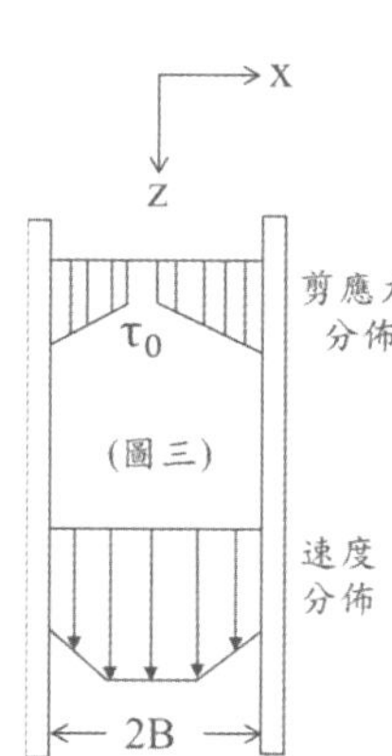

Sol：由〈例題 2－1〉的第(3)式$\tau_{xz} = \left(-\frac{\partial \bar{P}}{\partial z}\right)x$

對賓漢流體時τ_{xz}和V_z間的關係：

$\tau_{xz} < \tau_0$，$\frac{dV_z}{dx} = 0$；$\tau_{xz} > \tau_0$，$\tau = \tau_0 - \mu_0\frac{dV_z}{dx}$

當$\tau_{xz} < \tau_0$時沒有速度變化，所以由(3)式

可得剪應力$\tau_0 = \left(-\frac{\partial \bar{P}}{\partial z}\right)x_0$，等號左右移項

=>剪應力=降伏應力的位置 =>$x_0 = \frac{\tau_0}{\left(-\frac{\partial \bar{P}}{\partial z}\right)}$

當$\tau_{xz} > \tau_0$ ($x_0 < x \leq B$)，賓漢流體和第(3)式結合

$$=>\tau = \tau_0 - \mu_0\frac{dV_z}{dx} = \left(-\frac{\partial \bar{P}}{\partial z}\right)x =>-\mu_0\frac{dV_z}{dx} = \left(-\frac{\partial \bar{P}}{\partial z}\right)x - \tau_0$$

$$=>\frac{dV_z}{dx} = -\frac{1}{\mu_0}\left(-\frac{\partial \bar{P}}{\partial z}\right)x + \frac{\tau_0}{\mu_0} \quad (3) =>V_z = -\frac{1}{2\mu_0}\left(-\frac{\partial \bar{P}}{\partial z}\right)x^2 + \frac{\tau_0}{\mu_0}x + C_2$$

B.C.2 $x = B$ $V_z = 0$ 代入(3)式=>$C_2 = \frac{1}{2\mu_0}\left(-\frac{\partial \bar{P}}{\partial z}\right)B^2 - \frac{\tau_0}{\mu_0}B$

代回(3)式=>$V_z = -\frac{1}{2\mu_0}\left(-\frac{\partial \bar{P}}{\partial z}\right)x^2 + \frac{\tau_0}{\mu_0}x + \frac{1}{2\mu_0}\left(-\frac{\partial \bar{P}}{\partial z}\right)B^2 - \frac{\tau_0}{\mu_0}B$

提出整理得=>$V_z = \frac{B^2}{2\mu_0}\left(-\frac{\partial \bar{P}}{\partial z}\right)\left[1-(\frac{x}{B})^2\right]-\frac{\tau_0 B}{\mu_0}\left[1-(\frac{x}{B})\right]$

由於速度分佈軸對稱在$(-B < x \leq -x_0)$之速度分佈爲

=>$V_z = \frac{B^2}{2\mu_0}\left(-\frac{\partial \bar{P}}{\partial z}\right)\left[1-(\frac{x}{B})^2\right]-\frac{\tau_0 B}{\mu_0}\left[1-(\frac{x}{B})\right]$

前面敘述$\tau_{xz} < \tau_0 (0 < x \leq -x_0)$ 沒有速度變化，由於速度分佈軸對稱，故在$(-x_0 < x \leq x_0)$範圍之速度等於x_0位置之速度。

=>$V_z = V_z|_{x=x_0} = \frac{B^2}{2\mu_0}\left(-\frac{\partial \bar{P}}{\partial z}\right)\left[1-(\frac{x_0}{B})^2\right]-\frac{\tau_0 B}{\mu_0}\left[1-(\frac{x_0}{B})\right]$

〈例題 2－4〉將〈例題 2－1〉改成水平板，如下圖四改賓漢流體時，速度分佈爲何？

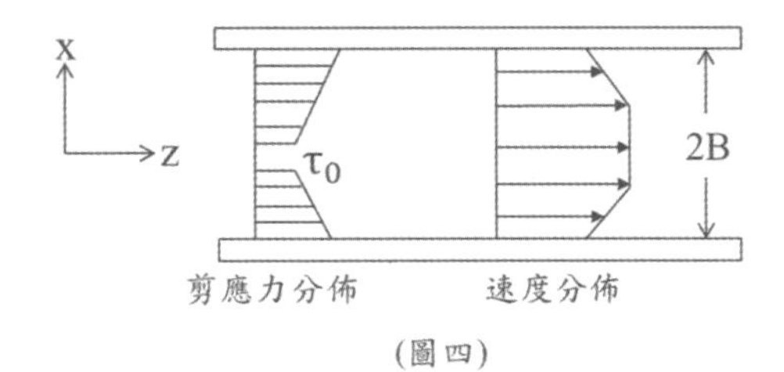

(圖四)

Sol：由〈例題 2－1〉第(3)式$\tau_{xz} = \left(-\frac{\partial P}{\partial z}\right)x$，對賓漢流體時$\tau_{xz}$和$V_z$間的關係：$\tau_{xz} <$

τ_0 => $\frac{dV_z}{dx} = 0$；$\tau_{xz} > \tau_0$=> $\tau = \tau_0 - \mu_0 \frac{dV_z}{dx}$

當$\tau_{xz} < \tau_0$時沒有速度變化，所以由(3)式可得$\tau_0 = \left(-\frac{\partial P}{\partial z}\right)x_0$

剪應力=降伏應力的位置=>$x_0 = \frac{\tau_0}{\left(-\frac{\partial P}{\partial z}\right)}$，其餘過程如

〈例題 2－1〉=>$V_z = \frac{B^2}{2\mu_0}\left(-\frac{\partial P}{\partial z}\right)\left[1-(\frac{x}{B})^2\right]-\frac{\tau_0 B}{\mu_0}\left[1-(\frac{x}{B})\right]$

由於速度分佈軸對稱在$(-B < x \leq -x_0)$ 之速度分佈爲

和上式相同 $V_z = \frac{B^2}{2\mu_0}\left(-\frac{\partial P}{\partial z}\right)\left[1-(\frac{x}{B})^2\right]-\frac{\tau_0 B}{\mu_0}\left[1-(\frac{x}{B})\right]$

前面敘述$\tau_{xz} < \tau_0 (0 < x \leq -x_0)$ 沒有速度變化，由於速度分佈軸對稱，故在$(-x_0 < x \leq x_0)$範圍之速度等於x_0位置之速度。

$V_z = V_z|_{x=x_0} = \frac{B^2}{2\mu_0}\left(-\frac{\partial P}{\partial z}\right)\left[1-(\frac{x_0}{B})^2\right]-\frac{\tau_0 B}{\mu_0}\left[1-(\frac{x_0}{B})\right]$

※和上題賓漢流體的結果相同，但差異在不考慮重力項，ρg忽略變為$\left(-\frac{\partial P}{\partial z}\right)$。

〈例題 2－5〉將〈例題 2－1〉改成冪次流體(Power law model)時速度分佈為何？

Sol：〈例題 2－1〉$\tau_{xz}=\left(-\frac{\partial \bar{P}}{\partial z}\right)x$ (3)，冪次流體 $\tau_{xz}=-m\left|\frac{dV_z}{dx}\right|^{n-1}\left(\frac{dV_z}{dx}\right)$

又$\frac{\partial V_z}{\partial x}<0$ =>$\tau_{xz}=m(-\frac{\partial V_z}{\partial x})^{n-1}\left(-\frac{\partial V_z}{\partial x}\right)=m(-\frac{\partial V_z}{\partial x})^{n}$ (4)

結合(3)和(4)式=> $m(-\frac{\partial V_z}{\partial x})^{n}=\left(-\frac{\partial \bar{P}}{\partial z}\right)x$ 移項 =>$(-\frac{\partial V_z}{\partial x})^{n}=\left(-\frac{\partial \bar{P}}{\partial z}\right)\frac{x}{m}$

=>$-\frac{\partial V_z}{\partial x}=\left[\left(-\frac{\partial \bar{P}}{\partial z}\right)\frac{1}{m}\right]^{\frac{1}{n}}.x^{\frac{1}{n}}$ =>$V_z=-\left[\left(-\frac{\partial \bar{P}}{\partial z}\right)\frac{1}{m}\right]^{\frac{1}{n}}.\frac{n}{n+1}x^{\frac{n+1}{n}}+C_2$ (5)

B.C.2 $x=B$ $V_z=0$ 代入(5)式=>$C_2=\left[\left(-\frac{\partial \bar{P}}{\partial z}\right)\frac{1}{m}\right]^{\frac{1}{n}}\frac{n}{n+1}B^{\frac{n+1}{n}}$代回(5)式

=>$V_z=-\left[\left(-\frac{\partial \bar{P}}{\partial z}\right)\frac{1}{m}\right]^{\frac{1}{n}}\frac{n}{n+1}x^{\frac{n+1}{n}}+\left[\left(-\frac{\partial \bar{P}}{\partial z}\right)\frac{1}{m}\right]^{\frac{1}{n}}\frac{n}{n+1}B^{\frac{n+1}{n}}$

整理得$V_z=\left[\left(-\frac{\partial \bar{P}}{\partial z}\right)\frac{1}{m}\right]^{\frac{1}{n}}\frac{n}{n+1}B^{\frac{n+1}{n}}\left[1-(\frac{x}{B})^{\frac{n+1}{n}}\right]$

〈例題 2－6〉垂直圓管內的流體流動

以右圖五所示求(一)最大速度(二)平均速度(三)體積流率(四)質量流率(五)流體作用在平板的力(六)相當管長(七)雷諾數
(八)范寧摩擦因子(Fanning frictional factor)
，請由薄殼理論(shell-balance)推導以上結果。

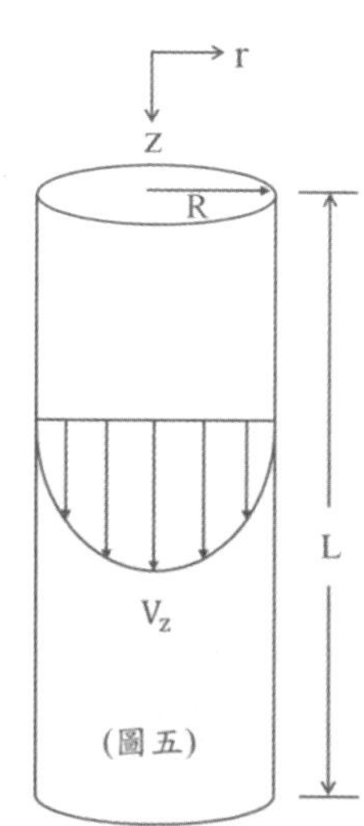

(圖五)

Sol：(一)由連續方程式 $\frac{\partial \rho}{\partial t}+\nabla\cdot(\rho\,\vec{V})=0$

不可壓縮流體$\rho=$ const代入上式

=>$\nabla\cdot\vec{V}=0$ =>$\frac{1}{r}\frac{\partial}{\partial r}(r\cdot V_r)+\frac{1}{r}\frac{\partial V_\theta}{\partial \theta}+\frac{\partial V_z}{\partial z}=0$

全展流下 $V_r=0$ $V_\theta=0$代入上式

=>$\frac{\partial V_z}{\partial z}=0$ $V_z=V_{z(r)}$only Shell-balance：

$\rho V_z V_z\, r\,dr\,d\theta|_z-\rho V_z V_z\, r\,dr\,d\theta|_{z+\triangle z}+P r\,dr\,d\theta|_z-P r\,dr\,d\theta|_{z+\triangle z}+\tau_{rz} r d\theta\,dz|_r$

$-\tau_{rz} r d\theta\, dz|_{r+\triangle r} + \rho g r dr d\theta dz = 0$

上式同除以 drdθdz 同時令 drdθdz→0

$-\rho r \frac{\partial(V_z V_z)}{\partial z} - r\frac{\partial P}{\partial z} - \frac{\partial r\tau_{rz}}{\partial r} + r\rho g_z = 0$ (1) => $\frac{\partial r\tau_{rz}}{\partial r} = \left[\left(-\frac{\partial P}{\partial z}\right) + \rho g\right] r$

$\because V_z = V_{z(r)}$only

令$\left(-\frac{\partial \bar{P}}{\partial z}\right) = \left[\left(-\frac{\partial P}{\partial z}\right) + \rho g\right]$ =>$r\frac{\partial \tau_{rz}}{\partial r} = \left(-\frac{\partial \bar{P}}{\partial z}\right) r$

=>$r\tau_{rz} = \frac{1}{2}\left(-\frac{\partial \bar{P}}{\partial z}\right) r^2 + C_1$ =>$\tau_{rz} = \frac{1}{2}\left(-\frac{\partial \bar{P}}{\partial z}\right) r + \frac{C_1}{r}$ (1)

B.C.1 $r = 0$ $\tau_{rz} = 0$ 代入(1) $C_1 = 0$ =>$\tau_{rz} = \frac{1}{2}\left(-\frac{\partial \bar{P}}{\partial z}\right) r$ (2)

牛頓流體$\tau_{rz} = -\mu\frac{dV_z}{dr}$ (3)，結合(2)和(3)式=>$-\mu\frac{dV_z}{dr} = \frac{1}{2}\left(-\frac{\partial \bar{P}}{\partial z}\right) r$

=>$V_z = -\frac{1}{4\mu}\left(-\frac{\partial \bar{P}}{\partial z}\right) r^2 + C_2$ (4)，B.C.2 $r = R$ $V_z = 0$代入(4)式

=>$C_2 = \frac{R^2}{4\mu}\left(-\frac{\partial \bar{P}}{\partial z}\right)$ 代回(4)式=>$V_z = \frac{R^2}{4\mu}\left(-\frac{\partial \bar{P}}{\partial z}\right)\left[1 - \left(\frac{r}{R}\right)^2\right]$ (5)

$r = 0$在管中心$V_z = V_{z\,max}$，代入(5)式=>$V_{z\,max} = \frac{R^2}{4\mu}\left(-\frac{\partial \bar{P}}{\partial z}\right)$

(二)$\langle V_z\rangle = \frac{\int_0^{2\pi}\int_0^R \frac{R^2}{4\mu}\left(-\frac{\partial \bar{P}}{\partial z}\right)\left[1-\left(\frac{r}{R}\right)^2\right] r\,dr d\theta}{\int_0^{2\pi}\int_0^R r dr\, d\theta} = \frac{2\pi\int_0^R \frac{R^2}{4\mu}\left(-\frac{\partial \bar{P}}{\partial z}\right)\left[1-\left(\frac{r}{R}\right)^2\right] r\, dr}{\pi R^2}$

$= \frac{R^2}{2\mu}\left(-\frac{\partial \bar{P}}{\partial z}\right)\int_0^R\left[1 - \left(\frac{r}{R}\right)^2\right]\left(\frac{r}{R}\right) d\left(\frac{r}{R}\right)$ (令 $u = \frac{r}{R}$；$r = 0$ $u = 0; r = R$ $u = 1$)

$= \frac{R^2}{2\mu}\left(-\frac{\partial \bar{P}}{\partial z}\right)\int_0^1 (u - u^3) d\,u = \frac{R^2}{2\mu}\left(-\frac{\partial \bar{P}}{\partial z}\right)\left(\frac{u^2}{2} - \frac{u^4}{4}\right)\Big|_0^1 = \frac{R^2}{2\mu}\left(-\frac{\partial \bar{P}}{\partial z}\right)\left(\frac{1}{4}\right)$

$= \frac{R^2}{8\mu}\left(-\frac{\partial \bar{P}}{\partial z}\right) = \frac{1}{2}V_{max}$

(三)$\dot{Q} = \langle V_z\rangle A = \langle V_z\rangle \pi R^2 = \frac{\pi R^4}{8\mu}\left(-\frac{\partial \bar{P}}{\partial z}\right)$ (Hagen-Poiseuille)

限制 Re<2100 (83 第二次化工技師)(88 簡任升等)

(四)$\dot{m} = \dot{Q}\rho = \frac{\pi R^4 \rho}{8\mu}\left(-\frac{\partial \bar{P}}{\partial z}\right)$

(五)$F_z = \tau_{rz}\big|_{r=R}(2\pi RL) = \frac{1}{2}\left(-\frac{\partial\bar{P}}{\partial z}\right)R(2\pi RL) = \left(-\frac{\partial\bar{P}}{\partial z}\right)\pi R^2 L$

(六)$D_{eq} = 4r_H = 4\frac{A}{L_p} = 4\frac{\pi R^2}{2\pi R} = 2R = D$

(七)$Re = \frac{D_{eq}\langle V_z\rangle\rho}{\mu} = \frac{(2R)\left[\frac{R^2}{8\mu}\left(-\frac{\partial\bar{P}}{\partial z}\right)\right]\rho}{\mu} = \frac{R^3\rho}{4\mu^2}\left(-\frac{\partial\bar{P}}{\partial z}\right)$

(八)$f = \frac{\tau_{rz}\big|_{r=R}}{\frac{1}{2}\rho\langle V_z\rangle\left[\frac{R^2}{8\mu}\left(-\frac{\partial\bar{P}}{\partial z}\right)\right]} = \frac{8\mu}{\rho\langle V_z\rangle R} = \frac{16\mu}{\rho\langle V_z\rangle D} = \frac{16}{Re}$

〈例題 2－7〉將〈例題 2－6〉流體改成冪次流體(Power law model)時速度分佈及平均速度爲何？

由$\tau_{rz} = \frac{1}{2}\left(-\frac{\partial\bar{P}}{\partial z}\right)r$ (2)，冪次流體$\tau_{rz} = -m\left|\frac{dV_z}{dr}\right|^{n-1}\left(\frac{dV_z}{dr}\right)$ (3)

又$\frac{\partial V_z}{\partial r} < 0$代入上式(3)=>$\tau_{rz} = m\left(-\frac{\partial V_z}{\partial r}\right)^{n-1}\left(-\frac{\partial V_z}{\partial r}\right) = m\left(-\frac{\partial V_z}{\partial r}\right)^n$ (4)

(2)與(4)式合併 =>$m\left(-\frac{\partial V_z}{\partial r}\right)^n = \frac{1}{2}\left(-\frac{\partial\bar{P}}{\partial z}\right)r$ =>$\left(-\frac{\partial V_z}{\partial r}\right)^n = -\frac{1}{2m}\left(-\frac{\partial\bar{P}}{\partial z}\right)r$

=>$\frac{\partial V_z}{\partial r} = -\left[\frac{1}{2m}\left(-\frac{\partial\bar{P}}{\partial z}\right)\right]^{\frac{1}{n}} r^{\frac{1}{n}}$ (等號左右移向作積分)

=>$V_z = -\left[\frac{1}{2m}\left(-\frac{\partial\bar{P}}{\partial z}\right)\right]^{\frac{1}{n}}\frac{n}{n+1}r^{\frac{n+1}{n}} + C_2$ (5)，B.C.2 $r = R$ $V_z = 0$ 代入左式(5)

=>$V_z = \left[\frac{1}{2m}\left(-\frac{\partial\bar{P}}{\partial z}\right)\right]^{\frac{1}{n}}\frac{n}{n+1}R^{\frac{n+1}{n}}\left[1-\left(\frac{r}{R}\right)^{\frac{n+1}{n}}\right]$

$$\langle V_z\rangle = \frac{\int_0^{2\pi}\int_0^R\left[\frac{1}{2m}\left(-\frac{\partial\bar{P}}{\partial z}\right)\right]^{\frac{1}{n}}\frac{n}{n+1}R^{\frac{n+1}{n}}\left[1-\left(\frac{r}{R}\right)^{\frac{n+1}{n}}\right]r\,dr\,d\theta}{\int_0^{2\pi}\int_0^R r\,dr\,d\theta} = \frac{2\pi\int_0^R\left[\frac{1}{2m}\left(-\frac{\partial\bar{P}}{\partial z}\right)\right]^{\frac{1}{n}}\frac{n}{n+1}R^{\frac{n+1}{n}}\left[1-\left(\frac{r}{R}\right)^{\frac{n+1}{n}}\right]r\,dr}{\pi R^2}$$

$$= \frac{2n}{n+1}\left[\frac{1}{2m}\left(-\frac{\partial\bar{P}}{\partial z}\right)\right]^{\frac{1}{n}}\int_0^R R^{\frac{n+1}{n}}\left[1-\left(\frac{r}{R}\right)^{\frac{n+1}{n}}\right]\left(\frac{r}{R}\right)d\left(\frac{r}{R}\right)$$

(令$u = \frac{r}{R}$；$r = 0$ $u = 0$; $r = R$ $u = 1$)

$$= \frac{2n}{n+1}R^{\frac{n+1}{n}}\left[\frac{1}{2m}\left(-\frac{\partial\bar{P}}{\partial z}\right)\right]^{\frac{1}{n}}\int_0^1\left(1-u^{\frac{n+1}{n}}\right)u\,du = \frac{2n}{n+1}R^{\frac{n+1}{n}}\left[\frac{1}{2m}\left(-\frac{\partial\bar{P}}{\partial z}\right)\right]^{\frac{1}{n}}\int_0^1\left(u-\right.$$

$u^{\frac{2n+1}{n}}\Big)du$

$$= \frac{2n}{n+1}R^{\frac{n+1}{n}}\left[\frac{1}{2m}\left(-\frac{\partial \bar{P}}{\partial z}\right)\right]^{\frac{1}{n}}\left(\frac{u^2}{2}-\frac{n}{3n+1}u^{\frac{3n+1}{n}}\right)\Big|_0^1$$

$$= \frac{2n}{n+1}R^{\frac{n+1}{n}}\left[\frac{1}{2m}\left(-\frac{\partial \bar{P}}{\partial z}\right)\right]^{\frac{1}{n}}\left(\frac{1}{2}-\frac{n}{3n+1}\right) = \frac{2n}{n+1}R^{\frac{n+1}{n}}\left[\frac{1}{2m}\left(-\frac{\partial \bar{P}}{\partial z}\right)\right]^{\frac{1}{n}}\left(\frac{3n+1-2n}{6n+2}\right)$$

$$= \frac{2n}{n+1}\frac{n+1}{6n+2}R^{\frac{n+1}{n}}\left[\frac{1}{2m}\left(-\frac{\partial \bar{P}}{\partial z}\right)\right]^{\frac{1}{n}} = \frac{n}{3n+1}R^{\frac{n+1}{n}}\left[\frac{1}{2m}\left(-\frac{\partial \bar{P}}{\partial z}\right)\right]^{\frac{1}{n}}$$

〈例題 2－8〉將〈例題 2－6〉流體改成賓漢流體(Binghum fluid)時，如圖六求速度分佈爲何？

Sol：由〈例題 2－6〉$\tau_{rz} = \frac{1}{2}\left(-\frac{\partial \bar{P}}{\partial z}\right)r + \frac{C_1}{r}$ (1)

B.C.1　$r = 0$　$\tau_{rz} = 0$代入(1)式　$C_1 = 0$ $\Rightarrow \tau_{rz} = \frac{1}{2}\left(-\frac{\partial \bar{P}}{\partial z}\right)r$ (2)

對賓漢流體　$\tau_{rz} < \tau_0 \Rightarrow \frac{dV_z}{dr} = 0$；$\tau_{rz} > \tau_0$ $\Rightarrow \tau_{rz} = \tau_0 - \mu_0\frac{dV_z}{dr}$

當$\tau_{rz} < \tau_0$時沒有速度變化所以由(2)式可得$\tau_0 = \frac{1}{2}\left(-\frac{\partial \bar{P}}{\partial z}\right)r_0$

剪應力=降伏應力的位置在$r_0 = \frac{\tau_0}{\frac{1}{2}\left(-\frac{\partial \bar{P}}{\partial z}\right)}$

當$\tau_{xz} > \tau_0$ ($r_0 < r \le R$)

賓漢流體和(2)式結合$\Rightarrow \tau_0 - \mu_0\frac{dV_z}{dr} = \frac{1}{2}\left(-\frac{\partial \bar{P}}{\partial z}\right)r$

$\Rightarrow -\mu_0\frac{dV_z}{dr} = \frac{1}{2}\left(-\frac{\partial \bar{P}}{\partial z}\right)r - \tau_0$

$\Rightarrow \frac{dV_z}{dr} = -\frac{1}{2\mu_0}\left(-\frac{\partial \bar{P}}{\partial z}\right)r + \frac{\tau_0}{\mu_0}$

$\Rightarrow V_z = -\frac{1}{4\mu_0}\left(-\frac{\partial \bar{P}}{\partial z}\right)r^2 + \frac{\tau_0}{\mu_0}r + C_2$ (3)

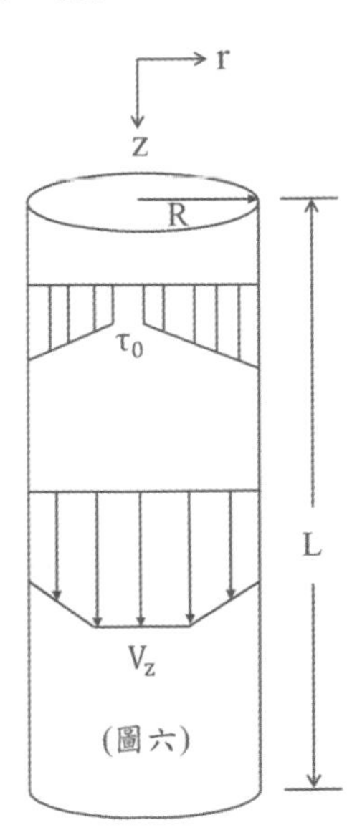

(圖六)

B.C.2　$r = R$　$V_z = 0$

代入(3)式$\Rightarrow C_2 = \frac{1}{4\mu_0}\left(-\frac{\partial \bar{P}}{\partial z}\right)R^2 - \frac{\tau_0}{\mu_0}R$代回$V_z$整理

$$=>V_z = \frac{R^2}{4\mu_0}\left(-\frac{\partial \bar{P}}{\partial z}\right)\left[1-\left(\frac{r}{R}\right)^2\right]+\frac{\tau_0}{\mu_0}(r-R) \quad 當\tau_{xz} \le \tau_0 \ (r \le r_0)$$

$$=>V_z = V_z\Big|_{r=r_0} = \frac{R^2}{4\mu_0}\left(-\frac{\partial \bar{P}}{\partial z}\right)\left[1-\left(\frac{r}{R}\right)^2\right]+\frac{\tau_0}{\mu_0}(r-R)$$

※〈例題 2－6〉〈例題 2－7〉〈例題 2－8〉若改爲水平管導正過程相同，但差異在不考慮重力項，ρg忽略變爲$\left(-\frac{\partial P}{\partial z}\right)$。讀者可自己練習。

〈例題 2－9〉有一牛頓流體如圖七由斜面流下求(一)最大速度(二)平均速度 (三)體積流率(四)質量流率(五)流體作用在平板的力(六)相當管徑(七)雷諾數(八)范寧摩擦因子，請由薄殼理論(shell-balance)推導以上結果。

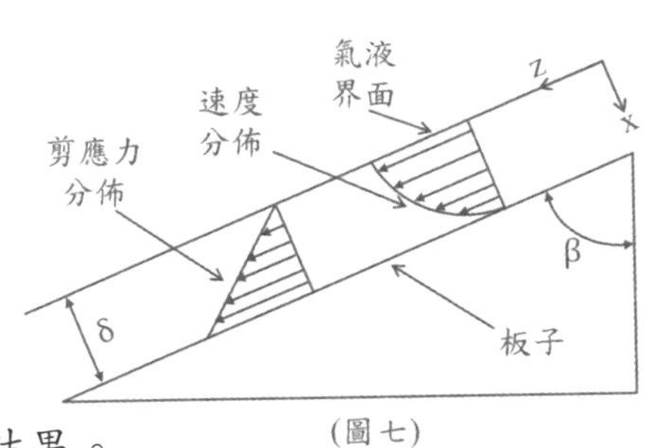

(圖七)

Sol：由連續方程式 $\frac{\partial \rho}{\partial t}+\nabla\cdot(\rho\vec{V})=0$ 不可壓縮流體$\rho=const$

代入上式=>$\nabla\cdot\vec{V}=0$ =>$\frac{\partial V_x}{\partial x}+\frac{\partial V_y}{\partial y}+\frac{\partial V_z}{\partial z}=0$

全展流下$V_x=0$ $V_y=0$代入上式=>$\frac{\partial V_z}{\partial z}=0$，$V_z=V_{z(x)}$ only

Shell-balance：$\rho V_z V_z dxdy|_z - \rho V_z V_z\, dx\, dy|_{z+dz} + \tau_{xz} dydz|_x$
$-\tau_{xz} dydz|_{x+\Delta x} + \rho g\cos\beta dxdydz = 0$同除以 dxdydz 同時令 dxdydz→0

$$=>-\frac{\partial(\rho V_z V_z)}{\partial z}-\frac{\partial \tau_{xz}}{\partial x}+\rho g\cos\beta=0 \ (1) \quad \because V_z=V_{z(x)}\text{only}$$

$=>\tau_{xz}=\rho g x\cos\beta+c_1$ (2) B.C.1 $x=0$ $\tau_{xz}=0$ 代入(2)式得$c_1=0$

$=>\tau_{xz}=\rho g x\cos\beta$ (3) 對牛頓流體$\tau_{xz}=-\mu\frac{dV_z}{dx}$ (4) 合併(3)和(4)式

$$=>-\mu\frac{dV_z}{dx}=\rho g\cos\beta x \ =>\frac{dV_z}{dx}=-\frac{\rho g\cos\beta x}{\mu} \ =>V_z=-\frac{\rho g\cos\beta}{2\mu}x^2+C_2 \ (5)$$

B.C.2 $x=\delta$ $V_z=0$ 代入(5)式$C_2=\frac{\rho g\cos\beta}{2\mu}\delta^2$ 代回(5)式

$$=> V_z = \frac{\rho g\cos\beta\delta^2}{2\mu}\left[1-(\frac{x}{\delta})^2\right]$$

$$(一)\ x=0\ \ V_z = V_{z\,max}\ => V_{z\,max} = \frac{\rho g\cos\beta\delta^2}{2\mu}$$

$$(二)\langle V_z\rangle = \frac{\int_0^W\int_0^\delta \frac{\rho g\delta^2\cos\beta}{2\mu}\left[1-(\frac{x}{B})^2\right]dx\,dy}{\int_0^W\int_0^\delta dx\,dy} = \frac{W\int_0^\delta \frac{\rho g\delta^2\cos\beta}{2\mu}\left[1-(\frac{x}{\delta})^2\right]dx}{\delta W}$$

$$(令u=\frac{x}{\delta}\ \ x=0\ \ u=0;x=\delta\ \ u=1)$$

$$= \frac{\rho g\delta^2\cos\beta}{2\mu}\int_0^1(1-u^2)\,du = \frac{\rho g\delta^2\cos\beta}{2\mu}\left(u-\frac{u^3}{3}\right)\Big|_0^1$$

$$= \left(\frac{2}{3}\right)\frac{\rho g\cos\beta\delta^2}{2\mu}\Big|_0^1 = \frac{\rho g\delta^2\cos\beta}{3\mu}$$

$$(三)\dot{Q} = \langle V_z\rangle A = \frac{\rho g\delta^2\cos\beta}{3\mu}(\delta W) = \frac{\rho g\delta^3 W\cos\beta}{3\mu}$$

$$(四)\dot{m} = \langle V_z\rangle A\rho = \dot{Q}\rho = \frac{\rho^2 g\delta^3 W\cos\beta}{3\mu}$$

$$(五)F_z = \tau_{xz}\big|_{x=\delta}(LW) = \rho g\delta\cos\beta\,(LW)$$

$$(六)D_{eq} = 4r_H = 4\frac{A}{L_p} = 4\frac{\delta W}{W} = 4\delta$$

$$(七)Re = \frac{D_{eq}\langle V_z\rangle\rho}{\mu} = \frac{(4\delta)\left[\frac{\rho g\delta^2\cos\beta}{3\mu}\right]\rho}{\mu} = \frac{4\rho^2 g\delta^3\cos\beta}{3\mu^2}$$

$$(八)f = \frac{\tau_{xz}\big|_{x=\delta}}{\frac{1}{2}\rho\langle V_z\rangle^2} = \frac{\rho g\delta\cos\beta}{\frac{1}{2}\rho\left[\frac{\rho g\delta^2\cos\beta}{3\mu}\right]\langle V_z\rangle} = \frac{6\mu}{\rho\langle V_z\rangle\delta} = \frac{24\mu}{\rho\langle V_z\rangle(4\delta)} = \frac{24}{Re}$$

〈例題 2－10〉如〈例題 2－9〉敘述如果平板不是傾斜而是垂直平板有一牛頓流體如圖八，由垂直面流下求(一)最大速度(二)平均速度(三)體積流率(四)質量流率(五)流體作用在平板的力(六)相當管徑(七)雷諾數(八)范寧摩擦因子，請由薄殼理論(shell-balance)推導以上結果。

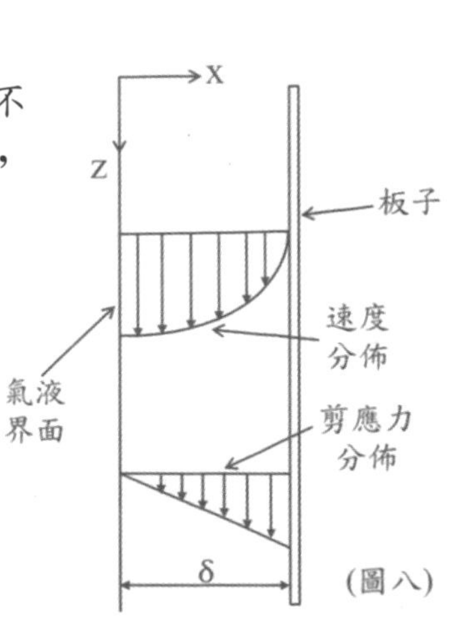

(圖八)

Sol：(一) $V_{z\,max} = \frac{\rho g \delta^2}{2\mu}$ (二)$\langle V_z \rangle = \frac{\rho g \delta^2}{3\mu}$

(三)$\dot{Q} = \frac{\rho g \delta^3 W}{3\mu}$(四)$\dot{m} = \frac{\rho^2 g \delta^3 W}{3\mu}$ (五)$F_z = \rho g \delta (LW)$(六)$Re = \frac{4\rho^2 g \delta^3}{3\mu^2}$

※將〈例題 2－9〉薄殼理論中ρgcosB 的角度與重力項轉換爲垂直重力ρg，其他導正過程相同。

類題練習解析

〈類題 2－1〉摩擦損失可分爲表面摩擦與型態摩擦，試由黑根-帕舒(Hagen-Poiseuille Equation)、范寧方程式(Fanning Equation)及史托克方程式(Stoke Equation)，請導出層流下流體流經圓管之摩擦係數及流體流經沉浸物體之拖曳阻力係數爲何？

Sol：$\Delta P = 4f\frac{L}{D}\frac{\rho u^2}{2g_c}$ (1) Fanning Equation

$\Delta P = \frac{32\mu u L}{g_c D^2}$ (2) Hagen-Poiseuille Equation(此形式以直徑表示)

(1)和(2)式結合 =>$4f\frac{L}{D}\frac{\rho u^2}{2g_c} = \frac{32\mu u L}{g_c D^2}$ =>$f = \frac{16\mu}{Du\rho} = \frac{16}{Re}$

$F = 3\pi\mu u D_p$ (3) Stoke Equation

$F = C_D A\frac{\rho u^2}{2g_c} = C_D\frac{\pi}{4}D_P^2\frac{\rho u^2}{2g_c}$ (4) 拖曳阻力

(3)和(4)式結合 =>$3\pi\mu u D_p = C_D\frac{\pi}{4}D_P^2\frac{\rho u^2}{2g_c}$ =>$C_D = \frac{24\mu}{D_p u \rho} = \frac{24}{Re}$

〈類題 2－2〉牛頓流體在一垂直板上，以恆穩層流流下，其速度分佈爲$u_y = \frac{\rho g}{\mu}\left(Lx - \frac{X^2}{2}\right)$式中ρ和μ分別爲流體的密度和黏度。g 爲重力加速度，L 爲液層的厚度，x 爲由板面算起，垂直於板面距離，u_y爲距板面 x 處之向下(y 方向)流速。(一)求

u_b？(二)當板寬 10 呎，液體液層厚度爲 0.01 吋時，求流量爲多 $\frac{gal}{min}$。($\rho = 1\frac{g}{cm^3}$，$\mu = 1cp$)

Sol：(一) $U_b = \dfrac{\int_0^b \int_0^L \frac{\rho g L^2}{\mu}\left[\left(\frac{x}{L}\right)-\frac{1}{2}\left(\frac{x}{L}\right)^2\right]dx\,dz}{\int_0^b \int_0^L dx\,dz} = \dfrac{\frac{b\rho g L^2}{\mu}\int_0^L\left[\left(\frac{x}{L}\right)-\frac{1}{2}\left(\frac{x}{L}\right)^2\right]dx}{bL}$

$= \frac{\rho g L^2}{\mu}\int_0^L\left[\left(\frac{x}{L}\right)-\frac{1}{2}\left(\frac{x}{L}\right)^2\right]d\left(\frac{x}{L}\right)$ (令$u = \frac{x}{L}$ 當$x = 0\ \ u = 0;\ x = L\ \ u = 1$)

$= \frac{\rho g L^2}{\mu}\int_0^1\left[u - \frac{1}{2}u^2\right]du = \frac{\rho g L^2}{\mu}\left(\frac{1}{2}u^2 - \frac{1}{6}u^3\right)\Big|_0^1 = \frac{\rho g L^2}{3\mu}$

(二)$\dot{Q} = U_b(bL) = \frac{\rho g L^3 b}{3\mu}$

$\dot{Q} = \dfrac{(1000)(9.8)\left(\frac{0.01}{12}\times 0.3048\right)^3(10\times 0.3048)}{3(1\times 10^{-3})} = 1.63\times 10^{-4}\left(\frac{m^3}{sec}\right)$

$=> 1.63\times 10^{-4}\frac{m^3}{sec}\times\frac{1000L}{1m^3}\times\frac{1gal}{3.785L}\times\frac{60sec}{1min} = 2.58\left(\frac{gal}{min}\right) = 2.58(GPM)$

〈類題 2－3〉水流經一大型導水管，速度分佈爲$U = 9\left(1 - \frac{r^2}{16}\right)$ fps，求在 1.5ft 的管子下的平均速度？(3W Problems 4.3)

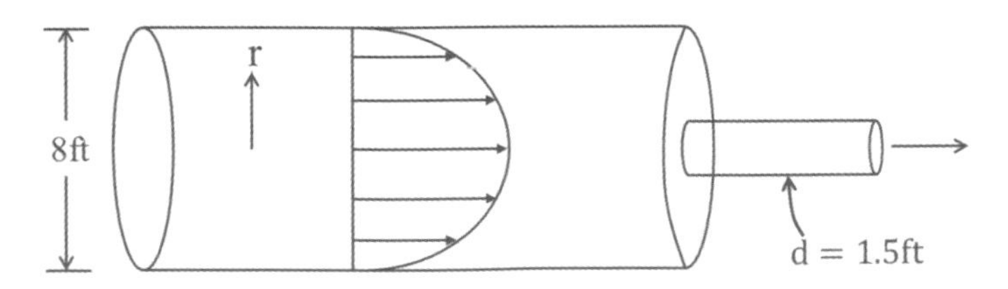

Sol：$R = \frac{D}{2} = \frac{8}{2} = 4(ft)$；$R_0 = \frac{d}{2} = \frac{1.5}{2} = 0.75(ft)$

$=> U_{av} = \dfrac{\int_0^{2\pi}\int_0^R 9\left(1-\frac{r^2}{16}\right)r\,dr\,d\theta}{\int_0^{2\pi}\int_0^{R_0} r\,dr\,d\theta} = \dfrac{2\pi\int_0^R 9\left(r-\frac{r^3}{16}\right)dr}{2\pi\int_0^{R_0} r\,dr} = \dfrac{18\pi\left(\frac{r^2}{2}-\frac{r^4}{64}\right)\Big|_0^R}{2\pi\left(\frac{r^2}{2}\right)\Big|_0^{R_0}} = \dfrac{18\pi\left(\frac{R^2}{2}-\frac{R^4}{64}\right)}{\pi R_0^2}$

$=> U_{av} = \dfrac{18\left(\frac{4^2}{2}-\frac{4^4}{64}\right)}{(0.75)^2} = 128\left(\frac{ft}{sec}\right)$

〈類題 2－4〉牛頓流體在圓管中做恆穩層流流動。管長爲 L，內半徑爲r_i，入口處壓力爲P_1，出口處壓力爲P_2。今於流體中取一小圓柱基體，如下圖所示：(一)請用箭頭表示此一小圓柱基體所受之各種不同的力(二)寫出各種力之均衡式(不必解)(三)管壁處之流體流速爲多少？管中心處之剪應力爲多少？

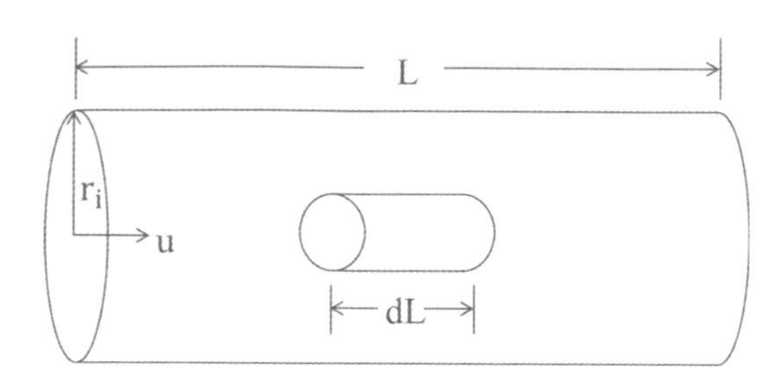

Sol：

(一) P ⟶ (圓柱) ⟶ P + dP；⟵ τ

(二)$P(\pi r^2)-(P+dp)(\pi r^2)=\tau(2\pi r dL)$ 移項=>$\tau=\frac{-rdp}{2dL}$

(三) $u\big|_{r=r_1}=0$ ； $\tau\big|_{r=0}=0$

〈類題 2－5〉毛細管黏度計的操作方法是使液體由圓管的一端流入，另一端流出並進入大氣。改變入口處的壓力P_0。可以得到不同的體積流率$\dot{Q}$。今有一黏度計，圓管半徑爲 0.127cm，長爲 30.48cm。25℃時用某液體做實驗得到下列的數據：

P_0(psig)	10	30	40	50	60
$\dot{Q}(cm^3\cdot s^{-1})$	0.44	1.41	1.80	2.32	2.72

請以作圖法求出該液體的黏度爲多少 poise ($1psig=6.9\times10^4 g\cdot cm^{-1}\cdot s^{-1}$)

Sol：$\dot{Q}=\frac{\pi R^4}{8\mu}\left(-\frac{\partial\bar{P}}{\partial z}\right)$ 黑根-帕舒(Hagen-Poiseuille)

=> $\dot{Q}=\frac{\pi R^4}{8\mu}\left(\frac{P_0-P_L}{L}+\rho g\right)$；在一般情況下重力$\rho gL\ll(P_0-P_L)$，所以$\rho gL\to0$，此系統爲流體流入大氣，大氣的絕對壓力爲 14.7psig，大氣壓力爲 14.7psig，所以表壓$P_L=0$，所以P_0-P_L可直接用P_0取代。

P_0(psig)	10	30	40	50	60
$P_0(g\cdot cm^{-1}\cdot s^{-1})$	6.9×10^5	20.7×10^5	27.6×10^5	34.5×10^5	41.4×10^5
$\dot{Q}(cm^3\cdot s^{-1})$	0.44	1.41	1.80	2.32	2.72

以P_0對$\dot{Q}$作圖如下，所得斜率為$\frac{P_0}{\dot{Q}} \doteqdot 1.5 \times 10^6$

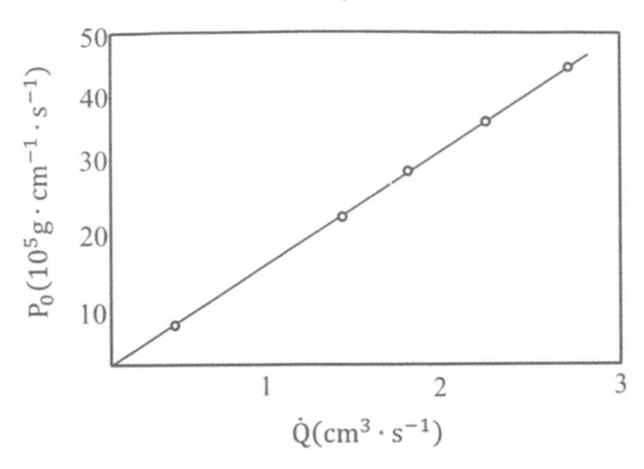

$$=>\mu = \frac{\pi R^4}{8L}\frac{P_0}{\dot{Q}} = \frac{\pi(0.127)^4}{8(30.48)}(1.5 \times 10^6) = 5.05\left(\frac{g}{cm \cdot sec}\right) \doteqdot 5(poise)$$

〈類題 2 – 6〉有一個三通管，如右圖所示。內直徑分別為D_1，D_2，D_3平均速度為u_{b1}，u_{b2}，u_{b3}，假設流體之密度不會改變，恆穩狀態時，求(一) u_{b1}，u_{b2}，u_{b3}與D_1，D_2，D_3 之關係式

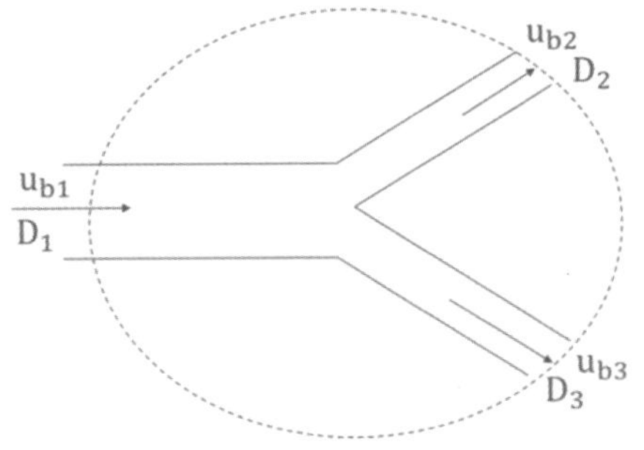

(二)流體帶入，帶出系統之動量差為多少？(以ρ，D_1，D_2，D_3及u_1，u_2，u_3表示之)

Sol：(一)質量平衡$\dot{m}_1 = \dot{m}_2 + \dot{m}_3$ (1)又$\dot{m} = uA\rho$

(1)式展開表示為：$\left(\frac{\pi}{4}D_1^2\right)\rho u_{b1} = \left(\frac{\pi}{4}D_2^2\right)\rho u_{b2} + \left(\frac{\pi}{4}D_3^2\right)\rho u_{b3}$

$=>D_1^2.u_{b1}=D_2^2.u_{b2} + D_3^2.u_{b3}$

(二)$\int_A \int \frac{u}{2g_c} u\rho \cos\alpha dA = \frac{\rho}{2g_c}\left[\int_A \int u_2^3 dA_2 + \int_A \int u_3^3 dA_3 - \int_A \int u_1^3 dA_1\right]$

$= \frac{\rho}{2g_c}[A_2({u_2}^3)_{av} + A_3({u_3}^3)_{av} - A_1({u_1}^3)_{av}]$

$= \frac{\pi\rho}{8g_c}[D_2^2({u_2}^3)_{av} + D_3^2({u_3}^3)_{av} - D_1^2({u_1}^3)_{av}]$

歷屆試題解析

〈考題 2－1〉(81 化工技師)(15 分)
如圖所示，有一油品(比重 0.93，黏度1.55×10^{-3}lbf · sec/ft^2)在一斜管以層流(Laminar flow)流動。(一)試由圖上所標示之數字，求得流體流動之方向？(即向上流或向下流？)(二)試計算此油品之流量流率(Flow rate)，以(加侖/分)(Gallons/min)表示。(三)假設$P_1=40$psi，而圖上之其他數字皆不變，試求得此油品之流動方向？

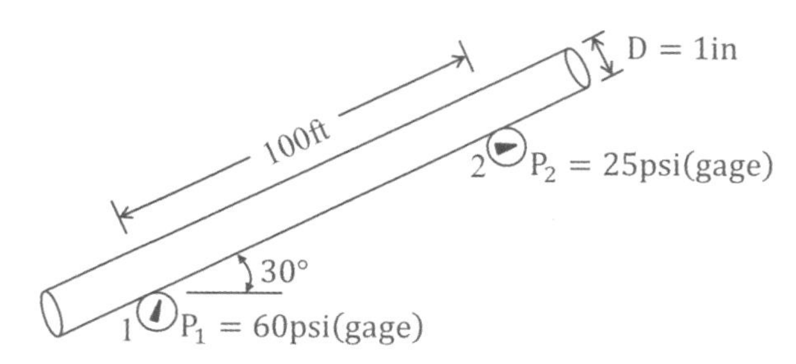

Sol：

(一)$P_2=P_2^*+\frac{\rho gh}{g_c}=P_2^*+\frac{\rho g(L\sin\theta)}{g_c}$

$$P_2=(25\times144)+\frac{(0.93\times62.4)(32.2)(100)(\sin30^0)}{(32.2)}=6501.6\left(\frac{lbf}{ft^2}\right)$$

$$P_1=60\frac{lbf}{in^2}\times\left(\frac{12in}{1ft}\right)^2=8640\left(\frac{lbf}{ft^2}\right)$$

$\therefore P_1>P_2$因壓力差，高壓往低壓流動，流體往上。

(二)$\dot{Q}=\frac{\pi R^4}{8\mu}\left(-\frac{\partial\bar{P}}{\partial z}\right)=\frac{\pi R^4}{8\mu}\left(\frac{P_1-P_2}{L}\right)$ (Hagen-Poiseuille)

∵題目假設為層流且為圓管內流動，且為牛頓流體。

$$=>\dot{Q}=\frac{\pi\left(\frac{1}{2\times12}\right)^4}{8(1.55\times10^{-3})}\left[\frac{(8640-6501)}{100}\right]=0.0163\left(\frac{ft^3}{sec}\right)$$

$$=>0.0163\frac{ft^3}{sec}\times\left(\frac{0.3048m}{1ft}\right)^3\times\frac{1000L}{1m^3}\times\frac{1gal}{3.785L}\times\frac{60sec}{1min}=7.33\left(\frac{gal}{min}\right)$$

(三) $P_1=40\frac{lbf}{in^2}\times\left(\frac{12in}{1ft}\right)^2=5760\left(\frac{lbf}{ft^2}\right)$；由第(一)小題得知$P_2=6501.6\left(\frac{lbf}{ft^2}\right)$，$P_2>P_1$因壓力差，高壓往低壓流動，流體往下。

〈考題 2 − 2〉(82 化工技師)(15/10 分)
某流體在一圓形直管中流動，當穩態時層流速度分佈已完全發展，其流速在管壁$r=R$處不爲零而爲一定值V_w，而壓力降$\Delta P/L$亦爲一定值。流體之黏度μ是定值。(一)試由流動方程式推導軸向速度在徑向之分佈。已知流動方程式：$\frac{\Delta P}{L}=\mu\left[\frac{1}{r}\frac{d}{dr}\left(r\frac{dV_z}{dr}\right)\right]$(二)如果該流體之黏度採 Hagen-Poiseuille 之定義方式$\dot{Q}=\left(\pi R^4/8\eta\right)(-\Delta P/L)$試證$\frac{1}{\eta}=\frac{1}{\mu}+\frac{4V_w}{\tau_w R}$ 其中τ_w是管壁之剪應力，L 是管長，R 是管之半徑，$\dot{Q}$是體積流量，V_z是軸向速度。

Sol：

(一) $\mu\left[\frac{1}{r}\frac{d}{dr}\left(r\frac{dV_z}{dr}\right)\right]=\frac{\Delta P}{L}$ => $\frac{d}{dr}\left(r\frac{dV_z}{dr}\right)=\frac{1}{\mu}\left(\frac{\Delta P}{L}\right)r$

=> $r\frac{dV_z}{dr}=\frac{1}{2\mu}\left(\frac{\Delta P}{L}\right)r^2+C_1$ => $\frac{dV_z}{dr}=\frac{1}{2\mu}\left(\frac{\Delta P}{L}\right)r+\frac{C_1}{r}$ (1)

B.C.1 $r=0$ $\frac{dV_z}{dr}=0$ 代入(1)式$C_1=0$ => $\frac{dV_z}{dr}=\frac{1}{2\mu}\left(\frac{\Delta P}{L}\right)r$ (2)

=> $V_z=\frac{1}{4\mu}\left(\frac{\Delta P}{L}\right)r^2+C_2$ (3) B.C.2 $r=R$ $V_z=V_w$ 代入(3)式

=> $C_2=V_w-\frac{R^2}{4\mu}\left(\frac{\Delta P}{L}\right)$代回(3)式 => $V_z=\frac{1}{4\mu}\left(\frac{\Delta P}{L}\right)r^2+V_w-\frac{R^2}{4\mu}\left(\frac{\Delta P}{L}\right)$

=> $V_z=V_w-\frac{R^2}{4\mu}\left(\frac{\Delta P}{L}\right)\left[1-\left(\frac{r}{R}\right)^2\right]$

(二)Hagen-Poiseuille $\dot{Q}=\left(\frac{\pi R^4}{8\eta}\right)\left(\frac{-\Delta P}{L}\right)$ => $\frac{1}{\eta}=\frac{8\dot{Q}}{\pi R^4\left(\frac{-\Delta P}{L}\right)}=\frac{8\langle V_z\rangle}{R^2\left(\frac{-\Delta P}{L}\right)}$ (4)

=> $\frac{1}{\eta}=\frac{1}{\mu}+\frac{4V_w}{\tau_w R}=\frac{\tau_w R+4V_w\mu}{\tau_w R\mu}$ (5)

$$\langle V_z\rangle=\frac{\int_0^{2\pi}\int_0^R V_w-\frac{R^2}{4\mu}\left(\frac{\Delta P}{L}\right)\left[1-\left(\frac{r}{R}\right)^2\right]r\,dr\,d\theta}{\int_0^{2\pi}\int_0^R r\,dr\,d\theta}=\frac{2\pi\int_0^R V_w-\frac{R^2}{4\mu}\left(\frac{\Delta P}{L}\right)\left[1-\left(\frac{r}{R}\right)^2\right]r\,dr}{\pi R^2}$$

$=\int_0^R\left[2V_w-\frac{R^2}{2\mu}\left(\frac{\Delta P}{L}\right)\left[1-\left(\frac{r}{R}\right)^2\right]\right]\left(\frac{r}{R}\right)d\left(\frac{r}{R}\right)$ (令$u=\frac{r}{R}$；$r=0$ $u=0$; $r=R$ $u=1$)

$= \int_0^1 \left[2V_w - \frac{R^2}{2\mu}\left(\frac{\Delta P}{L}\right)(1-u^2)\right] u\,du = \frac{2V_w u^2}{2}\Big|_0^1 - \frac{R^2}{2\mu}\left(\frac{-\Delta P}{L}\right)\left(\frac{u^2}{2}-\frac{u^4}{4}\right)\Big|_0^1$

$= V_w - \frac{R^2}{8\mu}\left(\frac{-\Delta P}{L}\right)$ (6)

管壁上的剪應力$\tau_w = -\mu \frac{dV_z}{dr}\Big|_{r=R} = -\mu\left[\frac{R}{2\mu}\left(\frac{-\Delta P}{L}\right)\right]\Big|_{r=R} = \frac{R}{2}\left(\frac{-\Delta P}{L}\right)$ (7)

(4)&(6)&(7)式代入(5)式=>$\frac{8V_w - \frac{R^2}{\mu}\left(\frac{-\Delta P}{L}\right)}{R^2\left(\frac{-\Delta P}{L}\right)} = \frac{\frac{R^2}{2}\left(\frac{-\Delta P}{L}\right)+4V_w\mu}{\left[R^2\left(\frac{-\Delta P}{L}\right)\right]\mu}$

$=> 8V_w = \frac{R^2}{\mu}\left(\frac{-\Delta P}{L}\right) + 4V_w => V_w = \frac{R^2}{4\mu}\left(\frac{-\Delta P}{L}\right)$

〈考題 2－3〉(84 第二次化工技師)(25 分)
毛細管之管徑可用流體流過該管時之壓力降及平均流速來推算：
如：管長= 50.02cm，運動黏度(Kinematic Viscosity)
$= 4.03 \times 10^{-5}\ m^2 sec^{-1}$，流體密度$= 0.9552 \times 10^3\ kg\ m^{-3}$，壓力降= 4.766atm，質量流速$= 2.97 \times 10^{-3}\ kg\ sec^{-1}$，試計算此毛細管之內徑為多少 mm？略述此方法之缺點？

Sol：$\dot{Q} = \langle V_z\rangle A = \langle V_z\rangle \pi R^2 = \frac{\pi R^4}{8\mu}\left(-\frac{\partial P}{\partial z}\right)$ 黑根-帕舒(Hagen-Poiseuille)

$\dot{Q} = \frac{\dot{m}}{\rho} = \frac{2.97\times10^{-3}}{0.9552\times10^3} = 3.11 \times 10^{-6}\left(\frac{m^3}{sec}\right)$

$\nu = \frac{\mu}{\rho} => \mu = \nu\rho = (4.03\times10^{-5})(0.9552\times10^3) = 0.0385\left(\frac{kg}{m\cdot sec}\right)$

$\Delta P = 4.776\ atm \times \frac{101325Pa}{1atm} = 483928(Pa)$

$=> 3.11 \times 10^{-6} = \frac{\pi R^4}{8(0.0385)} \frac{483928}{\left(\frac{50.2}{100}\right)} => R = 7.5 \times 10^{-4}(m)$

$=> D = 2R = 1.5 \times 10^{-3}(m) = 1.5(mm)$

Check $=> u = \frac{\dot{Q}}{A} = \frac{3.11\times10^{-6}}{\frac{\pi}{4}(1.5\times10^{-3})^2} = 1.76\left(\frac{m}{sec}\right)$

$Re = \frac{Du\rho}{\mu} = \frac{(1.5\times10^{-3})(1.76)(955.2)}{(0.0385)} = 65.5 < 2100$ 為層流

※在非層流下此公式不可使用，只適用於層流！

〈考題 2－4〉(84 普考)(8/8/9 分)
(一)試寫出層流時，管中流速與徑向距離的關係？
(二)在(一)中，何處速度最大？
(三)在(一)中，在何處其速度是最大速度之 1/2？
Sol：

(一) $V_z = V_{max}\left[1-(\frac{r}{R})^2\right]$ $\because V_{max} = \frac{R^2}{4\mu}\left(-\frac{\partial P}{\partial z}\right)$

(二)在 $r = 0$ $V_z = V_{max}$ => $V_{max} = \frac{R^2}{4\mu}\left(-\frac{\partial P}{\partial z}\right)$

(三)由題意得知=> $\frac{1}{2}V_{max} = V_{max}\left[1-(\frac{r}{R})^2\right]$ => $\frac{1}{2} = (\frac{r}{R})^2$ => $r = \frac{R}{\sqrt{2}}$

〈考題 2－5〉(84 高考二等)(4 分)
以下為正確之敘述：
(A)層流時，平均速度為最大速度之一半
(B)流體在圓管內流動，若雷諾數等於 3000，此流動一定是層流
(C)相當管徑等於兩倍之水力半徑
(D)海根-伯舒(Hagen-Poiseuille)方程式只適用於層流
Sol：(D)為正確答案；(A)只適用於圓管。(B)雷諾數需改為小於 2100 才可選。(C)需改為相當管徑等於 4 倍之水力半徑才可選。

〈考題 2－6〉(85 化工技師)(20 分)
比較於圓管內層流或亂流之(一)流速分配(二)平均速度與最大流速之比(三)流速與流體壓力降之關係(四)在離管壁一半半徑位置之剪應力
Sol：

(一) $V_z = V_{max}\left[1-(\frac{r}{R})^2\right]$ (層流) $\because V_{max} = \frac{R^2}{4\mu}\left(-\frac{\partial P}{\partial z}\right)$

$V_z = V_{max}\left(1-\frac{r}{R}\right)^{\frac{1}{7}}$ (亂流)

(二) $\frac{\langle V_z\rangle}{V_{max}} = \frac{\frac{R^2}{8\mu}\left(-\frac{\partial P}{\partial z}\right)}{\frac{R^2}{4\mu}\left(-\frac{\partial P}{\partial z}\right)} = \frac{1}{2}$

(三)$\dot{Q} = \langle V \rangle A = \langle V \rangle \pi R^2 = \frac{\pi R^4}{8\mu}\left(-\frac{\partial P}{\partial z}\right)$ (層流) =>$\Delta P \propto \langle V \rangle$

$\Delta P = 4f\frac{L}{D}\frac{\rho\langle V \rangle^2}{2g_c}$ (1) Fanning Equation (亂流)

$f = \frac{0.0791}{Re^{\frac{1}{4}}}$ (2)；將(2)代入(1)式=>$f = \frac{1}{4}\frac{D}{L}\frac{\Delta P}{\frac{1}{2}\rho\langle V \rangle^2} = \frac{0.0791}{\left(\frac{\rho\langle V \rangle D}{\mu}\right)^{\frac{1}{4}}}$

=>$\Delta P = 0.0791\left(\frac{\mu}{\rho\langle V \rangle D}\right)^{\frac{1}{4}}\frac{2L\langle V \rangle^2\rho}{D}$ =>$\Delta P \propto \langle V \rangle^{\frac{7}{4}}$

(四)已知$\tau_{rz} = -\mu\frac{dV_z}{dr}\Big|_{r=\frac{R}{2}}$

$$\tau_{rz} = -\mu V_{max}\frac{\partial}{\partial r}\left[1-\left(\frac{r}{R}\right)^2\right]\Big|_{r=\frac{R}{2}} = -\mu V_{max}\left(-\frac{2r}{R^2}\right)\Big|_{r=\frac{R}{2}} = \frac{\mu V_{max}}{R}$$

$$\tau_{rz} = -\mu V_{max}\frac{\partial}{\partial r}\left(1-\frac{r}{R}\right)^{\frac{1}{7}}\Big|_{r=\frac{R}{2}} = -\mu V_{max}\frac{1}{7}\left(1-\frac{r}{R}\right)^{-\frac{6}{7}}\left(-\frac{1}{R}\right)\Big|_{r=\frac{R}{2}} = 0.2587\frac{\mu V_{max}}{R}$$

〈考題 2 – 7〉(87 委任升等)(各 3 分)

(一)如何判定流體流動屬於層流(Laminar flow)或是亂流(Turbulent flow)？

(二)牛頓流體在一圓管內流動時，其層流或亂流是如何界定的？若牛頓流體流經平板時，其層流或是亂流如何界定的？

(三)試解釋泛寧摩擦因素(Fanning friction factor)？

(四)試說明流體黏度與溫度之間的關係？

Sol：

(一)層流(Laminar flow)：流體流動只有平行流，而無垂直流或渦流者。亂流(Turbulent flow)：流體流動有平行流、垂直流或渦流者。

(二)$Re < 2100$ 爲層流(Laminar flow)，$Re > 4000$ 爲亂流(Turbulent flow)

(三)$f = \frac{\tau_s}{\frac{1}{2}\rho\langle V_z \rangle^2} = \frac{\text{黏滯力}}{\text{慣性力}}$

(四)溫度：氣體黏度，隨溫度上升而上升。液體：液體黏度，隨溫度上升而下降。

〈考題2－8〉(87高考三等)(92簡任升等)(每小題5分，共20分)

考慮牛頓流體在圓管中之流動。(一)當Reynolds number爲2,000時，其平均流速爲管中心流速之若干倍？(二)當Reynolds number爲10,000時，其平均流速爲管中心流速之若干倍？(87高考三級題目改成當Reynolds number爲20,000時)(三)當Reynolds number爲2,000時，若甲流體之黏度爲乙流體之2倍，則在相同圓管相同壓降下，甲流體之體積流速爲乙流體之若干倍？(四)當Reynolds number爲2,000時，若甲管之管徑爲乙管之2倍，則同一流體在相同壓降下，流經甲管之體積流速爲流經乙管之若干倍？(五)若存在一截面積與此圓管相同之方形管，則同一流體在相同壓降下流經方管之體積流速與流經圓管之體積流速，二者孰大？

Sol：(一)$V_z = V_{max}\left[1-(\frac{r}{R})^2\right]$ (層流) 當$r=0$ $V_z = V_{max}$

$$\therefore V_{max} = \frac{R^2}{4\mu}\left(-\frac{\partial P}{\partial z}\right) \ (1) \quad \langle V_z\rangle = \frac{R^2}{8\mu}\left(-\frac{\partial P}{\partial z}\right) \ (2)$$

當(1)除以(2)式 $\frac{\langle V_z\rangle}{V_{z\,max}} = \frac{\frac{R^2}{8\mu}\left(-\frac{\partial P}{\partial z}\right)}{\frac{R^2}{4\mu}\left(-\frac{\partial P}{\partial z}\right)} = \frac{1}{2}$

(二)$V_z = V_{max}\left(1-\frac{r}{R}\right)^{\frac{1}{7}}$ (亂流下速度分佈) 當 $r=0$ $V_z = V_{max}$ (3)

$$\langle V_z\rangle = \frac{\int_0^{2\pi}\int_0^R V_{max}\left(1-\frac{r}{R}\right)^{\frac{1}{7}} r\,dr d\theta}{\int_0^{2\pi}\int_0^R r dr\,d\theta} = \frac{2\pi V_{max}\int_0^R \left(1-\frac{r}{R}\right)^{\frac{1}{7}} r\,dr}{\pi R^2}$$

$= 2V_{max}\int_0^R\left(1-\frac{r}{R}\right)^{\frac{1}{7}}(\frac{r}{R})d(\frac{r}{R})$ (令$u = 1-\frac{r}{R}$ 當$r=0$ $u=1$; $r=R$ $u=0$)

$$= 2V_{max}\int_1^0 u^{\frac{1}{7}}(1-u)(-du) = 2V_{max}\int_0^1 u^{\frac{1}{7}}(1-u)(du)$$

$$= 2V_{max}\int_0^1\left(u^{\frac{1}{7}}-u^{\frac{8}{7}}\right)(du) = 2V_{max}(\frac{7}{8}u^{\frac{8}{7}}-\frac{7}{15}u^{\frac{15}{7}})\Big|_0^1 = 0.8166V_{max} \ (4)$$

當(4)除以(3)式 $\frac{\langle V_z\rangle}{V_{z\,max}} = 0.8166$ (三)當$Re < 2100$時 =>(Hagen-Poiseuille)

$$\dot{Q} = \frac{\pi R^4}{8\mu}\left(-\frac{\partial \bar{P}}{\partial z}\right) \Rightarrow \dot{Q} \propto \frac{1}{\mu} \Rightarrow \frac{\dot{Q}_{甲}}{\dot{Q}_{乙}} = \frac{1/2}{1} = 0.5(倍)$$

(四) $Re < 2100$ $Q \propto R^4$ $\Rightarrow \frac{\dot{Q}_{甲}}{\dot{Q}_{乙}} = \frac{(2)^4}{(1)^4} = 16(倍)$

(五)質量平衡 $\dot{m}_1 = \dot{m}_2$ =>$\dot{Q}_1\rho_1 = \dot{Q}_2\rho_2$ ∵ $\rho_1 = \rho_2 = \rho = \text{const}$
$\dot{Q}_1 = \dot{Q}_2$ 得知兩者體積流率相同！

〈考題 2－9〉(88 高考三等)(20 分)

在圓管中牛頓流體之流速可以$\frac{U}{U_c} = \left(1 - \frac{r}{r_0}\right)^{\frac{1}{n}}$ 來表示，試求$n = 7$及$n = 8$時，平均流速$\bar{U}$與管中心U_c之比。在此U爲半徑位置 r 時之流體流速，而r_0爲圓管之半徑。

Sol：當$r = 0$ $U = U_{max}$代入$U = U_c\left(1 - \frac{r}{r_0}\right)^{\frac{1}{n}}$ =>$U = U_c = U_{max}$ (1)

$$\bar{U} = \frac{\int_0^{2\pi}\int_0^{r_0} U_c\left(1-\frac{r}{r_0}\right)^{\frac{1}{n}} r dr\, d\theta}{\int_0^{2\pi}\int_0^{r_0} r dr\, d\theta} = \frac{2\pi\int_0^{r_0} U_c\left(1-\frac{r}{r_0}\right)^{\frac{1}{n}} r dr}{\pi R^2}$$

$$= 2U_c\int_0^{r_0}\left(1 - \frac{r}{r_0}\right)^{\frac{1}{n}}\left(\frac{r}{r_0}\right) d\left(\frac{r}{r_0}\right) = 2U_c\int_1^0 u^{\frac{1}{n}}(1-u)(-du)$$

(令$u = 1 - \frac{r}{r_0}$ 當$r = 0$ $u = 1$; $r = r_0$ $u = 0$)

$$= 2U_c\int_0^1\left(u^{\frac{1}{n}} - u^{\frac{n+1}{n}}\right)du = 2U_c\left(\frac{n}{n+1}u^{\frac{n+1}{n}} - \frac{n}{2n+1}u^{\frac{2n+1}{n}}\right)\Big|_0^1$$

$= 2U_c\left(\frac{n}{n+1} - \frac{n}{2n+1}\right)$ (2)，$n = 7$ 代入(2)式

$\bar{U} = 2U_c\left[\frac{7}{7+1} - \frac{7}{(2\times7)+1}\right] = 0.816U_c$ (3) =>(3)除以(1)式 =>$\frac{\bar{U}}{U_c} = 0.816$

$n = 8$代入(2)式=>$\bar{U} = 2U_c\left[\frac{8}{8+1} - \frac{8}{(2\times8)+1}\right] = 0.837U_c$ (4)

=>(4)除以(1)式 =>$\frac{\bar{U}}{U_c} = 0.837$

〈考題 2－10〉(90 化工技師)(96 化工技師)(103 高考三等)(20 分)

牛頓流體(Newtonian fluid)沿著垂直圓柱管外壁緩慢流下。圓柱管外壁半徑爲 R，液膜厚度爲(a－1)R(液膜最外圍至圓柱管中心軸距離爲 aR)。請求解液膜之流場。

Sol：由連續方程式 $\frac{\partial\rho}{\partial t} + \nabla\cdot(\rho\vec{V}) = 0$ 不可壓縮流體$\rho = \text{const}$

代入左式=>$\nabla \cdot \vec{V} = 0 = 0$ =>$\frac{1}{r}\frac{\partial}{\partial r}(r \cdot V_r) + \frac{1}{r}\frac{\partial V_\theta}{\partial \theta} + \frac{\partial V_z}{\partial z} = 0$

全展流下 $V_r = 0$ $V_\theta = 0$ 代入上式=>$\frac{\partial V_z}{\partial z} = 0$ $V_z = V_{z(r)}$only

Shell-balance：

$\rho V_z V_z\, r\, dr\, d\theta|_z - \rho V_z V_z\, r\, dr\, d\theta|_{z+\Delta z} + \tau_{rz}\, r d\theta\, dz|_r - \tau_{rz}\, r d\theta\, dz|_{r+\Delta r} + \rho g r dr d\theta dz = 0$

同除以 drdθdz 同時令 drdθdz→0 =>$-\rho r\frac{\partial(V_z V_z)}{\partial z} - \frac{\partial r\tau_{rz}}{\partial r} + \rho g r = 0$ $\because V_z = V_{z(r)}$

=>$\frac{\partial r\tau_{rz}}{\partial r} = \rho g r$ =>$r\tau_{rz} = \frac{\rho g}{2}r^2 + C_1$ =>$\tau_{rz} = \frac{\rho g}{2}r + \frac{C_1}{r}$ (1)

B.C.1 $r = aR$ $\tau_{rz} = 0$ 代入(1)式 $0 = \frac{\rho g(aR)}{2} + \frac{C_1}{aR}$；$C_1 = -\frac{\rho g(aR)^2}{2}$

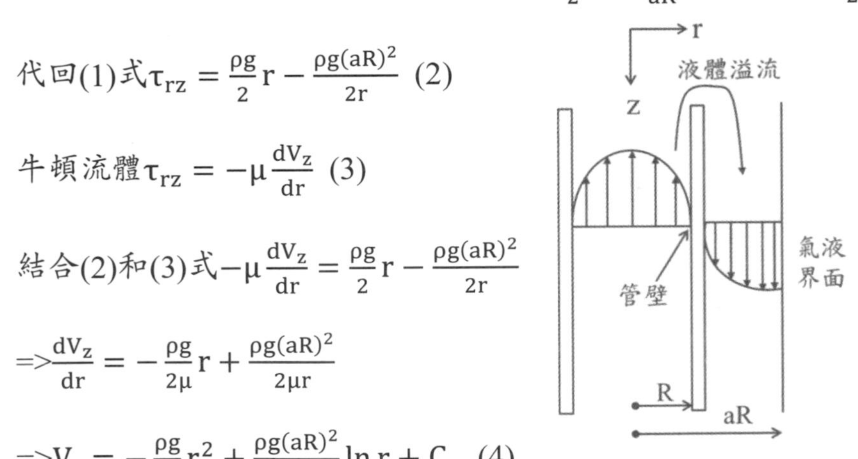

代回(1)式$\tau_{rz} = \frac{\rho g}{2}r - \frac{\rho g(aR)^2}{2r}$ (2)

牛頓流體$\tau_{rz} = -\mu\frac{dV_z}{dr}$ (3)

結合(2)和(3)式$-\mu\frac{dV_z}{dr} = \frac{\rho g}{2}r - \frac{\rho g(aR)^2}{2r}$

=>$\frac{dV_z}{dr} = -\frac{\rho g}{2\mu}r + \frac{\rho g(aR)^2}{2\mu r}$

=>$V_z = -\frac{\rho g}{4\mu}r^2 + \frac{\rho g(aR)^2}{2\mu}\ln r + C_2$ (4)

B.C.2 $r = R$ $V_z = 0$ 代入(4)式=>$C_2 = \frac{\rho g R^2}{4\mu} - \frac{\rho g(aR)^2}{2\mu}\ln R$

代回(4)式=>$V_z = -\frac{\rho g}{4\mu}r^2 + \frac{\rho g(aR)^2}{2\mu}\ln r + \frac{\rho g R^2}{4\mu} - \frac{\rho g(aR)^2}{2\mu}\ln R$

整理=>$V_z = \frac{\rho g R^2}{4\mu}\left[1 - \left(\frac{r}{R}\right)^2 + 2a^2\ln\left(\frac{r}{R}\right)\right]$

〈考題2－11〉(91高考三等)(20分)

一恆溫冪次流體(power-law fluid)沿著垂直平面壁緩慢流下。液膜厚度爲δ，平面壁寬度爲W。請導出穩態下體積流率與液膜厚度之關係式。

Sol：由連續方程式 $\frac{\partial \rho}{\partial t}+\nabla\cdot(\rho\vec{V})=0$ 不可壓縮流體 $\rho=\text{const}$

代入上式=> $\nabla\cdot\vec{V}=0$ => $\frac{\partial V_x}{\partial x}+\frac{\partial V_y}{\partial y}+\frac{\partial V_z}{\partial z}=0$

全展流下 $V_y=0$ $V_z=0$ 代入上式=> $\frac{\partial V_x}{\partial x}=0$ $V_x=V_{x(y)}$ only　Shell-balance：

$\rho V_xV_x\,dy\,dz|_x-\rho V_xV_x\,dy\,dz|_{x+\triangle x}+\tau_{yx}dxdz|_y-\tau_{yx}dxdz|_{y+\triangle y}+\rho g dxdydz=0$ 同除以

dxdydz同時令dxdydz→0 => $-\frac{\partial(\rho V_xV_x)}{\partial x}-\frac{\partial \tau_{yx}}{\partial y}+\rho g=0$　$\because V_x=V_{x(y)}$

=> $\left(\frac{\partial \tau_{yx}}{\partial y}\right)=\rho g$ 積分得 $\tau_{yx}=\rho g y+c_1$ (2)

B.C.1 $y=0$ $\tau_{yx}=0$ 代入(2)式得 $c_1=0$ => $\tau_{yx}=\rho g y$ (3)

Power law model $\tau_{yx}=-m\left|\frac{dV_x}{dy}\right|^{n-1}\left(\frac{dV_x}{dy}\right)$ 又 $\frac{\partial V_x}{\partial y}<0$ 代入左式

=> $\tau_{yx}=m(-\frac{\partial V_x}{\partial y})^{n-1}\left(-\frac{\partial V_x}{\partial y}\right)=m(-\frac{\partial V_x}{\partial y})^n$ (4)；將(3)和(4)式結合

=> $m(-\frac{\partial V_x}{\partial y})^n=\rho g y$ => $\frac{\partial V_x}{\partial y}=\left(-\frac{\rho g}{m}\right)^{\frac{1}{n}}y^{\frac{1}{n}}$

=> $V_x=\frac{n}{n+1}\left(-\frac{\rho g}{m}\right)^{\frac{1}{n}}y^{\frac{n+1}{n}}+c_2$ (5)

B.C.2 $y=\delta$ $V_x=0$

代入(5)式得 $c_2=\frac{n}{n+1}\left(-\frac{\rho g}{m}\right)^{\frac{1}{n}}\delta^{\frac{n+1}{n}}$

代回(4)式 $V_x=\frac{n}{n+1}\left(-\frac{\rho g}{m}\right)^{\frac{1}{n}}\delta^{\frac{n+1}{n}}\left[1-\left(\frac{y}{\delta}\right)^{\frac{n+1}{n}}\right]$

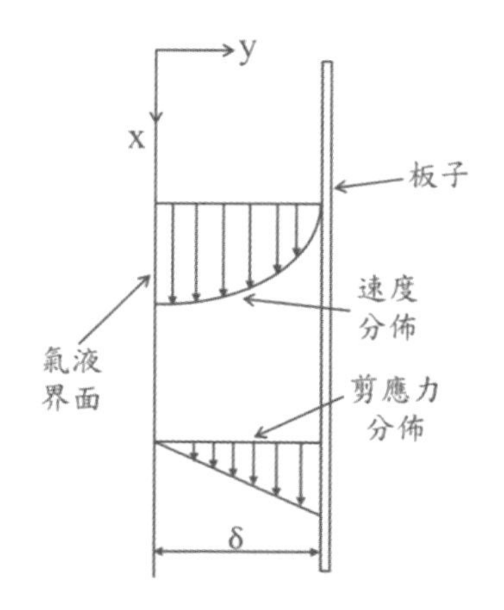

$$\langle V_x\rangle=\frac{\int_0^W\int_0^\delta \frac{n}{n+1}\left(-\frac{\rho g}{m}\right)^{\frac{1}{n}}\delta^{\frac{n+1}{n}}\left[1-\left(\frac{y}{\delta}\right)^{\frac{n+1}{n}}\right]dy\,dz}{\int_0^W\int_0^\delta dy\,dz}=\frac{n}{n+1}\left(-\frac{\rho g}{m}\right)^{\frac{1}{n}}\delta^{\frac{n+1}{n}}\int_0^\delta\left[1-\left(\frac{y}{\delta}\right)^{\frac{n+1}{n}}\right]d\left(\frac{y}{\delta}\right)$$

(令 $u=\frac{x}{\delta}$ $x=0$ $u=0$; $x=\delta$ $u=1$)

$$= \frac{n}{n+1}\left(-\frac{\rho g}{m}\right)^{\frac{1}{n}} \delta^{\frac{n+1}{n}} \int_0^1 \left(1-u^{\frac{n+1}{n}}\right) du = \frac{n}{n+1}\left(-\frac{\rho g}{m}\right)^{\frac{1}{n}} \delta^{\frac{n+1}{n}} \left(1-\frac{n}{2n+1}\right)$$

$$= \left(\frac{n}{n+1}\right)\left(\frac{n+1}{2n+1}\right)\left(\frac{\rho g}{m}\right)^{\frac{1}{n}} \delta^{\frac{n+1}{n}} = \frac{n}{2n+1}\left(-\frac{\rho g}{m}\right)^{\frac{1}{n}} \delta^{\frac{n+1}{n}}$$

$$\Rightarrow \dot{Q} = \langle V_x \rangle A = \langle V_x \rangle (\delta W) = \frac{n}{2n+1}\left(-\frac{\rho g}{m}\right)^{\frac{1}{n}} \delta^{\frac{2n+1}{n}} W$$

〈考題2－12〉(91地方特考)(20分)

於下列界面，通常所使用的流體力學邊界條件爲何：(一)固液界面，(二)氣液界面，(三)液液界面。

Sol：

(一) τ_{yx} 剪應力爲最大值 $\tau_{yx} = \tau_{yx(max)}$ 或者是 $V_x = 0$ (non-slip) 不滑動條件。

(二) $\tau_{yx} = 0$ 剪應力爲零或者是速度梯度 $\frac{dV_x}{dy} = 0$ 或者是 $V = V_{max}$ 速度最大。

(三) $V_{x(a)} = V_{x(b)}$ 速度爲連續或者是 $\tau_{yx(a)} = \tau_{yx(b)}$ 剪應力爲連續。

〈考題2－13〉(92簡任升等)(20分)

一不可壓縮牛頓流體(incompressible Newtonian fluid)置於兩同軸圓柱面之間。外圓柱面之半徑爲R，以穩定速度V沿軸向運動;而內圓柱面之半徑爲κR，固定不動。若流體運動爲層流(laminar flow)，且入出口端點效應可以忽略不計，則此流體之速度分佈爲何？

Sol：由連續方程式 $\frac{\partial \rho}{\partial t} + \nabla \cdot (\rho \vec{V}) = 0$ 不可壓縮流體 $\rho = const$

代入上式 $\Rightarrow \nabla \cdot \vec{V} = 0 \Rightarrow \frac{1}{r}\frac{\partial}{\partial r}(r \cdot V_r) + \frac{1}{r}\frac{\partial V_\theta}{\partial \theta} + \frac{\partial V_z}{\partial z} = 0$

全展流下 $V_r = 0$ $V_\theta = 0$ 代入上式 $\Rightarrow \frac{\partial V_z}{\partial z} = 0$，$V_z = V_{z(r)}$ only

Shell-balance：$\rho V_z V_z\, r\, dr\, d\theta|_z - \rho V_z V_z\, r\, dr\, d\theta|_{z+\triangle z} + P r\, dr\, d\theta|_z$
$- P r\, dr\, d\theta|_{z+\triangle z} + \tau_{rz}\, r d\theta\, dz|_r - \tau_{rz}\, r d\theta\, dz|_{r+\triangle r} = 0$

同除以 drdθdz 令 drdθdz→0 $\Rightarrow -\rho r \frac{\partial (V_z V_z)}{\partial z} - r\frac{\partial P}{\partial z} - \frac{\partial r\tau_{rz}}{\partial r} = 0$ $\because V_z = V_{z(r)}$

$\Rightarrow \frac{\partial r\tau_{rz}}{\partial r} = \left(-\frac{\partial P}{\partial z}\right) r \quad \Rightarrow \tau_{rz} = \frac{1}{2}\left(-\frac{\partial P}{\partial z}\right) r + \frac{C_1}{r}$ (1)

對牛頓流體$\tau_{rz}=-\mu\frac{dV_z}{dr}$ (2)，結合(1)和(2)式$-\mu\frac{dV_z}{dr}=\frac{1}{2}\left(-\frac{\partial P}{\partial z}\right)r+\frac{C_1}{r}$

$=>V_z=-\frac{1}{4\mu}\left(-\frac{\partial P}{\partial z}\right)r^2-\frac{C_1}{\mu}\ln r+C_2$ (3)

B.C.1　$r=R$ $V_z=V$　代入(3)式 $C_1=\frac{-\frac{1}{4}\left(-\frac{\partial P}{\partial z}\right)(R^2-\kappa^2R^2)}{\ln(\frac{1}{\kappa})}-\frac{\mu V}{\ln(\frac{1}{\kappa})}$

B.C.2　$r=\kappa R$ $V_z=0$ 代入(3)式 $C_2=\frac{\kappa^2R^2}{4\mu}\left(-\frac{\partial P}{\partial z}\right)-\frac{\ln\kappa R}{4\mu}\left(-\frac{\partial P}{\partial z}\right)\frac{(R^2-\kappa^2R^2)}{\ln(\frac{1}{\kappa})}-V\frac{\ln\kappa R}{\ln(\frac{1}{\kappa})}$

C_1和C_2代回(3)式整理得

$=>V_z=\frac{\kappa^2R^2}{4\mu}\left(-\frac{\partial P}{\partial z}\right)[1-(\frac{r}{\kappa R})^2]+\left[\frac{1}{4\mu}\left(-\frac{\partial P}{\partial z}\right)\frac{(R^2-\kappa^2R^2)}{\ln(\frac{1}{\kappa})}-\frac{V}{\ln(\frac{1}{\kappa})}\right]\ln(\frac{r}{\kappa R})$

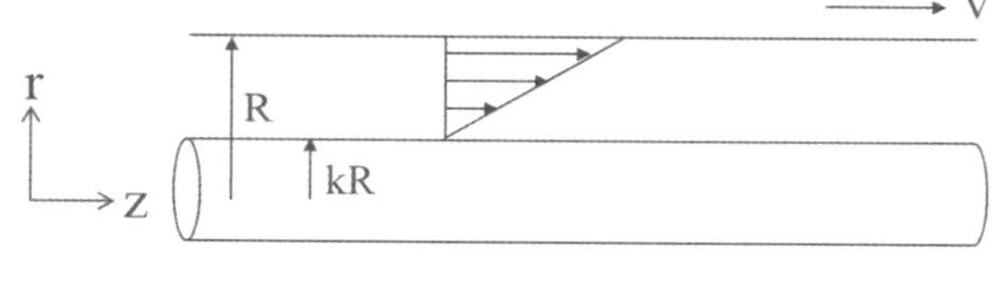

〈考題 2－14〉(94 第二次化工技師)(20 分)

試推導在圓管內完整發展的層狀流(fully developed laminar flow)之流速分佈($u=f(r)$)並證明平均流速爲最大流速之半

Sol：前面的解題方式如〈類題 2－6〉，但不需考慮重力項。

$V_z=V_{max}\left[1-(\frac{r}{R})^2\right]$ 當 $r=0$ $V_z=V_{max}$ $\therefore V_{max}=\frac{R^2}{4\mu}\left(-\frac{\partial P}{\partial z}\right)$ (1)

$\langle V_z\rangle=\frac{R^2}{8\mu}\left(-\frac{\partial P}{\partial z}\right)$ (2)，當(1)除以(2)式 $\frac{\langle V_z\rangle}{V_{z\,max}}=\frac{\frac{R^2}{8\mu}\left(-\frac{\partial P}{\partial z}\right)}{\frac{R^2}{4\mu}\left(-\frac{\partial P}{\partial z}\right)}=\frac{1}{2}$

〈考題 2－15〉(95 高考三等)(24 分)

在穩態(steady state)及層流(laminar flow)下，垂直圓管中的速度分佈表示式爲$V_z=\left(\frac{P_0-P_L}{L}+\rho g\right)\frac{R^2}{4\mu}\left[1-(\frac{r}{R})^2\right]$ 請導出(一)圓管中流體的體積流率表示式$\dot{Q}$及(二)流體作用在管壁之力的表示式F_Z。

Sol：座標如〈類題2－6〉的圖五所示

(一) $\langle V_z\rangle = \frac{\int_0^{2\pi}\int_0^R\left(\frac{P_0-P_L}{L}+\rho g\right)\frac{R^2}{4\mu}\left[1-(\frac{r}{R})^2\right]rdr\,d\theta}{\int_0^{2\pi}\int_0^R rdr\,d\theta} = \frac{2\pi\int_0^R\left(\frac{P_0-P_L}{L}+\rho g\right)\frac{R^2}{4\mu}\left[1-(\frac{r}{R})^2\right]rdr}{\pi R^2}$

$= \left(\frac{P_0-P_L}{L}+\rho g\right)\frac{R^2}{2\mu}\int_0^R\left[1-(\frac{r}{R})^2\right]\left(\frac{r}{R}\right)d\left(\frac{r}{R}\right) = \left(\frac{P_0-P_L}{L}+\rho g\right)\frac{R^2}{2\mu}\int_0^1(1-u^2)udu$

(令$u=\frac{r}{R}$；$r=0\ \ u=0; r=R\ u=1$)

$= \left(\frac{P_0-P_L}{L}+\rho g\right)\frac{R^2}{2\mu}\int_0^1(u-u^3)du = \left(\frac{P_0-P_L}{L}+\rho g\right)\frac{R^2}{2\mu}\left(\frac{u^2}{2}-\frac{u^4}{4}\right)\Big|_0^1$

$= \frac{R^2}{8\mu}\left(\frac{P_0-P_L}{L}+\rho g\right)$，$\dot{Q} = \langle V_z\rangle A = \langle V_z\rangle\pi R^2 = \frac{\pi R^4}{8\mu}\left(\frac{P_0-P_L}{L}+\rho g\right)$

(二)$\tau_{rz}\big|_{r=R} = \frac{F_z}{A}$ =>$F_z = \tau_{rz}\big|_{r=R}A$ (1)

$\tau_{rz} = -\mu\frac{dV_z}{dr}\Big|_{r=R} = -\mu\frac{\partial}{\partial r}\left[\left(\frac{P_0-P_L}{L}+\rho g\right)\frac{R^2}{4\mu}\left[1-(\frac{r}{R})^2\right]\right]\Big|_{r=R}$

$= -\mu\left[\left(\frac{P_0-P_L}{L}+\rho g\right)\frac{R^2}{4\mu}\left(-\frac{2r}{R^2}\right)\right]\Big|_{r=R} = \frac{R}{2}\left(\frac{P_0-P_L}{L}+\rho g\right)$ (2)

(2)代入(1)式=>$F_z = \frac{R}{2}\left(\frac{P_0-P_L}{L}+\rho g\right)(2\pi RL) = \pi R^2L\left(\frac{P_0-P_L}{L}+\rho g\right)$

〈考題2－16〉(96高考三等)(各10分)

有一液體沿垂直壁流下，假設此流動為層流：(一)請推導出液體之流速分佈為$V_z = \frac{\rho g\delta^2}{2\mu}\left[1-(\frac{x}{\delta})^2\right]$其中z為流動方向，x為垂直於壁面之方向，x = 0為流體表面處，δ為液體層厚度，ρ為流體密度，μ為流體黏度，g為重力加速度。(二)請推導出液體之平均流速。(三)若此液體之密度為998 kg/m^3，黏度為1.05cp，且沿單位寬度垂直壁流下之質量流率為0.124kg/s · m，請問液體層厚度(δ)為多少？流體施加於單位壁面積之作用力為多少？(四)導出穩態下體積流率與膜厚度δ之關係式？ (90第二次化工技師)

Sol：座標如〈類題2－10〉的圖八所示

(一)由連續方程式 $\frac{\partial\rho}{\partial t}+\nabla\cdot(\rho\vec{V}) = 0$ 不可壓縮流體$\rho = const$

代入上式=>$\nabla\cdot\vec{V} = 0$ =>$\frac{\partial V_x}{\partial x}+\frac{\partial V_y}{\partial y}+\frac{\partial V_z}{\partial z} = 0$

全展流下$V_x = 0$　$V_y = 0$代入上式=>$\frac{\partial V_z}{\partial z} = 0$，$V_z = V_{z(x)}$only　Shell-balance：

$\rho V_z V_z\,dx\,dy|_z - \rho V_z V_z\,dx\,dy|_{z+\triangle z} + \tau_{xz}dydz|_x - \tau_{xz}dydz|_{x+\triangle x} + \rho g dxdydz = 0$

同除以 dxdydz 同時令 dxdydz→0 =>$-\frac{\partial(\rho V_z V_z)}{\partial z} - \frac{\partial \tau_{xz}}{\partial x} + \rho g = 0$　$\because V_z = V_{z(x)}$

=>$\left(\frac{\partial \tau_{xz}}{\partial x}\right) = \rho g$ 積分得$\tau_{xz} = \rho g x + c_1$ (1)

B.C.1 $x = 0$ $\tau_{xz} = 0$ 代入(1)式得$c_1 = 0$ => $\tau_{xz} = \rho g x$ (2)

對牛頓流體$\tau_{xz} = -\mu\frac{dV_z}{dx}$ (3) =>結合(2)和(3)式=>$-\mu\frac{dV_z}{dx} = \rho g x$

=>$\frac{dV_z}{dx} = -\frac{\rho g}{\mu}x$ 移向積分得=>$V_z = -\frac{\rho g}{2\mu}x^2 + c_2$ (4)

B.C.2　$x = \delta$ $V_z = 0$ 代入(4)式得$c_2 = \frac{\rho g \delta^2}{2\mu}$ 代回(4)式

=>$V_z = -\frac{\rho g}{2\mu}x^2 + \frac{\rho g \delta^2}{2\mu} = \frac{\rho g \delta^2}{2\mu}\left[1 - (\frac{x}{\delta})^2\right]$

(二)$\langle V_z \rangle = \frac{\int_0^W \int_0^\delta \frac{\rho g \delta^2}{2\mu}\left[1-(\frac{x}{\delta})^2\right] dx\,dy}{\int_0^W \int_0^\delta dx\,dy} = \frac{W\int_0^\delta \frac{\rho g \delta^2}{2\mu}\left[1-(\frac{x}{\delta})^2\right] dx}{\delta W}$

(令$u = \frac{x}{\delta}$；$x = 0$ $u = 0$ ；$x = \delta$ $u = 1$)

$= \frac{\rho g \delta^2}{2\mu}\int_0^1 (1 - u^2)\,du = \frac{\rho g \delta^2}{2\mu}\left(u - \frac{u^3}{3}\right)\Big|_0^1 = \left(\frac{2}{3}\right)\frac{\rho g \delta^2}{2\mu} = \frac{\rho g \delta^2}{3\mu}$

(三)$\dot{m} = \dot{Q}\rho = \langle V_z \rangle A\rho = \frac{\rho g \delta^2}{3\mu}(\delta W)\rho = \frac{\rho^2 g \delta^3 W}{3\mu}$

$\dot{m}\left(\frac{kg}{s\cdot m}\right) = \frac{\rho^2 g \delta^3}{3\mu}$ =>$0.124 = \frac{(998)^2(9.8)\delta^3}{3(1.05\times10^{-3})}$ =>$\delta = 3.42 \times 10^{-4}(m)$

$F_z = \tau_{xz}\Big|_{x=\delta} A = \tau_{xz}\Big|_{x=\delta}(LW)$

$\tau_{xz}\Big|_{x=\delta} = -\mu\frac{dV_z}{dx}\Big|_{x=\delta} = -\mu\frac{\partial}{\partial x}\left[\frac{\rho g \delta^2}{2\mu}\left[1 - (\frac{x}{\delta})^2\right]\right]\Big|_{x=\delta} = -\mu\frac{\rho g \delta^2}{2\mu}(-\frac{2x}{\delta^2})\Big|_{x=\delta}$

=>$\tau_{xz} = \rho g \delta = (998)(9.8)(3.42 \times 10^{-4}) = 3.34(\frac{N}{m^2})$

單位壁面積之作用力爲3.34N(四)$\dot{Q} = \langle V_z \rangle A = \frac{\rho g \delta^2}{3\mu}(\delta W) = \frac{\rho g \delta^3 W}{3\mu}$

〈考題2 − 17〉(95地方特考)(10分)

不可壓縮牛頓流體在間隔爲2H之兩平行平板間做穩態層流時，速度分佈可表示成$V = V_{max}\left(1 - \frac{y^2}{H^2}\right)$。試求最大速度($V_{max}$)與平均速度($V_{av}$)間之關係。

Sol：座標圖與速度分佈畫法如〈類題2 − 1〉圖二，將寬度2B改爲2H即可。由圖的座標可得知當$y = 0$時$V = V_{max}$

$$=>V = \Big|_{y=0} = V_{max}\left(1 - \frac{y^2}{H^2}\right)\Big|_{y=0} = V_{max}$$

$$V_{av} = \frac{\int_0^W \int_{-H}^{H} V_{max}\left(1 - \frac{y^2}{H^2}\right) dy\, dz}{\int_0^W \int_{-H}^{H} dy\, dz} = \frac{W \int_{-H}^{H} V_{max}\left(1 - \frac{y^2}{H^2}\right) dy}{2WH}$$

$$= \frac{V_{max}}{2}\int_{-H}^{H}\left[1 - \left(\frac{y}{H}\right)^2\right] d\left(\frac{y}{H}\right) \quad (令u = \frac{y}{H}；y = H \ \ u = 1; y = -H \ \ u = -1)$$

$$= \frac{V_{max}}{2}\int_{-1}^{1}(1 - u^2)\, du = \frac{V_{max}}{2}\left(u - \frac{u^3}{3}\right)\Big|_{-1}^{1} = \frac{V_{max}}{2}\left(\frac{4}{3}\right) = \frac{2}{3}V_{max}$$

〈考題2 − 18〉(96地方特考)(20分)

兩片長與寬非常大的平行板(在x−z平面上)，中間夾有一流體，且板間距離爲0.5cm。若對上層板施予一固定力，使上層板維持以比下層板快30cm/s之等速度往x方向移動。試由殼均衡(shell balance)開始推導，求出於穩定狀態(steady state)時之剪切應力(τ_{yx}，shear stress)爲若干N/m^2？注意：中間所夾流體爲乙醇，273 K時之黏度爲1.77cp。

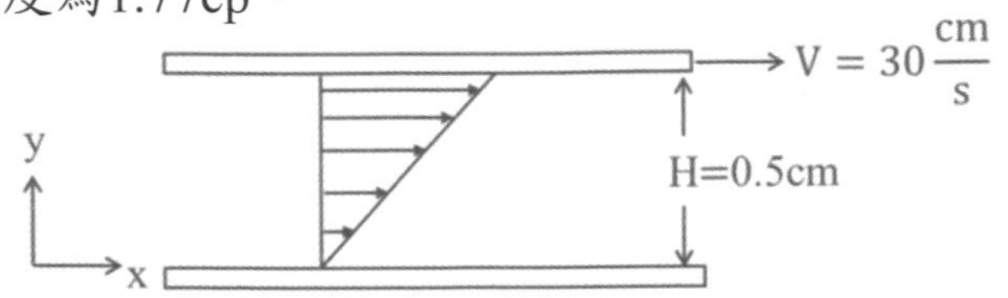

$V = 30\,\frac{cm}{s}$

y

x

H=0.5cm

Sol：由連續方程式 $\frac{\partial \rho}{\partial t} + \nabla \cdot (\rho \vec{V}) = 0$ 不可壓縮流體$\rho = const$

代入上式=>$\nabla \cdot \vec{V} = 0$ =>$\frac{\partial V_x}{\partial x} + \frac{\partial V_y}{\partial y} + \frac{\partial V_z}{\partial z} = 0$

全展流下$V_y = 0$ $V_z = 0$代入上式=>$\frac{\partial V_x}{\partial x} = 0$，$V_x = V_{x(y)}$only

Shell-balance：$\rho V_x V_x\,dy\,dz|_x - \rho V_x V_x\,dy\,dz|_{x+\triangle x} + \tau_{yx} dxdz|_y - \tau_{yx} dxdz|_{y+\triangle y} = 0$(題目並未提供壓力降數值所以不予考慮，假設板子移動接觸大氣，所以壓力相同)同除以dxdydz同時令dxdydz → 0 $\Rightarrow -\frac{\partial(\rho V_x V_x)}{\partial x} - \frac{\partial \tau_{yx}}{\partial y} = 0 \because V_x = V_{x(y)} \Rightarrow \left(\frac{\partial \tau_{yx}}{\partial y}\right) = 0$

積分得$\tau_{yx} = c_1$ (2)，牛頓流體$\tau_{yx} = -\mu\frac{dV_x}{dy}$ (3) =>結合(2)和(3)式=>$-\mu\frac{dV_x}{dy} = c_1$

$\Rightarrow \frac{dV_x}{dy} = -\frac{c_1}{\mu} \Rightarrow V_x = -\frac{c_1}{\mu}y + c_2$ (3)

B.C.1 $y = 0$ $V_x = 0$ 代入(3)式$c_2 = 0$

B.C.2 $y = H$ $V_x = V_0$ 代入(3)式$c_1 = -\frac{V_0\mu}{H}$代回(3)式=>$V_x = V_0\left(\frac{y}{H}\right)$

$\tau_{yx} = \Big|_{y=H} = -\mu\frac{V_0}{H}\Big|_{y=H} = -(1.77\times10^{-3})\frac{(0-0.3)}{\left(\frac{0.5}{100}\right)} = 0.11\left(\frac{N}{m^2}\right)$

〈考題 2－19〉(96 經濟部特考)(20 分)

有一賓漢非牛頓流體(non-Newtonian Binghum fluid)其一維之動量通量(momentum flux)與速度分佈(velocity gradient)有以下之關係

$\tau_{ij} = \tau_0 - \mu\frac{dV_j}{dx_i}$

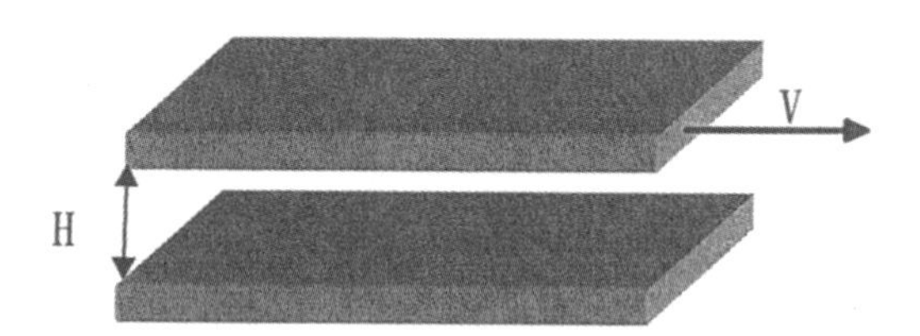

其中τ_0是 yield stress。如下圖所示，上層平板以速度 V 水平移動和下層板靜止不動，求出此賓漢流體在兩相距 H 之平行平板間流動時之速度分佈函數。

Sol：由連續方程式 $\frac{\partial\rho}{\partial t} + \nabla\cdot(\rho\vec{V}) = 0$ 不可壓縮流體$\rho = const$

代入上式=>$\nabla\cdot\vec{V} = 0 \Rightarrow \frac{\partial V_x}{\partial x} + \frac{\partial V_y}{\partial y} + \frac{\partial V_z}{\partial z} = 0$

全展流下 $V_y = 0$ $V_z = 0$代入上式=>$\frac{\partial V_x}{\partial x} = 0$，$V_x = V_{x(y)}$only Shell-balance:$\rho V_x V_x\,dy\,dz|_x - \rho V_x V_x\,dy\,dz|_{x+\triangle x} + \tau_{yx} dxdz|_y - \tau_{yx} dxdz|_{y+\triangle y} = 0$同除以dxdydz 同時令dxdydz → 0

=>$-\frac{\partial(\rho V_x V_x)}{\partial x}-\frac{\partial \tau_{yx}}{\partial y}=0$ （假設板子移動接觸大氣，所以壓力相同）

$\because V_x = V_{x(y)}$

=>$\left(\frac{\partial \tau_{yx}}{\partial y}\right)=0$ 積分得$\tau_{yx}=c_1$ (1)

對賓漢流體當$\tau_{yx}<\tau_0$ $\frac{dV_x}{dy}=0$ 沒有速度變化，流體靜止不動

當$\tau_{yx}>\tau_0$ $\tau_{yx}=\tau_0-\mu_0\frac{dV_x}{dy}$ (2) 有速度變化

結合(1)和(2)式=>$\tau_0-\mu_0\frac{dV_x}{dy}=c_1$ =>$\frac{dV_x}{dy}=-\frac{(c_1-\tau_0)}{\mu_0}$

=>$V_x=-\frac{(c_1-\tau_0)}{\mu_0}y+c_2$ (3)

B.C.1 $y=0$ $V_x=V$ 代入(3)式=>$c_2=V$

B.C.2 $y=H$ $V_x=0$ 代入(3)式=>$0=-\frac{(c_1-\tau_0)}{\mu_0}H+V$ =>$c_1=\mu_0\left(\frac{V}{H}\right)+\tau_0$

=>$V_x=V-\left(\frac{V}{H}\right)y$

※參考游文卿化工輸送現象 P67 頁內容

〈考題 2－20〉(97 化工技師)(104 高考二等)(各 10 分)

考慮兩同體積不互溶之不可壓縮牛頓流體I與II(密度爲ρ^I與ρ^{II}，黏度爲μ^I與μ^{II}，且$\rho^I>\rho^{II}$、$\mu^I>\mu^{II}$，流體I在下，流體II在上)於相距爲2b之兩水平之平行平板間因外加一線性壓力梯度$(P_0-P_L)/L$而流動。假定其爲穩態之層流，流體與邊界之間或流體與流體之間無滑移現象，且將座標原點訂於兩流體之交界處。(一)推導流體之剪切應力(shear stress)分佈與流速分佈。(二)決定其剪切應力爲零之位置及最大流速發生之位置。此兩位置會相同或不同？解釋之。

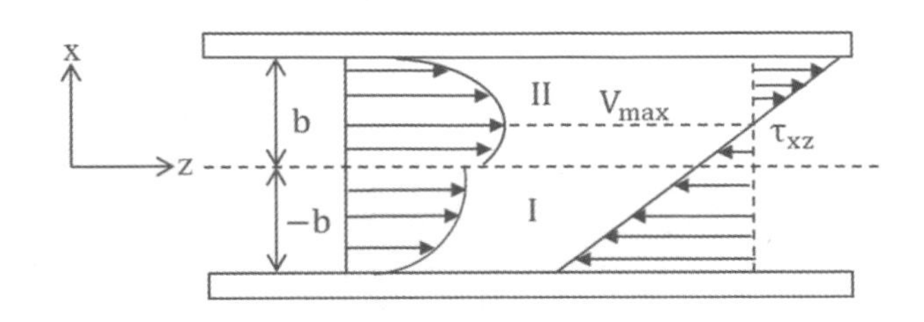

Sol：

(一)由連續方程式 $\frac{\partial\rho}{\partial t}+\nabla\cdot(\rho\vec{V})=0$ 不可壓縮流體$\rho=const$

代入上式=>$\nabla\cdot\vec{V}=0$ =>$\frac{\partial V_x}{\partial x}+\frac{\partial V_y}{\partial y}+\frac{\partial V_z}{\partial z}=0$

全展流下 $V_x=0$ $V_y=0$代入上式=>$\frac{\partial V_z}{\partial z}=0$，$V_z=V_{z(x)}$only

Shell-balance：$\rho V_xV_x\,dx\,dy|_z-\rho V_xV_x\,dx\,dy|_{z+\triangle z}+P\,dx\,dy|_z$
$-P\,dx\,dy|_{z+\triangle z}+\tau_{xz}dydz|_x-\tau_{xz}dydz|_{x+\triangle x}=0$ 同除以dxdydz，令dxdydz→0

=>$-\frac{\partial(\rho V_zV_z)}{\partial z}-\frac{\partial P}{\partial z}-\frac{\partial\tau_{xz}}{\partial x}=0$ $\because V_z=V_{z(x)}$

=>$\tau_{xz}=\left(-\frac{\partial P}{\partial z}\right)x+c_1$；$\tau_{xz}{}^{I}=\left(-\frac{\partial P}{\partial z}\right)x+C_1{}^{I}$ (1)，$\tau_{xz}{}^{II}=\left(-\frac{\partial P}{\partial z}\right)x+C_1{}^{II}$ (2)

B.C.1 $x=0$ $\tau_{xz}{}^{I}=\tau_{xz}{}^{II}$ $C_1=C_1{}^{I}=C_1{}^{II}$

牛頓流體$\tau_{xz}=-\mu\frac{dV_z}{dx}$ (4) =>結合(1)和(2)式

=>$-\mu^{I}\frac{dV_z^{I}}{dx}=\left(-\frac{\partial P}{\partial z}\right)x+C_1{}^{I}$ =>$V_z^{I}=-\frac{1}{2\mu^{I}}\left(-\frac{\partial P}{\partial z}\right)x^2-\frac{C_1{}^{I}}{\mu^{I}}+C_2{}^{I}$ (3)

=>$-\mu^{II}\frac{dV_z^{II}}{dx}=\left(-\frac{\partial P}{\partial z}\right)x+C_1{}^{II}$ =>$V_z^{II}=-\frac{1}{2\mu^{II}}\left(-\frac{\partial P}{\partial z}\right)x^2-\frac{C_1{}^{II}}{\mu^{II}}+C_2{}^{II}$ (4)

B.C.2 $x=0$ $V_z^{I}=V_z^{II}$ $C_2=C_2{}^{I}=C_2{}^{II}$

B.C.3 $x=b$ $V_z^{II}=0$ 代入(4)式 $0=-\frac{b^2}{2\mu^{II}}\left(-\frac{\partial P}{\partial z}\right)-\frac{C_1{}^{II}}{\mu^{II}}b+C_2{}^{II}$ (5)

B.C.4 $x=-b$ $V_z^{II}=0$ 代入(3)式$0=-\frac{b^2}{2\mu^{I}}\left(-\frac{\partial P}{\partial z}\right)-\frac{C_1{}^{I}}{\mu^{I}}b+C_2{}^{I}$ (6)

(6)減(5)式 $\frac{b^2}{2}\left(-\frac{\partial P}{\partial z}\right)\left(\frac{1}{\mu^{II}}-\frac{1}{\mu^{I}}\right)+C_1\left(\frac{1}{\mu^{I}}-\frac{1}{\mu^{II}}\right)=0$

=>$\frac{b^2}{2}\left(-\frac{\partial P}{\partial z}\right)\left(\frac{\mu^{I}-\mu^{II}}{\mu^{I}\mu^{II}}\right)+C_1b\left(\frac{\mu^{I}+\mu^{II}}{\mu^{I}\mu^{II}}\right)=0$

=>$C_1b\left(\frac{\mu^{I}+\mu^{II}}{\mu^{I}\mu^{II}}\right)=-\frac{b^2}{2}\left(-\frac{\partial P}{\partial z}\right)\left(\frac{\mu^{I}-\mu^{II}}{\mu^{I}\mu^{II}}\right)$=>$C_1=-\frac{b}{2}\left(-\frac{\partial P}{\partial z}\right)\left(\frac{\mu^{I}-\mu^{II}}{\mu^{I}+\mu^{II}}\right)$

；C_1代入(5)和(6)式

$$C_2{}^{I} = \frac{b^2}{2\mu^I}\left(-\frac{\partial P}{\partial z}\right) + \frac{(\mu^I-\mu^{II})b^2}{2(\mu^I+\mu^{II})\mu^I}\left(-\frac{\partial P}{\partial z}\right) = \frac{\mu^I+\mu^{II}+\mu^I-\mu^{II}}{2\mu^I(\mu^I+\mu^{II})}\left(-\frac{\partial P}{\partial z}\right)b^2$$

$$= \frac{2\mu^I}{2\mu^I(\mu^I+\mu^{II})}\left(-\frac{\partial P}{\partial z}\right)b^2$$

$$C_2{}^{II} = \frac{b^2}{2\mu^{II}}\left(-\frac{\partial P}{\partial z}\right) - \frac{(\mu^I-\mu^{II})b^2}{2(\mu^I+\mu^{II})\mu^{II}}\left(-\frac{\partial P}{\partial z}\right) = \frac{\mu^I+\mu^{II}-(\mu^I+\mu^{II})}{2\mu^I(\mu^I+\mu^{II})}\left(-\frac{\partial P}{\partial z}\right)b^2$$

$= \frac{2\mu^{II}}{2\mu^{II}(\mu^I+\mu^{II})}\left(-\frac{\partial P}{\partial z}\right)b^2$ 將C_1&C_2&$C_2{}^{II}$代入(3)和(4)式

$$V_z^I = -\frac{b^2}{2\mu^I}\left(-\frac{\partial P}{\partial z}\right)x^2 + \frac{(\mu^I-\mu^{II})}{2\mu^I(\mu^I+\mu^{II})}\left(-\frac{\partial P}{\partial z}\right)bx + \frac{2\mu^I}{2\mu^I(\mu^I+\mu^{II})}\left(-\frac{\partial P}{\partial z}\right)b^2$$

$$= \frac{b^2}{2\mu^I}\left(-\frac{\partial P}{\partial z}\right)\left[\frac{\mu^I-\mu^{II}}{\mu^I+\mu^{II}}\left(\frac{x}{b}\right) - \left(\frac{x}{b}\right)^2 + \frac{2\mu^I}{(\mu^I+\mu^{II})}\right]$$

$$V_z^{II} = -\frac{b^2}{2\mu^{II}}\left(-\frac{\partial P}{\partial z}\right)x^2 + \frac{(\mu^I-\mu^{II})}{2\mu^{II}(\mu^I+\mu^{II})}\left(-\frac{\partial P}{\partial z}\right)bx + \frac{2\mu^{II}}{2\mu^{II}(\mu^I+\mu^{II})}\left(-\frac{\partial P}{\partial z}\right)b^2$$

$$= \frac{b^2}{2\mu^{II}}\left(-\frac{\partial P}{\partial z}\right)\left[\frac{\mu^I-\mu^{II}}{\mu^I+\mu^{II}}\left(\frac{x}{b}\right) - \left(\frac{x}{b}\right)^2 + \frac{2\mu^{II}}{(\mu^I+\mu^{II})}\right]$$

(二)當 $x = \frac{b}{2}$ $V_z = V_{zmax}$ 代入V_z^{II}

$$V_{zmax}^{II} = \frac{b^2}{2\mu^{II}}\left(-\frac{\partial P}{\partial z}\right)\left[\frac{\mu^I-\mu^{II}}{\mu^I+\mu^{II}}\left(\frac{1}{2}\right) - \left(\frac{1}{4}\right) + \frac{2\mu^{II}}{(\mu^I+\mu^{II})}\right]$$

$= \frac{b^2}{2\mu^{II}}\left(-\frac{\partial P}{\partial z}\right)\left[\frac{\mu^I-3\mu^{II}}{4(\mu^I+\mu^{II})} + \frac{2\mu^{II}}{(\mu^I+\mu^{II})}\right]$ 當$x = -\frac{b}{2}$ $V_z = V_{zmax}$ 代入V_z^I

$V_{zmax}^{I} = \frac{b^2}{2\mu^{I}}\left(-\frac{\partial P}{\partial z}\right)\left[\frac{\mu^I-\mu^{II}}{\mu^I+\mu^{II}}\left(\frac{1}{2}\right) - \left(\frac{1}{4}\right) + \frac{2\mu^{I}}{(\mu^I+\mu^{II})}\right] = \frac{b^2}{2\mu^{I}}\left(-\frac{\partial P}{\partial z}\right)\left[\frac{\mu^I-3\mu^{II}}{4(\mu^I+\mu^{II})} + \frac{2\mu^{II}}{(\mu^I+\mu^{II})}\right]$ 當 $x = b$ $\tau_{xz}{}^{II} = \tau_{xzmax}^{II}$代入$\tau_{xz}{}^{II}$

$$\Rightarrow \tau_{xz}{}^{II} = b\left(-\frac{\partial P}{\partial z}\right)\left(1 - \frac{1}{2}\frac{\mu^I-\mu^{II}}{\mu^I+\mu^{II}}\right) = b\left(-\frac{\partial P}{\partial z}\right)\left[\frac{2\mu^I+2\mu^{II}-(\mu^I-\mu^{II})}{2\mu^I+2\mu^{II}}\right]$$

$= \frac{b}{2}\left(-\frac{\partial P}{\partial z}\right)\left(\frac{\mu^I+3\mu^{II}}{\mu^I+\mu^{II}}\right)$ 當 $x = -b$ $\tau_{xz}{}^{I} = \tau_{xzmax}^{I}$代入$\tau_{xz}{}^{I}$

$$\Rightarrow \tau_{xz}{}^{I} = b\left(-\frac{\partial P}{\partial z}\right)\left(1 - \frac{1}{2}\frac{\mu^I-\mu^{II}}{\mu^I+\mu^{II}}\right) = b\left(-\frac{\partial P}{\partial z}\right)\left[\frac{2\mu^I+2\mu^{II}-(\mu^I-\mu^{II})}{2\mu^I+2\mu^{II}}\right]$$

$$= \frac{b}{2}\left(-\frac{\partial P}{\partial z}\right)\left(\frac{\mu^I+3\mu^{II}}{\mu^I+\mu^{II}}\right)$$

由以上結果可得知速度V_{zmax} 所相對應的$\tau_{xz}=0$ 在板子兩側的剪應力爲τ_{xzmax} 但速度$V_z^I=V_z^{II}=0$

〈考題2－21〉(98地方特考)(25分)

在層流(laminar flow)的假設下，推導牛頓流體在半徑爲R之水平圓柱管內的穩態(steady state)流速分佈；端點效應(end effect)與圓柱管內部之表面粗糙度可忽略。推導平均流速。

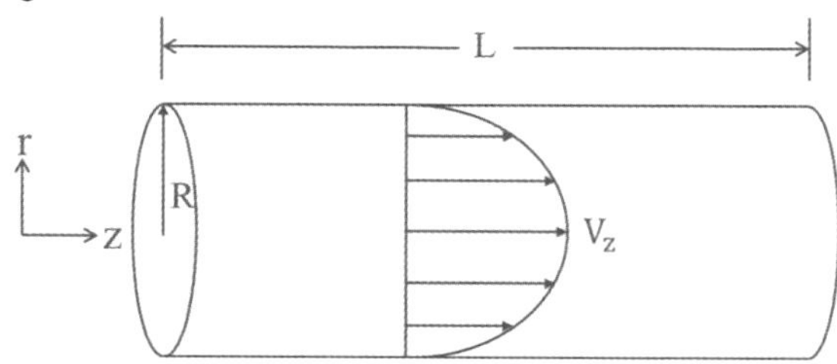

Sol：由連續方程式 $\frac{\partial\rho}{\partial t}+\nabla\cdot(\rho\vec{V})=0$ 不可壓縮流體$\rho=\text{const}$

代入上式=>$\nabla\cdot\vec{V}=0$ =>$\frac{1}{r}\frac{\partial}{\partial r}(r\cdot V_r)+\frac{1}{r}\frac{\partial V_\theta}{\partial\theta}+\frac{\partial V_z}{\partial z}=0$

全展流下$V_r=0$ $V_\theta=0$代入上式=>$\frac{\partial V_z}{\partial z}=0$，$V_z=V_{z(r)}$only

Shell-balance：$\rho V_zV_z\,r\,dr\,d\theta|_z-\rho V_zV_z\,r\,dr\,d\theta|_{z+\triangle z}+Pr\,dr\,d\theta|_z$
$-Pr\,dr\,d\theta|_{z+\triangle z}+\tau_{rz}\,rd\theta\,dz|_r-\tau_{rz}rd\theta\,dz|_{r+\triangle r}=0$同除以 $drd\theta dz$ 同時令 $drd\theta dz\to0$

=>$-\rho r\frac{\partial(V_zV_z)}{\partial z}-r\frac{\partial P}{\partial z}-\frac{\partial r\tau_{rz}}{\partial r}=0$ (1)　$\because V_z=V_{z(r)}$

=>$\frac{\partial r\tau_{rz}}{\partial r}=\left(-\frac{\partial P}{\partial z}\right)r$ =>$r\tau_{rz}=\frac{1}{2}\left(-\frac{\partial P}{\partial z}\right)r^2+C_1$

=>$\tau_{rz}=\frac{1}{2}\left(-\frac{\partial P}{\partial z}\right)r+\frac{C_1}{r}$ (1) B.C.1　$r=0$ $\tau_{rz}=0$ 代入(1)式 $C_1=0$

$\tau_{rz}=\frac{1}{2}\left(-\frac{\partial P}{\partial z}\right)$ (2)，牛頓流體$\tau_{rz}=-\mu\frac{dV_z}{dr}$ (3)，結合(2)和(3)式

=>$-\mu\frac{dV_z}{dr}=\left(-\frac{\partial P}{\partial z}\right)r$ =>$V_z=-\frac{1}{4\mu}\left(-\frac{\partial P}{\partial z}\right)r^2+C_2$ (4)

B.C.2　$r=R$ $V_z=0$ 代入(4)式$C_2=\frac{R^2}{4\mu}\left(-\frac{\partial P}{\partial z}\right)$ 代回(4)式

$$=>V_z=\frac{R^2}{4\mu}\left(-\frac{\partial P}{\partial z}\right)\left[1-(\frac{r}{R})^2\right]$$

$$\langle V_z\rangle=\frac{\int_0^{2\pi}\int_0^R\frac{R^2}{4\mu}\left(-\frac{\partial P}{\partial z}\right)\left[1-(\frac{r}{R})^2\right]r\,drd\theta}{\int_0^{2\pi}\int_0^R r dr\,d\theta}=\frac{2\pi\int_0^R\frac{R^2}{4\mu}\left(-\frac{\partial P}{\partial z}\right)\left[1-(\frac{r}{R})^2\right]r\,dr}{\pi R^2}$$

$$=\frac{R^2}{2\mu}\left(-\frac{\partial P}{\partial z}\right)\int_0^R\left[1-(\frac{r}{R})^2\right](\frac{r}{R})d(\frac{r}{R})\ \ (令u=\frac{r}{R}；r=0\ \ u=0;\ r=R\ \ u=1)$$

$$=\frac{R^2}{2\mu}\left(-\frac{\partial P}{\partial z}\right)\int_0^1(u-u^3)du=\frac{R^2}{2\mu}\left(-\frac{\partial P}{\partial z}\right)(\frac{u^2}{2}-\frac{u^4}{4})\Big|_0^1=\frac{R^2}{2\mu}\left(-\frac{\partial P}{\partial z}\right)\left(\frac{1}{4}\right)$$

$$=\frac{R^2}{8\mu}\left(-\frac{\partial P}{\partial z}\right)$$

〈考題 2－22〉(98 化工技師)(各 10 分)

流體在水平圓管內作滿流層流流動時的流速分佈公式爲

$V_z=\frac{R^2}{4\mu}\left(\frac{P_0-P_L}{L}\right)\left[1-(\frac{r}{R})^2\right]$ V_z：流體在 z 方向的速度；R：圓管半徑；μ：黏度；P_0：圓管進口處壓力；P_L：圓管出口處壓力；L：圓管長度；$\langle V_z\rangle$：z 方向的流體平均速度。請導出：(一)平均速度三次方的表示式。 (二)速度三次方之平均的表示式。

Sol：

$$(一)\langle V_z\rangle=\frac{\int_0^{2\pi}\int_0^R\frac{R^2}{4\mu}\left(\frac{P_0-P_L}{L}\right)\left[1-(\frac{r}{R})^2\right]r\,drd\theta}{\int_0^{2\pi}\int_0^R r dr\,d\theta}=\frac{2\pi\int_0^R\frac{R^2}{4\mu}\left(\frac{P_0-P_L}{L}\right)\left[1-(\frac{r}{R})^2\right]r\,dr}{\pi R^2}$$

$$=\frac{R^2}{2\mu}\left(\frac{P_0-P_L}{L}\right)\int_0^R\left[1-(\frac{r}{R})^2\right](\frac{r}{R})d(\frac{r}{R})=\frac{R^2}{2\mu}\left(\frac{P_0-P_L}{L}\right)\int_0^1(u-u^3)du$$

$(令u=\frac{r}{R}；r=0\ \ u=0; r=R\ u=1)$

$$=\frac{R^2}{2\mu}\left(\frac{P_0-P_L}{L}\right)\left(\frac{u^2}{2}-\frac{u^4}{4}\right)\Big|_0^1=\frac{R^2}{2\mu}\left(-\frac{\partial P}{\partial z}\right)\left(\frac{1}{4}\right)=\frac{R^2}{8\mu}\left(\frac{P_0-P_L}{L}\right)$$

$$=>\langle V_z\rangle^3=\frac{R^6}{512\mu}\left(\frac{P_0-P_L}{L}\right)^3\ \ (1)$$

$$(二)\langle V_z^3\rangle=\frac{\int_0^{2\pi}\int_0^R\frac{R^6}{64\mu}\left(\frac{P_0-P_L}{L}\right)^3\left[1-(\frac{r}{R})^2\right]^3r\,drd\theta}{\int_0^{2\pi}\int_0^R r dr\,d\theta}=\frac{2\pi\int_0^R\frac{R^2}{64\mu}\left(\frac{P_0-P_L}{L}\right)^3\left[1-(\frac{r}{R})^2\right]^3r\,dr}{\pi R^2}$$

$$=\frac{R^6}{32\mu}\left(\frac{P_0-P_L}{L}\right)^3\int_0^R\left[1-(\frac{r}{R})^2\right]^3(\frac{r}{R})d(\frac{r}{R})=\frac{R^6}{32\mu}\left(\frac{P_0-P_L}{L}\right)^3\int_0^1(1-u^2)^3udu$$

$$=\frac{R^6}{32\mu}\left(\frac{P_0-P_L}{L}\right)^3\int_0^1(-u^6+3u^4-3u^2+1)udu$$

$$=\frac{R^6}{32\mu}\left(\frac{P_0-P_L}{L}\right)^3\int_0^1(-u^7+3u^5-3u^3+u)du$$

$$=\frac{R^6}{32\mu}\left(\frac{P_0-P_L}{L}\right)^3\left(-\frac{u^8}{8}+\frac{u^6}{2}-\frac{3}{4}u^4+\frac{u^2}{2}\right)\Big|_0^1=\frac{R^6}{32\mu}\left(\frac{P_0-P_L}{L}\right)^3\left(\frac{1}{8}\right)$$

$=\frac{R^6}{256\mu}\left(\frac{P_0-P_L}{L}\right)^3$，(1)式除以(2)式=>$\alpha=\frac{\langle V_z\rangle^3}{\langle V_z^3\rangle}=\frac{\frac{R^6}{512\mu^3}\left(\frac{P_0-P_L}{L}\right)^3}{\frac{R^6}{256\mu^3}\left(\frac{P_0-P_L}{L}\right)^3}=\frac{1}{2}$

〈考題2－23〉(99化工技師)(各10分)

(一)圓管中層流(laminar)之流體速度分佈(velocity profile, u(r))方程式如下：請依此式先推導出平均速度爲何？(二)接著請再推導摩擦係數(f)與雷諾數(Re)之關係爲 $f=\frac{16}{Re}$，推導過程應書明所有假設。$u(r)=\frac{1}{4\mu}\left(\frac{\Delta P}{L}\right)r_0{}^2\left[1-\left(\frac{r}{r_0}\right)^2\right]$ (r_0：圓管半徑；L：管長；ΔP：壓降；μ：液體黏度)

Sol：

$$(一)\langle u(r)\rangle=\frac{\int_0^{2\pi}\int_0^{r_0}\frac{1}{4\mu}\left(\frac{\Delta P}{L}\right)r_0{}^2\left[1-\left(\frac{r}{r_0}\right)^2\right]rdr\,d\theta}{\int_0^{2\pi}\int_0^{r_0}rdr\,d\theta}$$

$$=\frac{2\pi\int_0^{r_0}\frac{1}{4\mu}\left(\frac{\Delta P}{L}\right)r_0{}^2\left[1-\left(\frac{r}{r_0}\right)^2\right]rdr}{\pi r_0{}^2}=\frac{r_0{}^2}{2\mu}\left(\frac{\Delta P}{L}\right)\int_0^{r_0}\left[1-\left(\frac{r}{r_0}\right)^2\right]\left(\frac{r}{r_0}\right)d\left(\frac{r}{r_0}\right)$$

$=\frac{r_0{}^2}{2\mu}\left(\frac{\Delta P}{L}\right)\int_0^1(1-u^2)udu$ (令$u=\frac{r}{r_0}$；$r=0\ \ u=0;\ r=r_0\ \ u=1$)

$$=\frac{r_0{}^2}{2\mu}\left(\frac{\Delta P}{L}\right)\int_0^1(u-u^3)du=\frac{r_0{}^2}{2\mu}\left(\frac{\Delta P}{L}\right)\left(\frac{u^2}{2}-\frac{u^4}{3}\right)\Big|_0^1=\frac{r_0{}^2}{8\mu}\left(\frac{\Delta P}{L}\right)$$

(二)由連續方程式 $\frac{\partial\rho}{\partial t}+\nabla\cdot(\rho\vec{V})=0$ 不可壓縮流體$\rho=const$

代入上式=>$\nabla\cdot\vec{V}=0$ =>$\frac{1}{r}\frac{\partial}{\partial r}(r\cdot V_r)+\frac{1}{r}\frac{\partial V_\theta}{\partial\theta}+\frac{\partial V_z}{\partial z}=0$

全展流下$V_r = 0$ $V_\theta = 0$代入上式=>$\frac{\partial V_z}{\partial z} = 0$ =>$V_z = V_{z(r)}$only

Shell-balance：

$\rho V_z V_z\, r\, dr\, d\theta|_z - \rho V_z V_z\, r\, dr\, d\theta|_{z+\triangle z} + Pr\, dr\, d\theta|_z - Pr\, dr\, d\theta|_{z+\triangle z} + \tau_{rz}\, rd\theta\, d_z|_r$
$- \tau_{rz} rd\theta\, d_z|_{r+\triangle r} = 0$ 同除以 drdθdz 同時令 drdθdz→0

$$-\rho r\frac{\partial(V_zV_z)}{\partial z} - r\frac{\partial P}{\partial z} - \frac{\partial r\tau_{rz}}{\partial r} = 0 \ (1) \quad \because V_z = V_{z(r)} \ => \frac{\partial r\tau_{rz}}{\partial r} = \left(-\frac{\partial P}{\partial z}\right) r$$

$$=> r\cdot\tau_{rz} = \frac{1}{2}\left(-\frac{\partial P}{\partial z}\right) r + C_1 \ => \tau_{rz} = \frac{1}{2}\left(-\frac{\partial P}{\partial z}\right) r + \frac{C_1}{r} \ (1)$$

B.C.1 $r = 0$ $\tau_{rz} = 0$ 代入(1)式 $C_1 = 0 => \tau_{rz} = \frac{1}{2}\left(-\frac{\partial P}{\partial z}\right) r$

$$又f = \frac{\tau_{rz}\big|_{r=r_0}}{\frac{1}{2}\rho\langle u(r)\rangle^2} = \frac{\frac{1}{2}\left(-\frac{\partial P}{\partial z}\right)r_0}{\frac{1}{2}\rho\langle u(r)\rangle\left[\frac{r_0{}^2}{8\mu}\left(\frac{\Delta P}{L}\right)\right]}\frac{8\mu}{\rho\langle u(r)\rangle r_0} = \frac{16\mu}{\rho\langle u(r)\rangle D} = \frac{16}{Re}$$

〈考題2－24〉(99高考三等)(各10分)

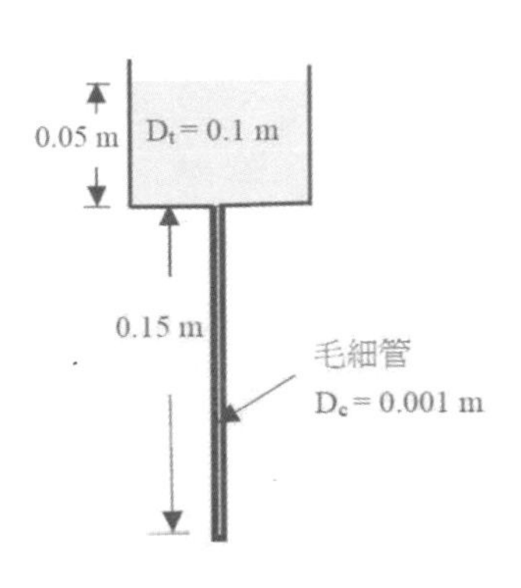

典型的毛細管黏度計如下圖所示，包含一大貯槽及長而細之毛細管。流體於管內層流流動時，可以Hagen-Poiseuille方程表示壓降ΔP及管長L與流體黏度μ、平均速度$\overline{V}$及管直徑D等之相互關係：$\frac{-\Delta P}{L} = \frac{32\mu\overline{V}}{D^2}$若貯槽直徑爲0.1m，毛細管直徑爲0.001m，長爲0.15m，當槽內液體液位距毛細管入口爲0.05m時，對一密度爲950kg/m³之液體所量測之流率爲$10^{-7}m^3/sec$。(一)試問該流體黏度(cp)爲何？(二)若槽內初始液位高爲0.05m且於毛細管連續排液下，試估槽液位降至0.03m所需時間。

Sol：(一)$\overline{V_1} = \frac{\dot{Q}}{A_1} = \frac{10^{-7}}{\frac{\pi}{4}(0.1)^2} = 1.27\times10^{-5}\left(\frac{m}{sec}\right)$

質量平衡 $\overline{V_1}A_1\rho = \overline{V_2}A_2\rho$ =>$\overline{V_1}D_t^2 = \overline{V_2}D_c^2$

$$=>(1.27\times10^{-5})(0.1)^2 = \overline{V_2}(0.001)^2 \ =>\overline{V_2} = \overline{V} = 0.127\left(\frac{m}{sec}\right)$$

$\Delta P = \rho g(h+L) = (950)(9.8)(0.05+0.15) = 1862(Pa)$

$L = 0.15(m)$，$D_c = D = 0.001(m)$ 所有數值代入 Hagen-Poiseuille

$=>\frac{1862}{0.15}=\frac{32\mu(0.127)}{(0.001)^2}$ $=>\mu=3.04\times10^{-3}\left(\frac{kg}{m\cdot sec}\right)=3.04(cp)$

(二)質量平衡：in−out+gen=acc $=>-\rho\frac{\pi}{4}D_c^2\overline{V}=\rho\frac{\pi}{4}D_t^2\frac{dh}{dt}$

$=>\frac{dh}{dt}=-\left(\frac{D_c}{D_t}\right)^2\overline{V}$(1) Hagen-Poiseuille 作移項$\overline{V}=\frac{D_c^2}{32\mu}\frac{\Delta P}{L}$ (2)代入(1)式

$=>\frac{dh}{dt}=-\left(\frac{D_c}{D_t}\right)^2\frac{D_c^2}{32\mu}\frac{\Delta P}{L}=-\frac{D_c^4}{D_t^2}\frac{\Delta P}{32\mu L}$ (3) $\Delta P=\rho g(h+L)$ (4)

(4)代入(3)式$=>\frac{dh}{dt}=-\frac{D_c^4}{D_t^2}\frac{\rho g(h+L)}{32\mu L}$ $=>\int_0^t dt=-\frac{32\mu L D_t^2}{D_c^4\rho g}\int_{h_1}^{h_2}\frac{dh}{h+L}$

$=>t=\frac{32\mu L D_t^2}{D_c^4\rho g}\ln\left(\frac{h_1+L}{h_2+L}\right)=\frac{32(3.04\times10^{-3})(0.15)(0.1)^2}{(0.001)^4(950)(9.8)}\ln\left(\frac{0.05+0.15}{0.03+0.15}\right)=1651(sec)$

※參考Bird原文書7B.9習題解答過程!!

〈考題 2 − 25〉(100 化工技師)(20 分)

有一潤滑油貯槽，固定在四隻支撐腳架上。各腳架爲面寬10cm方形柱，與地面形成 75 度。潤滑油的黏度10poise，密度0.82g/cm^3。今發現貯槽有一小裂縫，潤滑油沿其中一隻支撐腳架的一整面流下，估計有2mm厚度。試估算一天有多少重量(g/day)潤滑油流失？

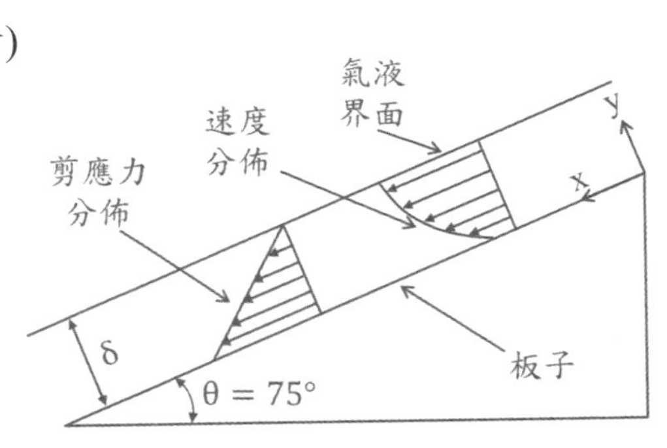

Sol：由連續方程式 $\frac{\partial\rho}{\partial t}+\nabla\cdot(\rho\overrightarrow{V})=0$ 不可壓縮流體$\rho=const$

代入上式$=>\nabla\cdot\overrightarrow{V}=0=>\frac{\partial V_x}{\partial x}+\frac{\partial V_y}{\partial y}+\frac{\partial V_z}{\partial z}=0$ 全展流下

$V_y=0$ $V_z=0$代入上式 $=>\frac{\partial V_x}{\partial x}=0$，$V_x=V_{x(y)}$only

Shell-balance：$\rho V_xV_x\,dy\,dz|_x-\rho V_xV_x\,dy\,dz|_{x+dx}+\tau_{yx}dxdz|_y$
$-\tau_{yx}dxdz|_{y+\Delta y}+\rho g\sin\theta dxdydz=0$同除以 dxdydz 同時令 dxdydz→0

$=>-\frac{\partial(\rho V_xV_x)}{\partial x}-\frac{\partial\tau_{yx}}{\partial y}+\rho g\sin\theta=0$ (1) $\because V_x=V_{x(y)}=>\left(\frac{\partial\tau_{yx}}{\partial y}\right)=\rho g\sin\theta$ 積分得

$=>\tau_{yx} = \rho gy\sin\theta + c_1$ (2)　B.C.1 $y = \delta$ $\tau_{yx} = 0$

代入(2)式得$c_1 = -\rho g\delta\sin\theta$ $=>\tau_{yx} = \rho gy\sin\theta - \rho g\delta\sin\theta$ (3)，

牛頓流體 $\tau_{yx} = -\mu\frac{dV_x}{dy}$ (4) => 結合(3)和(4)式$=>-\mu\frac{dV_x}{dy} = -\rho gy\sin\theta - \rho g\delta\sin\theta$

$$=>\frac{dV_x}{dy} = -\frac{\rho gy}{\mu}\sin\theta + \frac{\rho g\delta}{\mu}\sin\theta => V_x = -\frac{\rho g}{2\mu}y^2\sin\theta + \frac{\rho g\delta}{\mu}y\sin\theta + c_2 \quad (5)$$

B.C.2　$y = 0$ $V_x = 0$代入(5)式$c_2 = 0$ $=>V_x = \frac{\rho g\delta^2\sin\theta}{2\mu}\left[2\left(\frac{y}{\delta}\right) - \left(\frac{y}{\delta}\right)^2\right]$

$$\langle V_x\rangle = \frac{\int_0^W\int_0^\delta V_x\,dy\,dz}{\int_0^W\int_0^\delta dy\,dz} = \frac{W\int_0^\delta \frac{\rho g\delta^2\sin\theta}{2\mu}\left[2\left(\frac{y}{\delta}\right)-\left(\frac{y}{\delta}\right)^2\right]dy}{\delta W}$$

$$= \frac{\rho g\delta^2\sin\theta}{2\mu}\int_0^\delta \left[2\left(\frac{y}{\delta}\right) - \left(\frac{y}{\delta}\right)^2\right]d\left(\frac{y}{\delta}\right) = \frac{\rho g\delta^2\sin\theta}{2\mu}\int_0^1(2u - u^2)du$$

(令$u = \frac{y}{\delta}$；$y = 0$ $u = 0$; $y = \delta$ $u = 1$)

$$= \frac{\rho g\delta^2\sin\theta}{2\mu}\left(u^2 - \frac{u^3}{3}\right)\Big|_0^1 = \frac{\rho g\delta^2\sin\theta}{2\mu}\left(\frac{2}{3}\right) = \frac{\rho g\delta^2\sin\theta}{3\mu}$$

$$=> \dot{m} = \langle V_x\rangle A\rho = \langle V_x\rangle(\delta W)\rho = \frac{\rho^2 g\delta^3 W\sin\theta}{3\mu} = \frac{(0.82)^2(980)\left(\frac{2}{10}\right)^3(10)(\sin 75)}{3(10)}$$

$$= 1.69\left(\frac{g}{sec}\right) = 146649\left(\frac{g}{day}\right)$$

〈考題2－26〉(101化工技師)(20分)

恆溫牛頓流體(Newtonian fluid)在孔隙(slit)中軸向流動。此孔隙中二板距2B，寬W，軸向長$L(B \ll W \ll L)$，壓力降爲$P_0 - P_L$，請導出體積流率之關係式。假設流動爲層流(laminar flow)，流體之黏度(viscosity)爲μ。

Sol：座標圖與速度分佈畫法如〈例題 2－2〉圖二。

由連續方程式 $\frac{\partial\rho}{\partial t} + \nabla\cdot(\rho\vec{V}) = 0$不可壓縮流體$\rho = const$

代入上式$=>\nabla\cdot\vec{V} = 0$ $=>\frac{\partial V_x}{\partial x} + \frac{\partial V_y}{\partial y} + \frac{\partial V_z}{\partial z} = 0$

全展流下 $V_x = 0$ $V_y = 0$代入上式$=>\frac{\partial V_z}{\partial z} = 0$ $=>V_z = V_{z(x)}$only

Shell-balance:$\rho V_z V_z\,dx\,dy|_z - \rho V_z V_z\,dx\,dy|_{z+\triangle z} + P\,dx\,dy|_z - P\,dx\,dy|_{z+\triangle z} + \tau_{xz}dydz|_x$

$-\tau_{xz}dydz|_{x+\triangle x}=0$ 上式同除以 dxdydz 同時令 dxdydz→0

$=>-\frac{\partial(\rho V_z V_z)}{\partial z}-\frac{\partial P}{\partial z}-\frac{\partial \tau_{xz}}{\partial x}+\rho g=0$ (1) $\because V_z=V_{z(x)}$ (1)式變為$\left(\frac{\partial \tau_{xz}}{\partial x}\right)=\left(-\frac{\partial P}{\partial z}\right)$

積分得$\tau_{xz}=\left(-\frac{\partial P}{\partial z}\right)x+c_1$ (2)

B.C.1 $x=0$ $\tau_{xz}=0$ 代入(2)式得$c_1=0$=>$\tau_{xz}=\left(-\frac{\partial P}{\partial z}\right)x$ (3)

對牛頓流體$\tau_{xz}=-\mu\frac{dV_z}{dx}$ (4)=>結合(3)和(4)式=>$-\mu\frac{dV_z}{dx}=\left(-\frac{\partial P}{\partial z}\right)x$

$=>\frac{dV_z}{dx}=-\frac{1}{\mu}\left(-\frac{\partial P}{\partial z}\right)x$ 移向積分得=>$V_z=-\frac{1}{2\mu}\left(-\frac{\partial P}{\partial z}\right)x^2+c_2$ (5)

B.C.2 $x=B$ $V_z=0$ 代入(5)式得$c_2=\frac{B^2}{2\mu}\left(-\frac{\partial P}{\partial z}\right)$ 代入(5)式

$=>V_z=\frac{B^2}{2\mu}\left(-\frac{\partial P}{\partial z}\right)\left[1-(\frac{x}{B})^2\right]$ (速度分佈)

$\langle V_z\rangle=\frac{\int_0^W\int_{-B}^{B}\frac{B^2}{2\mu}\left(-\frac{\partial P}{\partial z}\right)\left[1-(\frac{x}{B})^2\right]dx\,dy}{\int_0^W\int_{-B}^{B}dx\,dy}=\frac{W\int_{-B}^{B}\frac{B^2}{2\mu}\left(-\frac{\partial P}{\partial z}\right)\left[1-(\frac{x}{B})^2\right]dx}{2BW}$

(令$u=\frac{x}{B}$；$x=B$ $u=1$ ；$x=-B$ $u=-1$)

$=\frac{B^2}{4\mu}\left(-\frac{\partial P}{\partial z}\right)\int\left[1-(\frac{x}{B})^2\right]d\left(\frac{x}{B}\right)=\frac{B^2}{4\mu}\left(-\frac{\partial P}{\partial z}\right)\left(u-\frac{u^3}{3}\right)\Big|_{-1}^{1}=\frac{B^2}{4\mu}\left(-\frac{\partial P}{\partial z}\right)\frac{4}{3}=\frac{B^2}{3\mu}\left(-\frac{\partial P}{\partial z}\right)$

$=>\dot{Q}=\langle V_z\rangle A=\frac{B^2}{3\mu}\left(-\frac{\partial P}{\partial z}\right)(2BW)=\frac{2B^3W}{3\mu}\left(-\frac{\partial P}{\partial z}\right)=\frac{2B^3W}{3\mu}\left(\frac{P_0-P_L}{L}\right)$

〈考題2－27〉(101高考三等)(25分)

有一個邊長爲3m的正立方體儲水槽，置放於地面上，槽頂有一排氣孔與大氣相通，槽內儲存密度與黏度分別爲$1000 kg/m^3$與1×10^{-3} kg/m·sec的水，槽內並裝設有一浮球式液位控制器，可以控制補充水量及維持液位高度。在儲水槽的底部水平連接一內徑爲1mm，長度爲6 m的排水圓管，藉以將水持續排放到大氣中，作爲其它供水用途。若欲將水的排放速率固定爲1×10^{-7} m^3/sec，則儲水槽內的液位高度需要維持在多少公尺？假設進入排水管入口的能量損失可以忽略。

Sol：質量平衡 $\dot{m}_1=\dot{m}_2$ =>$\dot{Q}_1\rho_1=\dot{Q}_2\rho_2$ =>$\dot{Q}_1=\dot{Q}_2$ $\because\rho_1=\rho_2=\rho$

$\dot{Q}_2 = \frac{\pi R^4}{8\mu}\left(-\frac{\partial \bar{P}}{\partial z}\right) = \frac{\pi R^4}{8\mu}\left(\frac{\Delta P}{L} + \rho g\right)$ 黑根-帕舒(Hagen-Poiseuille)

在一般情況下重力$\rho gL \ll \Delta P$，所以$\rho gL \to 0$ =>$\dot{Q}_2 = \frac{\pi R^4}{8\mu}\left(\frac{\Delta P}{L}\right)$

$\Delta P = \rho g\Delta h$；$L = 6(m)$，$D = 0.001(m)$

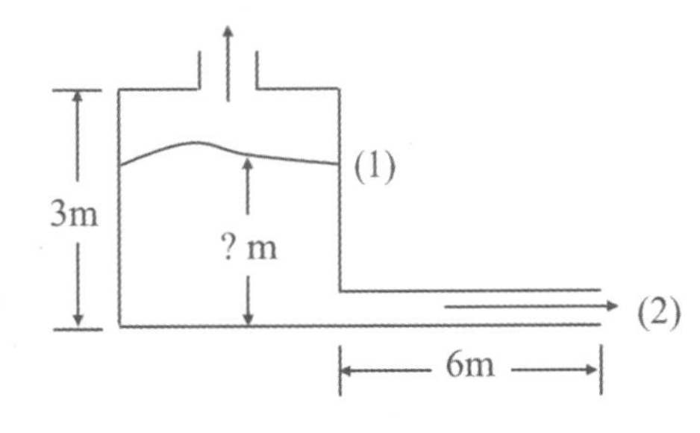

=>$10^{-7} = \frac{\pi\left(\frac{1}{1000\times 2}\right)^4}{8(1\times 10^{-3})}\left[\frac{1000\times 9.8\times \Delta h}{6}\right]$

=>$\Delta h = 2.5(m)$

儲水槽內的液位高度需要維持在 2.5m！

$u_2 = \frac{\dot{Q}_2}{A_2} = \frac{1\times 10^{-7}}{\frac{\pi}{4}\left(\frac{1}{1000}\right)^2} = 0.127\left(\frac{m}{sec}\right)$

Check=>$Re = \frac{Du\rho}{\mu} = \frac{\left(\frac{1}{1000}\right)(0.127)(1000)}{(1\times 10^{-3})} = 127.4 \ll 2100$ 假設正確！

〈考題 2－28〉(101 經濟部特考)(10 分)

半徑 2mm 長 10cm 之毛細管內裝$\rho = 0.865\,g/cm^3$，黏度 1.365Pa·s 的流體，若壓差爲 27cmH2O，求流體流量(Fluid flow rate)(m^3/s) (流體系統的 6 個假設均成立)？

Sol：6 個假設：穩態下 S.S、層流、不可壓縮流體、牛頓流體、圓管外壁不滑動、忽略末端效應。(Bird 原文書第 2 版，P-52)，使用黑根-帕舒(Hagen-Poiseuille)。

$$\Delta P = 27cmH_2O \times \frac{1atm}{1033.6cmH_2O} \times \frac{101325Pa}{1atm} = 2646(Pa)$$

$$\dot{Q} = \frac{\pi R^4}{8\mu}\left(-\frac{\partial \bar{P}}{\partial z}\right) = \frac{\pi\left(\frac{2}{1000}\right)^4}{8(1.365)}\left(\frac{2646}{10/100}\right) = 1.22\times 10^{-7}\left(\frac{m^3}{s}\right)$$

Check =>$Re = \frac{D\cdot u\cdot \rho}{\mu} = \frac{\left(\frac{4}{1000}\right)\left[\frac{1.22\times 10^{-7}}{\frac{\pi}{4}\left(\frac{4}{1000}\right)^2}\right](865)}{(1.365)} = 0.0246 < 2100$符合假設！

〈考題 2－29〉(103 經濟部特考)(3 分)

Hagen-Poiseuille$\left(-\frac{dP}{dz} = \frac{8\mu V_{avg}}{R^2}\right)$是否可被應用描述牛頓流體(Newtonian fluid)於水平同心管中之層狀流動(Laminar flow)？請說明理由。

Sol：不可以，因爲水平同心管的邊界條件和一般圓管不同，所以積分出來的速度分佈與平均速度也不同！

〈考題 2－30〉(103 經濟部特考)(15 分)
某一同心圓管，其內管的外徑是r_i，外管的內徑是r_0，有不可壓縮流體流經其間，($r_i < r < r_0$)已知其流速(u_z)分佈(r-方向)之微分，表示如下：$\frac{du_z}{dr} = \left(\frac{\Delta P}{2\mu L}\right)\left(r - \frac{r_m^2}{r}\right)$；其中 L：長度；μ：流體黏度；ΔP：流體入出口壓力差；已知邊界條件$r = r_i$，$u_z = 0$；$r = r_0$，$u_z = 0$。請求出最大速度位置r_m？

Sol：$\frac{du_z}{dr} = \left(\frac{\Delta P}{2\mu L}\right)\left(r - \frac{r_m^2}{r}\right)$ 積分=>$u_z = \left(\frac{\Delta P}{2\mu L}\right)\left(\frac{r^2}{2} - r_m^2 \ln r\right) + c$ (1)

B.C.1 $r = r_i$，$u_z = 0$ 代入(1)式=>$0 = \left(\frac{\Delta P}{2\mu L}\right)\left(\frac{r_i^2}{2} - r_m^2 \ln r_i\right) + c$ (2)

B.C.2 $r = r_0$，$u_z = 0$ 代入(1)式=>$0 = \left(\frac{\Delta P}{2\mu L}\right)\left(\frac{r_0^2}{2} - r_m^2 \ln r_0\right) + c$ (3)

(2)−(3)式 $0 = \left(\frac{\Delta P}{2\mu L}\right)\left[\frac{r_i^2 - r_0^2}{2} - r_m^2 \ln\left(\frac{r_i}{r_0}\right)\right]$ 移項=>$r_m^2 \ln\left(\frac{r_i}{r_0}\right) = \frac{r_i^2 - r_0^2}{2}$

=>$r_m^2 = \frac{r_i^2 - r_0^2}{2\ln\left(\frac{r_i}{r_0}\right)}$ 開平方=>$r_m = \sqrt{\frac{r_i^2 - r_0^2}{2\ln\left(\frac{r_i}{r_0}\right)}}$

〈考題2－31〉(104高考三等)(每小題10分，共20分)
有一密度爲ρ、黏度爲μ之牛頓流體(Newtonian fluid)，因重力沿著垂直平板之表面以層流緩慢流下，假設流體爲不可壓縮，且在穩定流動時形成的液膜厚度爲δ。(一)試推導液膜中之速度分布$V_z(x)$。(二)液膜中之最大速度與平均速度各爲何？
Sol：座標圖與速度分佈畫法如〈例題 2－10〉圖八。

(一)由連續方程式 $\frac{\partial \rho}{\partial t} + \nabla \cdot (\rho \vec{V}) = 0$ 不可壓縮流體$\rho = \text{const}$

代入上式 =>$\nabla \cdot \vec{V} = 0$ =>$\frac{\partial V_x}{\partial x} + \frac{\partial V_y}{\partial y} + \frac{\partial V_z}{\partial z} = 0$

全展流下 $V_x = 0$ $V_y = 0$ 代入上式 =>$\frac{\partial V_z}{\partial z} = 0$，$V_z = V_{z(x)}$only

Shell-balance：$\rho V_x V_x\, dx\, dy|_z - \rho V_x V_x\, dx\, dy|_{z+\Delta z} + \tau_{xz} dydz|_x$
$- \tau_{xz} dydz|_{x+\Delta x} + \rho g dxdydz = 0$ 同除以 dxdydz 同時令 dxdydz→0

$=>-\frac{\partial(\rho V_z V_z)}{\partial z}-\frac{\partial \tau_{xz}}{\partial x}+\rho g=0$ (1) $\because V_z=V_{z(x)}$ $=>\left(\frac{\partial \tau_{xz}}{\partial x}\right)=\rho g$

積分得$\tau_{xz}=\rho gx+c_1$ (2) B.C.1 $x=0$ $\tau_{xz}=0$ 代入(2)式

得$c_1=0$=>$\tau_{xz}=\rho gx$ (3) 對牛頓流體$\tau_{xz}=-\mu\frac{dV_z}{dx}$ (4)

=>結合(3)和(4)式 =>$-\mu\frac{dV_z}{dx}=\rho gx$ =>$\frac{dV_z}{dx}=-\frac{\rho g}{\mu}x$ 移項積分

=>$V_z=-\frac{\rho g}{2\mu}x^2+c_2$ (5) B.C.2 $x=\delta$ $V_z=0$ 代入(5)式

得$c_2=\frac{\rho g\delta^2}{2\mu}$代回(5)式 =>$V_z=-\frac{\rho g}{2\mu}x^2+\frac{\rho g\delta^2}{2\mu}=\frac{\rho g\delta^2}{2\mu}\left[1-(\frac{x}{\delta})^2\right]$

(二) $x=0$ $V_z=V_{max}=\frac{\rho g\delta^2}{2\mu}$

$$\langle V_z\rangle=\frac{\int_0^W\int_0^\delta \frac{\rho g\delta^2}{2\mu}\left[1-(\frac{x}{\delta})^2\right]dx\,dy}{\int_0^W\int_0^\delta dx\,dy}=\frac{W\int_0^\delta \frac{\rho g\delta^2}{2\mu}\left[1-(\frac{x}{\delta})^2\right]dx}{\delta W}$$

(令$u=\frac{x}{\delta}$；$x=0$ $u=0$; $x=\delta$ $u=1$)

$$\langle V_z\rangle=\frac{\rho g\delta^2}{2\mu}\int_0^1(1-u^2)\,du=\frac{\rho g\delta^2}{2\mu}\left(u-\frac{u^3}{3}\right)\Big|_0^1=\left(\frac{2}{3}\right)\frac{\rho g\delta^2}{2\mu}=\frac{\rho g\delta^2}{3\mu}$$

〈考題 2－32〉(104 經濟部特考)(20 分)

某種液體置於一開放式圓桶內，桶下接一排液管，如圖所示。試導正：圓柱桶內液體排光所需時間之表示式如下之型式：

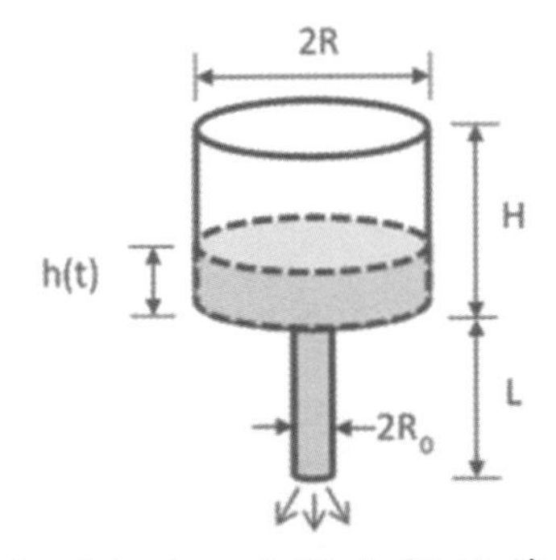

$t_{eff}=\frac{8\mu LR^2}{\rho gR_0^4}\ln\frac{H+L}{L}$ 假設：(1)不可壓縮性牛頓流體，物性視爲一定。(2)液體在圓柱桶之摩擦損失可忽略，液體由排液管排至大氣處之摩擦損失可忽略(3)液體在排液管管壁之摩擦損失必須考慮，並假設爲層流流動。

Sol：質量平衡：in－out＋gen＝acc=>$-\rho\pi R_0^2\langle V\rangle=\rho\pi R^2\frac{dh}{dt}$

=>$\frac{dh}{dt}=-\left(\frac{R_0}{R}\right)^2\langle V\rangle$ (1)，由 Hagen-Poiseuille $\dot{Q}=\frac{\pi R_0^4}{8\mu}\left(-\frac{\partial P}{\partial z}\right)$

$=>\langle V\rangle=\frac{\dot{Q}}{A}=\frac{\dot{Q}}{\pi R_0^2}$ 做移項 $\langle V\rangle=\frac{R_0^2}{8\mu}\frac{\Delta P}{L}$ (2)代入(1)式 $=>\frac{dh}{dt}=-\left(\frac{R_0}{R}\right)^2\frac{R_0^2}{8\mu}\frac{\Delta P}{L}$ (3)

$\Delta P=\rho g(h+L)$ (4)代入(3)式

$=>\frac{dh}{dt}=-\left(\frac{R_0}{R}\right)^2\frac{R_0^2}{8\mu}\frac{\rho g(h+L)}{L}$ $=>\int_0^t dt=-\frac{8\mu LR^2}{\rho g R_0^4}\int_h^0\frac{dh}{h+L}$

$=>t=\frac{8\mu LR^2}{\rho g R_0^4}\ln\left(\frac{H+L}{L}\right)$

〈考題2－33〉(105高考二等)(每小題10分，共30分)

考慮一屈服應力(yield stress)爲τ_0、黏度係數(viscosity coefficient)爲μ_0之Bingham流體受到壓力差P_0-P_L驅動，在一半徑爲R、長度爲L之水平圓管中沿軸向之穩定層流(laminar flow)，此時$(P_0-P_L)R/2L>\tau_0>0$。令(r,θ,z)表示圓柱座標系統。(一)請寫出此流體之剪應力(shear stress)τ_{rz}與速度梯度dV_z/dr的關係式。(二)請寫出主導τ_{rz}的微分方程式並求解$\tau_{rz}(r)$。(三)請求解流速分佈$V_z(r)$。

Sol：和〈例題2－8〉解法一樣，由(1)式出發開始解題

$=>\tau_{rz}=\frac{1}{2}\left(-\frac{\partial P}{\partial z}\right)r+\frac{C_1}{r}$，$\left(-\frac{\partial P}{\partial z}\right)=\frac{P_0-P_L}{L}$ 水平管不需考慮重力項。

〈考題2－34〉(105高考三等)(25分)

兩相距2L之平行平板間含有一不可壓縮之牛頓流體，上、下板分別以定速度V_1與V_2運動。假設層流(laminar flow)且忽略重力的影響，求達穩態時板間流體的流速分佈。

Sol：由連續方程式 $\frac{\partial\rho}{\partial t}+\nabla\cdot(\rho\vec{V})=0$ 不可壓縮流體$\rho=$ const

代入上式 $=>\nabla\cdot\vec{V}=0$ $=>\frac{\partial V_x}{\partial x}+\frac{\partial V_y}{\partial y}+\frac{\partial V_z}{\partial z}=0$

全展流下$V_y=0$ $V_z=0$代入上式 $=>\frac{\partial V_x}{\partial x}=0$，$V_x=V_{x(y)}$only

Shell-balance：$\rho V_xV_x\,dydz\big|_x-\rho V_xV_x\,dy\,dz\big|_{x+\Delta x}+P\,dydz\big|_x-P\,dy\,dz\big|_{x+\Delta x}+$

$\tau_{yx}dxdz|_y-\tau_{yx}dxdz|_{y+\Delta y}=0$ 同除以 dxdydz 同時令 dxdydz→0

$=>-\frac{\partial(\rho V_xV_x)}{\partial x}-\frac{\partial P}{\partial x}-\frac{\partial\tau_{yx}}{\partial y}=0$ $\because V_x=V_{x(y)}$

$=>\left(\frac{\partial\tau_{yx}}{\partial y}\right)=\left(-\frac{\partial P}{\partial x}\right)$ 移項積分得$\tau_{yx}=\left(-\frac{\partial P}{\partial x}\right)y+c_1$ (2)

牛頓流體$\tau_{yx}=-\mu\frac{dV_x}{dy}$ (3)結合(2)和(3)式

$=>-\mu\frac{dV_x}{dy}=\left(-\frac{\partial P}{\partial x}\right)y+c_1$

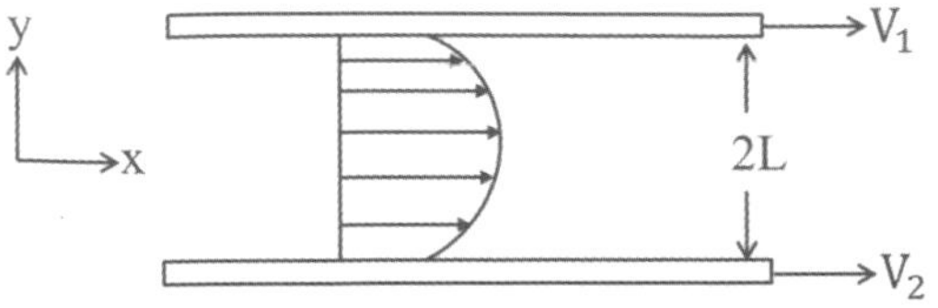

$=>\frac{dV_x}{dy}=-\frac{1}{\mu}\left(-\frac{\partial P}{\partial x}\right)y-\frac{c_1}{\mu}$

$=>V_x=-\frac{1}{2\mu}\left(-\frac{\partial P}{\partial x}\right)y^2-\frac{c_1}{\mu}y+c_2$ (4)

B.C.1 $y=L$ $V_x=V_1$代入(4)式$=>V_1=-\frac{1}{2\mu}\left(-\frac{\partial P}{\partial x}\right)L^2-\frac{c_1}{\mu}L+c_2$ (5)

B.C.2 $y=-L$ $V_x=V_2$代入(4)式$=>V_2=-\frac{1}{2\mu}\left(-\frac{\partial P}{\partial x}\right)L^2+\frac{c_1}{\mu}L+c_2$ (6)

(5)-(6)式$=>V_1-V_2=-\frac{c_1}{\mu}2L$ $=>c_1=-\frac{\mu(V_1-V_2)}{2L}$ (7)

(4)-(5)式$=>V_x-V_1=\frac{1}{2\mu}\left(-\frac{\partial P}{\partial x}\right)(L^2-y^2)+\frac{c_1}{\mu}(L-y)$ (8)

(7)代入(8)式$=>V_x=V_1+\frac{1}{2\mu}\left(-\frac{\partial P}{\partial x}\right)(L^2-y^2)-\frac{(V_1-V_2)}{2L}(L-y)$

$=>V_x=V_1+\frac{L^2}{2\mu}\left(-\frac{\partial P}{\partial x}\right)\left[1-\left(\frac{y}{L}\right)^2\right]-\frac{(V_1-V_2)}{2L}(L-y)$

三、等溫系統之變化方程式

這個章節就是前半部份提到的以公式解去求流體的速度分佈，假設邊界條件的觀念和薄殼理論大同小異，但此章節的重點在於如何約減公式內不必要的選項，再從公式法得到我們所要的特解(速度分佈)，常見的 Navier-Stokes 公式座標 x，y，z 和 r，θ，z 的公式考試都會提供，所以也不需要死記，一方面列出來也是佔了不少篇幅，所以不列入本書內，國家考試只考過直角座標的連續方程式的導正，圓柱及圓球座標的連續方程式導正則沒出現過，圓球座標詳細的推導過程可參考原文書內容，連續方程式圓柱及圓球座標繁瑣的公式推導部分在考試並不常見，了解連續方程式和 Navier-Stokes 的物理意義及懂得作約減公式是這個章節必需學習的方向。

(一)連續方程式：由質量不滅定律求得或稱質量守恆/質量平衡(mass balance)，三種型式表示如下：

$\frac{\partial \rho}{\partial t}+\nabla\cdot(\rho\vec{V})=0$；$\frac{D\rho}{Dt}+\nabla\cdot(\rho\vec{V})=0$；$\frac{d\rho}{dt}+\nabla\cdot(\rho\vec{V})=0$

※物理意義

$\nabla\cdot\vec{V}$ 控制體積 C.V 內流體體積的變化率(C.V：control volume)

式中的[·]表示兩向量間的內積(dot product)或稱純量乘積(scalar product)

$\frac{\partial \rho}{\partial t}$ (偏微分)：觀察者在固定座標所觀察到 C.V 流體密度的變化率。

$\frac{d\rho}{dt}$ (全微分)：觀察者在任意移動時所觀察到 C.V 流體密度的變化率。

$\frac{D\rho}{Dt}$ (質點微分)：觀察者隨流體流動時所觀察到 C.V 流體密度的變化率。

註：考試題目如果考物理意義，不一定是密度表示法，也有可能是其他表示，如：溫度，壓力，濃度，只要將其(ρ密度)代換成所要的表示方式即可。

向量運算子$\nabla= i\frac{\partial}{\partial x}+j\frac{\partial}{\partial y}+k\frac{\partial}{\partial z}$ 速度向量$\vec{V}=u_{xi}+u_{yj}+u_{zk}$

其中 i、j、k 分別代表 x、y、z 座標軸上的單位向量(unit vector)。

$\nabla(\rho\vec{V})$稱$\rho\vec{V}$的發散(divergence)有時寫 $div(\rho\vec{V})$。

$\rho\vec{V}$ 代表流體的質量流通量。

$\nabla(\rho\vec{V})$代表 C.V 內流出的淨質量流率。

(二)直角座標連續方程式：(98 高考三等)(103 化工技師)

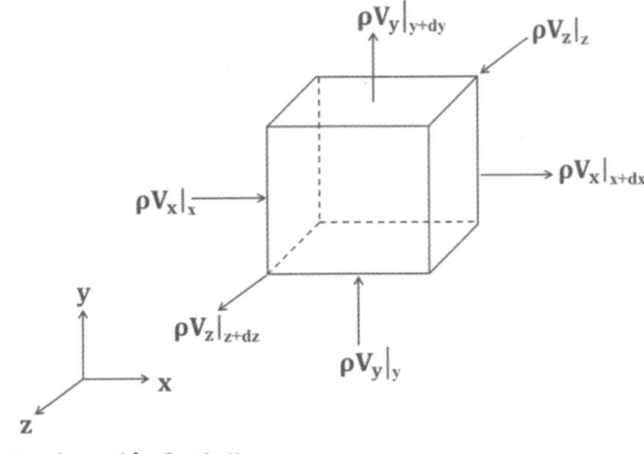

對控制體積做質量平衡 =>in−out+gen=acc

$=>\rho V_x\,dy\,dz|_x-\rho V_x\,dy\,dz|_{x+\triangle x}+\rho V_y\,dx\,dz|_y-\rho V_y\,dx\,dz|_{y+\triangle y}+\rho V_z\,dx\,dy|_z$

$-\rho V_z\,dx\,dy|_{z+\triangle z}=\frac{\partial\rho}{\partial t}(dxdydz)$ (1)同除以dxdydz，令$dxdydz\rightarrow 0$

$$=>-\rho\frac{\partial V_x}{\partial x}-\rho\frac{\partial V_y}{\partial y}-\rho\frac{\partial V_z}{\partial z}=\frac{\partial\rho}{\partial t} \;=>\frac{\partial\rho}{\partial t}=-\rho\left(\frac{\partial V_x}{\partial x}+\frac{\partial V_y}{\partial y}+\frac{\partial V_z}{\partial z}\right)\ (2)$$

$\rho=const$ 代入(2)式$=>\frac{\partial V_x}{\partial x}+\frac{\partial V_y}{\partial y}+\frac{\partial V_z}{\partial z}=0\;=>\nabla\cdot\vec{V}=0$

(三)圓柱座標連續方程式：

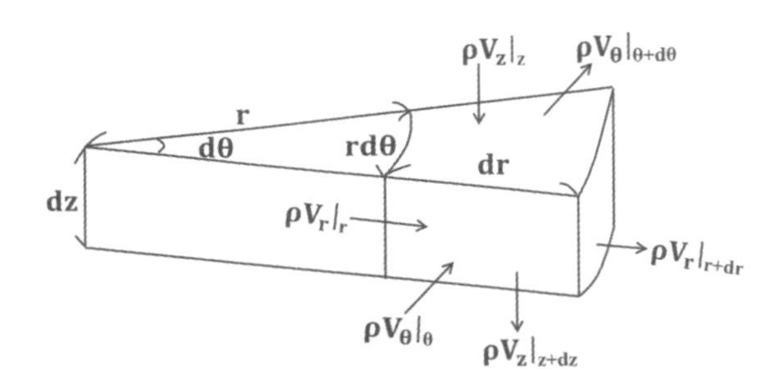

對控制體積做質量平衡=> in−out+gen=acc

=>$\rho V_r r\,d\theta\,dz|_r - \rho V_r r\,d\theta\,dz|_{r+dr} + \rho V_\theta\,dr\,dz|_\theta - \rho V_\theta\,dr\,dz|_{\theta+d\theta} + \rho V_z r dr\,d\theta|_z$

$-\rho V_z r dr\,d\theta|_{z+dz} = \frac{\partial\rho}{\partial t}(r\,dr d\theta\,dz)$ (1)同除以$drd\theta dz$，令$drd\theta dz \to 0$

=>$-\rho\frac{\partial}{\partial r}(rV_r) - \rho\frac{\partial V_\theta}{\partial\theta} - \rho\frac{\partial}{\partial z}(rV_z) = r\frac{\partial\rho}{\partial t}$

=>$\frac{\partial\rho}{\partial t} = -\rho\left[\frac{1}{r}\frac{\partial}{\partial r}(r\cdot V_r) + \frac{1}{r}\frac{\partial V_\theta}{\partial\theta} + \frac{\partial V_z}{\partial z}\right]$

(四)耐維爾-史托克方程式 Navier-Stokes 由運動方程式(equation of motion)求得

$\rho\frac{D\vec{V}}{Dt} = \mu\nabla^2\vec{V} - \nabla P + \rho g$

物理意義：

$\rho\frac{D\vec{V}}{Dt}$單位體積質量與加速度的乘積；$\mu\nabla^2\vec{V}$施於單位體積系統的黏滯力；ρg施於單位體積系統的重力；∇P施於單位體積系統的壓力

(一)密度和黏度皆不變時，且爲不可壓縮流體

=>$\rho\frac{D\vec{V}}{Dt} = \mu\nabla^2\vec{V} - \nabla P + \rho g$

(二)流體黏度爲零時，沒有黏滯性的流體稱理想流體(ideal fluid)

簡化後=>$\rho\frac{D\vec{V}}{Dt} = -\nabla P + \rho g$

早期流體力學的專家設定此條件來簡化方程式，分析氣體或河流之流動情形。

(三)密度和黏度皆不變且流體加速度很小至可以忽略的狀態

簡化後=> $\mu\nabla^2\vec{V} - \nabla P + \rho g = 0$

簡化方程式可以求得 Re<0.1 時很緩慢的流體流動(Creeping flow)，亦可稱作史托克流動(Stokes Flow Equation)

類題練習解析

〈類題3－1〉有一不可壓縮流體，已知$u_x = x^2 + y^2$，$u_z = 0$求u_y？

Sol：$\frac{\partial u_x}{\partial x} + \frac{\partial u_y}{\partial y} + \frac{\partial u_z}{\partial z} = 0$ => $\frac{\partial u_y}{\partial y} = -\frac{\partial u_x}{\partial x} = -2x$ => $u_y = -2xy + c(x.z)$

〈類題 3－2〉已知西子灣海水溫度 T 是時間θ及位置(x, y, z)之函數$T = \left(x + 2y + \frac{1}{2}z\right)\sin 2\theta$，海水的流速爲$\overrightarrow{u} = 2y\overrightarrow{e_x}x + x\overrightarrow{e_y}$ 求下列二情況所測得之水溫隨時間的變化：(一)站在西子灣渡船頭(距入海口 x 呎)，於距離岸邊 z 呎處將溫度計插入水中 y 呎(二)坐在一渡輪上，在渡輪上隨海水漂流。

Sol：(一) $\left.\frac{\partial T}{\partial \theta}\right|_{x.y.z} = \left(x + 2y + \frac{1}{2}z\right)2\cos 2\theta = (2x + 4y + z)\cos 2\theta$

(二) $\frac{DT}{D\theta} = \frac{\partial T}{\partial \theta} + u_x\frac{\partial T}{\partial x} + u_y\frac{\partial T}{\partial y} + u_z\frac{\partial T}{\partial z}$

$= (2x + 4y + z)\cos 2\theta + (2y)(\sin 2\theta) + x(2\sin 2\theta)$

$= (2x + 4y + z)\cos 2\theta + (2x + 2y)(\sin 2\theta)$

〈類題 3－3〉請利用連續方程式及運動公式導出恆穩狀態時下列各情況下之微分方程式，並寫出邊界條件(不必解微分方程式)(一)內半徑r_i之水桶裝水。水桶以ω之角速度轉動(二)油在一片傾斜平板上流下來(三)油在兩片平板中，平板水平移動；如下圖所示，以上流體都是不可壓縮性，都是層流。

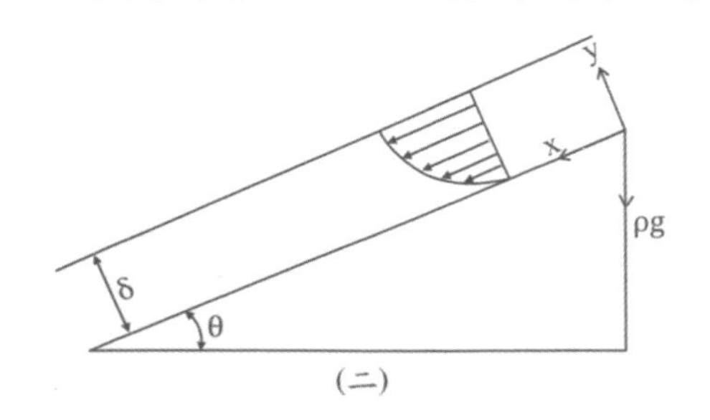

(二)

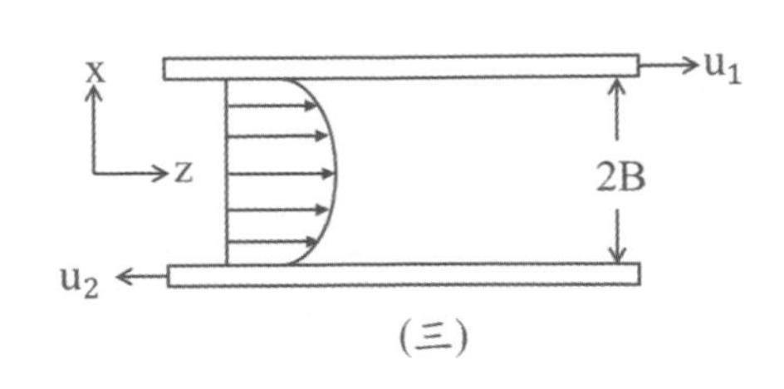

(三)

Sol：

(一)由連續方程式 $\frac{\partial\rho}{\partial t}+\nabla\cdot(\rho\vec{V})=0$ 不可壓縮流體$\rho=const$

代入上式=>$\nabla\cdot\vec{V}=0$ =>$\frac{1}{r}\frac{\partial}{\partial r}(r\cdot V_r)+\frac{1}{r}\frac{\partial V_\theta}{\partial\theta}+\frac{\partial V_z}{\partial z}=0$ 全展流下$V_r=0$ $V_z=0$

代入上式=>$\frac{\partial V_\theta}{\partial\theta}=0$，$V_\theta=V_{\theta(r)}$only

對牛頓流體且ρ和μ爲常數，由 Navier-Stokes equation：θ-方向

$$\rho\left(\frac{\partial V_\theta}{\partial t}+V_r\frac{\partial V_\theta}{\partial r}+\frac{V_\theta}{r}\frac{\partial V_\theta}{\partial\theta}+\frac{V_rV_\theta}{r}+V_z\frac{\partial V_\theta}{\partial z}\right)=-\frac{1}{r}\frac{\partial P}{\partial\theta}+\mu\left[\frac{\partial}{\partial r}\left(\frac{1}{r}\frac{\partial(r\cdot V_\theta)}{\partial r}\right)\right.$$

S.S $V_r=0$ $V_\theta\neq f(\theta)$ $V_r=0$ $V_z=0$ $P\neq f(\theta)$

$$\left.\frac{1}{r^2}\frac{\partial^2V_\theta}{\partial\theta^2}+\frac{2}{r^2}\frac{\partial V_r}{\partial\theta}+\frac{\partial^2V_\theta}{\partial z^2}\right]+\rho g_\theta \Rightarrow \frac{\partial}{\partial r}\left[\frac{1}{r}\frac{\partial(r\cdot V_\theta)}{\partial r}\right]=0$$

$V_\theta\neq f(\theta)$ $V_r=0$ $V_\theta\neq f(z)$ $g_\theta=0$

B.C.1 $r=0$ $V_\theta=$有限值，B.C.2 $r=r_i$ $V_\theta=\omega r_i$

(二)由連續方程式 $\frac{\partial\rho}{\partial t}+\nabla\cdot(\rho\vec{V})=0$不可壓縮流體$\rho=const$

代入上式=>$\nabla\cdot\vec{V}=0$=>$\frac{\partial V_x}{\partial x}+\frac{\partial V_y}{\partial y}+\frac{\partial V_z}{\partial z}=0$ 全展流下$V_y=0$ $V_z=0$代入左式

=>$\frac{\partial V_x}{\partial x}=0$ $V_x=V_{x(y)}$only，對牛頓流體且ρ和μ爲常數，由 Navier-Stokes equation：x-方向：

$$\rho\left(\frac{\partial V_x}{\partial t}+V_x\frac{\partial V_x}{\partial x}+V_y\frac{\partial V_x}{\partial y}+V_z\frac{\partial V_x}{\partial z}\right)=\mu\left(\frac{\partial^2V_x}{\partial x^2}+\frac{\partial^2V_x}{\partial y^2}+\frac{\partial^2V_x}{\partial z^2}\right)-\frac{\partial P}{\partial x}+\rho g_x$$

S.S $V_x\neq f(x)$ $V_y=0$ $V_z=0$ $V_x\neq f(x)$ $V_x\neq f(z)$ 開放系統

=>$-\mu\frac{\partial^2V_x}{\partial y^2}=\rho g\sin\theta$

B.C.1 $y=0$ $V_x=0$ (由座標得知板子爲不滑動條件)

B.C.2 $y=\delta$ $\frac{\partial V_x}{\partial y}=0$ (液膜與空氣接觸處速度最大且剪應力爲零$\therefore\tau_{yx}=-\mu\frac{\partial V_x}{\partial y}=0$)

(三)由連續方程式 $\frac{\partial\rho}{\partial t}+\nabla\cdot(\rho\vec{V})=0$ 不可壓縮流體$\rho=const$

代入上式=>$\nabla\cdot\vec{V}=0$ =>$\frac{\partial V_x}{\partial x}+\frac{\partial V_y}{\partial y}+\frac{\partial V_z}{\partial z}=0$ 全展流下$V_y=0$ $V_z=0$代入左式

=>$\frac{\partial V_x}{\partial x}=0$ $V_x=V_{x(y)}$only，對牛頓流體且ρ和μ爲常數，由 Navier-Stokes equation：x-方向：

$$\rho\left(\frac{\partial V_x}{\partial t}+V_x\frac{\partial V_x}{\partial x}+V_y\frac{\partial V_x}{\partial y}+V_z\frac{\partial V_x}{\partial z}\right)=\mu\left(\frac{\partial^2 V_x}{\partial x^2}+\frac{\partial^2 V_x}{\partial y^2}+\frac{\partial^2 V_x}{\partial z^2}\right)-\frac{\partial P}{\partial y}+\rho g_x$$

S.S $V_x\neq f(x)$ $V_y=0$ $V_z=0$ $V_x\neq f(x)$ $V_x\neq f(z)$ $g_x=0$

=>$-\mu\frac{\partial^2 V_x}{\partial y^2}=\left(-\frac{\partial P}{\partial y}\right)$

B.C.1 $y=b$ $V_x=u_1$，B.C.2 $y=-b$ $V_x=-u_2$

〈類題 3 – 4〉兩同軸旋轉之圓筒，筒高爲 H，內筒半徑R_1以角速率ω_1旋轉，外筒半徑R_2以角速率ω_2旋轉，已知兩筒間流體之流速u_θ分佈如下$u_\theta=\frac{R_2^2}{R_2^2-R_1^2}\left[r\left(\omega_2-\omega_1\frac{R_1^2}{R_2^2}\right)-\left(\frac{R_1^2}{r}\right)(\omega_2-\omega_1)\right]$，Shear stress $\tau_{r\theta}=-\mu\left[r\frac{\partial\left(u_\theta/r\right)}{\partial r}\right]$

(一)求外筒表面所受之力與外筒扭力(Torque)？

(二)當內外筒角速率相同時($\omega_1=\omega_2$)討論外筒受力與流體流速間的關係。

Sol：

(一)$\tau_{r\theta}=-\mu\frac{\partial}{\partial r}\left[\frac{R_2^2}{R_2^2-R_1^2}\left[\left(\omega_2-\omega_1\frac{R_1^2}{R_2^2}\right)-\frac{R_1^2}{r^2}(\omega_2-\omega_1)\right]\right]$

$=-\mu r\frac{R_2^2}{R_2^2-R_1^2}\frac{2R_1^2}{r^3}(\omega_2-\omega_1)=\frac{-2\mu R_1^2R_2^2(\omega_2-\omega_1)}{(R_2^2-R_1^2)r^2}$

$F_\theta=T_\theta=\int_0^H\int_0^{2\pi}\tau_{r\theta}\,dA\Big|_{r=R_2}=\int_0^H\int_0^{2\pi}\tau_{r\theta}\,rd\theta dz\Big|_{r=R_2}$

$=\int_0^H\int_0^{2\pi}\frac{-2\mu R_1^2R_2^2(\omega_2-\omega_1)R_2}{(R_2^2-R_1^2){R_2}^2}=\frac{-4\pi\mu R_1^2R_2\,(\omega_2-\omega_1)H}{(R_2^2-R_1^2)}$

外桶扭力T_θ =外桶表面所受之力F_θ ×力臂$R_2=\frac{-4\pi\mu R_1^2R_2^2(\omega_2-\omega_1)H}{(R_2^2-R_1^2)}$

(二) $\omega_1=\omega_2$代入u_θ =>$u_\theta=\frac{R_2^2}{R_2^2-R_1^2}r\left(\omega_2-\omega_1\frac{R_1^2}{R_2^2}\right)$

$=>u_\theta=\frac{R_2^2 r\omega_1}{R_2^2-R_1^2}-\frac{R_1^2R_2^2r\omega_1}{(R_2^2-R_1^2)R_2^2}=\frac{r\omega_1(R_2^2-R_1^2)}{(R_2^2-R_1^2)}=r\omega_1$ $\omega_1=\omega_2$代入F_θ $=>F_\theta=0$

※當內外管旋轉之角速度相同下，u_θ和筒半徑 r 呈一次方線性關係，至於外筒受力因向心方向力等於離心方向力故爲零。

〈類題 3－5〉兩平板間向下的穩態全展流由 Navier-Stokes equation 求牛頓流體的速度分佈？

Sol：座標圖與速度分佈畫法如〈類題 2－1〉圖一

由連續方程式 $\frac{\partial\rho}{\partial t}+\nabla\cdot(\rho\vec{V})=0$ 不可壓縮流體$\rho=\text{const}$代入左式

$=>\nabla\cdot\vec{V}=0=>\frac{\partial V_x}{\partial x}+\frac{\partial V_y}{\partial y}+\frac{\partial V_z}{\partial z}=0$，全展流下 $V_x=0$ $V_y=0$代入左式

$=>\frac{\partial V_z}{\partial z}=0$，$V_z=V_{z(x)}$only

對牛頓流體且ρ和μ爲常數，由 Navier-Stokes equation Z-方向：

$$\rho\left(\frac{\partial V_z}{\partial t}+V_x\frac{\partial V_z}{\partial x}+V_y\frac{\partial V_z}{\partial y}+V_z\frac{\partial V_z}{\partial z}\right)=\mu\left(\frac{\partial^2V_z}{\partial x^2}+\frac{\partial^2V_z}{\partial y^2}+\frac{\partial^2V_z}{\partial z^2}\right)-\frac{\partial P}{\partial z}+\rho g_z \quad (1)$$

S.S $V_x=0$ $V_y=0$ $\frac{\partial V_z}{\partial z}=0$ $V_z\neq f(y)$ $V_z\neq f(z)$

令$\left(-\frac{\partial\bar{P}}{\partial z}\right)=\left(-\frac{\partial P}{\partial z}\right)+\rho g$，(1)式變爲$-\mu\left(\frac{\partial^2V_z}{\partial x^2}\right)=\left(-\frac{\partial\bar{P}}{\partial z}\right)$

積分得$\frac{\partial V_z}{\partial x}=-\frac{1}{\mu}\left(-\frac{\partial\bar{P}}{\partial z}\right)x+c_1$ (2) B.C.1 $x=0$ $\frac{\partial V_z}{\partial x}=0$

代入(2)式$c_1=0=>\frac{\partial V_z}{\partial x}=-\frac{1}{\mu}\left(-\frac{\partial\bar{P}}{\partial z}\right)x$

$=>V_z=-\frac{1}{2\mu}\left(-\frac{\partial\bar{P}}{\partial z}\right)x^2+c_2$ (3) B.C.2 $x=B$ $V_z=0$ 代入(3)式$c_2=\frac{B^2}{2\mu}\left(-\frac{\partial\bar{P}}{\partial z}\right)$ 代回(3)式$=>V_z=\frac{B^2}{2\mu}\left(-\frac{\partial\bar{P}}{\partial z}\right)\left[1-(\frac{x}{B})^2\right]$

〈類題 3－6〉在兩個垂直平板有牛頓流體存在，在左邊的板子不動右邊板子以V_0的速度向上移動，請由 Navier-Stokes equation 求出速度分佈？(3W Ch9 example1)

Sol：由連續方程式 $\frac{\partial\rho}{\partial t}+\nabla\cdot(\rho\,\vec{V})=0$ 不可壓縮流體$\rho=\text{const}$

代入上式=>$\nabla\cdot\vec{V}=0$ =>$\frac{\partial V_x}{\partial x}+\frac{\partial V_y}{\partial y}+\frac{\partial V_z}{\partial z}=0$

全展流下 $V_x=0$ $V_z=0$ 代入左式=>$\frac{\partial V_y}{\partial y}=0$ $V_y=V_{y(x)}\text{only}$

對牛頓流體且ρ和μ爲常數，由 Navier-Stokes equation y-方向：

$$\rho\left(\frac{\partial V_y}{\partial t}+V_x\frac{\partial V_y}{\partial x}+V_y\frac{\partial V_y}{\partial y}+V_z\frac{\partial V_z}{\partial z}\right)=\mu\left(\frac{\partial^2 V_y}{\partial x^2}+\frac{\partial^2 V_y}{\partial y^2}+\frac{\partial^2 V_y}{\partial z^2}\right)-\frac{\partial P}{\partial y}+\rho g_y$$

S.S $V_x=0$ $\frac{\partial V_y}{\partial y}=0$ $V_z=0$ $V_y\neq f(y)$ $V_y\neq f(z)$

=>$-\mu\frac{\partial^2 V_y}{\partial x^2}=\left(-\frac{\partial P}{\partial y}\right)-\rho g_y$ (1) 令$\left(-\frac{\partial\bar{P}}{\partial y}\right)=\left(-\frac{\partial P}{\partial y}\right)-\rho g_y$ 代入(1)式

=>$-\mu\frac{\partial^2 V_y}{\partial x^2}=\left(-\frac{\partial\bar{P}}{\partial y}\right)$ 移項積分得$\frac{\partial V_y}{\partial x}=-\frac{1}{\mu}\left(-\frac{\partial\bar{P}}{\partial y}\right)x+c_1$

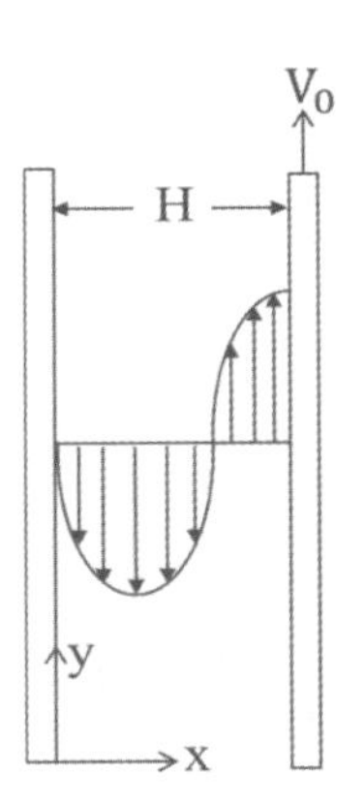

積分=>$V_y=-\frac{1}{2\mu}\left(-\frac{\partial\bar{P}}{\partial y}\right)x^2+C_1x+C_2$ (2)

B.C.1 $x=0$ $V_y=0$ 代入(2)式$C_2=0$

B.C.2 $x=H$ $V_y=V_0$ 代入(2)式$C_1=\frac{V_0}{H}+\frac{H}{2\mu}\left(-\frac{\partial\bar{P}}{\partial y}\right)$

=>$V_y=-\frac{1}{2\mu}\left(-\frac{\partial\bar{P}}{\partial y}\right)x^2+\frac{V_0}{H}+\frac{H}{2\mu}\left(-\frac{\partial\bar{P}}{\partial y}\right)x$

=>$V_y=\frac{H^2}{2\mu}\left(-\frac{\partial\bar{P}}{\partial y}\right)\left[\left(\frac{x}{H}\right)-\left(\frac{x}{H}\right)^2\right]+\frac{V_0}{H}$

〈類題 3 − 7〉圓管內的穩態全展流由 Navier-Stokes equation 求牛頓流體在垂直圓管內的速度分佈？

Sol：座標圖與速度分佈畫法如〈類題 2 − 6〉圖五

由連續方程式 $\frac{\partial\rho}{\partial t}+\nabla\cdot(\rho\,\vec{V})=0$ 不可壓縮流體$\rho=\text{const}$代入左式

=>$\nabla\cdot\vec{V}=0$ =>$\frac{1}{r}\frac{\partial}{\partial r}(r\cdot V_r)+\frac{1}{r}\frac{\partial V_\theta}{\partial\theta}+\frac{\partial V_z}{\partial z}=0$ 全展流下$V_r=0$ $V_\theta=0$代入左式

$=> \frac{\partial V_z}{\partial z} = 0$，$V_z = V_{z(r)}$ only

對牛頓流體且ρ和μ爲常數，由 Navier-Stokes equation Z-方向：

$$\rho\left(\frac{\partial V_z}{\partial t} + V_r\frac{\partial V_z}{\partial r} + \frac{V_\theta}{r}\frac{\partial V_z}{\partial \theta} + V_z\frac{\partial V_z}{\partial z}\right) = -\frac{\partial P}{\partial z} + \mu\left[\frac{1}{r}\frac{\partial}{\partial r}\left(r\frac{\partial V_z}{\partial r}\right) + \frac{1}{r^2}\frac{\partial^2 V_z}{\partial \theta^2} + \frac{\partial^2 V_z}{\partial z^2}\right] + \rho g_z$$

S.S $\quad V_r = 0 \quad V_\theta = 0 \quad V_z \neq f(z) \qquad V_z \neq f(\theta) \quad V_z \neq f(z)$

$=> -\frac{\mu}{r}\frac{\partial}{\partial r}\left(r\frac{\partial V_z}{\partial r}\right) = \left(-\frac{\partial P}{\partial z}\right) + \rho g_z$ (1) 令$\left(-\frac{\partial \bar{P}}{\partial z}\right) = \left[\left(-\frac{\partial P}{\partial z}\right) + \rho g\right]$ 代入(1)式

$=> -\frac{\mu}{r}\frac{\partial}{\partial r}\left(r\frac{\partial V_z}{\partial r}\right) = \left(-\frac{\partial \bar{P}}{\partial z}\right)$ $=> r\frac{\partial V_z}{\partial r} = -\frac{1}{2\mu}\left(-\frac{\partial \bar{P}}{\partial z}\right)r^2 + C_1$

$=> \frac{\partial V_z}{\partial r} = -\frac{1}{2\mu}\left(-\frac{\partial \bar{P}}{\partial z}\right)r + \frac{C_1}{r}$ (2)

B.C.1 $\quad r = 0 \;\; \frac{\partial V_z}{\partial r} = 0$ (管中心速度最大)代入(2)式 $C_1 = 0$

$=> V_z = -\frac{1}{4\mu}\left(-\frac{\partial \bar{P}}{\partial z}\right)r^2 + C_2$ (3)

B.C.2 $\quad r = R \;\; V_z = 0$ (管壁速度爲零)代入(3)式 $C_2 = \frac{R^2}{4\mu}\left(-\frac{\partial \bar{P}}{\partial z}\right)$

$=> V_z = \frac{R^2}{4\mu}\left(-\frac{\partial \bar{P}}{\partial z}\right)\left[1 - \left(\frac{r}{R}\right)^2\right]$

※內外管旋轉問題

〈類題 3－8〉測量黏度的黏度計，令旋轉子半徑r_i，轉子高 L，容器半徑r_0，旋轉子之角速度ω，流體黏度μ，請估計下面兩種狀況下(一)已知r_0和r_i相差不大(二) $r_0^2 \gg r_i^2$，求流速V_θ分佈與轉子所需的 torque。

已知：$\frac{\partial}{\partial r}\left[\frac{1}{r}\frac{\partial(r \cdot V_\theta)}{\partial r}\right] = 0$，$\tau_{r\theta} = -\mu\left[r\frac{\partial}{\partial r}\left(\frac{V_\theta}{r}\right)\right]$

r
ω
r_i
r_0

Sol：

(一) $\frac{\partial}{\partial r}\left[\frac{1}{r}\frac{\partial(r \cdot V_\theta)}{\partial r}\right] = 0$ $=> \frac{1}{r}\frac{\partial(r \cdot V_\theta)}{\partial r} = C_1$ $=> r \cdot V_\theta = \frac{C_1}{2}r^2 + C_2$

$=>V_\theta = \frac{C_1}{2}r + \frac{C_2}{r}$ (1)

B.C.1　$r = r_i$　$V_\theta = r_i\omega$　代入(1)式 $r_i\omega = \frac{C_1}{2}r_i + \frac{C_2}{r_i}$ (2)

B.C.2　$r = r_0$　$V_\theta = 0$　代入(1)式 $0 = \frac{C_1}{2}r_0 + \frac{C_2}{r_0}$ (3)

(2)式乘上r_i=>$r_i^2\omega = \frac{C_1}{2}r_i^2 + C_2$ (4)；(3)式乘上r_0=>$0 = \frac{C_1}{2}r_0^2 + C_2$ (5)

(4)減(5)式=>$r_i^2\omega = \frac{C_1}{2}(r_i^2 - r_0^2)$ =>$C_1 = \frac{2r_i^2\omega}{r_i^2 - r_0^2}$ 代入(5)式 $C_2 = -\frac{r_i^2 r_0^2\omega}{r_i^2 - r_0^2}$

將C_1和C_2代回(1)式$V_\theta = \frac{r_i^2\omega}{r_i^2 - r_0^2}r - \frac{r_i^2 r_0^2\omega}{(r_i^2 - r_0^2)r} = \frac{r_i^2\omega}{r_i^2 - r_0^2}\left(r - \frac{r_0^2}{r}\right)$

$$\tau_{r\theta} = -\mu\left[r\frac{\partial}{\partial r}\left(\frac{V_\theta}{r}\right)\right] = -\mu r\frac{\partial}{\partial r}\left[\frac{r_i^2\omega}{r_i^2 - r_0^2}\left(1 - \frac{r_0^2}{r^2}\right)\right] = \frac{2\mu\omega r_i^2 r_0^2}{(r_i^2 - r_0^2)r^2}$$

$$=>T = \tau\Big|_{r=r_i}(2\pi r_i L)r_i = \frac{4\pi\mu r_i^2 r_0^2 L\omega}{r_i^2 - r_0^2}$$

(b) $r_0^2 \gg r_i^2$ =>$V_\theta = \frac{r_i^2\omega}{r_0^2}\left(r - \frac{r_0^2}{r}\right)$ =>$T = 4\pi\mu\omega r_i^2 L$

〈類題 3－9〉有一無限長的垂直雙套管間有牛頓流體，流體的密度ρ及黏度μ均爲常數。外管以ω的速度轉動，而內管則靜止，流體做穩態層流，如果端點效應可以忽略，請導出流體速度分佈公式及剪應力分佈公式。

Sol：(一)由連續方程式 $\frac{\partial\rho}{\partial t} + \nabla\cdot(\rho\vec{V}) = 0$

不可壓縮流體$\rho = const$ 代入左式=>$\nabla\cdot\vec{V} = 0$

$=>\frac{1}{r}\frac{\partial}{\partial r}(r\cdot V_r) + \frac{1}{r}\frac{\partial V_\theta}{\partial\theta} + \frac{\partial V_z}{\partial z} = 0$

全展流下$V_r = 0$　$V_z = 0$代入上式=>$\frac{\partial V_\theta}{\partial\theta} = 0$

$V_\theta = V_{\theta(r)}$only 對牛頓流體且ρ和μ爲常數

由 Navier-Stokes equation θ-方向：

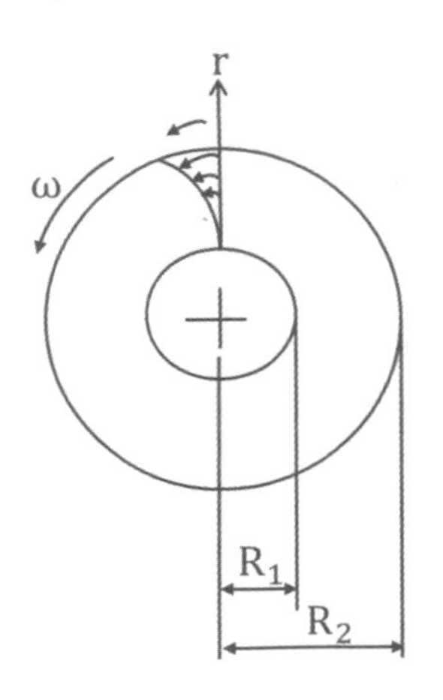

$$\rho\left(\cancel{\frac{\partial V_\theta}{\partial t}}+\cancel{V_r}\frac{\partial V_\theta}{\partial r}+\frac{V_\theta}{r}\cancel{\frac{\partial V_\theta}{\partial\theta}}+\cancel{\frac{V_rV_\theta}{r}}+\cancel{V_z}\frac{\partial V_\theta}{\partial z}\right)=-\cancel{\frac{1}{r}\frac{\partial P}{\partial\theta}}+\mu\left[\frac{\partial}{\partial r}\left(\frac{1}{r}\frac{\partial(r\cdot V_\theta)}{\partial r}\right)\right.$$

S.S　$V_r=0$　$V_\theta\neq f(\theta)$　$V_r=0$　$V_z=0$　$P\neq f(\theta)$

$$\left.\frac{1}{r^2}\cancel{\frac{\partial^2V_\theta}{\partial\theta^2}}+\frac{2}{r^2}\cancel{\frac{\partial V_r}{\partial\theta}}+\cancel{\frac{\partial^2V_\theta}{\partial z^2}}\right]+\cancel{\rho g_\theta}\Rightarrow\frac{\partial}{\partial r}\left[\frac{1}{r}\frac{\partial(r\cdot V_\theta)}{\partial r}\right]=0\Rightarrow\frac{1}{r}\frac{\partial(r\cdot V_\theta)}{\partial r}=C_1$$

$V_\theta\neq f(\theta)$　$V_r=0$　$V_\theta\neq f(z)$　$g_\theta=0$

$$\Rightarrow r\cdot V_\theta=\frac{C_1}{2}r^2+C_2\Rightarrow V_\theta=\frac{C_1}{2}r+\frac{C_2}{r}\quad(1)$$

B.C.1　$r=R_1$　$V_\theta=0$　代入(1)式得　$0=\frac{C_1}{2}R_1+\frac{C_2}{R_1}$ (2)

B.C.2　$r=R_2$　$V_\theta=\omega R_2$代入(1)式得　$\omega R_2=\frac{C_1}{2}R_2+\frac{C_2}{R_2}$ (3)

(2)式乘R_1=>$0=\frac{C_1}{2}R_1^2+C_2$ (4) ;(3)式乘R_2=>$\omega R_2^2=\frac{C_1}{2}R_2^2+C_2$ (5)

(4)-(5)式$C_1=-\frac{2\omega R_2^2}{R_1^2-R_2^2}$ 代入(4)式=>$C_2=\frac{\omega R_1^2R_2^2}{R_1^2-R_2^2}$ 將C_1和C_2代回(1)式

$$V_\theta=-\frac{\omega R_2^2}{R_1^2-R_2^2}r+\frac{\omega R_1^2R_2^2}{R_1^2-R_2^2}\frac{1}{r}=\frac{\omega R_1R_2^2}{R_1^2-R_2^2}\left(\frac{R_1}{r}-\frac{r}{R_1}\right)$$

(二)$\tau_{r\theta}=-\mu r\frac{\partial}{\partial r}\left(\frac{V_\theta}{r}\right)$ (6) $\because\left(\frac{V_\theta}{r}\right)=-\frac{\omega R_2^2}{R_1^2-R_2^2}+\frac{\omega R_1^2R_2^2}{R_1^2-R_2^2}\frac{1}{r^2}$

將$\frac{\partial}{\partial r}\left(\frac{V_\theta}{r}\right)=\frac{-2\omega R_1^2R_2^2}{R_1^2-R_2^2}\frac{1}{r^3}$ 代入(6)式

$$\Rightarrow\tau_{r\theta}=-\mu r\left[\frac{-2\omega R_1^2R_2^2}{R_1^2-R_2^2}\frac{1}{r^3}\right]=2\mu\omega R_2^2\left(\frac{1}{r^2}\right)\frac{R_1^2}{R_1^2-R_2^2}$$

〈類題 3 – 10〉有一無限長的垂直雙套管間有牛頓流體，流體的密度ρ及黏度μ均爲常數。內管和外管半徑分別爲κR 和 R，內管和外管分別以Ω_i和Ω_0的角速度轉動，如圖所示如端點效應可以忽略，請導出流體速度分佈公式。

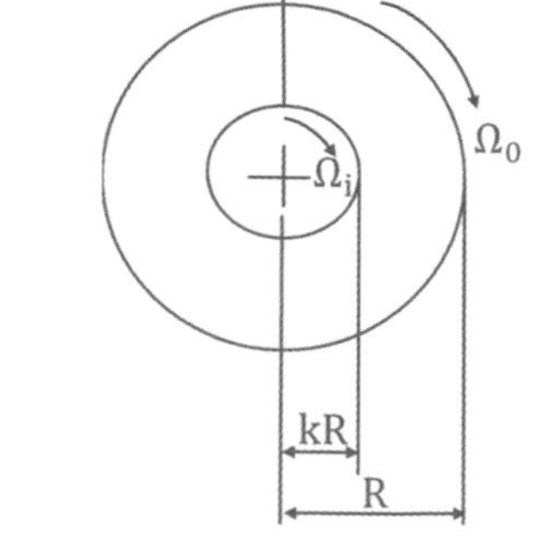

Sol：由連續方程式 $\frac{\partial\rho}{\partial t}+\nabla\cdot(\rho\vec{V})=0$

不可壓縮流體$\rho=const$代入上式

$$\Rightarrow\nabla\cdot\vec{V}=0\Rightarrow\frac{1}{r}\frac{\partial}{\partial r}(r\cdot V_r)+\frac{1}{r}\frac{\partial V_\theta}{\partial\theta}+\frac{\partial V_z}{\partial z}=0$$

全展流下$V_r = 0$ $V_z = 0$代入上式=>$\frac{\partial V_\theta}{\partial \theta} = 0$

$V_\theta = V_{\theta(r)}$only，對牛頓流體且ρ和μ爲常數，由 Navier-Stokes equation：θ-方向：

$$\rho\left(\frac{\partial V_\theta}{\partial t} + V_r\frac{\partial V_\theta}{\partial r} + \frac{V_\theta}{r}\frac{\partial V_\theta}{\partial \theta} + \frac{V_r V_\theta}{r} + V_z\frac{\partial V_\theta}{\partial z}\right) = -\frac{1}{r}\frac{\partial P}{\partial \theta} + \mu\left[\frac{\partial}{\partial r}\left(\frac{1}{r}\frac{\partial(r \cdot V_\theta)}{\partial r}\right)\right.$$

S.S $\quad V_r = 0 \quad V_\theta \neq f(\theta) \quad V_r = 0 \quad V_z = 0 \quad P \neq f(\theta)$

$$\left.\frac{1}{r^2}\frac{\partial^2 V_\theta}{\partial \theta^2} + \frac{2}{r^2}\frac{\partial V_r}{\partial \theta} + \frac{\partial^2 V_\theta}{\partial z^2}\right] + \rho g_\theta \Rightarrow \frac{\partial}{\partial r}\left[\frac{1}{r}\frac{\partial(r \cdot V_\theta)}{\partial r}\right] = 0 \Rightarrow \frac{1}{r}\frac{\partial(r \cdot V_\theta)}{\partial r} = C_1$$

$V_\theta \neq f(\theta)$ $V_r = 0$ $\quad V_\theta \neq f(z)$ $g_\theta = 0$

$$\Rightarrow r \cdot V_\theta = \frac{C_1}{2}r^2 + C_2 \Rightarrow V_\theta = \frac{C_1}{2}r + \frac{C_2}{r} \quad (1)$$

B.C.1 $\quad r = \kappa R$ $V_\theta = \kappa R\Omega_i$ 代入(1)式得 $\kappa R\Omega_i = \frac{C_1}{2}R_1 + \frac{C_2}{\kappa R}$ (2)

B.C.2 $\quad r = R$ $V_\theta = R\Omega_0$ 代入(1)式得 $R\Omega_0 = \frac{C_1}{2}R + \frac{C_2}{R_2}$ (3)

(2)式乘κR=>$\kappa^2 R^2 \Omega_i = \frac{C_1}{2}\kappa^2 R^2 + C_2$(4)

(3)式乘R=>$R^2\Omega_0 = \frac{C_1}{2}R^2 + C_2$ (5)

(5)減(4)式$R^2(\Omega_0 - \kappa^2\Omega_i) = \frac{C_1}{2}R^2(1-\kappa^2)$ =>$C_1 = \frac{2(\Omega_0 - \kappa^2\Omega_i)}{1-\kappa^2}$代回(3)式

$$C_2 = R^2\Omega_0 - \frac{R^2\Omega_0 - \kappa^2 R^2\Omega_i}{1-\kappa^2} = \frac{R^2\Omega_0 - \kappa^2 R^2\Omega_0 - (R^2\Omega_0 - \kappa^2 R^2\Omega_i)}{1-\kappa^2} = \frac{\kappa^2 R^2(\Omega_i - \Omega_0)}{1-\kappa^2}$$

將C_1和C_2代回(1)式=>$V_\theta = \frac{\Omega_0 - \kappa^2\Omega_i}{1-\kappa^2} + \frac{\kappa^2 R^2(\Omega_i - \Omega_0)}{1-\kappa^2}\frac{1}{r}$

〈類題 3 − 11〉有一半徑爲 R 之圓柱形容器，內裝牛頓流體。容器對著中心軸作角速度ω旋轉，如圖所示請求出穩態下，液面 z 與 r 的關係。(103 化工技師)(20 分)

Sol：由連續方程式 $\frac{\partial \rho}{\partial t} + \nabla \cdot (\rho \vec{V}) = 0$不可壓縮流體$\rho = const$

代入左式=>$\nabla \cdot \vec{V} = 0$=>$\frac{1}{r}\frac{\partial}{\partial r}(r \cdot V_r) + \frac{1}{r}\frac{\partial V_\theta}{\partial \theta} + \frac{\partial V_z}{\partial z} = 0$ 全展流下$V_r = 0$ $V_z = 0$

代入左式=>$\frac{\partial V_\theta}{\partial \theta}=0$，$V_\theta=V_{\theta(r)}$only

對牛頓流體且ρ和μ爲常數，由 Navier-Stokes equation r-方向：

$$\rho\left(\frac{\partial V_r}{\partial t}+V_r\frac{\partial V_r}{\partial r}+\frac{V_\theta}{r}\frac{\partial V_r}{\partial \theta}-\frac{V_\theta^2}{r}+V_z\frac{\partial V_r}{\partial z}\right)=-\frac{\partial P}{\partial r}+\mu\left[\frac{\partial}{\partial r}\left(\frac{1}{r}\frac{\partial(r\cdot V_r)}{\partial r}\right)+\frac{1}{r^2}\frac{\partial^2 V_r}{\partial \theta^2}\right.$$

S.S　$V_r=0$　$V_r=0$　$V_z=0$　$V_r=0$　$V_r=0$

$$\left.-\frac{2}{r^2}\frac{\partial V_\theta}{\partial \theta}+\frac{\partial^2 V_r}{\partial z^2}\right]+\rho g_r \quad =>\rho\frac{V_\theta^2}{r}=\frac{\partial P}{\partial r}\ (1)$$

$V_\theta\neq f(\theta)$　$V_r=0$　$g_r=0$

θ-方向：

$$\rho\left(\frac{\partial V_\theta}{\partial t}+V_r\frac{\partial V_\theta}{\partial r}+\frac{V_\theta}{r}\frac{\partial V_\theta}{\partial \theta}+\frac{V_rV_\theta}{r}+V_z\frac{\partial V_\theta}{\partial z}\right)=-\frac{1}{r}\frac{\partial P}{\partial \theta}+\mu\left[\frac{\partial}{\partial r}\left(\frac{1}{r}\frac{\partial(r\cdot V_\theta)}{\partial r}\right)\right.$$

S.S　$V_r=0$　$V_\theta\neq f(\theta)$　$V_r=0$　$V_z=0$　$P\neq f(\theta)$

$$\left.\frac{1}{r^2}\frac{\partial^2 V_\theta}{\partial \theta^2}+\frac{2}{r^2}\frac{\partial V_r}{\partial \theta}+\frac{\partial^2 V_\theta}{\partial z^2}\right]+\rho g_\theta \quad =>\frac{\partial}{\partial r}\left[\frac{1}{r}\frac{\partial(r\cdot V_\theta)}{\partial r}\right]=0\quad =>\frac{1}{r}\frac{\partial(r\cdot V_\theta)}{\partial r}=C_1\ (2)$$

$V_\theta\neq f(\theta)$　$V_r=0$　$V_\theta\neq f(z)$　$g_\theta=0$

z-方向：

$$\rho\left(\frac{\partial V_z}{\partial t}+V_r\frac{\partial V_z}{\partial r}+\frac{V_\theta}{r}\frac{\partial V_z}{\partial \theta}+V_z\frac{\partial V_z}{\partial z}\right)=-\frac{\partial P}{\partial z}+\mu\left[\frac{1}{r}\frac{\partial}{\partial r}\left(r\frac{\partial V_z}{\partial r}\right)+\frac{1}{r^2}\frac{\partial^2 V_z}{\partial \theta^2}+\frac{\partial^2 V_z}{\partial z^2}\right]+\rho g_z$$

S.S　$V_r=0$　$V_z=0$　$V_z=0$　$V_z=0$　$V_z=0$　$V_z=0$

$$=>-\frac{\partial P}{\partial z}-\rho g_z=0\ (3)$$

B.C.1　$r=0$　$V_\theta=$有限值

B.C.2　$r=R$　$V_\theta=\omega R$

由(2)式=>$r\cdot V_\theta=\frac{C_1}{2}r^2+C_2$

=>$V_\theta=\frac{C_1}{2}r+\frac{C_2}{r}$ (4)

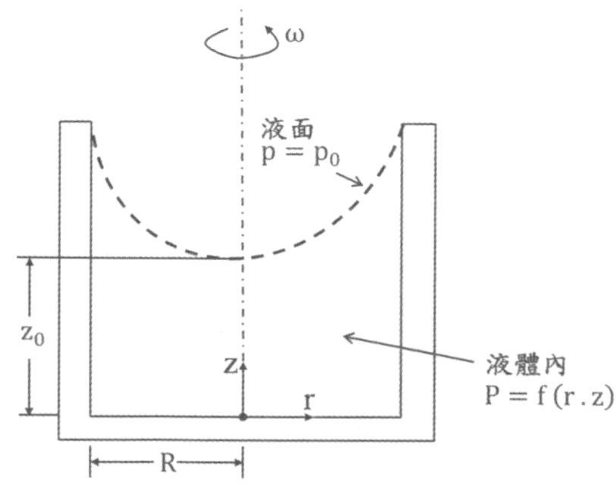

B.C.1 代入(4)式$C_2=0$

B.C.2 代入(4)式$\omega R=\frac{C_1}{2}R$ =>$V_\theta=\omega r$ (5)代入(1)式=>$\frac{\partial P}{\partial r}=\rho\omega^2 r$ (6)

由題目座標可得知$P = f(r.z)$的函數=> $dp = \frac{\partial P}{\partial r} dr + \frac{\partial P}{\partial z} dz$ (7)

(3)&(6)代入(7)式中=>$dp = \rho\omega^2 r\, dr + (-\rho g_z) dz$

=>$\int dp = \rho\omega^2 \int r dr - \int \rho g_z dz$ =>$p = \frac{\rho\omega^2 r^2}{2} - \rho g z + C$ (8)

B.C $r = 0$ $z = z_0$ $p = p_0$ 代入(8)式$p_0 = -\rho g z_0 + C$

=>$C = p_0 + \rho g z_0$ =>$p = \frac{\rho\omega^2 r^2}{2} - \rho g z + p_0 + \rho g z_0$

=> $p - p_0 = \frac{\rho\omega^2 r^2}{2} + \rho g(z_0 - z)$

在液面處$p = p_0$時可得液面 z 與 r 之間的關係：

=>$-\frac{\rho\omega^2 r^2}{2} = \rho g(z_0 - z)$ =>$-\frac{\omega^2 r^2}{2g} = z_0 - z$ =>$z = z_0 + \left(\frac{\omega^2}{2g}\right) r^2$

歷屆試題解析

〈考題 3－1〉(84 薦任升等)(20 分)

層流之運動方程式如寫成：$\frac{\partial}{\partial t}\rho V = -[\nabla \cdot \rho VV] - \nabla P - [\nabla \cdot \tau] + \rho g$

其中V：Velocity vector，V_i；τ：Stress tensor，τ_{ij}，請解釋上式每一項所代表的物理意義。如ρ(密度)及流體黏度μ均為不變，上式如何簡化？

Sol：(一)$\frac{\partial}{\partial t}\rho V$：單位體積動量增加速率。$-[\nabla \cdot \rho VV]$：對流對單位體積系統所造成的動量變化速率。$\nabla P$：單位體積中，壓力對系統所施的力。
$\nabla \cdot \tau$ ：黏度對單位體積系統所造成的動量增加速率。ρg：單位體積中，重力對系統所施的力。

(二) Navier-Stokes equation 密度及流體黏度均為不變可得：

$$\rho\frac{D\vec{V}}{Dt}=\mu\nabla^2\vec{V}-\nabla P+\rho g$$

〈考題3－2〉(87高考二等)(4分)
連續方程式是根據以下何者而得？
(A)質量守恆(B)動量守恆(C)能量守恆(D)牛頓第二運動定律
Sol：(A)連續方程式是由質量守恆而得。
〈考題 3－3〉(90 簡任升等)(5/5/10 分)
流體之運動方程式(equation of motion)可寫成下式：

$\frac{\partial\rho\vec{V}}{\partial t}=-\nabla\cdot\rho\vec{V}\vec{V}-\nabla P-\nabla\cdot\tau+\rho g$ (1)其中，ρ是流體密度，t 是時間，$\vec{V}$是流體速度向量，P 是流體壓力，τ是流體之 shear stress tensor，g 是重力加速度向量。

(一)說明上式中每一項(含正負號)之物理意義。(二)將公式推導至下式：$\rho\frac{D\vec{V}}{Dt}=-\nabla P-\nabla\cdot\tau+\rho g$ (2)其中D/Dt是 substantial time derivative。並以牛頓第二運動定律說明(2)式之物理意義。(三)一般化的牛頓流體定律可寫成下式$\tau=-\mu\left[\nabla\cdot\vec{V}+\left(\nabla\cdot\vec{V}\right)^T\right]+\frac{2}{3}\mu\left(\nabla\cdot\vec{V}\right)\delta$，其中μ爲流體黏度，δ是 unit tensor，上標 T 是指該 tensor 之 transpose。將此式代入(2)式並推導出不可壓縮流體之運動方程式如下：$\rho\frac{D\vec{V}}{Dt}=\mu\nabla^2\vec{V}-\nabla P+\rho g$。

Sol：(一)請參考〈考題 3－1〉(二)以 x 方向爲例將向量模式展開：

$$\frac{\partial(\rho v_x)}{\partial t}+\left[\frac{\partial(\rho v_x v_x)}{\partial x}+\frac{\partial(\rho v_y v_x)}{\partial x}+\frac{\partial(\rho v_z v_x)}{\partial z}\right]=-\left(\frac{\partial\tau_{xx}}{\partial x}+\frac{\partial\tau_{yx}}{\partial x}+\frac{\partial\tau_{zx}}{\partial z}\right)-\frac{\partial P}{\partial x}+\rho g_x \quad (1)$$

整理等式左側，等式右側先不予理會

$$=>\rho\frac{\partial v_x}{\partial t}+\rho\frac{\partial(v_x v_x)}{\partial x}+\rho\frac{\partial(v_y v_x)}{\partial x}+\rho\frac{\partial(v_z v_x)}{\partial z}+\left(v_x\frac{\partial\rho}{\partial t}+v_x v_x\frac{\partial\rho}{\partial x}+v_y v_x\frac{\partial\rho}{\partial y}+v_z v_x\frac{\partial\rho}{\partial z}\right)$$

$$=>\rho\frac{\partial v_x}{\partial t}+\rho v_x\frac{\partial v_x}{\partial x}+\rho v_y\frac{\partial v_x}{\partial y}+\rho v_z\frac{\partial v_x}{\partial z}+\left(\rho v_x\frac{\partial v_x}{\partial x}+\rho v_x\frac{\partial v_y}{\partial y}+\rho v_x\frac{\partial v_z}{\partial z}\right)+v_x\left(\frac{\partial\rho}{\partial t}+v_x\frac{\partial\rho}{\partial x}+v_y\frac{\partial\rho}{\partial y}+v_z\frac{\partial\rho}{\partial z}\right)$$

；又$\frac{D\rho}{Dt}=-\rho\left(\frac{\partial v_x}{\partial x}+\frac{\partial v_y}{\partial y}+\frac{\partial v_z}{\partial z}\right)$ ∵小到可忽略

$$\rho\left(\frac{\partial v_x}{\partial t}+v_x\frac{\partial v_x}{\partial x}+v_y\frac{\partial v_x}{\partial y}+v_z\frac{\partial v_x}{\partial z}\right)+\rho v_x\left(\frac{\partial v_x}{\partial x}+\frac{\partial v_y}{\partial y}+\frac{\partial v_z}{\partial z}\right)-v_x\rho\left(\frac{\partial v_x}{\partial x}+\frac{\partial v_y}{\partial y}+\frac{\partial v_z}{\partial z}\right)$$

=> $\rho\left(\frac{\partial v_x}{\partial t}+v_x\frac{\partial v_x}{\partial x}+v_y\frac{\partial v_x}{\partial y}+v_z\frac{\partial v_x}{\partial z}\right)-v_x\frac{D\rho}{Dt}+v_x\frac{D\rho}{Dt}$ 代入(1)式等式左側

=> $\rho\left(\frac{\partial v_x}{\partial t}+v_x\frac{\partial v_x}{\partial x}+v_y\frac{\partial v_x}{\partial y}+v_z\frac{\partial v_x}{\partial z}\right)=-\left(\frac{\partial \tau_{xx}}{\partial x}+\frac{\partial \tau_{yx}}{\partial x}+\frac{\partial \tau_{zx}}{\partial z}\right)-\frac{\partial P}{\partial x}+\rho g_x$

以向量模式表示：$\rho\frac{D\vec{V}}{Dt}=-\nabla P-\nabla\cdot\tau+\rho g$ (y 與 z 方向導正過程相同)

(三)由題目公式改寫爲$\tau_{xx}=-2\mu\frac{\partial v_x}{\partial x}+\frac{2}{3}\mu\left(\nabla\cdot\vec{V}\right)$ (2)

$\tau_{yx}=-\mu\left(\frac{\partial v_x}{\partial y}+\frac{\partial v_y}{\partial x}\right)$ (3) $\tau_{zx}=-\mu\left(\frac{\partial v_z}{\partial x}+\frac{\partial v_x}{\partial z}\right)$ (4)

將(2)& (3) &(4)代入結果(二)

以 x 方向爲例$\rho\frac{Dv_x}{Dt}=\frac{\partial}{\partial x}\left[2\mu\frac{\partial v_x}{\partial x}+\frac{2}{3}\mu\left(\nabla\cdot\vec{V}\right)\right]+\frac{\partial}{\partial y}\left[\mu\left(\frac{\partial v_x}{\partial y}+\frac{\partial v_y}{\partial x}\right)\right]+\frac{\partial}{\partial z}\left[\mu\left(\frac{\partial v_z}{\partial x}+\frac{\partial v_x}{\partial z}\right)\right]-\frac{\partial P}{\partial x}+\rho g_x$；因爲密度ρ與黏度μ爲常數

=> $\frac{D\rho}{Dt}+\rho\left(\nabla\cdot\vec{V}\right)=0$ => $\nabla\cdot\vec{V}=0$

=> $\rho\frac{Dv_x}{Dt}=\mu\left(\frac{\partial^2 V_x}{\partial x^2}+\frac{\partial^2 V_x}{\partial y^2}+\frac{\partial^2 V_x}{\partial z^2}\right)-\frac{\partial P}{\partial x}+\rho g_x$ (y 與 z 方向導正過程相同)

=> $\rho\frac{D\vec{V}}{Dt}=\mu\nabla^2\vec{V}-\nabla P+\rho g$ (以向量表示)

〈考題3－4〉(88簡任升等)(92地方特考)(20分)

請寫下牛頓流體(Newtonian fluid)在密度及粘度(viscosity)爲定值時之運動方程式(即Navier-Stokes equation)，並敘述各項之物理意義。何謂蜒流(creeping flow)？在蜒流情況下，我們可以對運動方程式作何假設？此種假設適用雷諾數(Reynolds number)範圍爲何？

Sol：

(一)請參考重點整理(二)密度和黏度皆不變且流體加速度很小至可以忽略的狀態簡化後=> $\mu\nabla^2\vec{V}-\nabla P+\rho g=0$簡化方程式可以求得Re<0.1時，很緩慢的流體流動(Creeping flow)，亦可稱作史托克流動(Stokes Flow Equation)。

〈考題 3－5〉(91 化工技師)(6/2/2 分)

不可壓縮之恆溫牛頓流體(Newtonian fluid)於三角管內流動，流動形態爲層流(laminar flow)，管長爲L。三角管之內壁可以下列平面表示：$y = H$，$y = \sqrt{3}x$，$y = -\sqrt{3}x$

請證明管內之流場爲$V_z = \frac{(P_0 - P_L)}{4\mu LH}(y - H)(3x^2 - y^2)$

可滿足(一)邊界條件(二)連續方程式(三)運動方程式

Sol：

(一)B.C.1 $y = H$ $V_z = 0$ B.C.2 $y = \sqrt{3}x$ $V_z = 0$ B.C.3 $y = -\sqrt{3}x$ $V_z = 0$

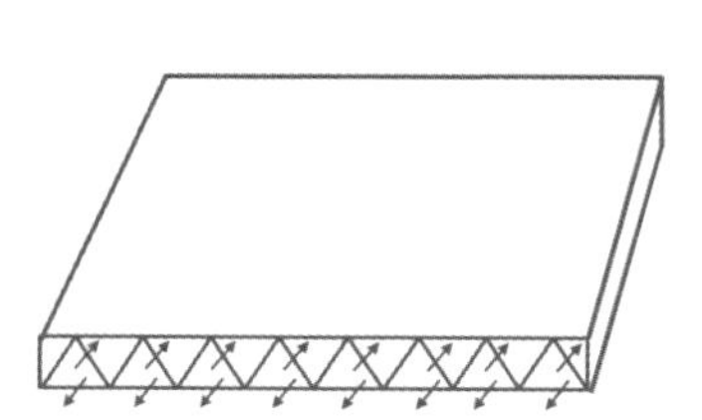

y
y = H
y = −√3x
y = √3x
x

※將$y = H$；$y = \sqrt{3}x$；$y = -\sqrt{3}x$分別代入$V_z = \frac{(P_0 - P_0)}{4\mu LH}(y - H)(3x^2 - y^2)$

可得知$V_z = 0$，符合(non-slip)不滑動條件，所以 B.C 的假設正確！

(二)由連續方程式 $\frac{\partial \rho}{\partial t} + \nabla \cdot (\rho \vec{V}) = 0$ 不可壓縮流體$\rho = const$

代入左式=>$\nabla \cdot \vec{V} = 0$ =>$\frac{\partial V_x}{\partial x} + \frac{\partial V_y}{\partial y} + \frac{\partial V_z}{\partial z} = 0$

全展流下$V_x = 0$，$V_y = 0$代入上式=>$\frac{\partial V_z}{\partial z} = 0$

(三)對牛頓流體且ρ和μ爲常數，由 Navier-Stokes equation Z-方向：

$$\rho\left(\cancel{\frac{\partial V_z}{\partial t}} + \cancel{V_x}\frac{\partial V_z}{\partial x} + \cancel{V_y}\frac{\partial V_z}{\partial y} + V_z\cancel{\frac{\partial V_z}{\partial z}}\right) = \mu\left(\frac{\partial^2 V_z}{\partial x^2} + \frac{\partial^2 V_z}{\partial y^2} + \cancel{\frac{\partial^2 V_z}{\partial z^2}}\right) - \frac{\partial P}{\partial z} + \rho \cancel{g_z} \quad (1)$$

S.S　$V_x = 0$　$V_y = 0$　$V_z \neq f(z)$　　$V_z \neq f(z)$　水平管

$$\frac{\partial V_z}{\partial x} = \left(-\frac{\partial P}{\partial z}\right)\frac{y-H}{4\mu H}(6x)\text{；}\frac{\partial^2 V_z}{\partial x^2} = \left(-\frac{\partial P}{\partial z}\right)\frac{y-H}{4\mu H}(6) = \left(-\frac{\partial P}{\partial z}\right)\frac{y-H}{\mu H}\cdot\frac{3}{2} \quad (2)$$

$$\frac{\partial V_z}{\partial y} = \left(-\frac{\partial P}{\partial z}\right)\frac{1}{4\mu H}[(3x^2 - y^2) + (y - H)(-2y)] = \left(-\frac{\partial P}{\partial z}\right)\frac{1}{4\mu H}(3x^2 - 3y^2 + 2Hy)$$

$\frac{\partial^2 V_z}{\partial y^2} = \left(-\frac{\partial P}{\partial z}\right)\frac{1}{4\mu H}(-6y + 2H)$ (3)，將(2)&(3)代回(1)式

$=> \left(-\frac{\partial P}{\partial z}\right) + \mu\left[\left(-\frac{\partial P}{\partial z}\right)\frac{y-H}{\mu H}\cdot\frac{3}{2} + \left(-\frac{\partial P}{\partial z}\right)\frac{1}{4\mu H}(-6y + 2H)\right]$

$=> \left(\frac{P_0-P_L}{L}\right)\left(1 + \frac{3y-3H}{2H} + \frac{2H-6y}{4H}\right) = \left(\frac{P_0-P_L}{L}\right)\left[1 + \frac{3}{2}\left(\frac{y}{H}\right) - \frac{3}{2} + \frac{1}{2} - \frac{3}{2}\left(\frac{y}{H}\right)\right] = 0$

※此題爲 Bird 的 Problems 3B.2 習題！

〈考題 3 − 6〉(90 高考三等)(101 高考二等)(25 分)

二個同軸心之圓柱壁(coaxial cylindrical walls)間填充恆溫之不可壓縮牛頓流體。內壁及外壁之半徑分別κR爲及R。內壁及外壁分別以Ω_i及Ω_0的角速度(angular velocity)在轉動。運動方程式爲：

$$\rho\left(\frac{\partial V_\theta}{\partial t} + V_r\frac{\partial V_\theta}{\partial r} + \frac{V_\theta}{r}\frac{\partial V_\theta}{\partial \theta} + \frac{V_r V_\theta}{r} + V_z\frac{\partial V_\theta}{\partial z}\right) = -\frac{1}{r}\frac{\partial P}{\partial \theta} + \mu\left[\frac{\partial}{\partial r}\left(\frac{1}{r}\frac{\partial(r\cdot V_\theta)}{\partial r}\right) + \frac{1}{r^2}\frac{\partial^2 V_\theta}{\partial \theta^2} + \frac{2}{r^2}\frac{\partial V_r}{\partial \theta} + \frac{\partial^2 V_\theta}{\partial z^2}\right] + \rho g_\theta$$

請求解填充流體之流場。

Sol：同類題練習〈類題 3 − 10〉解法。

〈考題 3 − 7〉(98 經濟部特考)(4/3/3 分)

The Navier-Stokes equation of motion 在黏度和密度不變時可簡化如下式：$\rho\frac{D\vec{V}}{Dt} = -\nabla P + \mu\nabla^2\vec{V} + \rho g$ (一)請解釋(a)、(b)、(c)、(d)四項之物理意義。(二)上列方程式是否適合用來描述聚合物融化之流體行爲？

(三)上列方程式中，何者是造成邊界層現象的主要原因？

Sol：

(一)請參考重點整理。(二)不可以，只適合描述牛頓流體且密度與黏度爲常數的情況！(三)平板邊界層產生原因：流體需有黏度($\mu \neq 0$)才會產生邊界層。邊界層以內：速度呈遞減，其原因是受到慣性力及黏滯力。邊界層以外：速度呈定值，其原因是受到慣性力。綜合以上三個觀點，黏滯力是造成邊界層現象的主要原因！

四、具多自變數系統的速度分佈

此章節在國家考試中出現率不高，大概考過的都是屬於邊界層理論的解釋名詞居多，繁雜的工數導正並不多見，邊界層的 I.C 和 B.C 的假設方法和前面章節大同小異，熟記解釋名詞和了解 I.C 和 B.C 的假設方法是這個章節所要學習的目標。

(一)瞬間移動平板的牛頓流體流動

由圖一至圖三，當牛頓流體流動時瞬間帶動平板移動，請由奈維爾-史托克公式出發作約簡，並寫出邊界條件，不須解出結果。

y　x　t < 0　流體靜止不動　(圖一)

t = 0　V_0　平板開始滑動　(圖二)

t > 0　$V_x(y,t)$　V_0　非穩態流動　(圖三)

Sol：由連續方程式 $\frac{\partial\rho}{\partial t}+\nabla\cdot(\rho\vec{V})=0$ 不可壓縮流體$\rho=\text{const}$

代入左式=>$\nabla\cdot\vec{V}=0$=>$\frac{\partial V_x}{\partial x}+\frac{\partial V_y}{\partial y}+\frac{\partial V_z}{\partial z}=0$ 全展流下$V_y=0$ $V_z=0$代入左式

=>$\frac{\partial V_x}{\partial x}=0$ $V_x=V_{x(y)}\text{only}$ 對牛頓流體且ρ和μ為常數，由 Navier-Stokes equation

x-方向：

$$\rho\left(\frac{\partial V_x}{\partial t}+V_x\frac{\partial V_x}{\partial x}+V_y\frac{\partial V_x}{\partial y}+V_z\frac{\partial V_x}{\partial z}\right)=\mu\left(\frac{\partial^2 V_x}{\partial x^2}+\frac{\partial^2 V_x}{\partial y^2}+\frac{\partial^2 V_x}{\partial z^2}\right)-\frac{\partial P}{\partial x}+\rho g_x$$

$V_x\neq f(x)$　$V_y=0$　$V_z=0$　　$V_x\neq f(x)$　　$V_x\neq f(z)$　$P\neq f(x)$　$g_x=0$

=>$\mu\frac{\partial^2 V_x}{\partial y^2}=\rho\frac{\partial V_x}{\partial t}$ =>$\frac{\partial V_x}{\partial t}=\nu\frac{\partial^2 V_x}{\partial y^2}$ $\left(\because \nu=\frac{\mu}{\rho}\right)$ ν：動黏度

I.C　$t=0$ $V_x=0$ (時間爲零，流體不流動)

B.C.1　$y=0$ $V_x=V_0$ (流體在平板交界處，流體速度V_x和平板速度V_0一樣)

B.C.2　$y=\infty$ $V_x=0$ (在$y=\infty$處流體，不受移動的影響，流速爲零)

(二)兩平板牛頓流體的非穩態流動

由圖四至圖六，當牛頓流體流動經過兩塊平板時瞬間帶動下平板移動，但上平板保持不動時，請由奈維爾-史托克公式出發作約簡，並寫出邊界條件，不須解出結果。

t < 0　H　流體靜止不動　(圖四)

t = 0　H　V_0　平板開始滑動　(圖五)

t < 0　$V_x(y,t)$　H　非穩態流動　(圖六)

Sol：由連續方程式 $\frac{\partial\rho}{\partial t}+\nabla\cdot(\rho\vec{V})=0$ 不可壓縮流體$\rho=\text{const}$

代入左式=>$\nabla\cdot\vec{V}=0$=>$\frac{\partial V_x}{\partial x}+\frac{\partial V_y}{\partial y}+\frac{\partial V_z}{\partial z}=0$ 全展流下$V_y=0$ $V_z=0$代入左式

=>$\frac{\partial V_x}{\partial x}=0$ $V_x=V_{x(y)}$only 對牛頓流體且ρ和μ爲常數，由 Navier-Stokes equation

x 方向：

$$\rho\left(\frac{\partial V_x}{\partial t}+V_x\frac{\partial V_x}{\partial x}+V_y\frac{\partial V_x}{\partial y}+V_z\frac{\partial V_x}{\partial z}\right)=\mu\left(\frac{\partial^2 V_x}{\partial x^2}+\frac{\partial^2 V_x}{\partial y^2}+\frac{\partial^2 V_x}{\partial z^2}\right)-\frac{\partial P}{\partial x}+\rho g_x$$

$V_x\neq f(x)$　$V_y=0$　$V_z=0$　$V_x\neq f(x)$　$V_x\neq f(z)$　$P\neq f(x)$　$g_x=0$

=>$\mu\frac{\partial^2 V_x}{\partial y^2}=\rho\frac{\partial V_x}{\partial t}$ =>$\frac{\partial V_x}{\partial t}=\nu\frac{\partial^2 V_x}{\partial y^2}$ $\left(\because \nu=\frac{\mu}{\rho}\right)$ ν：動黏度

I.C　$t=0$ $V_x=0$　(時間爲零，流體不流動)

B.C.1　$y=0$ $V_x=V_0$　(流體在平板交界處，流體速度V_x和平板速度V_0一樣)

B.C.2　$y=H$ $V_x=0$　(在$y=H$處流體，不受移動的影響，流速爲零)

物理意義：(δ)邊界層厚(boundary layer thickness)當$y>\delta$ 以上的流體都不會受到平板滑動的影響，從另一個角度說明，當$y<\delta$處的流體會流動，流速V_x和地點的關係式由結合變數法得知

$V_x=V_0\left[1-\text{erf}\left(\frac{y}{\sqrt{4\nu t}}\right)\right]$，這個結果導正有點複雜，想了解整個過程的讀者可去翻閱相關書籍皆有介紹，這裡不再論述。

(三)圓管中牛頓流體的非穩態流動

有一不可壓縮流體在一水平圓管內流動。圓管半徑 R，長度 L，流體密度ρ和流體黏度μ爲常數。$t<0$時管內流體是靜止的$t\geq 0$開始，將一個P_0-P_L/L的壓力梯度

施加於流體，需求出非穩態下，流體速度和時間 t 及半徑 r 的關係？

Sol：由連續方程式$\frac{\partial\rho}{\partial t}+\nabla\cdot(\rho\vec{V})=0$ 不可壓縮流體$\rho=\text{const}$

代入左式=>$\nabla\cdot\vec{V}=0$ =>$\frac{1}{r}\frac{\partial}{\partial r}(r\cdot V_r)+\frac{1}{r}\frac{\partial V_\theta}{\partial\theta}+\frac{\partial V_z}{\partial z}=0$ 全展流下$V_r=0$ $V_\theta=0$

代入上式=>$\frac{\partial V_z}{\partial z}=0$ $V_z=V_{z(r)}$only 對牛頓流體且ρ和 μ爲常數

由 Navier-Stokes equation Z-方向：

$$\rho\left(\frac{\partial V_z}{\partial t}+V_r\frac{\partial V_z}{\partial r}+\frac{V_\theta}{r}\frac{\partial V_z}{\partial\theta}+V_z\frac{\partial V_z}{\partial z}\right)=-\frac{\partial P}{\partial z}+\mu\left[\frac{1}{r}\frac{\partial}{\partial r}\left(r\frac{\partial V_z}{\partial r}\right)+\frac{1}{r^2}\frac{\partial^2 V_z}{\partial\theta^2}+\frac{\partial^2 V_z}{\partial z^2}\right]+\rho g_z$$

$V_r=0$ $V_\theta=0$ $V_z\neq f(z)$ $V_z\neq f(\theta)$ $V_z\neq f(z)$ 水平管

=>$\rho\frac{\partial V_z}{\partial t}=-\frac{\partial P}{\partial z}+\frac{\mu}{r}\frac{\partial}{\partial r}\left(r\frac{\partial V_z}{\partial r}\right)$ 由題目已知$-\frac{\partial P}{\partial z}=\frac{P_0-P_L}{L}$

=>$\rho\frac{\partial V_z}{\partial t}=\frac{P_0-P_L}{L}+\frac{\mu}{r}\frac{\partial}{\partial r}\left(r\frac{\partial V_z}{\partial r}\right)$ *座標圖可參考第二章〈考題 2 − 21〉

I.C $t=0$ $V_z=0$ (時間爲零，流體不流動)

B.C.1 $r=0$ $V_z=$有限值

B.C.2 $r=R$ $V_z=0$ (在$r=R$管壁處流體，不受移動的影響，流速爲零)

(四)邊界層理論

由下圖，當牛頓流體流動經過平板時產生邊界層現象，請由奈維爾-史托克公式出發作約簡，並寫出邊界條件，不須解出結果。

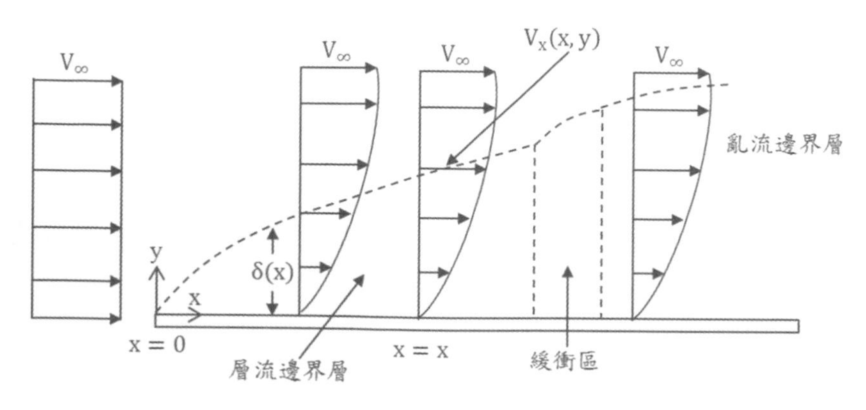

由連續方程式 $\frac{\partial\rho}{\partial t}+\nabla\cdot(\rho\vec{V})=0$ 不可壓縮流體$\rho=\text{const}$ 代入左式

$=>\nabla\cdot\vec{V}=0=>\frac{\partial V_x}{\partial x}+\frac{\partial V_y}{\partial y}+\frac{\partial V_z}{\partial z}=0\ \ V_z=0$代入左式

$=>\frac{\partial V_x}{\partial x}+\frac{\partial V_y}{\partial y}=0\ \ (1)V_x=V_{x(y)}\text{only}$

對牛頓流體且ρ和μ爲常數，由 Navier-Stokes equation x-方向：

$$\rho\left(\frac{\partial V_x}{\partial t}+V_x\frac{\partial V_x}{\partial x}+V_y\frac{\partial V_x}{\partial y}+V_z\frac{\partial V_x}{\partial z}\right)=\mu\left(\frac{\partial^2 V_x}{\partial x^2}+\frac{\partial^2 V_x}{\partial y^2}+\frac{\partial^2 V_x}{\partial z^2}\right)-\frac{\partial P}{\partial x}+\rho g_x$$

S.S　　$V_z=0$　　$\frac{\partial V_x}{\partial x}\doteqdot 0$　$V_x\neq f(z)$　　P很小　水平管

$=>V_x\frac{\partial V_x}{\partial x}+V_y\frac{\partial V_y}{\partial y}=\frac{\mu}{\rho}\frac{\partial^2 V_x}{\partial y^2}\ =>V_x\frac{\partial V_x}{\partial x}+V_y\frac{\partial V_y}{\partial y}=\nu\frac{\partial^2 V_x}{\partial y^2}\ \ (2)$

$\left(\therefore \nu=\frac{\mu}{\rho}\right)$ ν：動黏度

B.C.1　$x=0\ \ V_x=V_\infty$
B.C.2　$y=0\ \ V_x=V_0$
B.C.3　$y=\infty\ \ V_x=V_\infty$

(五)邊界層現象討論

當$Re<5\times10^{-5}$(層流邊界層)；$5\times10^{-5}<Re<3\times10^6$ (緩衝區)

；$3\times10^6<Re$(亂流邊界層)。此系統 Re 的定義爲$Re=\frac{xV_\infty\rho}{\mu}$ x↑ (離起始點越遠)

Re ↑，平板邊界層產生原因：

(1) 流體需有黏度($\mu\neq0$)才會產生邊界層。
(2) 邊界層以內：速度呈遞減，其原因是受到慣性力及黏滯力。
(3) 邊界層以外：速度呈定值，其原因是受到慣性力。
(4) 邊界層內速度$V_x=f(x.y)$。
(5) 邊界層厚度$\delta=c\sqrt{\frac{x\nu}{V_\infty}}$　ν：動黏度　c：常數　∴δ受流體μ,ρ,V_∞(定值速度)以及距離 x 的影響。

曲面物體邊界層產生原因：

(1) 形成逆流的原因：當流體的流速和流動方向突然改變，或改變過大，即會產生副邊界層，於副邊界層內發生逆流

(2) 形成逆流的影響：會消耗流體的能量，會造成運動方向難以控制(ex：汽車擾流板)

(3) 避免產生逆流的原因：
避免管子截面積突然改變或流動方向突然改變。
物體表面儘可能流線化。
若產生逆流，可在該區加入其他物件(ex：擾流板)以破壞逆流及渦流。

類題練習

〈類題 4－1〉設有一流體在圓管內流動，在某一情況下爲層流，若其他條件不變時只改變圓管管徑大小，要使它變亂流時，管徑需加大或減小？
Sol：加大。

〈類題 4－2〉流體在圓管中的流動型態若不受進口影響(entrance effect)通常要到離進口多遠處以後？
Sol：管直徑的 50 倍長。

〈類題 4－3〉簡單說明亂流三個區域之流動機構。
Sol：層流副層(laminar Sublayer)流動近似層流。緩衝層(buffer layer)層流和亂流不可忽略。亂流核心(turbulent layer)可看成完全亂流。

〈類題 4－4〉考慮一流體流經一個物體，我們常以 Boundary layer 來解釋，其定義爲何？
Sol：平板邊界層產生原因：流體需有黏度($\mu \neq 0$)才會產生邊界層
邊界層以內：速度呈遞減，其原因是受到慣性力及黏滯力。
邊界層以外：速度呈定值，其原因是受到慣性力。
邊界層內速度$V_x = f(x.y)$
邊界層厚度$\delta = c\sqrt{\frac{x\nu}{V_\infty}}$　ν動黏度　c 常數　∴ δ受流體μ, ρ, V_∞以及距離 x 的影響，下列兩式表現邊界層內的情形：

連續方程式：$\frac{\partial V_x}{\partial x}+\frac{\partial V_y}{\partial y}=0$；動量方程式：$-\nu\frac{\partial^2 V_x}{\partial y^2}=V_x\frac{\partial V_x}{\partial x}+V_y\frac{\partial V_y}{\partial y}$

〈類題 4－5〉考慮一無限長平板上的流體爲層流區域。若層流的速度分佈$V_x=f(y)$可以以下列的多項式來趨近時，請利用邊界條件求出速度分佈。$\frac{V_x}{V_\infty}=a+b\left(\frac{y}{\delta}\right)+c\left(\frac{y}{\delta}\right)^2+d\left(\frac{y}{\delta}\right)^3$

其中V_∞爲無窮遠的速度;δ爲邊界層厚度，a,b,c,d 爲常數。(一)寫出 4 個邊界條件 (二)求出 a,b,c,d

Sol：

(一) B.C.1　$y=0$ $V_x=0$ (流體在平板交界處速度爲零)

B.C.2　$y=\delta$ $V_x=V_\infty$(在$y=\delta$時，流體速度爲V_∞)

B.C.3　$y=\delta$ $\frac{\partial V_x}{\partial y}=0$ (邊界層外爲定速度分佈，而邊界層速度等於邊界層外速度， 即速度在 y 方向梯度爲零)

B.C.4　$y=0$ $\frac{\partial^2 V_x}{\partial y^2}=0$ (3 個 B.C 尚無法決定邊界層的速度分佈則需第 4 個 B.C 輔助)

(二) $\frac{V_x}{V_\infty}=a+b\left(\frac{y}{\delta}\right)+c\left(\frac{y}{\delta}\right)^2+d\left(\frac{y}{\delta}\right)^3$　(1)

$\frac{\partial V_x}{\partial y}=\frac{V_\infty}{\delta}\left[b+2c\left(\frac{y}{\delta}\right)+3d\left(\frac{y}{\delta}\right)^2\right]$　(2)；$\frac{\partial^2 V_x}{\partial y^2}=\frac{V_\infty}{\delta}\left[2c+6d\left(\frac{y}{\delta}\right)\right]$ (3)

B.C.1 代入(1) $a=0$

B.C.2 代入(2) $0=a+b+c+d$ (3) =>$1=a+d$ (5)

B.C.3 代入(2) $0=b+2c+3d$ (4) =>$0=b+3d$ (6)

B.C.4 代入(3) $0=2c$ =>$c=0$

由(5)和(6)式解聯立方程式可得$b=\frac{3}{2}$，$d=-\frac{1}{2}$ =>$\frac{V_x}{V_\infty}=\frac{3}{2}\left(\frac{y}{\delta}\right)-\frac{1}{2}\left(\frac{y}{\delta}\right)^3$

〈類題 4－6〉有一間隔 H 的無限長平行板，此兩平行板間充滿一牛頓流體，最初兩平行板和牛頓流體均靜止不動，當時間爲零時，底層平板以一固定速度 V 朝 x 方向移動，上層平板靜止不動，若流體流動屬層流，求兩平行板間流體的速度分佈隨時間和位置的變化？

Sol：相關座標圖與示意圖可參考圖四至圖六

由連續方程式 $\frac{\partial\rho}{\partial t}+\nabla\cdot(\rho\vec{V})=0$ 不可壓縮流體$\rho=\text{const}$ 代入左式

$=>\nabla\cdot\vec{V}=0=>\frac{\partial V_x}{\partial x}+\frac{\partial V_y}{\partial y}+\frac{\partial V_z}{\partial z}=0$ 全展流下 $V_y=0$ $V_z=0$

代入左式$=>\frac{\partial V_x}{\partial x}=0$ $V_x=V_{x(y)}\text{only}$

對牛頓流體且ρ和μ爲常數，Navier-Stokes equation x-方向：

$$\rho\left(\frac{\partial V_x}{\partial t}+V_x\frac{\partial V_x}{\partial x}+V_y\frac{\partial V_x}{\partial y}+V_z\frac{\partial V_x}{\partial z}\right)=\mu\left(\frac{\partial^2 V_x}{\partial x^2}+\frac{\partial^2 V_x}{\partial y^2}+\frac{\partial^2 V_x}{\partial z^2}\right)-\frac{\partial P}{\partial x}+\rho g_x$$

$V_x\neq f(x)$ $V_y=0$ $V_z=0$ $V_x\neq f(x)$ $V_x\neq f(z)$ $p\neq f(x)$ $g_x=0$

$=>\mu\frac{\partial^2 V_x}{\partial y^2}=\rho\frac{\partial V_x}{\partial t}$ $=>\frac{\partial V_x}{\partial t}=\nu\frac{\partial^2 V_x}{\partial y^2}$ $\left(\because\nu=\frac{\mu}{\rho}\right)$ ν：動黏度

I.C　$t=0$ $V_x=0$ (時間爲零，流體不流動)

B.C.1　$y=0$ $V_x=V$ (流體在平板交界處，流體速度V_x和平板速度V一樣)

B.C.2　$y=H$ $V_x=0$ (在$y=H$處流體，不受移動的影響，流速爲零)

〈類題 4－7〉假設邊界層內流速分佈寫作$V_x=a_1\sin a_2 y$，請利用下列邊界條件決定a_1和a_2。B.C.1　$y=0$ $V_x=V_0$；B.C.2　$y=\delta$ $V_x=V_\infty$；B.C.3　$y=\delta$ $\frac{dV_x}{dy}=0$

Sol：$V_x=a_1\sin a_2 y$ (1) $\frac{dV_x}{dy}=a_1a_2\cos a_2 y$ (2)

B.C.3 代入(2)式 $=>0=a_1a_2\cos a_2\delta$ $=>a_2=\frac{\pi}{2\delta}$

B.C.2 代入(1)式 $=>V_\infty=a_1\sin\frac{\pi}{2\delta}\delta$ $=>a_1=V_\infty$；a_1和a_2代回(1)式

$=>V_x=V_\infty\sin\frac{\pi}{2\delta}y$

〈類題 4－8〉空氣以 5m/sec之速度流經一平行之平板，板長 1.5m，板寬 1m，試求該平板之阻力及平板後緣之邊界層厚度。在此空氣密度$\rho=1.2\,\text{kg/m}^3$運動黏性係數爲$\nu=1.5\times10^{-5}\,\text{m}^2/\text{sec}$，臨界雷諾數爲$5\times10^5$。

Sol：$Re = \frac{Lu_{\infty}\rho}{\mu} = \frac{Lu_{\infty}}{\nu} = \frac{1.5\times5}{1.5\times10^{-5}} = 5\times10^{5}$，因$5\times10^{5} = (Re)_{cr}$所以流場視爲層流，$\delta(x) = \frac{5.0x}{\sqrt{R_e}}\Big|_{x=L} = \frac{5\times1.5}{(5\times10^{5})^{0.5}} = 0.0106(m)$

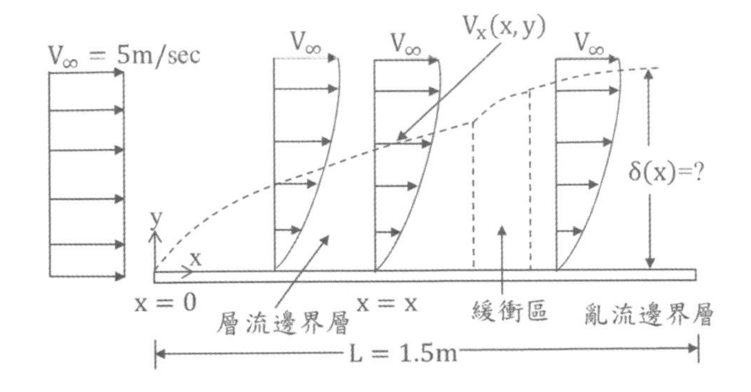

〈類題 4－9〉牛頓流體以層流在圓管內穩定狀態下流動，圓管內徑 2cm，流速 20cm/sec，密度$\rho = 1.0\,kg/m^3$，黏度$\mu = 2.5Cp$，則入口之過渡管長爲多少？

Sol：$Re = \frac{Du\rho}{\mu} = \frac{2\times20\times1}{2.5\times10^{-2}} = 1600 < 2100$

$=> x_t = 0.05Re\cdot D = 0.05(1600)(2) = 160(cm)$

歷屆試題解析

〈考題 4－1〉(81 化工技師)依照當年題目做部分修改

在一平板上(如圖)，有一牛頓流體在時間$t < 0$時，處於靜止狀態，當時間$t = 0$時，此平板忽然以一恆速度u_0向右移動，假設平板上之流動流體可由下列方程式表示：$\rho\frac{\partial V_x}{\partial t} = -\mu\frac{\partial^2 V_x}{\partial y^2}$ 請寫出統御方程式與邊界條件，不必用 Von-Karman equation 解此結果。

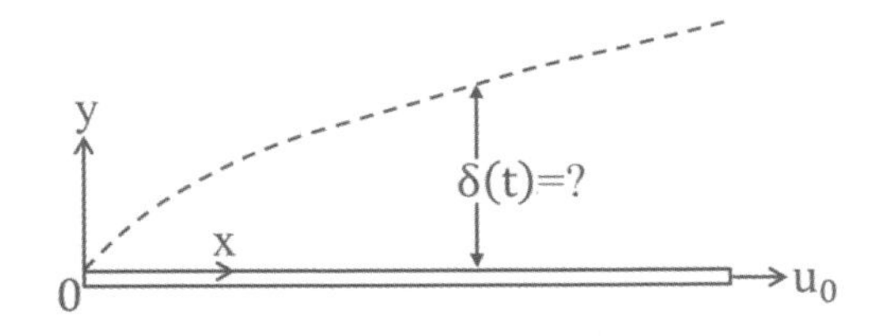

Sol：由連續方程式 $\frac{\partial \rho}{\partial t}+\nabla\cdot(\rho\,\vec{V})=0$ 不可壓縮流體$\rho=\text{const}$

代入左式=>$\nabla\cdot\vec{V}=0$ =>$\frac{\partial V_x}{\partial x}+\frac{\partial V_y}{\partial y}+\frac{\partial V_z}{\partial z}=0$　$V_z=0$代入左式

=>$\frac{\partial V_x}{\partial x}+\frac{\partial V_y}{\partial y}=0$ (1) $V_x=V_{x(y)}$only

對牛頓流體且ρ和 μ爲常數，由 Navier-Stokes equation x-方向：

$$\rho\left(\frac{\partial V_x}{\partial t}+V_x\frac{\partial V_x}{\partial x}+V_y\frac{\partial V_x}{\partial y}+V_z\frac{\partial V_x}{\partial z}\right)=\mu\left(\frac{\partial^2 V_x}{\partial x^2}+\frac{\partial^2 V_x}{\partial y^2}+\frac{\partial^2 V_x}{\partial z^2}\right)-\frac{\partial P}{\partial x}+\rho g_x$$

$V_x\neq f(x)$　$V_y=0$　$V_z=0$　$\frac{\partial V_x}{\partial x}\doteqdot 0$　$V_x\neq f(z)$　$P\neq f(x)$　水平管

=>$\rho\frac{\partial V_x}{\partial t}=\mu\frac{\partial^2 V_x}{\partial y^2}$ =>$\frac{\partial V_x}{\partial t}=\nu\frac{\partial^2 V_x}{\partial y^2}$ (2)　$\left(\because \nu=\frac{\mu}{\rho}\right)$　ν動黏度

I.C.　$t=0$ $V_x=0$，B.C.2　$y=0$ $V_x=V_0$，B.C.3　$y=\infty$ $V_x=0$

〈考題4－2〉(94化工技師)(20分)

請解釋在分析邊界層(boundary layer)流體力學問題時，我們如何簡化X方向的運動方程式並寫出其對應的邊界條件。(簡化部分12分，邊界條件部分8分，請注意不需要解微分方程式)(註)X方向的運動方程式如下(u, v, w 爲x, y, z 方向之速度)

$$u\frac{\partial u}{\partial x}+v\frac{\partial u}{\partial y}+w\frac{\partial u}{\partial z}=\frac{1}{\rho}\frac{dp}{dx}+\frac{\mu}{\rho}\left(\frac{\partial^2 u}{\partial x^2}+\frac{\partial^2 u}{\partial y^2}+\frac{\partial^2 u}{\partial z^2}\right)$$

Sol：對牛頓流體且ρ和 μ爲常數，由 Navier-Stokes equation x-方向：

$$u\frac{\partial u}{\partial x}+v\frac{\partial u}{\partial y}+w\frac{\partial u}{\partial z}=\frac{1}{\rho}\frac{dp}{dx}+\frac{\mu}{\rho}\left(\frac{\partial^2 u}{\partial x^2}+\frac{\partial^2 u}{\partial y^2}+\frac{\partial^2 u}{\partial z^2}\right) => u\frac{\partial u}{\partial x}+v\frac{\partial u}{\partial y}=\frac{\mu}{\rho}\frac{\partial^2 u}{\partial y^2}$$

$w\frac{\partial u}{\partial z}=0$(不考慮 z 方向)；$\frac{1}{\rho}\frac{dp}{dx}=0$(因爲$V_\infty$ = 常數下，不考慮壓降)

$\frac{\partial^2 u}{\partial x^2}\doteqdot 0$(因爲$V_y\ll V_x$)　$\frac{\partial^2 u}{\partial z^2}\doteqdot 0$(因爲$V_x\neq f(z)$)

B.C.1　$y=0$ $V_x=0$ $V_y=0$

B.C.2　$y=\infty$ $V_x=V_\infty$

B.C.3　$x=0$ $V_x=V_\infty$

五、等溫系統之巨觀均衡

此章節是質量平衡觀念的基礎與延伸，此章節最重要的是基本的泵水力計算，與柏努力方程式與機械能方程式的定義，另外還有鹽水槽的計算都是需要了解的題型，在國家考試此章節都有經常出現的頻率。

(一)巨觀質量均衡

$\left[\text{質量流入控制體積之速率}\right] - \left[\text{質量流出控制體積之速率}\right] +$

$\left[\text{控制體積因化學反應或核反應質量產生之速率}\right] =$

$\left[\text{質量在控制體積內的累積速率}\right]$

=> input − output + generation = accumulation(如圖一)

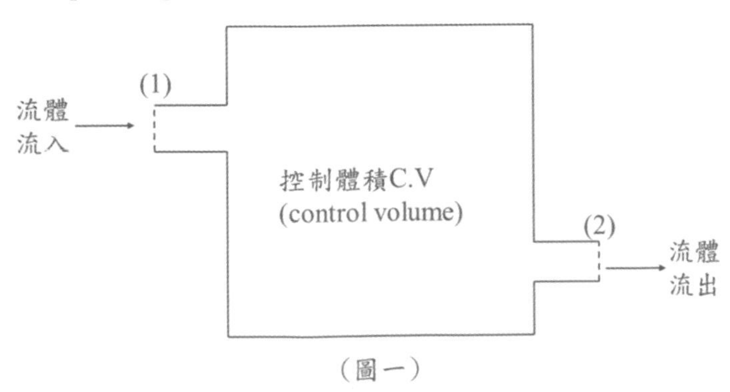

(圖一)

數學式表示 $\frac{d\dot{m}_t}{dt} = \dot{m}_1 - \dot{m}_2 + \dot{m}$ => $\frac{d\dot{m}_t}{dt} = \rho_1 u_1 A_1 - \rho_2 u_2 A_2 + \dot{m}$ (1)

其中A_1和A_2圖中點 1 和點 2 之截面積; ρ_1和ρ_2點 1 和點 2 之流體密度

m_t控制體積內的總質量; $\dot{m}$ 控制體積因化學反應或核反應質量產生之速率

若無化學反應或核反應質量產生之速率則$\dot{m} = 0$

(1)式變成$\frac{d\dot{m}_t}{dt} = \rho_1 u_1 A_1 - \rho_2 u_2 A_2$ 在穩態下=>$0 = \rho_1 u_1 A_1 - \rho_2 u_2 A_2$

或者是=>$\rho_1 u_1 A_1 = \rho_2 u_2 A_2$ =>$\dot{m}_1 = \dot{m}_2 = \dot{m}$

(二)巨觀動量均衡

$\left[動量流入控制體積之速率\right] - \left[動量流出控制體積之速率\right] +$

$\left[控制體積內動量產生之速率\right] = \left[動量在控制體積內的累積速率\right]$

=> input − output + generation = accumulation (1) 沿用上圖一

$\left[動量在控制體積內的累積速率\right] = \frac{dP_x}{dt}$ (2)(P_x爲控制體積內 x 方向的動量)

因爲質量流率$\dot{m}_1$的定義爲$\dot{m}_1 = \rho_1 \langle u_1 \rangle A_1$
在(1)的投影面積，流體的流動方向 x 與進入的橫截面垂直

$\left[(1)投影面積的動量流入控制體積之速率\right] = (\rho_1 u_{x1}) u_{x1} A_1$

$\left[(1)投影面積的平均動量流入控制體積之速率\right] = \rho_1 \langle u_{x1}^2 \rangle A_1$

=>又$\rho_1 A_1 = \frac{\dot{m}_1}{\langle u_{x1} \rangle}$

所以$\left[(1)投影面積的平均動量流入控制體積之速率\right] = \dot{m}_1 \frac{\langle u_{x1}^2 \rangle}{\langle u_{x1} \rangle}$ (3)

相同方式$\left[(2)投影面積的平均動量流入控制體積之速率\right] = \dot{m}_2 \frac{\langle u_{x2}^2 \rangle}{\langle u_{x2} \rangle}$ (4)

動量速率的均衡，實際上就是力平衡，因此在控制體積內的動量產生速率，實際上是外界對限制體積所做的各種力的淨值。有以下三種：

1. 本體力(body force)F_{xg}：它是因重力作用在控制體積的質量$\dot{m}_t$所引起的。$F_{xg} = \dot{m}_t g_x$。如果方向是水平的作用力$F_{xg} = 0$
2. 壓力(pressure force) F_{xp}：壓力是作用在流體的表面上，當控制體積切在流體上時，壓力對流體來講是向內而與切出來的面垂直。
3. 固體表面力(solid surface force) R_x：R_x是固體表面作用在流體的力。如果我們研究的對象是流體流經圓管時，就是圓管管壁對流體的作用力。

$\left[\text{控制體積動量產生之速率}\right] = F_{xg} + F_{xp} + R_x$ (5)

將(2)&(3)&(4)&(5)代入(1)式得：

$$\frac{dP_x}{dt} = \dot{m}_1\frac{\langle u_{x1}^2\rangle}{\langle u_{x1}\rangle} - \dot{m}_2\frac{\langle u_{x2}^2\rangle}{\langle u_{x2}\rangle} + F_{xg} + F_{xp} + R_x$$

在穩態下動量平衡方程式：

$$\dot{m}_1\frac{\langle u_{x1}^2\rangle}{\langle u_{x1}\rangle} - \dot{m}_2\frac{\langle u_{x2}^2\rangle}{\langle u_{x2}\rangle} + F_{xg} + F_{xp} + R_x = 0 \ (x\text{ 方向})$$

$$\dot{m}_1\frac{\langle u_{y1}^2\rangle}{\langle u_{y1}\rangle} - \dot{m}_2\frac{\langle u_{y2}^2\rangle}{\langle u_{y2}\rangle} + F_{yg} + F_{yp} + R_y = 0 \ (y\text{ 方向})$$

$$\dot{m}_1\frac{\langle u_{z1}^2\rangle}{\langle u_{z1}\rangle} - \dot{m}_2\frac{\langle u_{z2}^2\rangle}{\langle u_{z2}\rangle} + F_{zg} + F_{zp} + R_y = 0 \ (z\text{ 方向})$$

如果流體爲亂流下：$\frac{\langle u^2\rangle}{\langle u\rangle} \doteqdot \langle u\rangle$

$$\dot{m}_1\langle u_{x1}\rangle - \dot{m}_2\langle u_{x2}\rangle + F_{xg} + F_{xp} + R_x = 0 \quad (x\text{ 方向})$$
$$\dot{m}_1\langle u_{y1}\rangle - \dot{m}_2\langle u_{y2}\rangle + F_{yg} + F_{yp} + R_y = 0 \quad (y\text{ 方向})$$
$$\dot{m}_1\langle u_{z1}\rangle - \dot{m}_2\langle u_{z2}\rangle + F_{zg} + F_{zp} + R_y = 0 \quad (z\text{ 方向})$$

(三)機械能平衡方程式、能量平衡方程式、柏努力方程式

巨觀機械能平衡 (由熱力學第一定律或牛頓第二定律導出)

$$\frac{P_2-P_1}{\rho} + \frac{u_2^2-u_1^2}{2g_c} + \frac{g}{g_c}(z_2 - z_1) + \sum F + W_s = 0 \quad \text{機械能平衡方程式}$$

$$\dot{m}(H_2 - H_1) + \dot{m}\left(\frac{u_2^2-u_1^2}{2g_c}\right) + \frac{g}{g_c}(z_2 - z_1)\dot{m} = Q - W_s \quad \text{穩態能量平衡方程式}$$

這兩個公式使用起來不難，但導衍過程很繁雜，只需了解物理意義與如何使用就足夠，想要了解導衍過程的朋友，可以參考 Bird 原文書。

※有些原文書或參考書會加入α_1和α_2稱作動能修正因子(Kinetic-energy correction factor)，通常題目沒有特別提到我們解題都會將α_1和α_2視爲 1 方便計算，有動能修正因子上面兩式表示如下：

$$\frac{P_2-P_1}{\rho} + \frac{\alpha_2 u_2^2-\alpha_1 u_1^2}{2g_c} + \frac{g}{g_c}(z_2 - z_1) + \sum F + W_s = 0$$

$$\dot{m}(H_2 - H_1) + \dot{m}\left(\frac{\alpha_2 u_2^2-\alpha_1 u_1^2}{2g_c}\right) + \frac{g}{g_c}(z_2 - z_1)\dot{m} = Q - W_s$$

柏努力方程式(Bernoulli equation)(由能量不滅定律導出)

$$\boxed{\frac{P_2-P_1}{\rho}+\frac{u_2^2-u_1^2}{2g_c}+\frac{g}{g_c}(z_2-z_1)=0}$$ (無軸功$W_s=0$及摩擦損失$\sum F=0$)

(98 地方特考四等)

(三)管線中摩擦損失的估算

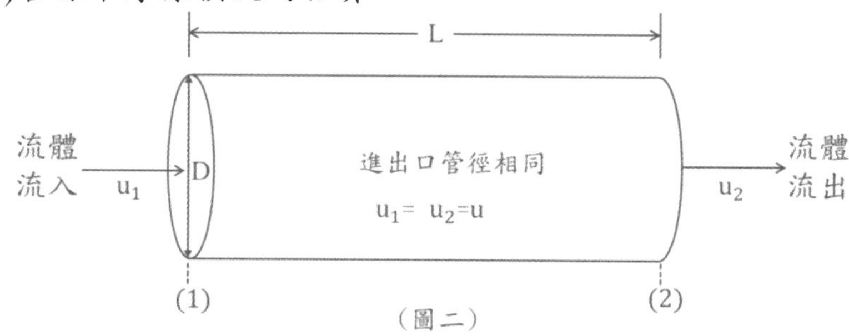

(圖二)

由點 1 和點 2 做機械能平衡：

$$\frac{P_2-P_1}{\rho}+\frac{u_2^2-u_1^2}{2g_c}+\frac{g}{g_c}(z_2-z_1)+\sum F+W_s=0 \quad (1)$$

$u_1=u_2=D$　　水平管無高度差　　無軸功

$$=>\frac{P_2-P_1}{\rho}=4f\frac{L}{D}\frac{u^2}{2g_c}\ =>\sum F=4f\frac{L}{D}\frac{u^2}{2g_c}\ =>\sum F=K_p\frac{u^2}{2g_c}\ \therefore \boxed{K_p=4f\frac{L}{D}}$$

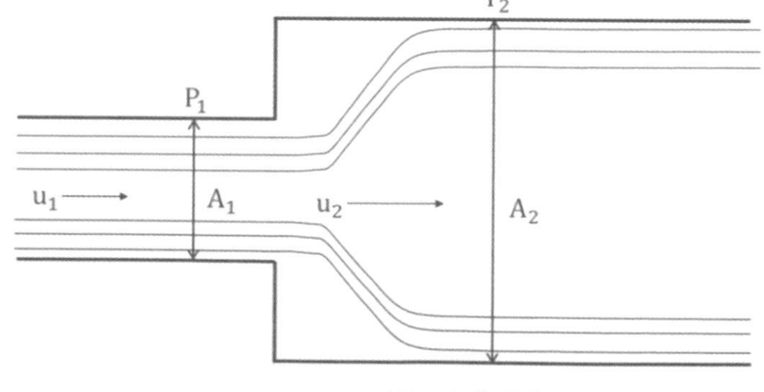

(圖三)管線突然擴大

管線突然擴大的損失$h_{fe}=\left(1-\frac{A_1}{A_2}\right)^2\frac{u_1^2}{2g_c}$ $\therefore \boxed{K_e=\left(1-\frac{A_1}{A_2}\right)^2}$

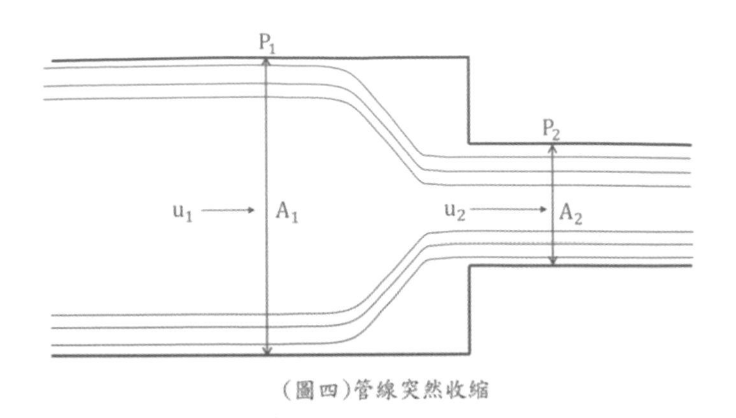

(圖四)管線突然收縮

管線突然收縮的損失$h_{fc} = 0.55\left(1-\frac{A_2}{A_1}\right)\frac{u_2^2}{2g_c}$ ∴ $\boxed{K_c = 0.55\left(1-\frac{A_2}{A_1}\right)}$

K_e和K_c下標代表意思爲 e 爲 expension 擴大；c 爲 contraction 收縮

管線配件之摩擦損失 $\boxed{h_f = K_f\frac{u_1^2}{2g_c}}$

K_f：管件和閥體的損失因子，u_1：管中流向管件的平均速度
如果管線中含有前面所提到的各項摩擦損失之總和爲：

$$\boxed{\sum F = \left(K_p + K_e + K_c + K_f\right)\frac{u^2}{2g_c}}$$

以上資料節錄 McCabe 6-Edition

管線中各種配件摩擦損失表示式整理	
直管	$K_p = 4f\frac{L}{D}$
小管流入大管	$K_e = \left(1-\frac{A_1}{A_2}\right)^2$
大管流入小管	$K_c = 0.55\left(1-\frac{A_2}{A_1}\right)$ (亂流)
	$K_c < 0.1$ (層流)
90^0肘管	$K_f = 0.75$ (亂流)
T 型管	$K_f = 1.0$ (亂流)
球閥全開	$K_f = 6.0$ (亂流) 損失最大爲球閥
搖擺式單向閥	$K_f = 2.0$ (亂流)

類題練習解析

〈類題 5－1〉有一液體流經垂直圓管(管長 L，半徑 R)。在亂流情況下，請求出管壁對液體作用力的表示式。假設系統爲穩態，假設系統爲穩態，且流體密度ρ及黏度μ均爲常數。

Sol：穩態下動量平衡方程式：

$\dot{m}_1\langle u_{x1}\rangle - \dot{m}_2\langle u_{x2}\rangle + F_{xg} + F_{xp} + R_x = 0$ (x 方向) (1)　∵ $\dot{m}_1 = \dot{m}_2 = \dot{m}$

$F_{xg} = \pi R^2 L\rho g$ (2) $F_{xp} = \pi R^2(P_1 - P_2)$ (3) 將(2)&(3)代入(1)式

$=>R_x = -\pi R^2(P_1 - P_2) - \pi R^2 L\rho g = \pi R^2[(P_1 - P_2) + L\rho g]$

〈類題 5－2〉上題例題中所描述的是，流體流經一垂直圓管時，管壁對流體的作用力的求法。如果圓管是水平的情形，管壁對流體的作用力的表示式爲何？

Sol：穩態下動量平衡方程式：

$\dot{m}_1\langle u_{x1}\rangle - \dot{m}_2\langle u_{x2}\rangle + F_{xg} + F_{xp} + R_x = 0$ (x 方向) (1)

$\dot{m}_1 = \dot{m}_2 = \dot{m}$　　水平管不需考慮重力項

$F_{xp} = \pi R^2(P_1 - P_2)$ (2) =>將(2)代入(1)式$=>R_x = -\pi R^2(P_1 - P_2)$

〈類題 5－3〉有一渦輪發電機(如圖所示)自蓄水庫引 20°C的水來發電。已知發電機效率爲$\eta_t = 0.9$，引水管的直徑爲 6 英呎，蓄水庫到發電機出口之落差爲 20 英呎，壓力差5psia。如果想得到 1000hp 之功率，水流量應該多大？假設本系統是亂流，且摩擦損失可以忽略。

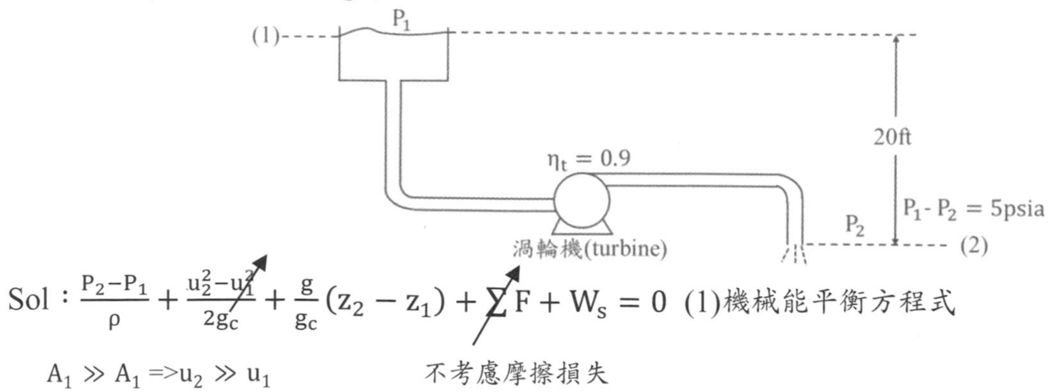

Sol：$\frac{P_2 - P_1}{\rho} + \frac{u_2^2 - u_1^2}{2g_c} + \frac{g}{g_c}(z_2 - z_1) + \sum F + W_s = 0$ (1)機械能平衡方程式

$A_1 \gg A_1 => u_2 \gg u_1$　　　不考慮摩擦損失

$P_2 - P_1 = -5\frac{lbf}{in^2} \times \left(\frac{12in}{1ft}\right)^2 = -720\left(\frac{lbf}{ft^2}\right)$; $z_2 - z_1 = -20ft$

$\dot{W}_s = \frac{1000hp \times \frac{550\frac{ft \cdot lbf}{sec}}{1hp}}{0.9} = 611111\left(\frac{ft \cdot lbf}{sec}\right)$ 所有數據代回(1)

$=> -\frac{720}{62.4} + \frac{u_2^2}{2 \times 32.2} + \frac{32.2}{32.2}(-20) + \frac{611111}{\dot{m}} = 0$ (2)

$\dot{m} = \dot{Q}\rho = u_2 A_2 \rho = u_2 \cdot \frac{\pi}{4}(6)^2(62.4) = 1763u_2\left(\frac{lbm}{sec}\right)$ (3)代入(2)式

$=> 11.54 + \frac{u_2^2}{64.4} - 20 + \frac{611111}{1763u_2} = 0$ $=> 31.5 = \frac{u_2^2}{64.4} + \frac{611111}{1763u_2}$

u_2	$(u_2^2)/64.4$	$611111/1763u_2$	是否等於 31.5
9	1.257	38.5	39.7
10	1.553	34.65	36.2
11	1.878	31.5	33.3
11.8	2.16	29.36	取接近值 31.5

Try and error(試誤法)$u_2 \doteqdot 11.8\left(\frac{ft}{sec}\right) => \dot{Q} = u_2 A = (11.8)\frac{\pi}{4}(6)^2 = 333.4\left(\frac{ft^3}{sec}\right)$

〈類題 5－4〉有一個大水槽內，儲有 21℃及 1atm 的水，以泵將水槽內的水打出。在穩態下其體積流率爲$40\ m^3/hr$，外界供給泵的功率爲 8.5kW。水在進入第二水槽前，經過一個換熱器。外界供給水熱量的速率爲 255kW，第二個水槽比第一個水槽高出 25m。請問第二個水槽的溫度是多少？(已知 21℃下焓爲88140 J/kg; 25℃下的焓爲104.89 kJ/kg；27℃下的焓爲 113.25 kJ/kg)

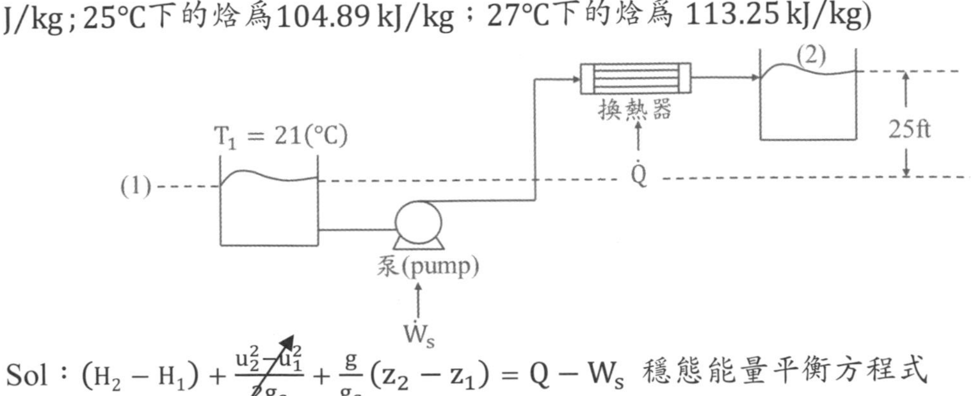

Sol：$(H_2 - H_1) + \frac{u_2^2 - u_1^2}{2g_c} + \frac{g}{g_c}(z_2 - z_1) = Q - W_s$ 穩態能量平衡方程式

點 1 和點 2 水槽的截面積皆很大，速度勢能忽略

$\dot{m} = \dot{Q}\rho = 40\frac{m^3}{hr} \times \frac{1hr}{3600sec} \times 1000\frac{kg}{m^3} = 11.1\left(\frac{kg}{sec}\right)$

$W_s = \frac{\dot{W}_s}{\dot{m}} = \frac{-8.5\times10^3 W}{11.1\frac{kg}{sec}} = -766\left(\frac{J}{Kg}\right)$ ；$Q = \frac{\dot{Q}}{\dot{m}} = \frac{255\times10^3 W}{11.1\frac{kg}{sec}} = 22973\left(\frac{J}{kg}\right)$

$\Rightarrow (H_2 - 88140) + 9.8(25 - 0) = 22973 - (-766)$

$\Rightarrow H_2 = 111634\left(\frac{J}{kg}\right) = 111.63\left(\frac{kJ}{kg}\right)$

利用內插法 $\frac{27-25}{27-T_2} = \frac{113.25-104.89}{113.25-111.63} \Rightarrow T_2 = 26.6(°C)$

〈類題 5－5〉水的密度爲1000 kg/m³由水平圓管之一端進入，另一端流出。已知進口端之截面積爲 $0.1m^2$，流速爲1 m/sec，出口端之截面積爲 $0.2m^2$，假設管內的摩擦損失可忽略不計，請求出穩態下進口壓力P_1與出口壓力P_2之關係式？

Sol：假設無軸功與摩擦損耗=>柏努力方程式

$\frac{P_2-P_1}{\rho} + \frac{u_2^2-u_1^2}{2g_c} + \frac{g}{g_c}(z_2 - z_1) = 0$ ∵水平管無高度差

質量平衡$\dot{m}_1 = \dot{m}_2 \Rightarrow u_1A_1\rho = u_2A_2\rho \Rightarrow 1(0.1) = u_2(0.2) \Rightarrow u_2 = 0.5\left(\frac{m}{sec}\right)$

$\Rightarrow \frac{P_2-P_1}{1000} + \frac{0.5^2-1^2}{2\times1} = 0 \Rightarrow P_2 - P_1 = 375(Pa)$

〈類題 5－6〉如圖所示，有一泵由一個儲槽抽取比重 1.84 的流體，經由 3"管號 40 的鋼管至另一個儲槽。泵的效率爲 50%。3"管內液體流速爲3 ft/sec。管子出口處比原來的儲槽液面高出 50ft。整個系統的摩擦損失爲10 ft·lbf/lbm。請問泵的馬力多少？請列出所有假設，3"管子的截面積是 $0.0513ft^2$，2"管子是 $0.0233ft^2$。

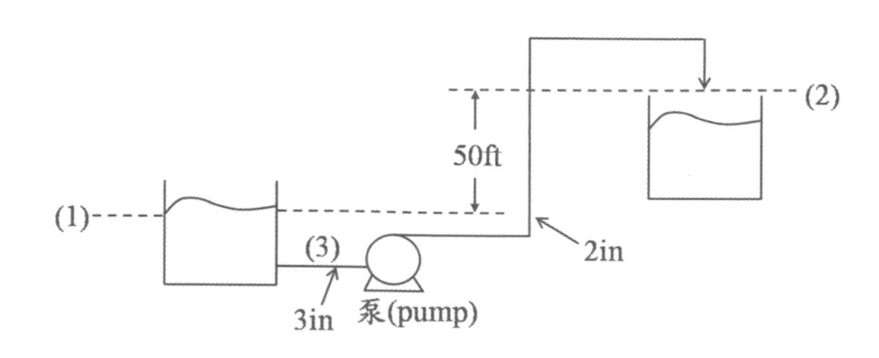

Sol：$\frac{P_2-P_1}{\rho}+\frac{u_2^2-u_1^2}{2g_c}+\frac{g}{g_c}(z_2-z_1)+\sum F+W_s=0$ (1) 機械能平衡方程式

$P_1=P_2=1atm$；$A_1\gg A_2$ =>$u_2\gg u_1$

對點 2 和點 3 做質量平衡 $\dot{m}_2=\dot{m}_3$ =>$u_2A_2\rho=u_3A_3\rho$

$$=>u_2=\frac{u_3A_3}{A_2}=\frac{3\times0.0513}{0.0233}=6.6\left(\frac{ft}{sec}\right)$$

$$=>\rho=1.84\frac{g}{cm^3}\times\left(\frac{100cm}{1m}\right)^3\times\left(\frac{0.3048m}{1ft}\right)^3\times\frac{lbm}{454g}=114.8\left(\frac{lbm}{ft^3}\right)$$

$$=>\dot{m}=\dot{Q}\rho=u_2A_2\rho=6.6\times0.0233\times114.8=17.6\left(\frac{lbm}{sec}\right)$$

所有數值代回(1)式=>$\frac{(6.6)^2}{2(32.2)}+\frac{32.2}{32.2}(50)+10+W_s=0$

$$=>W_s=-60.67\left(\frac{lbf\cdot ft}{lbm}\right)=>W_p=\frac{(-W_s)}{\eta}=\frac{60.67}{0.5}=121.3\left(\frac{lbf\cdot ft}{lbm}\right)$$

$$=>P_B=\dot{m}W_p=\left(17.6\frac{lbm}{sec}\right)\left(121.3\frac{lbf\cdot ft}{lbm}\times\frac{1hp}{550\frac{lbf\cdot ft}{lbm}}\right)=3.9(hp)$$

〈類題 5－7〉原油$\rho=0.93$，$\mu=0.004\,kg/m\cdot sec$置於一圓槽中，液面高 6m，槽之底部裝有一隻 3 吋的 40 號鍍鋅鐵管(管長 9m)，管之底部有一個 90^0 肘管，接著有一個全開的球閥，最後把原油排放於大氣中。

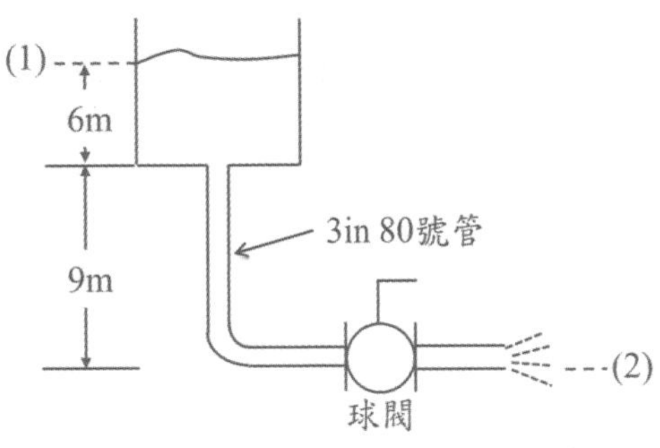

假設管子的摩擦損失f＝0.00495(一)請求出整個系統的摩擦損失爲多少？(二)管線的體積流率爲多少？

Sol：3 吋的 40 號管內直徑：$D_2=3.068in\times\frac{1ft}{12in}\times\frac{0.3048m}{1ft}=0.0779(m)$

直管的摩擦損失$K_p=4f\frac{L}{D}=4(0.00495)\left(\frac{9}{0.0779}\right)=2.287$

管線突然收縮的損失$K_c=0.55\left(1-\frac{A_2}{A_1}\right)=0.55$ $(A_1\gg A_2)$

$K_f(90^0)=0.75$；$K_f(Ball)=6.0$

$=>\sum F = [K_p + K_c + K_f(90^0) + K_f(\text{Ball})]\frac{u_2^2}{2g_c} = (2.287 + 0.55 + 0.75 + 6)\frac{u_2^2}{2g_c}$

$=>\sum F = 9.587\frac{u_2^2}{2g_c}$ (1) 由點 1 與點 2 作機械能平衡：

$\frac{P_2-P_1}{\rho} + \frac{u_2^2-u_1^2}{2g_c} + \frac{g}{g_c}(z_2 - z_1) + \sum F + W_s = 0$

$P_1 = P_2 = 1\text{atm}$; $A_1 \gg A_2 => u_2 \gg u_1$

$=> \frac{u_2^2}{2} + 9.8[0 - (6 + 9)] + 9.587\frac{u_2^2}{2g_c} = 0$

$=>0.5u_2^2 - 147 + 4.794u_2^2 = 0 \ => u_2 = 5.26\left(\frac{m}{sec}\right)$

代入(1)式 $\sum F = 9.587\frac{u_2^2}{2g_c} = 9.587\frac{(5.26)^2}{2(1)} = 133\left(\frac{J}{kg}\right)$

$=>\dot{Q} = u_2A_2 = 5.26 \times \frac{\pi}{4}(0.0779)^2 = 0.025\left(\frac{m^3}{sec}\right)$

〈類題 5 − 8〉如圖所示爲一管線系統，20°C的水$\mu = 1.005 \times 10^{-3}\text{Pa}\cdot\text{s}$ 由一水槽經由圓管送至另一水槽，水之體積流率爲$5 \times 10^{-3}\ m^3/sec$。圓管爲管號 40 的 4" 鋼管(內直徑$D = 0.1023m$，截面積$A = 8.219 \times 10^{-3}m^2$)請求出整個管線的摩擦損失。(Geankoplis 例題 6-11)

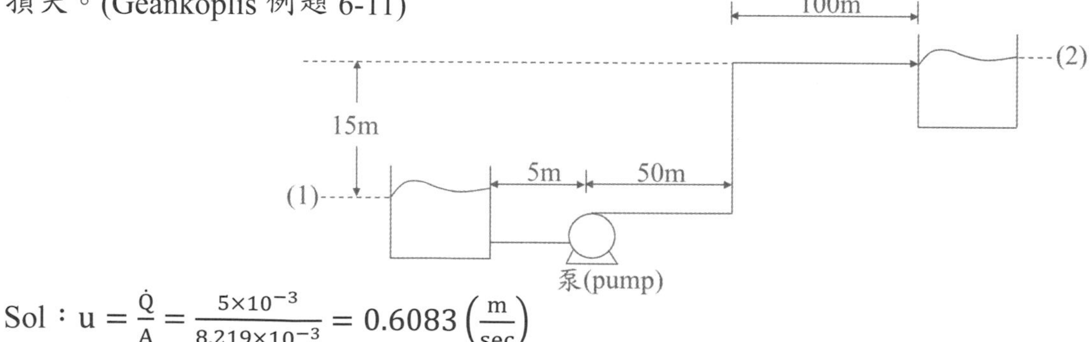

Sol：$u = \frac{\dot{Q}}{A} = \frac{5\times10^{-3}}{8.219\times10^{-3}} = 0.6083\left(\frac{m}{sec}\right)$

$Re = \frac{Du\rho}{\mu} = \frac{(0.1023)(0.6083)(998)}{(1.005\times10^{-3})} = 61795 \gg 2100$ 亂流

Blasius equation：$f = 0.0791Re^{-0.25}(3 \times 10^3 < Re < 10^5)$
$f = 0.0791(61795)^{-0.25} = 5 \times 10^{-3}$

$K_p = 4f\frac{L}{D} = 4(5 \times 10^{-3})\left(\frac{5+50+15+100}{0.1023}\right) = 33.35$

$K_f(90^0) = 0.75 \times 2 = 1.5$；$K_c = 0.55\left(1 - \frac{A_2}{A_1}\right) = 0.55 \ \ (A_1 \gg A_2)$

$K_e = \left(1 - \frac{A_1}{A_2}\right)^2 = 1 \ \ (A_2 \gg A_1)$

$\sum F = \left[K_p + K_e + K_c + K_f(90^0)\right]\frac{u^2}{2g_c} = (33.35 + 1 + 0.55 + 1.5)\frac{(0.6083)^2}{2\times1} = 6.7\left(\frac{J}{kg}\right)$

〈類題 5 − 9〉密度爲 998kg/m³的水，以穩態流率流經均匀圓管，水在管線入口處之絕對壓力爲 68.9kN/m²，管線連接泵且供給流體155.4 J/kg的能量，泵之出口管線直徑與入口管線直徑相同，排出管比入口水管高 3.05m，且排出口之絕對壓力爲137.8 kN/m²，已知管中的雷諾數大於 4000，試求管線的總摩擦損失∑F。(Geankoplis 例題 2.7-4)

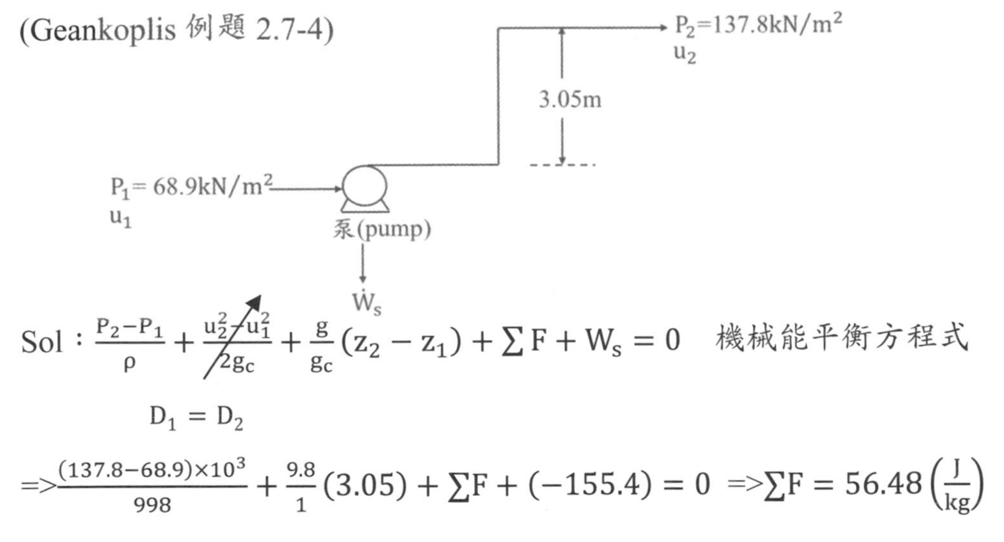

Sol：$\frac{P_2-P_1}{\rho} + \frac{u_2^2-u_1^2}{2g_c} + \frac{g}{g_c}(z_2 - z_1) + \sum F + W_s = 0$ 機械能平衡方程式

$D_1 = D_2$

$\Rightarrow \frac{(137.8-68.9)\times10^3}{998} + \frac{9.8}{1}(3.05) + \sum F + (-155.4) = 0 \Rightarrow \sum F = 56.48\left(\frac{J}{kg}\right)$

〈類題 5 − 10〉泵由面積很大的開口儲槽吸取69.1 gal/min的液體，其密度爲114.8 lbm/ft³，泵吸水管内徑爲 3.068 in，排水管的内徑爲 2.067 in，排水口距離儲槽液面之高度爲 50ft，管線的摩擦損失爲$\sum F = 10$ ft · lbf/lbm，試計算泵所產生的壓力差，若泵的效率爲 65%，則泵所需之馬力？已知流動方式爲亂流。

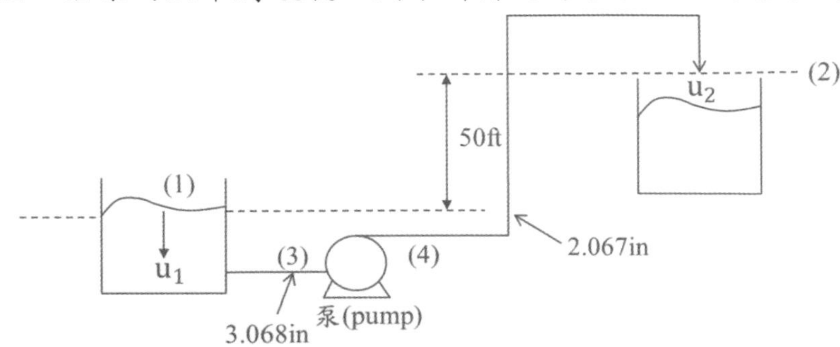

Sol：

(一)對點 1 和點 2 做機械能平衡：

$$\frac{P_2-P_1}{\rho}+\frac{u_2^2-u_1^2}{2g_c}+\frac{g}{g_c}(z_2-z_1)+\sum F+W_s=0$$

$P_1=P_2$；$A_1 \gg A_2 \Rightarrow u_2 \gg u_1$

$$A_2=\frac{\pi}{4}\left(\frac{2.067}{12}\right)^2=0.0233(ft^2)；u_2=\frac{\dot{Q}}{A_2}=\frac{0.1539}{0.02332}=6.6\left(\frac{ft}{sec}\right)$$

$$\dot{Q}=69.1\frac{gal}{min}\times\frac{3.785L}{1gal}\times\frac{1m^3}{1000L}\times\left(\frac{1ft}{0.3048m}\right)^3\times\frac{1min}{60sec}=0.1539\left(\frac{ft^3}{sec}\right)$$

$$\Rightarrow\frac{(6.6)^2}{2\times32.2}+\frac{32.2}{32.2}(50)+10+W_s=0 \Rightarrow W_s=-60.68\left(\frac{lbf\cdot ft}{lbm}\right)$$

$$\Rightarrow W_p=\frac{(-W_s)}{\eta}=\frac{60.58}{0.65}=93.35\left(\frac{lbf\cdot ft}{lbm}\right)$$

$$\Rightarrow P_B=\dot{m}W_p=(\dot{Q}\rho)W_p=\left(0.1539\frac{ft^3}{sec}\times118\frac{lbm}{ft^3}\right)\left(93.35\frac{lbf\cdot ft}{lbm}\times\frac{1hp}{550\frac{lbf\cdot ft}{sec}}\right)=3(hp)$$

(二)對點 3 和點 4 做機械能平衡：

$$\frac{P_4-P_3}{\rho}+\frac{u_4^2-u_3^2}{2g_c}+\frac{g}{g_c}(z_4-z_3)+\sum F+W_s=0$$

水平管　無摩擦損失

$$u_4=u_2=6.6\left(\frac{ft}{sec}\right)；A_3=\frac{\pi}{4}\left(\frac{3.068}{12}\right)^2=0.0513(ft^2)；u_3=\frac{\dot{Q}}{A_3}=\frac{0.1539}{0.0513}=3\left(\frac{ft}{sec}\right)$$

$$\Rightarrow\frac{P_4-P_3}{114.8}+\frac{(6.6)^2-(3)^2}{2\times32.2}+(-60.68)=0$$

$$\Rightarrow P_4-P_3=7096\frac{lbf}{ft^2}\times\left(\frac{1ft}{12in}\right)^2=49.3\left(\frac{lbf}{in^2}\right)=49.3(psi)$$

〈類題 5 − 11〉如下圖所示，比重 1.2 之液體，自甲槽輸送至乙槽，管出口處比甲槽高 30m，泵之進口管線內徑 80mm 之圓管，出口管線內徑 50mm 之圓管，今泵以 5.15kW 輸送該液體時，測得液體 80mm 管內之平均速度爲1.5 m/sec，試算該輸送之摩擦損失爲何？

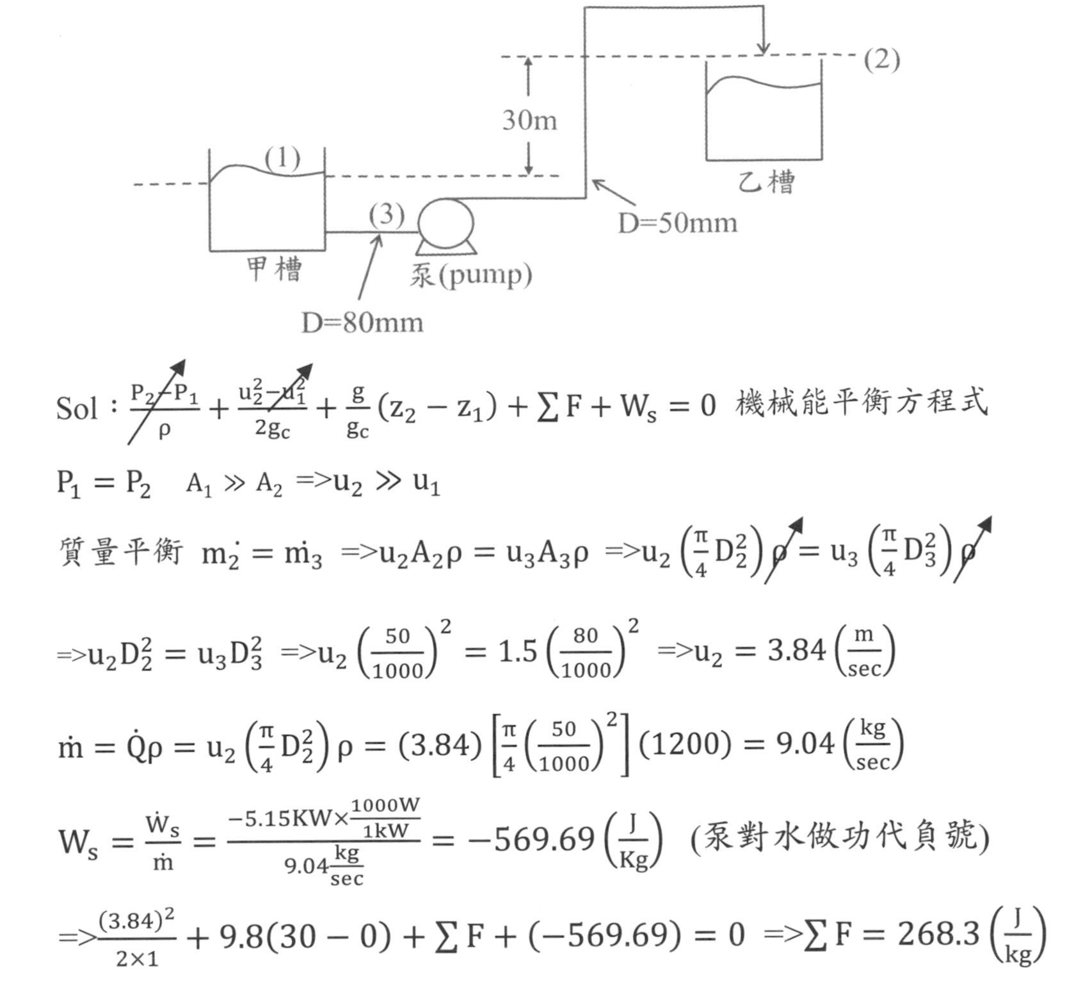

Sol：$\frac{P_2-P_1}{\rho}+\frac{u_2^2-u_1^2}{2g_c}+\frac{g}{g_c}(z_2-z_1)+\sum F+W_s=0$ 機械能平衡方程式

$P_1=P_2 \quad A_1 \gg A_2 \Rightarrow u_2 \gg u_1$

質量平衡 $\dot{m_2}=\dot{m}_3 \Rightarrow u_2A_2\rho=u_3A_3\rho \Rightarrow u_2\left(\frac{\pi}{4}D_2^2\right)\rho=u_3\left(\frac{\pi}{4}D_3^2\right)\rho$

$\Rightarrow u_2D_2^2=u_3D_3^2 \Rightarrow u_2\left(\frac{50}{1000}\right)^2=1.5\left(\frac{80}{1000}\right)^2 \Rightarrow u_2=3.84\left(\frac{m}{sec}\right)$

$\dot{m}=\dot{Q}\rho=u_2\left(\frac{\pi}{4}D_2^2\right)\rho=(3.84)\left[\frac{\pi}{4}\left(\frac{50}{1000}\right)^2\right](1200)=9.04\left(\frac{kg}{sec}\right)$

$W_s=\frac{\dot{W}_s}{\dot{m}}=\frac{-5.15KW\times\frac{1000W}{1kW}}{9.04\frac{kg}{sec}}=-569.69\left(\frac{J}{Kg}\right)$ (泵對水做功代負號)

$\Rightarrow\frac{(3.84)^2}{2\times1}+9.8(30-0)+\sum F+(-569.69)=0 \Rightarrow \sum F=268.3\left(\frac{J}{kg}\right)$

〈類題 5－12〉比重 1.5 的液體自 A 槽輸送至 B 槽，A 槽液面至 B 槽入口端爲 30m，泵之進口管線爲內徑 80mm 的圓管，出口管線爲內徑 50mm 的圓管，若以 15hp(1hp = 75 m · kg/sec)的泵($\eta=70\%$)輸送液體，測得液體在 80mm 管內的流速爲 2.0m/sec，假設 A 槽的液面相當寬闊，輸送過程忽略液面下降，請估算輸送系統其管線之摩擦損失？

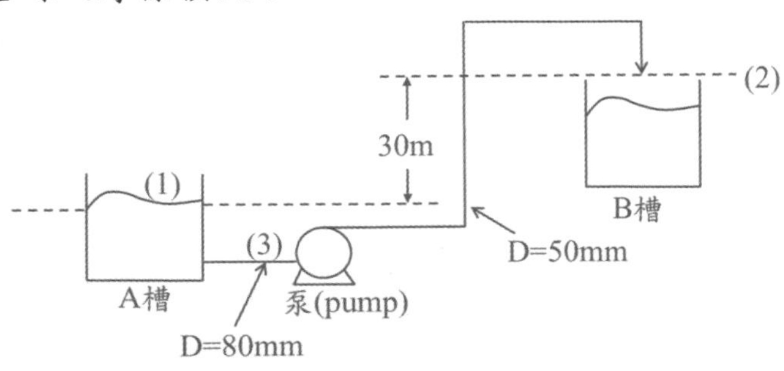

Sol：$\frac{P_2-P_1}{\rho}+\frac{u_2^2-u_1^2}{2g_c}+\frac{g}{g_c}(z_2-z_1)+\sum F+W_s=0$ 機械能平衡方程式

$P_1=P_2 \quad A_1\gg A_2 \Rightarrow u_2\gg u_1$

質量平衡 $\dot{m}_2=\dot{m}_3 \Rightarrow u_1A_1\rho=u_2A_2\rho \Rightarrow u_2\left(\frac{\pi}{4}D_2^2\right)\rho=u_3\left(\frac{\pi}{4}D_3^2\right)\rho$

$\Rightarrow u_2D_2^2=u_3D_3^2 \Rightarrow u_2\left(\frac{50}{1000}\right)^2=2\left(\frac{80}{1000}\right)^2 \Rightarrow u_2=5.12\left(\frac{m}{sec}\right)$

$\dot{m}=\dot{m}_1=\dot{m}_2=u_1A_1\rho=(2)\left[\frac{\pi}{4}\left(\frac{80}{1000}\right)^2\right](1500)=15.07\left(\frac{kg}{sec}\right)$

$$-W_s=\frac{15hp\times\frac{75\frac{m\cdot kg}{sec}}{1hp}\times9.8\frac{m}{sec^2}\times0.7}{15.07\frac{kg}{sec}}=-512\left(\frac{m^2}{sec^2}\right)=-512\left(\frac{J}{kg}\right)$$

$$\Rightarrow\frac{(5.12)^2}{2(1)}+\frac{9.8}{1}(30-0)+\sum F+(-512)=0\Rightarrow\sum F=205\left(\frac{J}{kg}\right)$$

〈類題 5－13〉如圖所示，設$Z_1=3m$，$Z_2=30m$，點 1 和點 2 之管截面積分別爲 10 和 50cm^{2}泵加於水之功率爲 1hp，熱交換器除去之熱量爲35000 kcal/hr，水之體積流率爲400 L/min。(一)試求進出口焓之變化量。(二)當水入口的溫度爲 28℃，則出口之溫度爲何？(1hp = 0.74kW)

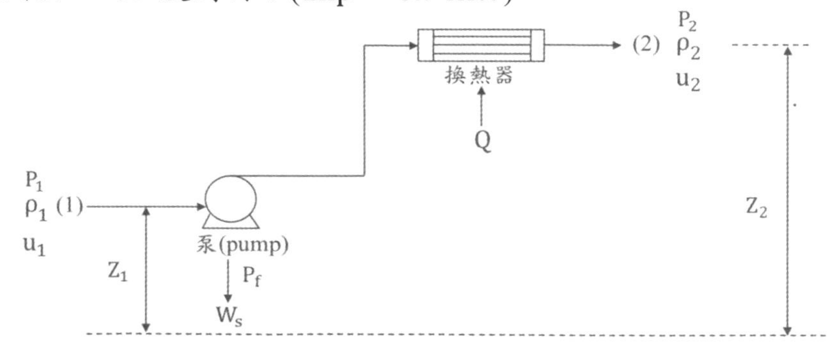

Sol：

(一)$(H_2-H_1)+\frac{u_2^2-u_1^2}{2g_c}+\frac{g}{g_c}(z_2-z_1)=Q-W_s$ 穩態能量平衡方程式

$$\dot{Q}=400\frac{L}{min}\times\frac{1m^3}{1000L}\times\frac{1min}{60sec}=6.67\times10^{-3}\left(\frac{m^3}{sec}\right)$$

$$\dot{m}=\dot{Q}\rho=\left(6.67\times10^{-3}\frac{m^3}{sec}\right)\left(1000\frac{kg}{m^3}\right)=6.67\left(\frac{kg}{sec}\right)$$

$$Q=\frac{\dot{q}}{\dot{m}}=\frac{-35000\frac{kcal}{hr}\times\frac{4.184J}{1cal}\times\frac{1000J}{1kJ}\times\frac{1hr}{3600sec}}{6.67\frac{kg}{sec}}=-6098\left(\frac{J}{kg}\right)$$

$$u_1=\frac{\dot{Q}}{A_1}=\frac{\left(6.67\times10^{-3}\frac{m^3}{sec}\right)}{10cm^2\times\left(\frac{1m}{100cm}\right)^2}=6.67\left(\frac{m}{sec}\right)，u_2=\frac{\dot{Q}}{A_2}=\frac{\left(6.67\times10^{-3}\frac{m^3}{sec}\right)}{50cm^2\times\left(\frac{1m}{100cm}\right)^2}=1.33\left(\frac{m}{scc}\right)$$

$$W_s=\frac{\dot{W}_s}{\dot{m}}=\frac{-1hp\times\frac{0.74KW}{1hp}\times\frac{1000W}{1KW}}{6.67\frac{kg}{sec}}=-110\left(\frac{J}{kg}\right)$$ (泵對水做功代負號)

$$=>\Delta H+\frac{(1.33)^2-(6.67)^2}{2(1)}+9.8(30-3)=-6098-(-110)$$

$$=>\Delta H=-6231\left(\frac{J}{kg}\right)$$

(二)$\Delta H=C_p\Delta T=>-6231=4184(T_2-28)\ =>T_2=26.5(℃)$

〈類題 5 − 14〉水以u_1(m/sec)流通過一水平管，其截面積爲 $2m^2$，壓力爲 20Pa；然後通過一縮小截面積爲 $1m^2$，壓力爲 15Pa 之水平管，假設無摩擦損失，請計算u_1爲何？

Sol：假設無摩擦損失，無軸功=>柏努力方程式

$$\frac{P_2-P_1}{\rho}+\frac{u_2^2-u_1^2}{2g_c}+\frac{g}{g_c}(z_2-z_1)=0\quad(1)$$ ∵水平管無高度差

質量平衡$\dot{m}_1=\dot{m}_2\ =>u_1A_1\rho=u_2A_2\rho=>u_2=u_1\left(\frac{A_1}{A_2}\right)$ (2)

(2)代入(1)式=> $\frac{P_2-P_1}{\rho}+\frac{u_1^2\left(\frac{A_1}{A_2}\right)^2-u_1^2}{2g_c}=0\ =>\frac{P_2-P_1}{\rho}+\frac{u_1^2\left[\left(\frac{A_1}{A_2}\right)^2-1\right]}{2g_c}=0$ (3)

已知數值代入(3)式=>$\frac{15-20}{1000}+\frac{u_1^2\left[\left(\frac{2}{1}\right)^2-1\right]}{2(1)}=0\ =>u_1=0.057\left(\frac{m}{sec}\right)$

〈類題 5 − 15〉一噴嘴之截面積爲 $3cm^2$，其裝置在大桶旁邊，在桶中之液體水開口面比噴嘴中心線高 1m，請計算噴嘴之速度和體積流率爲何？假設無摩擦損失。

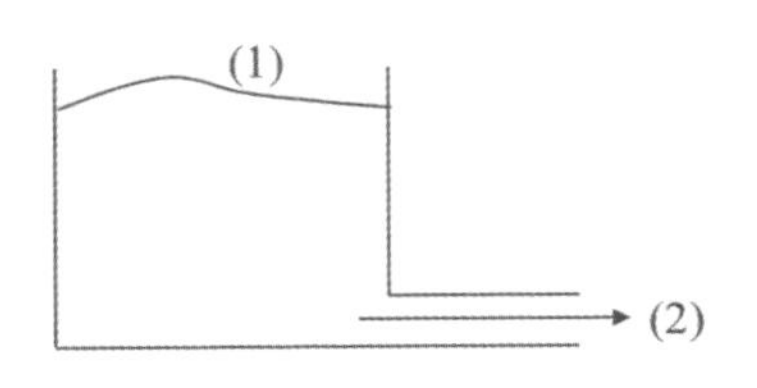

Sol：假設無摩擦損失，無軸功=>柏努力方程式

$$\frac{P_2-P_1}{\rho}+\frac{u_2^2-u_1^2}{2g_c}+\frac{g}{g_c}(z_2-z_1)=0\quad=>u_2^2=2g(z_1-z_2)$$

$P_1 = P_2 = 1\text{atm}$；$A_1 \gg A_2 \Rightarrow u_2 \gg u_1$

$$\Rightarrow u_2 = \sqrt{2g(z_1 - z_2)} = \sqrt{2gH} = \sqrt{2 \times 9.8 \times 1} = 4.43\left(\frac{m}{sec}\right)$$

$$\Rightarrow \dot{Q} = u_2A_2 = \left(4.43\frac{m}{sec}\right)\left[3cm^2 \times \left(\frac{1m}{100cm}\right)^2\right] = 1.33 \times 10^{-3}\left(\frac{m^3}{sec}\right)$$

〈類題 5 − 16〉在內徑爲 2.067in 之鋼管用以將密度$114.8 lbm/ft^3$的液體，自槽中以$0.1539 ft^3/sec$之流率泵送至 50ft 高之管出口，管子的摩擦損失爲 10 lbf · ft/lbm，若泵之效率爲 60%，試求所需泵之功率爲何？

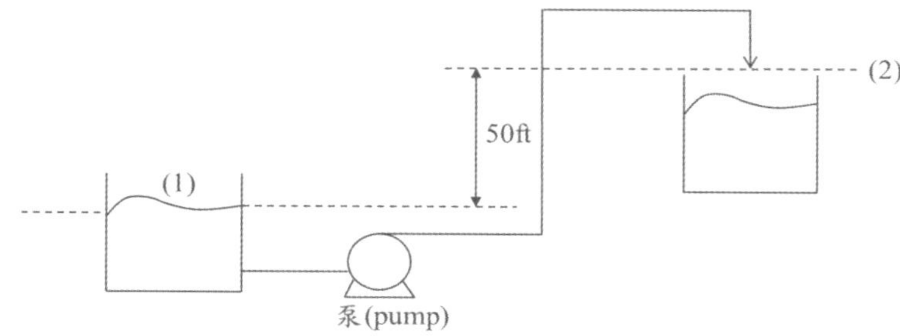

Sol：$\frac{P_2 - P_1}{\rho} + \frac{u_2^2 - u_1^2}{2g_c} + \frac{g}{g_c}(z_2 - z_1) + \sum F + W_s = 0$　機械能平衡方程式

$P_1 = P_2$；$A_1 \gg A_2 \Rightarrow u_2 \gg u_1$

$$\Rightarrow \dot{m} = \dot{Q}\rho = 0.1539\frac{ft^3}{sec} \times 114.8\frac{lbm}{ft^3} = 17.67\left(\frac{lbm}{sec}\right)$$

$$\Rightarrow u_2 = \frac{Q}{A_2} = \frac{0.1539}{\frac{\pi}{4}\left(\frac{2.067}{12}\right)^2} = 6.6\left(\frac{ft}{sec}\right)$$

$$\Rightarrow \frac{(6.6)^2}{2(32.2)} + \frac{32.2}{32.2}(50 - 0) + 10 + W_s = 0 \Rightarrow W_s = -60.68\left(\frac{lbf \cdot ft}{lbm}\right)$$

$$\Rightarrow W_p = \frac{(-W_s)}{\eta} = \frac{60.68}{0.6} = 101\left(\frac{lbf \cdot ft}{lbm}\right)$$

$$\Rightarrow P_B = \dot{m}W_p = \left(17.67\frac{lbm}{sec}\right)\left(101\frac{lbf \cdot ft}{lbm} \times \frac{1hp}{550\frac{ft \cdot lbf}{sec}}\right) = 3.24(hp)$$

〈類題 5 − 17〉20°C乙二醇($\rho = 1118\ kg/m^3, \mu = 20cp$)在內徑爲 27mm 鋼管自甲槽由離心泵輸送至 10m 高，流率爲$6\ m^3/hr$，管長 45m，90°肘管之損失因子爲 0.9，球閥之損失因子爲 10，若泵之效率爲 65%，試求所需泵之制動馬力。

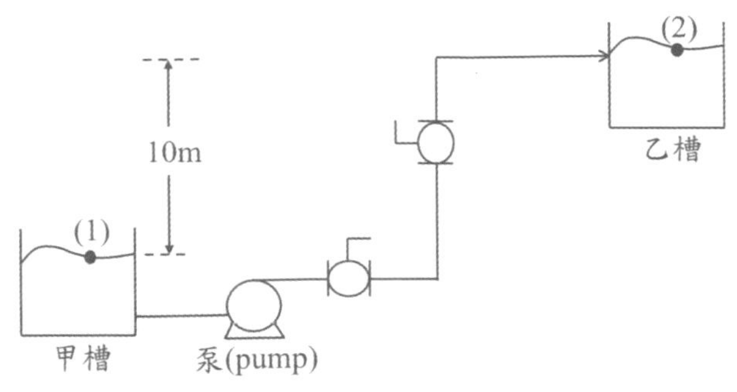

Sol：$\dot{Q} = 6\frac{m^3}{hr} \times \frac{1hr}{3600sec} = 1.67 \times 10^{-3}\left(\frac{m^3}{sec}\right)$

$u_1 = u_2 = \frac{\dot{Q}}{A} = \frac{1.67\times10^{-3}}{\frac{\pi}{4}\left(\frac{27}{1000}\right)^2} = 2.91\left(\frac{m}{sec}\right)$ (點 1 點 2 管徑相同)

$\dot{m} = \dot{Q}\rho = 1.67 \times 10^{-3}\frac{m^3}{sec} \times 1118\frac{kg}{m^3} = 1.867\left(\frac{kg}{sec}\right)$

$Re = \frac{Du\rho}{\mu} = \frac{\left(\frac{27}{1000}\right)(2.91)(1118)}{(20\times10^{-3})} = 4392 \gg 4000$ 亂流

圓管中亂流的摩擦係數 $f = \frac{0.0791}{Re^{\frac{1}{4}}} = \frac{0.0791}{(4392)^{\frac{1}{4}}} = 9.71 \times 10^{-3}$

直管的摩擦損失 $K_p = 4f\frac{L}{D} = 4(9.71 \times 10^{-3})\left(\frac{45}{\frac{27}{1000}}\right) = 64.7$

管線突然收縮的損失 $K_c = 0.55\left(1 - \frac{A_2}{A_1}\right) = 0.55$ $(A_1 \gg A_2)$

管線突然擴大的損失 $K_e = \left(1 - \frac{A_1}{A_2}\right)^2 = 1$ $(A_2 \gg A_1)$

$\sum F = \left[K_p + K_c + K_e + 2K_{f(ball)} + 2K_{f(90^0)}\right]\frac{u^2}{2g_c} = (64.7 + 0.55 + 1.0 + 20 +$

$1.8)\frac{(2.91)^2}{2\times1} = 372.8\left(\frac{J}{kg}\right)$

$\frac{P_2-P_1}{\rho} + \frac{u_2^2-u_1^2}{2g_c} + \frac{g}{g_c}(z_2 - z_1) + \sum F + W_s = 0$ 機械能平衡方程式

$P_1 = P_2 = 1atm$ $A_1 \gg A_2 \Rightarrow u_2 \gg u_1$

$\Rightarrow \frac{(2.91)^2}{2\times1} + 9.8(10 - 0) + 372.8 + W_s = 0 \Rightarrow W_s = -475\left(\frac{J}{kg}\right)$

$\Rightarrow W_p = \frac{(-W_s)}{\eta} = \frac{475}{0.65} = 730.8\left(\frac{J}{kg}\right)$

$$=>P_B = \dot{m}W_p = \left(1.867\frac{kg}{sec}\right)\left(730.8\frac{J}{kg}\times\frac{1kJ}{1000J}\times\frac{1hp}{0.75kw}\right) = 1.82(hp)$$

〈類題 5－18〉(一)一直徑爲 30ft，垂直深度爲 25ft 之水槽，在槽底連接一根直徑爲 4in 之水平管，若管子在靠近水槽處被切斷，則水從水槽中流出之最初體積流率爲若干？(可忽略一小段管子所造成之摩擦損失)(二)經過多少時間後，水槽中的水會完全排空？(三)計算水流之體積流率並與最初速率相比較？(McCabe 習題 4.3)

Sol：(一)解題假設如〈類題 5－16〉

$$u_1 = \sqrt{2g(z_1 - z_2)} = \sqrt{2gH} = \sqrt{2(32.2)(25)} = 40.1\left(\frac{ft}{sec}\right)$$

$$A_1 = \frac{\pi}{4}D_1^2 = \frac{\pi}{4}\left(\frac{4}{12}\right)^2 = 0.0872(ft^2)$$

$$\dot{Q}_1 = u_1A_1 = u_1\left(\frac{\pi}{4}D_1^2\right) = 40.1\times0.0872 = 3.50\left(\frac{ft^3}{sec}\right)$$

(二)$A = \frac{\pi}{4}D^2 = 706.5(ft^2)$，由質量平衡：in−out+gen=acc =>$0 - \rho u_1A_1 = \rho A\cdot\frac{dh}{dt}$

$$=>-u_1A_1 = \frac{\pi}{4}D^2\cdot\frac{dh}{dt} \quad (1)$$

$$=>u_1 = \sqrt{2g(z_2 - z_1)} = \sqrt{2gh} = \sqrt{2(32.2)h} = 8.02h^{0.5} \quad (2)$$

(2)代入(1)式=>$-8.02h^{0.5}(0.0872) = 706.5\frac{dh}{dt}$

$$=>\int_0^t dt = -\frac{706.5}{0.7}\int_{25}^{0}\frac{dh}{h^{0.5}}$$

$$=>t = -\frac{706.5}{0.7}\left(2\sqrt{h}\right)\Big|_{25}^{0} = 10093(sec)$$

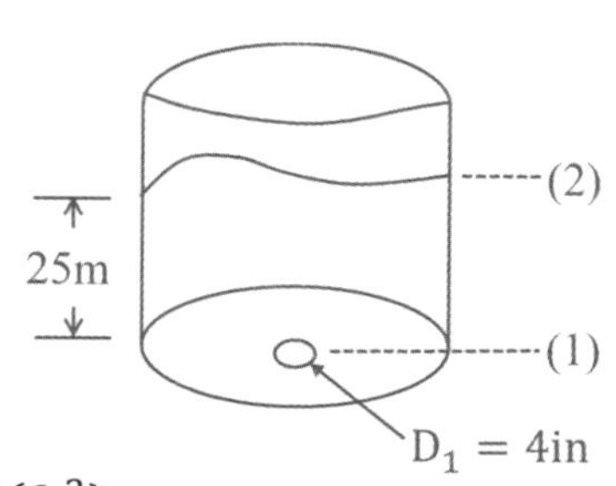

(三)初始體積：$V = Ah = 706.5(25) = 17762.5(ft^3)$

$$\dot{Q}_2 = \frac{V}{t} = \frac{17762.5}{10093} = 1.76\left(\frac{ft^3}{sec}\right) => \frac{\dot{Q}_2}{\dot{Q}_1} = \frac{1.76}{3.50} = 0.5$$

※經過 10093 秒後，大約爲初始體積流率的一半!

〈類題 5－19〉一石油密度爲$892\ kg/m^3$流過一排管子如下圖所示，以流率$1.388\times10^{-3}\ m^3/sec$進入管 1，然後分流兩支相同之管 3。管 1 之內徑爲

5.25cm，管 2 之內徑為 7.79cm，管 3 之內徑為 4.1cm。試求(一)管 1、2 和 3 的質量流率(二)管 1、2 和 3 的平均速度。

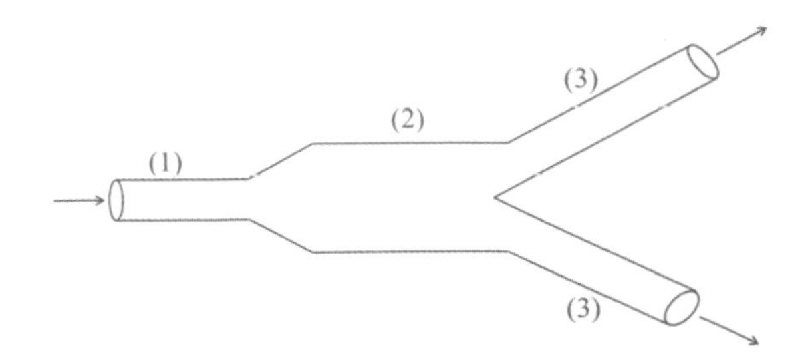

Sol：

(一)$\dot{m}_1 = \dot{Q}\rho = (1.388 \times 10^{-3})(892) = 1.238\left(\frac{kg}{sec}\right)$

$\dot{m}_1 = \dot{m}_2 = 2\dot{m}_3 = 1.238\left(\frac{kg}{sec}\right)$ =>$\dot{m}_3 = \frac{\dot{m}_1}{2} = \frac{1.238}{2} = 0.619\left(\frac{kg}{sec}\right)$

(二)$u_1 = \frac{\dot{m}_1}{\rho A_1} = \frac{1.238}{892 \times \frac{\pi}{4}\left(\frac{5.25}{100}\right)^2} = 0.641\left(\frac{m}{sec}\right)$，$u_2 = \frac{\dot{m}_2}{\rho A_2} = \frac{1.238}{892 \times \frac{\pi}{4}\left(\frac{7.79}{100}\right)^2} = 0.291\left(\frac{m}{sec}\right)$

$u_3 = \frac{\dot{m}_3}{\rho A_3} = \frac{0.619}{892 \times \frac{\pi}{4}\left(\frac{4.1}{100}\right)^2} = 0.525\left(\frac{m}{sec}\right)$

〈類題 5 − 20〉壓力為 30psia 溫度為 300°F的乾燥空氣，以每小時 200 磅的流量 100ft/sec的速度進入如右圖的雙套管換熱器的管側。出口處空氣溫度為 0°F壓力為 15psia，且出口較入口處高 10ft。假設空氣為理想氣體，且其流動為亂流，其中 C_p 的單位為$\frac{Btu}{lbmol \cdot R^\circ}$，溫度的單位為R°，熱容量對溫度的函數為：$C_p = 6.39 + (9.8 \times 10^{-4})T - (8.18 \times 10^{-8})T^2$ 求能量的熱移除速率？

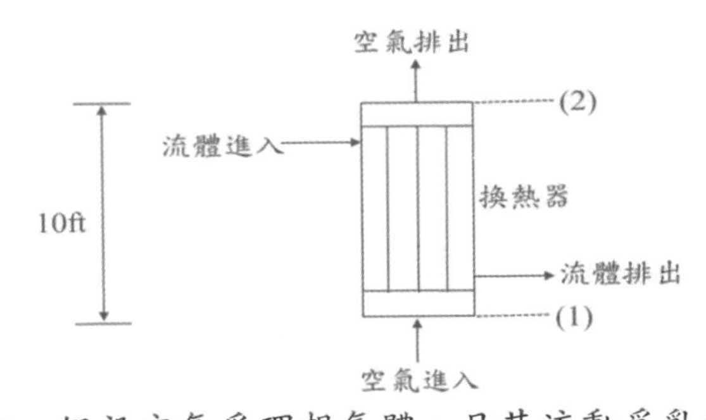

Sol：$\Delta H + \frac{\Delta u^2}{2g_c} + \frac{g}{g_c}\Delta Z = Q - W_s$ (1) 穩態下能量平衡方程式

（W_s 劃去：無軸功）

對理想氣體$\Delta H = \int_{T_1}^{T_2} C_p\, dT + \frac{P_2 - P_1}{\rho}$ (2)（$\frac{P_2 - P_1}{\rho}$ 劃去）

$=>\Delta H=\int_{(300+460)}^{(0+460)} 6.39+(9.8\times10^{-4})T-(8.18\times10^{-8})T^2\,dT$

$=>\Delta H=6.39(460-760)+\frac{9.8\times10^{-4}}{2}[(460)^2-(760)^2]-\frac{8.18\times10^{-8}}{3}[(460)^3-(760)^3]=-2086.9\left(\frac{Btu}{lbm}\right)$ $=>\Delta H=\frac{-2086.9\frac{Btu}{lbm}}{29\frac{lbm}{lbmol}}\times\frac{778lbf\cdot ft}{1Btu}=-55986\left(\frac{lbf\cdot ft}{lbm}\right)$

$\frac{\Delta u^2}{2g_c}=\frac{u_2^2-u_1^2}{2g_c}$ (3)質量平衡 $\dot{m_1}=\dot{m_2}$ $=>u_1\cancel{A_1}\rho_1=u_2\cancel{A_2}\rho_2$ $\because A_1=A_2$

$=>u_2=\frac{\rho_1}{\rho_2}u_1$ 代回(3)式 $=>\frac{\Delta u^2}{2g_c}=\frac{{u_1}^2\left[\left(\frac{\rho_1}{\rho_2}\right)^2-1\right]}{2g_c}$ (4)

又$PM=\rho RT$ $=>\frac{P}{T}\propto\rho$ $=>\frac{\rho_1}{\rho_2}=\frac{P_1T_2}{P_2T_1}$ 代回(4)式

$=>\frac{\Delta u^2}{2g_c}=\frac{{u_1}^2\left[\left(\frac{P_1T_2}{P_2T_1}\right)^2-1\right]}{2g_c}=\frac{100^2\left[\left(\frac{30\times144\times460}{15\times144\times760}\right)^2-1\right]}{2\times32.2}=72.3\left(\frac{lbf\cdot ft}{lbm}\right)$

$=>\frac{g}{g_c}\Delta Z=\frac{32.2}{32.2}(10-0)=10\left(\frac{lbf\cdot ft}{lbm}\right)$

$=>Q=\left[(-55986+72.3+10)\frac{lbf\cdot ft}{lbm}\right]\left(\frac{1Btu}{778lbf\cdot ft}\right)=-71.85\left(\frac{Btu}{lbm}\right)$

$=>\dot{Q}=\dot{m}Q=\left(200\frac{lbm}{hr}\right)\left(-71.85\frac{Btu}{lbm}\right)=-14371\left(\frac{Btu}{hr}\right)$

〈類題 5－21〉今欲將直徑 10ft，水位爲 5ft 之水槽以虹吸方式將水流至槽外，若圓管直徑爲 1 英吋，管長 16ft，液體密度、黏度分別爲 $62.4lbm/ft^3$及 0.6×10^{-3} lbm/ft · sec層流及渦狀流動下泛寧摩擦因子(Fanning)分別爲 $f=16/Re$與$f=0.046Re^{-0.2}$(一)忽略管中之摩擦損失，出水處水之流速爲多少？(二)考慮管中之摩擦損失，出水處水之流速爲多少？(三)在忽略管中之摩擦損失條件下，經過多少時間水位下降 1ft？

Sol：(一)假設無摩擦損失，無軸功=>柏努力方程式

$\cancel{\frac{P_2-P_1}{\rho}}+\cancel{\frac{u_2^2-u_1^2}{2g_c}}+\frac{g}{g_c}(z_2-z_1)=0$

$P_1=P_2=1atm$ $A_1\gg A_2=>u_2\gg u_1$

$=>u_2^2=2g(z_1-z_2)$

$=>u_2=\sqrt{2g(z_1-z_2)}=\sqrt{2gH}$

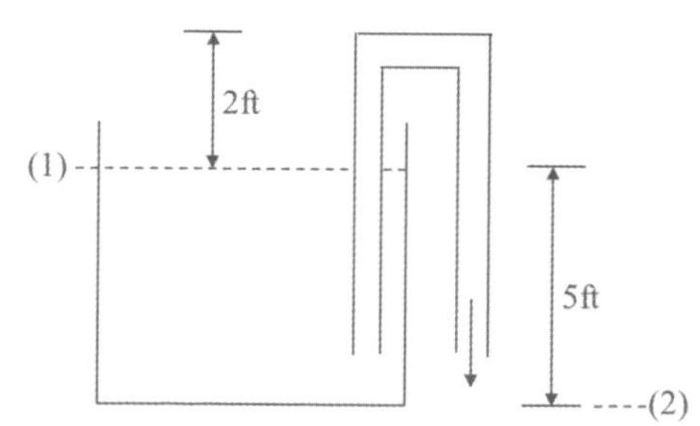

$=>u_2 = \sqrt{2 \times 32.2 \times 5} = 17.9\left(\frac{ft}{sec}\right)$

(二) $\frac{P_2 - P_1}{\rho} + \frac{u_2^2 - u_1^2}{2g_c} + \frac{g}{g_c}(z_2 - z_1) + \sum F + W_s = 0$　機械能平衡方程式

$P_1 = P_2 = 1atm$　$A_1 \gg A_2 => u_2 \gg u_1$　　無軸功

$=>\frac{u_2^2}{2\times32.2} + \frac{32.2}{32.2}(-5) + \sum F = 0$ (1)，$Re = \frac{Du_2\rho}{\mu} = \frac{\left(\frac{1}{12}\right)(u_2)(62.4)}{(0.6\times10^{-3})} = 8667u_2$ (2)

$f = 0.046Re^{-0.2} = 0.046(8667u_2)^{-0.2}$ (3)

$=>\sum F = 4f\frac{L}{D}\frac{u_2^2}{2g_c} = 4f\frac{16}{\left(\frac{1}{12}\right)}\frac{u_2^2}{2\times32.2} = 11.93fu_2^2$ (4)

步驟：(一)假設u_2值代入(2)式(二)由(3)式求 f 值(三)將 f 值代入(4)式求$\sum F$值(四)$\sum F$值與u_2值代入(1)式方程式使左右接近等值爲所求。

u_2假設值	Re (2)式	f (3)式	$\sum F$(4)式	(1)式
8.5	73669.5	4.88×10^{-3}	4.21	0.33
8.4	72802.8	4.9×10^{-3}	4.12	0.22
8.25	71936.1	4.9×10^{-3}	4.03	≒0

利用試誤法(Try and error)$=>u_2 \doteqdot 8.25\left(\frac{ft}{sec}\right)$

(三)由質量平衡：in−out+gen=acc $=>0 - \rho\langle V\rangle A + 0 = \frac{d\dot{m}}{dt}$

$=>-\rho\langle V\rangle\frac{\pi}{4}D_0^2 = \frac{d}{dt}\left(\frac{\pi}{4}D^2h\rho\right)$ (1)

由第一小題得知$=>\langle V\rangle = \sqrt{2g(z_1 - z_2)} = \sqrt{2gH}$ (2)

(2)代入(1)式$=>\int_0^t dt = -\frac{1}{\sqrt{2g}}\frac{D^2}{D_0^2}\int_5^4\frac{dh}{\sqrt{H}}$　$=>t = -\frac{2}{\sqrt{2g}}\frac{D^2}{D_0^2}h^{0.5}\Big|_5^4$

$=>t = \frac{2}{\sqrt{2(32.2)}}\left(\frac{10}{\frac{1}{12}}\right)^2\left(\sqrt{5} - \sqrt{4}\right) = 847(sec)$

〈類題 5－22〉水進入一位於水平面上之內徑 100mm 的 90°肘管中，其速度爲 6m/sec與計示壓力 70kN/m²。忽略管中的摩擦損失，欲使肘管位置保持不動，則必須用於肘管上的力，其大小及方向各爲若干？合力大小？ (McCabe 習題 4.5)

Sol：(一)$\dot{m}_1u_1 - \dot{m}_2u_2 + F_{xg} + F_{xp} + R_x = 0$ (x 方向動量平衡) ∵水平管

$=>R_x = \dot{m}_2u_2 - \dot{m}_1u_1 + P_2A_1 - P_1A_1$

角度問題可改寫爲=>$R_x = \dot{m}_2 u_2 \cos\alpha - \dot{m}_1 u_1 + P_2 A_2 \cos\alpha - P_1 A_1$

管內徑相同$u = u_1 = u_2$ 且管面積相同$A = A_1 = A_2$

管子進出口壓力相同$P = P_1 = P_2 = 70 \times 10^3 \left(\frac{N}{m^2}\right)$

=>$R_x = \dot{m}u(\cos\alpha - 1) + P_2 A_2 \cos\alpha - P_1 A_1$

$A = A_1 = A_2 = \frac{\pi}{4}\left(\frac{100}{1000}\right)^2 = 7.85 \times 10^{-3}(m^2)$

$u = u_1 = u_2 = 6\left(\frac{m}{sec}\right)$

$\dot{m} = \dot{m}_1 = \dot{m}_2 = u_1 A_1 \rho = 6(7.85 \times 10^{-3})998 = 47\left(\frac{kg}{sec}\right)$

$R_x = 47 \cdot 6(\cos 90° - 1) + 70 \times 10^3(7.85 \times 10^{-3})(\cos 90° - 1) = -831.5(N)$

同理=>$R_y = \dot{m}_2 u_2 \sin\alpha - \dot{m}_1 u_1 + P_2 A_2 \sin\alpha - P_1 A_1$ (點 1 方向不考慮)

=>$R_y = \dot{m}u \sin\alpha + PA \sin\alpha$

$R_y = 47 \times 6(\sin 90°) + 70 \times 10^3(7.85 \times 10^{-3})(\sin 90°) = 831.5(N)$

(二)$F = \sqrt{(R_x)^2 + (R_y)^2} = \sqrt{(-831.5)^2 + (831.5)^2} = 1175.9(N)$

〈類題 5－23〉密度 998kg/m³ 的水，以 1.0m/sec的穩定速度及計示壓力 $100kN/m^2$，水平進入 50mm 管中，如圖所示，在相同的高度下，水平的離開管件，而與進入方向的夾角呈 45°，出口直徑爲 20mm。假設流體速度爲定值，而入口和出口的動能與動量修正因子均爲 1，忽略管中的摩擦損失，請計算(一)管件出口處的計示壓力(二)在 x 與 y 方向，管件對流體產生的力。(McCabe 例題 4.5)

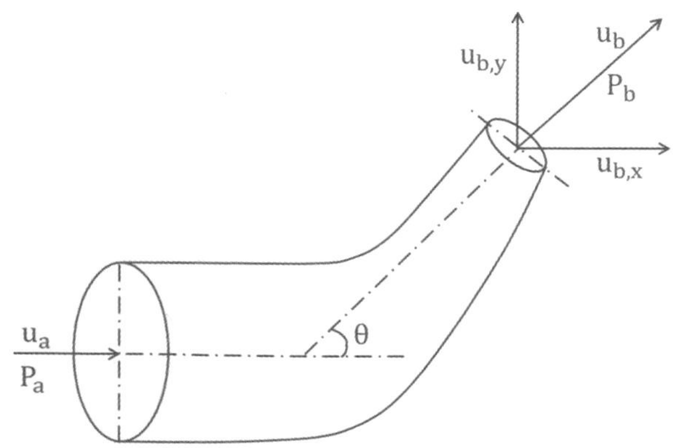

Sol：

(一)質量平衡$\dot{m}_a = \dot{m}_b$ =>$u_a A_a \rho = u_b A_b \rho$

=>$u_a \cdot \frac{\pi}{4}(D_a)^2 = u_b \cdot \frac{\pi}{4}(D_b)^2$=>$1\left(\frac{50}{1000}\right)^2 = u_b\left(\frac{20}{1000}\right)^2$=>$u_b = 6.25\left(\frac{m}{sec}\right)$

$\frac{P_b - P_a}{\rho} + \frac{\alpha_b u_b^2 - \alpha_a u_a^2}{2g_c} + \frac{g}{g_c}(z_2 - z_1) = 0$ 柏努力方程式

$\alpha_a = \alpha_b = 1$ 　水平管無高度差

=>$P_b = P_a + \rho\left[\frac{u_a^2 - u_b^2}{2g_c}\right] = 100 \times 10^3 + 998\left[\frac{1^2 - 6.25^2}{2\times 1}\right] = 81006.8(Pa)$

(二)$\dot{m}_a u_a - \dot{m}_b u_b + F_{xg} + F_{xp} + R_x = 0$ (x 方向動量平衡) ∵水平管

=>$R_x = \dot{m}_b u_b - \dot{m}_a u_a + P_b A_b - P_a A_a$

角度問題可改寫爲$R_x = \dot{m}_b u_b \cos\alpha - \dot{m}_a u_a + P_b A_b \cos\alpha - P_a A_a$

同理=>$R_y = \dot{m}_b u_b \sin\alpha - \dot{m}_a u_a + P_b A_b \sin\alpha - P_a A_a$ (a 方向不考慮)

$\dot{m} = \dot{m}_a = \dot{m}_b = u_a A_a \rho = 1 \cdot \frac{\pi}{4}\left(\frac{50}{1000}\right)^2(998) = 1.96\left(\frac{kg}{sec}\right)$

$R_x = \dot{m}(u_b\cos\alpha - u_a) + P_b A_b \cos\alpha - P_a A_a = 1.96(6.25\cos 45° - 1) +$

$(81006.8)\frac{\pi}{4}\left(\frac{20}{1000}\right)^2\cos 45° - (100\times 10^3)\frac{\pi}{4}\left(\frac{50}{1000}\right)^2 = -171.5(N)$

$R_y = \dot{m}(u_b\sin\alpha) + P_b A_b \sin\alpha = 1.96(6.25\sin 45°) + (81006.8)\frac{\pi}{4}\left(\frac{20}{1000}\right)^2\sin 45° =$

$26.6(N)$

〈類題 5 − 24〉(一)二乙基苯($\rho = 860\ kg/m^3, \mu = 0.67cp$)在內徑爲 200mm 鋼管自儲槽 T-4503 由離心泵 P-4510 輸送至 20m 高(如下圖)流率爲25GPM，管長爲 100m，90°肘管之損失因子爲 0.9，球閥之損失因子爲 6.0，泵出口逆止閥損失因子爲 2.0，流體經過換熱器的$\Delta P = 1\ kg/cm^2 \cdot G$，泵出口壓力爲$10\ kg/cm^2 \cdot G$，C-101 的設備操作壓力$2.5kg/cm^2 \cdot A$，今現場操作單位欲新增一控制閥如圖虛線內所示位置，請計算出安裝在 C-101 前控制閥之 C.V 值爲何？(新增控制閥至 C-101 管長極短，計算時可忽略管損)(二)請寫出控制閥 C.V 值的定義？可能用到的資訊如下：

1.泛寧摩擦係數(Fanning's friction factor)：層流$f = 16/Re$；紊流$f = \frac{0.0791}{Re^{\frac{1}{4}}}$，其中Re 爲雷諾數(Reynolds number)。2.摩擦損失係數(friction loss)：球閥$K_f = 10$，肘管

$K_f = 0.9$。3. 控制閥的設計方程式爲 $\dot{Q} = C_v \cdot f(x)\sqrt{\frac{\Delta P}{\rho}}$；閥心位置 f(x) (stem position,x)= 0.5，流量$\dot{Q}$的單位爲GPM，ρ爲流體比重，ΔP爲控制閥上下游端的差壓，單位爲psi。

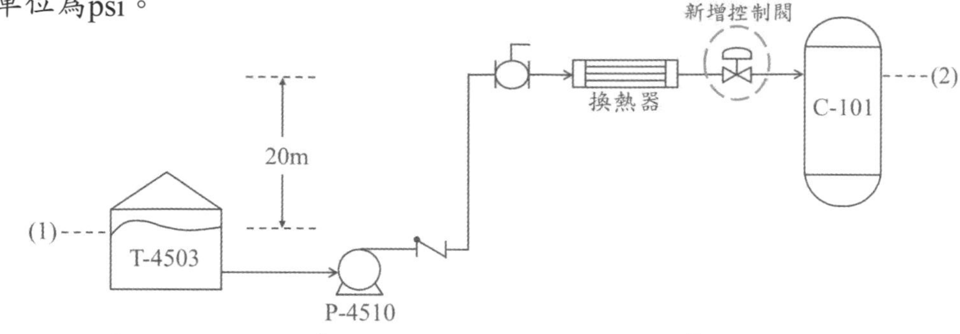

Sol：

$$(一)\dot{Q} = 25\frac{\text{gal}}{\text{min}} \times \frac{3.785\text{L}}{1\text{gal}} \times \frac{1\text{m}^3}{1000\text{L}} \times \frac{1\text{min}}{60\text{sec}} = 1.57 \times 10^{-3}\left(\frac{\text{m}^3}{\text{sec}}\right)$$

$$u_2 = \frac{\dot{Q}}{A} = \frac{1.57\times10^{-3}}{\frac{\pi}{4}\left(\frac{200}{1000}\right)^2} = 0.05\left(\frac{\text{m}}{\text{sec}}\right)，\text{Re} = \frac{Du\rho}{\mu} = \frac{\left(\frac{200}{1000}\right)(0.05)(860)}{(0.67\times10^{-3})} = 12835 \gg 4000\text{亂流}$$

圓管中亂流的摩擦係數$f = \frac{0.0791}{\text{Re}^{\frac{1}{4}}} = \frac{0.0791}{(12835)^{\frac{1}{4}}} = 7.43 \times 10^{-3}$

直管的摩擦損失 $K_p = 4f\frac{L}{D} = 4(7.43 \times 10^{-3})\left(\frac{100}{\frac{200}{1000}}\right) = 14.86$

$$\sum P = \left[K_p + K_{f(\text{ball})} + K_{f(\text{check valve})} + 2K_f(90^0)\right]\frac{\rho u^2}{2g_c} = (14.86 + 6.0 + 2.0 + 1.8)\frac{(860)(0.05)^2}{2\times1} = 26.5\left(\frac{\text{N}}{\text{m}^2}\right)$$

管線高度差的損失$P = \rho g\Delta Z = (860)(9.8)(20) = 168560(\text{Pa})$

總管線損失$(26.5 + 168560)\left(\frac{\text{N}}{\text{m}^2}\right) \times \frac{1\text{kgf}}{9.8\text{N}} \times \left(\frac{1\text{m}}{100\text{cm}}\right)^2 = 1.72\left(\frac{\text{kg}}{\text{cm}^2\cdot\text{A}}\right)$

以絕對壓力表示 P-4510 出口$= 10 + 1.033 = 11.033(\text{kg/cm}^2 \cdot \text{A})$

換熱器的$\Delta P = 1 + 1.033 = 2.033(\text{kg/cm}^2 \cdot \text{A})$

$P_1 = 11.033 - 2.033 - 1.72 = 7.28$(控制閥上游端壓力)

$P_2 = 2.5$(控制閥下游端壓力)

※分母單位表示 A(Absolute Pressure)：絕對壓力，G (Gauge Pressure)：表壓

$\Delta P = P_1 - P_2 = 7.28 - 2.5 = 4.78(\text{kg/cm}^2 \cdot \text{A})$

$$\Rightarrow \Delta P = 4.78\left(\frac{\text{kgf}}{\text{cm}^2}\right) \times \frac{9.8\text{N}}{1\text{kgf}} \times \left(\frac{100\text{cm}}{1\text{m}}\right)^2 \times \frac{1\text{atm}}{101325\text{Pa}} \times \frac{14.7\text{psi}}{1\text{atm}} = 67.96(\text{psi})$$

將數值代入控制閥的設計方程式$=>25 = C_v \cdot (0.5)\sqrt{\frac{67.96}{0.86}}$ $=>C_v = 5.7$

(二)C.V 值定義：閥兩端的壓力差爲 1 psi 時，60°F 的水每分鐘通過閥體有多少加侖數。(93 經濟部特考)

〈類題 5－25〉將 20°C的水，以恆穩態的速率 $9m^3/hr$從地面上的大水池，泵送至一實驗用吸收塔的開放頂部。排水口高於地面 5m，而且從水池至塔頂間的 50mm 管中，其摩擦損失量爲 2.5J/kg。若泵僅可提供 0.1kW 之動力，則水池面必須保持在何種高度？

Sol：$\frac{P_2-P_1}{\rho} + \frac{u_2^2-u_1^2}{2g_c} + \frac{g}{g_c}(z_2 - z_1) + \sum F + W_s = 0$　機械能平衡方程式

$P_1 = P_2 = 1atm \quad A_1 \gg A_2 => u_2 \gg u_1$

$\dot{m} = u_2 A_2 \rho = (1.27) \cdot \frac{\pi}{4}\left(\frac{50}{1000}\right)^2 (1000) = 2.5\left(\frac{kg}{sec}\right)$

$\dot{Q} = 9\frac{m^3}{hr} \times \frac{1hr}{3600sec} = 2.5 \times 10^{-3}\left(\frac{m^3}{sec}\right)$；$u_2 = \frac{\dot{Q}}{A_2} = \frac{2.5\times10^{-3}}{\frac{\pi}{4}\left(\frac{50}{1000}\right)^2} = 1.27\left(\frac{m}{sec}\right)$

$W_s = \frac{\dot{W}_s}{\dot{m}} = \frac{-0.1KW\times\frac{1000W}{1kW}}{2.5\frac{kg}{sec}} = -40\left(\frac{J}{kg}\right)$

$=>\frac{(1.27)^2}{2(1)} + 9.8(5 - Z_1) + 2.5 + (-40) = 0$ $=>5 - Z_1 = 3.74$

$=>Z_1 = 1.26(m)$ 水池須保持在 1.26m 下，泵才可使用！

歷屆試題解析

〈考題 5－1〉(86 地方特考)(4 分)

A 圓管與 B 圓管相連接，A 管之直徑爲 0.02m，B 管之直徑爲 0.04m。已知水在 A 管中之平均流速 20m/s，則水在 B 管之平均流速爲：

(1)$80\frac{m}{s}$ (2) $5\frac{m}{s}$ (3)$0.125\frac{m}{s}$ (4)$10\frac{m}{s}$

Sol：質量平衡$\dot{m}_A = \dot{m}_B => u_A A_A \rho = u_B A_B \rho$ $=>u_A (D_A)^2 = u_B (D_B)^2$

$$=>20(0.02)^2 = u_B(0.04)^2 \ =>u_B = 5.0\left(\frac{m}{sec}\right)$$ 選(2)

〈考題 5－2〉(87 高考三等)(102 經濟部特考)(15 分)

水池中 20°C之水，擬以泵送至離水面 15m 高的之水槽，如管徑爲 0.0529m，平均流速爲 3.0m/sec，總相當長度爲 45m 時，試繪出系統簡圖、計算所需的理論功率爲多少馬力(HP)？ (已知$f = 0.005$)

Sol：$\frac{P_2-P_1}{\rho} + \frac{u_2^2-u_1^2}{2g_c} + \frac{g}{g_c}(z_2 - z_1) + \sum F + W_s = 0$ (1)機械能平衡方程式

$P_1 = P_2 = 1atm \quad A_1 \gg A_2 => u_2 \gg u_1$

$$\dot{m} = u_2A_2\rho = 3\cdot\frac{\pi}{4}(0.0529)^2(1000) = 6.59\left(\frac{kg}{sec}\right)$$

$$\text{Check} => Re = \frac{Du\rho}{\mu} = \frac{(0.0529)(3)(1000)}{(1\times10^{-3})} = 158700 > 4000$$ 亂流

$$=>\sum F = 4f\frac{L}{D}\frac{u^2}{2g_c} = 4(0.005)\frac{(45)}{(0.0529)}\frac{(3)^2}{2\times1} = 76.55\left(\frac{J}{kg}\right)$$ 代入(1)式

$$=>\frac{(3)^2}{2(1)} + \frac{9.8}{1}(15-0) + 76.55 + W_s = 0 \ =>W_s = -228.1\left(\frac{J}{kg}\right)$$

$$=>P_f = \dot{m}(-W_s) = \left(6.59\frac{kg}{sec}\right)\left(228.1\frac{J}{Kg}\times\frac{1kJ}{1000J}\times\frac{1HP}{0.75kW}\right) = 2(HP)$$

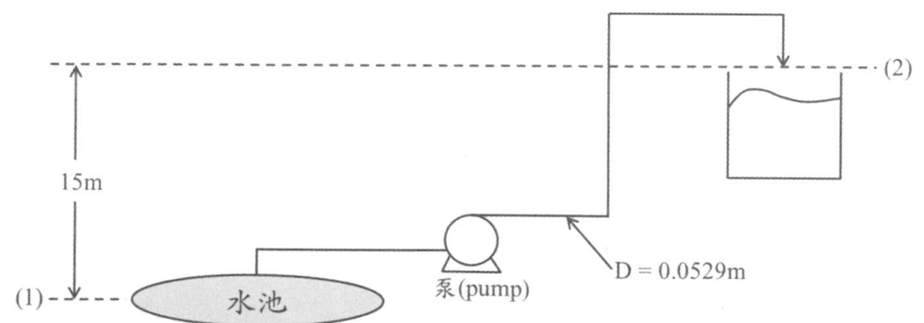

〈考題 5－3〉(87 化工技師)(20 分)

某實驗室有一儀器，儀器上有一直圓管，管內直徑爲 2mm。已知當某有機溶液(密度= 780 kg/m^3，黏度= 3.5×10^{-4} kg/m·sec)從 A 點流到 B 點時，A 和 B 點之壓降及距離分別爲 1.72kPa 及 1m，且 A 點比 B 點低 0.1m，A 點及 B 點之間無軸功(shaft work)。問液體在圓管內之體積流量是多少m^3/sec ？

Sol：$\frac{P_B-P_A}{\rho}+\frac{u_B^2-u_A^2}{2g_c}+\frac{g}{g_c}(z_B-z_A)+\sum F+W_s=0$ 機械能平衡方程式

$u=u_A=u_B=D$（相同內徑）　　無軸功

$=>\frac{P_B-P_A}{\rho}+\frac{g}{g_c}(z_B-z_A)=-\sum F=-4f\frac{L}{D}\frac{u^2}{2g_c}$

$=>-\frac{1.72\times10^3}{780}+9.8(0.1)=-4f\frac{1}{\left(\frac{2}{1000}\right)}\frac{u^2}{(2\times1)}$

$=>1.225=1000fu^2$ (1)

$Re=\frac{Du\rho}{\mu}=\frac{\left(\frac{2}{1000}\right)(u)(780)}{(3.5\times10^{-4})}=4457u$ (2)

流體流出（低壓側）

B

0.1m

A

流體流進（高壓側）

圓管在亂流下$f=\frac{0.0791}{Re^{0.25}}$ (3)，圓管在層流下$f=\frac{16}{Re}$ (4)

u假設值	Re(2)式	f(4)式	(1)式
0.5	2228	0.0115	2.88
0.35	1560	0.0144	1.256
0.34	1515	0.0106	≑ 1.225

假設u值=>Re(2)式 =>f(3)或(4)式 =>(1)式數值≑ 1.225值，由試誤法(Try and error)

$u\doteqdot0.34\left(\frac{m}{sec}\right)=>\dot{Q}=uA=(0.34)\left[\frac{\pi}{4}\left(\frac{2}{1000}\right)^2\right]=1.06\times10^{-6}\left(\frac{m^3}{sec}\right)$

※考選部題目出題有誤，A 與 B 點的距離與高度應該相同才對。

〈考題 5－4〉(88 高考三等)(20 分)

單位質量流體在穩態下流經一水平圓管的能量方程式如下：

$d\left(\frac{u^2}{2}\right)+\frac{dP}{\rho}+2fu^2\frac{dL}{D}=0$（式 1），其中 u 是流體流速，P 是壓力，ρ是流體密度，f 是摩擦因子，L 及 D 是管子長度及直徑。如此流體具壓縮性，試問(式 1)可否直接積分？如否，應如何處理？

Sol：不可直接積分，由題目已知流體具壓縮性=>適用於理想氣體方程式：$d\left(\frac{u^2}{2}\right)+\frac{dP}{\rho}+2fu^2\frac{dL}{D}=0$ $=>\frac{udu}{2}+\frac{dP}{\rho}+2fu^2\frac{dL}{D}=0$ (1)

$V\left(\frac{m^3}{kg}\right)=\frac{1}{\rho}$ (2)　V 比容；$\dot{G}\left(\frac{kg}{m^2Sec}\right)=u\rho=\frac{u}{V}$ (3)；兩邊開平方=>$u^2=V^2\dot{G}^2$ (4)，

將(3)式移向等號兩側作微分=>$du = \dot{G}dV$ (5)($\dot{G}$爲質量流通量)，
將(2)(3)(4)(5)式代入(1)式

$$=>\frac{\dot{G}^2 VdV}{2} + VdP + 2fV^2\dot{G}^2\frac{dL}{D} = 0 \ (6)$$ 等號左右同除以V^2

$$=>\frac{\dot{G}^2}{2}\frac{dV}{V} + \frac{dP}{V} + 2f\dot{G}^2\frac{dL}{D} = 0 \ (6)$$ 理想氣體$PV = \frac{1}{M}RT$ 代入(6)式積分

$$=>\frac{\dot{G}^2}{2}\int_1^2\frac{dV}{V} + \frac{M}{RT}\int_1^2 PdP + \frac{2f\dot{G}^2}{D}\int_1^2 dL = 0$$

$$=>\frac{\dot{G}^2}{2}\ln\left(\frac{V_2}{V_1}\right) + \frac{M}{2RT}(P_2^2 - P_1^2) + \frac{2f\dot{G}^2}{D}\Delta L = 0$$

※此解法參考 Geankoplis 章節 2.11A 敘述！

〈考題 5－5〉(90 化工技師)(20 分)

如下圖所示之水(密度爲 1000kg/m^3，黏度爲 1cp)輸送系統，輸送水之管直徑爲 0.1m，則管中水之流速爲何？ 注意：(一)可假定下列摩擦損耗因子(friction loss factor,ρ_V)：突縮(sudden contraction)爲 0.45，90°肘管(elbow)爲 0.5。(二)如果 $2.1\times10^3 < Re < 10^5$，摩擦因子(friction factor,f)$=\frac{0.0791}{Re^{1/4}}$

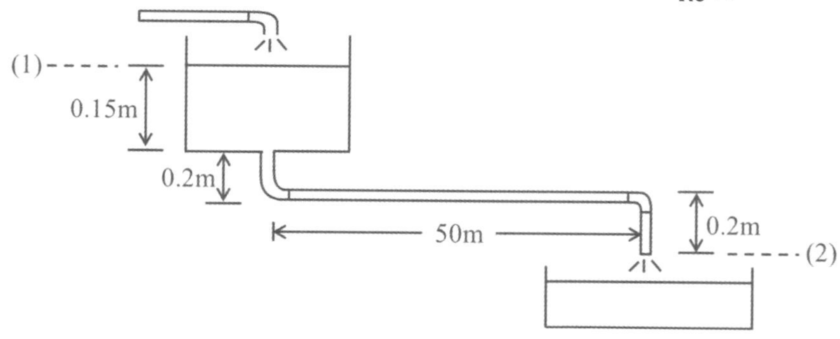

Sol：$Re = \frac{Du\rho}{\mu} = \frac{(0.1)(u)(1000)}{(1\times10^{-3})} = 10^5 u_2$ (1)

$$\frac{P_2 - P_1}{\rho} + \frac{u_2^2 - u_1^2}{2g_c} + \frac{g}{g_c}(z_2 - z_1) + \sum F + W_s = 0$$ 機械能平衡方程式

$P_1 = P_2 = 1atm$　$A_1 \gg A_2$ =>$u_2 \gg u_1$　無軸功

$$=>z_1 - z_2 = \frac{\sum F}{g} + \frac{u_2^2}{2g} \ =>z_1 - z_2 = \left[4f\frac{L_e}{D} + \sum K_i\right]\frac{u_2^2}{2g} + \frac{u_2^2}{2g} \ (2)$$

$z_1 - z_2 = 0.15 + 0.2 + 0.2 = 0.55(m)$，$L_e = 0.2 + 0.2 + 50 = 50.4(m)$

$\sum K_i = 0.45 + (0.5 \times 2) = 1.45$ =>$0.55 = \left[4f\left(\frac{50.4}{0.1}\right) + 1.45\right]\frac{u_2^2}{2(9.8)} + \frac{u_2^2}{2(9.8)}$

=>$0.55 = (2016f + 1.45)\frac{u_2^2}{19.6} + \frac{u_2^2}{19.6}$ (3) $f = \frac{0.0791}{Re^{1/4}}$ (4)

假設u_2=>Re(1)式=>f(4)式=>(3)式數值≑ 0.55=>確認u_2值

u_2假設值	Re (1)式	f (4)式	(3)式數值≑ 0.55
1.0	10^5	4.45×10^{-3}	0.583
0.97	9.7×10^4	4.48×10^{-3}	0.55
0.96	9.6×10^4	4.49×10^{-3}	0.54

試誤法(Try and error)所得$u_2 \doteqdot 0.97\left(\frac{m}{sec}\right)$

〈考題 5－6〉(92 地方特考)(20 分)

2.5大氣壓，300K 的空氣(粘度爲0.018cp)流進一長100公尺，內直徑爲80mm之平滑鋼管、其爲恆溫流動，且其出口壓力爲1.25大氣壓，則空氣在管中之質量流通量(mass flux)爲何？注意：(一)對恆溫可壓縮流動$P_a^2 - P_b^2 = \frac{2RTG^2}{M}\left[\frac{2fL}{D} + \ln\left(\frac{\rho_a}{\rho_b}\right)\right]$其中$P_a$及$P_b$是入出口壓力，R是氣體常數，T是溫度，G是質量流通量，M是分子量，f 是摩擦因子(friction factor)，L是管長，D是管直徑，ρ_a及ρ_b是流體入出口之密度。(二)當$5 \times 10^4 < Re < 10^6$，$f = \frac{0.046}{Re^{0.2}}$

Sol：$D = \frac{80}{1000} = 0.08(m)$，$\dot{G} = \frac{\dot{m}}{A} = \frac{kg}{m^2 \cdot sec}$ 先求進出口壓力與密度

$$P_a = 2.5atm \times \frac{101325\frac{N}{m^2}}{1atm} = 253312.5\left(\frac{N}{m^2}\right)$$

$$\rho_a = \frac{P_a M}{RT} = \frac{253312.5\frac{N}{m^2}\times 29\frac{kg}{kgmol}}{8314\frac{J}{kgmol \cdot k}\times 300k} = 2.94\left(\frac{kg}{m^3}\right)$$

$$P_b = 1.25atm \times \frac{101325\frac{N}{m^2}}{1atm} = 126656.25\left(\frac{N}{m^2}\right)$$

$$\rho_b = \frac{P_b M}{RT} = \frac{126656.25\frac{N}{m^2}\times 29\frac{kg}{kgmol}}{8314\frac{J}{kgmol \cdot k}\times 300k} = 1.47\left(\frac{kg}{m^3}\right)$$

進出口平均密度爲$\bar{\rho}=\frac{\rho_a+\rho_b}{2}=\frac{2.94+1.47}{2}=2.205\left(\frac{kg}{m^3}\right)$

$Re=\frac{Du\rho}{\mu}=\frac{(0.08)u(2.205)}{(0.018\times10^{-3})}=9800u$ (1)當$5\times10^4<Re<10^6$；$f=\frac{0.046}{Re^{0.2}}$ (2)

$$[(253312.5)^2-(126656.25)^2]\left(\frac{N^2}{m^4}\right)=\frac{2(8314)\frac{J}{kgmol\cdot k}\times(300)k\times G^2\frac{kg^2}{m^4\cdot sec^2}}{29\frac{kg}{kgmol}}$$

$$\left[\frac{2f(100)}{0.08}+\ln\left(\frac{2.94}{1.47}\right)\right]\ (3)$$

利用試誤法(Try and error)：(一)由(1)式假設 u 值(二)由(2)式求 f 值(三)將 f 值代入(3)式求$\dot{G}$值使方程式左右接近等值爲所求，此題考選部設計數值不是很恰當，所以無法試出接近數值。

〈考題 5－7〉(93 化工技師)(20 分)

一離心幫浦(centrifugal pump)以$1\times10^{-3}m^3/sec$的速率穩定地輸送食用油。該食用油的密度與黏度分別爲$920\ kg/m^3$與0.95cp。幫浦的入口端與出口端所銜接的管子有相同的管徑，內徑皆爲2.665 cm。幫浦入口端管內的絕對壓力爲$105kN/m^2$，而下游出口的管子末端比幫浦出口高5 m，該處之出口壓力爲$180kN/m^2$。若幫浦每輸送1 kg的油所需作的功爲200 J，試計算整個系統因摩擦所導致的能量損失。

$P_2=180kN/m^2$
5m
$P_1=105\ kN/m^2$
$\dot{W}_s$

Sol：$\frac{P_2-P_1}{\rho}+\frac{u_2^2-u_1^2}{2g_c}+\frac{g}{g_c}(z_2-z_1)+\sum F+W_s=0$　機械能平衡方程式

泵進出口相同內徑$u_1=u_2=D$

$=>\frac{(180-105)\times10^3}{920}+\frac{9.8}{1}(5-0)+\sum F+(-200)=0\ =>\sum F=69.4\left(\frac{J}{kg}\right)$

〈考題 5－8〉(94 高考三等)(20 分)

比重爲 0.83、黏度爲 3.4 cp 之油品，由 1atm 之開放儲槽中，以 75mm 內徑的管經由泵輸送至錶壓力(gauge pressure)為 345kPa 的密閉儲槽中，設流率為 10500kg/h，排出口在開放儲槽液面的下方 21m 處，管子含所有管件之相當長度為 150 m，泵之效率為 0.6，試計算泵所需之功率。註：層流時，$f = 16/Re$；紊流時，$f = 0.046Re^{-0.2}$

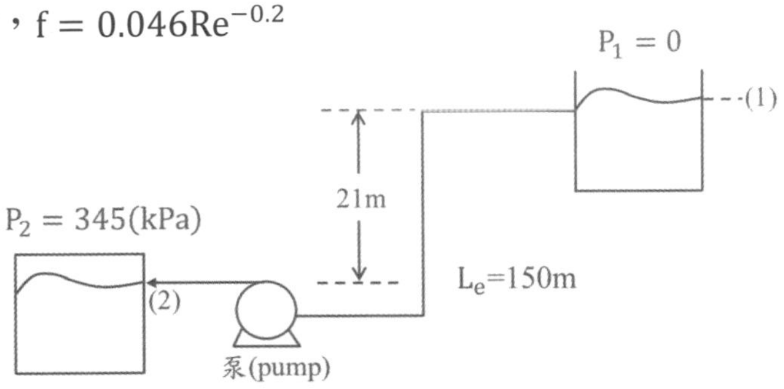

Sol：$\frac{P_2-P_1}{\rho}+\frac{u_2^2-u_1^2}{2g_c}+\frac{g}{g_c}(z_2-z_1)+\sum F+W_s=0$ 機械能平衡方程式

$A_1 \gg A_2 \Rightarrow u_2 \gg u_1$

$$u_2=\frac{\dot{Q}}{A}=\frac{\dot{m}}{\rho A}=\frac{10500\frac{kg}{hr}\times\frac{1hr}{3600sec}}{830\times\frac{\pi}{4}\left(\frac{75}{1000}\right)^2}=0.8\left(\frac{m}{sec}\right)$$

$$\text{Check} \Rightarrow Re=\frac{Du_2\rho}{\mu}=\frac{\left(\frac{75}{1000}\right)(0.8)(830)}{(3.4\times10^{-3})}=14570\gg4000 \text{ 亂流}$$

$$\Rightarrow f=0.046Re^{-0.2}=0.046(14570)^{-0.2}=6.76\times10^{-3}$$

$$\Rightarrow \sum F=4f\frac{L_e}{D}\frac{u^2}{2g_c}=4(6.76\times10^{-3})\frac{(150)}{\left(\frac{75}{1000}\right)}\frac{(0.8)^2}{(2\times1)}=17.1\left(\frac{J}{kg}\right)$$

$\Rightarrow P_2=345+101.3=446.3(kPa)$ (表壓+大氣壓力=絕對壓力)

$$\Rightarrow \frac{(446.3-101.3)\times10^3}{830}+\frac{(0.8)^2}{2\times1}+\frac{9.8}{1}(0-21)+17.1+W_s=0$$

$$\Rightarrow W_s=-227.3\left(\frac{J}{kg}\right) \Rightarrow W_p=\frac{(-W_s)}{\eta}=\frac{227.3}{0.6}=378.8\left(\frac{J}{kg}\right)$$

$$\Rightarrow P_B=\dot{m}W_p=\left(\frac{10500}{3600}\frac{kg}{sec}\right)\left(378.8\frac{J}{kg}\times\frac{1kJ}{1000J}\times\frac{1HP}{0.75kW}\right)=1.48(HP)$$

〈考題 5－9〉(95 普考)(5/5 分)

一液體以2m/sec的速度在一段內徑為8cm的直管內以紊流流動時，其壓力降為 $0.2kg/cm^2$，若：(一)速度變成3m/sec時，壓力降變為若干？(二)內徑變6cm時，壓力降變為若干？

Sol:$\Delta P = 4f\frac{L}{D}\frac{\rho u^2}{2g_c}$ =>$\Delta P \propto \frac{u^2}{D}$，$P_1 = 0.2\frac{kg}{cm^2} \times \frac{9.8N}{1kgf} \times (\frac{100cm}{1m})^2 = 19600\left(\frac{N}{m^2}\right)$

(一) $\Delta P \propto u^2$ =>$\frac{19600}{P_2} = \frac{(2)^2}{(3)^2}$ =>$P_2 = 44100(P_a)$

(二) $\Delta P \propto \frac{1}{D}$ =>$\frac{19600}{P_2} = \frac{1/0.08}{1/\left(\frac{6}{100}\right)}$ =>$P_2 = 26133(P_a)$

〈考題 5－10〉(98 經濟部特考)(6/4 分)
如圖一 30°C水以水平流經點 1、點 2，分成兩股並在點 3 與點 4 流入兩個開放容器，已知點 1 到點 2 間的管徑爲 3 英吋(in.)，長度 200 英呎(ft.)，壓降

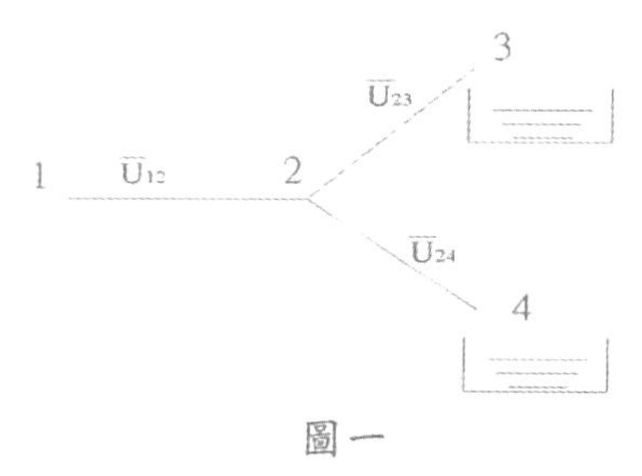

圖一

損失爲 $4\frac{磅力}{平方英吋}$(lbf/in^2)，泛寧係數(fanning factor)爲 0.01。點 2 到點 3 間管線長度爲點 2 到點 4 之四倍，管徑均爲 2 英吋(in.)，若分兩分支管之泛寧係數相等，假設於點 2 流處之壓降損失可以忽略，試求：

$\left[註：水的密度\ 62.4\frac{磅}{呎^3}\left(\frac{lb}{ft^3}\right)\ g_c = 32.2\frac{磅\times呎}{磅力\times秒^2}\left(\frac{lb*ft}{lbf*sec^2}\right)\right]$

(一)$\overline{U}_{12}$、$\overline{U}_{23}$、$\overline{U}_{24}$各段之流速？(二)出水質量流率？

Sol：(一)由泛寧係數公式 $\Delta P = 4f\frac{L}{D}\frac{\rho u^2}{2g_c}$ 求$\overline{U}_{12}$？

$$4\frac{lbf}{in^2} \times \left(\frac{12in}{1ft}\right)^2 = 4(0.01)\frac{(200)ft}{\left(\frac{3}{12}\right)ft}\frac{(62.4)\frac{lbm}{ft^3}\times\overline{u}_{12}^2\frac{ft^2}{sec^2}}{2(32.2)\frac{lbm.ft}{lbf.sec^2}} \Rightarrow \overline{U}_{12} = 4.31\left(\frac{ft}{sec}\right)$$

由泛寧係數公式已知 $\overline{U}^2 \propto \frac{1}{L}$ =>$\overline{U} = \frac{1}{\sqrt{L}}$ =>$\frac{\overline{U}_{23}}{\overline{U}_{24}} = \frac{1/\sqrt{4}}{1} = 0.5$ (1)

質量平衡：$\dot{m}_{12} = \dot{m}_{23} + \dot{m}_{24}$ =>$\overline{U}_{12}A_{12}\rho = \overline{U}_{23}A_{23}\rho + \overline{U}_{24}A_{24}\rho$

=>$\overline{U}_{12}\cdot\frac{\pi}{4}(D_{12})^2 = \overline{U}_{23}\cdot\frac{\pi}{4}(D_{23})^2 + \overline{U}_{24}\cdot\frac{\pi}{4}(D_{24})^2$

又$D_{23} = D_{24} = D$ => $\overline{U}_{12}(D_{12})^2 = (\overline{U}_{23} + \overline{U}_{24})D^2$

=>$4.31\left(\frac{3}{12}\right)^2 = (\overline{U}_{23} + \overline{U}_{24})\left(\frac{2}{12}\right)^2$ =>$9.69 = \overline{U}_{23} + \overline{U}_{24}$ (2)

由(1)式$\overline{U}_{24} = 2\overline{U}_{23}$ 代入(2)式 =>$9.69 = \overline{U}_{23} + 2\overline{U}_{23}$

$=> \bar{U}_{23} = 3.23\left(\frac{ft}{sec}\right)$，$\bar{U}_{24} = 2\bar{U}_{23} = 6.46\left(\frac{ft}{sec}\right)$

(二) $\dot{m}_{12} = \bar{U}_{12}A_{12}\rho = (4.31)\frac{\pi}{4}\left(\frac{3}{12}\right)^2(62.4) = 13.19\left(\frac{lbm}{sec}\right)$

$\dot{m}_{23} = \bar{U}_{23}A_{23}\rho = (3.23)\frac{\pi}{4}\left(\frac{2}{12}\right)^2(62.4) = 4.39\left(\frac{lbm}{sec}\right)$

$\dot{m}_{24} = \bar{U}_{24}A_{24}\rho = (6.46)\frac{\pi}{4}\left(\frac{2}{12}\right)^2(62.4) = 8.78\left(\frac{lbm}{sec}\right)$

〈考題 5－11〉(98 地方特考)(25 分)

考慮以下輸送系統示意圖，某液體由 A 點輸送至 B 點，●爲幫浦(pump)，■爲渦輪機(turbine)，每段管線皆爲垂直或水平且轉角皆爲 90 度。假設管線的內徑皆相同，且系統處於恆溫、穩態、亦無相變化。若指定流量與渦輪機對外所做之功W_t，如何估計幫浦之功率$\dot{W}_p$？寫出其他必要的假設與計算式(請定義所用的每一個符號)。

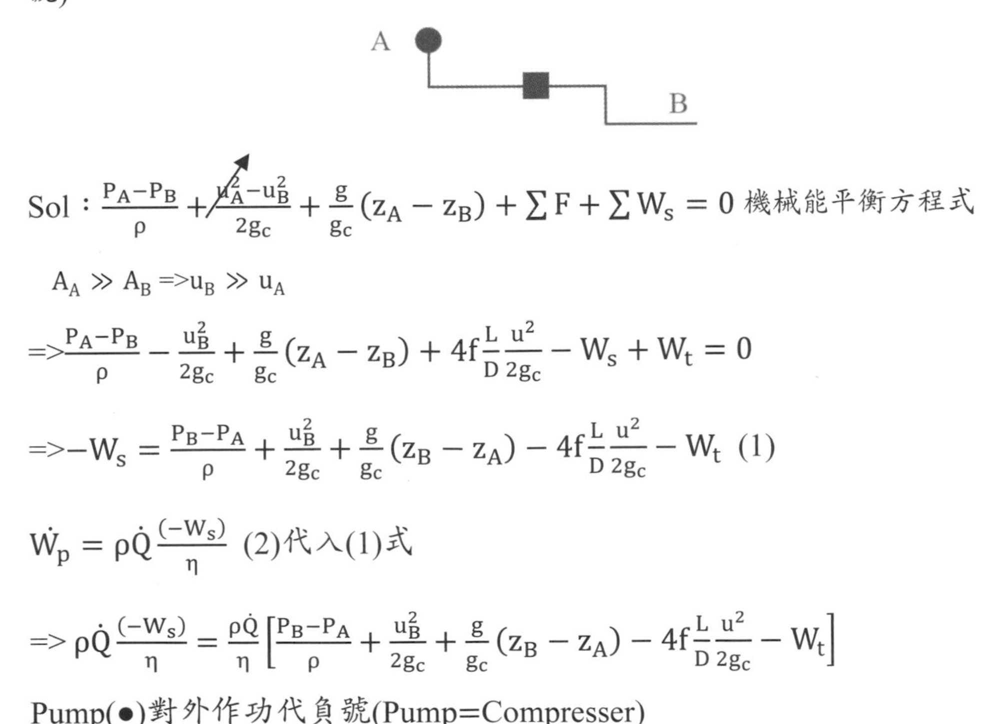

Sol：$\frac{P_A-P_B}{\rho} + \frac{u_A^2-u_B^2}{2g_c} + \frac{g}{g_c}(z_A - z_B) + \sum F + \sum W_s = 0$ 機械能平衡方程式

$A_A \gg A_B => u_B \gg u_A$

$=> \frac{P_A-P_B}{\rho} - \frac{u_B^2}{2g_c} + \frac{g}{g_c}(z_A - z_B) + 4f\frac{L}{D}\frac{u^2}{2g_c} - W_s + W_t = 0$

$=> -W_s = \frac{P_B-P_A}{\rho} + \frac{u_B^2}{2g_c} + \frac{g}{g_c}(z_B - z_A) - 4f\frac{L}{D}\frac{u^2}{2g_c} - W_t$ (1)

$\dot{W}_p = \rho\dot{Q}\frac{(-W_s)}{\eta}$ (2)代入(1)式

$=> \rho\dot{Q}\frac{(-W_s)}{\eta} = \frac{\rho\dot{Q}}{\eta}\left[\frac{P_B-P_A}{\rho} + \frac{u_B^2}{2g_c} + \frac{g}{g_c}(z_B - z_A) - 4f\frac{L}{D}\frac{u^2}{2g_c} - W_t\right]$

Pump(●)對外作功代負號(Pump=Compresser)

Turbine(■)對外作功代正號

〈考題5－12〉(101高考三等)(25分)
有一水平放置的噴嘴(nozzle)上下兩端直徑分別爲6cm與3cm。若密度爲$1000 kg/m^3$、黏度爲$1 kg/m \cdot sec$的水以$0.05 m^3/sec$的體積流率流經該噴嘴而排放至大氣中，假設在固體表面上的摩擦力可以忽略，試計算作用於噴嘴上的合力(resultant force)。

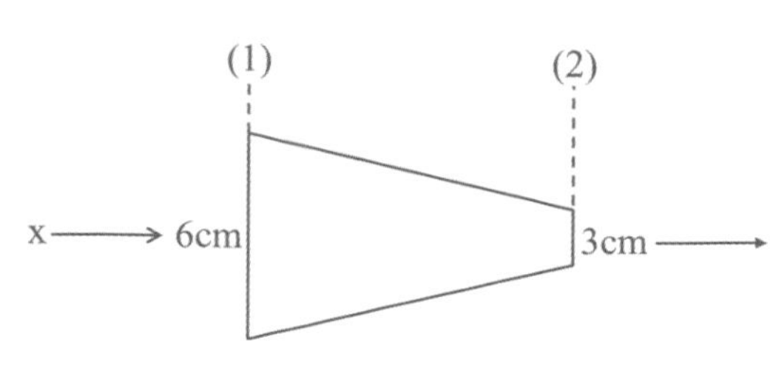

Sol：動量平衡方程式$\dot{m}_1 u_1 - \dot{m}_2 u_2 + F_g + F_p + R_x = 0$(x方向) ∵水平噴嘴

$R_x = \dot{m}_2 u_2 - \dot{m}_1 u_1 + P_2 A_2 - P_1 A_1$ (1)

$$\dot{m} = \dot{m}_1 = \dot{m}_2 = \dot{Q}\rho = \left(0.05\frac{m^3}{sec}\right)\left(1000\frac{kg}{m^3}\right) = 50\left(\frac{kg}{sec}\right)$$

$$u_2 = \frac{\dot{Q}}{A_2} = \frac{0.05}{\frac{\pi}{4}\left(\frac{3}{100}\right)^2} = 70.77\left(\frac{m}{sec}\right)\ ;\ u_1 = \frac{\dot{Q}}{A_1} = \frac{0.05}{\frac{\pi}{4}\left(\frac{6}{100}\right)^2} = 17.69\left(\frac{m}{sec}\right)$$

$$\frac{P_2 - P_1}{\rho} + \frac{u_2^2 - u_1^2}{2g_c} + \frac{g}{g_c}(z_2 - z_1) = 0$$ 假設無摩擦損耗與軸功由柏努力方程式

點 2 的表壓爲零　　水平噴嘴

$$\Rightarrow P_1 = \frac{\rho\left(u_2^2 - u_1^2\right)}{2g_c} = \frac{1000\left[(70.77)^2 - (17.69)^2\right]}{2(1)} = 2347728.4(Pa)$$

$$\Rightarrow R_x = \dot{m}(u_2 - u_1) + P_2 A_2 - P_1 A_1$$ (∵點 2 的表壓爲零)

$$\Rightarrow R_x = 50(70.77 - 17.69) - (2347728.4)\frac{\pi}{4}\left(\frac{6}{100}\right)^2 = -3980(N)$$

※由計算結果可得知流動方向往左(摘錄於 Geankoplis 例題 2.8-2)

〈考題5－13〉(100高考三等)(20分)
有一離心幫浦(centrifugal pump)用於輸送某流體，輸送流量爲$0.125 m^3/sec$。在幫浦之吸入端，管內徑爲0.154 m，壓力讀數爲低於大氣壓22.5kPa；在排出端之管徑爲0.128 m，且排出口高於吸入口有3.50 m，出口壓力讀數爲高於大氣壓222.5kPa。假設流體密度爲$1000 kg/m^3$，黏度爲$0.001 kg/m \cdot s$，管線摩擦損耗可忽略。請問幫浦輸出之功爲多少kW？

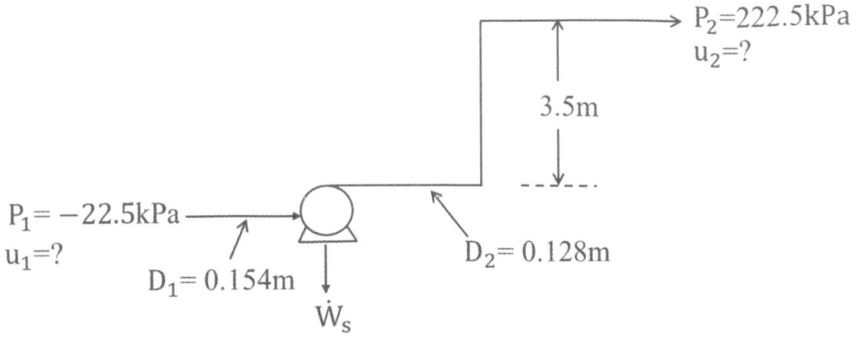

P₂=222.5kPa

Sol：$\frac{P_2-P_1}{\rho}+\frac{u_2^2-u_1^2}{2g_c}+\frac{g}{g_c}(z_2-z_1)+\sum F+W_s=0$ 機械能平衡方程式

管線摩擦損耗可忽略

$u_2=\frac{\dot{Q}}{A_2}=\frac{0.125}{\frac{\pi}{4}(0.128)^2}=9.718\left(\frac{m}{sec}\right)$，$u_1=\frac{\dot{Q}}{A_1}=\frac{0.125}{\frac{\pi}{4}(0.154)^2}=6.714\left(\frac{m}{sec}\right)$

$=>\frac{(222.5-(-22.5)\times10^3}{1000}+\frac{(9.718)^2-(6.714)^2}{2(1)}+\frac{9.8}{1}(3.5-0)+W_s=0$

$=>(-W_s)=303.98\left(\frac{J}{kg}\right)=0.303\left(\frac{kJ}{kg}\right)$

$=>P_f=\dot{m}(-W_s)=(\dot{Q}\rho)(-W_s)=(0.125\times1000)(0.303)=37.87(kW)$

〈考題5－14〉(103地方特考)(15分)

有一截面積$4m^2$之槽桶其底部開了直徑0.05m之圓孔，如槽內液體初始高度爲2m，然後開啓圓孔蓋使液體排出，試估槽內液體完全排出所需時間。

Sol：質量平衡：in−out+gen=acc $=>0-\rho\langle V_2\rangle A_0=\frac{d\dot{m}}{dt}$

$=>-\rho\langle V_2\rangle\frac{\pi}{4}D_0^2=\frac{d}{dt}(A\rho h)$ (1) 假設無摩擦損耗與軸功由柏努力方程式

$=>\frac{P_2-P_1}{\rho}+\frac{\langle V_2\rangle^2-\langle V_1\rangle^2}{2g_c}+\frac{g}{g_c}(z_2-z_1)=0$ $=>\langle V_2\rangle^2=2g(z_1-z_2)$

$P_1=P_2=1atm$

$=>\langle V_2\rangle=\sqrt{2g(z_1-z_2)}=\sqrt{2gH}$ (2)

(2)代入(1)式 $=>-\rho\sqrt{2gH}\frac{\pi}{4}D_0^2=\left(\frac{\pi}{4}D^2\rho\right)\frac{dh}{dt}$

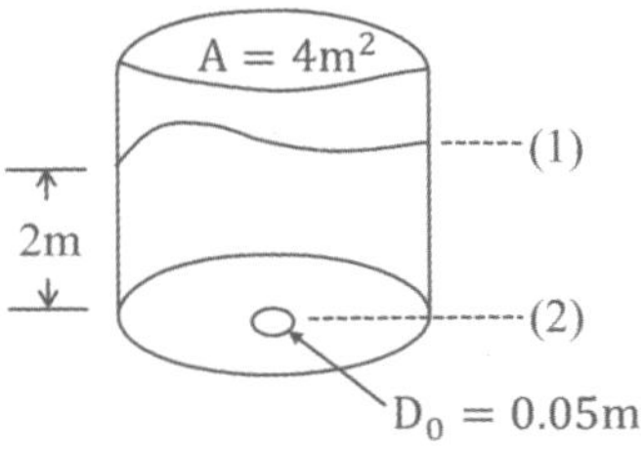

$=>\int_0^t dt=-\frac{1}{\sqrt{2g}}\frac{A}{\frac{\pi}{4}D_0^2}\int_H^0\frac{dh}{\sqrt{H}}$ (槽桶整個流光的時間，積分下限到上限爲 H 至 0)

$=>t=\frac{2A\sqrt{h}}{\frac{\pi}{4}D_0^2\sqrt{2g}}=\frac{(2)(4)(\sqrt{2})}{\frac{\pi}{4}(0.05)^2\sqrt{2\times 9.8}}=1302(sec)$

〈考題 5 − 15〉(103 經濟部特考)(10/5 分)

蒸汽 200psia，600°F在 A 點以 10ft/sec (υ_A)速度通過 3inch schedule -40 的鐵管，之後在鐵管中 B 點壓力爲 140 psia，溫度爲 590°F。假設系統爲穩定流動，如圖，請列式計算並求：(一) B 點的平均速度(ft/sec)。(二) A 點區和 B 點區的雷諾(Reynold)數。已知：3inch schedule -40 的鐵管內徑ID = 3.068inch蒸汽在 200psia，600°F下的比容$V_A=3.058\,ft^3/lb$，黏度$\mu_A=5.31\times10^{-5}\,lb/ft\cdot sec$；蒸汽在 140psia，590°F下的比容$V_B=4.367\,ft^3/lb$，黏度$\mu_B=5.98\times10^{-5}\,lb/ft\cdot sec$。

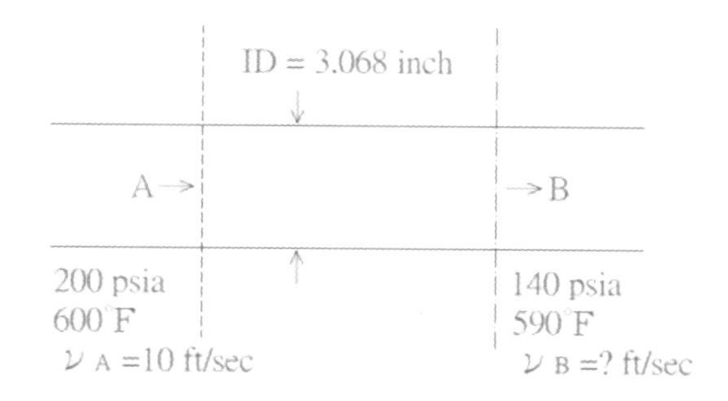

Sol：(一)由質量平衡$\dot{m}_1=\dot{m}_2=>\upsilon_A A_A\rho_A=\upsilon_B A_B\rho_B$ ($\because A_A=A_B$)

$=>\upsilon_A\rho_A=\upsilon_B\rho_B=>(10)\left(\frac{1}{3.058}\right)=\upsilon_B\left(\frac{1}{4.367}\right)=>\upsilon_B=14.28\left(\frac{ft}{sec}\right)$

(二) $Re_A=\frac{D_A\cdot\upsilon_A\cdot\rho_A}{\mu_A}=\frac{\left(\frac{3.068}{12}\right)(10)\left(\frac{1}{3.058}\right)}{5.31\times10^{-5}}=15744.9$

$Re_B=\frac{D_B\cdot\upsilon_B\cdot\rho_B}{\mu_B}=\frac{\left(\frac{3.068}{12}\right)(14.28)\left(\frac{1}{4.367}\right)}{5.98\times10^{-5}}=13980.3$

※此題摘錄於曉園出版社單元操作與輸送現象問題詳解，習題 3-5。

〈考題 5 − 16〉(103 經濟部特考)(10 分)

一開放式儲水槽可控制保持水位 10 米高，儲水槽底有一管內徑 100mm 出水管，現將出水管開度全開，請列式計算出水管每小時排水量(m^3/hr)，不計摩擦損失。

Sol：解題假設如〈類題 5 − 18〉=>$u_2 = \sqrt{2g(z_1 - z_2)} = \sqrt{2gH}$

$$=>u_2 = \sqrt{2\times 9.8\times 10} = 14\left(\frac{m}{sec}\right)$$

$$=>\dot{Q}_2 = u_2A_2 = 14\left[\frac{\pi}{4}\left(\frac{100}{1000}\right)^2\right] = 0.11\left(\frac{m^3}{sec}\right) = 396\left(\frac{m^3}{hr}\right)$$

〈考題5 − 17〉(103高考三等)(20分)

一風扇將靜止之空氣送入長達45m之200mm × 300mm長方形管道。進入管道之空氣爲15℃及750 mmHg絕對壓力，流量爲$0.6m^3/s$。此時空氣之黏度(viscosity)爲$0.019\times 10^{-3}kg/m\cdot s$。所需之理論功率(theoretical power)爲何？空氣之分子量可視爲29。1 kg-mol氣體在標準狀態下之體積爲$22.4m^3$。對於平滑之管子而言：在層流(laminar flow)時，泛寧摩擦係數(Fanning's friction factor)$f = 16/Re$在紊流(turbulent flow)時 $f = 0.046Re^{-0.2}$，其中Re爲雷諾數(Reynolds number)。

Sol：$\frac{P_2-P_1}{\bar{\rho}} + \frac{u_2^2-u_1^2}{2g_c} + \frac{g}{g_c}(z_2 - z_1) + \sum F + W_s = 0$ 機械能平衡方程式

$u_2 = u_1 = u$　　水平管

$$u = \frac{\dot{Q}}{A} = \frac{0.6}{0.2\times 0.3} = 10\left(\frac{m}{sec}\right)\ ;\ D_{eq} = 4r_H = 4\frac{A}{L_p} = 4\frac{(0.2\times 0.3)}{2(0.2+0.3)} = 0.24(m)$$

確認$Re = \frac{D_{eq}u\bar{\rho}}{\mu}$是否爲層流或亂流？

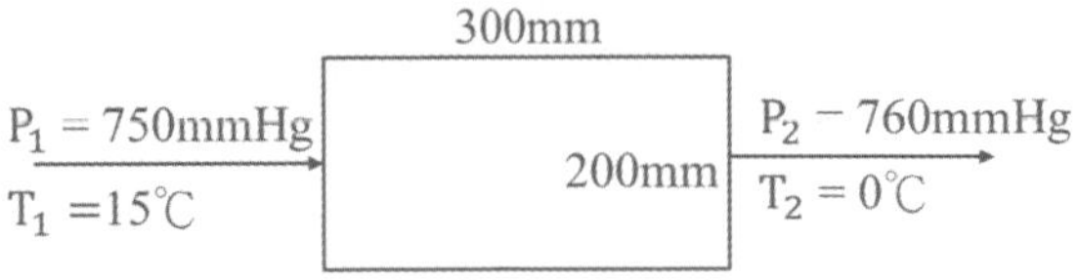

由理想氣體求出口密度$\rho_2 = \frac{M}{V} = \frac{29kg/kgmol}{22.4m^3/kgmol} = 1.294\left(\frac{kg}{m^3}\right)$ 又$PM = \rho RT$

$=>P \propto \rho T$ $=>\frac{P_1}{P_2} = \frac{\rho_1 T_1}{\rho_2 T_2}$ $=>\frac{750}{760} = \frac{\rho_1(288)}{1.294(273)}$ =>入口密度$\rho_1 = 1.21\left(\frac{kg}{m^3}\right)$

=>進出口空氣平均密度$\bar{\rho} = \frac{\rho_1+\rho_2}{2} = \frac{1.21+1.294}{2} = 1.25\left(\frac{kg}{m^3}\right)$

$=>Re = \frac{D_{eq}u\bar{\rho}}{\mu} = \frac{(0.24)(10)(1.25)}{(0.019\times 10^{-3})} = 157894.7 > 2100$ 亂流

$$=>f = 0.046Re^{-0.2} = 0.046(157894.7)^{-0.2} = 4.198\times 10^{-3}$$

$$=>\sum F = 4f\frac{L}{D_{eq}}\frac{u^2}{2g_c} = 4(4.198\times10^{-3})\frac{(45)}{(0.24)}\frac{(10)^2}{2\times1} = 157.4\left(\frac{J}{kg}\right)$$

$$=>\frac{\left(\frac{760-750}{760}\times101325\right)}{1.25} + 157.4 + W_s = 0 \;=>(-W_s) = 1224\left(\frac{J}{kg}\right)$$

$$P_f = \dot{m}(-W_s) = (\dot{Q}\rho_1)(-W_s)$$

$$P_f = \left(0.6\frac{m^3}{sec}\times1.21\frac{kg}{m^3}\right)\left(1224\frac{J}{kg}\times\frac{1kJ}{1000J}\times\frac{1HP}{0.75\frac{kJ}{sec}}\right) = 1.2(HP)$$

〈考題5－18〉(104普考)(20分)

有一幫浦欲將水(密度= 62.3 lbm/ft³)從低處(進口)送至4ft高處(出口)。進口處之壓力為4大氣壓，流速100ft/sec，出口處之壓力為1.2大氣壓，流速10ft/sec。經試驗發現此幫浦的效率為70%。假設管路中的摩擦損耗可忽略不計，試問有多少ft · lbf/lbm的功由於幫浦之不可逆而失去？

Sol：$\frac{P_2-P_1}{\rho} + \frac{u_2^2-u_1^2}{2g_c} + \frac{g}{g_c}(z_2-z_1) + \sum F + W_s = 0$ 機械能平衡方程式

摩擦損耗可忽略

$$\frac{P_2-P_1}{\rho} = \frac{[(1.2-4)atm]\times\frac{14.7\frac{lbf}{in^2}\times\left(\frac{12in}{1ft}\right)^2}{1atm}}{62.4\frac{lbm}{ft^3}} = -94.98\left(\frac{lbf\cdot ft}{lbm}\right)$$

$$\frac{u_2^2-u_1^2}{2g_c} = \frac{\left[(10)^2-(100)^2\frac{ft^2}{sec^2}\right]}{2\left(32.2\frac{lbm-ft}{lbf-sec^2}\right)} = -153.7\left(\frac{lbf\cdot ft}{lbm}\right)$$

$$\frac{g}{g_c}(z_2-z_1) = \frac{32.2\frac{ft}{sec^2}}{32.2\frac{lbm\cdot ft}{lbf\cdot sec^2}}[(4-0)ft] = 4\left(\frac{lbf\cdot ft}{lbm}\right)$$

$$=>-94.98 + (-153.7) + 4 + W_s = 0 =>(-W_s) = -244.68\left(\frac{lbf\cdot ft}{lbm}\right)$$

$$=>W_p = \frac{(-W_s)}{\eta} = \frac{244.68}{0.7} = -349.5\left(\frac{lbf\cdot ft}{lbm}\right)$$

$$=>損失功=W_p-(-W_s) = -104.8\left(\frac{lbf\cdot ft}{lbm}\right)$$

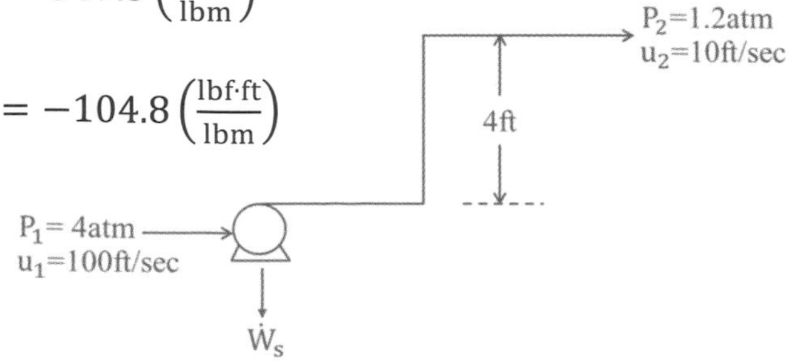

P_2=1.2atm
u_2=10ft/sec
4ft
P_1= 4atm
u_1=100ft/sec
$\dot{W}_s$

〈考題 5 − 19〉(105 普考)(20 分)
考慮有一開放式水槽與連通的排水管如下圖所示，水槽液位h有4m高，底部連通的排水管其管直徑有0.01m，若不考慮流體流動的摩擦損失問題，排水管閥門打開時，請計算流體的體積流率有多少m^3/s？

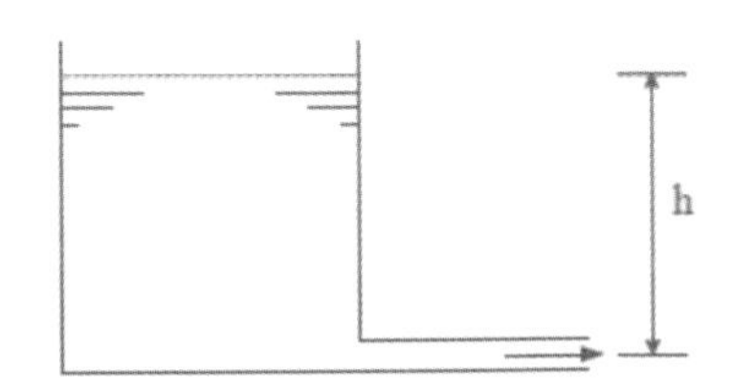

Sol：假設無摩擦損失，無軸功，由柏努力方程式。

$$\frac{P_2-P_1}{\rho}+\frac{u_2^2-u_1^2}{2g_c}+\frac{g}{g_c}(z_2-z_1)=0$$

$P_1=P_2=1atm\ \ A_1\gg A_2 \Rightarrow u_2\gg u_1$

$\Rightarrow u_2^2=2g(z_1-z_2)$

$\Rightarrow u_2=\sqrt{2g(z_1-z_2)}=\sqrt{2gH}$

$\Rightarrow u_2=\sqrt{2\times 9.8\times 4}=8.85\left(\frac{m}{sec}\right)$

$\Rightarrow \dot{Q}_2=u_2\cdot A_2=(8.85)\left[\frac{\pi}{4}(0.01)^2\right]=6.95\times 10^{-4}\left(\frac{m^3}{sec}\right)$

六、熱傳導及熱量傳送機制

此章節觀念不難理解，三種熱傳機制的公式應用與解釋名詞，而且出題比例頗高，但衍伸出觀念性的冷箭題型需要注意，例如 97 年經濟部特考的題目，化工廠加熱爐與熱對流和熱輻射有關，此為冷箭題型，通常在工廠端待過就可以描述，但一般題型不外乎熱傳機制的描述，掌握大方向就可以得到分數。

(一)熱傳定義：(100 年地方特考四等)(96 普考)(84 委任升等)(98 經濟部特考)
1.傳導：熱量經由固體液體或氣體的媒介由高溫向低溫地方傳送。
ex：熱量由室內傳導至室外去。
2.對流：流體本身帶有熱量，當流體流動時，順便將熱量帶到流體到達的地方。
ex：夏天打開窗户，風由室外吹進屋內，把熱量帶進屋內。
自然對流：流體內部溫度不同，造成密度差產生流動。
強制對流：由外力造成(如攪拌、風扇轉動)，造成流體之流動而產生熱對流。
3.輻射：輻射熱傳不需任何介質，只要憑電磁波放送就可以把熱量由甲地傳至乙地。ex：被太陽曬，太陽將電磁波傳給我們，另外：真空中也能傳送輻射能。

(二)液體和固體的熱傳導：

$\frac{Q}{A}=\dot{q}=-k\frac{dT}{dx}$ 傅立葉傳導定律(Fourier′s law of conductivity)

(90 普考)(103 經濟部特考)

k 熱傳導度(thermal conductivity) $\left(\frac{W}{m\cdot K}\right)$ (84 普考)(82/86 第二次化工技師)(105 高考二等)

$\dot{q}$熱通量$\left(\frac{kcal}{hr\cdot m^2{}^\circ C}\right)=\left(\frac{J}{sec\cdot m^2}\right)$ (105 高考二等)；$\frac{dT}{dx}$溫度梯度$\left(\frac{^\circ C}{m}\right)$

亂流之熱傳導：

$\alpha=\frac{k}{\rho C_p}=\frac{\frac{W}{m\cdot K}}{\frac{kg}{m^3}\frac{J}{kg\cdot k}}=\frac{m^2}{sec}$ 熱擴散係數(thermal diffusivity)(83 第二次化工技師)

這裡的 k 值因爲亂流的關係>>一般層流下的 k 值

熱傳導度值：固體(s)>液體(L)>氣體(g) (84 委任升等)

對於固體和液體而言：分子距離越近，熱傳導越快(固體分子間距離>>液體分子間距離)

1.氣體：常壓下，k 與絕對溫度平方根成正比，與壓力無關。非常低壓(眞空)下，k 趨近於零。

2.液體：k 與絕對溫度成線性關係 $k = a + bT$

3.固體：一般金屬 k 隨絕對溫度增加而減少;非金屬材料隨溫度之增加而增加，但溫度改變不大時，可視爲定值。

熱傳導度值 k 之SI 制 $= \frac{W}{m \cdot K}$ ；MKS 制 $= \frac{kcal}{hr \cdot m^2 \cdot {}^\circ C}$ ；FPS 制 $= \frac{Btu}{hr \cdot ft \cdot {}^\circ F}$

熱對流：$q_c = hA\Delta T$ 牛頓冷卻定律(Newton′s law of cooling) (84 普考)(83 第二次化工技師)(86 簡任升等)

q_c熱對流率；h對流熱傳係數；ΔT溫度差 $(\Delta T = T - T_s)$；T_s外界溫度(下標的 s 爲外界 surrounding)

101.32kPa 下，物質的熱傳導度值：

物質	溫度(k)	熱傳導度$\left(\frac{W}{m \cdot K}\right)$
冰	273	2.25
水	273	0.569
空氣	273	0.0242

類題練習解析

〈類題 6 − 1〉熱輻射的熱傳機制不同於熱傳導與熱對流，主要差異爲何？

Sol：熱輻射不需要介質。

〈類題 6 − 2〉有一碳鋼平板，長寬各爲 40cm 和 70cm，厚度爲 2.5cm，利用 25°C 空氣流過此平板上層表面，使上層表面溫度維持在 250°C，假設此空氣流動的對

流熱傳係數 $30W/m^2 \cdot k$，若除了上述熱傳損失外，假設平板輻射所造成的熱損失爲 340W。這些情況下則此平板底層表面溫度爲多少？已知平板的 $k = 45\ W/(m \cdot k)$。

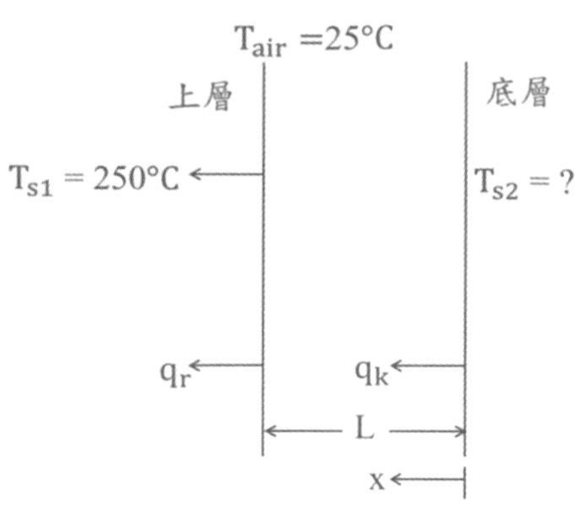

Sol：$\Rightarrow q_c + q_r = q_k$ 穩態熱傳

$\Rightarrow hA(T_{s1} - T_a) + q_r = -KA\frac{(T_{s2} - T_{s1})}{\Delta X}$

$\Rightarrow 30(0.4 \times 0.7)(250 - 25) + 340 = 45(0.4 \times 0.7)\frac{(T_{s2} - 250)}{0.025} \Rightarrow T_{s2} = 254.4(°C)$

〈類題 6－3〉一雙層窗户稱爲熱窗，用來分離乾燥不流動之空氣層，每層玻璃之厚度皆爲 6.35mm，兩層玻璃中間夾一層 6.35mm 之靜止空氣層，玻璃和空氣層的熱傳導係數分別爲 $0.869W/m \cdot k$和 $0.026W/m \cdot k$，此三層物質外面有著流動之空氣，左右空氣之 h 皆爲$11.35\ W/m^2 \cdot k$，總溫差爲 27.8k，若熱傳截面積爲 $1.673m^2$，試求總熱傳係數 U 和熱損失爲何？

Sol：(一)$q = \frac{\Delta T}{\frac{1}{h_{左}A} + \frac{\Delta x_1}{k_1 A} + \frac{\Delta x_2}{k_2 A} + \frac{\Delta x_3}{k_3 A} + \frac{1}{h_{右}A}}$ $\because k_1 = k_2 = k \therefore \Delta x_1 = \Delta x_2 = \Delta x$

$\Rightarrow q = \frac{\Delta T}{2\left(\frac{1}{hA}\right) + 2\left(\frac{\Delta x}{kA}\right) + \frac{\Delta x_3}{k_3 A}} = \frac{27.8}{2\left(\frac{1}{11.35 \times 1.673}\right) + 2\left(\frac{6.35/1000}{0.869 \times 1.673}\right) + \left(\frac{6.35/1000}{0.026 \times 1.673}\right)} = 107(W)$

(二) $q = UA\Delta T \Rightarrow 107W = (U)(1.673m^2)(27.8k) \Rightarrow U = 2.3\left(\frac{W}{m^2 \cdot k}\right)$

〈類題 6－4〉初溫 850K、熱導度$k = 1.35W/m \cdot k$的平板玻璃(Plate glass)，以空氣吹其兩面使其降溫。已知空氣的對流熱傳係數爲$h = 5W/m^2 \cdot k$。爲了避免玻璃破裂，玻璃內部的最大溫度梯度必須設定在$15k/cm$。當冷卻的過程的開始，冷卻用空氣的最低溫度須爲若干 K？

Sol：傅立葉定律 $q = \frac{Q}{A} = -k\frac{dT}{dx} = \left(1.35\frac{W}{m \cdot K} \times 15\frac{k}{cm} \times \frac{100cm}{1m}\right) = 2025\left(\frac{W}{m^2}\right)$

在穩態下熱傳：$q = h(T_1 - T_2) \Rightarrow 2025\left(\frac{W}{m^2}\right) = \left(5\frac{W}{m^2 \cdot k}\right)(850 - T_2)$

$\Rightarrow T_2 = 445(k)$

歷屆試題解析

〈考題 6－1〉(86 化工技師)(20 分)
熱量傳送機構一般可分爲幾類？說明各類機構之傳送原理和熱傳送速率公式。其中那一類機構受流體影響最鉅？

Sol：傳導：利用溫度差原理產生熱量傳送

$\frac{Q}{A} = \dot{q} = -k\frac{dT}{dy}$ 傅立葉傳導定律(Fourier′s law of conductivity)

k 熱傳導度，$\dot{q}$熱通量，$\frac{dT}{dy}$溫度梯度

對流：利用對流形成熱量傳送，其中包含自然對流及強制對流。
自然對流：利用熱傳導之影響，將其溫度升高，產生密度變化，造成氣流流動，進而傳遞熱量。
強制對流：利用外力而使其產生流動現象，亦能傳送能量。
$q_c = hA\Delta T$ 牛頓冷卻定律(Newton's law of cooling)
q_c熱對流率，h對流熱傳係數，ΔT溫度差 ($\Delta T = T - T_s$)，T_s外界溫度
輻射：將溫度以電磁波之行式，以輻射方式傳遞，而被其他物質吸收使溫度上升。
$q_r = \sigma AT^4$， σ史蒂芬-波茲曼常數(Stefan-Boltzmann constant)；T 絕對溫度；A 投影表面積

〈考題 6－2〉(84 委任升等)(89 普考)(4 分)
試說明熱傳的方式，並指出不同之熱傳方式中傳送能量的媒介？
Sol：同上

〈考題 6－3〉(84 普考)(25 分)
一平面爐由 12cm 厚之耐火磚內層及 24cm 厚之普通磚外層所構成，兩側的導熱係數各爲 0.2 及 0.8仟卡$/(公尺)(小時)(℃)$。爐內壁表面之溫度爲 750℃，外表面之溫度爲 75℃，試求穩定狀態時，爐壁每平方公尺之熱損失。又若磚間接觸處之熱阻不計，則兩磚界面之溫度爲若干度？

Sol：(一)$\frac{q}{A}=\frac{T_1-T_2}{\frac{\Delta x_1}{k_1}+\frac{\Delta x_2}{k_2}}$

$=>\frac{q}{A}=\frac{750-75}{\frac{12/100}{0.2}+\frac{24/100}{0.8}}=\frac{675}{0.6+0.3}=750\left(\frac{kcal}{hr\cdot m^2}\right)$

(二) $750=\frac{T_2-75}{\frac{24/100}{0.8}}$ $=>T_2=300(°C)$

〈考題 6－4〉(86 普考)(25 分)

一平面爐由耐火磚(1)絕熱磚(2)及普通磚(3)所組成，其導熱係數各爲$k_1=1.0$，$k_2=0.2$，$k_3=0.5kcal/(hr\cdot m\cdot °C)$，試求欲使爐內面溫度保持 1000°C，爐外面溫度保持於 40°C，且熱損失減低至800 $kcal/(hr\cdot m^2\cdot °C)$時，所需各磚的厚度。設絕熱磚之使用容許溫度爲 800°C，普通磚之厚度爲 20cm，各磚接觸面熱阻可以不計。

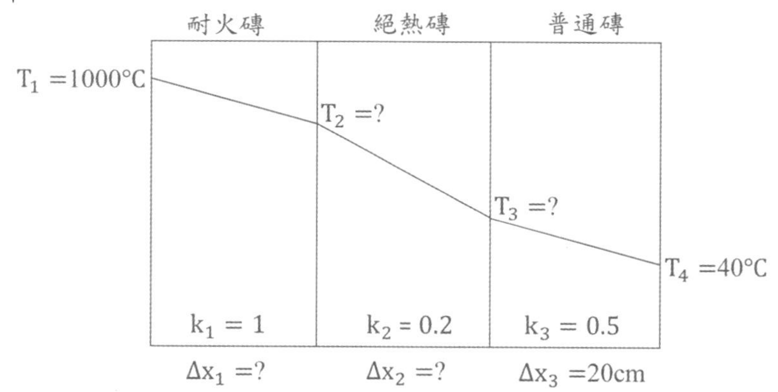

Sol：在穩態下$\dot{q}=\dot{q_1}=\dot{q_2}=\dot{q_3}$ $=>\frac{q}{A}=\frac{T_3-T_4}{\frac{\Delta x_3}{k_3}}$ $=>800=\frac{T_3-40}{\frac{20/100}{0.5}}$ $=>T_3=360°C$

求耐火磚厚度？$\frac{q}{A}=\frac{T_1-T_2}{\frac{\Delta x_1}{k_1}}$ $=>800=\frac{1000-800}{\frac{\Delta x_1}{1.0}}=>\Delta x_1=0.25(m)=25(cm)$

求絕熱磚厚度？$\frac{q}{A}=\frac{T_2-T_3}{\frac{\Delta x_2}{k_2}}$ $=>800=\frac{800-360}{\frac{\Delta x_2}{0.2}}=>\Delta x_2=0.11(m)=11(cm)$

〈考題 6－5〉(89 第二次化工技師)(12/8 分)

(一)熱傳有哪幾種機制(mechanism)，試列出其個別熱傳速率式

(二)與(一)相比之質傳機制與速率式

Sol：(一)同〈考題 6－1〉(二)$J_A = -D_{AB}\frac{dC_A}{dZ}$，$D_{AB}$擴散係數$\left(\frac{m^2}{sec}\right)$

$N_A = k_c(C_{A0} - C_{A1})$，$k_c$對流質傳係數$\left(\frac{m}{sec}\right)$

〈考題 6－6〉(90 簡任升等)(5 分)

寫出熱傳係數(heat transfer coefficient)之基本定義式(請定義式中所用符號)說明爲何針對同一熱傳系統，可定義出超過一種之熱傳係數。

Sol：$\dot{q} = \frac{Q}{A} = -k\frac{\Delta T}{\Delta x}$，k 熱傳導度(thermal conductivity) $\left(\frac{W}{m\cdot K}\right)$

$q_c = hA\Delta T$；h對流熱傳係數$\left(\frac{W}{m^2\cdot K}\right)$，$\Delta T$溫度差 $(\Delta T = T - T_s)$ T_s外界溫度

〈考題6－7〉(94地方特考四等)(15分)

有一個高溫爐，它的爐壁是耐火磚構成的，其厚度爲10 cm，熱傳導係數$k = 0.065\ W/(m\cdot K)$。爐之內壁溫度爲900℃，外壁溫度爲70℃，請算出每m^2的爐壁每秒會損失多少J的熱量。

Sol：$\dot{q} = \frac{Q}{A} = -k\frac{\Delta T}{\Delta x} = 0.065\frac{(900-70)}{0.1} = 539.5\left(\frac{W}{m^2}\right) = 539.5\left(\frac{J}{sec\cdot m^2}\right)$

〈考題 6－8〉(96 普考)(5/10 分)

(一)將水煮沸是利用那一種熱傳方式？(二)一石綿板厚度爲20cm，其熱傳導係數爲$0.6W/m\cdot K$，石綿板兩側溫度各爲200℃及50℃，問每單位面積(m^2)之熱損失多少？

Sol：(一)傳導：火源高溫經由水壺的金屬傳至水。對流：利用水的密度差形成熱對流現象做加熱。(二)$\dot{q} = \frac{Q}{A} = -k\frac{\Delta T}{\Delta x}$

$=>\frac{Q}{A} = 0.6\frac{(200-50)}{\left(\frac{20}{100}\right)} = 450\left(\frac{W}{m^2}\right)$

〈考題 6－9〉(97 經濟部特考)(5/10/5 分)

欲利用下表所列之各類型磚建造一高溫窯，其內部與外部溫度分別爲2000°F及100°F，且需能將熱損失控制在$250Btu/hr\cdot ft^2$以下。(一)請畫出窯壁中所使用磚材

之排列簡圖(二)計算出所需最小窯壁厚度(三)實際熱損失量？

磚材	k (Btu /hr ft °F)	厚度 (inch)	最高容許溫度 (°F)
Fireclay	0.90	4.5	2500
Insulating	0.12	3.0	1800
Building	0.40	4.0	300

Sol：

(一)

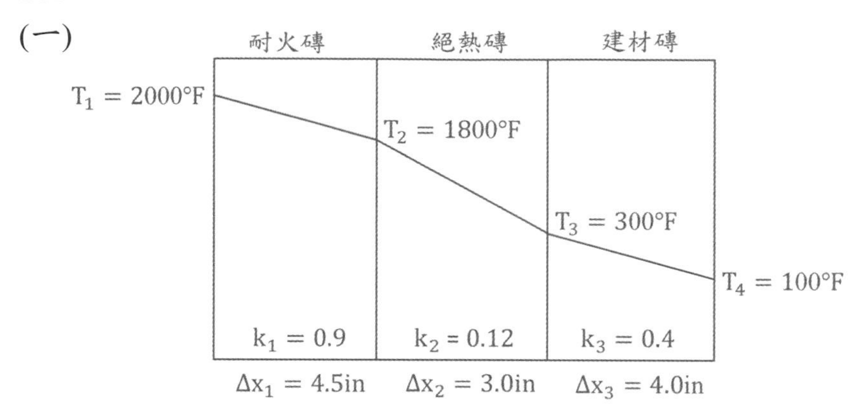

(二)由傅立葉傳導定律得知厚度公式爲：$\Delta x = \frac{k\Delta T}{\dot{q}}$

$\Delta x_1\left(\text{耐火磚}\right) = \frac{k(T_1-T_2)}{\dot{q}} = \frac{0.9(2000-1800)}{250} = 0.72(\text{ft})$；耐火磚厚度$= \frac{4.5}{12} = 0.375(\text{ft})$

$=> \frac{0.72}{0.375} = 1.92$ =>需要2塊耐火磚

$\Delta x_2\left(\text{絕熱磚}\right) = \frac{k(T_2-T_3)}{\dot{q}} = \frac{0.12(1800-300)}{250} = 0.72(\text{ft})$；絕熱磚厚度$= \frac{3}{12} = 0.25(\text{ft})$

$=> \frac{0.72}{0.25} = 2.88$ =>需要3塊絕熱磚

$\Delta x_3\left(\text{建材磚}\right) = \frac{k(T_3-T_4)}{\dot{q}} = \frac{0.4(300-100)}{250} = 0.32(\text{ft})$；建材磚厚度$= \frac{4}{12} = 0.33(\text{ft})$

$=> \frac{0.32}{0.33} = 0.97$ =>需要1塊建材磚

(三) $\dot{q} = \frac{T_1-T_4}{\frac{2\Delta x_1}{k_1}+\frac{3\Delta x_2}{k_2}+\frac{\Delta x_3}{k_3}} = \frac{2000-100}{\frac{(2\times0.375)}{0.9}+\frac{(3\times0.25)}{0.12}+\frac{(0.33)}{0.4}} = 240\left(\frac{\text{Btu}}{\text{hr}\cdot\text{ft}^2}\right)$

〈考題6－10〉(101高考二等)(6分)
在熱傳與質傳中，與動量傳送中動黏度(kinematic viscosity)υ相對應之物理量為何？

Sol：動量傳送：υ(動黏度) $=\frac{\mu}{\rho}=\frac{m^2}{sec}$

熱量傳送：α(熱擴散係數) $=\frac{k}{\rho C_p}=\frac{m^2}{sec}$

質量傳送：D_{AB}(質量擴散係數) $=\frac{m^2}{sec}$

〈考題6－11〉(98經濟部特考)(5分)
試以簡圖分析加熱爐主要區域的熱傳方式。
Sol：

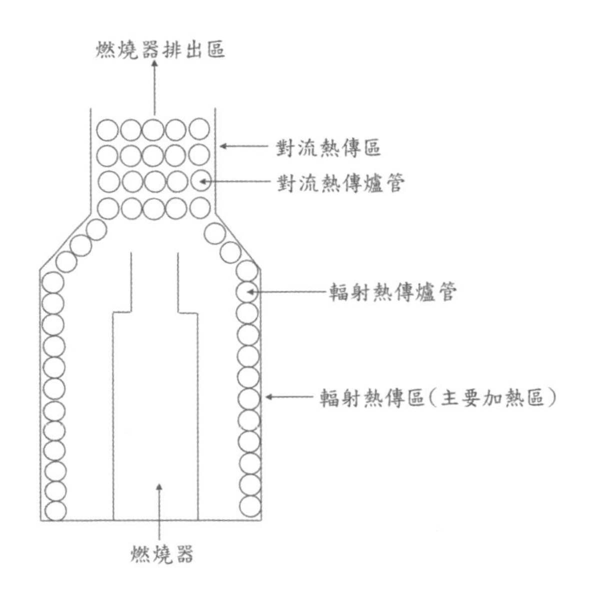

〈考題6－12〉(102普考)(各10分)
請解釋下列有關熱傳送的現象：(一)自然對流(natural convection)(二)黑體輻射(black-body radiation)
Sol：可參考重點整理(一)熱傳定義敘述。

〈考題6－13〉(105經濟部特考)(各5分)

一間房屋的外牆共有四層，由外往內依序為4in的磚頭、1/2in的隔音板、$3\frac{5}{8}$in的空氣層及1/4in的木板所建構而成。如果屋外磚頭的表面溫度80°F。試求：(一)如果空氣層被設定：只會藉由傳導作用來轉換熱量，那麼熱通量(heat flux)是多少(Btu/hr · ft²)？
(二)若空氣層充滿玻璃棉時，則熱通量(heat flux)是多少(Btu/hr · ft²)？

$k_{磚頭} = 0.380\,Btu/hr \cdot ft°F$，$k_{隔音板} = 0.028\,Btu/hr \cdot ft°F$，$k_{空氣} =$

$0.015\,Btu/hr \cdot ft°F$，$k_{木板} = 0.120\,Btu/hr \cdot ft°F$，

$k_{玻璃板} = 0.025\,Btu/hr \cdot ft°F$(計算至小數點後第 4 位，以下四捨五入)

Sol：

(一) $\frac{q}{A} = \frac{T_1 - T_5}{\frac{\Delta x_1}{k_1}+\frac{\Delta x_2}{k_2}+\frac{\Delta x_3}{k_3}+\frac{\Delta x_4}{k_4}} = \frac{80-30}{\frac{4/12}{0.38}+\frac{0.5/12}{0.028}+\frac{3.625/12}{0.015}+\frac{0.25/12}{0.12}} = 2.2048\left(\frac{Btu}{hr \cdot ft^2}\right)$

(二) $\frac{q}{A} = \frac{T_1 - T_5}{\frac{\Delta x_1}{k_1}+\frac{\Delta x_2}{k_2}+\frac{\Delta x_3}{k_3}+\frac{\Delta x_4}{k_4}} = \frac{80-30}{\frac{4/12}{0.38}+\frac{0.5/12}{0.028}+\frac{3.625/12}{0.025}+\frac{0.25/12}{0.12}} = 3.4195\left(\frac{Btu}{hr \cdot ft^2}\right)$

※溫度分佈畫法可參考上面題型，大致上平板串聯排列圖形都是相似的！
※此題摘錄於 3W 習題 Problem 15.1！

〈考題 6 − 14〉(105 地方特考)(9/6/9 分)
平板法爲測定材料之導熱係數之一種方法。使用平板法測定材料的導熱係數時，平板材料的一側用電熱器加熱，另一側用冷卻水通過夾層將熱量移走。同時用熱電偶測得平板兩側的表面溫度，所加熱量則由電熱器的電壓和電流算出。當平板材料的導熱面積爲0.02m²，厚度爲0.01m時，測得的數據如下：

電熱器	電壓，V	140	114
	電流，A	2.8	2.28
平板材料表面溫度，°C	高溫側	300	200
	低溫側	100	50

請回答下列問題：(一)材料的平均導熱係數。(二)若該材料的導熱係數符合如下關係：$k = k_0(1 + at)$，t爲溫度℃。式中k_0及a值爲若干？(三)寫出此方法量測導熱係數之三種可能誤差。

Sol：(一)材料 1：$Q_1 = I_1V_1 = 2.8 \times 140 = 392(W)$
材料 2：$Q_2 = I_2V_2 = 2.28 \times 114 = 260(W)$

$Q_1 = k_1 A \frac{\Delta T}{\Delta x}$ =>$392 = k_1(0.02)\frac{(300-100)}{0.01}$ =>$k_1 = 0.98\left(\frac{W}{m\cdot k}\right)$

$Q_2 = k_2 A \frac{\Delta T}{\Delta x}$ =>$260 = k_2(0.02)\frac{(200-50)}{0.01}$ =>$k_2 = 0.867\left(\frac{W}{m\cdot k}\right)$

$\bar{k} = \frac{k_1+k_2}{2} = \frac{0.98+0.867}{2} = 0.92\left(\frac{W}{m\cdot k}\right)$

(二) $t_1(\text{average}) = \frac{300+100}{2} = 200(°C)$；$t_2(\text{average}) = \frac{200+50}{2} = 125(°C)$

代入熱傳導係數關係式 $0.98 = k_0(1+200a)$ (1)

$0.867 = k_0(1+125a)$ (2)

將(1)除以(2)式 =>$1.13 = \frac{1+200a}{1+125a}$ =>$a = 2.2\times10^{-3}(k^{-1})$

將a值代回(1)或(2)式=>$k_0 = 0.68\left(\frac{W}{m\cdot k}\right)$

(三)(1)一般熱導係數儀多採取破壞式測試方法，測試後無法保持樣品原貌。(2)熱係數儀的量測結果多有漂移現象，且測試時間達數小時。(3)僅能測試一定尺寸大小的樣品。(4)薄膜厚度太薄，無法量測。

(5)一類儀器僅能測試熱導係數10 W/m · k以內的低熱導材料，如高分子材料；另一類則是僅適合量測熱導係數10 W/m · k以上的高熱導材料，如金屬材料，有範圍限制。

※此題摘錄於張學民、張學義編著單元操作與題解，熱傳單元中習題 7.1。

七、固體及層流中殼能量均衡及溫度分佈

此章節是熱傳中考最多的部分，除了基本的平板、圓柱、球體的熱量與熱阻的計算，另外多層平板、多層圓管、多層厚度的球體熱量與熱阻方面的計算，薄殼理論內平板、圓柱、球體的溫度分佈與熱量的導正過程與計算，其實絕大部分的觀念延伸於流體力學，熱傳部分在大型考試都佔有一定的比例在，此章節在複習階段需花多一點時間做複習。

※熱量傳送解題技巧整理：

(一)必要記憶的公式：平板 Fourier Law $q_x = -k\frac{dT}{dx}$，圓柱與圓球 Fourier Law $q_r = -k\frac{dT}{dr}$，(物理意義可參考第六章)請背起來。

(二)通常都爲一維空間，保留題目所需的熱傳方向即可。

(三)畫出流動方向的簡圖，標示出座標，此處非常重要，因爲座標取的位置關係到邊界條件，一般定的越簡單越好，舉例來說，一塊平板間距離爲 2L，座標就定在中間最方便推導與計算，當然也可以定在平板的最左方或最右方，雖然推導出的結果會相同，但反而吃力不討好，這部份就是題型要多累積，才懂得如何訂出最理想的座標。

(四)寫出薄殼動量平衡，取極限後將 Fourier law 代入，請將平板、圓柱、圓球的導正方法記憶一套屬於適合自己的方式，或是按照此書的寫法動筆跟著寫增加記憶，此書是按照原文書的方式，所以跟著模仿就對了。

(五)定出邊界條件，不牽涉時間項至少會有兩個 B.C，解出 C_1 與 C_2 再配合邊界條件解出溫度分佈，當然上述的解題過程中要將微分方程式做積分，積分時一定要有相關的 B.C 才能解出微分方程式。再由溫度分佈爲基礎導出其他題目所需要之要求。

(一)簡單熱傳導：

〈例題 7－1〉由圖一所示求(一)溫度分佈(二)平均溫度(三)熱量流出速率$Q|_{x=L}$，請由殼平衡(shell-balance)推導？

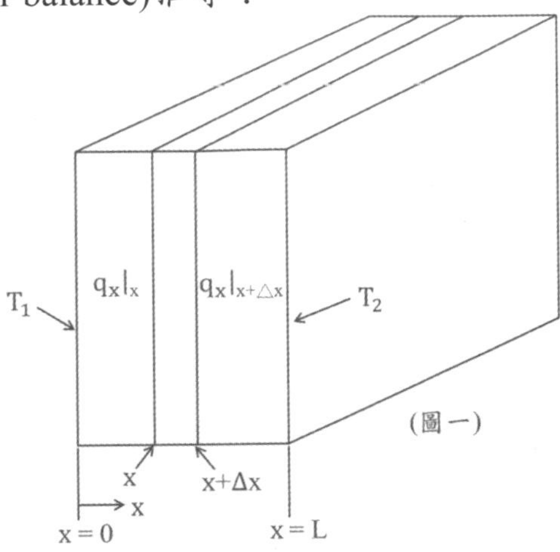

(圖一)

Sol：

(一)Shell-balance：$A \cdot q_x|_x - A \cdot q_x|_{x+\triangle x} = 0$ 同除以$A \cdot \Delta x$ 令$\Delta x \to 0$

$=> \frac{dq_x}{dx} = 0$ (1) Fourier Law $q_x = -k\frac{dT}{dx}$ (k 爲 const)

代入(1)式$=> \frac{d^2T}{dx^2} = 0$ 積分$=> \frac{dT}{dx} = c_1$ 再次積分$=> T = c_1x + c_2$ (2)

B.C.1 $x = 0$ $T = T_1$ B.C.1 代入(2)式$c_2 = T_1$

B.C.2 $x = L$ $T = T_2$ B.C.2 代入(2)式$c_1L + T_1 = T_2$ $=> c_1 = \frac{T_2 - T_1}{L}$

c_1&c_2代回(2)式 $T = (T_2 - T_1)\left(\frac{x}{L}\right) + T_1$

(二)$\langle T\rangle = \frac{\int_0^L T dx}{L} = \frac{\int_0^L \left[(T_2 - T_1)\left(\frac{x}{L}\right) + T_1\right] dx}{L} = \int_0^L \left[(T_2 - T_1)\left(\frac{x}{L}\right) + T_1\right] d\left(\frac{x}{L}\right)$

(令$u = \frac{x}{L}$；$x = 0$ $u = 0$; $x = L$ $u = 1$)

$= \int_0^L [(T_2 - T_1)u + T_1] du = \left[(T_2 - T_1)\left(\frac{u^2}{2}\right) + T_1u\right]\Big|_0^1 = \frac{T_1 + T_2}{2}$

(三) $Q|_{x=L} = -kA\frac{dT}{dx}\Big|_{x=L} = kA\frac{T_1 - T_2}{L}$

〈例題 7－2〉以下圖二所示請由殼平衡(shell-balance)求(一)溫度分佈？(二)單位時間內圓柱傳出熱量$Q\Big|_{r=r_2}$ = ？

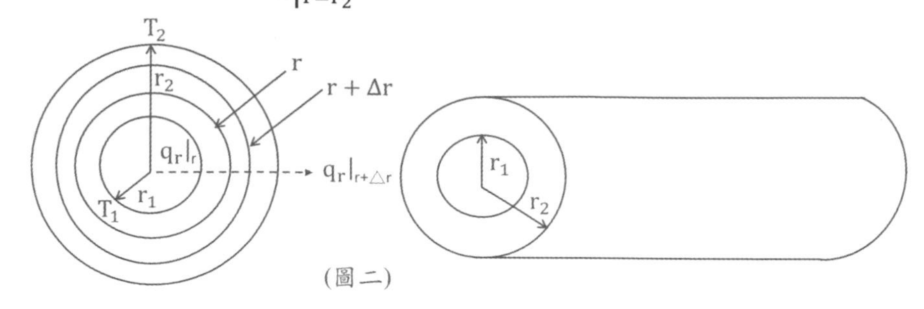

(圖二)

(一)Shell-balance：$2\pi rL\cdot q_r|_r - 2\pi rL\cdot q_r|_{r+\Delta r} = 0$同除以$2\pi L\cdot\Delta r$令$\Delta r\to 0$

=>$\frac{d(r\cdot q_r)}{dr} = 0$ (1) Fourier Law $q_r = -k\frac{dT}{dr}$ (k 為 const) 代入(1)式

=>$\frac{\partial}{\partial r}\left(r\frac{\partial T}{\partial r}\right) = 0$ 積分=>$\frac{dT}{dr} = \frac{c_1}{r}$ 再次積分=>$T = c_1\ln r + c_2$ (2)

B.C.1 $r = r_1$ $T = T_1$ B.C.1 代入(2)式$T_1 = c_1\ln r_1 + c_2$ (3)

B.C.2 $r = r_2$ $T = T_2$ B.C.2 代入(2)式$T_2 = c_1\ln r_2 + c_2$ (4)

(3)-(4)式 $c_1 = \frac{T_1 - T_2}{\ln\left(\frac{r_1}{r_2}\right)}$ (5) ;(2)-(3)式 $T - T_1 = c_1\ln\left(\frac{r}{r_1}\right)$ (6)

(5)代入(6)式=>$T - T_1 = \frac{T_1 - T_2}{\ln\left(\frac{r_1}{r_2}\right)}\ln\left(\frac{r}{r_1}\right)$ 移項=>$T = \frac{T_1 - T_2}{\ln\left(\frac{r_1}{r_2}\right)}\ln\left(\frac{r}{r_1}\right) + T_1$

(二)$Q\Big|_{r=r_2} = -kA\frac{dT}{dr}\Big|_{r=r_2} = -k(2\pi r_2 L)\frac{T_1 - T_2}{\ln\left(\frac{r_1}{r_2}\right)}\frac{1}{r_2} = 2\pi kL\frac{(T_1 - T_2)}{\ln\left(\frac{r_2}{r_1}\right)}$

〈例題 7－3〉以下圖三所示請由殼平衡(shell-balance)求

(一)圓球體溫度分佈？

(二)圓球體的熱傳速率$Q\Big|_{r=r_2}$ = ？

(三)最大溫度$T = T_{max}$

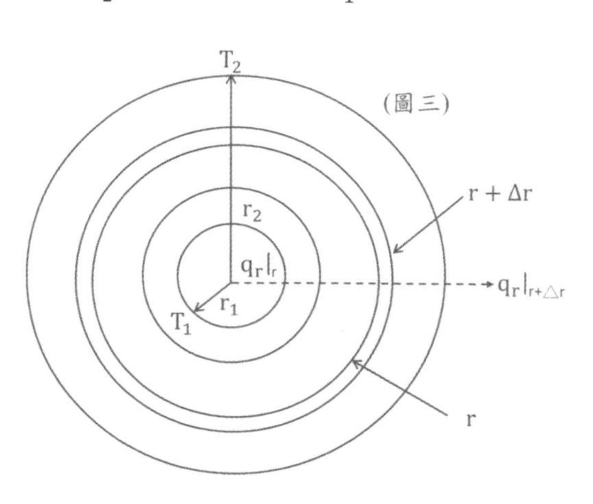

(圖三)

Sol：

(一)Shell-balance：$4\pi r^2 \cdot q_r|_r - 4\pi r^2 \cdot q_r|_{r+\Delta r} = 0$同除以$4\pi \cdot \Delta r$ 令$\Delta r \to 0$

$=> \frac{\partial}{\partial r}(r^2 \cdot q_r) = 0$ (1) Fourier Law $q_r = -k\frac{dT}{dr}$ (k 爲 const) 代入(1)式

$=> \frac{\partial}{\partial r}\left(r^2 \frac{\partial T}{\partial r}\right) = 0$ 積分$=> \frac{dT}{dr} = \frac{c_1}{r^2}$ (2) 再次積分$=> T = -\frac{c_1}{r} + c_2$ (3)

B.C.1 $r = r_1$ $T = T_1$ B.C.1 代入(2)式$T_1 = -\frac{c_1}{r_1} + c_2$ (4)

B.C.2 $r = r_2$ $T = T_2$ B.C.2 代入(2)式$T_2 = -\frac{c_1}{r_2} + c_2$ (5)

(4)-(5)式 $c_1 = \frac{-(T_1-T_2)}{\frac{1}{r_1}-\frac{1}{r_2}}$ (6) ;(3)-(4)式 $T - T_1 = -c_1\left(\frac{1}{r} - \frac{1}{r_1}\right)$ (7)

(6)代入(7)式$=> T - T_1 = \frac{\left(\frac{1}{r}-\frac{1}{r_1}\right)}{\left(\frac{1}{r_1}-\frac{1}{r_2}\right)}(T_1 - T_2)$

移項$=> T = T_1 + \frac{\left(\frac{1}{r}-\frac{1}{r_1}\right)}{\left(\frac{1}{r_1}-\frac{1}{r_2}\right)}(T_1 - T_2)$ (8)

(二) $r = r_1$，$T = T_{max}$代入(8)式 $T_{max} = T_1$

(三) $Q\Big|_{r=r_2} = -kA\frac{dT}{dr}\Big|_{r=r_2} = -k(4\pi r_2^2)\frac{T_1-T_2}{\left(\frac{1}{r_1}-\frac{1}{r_2}\right)}\frac{-1}{r_2^2} = 4\pi k\frac{(T_1-T_2)}{\left(\frac{1}{r_1}-\frac{1}{r_2}\right)}$

〈例題 7 – 4〉以下圖四所示請由殼平衡(shell-balance)求(一)A、B、C 層溫度分佈？(二)單位時間的熱傳量？

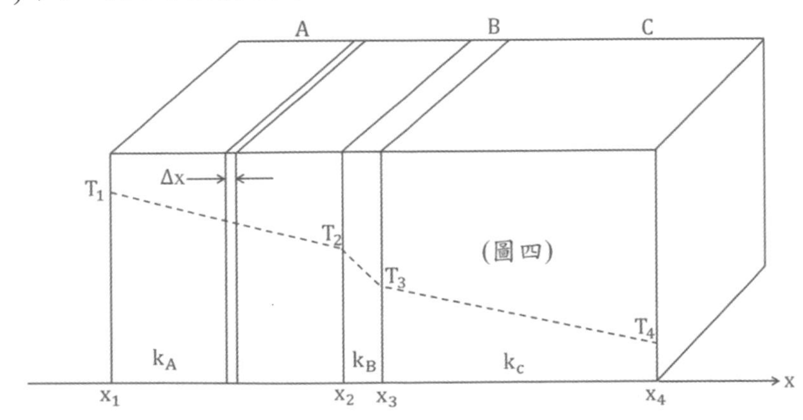

Sol：Shell-balance：$A \cdot q_x|_x - A \cdot q_x|_{x+\Delta x} = 0$ 同除以$A \cdot \Delta x$ 令$\Delta x \to 0$

=>$\frac{dq_x}{dx} = 0$ (1) Fourier Law $q_x = -k\frac{dT}{dx}$ (k 為 const) 代入(1)式

=>$\frac{d^2T}{dx^2} = 0$ 積分=>$\frac{dT}{dx} = c_1$ 再次積分=>$T = c_1x + c_2$ (2)

A 層：

B.C.1 $x = x_1$ $T = T_1$ B.C.1 代入(2)式$T_1 = c_1x_1 + c_2$ (3)

B.C.2 $x = x_2$ $T = T_2$ B.C.2 代入(2)式$T_2 = c_1x_2 + c_2$ (4)

(4)-(3)式 $c_1 = \frac{T_2 - T_1}{x_2 - x_1}$ (5)，(2)-(3)式 $T - T_1 = c_1(x - x_1)$ (6)

(5)代入(6)式$T = \frac{x - x_1}{x_2 - x_1}(T_2 - T_1) + T_1$ A 層溫度分佈

B 層：

B.C.1 $x = x_2$ $T = T_2$ B.C.1 代入(2)式$T_2 = c_1x_2 + c_2$ (7)

B.C.2 $x = x_3$ $T = T_3$ B.C.2 代入(2)式$T_3 = c_1x_3 + c_2$ (8)

(8)-(7)式$c_1 = \frac{T_3 - T_2}{x_3 - x_2}$ (9)，(2)-(7)式 $T - T_2 = c_1(x - x_2)$ (10)

(9)代入(10)式$T = \frac{x - x_2}{x_3 - x_2}(T_3 - T_2) + T_2$ B 層溫度分佈

C 層：

B.C.1 $x = x_3$ $T = T_3$ B.C.1 代入(2)式$T_3 = c_1x_3 + c_2$ (11)

B.C.2 $x = x_4$ $T = T_4$ B.C.2 代入(2)式$T_4 = c_1x_4 + c_2$ (12)

(12)-(11)式 $c_1 = \frac{T_4 - T_3}{x_4 - x_3}$ (13)，(2)-(11)式 $T - T_3 = c_1(x - x_3)$ (14)

(13)代入(14)式$T = \frac{x - x_3}{x_4 - x_3}(T_4 - T_3) + T_3$ C 層溫度分佈

(二)在穩態下，又$q_1 = q_2 = q_3$

A 層：$-k_A\frac{dT}{dx} = q_1$ =>$-k_A\int_{T_1}^{T_2} dT = q_1\int_{x_1}^{x_2} dx$ =>$T_1 - T_2 = q_1\frac{(x_2 - x_1)}{k_A}$ (15)

B 層：$-k_B\frac{dT}{dx} = q_1$ =>$-k_B\int_{T_2}^{T_3} dT = q_1\int_{x_2}^{x_3} dx$ =>$T_2 - T_3 = q_1\frac{(x_3 - x_2)}{k_B}$ (16)

C 層：$-k_c\frac{dT}{dx} = q_1$ =>$-k_C\int_{T_3}^{T_4} dT = q_1\int_{x_3}^{x_4} dx$ =>$T_3 - T_4 = q_1\frac{(x_4 - x_3)}{k_C}$ (17)

(15)+(16)+(17)式=> $T_1 - T_4 = q_1\left(\frac{x_2-x_1}{k_A}+\frac{x_3-x_2}{k_B}+\frac{x_4-x_3}{k_C}\right)$

=> $\boxed{Q = q_1 . A = \frac{(T_1-T_4)A}{\frac{x_2-x_1}{k_A}+\frac{x_3-x_2}{k_B}+\frac{x_4-x_3}{k_C}}}$ (多層平板厚度熱量計算公式)

〈例題 7－5〉以下圖五由薄殼理論法(shell-balance)求平板的
(一)溫度分佈
(二)最大溫度
(三)平板產生熱量

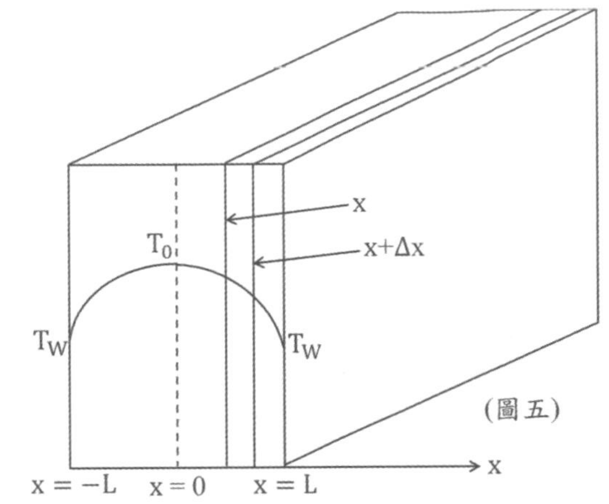

(圖五)

Sol：(一)Shell-balance：$A \cdot q_x|_x - A \cdot q_x|_{x+\Delta x} + A \cdot q \cdot \Delta x = 0$ 同除以 $A \cdot \Delta x$

令 $\Delta x \to 0 \Rightarrow \frac{dq_x}{dx} = q$ (1) Fourier Law $q_x = -k\frac{dT}{dx}$ (k 為 const)代入(1)式

$\Rightarrow \frac{d^2T}{dx^2} = -\frac{q}{k}$ 兩次積分 $\Rightarrow T = -\frac{q}{2k}L^2 + c_1x + c_2$ (2)

B.C.1 $x = -L$ $T = T_W$ B.C.1 代入(2)式 $T_W = -\frac{q}{2k}L^2 - c_1L + c_2$ (3)

B.C.2 $x = L$ $T = T_W$ B.C.2 代入(2)式 $T_W = -\frac{q}{2k}L^2 + c_1L + c_2$ (4)

(3)-(4)式 $c_1 = 0$ 代回(3)式 $c_2 = T_W + \frac{q}{2k}L^2$

c_1&c_2 代回(2)式 $T = T_W + \frac{qL^2}{2k}\left[1-\left(\frac{x}{L}\right)^2\right]$

(二)$x = 0$ $T = T_{max} = T_0 = T_W + \frac{q}{2k}L^2$ (三)$Q = (2L \cdot A) \cdot q$

〈例題 7－6〉以下圖六所示請由殼動量均衡(shell-balance)求(一)A、B、C 層溫度分佈？(二)求單位時間內，由圓柱殼內傳送出去的熱量？

Sol：Shell-balance：$2\pi rL \cdot q_r|_r - 2\pi rL \cdot q_r|_{r+\Delta r} = 0$ 同除以 $2\pi L \cdot \Delta r$ 令 $\Delta r \to 0$

$=>\frac{d(r\cdot q_r)}{dr}=0$ (1) Fourier Law $q_r=-k\frac{dT}{dr}$ (k 為 const) 代入(1)式

$=>\frac{\partial}{\partial r}\left(r\frac{\partial T}{\partial r}\right)=0$ 積分$=>\frac{dT}{dr}=\frac{c_1}{r}$ 再次積分$=>T=c_1\ln r+c_2$ (2)

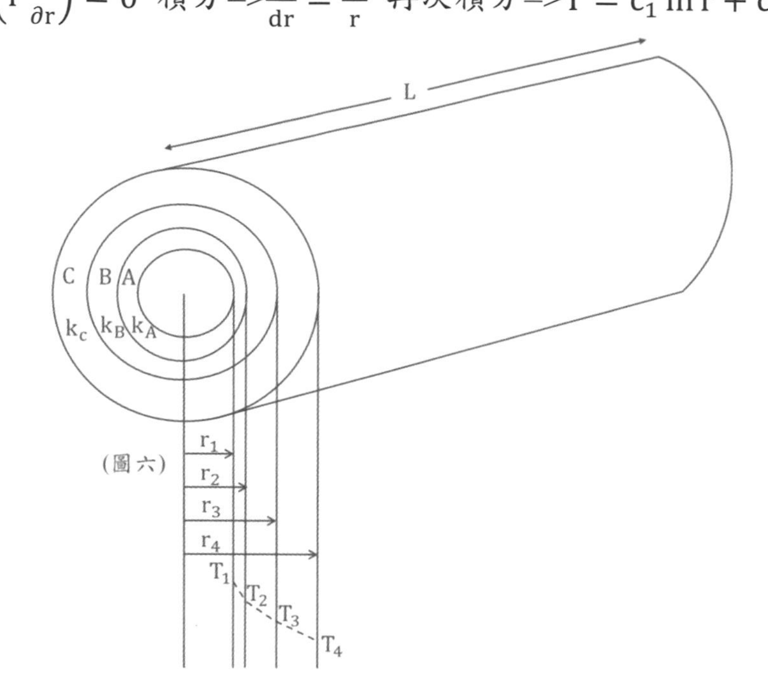

(圖六)

A 層：

B.C.1 $r=r_1$ $T=T_1$ B.C.1 代入(2)式$T_1=c_1\ln r_1+c_2$ (3)

B.C.2 $r=r_2$ $T=T_2$ B.C.2 代入(2)式$T_2=c_1\ln r_2+c_2$ (4)

(3)-(4)式$c_1=\frac{T_1-T_2}{\ln\left(\frac{r_1}{r_2}\right)}$ (5) ;(2)-(3) $T-T_1=c_1\ln\left(\frac{r}{r_1}\right)$ (6)

(5)代入(6)式=> $T-T_1=\frac{T_1-T_2}{\ln\left(\frac{r_1}{r_2}\right)}\ln\left(\frac{r}{r_1}\right)$ 移項$=>T=\frac{T_1-T_2}{\ln\left(\frac{r_1}{r_2}\right)}\ln\left(\frac{r}{r_1}\right)+T_1$

B 層：

B.C.1 $r=r_2$ $T=T_2$ B.C.1 代入(2)式$T_2=c_1\ln r_2+c_2$ (7)

B.C.2 $r=r_3$ $T=T_3$ B.C.2 代入(2)式$T_3=c_1\ln r_3+c_2$ (8)

(7)-(8)式 $c_1=\frac{T_2-T_3}{\ln\left(\frac{r_2}{r_3}\right)}$ (9) ;(2)-(7)式 $T-T_2=c_1\ln\left(\frac{r}{r_2}\right)$ (10)

(9)代入(10)式$=>T-T_2=\frac{T_2-T_3}{\ln\left(\frac{r_2}{r_3}\right)}\ln\left(\frac{r}{r_2}\right)$ 移項$=>T=\frac{T_2-T_3}{\ln\left(\frac{r_2}{r_3}\right)}\ln\left(\frac{r}{r_2}\right)+T_2$

C 層：

B.C.1 $r=r_3$ $T=T_3$ B.C.1 代入(2)式$T_3=c_1\ln r_3+c_2$ (11)

B.C.2 $r = r_4$ $T = T_4$ B.C.2 代入(2)式$T_4 = c_1 \ln r_4 + c_2$ (12)

(11)-(12)式 $c_1 = \frac{T_3 - T_4}{\ln\left(\frac{r_3}{r_4}\right)}$ (13) ;(2)-(11)式 $T - T_3 = c_1 \ln\left(\frac{r}{r_3}\right)$ (14)

(13)代入(14)式 =>$T - T_3 = \frac{T_3 - T_4}{\ln\left(\frac{r_3}{r_4}\right)} \ln\left(\frac{r}{r_3}\right)$ 移項=>$T = \frac{T_3 - T_4}{\ln\left(\frac{r_3}{r_4}\right)} \ln\left(\frac{r}{r_3}\right) + T_3$

(b)在穩態下，又$2\pi r_1 L q_1 = 2\pi r_2 L q_2 = 2\pi r_3 L q_3 = Q$

=>$r_1 q_1 = r_2 q_2 = r_3 q_3$ =>$k_A r \frac{dT}{dr} = k_B r \frac{dT}{dr} = k_C r \frac{dT}{dr} = -r_1 q_1$

A 層：$k_A \frac{dT}{dr} = -r_1 q_1 \int_{r_1}^{r_2} \frac{dr}{r}$ =>$T_1 - T_2 = r_1 q_1 \frac{\ln\left(\frac{r_2}{r_1}\right)}{k_A}$ (15)

B 層：$k_B \frac{dT}{dr} = -r_2 q_2 \int_{r_2}^{r_3} \frac{dr}{r}$ =>$T_2 - T_3 = r_2 q_2 \frac{\ln\left(\frac{r_3}{r_2}\right)}{k_B}$ (16)

C 層：$k_C \frac{dT}{dr} = -r_3 q_3 \int_{r_3}^{r_4} \frac{dr}{r}$ =>$T_3 - T_4 = r_1 q_3 \frac{\ln\left(\frac{r_4}{r_3}\right)}{k_C}$ (17)

(15)+(16)+(17)式 =>$T_1 - T_4 = r_1 q_1 \left[\frac{\ln\left(\frac{r_2}{r_1}\right)}{k_A} + \frac{\ln\left(\frac{r_3}{r_2}\right)}{k_B} + \frac{\ln\left(\frac{r_4}{r_3}\right)}{k_C}\right]$

=>$\boxed{Q = 2\pi r_1 L q_1 = \frac{2\pi L (T_1 - T_4)}{\frac{\ln\left(\frac{r_2}{r_1}\right)}{k_A} + \frac{\ln\left(\frac{r_3}{r_2}\right)}{k_B} + \frac{\ln\left(\frac{r_4}{r_3}\right)}{k_C}}}$ (多層圓管厚度熱量計算公式)

〈例題 7 − 7〉以下圖七由殼動量平衡(shell-balance)求(一)圓柱的溫度分佈(二)圓柱的最大溫度(三)圓柱的熱量產生速率

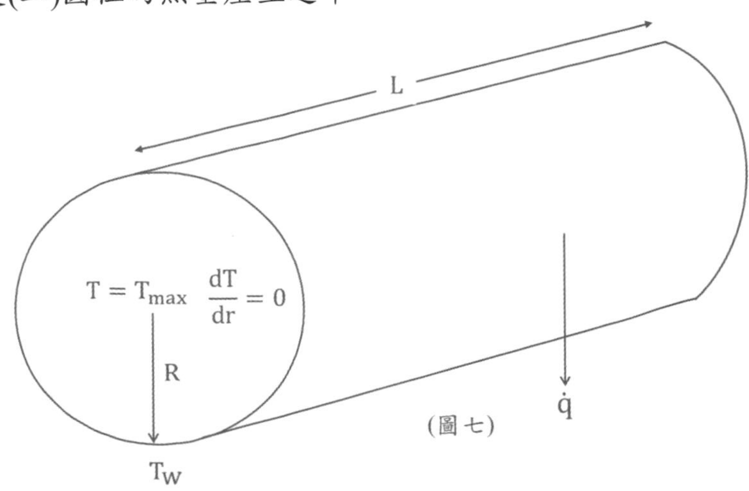

(圖七)

Sol：

(一)Shell-balance：$2\pi rL\cdot q_r|_r - 2\pi rL\cdot q_r|_{r+\Delta r} + 2\pi rL\Delta r\cdot q = 0$

同除以$2\pi L\cdot\Delta r$ 令$\Delta r\to 0$=>$\frac{d(r.q_r)}{dr}=rq$ (1) Fourier Law $q_r=-k\frac{dT}{dr}$

(k 為 const) 代入(1)式=>$\frac{\partial}{\partial r}\left(r\frac{\partial T}{\partial r}\right)=-\frac{q}{k}r$ 積分=>$r\frac{dT}{dr}=-\frac{q}{2k}r^2+c_1$

=>$\frac{dT}{dr}=-\frac{q}{2k}r+\frac{c_1}{r}$ (2) B.C.1 $r=0$ $\frac{dT}{dr}=0$ 代入(2)式$c_1=0$

=>$\frac{dT}{dr}=-\frac{q}{2k}r$ =>$T=-\frac{q}{4k}r^2+C_2$ (3) B.C.2 $r=R$ $T=T_W$ 代入(3)式

$C_2=T_W+\frac{q}{4k}R^2$ (4) 將C_2代回(3)式=>$T=-\frac{q}{4k}r^2+T_W+\frac{q}{4k}R^2$

=>$T=T_W+\frac{qR^2}{4k}\left[1-\left(\frac{r}{R}\right)^2\right]$

(二) $r=0$ $T=T_{max}$ 代回(3)式 $T_{max}=T_W+\frac{qR^2}{4k}$

(三)$Q=(\pi R^2L)\cdot\dot{q}$

〈例題 7－8〉圖八由殼動量平衡(shell-balance)求
(一)圓球的溫度分佈？
(二)圓球的最大溫度？
(三)圓球的熱量產生速率？

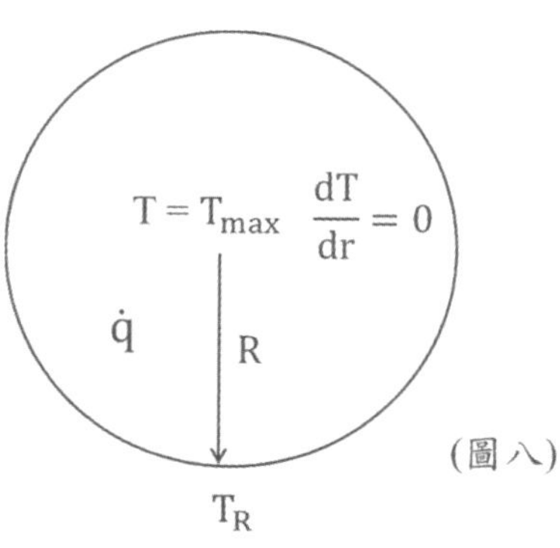

(圖八)

Sol：

(一)Shell-balance：$4\pi r^2\cdot q_r|_r - 4\pi r^2\cdot q_r|_{r+\Delta r} + 4\pi r^2\Delta r\cdot\dot{q} = 0$

同除以$4\pi\cdot\Delta r$ 令$\Delta r\to 0$ =>$\frac{\partial}{\partial r}(r^2\cdot q_r)=r^2\cdot q$ (1)

Fourier Law $q_r=-k\frac{dT}{dr}$(k爲const) 代入(1)式=>$\frac{\partial}{\partial r}\left(r^2\frac{\partial T}{\partial r}\right)=-\frac{q}{k}r^2$ 積分

=>$r^2\frac{\partial T}{\partial r}=-\frac{\dot{q}}{3k}r^3+c_1$ =>$\frac{\partial T}{\partial r}=-\frac{\dot{q}}{3k}r+\frac{c_1}{r^2}$ (2)

B.C.1 $r = 0$ $\frac{\partial T}{\partial r} = 0$ 代入(2)式$c_1 = 0$ => $\frac{\partial T}{\partial r} = -\frac{\dot{q}}{3k}r$積分=> $T = -\frac{\dot{q}}{6k}r^2 + c_2$ (3)

B.C.2 $r = R$ $T = T_R$ 代入(3)式$c_2 = T_R + \frac{\dot{q}}{6k}R^2$ (4)代回(3)式

$$=> T = -\frac{\dot{q}}{6k}r^2 + T_R + \frac{\dot{q}}{6k}R^2$$

$=> T = T_R + \frac{\dot{q}R^2}{6k}\left[1 - \left(\frac{r}{R}\right)^2\right]$ (6) (二) $r = 0$ $T = T_{max}$ 代回(6)式 $T_{max} = T_R + \frac{\dot{q}R^2}{6k}$

(三) $Q = \left(\frac{4}{3}\pi R^3\right) \cdot \dot{q}$

(二)圓柱體的臨界絕緣厚度(圖九)：
一絕緣層環繞著半徑r_1之圓柱外面，
其長度爲L，穩態下熱傳爲
$q = h(2\pi r_2 L)(T_2 - T_0)$

$$=> q_r = \frac{(T_1 - T_0)}{\frac{\ln\left(\frac{r_2}{r_1}\right)}{2\pi kL} + \frac{1}{(2\pi r_2 L)h}} = \frac{2\pi(T_1 - T_0)L}{\frac{\ln\left(\frac{r_2}{r_1}\right)}{k} + \frac{1}{r_2 \cdot h}}$$

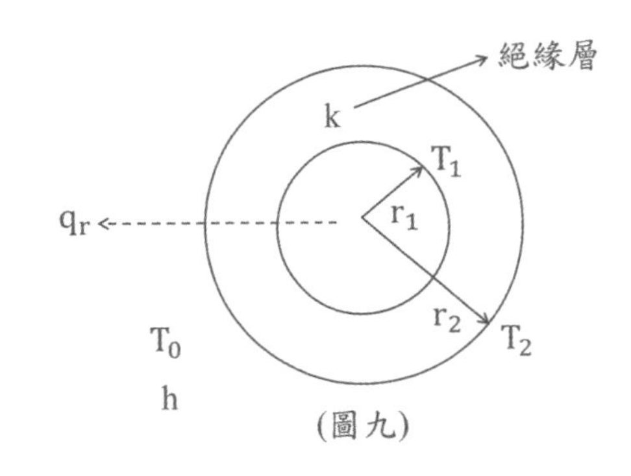

(圖九)

上式r_2爲變數，因此將q_r對r_2微分，並令爲零

$$=> \frac{dq_r}{dr_2} = \frac{-2\pi L(T_1 - T_0)\left(\frac{1}{r_2 \cdot k} - \frac{1}{r_2^2 \cdot h}\right)}{\left[\frac{\ln\left(\frac{r_2}{r_1}\right)}{k} + \frac{1}{r_2 \cdot h}\right]^2} = 0 \quad => \frac{1}{r_2 \cdot k} = \frac{1}{r_2^2 \cdot h} \quad => \boxed{(r_2)_{cr} = \frac{k}{h}}$$

※另一種方式，可直接對熱阻r_2作微分：

$$R = \frac{\ln\left(\frac{r_2}{r_1}\right)}{2\pi kL} + \frac{1}{(2\pi r_2 L)h} = \frac{\ln r_2 - \ln r_1}{2\pi kL} + \frac{r_2^{-1}}{2\pi L \cdot h} \quad => \frac{dR}{dr_2} = \frac{1}{2\pi kL}\frac{1}{r_2} - \frac{1}{(2\pi r_2^2 L)h} = 0$$

$=> \frac{1}{2\pi kL}\left(\frac{1}{r_2}\right) = \frac{1}{(2\pi r_2^2 L)h}$ => $(r_2)_{cr} = \frac{k}{h}$ 所得的結果相同

討論：此$(r_2)_{cr}$爲當熱傳速率最大時之絕緣臨界半徑值。
當$r_2 < (r_2)_{cr}$時，則加入之絕緣層將增加熱傳速率(或熱損失)。
當$r_2 > (r_2)_{cr}$時，則加入更厚之絕緣層將減少熱傳速率。
臨界半徑通常只有一些許的厚度值mm，所以加絕緣層至小電線上將增加熱傳損失;加絕緣層至大管徑上將減少熱損失。

(三)中空圓球體的臨界絕緣厚度(圖十)：

$$q_r = \frac{(T_2-T_0)}{R_k+R_c} = \frac{(T_2-T_0)}{\frac{r_3-r_2}{4\pi k r_2 r_3}+\frac{1}{h(4\pi r_3^2)}}$$

(圖十)

=>和圓柱作法相同將q_r對r_3微分，並令$\frac{dq_r}{dr_3}=0$

$$=>\frac{dq_r}{dr_3} = \frac{d}{dr_3}\left[\frac{(T_2-T_0)}{\frac{r_3-r_2}{4\pi k r_2 r_3}+\frac{1}{h(4\pi r_3^2)}}\right] = \frac{-4\pi(T_2-T_0)\frac{d}{dr_3}\left(\frac{r_3-r_2}{k\cdot r_2 r_3}+\frac{1}{h\cdot r_3^2}\right)}{\left[\frac{r_3-r_2}{k\cdot r_2 r_3}+\frac{1}{h\cdot r_3^2}\right]^2} = 0$$

$$=>\frac{d}{dr_3}\left[\frac{r_3}{k\cdot r_2 r_3}-\frac{r_2}{k\cdot r_2 r_3}+\frac{1}{h\cdot r_3^2}\right] = 0 \quad =>\frac{1}{k\cdot r_3^2}-\frac{2}{h\cdot r_3^3} \quad => \boxed{(r_3)_{cr} = \frac{2k}{h}}$$

※另一種方式，可直接對熱阻r_3作微分：

$$R = \frac{r_3-r_2}{4\pi k r_2 r_3}+\frac{1}{h(4\pi r_3^2)} = \frac{r_3}{4\pi k\cdot r_2 r_3}-\frac{r_2}{4\pi k\cdot r_2 r_3}+\frac{1}{h(4\pi r_3^2)}$$

$$\frac{dR}{dr_3} = \frac{1}{4\pi k\cdot r_3^2}-\frac{2}{4\pi h\cdot r_3^3} = 0 => \frac{1}{4\pi k\cdot r_3^2} = \frac{2}{4\pi h\cdot r_3^3} \quad =>(r_3)_{cr} = \frac{2k}{h}$$ 結果相同

類題練習解析

〈類題 7－1〉一平板爐壁以 4.5in 之矽石磚(silo-cal)構成，其導熱度爲0.08Btu/(ft · hr · °F)，其外側覆以一層厚 9in 之普通磚，其導熱度爲0.8 Btu/(ft · hr · °F)。爐壁內側面之溫度爲 1400°F，外側面爲 170°F(一)通過此平板壁之熱損耗爲多少？(二)普通磚和矽石磚之交界面之溫度？(三)假設兩磚間之接觸不良，其接觸熱阻(contact resistance)爲0.5 (ft² · hr · °F)/Btu，則熱損耗爲多少？
(McCabe 例題 10.2)

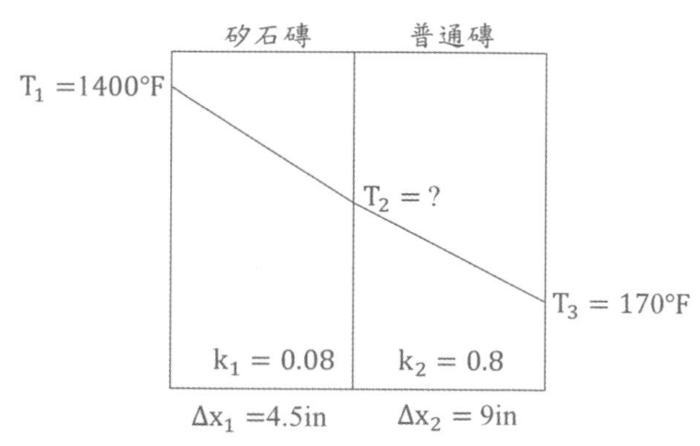

Sol：

(一)$\frac{q}{A}=\frac{T_1-T_3}{\frac{\Delta x_1}{k_1}+\frac{\Delta x_2}{k_2}}=\frac{1400-170}{\frac{4.5/12}{0.08}+\frac{9/12}{0.8}}=\frac{1230}{4.68+0.94}=219\left(\frac{Btu}{hr}\right)$

(二)$\frac{1400-T_2}{\frac{4.5/12}{0.08}}=\frac{T_2-170}{\frac{9/12}{0.8}}$ $=>T_2=375(°F)$或$219=\frac{T_2-170}{\frac{9/12}{0.8}}$ $=>T_2=375(°F)$

(三)$\frac{q}{A}=\frac{T_1-T_3}{R_1+R_2+R_3}=\frac{T_1-T_3}{\frac{\Delta x_1}{k_1}+\frac{\Delta x_2}{k_2}+\frac{\Delta x_3}{k_3}}=\frac{1400-170}{\frac{4.5/12}{0.08}+\frac{9/12}{0.8}+0.5}=201\left(\frac{Btu}{hr}\right)$

〈類題 7－2〉一厚 6 吋之粉末軟木(pulverized cork)作爲平板壁之熱絕緣體。軟木冷端處之溫度爲 40°F，溫端處 180°F。軟木之導熱度在 32°F爲 0.021Btu/(ft · hr · °F)，在 200°F爲 0.032Btu/(ft · hr · °F)，平板壁之表面積爲 $25ft^2$。試計算通過平板壁之熱流率爲每小時若干Btu/hr？(McCabe 例題 10.1)

Sol：先求軟木兩端平均溫差$T_f=\frac{40+180}{2}=110(°F)$

內插法求 110°F下的$\bar{k}$值 $\frac{110-32}{200-32}=\frac{\bar{k}-0.021}{0.032-0.021}$ $=>\bar{k}=0.026\left(\frac{Btu}{ft\cdot hr\cdot °F}\right)$

$\dot{q}=\bar{k}A\frac{\Delta T}{\Delta X}=(0.026)(25)\frac{(180-40)}{\left(\frac{6}{12}\right)}=182\left(\frac{Btu}{hr}\right)$

〈類題 7－3〉圖十一，一不鏽鋼管其 $k=21.63\ W/m\cdot k$，內徑爲 0.0254m，外徑爲 0.0508m，外面覆蓋一 0.0254m 厚之石綿絕緣層，其 $k=0.2423\ W/m\cdot k$。若內管壁溫度爲 811K 且絕緣層外表溫度爲 310.8K，管長爲 0.305m，計算熱損失及金屬管與絕緣層間之界面溫度。

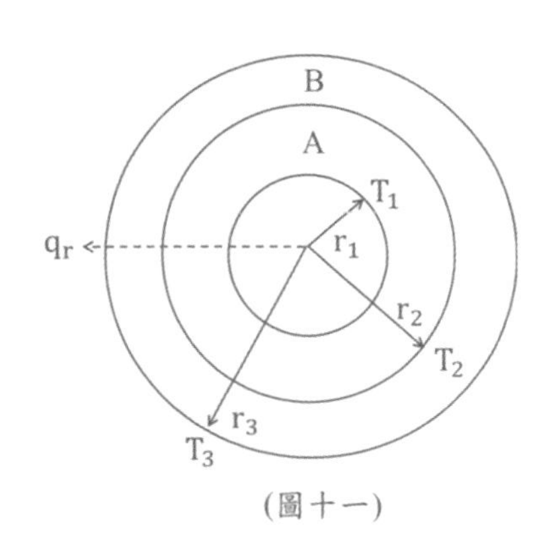

(圖十一)

Sol：

(一)第一步先計算各層的半徑：

$r_1=\frac{0.0254}{2}=0.0127(m)$ ；$r_2=\frac{0.0508}{2}=0.0254(m)$

$r_3=r_2+\Delta x=0.0254+0.0254=0.0508(m)$

再代入熱阻串聯與熱量計算的公式$q=\frac{\Delta T}{\sum R}=\frac{T_1-T_3}{\frac{\ln\left(\frac{r_2}{r_1}\right)}{2\pi k_1 L}+\frac{\ln\left(\frac{r_3}{r_2}\right)}{2\pi k_2 L}}=\frac{\text{推動力}}{\text{總阻力}}$

$$q=\frac{2\pi(T_0-T_2)L}{\frac{\ln\left(\frac{r_2}{r_1}\right)}{k_1}+\frac{\ln\left(\frac{r_3}{r_2}\right)}{k_2}}=\frac{2\pi(811-310.8)(0.305)}{\frac{\ln\left(\frac{0.0254}{0.0127}\right)}{21.63}+\frac{\ln\left(\frac{0.0508}{0.0254}\right)}{0.2423}}=\frac{958.08}{0.032+2.86}=331.3(W)$$

(二)$q=\frac{2\pi(T_2-T_3)L}{\frac{\ln\left(\frac{r_3}{r_2}\right)}{k_2}}=\frac{2\pi(T_2-310.8)(0.305)}{2.86}=331.3(W)$ =>$T_2=805.5(K)$

〈類題 7－4〉如右圖十二所示，圓管外包一層熱絕緣材料，金屬管壁$I(r_2-r_1)$，熱絕緣材料爲$\Pi(r_3-r_2)$，半徑關係爲$r_2=2r_1$，$r_3=3r_1$，熱絕緣材料之熱傳導係數爲金屬的1/10，$k_\Pi=0.1k_I$，穩態熱傳條件下，絕緣材料上的溫差ΔT_Π與金屬管壁上的溫差ΔT_I之間的關係爲何？

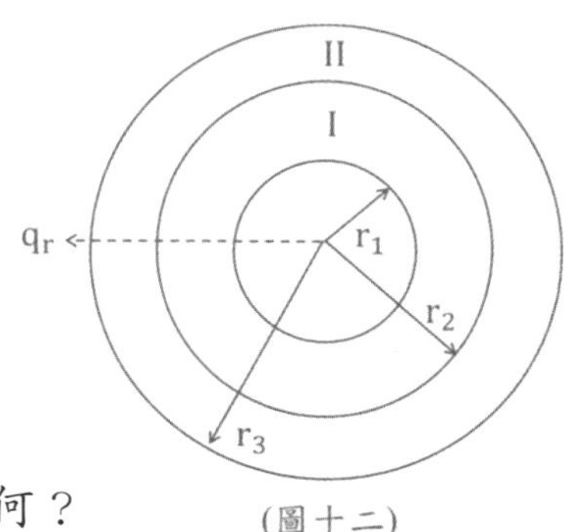

(圖十二)

Sol：穩態下$Q_I=Q_\Pi$ =>$\frac{\Delta T_I}{\frac{\ln\left(\frac{2r_1}{r_1}\right)}{2\pi k_I L}}=\frac{\Delta T_\Pi}{\frac{\ln\left(\frac{3r_1}{2r_1}\right)}{2\pi(0.1k_I)L}}$ =>$\Delta T_I=\frac{\Delta T_\Pi \ln 2}{10\ln 1.5}$

〈類題 7－5〉有一內徑爲 5.761 in.及外徑 6.625 in.之長鋼管，外覆以 4 in.厚之絕緣物，管內壁溫度爲475°F，絕緣物外壁之溫度爲100°F，以 1ft 長之鋼管爲計算基準，於穩定狀態下，其熱損速率爲何？鋼管之熱傳導係數爲 25.9 Btu/hr · ft · °F，絕緣物爲0.038 Btu/hr · ft · °F。

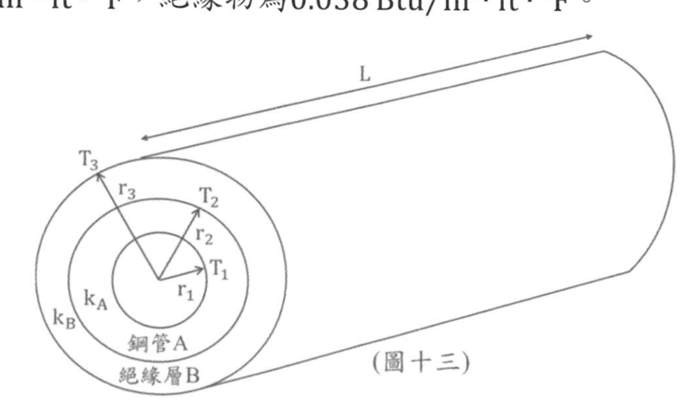

(圖十三)

Sol：第一步先計算各層的半徑：$r_1=\frac{5.761}{2\times12}=0.24(\text{ft}); r_2=\frac{6.625}{2\times12}=0.276(\text{ft})$

$r_3=r_2+\Delta x=0.276+\frac{4}{12}=0.609(\text{ft})$

再代入熱阻串聯與熱量計算的公式$q=\frac{\Delta T}{\sum R}=\frac{T_1-T_3}{\frac{\ln\left(\frac{r_2}{r_1}\right)}{2\pi k_1 L}+\frac{\ln\left(\frac{r_3}{r_2}\right)}{2\pi k_2 L}}=\frac{推動力}{總阻力}$

$$q=\frac{2\pi(T_1-T_3)L}{\frac{\ln\left(\frac{r_2}{r_1}\right)}{k_1}+\frac{\ln\left(\frac{r_3}{r_2}\right)}{k_2}}=\frac{2\pi(475-100)(1)}{\frac{\ln\left(\frac{0.276}{0.24}\right)}{25.9}+\frac{\ln\left(\frac{0.609}{0.276}\right)}{0.038}}=\frac{2355}{5.396\times10^{-3}+20.8}=113(\text{W})$$

※接上題，於穩定狀態下，鋼管與絕緣物間之介面溫度爲何？

Sol：$q=\frac{2\pi(T_2-T_3)L}{\frac{\ln\left(\frac{r_3}{r_2}\right)}{k_2}}$ =>$113=\frac{2\pi(T_2-100)(1)}{20.8}$ =>$T_2=474(°\text{F})$

〈類題 7－6〉以碳爲材質之電加熱器，通電後每單位體積碳之生熱速率 419000 Btu/hr · ft^3，今有一碳質平板長爲 16 in.，厚爲 0.5 in.、寬爲 16 in.，碳板表面之溫度爲1400°F，於穩定狀態下，試估計通電後碳板中心點之溫度爲何？(註：碳板之熱傳導係數爲2.9 Btu/hr · ft · °F)

Sol：由〈例題 7－5〉平板的中心點之溫度導正結果：板子中心點爲平板長度的一半=>$T_{max}=T_W+\frac{q}{2k}L^2=1400+\frac{419000\left(\frac{0.5}{2\times12}\right)^2}{2\times2.9}=1431(°\text{F})$

〈類題 7－7〉一平板厚度爲 0.1m，熱傳導係數$k=0.54$ kcal/hr · m · °C，將此材料一面維持 100°C，另一面維持在 50°C，假設熱傳導只發生在 x 方向上，試求出穩定狀態下的溫度分佈？及中心點的溫度爲何？可參考圖十四。

Sol：(一)Shell-balance：$A\cdot q_x|_x - A\cdot q_x|_{x+\Delta x}=0$同除以$A\cdot\Delta x$令$\Delta x\to0$

=>$\frac{dq_x}{dx}=0$ (1) Fourier Law $q_x=-k\frac{dT}{dx}$ (k 爲 const) 代入(1)式=>$\frac{d^2T}{dx^2}=0$ 積分

=>$\frac{dT}{dx}=c_1$ 再次積分=>$T=c_1x+c_2$ (2)

B.C.1 $x=0$ $T=T_1$ B.C.1 代入(2)式$c_2=T_1$

B.C.2 $x = L$ $T = T_2$ B.C.2 代入(2)式 $c_1 L + T_1 = T_2$ => $c_1 = \frac{T_2 - T_1}{L}$

c_1&c_2代回(2)式 => $T = (T_2 - T_1)\left(\frac{x}{L}\right) + T_1$ 溫度分佈

$T_1 = 100°C$; $T_2 = 50°C$; $L = 0.1m$ 代入上式溫度分佈的結果
=> $T(x) = -500x + 100$ (1)

(二)板子中心點爲平板長度的一半，$x = \frac{0.1}{2} = 0.05(m)$ 代入(1)式

=> $T(x) = -500(0.05) + 100 = 75(°C)$

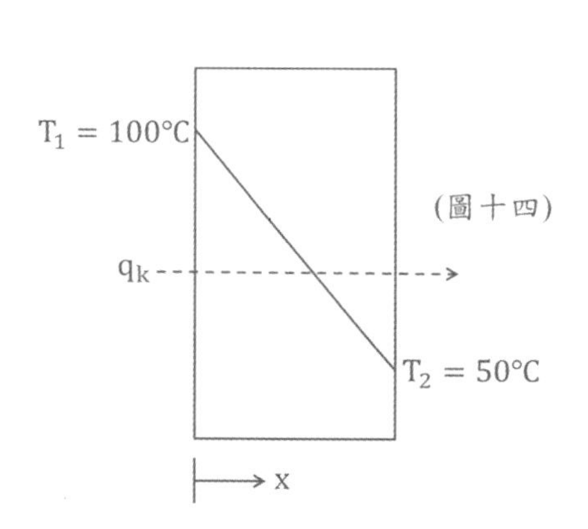

(圖十四)

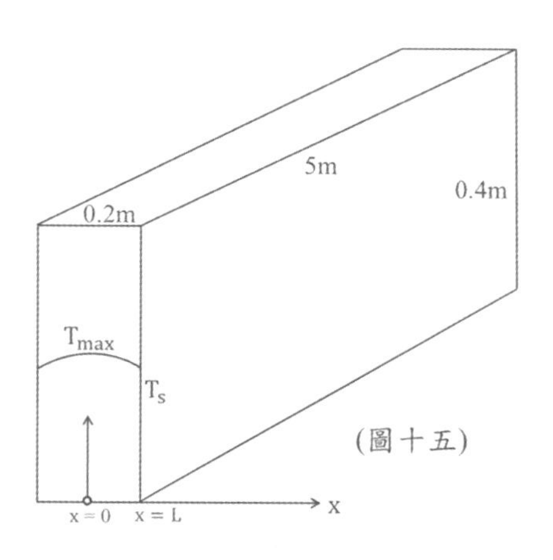

(圖十五)

〈類題 7－8〉一長方形金屬板，長 5m、寬 0.4m、厚 0.2m，其內部具熱源，生熱速率爲 44000J/sec，若已知金屬板的表面溫度爲 400°C，熱傳導係數$k = 50\,J/s \cdot m \cdot °C$，試求溫度分佈？及最高溫度？可參考圖十五。

Sol：(一)Shell-balance：$A \cdot q_x|_x - A \cdot q_x|_{x+\Delta x} + A \cdot q \cdot \Delta x = 0$同除以$A \cdot \Delta x$

令$\Delta x \to 0$ => $\frac{dq_x}{dx} = q$ (1) Fourier Law $q_x = -k\frac{dT}{dx}$(k 爲 const)代入(1)式

=> $\frac{d}{dx}\left(-k\frac{dT}{dx}\right) = q$ 移項=> $\frac{d^2T}{dx} = -\frac{q}{k}$ 積分=> $\frac{dT}{dx} = -\frac{q}{k}x + c_1$ (2)

B.C.1 $x = 0$ $\frac{dT}{dx} = 0$ B.C.1 代入(2)式 $C_1 = 0$

=> $\frac{dT}{dx} = -\frac{q}{k}x$ 積分=> $T = -\frac{q}{2k}x^2 + c_2$ (3)

B.C.2 $x = L$ $T = T_s$ 代入(3)式 $c_2 = T_s + \frac{q}{2k}L^2$ 代回(3)式

$=>T=-\frac{q}{2k}x^2+T_s+\frac{q}{2k}L^2=T_s+\frac{qL^2}{2k}\left[1-\left(\frac{x}{L}\right)^2\right]$ (4)

$q=\frac{\dot{q}}{V}=\frac{44000}{5\times0.4\times0.2}=110000\left(\frac{W}{m^3}\right)$

板子中心點爲平板厚度的一半=> $L=\frac{0.2}{2}=0.1(m)$

將數值代回(4)式=> $T(x)=400+\frac{110000(0.1)^2}{2(50)}\left[1-\left(\frac{x}{0.1}\right)^2\right]$

上式整理得=> $T(x)=400+11-1100x^2=411-1100x^2$ (5)

(二) $x=0$ $T=T_{max}$ 代回(5)式=> $T_{max}=411(°C)$

〈類題 7－9〉有一內徑 0.1m，外徑 0.2m 之圓管，熱傳導係數 $k=0.2\ kJ/hr\cdot m\cdot °C$，若此圓管內側溫度 400℃，外側溫度 100℃，試求出穩定狀態下的溫度分佈？半徑爲 0.075m 時的溫度？

Sol：(一)可參考〈例題 7－2〉圖二

Shell-balance：$2\pi rL\cdot q_r|_r-2\pi rL\cdot q_r|_{r+\Delta r}=0$ 同除以 $2\pi L\cdot\Delta r$ 令 $\Delta r\to0$

$=>\frac{d(r\cdot q_r)}{dr}=0$ (1) Fourier Law $q_r=-k\frac{dT}{dr}$ (k 爲 const) 代入(1)式

$=>\frac{\partial}{\partial r}\left(r\frac{\partial T}{\partial r}\right)=0$ 積分=> $\frac{dT}{dr}=\frac{c_1}{r}$ 再次積分=> $T=c_1\ln r+c_2$ (2)

A 層：

B.C.1 $r=r_1$ $T=T_1$ 代入(2)式=> $T_1=c_1\ln r_1+c_2$ (3)

B.C.2 $r=r_2$ $T=T_2$ 代入(2)式=> $T_2=c_1\ln r_2+c_2$ (4)

(3)-(4)式 $c_1=\frac{T_1-T_2}{\ln\left(\frac{r_1}{r_2}\right)}$ (5) ;(2)-(3)式 $T-T_1=c_1\ln\left(\frac{r}{r_1}\right)$ (6)

(5)代入(6)式=> $T-T_1=\frac{T_1-T_2}{\ln\left(\frac{r_1}{r_2}\right)}\ln\left(\frac{r}{r_1}\right)$ => $T=\frac{T_1-T_2}{\ln\left(\frac{r_1}{r_2}\right)}\ln\left(\frac{r}{r_1}\right)+T_1$ (7)

$r_1=\frac{0.1}{2}=0.05(m)$; $r_2=\frac{0.2}{2}=0.1(m)$ 代入(7)式

$=>T=\frac{400-100}{\ln\left(\frac{0.05}{0.1}\right)}\ln\left(\frac{r}{0.05}\right)+400$ => $T=-432.8\ln r-896.5$ (8)

(二) $r=0.075m$ 代入(8)式=> $T=-432.8\ln(0.075)-896.5=224.5(°C)$

〈類題 7－10〉有一空心鐵球，其內徑 4.8 吋，外徑 12 吋，若此鐵球的內側溫度 550°F，外側溫度 100°F，試求出穩定狀態下的溫度分佈？及半徑爲 4.2 吋時的溫度？

Sol：可參考〈類題 7－3〉圖三

(一) Shell-balance：$4\pi r^2 \cdot q_r|_r - 4\pi r^2 \cdot q_r|_{r+\Delta r} = 0$ 同除以 $4\pi \cdot \Delta r$ 令 $\Delta r \to 0$

$=> \frac{\partial}{\partial r}(r^2 \cdot q_r) = 0$ (1) Fourier Law $q_r = -k\frac{dT}{dr}$ (k 爲 const) 代入(1)式

$=> \frac{\partial}{\partial r}\left(r^2 \frac{\partial T}{\partial r}\right) = 0$ 積分 $=> \frac{dT}{dr} = \frac{c_1}{r^2}$ (2)再次積分 $=> T = -\frac{c_1}{r} + c_2$ (3)

B.C.1 $r = r_1$ $T = T_1$ 代入(3)式 $=> T_1 = -\frac{c_1}{r_1} + c_2$ (4)

B.C.2 $r = r_2$ $T = T_2$ 代入(3)式 $=> T_2 = -\frac{c_1}{r_2} + c_2$ (5)

(4)-(5)式 $c_1 = \frac{-(T_1 - T_2)}{\frac{1}{r_1} - \frac{1}{r_2}}$ (6) ;(3)-(4)式 $T - T_1 = -c_1\left(\frac{1}{r} - \frac{1}{r_1}\right)$ (7)

(6)代入(7)式 $=> T - T_1 = \frac{\left(\frac{1}{r} - \frac{1}{r_1}\right)}{\left(\frac{1}{r_1} - \frac{1}{r_2}\right)}(T_1 - T_2)$ $=> T = T_1 + \frac{\left(\frac{1}{r} - \frac{1}{r_1}\right)}{\left(\frac{1}{r_1} - \frac{1}{r_2}\right)}(T_1 - T_2)$ (8)

$r_1 = \frac{4.8}{2} = 2.4(\text{in})$; $r_2 = \frac{12}{2} = 6(\text{in})$ 代入(8)式

$$=> T = (550 - 100)\frac{\left(\frac{1}{r} - \frac{1}{2.4}\right)}{\left(\frac{1}{2.4} - \frac{1}{6}\right)} + 550 = \frac{1800}{r} - 200 \quad (9)$$

(二) $r = 4.2(\text{in})$ 代入(8)式 $=> T = \frac{1800}{4.2} - 200 = 228.6(°\text{C})$

〈類題7－11〉一電線直徑爲1.5mm，外表覆蓋一層厚度2.5mm之塑膠絕緣層，曝露到300K的空氣中，且其對流熱傳送係數爲$20\text{W/m}^2 \cdot \text{K}$，絕緣層k爲$0.4\text{W/m}^2 \cdot \text{K}$，假設電線表面溫度爲400K。(一)計算臨界半徑值(二)當有絕緣層時，每米電線長之熱損失。(三)重複(二)問題，如無絕緣層，每米電線長之熱損失。

Sol：(一)可參考圖九(一)$(r_2)_{cr} = \frac{k}{h} = \frac{0.4}{20} = 0.02(\text{m})$

(二)第一步先計算各層的半徑：$r_1 = \frac{1.5}{2 \times 1000} = 7.5 \times 10^{-4}(\text{m})$

$$r_2 = r_1 + \Delta x = 7.5 \times 10^{-4} + \left(\frac{2.5}{1000}\right) = 3.25 \times 10^{-3}(m)$$

$$q_r = \frac{(T_1 - T_0)}{\frac{\ln\left(\frac{r_2}{r_1}\right)}{2\pi kL} + \frac{1}{(2\pi r_2 L)h}} = \frac{2\pi(T_1 - T_0)L}{\frac{\ln\left(\frac{r_2}{r_1}\right)}{k} + \frac{1}{r_2 \cdot h}} = \frac{2\pi(400-300)(1)}{\frac{\ln\left(\frac{3.25\times10^{-3}}{7.5\times10^{-4}}\right)}{0.4} + \frac{1}{(3.25\times10^{-3})20}} = 32.9(W)$$

(三)$q_r = hA(T_2 - T_0) = h(2\pi r_1 L)(T_2 - T_0)$

$q_r = 20[2\pi(7.5 \times 10^{-4})1](400 - 300) = 9.42(W)$

因$(r_2)_{cr} > r_2$ => 32.9>9.42 加入絕緣層將增加熱損失！

〈類題 7－12〉一圓柱體保溫瓶從冷凍櫃取出，放置於 70°F空氣中。瓶內裝滿冰塊溫度爲 32°F，保溫瓶內徑 2.5in、高度 1ft、厚度 1in，已知保溫瓶材料熱傳導係數 $k = 0.32\ Btu/(hr \cdot ft \cdot °F)$及空氣對流熱傳係數爲1.46 $Btu/(hr \cdot ft^2 \cdot °F)$冰的熔化熱爲144 Btu/lbm，忽略圓柱體兩端之熱損失，冰在 32°F的密度爲62.42 lbm/ft^3，試求多久時間冰塊溶化？可參考圖九。

Sol：第一步先計算各層的半徑：

$$r_1 = \frac{2.5}{2\times12} = 0.104(ft)\ ; r_2 = r_1 + \Delta x = 0.104 + \left(\frac{1}{12}\right) = 0.187(ft)$$

$$q_r = \frac{(T_1 - T_0)}{\frac{\ln\left(\frac{r_2}{r_1}\right)}{2\pi kL} + \frac{1}{(2\pi r_2 L)h}} = \frac{2\pi(T_1 - T_0)L}{\frac{\ln\left(\frac{r_2}{r_1}\right)}{k} + \frac{1}{r_2 \cdot h}} = \frac{2\pi(70-32)(1)}{\frac{\ln\left(\frac{0.187}{0.104}\right)}{0.32} + \frac{1}{(0.187)1.46}} = 43.5\left(\frac{Btu}{hr}\right)$$

$$=> q_r = m\Delta H\ => qt = \rho V\Delta H\ => qt = \rho(\pi r_1^2 L)\Delta H$$

$$=>\left(43.5\frac{Btu}{hr}\right)t = \left(62.42\frac{lbm}{ft^3}\right)[\pi(0.104)^2 1](ft^3)\left(144\frac{Btu}{lbm}\right) => t = 7(hr)$$

歷屆試題解析

〈考題7－1〉(81化工技師)(20分)

今考慮一無限長之中空圓柱體(熱傳導係數，k_1)如圖所示，包覆一層絕緣物質(熱傳導係數，k_2)，假設在圓管內、外之流體之熱傳送分別爲$\overline{h_i}$和$\overline{h_0}$，及溫度分別爲T_i和T_0，試求其熱傳速率可以表示爲：$q = U_0 A_0 (T_i - T_0)$其中，U_0表示組合圓柱體外表面積A_0之總熱傳係數(Overall heat transfer coefficient)，並求得U_0與k_1、k_2、$\overline{h_1}$、$\overline{h_0}$及r_1、r_2、r_3之關係。

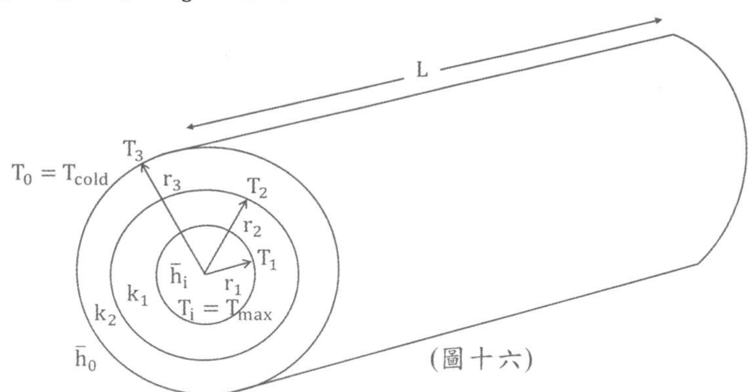

(圖十六)

Sol：Shell-balance：$2\pi rL \cdot q_r|_r - 2\pi rL \cdot q_r|_{r+\Delta r} = 0$同除以$2\pi L \cdot \Delta r$令$\Delta r \to 0$

$=> \frac{d(r \cdot q_r)}{dr} = 0$ (1) Fourier Law $q_r = -k\frac{dT}{dr}$ (k 爲 const) (2)代入(1)式

$=> \frac{\partial}{\partial r}\left(r\frac{\partial T}{\partial r}\right) = 0$ (1)積分$=> \frac{dT}{dr} = \frac{c_1}{r}$ (3)再次積分$=> T = c_1 \ln r + c_2$ (4)

A 層：

B.C.1 $r = r_1$ $T = T_1$ 代入(2)式$T_1 = c_1 \ln r_1 + c_2$ (5)

B.C.2 $r = r_2$ $T = T_2$ 代入(2)式$T_2 = c_1 \ln r_2 + c_2$ (6)

(6)-(5)式 $c_1 = \frac{T_1 - T_2}{\ln\left(\frac{r_1}{r_2}\right)}$ (7)代入(3)式

$$=> \dot{q_1}\Big|_{r=r_1} = -k_1(2\pi r_1 L)\frac{(T_2 - T_1)}{r_1 \ln\left(\frac{r_2}{r_1}\right)} = \frac{2\pi k_1(T_1 - T_2)L}{\ln\left(\frac{r_2}{r_1}\right)} \quad (8)$$

B 層：

B.C.1 $r = r_2$ $T = T_2$ 代入(4)式$T_2 = c_1 \ln r_2 + c_2$ (9)

B.C.2 $r = r_3$ $T = T_3$ 代入(4)式$T_3 = c_1 \ln r_3 + c_2$ (10)

(10)-(9)式 $c_1 = \frac{T_3 - T_2}{\ln\left(\frac{r_3}{r_2}\right)}$ (11)代入(3)式

$$=> \dot{q_2}\Big|_{r=r_2} = -k_2(2\pi r_2 L)\frac{(T_3 - T_2)}{r_2 \ln\left(\frac{r_2}{r_1}\right)} = \frac{2\pi k_2(T_2 - T_3)L}{\ln\left(\frac{r_3}{r_2}\right)} \quad (12)$$

介面滿足牛頓冷卻定律的內管熱對流率爲基準$\dot{q_0} = \frac{T_i - T_1}{\frac{1}{\overline{h_i}(2\pi r_1 L)}}$ (13)

介面滿足牛頓冷卻定律的外管熱對流率為基準$\dot{q_3} = \frac{T_3 - T_0}{\frac{1}{\bar{h}_0(2\pi r_3 L)}}$ (14)

由(8)&(12)&(13)&(14)式在穩態下$\dot{q_0} = \dot{q_1} = \dot{q_2} = \dot{q_3} = \dot{q}$

$T_i - T_1 = \dot{q_0}\left[\frac{1}{\bar{h}_i(2\pi r_1 L)}\right]$ (13) ;$T_1 - T_2 = \dot{q_1}\left[\frac{\ln\left(\frac{r_2}{r_1}\right)}{2\pi k_1 L}\right]$ (8)

$T_2 - T_3 = \dot{q_2}\left[\frac{\ln\left(\frac{r_3}{r_2}\right)}{2\pi k_2 L}\right]$ (12) ;$T_3 - T_0 = \dot{q_3}\left[\frac{1}{\bar{h}_0(2\pi r_3 L)}\right]$ (14)

(8)+(12)+(13)+(14)式=>$\dot{q} = \frac{T_i - T_0}{\frac{1}{\bar{h}_i(2\pi r_1 L)} + \frac{\ln\left(\frac{r_2}{r_1}\right)}{2\pi k_1 L} + \frac{\ln\left(\frac{r_3}{r_2}\right)}{2\pi k_2 L} + \frac{1}{\bar{h}_0(2\pi r_3 L)}}$ (15)

$\sum R = \frac{1}{U} = \frac{1}{\bar{h}_i(2\pi r_1 L)} + \frac{\ln\left(\frac{r_2}{r_1}\right)}{2\pi k_1 L} + \frac{\ln\left(\frac{r_3}{r_2}\right)}{2\pi k_2 L} + \frac{1}{\bar{h}_0(2\pi r_3 L)}$ (16)

以圓柱外表面積A_0為基準的總熱傳係數U_0 =>將(16)式同乘以$A_0 = 2\pi r_3 L$

=>$\frac{1}{U_0 A_0} = \frac{2\pi r_3 L}{\bar{h}_i(2\pi r_1 L)} + \frac{2\pi r_0 L \cdot \ln\left(\frac{r_2}{r_1}\right)}{2\pi k_1 L} + \frac{2\pi r_0 L \cdot \ln\left(\frac{r_3}{r_2}\right)}{2\pi k_2 L} + \frac{2\pi r_3 L}{\bar{h}_0(2\pi r_3 L)}$

=>$\frac{1}{U_0 A_0} = \frac{A_0}{\bar{h}_i A_i} + \frac{r_3 \cdot \ln\left(\frac{r_2}{r_1}\right)}{k_1} + \frac{r_3 \cdot \ln\left(\frac{r_3}{r_2}\right)}{k_2} + \frac{1}{\bar{h}_0}$ (16)代回(15)式

=>$\dot{q} = U_0 A_0 (T_i - T_0)$ 得證

〈考題7－2〉(102高考二等)(25分)

一圓管外面包覆兩層熱絕緣層，圓管之內外半徑分別為r_0及r_1。第一層(內層)熱絕緣層之外半徑為r_2；第二層(外層)熱絕緣層之外半徑為r_3。圓管、第一層及第二層熱絕緣層之熱傳導度(thermal conductivity)分別為k_0、k_1及k_2。管內及管外流體分別保持在T_a及T_b的溫度。管子與管內流體間之熱傳係數(heat transfer coefficient)為h_i；管子與管外流體間之熱傳係數為h_0。請導出計算"基於內管壁面積之總熱傳係數"(overall heat transfer coefficient based on the inner surface)U_i之公式及總熱傳量Q之公式。

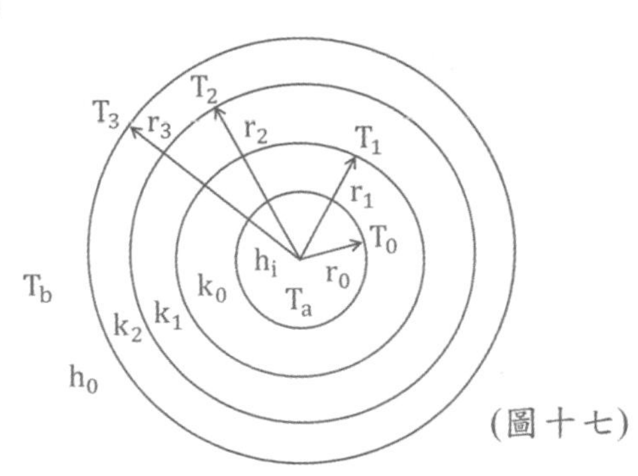

(圖十七)

Sol：Shell-balance：$2\pi rL \cdot q_r|_r - 2\pi rL \cdot q_r|_{r+\Delta r} = 0$同除以$2\pi L \cdot \Delta r$令$\Delta r \to 0$

$=>\frac{d(r\cdot q_r)}{dr}=0$ (1) Fourier Law $q_r=-k\frac{dT}{dr}$ (k 爲 const) 代入(1)式

$=>\frac{\partial}{\partial r}\left(r\frac{\partial T}{\partial r}\right)=0$ (1) 積分$=>\frac{dT}{dr}=\frac{c_1}{r}$ (2)再次積分$=>T=c_1\ln r+c_2$ (3)

第一層：

B.C.1 $r=r_0$ $T=T_0$ 代入(3)式$T_0=c_1\ln r_0+c_2$ (4)

B.C.2 $r=r_1$ $T=T_1$ 代入(3)式$T_1=c_1\ln r_1+c_2$ (5)

(5)-(4)式$c_1=\frac{T_1-T_0}{\ln\left(\frac{r_1}{r_0}\right)}$

$$=>\dot{q_1}\Big|_{r=r_1}=-k_0(2\pi r_1L)\frac{(T_1-T_0)}{r_1\ln\left(\frac{r_1}{r_0}\right)}=\frac{2\pi k_0(T_0-T_1)L}{\ln\left(\frac{r_1}{r_0}\right)}\quad(6)$$

第一層内層：

B.C.1 $r=r_1$ $T=T_1$ 代入(3)式$T_1=c_1\ln r_1+c_2$ (7)

B.C.2 $r=r_2$ $T=T_2$ 代入(3)式$T_2=c_1\ln r_2+c_2$ (8)

(8)-(7)式 $c_1=\frac{T_2-T_1}{\ln\left(\frac{r_2}{r_1}\right)}$

$$=>\dot{q_2}\Big|_{r=r_2}=-k_1(2\pi r_2L)\frac{(T_2-T_1)}{r_2\ln\left(\frac{r_2}{r_1}\right)}=\frac{2\pi k_1(T_1-T_2)L}{\ln\left(\frac{r_2}{r_1}\right)}\quad(9)$$

第二層外層：

B.C.1 $r=r_2$ $T=T_2$ 代入(3)式$T_2=c_1\ln r_2+c_2$ (10)

B.C.2 $r=r_3$ $T=T_3$ 代入(3)式$T_3=c_1\ln r_3+c_2$ (11)

(11)-(10)式 $c_1=\frac{T_3-T_2}{\ln\left(\frac{r_3}{r_2}\right)}$

$$=>\dot{q_3}\Big|_{r=r_3}=-k_2(2\pi r_3L)\frac{(T_3-T_2)}{r_3\ln\left(\frac{r_3}{r_2}\right)}=\frac{2\pi k_2(T_2-T_3)L}{\ln\left(\frac{r_3}{r_2}\right)}\quad(12)$$

介面滿足牛頓冷卻定律的内管熱對流率爲基準$\dot{q_0}=\frac{T_a-T_0}{\frac{1}{h_i(2\pi r_0L)}}$ (13)

介面滿足牛頓冷卻定律的外管熱對流率爲基準$\dot{q_4}=\frac{T_3-T_b}{\frac{1}{h_0(2\pi r_3L)}}$ (14)

由(6)&(9)&(12)&(13)&(14)式在穩態下$\dot{q_0}=\dot{q_1}=\dot{q_2}=\dot{q_3}=\dot{q_4}=\dot{Q}$

$T_a-T_0=\dot{q_0}\left[\frac{1}{h_i(2\pi r_0L)}\right]$ (13) ;$T_0-T_1=\dot{q_1}\left[\frac{\ln\left(\frac{r_1}{r_0}\right)}{2\pi k_0L}\right]$ (6)

$$T_1 - T_2 = \dot{q_2}\left[\frac{\ln\left(\frac{r_2}{r_1}\right)}{2\pi k_1 L}\right] \ (9)\ ; T_2 - T_3 = \dot{q_3}\left[\frac{\ln\left(\frac{r_3}{r_2}\right)}{2\pi k_2 L}\right] \ (12)$$

$$T_3 - T_b = \dot{q_4}\left[\frac{1}{h_0(2\pi r_3 L)}\right] \ (14)$$

$$(6)+(9)+(12)+(13)+(14)\text{式}=>\dot{Q} = \frac{T_a - T_b}{\frac{1}{h_i(2\pi r_0 L)}+\frac{\ln\left(\frac{r_1}{r_0}\right)}{2\pi k_0 L}+\frac{\ln\left(\frac{r_2}{r_1}\right)}{2\pi k_1 L}+\frac{\ln\left(\frac{r_3}{r_2}\right)}{2\pi k_2 L}+\frac{1}{h_0(2\pi r_3 L)}} \ (15)$$

$$\sum R = \frac{1}{U} = \frac{1}{h_i(2\pi r_0 L)} + \frac{\ln\left(\frac{r_1}{r_0}\right)}{2\pi k_0 L} + \frac{\ln\left(\frac{r_2}{r_1}\right)}{2\pi k_1 L} + \frac{\ln\left(\frac{r_3}{r_2}\right)}{2\pi k_2 L} + \frac{1}{h_0(2\pi r_3 L)} \ (16)$$

以圓柱內表面積A_i爲基準的總熱傳係數U_i =>將(16)式同乘以$A_i = 2\pi r_0 L$

$$=>\frac{1}{U_i A_i} = \frac{2\pi r_0 L}{h_i(2\pi r_0 L)} + \frac{2\pi r_0 L\cdot\ln\left(\frac{r_1}{r_0}\right)}{2\pi k_0 L} + \frac{2\pi r_0 L\cdot\ln\left(\frac{r_2}{r_1}\right)}{2\pi k_1 L} + \frac{2\pi r_0 L\cdot\ln\left(\frac{r_3}{r_2}\right)}{2\pi k_2 L} + \frac{2\pi r_0 L}{h_0(2\pi r_3 L)}$$

$$=>\frac{1}{U_i A_i} = \frac{1}{h_i} + \frac{r_0\cdot\ln\left(\frac{r_1}{r_0}\right)}{k_0} + \frac{r_0\cdot\ln\left(\frac{r_2}{r_1}\right)}{k_1} + \frac{r_0\cdot\ln\left(\frac{r_3}{r_2}\right)}{k_2} + \frac{r_0}{h_0\cdot r_3} \ (17)\text{代回}(15)\text{式}$$

$=>\dot{Q} = U_i A_i (T_a - T_b)$ 得證

〈考題7－3〉(91高考三等)(20分)

絕熱的目的在於減低熱損耗。是否有可能發生絕熱層厚度增加，熱損耗也隨之增加的情況？試以管外包覆絕熱層爲例分析之。

Sol：同〈考題7－4〉敘述。

〈考題7－4〉(82化工技師)(6分)

在一蒸汽管外壁任意包上一層絕熱材料是否都能減少熱量損耗？如否，其原因爲何？

$$\text{Sol}：q_r = \frac{(T_1 - T_0)}{\frac{\ln\left(\frac{r_2}{r_1}\right)}{2\pi k L}+\frac{1}{(2\pi r_2 L)h}} = \frac{2\pi(T_1 - T_0)L}{\frac{\ln\left(\frac{r_2}{r_1}\right)}{k}+\frac{1}{r_2\cdot h}} = \frac{2\pi(T_1 - T_0)L}{R_1 + R_2} \ (\text{可參考圖九})$$

從熱阻公式可得知熱阻R_1中熱傳速率q_r和外半徑r_2成反比，但熱傳速率q_r和熱阻中R_2對流熱傳係數h和外半徑r_2成正比。因此一光禿圓管包覆一絕緣層其熱損耗可能會增加，但絕熱材料增至某一程度時，則熱損耗降低。

〈考題7－5〉(83化工技師)(15分)

某導熱度k，邊長 L 之正方體，其五個表面皆覆以絕熱物質;而其第六個表面(法線方向爲 x 方向)則暴露在一溫度爲T_∞流體中，此表面處之熱傳係數 h。此正方體內每單位體積所產生的速率爲$\dot{q}$。(一)求解此正方體內之溫度分佈(二)求出通過此暴露於流體中之表面熱通量。

Sol：(一)Shell-balance：$A \cdot q_x|_x - A \cdot q_x|_{x+\Delta x} + A \cdot \dot{q} \cdot \Delta x = 0$

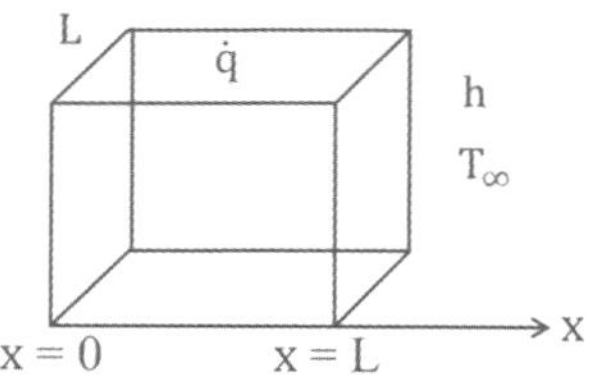

同除以$A \cdot \Delta x$ 令$\Delta X \to 0$=>$\frac{dq_x}{dx} = q$ (1)

Fourier Law $q_x = -k\frac{dT}{dx}$ (k 爲 const) 代入(1)式

=>$\frac{d}{dx}\left(-k\frac{dT}{dx}\right) = q$ 移項=>$\frac{d^2T}{dx} = -\frac{q}{k}$ 積分=>$\frac{dT}{dx} = -\frac{\dot{q}}{k}x + c_1$ (2)

B.C.1 $x = 0$ $\frac{dT}{dx} = 0$ B.C.1 代入(2)式$C_1 = 0$ =>$\frac{dT}{dx} = -\frac{\dot{q}}{k}x$

=>$T = -\frac{\dot{q}}{2k}x^2 + c_2$ (3) B.C.2 $-k\frac{dT}{dx}\Big|_{x=L} = h(T - T_\infty)$ (4)

將(3)代入(4)式=>$-k\left[-\frac{\dot{q}}{k}x\right]\Big|_{x=L} = h\left(-\frac{\dot{q}}{2k}x^2 + c_2 - T_\infty\right)\Big|_{x=L}$

=>$\dot{q}L = -\frac{\dot{q}hL^2}{2k} + hc_2 - hT_\infty$ =>$hc_2 = \dot{q}L + \frac{\dot{q}hL^2}{2k} + hT_\infty$

=>$c_2 = \frac{\dot{q}L}{h} + \frac{\dot{q}L^2}{2k} + T_\infty$代入(3)式=>$T = -\frac{\dot{q}}{2k}x^2 + \frac{\dot{q}L}{h} + \frac{\dot{q}L^2}{2k} + T_\infty$

=>$T - T_\infty = \frac{\dot{q}L^2}{2k}\left[1 - \left(\frac{x}{L}\right)^2\right] + \frac{\dot{q}L}{h}$ (二)$\dot{q} = -k\frac{dT}{dx}\Big|_{x=L} = -k\left(-\frac{\dot{q}}{k}L\right) = \dot{q}L$

〈考題7－6〉(84高考二等)(20分)

甲苯在 110℃凝結於 3/4 in，16BMG 的銅製冷凝管($D_i = 15.75$mm，$D_0 = 19.05$mm)外側，管內流過平均溫度26.7℃之冷卻水。若管外冷凝甲苯之熱傳係數，$h_0 = 2.840\ W/m^2 \cdot ℃$，而管內冷卻水之熱傳係數，$h_i = 1.135\ W/m^2 \cdot ℃$;又如忽略銅管壁本身的熱傳阻力，即$\frac{\Delta x_w}{k_w} \cong 0$，試計算穩態時銅管壁之溫度。

Sol：在穩態下，總熱傳速率=各別熱傳速率

=>$\dot{q_1} = \dot{q_2}$，且忽略$\frac{\Delta x_w}{k_w} \cong 0$

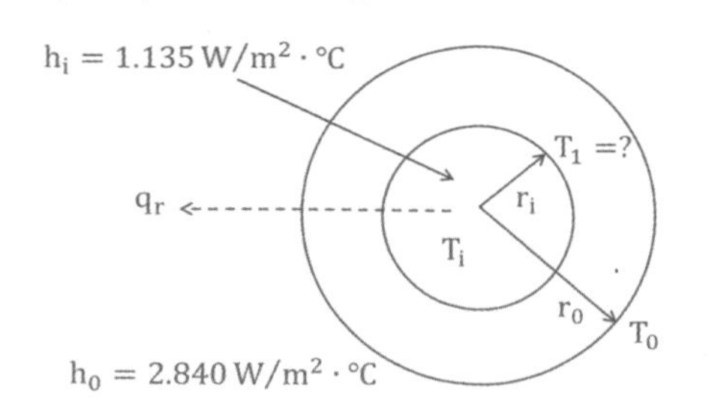

第一步先計算各層的半徑：

$r_i = \frac{15.75}{1000\times2} = 7.875\times10^{-3}(m)$

$r_0 = \frac{19.05}{1000\times2} = 9.525\times10^{-3}(m)$

$=>\frac{(T_0-T_i)}{\frac{1}{h_i(2\pi r_i L)}+\frac{1}{h_0(2\pi r_0 L)}} = \frac{(T_1-T_0)}{\frac{1}{h_i(2\pi r_i L)}} \quad =>\frac{2\pi(T_0-T_i)L}{\frac{1}{h_i r_i}+\frac{1}{h_0 r_0}} = \frac{2\pi(T_1-T_0)L}{\frac{1}{h_i r_i}}$

$=>\frac{110-26.7}{\frac{1}{1.135(7.875\times10^{-3})}+\frac{1}{2.84(9.525\times10^{-3})}} = \frac{T_1-26.7}{\frac{1}{1.135(7.875\times10^{-3})}} \quad =>T_1 = 89.3(°C)$

〈考題7－7〉(86簡任升等)(10分)

如圖所示，假設內軸之溫度和外軸之溫度分別維持在T_1和T_2，假設軸動時，流體沒有能量消散，試求流體在層流流動時之溫度分佈？您可由薄殼能量均衡(Shell energy balance)

Sol：如〈例題7－2〉解法。

〈考題7－8〉(86高考三等)(20分)

一圓筒管之外徑60mm，覆以50mm厚度其導熱度爲0.055W/m·°C之發泡絕緣物，其外在覆以40mm其導熱度爲0.05W/m·°C之軟木。若軟木外側之表面溫度爲30°C，而此絕緣管仍有29.1W/m每單位長度熱損耗，試問該60mm管徑之熱表面溫度爲若干°C？

Sol：第一步先計算各層的半徑：

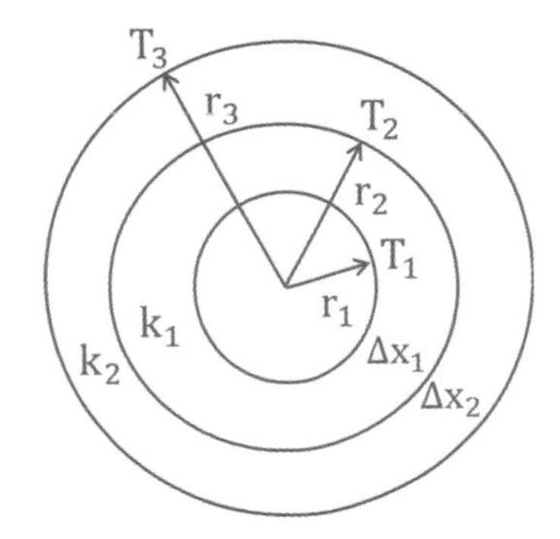

$r_1 = \frac{60}{1000\times2} = 0.03(m)$

$r_2 = r_1 + \Delta x_1 = 0.03 + \left(\frac{50}{1000}\right) = 0.08(m)$

$r_3 = r_2 + \Delta x_2 = 0.08 + \left(\frac{40}{1000}\right) = 0.12(m)$

再代入熱阻串聯與熱量計算的公式$q = \frac{\Delta T}{\sum R} = \frac{\Delta T}{R_1+R_2} = \frac{T_1-T_3}{\frac{\ln\left(\frac{r_2}{r_1}\right)}{2\pi k_1 L}+\frac{\ln\left(\frac{r_3}{r_2}\right)}{2\pi k_2 L}} = \frac{推動力}{總阻力}$

$\frac{q}{L} = \frac{2\pi(T_1-T_3)}{\frac{\ln\left(\frac{r_2}{r_1}\right)}{k_1}+\frac{\ln\left(\frac{r_3}{r_2}\right)}{k_2}} \quad =>\frac{2\pi(T_1-30)}{\frac{\ln\left(\frac{0.08}{0.03}\right)}{0.055}+\frac{\ln\left(\frac{0.12}{0.08}\right)}{0.05}} = \frac{2\pi(T_1-30)}{17.8+8.1} = 29.1 =>T_1 = 150(°C)$

〈考題7－9〉(87地方特考)(20分)

有一電熱線直徑爲d，表面維持在溫度T_W。電熱線產生熱之速率爲$Q(W/m^3)$假設電熱線之熱傳導係數k爲常數不受溫度影響，試問在穩態時中心之最高溫度是多少？

Sol：Shell-balance：$2\pi rL\cdot q_r|_r-2\pi rL\cdot q_r|_{r+\Delta r}+2\pi rL\Delta r\cdot Q=0$同除以$2\pi L\cdot\Delta r$

令$\Delta r\to 0 \Rightarrow \frac{d(r\cdot q_r)}{dr}=rQ$ (1) Fourier Law $q_r=-k\frac{dT}{dr}$ (k爲 const)

代入(1)式$\Rightarrow \frac{\partial}{\partial r}\left(r\frac{\partial T}{\partial r}\right)=-\frac{Q}{k}r \Rightarrow r\frac{dT}{dr}=-\frac{Q}{2k}r^2+c_1 \Rightarrow \frac{dT}{dr}=-\frac{Q}{2k}r+\frac{c_1}{r}$ (2)

B.C.1 $r=0$ $\frac{dT}{dr}=0$ 代入(2)式$c_1=0 \Rightarrow \frac{dT}{dr}=-\frac{Q}{2k}r \Rightarrow T=-\frac{Q}{4k}r^2+c_2$ (3)

B.C.2 $r=\frac{d}{2}$ $T=T_W$ 代入(3)式$c_2=T_W+\frac{Q}{4k}\frac{d^2}{4}$ (4) 將c_2代回(3)式

$\Rightarrow T=-\frac{Q}{4k}r^2+T_W+\frac{Q}{16k}d^2 \Rightarrow T=T_W+\frac{Qd^2}{16k}\left[1-4\left(\frac{r}{d}\right)^2\right]$ (4)

$r=0$ $T=T_{max}$ 代回(4)式$T_{max}=T_W+\frac{Qd^2}{16k}$

〈考題7－10〉(88化工技師)(20分)

一中空圓桶管之內、外半徑分別爲r_i和r_0，其長度爲L，圓管材料之導熱度(conductivity)爲k，圓管外側及內側之溫度各爲T_0與T_i (一)寫出自管內側向外側傳送之熱傳導(Heat conduction)速率(Fourier's Law of conduction)(二)證明徑向熱傳導量計算中，所使用之平均熱傳面積，可以下式計算，$\overline{A_L}=2\pi\overline{r_L}L$ 其中$\overline{r_L}=\frac{r_0-r_i}{\ln\left(\frac{r_0}{r_i}\right)}$

Sol：(一) Shell-balance：$2\pi rL\cdot q_r|_r-2\pi rL\cdot q_r|_{r+\Delta r}=0$ 同除以$2\pi L\cdot\Delta r$

令$\Delta r\to 0 \Rightarrow \frac{d(r\cdot q_r)}{dr}=0$ (1) Fourier Law $q_r=-k\frac{dT}{dr}$ (k爲const) 代入(1)式

$\Rightarrow \frac{\partial}{\partial r}\left(r\frac{\partial T}{\partial r}\right)=0$ (1) $\Rightarrow \frac{dT}{dr}=\frac{c_1}{r}$ (2) $\Rightarrow T=c_1\ln r+c_2$ (3)

第一層：

B.C.1 $r=r_i$ $T=T_i$ 代入(3)式$T_i=c_1\ln r_i+c_2$ (4)

B.C.2 $r=r_0$ $T=T_0$ 代入(3)式$T_0=c_1\ln r_0+c_2$ (5)

(5)-(4)式$c_1=\frac{T_0-T_i}{\ln\left(\frac{r_0}{r_i}\right)}$ =>$q_r=-kA\frac{dT}{dr}=-k(2\pi rL)\frac{(T_0-T_i)}{r\ln\left(\frac{r_0}{r_i}\right)}=\frac{2\pi k(T_i-T_0)L}{\ln\left(\frac{r_0}{r_i}\right)}$ (6)

(二)將(6)式上下同乘以r_0-r_i =>$q_r=\frac{2\pi k(r_0-r_i)(T_i-T_0)L}{(r_0-r_i)\ln\left(\frac{r_0}{r_i}\right)}$ (7)

又$\overline{A_L}=2\pi\overline{r_L}L=\frac{2\pi(r_0-r_i)L}{\ln\left(\frac{r_0}{r_i}\right)}$ 代入(7)式 $q_r=k\overline{A_L}\frac{(T_i-T_0)}{(r_0-r_i)}$

〈考題 7－11〉(90 普考)(13 分)

在熱傳導計算中，如何取中空圓柱與中空圓球之熱流通面積？

Sol：圓柱(對數平均面積)$\overline{A_{lm}}=\frac{A_2-A_1}{\ln\left(\frac{A_2}{A_1}\right)}=\frac{2\pi(r_2-r_1)}{\ln\left(\frac{r_2}{r_1}\right)}$

圓球(幾何平均面積)$A=\sqrt{A_1\cdot A_2}=4\pi r_1r_2$

〈考題7－12〉(93化工技師)(20分)

有一直徑1.5mm的銅導線外面包覆一熱傳導係數爲0.4 W/m·K 之塑膠絕熱材料。該導線放置於流動的空氣中，已知空氣的溫度爲300K，對流熱傳係數爲$20\ W/m^2\cdot K$。假設銅導線外表面的溫度一直維持在400K，並不會受到絕熱材料的影響 (一)決定有最大熱傳速率時的絕熱材料厚度(二)若絕熱材料的厚度爲2.5 mm，則該導線每公尺的熱量損失爲何？

Sol：

(一)推導過程可參考重點整理=>$(r_2)_{cr}=\frac{k}{h}=\frac{0.4}{20}=0.02(m)$

=>$\Delta r=(r_2)_{cr}-r_1=0.02-\left(\frac{1.5}{2\times1000}\right)=0.02(m)$

(二)Shell-balance：$2\pi rL\cdot q_r|_r-2\pi rL\cdot q_r|_{r+\Delta r}=0$同除以$2\pi L\cdot\Delta r$令$\Delta r\to0$

=>$\frac{d(r\cdot q_r)}{dr}=0$ (1) Fourier Law $q_r=-k\frac{dT}{dr}$ (k 爲 const) 代入(1)式

=>$\frac{\partial}{\partial r}\left(r\frac{\partial T}{\partial r}\right)=0$ 積分=>$\frac{dT}{dr}=\frac{c_1}{r}$ 再次積分=>$T=c_1\ln r+c_2$ (2)

B.C.1 $r=r_1$ $T=T_0$ B.C.1 代入(2)式$T_0=c_1\ln r_1+c_2$ (3)

B.C.2 $r=r_2$ $T=T_1$ B.C.2 代入(2)式$T_1=c_1\ln r_2+c_2$ (4)

(3)-(4)式 $c_1=\frac{T_0-T_1}{\ln\left(\frac{r_2}{r_1}\right)}$ (5)

$$q_r\Big|_{r=r_2} = -kA\frac{dT}{dr}\Big|_{r=r_2} = -k(2\pi r_2 L)T_1\frac{T_0-T_1}{\ln\left(\frac{r_1}{r_2}\right)}\frac{1}{r_2} = 2\pi kL\frac{(T_1-T_0)}{\ln\left(\frac{r_2}{r_1}\right)}$$

$$=>q_r = \frac{(T_1-T_0)}{\frac{\ln\left(\frac{r_2}{r_1}\right)}{2\pi kL}+\frac{1}{(2\pi r_2 L)h}} = \frac{2\pi(T_1-T_0)L}{\frac{\ln\left(\frac{r_2}{r_1}\right)}{k}+\frac{1}{r_2\cdot h}}$$

計算各層的半徑：$r_1 = \frac{1.5}{2\times1000} = 7.5\times10^{-4}(m)$

$r_2 = r_1 + \Delta x = 7.5\times10^{-4} + 0.025 = 3.25\times10^{-3}(m)$

$$=>Q = \frac{q_r}{L} = \frac{2\pi(T_1-T_0)}{\frac{\ln\left(\frac{r_2}{r_1}\right)}{k}+\frac{1}{r_2\cdot h}} = \frac{2\pi(400-300)}{\frac{\ln\left(\frac{3.25\times10^{-3}}{7.5\times10^{-4}}\right)}{0.4}+\frac{1}{(3.25\times10^{-3})(20)}} = 32.97(W)$$

〈考題7－13〉(94關務升官/簡任升官)(30分)

有一長圓柱實心固體，此固體會均勻產生熱，假設每單位體積產生熱量爲q W/m^3。若此長圓柱兩端爲絕熱，熱量傳送僅發生於徑向(radial direction)，而圓柱體表面溫度維持爲定值T_W，圓柱體半徑爲R，圓柱體之熱傳導係數(k)爲定值。請推導出此長圓柱體於穩態(steady state)下之溫度分佈，並以q，T_W，R及k表示出此圓柱體中心軸之溫度。

Sol：同〈類題 7－7〉導正過程。

〈考題7－14〉(94第二次化工技師)(20分)

一空心圓管之內外徑各爲3與5公分。假設管之內壁溫度維持在400K，管之外壁則接觸溫度爲300K之流體，且其外側熱傳係數(h_0)爲27 W/m^2K。在穩定狀態下，測量得管之外壁溫度爲326K，求此管之熱導度(thermal conductance)。

Sol：在穩態下，總熱傳速率=各別熱傳速率 $=>\dot{q_1} = \dot{q_2}$

第一步先計算各層的半徑：$r_1 = \frac{3}{100\times2} = 0.015(m)$; $r_2 = \frac{5}{100\times2} = 0.025(m)$

$$=>\frac{(T_1-T_0)}{\frac{\ln\left(\frac{r_2}{r_1}\right)}{2\pi kL}+\frac{1}{h_0(2\pi r_2 L)}} = \frac{(T_2-T_0)}{\frac{1}{h_0(2\pi r_2 L)}}$$

$$=>\frac{2\pi(T_1-T_0)L}{\frac{\ln\left(\frac{r_2}{r_1}\right)}{k}+\frac{1}{h_0 r_2}} = \frac{2\pi(T_2-T_0)L}{\frac{1}{h_0 r_2}}$$

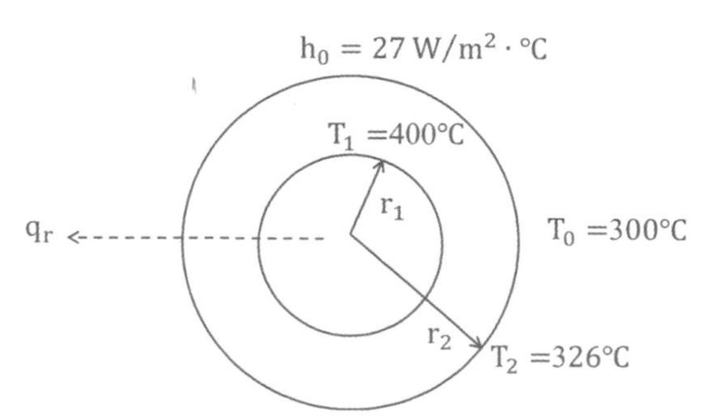

$$=>\frac{400-300}{\frac{\ln\left(\frac{0.025}{0.015}\right)}{k}+\frac{1}{27\times0.025}}=\frac{326-300}{\frac{1}{27\times0.025}}\ =>k=0.12\left(\frac{W}{m\cdot k}\right)$$

〈考題 7－15〉(94 地方特考)(101 經濟部特考)(20/10 分)

某一發熱球體，其半徑爲R；球體內每單位時間，單位體積之發熱量爲$S\ J/m^3\cdot s$；且球體之表面溫度固定在T_RK。試由殼均衡(shell balance)開始，導出於穩定狀態(steady state)時發熱球體內之溫度分佈T(r)。設熱傳導係數爲k。

Sol：解題過程如〈例題7－8〉。

〈考題 7－16〉(95 地方特考)(20 分)

一面積爲$10m^2$之多層材料平板牆，隔開室外5℃冷空氣($h=20\ W/m^2\cdot K$)及室內25℃之溫暖空氣($h=10W/m^2\cdot K$)。由外往內，此多層材料平板牆分別由水泥(厚0.1m，$k=1.00\ W/m\cdot K$)、玻璃纖維(厚0.02m，$k=0.05\ W/m\cdot K$)及木材(厚0.05 m，$k=0.25\ W/m\cdot K$)所構成。問室內電熱器之功率需多少瓦(watt)方能將室內之溫度維持於穩定之25℃？

Sol：熱阻串聯與熱量計算的公式：$q=\frac{\Delta T}{\sum R}=\frac{T_1-T_4}{\frac{1}{h_iA}+\frac{\Delta x_1}{k_1A}+\frac{\Delta x_2}{k_2A}+\frac{\Delta x_3}{k_3A}+\frac{1}{h_0A}}$

$$=>q=\frac{25-5}{\frac{1}{10\times10}+\frac{0.1}{1\times10}+\frac{0.02}{0.05\times10}+\frac{0.05}{0.25\times10}+\frac{1}{20\times10}}=\frac{20}{0.085}=235.3(W)$$

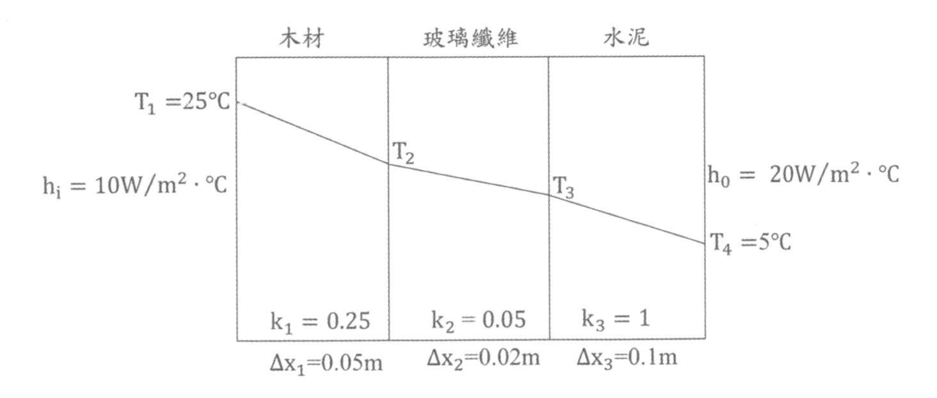

〈考題7－17〉(96普考)(10分)

工廠中常使用絕緣帶來阻絕管件之熱散失，請畫出絕緣帶之厚度與熱傳阻力(thermal resistance)之關係圖。

Sol：

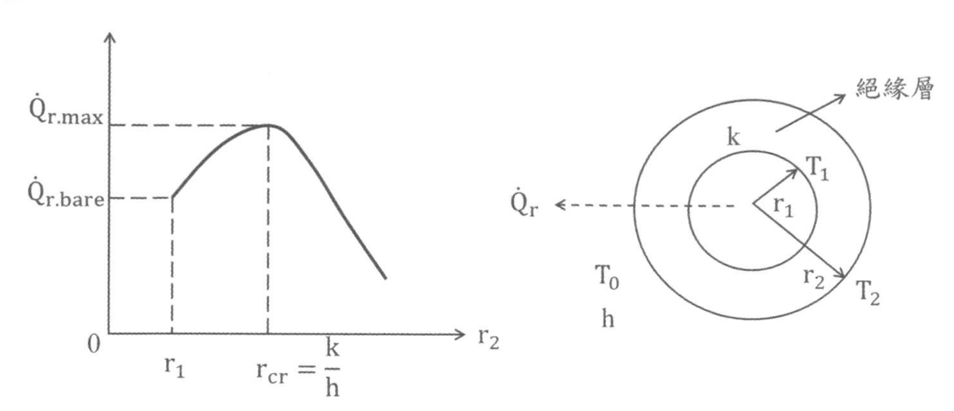

〈考題7 − 18〉(96經濟部特考)(20分)

熱流經由圓柱管壁內半徑R_i，外半徑R_0，管壁物質之熱導度與溫度平方成比例$k = aT^2 + b$，圓柱管內壁溫度T_i，圓柱管外壁溫度T_0，試推導管壁之溫度分佈。

Sol：Shell-balance：$2\pi rL \cdot q_r|_r - 2\pi rL \cdot q_r|_{r+\Delta r} = 0$同除以$2\pi L \cdot \Delta r$令$\Delta r \to 0$

$=> \frac{d(r \cdot q_r)}{dr} = 0$ (1) Fourier Law $q_r = -k\frac{dT}{dr}$ 代入(1)式

$=> \frac{\partial}{\partial r}\left(kr\frac{\partial T}{\partial r}\right) = 0$ (2)；又$k = aT^2 + b$代入(2)式$=> \frac{\partial}{\partial r}(aT^2 + b)r\frac{\partial T}{\partial r} = 0$

積分$=> (aT^2 + b)\frac{dT}{dr} = \frac{c_1}{r}$ 再次積分$=> \frac{a}{3}T^3 + bT = c_1 \ln r + c_2$ (3)

B.C.1 $r = R_i$ $T = T_i$代入(3)式 $=> \frac{a}{3}T_i^3 + bT_i = c_1 \ln R_i + c_2$ (4)

B.C.2 $r = R_0$ $T = T_0$代入(3)式 $=> \frac{a}{3}T_0^3 + bT_0 = c_1 \ln R_0 + c_2$ (5)

(4)-(5)式 $\frac{a}{3}(T_i^3 - T_0^3) + b(T_i - T_0) = c_1 \ln\left(\frac{R_i}{R_0}\right) => c_1 = \frac{\frac{a}{3}(T_i^3 - T_0^3) + b(T_i - T_0)}{\ln\left(\frac{R_i}{R_0}\right)}$ (6)

(3)-(4)式 $\frac{a}{3}(T^3 - T_i^3) + b(T - T_i) = c_1 \ln\left(\frac{r}{R_i}\right)$ (7)

(6)代入(7)式$=> \frac{a}{3}(T^3 - T_i^3) + b(T - T_i) = \frac{\ln\left(\frac{r}{R_i}\right)}{\ln\left(\frac{R_i}{R_0}\right)}\left[\frac{a}{3}(T_i^3 - T_0^3) + b(T_i - T_0)\right]$

※如題目問熱通量：

$$q=-kA\frac{dT}{dr}=-(aT^2+b)(2\pi rL)\frac{c_1}{r(aT^2+b)}=-(2\pi L)\frac{\frac{a}{3}(T_i^3-T_0^3)+b(T_i-T_0)}{\ln\left(\frac{R_i}{R_0}\right)}$$

〈考題7－19〉(97地方特考)(20分)

有一很薄的矽晶片與厚度爲1cm的鋁基材以厚度爲0.01mm的樹酯接合，接合後的矽晶片與鋁基材的側邊皆爲絕熱，只有矽晶片的上方與鋁基材的下方可與溫度20°C的流動空氣相鄰，以進行散熱，其對流熱傳係數爲$80W/m^2\cdot K$。矽晶片與鋁基材暴露在空氣中的表面爲邊長1cm的正方形，若矽晶片在運轉時會產生熱$12000W/m^2$則在該情況下矽晶片的溫度爲若干？已知鋁基材在350K下之熱傳導係數爲$230W/m\cdot K$，樹酯之熱傳阻力爲$5\times10^{-5}m^2\cdot K/W$。

Sol:$\frac{q}{A}=\frac{T_2-T_s}{R_1+\frac{\Delta x}{k_{(Al)}}+2\left(\frac{1}{h}\right)}=\frac{T_2-T_1}{\frac{\Delta x}{k_{(Al)}}}$ =>$\frac{350-T_1}{\frac{1/100}{230}}=12000$=>$T_1=349.4(k)$

$T_s=20°C$　$h=80W/m^2\cdot k$

樹酯熱阻$5\times10^{-5}m^2\cdot K/W$

$T_1=?$　矽

$T_2=350k$　$\Delta x=1cm$　$k_{(Al)}=230W/m\cdot k$

$T_s=20°C$　$h=80W/m^2\cdot k$

〈考題7－20〉(97化工技師)(12/8分)

考慮一半徑爲R_1導熱度爲k電阻爲R_e通電電流密度爲I的電線，將之以導熱度爲k_i的絕緣物包覆，包覆後之總半徑爲R_2。通電所生之熱量由絕緣物表面以對流方式排出，此對流機制可以一熱傳係數h表現，外界溫度爲T_a。通電所生熱速率以S_e表示，且假定電線與絕緣物間有完美的熱接觸。(一)決定電線與絕緣層之溫度分布。(二)如果要得到一最低的電線與絕緣物介面溫度，R_2應滿足何條件？

Sol：(一)Shell-balance：$2\pi rL\cdot q_r|_r-2\pi rL\cdot q_r|_{r+\Delta r}=0$　同除以$2\pi L\cdot\Delta r$

令$\Delta r\to0$ =>$\frac{d(r\cdot q_r)}{dr}=0$ (1) Fourier Law $q_r=-k\frac{dT}{dr}$ (k 爲 const)代入(1)式

=>$\frac{\partial}{\partial r}\left(r\frac{\partial T}{\partial r}\right)=0$　積分=>$\frac{dT}{dr}=\frac{c_1}{r}$　再次積分=>$T=c_1\ln r+c_2$ (2)

B.C.1 $r=R_1$ $T=T_1$　代入(2)式$T_1=c_1\ln R_1+c_2$ (3)

B.C.2 $r=R_2$ $T=T_2$　代入(2)式$T_2=c_1\ln R_2+c_2$ (4)

(4)-(3)式$T_2-T_1=c_1\ln\left(\frac{R_2}{R_1}\right)$　移項=>$c_1=\frac{T_2-T_1}{\ln\left(\frac{R_2}{R_1}\right)}$ (5)

(2)-(3)式$T-T_1=c_1\ln\left(\frac{r}{R_1}\right)$ (6)；將(5)代入(6)式$\frac{T-T_1}{T_2-T_1}=\frac{\ln\left(\frac{r}{R_1}\right)}{\ln\left(\frac{R_2}{R_1}\right)}$

$$S_e=I^2R_e=-k_i(2\pi rL)\frac{dT}{dr}\bigg|_{r=R_2}=-2\pi k_iR_2L\frac{(T_2-T_1)}{\ln\left(\frac{R_2}{R_1}\right)}\frac{1}{R_2}=-2\pi k_iL\frac{(T_2-T_1)}{\ln\left(\frac{R_2}{R_1}\right)}\ (7)$$

於絕緣層和空氣界面：$S_e=h(2\pi R_2)(T_2-T_a)$ (8)，合併(7)和(8)式

$=>-2\pi k_iL\frac{(T_2-T_1)}{\ln\left(\frac{R_2}{R_1}\right)}=h(2\pi R_2)(T_2-T_a)$ $=>\frac{T_2-T_1}{T_2-T_a}=-\left(\frac{h}{k_i}\right)\ln\left(\frac{R_2}{R_1}\right)$

(二) $S_e=\frac{(T_1-T_a)}{\frac{\ln\left(\frac{R_2}{R_1}\right)}{2\pi k_iL}+\frac{1}{(2\pi R_2L)h}}=\frac{2\pi(T_1-T_a)L}{\frac{\ln\left(\frac{R_2}{R_1}\right)}{k_i}+\frac{1}{R_2\cdot h}}=\frac{2\pi(T_1-T_a)L}{\sum R}$

$$\sum R=\frac{\ln\left(\frac{R_2}{R_1}\right)}{2\pi k_iL}+\frac{1}{(2\pi R_2L)h}=\frac{\ln R_2-\ln R_1}{2\pi k_iL}+\frac{R_2^{-1}}{2\pi L\cdot h}$$

$$=>\frac{d\sum R}{dR_2}=\frac{1}{2\pi k_iL}\frac{1}{R_2}-\frac{1}{(2\pi R_2^2L)h}=0$$

$$=>\frac{1}{2\pi k_iL}\frac{1}{R_2}=\frac{1}{(2\pi R_2^2L)h}\ =>(R_2)_{cr}=\frac{k_i}{h}$$

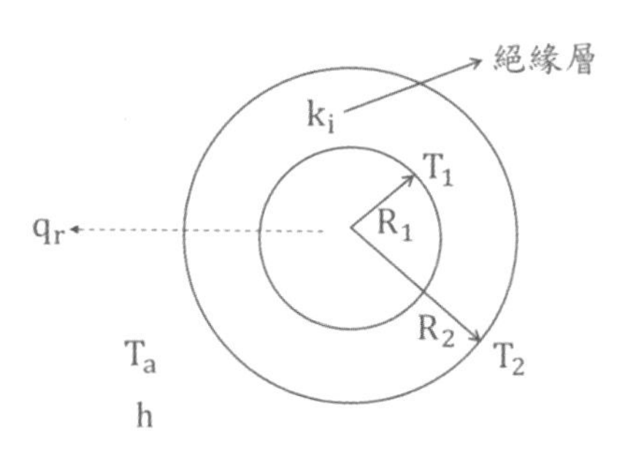

〈考題7－21〉(98化工技師)(20分)

有一支熱水圓管的外徑(outside diameter)爲0.16m，在管外面鋪上一層軟木層，層厚0.04m(熱傳導係數$k=0.05\ W/(m\cdot K)$)。軟木層外表的溫度爲30℃，每1m管子的熱散失速率爲29.1W/m。請求出熱水管與軟木層交界處的溫度爲多少？

$q=-kA_L(T_2-T_1)/(r_2-r_1)$；$A_L=2\pi L(r_2-r_1)/\ln(r_2/r_1)$ 。

q：熱散失速率；k：熱傳導係數；T_1：熱水管與軟木層交界處溫度；T_2：軟木層外表溫度；r_1：熱水管半徑；r_2：軟木層外表半徑。

Sol：先計算各層的半徑：

$$r_1=\frac{0.16}{2}=0.08(m)\ ;r_2=r_1+\Delta r=0.08+0.04=0.12(m)$$

再求對數平均面積$=>A_L=\frac{2\pi L(r_2-r_1)}{\ln\left(\frac{r_2}{r_1}\right)}=\frac{2\pi(1)(0.12-0.08)}{\ln\left(\frac{0.12}{0.08}\right)}=0.6195(m^2)$

代入熱傳公式求T_1=>由題目所給$q=-\frac{kA_L(T_2-T_1)}{(r_2-r_1)}$

$$=>29.1=-\frac{(0.05)(0.6195)(30-T_1)}{(0.12-0.08)}\ =>T_1=67.5(℃)$$

〈考題7 − 22〉(98高考三等)(8/8/9分)

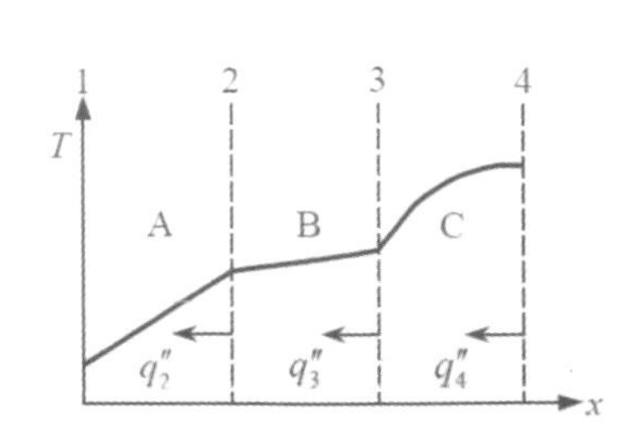

有一合成平板由A, B, C三種不同材質組合而成(位置2, 3爲材質分界處)，若三種材質之熱傳導係數(thermal conductivity)均爲定值，分別爲k_A,k_B及k_C。若其穩態溫度曲線如下圖所示。(一)說明並比較q''_2, q''_3, q''_4之相對大小(其中q''_2, q''_3, q''_4爲位置2, 3, 4之熱通量, heat flux)。(二)說明並比較k_A, k_B, k_C之相對大小。(三)畫出熱通量(heat flux)對x軸之函數示意圖。

Sol:假設(1). S.S (2).一維方向熱傳 (3)k爲const

(一)由拋物溫度曲線C可得知有熱生成，因此當$\frac{dT}{dx}$增加時，伴隨著距離x減少，所以熱通量C增加同樣伴隨著距離x減少 $\Rightarrow q''_3 > q''_4$

然而在物質A與B爲溫度線性下，但無熱生成的情況可得知$\Rightarrow q''_2 = q''_3$

(二)由能量平衡可得知$q''_{3(B)} = q''_{3(C)}$，且$\left.\frac{dT}{dx}\right|_B < \left.\frac{dT}{dx}\right|_C$，所以$k_B > k_C$

同理$q''_{2(A)} = q''_{2(B)}$，且$\left.\frac{dT}{dx}\right|_A > \left.\frac{dT}{dx}\right|_B$，所以$k_A < k_B$

(三)

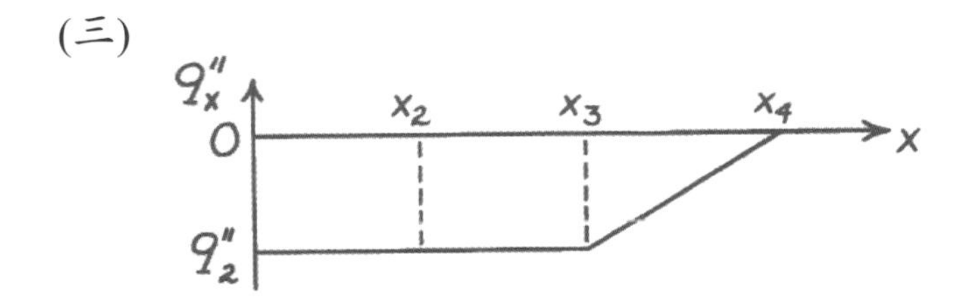

※此題摘錄於Frank.P.Incropera David P.DeWitt “Foundamentals of Heat,and Mass Transfer” 4th Ed習題3.65。

〈考題 7 − 23〉(103 化工技師)(10/10 分)

以三種具有不同熱導係數(K_A, K_B, K_C)所組成之板狀材料，在一熱傳實驗量得其穩態溫度分布如附圖，請討論並解釋：

(一)(K_A, K_B, K_C)之相對大小。(二)(q''_2, q''_3, q''_4)之相對大小。

Sol：解法如上題〈考題7 − 22〉過程。

〈考題 7 − 24〉(99 普考)(15 分)

一磚造牆壁兩側的溫度分別爲20℃及−25℃，若磚之熱傳導係數爲 0.6kcal/(hr · m · ℃)，欲使每平方公尺熱損失率低於120Kcal/hr以下，則牆至少需有若干 cm 的厚度？

Sol：由Fourier Law $q_x = -k\frac{dT}{dx}$ =>$120\frac{kcal}{hr\cdot m^2} = \left(0.6\frac{kcal}{hr\cdot m\cdot ℃}\right)\frac{[20-(-25)]℃}{\Delta x}$

=>$\Delta x = 0.225(m) = 22.5(cm)$

〈考題7 − 25〉(100普考)(15分)

高溫爐裡面襯有0.1m的耐火磚(熱傳導係數0.2W/(m · K))，外面再加一層0.2m的普通磚(熱傳導係數1.5W/(m · K))，若爐內壁溫度爲700℃，爐外壁溫度爲70℃，請計算整個爐壁熱損失爲多少W/m^2？

Sol：熱阻串聯與熱量計算公式$\frac{q}{A} = \frac{\Delta T}{\sum R} = \frac{T_1 - T_2}{\frac{\Delta x_1}{k_1}+\frac{\Delta x_2}{k_2}} = \frac{700-70}{\frac{0.1}{0.2}+\frac{0.2}{1.5}} = 995\left(\frac{W}{m^2}\right)$

〈考題7 − 26〉(100高考三等)(兩小題各10分)

有一半徑爲r_i之金屬線，其外緣包覆一均勻厚度之絕緣塑膠層，此時半徑變爲r_0，即絕緣層之厚度爲$r_0 - r_i$。金屬線會產生熱，而外界之冷空氣有散熱作用，在穩態(steady state)下，絕緣層內側表面(與金屬接觸處)之溫度爲T_i，絕緣層外側表面(與冷空氣接觸處)之溫度爲T_0。若此金屬線很長，熱量傳送僅發生於徑向(radial direction)，且絕緣層之熱傳導係數(k)爲定值。(一)請推導出絕緣層內之徑向溫度分佈以r_i，r_0，T_i及T_0表示。(二)若r_i = 1.0 mm，r_0 = 2.0 mm，T_i = 350K，T_0 = 300K，絕緣層之熱傳導係數(k)爲0.4 W/m · K。請計算每單位長度金屬線對外界之熱傳量爲多少W/m？

Sol：(一)Shell-balance $2\pi rL\cdot q_r|_r - 2\pi rL\cdot q_r|_{r+\Delta r} = 0$ 同除以$2\pi L\cdot\Delta r$

令$\Delta r \to 0$ =>$\frac{d(r\cdot q_r)}{dr} = 0$ (1) Fourier Law $q_r = -k\frac{dT}{dr}$ (k爲const) 代入(1)式

=>$\frac{\partial}{\partial r}\left(r\frac{\partial T}{\partial r}\right) = 0$ =>$\frac{dT}{dr} = \frac{c_1}{r}$ =>$T = c_1\ln r + c_2$ (2)

B.C.1 $r = r_i$ $T = T_i$ 代入(2)式$T_i = c_1\ln r_i + c_2$ (3)

B.C.2 $r = r_0$ $T = T_0$ 代入(2)式$T_0 = c_1\ln r_0 + c_2$ (4)

(4)-(3)式$T_0 - T_i = c_1\ln\left(\frac{r_0}{r_i}\right)$ =>$c_1 = \frac{T_0 - T_i}{\ln\left(\frac{r_0}{r_i}\right)}$ (5)

(2)-(3)式$T - T_i = c_1 \ln\left(\frac{r}{r_i}\right)$ (6)；將(5)代入(6)式=>$\frac{T-T_i}{T_0-T_i} = \frac{\ln\left(\frac{r}{r_i}\right)}{\ln\left(\frac{r_0}{r_i}\right)}$

(二)$Q|_{r=r_0} = -kA\frac{dT}{dr}\Big|_{r=r_0} = -k(2\pi r_0 L)T_1\frac{T_0-T_i}{\ln\left(\frac{r_0}{r_i}\right)}\frac{1}{r_0} = 2\pi kL\frac{(T_i-T_0)}{\ln\left(\frac{r_0}{r_i}\right)}$

=>$q = \frac{Q}{L} = \frac{2\pi k(T_i-T_0)}{\ln\left(\frac{r_0}{r_i}\right)} = \frac{2\pi(0.4)(350-300)}{\ln\left(\frac{2}{1}\right)} = 181.2\left(\frac{W}{m}\right)$

〈考題 7－27〉(101 化工技師)(20 分)

一環狀壁(annular wall)之內半徑及外半徑分別爲r_0及r_1，其上之壁溫分別爲T_0及T_1($T_0 > T_1$)。此管壁之熱傳導度(thermal conductivity)隨溫度線性變化，從內管壁之k_0變化至外管壁之k_1，環狀壁之長度爲 L，請求解經管壁之熱流量(heat flow through the wall)。

Sol：Shell-balance：$2\pi rL\cdot q_r|_r - 2\pi rL\cdot q_r|_{r+\Delta r} = 0$同除以$2\pi L\cdot\Delta r$ 令$\Delta r\to 0$

=>$\frac{d(r\cdot q_r)}{dr} = 0$ (1) Fourier Law $q_r = -k_1\frac{dT}{dr}$ 代入(1)式=>$\frac{\partial}{\partial r}\left(k_1 r\frac{\partial T}{\partial r}\right) = 0$ (2)

假設$k_1 = k_0(1+\beta T)$ 代入(2)式$\frac{\partial}{\partial r}[k_0(1+\beta T)]r\frac{\partial T}{\partial r} = 0$

β(溫度係數)：一般金屬材料爲負值；k_0(特定物質的熱導度)；k_1(特定物質實驗出的熱導度值)

=>$[k_0(1+\beta T)]\frac{\partial T}{\partial r} = \frac{c_1}{r}$ 再次積分=>$k_0 T + k_0\frac{\beta}{2}T^2 = c_1\ln r + c_2$ (3)

B.C.1 $r = r_0$ $T = T_0$ 代入(3)式=>$k_0 T_0 + k_0\frac{\beta}{2}{T_0}^2 = c_1\ln r_0 + c_2$ (4)

B.C.2 $r = r_1$ $T = T_1$ 代入(3)式=>$k_0 T_1 + k_0\frac{\beta}{2}{T_1}^2 = c_1\ln r_1 + c_2$ (5)

(5)-(4)式$k_0(T_1 - T_0) + \frac{\beta}{2}k_0\left({T_1}^2 - {T_0}^2\right) = c_1\ln\left(\frac{r_1}{r_0}\right)$

=>$c_1 = \frac{k_0(T_1-T_0)+\frac{\beta}{2}k_0({T_1}^2-{T_0}^2)}{\ln\left(\frac{r_1}{r_0}\right)}$ (6)

又$q_r = -k_1 A\frac{dT}{dr} = -[k_0(1+\beta T)](2\pi rL)\frac{dT}{dr} = -(2\pi rL)\frac{c_1}{r}$

$$q_r = -(2\pi rL)\frac{k_0(T_1-T_0)+\frac{\beta}{2}k_0({T_1}^2-{T_0}^2)}{\ln\left(\frac{r_1}{r_0}\right)}\frac{1}{r} = \frac{2\pi k_0 L}{\ln\left(\frac{r_0}{r_1}\right)}\left[(T_1-T_0)+\frac{\beta}{2}\left({T_1}^2-{T_0}^2\right)\right]$$

※題意得知寫到上式即可，若題目要求以算數平均熱導度表示結果如下：

$$=>q_r = \frac{2\pi k_0 L}{\ln\left(\frac{r_0}{r_1}\right)}\left[1+\frac{\beta}{2}(T_1+T_0)\right](T_1-T_0)$$

算數平均熱導度(Arithmetic average value) $k_{avg} = k_0\left[1+\frac{\beta}{2}(T_1+T_0)\right]$

$=> q_r = \frac{2\pi k_{avg} L}{\ln\left(\frac{r_0}{r_1}\right)}(T_1-T_0)$ ※若題目未指定用薄殼理論可直接從公式做積分

$$=>q_r = -[k_0(1+\beta T)](2\pi rL)\frac{dT}{dr}$$

$=>q_r\int_{r_1}^{r_0}\frac{d}{dr} = -2\pi k_0 L\int_{T_1}^{T_0}(1+\beta T)dT$ 最後結果會相同！

※此題摘錄於 3W 例題 Example15.2。

〈考題 7－28〉(101 經濟部特考)(10 分)

外徑 200mm 之鋼管輸送水蒸汽外層覆 50mm 厚度，$K_1 = 0.09\,\text{Kcal/hr}\cdot\text{m}\cdot{}^\circ\text{C}$之保溫材料 A 及 B，$K_2 = 0.08\,\text{Kcal/hr}\cdot\text{m}\cdot{}^\circ\text{C}$，25mm 厚度，求單位長度所通過的熱量，並求 A、B 之界面溫度，A 保溫之內緣 170℃，B 外緣 20℃。

Sol：(一)第一步先計算各層的半徑：

$$r_1 = \frac{200}{2\times1000} = 0.1(\text{m})\ ;r_2 = r_1+\Delta x = 0.1+\left(\frac{50}{1000}\right) = 0.15(\text{m})$$

$$r_3 = r_2+\Delta x = 0.15+\left(\frac{25}{1000}\right) = 0.175(\text{m})$$

再代入熱阻串聯與熱量計算的公式 $q = \frac{\Delta T}{R_1+R_2} = \frac{T_0-T_2}{\frac{\ln\left(\frac{r_2}{r_1}\right)}{2\pi k_1 L}+\frac{\ln\left(\frac{r_3}{r_2}\right)}{2\pi k_2 L}} = \frac{推動力}{總阻力}$

$$q = \frac{2\pi(T_0-T_2)L}{\frac{\ln\left(\frac{r_2}{r_1}\right)}{k_1}+\frac{\ln\left(\frac{r_3}{r_2}\right)}{k_2}} = \frac{2\pi(170-20)(1)}{\frac{\ln\left(\frac{0.15}{0.1}\right)}{0.09}+\frac{\ln\left(\frac{0.175}{0.15}\right)}{0.08}} = \frac{942}{4.505+1.926} = 146.47\left(\frac{\text{Kcal}}{\text{hr}\cdot\text{m}}\right)$$

(二)串聯下$q = q_1$ $=>\frac{2\pi(170-T_2)}{\frac{\ln\left(\frac{0.15}{0.1}\right)}{0.09}} = 146.47$ $=>T_2 = 64.93(^\circ\text{C})$

〈考題 7 − 29〉(102 普考)(15 分)

有一輸送加熱流體的鋼管其表面溫度爲120℃，鋼管外直徑是30cm，而長度爲100 m。在管外敷覆一層厚15cm的保溫材料，已知保溫材料的熱傳導係數爲0.20 W/(m · K)，若保溫之後的管外表面溫度爲25℃，請問此鋼管的熱損失每m爲多少W？

Sol：第一步先計算各層的半徑：

$$r_1=\frac{30}{100\times 2}=0.15(\mathrm{m})\ ;r_2=r_1+\Delta x_1=0.15+\left(\frac{15}{100}\right)=0.3(\mathrm{m})$$

再代入圓柱體熱阻與熱量計算的公式：$q=\frac{\Delta T}{R}=\frac{T_1-T_2}{\frac{\ln\left(\frac{r_2}{r_1}\right)}{2\pi kL}}=\frac{推動力}{總阻力}$

$$q=\frac{2\pi k(T_1-T_2)L}{\ln\left(\frac{r_2}{r_1}\right)}=\frac{2\pi(0.2)(120-25)(100)}{\ln\left(\frac{0.3}{0.15}\right)}=17214(\mathrm{W})=>\frac{q}{L}=\frac{17214}{100}=172\left(\frac{\mathrm{W}}{\mathrm{m}}\right)$$

〈考題7 − 30〉(103地方特考)(15分)

茲有內徑0.1m，壁厚0.004m之鋼管熱傳導率(thermal conductivity)，k = 40 W/m · K)，用於輸送120℃蒸氣，爲降低此蒸氣管的熱損，於管外包了0.01 m厚之絕熱材料(k = 0.15 W/m · K)，如絕熱層外之氣體溫度爲20℃，而絕熱層表面與氣體間之熱對流係數(heat transfer coefficient)爲5.0 $W/m^2 \cdot K$，管內蒸氣流之熱對流係數爲45$W/m^2 \cdot K$，試求每單位管長之熱損失速率[W/m]。

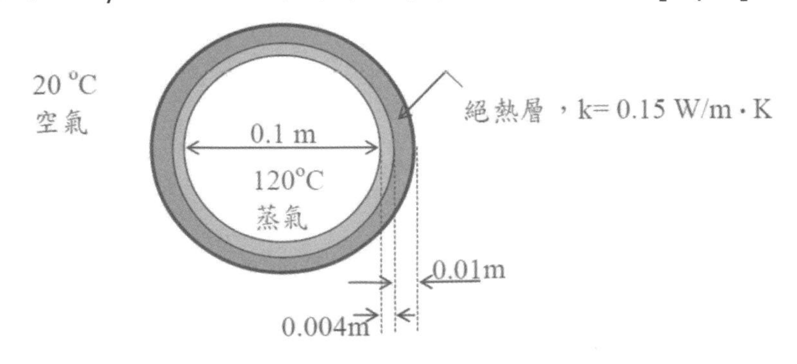

Sol：先計算各層的半徑：

$$r_1=\frac{0.1}{2}=0.05(\mathrm{m})\ ;r_2=r_1+\Delta x_1=0.05+0.004=0.054(\mathrm{m})$$

$$r_3=r_2+\Delta x_2=0.054+0.01=0.064(\mathrm{m})$$

由熱阻串聯與熱量計算公式$q=\frac{\Delta T}{\sum R}=\frac{推動力}{總阻力}=\frac{(T_1-T_3)}{\frac{1}{h_i(2\pi r_1 L)}+\frac{\ln\left(\frac{r_2}{r_1}\right)}{2\pi k_1 L}+\frac{\ln\left(\frac{r_3}{r_2}\right)}{2\pi k_2 L}+\frac{1}{h_0(2\pi r_3 L)}}$

$$q=\frac{2\pi(T_1-T_3)L}{\frac{1}{h_i r_1}+\frac{\ln\left(\frac{r_2}{r_1}\right)}{k_1}+\frac{\ln\left(\frac{r_3}{r_2}\right)}{k_2}+\frac{1}{h_0 r_3}}=\frac{2\pi(120-20)(1)}{\frac{1}{45(0.05)}+\frac{\ln\left(\frac{0.054}{0.05}\right)}{40}+\frac{\ln\left(\frac{0.064}{0.054}\right)}{0.15}+\frac{1}{5(0.064)}}=133.6\left(\frac{W}{m}\right)$$

〈考題7－31〉(104高考三等)(5/10/5分)

有一組合壁自室內至室外由A、B、C三層材料所構成，其厚度分別爲$L_A=2\ cm$、$L_B=10\ cm$、$L_C=3\ cm$，熱傳導係數k_A、k_B及k_C分別爲0.12、0.03 及0.14 W/m·K，各層之表面積皆爲$300m^2$。在夏天室內外之溫度分別爲$T_i=20°C$與$T_0=35°C$，室內外之對流熱傳係數分別爲$h_i=25\ W/m^2K$及$h_0=50\ W/m^2K$。(一)列出總熱傳阻力之表示式。(二)計算穿透組合壁之總熱傳速率。(三)主要由那一個熱傳阻力決定熱傳速率？

Sol：溫度分佈畫法可參考〈考題 7－11〉

$$(一)\sum R_{total}=\frac{1}{h_i A}+\frac{L_A}{k_A A}+\frac{L_B}{k_B A}+\frac{L_C}{k_C A}+\frac{1}{h_0 A}$$

$$=>\sum R_{total}=\frac{1}{25\times300}+\frac{2/100}{0.12\times300}+\frac{10/100}{0.03\times300}+\frac{3/100}{0.14\times300}+\frac{1}{50\times300}=0.0125\left(\frac{k}{W}\right)$$

$$(二)\dot{q}=\frac{T_0-T_i}{\sum R_{total}}=\frac{35-20}{0.0125}=1200(W)$$

(三) $\frac{L_B}{k_B A}$的熱阻最大，所以爲熱傳決定步驟。

〈考題 7－32〉(104 化工技師)(25 分)

有一個很大的平板，在x方向的厚度爲2L，在y及z的方向都是無窮大。平板的溫度爲T，它只是x方向的函數。在平板的兩端$x=L$處及$x=-L$處($x=0$在板的中央)溫度都維持在T_W。平板會產生熱量，單位時間、單位體積所發出的熱量爲R。請由殼的能量均衡(shell energy balance)開始，導出穩態(steady state)下溫度T與地點x的關係式。

Sol：同〈類題 7－5〉導正過程

〈考題7－33〉(104經濟部特考)(10/5分)

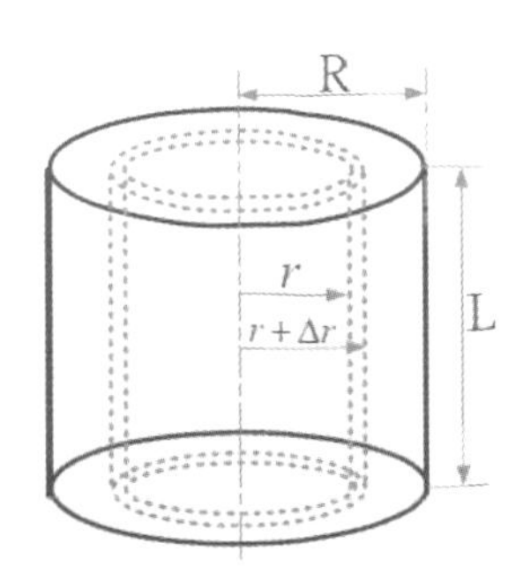

金屬線通電時，如圖所示，此金屬線會產生熱量，假設此金屬線產生熱量爲均一，其單位體積產生之熱量$Q(W/m^3)$，此金屬線半徑爲R、長度L、熱傳導係數k、金屬線表面之溫度T_W：

(一)試導正金屬線徑向(r-方向)之溫度分佈式。(二)已知此金屬線之$T_W = 420K$、$k = 20\,W/m\cdot K$、$R = 0.002m$、$L = 1m$、$Q = 1000\,MW/m^3$，求金屬線中心溫度爲多少K？

Sol：(一)同〈例題 7－7〉導正過程。

(二) $T_{max} = T_W + \frac{qR^2}{4k} = 420 + \frac{(1000\times10^6)(0.002)^2}{4(20)} = 470(K)$

〈考題 7－34〉(104 高考二等)(25/5 分)

一圓形觸媒顆粒內部因化學反應產生均勻之熱量爲$S_c\ cal/cm^3s$(可假設爲定值)。圓形觸媒顆粒之半徑爲R，熱傳導度(thermal conductivity)爲k。熱經由觸媒表面散熱至流經之氣體。氣體之溫度爲T_g，而氣體與觸媒表面之熱傳係數(heat transfer coefficient)爲h。(一)請求解圓形觸媒顆粒之穩定狀態溫度分布；(二)圓形觸媒顆粒單位時間之散熱量爲何？

Sol：

(一)Shell-balance：$4\pi r^2\cdot q_r|_r - 4\pi r^2\cdot q_r|_{r+\Delta r} + 4\pi r^2\Delta r\cdot S_c = 0$

同除以$4\pi\cdot\Delta r$ 令$\Delta r\to 0$ $\Rightarrow \frac{\partial}{\partial r}(r^2\cdot q_r) = S_c\cdot r^2$ (1)

Fourier Law $q_r = -k\frac{dT}{dr}$ (k 爲 const)代入(1)式$\Rightarrow \frac{\partial}{\partial r}\left(r^2\frac{\partial T}{\partial r}\right) = -\frac{S_c}{k}r^2$

$\Rightarrow r^2\frac{\partial T}{\partial r} = -\frac{S_c}{3k}r^3 + c_1$ $\Rightarrow \frac{\partial T}{\partial r} = -\frac{S_c}{3k}r + \frac{c_1}{r^2}$ (2)

B.C.1 $r = 0$ $\frac{\partial T}{\partial r} = 0$ 代入(2)式$c_1 = 0$ $\Rightarrow \frac{\partial T}{\partial r} = -\frac{S_c}{3k}r$

$\Rightarrow T = -\frac{S_c}{6k}r^2 + c_2$ (3) B.C.2 $r = R$ $-k\frac{dT}{dr}\Big|_{r=R} = h(T - T_g)\Big|_{r=R}$代入(3)式

$\Rightarrow -k\left(\frac{S_c}{6k}r\right)\Big|_{r=R} = h\left(-\frac{S_c}{6k}r^2 + c_2 - T_g\right)\Big|_{r=R}$

$$=>\frac{S_c\cdot R}{3}=-\frac{h\cdot S_c\cdot R^2}{6k}+c_2h-hT_g \quad =>c_2=\frac{S_c\cdot R}{3h}+\frac{S_c\cdot R^2}{6k}+T_g$$ 代回(3)式

$$=>T=-\frac{S_c}{6k}r^2+\frac{S_c\cdot R}{3h}+\frac{S_c\cdot R^2}{6k}+T_g=T_g+\frac{S_c\cdot R^2}{6k}\left[1-\left(\frac{r}{R}\right)^2\right]+\frac{S_c\cdot R}{3h}$$

(二)$q=-kA\left.\frac{dT}{dr}\right|_{r=R}=-k(4\pi R^2)\left(-\frac{S_c\cdot R}{3k}\right)=\left(\frac{4}{3}\pi R^3\right)S_c$

〈考題 7－35〉(105 普考)(20 分)

有一厚管壁的膠管，內直徑10mm，外直徑40mm，其導熱係數為0.151W/m · K，擬暫時用來當冷卻水槽的冷卻管。冷卻管中快速通入冰水，讓管內溫度維持在2℃，管外表面溫度維持在25℃。假若總共有16W的熱量需要藉由冷卻移走，請計算需要使用多少長度的冷卻管？

Sol：第一步先計算各層的半徑：

$$r_1=\frac{10}{100\times 2}=0.05(m)\ ;r_2=\frac{40}{100\times 2}=0.2(m)$$

再代入圓柱體熱阻與熱量計算的公式$q=\frac{2\pi k(T_2-T_1)L}{\ln\left(\frac{r_2}{r_1}\right)}=\frac{2\pi(0.151)(25-2)L}{\ln\left(\frac{0.2}{0.05}\right)}=16(W)$

$=>L=1(m)$

八、非等溫系統之變化方程式

此章節延續固體及層流中殼能量均衡及溫度分佈的內容，是以公式解取代薄殼理論去求得平板、圓柱、球體的溫度分佈與熱量的導正過程，但此章節的重點在於如何約減公式內不必要的選項，再從公式法得到我們所要的特解(溫度分佈)，只需要記憶最基本的統御方程式，其他的統御方程式考試都會提供，只需懂得做約減即可，就像流體力學中 Navier-stoke equation 一樣的方式，都是以公式解取代薄殼理論，觀念和流力相同，所以學起來並不難，但有一點需注意的是，考試有時出題委員會指定方式，請務必以指定方式作答，例如：以薄殼理論導正就以薄殼理論解之，如以公式解務必以公式解作答，如果沒有限定那兩者都可以使用，或許有人會問兩種方式用哪一種較好，我個人建議兩種務必都要會，因爲這不太好預測出題委員的想法，保險起見兩種方式都要熟練才是致勝之道。

(一)能量方程式的特殊形態

(1)適用於壓力常數的流體

由$\rho C_V \frac{DT}{Dt} = k\nabla^2 T - T\left(\frac{\partial P}{\partial T}\right)_\rho (\nabla \cdot \vec{V}) - \mu \emptyset_V$ (1)

(2)物理意義：

$k\nabla^2 T$熱傳導；$T\left(\frac{\partial P}{\partial T}\right)_\rho (\nabla \cdot \vec{V})$：膨脹或壓縮效應(如爲氣體時不可忽略)

$\mu \emptyset_V$黏滯熱(一般流體可忽略，高分子不可忽略)

當壓力爲定值時，$\left(\frac{\partial P}{\partial T}\right)_\rho = 0$且$C_V = C_P$

$\mu \emptyset_V$是流動系統中機械能轉變成熱能，當系統的速度梯度很小時可以忽略。

所以(1)式變成=>$\rho C_P \frac{DT}{Dt} = k\nabla^2 T$ 展開如下：

直角座標：$\rho C_P \left(\frac{\partial T}{\partial t} + V_x \frac{\partial T}{\partial x} + V_y \frac{\partial T}{\partial y} + V_z \frac{\partial T}{\partial z}\right) = k\left(\frac{\partial^2 T}{\partial x^2} + \frac{\partial^2 T}{\partial y^2} + \frac{\partial^2 T}{\partial z^2}\right)$

圓柱座標：$\rho C_P\left(\frac{\partial T}{\partial t}+V_r\frac{\partial T}{\partial r}+\frac{V_\theta}{r}\frac{\partial T}{\partial \theta}+V_z\frac{\partial T}{\partial z}\right)=k\left[\frac{1}{r}\frac{\partial}{\partial r}\left(r\frac{\partial T}{\partial r}\right)+\frac{1}{r^2}\frac{\partial^2 T}{\partial \theta^2}+\frac{\partial^2 T}{\partial z^2}\right]$

球座標：$\rho C_P\left(\frac{\partial T}{\partial t}+V_r\frac{\partial T}{\partial r}+\frac{V_\theta}{r}\frac{\partial T}{\partial \theta}+\frac{V_\phi}{r\cdot\sin\theta}\frac{\partial T}{\partial \phi}\right)$

$=k\left[\frac{1}{r^2}\frac{\partial}{\partial r}\left(r^2\frac{\partial T}{\partial r}\right)+\frac{1}{r^2\sin\theta}\frac{\partial}{\partial \theta}\left(\sin\theta\frac{\partial T}{\partial \theta}\right)+\frac{1}{r^2\,\partial\sin^2\theta}\frac{\partial^2 T}{\partial \phi^2}\right]$

(3)直角、圓柱、球體表示成以下化簡通式：

General heat transfer equation：$\rho C_p\left(\frac{\partial T}{\partial t}+\vec{V}\cdot\nabla T\right)=\ k\nabla^2 T+\dot{q}$

物理意義：

$\rho C_p\frac{\partial T}{\partial t}$單位時間系統殘留能量；$\rho C_p\vec{V}\cdot\nabla T$熱對流之熱傳速率

$k\nabla^2 T$：熱傳導之熱傳速率；$\dot{q}$ 單位時間產生的能量

Case1 壓力爲常數及速度爲零的流體。=>$\rho C_P\frac{\partial T}{\partial t}=k\nabla^2 T$

Case2：適用於密度爲常數的流體。$\rho=\mathrm{const}$且$C_V=C_P$ =>$\nabla\cdot\vec{V}=0$

$\therefore\vec{V}\cdot\nabla T=0$所以(1)式變成=>$\rho C_P\frac{DT}{Dt}=k\nabla^2 T$

Case3：適用於固體，且固體不流動(non-Slip)。

固體的$C_V=C_P$ =>$\vec{V}\cdot\nabla T=0$ =>$\rho C_P\frac{\partial T}{\partial t}=k\nabla^2 T$ Fourier′s second law

Case4：具有熱源的固體=>$\rho C_P\frac{\partial T}{\partial t}=\ k\nabla^2 T+\dot{q}$

若表示成$\alpha=\frac{k}{\rho C_P}$，則直角、圓柱、球座標表示成以下簡化後之通式：

直角座標 $\frac{\partial T}{\partial t}=\alpha\left(\frac{\partial^2 T}{\partial x^2}+\frac{\partial^2 T}{\partial y^2}+\frac{\partial^2 T}{\partial z^2}\right)$

圓柱座標 $\frac{\partial T}{\partial t}=\alpha\left[\frac{1}{r}\frac{\partial}{\partial r}\left(r\frac{\partial T}{\partial r}\right)+\frac{1}{r^2}\frac{\partial^2 T}{\partial \theta^2}+\frac{\partial^2 T}{\partial z^2}\right]$

球座標 $\frac{\partial T}{\partial t}=\alpha\left[\frac{1}{r^2}\frac{\partial}{\partial r}\left(r^2\frac{\partial T}{\partial r}\right)+\frac{1}{r^2\sin\theta}\frac{\partial}{\partial \theta}\left(\sin\theta\frac{\partial T}{\partial \theta}\right)+\frac{1}{r^2\,\partial\sin^2\theta}\frac{\partial^2 T}{\partial \phi^2}\right]$

(二)平板熱傳導

〈例題 $8-1$〉有一極大平板如圖所示，板厚爲 L，一端溫度爲T_1，另一端溫度爲T_2，且$T_1 > T_2$，熱量由$x = 0$傳導向$x = L$處流動，請由能量方程式求(一)溫度分佈？

(二)平均溫度？(三)熱量流出速率$Q|_{x=L} =$？請由殼平衡(shcll-balancc)推導？

Sol：圖示如上一章節〈例題 $7-1$〉圖一畫法

General heat transfer equation：$\rho C_p\left(\frac{\partial T}{\partial t} + \vec{V}\cdot\nabla T\right) = k\nabla^2 T + \dot{q}$

S.S　固體　系統無熱源產生

$$=>\nabla^2 T = 0 => \frac{\partial^2 T}{\partial x^2} + \frac{\partial^2 T}{\partial y^2} + \frac{\partial^2 T}{\partial z^2} = 0 => \frac{\partial^2 T}{\partial x^2} = 0 => T = c_1 x + c_2 \quad (2)$$

$T \neq f(y)$　$T \neq f(z)$

以下結果如〈例題 $7-1$〉導正過程。

〈例題 $8-2$〉有一圓柱殼會產生熱量，單位體積內熱量產生速率爲$\dot{q}$，圓柱半徑爲 R，表面溫度爲T_W，請由能量方程式求(一)圓柱的溫度分佈(二)圓柱的最大溫度(三)圓柱的熱量產生速率？

Sol：圖示如上一章節〈例題 $7-7$〉圖七畫法

General heat transfer equation：$\rho C_p\left(\frac{\partial T}{\partial t} + \vec{V}\cdot\nabla T\right) = k\nabla^2 T + \dot{q}$

S.S　固體

$$\nabla^2 T = -\frac{\dot{q}}{k} \text{ 展開} => \left[\frac{1}{r}\frac{\partial}{\partial r}\left(r\frac{\partial T}{\partial r}\right) + \frac{1}{r^2}\frac{\partial^2 T}{\partial \theta^2} + \frac{\partial^2 T}{\partial z^2}\right] = -\frac{\dot{q}}{k}$$

$T \neq f(\theta)$　$T \neq f(z)$

$$=>\frac{1}{r}\frac{d}{dr}\left(r\frac{dT}{dr}\right) = -\frac{\dot{q}}{k} => \frac{dT}{dr} = -\frac{q}{2k}r + \frac{c_1}{r} \quad (1)$$

以下結果如〈類題 $7-7$〉導正過程。

(二)具熱源的球體內熱傳導

〈例題 $8-3$〉有一球形發熱體，半徑爲 R，球體表面溫度維持在T_W，發熱體內每單位時間、單位體積內熱量產生速率爲$\dot{q}$，在此$\dot{q}$爲非定值，而是隨地點而改變$\dot{q} = \dot{q_0}\left[1 + \beta\left(\frac{r}{R}\right)^2\right]$式中$\dot{q_0}$和$\beta$都是常數。請利用能量方程式求出發熱體內溫度分佈公式？

Sol：General heat transfer equation：$\rho C_p\left(\frac{\partial T}{\partial t}+\vec{V}\cdot\nabla T\right)= k\nabla^2 T+\dot{q}$

S.S　　固體

$\nabla^2 T=-\frac{\dot{q}}{k}$ =>$\left[\frac{1}{r^2}\frac{\partial}{\partial r}\left(r^2\frac{\partial T}{\partial r}\right)+\frac{1}{r^2\sin\theta}\frac{\partial}{\partial\theta}\left(\sin\theta\frac{\partial T}{\partial\theta}\right)+\frac{1}{r^2\,\partial\sin^2\theta}\frac{\partial^2 T}{\partial\emptyset^2}\right]=-\frac{\dot{q}}{k}$

$T\neq f(\theta)$　　$T\neq f(\emptyset)$

=>$\frac{1}{r^2}\frac{d}{dr}\left(r^2\frac{dT}{dr}\right)=-\frac{\dot{q}}{k}$ 將$\dot{q}$值代入左式=>$\frac{1}{r^2}\frac{d}{dr}\left(r^2\frac{dT}{dr}\right)=-\frac{\dot{q}_0}{k}\left[1+\beta\left(\frac{r}{R}\right)^2\right]$

=>$\frac{d}{dr}\left(r^2\frac{dT}{dr}\right)=-\frac{\dot{q}_0}{k}\left[r^2+\beta\frac{r^4}{R^2}\right]$ =>$r^2\frac{dT}{dr}=-\frac{\dot{q}_0}{k}\left[\frac{r^3}{3}+\frac{\beta}{5}\frac{r^5}{R^2}\right]+c_1$

=>$\frac{dT}{dr}=-\frac{\dot{q}_0}{k}\left[\frac{r}{3}+\frac{\beta}{5}\frac{r^3}{R^2}\right]+\frac{c_1}{r^2}$ (1)

B.C.1 $r=0$ $\frac{\partial T}{\partial r}=0$ 代入(1)式$c_1=0$ =>$\frac{\partial T}{\partial r}=-\frac{\dot{q}_0}{k}\left[\frac{r}{3}+\frac{\beta}{5}\frac{r^3}{R^2}\right]$

=>$T=-\frac{\dot{q}_0}{k}\left(\frac{r^2}{6}+\frac{\beta}{20}\frac{r^4}{R^2}\right)+c_2$ (2)

B.C.2 $r=R$ $T=T_W$代入(2)式=>$c_2=T_W+\frac{\dot{q}_0}{k}\left(\frac{R^2}{6}+\frac{\beta}{20}R^2\right)$代回(2)式

=>$T=-\frac{\dot{q}_0}{k}\left(\frac{r^2}{6}+\frac{\beta}{20}\frac{r^4}{R^2}\right)+T_W+\frac{\dot{q}_0}{k}\left(\frac{R^2}{6}+\frac{\beta}{20}R^2\right)$

=>$T=T_W+\frac{\dot{q}_0\cdot R^2}{6k}\left[1-\left(\frac{r}{R}\right)^2\right]+\frac{\dot{q}_0\cdot\beta\cdot R^2}{20k}\left[1-\left(\frac{r}{R}\right)^4\right]$

〈例題 8－4〉爲加強鋼板厚度，將鋼板投入高爐中做熱處理，在空氣中或水裝焠火(quenching)中，對鋼板溫度隨時間變化作分析，假設質量爲 m，熱容量爲C_p，焠火前溫度爲T_0，焠火過程中溫度爲 T，外面冷卻溫度爲T_f，求鋼板溫度隨時間變化的表示式？熱量由鋼板流入液體的速率遵守牛頓冷卻定律$q=h(T-T_f)$。(摘錄林俊一輸送現象)

Sol：物體放熱量=環境吸熱量 =>$-\rho\cdot V\cdot C_p\frac{dT}{dt}=hA(T-T_f)$

=>$\int_{T_0}^{T}\frac{dT}{T-T_f}=-\frac{hA}{\rho VC_p}\int_0^t dt$ =>$\ln\frac{T-T_f}{T_0-T_f}=-\frac{hAt}{\rho VC_p}$ =>$\frac{T-T_f}{T_0-T_f}=\exp^{\left(-\frac{hAt}{\rho VC_p}\right)}$ (1)

定義兩無因次群：

Biot number $\boxed{Bi=\frac{hL}{k}=\frac{內熱阻}{外熱阻}=\frac{物體內之溫度降}{物體表面與流體之溫度降}}$

Fourier number $\boxed{Fo=\frac{\alpha t}{L^2}=\frac{熱傳導速率}{儲存能量速率}}$

$\frac{hAt}{\rho VC_p}=\left[\frac{h\left(\frac{V}{A}\right)}{k}\right]\left[\frac{\alpha t}{(V/A)^2}\right]=B_i\cdot F_0$ 當$T_f=T_\infty$，$\ln\frac{T-T_\infty}{T_0-T_\infty}=-\frac{hAt}{\rho VC_p}$

※此方法適合$Bi<0.1$情況下使用。

※$Bi\gg 1$，物體內溫度分佈不均勻，且物體表面溫度與流體溫度相差不大$T=T(x,t)$。

※$Bi\ll 1$，物體內溫度分佈變化可簡化只爲時間的函數$T(t)$。

由(1)式可以改變鋼板質量 m，對流熱傳係數 h，液體冷卻溫度爲 T_f，來控制焠火速率，也可以改變焠火槽的幾何形狀，或液體攪拌方式來改變對流熱傳係數 h。

(三)含逸散函數(dissipation function)的雙套管間流體流動

〈例題 8－4〉在等溫情況下，有一無限長垂直雙套管間有牛頓流體，流體密度ρ，及黏度μ均爲常數。外管以ω的角速度轉動，內管爲靜止(如圖一)，速度分佈公式爲$V_\theta=\frac{\omega R_1R_2^2}{R_1^2-R_2^2}\left(\frac{R_1}{r}-\frac{r}{R_1}\right)$

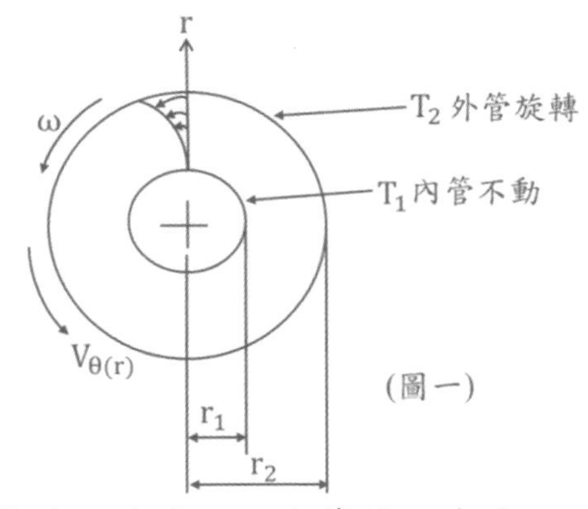

(圖一)

若此系統看成非等溫狀態，外管的溫度爲T_2，內管的溫度爲T_1，且$T_1\neq T_2$，假設ρ和μ均爲常數，不受溫度影響，請由能量公式出發作約簡，並寫出邊界條件，不必解溫度分佈。

Sol：由能量方程式：$\rho C_V\frac{DT}{Dt}=k\nabla^2T-T\left(\frac{\partial P}{\partial T}\right)_P(\nabla\cdot\vec{V})-\mu\phi_V$ (1)

$\rho=\text{const}$且$C_V=C_P$ =>$\nabla\cdot\vec{V}=0$ 且 T 爲 r 的函數$T=T(r)$

=>$\rho C_P\frac{DT}{Dt}=\rho C_P\left(\frac{\partial T}{\partial t}+V_r\frac{\partial T}{\partial r}+\frac{V_\theta}{r}\frac{\partial T}{\partial\theta}+V_z\frac{\partial T}{\partial z}\right)$ (2)

s.s $V_r=0$ $T\neq f(\theta)$ $T\neq f(z)$

$$=> k\nabla^2 T = k\left[\frac{1}{r}\frac{\partial}{\partial r}\left(r\frac{\partial T}{\partial r}\right) + \frac{1}{r^2}\frac{\partial^2 T}{\partial \theta^2} + \frac{\partial^2 T}{\partial z^2}\right] = k\left[\frac{1}{r}\frac{\partial}{\partial r}\left(r\frac{\partial T}{\partial r}\right)\right] \quad (3)$$

$T \neq f(\theta)$ $T \neq f(z)$

$$=> \mu\phi_V = 2\mu\left[\left(\frac{\partial V_r}{\partial r}\right)^2 + \left(\frac{1}{r}\frac{\partial V_\theta}{\partial \theta} + \frac{V_r}{r}\right)^2 + \left(\frac{\partial V_z}{\partial z}\right)^2\right] + \mu\left[r\frac{\partial}{\partial r}\left(\frac{V_\theta}{r}\right) + \frac{1}{r}\frac{\partial V_r}{\partial \theta}\right]^2 +$$

$V_r = 0$ $V_\theta \neq f(\theta)$ $V_r = 0$ $V_z = 0$ $V_r = 0$

$$\mu\left[\frac{1}{r}\frac{\partial V_z}{\partial \theta} + \frac{\partial V_\theta}{\partial z}\right]^2 + \mu\left[\frac{\partial V_r}{\partial z} + \frac{\partial V_z}{\partial r}\right]^2 - \frac{2}{3}\left[\frac{1}{r}\frac{\partial}{\partial r}(r \cdot V_r) + \frac{1}{r}\frac{\partial V_\theta}{\partial \theta} + \frac{\partial V_z}{\partial z}\right]^2 = \mu\left[r\frac{\partial}{\partial r}\left(\frac{V_\theta}{r}\right)\right]^2 (4)$$

$V_z = 0$ $V_\theta \neq f(z)$ $V_r = 0$ $V_z = 0$ $V_r = 0$ $V_\theta \neq f(\theta)$ $V_z = 0$

(2)&(3)&(4)代入(1)式=> $k\frac{1}{r}\frac{d}{dr}\left(r\frac{\partial T}{\partial r}\right) + \mu\left[r\frac{d}{dr}\left(\frac{V_\theta}{r}\right)\right]^2 = 0$

B.C.1 $r = r_1$ $T = T_1$ B.C.2 $r = r_2$ $T = T_2$

〈例題 8－5〉有一半徑爲 R 的球體，內裝有發熱體，使其溫度永遠保持在T_R。若將此球體懸於一極大的水槽內，水槽溫度永遠保持在T_∞，如圖三所示，槽中水保持不動，假設熱量由球體傳到水中完全借助於傳導機制無對流機制，請由能量方程式出發，導出穩態下溫度分佈公式。

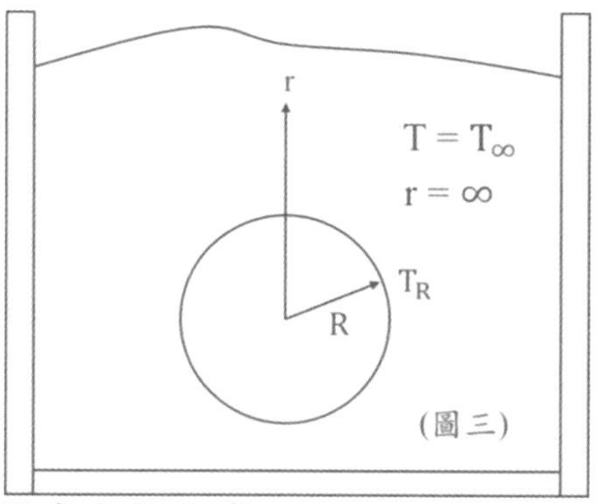

(圖三)

Sol：General heat transfer equation：$\rho C_p\left(\frac{\partial T}{\partial t} + \vec{V} \cdot \nabla T\right) = k\nabla^2 T + \dot{q}$

S.S 球體幾乎不動 無熱量生成

$\nabla^2 T = 0$ 展開=> $\left[\frac{1}{r^2}\frac{\partial}{\partial r}\left(r^2\frac{\partial^2 T}{\partial r^2}\right) + \frac{1}{r^2 \sin\theta}\frac{\partial}{\partial \theta}\left(\sin\theta\frac{\partial T}{\partial \theta}\right) + \frac{1}{r^2 \partial \sin^2\theta}\frac{\partial^2 T}{\partial \phi^2}\right] = 0$

$T \neq f(\theta)$ $T \neq f(\phi)$

=> $\frac{1}{r^2}\frac{d}{dr}\left(r^2\frac{dT}{dr}\right) = 0$ => $\frac{d}{dr}\left(r^2\frac{dT}{dr}\right) = 0$ => $r^2\frac{dT}{dr} = c_1$ => $\frac{dT}{dr} = \frac{c_1}{r^2}$ (1)

=> $T = -\frac{c_1}{r} + c_2$ (2) B.C.1 $r = R$ $T = T_R$ 代入(2)式$T_R = -\frac{c_1}{R} + T_\infty$

=> $c_1 = -R(T_R - T_\infty)$ B.C.2 $r = \infty$ $T = T_\infty$ 代入(2)式$c_2 = T_\infty$(先代 B.C.2)

c_1&c_2代回(2)式=> $T = \frac{R}{r}(T_R - T_\infty) + T_\infty$

且熱傳導率=熱對流率=>$-k\frac{dT}{dr}\Big|_{r=R} = h(T_R - T_\infty)$

=>$-k\left[\frac{-R(T_R-T_\infty)}{r^2}\right]\Big|_{r=R} = h(T_R - T_\infty)$ =>$\frac{k}{R} = h$ =>$\frac{2k}{D} = h$ =>$Nu = \frac{hD}{k} = 2$

※當流/固相中有熱傳送：$Nu = 2 + 0.6Re^{0.5}Pr^{0.33}$如流體靜止不動時，則流速為零 $Re = 0$(因雷諾數的無因次群中含有速度項)，所以$Nu = 2$。

〈例題 8 − 6〉有兩個垂直平板(如圖二)，左邊板子溫度維持較高在T_2，右邊板子溫度維持較低在T_1，這兩板溫度差$\Delta T = T_2 - T_1$很小。兩個板子間的距離為 2B，板子中間有密度為ρ，黏度為μ的流體，這個系統的上端和下端都是封閉狀態，流體只能在這個系統內流動而不與外界交流。左邊板子溫度較高，靠近左邊板子的流體密度較低，因此流體向上流動；右邊板子溫度較低，靠近右邊板子的流體密度較高，因此流體向下流動，左邊向上流動的質量流量與右邊向下流動的質量流量要相等才能達到質量均衡的要求。假設板子很高，所以端點效應可以忽略。另外可以假設溫度只在 y 方向變化而已，即$T = T(y)$，且壓力項和重力項可以忽略。請由以上條件求出溫度分佈公式及速度分佈公式。(Bird Ch10，10-9，P-316)

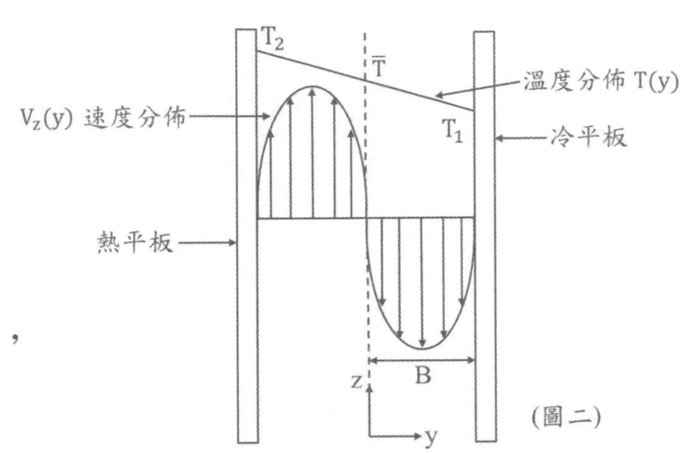

(圖二)

Sol：能量方程式：$\rho C_V \frac{DT}{Dt} = k\nabla^2 T - T\left(\frac{\partial P}{\partial T}\right)_\rho (\nabla \cdot \vec{V}) - \mu\phi_V$ (1)

無黏滯熱

=>$\rho C_V \frac{DT}{Dt} = \rho C_V \left(\frac{\partial T}{\partial t} + V_x\frac{\partial T}{\partial x} + V_y\frac{\partial T}{\partial y} + V_z\frac{\partial T}{\partial z}\right)$ (2)

s.s　$V_x = 0$　$V_y = 0$　　$T \neq f(z)$

=> $k\nabla^2 T = k\left(\frac{\partial^2 T}{\partial x^2} + \frac{\partial^2 T}{\partial y^2} + \frac{\partial^2 T}{\partial z^2}\right) = k\frac{\partial^2 T}{\partial y^2}$　(3)

$T \neq f(x)$　$T \neq f(z)$

$$=>-T\left(\frac{\partial P}{\partial T}\right)_P(\nabla\cdot\vec{V})=-T\left(\frac{\partial P}{\partial T}\right)_\rho\left(\frac{\partial V_x}{\partial x}+\frac{\partial V_y}{\partial y}+\frac{\partial V_z}{\partial z}\right)\ (4)$$

$V_x=0\ \ V_y=0\ \ V_z\neq f(z)$

(2)(3)(4)代入(1)式=>$\frac{\partial^2 T}{\partial y^2}=0$ 積分=>$\frac{\partial T}{\partial y}=c_1$ 再積分=>$T=c_1y+c_2$ (5)

B.C.1 $y=B\quad T=T_1$ 代入(5)式$T_1=c_1B+c_2$ (6)
B.C.2 $y=-B\ \ T=T_2$ 代入(5)式$T_2=-c_1B+c_2$ (7)

(6)-(7)式$c_1=\frac{T_1-T_2}{2B}$; (5)-(6)式$T-T_1=c_1(y-B)$ (8)

c_1代入(8)式=>$T-T_1=\frac{T_1-T_2}{2B}(y-B)$

$$=>T=T_1+\frac{T_1-T_2}{2}\left(\frac{y}{B}\right)-\frac{T_1-T_2}{2}=\frac{T_1-T_2}{2}\left(\frac{y}{B}\right)+\left(\frac{T_1+T_2}{2}\right)$$

令$\overline{T}=\frac{T_1+T_2}{2}$;$\Delta T=T_2-T_1$

$=>T=-\frac{\Delta T}{2}\left(\frac{y}{B}\right)+\overline{T}$ (溫度分佈如線性) (9)

由運動方程式求速度分佈 Boussinesq equation of motion：

$$\rho\frac{D\vec{V}}{Dt}=-(\nabla\cdot\tau)+(-\nabla P+\bar{\rho}g)-\bar{\rho}\bar{\beta}g(T-\overline{T})\ (10)$$

對 Z 方向$\rho\frac{D\vec{V}}{Dt}=\rho\left(\frac{\partial V_z}{\partial t}+V_x\frac{\partial V_z}{\partial x}+V_y\frac{\partial V_z}{\partial y}+V_z\frac{\partial V_z}{\partial z}\right)$

s.s $\quad V_x=0\quad V_y=0\quad V_z\neq f(z)$

$$(\nabla\cdot\tau)=-\left(\frac{\partial\tau_{xz}}{\partial x}+\frac{\partial\tau_{yz}}{\partial y}+\frac{\partial\tau_{zz}}{\partial z}\right)=\frac{\partial}{\partial x}\left[\mu\left(\frac{\partial V_z}{\partial x}+\frac{\partial V_x}{\partial z}\right)\right]+\frac{\partial}{\partial y}\left[\mu\left(\frac{\partial V_y}{\partial z}+\frac{\partial V_z}{\partial y}\right)\right]$$

$V_z\neq f(x)\ \ V_x=0\qquad V_y=0$

$$+\frac{\partial}{\partial z}\left[2\mu\frac{\partial V_z}{\partial z}-\frac{2}{3}\mu(\nabla\cdot\vec{V})\right]=\mu\frac{d^2V_z}{dy^2}\ (11)$$

$V_z\neq f(z)$ 和(4)式約減原因相同

$(-\nabla P+\bar{\rho}g)=0$ (12) (壓力項和重力項可以忽略)

(9)(11)(12)代入(10)式=>$\mu\frac{d^2V_z}{dy^2}=\frac{1}{2}\bar{\rho}g\bar{\beta}\Delta T\left(\frac{y}{B}\right)$ 移項=>$\frac{d^2V_z}{dy^2}=\frac{1}{2}\frac{\bar{\rho}g\bar{\beta}\Delta T}{\mu B}y$

積分=>$\frac{dV_z}{dy} = \frac{\bar{\rho} g \bar{\beta} \Delta T}{4\mu B} y^2 + c_1$ 再積分一次=>$V_z = \frac{\bar{\rho} g \bar{\beta} \Delta T}{12\mu B} y^3 + c_1 y + c_2$ (13)

B.C.1 $y = B \quad V_z = 0$ 代入(13)式=>$0 = \frac{\bar{\rho} g \bar{\beta} \Delta T}{12\mu} B^2 + c_1 B + c_2$ (14)

B.C.2 $y = -B \quad V_z = 0$ 代入(13)式=>$0 = -\frac{\bar{\rho} g \bar{\beta} \Delta T}{12\mu} B^2 - c_1 B + c_2$ (15)

(14)+(15)式=>$c_2 = 0$

(14)-(15)式=>$0 = \frac{\bar{\rho} g \bar{\beta} \Delta T}{12\mu} B^2 + \frac{\bar{\rho} g \bar{\beta} \Delta T}{12\mu} B^2 + 2c_1 B$ =>$2c_1 B = -\frac{\bar{\rho} g \bar{\beta} \Delta T}{6\mu} B^2$

=>$c_1 = -\frac{\bar{\rho} g \bar{\beta} \Delta T}{12\mu} B$ 代回(13)式=>$V_z = \frac{\bar{\rho} g \bar{\beta} \Delta T}{12\mu B} y^3 - \frac{\bar{\rho} g \bar{\beta} \Delta T}{12\mu} By = \frac{\bar{\rho} g \bar{\beta} \Delta T}{12\mu} B^2 \left[\left(\frac{y}{B}\right)^3 - \left(\frac{y}{B}\right)\right]$

$\langle$例題 8 − 7$\rangle$溶體由坩鍋底部的小孔流出後，由液體狀態慢慢變成固體狀態，如圖四所示，請分析這一段圓柱形液體內的溫度分佈。

Sol：General heat transfer equation：$\rho C_p \left(\frac{\partial T}{\partial t} + \vec{V} \cdot \nabla T\right) = k\nabla^2 T + \dot{q}$

$$\rho C_P \left(\frac{\partial T}{\partial t} + V_r \frac{\partial T}{\partial r} + \frac{V_\theta}{r}\frac{\partial T}{\partial \theta} + V_z \frac{\partial T}{\partial z}\right) = k\left[\frac{1}{r}\frac{\partial}{\partial r}\left(r\frac{\partial T}{\partial r}\right) + \frac{1}{r^2}\frac{\partial^2 T}{\partial \theta^2} + \frac{\partial^2 T}{\partial z^2}\right] + \dot{q}$$

S.S $\quad V_r = 0 \quad V_\theta = 0 \quad\quad T \neq f(r) \quad T \neq f(\theta)$ 忽略熱量生成

=>$\rho C_P V_z \frac{\partial T}{\partial z} = k\frac{\partial^2 T}{\partial z^2}$ (1)令$V_z = V$；$\frac{\partial T}{\partial z} = T'$ 代入(1)式=>$\frac{\partial T'}{\partial z} = \frac{\rho C_P V}{k} T'$

=>$\frac{dT'}{T'} = \frac{\rho C_P V}{k} dz$ 等號左右積分=>$\ln T' = \frac{\rho C_P V}{k} z + c_1$

等號兩側取 e=>$T' = c_1 e^{\frac{\rho C_P V}{k} z}$ =>$\frac{dT}{dz} = c_1 e^{\frac{\rho C_P V}{k} z}$

積分=>$T = c_1 \frac{k}{\rho C_p V} e^{\frac{\rho C_P V}{k} z} + c_2$ (2)

B.C.1 $Z = 0 \quad T = T_M$ 代入(2)式$T_M = c_1 \frac{k}{\rho C_p V} + c_2$ (3)

B.C.2 $Z = L \quad T = T_m$ 代入(2)式$T_m = c_1 \frac{k}{\rho C_p V} e^{\frac{\rho C_P V}{k} L} + c_2$ (4)

(4)-(3)式$T_m - T_M = c_1 \frac{k}{\rho C_p V}\left(e^{\frac{\rho C_p V}{k}L} - 1\right)$ =>$c_1 = \frac{T_m - T_M}{\frac{k}{\rho C_p V}\left(e^{\frac{\rho C_p V}{k}L} - 1\right)}$ (5)

(2)-(3)式$T - T_M = c_1 \frac{k}{\rho C_p V}\left(e^{\frac{\rho C_p V}{k}Z} - 1\right)$ (6)

(5)代入(6)式=>$\frac{T - T_M}{T_m - T_M} = \frac{\left(e^{\frac{\rho C_p V}{k}Z} - 1\right)}{\left(e^{\frac{\rho C_p V}{k}L} - 1\right)}$

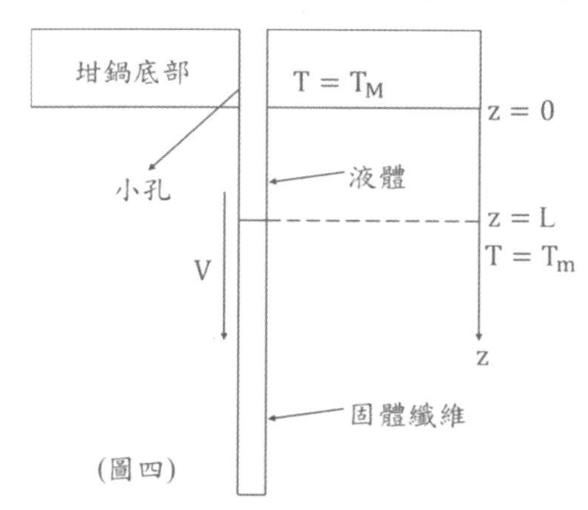

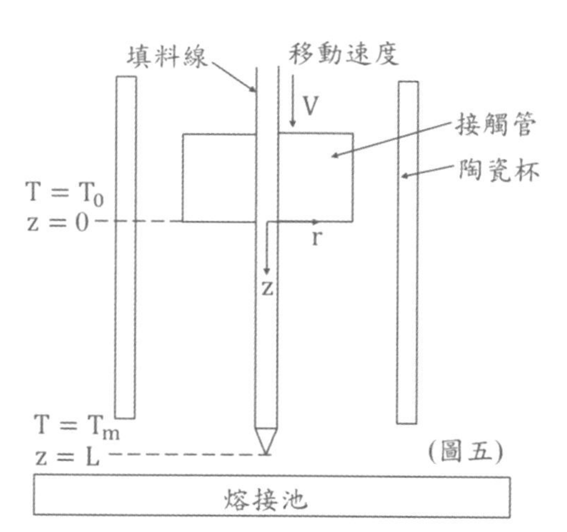

〈例題 8－8〉由圖五所示，請由能量方程式出發求出熔接池附近填料線的溫度分佈？

Sol：General heat transfer equation：$\rho C_p\left(\frac{\partial T}{\partial t} + \vec{V}\cdot\nabla T\right) = k\nabla^2 T + \dot{q}$

$$\rho C_P\left(\frac{\partial T}{\partial t} + V_r\frac{\partial T}{\partial r} + \frac{V_\theta}{r}\frac{\partial T}{\partial \theta} + V_z\frac{\partial T}{\partial z}\right) = k\left[\frac{1}{r}\frac{\partial}{\partial r}\left(r\frac{\partial T}{\partial r}\right) + \frac{1}{r^2}\frac{\partial^2 T}{\partial \theta^2} + \frac{\partial^2 T}{\partial z^2}\right] + \dot{q}$$

S.S $V_r = 0$ $V_\theta = 0$ $T \neq f(r)$ $T \neq f(\theta)$ 忽略熱量生成

=>$\rho C_P V_z \frac{\partial T}{\partial z} = k\frac{\partial^2 T}{\partial z^2}$ (1) 令$V_z = V$；$\frac{\partial T}{\partial z} = T'$ 代入(1)式=>$\frac{\partial T'}{\partial z} = \frac{\rho C_P V}{k}T'$

=>$\frac{dT'}{T'} = \frac{\rho C_P V}{k}dz$ 等號左右積分=>$\ln T' = \frac{\rho C_P V}{k}z + c_1$

等號兩側取 e=>$T' = c_1 e^{\frac{\rho C_P V}{k}z}$ 還原成假設=>$\frac{dT}{dz} = c_1 e^{\frac{\rho C_P V}{k}z}$

積分=>$T = c_1 \frac{k}{\rho C_p V}e^{\frac{\rho C_P V}{k}z} + c_2$ (2)

B.C.1 $Z=0$　$T=T_0$ 代入(2)式$T_0=c_1\frac{k}{\rho C_p V}+c_2$ (3)

B.C.2 $Z=L$　$T=T_m$ 代入(2)式$T_m=c_1\frac{k}{\rho C_p V}e^{\frac{\rho C_p V}{k}L}+c_2$ (4)

(4)-(3)式 $T_m-T_0=c_1\frac{k}{\rho C_p V}\left(e^{\frac{\rho C_p V}{k}L}-1\right)$ =>$c_1=\frac{T_m-T_M}{\frac{k}{\rho C_p V}\left(e^{\frac{\rho C_p V}{k}L}-1\right)}$ (5)

(2)-(3)式 $T-T_0=c_1\frac{k}{\rho C_p V}\left(e^{\frac{\rho C_p V}{k}Z}-1\right)$ (6)

(5)代入(6)式=>$\frac{T-T_0}{T_m-T_0}=\frac{\left(e^{\frac{\rho C_p V}{k}Z}-1\right)}{\left(e^{\frac{\rho C_p V}{k}L}-1\right)}$

這個系統為液體，〈類題 8－7〉系統為固體，因物理現象相同，所以結果相同，只差在 B.C 所代表的符號不一樣而已。

(四)黏滯熱源的熱傳導

〈例題 8－9〉圖六為一位於兩同軸圓柱間不可壓縮牛頓流體，左圖當外圓柱以角速度Ω旋轉時，由於黏度的散失，穩定衰退的機械能會轉化為熱能，即黏性散失形成了熱源，以符號S_V表示，其大小和局部速度梯度有關，速度梯度越大，黏滯熱越大，若內外圓柱體表面維持定溫T_0和T_b，則 T 為 r 的函數。

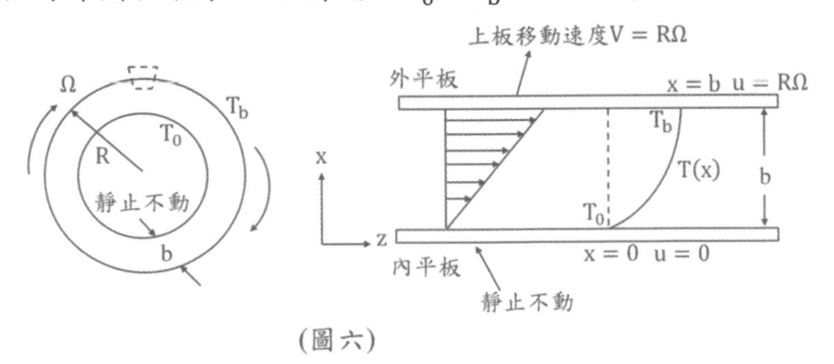

(圖六)

如果平板間隔 b 遠小於半徑 R，則可忽略曲率效應，系統可簡化成右圖以直角座標表示，試以薄殼理論導正出此系統的速度分佈及定義柏立克曼數(Brinkman Number) Br？ (Bird Ch10，10-4，P300)

Sol：Shell-balance：$A\cdot q_x\big|_x-A\cdot q_x\big|_{x+\Delta x}+A\cdot\Delta x\cdot S_V=0=0$同除以$A\cdot\Delta x$

令$\Delta x \to 0 \Rightarrow \frac{dq_x}{dx} = S_V$ (1)；$S_V = -\tau_{xz}\left(\frac{dV_z}{dx}\right) = \mu\left(\frac{dV_z}{dx}\right)\left(\frac{dV_z}{dx}\right) = \mu\left(\frac{dV_z}{dx}\right)^2$

$\Rightarrow \frac{dV_z}{dx} = \frac{V-0}{b-0} = \frac{V}{b}$ 積分$\Rightarrow V_z = \frac{x}{b}V$ 其中$V = R\Omega$ $\Rightarrow S_V = \mu\left(\frac{V}{b}\right)^2$ (2)

(2)代入(1)式$\Rightarrow \frac{dq_x}{dx} = \mu\left(\frac{V}{b}\right)^2$ 積分$\Rightarrow q_x = \mu\left(\frac{V}{b}\right)^2 x + c_1$ (3)

Fourier Law $q_x = -k\frac{dT}{dx}$ (k 爲 const)代入(3)式$\Rightarrow -k\frac{dT}{dx} = \mu\left(\frac{V}{b}\right)^2 x + c_1$

$\Rightarrow \frac{dT}{dx} = -\frac{\mu}{k}\left(\frac{V}{b}\right)^2 x - \frac{c_1}{k}$ 積分$\Rightarrow T = -\frac{\mu}{2k}\left(\frac{V}{b}\right)^2 x^2 - \frac{c_1}{k}x + c_2$ (4)

B.C.1 $x = 0$ $T = T_0$ 代入(4)式$c_2 = T_0$

B.C.2 $x = b$ $T = T_b$ 代入(4)式$-\frac{c_1}{k}b = T_b - T_0 + \frac{\mu}{2k}\left(\frac{V}{b}\right)^2 b^2$

$\Rightarrow -\frac{c_1}{k} = \frac{T_b - T_0}{b} + \frac{\mu}{2k}\left(\frac{V}{b}\right)^2 b$ c_1&c_2代入(4)式

$\Rightarrow T = -\frac{\mu}{2k}\left(\frac{V}{b}\right)^2 x^2 + \frac{T_b - T_0}{b}x + \frac{\mu b}{2k}\left(\frac{V}{b}\right)^2 x + T_0$

$\Rightarrow T - T_0 = -\frac{\mu}{2k}\left(\frac{V}{b}\right)^2 x^2 - \frac{x}{k}\left[-\frac{k}{b}(T_b - T_0) - \mu\left(\frac{V}{b}\right)^2 \frac{b}{2}\right]$

$\Rightarrow \frac{T-T_0}{T_b-T_0} = -\frac{\mu}{2k}\left(\frac{V}{b}\right)^2 \frac{x^2}{T_b-T_0} + \frac{x}{b} + \frac{\mu}{2k}\frac{V^2}{b}\frac{x}{T_b-T_0}$

$\Rightarrow \frac{T-T_0}{T_b-T_0} = \frac{x}{b} + \frac{1}{2}\frac{\mu V^2}{k(T_b-T_0)}\frac{x}{b}\left[1 - \left(\frac{x}{b}\right)^2\right]$ $\Rightarrow \frac{T-T_0}{T_b-T_0} = \frac{x}{b} + \frac{1}{2}Br\frac{x}{b}\left[1 - \left(\frac{x}{b}\right)\right]$

$Br(\text{Brinkman Number}) = \frac{\mu V^2}{k(T_b-T_0)} = \frac{\mu\left(\frac{V}{D}\right)^2 \cdot D^3}{\frac{k(T_b-T_0)}{D} \cdot D^2} = \frac{\text{黏滯熱生成速率}}{\text{熱傳導速率}}$

當Br >> 1黏滯熱源所產生的熱無法被熱傳導有效移除(傳導很慢)。
當Br << 1熱傳導可有效移除黏滯熱源所產生的熱(傳導很快)。
※一般流動的問題中，黏性流動產生的熱並不重要，但是以下幾種流動情形，產生的黏性熱不可忽略：高速潤滑油流動、塑膠擠出成型之高速流動、火箭飛行靠近邊界層流動空氣。

(五)流體流動方向之對流熱傳送

若流體往軸向流動，只產生 z 方向之熱傳，而無 r 方向熱傳如圖七，則導正如下：

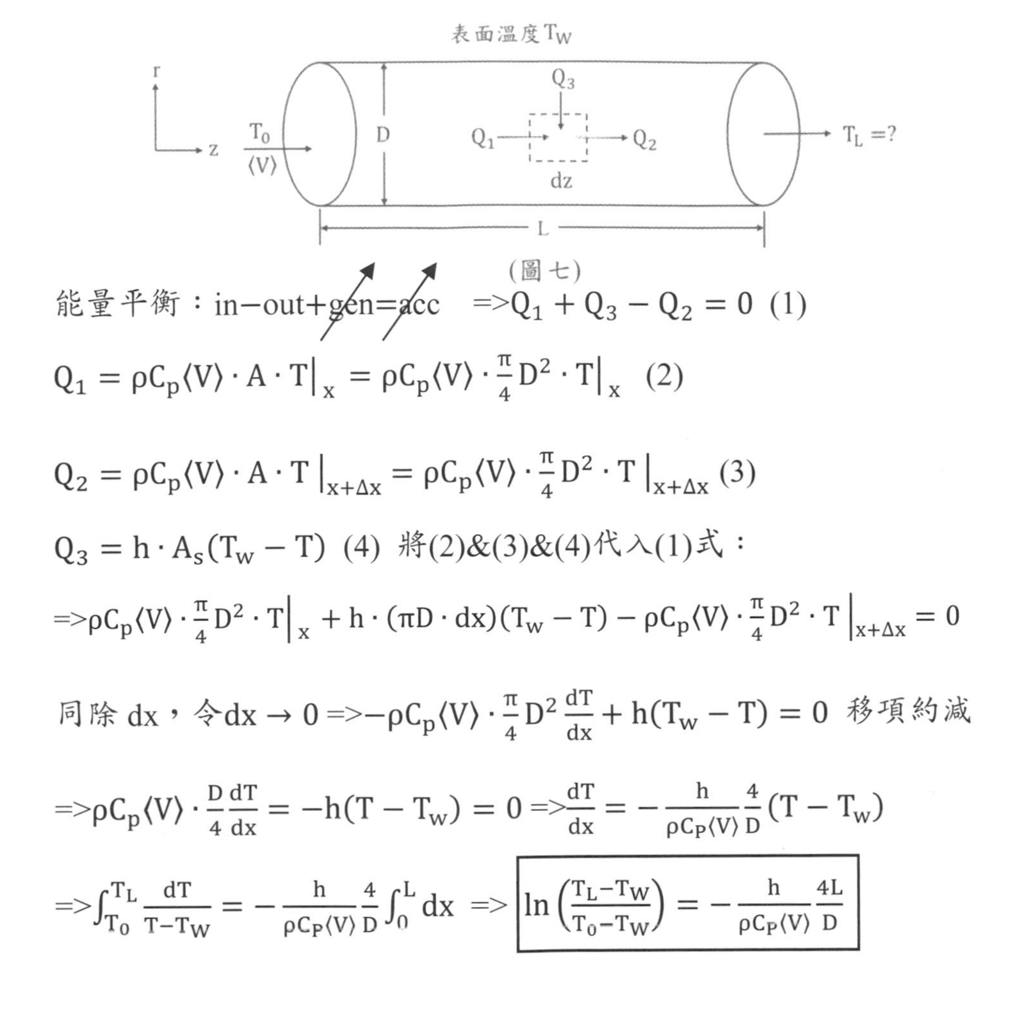

(圖七)

能量平衡：in−out+gen=acc　=>$Q_1+Q_3-Q_2=0$ (1)

$Q_1=\rho C_p\langle V\rangle\cdot A\cdot T\big|_x=\rho C_p\langle V\rangle\cdot\frac{\pi}{4}D^2\cdot T\big|_x$ (2)

$Q_2=\rho C_p\langle V\rangle\cdot A\cdot T\big|_{x+\Delta x}=\rho C_p\langle V\rangle\cdot\frac{\pi}{4}D^2\cdot T\big|_{x+\Delta x}$ (3)

$Q_3=h\cdot A_s(T_w-T)$ (4) 將(2)&(3)&(4)代入(1)式：

=>$\rho C_p\langle V\rangle\cdot\frac{\pi}{4}D^2\cdot T\big|_x+h\cdot(\pi D\cdot dx)(T_w-T)-\rho C_p\langle V\rangle\cdot\frac{\pi}{4}D^2\cdot T\big|_{x+\Delta x}=0$

同除 dx，令$dx\to 0$ =>$-\rho C_p\langle V\rangle\cdot\frac{\pi}{4}D^2\frac{dT}{dx}+h(T_w-T)=0$ 移項約減

=>$\rho C_p\langle V\rangle\cdot\frac{D}{4}\frac{dT}{dx}=-h(T-T_w)=0$ =>$\frac{dT}{dx}=-\frac{h}{\rho C_P\langle V\rangle}\frac{4}{D}(T-T_w)$

=>$\int_{T_0}^{T_L}\frac{dT}{T-T_W}=-\frac{h}{\rho C_P\langle V\rangle}\frac{4}{D}\int_0^L dx$ => $\boxed{\ln\left(\frac{T_L-T_W}{T_0-T_W}\right)=-\frac{h}{\rho C_P\langle V\rangle}\frac{4L}{D}}$

類題解析

〈類題 8－1〉30℃的水以 300kg/h流入內徑爲 3cm，長度爲 5m 之圓管，管壁溫度保持在 150℃，計算水在圓管出口溫度爲何？(水之特性如下：密度$\rho=1000\ kg/m^3$，比熱$C_p=4187\ J/kg\cdot k$，熱傳送係數$h=500\ W/m^2\cdot k$)

Sol：由重點整理(五)推導結果$\ln\left(\frac{T_L-T_W}{T_0-T_W}\right)=-\frac{h}{\rho C_P\langle V\rangle}\frac{4L}{D}$

$$\langle V\rangle=\frac{\dot{m}}{\rho A}=\frac{300\frac{kg}{hr}\times\frac{1hr}{3600sec}}{1000\frac{kg}{m^3}\times\frac{\pi}{4}\left(\frac{3}{100}\right)^2m^2}=0.12\left(\frac{m}{sec}\right)$$

$$=>\ln\left(\frac{T_L-150}{30-150}\right)=-\frac{500}{(1000)(4187)(0.12)}\frac{4(5)}{\left(\frac{3}{100}\right)}=>T_L=88.2(^\circ C)$$

〈類題 8－2〉欲使用一根內徑 2.5cm、外徑 4.2cm 的電熱管，將質量流率 0.165kg/s 的去離子水從 25°C加熱至 85°C。電熱管外壁爲完全絕熱，內壁溫度爲 99°C。(一)根據題意與能量平衡，推導水的入口溫度、出口溫度與管長之關係式。(二)已知電熱管內流體的熱傳係數爲$h=2200\,W/m^2\cdot k$，水的密度與定壓熱含量分別爲$980\,kg/m^3$以及$4180\,J/kg\cdot k$，估計電熱管長度。

Sol：(一)如重點整理(五)推導結果(二)由$\ln\left(\frac{T_L-T_W}{T_0-T_W}\right)=-\frac{h}{\rho C_P\langle V\rangle}\frac{4L}{D}$

$$=>\langle V\rangle=\frac{\dot{m}}{\rho A}=\frac{0.165\frac{kg}{sec}}{980\frac{kg}{m^3}\times\frac{\pi}{4}\left(\frac{2.5}{100}\right)^2m^2}=0.343\left(\frac{m}{sec}\right)$$

$$=>\ln\left(\frac{85-99}{25-99}\right)=-\frac{2200}{(980)(4180)(0.343)}\frac{4L}{\left(\frac{2.5}{100}\right)}=>L=6.65(m)$$

〈類題 8－3〉如右圖所示的鋁製圓形翅效率分佈$(k=222\,W/m\cdot k)$安裝在外半徑爲 0.04m 的鋼管上，翅的高度爲 0.04m，厚度爲 2mm，已知管外壁或翅底的溫度爲 523.2k，管外空氣溫度爲 343.2k，傳熱係數爲$30\,W/m^2\cdot k$，試求翅的效率與翅的傳熱速率？(Geankolips 例題 4.13-2)

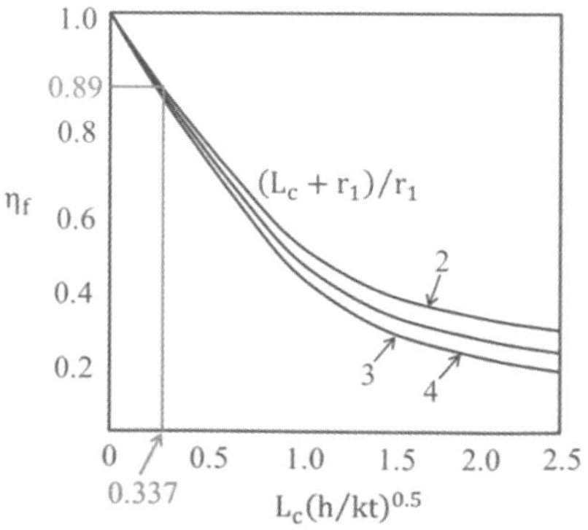

Sol：$L_c=L+\frac{t}{2}=0.04+\frac{(2/1000)}{2}=0.041(m)$

$$L_c\left(\frac{h}{kt}\right)^{1/2}=0.041\left[\frac{30}{222\times\left(\frac{2}{1000}\right)}\right]^{0.5}=0.34$$

$$\frac{(L_c+r_1)}{r_1}=\frac{0.04+0.04}{0.04}=2.025$$

by Fig 查得$\eta_f=0.89$

$A_f=2\pi[(L_c+r_1)^2-{r_1}^2]=2\pi[(0.04+0.04)^2-(0.04)^2]=0.03(m^2)$

$=>q_f=\eta_f A_f h(T_0-T_\infty)=0.89(0.03)(30)(523.2-343.2)=151(W)$

〈類題 8 − 4〉直徑 5 公分的蒸汽管，以兩層各爲 1 公分的絕熱材料包覆以減少熱損失。其中一種絕熱材料的熱傳導係數爲另一種的 10 倍。假設此一複合絕熱層的內、外表面溫度固定不變，試問具有較好的絕熱性質的材料當內層或是當外層會有較小的熱損失？較好的絕熱方式相對於較差的絕熱方式，減少了多少熱損失百分比？

Sol：第一步先計算各層的半徑：

(一)$r_1 = \frac{5}{2\times100} = 0.025(\text{m})$，$r_2 = r_1 + \Delta x_1 = 0.025 + \frac{1}{100} = 0.035(\text{m})$

$r_3 = r_2 + \Delta x_2 = 0.035 + \frac{1}{100} = 0.045(\text{m})$

再代入熱阻串聯與熱量計算的公式$q = \frac{\Delta T}{R_1+R_2} = \frac{\Delta T}{\frac{\ln\left(\frac{r_2}{r_1}\right)}{2\pi k_1 L}+\frac{\ln\left(\frac{r_3}{r_2}\right)}{2\pi k_2 L}} = \frac{\text{推動力}}{\text{總阻力}}$

較好絕熱性質的材料當外層$q_1 = \frac{\Delta T}{\frac{\ln\left(\frac{0.035}{0.025}\right)}{2\pi k_B L}+\frac{\ln\left(\frac{0.045}{0.035}\right)}{2\pi k_A L}} = \frac{2\pi L\Delta T}{\frac{\ln\left(\frac{0.035}{0.025}\right)}{10k_A}+\frac{\ln\left(\frac{0.045}{0.035}\right)}{k_A}} = \frac{2\pi L\Delta T}{\frac{0.2849}{k_A}} = \frac{2\pi L\Delta T}{R_1}$

較好絕熱性質的材料當內層$q_2 = \frac{\Delta T}{\frac{\ln\left(\frac{0.035}{0.025}\right)}{2\pi k_A L}+\frac{\ln\left(\frac{0.045}{0.035}\right)}{2\pi k_B L}} = \frac{2\pi L\Delta T}{\frac{\ln\left(\frac{0.035}{0.025}\right)}{k_A}+\frac{\ln\left(\frac{0.045}{0.035}\right)}{10k_A}} = \frac{2\pi L\Delta T}{\frac{0.3616}{k_A}} = \frac{2\pi L\Delta T}{R_2}$

$\because R_2 \gg R_1 \;\therefore q_1 \gg q_2$ 較好絕熱性質的材料當內層有較小的熱損失！

(二)$\% = \frac{q_1-q_2}{q_1}\times100\% = \frac{\frac{1}{0.2849}-\frac{1}{0.3616}}{\frac{1}{0.2849}}\times100\% = 21.2(\%)$

〈類題 8 − 5〉三種相同材質，但幾何形狀不同的物體，分別爲厚度 1 公分的平板、直徑 1 公分的圓柱體、及直徑 1 公分的球體，具有相同的起始溫度(例如 100°C)。若同時將其置入另一不同溫度(例如 20°C)的流體中，試問在某一時刻，何者中心溫度最低？何者中心溫度最高？並提出你的解釋與物理意義。

Sol：(一)球體(二)平板(三)因爲球體中心到邊界的距離相等，所以傳導最快，而圓柱中心到上下兩邊界的距離較長，所以次之，平板中心到邊界的距離最長所以傳導最慢。

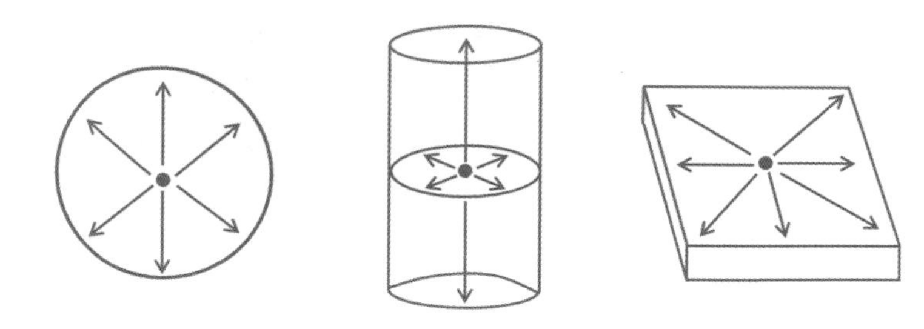

歷屆試題解析

〈考題 8－1〉(82 化工技師)(各 10 分)

一直徑爲 d 的圓球(溫度T_1)置於一流體中(溫度T_∞)，因散熱而漸冷卻。

(一)若圓球內部熱傳阻力可不計，而介面之對流熱傳係數 h 時，試求圓球溫度隨時間變化。已知圓球密度爲ρ，比熱C_p及體積 V。

(二)若圓球內部熱傳阻力與介面對流阻力均需考慮，試寫出圓球內熱傳導之統御方程式(Governing equation)及其邊界條件。

Sol：(一)物體放熱量＝環境吸熱量 =>in-out+gen=acc 且 Bi<<0.1

$$=>-\rho V C_p \frac{dT}{dt} = hA(T-T_\infty) \quad =>-\rho\left(\frac{\pi}{6}d^3\right)C_p\frac{dT}{dt} = h(\pi d^2)(T-T_\infty)$$

$$=>\int_{T_i}^{T}\frac{dT}{T-T_\infty} = \frac{6h}{d\rho C_p}\int_0^t dt => \ln\frac{T-T_\infty}{T_i-T_\infty} = -\frac{6ht}{d\rho C_p}$$

(二) General heat transfer equation：$\rho C_p\left(\frac{\partial T}{\partial t}+\vec{V}\cdot\nabla T\right) = k\nabla^2 T+\dot{q}$

靜止流體　　　　無熱量生成

$$=>\rho C_p\frac{\partial T}{\partial t} = k\left[\frac{1}{r^2}\frac{\partial}{\partial r}\left(r^2\frac{\partial T}{\partial r}\right)+\frac{1}{r^2\sin\theta}\frac{\partial}{\partial\theta}\left(\sin\theta\frac{\partial T}{\partial\theta}\right)+\frac{1}{r^2}\frac{\partial^2 T}{\partial\sin^2\theta}+\frac{\partial^2 T^2}{\partial\phi^2}\right]=0$$

$T\neq f(\theta)$　$T\neq f(\theta)$　$T\neq f(\phi)$

$$=>\frac{\partial T}{\partial t} = \frac{k}{\rho C_p}\left[\frac{1}{r^2}\frac{\partial}{\partial r}\left(r^2\frac{\partial T}{\partial r}\right)\right]=0 \quad 又\alpha=\frac{k}{\rho C_p} \quad =>\frac{\partial T}{\partial t}=\alpha\left[\frac{1}{r^2}\frac{\partial}{\partial r}\left(r^2\frac{\partial T}{\partial r}\right)\right]=0$$

I.C $t=0$ $T=T_i$

B.C.1 $r=0\ \frac{dT}{dr}=0$ B.C.2 $r=\frac{d}{2}\ -k\frac{dT}{dr}=h(T-T_\infty)$

〈考題 8－2〉(83 化工技師) (4/8/8 分)

(一)試比較銅與玻璃之熱傳導係數(Thermal conductivity)(二)假如有一銅球(半徑5cm)，其溫度爲95℃，若將其置於10℃之大水槽內，試問銅球之溫度變化情形。(三)假如有一玻璃球(半徑 5cm)，其溫度爲95℃，若將其置於10℃之大水槽內，試問玻璃球之溫度變化與(二)項中之銅球變化有何不同？試求得玻璃球之溫度變化情形。

Sol：(一)$k_{(Cu)}=401\frac{W}{m\cdot k}$；$k_{(glass)}=1.1\frac{W}{m\cdot k}$

(二)自然對流下水的對流熱傳係數約爲$h=200-1000W/(m^2\cdot k)$

物體放熱量=環境吸熱量 =>in-out+gen=acc 且 Bi<<0.1

$$=>-\rho VC_p\frac{dT}{dt}=hA(T-T_s)=>\int_{T_0}^{T}\frac{dT}{T-T_\infty}=\frac{hA}{\rho VC_p}\int_0^t dt$$

$$=>\ln\frac{T-T_\infty}{T_0-T_\infty}=-\frac{hAt}{\rho VC_p}\text{又}\frac{A}{V}=\frac{4\pi r^2}{\frac{4}{3}\pi r^3}=\frac{3}{r}=>\frac{T-10}{95-10}=\exp^{\left(-\frac{3ht}{\rho rC_p}\right)}$$

上式適用於 Bi<<0.1，由已知的物理性質可利用求得溫度變化 T

(三)銅球k值比玻璃球大，固體表面溫度T_0和流體溫度T_∞會較接近，爲固體-流體界面。

〈考題 8－3〉(84 薦任升等)(20 分)

金屬圓球(直徑 d=0.3m，熱傳導係數$k=43\ W/m\cdot k$，密度$\rho=7850\ kg/m^3$，熱容量$C_p=460\ J/kg\cdot k$) 原來溫度爲 273k。若將此金屬球置於溫度爲 350k 之巨大水槽中，已知金屬球和水間之對流熱傳係數爲$h=10\ W/m^2\cdot k$，試計算經過 1 小時後金屬球溫度。

Sol：物體放熱量=環境吸熱量 =>in-out+gen=acc 且 Bi<<0.1

$$=>VC_p\frac{dT}{dt}=hA(T-T_\infty)=>\int_{T_0}^{T}\frac{dT}{T-T_\infty}=\frac{hA}{\rho VC_p}\int_0^t dt$$

$$=>\ln\frac{T-T_\infty}{T_0-T_\infty}=-\frac{hAt}{\rho VC_p}\text{；}A=\pi d^2=\pi(0.3)^2=0.283(m^2)$$

$$V=\frac{\pi}{6}d^3=\frac{\pi}{6}(0.3)^2=0.014(m^2)\ =>\ln\frac{T-350}{273-350}=-\frac{(10)(0.283)(3600)}{(7850)(0.014)(460)}$$

$=>T = 287(k)$

〈考題 8－4〉(88 簡任升等)(5 分)
試敘述散熱片(fin)一般應用時機並說明設計散熱片系統時注意之注意事項。
Sol：作用：延伸面用於薄膜係數小的流體側，增大熱傳表面積A_0，增加總熱傳係數U_i及傳熱量q。

$U_i = \frac{1}{\frac{1}{h_i}+\frac{A_i}{h_0 \cdot A_0}}$ ；$q = U_i A_i \Delta T$　增大A_0，可提高U_i&q

(1)散熱片面積越大，散熱效果越好。(2)散熱片放置於空氣流通處，提高散熱效果。(3)銅或鋁材質傳導效果好，爲較佳之材料。

〈考題 8－5〉(86 地方特考)(4 分)
有一金屬板隔開室溫下之空氣及飽和水蒸汽。在金屬板上加裝鰭片(fin)可增加熱傳速率，問對相同設計之鰭片(大小、形狀、數目及間隔)，鰭片加裝在哪一側熱傳效率較高？
(1)蒸汽側(2)空氣側(3)相同(4)不一定，視兩側溫差而定

Sol：選(2)，$\eta = \frac{q_{fin}}{q_{ideal}} = \frac{1}{L}\sqrt{\frac{kA}{hp}}$ => $\because h_{steam} \gg h_{air}$　$\therefore \eta_{steam} \ll \eta_{air}$

〈考題 8－6〉(89 化工技師)(3/2/15 分)
下式爲單一球體與流體之間的強制對流熱傳關係式：
$Nu = 2 + 0.6Re^{1/2}Pr^{1/3}$試問(一)三個無因次群的定義(二)當流體靜止時，上式預測的結果爲何？(三)導正(二)的結果

Sol：(一)$Nu = \frac{hD}{K} = \frac{熱對流率}{熱傳導率}$；$Re = \frac{Du\rho}{\mu} = \frac{慣性力}{黏滯力}$；$Pr = \frac{C_p\mu}{k} = \frac{\mu/\rho}{k/\rho C_p} = \frac{\upsilon}{\alpha} = \frac{動黏度}{熱擴散係數}$

(二)如流體靜止不動時，則流速爲零$Re = 0$(因雷諾數的無因次群中含有速度項)，所以$Nu = 2$(三)與〈例題 8－6〉過程相同。

〈考題 8－7〉(89 高考三等)(8/8/4 分)
水和空氣之間，原以一平面金屬牆($k = 24.8\ Btu/hr \cdot ft \cdot °F$)隔間。現考慮以每隔 0.5 英吋添加一個長度 1 英吋、厚度 0.05 英寸與金屬牆相同材質的長方形直鰭片(fin)，增加兩流體之間熱傳速率。若知空氣側及水側的對流熱傳係數分別爲 2 和 45 $Btu/hr \cdot ft \cdot °F$，且該鰭片的效率(fin efficiency,η)如下：空氣側 0.9，水側爲 0.4。

試問(一)鰭片若置於水側，會有多少熱傳提升百分比？(二)鰭片若置於空氣側，會有多少熱傳提升百分比？(三)由(一)(二)的結果可以得到什麼結論？(四)若水與空氣側都加 fin 結果如何？

Sol：設面積$A = 1\text{ft} \times 1\text{ft} = 1(\text{ft}^2)$; fin 的數目$N = \frac{1\text{ft}}{\left(\frac{0.5}{12}\right)\text{ft}} = 24(N)$

$$A_0\left(\text{不含 fin 的面積}\right) = (1\text{ft}^2) - 24\left[1\text{ft}\left(0.05\text{in} \times \frac{1\text{ft}}{12\text{in}}\right)\right] = 0.9(\text{ft}^2)$$

$$A_f\left(\text{含 fin 的面積}\right) = 24\left[1\text{ft}\left(1\text{in} \times \frac{1\text{ft}}{12\text{in}}\right)2\right] + 0.1 = 4.1(\text{ft}^2)$$

(乘上 2 爲兩面加熱，含 fin 面積爲$1 - 0.9 = 0.1$)

$\eta_f|_{air} = 0.9$；$\eta_f|_{水} = 0.4$

$$q = h_{air}\Delta T_{air}[A_0 + \eta_f|_{air} \cdot A_f] = 2\Delta T_{air}[0.9 + 0.9(4.1)] = 9.18\Delta T_{air}$$

$$q = h_{水}\Delta T_{水}\left[A_0 + \eta_f|_{水} \cdot A_f\right] = 45\Delta T_{水}[0.9 + 0.4(4.1)] = 114\Delta T_{水}$$

$$q = \frac{\Delta T_{total}}{\frac{1}{2}+\frac{1}{45}} = 1.915\Delta T_{total}$$

(一)水側$q_{水} = \frac{\Delta T_{total}}{\frac{1}{2}+\frac{1}{114}} = 1.965\Delta T_{total}$

$$\% = \frac{q_{水}-q}{q} \times 100\% = \frac{1.965-1.915}{1.915} \times 100\% = 3\%$$

(二)空氣側$q_{air} = \frac{\Delta T_{total}}{\frac{1}{45}+\frac{1}{9.18}} = 7.62\Delta T_{total}$

$$\% = \frac{q_{air}-q}{q} \times 100\% = \frac{7.62-1.915}{1.915} \times 100\% = 298\%$$

(三)置於空氣側的 fin 提升熱傳百分比最高

(四)$q^* = \frac{\Delta T_{total}}{\frac{1}{9.18}+\frac{1}{114}} = 8.49\Delta T_{total}$

$$\% = \frac{q^*-q}{q} \times 100\% = \frac{8.49-1.915}{1.915} \times 100\% = 343\%$$

※摘錄於 3W，Ch17.3 例題 exercise 3。

〈考題 8－8〉(90 高考三等)(3/17 分)

如圖所示是啓始溫度爲T_0的各種固體中心溫度隨傅利葉數(Fourier number)變化的情形。在熱傳過程中，固體表面皆維持在固定溫度T_s。(一)試問在相同T_s，T_a和傅利葉數的情況下，球體、無窮長圓柱體及平板的中心溫度的高低順序如何？(二)試說明其物理意義？

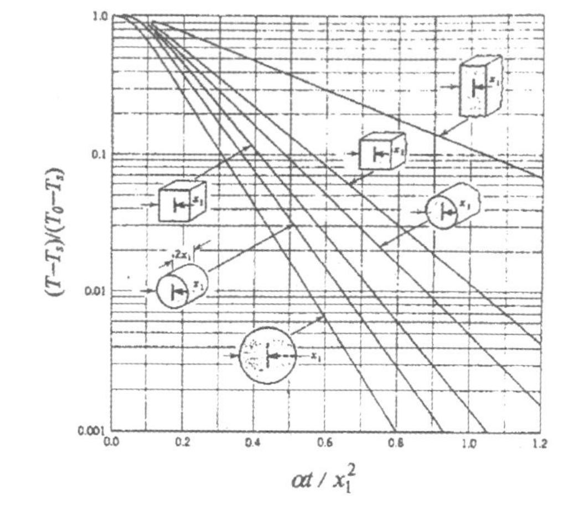

Sol：(一)可參考〈類題 8 – 10〉敘述。

(二)當 Bi<0.1 下可以用公式法解之$\ln\frac{T-T_s}{T_0-T_s}=-\frac{hAt}{\rho VC_p}$，在 Bi>1.0 下外熱阻可以忽略，必須以 Fourier second law $\frac{\partial T}{\partial t}=\alpha\frac{\partial^2 T}{\partial x^2}$ 出發導正的經驗圖表解之，此圖代表各種固體形狀中心溫度和時間的變化，由$\frac{T-T_s}{T_0-T_s}$求得數值查所對應的形狀固體可得 x 軸的(Fourier number)$F_0=\frac{\alpha t}{x^2}$，再從F_0中求得固體到達中心溫度所需的時間。

〈考題 8 – 9〉(90 簡任升等)(10/5/5 分)

考慮一牛頓流體(密度爲ρ，黏度爲μ，導熱度爲 k)置於水平之兩平板間，此兩平板相距 b，下板溫度爲T_0，上板溫度$T_b(>T_0)$且以 V 速度向右運動，因此亦帶動流體以一線性分佈的速度流動。假設穩態層流，考慮流體的 viscous heating 效應(其單位體積之產熱速率爲$-\tau:\nabla\vec{v}$，τ是流體之 shear stress tensor，$\vec{v}$是流體速度向量)。(一)推導系統之溫度分佈。(二)你推導的結果中應含有一無因次群$\mu V^2/[k(T_b-T_0)]$，說明此一無因次群之物理意義。(三)此無因次群之大小會影響溫度之分佈，在何情況下溫度分佈會趨於線性？又在何情況下溫度分佈會有一極大值出現(也就是說流體之溫度會大於T_b)？ (四)若此流體爲水(黏度爲 1cp，導熱度爲0.6W/m · k)而上下板溫差爲 20K，需多大的速度才會導致溫度極大值的出現(有明顯的 viscous heating)？

Sol：(一)(二)請參考〈例題 8 – 9〉

(三)由(一)溫度分佈可得知，當Br值越大時或(黏滯熱越高時)，溫度分佈可成一線性，如圖所示。

(四)當$Br > 2$時，兩壁之間有最高值溫度出現。

$Br = \frac{\mu V^2}{k(T_b - T_0)}$ =>$2 = \frac{(1\times10^{-3})V^2}{0.6(20)}$ =>$V = 155\left(\frac{m}{sec}\right)$

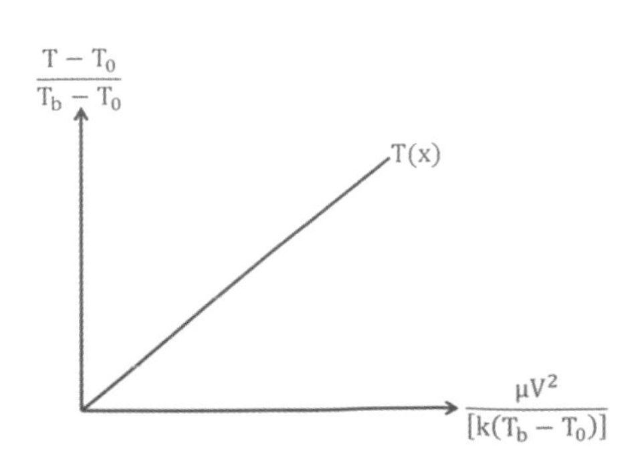

〈考題8－10〉(91化工技師)(10/5/5分)

有一半徑爲R的固體球，具有均勻的啓始溫度T_0，在某一瞬間將該球置入一溫度爲T_∞的流體中。試在下列三種情況下，決定該球的非穩態溫度：對流熱傳係數相對於固體之熱傳導係數，(一)很小(二)適中(三)很大。注意：(二)(三)只需列出描述的微分方程組即可，不必求解。

Sol：(一)in-out+gen=acc 且 Bi<<0.1 => $-\rho V C_p \frac{dT}{dt} = hA(T - T_f)$

$=>\int_{T_0}^{T} \frac{dT}{T - T_\infty} = \frac{hA}{\rho V C_p}\int_0^t dt$ =>$\ln\frac{T - T_\infty}{T_0 - T_\infty} = -\frac{hAt}{\rho V C_p}$ =>$\frac{T - T_\infty}{T_0 - T_\infty} = \exp^{\left(-\frac{hAt}{\rho V C_p}\right)}$

所以$Bi = \frac{h\left(\frac{V}{A}\right)}{k}$ => $\frac{h}{k}$比值很小

(二)當$\frac{h}{k} \to 1$時$Bi = \frac{h\left(\frac{V}{A}\right)}{k} = \frac{內熱阻}{外熱阻}$ =>內、外熱阻皆不可忽略。

(三)固體表面溫度T_0和流體溫度T_∞相同，爲固體-流體界面。

〈考題 8－11〉(92 簡任升等)(10 分)

母親的經驗告知“一隻0.8公斤重的鴨子在烤箱中需要40分鐘才能完全烤熟”。請估計在相同的情況下，一隻2.7 公斤重的鴨子在烤箱中需要若干分鐘才能完全烤熟？

Sol：由 in-out+gen=acc 且 Bi<<0.1 =>$-\rho \cdot V \cdot C_p \frac{dT}{dt} = hA(T - T_\infty)$ =>$t \propto \frac{V}{A}$

想像鴨子爲立方體,且重量比和體積比相同

$=>\frac{t'}{t} = \frac{V'/A'}{V/A}$ =>$\frac{t'}{40} = \frac{2.7/\left(\sqrt[3]{2.7}\right)^2}{0.8/\left(\sqrt[3]{0.8}\right)^2}$ =>$t' = 60(\text{min})$

〈考題 8－12〉(92 地方特考)(5/15 分)
如圖所示是啓始溫度爲T_0的各種固體的中心溫度隨傅利葉數(Fourier number)變化的情形。在熱傳過程中，固體表面溫度皆維持在固定溫度T_s。有一長度爲0.1m，直徑爲0.1m的圓柱體($\alpha = 5.95 \times 10^{-7} m^2/s$)，其啓始溫度爲292K。將此圓柱置入溫度爲373K的水蒸氣中，

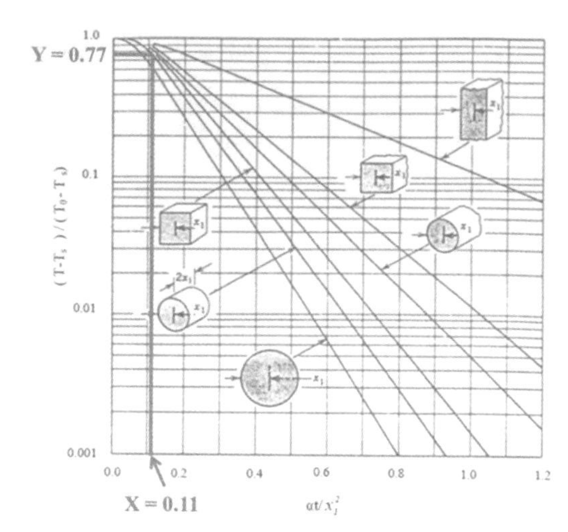

蒸氣在其表面上冷凝且知對流熱傳係數h爲$8500 W/m^2K$。試問：(一)附圖是否適合於求解上述問題。(二)試求圓柱體中心溫度達310K所需的時間。

Sol：

(一)$Bi = \frac{h\left(\frac{V}{A}\right)}{k} = \frac{h\left(\frac{\pi}{4}D^2\right)}{k\left(\pi DL + 2\cdot\frac{\pi}{4}D^2\right)}$ 上下同除以πD

$=> Bi = \frac{h\left(\frac{D}{4}L\right)}{k\left(L+\frac{D}{2}\right)} = \frac{8500\left(\frac{0.1\times0.1}{4}\right)}{k\left(0.1+\frac{0.1}{2}\right)} < 0.1$，當 Bi<0.1 下可以用公式法解之

$\ln\frac{T-T_s}{T_0-T_s} = -\frac{hA}{\rho VC_p}$，在 Bi>1.0 下外熱阻可以忽略，必須以 Fourier second law

$\frac{\partial T}{\partial t} = \alpha\frac{\partial^2 T}{\partial x^2}$ 出發導正的經驗圖表解之，此圖代表各種固體形狀中心溫度和時間的變化，由$\frac{T-T_s}{T_0-T_s}$求得數值查所對應的形狀固體可得 x 軸的(Fourier number) $F_0 = \frac{\alpha t}{x^2}$，再從$F_0$中求得固體到達中心溫度所需的時間。

(二)$Y = \frac{T-T_s}{T_0-T_s} = \frac{310-373}{292-373} = 0.77$ 往右查圓柱體得

$X = 0.11 = F_0 => F_0 = \frac{\alpha t}{x^2} => 0.11 = \frac{5.95\times10^{-7}t}{\left(\frac{0.1}{2}\right)^2} => t = 462(sec)$

〈考題8－13〉(94地方特考)(5分)
畢歐數(Biot number) Sol：請參考重點整理。

〈考題8 − 14〉(95化工技師)(各10分)
有一牛頓流體其溫度爲T_0流經一圓管，其流動型態爲柱狀流(Plug flow)，在管壁上施以固定熱通量，其(一)利用能量平衡式導出$\frac{\partial T}{\partial x}$ = constant。(二)計算出紐塞數$\left(Nu = \frac{h \cdot d}{k}\right)$的值。

Sol：(一) General heat transfer equation：$\rho C_p\left(\frac{\partial T}{\partial t} + \vec{V}\cdot\nabla T\right) = k\nabla^2 T + \dot{q}$

s.s　　無熱量生成

$$\Rightarrow V_r\frac{\partial T}{\partial r} + \frac{V_\theta}{r}\frac{\partial T}{\partial \theta} + V_x\frac{\partial T}{\partial x} = \alpha\left[\frac{1}{r}\frac{\partial}{\partial r}\left(r\frac{\partial T}{\partial r}\right) + \frac{1}{r}\frac{\partial^2 T}{\partial \theta^2} + \frac{\partial^2 T}{\partial x^2}\right] = 0 \quad \therefore \alpha = \frac{k}{\rho C_P}$$

$V_r = 0$　$V_\theta = 0$　　$T \neq f(\theta)$　$q = const$

假設：

(1)全展流$\Rightarrow V_r = 0$　$V_\theta = 0$　(2)溫度分佈在θ方向可以忽略

(3)在z方向，熱對流率>>熱傳導率　$\frac{\partial^2 T}{\partial x^2} = 0$

(4)熱通量在管壁爲常數$q = const$;　$\frac{\partial T}{\partial x} = const$

$$\Rightarrow V_x\frac{\partial T}{\partial x} = \frac{\alpha}{r}\frac{\partial}{\partial r}\left(r\frac{\partial T}{\partial r}\right) \quad (1)$$

(二)B.C.1　$r = 0$　$\frac{dT}{dr} = 0$　B.C.2　$r = R$　$T = T_0$

由(1) $\frac{\partial}{\partial r}\left(r\frac{\partial T}{\partial r}\right) = \frac{V_x}{\alpha}\frac{\partial T}{\partial x}r \Rightarrow r\frac{\partial T}{\partial r} = \frac{V_x}{2\alpha}\frac{\partial T}{\partial x}r^2 + c_1 \Rightarrow \frac{\partial T}{\partial r} = \frac{V_x}{2\alpha}\frac{\partial T}{\partial x}r + \frac{c_1}{r}$　(2)

B.C.1代入(2)式$c_1 = 0 \Rightarrow \frac{\partial T}{\partial r} = \frac{V_x}{2\alpha}\frac{\partial T}{\partial x}r \Rightarrow T = \frac{V_x}{4\alpha}\frac{\partial T}{\partial x}r^2 + c_2$　(3)

B.C.2代入(3)式$c_2 = T_0 - \frac{V_x}{4\alpha}\frac{\partial T}{\partial x}R^2$

c_2代回(3)式$\Rightarrow T = \frac{V_x}{4\alpha}\frac{\partial T}{\partial x}r^2 + T_0 - \frac{V_x}{4\alpha}\frac{\partial T}{\partial x}R^2 = T_0 - \frac{V_x}{4\alpha}\frac{\partial T}{\partial x}R^2\left[1 - \left(\frac{r}{R}\right)^2\right]$

$$T_b - T_0 = \frac{\int_0^{2\pi}\int_0^R V_x(T - T_0)rdrd\theta}{\int_0^{2\pi}\int_0^R V_x rdrd\theta} = \frac{2\pi\int_0^R -\frac{V_x}{4\alpha}\frac{\partial T}{\partial x}R^2\left[1 - \left(\frac{r}{R}\right)^2\right]rdr}{\pi R^2}$$

$$= -\frac{V_x}{2\alpha}\frac{\partial T}{\partial x}R^2\int_0^R\left[1-\left(\frac{r}{R}\right)^2\right]\left(\frac{r}{R}\right)d\left(\frac{r}{R}\right)\ (令u=\frac{r}{R}；r=0,u=0;r=R,u=1)$$

$$= -\frac{V_x}{2\alpha}\frac{\partial T}{\partial x}R^2\int_0^R(1-u^2)udu = -\frac{V_x}{2\alpha}\frac{\partial T}{\partial x}R^2(\frac{u^2}{2}-\frac{u^4}{4})\Big|_0^1 = -\frac{V_x}{2\alpha}\frac{\partial T}{\partial x}R^2\cdot\left(\frac{1}{4}\right)$$

$$= -\frac{V_x}{8\alpha}\frac{\partial T}{\partial x}R^2\ \ 熱傳導率=熱對流率=>-k\frac{dT}{dr}\Big|_{r=R} = h(T_b-T_0)$$

$$=>-k\left(\frac{V_x}{2\alpha}\frac{\partial T}{\partial x}R\right) = h\left(-\frac{V_x}{8\alpha}\frac{\partial T}{\partial x}R^2\right)\ =>\frac{4k}{R} = h\ =>Nu = \frac{h\cdot d}{k} = 8$$

〈考題8－15〉(96高考三等)(20分)

有一金屬圓球直徑爲20.8mm，溫度爲360K，現將此金屬圓球浸入於一大量液體中，液體之溫度爲310K且保持爲定值。假設金屬圓球與液體間之對流熱傳係數(convection heat transfer coefficient)爲$15.5W/m^2\cdot K$，而金屬圓球之熱傳導係數(thermal conductivity)爲$375W/m\cdot K$，比熱(heat capacity)爲$0.389\ kJ/kg\cdot K$，密度爲$8890\ kg/m^3$，請問(一)此金屬圓球之內部熱傳阻力忽略是否合理？如何驗證？(二)此金屬圓球之平均溫度從360 K降至340K所需之時間？釋放之總熱量？

Sol：

(一)$Bi = \frac{h\left(\frac{V}{A}\right)}{k} = \frac{內熱阻}{外熱阻} = \frac{h\left(\frac{\pi}{6}D^3/\pi D^2\right)}{k} = \frac{h\left(\frac{D}{6}\right)}{k} = \frac{15.5\left(\frac{20.8\times10^{-3}}{6}\right)}{375} = 1.43\times10^{-4} \ll 0.1$

當Bi很小時，內熱阻可以忽略！

(二) $-\rho VC_p\frac{dT}{dt} = hA(T-T_f)\ =>\int_{T_0}^{T}\frac{dT}{T-T_\infty} = \frac{hA}{\rho VC_p}\int_0^t dt\ =>-\ln\left(\frac{T-T_\infty}{T_0-T_\infty}\right) = \frac{hAt}{\rho VC_p}$

$$=> t = -\frac{\rho\left(\frac{D}{6}\right)C_p}{h}\ln\left(\frac{T-T_\infty}{T_0-T_\infty}\right)$$

$$t = -\frac{8890\left(\frac{20.8\times10^{-3}}{6}\right)(0.389\times10^3)}{15.5}\ln\left(\frac{340-310}{360-310}\right) = 395(sec)$$

$$q = -\rho VC_p\frac{dT}{dt} = -\frac{\rho\cdot V\cdot C_p}{\Delta t}\int_{T_0}^{T}dT = -\frac{\rho\cdot V\cdot C_p}{\Delta t}(T-T_0)$$

$$=>q = -\frac{8890\left[\frac{\pi}{6}\left(\frac{20.8}{1000}\right)^3\right](0.389\times10^3)(340-360)}{395} = 0.824(W)$$

〈考題8－16〉(96化工技師)(20分)

一熱球懸浮於巨大靜止之流體中，熱球之表面溫度固定爲T_R，流體之溫度爲T_∞，熱球之半徑及直徑分別爲R及D。在無任何對流之情況下，請求得納塞數(Nusselt number)之關係式。

Sol：與〈例題8－5〉過程相同。

〈考題8－17〉(99化工技師)(25分)

請以能量守恆觀念導證「能量公式」(energy equation)如下，並應書明所有假設：

$\nabla^2 T+\frac{\dot{q}}{k}=\frac{1}{\alpha}\left(\frac{\partial T}{\partial t}+u\frac{\partial T}{\partial x}+v\frac{\partial T}{\partial y}+w\frac{\partial T}{\partial z}\right)$其中u、v、w分別爲x、y、z方向之流體速度，T爲溫度，t爲時間，k爲熱傳導係數，$\dot{q}$爲單位體積熱產生速率，∇^2及α請説明定義。

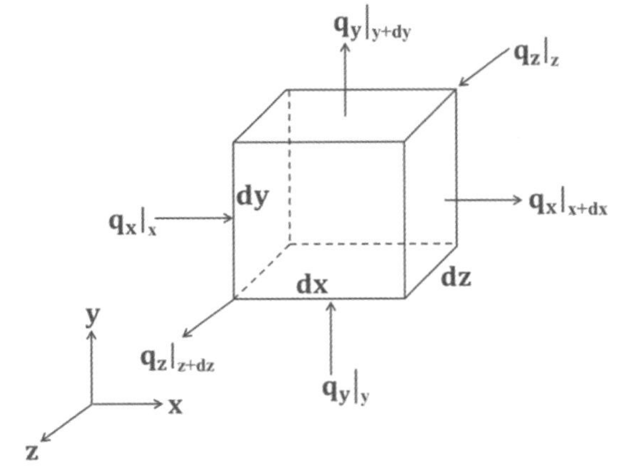

Sol：能量平衡：in−out+gen=acc

$$-kdydz\frac{dT}{dx}\Big|_x+kdydz\frac{dT}{dx}\Big|_{x+dx}-kdxdz\frac{dT}{dy}\Big|_y+kdxdz\frac{dT}{dy}\Big|_{y+dy}-kdxdy\frac{dT}{dz}\Big|_z+$$

$$kdxdy\frac{dT}{dz}\Big|_{z+dz}+dydzU_x\rho C_p(T-T_{ref})\Big|_x-dydzU_x\rho C_p(T-T_{ref})\Big|_{x+dx}+$$

$$dxdzU_y\rho C_p(T-T_{ref})\Big|_y-dxdzU_y\rho C_p(T-T_{ref})\Big|_{y+dy}+dxdyU_z\rho C_p(T-T_{ref})\Big|_z$$

$$-dxdyU_z\rho C_p(T-T_{ref})\Big|_{z+dz}+\dot{q}(dxdydz)=(dxdydz)\rho C_p\frac{dT}{dt}$$

上式同除以dxdydz ;令dxdydz → 0

$$\Rightarrow\lim_{dx\to0}\frac{k\left(\frac{dT}{dx}\Big|_{x+dx}-\frac{dT}{dx}\Big|_x\right)}{dx}+\lim_{dy\to0}\frac{k\left(\frac{dT}{dy}\Big|_{y+dy}-\frac{dT}{dy}\Big|_y\right)}{dy}+\lim_{dz\to0}\frac{k\left(\frac{dT}{dz}\Big|_{z+dz}-\frac{dT}{dz}\Big|_z\right)}{dz}$$

$$+\dot{q}=C_p\left[\frac{dT}{dt}+U_x\lim_{dx\to 0}\frac{(T-T_{ref})\big|_{x+dx}-(T-T_{ref})\big|_x}{dx}+U_y\lim_{dy\to 0}\frac{(T-T_{ref})\big|_{y+dy}-(T-T_{ref})\big|_y}{dy}\right.$$

$$\left.+U_z\lim_{dz\to 0}\frac{(T-T_{ref})\big|_{z+dz}-(T-T_{ref})\big|_z}{dz}\right]$$ ∵T_{ref}爲參考溫度

$$=>k\left(\frac{\partial^2 T}{\partial x^2}+\frac{\partial^2 T}{\partial y^2}+\frac{\partial^2 T}{\partial z^2}\right)+\dot{q}=\rho C_p\left(\frac{dT}{dt}+U_x\frac{dT}{dx}+U_y\frac{dT}{dy}+U_z\frac{dT}{dz}\right)$$

上式等號左右兩側除以 k $=>\nabla^2 T+\frac{\dot{q}}{k}=\frac{1}{\alpha}\left(\frac{\partial T}{\partial t}+u\frac{\partial T}{\partial x}+v\frac{\partial T}{\partial y}+w\frac{\partial T}{\partial z}\right)$

其中$\nabla^2=\frac{\partial^2}{\partial x^2}+\frac{\partial^2}{\partial y^2}+\frac{\partial^2}{\partial z^2}$，∇代表向量運算子，有 x、y、z 三個方向。

(熱擴散係數)$\alpha=\frac{k}{\rho C_p}$

〈考題 8－18〉(101 經濟部特考)(10 分)

1 大氣壓及 30°C之空氣，以 20m/s之速度進入 1cm 內徑之圓管，若管壁溫度維持在 105°C，出口溫度爲 90°C，試求其管之長度(平均空氣密度爲 0.0012g/cm³，平均比熱爲 0.23cal/g · °C，平均對流係數爲h：1.11×10^{-3} cal/cm² · s · °C)

Sol：請參考(五)流體流動方向之對流熱傳送導正過程。

$$\ln\left(\frac{T_L-T_W}{T_0-T_W}\right)=-\frac{h}{\rho C_P\langle V\rangle}\frac{4L}{D}=>\ln\left(\frac{90-105}{30-105}\right)=-\frac{1.11\times10^{-3}}{(0.0012)(0.23)(20\times100)}\frac{4L}{(1)}$$

$$=>L=200(cm)$$

〈考題 8－19〉(104 經濟部特考)(10 分)

功率 600W 之微波爐烤一只烤雞，假設火雞爲實心體，火雞與外界之間熱傳視爲零，微波功率完全被火雞所吸收，微波有均勻加熱的特性，假設火雞密度 920kg/m³，比熱 8.4J/kg · k，體積 0.003m³，室溫 20°C，求火雞溫度到達 200°C 所需時間？

Sol：火雞吸收熱量=微波爐放出熱量

$$=>\rho VC_p dT=qdt=>\int dT=\frac{q}{\rho VC_p}\int dt=>T=\frac{qt}{\rho VC_p}+c\quad(1)$$

B.C $t = 0$ $T = 20℃$ 代入(1)式 $c = 20$ $=> T = \frac{qt}{\rho V C_p} + 20$ (2)

當 $T = 200℃$ 代入(2)式，$180 = \frac{600t}{920 \times 0.003 \times 8.4}$ $=> t = 6.96(sec)$

〈考題 8－20〉(105 高考二等)(20 分)

考慮一密度爲ρ、黏度爲μ、熱導度爲 k、比熱爲Cp之流體在一半徑爲 R、管壁溫度爲定值T_W之長圓管中的完全發展層流(fully developed laminar flow)，其中心軸(r = 0)處之流速爲 U。對於圓柱座標系統(r,θ,z)，包含黏性消耗(viscous dissipation)之能量方程式爲：

$$\rho C_P\left(\frac{\partial T}{\partial t} + V_r\frac{\partial T}{\partial r} + \frac{V_\theta}{r}\frac{\partial T}{\partial \theta} + V_z\frac{\partial T}{\partial z}\right) = k\left[\frac{1}{r}\frac{\partial}{\partial r}\left(r\frac{\partial T}{\partial r}\right) + \frac{1}{r^2}\frac{\partial^2 T}{\partial \theta^2} + \frac{\partial^2 T}{\partial z^2}\right]$$

$$+2\mu\left[\left(\frac{\partial V_r}{\partial r}\right)^2 + \left[\frac{1}{r}\left(\frac{\partial V_\theta}{\partial \theta} + V_r\right)\right]^2 + \left(\frac{\partial V_z}{\partial z}\right)^2\right]$$

$$+\mu\left[\left(\frac{\partial V_\theta}{\partial z} + \frac{1}{r}\frac{\partial V_z}{\partial \theta}\right)^2 + \left(\frac{\partial V_z}{\partial r} + \frac{\partial V_r}{\partial z}\right)^2 + \left[\frac{1}{r}\frac{\partial V_r}{\partial \theta} + r\frac{\partial}{\partial r}\left(\frac{V_\theta}{r}\right)\right]^2\right]$$

請求解此流體在穩定狀態下之溫度分佈T(r)。

Sol：能量方程式 $\rho C_P\left(\cancel{\frac{\partial T}{\partial t}} + \cancel{V_r}\frac{\partial T}{\partial r} + \cancel{\frac{V_\theta}{r}}\frac{\partial T}{\partial \theta} + V_z\frac{\partial T}{\partial z}\right) = k\left[\frac{1}{r}\frac{\partial}{\partial r}\left(r\frac{\partial T}{\partial r}\right)\right.$

s.s $V_r = 0$ $V_\theta = 0$

$$\left. + \frac{1}{r^2}\cancel{\frac{\partial^2 T}{\partial \theta^2}} + \cancel{\frac{\partial^2 T}{\partial z^2}}\right] + 2\mu\left[\left(\cancel{\frac{\partial V_r}{\partial r}}\right)^2 + \left[\frac{1}{r}\left(\cancel{\frac{\partial V_\theta}{\partial \theta}} + \cancel{V_r}\right)\right]^2 + \left(\cancel{\frac{\partial V_z}{\partial z}}\right)^2\right]$$

$T \neq f(\theta)$ $T \neq f(z)$ $V_r = 0$ $V_\theta = 0$ $V_r = 0$ $V_z \neq f(z)$

$$+\mu\left[\left(\cancel{\frac{\partial V_\theta}{\partial z}} + \frac{1}{r}\cancel{\frac{\partial V_z}{\partial \theta}}\right)^2 + \left(\cancel{\frac{\partial V_z}{\partial r}} + \cancel{\frac{\partial V_r}{\partial z}}\right)^2 + \left[\frac{1}{r}\cancel{\frac{\partial V_r}{\partial \theta}} + r\frac{\partial}{\partial r}\left(\cancel{\frac{V_\theta}{r}}\right)\right]^2\right]$$

$V_\theta = 0$ $V_z \neq f(\theta)$ 忽略黏滯熱 $V_r = 0$ $V_r = 0$ $V_\theta = 0$

假設：(1)全展流$=> V_r = 0$，$V_\theta = 0$(2)溫度分佈在θ方向可以忽略(3)在管壁溫度爲定值；$\frac{\partial T}{\partial z} = const$(4)層流下令$V_z = V_{max}\left[1 - \left(\frac{r}{R}\right)^2\right]$

$$=> V_{max}\left[1 - \left(\frac{r}{R}\right)^2\right]\frac{\partial T}{\partial z} = \frac{\alpha}{r}\frac{\partial}{\partial r}\left(r\frac{\partial T}{\partial r}\right) \quad (1)$$

B.C.1 $r = 0$ $\frac{dT}{dr} = 0$ B.C.2 $r = R$ $T = T_W$

由(1) $\frac{\partial}{\partial r}\left(r\frac{\partial T}{\partial r}\right) = \frac{V_{max}}{\alpha}\frac{\partial T}{\partial z}\left[r - \frac{r^3}{R^2}\right]$ 積分=> $r\frac{\partial T}{\partial r} = \frac{V_{max}}{\alpha}\frac{\partial T}{\partial Z}\left[\frac{r^2}{2} - \frac{r^4}{4R^2}\right] + c_1$ (2)

B.C.1代入(2)式 $c_1 = 0$ => $\frac{\partial T}{\partial r} = \frac{V_{max}}{\alpha}\frac{\partial T}{\partial Z}\left[\frac{r}{2} - \frac{r^3}{4R^2}\right]$ (令 $u = \frac{r}{R}$ $r = R$；$u = 1$)

=> $\int_{T_W}^{T} dT = \frac{V_{max}}{\alpha}\frac{\partial T}{\partial Z}\int_R^r \left(\frac{r}{2} - \frac{r^3}{4R^2}\right) dr$

=> $T - T_W = \frac{V_{max}}{\alpha}\frac{\partial T}{\partial Z} R^2 \int_R^r \left[\frac{1}{2}\left(\frac{r}{R}\right) - \frac{1}{4}\left(\frac{r}{R}\right)^3\right] d\left(\frac{r}{R}\right)$

=> $T - T_W = \frac{V_{max}}{\alpha}\frac{\partial T}{\partial Z} R^2 \int_1^r \left(\frac{1}{2}u - \frac{1}{4}u^3\right) du$

=> $T - T_W = \frac{V_{max}}{\alpha}\frac{\partial T}{\partial Z} R^2 \left(\frac{1}{4}u^2 - \frac{1}{16}u^4\right)\Big|_1^u$

將 u 還原=> $T(r) = T_W + \frac{V_{max}}{\alpha}\frac{\partial T}{\partial Z} R^2 \left[-\frac{3}{16} + \frac{1}{4}\left(\frac{r}{R}\right)^2 - \frac{1}{16}\left(\frac{r}{R}\right)^4\right]$

九、多自變數系統的溫度分佈

此章節在國考與經濟部特考的題型較少，主要原因還是歸於解題過程需要牽涉較多工程數學上的計算過程，而且導正的過程繁雜，但最主要的重點還是在於如何由統御方程式的選擇與約簡，還有邊界條件的假設最爲重要，另外還有一小部分爲非穩態熱傳方面查圖與簡單計算的應用，工數演算部分考的不多，在複習時不需浪費太多時間在於工數推導的部分。

(一)半無限固體之非穩態熱傳

〈例題 9－1〉有一半無限固體如下圖一所示，請寫出統御方程式與邊界條件，不必導正出結果。

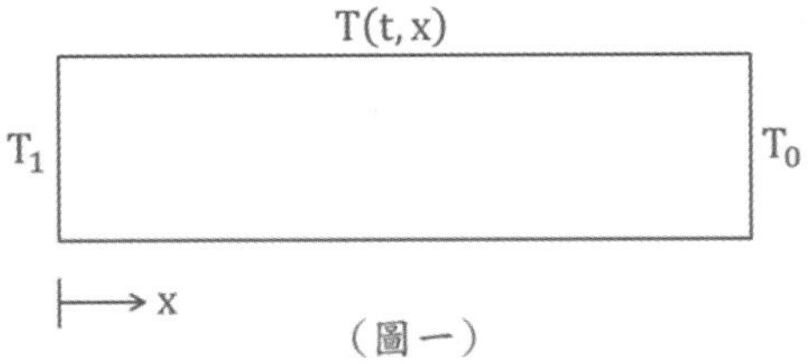

$T(t,x)$

T_1 T_0

$\longmapsto x$

（圖一）

General heat transfer equation：$\rho C_p\left(\frac{\partial T}{\partial t}+\vec{V}\cdot\nabla T\right)=k\nabla^2 T+\dot{q}$

固體　　　系統無熱源產生

$$=>\rho C_p\frac{\partial T}{\partial t}=k\nabla^2 T\ =>\frac{\partial T}{\partial t}=\alpha\nabla^2 T\ =>\frac{\partial T}{\partial t}=\alpha\left(\frac{\partial^2 T}{\partial x^2}+\frac{\partial^2 T}{\partial y^2}+\frac{\partial^2 T}{\partial z^2}\right)$$

$T\neq f(y)$　$T\neq f(z)$

$$=>\frac{\partial T}{\partial t}=\alpha\frac{\partial^2 T}{\partial x^2}\ (1)$$

I.C　$t=0$　$T=T_0$　　令$\theta=\frac{T-T_0}{T_1-T_0}$ 代入(1)式$=>\frac{\partial\theta}{\partial t}=\alpha\frac{\partial^2\theta}{\partial x^2}$

B.C.1　$x=0$　$T=T_1$　　結合變數法的結果：$\frac{T-T_0}{T_1-T_0}=\text{erfc}\left(\frac{x}{\sqrt{4\alpha t}}\right)$

B.C.2　$x=\infty$　$T=T_0$

當y ↑，$\frac{T-T_0}{T_1-T_0}$ ↓，在$\frac{T-T_0}{T_1-T_0} < 0.01$時，可以將此時間地點的溫度看成沒有變化此時的 y 值稱穿透厚度(penetration thickness)用$\delta_t = 4\sqrt{\alpha t}$

如果上述題目變成不是在$(t > 0，x = 0)$的面曝露在$T = T_1$的流體中，則熱量由流固相介面傳入固體，則流固相介面$(x = 0)$溫度不爲定值，它會隨時間改變，此時邊界條件變成：I.C $t = 0$ $T = T_0$

B.C.1 $x = 0$ $-k\frac{dT}{dx}\Big|_{x=0} = h(T_1 - T)$ B.C.2 $x = \infty$ $T = T_0$

(二)平板、圓柱體及球體之非穩態熱傳導

〈例題 9 − 2〉有一很大平板厚度爲 2b，在$t < 0$時，板內各處溫度都是T_0，$t \geq 0$時在$y = \mp b$ 及$y = -b$處溫度都提升到$T = T_1$，而且一直維持在這個溫度，請寫出統御方程式與邊界條件，不必導正出結果。

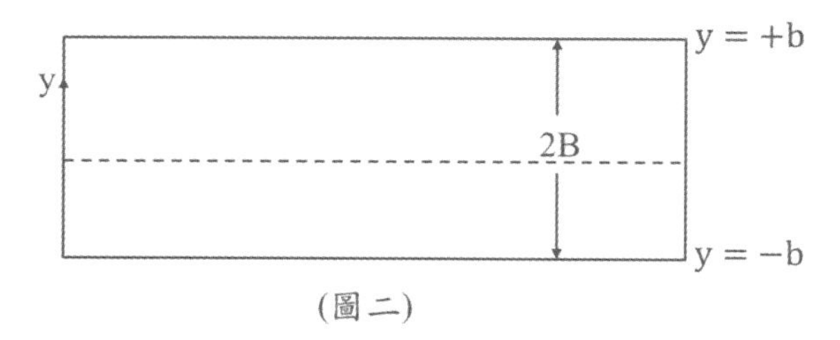

(圖二)

Sol：General heat transfer equation：$\rho C_p\left(\frac{\partial T}{\partial t} + \vec{V}\cdot\nabla T\right) = k\nabla^2 T + \dot{q}$

固體　　　　系統無熱源產生

$=>\rho C_p\frac{\partial T}{\partial t} = k\nabla^2 T => \frac{\partial T}{\partial t} = \alpha\nabla^2 T => \frac{\partial T}{\partial t} = \alpha\left(\frac{\partial^2 T}{\partial x^2} + \frac{\partial^2 T}{\partial y^2} + \frac{\partial^2 T}{\partial z^2}\right) => \frac{\partial T}{\partial t} = \alpha\frac{\partial^2 T}{\partial y^2}$

$T \neq f(x)$ $T \neq f(z)$

I.C $t = 0$ $T = T_0$ B.C.1 $y = b$ $T = T_1$ B.C.2 $y = -b$ $T = T_1$

〈例題 9 − 3〉有一很大平板厚度爲 2b，在$t < 0$時，板內各處溫度都是T_0，$t \geq 0$時在$y = +b$及$y = -b$處溫度無法立刻提升到$T = T_1$，而是將板曝露於T_1溫度的流體中，請寫出統御方程式與邊界條件，不必導正出結果。

Sol：General heat transfer equation：$\rho C_p\left(\frac{\partial T}{\partial t} + \vec{V}\cdot\nabla T\right) = k\nabla^2 T + \dot{q}$

固體　　　　系統無熱源產生

$$=>\rho C_P\left(\frac{\partial T}{\partial t}+V_x\frac{\partial T}{\partial x}+V_y\frac{\partial T}{\partial y}+V_z\frac{\partial T}{\partial z}\right)=\left(\frac{\partial^2 T}{\partial x^2}+\frac{\partial^2 T}{\partial y^2}+\frac{\partial^2 T}{\partial z^2}\right)$$

$V_z=0$ 很小可以忽略 $T\neq f(z)$

$$=>V_x\frac{\partial T}{\partial x}+V_y\frac{\partial T}{\partial y}=\alpha\frac{\partial^2 T}{\partial y^2}\ (1)$$

I.C $t=0\quad T=T_0$

B.C.1 $y=b\ \ -k\left.\frac{dT}{dy}\right|_{y=b}=h(T_1-T)$

B.C.2 $y=-b\ \ -k\left.\frac{dT}{dy}\right|_{y=-b}=h(T_1-T)$

(三)二維固體之穩態熱傳導

〈例題 $9-4$〉平板如圖所示，x 方向由$x=0$延伸至$x=b$處，y 方向由$y=0$延伸至$x=\infty$處，至於 z 方向由$z=-\infty$延伸至$z=\infty$處，即考慮到 x.y 方向的二維熱傳，假設在$x=0$及$x=b$溫度維持在T_1，$y=0$維持在T_2，$y=\infty$則維持在T_1，請寫出統御方程式與邊界條件，不必導正出結果。

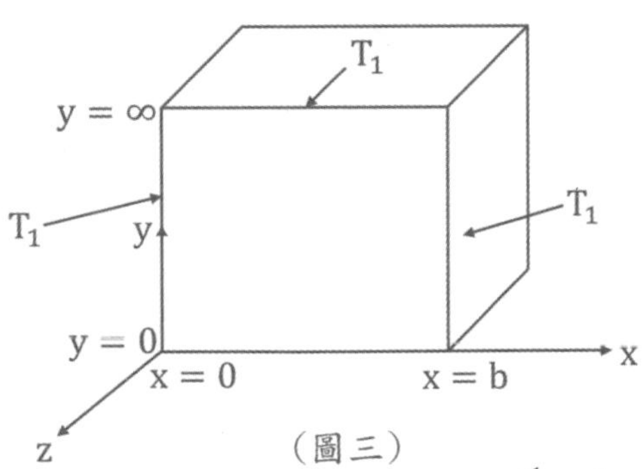

(圖三)

Sol：General heat transfer equation：$\rho C_p\left(\frac{\partial T}{\partial t}+\vec{V}\cdot\nabla T\right)=k\nabla^2 T+\dot{q}$

s.s 固體 系統無熱源產生

$$=>k\nabla^2 T=0\ =>\ \frac{\partial^2 T}{\partial x^2}+\frac{\partial^2 T}{\partial y^2}+\frac{\partial^2 T}{\partial z^2}=0\ =>\frac{\partial^2 T}{\partial x^2}+\frac{\partial^2 T}{\partial y^2}=0$$

$T\neq f(z)$

B.C.1 $x=0\ \ T=T_1$ B.C.2 $x=b\ \ T=T_1$
B.C.3 $y=0\ \ T=T_2$ B.C.4 $y=\infty\ \ T=T_1$

〈例題 9－5〉流體以層流流經一不同溫度的平板造成熱邊界層如(圖四)，有一流體以層流流動溫度爲T_∞，當它流向一個溫度爲$T_s(T_s < T_\infty)$的板子時，板子附近流體會把熱量傳向板子造成熱邊界層，在熱邊界層裡面流體溫度隨著 x 及 y 變化，熱邊界層外流體溫度維持原來的T_∞，請寫出統御方程式與邊界條件，不必導正出結果。

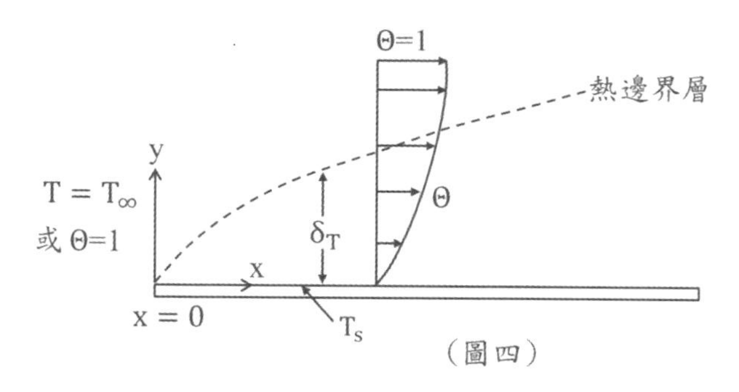

（圖四）

Sol：General heat transfer equation：$\rho C_p\left(\frac{\partial T}{\partial t}+\vec{V}\cdot\nabla T\right)= k\nabla^2 T+\dot{q}$

s.s　　　　系統無熱源產生

$$=>\rho C_P\left(V_x\frac{\partial T}{\partial x}+V_y\frac{\partial T}{\partial y}+V_z\frac{\partial T}{\partial z}\right)=\left(\frac{\partial^2 T}{\partial x^2}+\frac{\partial^2 T}{\partial y^2}+\frac{\partial^2 T}{\partial z^2}\right)$$

$V_z = 0$　很小可以忽略　$T \neq f(z)$

$$=>V_x\frac{\partial T}{\partial x}+V_y\frac{\partial T}{\partial y}=\alpha\frac{\partial^2 T}{\partial y^2}\ (1)$$

不考慮 z 方向的連續方程式$=>\frac{\partial V_x}{\partial x}+\frac{\partial V_y}{\partial y}+\frac{\partial V_z}{\partial z}=0\ (2)$

B.C.1　$x = 0$　$T = T_\infty$

B.C.2　$y = 0$　$T = T_s$　令$\emptyset_x=\frac{V_x}{V_\infty}$，$\emptyset_y=\frac{V_y}{V_\infty}$，$\theta=\frac{T-T_s}{T_\infty-T_s}$　代入(1)&(2)式

B.C.3　$y = \infty$　$T = T_\infty$

$=>\emptyset_x\frac{\partial\theta}{\partial x}+\emptyset_y\frac{\partial\theta}{\partial y}=\alpha\frac{1}{V_\infty}\frac{\partial^2\theta}{\partial y^2}$ (3)　$\frac{\partial\emptyset_x}{\partial x}+\frac{\partial\emptyset_y}{\partial y}=0$ (4)　邊界條件轉變成以下：

B.C.1　$x = 0$　$\theta = 1$　B.C.2　$y = 0$　$\theta = 0$　B.C.3　$y = \infty$　$\theta = 1$

(四)熱對流

〈例題 9－6〉如圖五，流體以層流方式在一個半徑爲 R 的水平圓管內做穩態流動。在圓管管壁有一固定值熱通量加諸流體，假設密度ρ和黏度μ固定不變，請寫出統御方程式與邊界條件，不必導正出結果。

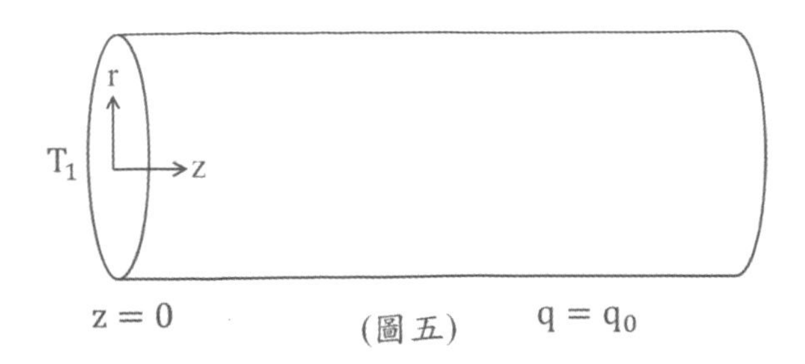

(圖五)

Sol：General heat transfer equation：$\rho C_p\left(\frac{\partial T}{\partial t}+\vec{V}\cdot\nabla T\right)= k\nabla^2 T+\dot{q}$

系統無熱源產生

$$\rho C_p\left(\frac{\partial T}{\partial t}+V_r\frac{\partial T}{\partial r}+\frac{V_\theta}{r}\frac{\partial T}{\partial \theta}+V_z\frac{\partial T}{\partial z}\right)=k\left[\frac{1}{r}\frac{\partial}{\partial r}\left(r\frac{\partial T}{\partial r}\right)+\frac{1}{r^2}\frac{\partial^2 T}{\partial \theta^2}+\frac{\partial^2 T}{\partial z^2}\right]$$

s.s　$V_r=0$　$V_\theta=0$　$T\neq f(\theta)$

$$=>V_z\frac{\partial T}{\partial z}=\alpha\left[\frac{1}{r}\frac{\partial}{\partial r}\left(r\frac{\partial T}{\partial r}\right)+\frac{\partial^2 T}{\partial z^2}\right]\ (1)$$

在 z 方向下(熱對流率>>熱傳導率) $V_z\frac{\partial T}{\partial z}\gg\alpha\frac{\partial^2 T}{\partial z^2}$

在層流下管子的速度分佈$V_z=V_{max}\left[1-\left(\frac{r}{R}\right)^2\right]$

(1)式變成=>$V_{max}\left[1-\left(\frac{r}{R}\right)^2\right]\frac{\partial T}{\partial z}=\alpha\left[\frac{1}{r}\frac{\partial}{\partial r}\left(r\frac{\partial T}{\partial r}\right)\right]$

B.C.1 $z=0$　$T=T_1$　B.C.2 $r=0$　$\frac{\partial T}{\partial r}=0$ (T=有限值)

B.C.3 $r=R$　$-k\frac{dT}{dr}=q_0$

(五)熱傳邊界層問題

現象：流體流經一較熱或較冷物體時，在物體表面產生熱傳邊界層(Thermal boundary layer)。在邊界層內，會受較熱或冷物體影響而呈現溫度遞減的現象，而邊界層外，則不受較熱或冷物體影響，溫度爲一定值，此爲熱傳邊界層現象，如圖六。

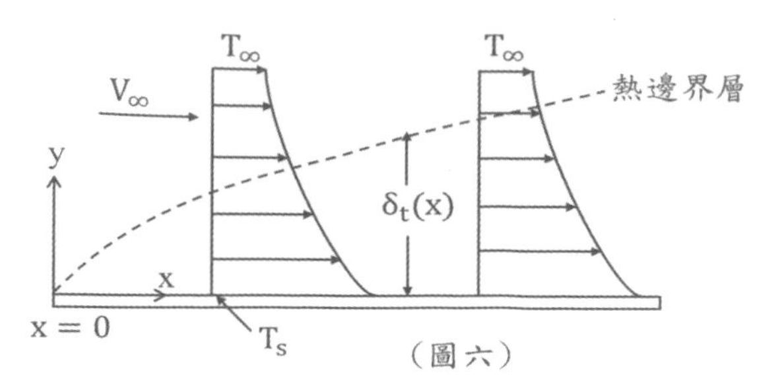

（圖六）

流力邊界層厚度(δ)和熱傳邊界層厚度(δ_t)比較：

(1)當$Pr > 1 \Rightarrow \delta > \delta_t$ (2)當$Pr < 1 \Rightarrow \delta < \delta_t$ (3)當$Pr = 1 \Rightarrow \delta = \delta_t$

一般：氣體$Pr = 0.5 \sim 1$　ex. $\delta_t > \delta$

　　　液體$Pr = 2 \sim 10000$　ex. $\delta_t < \delta$

類題練習解析

〈類題 9－1〉有一個鐵球，溫度爲t_0，放入水中冷卻。在非恆穩態下，其能量平衡式爲$\frac{\partial t}{\partial \theta} = \frac{k}{\rho C_p}\left(\frac{\partial^2 t}{\partial y^2} + \frac{2}{r}\frac{\partial t}{\partial r}\right)$

(一)若θ_1小時以後，表面溫度爲t_s，請寫出上列偏微分方程式之邊界條件。(二)在恆穩狀態下，能量平衡方程式可化簡成什麼形式的微分方程？(三)若在恆穩狀態時，表面溫度爲t_s，則第(二)小題中微分方程之邊界條件是什麼？

Sol：(一) I.C　$t = 0$　$T = t_0$　B.C.1　$r = R$　$t = t_s$　B.C.2　$r = 0$　$\frac{\partial t}{\partial r} = 0$

(二) $\cancel{\frac{\partial t}{\partial \theta}} = \frac{k}{\rho C_p}\left(\frac{\partial^2 t}{\partial y^2} + \frac{2}{r}\frac{\partial t}{\partial r}\right)$ (在穩態下)

(三) B.C.1　$r = R$　$t = t_s$　B.C.2　$r = 0$　$\frac{\partial t}{\partial r} = \text{const}$

〈類題 9－2〉一股突然來臨的冷風將大氣溫度下降至−20°C，並持續 12 小時(一)若地面之初始溫度爲5°C，水管必須埋入多深，才能避免水管內水被凍結之危險？(二)在此狀況下穿透距離若干？已知土壤熱擴散係數爲$0.0011\ m^2/hr$。(McCabe 例題 10.6)

Sol：

(一)$Y=\frac{T_s-T}{T_s-T_a}=\frac{-20-0}{-20-5}=0.8$ 往右對拋物線往下查 X 軸=>$X=z=\frac{x}{2\sqrt{\alpha t}}$ =>$0.9=\frac{x}{2\sqrt{(0.0011\times 12)}}$ =>$x=0.206(m)$

(二)$x_p=3.64\sqrt{\alpha t}=3.64\sqrt{(0.0011\times 12)}=0.418(m)$

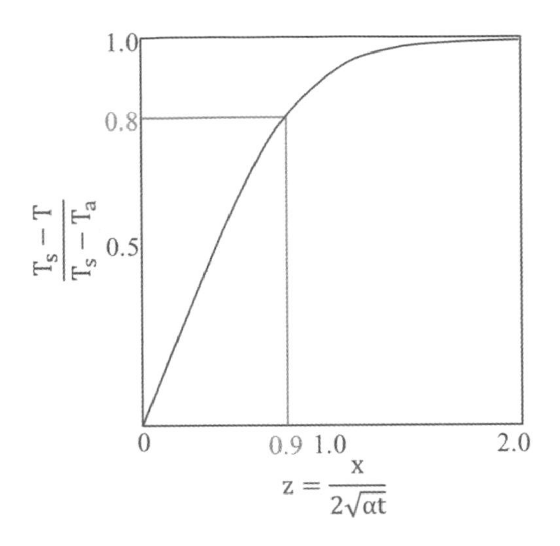

〈類題 9－3〉假設有一鐵球其半徑為 R，此球在一爐中加熱至溫度為t_0，當時間為零時將此球投入一體積極大的水槽中。假設水槽的水能使球表面溫度永遠保持在t_s，為求出球內部溫度對球半徑方向和時間的關係，請寫出適合本問題的微分方程式(differential equation)、起始條件(initial condition)、和邊界條件(boundary conditions)？

Sol：General heat transfer equation：$\rho C_p\left(\frac{\partial T}{\partial t}+\vec{V}\cdot\nabla T\right)=k\nabla^2T+\dot{q}$

固體　　　　系統無熱源產生

$$\rho C_P\frac{\partial T}{\partial t}=k\left[\frac{1}{r}\frac{\partial}{\partial r}\left(r\frac{\partial T}{\partial r}\right)+\frac{1}{r^2}\frac{\partial^2T}{\partial\theta^2}+\frac{\partial^2T}{\partial z^2}\right] \quad \Rightarrow \frac{\partial T}{\partial t}=\alpha\left[\frac{1}{r}\frac{\partial}{\partial r}\left(r\frac{\partial T}{\partial r}\right)\right]$$

$T\neq f(\theta)$　$T\neq f(z)$

I.C $t=0$ $t=T_0$　B.C.1 $r=0$ $\frac{\partial T}{\partial r}=0$　B.C.2 $r=R$ $t=t_s$

〈類題 9－4〉初始溫度爲 70°F之塑膠平板置於溫度爲 250°F之二壓板(platens)之間。平板厚度爲 1.0in (一)欲加熱此平板平均溫度至 210°F，需時多久？(二)在此時間內，每平方英呎之表面若干 Btu 的熱量輸入至塑膠平板内？此固體平板之密度爲 56.2lbm/ft³，導熱度爲 0.075Btu/ft · hr · °F，比熱爲 0.4Btu/lbm · °F。(McCabe 例題 10.5)

Sol：

(一) $Y = \frac{T_s - T_b}{T_s - T_a} = \frac{250-210}{250-70} = 0.222$

往右對平板表示線再往下查 X 軸=>$X = F_0 = 0.52$

$\alpha = \frac{k}{\rho C_p} = \frac{0.075 \mathrm{Btu/ft \cdot hr \cdot °F}}{56.2\frac{\mathrm{lbm}}{\mathrm{ft^3}} \times 0.4\frac{\mathrm{Btu}}{\mathrm{lbm \cdot °F}}} = 3.3 \times 10^{-3}\left(\frac{\mathrm{ft^2}}{\mathrm{hr}}\right)$;$s = \frac{1}{12 \times 2} = 0.0416(\mathrm{ft})$

=>$0.52 = \frac{3.3 \times 10^{-3} t}{(0.0416)^2}$ =>$t = 0.27(\mathrm{hr})$

(二)$q = s\rho C_p(T_b - T_a) = 0.0416 \times 56.2 \times 0.4(210 - 70) = 131\left(\frac{\mathrm{Btu}}{\mathrm{ft^2}}\right)$

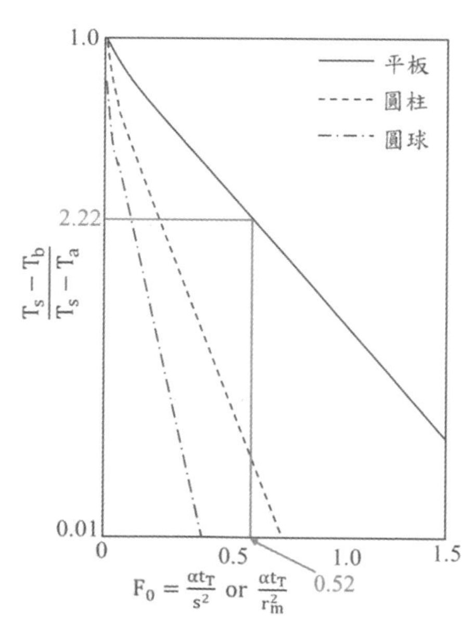

歷屆試題解析

〈考題 9－1〉(86 委任升等)(10 分)

一牛頓流體在穩定狀態下以層流(Laminar flow)流經一平行平板，流體流進之速度爲V_{∞}，溫度爲T_{∞}。假設該平板之溫度爲T_s，試回答下列各題：(一)寫出熱傳之御制方程式(Governing equation of heat transfer)？(二)列出熱傳及流動之邊界條件？

V_{∞} T_{∞} y x $x = 0$ T_s $(T_s > T_{\infty})$

Sol：(一) General heat transfer equation：$\rho C_p\left(\cancel{\frac{\partial T}{\partial t}} + \vec{V}\cdot\nabla T\right) = k\nabla^2 T + \cancel{\dot{q}}$

s.s　　系統無熱源產生

$$=>\rho C_P\left(V_x\frac{\partial T}{\partial x} + V_y\frac{\partial T}{\partial y} + \cancel{V_z\frac{\partial T}{\partial z}}\right) = \left(\cancel{\frac{\partial^2 T}{\partial x^2}} + \frac{\partial^2 T}{\partial y^2} + \cancel{\frac{\partial^2 T}{\partial z^2}}\right)$$

$V_z = 0$　很小可以忽略　$T \neq f(z)$

$$=>V_x\frac{\partial T}{\partial x} + V_y\frac{\partial T}{\partial y} = \alpha\frac{\partial^2 T}{\partial y^2} \quad (1)$$

不考慮 z 方向的連續方程式 $\frac{\partial^2 T}{\partial x^2} + \frac{\partial^2 T}{\partial y^2} + \cancel{\frac{\partial^2 T}{\partial z^2}} = 0$ $=>\frac{\partial^2 T}{\partial x^2} + \frac{\partial^2 T}{\partial y^2} = 0$ (2)

$T \neq f(z)$

(二)B.C.1 $x = 0$ $T = T_{\infty}$；B.C.2 $y = 0$ $T = T_s$；B.C.3 $y = \infty$ $T = T_{\infty}$

〈考題 9－2〉(86 簡任升等)(10 分)

有一半無限長之平板擬從其中一端$y = 0$做一維加熱，假設此平板在剛開始未加熱之溫度T_0，在時間$t \geq 0^+$及在$y = 0$之位置溫度驟升至T_1而且一直維持在T_1，試求此熱傳狀態方程式與邊界條件，不需解出溫度分佈結果。(當年度題目做修改)

Sol：請參考〈例題 8－1〉過程。

〈考題 9－3〉(97 高考二等)(8/22 分)

考慮一維(one dimension，x方向)非穩態(unsteady state，或暫態)的平板熱傳導(heat conduction)問題。平板先是維持在T_0溫度，接著於時間=0時，將平板浸放至一溫度維持爲T_1的流體。考慮平板的厚度爲$2x_1$，平板的熱傳導係數爲定値k，流體的熱傳係數爲h。請回答以下問題：(一)寫出一維非穩態平板熱傳導的統御方程式，並化成無因次(dimensionless)式。所得無因次時間爲那一常見之熱傳無因次群？(二)寫出無因次群Biot number(Bi)之定義(包括其物理意義)。當平板表面阻力不存在時，B_i值爲極大或極小？寫出此條件下的邊界條件。(三)當平板表面阻力存在時，一維非穩態平板熱傳導統御方程式之解可以圖二表示。現欲烤熱一平板牛排，牛排厚度爲3cm，密度爲$1.08 g/cm^3$，熱含量(cp)爲$3.5 J/g\cdot K$，熱傳導係數爲$0.5 W/m\cdot K$，初始溫度爲20°C。熱空氣溫度維持在180°C，熱傳係數爲$40 W/m^2\cdot K$。估計加熱至牛排中心溫度爲100°C時所需花費的時間。

Sol：(一)General heat transfer equation：$\rho C_p\left(\frac{\partial T}{\partial t}+\vec{\nabla}\cdot\nabla T\right)=k\nabla^2 T+\dot{q}$

固體　　　系統無熱源產生

$$\frac{\partial T}{\partial t}=\frac{k}{\rho C_P}\left(\frac{\partial^2 T}{\partial x^2}+\frac{\partial^2 T}{\partial y^2}+\frac{\partial^2 T}{\partial z^2}\right)$$

$T\neq f(y)$　$T\neq f(z)$

$$=>\frac{1}{dT}=\frac{kdt}{\rho C_P(dx)^2}\ =>F_0(\text{傅立葉數})=\frac{\alpha\theta}{x^2}=\frac{\text{熱傳導速率}}{\text{儲存能量速率}}$$

$$(\text{二})Bi=\frac{hL}{k}=\frac{\frac{L}{k}}{\frac{1}{h}}=\frac{\text{內熱阻}}{\text{外熱阻}}$$

h：對流熱傳係數，L：板子長度，k：熱傳導係數

當平板表面阻力不存在時=>外熱阻很小=>Bi值極大

I.C　$t=0$　$T=T_0$

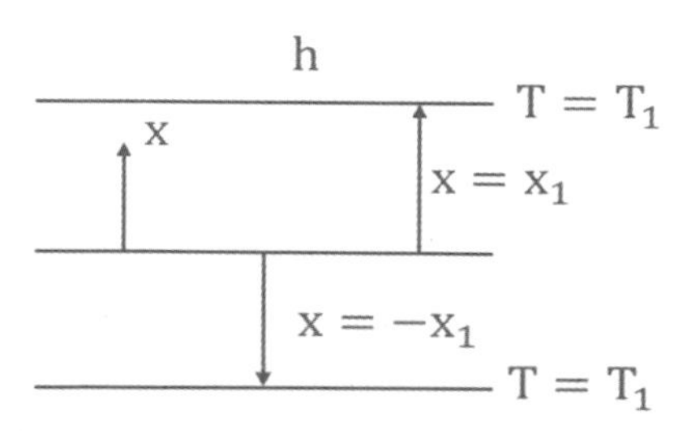

B.C.1　$x=0$　$\frac{dT}{dx}=0$

B.C.2　$x=x_1$　$-k\frac{dT}{dx}\Big|_{x=x_1}=h(T-T_1)$

令$\theta=T-T_1$ 邊界條件轉變爲：

I.C　$t=0$　$\theta=\theta_0$

B.C.1　$x=0$　$\frac{d\theta}{dx}=0$

B.C.2 $x = x_1 \quad -k\frac{d\theta}{dx}\Big|_{x=x_1} = h\theta$

(三)牛排可視爲很大的平板，只在垂直的 x 方向傳導，故需求得 3cm 厚的牛排加熱至牛排中心點(x = 0)中心溫度 100°C 所需的時間，可參考上圖。

$x_1 = \frac{3}{100} = 0.03(m)$，$m = \frac{k}{hx_1} = \frac{0.5}{40(0.03)} = 0.4$，$n = \frac{x}{x_1} = \frac{0}{0.03} = 0$

$Y = \frac{T_1 - T}{T_1 - T_0} = \frac{180-100}{180-20} = 0.5$

往右找$m = 0.416$，$n = 0$，介於$m = 0.5$與$m = 0$之間，所以我們取接近值！再往下查 x 軸=>$X = F_0 = 0.4$

$\alpha = \frac{k}{\rho C_p} = \frac{0.5W/m\cdot k}{1080\frac{kg}{m^3}\times 3500\frac{J}{kg\cdot k}} = 1.32\times 10^{-7}\left(\frac{m^2}{sec}\right)$

=>$X = \frac{\alpha t}{x_1^2}$ =>$0.4 = \frac{1.32\times 10^{-7}t}{(0.03)^2}$ =>$t = 2727(sec)$

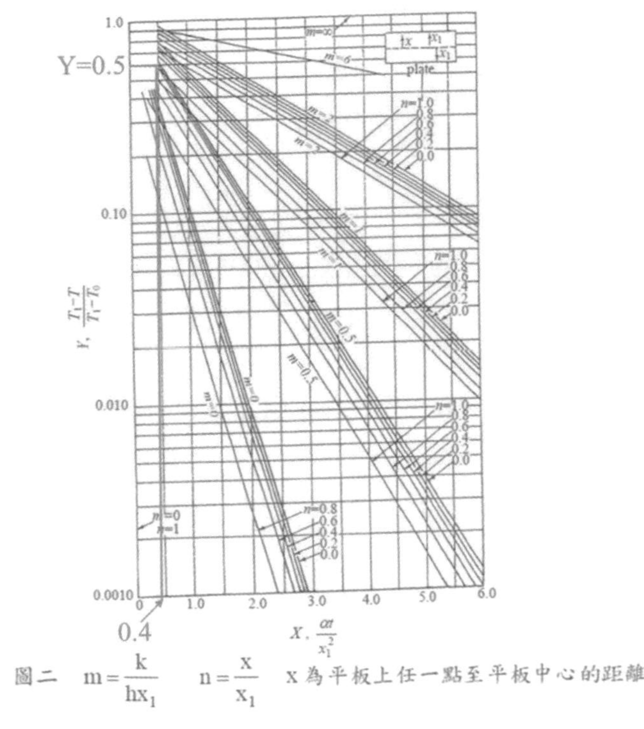

圖二 $m = \frac{k}{hx_1}$ $n = \frac{x}{x_1}$ x 為平板上任一點至平板中心的距離

※此題參考 Geankoplis 例題 5.3-2，題型相似！

〈考題 9 – 4〉(98 地方特考)(25 分)

某些地區在冬季時之氣溫可達某一攝氏零下之溫度T_0。爲預防地下輸水管線內之水因結冰而無法輸送，甚至管線破裂，管線之埋設須達一定深度L。若溫度T_0可能持續W天之久，如何估計L？

Sol：此狀況爲半無限固體，一維熱傳的情況，$\frac{T-T_0}{T_1-T_0}=\text{erfc}\left(\frac{y_m}{\sqrt{4\alpha t}}\right)$

假設：泥土物理性質：T_1(泥土的起始溫度℃)，α(泥土熱擴散係數)$= m^2/day$，

T_0(在距離無限大時的溫度℃)，t(所需時間)$= W(day)$，L(管線深度m)

由〈類題 9－2〉之附圖$Y=\frac{T-T_0}{T_1-T_0}$，$X=\frac{y_m}{\sqrt{4\alpha t}}$，先計算出 Y 值，查得 X 值後，可由已

知公式$X=\frac{y_m}{\sqrt{4\alpha t}}$配合泥土的物理性質推估出管線深度$y_m = L(m)$。

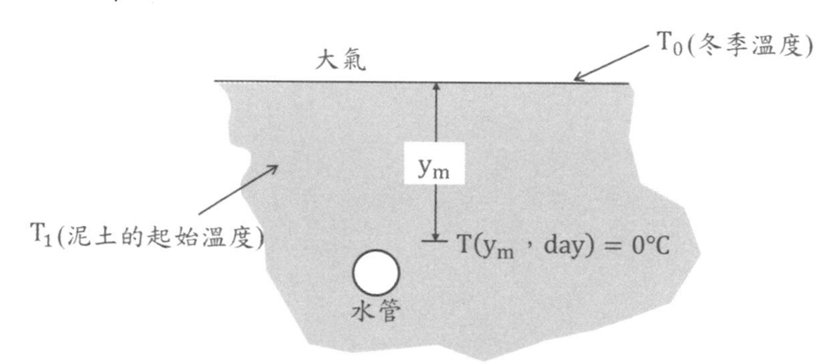

摘錄於 Frank.P.Incropera David P.DeWitt 例題 Example 5.5！

〈考題 9－5〉(102 高考二等)(20 分)
因寒流來襲，某地區的氣溫由T_0(高於攝氏零度)驟降至T_1(低於攝氏零度)。若希望埋於地表下方L處之水管內的水能夠維持至時間W仍未開始結冰，如何估計L？須寫出描述問題的方程式及相關的條件，並定義所使用的符號，否則不予計分。
Sol：同〈考題8－4〉解題過程。

十、非等溫系統之巨觀均衡

此章節在實際考試中考的不多，因為有部分內容與化工熱力學的前半段重疊，所以在此章節我整理了一些相關的題目，與一些輸送現象中熱傳比較常出現的統御方程式內關於物理意義解釋的題型，雖然考的機會不大，但如果考試中有冷箭題型出現才不至於亂了手腳，但如果時間不充裕的朋友們，可以忽略過此章節。

(一)非穩態巨觀能量均衡方程式(unsteady state)

$$\frac{d}{dt}\left[m\left(U+\frac{u^2}{2g_c}+\frac{g}{g_c}z\right)\right]_{sys}=\left(H+\frac{u^2}{2g_c}+\frac{g}{g_c}z\right)_{in}dm_{in}-\left(H+\frac{u^2}{2g_c}+\frac{g}{g_c}z\right)_{out}dm_{out}+dQ-dW_s$$

(二)穩態巨觀能量均衡方程式(steady state)

$$\Delta H+\frac{\Delta u^2}{2g_c}+\frac{g}{g_c}\Delta z=Q-W_s$$

類題解析

〈類題 10 − 1〉將水池中的水，利用 50hp 的泵打到離地面 30ft 高的水管噴口，泵的功率為 75%(則外界供給泵能量 75%用於提升水)，水的流量 100gal/min，因為水池的面積很大，水管的入口速度可假設為零，出口速度為 60ft/sec；水池內的溫度為 10℃；水管出口處溫度為 25℃。求在此系統中所吸收或放出的熱量為多少Btu/hr？假設管內流體流動為塞流。

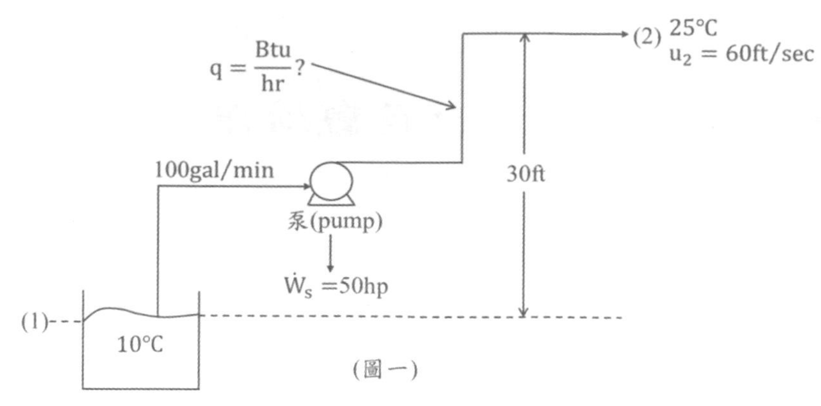

(圖一)

Sol：穩態巨觀能量均衡方程式(steady state)

$$\dot{m}\left(\Delta H+\frac{\Delta u^2}{2g_c}+\frac{g}{g_c}\Delta z\right)=Q-W_s$$

$$\dot{m}=\dot{Q}\rho=\left(100\frac{gal}{min}\times\frac{3.785L}{1gal}\times\frac{1m^3}{1000L}\times\frac{1min}{60sec}\right)\left(1000\frac{kg}{m^3}\right)=6.3\left(\frac{kg}{sec}\right)$$

$$\Delta H=H_2-H_1=C_p(T_2-T_1)=4.184(25-10)=62.76\left(\frac{kJ}{kg}\right)=62760\left(\frac{J}{kg}\right)$$

$$\frac{\Delta u^2}{2g_c}=\frac{(60\times0.3048)^2}{2\times1}=167\left(\frac{J}{kg}\right)$$

$$\frac{g}{g_c}\Delta z=\frac{9.8}{1}[(30\times0.3048)-0]=89.6\left(\frac{J}{kg}\right)$$

$$W_s=50hp\times\frac{1kW}{0.75hp}\times\frac{1000W}{1kW}\times0.75=50000\left(\frac{J}{sec}\right)$$

$$=>6.3(62760+167+89.6)=Q-50000$$

$$=>Q=447005\frac{J}{sec}\times\frac{1cal}{4.184J}\times\frac{1Btu}{252cal}\times\frac{3600sec}{1hr}=1.53\times10^6\left(\frac{Btu}{hr}\right)$$

〈類題 10－2〉非穩態巨觀能量均衡方程式(unsteady state)如下：

$$\underset{(A)}{\frac{d}{dt}\left[\rho V\left(U+\frac{u^2}{2g_c}+\frac{g}{g_c}z\right)\right]_{sys}}=\underset{(B)}{(m_1H_1-m_2H_2)}+\underset{(C)}{\frac{m_1\langle u_1^2\rangle-m_2\langle u_2^2\rangle}{2}}$$

$$+\underset{(D)}{(m_1H_1-m_2H_2)g}+\underset{(E)}{q}-\underset{(F)}{W_s}$$

寫出(A)至(F)的物理意義

Sol：(A)限制體積(控制體積)內總能量變化率。(B)流體流動所引起的焓變化率。(C)流體流動所引起的動能變化率。(D)流體流動所引起的位能變化率。(E)外界對限制體積(控制體積)所加熱量之速率。(F)限制體積(控制體積)對外界做功之速率。

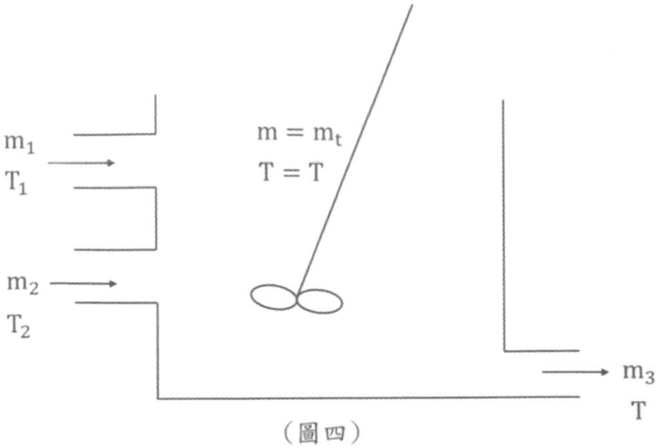

〈類題 10 – 3〉有一攪拌槽如圖四所示，它有兩個入口及一個出口。兩個入口質量流率分別爲m_1及m_2，溫度分別爲T_1及T_2。出口質量流率及溫度分別爲m_s及T，攪拌槽液體的質量爲m_t，溫度爲 T，因爲槽內爲完全攪拌，槽內的溫度和出口溫度一樣。假設攪拌器與槽內壁質量很小可以忽略。可忽略它們對溫度變動的影響，另外假設沒有熱量由槽壁傳入或傳出，假設$t = 0$時槽內液體的質量及溫度分別爲$m_{t(0)}$及T_0，求出溫度 T 和時間 t 關係？

（圖四）

Sol：非穩態巨觀能量均衡方程式(unsteady state)

$$\frac{d}{dt}\left[m\left(U+\cancel{\frac{u^2}{2g_c}}+\cancel{\frac{g}{g_c}z}\right)\right]_{sys}=\left(H+\cancel{\frac{u^2}{2g_c}}+\cancel{\frac{g}{g_c}z}\right)_{in}dm_{in}-\left(H+\cancel{\frac{u^2}{2g_c}}+\cancel{\frac{g}{g_c}z}\right)_{out}dm_{out}+\cancel{dQ}-\cancel{dW_s}\quad(1)$$

動能忽略 $\frac{u^2}{2g_c}=0$　位能忽略 $\frac{g}{g_c}z=0$

無熱生成　無軸功

且$U = H = C_VT$(1)式可改寫爲=>$\frac{d}{dt}(m_{tot}C_VT) = m_1C_VT_1 + m_2C_VT_2 - m_3C_VT$ (2)

對攪拌槽做質量平衡=>$\frac{dm_{tot}}{dt} = m_1 + m_2 - m_3$

=>$\int_0^{m_{tot}} dm_{tot} = (m_1 + m_2 + m_3)\int_0^t dt$ =>$m_{tot} = (m_1 + m_2 + m_3)t + c$ (3)

I.C $t = 0$ $m_{tot} = m_{tot(0)}$代入(3)式=>$m_{tot} = (m_1 + m_2 + m_3)t + m_{tot(0)}$

$m_{tot} = mt + m_{tot(0)}$ (4) ∴ $m = m_1 + m_2 + m_3$

(4)代入(2)式=>$\frac{d}{dt}[mt + m_{tot(0)}]\cancel{C_V}T = \cancel{C_V}(m_1T_1 + m_2T_2 - m_3T)$

$$=>\left(m+t\frac{dm}{dt}+\frac{dm_{tot(0)}}{dt}\right)T=m_1T_1+m_2T_2-m_3T$$

$$=>mT+mt\frac{dT}{dt}+m_{tot(0)}\frac{dT}{dt}=m_1T_1+m_2T_2-m_3T$$

$$=>\left(mt+m_{tot(0)}\right)\frac{dT}{dt}=m_1T_1+m_2T_2-m_3T-mT$$

$$=>m\left(t+\frac{m_{tot(0)}}{m}\right)\frac{dT}{dt}=-(m+m_3)\left[T-\frac{m_1T_1+m_2T_2}{(m+m_3)}\right]$$

$$=>\frac{dT}{dt}=-(m+m_3)\left[T-\frac{m_1T_1+m_2T_2}{(m+m_3)}\right]/m\left(t+\frac{m_{tot(0)}}{m}\right)$$

$$=>\int_{T_0}^{T}\frac{dT}{\left[T-\frac{m_1T_1+m_2T_2}{(m+m_3)}\right]}=\frac{-(m+m_3)}{m}\int_0^t\frac{dt}{\left(t+\frac{m_{tot(0)}}{m}\right)}$$

$$=>\ln\left(\frac{T-\frac{m_1T_1+m_2T_2}{m+m_3}}{T_0-\frac{m_1T_1+m_2T_2}{m+m_3}}\right)=\frac{-(m+m_3)}{m}\ln\left(\frac{t+\frac{m_{tot(0)}}{m}}{\frac{m_{tot(0)}}{m}}\right)$$ 將等號兩側取 e

$$=>\left(\frac{T-\frac{m_1T_1+m_2T_2}{m+m_3}}{T_0-\frac{m_1T_1+m_2T_2}{m+m_3}}\right)^{m}=\left(\frac{t+\frac{m_{tot}}{m}}{\frac{m_{tot(0)}}{m}}\right)^{-(m+m_3)}$$

〈類題 10－4〉下列方程式稱爲 energy equation：

$$\rho C_V\frac{DT}{Dt}=-T\left(\frac{\partial P}{\partial T}\right)_{\underline{V}}\nabla\cdot\vec{V}+\rho Q_E+\nabla\cdot(k\nabla T)+tr\left(S\cdot\nabla\cdot\vec{V}\right)$$

符號表示 T、P、ρ、C_V、$\underline{V}$、$\vec{V}$、Q_E、S 分別爲溫度、壓力、流體密度、流體熱含量、流體比容、流體速度、流體輻射能、壓力張量，請解釋 energy equation 每項的物理意義。

Sol：$\rho C_V\frac{DT}{Dt}$單位體積的內能累積速率。

$-T\left(\frac{\partial P}{\partial T}\right)_{\underline{V}}\nabla\cdot\vec{V}$單位體積流體因膨脹所產生的內能增加速率。

ρQ_E單位體積流體所接受的輻射能速率。
$\nabla\cdot(k\nabla T)$單位體積流體中熱傳導淨速率。
$S\cdot\nabla\cdot\vec{V}$黏度逸散所造成單位體積流體的內能變化(黏滯熱)。

〈類題 10 − 5〉此 energy equation 之假設爲何？
Sol：傅立葉定律成立

〈類題 10 − 6〉 $\frac{DT}{Dt}=\frac{\partial T}{\partial t}+\nabla\cdot\vec{V}T$之物理意義爲何？

Sol：觀察者隨流體流動所觀察到流體溫度隨時間的變化率。

〈類題 10 − 7〉由〈類題 10 − 5〉和〈類題 10 − 7〉此 energy equation 若流體不流動時，方程式該如何表示？

Sol：流體不流動$\vec{V}=0$ $\Rightarrow\frac{DT}{Dt}=\frac{\partial T}{\partial t}+\nabla\cdot\vec{V}T$ $\Rightarrow\frac{DT}{Dt}=\frac{\partial T}{\partial t}$

$$\rho C_V\frac{DT}{Dt}=-T\left(\frac{\partial P}{\partial T}\right)_{\underline{V}}\nabla\cdot\vec{V}+\rho Q_E+\nabla\cdot(k\nabla T)+tr\left(S\cdot\nabla\cdot\vec{V}\right)$$

$$\Rightarrow\rho C_V\frac{\partial T}{\partial t}=\rho Q_E+\nabla\cdot(k\nabla T)$$

〈類題 10 − 8〉以張量-向量表示 energy equation

$$\frac{\partial}{\partial t}\left(\rho U+\frac{1}{2}\rho\vec{V}^2\right)=-\nabla\rho\vec{V}\left(U+\frac{1}{2}\vec{V}^2\right)-\nabla\cdot q+\rho\vec{V}g-\nabla\cdot P\vec{V}-\nabla\left(\tau\cdot\vec{V}\right)$$

請解釋 energy equation 每項的物理意義。

Sol：$\frac{\partial}{\partial t}\left(\rho U+\frac{1}{2}\rho\vec{V}^2\right)$單位體積系統的內能和動能累積速率。

$-\nabla\rho\vec{V}\left(U+\frac{1}{2}\vec{V}^2\right)$經由對流進入單位體積系統的淨能量傳送速率。

$-\nabla\cdot q$ 經由熱傳導進入單位體積系統的熱傳導淨速率。
$\rho\vec{V}g$單位體積系統的重力對系統做的功。
$-\nabla\cdot P\vec{V}$單位體積系統的壓力對系統做的功。
$-\nabla\left(\tau\cdot\vec{V}\right)$單位體積系統的黏滯力對系統做的功。

〈類題 10 − 9〉此式爲 equation of motion 的型態表示成熱能方程式如下：$\rho\frac{DU}{Dt}=$

$-\nabla\cdot q-P\nabla\cdot\vec{V}-\tau:\nabla\cdot\vec{V}$ 請表示此方程式之物理意義。

Sol：$\rho\frac{DU}{Dt}$單位體積系統的內能變化速率。

$-\nabla\cdot q$經由熱傳導進入單位體積系統的熱傳導淨速率。

$P\nabla\cdot\vec{V}$經壓縮後，單位體積系統所增加的內能變化速率。

$\tau:\nabla\cdot\vec{V}$單位體積的黏滯熱所增加的內能變化速率。

※以上物理意義參考 Bird 與 3W 內容翻譯而來！

十一、質量擴散係數及質量傳送機制

此章節最主要是斐克定律的證明，另外還有質量擴散係數與流體力學熱量傳送內的關聯性最容易在大考中出現，另外還有溫度對固/液/氣三相的質量擴散係數比較大小的影響也很容易出現在各項的考試中，定義的方面：如質傳各種濃度表示法其實以前在普通化學已經學習過，Bird 原文書中在質傳的部分表示符號的方式不太一樣，所以必須了解不同濃度的符號表示法，另外冷箭題型如各種不同質量擴散係數的計算法曾在高考出現，這其中的一部份的計算觀念也和單位換算有關，所以不熟悉的朋友們必須對單位換算更加熟悉，在考試才不容易出錯。

(一)質量傳送與動量傳送，能量傳送的異同點：

相同點：

$\tau_{yx} = -\mu \frac{du_x}{dy}$ 在流體中因有速度梯度會造成動量傳送。

$q_x = -k \frac{dT}{dx}$ 在流體或固體中因爲有溫度梯度會造成能量傳送。

$J_A = -D_{AB} \frac{dC_A}{dy}$ 在流體(甚至固體)因爲有濃度梯度會造成質量傳送。

相異點：動量和能量傳送通常只有一個成份的介質，但質量傳送會有 2 個成份或多個成份的系統在內。

針對 2 成份系統，由於系統的成份會移動，造成系統的速度有 3 種

1. 成份 A 的移動，相對於兩個成份整體移動平均速度的相對速度V_{Ad}。
2. 整體移動(二成份)，相對於固定點的莫爾平均速度V_M。
3. 成份 A 的移動，相對於固定點的絕對速度V_A。

質量通量也有以下 3 種：

1. 成份 A 的移動，相對於兩個成份整體移動平均速度的相對通量J_A^*。
2. 整體移動(二成份)中 A 成份相對於固定點的絕對通量B_A。
3. 成份 A 的移動，相對於固定點的絕對通量N_A。

(二)三通量之間之關係式

$N_A = J_A^* + B_A$　(1)

$\left[\text{A 的絕對通量}\right] = \left[\begin{matrix}\text{因擴散造成的}\\\text{相對通量 A}\end{matrix}\right] + \left[\begin{matrix}\text{因整體移動造成的}\\\text{絕對通量 A}\end{matrix}\right]$

$V_A = V_{Ad} + V_M$ (2)如圖一所示。

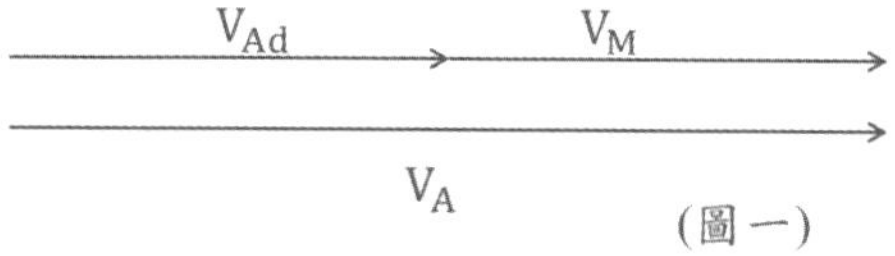

V_{Ad} → V_M →

V_A →

(圖一)

$\left[\begin{matrix}\text{相對於固定點的 A}\\\text{移動速度}V_A\left(\frac{m}{sec}\right)\end{matrix}\right] = \left[\begin{matrix}\text{相對於移動液體的}\\\text{擴散速度 }V_{Ad}\left(\frac{m}{sec}\right)\end{matrix}\right] + \left[\text{莫爾平均速度}V_M\left(\frac{m}{sec}\right)\right]$

(2)式兩邊乘上C_A $=> C_AV_A = C_AV_{Ad} + C_AV_M$ (3)

又$N_A = C_AV_A$ ；$J_A^* = C_AV_{Ad}$ ；$B_A = C_AV_M$

如果 A 和 B 的移動的總通量爲$N => N = N_A + N_B$ (4)

因爲$N = C \cdot V_M$ (5)代入(4)式$=> V_M = \frac{N_A+N_B}{C}$ (6)

又$B_A = C_AV_M$ $=> B_A = \frac{C_A}{C}(N_A+N_B)$ 代入(1)式

$=> N_A = J_A^* + \frac{C_A}{C}(N_A+N_B)$；又$J_A^* = -D_{AB}\frac{dC_A}{dy}$

$=> N_A = -D_{AB}\frac{dC_A}{dy} + \frac{C_A}{C}(N_A+N_B)$ Fick's 1st law

(83 第二次化工技師)(84 薦任升等)

(三)二成份擴散的Fick's law物理意義

$J_A^* = -D_{AB}\frac{dC_A}{dy}$ Fick's law

$J_A^*\left(\frac{kgmol\cdot A}{sec\cdot m^2}\right)$成份 A 在 y 方向，由於分子擴散所造成的莫爾通量。

$D_{AB}\left(\frac{m^2}{sec}\right)$成份 A 在 A 和 B 二成份系統中的分子擴散係數。

$C_A\left(\frac{kgmol\cdot A}{m^3}\right)$成份 A 的濃度，y(m)擴散距離。

(四)五種常見的擴散現象

1.等莫爾逆向擴散(equimolar counter diffusion)

定義：當有 1 個莫爾 A 向右移動，則有 1 個莫爾 B 向左移動。

$N_A = -N_B$ =>$N_A + N_B = 0$ 代入 Fick's 1st law =>$N_A = -D_{AB}\frac{dC_A}{dy}$

2.不等莫爾逆向擴散(non-equimolar counter diffusion)

定義：n 個莫爾 A 向右移動，則有 1 莫爾 B 向左移動，$N_B = -\frac{1}{n}N_A$

=>$N_A = -D_{AB}\frac{dC_A}{dy} + \left(\frac{n-1}{n}\right)\frac{C_A}{C}N_A$ 移項 =>$N_A = -\frac{D_{AB}}{\left[1-\left(\frac{n-1}{n}\right)\frac{C_A}{C}\right]}\frac{dC_A}{dy}$

Ex：$2A \rightarrow B$ 移項 =>$-\frac{1}{2}N_A = N_B$ 代入 Fick's 1st law

3.成份 A 爲極低濃度的情形

定義：成份 A 爲極低濃度$\frac{C_A}{C} \doteqdot 0$ 代入 Fick's 1st law

=>$N_A = -D_{AB}\frac{dC_A}{dy}$ 和等莫爾逆向擴散結果相同

4.成份 A 在不動成份 B 中擴散

定義：B 不動時$N_B = 0$ 代入 Fick's 1st law

$N_A = -D_{AB}\frac{dC_A}{dy} + \frac{C_A}{C}N_A$ =>$N_A - \frac{C_A}{C}N_A = -D_{AB}\frac{dC_A}{dy}$ =>$N_A = -\frac{D_{AB}}{\left(1-\frac{C_A}{C}\right)}\frac{dC_A}{dy}$

5.強制對流

定義：強制對流時，因擴散現象造成 A 移動量很小，可以忽略。

$N_A = -D_{AB}\frac{dC_A}{dy} + \frac{C_A}{C}(N_A+N_B)$ =>$N_A = \frac{C_A}{C}(N_A+N_B) = C_AV_M$

(五)擴散係數值 $D_{AB(g)} > D_{AB(L)} > D_{AB(s)}$ (86 普考)(84 委任升等)

(六)遵守 Fick's 1st law 的固體內擴散

不只有固體可以在固體內擴散，氣體或液體也可以在固體裡面擴散，這種擴散在化學處理或生物處理也常出現。Ex：大豆油瀝取、固體觸媒內的氣體擴散及反應和利用薄膜分離不同的液體。

(七)受到固體結構影響的固體內擴散

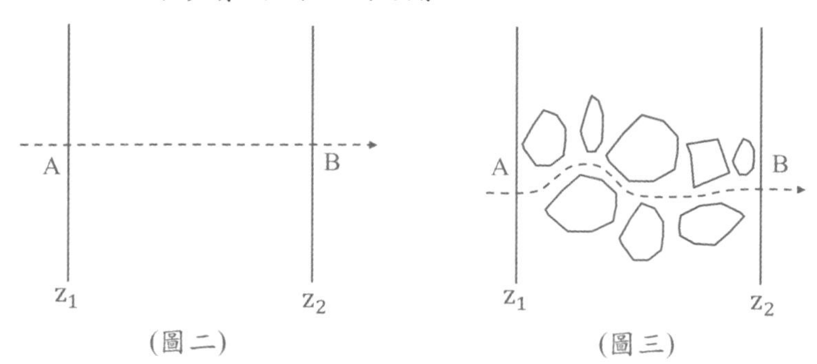

(圖二)　　(圖三)

比較：圖三在多孔性物體內擴散並不是所有的面都可以擴散，它只能在有小孔的地方擴散，有些固體地方是過不去的。圖二表示一般氣體擴散走的是直線距離，圖三表示多孔性固體走的途徑是彎彎曲曲的，所以距離較長。因爲以上兩種因素，必須將原來的氣體擴散係數D_{AB}乘上孔隙度ε(porosity)，再除以扭曲度τ(tortuosity)，以構成有效擴散係數D_e(effective diffusivity)

$$\boxed{D_e = \frac{D_{AB} \cdot \varepsilon}{\tau}}$$

※碰到多孔性固體的氣體擴散都必須把擴散係數作以上修正，並以D_e取代D_{AB}。修正後代回原方程式 Fick's law。

(八)努德森擴散(Knudsen diffusion of gases)

當氣體分子的平均自由徑(mean free path)大於圓管直徑時，會導致分子間碰撞，分子與管壁間碰撞同等重要。

(九)濃度表示法(101 經濟部特考)

(1)質量濃度 $\rho_i = \frac{m_i}{V}$ (單位溶液體積中成份 i 的質量)

(2)莫爾濃度 $C_i = \frac{\rho_i}{M_i}$ (單位溶液體積中成份 i 的莫爾數 M_i：分子量)

(3)質量分率$W_i = \frac{\rho_i}{\rho}$ (成份 i 的質量濃度與溶液總質量密度之比，其中$\rho = \sum_i^N \rho_i$)

(4)莫爾分率$X_i = \frac{C_i}{C}$ (成份 i 的莫爾濃度與溶液總分子密度之比，其中$C = \sum_i^N C_i$)

(5)莫爾分率和質量分率的關係：$X_i = \frac{\frac{W_i}{M_i}}{\sum_i \frac{W_i}{M_i}}$；$W_i = \frac{X_i \cdot M_i}{\sum_i X_i \cdot M_i}$

(6)局部質量平均速度(local molar average velocity)：$V = \frac{\sum_{i=0}^{n} \rho_i \cdot V_i}{\sum_{i=0}^{n} \rho_i}$

ρV爲通過垂直於速度方向 V 之單位面積的局部質量流速。

(7)局部莫爾平均速度(local molar average velocity)

$V^* = \frac{\sum_{i=0}^{n} C_i \cdot V_i}{\sum_{i=0}^{n} C_i}$；$CV^*$爲通過垂直於速度方向$V^*$之單位面積的局部莫爾平均速度。

類題解析

〈類題 11 – 1〉某燒結的矽板爲多孔性固體，厚度爲 2.0mm，孔隙度ε爲 0.3，彎曲度τ爲 4，擴散係數爲$1.87 \times 10^{-9}\ m^2/sec$，空隙中充滿 298k 的水，矽板之一面，KCl 之濃度保持0.1 gmol/l，假設新鮮水以快速流向另一面，若只考慮孔性固體中的阻力，試計算恆穩狀態時 KCl 之質傳通量。

Sol：Fick's 1st law =>$N_A = -D_e \frac{dC_A}{dy} + x_A(N_A + N_B)$ (KCl 的濃度極低)

$$\Rightarrow N_A \int_{z_1}^{z_2} dz = -D_e \int_{C_{A1}}^{C_{A2}} dC_A \quad \Rightarrow N_A = D_e \frac{(C_{A1} - C_{A2})}{z_2 - z_1}$$

且$D_e = \frac{D_{AB} \cdot \varepsilon}{\tau} = \frac{(1.87 \times 10^{-9})(0.3)}{4} = 1.4 \times 10^{-10} \left(\frac{m^2}{sec}\right)$

$$C_{A1} = 0.1 \frac{gmol}{L} \times \frac{1000L}{1m^3} \times \frac{1kgmol}{1000gmol} = 0.1 \left(\frac{kgmol}{m^3}\right)$$

$$C_{A2} = 0 \ ; z_2 = 2mm = 0.002m$$

$$N_A = \frac{\left(1.4 \times 10^{-10} \frac{m^2}{sec}\right)\left[(0.1 - 0)\frac{kgmol}{m^3}\right]}{[(0.002 - 0)m]} = 7.0 \times 10^{-9} \left(\frac{kgmol}{m^2 \cdot sec}\right)$$

〈類題 11－2〉已知過渡區擴散(Transition-region diffusion)的成份 A 莫爾通量(N_A)，可寫作 ordinary diffusivity D_{AB}及 Knudsen diffusivity D_{KA}的微分方程式，$N_A=-\frac{D_{NA}P}{RT}\frac{dx_A}{dz}$，其中$D_{NA}=\frac{1}{(1-\alpha x_A)/D_{AB}+1/D_{KA}}$，$\alpha=1+\frac{N_B}{N_A}$，P 是氣體壓力，單位$N/m^2$；T 是溫度，單位爲 K；R 是氣體常數(gas constant) =$8.314J/gmol\cdot K$；x_A爲成份 A 的莫爾分率(molar fraction)；N_B是成份 B 莫爾通量。(一)穩態擴散條件下，請推導出下列穩態過渡區擴散的通量式(擴散長度 L)

$$N_A=\frac{D_{AB}\cdot P}{\alpha RTL}\ln\left(\frac{1-\alpha x_{A2}+D_{AB}/D_{KA}}{1-\alpha x_{A1}+D_{AB}/D_{KA}}\right)$$

(二)298k，氣體壓力 0.1atm $=1.013\times10^4$Pa條件下，毛細管(長度 0.03m，微孔半徑4×10^{-6}m)兩端 He(成份 A，M.W=4.0)及 Ar(成份 B，M.W=39.9)混合氣體，兩端氣體莫爾分率$x_{A1}=0.9$，$x_{A2}=0.1$。估算 Knudsen diffusivity D_{KA}(單位m^2/sec)，過渡區擴散係數D_{NA}(單位m^2/sec)，莫爾通量N_A(單位$gmol/s\cdot m^2$)，已知$D_{AB}=7.3\times10^{-4}\,m^2/sec$，$\frac{N_B}{N_A}=-\sqrt{\frac{M_A}{M_B}}$，$D_{KA}=97.0r\left(\frac{T}{M_A}\right)^{1/2}$

r=pore radius in m，M_A=molecular weight，$D_{KA}=$ Knudsen diffusivity in m^2/sec (Geankoplis 例題 7.6.2)

Sol：(一)將D_{NA}代入N_A中$\Rightarrow N_A=-\frac{P}{[(1-\alpha x_A)/D_{AB}+1/D_{KA}]RT}\frac{dx_A}{dz}$

$\Rightarrow N_A\int_0^L dz=-\frac{PD_{AB}}{RT}\int_{x_{A1}}^{x_{A2}}\frac{dx_A}{1-\alpha x_A+\frac{D_{AB}}{D_{KA}}}$ 令$u=1-\alpha x_A+\frac{D_{AB}}{D_{KA}}\Rightarrow du=-\alpha dx_A$

$\Rightarrow-\frac{1}{\alpha}du=dx_A\Rightarrow N_A\cdot L=\frac{PD_{AB}}{\alpha RT}\ln\left(1-\alpha x_A+\frac{D_{AB}}{D_{KA}}\right)\Big|_{x_{A1}}^{x_{A2}}$

$$\Rightarrow N_A=\frac{PD_{AB}}{\alpha RTL}\ln\left(\frac{1-\alpha x_{A2}+\frac{D_{AB}}{D_{KA}}}{1-\alpha x_{A1}+\frac{D_{AB}}{D_{KA}}}\right)$$

(二) $D_{KA}=97.0r\left(\frac{T}{M_A}\right)^{1/2}=97(4\times10^{-6})\left(\frac{298}{4}\right)^{1/2}=3.34\times10^{-3}\left(\frac{m^2}{sec}\right)$

由$\alpha=1+\frac{N_B}{N_A}$ (1) 且$\frac{N_B}{N_A}=-\sqrt{\frac{M_A}{M_B}}=-\sqrt{\frac{4}{39.9}}=-0.3166$

$\alpha=1-0.3166=0.6834$；$x_{av}=\frac{x_{A1}+x_{A2}}{2}=\frac{0.9+0.1}{2}=0.5$

$$=>D_{NA}=\frac{1}{\frac{1-0.6834\times0.5}{7.3\times10^{-4}}+\frac{1}{3.34\times10^{-3}}}=8.33\times10^{-4}\left(\frac{m^2}{sec}\right)$$

$$N_A=\frac{\left(7.3\times10^{-4}\frac{m^2}{sec}\right)\left(1.013\times10^4Pa\right)}{(0.6834)\left(8.314\frac{J}{gmol\cdot k}\right)(298k)(0.03m)}\ln\left[\frac{1-(0.6834\times0.1)+\left(\frac{7.3\times10^{-4}}{3.34\times10^{-3}}\right)}{1-(0.6834\times0.9)+\left(\frac{7.3\times10^{-4}}{3.34\times10^{-3}}\right)}\right]=0.09\left(\frac{gmol}{m^2\cdot sec}\right)$$

歷屆試題解析

〈考題 11－1〉(84 委任升等)(5 分)
質量傳送時，質量擴散速率(一)與濃度差的關係如何？(二)與距離的關係如何？

Sol：(一)$N_A=-D_{AB}\frac{dC_A}{dz}$ =>$N_A\propto C_A$(N_A和C_A成正比)

(二)$N_A\propto\frac{1}{\Delta z}$ =>N_A和Δz成反比

〈考題 11－2〉(86 普考)(88 普考)(5 分)
液體的擴散係數常用的單位是什麼？

Sol：$\frac{m^2}{sec}$

〈考題 11－3〉(88 地方特考)(20 分)
(一)J_A在分子擴散理論中爲物種 A 對「摩爾平均速度」的「相對摩爾通量(molar flux)」。一般均以 Fick's 1st law 表示之。請依以上之說明推導出下式(恆溫恆壓，二成分系統)：N_A =物種 A 對固定座標之「摩爾通量」$=-cD_{AB}\nabla y_A+y_A(N_A+N_B)$又上式右邊第二項之物理意義爲何？(二)對流質傳(convective mass transfer)中，如何表示摩爾通量？
Sol：(一)導正過程請參考前面重點整理(二)三通量之間之關係式。
$-cD_{AB}\nabla y_A$相對於流體整體流動的分子擴散。
$y_A(N_A+N_B)$流體整體流動所造成的擴散。
(二)$N_A=k_c(C_{A1}-C_{A2})=k_c\cdot C(y_{A1}-y_{A2})$；$k_c$質傳係數(mass transfer

coefficient)

〈考題 11 − 4〉(89 化工技師) (5/5/5 分)
低壓環境下進行化學氣相沉積，可增加質傳速率，試由下列已知關係推論，當壓力減至 1/100 大氣壓力時，質傳係數是一大氣壓下質傳係數的幾倍？已知(一)平均自由徑反比於氣體壓力。(二)擴散係數(D_{AB})正比於平均自由徑。(三)質傳係數正比於擴散係數的 2/3 次方$\left(D_{AB}{}^{2/3}\right)$

Sol：$D_{AB}=\frac{1}{3}\lambda u$ (1)由 3W 原文書得知類比關係

λ平均自由徑，D_{AB}擴散係數，u物質的平均速度$\frac{m}{sec}$，此處平均速度單位等同於

k_c(質傳係數)，所以(1)式可表示爲$D_{AB}=\frac{1}{3}\lambda k_c$ (2)

(一)已知$\lambda\propto\frac{1}{P}$ =>$\frac{\lambda_1}{\lambda_2}=\frac{P_2}{P_1}=\frac{\frac{1}{100}P}{P}=0.01$，和(2)式相比對

=>$\frac{k_{c(2)}}{k_{c(1)}}=\frac{\lambda_1}{\lambda_2}=0.01(倍)$

(二)已知$D_{AB}\propto\lambda$=>$\frac{D_{AB(2)}}{D_{AB(1)}}=\frac{\lambda_2}{\lambda_1}=\frac{P_1}{P_2}=\frac{P}{\frac{1}{100}P}=100$，和(2)式相比對

=>$\frac{k_{c(2)}}{k_{c(1)}}=\frac{D_{AB(2)}}{D_{AB(1)}}=100(倍)$

(三) $k_c\propto D_{AB}{}^{2/3}$=>$\frac{k_{c(2)}}{k_{c(1)}}=\left[\frac{D_{AB(2)}}{D_{AB(1)}}\right]^{\frac{2}{3}}=(100)^{\frac{2}{3}}=21.54(倍)$

〈考題 11 − 5〉(90 簡任升等)(5 分)
下列擴散系統：Ar-O_2 at 1atm,293k; Ar-O_2 at 1atm,393k; Cd-Cu at at 293k; H_2-N_i at 393k，請依其質量擴散係數(mass diffusion coefficient)大小由大至小排列，並說明理由。
Sol：$T\propto D_{AB}$ 溫度越高，質量擴散係數越高，且$D_{AB(g)}>D_{AB(L)}>D_{AB(s)}$，所以 Ar-$O_2$ at 1atm,393k>Ar-O_2 at 1atm,293k>H_2-N_i at 393k>Cd-Cu at 293k。

〈考題11 − 6〉(91高考三等)(20分)
多孔介質內氣體擴散(diffusion in porous medium)，當孔徑與平均自由徑相當，

擴散介於Knudsen擴散與普通擴散(ordinary diffusion)之間，稱作過渡區擴散，可用下式計算過渡區有效擴散係數D_{eff}：$D_{12eff} = D_{12}\,\theta/\tau$，$D_{keff} = D_k\,\theta/\tau_m$，$1/D_{eff} = 1/D_{12eff} + 1/D_{Keff}$ $D_K = \frac{2}{3} r_{av}\sqrt{\frac{8RT}{\pi M}}$ 其中：D_{12}：普通擴散係數，τ, τ_m：撓曲度，D_{12eff}：有效普通擴散係數，R：氣體常數，D_K：Knudsen擴散係數，T：溫度，D_{Keff}：有效Knudsen擴散係數，r_{av}：平均孔徑，θ：孔隙度，M：分子量；設孔隙度爲0.36，試估計乙烷(C_2H_6，分子量30)之有效擴散係數。(單位：cm^2/s)數據如下：$r_{av} = 3nm$，$T = 373K$，$\tau = 2.5$，$\tau_m = 2.0$，$D_{12} = 0.08cm^2/s$ (373K)。

Sol：Hint：(能量 = 力 × 距離)，在CGS制=>$erg = \frac{g \cdot cm}{sec^2} \cdot cm$

在CGS制能量的單位爲erg，先由$D_k = \frac{2}{3} r_{av}\sqrt{\frac{8RT}{\pi M}}$ 開始計算

$$D_k = \frac{2}{3}\left(3nm \times \frac{10^{-9}m}{1nm} \times \frac{100cm}{1m}\right)\sqrt{\frac{8\left(8.314\times10^7\frac{erg}{gmol\cdot k}\right)(373k)}{\pi\left(30\frac{g}{gmol}\right)}} = 0.01\left(\frac{cm^2}{sec}\right)$$

$$D_{Keff} = \frac{D_k\theta}{\tau_m} = \frac{(0.01)(0.36)}{2} = 1.8\times10^{-3}\left(\frac{cm^2}{sec}\right)$$

$$D_{12eff} = \frac{D_{12}\theta}{\tau} = \frac{(0.08)(0.36)}{2.5} = 0.01152\left(\frac{cm^2}{sec}\right)$$

$$\frac{1}{D_{eff}} = \frac{1}{D_{keff}} + \frac{1}{D_{12eff}} \Rightarrow \frac{1}{D_{eff}} = \frac{1}{1.8\times10^{-3}} + \frac{1}{0.01152} \Rightarrow D_{eff} = 1.56\times10^{-3}\left(\frac{cm^2}{sec}\right)$$

〈考題11－7〉(92地方特考四等)(10/10/5分)

(一)何謂斐克第一擴散定律(Fick’s law of diffusion)。(96經濟部特考)(二)其公式若以莫耳濃度，如何表示？(三)擴散係數之單位在M.K.S制下爲何？

Sol：(一)(二)參考重點整理(三)$\frac{m^2}{sec}$

〈考題11－8〉(93關務特考)(98經濟部特考)(20分)

在動量、熱量及質量傳送，分別有牛頓定律(Newton’s law)，傅立葉定律(Fourier’s law)和Fick定律(Fick’s law)。以簡單的系統爲例，寫出這三個定律的描述方程式，

方程式中需有動量擴散係數(momentum diffusivity)，熱擴散係數(thermal diffusivity)，或分子擴散係數(molecular diffusivity)，詳細說明方程式中每一個符號的意義及其SI單位(SI units)，並說明這三個定律的意義。

Sol：$\tau_{yx} = -\mu\frac{du_x}{dy}$ 在流體中因有速度梯度會造成動量傳送。

$q_x = -k\frac{dT}{dx}$ 在流體或固體中因爲有溫度梯度會造成能量傳送。

$J_A = -D_{AB}\frac{dC_A}{dy}$ 在流體中(或固體中)因爲有濃度梯度會造成質量傳送。

$\tau_{yx} = -\frac{\mu}{\rho}\frac{du_x}{dy} = -\upsilon\frac{du_x}{dy}$ =>(動量流通量)=(動量擴散係數)(速度梯度)

$q_x = -\frac{k}{\rho C_p}\frac{d(\rho C_p T)}{dx} = -\alpha\frac{d(\rho C_p T)}{dx}$ =>(熱傳通量)=(熱擴散係數)(溫度梯度)

$J_A = -D_{AB}\frac{dC_A}{dy}$ =>(質傳通量)=(質量擴散係數或分子擴散係數)(濃度梯度)

三個符號υ、α、D_{AB} SI 制單位皆爲$\frac{m^2}{sec}$。

〈考題 11 – 9〉(94 地方特考)(5 分)
菲克定律(Fick's first law) Sol：請參考重點整理(三)。

〈考題 11 – 10〉(95 高考三等)

＊參考資料$D_{AB} = \frac{(1.8583\times10^{-7})T^{3/2}}{P\sigma_{AB}^2\Omega_D}\sqrt{\frac{1}{M_A}+\frac{1}{M_B}}$

P單位：atm，T單位：K，D_{AB}單位：$m^2 \cdot s^{-1}$ 請算出0°C及1atm下，氫氣在空氣中擴散係數(diffusivity)值爲多少$m^2 \cdot s^{-1}$？

k_BT/ε	Ω_D	Ω_μ
3.20	0.9328	1.022
3.30	0.9256	1.014
3.40	0.9186	1.007
3.50	0.9120	0.9999
3.60	0.9058	0.9932
3.70	0.8998	0.9870
3.80	0.8942	0.9811
3.90	0.8888	0.9755
4.00	0.8836	0.9700
4.10	0.8788	0.9649
4.20	0.8740	0.9600
4.30	0.8694	0.9553
4.40	0.8652	0.9507
4.50	0.8610	0.9464

Species	$\sigma(\dot{A})$	$\varepsilon/k_B(°K)$	$M(\frac{kg}{kgmole})$	Species	$\sigma(\dot{A})$	$\varepsilon/k_B(°K)$	$M(\frac{kg}{kgmole})$
Al	2.655	2750	26.98	H_2	2.827	59.7	2.016
Air	3.711	78.6	28.96	H_2O	2.655[a]	363[a]	18.02
Ar	3.542	93.3	39.95	H_2O	2.641[b]	809.1[b]	
Br_2	4.296	507.9	159.8	H_2O_2	4.196	289.3	34.01

Sol：令H_2=A ;air=B 由以上附表可查得所要數據：

$$\sigma_{AB}=\frac{1}{2}(\sigma_A+\sigma_B)=\frac{1}{2}(2.827+3.711)=3.269(A)$$

$$\frac{\varepsilon_{AB}}{k}=\sqrt{\left(\frac{\varepsilon_A}{k}\right)\left(\frac{\varepsilon_B}{k}\right)}=\sqrt{(59.7)(78.6)}=68.5\text{；}\frac{\varepsilon_{AB}}{kT}=\frac{68.5}{273}=0.25$$

$$=>\frac{kT}{\varepsilon_{AB}}=4\ \text{查表}\Omega_D=0.8836$$

$$D_{AB}=\frac{(1.8583\times10^{-7})(273)^{3/2}}{1(3.269)^2(0.8836)}\sqrt{\frac{1}{2.016}+\frac{1}{28.96}}=6.46\times10^{-5}\left(\frac{cm^2}{sec}\right)$$

$$=6.46\times10^{-9}\left(\frac{m^2}{sec}\right)$$

※T爲絕對溫度(k)、M爲莫耳質量(g/mol)、P是壓力(atm)、σ_{AB}爲平均碰撞直徑(A)、Ω_D和溫度有關的碰撞積分(無因次)，和上述物理量單位一致時D_{AB}單位爲(cm^2/sec)。

十二、固體及層流中殼質量均衡及濃度分佈

此章節考的機率在近年來各項考試相當的高，且題型變化比流體力學與熱量傳送相比甚多，原因在於質傳方面的理論和一些新興的技術上有很大的關聯，例如：工場的廢水處理、新觸媒評估、另外藥物釋放與新的模式建立的基礎觀念都與質傳有關，難怪此章節在現代考試中占有不小比例，如果出題者不是老油條有關心新的時勢，此章節會是出題者受到關注的一個章節了。

※質量傳送解題技巧整理：

(一)必要記憶的公式：Fick′s law $N_A=-D_{AB}\frac{dC_A}{dy}$(平板)， Fick′s law $N_A=-D_{AB}\frac{dC_A}{dr}$ (圓柱與圓球)相關的物理意義可參考第 11 章，請背起來。

(二)通常都爲一維空間，保留題目所需的質傳方向即可。

(三)畫出流動方向的簡圖，標示出座標，此處非常重要，因爲座標取的位置關係到邊界條件，一般定的越簡單越好，舉例來說，一塊平板間距離爲 L，座標就定在上方或下方最方便推導與計算，當然也可以定在平板的最中間，雖然推導出的結果會相同，但反而吃力不討好，這部份就是題型要多累積，才懂得如何訂出最理想的座標。

(四)寫出質量平衡，取極限後將Fick′s 1st law代入，請將平板、圓柱、圓球的導正方法記憶一套屬於適合自己的方式，或是按照此書的寫法動筆跟著寫增加記憶，此書是按照原文書的方式，所以跟著模仿就對了。

(五)定出邊界條件，不牽涉時間項至少會有兩個 B.C，解出 C_1 與 C_2 再配合邊界條件解出溫度分佈，當然上述的解題過程中要將微分方程式做積分，積分時一定要有相關的邊界條件才能解出微分方程式。再由質量分佈爲基礎或濃度分佈公式可導正出質傳通量、質傳速率。導出其他題目所需要之要求。

(一)等莫爾逆向擴散：

當有 1 個莫爾 A 向右移動，則有 1 個莫爾 B 向左移動。

〈例題 12－1〉如圖一所示，左右各有一大球，二球間以一細圓管相連，球內壓力都是一大氣壓，左球內成份 A 莫爾分率x_A及成份 B 莫爾分率x_B的值維持在定值

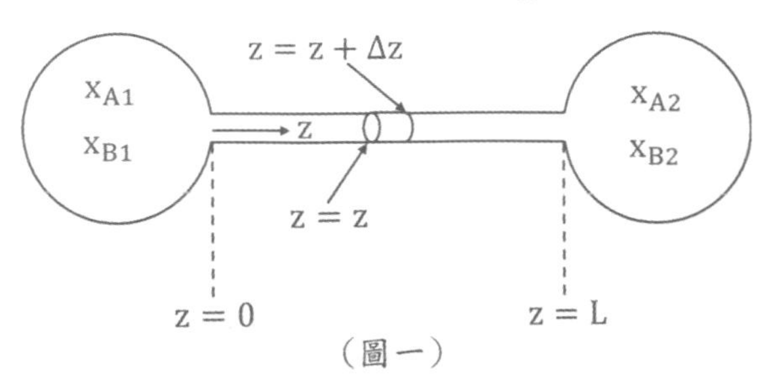

（圖一）

x_{A1}和x_{B1}；右球內則維持爲x_{A2}和x_{B2}。假設$x_{A1} > x_{A2}$、$x_{B1} < x_{B2}$，在穩態下爲了左右兩球的壓力維持在一大氣壓，則細圓管內的 A 擴散和 B 擴散方向相反且莫爾數相等(即等莫爾逆向擴散)。請由殼之成份 A 質量均衡開始，導出成份 A 在細圓管內成份 A 莫爾分率x_A分佈公式？

Sol：對成份 A 作質量平衡：$N_A \cdot A\big|_z - N_A \cdot A\big|_{z+\Delta z} = 0$同除以$A \cdot \Delta z$令$\Delta z \to 0$

$\Rightarrow \frac{dN_A}{dz} = 0$ (1) Fick's 1st law $\Rightarrow N_A = -CD_{AB}\frac{dx_A}{dz} + x_A(N_A+N_B)$ (2)

等莫爾逆向擴散$N_A = -N_B$代入(2)式$\Rightarrow N_A = -D_{AB}\frac{dC_A}{dz}$ (3)代入(1)式

$\Rightarrow \frac{d^2C_A}{dz^2} = 0$ 積分兩次$\Rightarrow C_A = c_1 z + c_2$ (4)

B.C.1 $z = 0$ $C_A = C_{A1}$ 代入(4)式$c_2 = C_{A1}$

B.C.2 $z = L$ $C_A = C_{A2}$ 代入(4)式$c_1 = \frac{C_{A2}-C_{A1}}{L}$

c_1&c_2代回(4)式$\Rightarrow C_A = \frac{C_{A2}-C_{A1}}{L}z + C_{A1}$(5) 又$x_A = \frac{C_A}{C_A+C_B} = \frac{C_A}{C}$ $\Rightarrow C_A = C \cdot x_A$

將(5)式改寫成$\Rightarrow C \cdot x_A = \frac{C_{A2}-C_{A1}}{L}z + C_{A1}$

$\Rightarrow x_A = \frac{C_{A2}-C_{A1}}{C}\left(\frac{z}{L}\right) + \frac{C_{A1}}{C}$ $\Rightarrow x_A = (x_{A2} - x_{A1})\left(\frac{z}{L}\right) + x_{A1}$

〈例題 12－2〉有一氣固化學反應如圖二所示，其方程式爲

$$A(g) + B(s) \rightarrow C(g) + D(s)$$

假設氣體 A 在固體外面的薄膜內擴散的非常快，即質量傳送速率爲∞，且生成物 D 爲多孔性的，氣體 A 直接由固體表面經過生成物 D 擴散至反應物 B 與生成物 D 之間的交界面(半徑爲r_c)，進行化學反應。假設固體 B 爲是一個半徑爲r_0的球，反應過程中固體的體積不變；氣體 A 在生成物 D 中的有效擴散係數D_e爲定值。另外，又假設化學反應比氣體 A 的擴散快很多，氣體 A 擴散到達$r = r_c$處時，很快的就反應掉了，因此$r = r_c$處，$C_A = 0$。請導出成份 A 的擴散通量N_A和交界面半徑r_c與時間 t 的關係式。

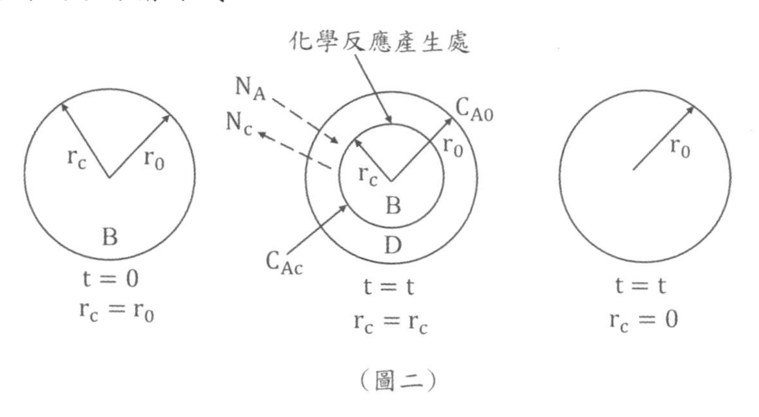

（圖二）

Sol：

(一)對成份 A 作質量平衡：$4\pi r^2 \cdot N_A\Big|_r - 4\pi r^2 \cdot N_A\Big|_{r+\Delta r} = 0$同除以$4\pi\Delta r$

令$\Delta r \to 0 \Rightarrow \frac{d(r^2 \cdot N_A)}{dr} = 0$ (1) Fick's 1st law $N_A = -D_e\frac{dC_A}{dr} + x_A(N_A + N_B)$ (2)

1mol 的 A 氣體生成 1mol 的 C 氣體，爲等莫爾擴散$N_A = -N_B$

代入(2)式=>$N_A = -D_e\frac{dC_A}{dr}$ (3)代入(1)式=>$D_e\frac{d}{dr}\left(r^2\frac{dC_A}{dr}\right) = 0$ (D_e爲 const)

積分=>$r^2\frac{dC_A}{dr} = c_1$ 再積分一次=>$C_A = -\frac{c_1}{r} + c_2$ (4)

B.C.1 $r = r_c$ $C_A = 0$ (界面反應處) 代入(4)式=>$0 = -\frac{c_1}{r_c} + c_2$ (5)

B.C.2 $r = r_0$ $C_A = C_{A0}$ 代入(4)式=>$C_{A0} = -\frac{c_1}{r_0} + c_2$ (6)

(6)- (5)式 $C_{A0} = c_1\left(\frac{1}{r_c} - \frac{1}{r_0}\right)$ =>$c_1 = \frac{C_{A0}}{\left(\frac{1}{r_c} - \frac{1}{r_0}\right)}$ (7)

(4)- (5)式 $C_A = -c_1\left(\frac{1}{r} - \frac{1}{r_c}\right)$ (8)

(7)代入(8)式 $C_A = \frac{-C_{A0}\left(\frac{1}{r}-\frac{1}{r_c}\right)}{\left(\frac{1}{r_c}-\frac{1}{r_0}\right)}$ $=>N_A = -D_e\frac{dC_A}{dr} = -D_e\frac{c_1}{r^2} = \frac{-D_e \cdot C_{A0}}{\left(\frac{1}{r_c}-\frac{1}{r_0}\right)r^2}$

(二)求r_c與時間 t？ =>反應物 B 的消失速率=氣體擴散到界面的速率

$$=>-\frac{\rho_B}{M_B}\cdot A\cdot\frac{dr_c}{dt} = N_A\cdot A\Big|_{r=r_c} =>-\frac{\rho_B}{M_B}\cdot(4\pi r_c^2)\cdot\frac{dr_c}{dt} = N_A\cdot(4\pi r_c^2)$$

$$=>-\frac{\rho_B}{M_B}\cdot(4\pi r_c^2)\cdot\frac{dr_c}{dt} = \frac{-D_e\cdot C_{A0}}{\left(\frac{1}{r_c}-\frac{1}{r_0}\right)r_c^2}\cdot(4\pi r_c^2) =>-\frac{\rho_B}{M_B}\frac{dr_c}{dt} = \frac{-D_e\cdot C_{A0}}{\left(r_c-\frac{r_c^2}{r_0}\right)}$$

積分$=>\int_{r_0}^{r_c}\left(r_c-\frac{r_c^2}{r_0}\right)dr_c = \frac{D_e\cdot C_{A0}\cdot M_B}{\rho_B}\int_0^t dt =>\frac{D_e\cdot C_{A0}\cdot M_B\cdot t}{\rho_B} = \left(\frac{r_c^2}{2}-\frac{r_c^3}{3r_0}\right)\Big|_{r_0}^{r_c}$

$$=>\frac{D_e\cdot C_{A0}\cdot M_B\cdot t}{\rho_B} = \left(\frac{r_c^2}{2}-\frac{r_c^3}{3r_0}\right)-\left(\frac{r_0^2}{2}-\frac{r_0^3}{3r_0}\right)$$

$$=>t = \frac{\rho_B}{D_e\cdot C_{A0}\cdot M_B}\left(\frac{r_c^2}{2}-\frac{1}{3}\frac{r_c^3}{r_0}-\frac{r_0^2}{6}\right) = \frac{\rho_B\cdot r_0^2}{6D_e\cdot C_{A0}\cdot M_B}\left[3\left(\frac{r_c}{r_0}\right)^2-2\left(\frac{r_c}{r_0}\right)^3-1\right]$$

(二)不等莫爾逆向擴散

分析系統內，AB 兩種氣體的通量比不會是一，而是取決於系統邊界的化學反應計量數。

〈例題 12－3〉如果氣體 A 與某固體觸媒接觸時，會立即產生如下的化學反應，速度極快$2A \rightarrow A_2$，今有固體觸媒板，如圖三所示，其右側爲氣體 A 和A_2。在氣體本體內 A 和A_2的莫爾分率分別爲X_{A0}和X_{A_20}，因爲氣體 A 往觸媒表面擴散的關係，在觸媒表面附近濃度有所變化，我們稱爲氣體膜，假設它的厚度是 L。試問氣體 A 在薄膜內濃度分佈爲何？亦即$X_A = X_A(z)$的表示式爲何？

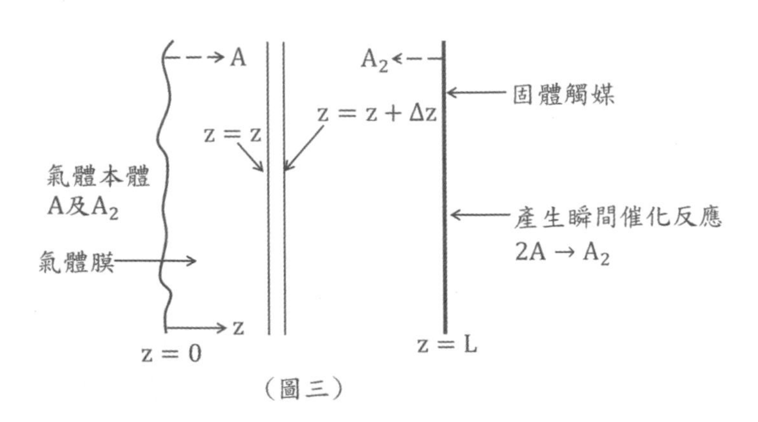

（圖三）

Sol：Fick's 1st law =>$N_A = -CD_{AA_2}\frac{dx_A}{dz} + x_A(N_A+N_{A2})$ (1)

2mol 的 A 氣體生成 1mol 的A_2氣體，為不等莫爾逆向擴散$\frac{-N_A}{2} = N_{A2}$代入(1)式

$=>N_A = -CD_{AA_2}\frac{dx_A}{dz} + x_A\left(N_A - \frac{N_A}{2}\right)$ $=>N_A - \frac{N_A}{2} = -CD_{AA_2}\frac{dx_A}{dz}$

$=>N_A = \frac{-CD_{AA_2}}{1-\frac{1}{2}x_A}\frac{dX_A}{dz}$ (2) 對成份 A 作質量平衡：$N_A \cdot A\Big|_z - N_A \cdot A\Big|_{z+\Delta z} = 0$

同除以$A \cdot \Delta z$ 令$\Delta z \to 0$=>$\frac{dN_A}{dz} = 0$ (3)代入(2)式

$=>\frac{d}{dz}\left(\frac{-CD_{AA_2}}{1-\frac{1}{2}x_A}\frac{dx_A}{dz}\right) = 0 => \frac{1}{1-\frac{1}{2}x_A}\frac{dx_A}{dz} = c_1$ 令$u = 1 - \frac{1}{2}x_A$ (CD_{AA_2}可視為常數可忽略)

$=>du = -\frac{1}{2}dx_A => dx_A = -2du => -2\ln\left(1 - \frac{1}{2}x_A\right) = c_1 z + c_2$ (4)

B.C.1 $z = 0$ $x_A = x_{A0}$ 代入(4)式 $=>-2\ln\left(1 - \frac{1}{2}x_{A0}\right) = c_2$

B.C.2 $z = L$ $x_A = 0$ (瞬間反應) 代入(4)式$=>-\frac{2}{L}\ln\left(1 - \frac{1}{2}x_{A0}\right) = c_1$

c_1&c_2代回(4)式$=>-2\ln\left(1 - \frac{1}{2}x_A\right) = 2\left(\frac{z}{L}\right)\ln\left(1 - \frac{1}{2}x_{A0}\right) - 2\ln\left(1 - \frac{1}{2}x_{A0}\right)$

$=>\ln\left(1 - \frac{1}{2}x_A\right) = \left[1 - \left(\frac{z}{L}\right)\right]\ln\left(1 - \frac{1}{2}x_{A0}\right)$ 兩邊取指數 e

$=>1 - \frac{1}{2}x_A = \left(1 - \frac{1}{2}x_{A0}\right)^{\left[1-\left(\frac{z}{L}\right)\right]}$ $=>x_A = 2 - 2\left(1 - \frac{1}{2}x_{A0}\right)^{\left[1-\left(\frac{z}{L}\right)\right]}$

(三)成份 A 為極低濃度的情況

$x_A \doteqdot 0$ 代入 Fick's 1st law$N_A = -CD_{AB}\frac{dx_A}{dz} + x_A(N_A+N_B)$

〈例題 12－4〉氦氣儲存於熔合矽石(fused silica)製成的球槽內，由於溶合矽石是多孔性的，因此氦氣會經由球壁擴散到大氣中，如圖四左圖所示，假設矽石很薄所以曲率效應(curvature effect)可以省略，因此球壁可以視為平板，以直角座標處理，又矽石的氧氣濃度極低，另外球外的氦氣濃度可以視為 0，球槽壁厚為δ，球內氦氣濃度到處都一樣為C_{A0}，試由殼內氦氣質量均衡開始，導出球槽壁內氦氣分壓

的分佈公式。

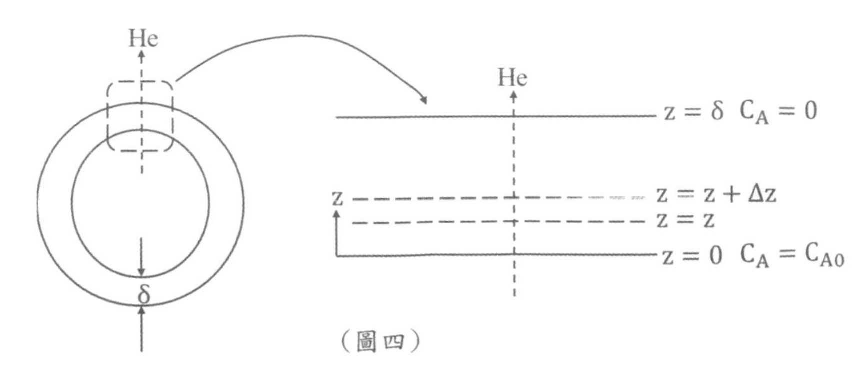

（圖四）

Sol：令成份 A 為 He，成份 B 為 Air

對成份 A 作質量平衡：$N_A \cdot A\big|_z - N_A \cdot A\big|_{z+\Delta z} = 0$ 同除以$A \cdot \Delta z$ 令$\Delta z \to 0$

$\Rightarrow \frac{dN_A}{dz} = 0$ (1) Fick's 1st law $\Rightarrow N_A = -CD_{AB}\frac{dx_A}{dz} + x_A(N_A + N_B)$ (2)

∵He 的濃度極低

(2)代入(1)式$\Rightarrow \frac{d^2C_A}{dz^2} = 0$ 積分兩次$\Rightarrow C_A = c_1 z + c_2$ (3)

B.C.1 $z = 0 \ C_A = C_{A0}$ 代入(3)式$\Rightarrow c_2 = C_{A0}$

B.C.2 $z = \delta \ C_A = 0$ 代入(3)式$\Rightarrow c_1 = -\frac{C_{A0}}{\delta}$將$c_1$&$c_2$代回(3)式

$\Rightarrow C_A = -\frac{C_{A0}}{\delta}z + C_{A0}$ (4) 又$C_A = \frac{P_A}{RT}$；$C_{A0} = \frac{P_{A0}}{RT}$ 代入(5)式

$\Rightarrow \frac{P_A}{RT} = -\frac{P_{A0}}{RT}\left(\frac{z}{\delta}\right) + \frac{P_{A0}}{RT}$ $\Rightarrow P_A = P_{A0}\left(1 - \frac{z}{\delta}\right)$

(四)成份 A 在不動的成份 B 中擴散

Fick's 1st law $N_A = -CD_{AB}\frac{dx_A}{dz} + x_A(N_A + N_B)$ ∵B 靜止不動$N_B \doteqdot 0$

**Geankoplis 原文書在推導的結果最後濃度分率會以對數平均表示如下：$x_{BM} = \frac{x_{A1} - x_{A2}}{\ln\left(\frac{1-x_{A2}}{1-x_{A1}}\right)}$或$P_{BM} = \frac{P_{A1} - P_{A2}}{\ln\left(\frac{P-P_{A2}}{P-P_{A1}}\right)}$，有些讀者會問什麼時候該如此表示，其實只有一種原因就是成份 A 在不動的成份 B 中擴散系統(如：乾燥、吸收、擴散)才會有如此現象，通常題目內敘述也會要求作答以此方式表示，這點很像我們單操中換熱器計算進出口溫度取對數平均的觀念是一樣的，這方面可以多注意一下！

〈例題 12－5〉如圖五所示，有一量筒 Arnold 擴散裝置，在恆溫恆壓下裝有液體 A，在量筒上端 $z = z_2$處，A 之莫爾分率爲x_{A2}。成份 B 不溶於液體 A 中，且不起化學反應，因此成份 B 不會移動。成份 A 在液面$z = z_1$處，有一個固定的平衡莫爾分率爲x_{A1}，且由液面蒸發變成氣體向上擴散，請導出成份 A 莫爾分率與地點 z 的關係。假設液面不會因揮發而下降。

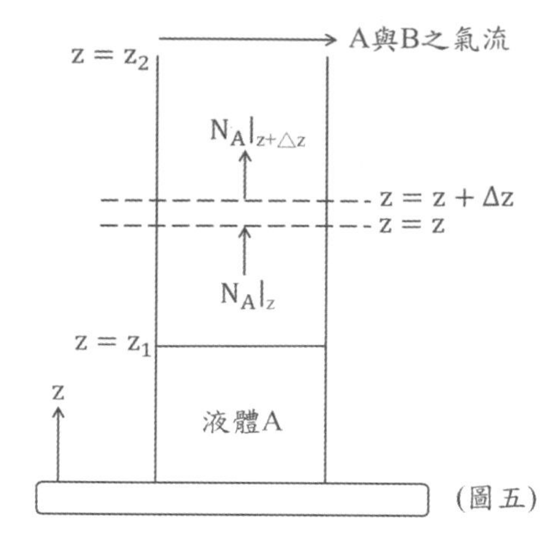

(圖五)

Sol：令成份 A 爲氣體，成份 B 爲 Air

對成份 A 作質量平衡：$N_A \cdot A\big|_z - N_A \cdot A\big|_{z+\Delta z} = 0$ 同除以$A \cdot \Delta z$ 令$\Delta z \to 0$

$=> \frac{dN_A}{dz} = 0$ (1) Fick's 1st law $=> N_A = -CD_{AB}\frac{dx_A}{dz} + x_A(N_A + N_B)$ (2)

($\because$B 靜止不動$N_B \doteqdot 0$)

$=> N_A - N_A x_A = -CD_{AB}\frac{dx_A}{dz}$ $=> N_A = \frac{-CD_{AB}}{1-x_A}\frac{dx_A}{dz}$ (2)代入(1)式

$=> \frac{1}{CD_{AB}}\frac{d}{dz}\left(\frac{1}{1-x_A}\frac{dx_A}{dz}\right) = 0$ (CD_{AB}可視爲常數可忽略)

積分兩次$=> -\ln(1 - x_A) = c_1 z + c_2$ (3)

B.C.1 $z = z_1$ $x_A = x_{A1}$ 代入(3)式$=> -\ln(1 - x_{A1}) = c_1 z_1 + c_2$ (4)

B.C.2 $z = z_2$ $x_A = x_{A2}$ 代入(3)式$=> -\ln(1 - x_{A2}) = c_1 z_2 + c_2$ (5)

(5)-(4)式$c_1 = -\frac{1}{z_2 - z_1}\ln\left(\frac{1-x_{A2}}{1-x_{A1}}\right)$ (6)；(3)-(4)式$c_1(z - z_1) = -\ln\left(\frac{1-x_A}{1-x_{A1}}\right)$ (7)

(6)代入(7)式$=> -\left(\frac{z-z_1}{z_2-z_1}\right)\ln\left(\frac{1-x_{A2}}{1-x_{A1}}\right) = -\ln\left(\frac{1-x_A}{1-x_{A1}}\right)$ 兩邊取 e

$=> \frac{1-x_A}{1-x_{A1}} = \left(\frac{1-x_{A2}}{1-x_{A1}}\right)^{\left(\frac{z-z_1}{z_2-z_1}\right)}$

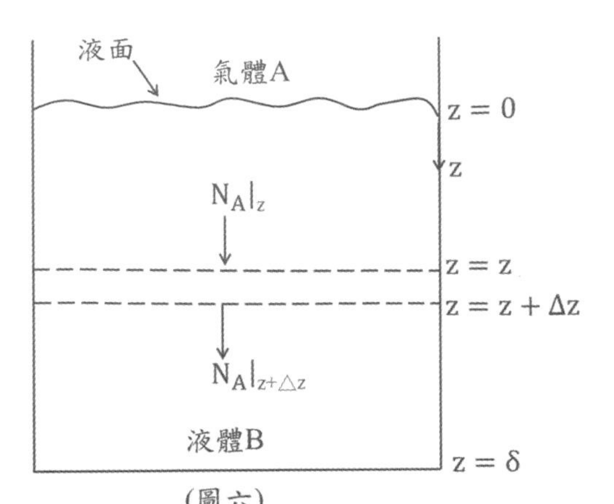

(圖六)

〈例題 12－6〉如圖六所示，有一容器其中裝有液體 B，液體上面爲氣體 A。液體 B 是吸收介質，氣體 A 能溶入液體 B 中與之發生一階化學反應 (first order reaction) $A + B \rightarrow AB$ 其速率式可以表示爲$-r_A = kC_A$，因爲反應較快，大部份反應在靠近液面處進行，在容器底部$(z = \delta)$反應殆盡，沒有 A 的成分了，即$C_A = 0$。假設液體中成份 A 的濃度極低，請導出成份 A 的通量表示式。

Sol：總質量平衡：in−out+gen=acc（acc 以斜線劃去）

對成份 A 作質量平衡：$N_A \cdot A\big|_z - N_A \cdot A\big|_{z+\Delta z} + A \cdot \Delta z \cdot r_A = 0$

同除以$A \cdot \Delta z$ 令$\Delta z \rightarrow 0$ $\Rightarrow \frac{dN_A}{dz} = -kC_A$ (1)

Fick's 1st law $\Rightarrow N_A = -CD_{AB}\frac{dx_A}{dz} + x_A(N_A+N_B)$（$x_A$ 項以斜線劃去）

(∵成份 A 在液體 B 中濃度極低$x_A \doteqdot 0$)

$\Rightarrow N_A = -D_{AB}\frac{dC_A}{dz}$ (2)代入(1)式 $\Rightarrow \frac{d}{dz}\left(-D_{AB}\frac{dC_A}{dz}\right) = -kC_A$

$\Rightarrow \frac{d^2C_A}{dz^2} = \frac{k}{D_{AB}}C_A$ $\Rightarrow \frac{d^2C_A}{dz^2} - \frac{k}{D_{AB}}C_A = 0$

$\Rightarrow C_A = A\cosh\sqrt{\frac{k}{D_{AB}}}z + B\sinh\sqrt{\frac{k}{D_{AB}}}z$ (3)

B.C.1 $z = 0$ $C_A = C_{A0}$ 代入(3)式$\Rightarrow A = C_{A0}$

B.C.2 $z = \delta$ $C_A = 0$ 代入(3)式$\Rightarrow 0 = C_{A0} \cdot \cosh\sqrt{\frac{k}{D_{AB}}}\delta + B\sinh\sqrt{\frac{k}{D_{AB}}}\delta$

$\Rightarrow B = \frac{-C_{A0}}{\tanh\sqrt{\frac{k}{D_{AB}}}\delta}$；A&B代回(3)式$\Rightarrow C_A = C_{A0} \cdot \cosh\sqrt{\frac{k}{D_{AB}}}z - \frac{C_{A0} \cdot \sinh\sqrt{\frac{k}{D_{AB}}}z}{\tanh\sqrt{\frac{k}{D_{AB}}}\delta}$

$$=>\frac{dC_A}{dz}=C_{A0}\sqrt{\frac{k}{D_{AB}}}\cdot\sinh\sqrt{\frac{k}{D_{AB}}}z-\frac{C_{A0}\sqrt{\frac{k}{D_{AB}}}\cdot\cosh\sqrt{\frac{k}{D_{AB}}}z}{\tan h\sqrt{\frac{k}{D_{AB}}}\delta}$$

$$=>\frac{dC_A}{dz}\Big|_{z=0}=-\frac{C_{A0}\sqrt{\frac{k}{D_{AB}}}}{\tan h\sqrt{\frac{k}{D_{AB}}}\delta}$$

$$=>N_A\Big|_{z=0}=-D_{AB}\frac{dC_A}{dz}\Big|_{z=0}=-D_{AB}\left(\frac{-C_{A0}\sqrt{\frac{k}{D_{AB}}}}{\tan h\sqrt{\frac{k}{D_{AB}}}\delta}\right)=\frac{D_{AB}\cdot C_{A0}}{\delta}\frac{\sqrt{\frac{k}{D_{AB}}}\delta}{\tan h\sqrt{\frac{k}{D_{AB}}}\delta}$$

※若反應非常快速$k\rightarrow\infty=>N_A\Big|_{z=0}=\frac{D_{AB}\cdot C_{A0}}{\delta}\frac{\sqrt{\frac{k}{D_{AB}}}\delta}{\tan h\sqrt{\frac{\infty}{D_{AB}}}\delta}=C_{A0}\sqrt{kD_{AB}}$

類題練習解析

〈類題 12－1〉根據 Fick's 1st law，一維方向(z 方向)雙成分擴散系統之通量方程式可以表示爲：$N_{Az}=-CD_{AB}\frac{dy_A}{dz}+y_A(N_{Az}+N_{Bz})$

N_{Az}：A 成份在 z 方向之通量; N_{Bz}：B 成份在 z 方向之通量
y_A：A 成份的莫爾分率；C：總濃度；D_{AB}：擴散係數

(一)在什麼物理條件下，$N_{Az}=-CD_{AB}\frac{dy_A}{dz}+y_A(N_{Az}+N_{Bz})$可簡化爲：

$N_{Az}=-CD_{AB}\frac{dy_A}{dz}$ ？(二)在什麼物理條件下，$N_{Az}=-CD_{AB}\frac{dy_A}{dz}+y_A(N_{Az}+N_{Bz})$可簡化爲：$(1-y_A)N_{Az}=-CD_{AB}\frac{dy_A}{dz}$ ？

Sol：(一)等莫爾逆向擴散，A 成份的濃度很低$y_A\cong 0$
(二)成份 A 在不動成份 B 中擴散，B 爲靜滯成份$N_{Bz}\cong 0$

〈類題 12－2〉水(成份 A)在空氣(成份 B)中的擴散係數D_{AB}可用 Arnold 擴散裝置測得。試管截面積為 5cm^2，液面至管口之平均長度為 10cm。此裝置係在 20°C 及 760mmHg 下操作，水在 20°C之飽和蒸汽壓為 17.5mmHg，而試管外空氣中含水蒸汽分壓為 10mmHg。若 10 小時後之穩態操作共有 0.0324cm^{3}之水蒸發，則所測得之D_{AB}值為多少？(氣體常數$R = 0.082\ \text{atm}\cdot\text{m}^3/\text{kgmol}\cdot\text{k}$，水之密度$\rho_{H_2O} = 1\ \text{g/cm}^3$)

Sol：設 A=水 B=空氣(可參考圖五)

Fick's 1st law =>$N_A = -CD_{AB}\frac{dx_A}{dz} + x_A(N_A + N_B)$ ∵B 靜止不動$N_B \doteqdot 0$

$$=>N_A - N_A x_A = -CD_{AB}\frac{dx_A}{dz} => N_A = \frac{-CD_{AB}}{1-x_A}\frac{dx_A}{dz}$$

$$=>N_A\int_{z_1}^{z_2} dz = -CD_{AB}\int_{x_{A1}}^{x_{A2}}\frac{dx_A}{1-x_A} \quad 令u = 1 - x_A => du = -dx_A$$

$$=>N_A = \frac{CD_{AB}}{z_2-z_1}\ln\left(\frac{1-x_{A2}}{1-x_{A1}}\right) 又C = \frac{P}{RT}；x_{A1} = \frac{P_{A1}}{P}；x_{A2} = \frac{P_{A2}}{P}$$

$$(以分壓表示)=>N_A = \frac{P\cdot D_{AB}}{RT(z_2-z_1)}\ln\left(\frac{P-P_{A2}}{P-P_{A1}}\right)$$

$$N_A = \frac{\dot{m}}{A} = \frac{\left(\frac{0.0324}{10}\frac{cm^3}{hr}\times\frac{1hr}{3600sec}\times 1\frac{g}{cm^3}\times\frac{1gmol}{18g}\right)}{5cm^2} = 1\times10^{-8}\left(\frac{gmol}{cm^2\cdot sec}\right) = 1\times10^{-7}\left(\frac{kgmol}{m^2\cdot sec}\right)$$

$$=>1\times10^{-7}\left(\frac{kgmol}{cm^2\cdot sec}\right) = \frac{(1atm)D_{AB}}{\left(0.082\frac{atm\cdot m^3}{kgmol\cdot k}\right)[(20+273)k](0.1m)}\ln\left(\frac{760-10}{760-17.5}\right)$$

$$=>D_{AB} = 2.4\times10^{-5}\left(\frac{m^2}{sec}\right)$$

〈類題 12－3〉水在空氣中之擴散係數為$0.25\times10^{-4}\ m^2/sec$，水在窄管底部溫度為 293K，壓力為 1.01325×10^5Pa(1atm)下操作，水蒸發且擴散過管中空氣，而擴散路徑$z_2 - z_1$為 0.1524m 長，水在 20°C之飽和蒸汽壓為 17.54mmHg，計算穩定狀態下蒸發速率為多少$kgmol/s\cdot m^2$。

Sol：導正過程如上題〈類題 12－2〉=>$N_A = \frac{P\cdot D_{AB}}{RT(z_2-z_1)}\ln\left(\frac{P-P_{A2}}{P-P_{A1}}\right)$

設 A=水 B=空氣，且$P_{A1} = 17.54mmHg$，$P_{A2} = 0$

$$N_A = \frac{(1atm)\left(0.25\times10^{-4}\frac{m^2}{sec}\right)}{\left(0.082\frac{atm\cdot m^3}{kgmol\cdot k}\right)(293k)(0.1524m)}\ln\left(\frac{760-0}{760-17.54}\right) = 1.6\times10^{-7}\left(\frac{kgmol}{m^2\cdot sec}\right)$$

〈類題 12－4〉氨氣(A)通過一氮氣(B)，均一管長爲 0.1m，壓力爲 1.01325×10^5Pa 和溫度 298k 下進行等莫爾逆流擴散，$D_{AB} = 0.23\times10^{-4}\ m^2/s$，點 1 的$P_{A1} = 1.013\times10^4$Pa，點 2 的$P_{A2} = 0.507\times10^4$Pa，計算$N_A$或$J_A^*$以及$N_B$？可參考圖一。

Sol：Fick's 1st law =>$N_A = -CD_{AB}\frac{dx_A}{dz} + x_A(N_A+N_B)$ (1)

等莫爾逆向擴散$N_A = -N_B$代入(1)式=>$N_A = -D_{AB}\frac{dC_A}{dz}$

=>$N_A\int_{z_1}^{z_2}dz = -D_{AB}\int_{C_{A1}}^{C_{A2}}dC_A$ =>$N_A = \frac{D_{AB}}{(z_2-z_1)}(C_{A1}-C_{A2})$

又$C_{A1} = \frac{P_{A1}}{RT}$；$C_{A2} = \frac{P_{A2}}{RT}$，以分壓表示=>$N_A = \frac{D_{AB}}{RT(z_2-z_1)}(P_{A1}-P_{A2})$

$$N_A = J_A^* = \frac{\left(0.23\times10^{-4}\frac{m^2}{sec}\right)}{\left(8314\frac{J}{kgmol\cdot k}\right)(298k)(0.1m)}\left[(1.013\times10^4 - 0.507\times10^4)\frac{N}{m^2}\right]$$

$= 4.7\times10^{-7}\left(\frac{kgmol}{m^2\cdot sec}\right)$；$N_A = -N_B = -4.7\times10^{-7}\left(\frac{kgmol}{m^2\cdot sec}\right)$

〈類題 12－5〉若質傳通量單位爲$moles/cm^2\cdot sec$，而以莫爾濃度$(moles/cm^3)$差爲質量傳送驅動力來定義對流質量傳送係數k_c，則k_c的單位爲何？

Sol：$N_A = k_c\cdot C$ =>$moles/cm^2\cdot sec = k_c\cdot(moles/cm^3)$ =>$k_c = \frac{cm}{sec}$

〈類題 12－6〉純 B 氣體在 2atm 壓力下流過一純 A 氣化的表面，液體 A 完全潤濕吸墨紙的表面，因此表面 A 的分壓在 298k 下的蒸氣壓是 0.2atm，此$k_y' = 6.78\times10^{-5}$ $kgmoles/m^2\cdot sec\cdot molfrac$，計算$N_A$，$k_y$及$k_G$值。

Sol：$P_{A1} = 0.2atm$，$P_{A2} = 0$，$P = 2atm$

$y_{A1} = \frac{P_{A1}}{P} = \frac{0.2}{2} = 0.1$，$y_{A2} = \frac{P_{A2}}{P} = 0$ 又$y_{A1} + y_{B1} = 1$，$y_{A2} + y_{B2} = 1$

$y_{B1} = 1 - y_{A1} = 1 - 0.1 = 0.9$，$y_{B2} = 1 - y_{A2} = 1 - 0 = 1$

$$\overline{y_{BL}} = \frac{y_{B2}-y_{B1}}{\ln\left(\frac{y_{B2}}{y_{B1}}\right)} = \frac{1-0.9}{\ln\left(\frac{1}{0.9}\right)} = 0.95$$

$$k_y = \frac{k'_y}{\overline{y_{BL}}} = \frac{6.78\times10^{-5}}{0.95} = 7.138\times10^{-5}\left(\frac{\text{kgmol}}{\text{m}^2\cdot\text{sec}\cdot\text{molfrac}}\right)$$

$$k_G = \frac{k_y}{P} = \frac{7.138\times10^{-5}}{2} = 3.569\times10^{-5}\left(\frac{\text{kgmol}}{\text{m}^2\cdot\text{sec}\cdot\text{molfrac}}\right)$$

$$N_A = k_y(y_{A1}-y_{A2}) = (7.138\times10^{-5})(0.1-0) = 7.138\times10^{-6}\left(\frac{\text{kgmol}}{\text{m}^2\cdot\text{sec}}\right)$$

〈類題 12－7〉如下圖七，直徑爲 0.5cm 之球形碳粉在 1atm 及 1400°C之空氣燃燒生成一氧化碳。設氧氣僅在碳粉表面起反應且其反應速率極爲迅速，試估計碳粉中碳之燃燒速率N_A。(氧在 1400°C空氣中之擴散係數爲 $2.65\text{cm}^2/\text{sec}$)

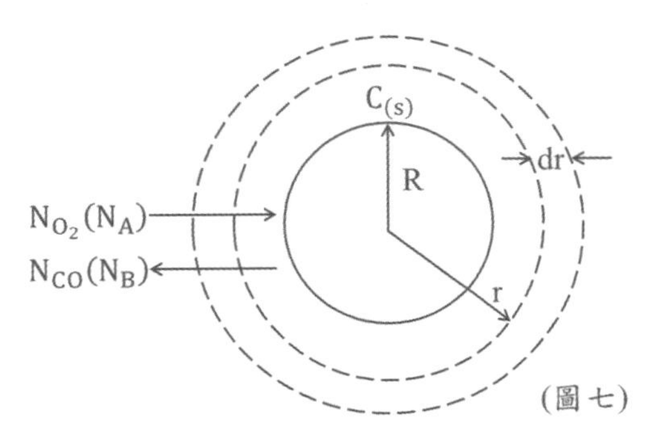

(圖七)

Sol：$C_{(S)} + \frac{1}{2}O_{2(g)} \rightarrow CO_{(g)}$ 令成份 A 爲O_2，成份 B 爲 CO

Fick's 1st law $\Rightarrow N_A = CD_{AB}\frac{dx_A}{dr} + x_A(N_A+N_B)$ (1)

(因x_A沿 r 方向增大爲了得到正值N_A，所以CD_{AB}前取正號)

不等莫爾逆向擴散$\frac{N_A}{-\frac{1}{2}} = \frac{N_B}{1} \Rightarrow N_B = -2N_A$代入(1)式

$$N_A = -CD_{AB}\frac{dx_A}{dr} + x_A(N_A-2N_A) \Rightarrow N_A = \frac{CD_{AB}}{1+x_A}\frac{dx_A}{dr} \quad (2)$$

對成份 A 作質量平衡：$4\pi r^2\cdot N_A\big|_r - 4\pi r^2\cdot N_A\big|_{r+\Delta r} = 0$同除以$4\pi\Delta r$

令$\Delta r\rightarrow 0 \Rightarrow \frac{d(r^2\cdot N_A)}{dr} = 0$ 積分$\Rightarrow r^2\cdot N_A = \text{const}$

$\Rightarrow 4\pi r^2\cdot N_A = W_A = \text{const}$，$N_A = \frac{W_A}{4\pi r^2}$ (3)代入(2)式

$=>\frac{W_A}{4\pi}\int_R^\infty \frac{dr}{r^2} = CD_{AB}\int_{x_{AR}}^{x_{A\infty}} \frac{dx_A}{1+x_A}$ 令$u = 1 + x_A$ $=> du = dx_A$

$=>\frac{W_A}{4\pi}\left(\frac{1}{R} - \frac{1}{\infty}\right) = CD_{AB}\ln\left(\frac{1+x_{A\infty}}{1+x_{AR}}\right)$

在$r = R$ $x_{AR} = 0$(瞬間反應)；$r = \infty$ $x_{A\infty} = 0.21$

$W_A = 4\pi CD_{AB} R\ln(1.21) = \frac{4\pi PD_{AB}R}{RT}\ln(1.21)$

$$W_A = \frac{4\pi\left(2.65\frac{cm^2}{sec}\right)(1atm)\left(\frac{0.5}{2}cm\right)}{\left(82.05\frac{cm^3\cdot atm}{gmol\cdot k}\right)[(1400+273)k]}\ln(1.21) = 1.16\times10^{-5}\left(\frac{gmol}{sec}\right)$$

$$N_A = \frac{W_A}{4\pi R^2} = \frac{1.16\times10^{-5}}{4\pi\left(\frac{0.5}{2}\right)^2} = 1.47\times10^{-5}\left(\frac{gmol}{cm^2\cdot sec}\right)$$

〈類題 12 − 8〉如右圖八，一萘球半徑為 2.0mm 懸浮在一大氣壓的空氣中，在 318k 和1.013×10^{-5}Pa下蒸發，萘之表面溫度為 318k 且蒸氣壓為 0.555mmHg，萘在空氣之$D_{AB} = 6.92\times10^{-6}\ m^2/s$，請計算萘之蒸發速率？

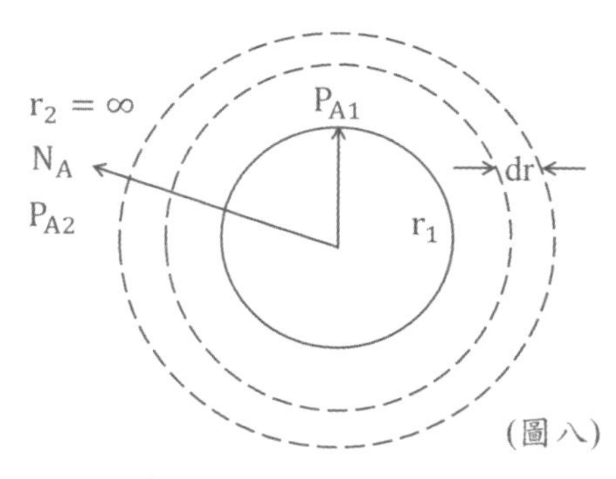

(圖八)

Sol：令成份 A 爲萘，成份 B 爲 Air

Fick's 1st law $=>N_A = -CD_{AB}\frac{dx_A}{dr} + x_A(N_A+N_B)$ ∵ N_B爲靜止空氣

$=>N_A - N_A x_A = -CD_{AB}\frac{dx_A}{dr}$ $=>N_A = \frac{-CD_{AB}}{1-x_A}\frac{dx_A}{dr}$ (1)

對成份 A 作質量平衡：$4\pi r^2\cdot N_A\big|_r - 4\pi r^2\cdot N_A\big|_{r+\Delta r} = 0$ 同除以$4\pi\Delta r$

令$\Delta r \to 0 => \frac{d(r^2\cdot N_A)}{dr} = 0 => r^2\cdot N_A = const$ $=>4\pi r^2\cdot N_A = W_A = const$

$N_A = \frac{W_A}{4\pi r^2}$ (2)代入(1)式$=>\frac{W_A}{4\pi}\int_{r_1}^{r_2}\frac{dr}{r^2} = -CD_{AB}\int_{x_{A1}}^{x_{A2}}\frac{dx_A}{1-x_A}$

令$u=1-x_A$=>$du=-dx_A$ =>$\frac{W_A}{4\pi}\left(\frac{1}{r_1}-\frac{1}{r_2}\right)=CD_{AB}\ln\left(\frac{1-x_{A2}}{1-x_{A1}}\right)$

(∵萘的半徑在無窮遠處在$r=r_2=\infty\ \ x_{A2}=0$)

$$W_A=4\pi CD_{AB}r_1\ln\left(\frac{1-x_{A2}}{1-x_{A1}}\right)=\frac{4\pi PD_{AB}r_1}{RT}\ln\left(\frac{P-P_{A2}}{P-P_{A1}}\right)$$

$$W_A=\frac{4\pi\left(101325\frac{N}{m^2}\right)\left(6.92\times10^{-6}\frac{m^2}{sec}\right)\left(\frac{2}{1000}m\right)}{\left(8314\frac{J}{kgmol\cdot k}\right)(318k)}\ln\left(\frac{760-0}{760-0.555}\right)=4.87\times10^{-12}\left(\frac{kgmol}{sec}\right)$$

〈類題 12 − 9〉有一直徑為 0.1cm 之水滴懸浮於靜止不動之空氣中，請問需耗時多久，此水滴才會消失？設空氣之壓力為 1atm，溫度為 25℃，水滴液面處之水蒸氣壓為 0.027atm，空氣中之水蒸氣壓為 0.0241atm，水蒸氣在空氣中的擴散係數為 $0.26cm^2/sec$，水滴密度為 $0.999g/cm^3$。相關座標圖可參考〈類題 12 − 8〉

Sol：Fick's 1st law=>$N_A=-CD_{AB}\frac{dx_A}{dr}+x_A(N_A+N_B)$ ∵ N_B為靜止空氣

=>$N_A-N_Ax_A=-CD_{AB}\frac{dx_A}{dr}$ =>$N_A=\frac{-CD_{AB}}{1-x_A}\frac{dx_A}{dr}$ (1)

對成份 A 作質量平衡：$4\pi r^2\cdot N_A\big|_r-4\pi r^2\cdot N_A\big|_{r+\Delta r}=0$同除以$4\pi\Delta r$

令$\Delta r\to0$ =>$\frac{d(r^2\cdot N_A)}{dr}=0$ 積分=>$r^2\cdot N_A=const$ =>$4\pi r^2\cdot N_A=W_A=const$

$N_A=\frac{W_A}{4\pi r^2}$ (2)代入(1)式=>$\frac{W_A}{4\pi}\int_{r_1}^{r_2}\frac{dr}{r^2}=-CD_{AB}\int_{x_{A1}}^{x_{A2}}\frac{dx_A}{1-x_A}$

令$u=1-x_A$ =>$du=-dx_A$ =>$\frac{W_A}{4\pi}\left(\frac{1}{r_1}-\frac{1}{r_2}\right)=CD_{AB}\ln\left(\frac{1-x_{A2}}{1-x_{A1}}\right)$

(∵水滴的半徑在無窮遠處在$r=r_2=\infty$)

$$W_A=4\pi CD_{AB}r_1\ln\left(\frac{1-x_{A2}}{1-x_{A1}}\right)=\frac{4\pi PD_{AB}r_1}{RT}\ln\left(\frac{P-P_{A2}}{P-P_{A1}}\right)$$

假設在水滴表面$r=r_1$ =>$N_A\Big|_{r=r_1}=\frac{W_A}{4\pi r_1^2}=\frac{PD_{AB}}{RT\cdot r_1}\ln\left(\frac{P-P_{A2}}{P-P_{A1}}\right)$

A 的擴散量=單位時間 A 的莫爾變化量

=>$N_A\cdot A=-\frac{\rho_A}{M_A}\cdot A\cdot\frac{dr_1}{dt}$ =>$\frac{P\cdot D_{AB}}{RT\cdot r_1}\ln\left(\frac{P-P_{A2}}{P-P_{A1}}\right)=-\frac{\rho_A}{M_A}\frac{dr_1}{dt}$

$$=>\int_0^t dt = -\frac{\rho_A \cdot RT}{M_A \cdot P \cdot D_{AB}\ln\left(\frac{P-P_{A2}}{P-P_{A1}}\right)}\int_{r_1}^0 r_1 dr_1 \quad =>t = \frac{\rho_A \cdot RT}{M_A \cdot P \cdot D_{AB}\ln\left(\frac{P-P_{A2}}{P-P_{A1}}\right)}\left(\frac{r_1^2}{2}\right)$$

$$=>t = \frac{\left(0.999\frac{g}{cm^3}\right)\left(82.05\frac{cm^3\cdot atm}{gmol\cdot k}\right)(298k)\left[\left(\frac{0.1}{2}\right)^2 cm^2\right]}{2\left(18\frac{g}{gmol}\right)(1atm)\left(0.26\frac{cm^2}{sec}\right)\ln\left(\frac{1-0.0241}{1-0.027}\right)} = 2192(sec)$$

〈類題 12－10〉參考〈例題 12－5〉如圖五所示，液體 A 揮發變成氣體進入含 A 和 B 的管子。A 代表CCl_4，B 代表O_2。CCl_4液面和管子上端間的距離$Z_2 - Z_1 = 17.1cm$，整個系統的總壓力 755mmHg，溫度爲 0°C。此溫度下CCl_4的蒸氣壓力爲 33mmHg，管子截面積爲 $0.82cm^2$。CCl_4的密度及分子量分別爲 $1.59g/cm^3$及 $154g/gmol$，在穩態下，10 小時有 $0.0208cm^3$的CCl_4揮發，求此溫度和壓力下的擴散係數$D_{AB}\left(\frac{cm^2}{sec}\right)$？已知$N_{Az}\Big|_{z=z_1} = \frac{CD_{AB}}{Z_2-Z_1}\ln\left(\frac{X_{B2}}{X_{B1}}\right)$，$R = 82.06\frac{cm^3\cdot atm}{gmol\cdot k}$

Sol：因$x_{A1} + x_{B1} = 1$，$x_{A2} + x_{B2} = 1$ 上式可改寫爲$N_{Az}\Big|_{z=z_1} = \frac{CD_{AB}}{Z_2-Z_1}\ln\left(\frac{1-X_{A2}}{1-X_{A1}}\right)$又

$x_{A1} = \frac{P_{A1}}{P}$，$x_{A2} = \frac{P_{A2}}{P}$，$C = \frac{P}{RT}$

以分壓表示$N_{Az}\Big|_{z=z_1} = \frac{PD_{AB}}{RT(Z_2-Z_1)}\ln\left(\frac{P-P_{A2}}{P-P_{A1}}\right)$

$$N_{Az} = \frac{(0.0208\ cm^3)\left(\frac{1.59g/cm^3}{154g/gmol}\right)}{(10\times3600sec)(0.82cm^2)} = 7.27\times10^{-9}\left(\frac{gmol}{cm^2\cdot sec}\right)$$

$$=>7.27\times10^{-9}\left(\frac{gmol}{cm^2\cdot sec}\right) = \frac{\left(\frac{755}{760}atm\right)D_{AB}}{\left(82.06\frac{cm^3\cdot atm}{gmol\cdot k}\right)(273k)(17.1cm)}\ln\left(\frac{755-0}{755-33}\right)$$

$$=>D_{AB} = 0.0627\left(\frac{cm^2}{sec}\right)$$

〈類題 12－11〉有一純質氣體 A 從點 1(A 分壓爲 101.32kPa)擴散到點 2，其間距離 2mm，如下圖九所示。在點 2 是觸媒表面，氣體 A 在觸媒表面生成化學反應$A \rightarrow 2B$。B 成分擴散由點 2 回到點 1。假若系統

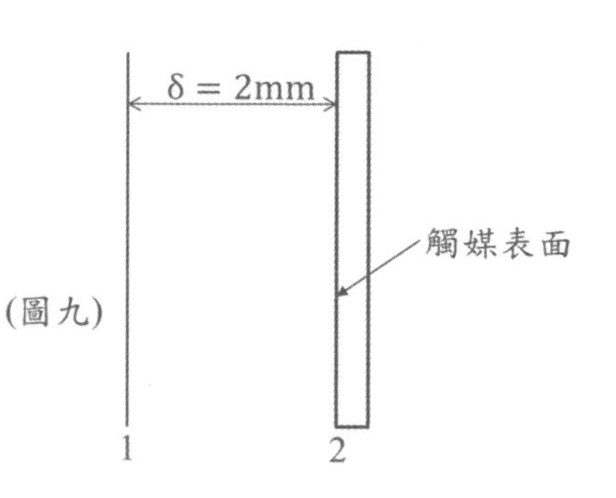

(圖九)

在穩態下總壓是 101.32kPa，溫度 300k，氣體擴散係數$D_{AB} = 0.15 \times 10^{-4} m^2/sec$，氣體常數$R = 8314 m^3 \cdot Pa/kgmol \cdot k$ ，若此化學反應爲瞬間反應，請計算質傳對流通量(convective flux of A) N_A與點 2 的氣體莫爾分率？

Sol：Fick's 1st law =>$N_A = -CD_{AB}\frac{dx_A}{dz} + x_A(N_A+N_B)$ (1)

1mol 的 A 氣體生成 2mol 的 B 氣體，爲不等莫爾逆向擴散$\frac{-N_A}{1} = \frac{N_B}{2}$

$N_B = -2N_A$代入(1)式=>$N_A = -CD_{AB}\frac{dx_A}{dz} + x_A(N_A-2N_A)$

=>$N_A + N_A x_A = -CD_{AB}\frac{dx_A}{dz}$ =>$N_A = \frac{-CD_{AB}}{(1+x_A)}\frac{dx_A}{dz}$

=$N_A\int_0^\delta dz = -CD_{AB}\int_{x_{A1}}^{x_{A2}}\frac{dx_A}{(1+x_A)}$ =>$N_A = \frac{CD_{AB}}{\delta}\ln\left(\frac{1+x_{A1}}{1+x_{A2}}\right)$

又$x_{A1} = \frac{P_{A1}}{P}$，$x_{A2} = \frac{P_{A2}}{P}$，$C = \frac{P}{RT}$ 以分壓表示=>$N_A = \frac{PD_{AB}}{RT\delta}\ln\left(\frac{P+P_{A1}}{P+P_{A2}}\right)$

$P = 101325Pa$，$P_{A1} = 101325Pa$，$P_{A2} = 0$(瞬間反應)

$$N_A = \frac{\left(101325\frac{N}{m^2}\right)\left(0.15\times10^{-4}\frac{m^2}{sec}\right)}{\left(8314\frac{m^3\cdot Pa}{kgmol\cdot k}\right)(300k)\left(\frac{2}{1000}m\right)}\ln\left(\frac{101325+101325}{101325}\right) = 2.11 \times 10^{-4}\left(\frac{kgmol}{m^2\cdot sec}\right)$$

$x_{A2} = \frac{P_{A2}}{P} = 0$ (因爲瞬間反應)

歷屆試題解析

〈考題 12－1〉(84 化工技師)(20 分)
一半徑 R 之球體懸浮在一廣大的靜止流體中，球表面處的溶質濃度爲一常數C_R，而在距球體無窮遠處之濃度爲另一常數C_∞。若溶質之擴散係數爲 D，試決定：(一)溶質之濃度分佈(二)球體表面之溶質通量(Solute flux)(三)Sherwood number(以球體直徑爲特徵 characteristic 長度)。

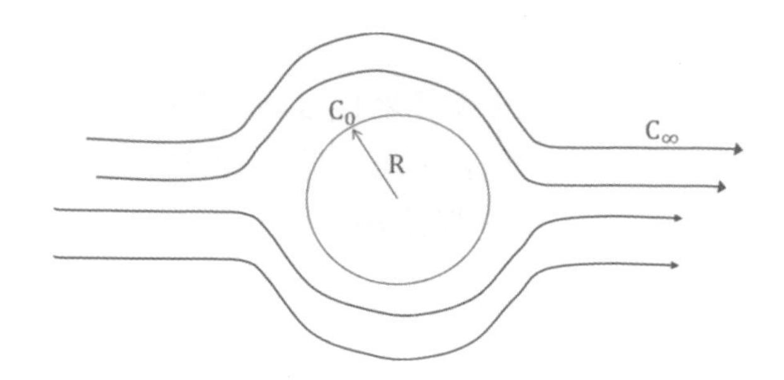

Sol：

(一)對成份 A 作質量平衡：$4\pi r^2 \cdot N_A\big|_r - 4\pi r^2 \cdot N_A\big|_{r+\Delta r} = 0$

同除以$4\pi\Delta r$令$\Delta r \to 0$=>$\frac{d(r^2\cdot N_A)}{dr} = 0$ (1) Fick law $N_A = -D\frac{dC_A}{dr}$ (2)代入(1)式

=>$\frac{d}{dr}\left(-Dr^2\frac{dC_A}{dr}\right) = 0$ =>$\frac{d}{dr}\left(r^2\frac{dC_A}{dr}\right) = 0$ (∵D 視爲常數)

=>$\frac{dC_A}{dr} = \frac{c_1}{r^2}$ (3) =>$C_A = -\frac{c_1}{r} + c_2$ (4) B.C.1 $r = R$ $C_A = C_R$

代入(4)式=>$C_R = -\frac{c_1}{R} + C_\infty$ =>$c_1 = -R(C_R - C_\infty)$

B.C.2 $r = \infty$ $C_A = C_\infty$ 代入(4)式$c_2 = C_\infty$

c_1&c_2代回(4)式 =>$C_A = \frac{R}{r}(C_R - C_\infty) + C_\infty$

(二) $N_A\Big|_{r=R} = -D\frac{dC_A}{dr}\Big|_{r=R} = -D(C_R - C_\infty)\left(\frac{-R}{r^2}\right)\Big|_{r=R} = \frac{D}{R}(C_R - C_\infty)$

(三)分子擴散=質量對流 =>$-D\frac{dC_A}{dr}\Big|_{r=R} = k_c(C_R - C_\infty)$

=>$\frac{D}{R}(C_R - C_\infty) = k_c(C_R - C_\infty)$ =>$\frac{D}{R} = k_c$ =>$\frac{2D}{D} = k_c$ =>$Sh = \frac{k_c\cdot D}{D} = 2$

※也可用質傳連續方程式解題：$\frac{\partial C_A}{\partial t} + \vec{V}\cdot\nabla C_A = D\nabla^2 C_A + R_A$

S.S　靜止流體　　無化學反應

=>$\nabla^2 C_A = 0$ =>$\frac{1}{r^2}\frac{d}{dr}\left(r^2\frac{dC_A}{dr}\right) = 0$ =>$\frac{dC_A}{dr} = \frac{c_1}{r^2}$ =>$C_A = -\frac{c_1}{r} + c_2$ (4)

接下來過程和(一)相同，差異只在一開始方式不同。

〈考題 12－2〉(86 高考三等)(92 簡任升等)(20 分)
考慮一個半徑爲r_1的物質 A 液滴懸浮在一氣體 B 中進行揮發。假設液滴表面可視爲覆有一層氣膜，其半徑延伸至r_2。於穩定狀態下，$r = r_1$處氣相中 A 之莫爾分率爲y_{A1}，$r = r_2$處氣相中 A 之莫爾分率爲y_{A2}。已知氣相中 A 與 B 之總濃度爲一定值 C，且 A 之擴散係數爲D_{AB}。(一)若氣體 B 靜滯不動，則每單位$r = r_1$處液面面積之揮發速率爲何？(二)若 A 與 B 在氣體呈等分子交互擴散(Equimolar counter-diffusion)，則每單位液面面積之揮發速率爲何？

Sol：(一) Fick's 1st law $\Rightarrow N_A = -CD_{AB}\frac{dy_A}{dr} + y_A(N_A + \cancel{N_B})$ (1)

($\because N_B$爲靜止空氣)

$\Rightarrow N_A - N_A y_A = -CD_{AB}\frac{dy_A}{dr} \Rightarrow N_A = \frac{-CD_{AB}}{1-y_A}\frac{dy_A}{dr}$ (2)

對成份 A 作質量平衡：$4\pi r^2 \cdot N_A\big|_r - 4\pi r^2 \cdot N_A\big|_{r+\Delta r} = 0$同除以$4\pi\Delta r$ 令$\Delta r \to 0$

$\Rightarrow \frac{d(r^2 \cdot N_A)}{dr} = 0$ (3)代入(2)式$r^2\frac{d}{dr}\left(\frac{-CD_{AB}}{1-y_A}\frac{dy_A}{dr}\right) = 0 \Rightarrow r^2\left(\frac{-CD_{AB}}{1-y_A}\frac{dy_A}{dr}\right) = c_1$

$\Rightarrow -CD_{AB}\int\frac{dy_A}{1-y_A} = \frac{c_1}{r^2}\int dr \Rightarrow -CD_{AB}\ln(1-y_A) = -\frac{c_1}{r} + c_2$ (4)

B.C.1 $r = r_1$ $y_A = y_{A1}$代入(4)式$\Rightarrow -CD_{AB}\ln(1-y_{A1}) = -\frac{c_1}{r_1} + c_2$ (5)

B.C.2 $r = r_2$ $y_A = y_{A2}$代入(4)式$\Rightarrow -CD_{AB}\ln(1-y_{A2}) = -\frac{c_1}{r_2} + c_2$ (6)

(6)-(5)式 $-CD_{AB}\ln\left(\frac{1-y_{A2}}{1-y_{A1}}\right) = -c_1\left(\frac{1}{r_2} - \frac{1}{r_1}\right) \Rightarrow c_1 = \frac{CD_{AB}r_1r_2}{(r_2-r_1)}\ln\left(\frac{1-y_{A2}}{1-y_{A1}}\right)$ (7)

由(3)式$\frac{d(r^2 \cdot N_A)}{dr} = 0 \Rightarrow r^2 \cdot N_A = c_1 \Rightarrow N_A = \frac{c_1}{r^2}$ (8)

(7)代入(8)式$\Rightarrow N_A\Big|_{r=r_1} = \frac{CD_{AB}r_2}{r_1(r_2-r_1)}\ln\left(\frac{1-y_{A2}}{1-y_{A1}}\right)$

(二) Fick's 1st law $\Rightarrow N_A = -CD_{AB}\frac{dy_A}{dr} + y_A\cancel{(N_A + N_B)}$ (9)

等莫爾逆向擴散$N_A = -N_B$代入(9)式$\Rightarrow N_A = -CD_{AB}\frac{dy_A}{dr}$ (10)代入(3)式

$=>r^2\frac{d}{dr}\left(-CD_{AB}\frac{dy_A}{dr}\right)=0$ 積分$=>-CD_{AB}\frac{dy_A}{dr}=\frac{c_1}{r^2}$ $=>-CD_{AB}\int dy_A=\int\frac{c_1}{r^2}dr$

$=>-CD_{AB}y_A=-\frac{c_1}{r}+c_2$ (11)

B.C.1 $r=r_1$ $y_A=y_{A1}$ 代入(11)式$=>-CD_{AB}y_{A1}=-\frac{c_1}{r_1}+c_2$ (12)

B.C.2 $r=r_2$ $y_A=y_{A2}$ 代入(11)式$=>-CD_{AB}y_{A2}=-\frac{c_1}{r_2}+c_2$ (13)

(10)-(11)式$CD_{AB}(y_{A1}-y_{A2})=c_1\left(\frac{1}{r_1}-\frac{1}{r_2}\right)$ $=>CD_{AB}(y_{A1}-y_{A2})=c_1\left(\frac{r_2-r_1}{r_1r_2}\right)$

$=>c_1=\frac{CD_{AB}(y_{A1}-y_{A2})}{\left(\frac{r_2-r_1}{r_1r_2}\right)}$ (14)代入(8)式$=>N_A\Big|_{r=r_1}=\frac{CD_{AB}r_2}{r_1(r_2-r_1)}(y_{A1}-y_{A2})$

〈考題 12－3〉(86 高考三等)(各 10 分)

(考慮試管中一純液體 A 揮發進入另一氣體 B 中。在穩定狀態下，液面處(高度 $z=z_1$)氣相中 A 之莫爾分率爲y_{A1}，管口處($z=z_2$) A 之莫爾分率爲y_{A2}。氣相中 A 與 B 之總濃度爲一定值 C，且 A 之擴散係數爲D_{AB}。(一)若氣體 B 靜滯不動，則每單位處液面面積之揮發速率爲何？(二)若 A 與 B 在氣體呈等分子交互擴散(Equimolar counter-diffusion)，則每單位液面面積之揮發速率爲何？

Sol：

(一) Fick's 1st law $=>N_A=-CD_{AB}\frac{dy_A}{dz}+y_A(N_A+N_B)$ ∵ N_B爲靜止空氣

$=>N_A-N_Ay_A=-CD_{AB}\frac{dy_A}{dz}$ $=>N_A=\frac{-CD_{AB}}{1-y_A}\frac{dy_A}{dz}$

$=>N_A\int_{z_1}^{z_2}dz=-CD_{AB}\int_{y_{A1}}^{y_{A2}}\frac{dx_A}{1-y_A}$ 令$u=1-y_A$ $=>du=-dy_A$

$=>N_A=\frac{CD_{AB}}{z_2-z_1}\ln\left(\frac{1-y_{A2}}{1-y_{A1}}\right)$

(二) Fick's 1st law $=>N_A=-CD_{AB}\frac{dx_A}{dz}+x_A(N_A+N_B)$ (1)

等莫爾逆向擴散$N_A=-N_B$代入(1)式 $=>N_A=-D_{AB}\frac{dC_A}{dz}$

$=>N_A\int_{z_1}^{z_2}dz=-D_{AB}\int_{C_{A1}}^{C_{A2}}dC_A$ $=>N_A=\frac{D_{AB}}{(z_2-z_1)}(C_{A1}-C_{A2})$

〈考題 12－4〉(86 化工技師)(20 分)

在一熱燃燒室內，氧以擴散方式穿過空氣膜，到達一平面碳之表面，而進行燃燒反應：$3C_{(S)}+2O_2\rightarrow 2CO+CO_2$，產物及則以擴散方式離開碳之表面(假設爲平面)

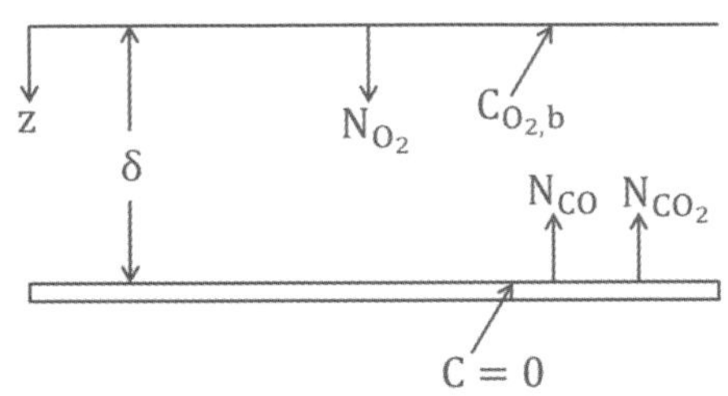

(一)請寫出氧分子在穩定狀態之質傳微分方程式(二)寫出適用於氧分子之 Fick's 擴散定律(只用氧分子特性表示之)(三)設氧分子濃度在碳表面爲 0，在 bulk 濃度爲$C_{O_2,b}$(膜厚設爲δ)，請解上式，求出氧之摩爾通量。

Sol：

(一)對成份O_2作質量平衡：$N_{O_2}\cdot A\big|_z-N_{O_2}\cdot A\big|_{z+\Delta z}=0$ 同除以$A\cdot\Delta z$

令$\Delta z\rightarrow 0=>\frac{dN_{O_2}}{dz}=0$ (1)

(二)Fick's 1st law $=>N_{O_2}=-CD_{O_2}\frac{dx_{O_2}}{dz}+x_{O_2}\left(N_{O_2}+N_{CO}+N_{CO_2}\right)$ (2)

不等莫爾逆向擴散$-\frac{N_{O_2}}{2}=\frac{N_{CO}}{2}=\frac{N_{CO_2}}{1}$ $=>N_{CO}=N_{O_2}$，$N_{CO_2}=-\frac{1}{2}N_{O_2}$ 代入(2)式

$=>N_{O_2}=-CD_{O_2}\frac{dx_{O_2}}{dz}+x_{O_2}\left(N_{O_2}-N_{O_2}-\frac{1}{2}N_{O_2}\right)$

$=>N_{O_2}+\frac{1}{2}N_{O_2}x_{O_2}=-CD_{O_2}\frac{dx_{O_2}}{dz}$ $=>N_{O_2}=\frac{-CD_{O_2}}{\left(1+\frac{1}{2}x_{O_2}\right)}\frac{dx_{O_2}}{dz}$ (3)代入(1)式

$=>\frac{d}{dz}\left[\frac{-CD_{O_2}}{\left(1+\frac{1}{2}x_{O_2}\right)}\frac{dx_{O_2}}{dz}\right]=0$ 積分$=>\frac{-CD_{O_2}}{\left(1+\frac{1}{2}x_{O_2}\right)}\frac{dx_{O_2}}{dz}=c_1$ (4)

$=>-CD_{O_2}\int\frac{dx_{O_2}}{\left(1+\frac{1}{2}x_{O_2}\right)}=c_1\int dz$ 令$u=1+\frac{1}{2}x_{O_2}=>du=\frac{1}{2}dx_{O_2}$

$=>2du=dx_{O_2}=>-2CD_{O_2}\ln\left(1+\frac{1}{2}x_{O_2}\right)=c_1z+c_2$ (5)

(三)B.C.1 $z = 0 \;\; x_A = \frac{C_{O_2,b}}{C}$ 代入(5)式 =>$c_2 = -2CD_{O_2}\ln\left(1+\frac{1}{2}\frac{C_{O_2,b}}{C}\right)$

B.C.2 $z = \delta \;\; x_A = 0$ 代入(5)式 =>$c_1 = \frac{2CD_{O_2}}{\delta}\ln\left(1+\frac{1}{2}\frac{C_{O_2,b}}{C}\right)$

c_1代回(4)式=>$N_{O_2} = \frac{-CD_{O_2}}{\left(1+\frac{1}{2}x_{O_2}\right)}\frac{dx_{O_2}}{dz} = \frac{2CD_{O_2}}{\delta}\ln\left(1+\frac{1}{2}\frac{C_{O_2,b}}{C}\right)$

〈考題 12－5〉(87 高考三等)(20 分)
在 1000k，1atm 條件下，F_2氣體與鈾金屬球反應生成$UF_{6(g)}$分子，以便進一步製成二氧化鈾核燃料之用。假設在此條件下，F_2氣體擴散流往 U 金屬表面爲速率控制步驟(此時之$D_{F_2-UF_6} = 0.273\ cm^2/sec$)，反應視爲迅速之不可逆反應
$U + 3F_{2(g)} \rightarrow UF_{6(g)}$(一)請問
當金屬鈾球直徑爲 0.4cm 時
，$UF_{6(g)}$產生之摩爾速率爲何？
(二)又當鈾球自 0.4cm 減至 0.2cm 時，需時多久？

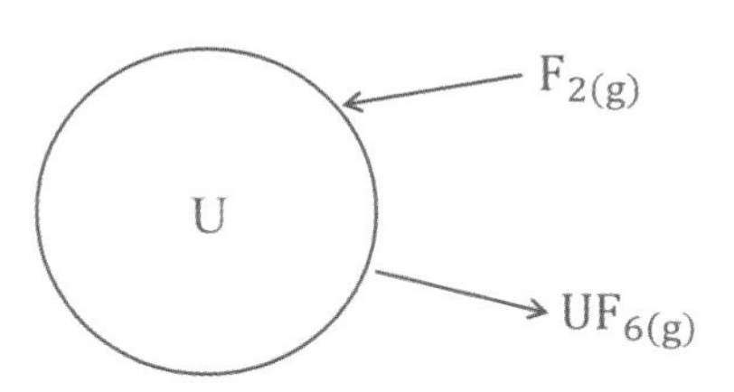

(鈾之$\rho = 19.05\ g/cm^3$，原子量 238，氣體常數$R = 0.082\frac{atm\cdot L}{mol\cdot k}$)

Sol：(一)Fick's 1st law =>$N_{UF_6} = -CD_{F_2-UF_6}\frac{dy_{UF_6}}{dr} + y_{UF_6}\left(N_{F_2}+N_{UF_6}\right)$ (1)

不等莫爾逆向擴散=>$\frac{N_{F_2}}{3} = \frac{N_{UF_6}}{1}$=>$N_{F_2} = -3N_{UF_6}$代入(1)式

$N_{UF_6} = -CD_{F_2-UF_6}\frac{dy_{UF_6}}{dr} + y_{UF_6}\left(-3N_{UF_6} + N_{UF_6}\right)$

=>$N_{UF_6} = \frac{-CD_{F_2-UF_6}}{\left(1+2y_{UF_6}\right)}\frac{dy_{UF_6}}{dr}$ (2)

對成份 A 作質量平衡：$4\pi r^2 \cdot N_{UF_6}\big|_r - 4\pi r^2 \cdot N_{UF_6}\big|_{r+\Delta r} = 0$同除以$4\pi\Delta r$

令$\Delta r \rightarrow 0$=>$\frac{d\left(r^2\cdot N_{UF_6}\right)}{dr} = 0$ =>$r^2 \cdot N_{UF_6} = const$

=>$4\pi r^2 \cdot N_{UF_6} = W_{UF_6} = const$ =>$N_{UF_6} = \frac{W_{UF_6}}{4\pi r^2}$ (3)代入(2)式

=>$\frac{W_{UF_6}}{4\pi}\int_{r_1}^{\infty}\frac{dr}{r^2} = -CD_{F_2-UF_6}\int_{y_{UF_6}}^{y_{UF_6}(\infty)}\frac{dy_{UF_6}}{\left(1+2y_{UF_6}\right)}$ 令$u = 1 + 2y_{UF_6}$=>$du = 2dy_{UF_6}$

$$=>\frac{1}{2}du = dy_{UF_6} => \frac{W_{UF_6}}{4\pi}\left(\frac{1}{r_1}-\frac{1}{\infty}\right) = \frac{-CD_{F_2-UF_6}}{2}\ln\left(\frac{1}{1+2}\right)$$

在$r = r_1$ $y_{UF_6} = 1.0$；$r = \infty$ $y_{UF_6(\infty)} = 0$ $=>W_{UF_6} = \frac{4\pi r_1 CD_{F_2-UF_6}}{2}\ln(3)$

$$C = \frac{P}{RT} = \frac{1atm}{\left(82.05\frac{atm\cdot cm^3}{mol\cdot k}\right)\times(1000k)} = 1.218\times10^{-5}\left(\frac{mol}{cm^3}\right)$$

$$=>W_{UF_6} = \frac{4\pi\left(\frac{0.4}{2}cm\right)\left(1.218\times10^{-5}\frac{mol}{cm^3}\right)\left(0.273\frac{cm^2}{sec}\right)}{2}\ln(3) = 4.6\times10^{-6}\left(\frac{mol}{sec}\right)$$

(二)U的擴散量=單位時間$UF_{6(g)}$的莫爾變化量

$$=>N_A\cdot A = -\frac{\rho_{UF6}}{M_{UF6}}\cdot A\cdot\frac{dr_1}{dt}(4)$$ 又$N_A\Big|_{r=r_1} = \frac{W_{UF_6}}{4\pi r_1^2} = \frac{CD_{F_2-UF_6}}{2r_1}\ln(3)$ 代入(4)式

$$=>\frac{CD_{F_2-UF_6}}{2r_1}\ln(3) = -\frac{\rho_{UF6}}{M_{UF6}}\cdot\frac{dr_1}{dt} => \int_0^t dt = -\frac{2\rho_{UF6}}{M_{UF6}CD_{F_2-UF_6}\ln(3)}\int_{r_1}^{r_2} r_1 dr_1$$

$$=>t = \frac{2\rho_{UF6}\cdot RT}{M_{UF6}CD_{F_2-UF_6}\ln(3)}\left(\frac{r_1^2}{2}-\frac{r_2^2}{2}\right) = \frac{\rho_{UF6}\cdot RT(r_1^2-r_2^2)}{M_{UF6}\cdot C\cdot D_{AB}\ln(3)}$$

$$=>t = \frac{\left(19.05\frac{g}{cm^3}\right)\left[\left(\frac{0.4}{2}\right)^2-\left(\frac{0.2}{2}\right)^2cm^2\right]}{\left(238\frac{g}{mol}\right)\left(1.218\times10^{-5}\frac{mol}{cm^3}\right)\left(0.273\frac{cm^2}{sec}\right)\ln(3)} = 657(sec)$$

〈考題 12－6〉(90 化工技師)(20 分)

1073k，1atm 之含水之氫氣混合物(水莫耳分率= 0.1)，與平坦石墨表面接觸，進行下面反應，穩態條件下，質傳是速率決定步驟，質傳在石墨上方 1cm 氣相中進行，如圖所示。

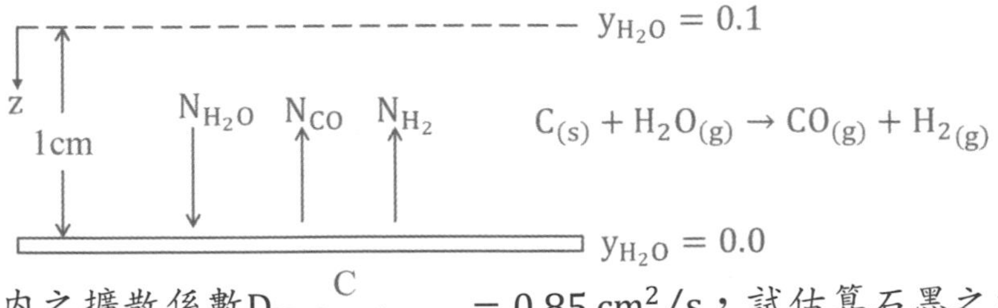

$y_{H_2O} = 0.1$

z　1cm　N_{H_2O}　N_{CO}　N_{H_2}　$C_{(s)} + H_2O_{(g)} \rightarrow CO_{(g)} + H_{2(g)}$

$y_{H_2O} = 0.0$

C

假設水分子在混合物內之擴散係數$D_{H_2O-mixture} = 0.85\ cm^2/s$，試估算石墨之消耗速率(cm/hr)。石墨密度$1.60g/cm^3$，碳原子量 12。

Sol：Fick's 1st law 且爲不等莫爾逆向擴散

$$N_{H_2O} = -CD_{H_2O-mixture}\frac{dy_{H_2O}}{dz} + y_{H_2O}\left(N_{H_2O}+N_{CO}+N_{H_2}\right)\ (1)$$

將$-N_{H_2O} = N_{CO} = N_{H_2}$代入(1)式

$$N_{H_2O} = -CD_{H_2O-mixture}\frac{dy_{H_2O}}{dz} + y_{H_2O}\left(N_{H_2O} - N_{H_2O} - N_{H_2O}\right)$$

$$=> N_{H_2O} = \frac{-CD_{H_2O-mixture}}{(1+y_{H_2O})}\frac{dy_{H_2O}}{dz} => N_{H_2O}\int_0^{\delta} dz = -\,CD_{H_2O-mixture}\int_0^{0.1}\frac{dy_{H_2O}}{(1+y_{H_2O})}$$

令$u = 1 + y_{H_2O}$ => $du = dy_{H_2O}$

$$=> N_{H_2O} = \frac{-CD_{H_2O-mixture}}{\delta}\ln\left(1 + y_{H_2O}\right)\Big|_0^{0.1} = \frac{-CD_{H_2O-mixture}}{\delta}\ln(1.1) \quad (2)$$

$$C = \frac{P}{RT} = \frac{1atm}{\left(82.05\frac{atm\cdot cm^3}{mol\cdot k}\right)(1000k)} = 1.14 \times 10^{-5}\left(\frac{mol}{cm^3}\right)$$

$$=> N_{H_2O} = \frac{-\left(1.14\times10^{-5}\frac{mol}{cm^3}\right)\left(0.85\frac{cm^2}{sec}\right)}{1cm}\ln(1.1) = -9.24 \times 10^{-7}\left(\frac{mol}{cm^2\cdot sec}\right)$$

由化學反應式可得知$C_{(s)}$：$H_2O_{(g)}$=>1：1 的莫爾比=>$N_{H_2O} = -N_C$

(對$C_{(s)}$爲消耗，所以N_C代負號，$C_{(s)}$消耗率的表示如下)

$$=>\left(9.24 \times 10^{-7}\frac{molH_2O}{cm^2\cdot sec}\right)\left(\frac{1molC}{1molH_2O}\right)\left(\frac{12\frac{g}{mol}}{1.6\frac{g}{cm^3}}\right)\left(\frac{3600sec}{1hr}\right) = 0.025\left(\frac{cm}{hr}\right)$$

〈考題12 − 7〉(91地方特考)(20分)

一圓球形容器之直徑爲2m，其頂上有一直徑爲0.3m之圓孔與大氣相通。若容器內裝有半滿之甲苯液體，試問甲苯在此瞬間因揮發而損失之速率爲何？假設系統保持在18℃，甲苯之蒸汽壓爲20 mmHg，密度爲850 kg/m^3，而甲苯在空氣中之擴散係數爲0.03 m^2/hr，氣體常數R = 62.36(mmHg)(liter)/(gmole)(k)。

已知：$N_A = (N_A + N_B)\frac{P_A}{P} - \frac{D}{RT}\frac{dP_A}{dz}$；$\int\frac{dz}{a^2-z^2} = \frac{1}{2a}\ln\left(\frac{a+z}{a-z}\right)$ $a^2 > z^2$

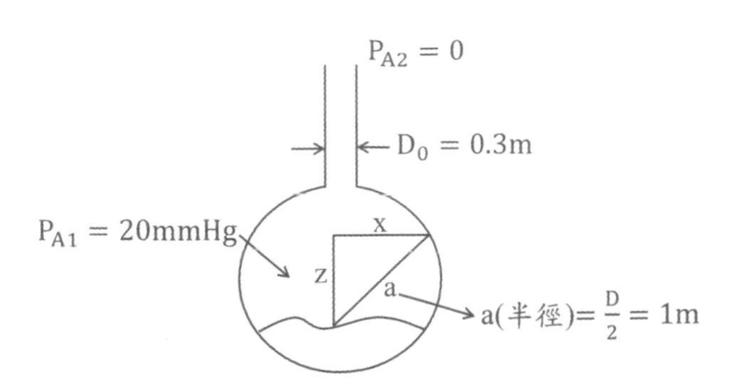

Sol：Fick's 1st law =>$N_A=-CD_{AB}\frac{dx_A}{dr}+y_A(N_A+N_B)$ ∵ N_B爲靜止空氣

=>$N_A-N_Ay_A=-CD_{AB}\frac{dy_A}{dr}$ =>$N_A=\frac{-CD_{AB}}{1-y_A}\frac{dy_A}{dz}$ (1)

對成份 A 作質量平衡：$\pi r^2\cdot N_A\big|_r-\pi r^2\cdot N_A\big|_{r+\Delta r}=0$ 同除以$\pi\Delta r$

令$\Delta r\to 0$=>$\frac{d(r^2\cdot N_A)}{dr}=0$ =>$r^2\cdot N_A=\text{const}$ =>$\pi r^2\cdot N_A=W_A=\text{const}$

令$r=x$ =>$N_A=\frac{W_A}{\pi x^2}$ (2)代入(1)式=>$\frac{W_A}{\pi}\int_0^{z_2}\frac{dz}{x^2}=-CD_{AB}\int_{y_{A1}}^{y_{A2}}\frac{dy_A}{1-y_A}$ (3)

$a^2=z^2+x^2$ (畢式定理) $x=\sqrt{a^2-z^2}$ 代入(3)式

=>$\frac{W_A}{\pi}\int_0^{z_2}\frac{dz}{a^2-z^2}=-CD_{AB}\int_{y_{A1}}^{y_{A2}}\frac{dy_A}{1-y_A}$ =>$\frac{W_A}{\pi}\frac{1}{2a}\ln\left(\frac{a+z_2}{a-z_2}\right)=CD_{AB}\ln\left(\frac{1-y_{A2}}{1-y_{A1}}\right)$

令$u=1-y_A$=>$du=-dy_A$又$y_{A1}=\frac{P_{A1}}{P}$，$y_{A2}=\frac{P_{A2}}{P}$，$C=\frac{P}{RT}$

以壓力表示=>$W_A=\frac{2\pi a\cdot P\cdot D_{AB}}{RT\ln\left(\frac{a+z_2}{a-z_2}\right)}\ln\left(\frac{P-P_{A2}}{P-P_{A1}}\right)$

$P_A={P_A}^{sat}=20mmHg$，$P_{A2}=0$，$P=760mmHg$

$Z_2=\sqrt{\left(\frac{D}{2}\right)^2-\left(\frac{D_0}{2}\right)^2}=\sqrt{\left(\frac{2}{2}\right)^2-\left(\frac{0.3}{2}\right)^2}=0.9886(m)$；$a=\frac{D}{2}=1(m)$

$$W_A=\frac{2\pi(1m)(760mmHg)\left(0.03\frac{m^2}{hr}\times\frac{1hr}{3600sec}\right)}{\left(62.36\frac{mmHg\cdot L}{gmol\cdot k}\times\frac{1m^3}{1000L}\right)[(18+273)k]\ln\left(\frac{1+0.9886}{1-0.9886}\right)}\ln\left(\frac{760-0}{760-20}\right)=1.13\times10^{-5}\left(\frac{gmol}{sec}\right)$$

〈考題 12－8〉(91 化工技師)(各 10 分)

晶圓表面開有一溝槽，橫斷面如圖所示，溝槽寬度 W，高度 H，溝槽在 Z 方向假設是無限長。現有一化學氣相沉積反應於晶圓上方進行，反應物擴散進入溝槽，同時進行表面反應，此一階反應之常數爲k_s。

(一)試推導出擴散微分方程$D\frac{d^2C}{dy^2}-\left(\frac{2}{W}\right)k_sC=0$

(二)邊界條件 $y=H\ \ C=C_H$；$y=0\ \ D\frac{dC}{dy}=k_sC$

試解反應物濃度 C 在 y 方向之分佈(反應物濃度 C 在 x 方向之分佈可以忽略)

Sol：(一)$N_A\cdot A\Big|_y-N_A\cdot A\Big|_{y+\Delta y}+R_s\cdot S=0$

同除以$L\Delta y$ 令$\Delta y\to 0$

$A(\text{反應氣體})=L\cdot W$

$S(\text{矽晶片})=2\Delta y\cdot L$，$R_s=-k_sC$

$\Rightarrow(W)\frac{dN_A}{dy}=-2k_sC$ (1)

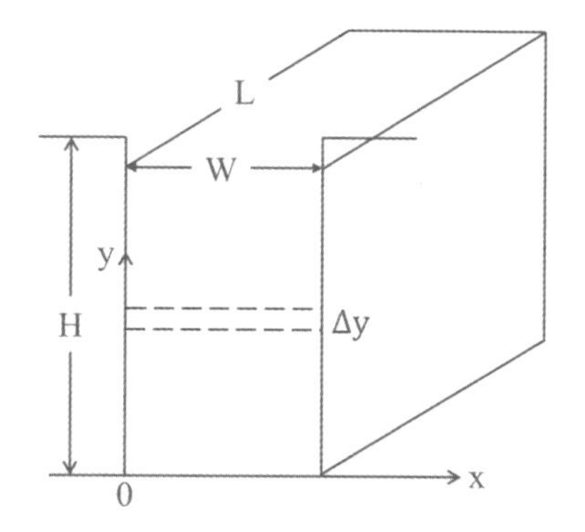

Fick's 1st law $\Rightarrow N_A=-CD\frac{dx}{dy}+y_A(N_A+N_B)$ ∵ y_A濃度極低

$\Rightarrow N_A=-D\frac{dC}{dy}$ (2)代入(1)式 $\Rightarrow D\frac{d^2C}{dy^2}-\left(\frac{2}{W}\right)k_sC=0$ (3)

(二)由(3)式$\Rightarrow C=A\cosh\sqrt{\frac{2k_s}{WD}}y+B\sinh\sqrt{\frac{2k_s}{WD}}y$ (4)

B.C.1 $y=H\ \ C=C_H$ 代入(4)式$\Rightarrow C_H=A\cosh\sqrt{\frac{2k_s}{WD}}H+B\sinh\sqrt{\frac{2k_s}{WD}}H$

B.C.2 $y=0\ \ D\frac{dC}{dy}=k_sC$

$\Rightarrow\frac{dC}{dy}=A\sqrt{\frac{2k_s}{WD}}\sinh\sqrt{\frac{2k_s}{WD}}y+B\sqrt{\frac{2k_s}{WD}}\cosh\sqrt{\frac{2k_s}{WD}}y$

$\Rightarrow\frac{dC}{dy}\Big|_{y=0}=B\sqrt{\frac{2k_s}{WD}}$ $\Rightarrow D\frac{dC}{dy}\Big|_{y=0}=D\cdot B\sqrt{\frac{2k_s}{WD}}=k_sC$ $\Rightarrow B=\sqrt{\frac{Wk_s}{2D}}C$

$$=>C_H = A\cosh\sqrt{\frac{2k_s}{WD}}H + \sqrt{\frac{Wk_s}{2D}}C\cdot\sinh\sqrt{\frac{2k_s}{WD}}H =>A = \frac{C_H-\sqrt{\frac{Wk_s}{2D}}C\cdot\sinh\sqrt{\frac{2k_s}{WD}}H}{\cosh\sqrt{\frac{2k_s}{WD}}H}$$

將 A&B 值代回(4)式：

$$=> C = \left[\frac{C_H-\sqrt{\frac{Wk_s}{2D}}C\cdot\sinh\sqrt{\frac{2k_s}{WD}}H}{\cosh\sqrt{\frac{2k_s}{WD}}H}\right]\cosh\sqrt{\frac{2k_s}{WD}}y + \sqrt{\frac{Wk_s}{2D}}C\cdot\sinh\sqrt{\frac{2k_s}{WD}}y$$

〈考題 12－9〉(92 化工技師)(20 分)

有一化學氣相沉積反應於晶圓上方進行，在高溫 900k、低壓 100Pa 之反應器中，且在反應速率極快的狀態下，反應物擴散到晶圓表面之分子擴散速率將主控半導體矽的薄膜成長速率，假設矽烷與氫氣以混合氣體($y_{SiH_4} = 0.3$莫耳分率)輸入反應器，並在晶圓上方，通過一擴散器而形成一靜止氣相層約厚 6cm，同時進行表面反應，如圖所示：若矽烷在混合氣體中擴散係數$D_{SiH_4-H_2} = 0.404\,m^2/s$，理想氣體常數 $8.314Pa\cdot m^3/(gmol\cdot k)$，矽晶密度 $2.32g/cm^3$，矽原子量 28.09，試估計矽薄膜之成長速率每分鐘多少奈米厚？(計算用參考數值$\ln 1.3 = 0.2624$)

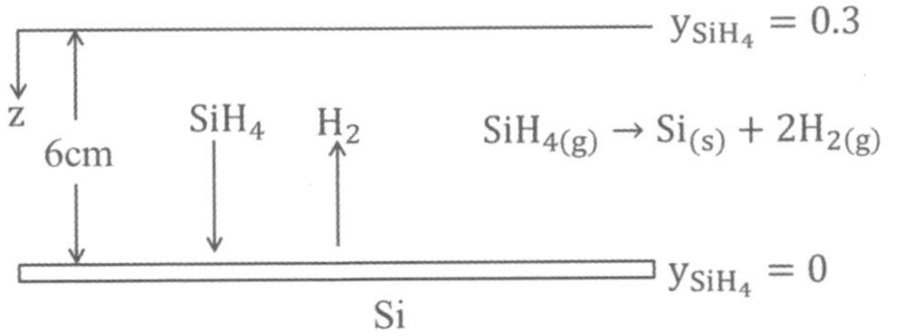

$y_{SiH_4} = 0.3$
z
6cm
SiH_4 H_2
$SiH_{4(g)} \rightarrow Si_{(s)} + 2H_{2(g)}$
$y_{SiH_4} = 0$
Si

Sol：Fick's 1st law $=>N_{SiH_4} = -CD_{SiH_4-H_2}\frac{dy_{SiH_4}}{dz} + y_{SiH_4}(N_{SiH_4} + N_{H_2})$ (1)

不等莫爾逆向擴散$\frac{N_{SiH_4}}{-1} = \frac{N_{H_2}}{2}$ $=>N_{H_2} = -2N_{SiH_4}$ 代入(1)式

$$N_{SiH_4} = -CD_{SiH_4-H_2}\frac{dy_{SiH_4}}{dz} + y_{SiH_4}(N_{SiH_4} - 2N_{SiH_4})$$

$$=>N_{SiH_4} = \frac{-CD_{SiH_4-H_2}}{(1+y_{SiH_4})}\frac{dy_{SiH_4}}{dz} =>N_{SiH_4}\int_0^{\delta}dz = -CD_{SiH_4-H_2}\int_0^{0.3}\frac{dy_{SiH_4}}{(1+y_{SiH_4})}$$

令$u = 1 + y_{SiH_4}$ $=>du = dy_{SiH_4}$

$$=>N_{SiH_4} = \frac{-CD_{SiH_4-H_2}}{\delta}\ln(1 + y_{SiH_4})\Big|_0^{0.3} = \frac{-CD_{SiH_4-H_2}}{\delta}\ln(1.3) \quad (2)$$

$$C = \frac{P}{RT} = \frac{100P_a}{\left(8.314\frac{P_a \cdot m^3}{mol \cdot k}\right)(900k)} = 0.013\left(\frac{mol}{m^3}\right)$$

$$=>N_{SiH_4} = \frac{-\left(0.013\frac{mol}{cm^3}\right)\left(0.404\frac{m^2}{sec}\right)}{\left(\frac{6}{100}m\right)}\ln(1.3) = -0.0229\left(\frac{mol}{m^2 \cdot sec}\right)$$

由化學反應式可得知$SiH_{4(g)}$：$Si_{(S)}$ =>1：1 的莫爾比

(對 Si 爲生成厚度δ，所以N_{Si}代正號=>$-N_{SiH_4} = N_{Si}$)

$$\delta = \left(0.0229\frac{mol \cdot SiH_4}{m^2 \cdot sec}\right)\left(\frac{1mol \cdot Si}{1mol \cdot SiH_4}\right)\left(\frac{28.09\frac{g}{mol \cdot SiH_4}}{2.32\frac{g}{cm^3}}\right)\left(\frac{1m}{100cm}\right)^3\left(\frac{60sec}{1min}\right)$$

$$\left(\frac{1\mu m}{10^{-6}m}\right) = 16.64\left(\frac{\mu m}{min}\right)$$

〈考題$12-10$〉(92地方特考)(20分)

萘(Naphthalene)是昇華性固體，試推導萘丸懸吊於儲藏室內，穩態昇華條件下之濃度分佈。假設蒸氣擴散是通過靜止氣體擴散(Diffusion through stagnant gas)，萘丸視作球體，半徑R，萘丸表面位置之蒸氣濃度$X_A = X_{Ae}$，X_A是之莫耳分率濃度，X_{Ae}是之平衡濃度。距離無限遠處，濃度爲零。

Sol：Fick's 1st law=>$N_A = -CD_{AB}\frac{dx_A}{dr} + y_A(N_A + N_B)$ ∵ N_B爲靜止空氣

$$=>N_A - N_A x_A = -CD_{AB}\frac{dx_A}{dr} \quad =>N_A = \frac{-CD_{AB}}{1-x_A}\frac{dx_A}{dr} \quad (1)$$

對成份 A 作質量平衡：$4\pi r^2 \cdot N_A\big|_r - 4\pi r^2 \cdot N_A\big|_{r+\Delta r} = 0$ 同除以$4\pi\Delta r$

令$\Delta r \to 0$ =>$\frac{d(r^2 \cdot N_A)}{dr} = 0$ (2)代入(1)式=>$r^2\frac{d}{dr}\left(\frac{1}{1-x_A}\frac{dx_A}{dr}\right) = 0$ ($-CD_{AB}$可視爲常數)

$$=>r^2\left(\frac{1}{1-x_A}\frac{dx_A}{dr}\right) = c_1 => \int\frac{dx_A}{1-x_A} = \frac{c_1}{r^2}\int dr => -\ln(1-x_A) = -\frac{c_1}{r} + c_2 \quad (3)$$

B.C.1 $r = R$ $x_A = x_{Ae}$ 代入(3)式 =>$R\ln(1-x_{Ae}) = c_1$

B.C.2 $r = \infty$ $x_A = 0$ 代入(3)式 =>$c_2 = 0$

c_1&c_2代回(3)式 =>$-\ln(1-x_A) = -\frac{R}{r}\ln(1-x_{Ae})$ 等式兩邊取對數 e

$$=>x_A = 1-(1-x_{Ae})^{\frac{R}{r}}$$

〈考題 12 − 11〉(93 化工技師)(20 分)

有一純物質 A 的球形液滴在靜止的氣體 B 中蒸發，液滴原來的半徑為r_0，試利用物質 A 在物質 B 中的擴散係數D_{AB}、物質 A 的飽和蒸氣壓$p_{A\,sat}$、物質 A 在某半徑位置r的分壓$p_{A(r)}$、總壓力p等參數，推導出物質 A 之蒸發速率的計算方程式。假設液滴與氣相混合物共處於均勻的壓力p與溫度T之下。

Sol：Fick's 1st law=>$N_A = -CD_{AB}\frac{dx_A}{dr} + x_A(N_A + \cancel{N_B})$ ∵ N_B為靜止空氣

=>$N_A - N_A x_A = -CD_{AB}\frac{dx_A}{dr}$ =>$N_A = \frac{-CD_{AB}}{1-x_A}\frac{dx_A}{dr}$ (1)

對成份 A 作質量平衡：$4\pi r^2 \cdot N_A\big|_r - 4\pi r^2 \cdot N_A\big|_{r+\Delta r} = 0$同除以$4\pi\Delta r$

令$\Delta r \to 0$ =>$\frac{d(r^2 \cdot N_A)}{dr} = 0$ =>$r^2 \cdot N_A = const$ =>$4\pi r^2 \cdot N_A = W_A = const$

$N_A = \frac{W_A}{4\pi r^2}$ (2)代入(1)式=>$\frac{W_A}{4\pi}\int_{r_0}^{r}\frac{dr}{r^2} = -CD_{AB}\int_{x_{Asat}}^{x_{A(r)}}\frac{dx_A}{1-x_A}$

令$u = 1 - x_A$ =>$du = -dx_A$ =>$\frac{W_A}{4\pi}\left(\frac{1}{r_0} - \frac{1}{r}\right) = CD_{AB}\ln\left(\frac{1-x_{A2}}{1-x_{A1}}\right)$ $W_A =$

$\frac{4\pi CD_{AB}}{\left(\frac{1}{r_0}-\frac{1}{r}\right)}\ln\left(\frac{1-x_{A(r)}}{1-x_{Asat}}\right)$ (3)又$x_{Asat} = \frac{P_{Asat}}{P}$，$x_{A(r)} = \frac{P_{A(r)}}{P}$，$C = \frac{P}{RT}$

代入(3)式並以壓力表示=>$W_A = \frac{4\pi P \cdot D_{AB}}{RT\left(\frac{1}{r_0}-\frac{1}{r}\right)}\ln\left(\frac{P-P_{A(r)}}{P-P_{Asat}}\right)$

〈考題 12 − 12〉(94 高考三等)(20 分)

在燃燒室中，氧氣由空氣擴散到碳板的表面，並與碳迅速反應，生成 CO 與 CO_2，其反應式為：$4C + 3O_2 \rightarrow 2CO + 2CO_2$

O_2　CO_2　CO

Z = δ

Z = 0

假設擴散薄膜之厚度$\delta = 5mm$，空氣濃度$C = 0.0407\,kg \cdot mol/m^3$，氧氣之擴散係數$D_{AB} = 2.06 \times 10^{-5}\,m^2/s$，試計算每平方公尺面積，氧之擴散速率為若干$kg \cdot mol/s \cdot m^2$。

Sol：Fick's 1st law =>$N_{O_2} = -CD_{AB}\frac{dy_{O_2}}{dz} + y_{O_2}(N_{O_2}+N_{CO_2} + N_{CO})$ (1)

不等莫爾逆向擴散$-\frac{N_{O_2}}{3} = \frac{N_{CO}}{2} = \frac{N_{CO_2}}{2}$ =>$N_{CO} = N_{CO_2} = -\frac{2}{3}N_{O_2}$

代入(1)式$N_{O_2} = -CD_{AB}\frac{dy_{O_2}}{dz} + y_{O_2}\left(N_{O_2} - \frac{2}{3}N_{O_2} - \frac{2}{3}N_{O_2}\right)$

=>$N_{O_2} + \frac{1}{3}N_{O_2}y_{O_2} = -CD_{AB}\frac{dy_{O_2}}{dz}$ =>$N_{O_2} = \frac{-CD_{AB}}{\left(1+\frac{1}{3}y_{O_2}\right)}\frac{dy_{O_2}}{dz}$

=>$N_{O_2}\int_0^{\delta} dz = -CD_{AB}\int_0^{0.21}\frac{y_{O_2}}{\left(1+\frac{1}{3}y_{O_2}\right)}$

令$u = 1 + \frac{1}{3}y_{O_2}$=>$du = \frac{1}{3}dy_{O_2}$=>$3du = dy_{O_2}$

=>$N_{O_2} = \frac{-3CD_{AB}}{\delta}\ln\left(1 + \frac{1}{3}y_{O_2}\right)\Big|_0^{0.21} = \frac{-3CD_{AB}}{\delta}\ln(1.07)$

=>$N_{O_2} = \frac{-3\left(0.0407\frac{kgmol}{m^3}\right)\left(2.06\times10^{-5}\frac{m^2}{sec}\right)}{\left(\frac{5}{1000}m\right)}\ln(1.07) = -3.4\times10^{-5}\left(\frac{kgmol}{m^2\cdot sec}\right)$

〈考題12 − 13〉(94簡任升等)(20/10分)

有一球形液滴被懸放於靜止空氣(still air)中，溫度(T)維持爲定值26°C。此液滴初始半徑(r_1)爲2.0mm，在26°C下此液體之蒸氣壓(p_{A1})爲3.85kPa，而氣相之總壓(P)爲101.325 kPa。另此液體之密度(ρ_A)爲866 kg/m³，分子量(M_A)爲92kg/kgmole。氣體常數(R)爲8314 m³ · Pa/kgmole · K。座標圖可參考〈類題12 − 8〉

(一)請推導出液體蒸氣於空氣中之擴散係數(D_{AB})與液滴完全蒸發時間(t_F)有下列之關係式$t_F = \frac{\rho_A r_1^2 RT p_{BM}}{2M_A D_{AB} P(p_{A1}-p_{A2})}$其中，$p_{A2}$是遠離液滴$r_2$處之液體蒸氣分壓，$p_{BM} = (p_{A1} - p_{A2})/\ln[(p - p_{A2})/(p - p_{A1})]$ (二)若此液滴半徑從2.0 mm變爲1.0 mm所需蒸發時間爲950秒，請問液體蒸氣於空氣中之擴散係數(D_{AB})爲多少？以m^2/s爲單位。

Sol：(一)Fick's 1st law =>$N_A = -CD_{AB}\frac{dx_A}{dr} + x_A(N_A+\cancel{N_B})$ ∵ N_B爲靜止空氣

=>$N_A - N_A x_A = -CD_{AB}\frac{dx_A}{dr}$=>$N_A = \frac{-CD_{AB}}{1-x_A}\frac{dx_A}{dr}$ (1)

對成份 A 作質量平衡：$4\pi r^2\cdot N_A\big|_r - 4\pi r^2\cdot N_A\big|_{r+\Delta r} = 0$同除以$4\pi\Delta r$

令$\Delta r\to 0$ =>$\frac{d(r^2\cdot N_A)}{dr}=0$ =>$r^2\cdot N_A=\text{const}$ =>$4\pi r^2\cdot N_A = W_A = \text{const}$

$N_A=\frac{W_A}{4\pi r^2}$ (2)代入(1)式=>$\frac{W_A}{4\pi}\int_{r_1}^{r_2}\frac{dr}{r^2} = -CD_{AB}\int_{x_{A1}}^{x_{A2}}\frac{dx_A}{1-x_A}$

令$u=1-x_A$ =>$du=-dx_A$

=>$\frac{W_A}{4\pi}\left(\frac{1}{r_1}-\frac{1}{r_2}\right)=CD_{AB}\ln\left(\frac{1-x_{A2}}{1-x_{A1}}\right)$ ($\because$水滴的半徑在無窮遠處在$r=r_2=\infty$)

=>$W_A=4\pi CD_{AB}r_1\ln\left(\frac{1-x_{A2}}{1-x_{A1}}\right)$ (3) 又$x_{A1}=\frac{P_{A1}}{P}$，$x_{A2}=\frac{P_{A2}}{P}$，$C=\frac{P}{RT}$

代入(3)式=>$W_A=\frac{4\pi r_1\cdot P\cdot D_{AB}}{RT}\ln\left(\frac{P-P_{A2}}{P-P_{A1}}\right)$

假設在水滴表面$r=r_1$ =>$N_A\Big|_{r=r_1}=\frac{W_A}{4\pi r_1^2}=\frac{PD_{AB}}{RT\cdot r_1}\ln\left(\frac{P-P_{A2}}{P-P_{A1}}\right)$ (4)

題目已知$p_{BM}=\frac{(p_{A1}-p_{A2})}{\ln\left[\frac{(p-p_{A2})}{(p-p_{A1})}\right]}=99387(Pa)$，代入(4)式=>$N_A\Big|_{r=r_1}=\frac{W_A}{4\pi r_1^2}=\frac{P\cdot D_{AB}}{RT\cdot r_1}\frac{(p_{A1}-p_{A2})}{p_{BM}}$

(二)A 的消失速率=單位時間 A 的莫爾變化量

=>$N_A\cdot A=-\frac{\rho_A}{M_A}\cdot A\cdot\frac{dr_1}{dt}$ =>$\frac{P\cdot D_{AB}}{RT\cdot r_1}\frac{(p_{A1}-p_{A2})}{p_{BM}}=-\frac{\rho_A}{M_A}\frac{dr_1}{dt}$

=>$\int_0^{t_F}dt=-\frac{\rho_A\cdot p_{BM}\cdot RT}{M_A\cdot P\cdot D_{AB}(p_{A1}-p_{A2})}\int_{r_1}^{r_2}r_1dr_1$ =>$t_F=\frac{\rho_A\cdot RT\cdot p_{BM}(r_1^2-r_2^2)}{2M_A\cdot P\cdot D_{AB}(p_{A1}-p_{A2})}$

=>$950\text{sec}=\frac{\left(866\frac{kg}{m^3}\right)\left(8314\frac{m^3\cdot P_a}{kgmol\cdot k}\right)(299k)(99387P_a)\left[\left(\frac{2}{1000}\right)^2-\left(\frac{1}{1000}\right)^2m^2\right]}{2\left(92\frac{kg}{kgmol}\right)(101325P_a)D_{AB}(3.85\times10^3P_a-0)}$

=>$D_{AB}=9.41\times10^{-6}\left(\frac{m^2}{sec}\right)$

〈考題12－14〉(102地方特考)(8/9/8分)

一球型碳顆粒置於靜止的空氣中，其表面進行如下的反應：$C+O_2\to CO_2$(一)假設氧氣之質傳係數爲k，證明此時之Sherwood number $Sh=\frac{kD}{c\mathcal{D}}=2$其中D爲顆粒之直徑，c爲氣體之莫耳濃度，$\mathcal{D}$爲氧氣之擴散係數。(二)此一反應爲擴散控制，意即氧氣擴散至表面之速率爲限制速率步驟。求證此時之氧氣至表面之質量通量爲：$J = -2c\mathcal{D}X_e/D$，其中X_e爲氧氣在整體(bulk)氣體之莫耳分率，負號表示質傳方向是朝顆粒中心進行。(三)假設ρ_{solid}爲碳顆粒之密度，請寫出碳顆粒直徑隨時間減少之方程：$dD/dt = f(c,\mathcal{D},X_e,D,\rho_{solid})$

Sol：(一)對成份 A 作質量平衡：$4\pi r^2\cdot N_A\big|_r - 4\pi r^2\cdot N_A\big|_{r+\Delta r} = 0$同除以$4\pi\Delta r$

令$\Delta r \to 0$ => $\frac{d(r^2\cdot N_A)}{dr} = 0$ (1) Fick 1st law $N_A = -D\frac{dC_A}{dr}$ (2)代入(1)式

=> $\frac{d}{dr}\left(-\mathcal{D}r^2\frac{dC_A}{dr}\right) = 0$ => $\frac{d}{dr}\left(r^2\frac{dC_A}{dr}\right) = 0$ $\because \mathcal{D}$視爲常數=> $\frac{dC_A}{dr} = \frac{c_1}{r^2}$ (3)

=> $C_A = -\frac{c_1}{r} + c_2$ (4)　　相關座標圖可參考〈考題 12－1〉

B.C.1 $r = R$ $C_A = C_R$ 代入(4)式=> $C_R = -\frac{c_1}{R} + C_\infty$ => $c_1 = -R(C_R - C_\infty)$
B.C.2 $r = \infty$ $C_A = C_\infty$ 代入(4)式=> $c_2 = C_\infty$

c_1&c_2代回(4)式=> $C_A = \frac{R}{r}(C_R - C_\infty) + C_\infty$

$$N_A\Big|_{r=R} = -\mathcal{D}\frac{dC_A}{dr}\Big|_{r=R} = -\mathcal{D}(C_R - C_\infty)\left(\frac{-R}{r^2}\right)\Big|_{r=R} = \frac{\mathcal{D}}{R}(C_R - C_\infty)$$

=>分子擴散=質傳對流=> $-\mathcal{D}\frac{dC_A}{dr}\Big|_{r=R} = k(x_R - x_\infty)$

※$N_A = k(x_R - x_\infty) = \left(\frac{kgmol}{m^2 sec\cdot molfrac}\right)(molfrac) = \frac{kgmol}{m^2\cdot sec}$ $\because$ molfrac = 莫爾分率

=> $\frac{\mathcal{D}}{R}C(x_R - x_\infty) = k(x_R - x_\infty)$ => $\frac{C\mathcal{D}}{R} = k$ => $\frac{2C\mathcal{D}}{D} = k$ => $Sh = \frac{k\cdot D}{C\mathcal{D}} = 2$

(二) Fick's 1st law => $N_A = -c\mathcal{D}\frac{dx_A}{dr} + x_A(N_A + N_B)$ (1)

等莫爾逆向擴散$N_A = -N_B$代入(1)式=> $N_A = -\mathcal{D}\frac{dC_A}{dr}$

$\because O_2$：CO_2 莫爾比爲 1：1 => $N_A = -c\mathcal{D}\frac{dx_A}{dr} = -2c\mathcal{D}\frac{x_e}{D}$

(三)O_2 擴散量=單位時間 O_2 的莫爾變化量=> $N_A\cdot A = \frac{d}{dt}\left(\frac{\rho_{solid}}{M_A}\cdot\frac{\pi}{6}D^3\right)$

=>等號右邊對直徑微分 $=>N_A \cdot (\pi D^2) = \left(\frac{\rho_{solid}}{M_A} \cdot \frac{\pi D^2}{2}\right)\frac{dD}{dt}$

$=>-2c\mathcal{D}\frac{x_e}{D}(\pi D^2) = \left(\frac{\rho_{solid}}{M_A} \cdot \frac{\pi D^2}{2}\right)\frac{dD}{dt} => \int_0^t dt = -\frac{\rho_{solid}}{4c\mathcal{D}x_e \cdot M_A}\int_{D_i}^{D_0} dr_1$

$=>t = \frac{\rho_{solid}(D_i^2 - D_0^2)}{8c\mathcal{D}x_e \cdot M_A}$

〈考題 12 − 15〉(94 第二次化工技師)(15 分)

證明一個由成分 A 組成之球體在靜止之流體 B 內之質傳係數 k 滿足以下的關係：Sh(Sherwood number)= $kD/c\mathcal{D} = 2$其中 D 爲球體直徑，c 爲流體之莫耳濃度，$\mathcal{D}$爲 A 在流體 B 之擴散係數(diffusivity)。

Sol：解法過程如〈考題 12 − 14〉第一小題過程。

〈考題12 − 16〉(97高考二等)(10分)

於批次吸附(batch adsorption)實驗中，先於槽中加入濃度爲C_0之吸附物(A)溶液，再將純淨的球狀固體吸附劑(半徑爲R)放入，流體保持不動(stagnant)。若所使用的溶液體積很大，可考慮爲無限(infinite)流體，且溶液中A濃度幾乎不變。當擴散爲速率決定步驟時(A的擴散係數爲D_A)，試推導其穩態質傳方程式，並求出無因次群 Sherwood number(Sh)的數值。

Sol：解法過程如〈考題 12 − 1〉第一小題過程，B.C.1 $r = R \ C_A = C_0$

擴散係數符號改成D改成D_A，其餘導正過程相同。

〈考題12 − 17〉(94地方特考)(20分)

有一細長圓管之蒸發裝置(內管半徑爲R)。管內裝有A之液體，管上方則通以B氣體，以帶走A之蒸氣。設B氣體不溶於A液體中，且A、B間無反應發生。試求於恆溫恆壓下，A液體於穩定狀態時之蒸發速率。注意：(一)設蒸發速率緩慢，液面高度之變化可忽略。

(二)壓力爲P atm，溫度爲TK；D_{AB}爲A蒸氣於B氣體中之擴散係數。

(三)於液面(z_1)與管口(z_2)處之 A 氣體莫耳分率分別爲x_{A1}與x_{A2}。

Sol：對成份 A 作質量平衡：$N_A \cdot A|_z - N_A \cdot A|_{z+\Delta z} = 0$ 同除以$A \cdot \Delta z$

令$\Delta z \to 0 => \frac{dN_A}{dr} = 0 => r \cdot N_A = c => N_A = \frac{W_A}{2\pi RL}$ (1)

Fick's 1st law $=> N_A = -CD_{AB}\frac{dx_A}{dz} + x_A(N_A+\cancel{N_B})$ ∵ B 氣體不溶於 A 液體中

$=> N_A - N_A x_A = -CD_{AB}\frac{dx_A}{dz}$ $=> N_A = \frac{-CD_{AB}}{1-x_A}\frac{dx_A}{dz}$ (2)代入(1)式

$=> \frac{W_A}{2\pi RL}\int_{z_1}^{z_2} dz = -CD_{AB}\int_{x_{A1}}^{x_{A2}}\frac{dx_A}{1-x_A}dx_A => W_A = \frac{2\pi RL\cdot CD_{AB}}{(z_2-z_1)}\ln\left(\frac{1-x_{A2}}{1-x_{A1}}\right)$ (3)

又$x_{A1} = \frac{P_{A1}}{P}$，$x_{A2} = \frac{P_{A2}}{P}$，$C = \frac{P}{RT}$ 代入(3)式以分壓表示

$=> W_A = \frac{2\pi RL\cdot PD_{AB}}{RT(z_2-z_1)}\ln\left(\frac{P-P_{A2}}{P-P_{A1}}\right)$ 座標圖可參考〈例題 12 − 5〉圖五

〈考題 12 − 18〉(96 地方特考)(20 分)

一槽中裝有深度爲δ之液體B吸收介質(槽底部之位置可視爲$z = \delta$)。槽上方混合氣體中之A成分可溶於B液體中，且與B在液相中進行不可逆之化學反應：

$A + B \rightarrow AB$，其反應速率式可表示爲$-R_A = kC_A$。設液相中成分A之濃度極稀薄，試推導出穩定狀態時成分A於槽中之濃度分佈表示式。注意：(一)設已知成分A於液體表面($z = 0$)之濃度爲C_{A0}。(二) D_{AB}爲A成分於B液體介質中之擴散係數。

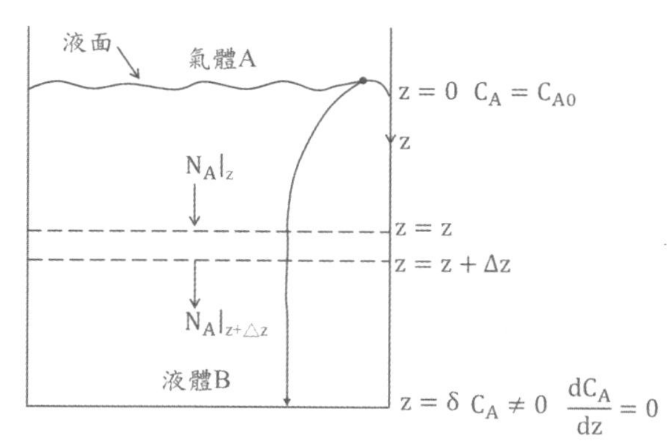

Sol：質量平衡 in−out+gen=acc

對成份 A 作質量平衡：$N_A\cdot A\big|_z - N_A\cdot A\big|_{z+\Delta z} + A\cdot\Delta z\cdot r_A = 0$

同除以$A\cdot\Delta z$ 令$\Delta z \rightarrow 0$ $=> \frac{dN_A}{dz} = -kC_A$ (1)

Fick's 1st law $=> N_A = -CD_{AB}\frac{dx_A}{dz} + \cancel{x_A}(N_A+N_B)$

∵成份 A 在液體 B 中濃度極低$x_A \doteqdot 0$

$=> N_A = -D_{AB}\frac{dC_A}{dz}$ (2)代入(1)式$=> \frac{d}{dz}\left(-D_{AB}\frac{dC_A}{dz}\right) = -kC_A$

$=> \frac{d^2C_A}{dz^2} = \frac{k}{D_{AB}} C_A \;\; => \frac{d^2C_A}{dz^2} - \frac{k}{D_{AB}} C_A = 0$

$=> C_A = A\cos h\sqrt{\frac{k}{D_{AB}}}z + B\sin h\sqrt{\frac{k}{D_{AB}}}z$ (3)

B.C.1 $z = 0$ $C_A = C_{A0}$ 代入(3)式$=> A = C_{A0}$

B.C.2 $z = \delta$ $\frac{dC_A}{dz} = 0$ (當長度爲δ時，槽底尚有成份 A 的殘留$C_A \neq 0$)

$\frac{dC_A}{dz} = A\sqrt{\frac{k}{D_{AB}}}\sin h\sqrt{\frac{k}{D_{AB}}}z + B\sqrt{\frac{k}{D_{AB}}}\cos h\sqrt{\frac{k}{D_{AB}}}z$ (4)

B.C.2 代入(4)式$=> \frac{dC_A}{dz}\Big|_{z=\delta} = C_{A0}\sqrt{\frac{k}{D_{AB}}}\sin h\sqrt{\frac{k}{D_{AB}}}\delta + B\sqrt{\frac{k}{D_{AB}}}\cos h\sqrt{\frac{k}{D_{AB}}}\delta = 0$

$=> B = -C_{A0}\frac{\sin h\sqrt{\frac{k}{D_{AB}}}\delta}{\cos h\sqrt{\frac{k}{D_{AB}}}\delta} = -C_{A0}\tan h\sqrt{\frac{k}{D_{AB}}}\delta$

將A&B代回(3)式$=> C_A = C_{A0}\cdot\cos h\sqrt{\frac{k}{D_{AB}}}z - C_{A0}\tan h\sqrt{\frac{k}{D_{AB}}}\delta\sin h\sqrt{\frac{k}{D_{AB}}}z$

※若求$N_A\big|_{z=0} =$ ？又$\frac{dC_A}{dz}\Big|_{z=0} = B\sqrt{\frac{k}{D_{AB}}} = -C_{A0}\sqrt{\frac{k}{D_{AB}}}\tan h\sqrt{\frac{k}{D_{AB}}}\delta$

$=> N_A\big|_{z=0} = -D_{AB}\frac{dC_A}{dz}\Big|_{z=0} = C_{A0}\sqrt{kD_{AB}}\tan h\sqrt{\frac{k}{D_{AB}}}\delta$

※若反應非常快速$k \to \infty$ $=> N_A\big|_{z=0} = C_{A0}\sqrt{kD_{AB}}\tan h\sqrt{\frac{\infty}{D_{AB}}}\delta = C_{A0}\sqrt{kD_{AB}}$

〈考題 12 – 19〉(96 經濟部特考)(20 分)

如圖所示的擴散系統，氣體 A 溶於 B 並擴散到液相中。當 A 擴散的同時，A 與 B 進行不可逆的一級化學反應$A + B \to AB$，其中 k 爲一級反應的速率常數。假設D_{AB}爲擴散常數，且液相中 A 與 AB 的濃度很小。利用質量守恆定律，推導液相中描述成份 A 濃度之微分方程式，以及邊界條件。

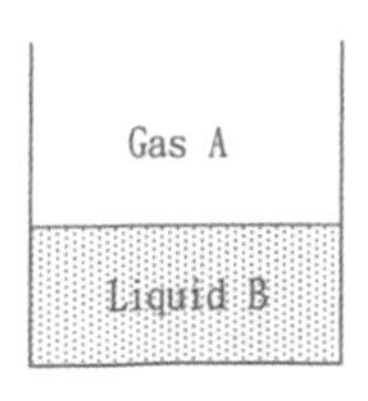

Sol：如〈考題 12 – 18〉之過程，推導過程寫至 B.C 即可。

〈考題 12－20〉(97 地方特考)(20 分)

氫氣在 4 atm 下在一內直徑爲 5 cm、管壁厚度爲 0.5 mm 的圓管內流動，管子的外表面則暴露在氫氣分壓爲 0.1 atm 的氣流中；氫氣在管壁材料中的質量擴散係數與溶解度分別爲$1.8\times10^{-11}\ m^2/sec$與$160\ kmol/m^3\cdot atm$。若系統處在 500 K 的溫度，計算每單位管子長度中氫氣穿透管壁的質量傳送速率。

Sol：對成份 A 作質量平衡：$2\pi rL\cdot N_A\big|_r-2\pi rL\cdot N_A\big|_{r+\Delta r}=0$ 同除以$2\pi L\cdot\Delta r$

令$\Delta r\to0 \Rightarrow \frac{d(r\cdot N_A)}{dr}=0 \Rightarrow r\cdot N_A=c \Rightarrow N_A=\frac{W_A}{2\pi rL}$ (1)

令成份 A 爲氫氣，成份 B 爲空氣

Fick's 1st law$\Rightarrow N_A=-CD_{AB}\frac{dx_A}{dr}+x_A(N_A+N_B)$ ∵成份 A 在管壁濃度極低

$\Rightarrow N_A=-D_{AB}\frac{dC_A}{dr}$ =>(2)代入(1)式 $\Rightarrow\frac{W_A}{2\pi L}\int_{r_1}^{r_2}\frac{dr}{r}=-D_{AB}\int_{C_{A1}}^{C_{A2}}dC_A$

$\Rightarrow\frac{W_A}{2\pi L}\ln\left(\frac{r_2}{r_1}\right)=D_{AB}(C_{A1}-C_{A2}) \Rightarrow\frac{W_A}{L}=\frac{2\pi D_{AB}}{\ln\left(\frac{r_2}{r_1}\right)}(C_{A1}-C_{A2})$ (3)

又$r_1=\left(\frac{5}{2\times100}\right)=0.025(m)$，$r_2=0.025+\left(\frac{0.5}{1000}\right)=0.0255(m)$

$C_{A1}=\left(160\frac{kmol}{m^3\cdot atm}\right)(4atm)=640\left(\frac{kmol}{m^3}\right)$

$C_{A2}=\frac{P_{A2}}{RT}=\frac{0.1atm\times\frac{101325\frac{N}{m^2}}{1atm}}{8.314\frac{J}{gmol\cdot k}\times500k}=2.43\left(\frac{gmol}{m^3}\right)=2.43\times10^{-3}\left(\frac{kmol}{m^3}\right)$ 在空氣中氫氣濃度極低!

數值代入(3)式$\Rightarrow\frac{W_A}{L}=\frac{2\pi\left(1.8\times10^{-11}\frac{m^2}{sec}\right)}{\ln\left(\frac{0.0255}{0.025}\right)}\left[(640-2.43\times10^{-3})\frac{kmol}{m^3}\right]=$

$3.65\times10^{-6}\left(\frac{kmol}{sec\cdot m}\right)$

〈考題 12－21〉(99 高考三等)(20 分)

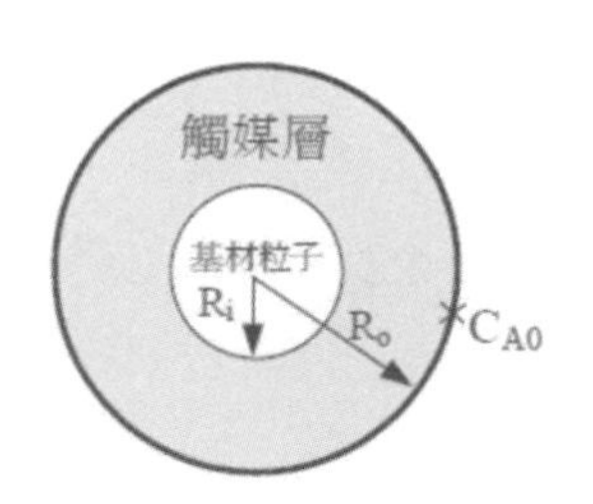

有一球狀觸媒(catalyst)其係由觸媒層貼覆於一球形基材粒子而成，如右圖所示，該基材粒子半徑爲R_i，而含觸媒層之半徑爲R_0，

若反應物 A 於觸媒層表面之莫耳濃度為C_{A0}，該物質擴散傳入觸媒層並同時伴隨化學反應，但於基材表面 A 物質不反應也不會穿透。若反應物 A 於觸媒層為零階反應(zero order reaction)，反應速率$r_A = -K_A$，$-K_A$為反應速率常數(單位為莫耳 A/時間．觸媒體積)，且反應物 A 於觸媒層之有效擴散係數(diffusion coefficient)為D_{Ae}，試估算於穩定操作時單一球狀觸媒所反應掉之 A 物質速率。

Sol：對成份 A 作質量平衡：$4\pi r^2 \cdot N_A\big|_r - 4\pi r^2 \cdot N_A\big|_{r+\Delta r} + 4\pi r^2 \cdot \Delta r \cdot r_A = 0$

同除以$4\pi \cdot \Delta r$，令$\Delta r \to 0$ =>$r^2 \frac{dN_A}{dr} = -K_A r^2$ (1)

Fick's 1st law =>$N_A = -D_{Ae}\frac{dC_A}{dr} + x_A(N_A+N_B)$

(∵反應物 A 在觸媒表面濃度極低$x_A \doteqdot 0$)

=>$N_A = -D_{Ae}\frac{dC_A}{dr}$ (2)代入(1)式 =>$\frac{1}{r^2}\frac{d}{dr}\left(-D_{Ae}r^2\frac{dC_A}{dr}\right) = -K_A$

=>$\frac{d}{dr}\left(r^2\frac{dC_A}{dr}\right) = \frac{K_A}{D_{Ae}}r^2$ =>$r^2\frac{dC_A}{dr} = \frac{1}{3}\frac{K_A}{D_{Ae}}r^3 + c_1$ =>$\frac{dC_A}{dr} = \frac{1}{3}\frac{K_A}{D_{Ae}}r + \frac{c_1}{r^2}$

=>$C_A = \frac{1}{6}\frac{K_A}{D_{Ae}}r^2 - \frac{c_1}{r} + c_2$ (3) B.C.1 $r = R_i$ $C_A = 0$ (基材粒子和界面處)代入(3)式

=>$0 = \frac{1}{6}\frac{K_A}{D_{Ae}}R_i^2 - \frac{c_1}{R_i} + c_2$ (4)

B.C.2 $r = R_0$ $C_A = C_{A0}$ 代入(3)式 =>$C_{A0} = \frac{1}{6}\frac{K_A}{D_{Ae}}R_0^2 - \frac{c_1}{R_0} + c_2$ (5)

(5)- (4)式$C_{A0} = \frac{1}{6}\frac{K_A}{D_{Ae}}\left(R_0^2 - R_i^2\right) + c_1\left(\frac{1}{R_i} - \frac{1}{R_0}\right)$ =>$c_1 = \frac{C_{A0} - \frac{1}{6}\frac{K_A}{D_{Ae}}(R_0^2 - R_i^2)}{\left(\frac{1}{R_i} - \frac{1}{R_0}\right)}$ (6)

(3)- (4)式$C_A = \frac{1}{6}\frac{K_A}{D_{Ae}}(r^2 - R_i^2) + c_1\left(\frac{1}{R_i} - \frac{1}{r}\right)$

(6)代入(7)式$C_A = \frac{1}{6}\frac{K_A}{D_{Ae}}(r^2 - R_i^2) + \left[C_{A0} - \frac{1}{6}\frac{K_A}{D_{Ae}}(R_0^2 - R_i^2)\right]\frac{\left(\frac{1}{R_i} - \frac{1}{r}\right)}{\left(\frac{1}{R_i} - \frac{1}{R_0}\right)}$

又$\frac{dC_A}{dr} = \frac{1}{3}\frac{K_A}{D_{Ae}}r + \frac{C_{A0} - \frac{1}{6}\frac{K_A}{D_{Ae}}(R_0^2 - R_i^2)}{r^2\left(\frac{1}{R_i} - \frac{1}{R_0}\right)}$

$$=>N_A = -D_{Ae}\frac{dC_A}{dr} = -\frac{K_A}{3}r + \left[\frac{-C_{A0}D_{Ae}+\frac{K_A}{6}(R_0^2-R_i^2)}{r^2\left(\frac{1}{R_i}-\frac{1}{R_0}\right)}\right]$$

〈考題 12－20〉(100 化工技師)(20 分)

如圖 1，氣體 B 平行流過液體 A 的表面，A 的蒸汽傳送至氣流中，在虛構的厚度 δ內，氣體流速非常慢。試依質傳膜理論(film theory in mass transfer)推導質傳係數(mass transfer coefficient)與擴散係數(diffusivity)之關係，並說明所有假設。

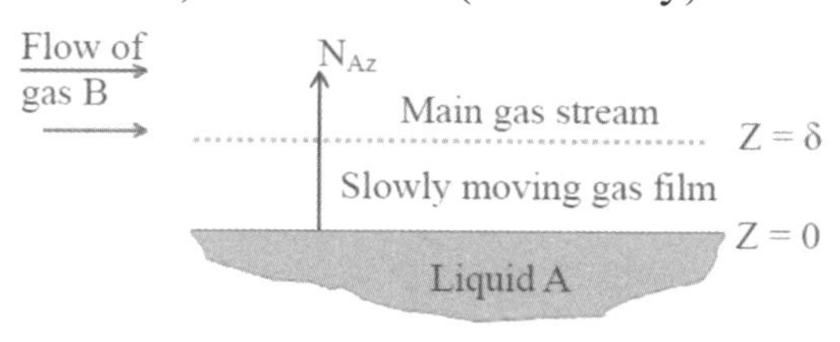

圖 1

Sol：令成份 A 爲蒸氣，成份 B 爲氣體

Fick's 1st law $=>N_A = -CD_{AB}\frac{dx_A}{dz} + x_A(N_A+N_B)$ ∵ B 氣體流速極慢

$=>N_A - N_A x_A = -CD_{AB}\frac{dx_A}{dz}$ $=>N_A = \frac{-CD_{AB}}{1-x_A}\frac{dx_A}{dz}$

$=>N_A\int_0^\delta dz = -CD_{AB}\int_{x_{A0}}^{x_{A\delta}}\frac{dx_A}{1-x_A}dx_A$ $=>N_A = \frac{CD_{AB}}{\delta}\ln\left(\frac{1-x_{A\delta}}{1-x_{A0}}\right)$

又$x_{Blm} = \frac{x_{A0}-x_{A\delta}}{\ln\left(\frac{1-x_{A\delta}}{1-x_{A0}}\right)}$ 代入(3)式$=>N_A = \frac{CD_{AB}}{\delta}\frac{x_{A0}-x_{A\delta}}{x_{Blm}}$ (1)

由薄膜理論 film-theory (solid-liquid 或 solid-gas 界面)

$=>N_A = -D_{AB}\frac{dC_A}{dz}$ $=>N_A\int_0^\delta dz = -D_{AB}\int_{C_{A0}}^{C_{A\delta}}dC_A$ $=>N_A = \frac{D_{AB}}{\delta}(C_{A0} - C_{A\delta})$

$=>N_A = k_c(C_{A0} - C_{A\delta}) = k_c \cdot C(x_{A0} - x_{A\delta})$ (2)

將(1)和(2)式合併$=>\frac{CD_{AB}}{\delta}\frac{(x_{A0}-x_{A\delta})}{x_{Blm}} = k_c \cdot C(x_{A0} - x_{A\delta})$ $=>k_c = \frac{D_{AB}}{\delta \cdot x_{Blm}}$

$=>k_c \propto D_{AB}$(質傳係數k_c和擴散係數D_{AB}成一次方正比爲薄膜理論)

〈考題12－21〉(100地方特考)(20分)

將一粒直徑20mm樟腦丸置於沒有流動的空氣中(溫度爲62°C;壓力爲1atm)，樟腦丸在62°C溫度下之蒸氣壓爲0.0015atm，樟腦丸在0°C空氣中的擴散係數爲5.16 ×

$10^{-6}\ m^2/s$。假設擴散係數與溫度的1.75次方成正比，試計算這粒樟腦丸全部蒸發完所需時間爲多少小時？($1atm = 1.013 \times 10^5 Pa$ ；氣體常數 $R = 8314\ Pa \cdot m^3/kgmol \cdot K$；樟腦丸分子量爲152；密度爲$0.99\ g/cm^3$)

Sol：令樟腦丸爲A，空氣爲B (相關座標圖如〈類題12－6〉相同)

Fick's 1st law $\Rightarrow N_A = -CD_{AB}\frac{dx_A}{dr} + x_A(N_A + N_B)$ ∵ N_B爲靜止空氣

$\Rightarrow N_A - N_A x_A = -CD_{AB}\frac{dx_A}{dr} \Rightarrow N_A = \frac{-CD_{AB}}{1-x_A}\frac{dx_A}{dr}$ (1)

對成份 A 作質量平衡：$4\pi r^2 \cdot N_A\big|_r - 4\pi r^2 \cdot N_A\big|_{r+\Delta r} = 0$ 同除以$4\pi\Delta r$

令$\Delta r \to 0 \Rightarrow \frac{d(r^2 \cdot N_A)}{dr} = 0 \Rightarrow r^2 \cdot N_A = const \Rightarrow 4\pi r^2 \cdot N_A = W_A = const$

$N_A = \frac{W_A}{4\pi r^2}$ (2)代入(1)式$\Rightarrow \frac{W_A}{4\pi}\int_{r_1}^{r_2}\frac{dr}{r^2} = -CD_{AB}\int_{x_{A1}}^{x_{A2}}\frac{dx_A}{1-x_A}$

令$u = 1 - x_A \Rightarrow du = -dx_A$

$\Rightarrow \frac{W_A}{4\pi}\left(\frac{1}{r_1} - \frac{1}{r_2}\right) = CD_{AB}\ln\left(\frac{1-x_{A2}}{1-x_{A1}}\right)$ (∵水滴的半徑在無窮遠處在$r = r_2 = \infty$)

$\Rightarrow W_A = 4\pi CD_{AB}r_1\ln\left(\frac{1-x_{A2}}{1-x_{A1}}\right)$(3) 又$x_{A1} = \frac{P_{A1}}{P}$，$x_{A2} = 0$，$C = \frac{P}{RT}$ 代入(3)式

$\Rightarrow W_A = \frac{4\pi r_1 \cdot P \cdot D_{AB}}{RT}\ln\left(\frac{P}{P-P_{A1}}\right)$

假設在水滴表面$r = r_1 \Rightarrow N_A\Big|_{r=r_1} = \frac{W_A}{4\pi r_1^2} = \frac{PD_{AB}}{RT \cdot r_1}\ln\left(\frac{P}{P-P_{A1}}\right)$ (4)

A 的消失速率=單位時間 A 的莫爾變化量

$\Rightarrow N_A \cdot A = -\frac{\rho_A}{M_A} \cdot A \cdot \frac{dr_1}{dt} \Rightarrow \frac{PD_{AB}}{RT \cdot r_1}\ln\left(\frac{P}{P-P_{A1}}\right) = -\frac{\rho_A}{M_A}\frac{dr_1}{dt}$

$\Rightarrow \int_0^{t_F} dt = -\frac{\rho_A \cdot RT}{P \cdot D_{AB} \cdot M_A \ln\left(\frac{P}{P-P_{A1}}\right)}\int_{r_1}^{0} r_1 dr_1 \Rightarrow t_F = \frac{\rho_A \cdot RTr_1^2}{2P \cdot D_{AB} \cdot M_A \ln\left(\frac{P}{P-P_{A1}}\right)}$

已知$D_{AB} \propto T^{1.75} \Rightarrow \frac{5.16\times10^{-6}}{D_{AB}} = \left(\frac{0+273}{62+273}\right)^{1.75} \Rightarrow D_{AB} = 7.38 \times 10^{-6}\left(\frac{m^2}{sec}\right)$

$$=>t_F=\frac{\left(990\frac{kg}{m^3}\right)\left(8314\frac{m^3\cdot P_a}{kgmol\cdot k}\right)[(62+273)k]\left[\left(\frac{20}{1000\times2}\right)^2m^2\right]}{2(101325P_a)\left(7.38\times10^{-6}\frac{m^2}{sec}\right)\left(152\frac{kg}{kgmol}\right)\ln\left(\frac{1}{1-0.0015}\right)}=808027.75(sec)=224(hr)$$

〈考題 12 − 22〉(101 化工技師)(20 分)

反應物A擴散進入半徑爲之球狀觸媒(spherical catalyst)反應生成生成物B，$A\rightarrow B$。觸媒內單位體積A之反應速率爲$R_A=-k_1''aC_A$在觸媒表面反應物A之濃度爲C_{AR}。有效擴散係數(effective diffusivity)爲D_A，請問觸媒內A之濃度分佈爲何？

Sol：對成份 A 作質量平衡：$4\pi r^2\cdot N_A\Big|_r-4\pi r^2\cdot N_A\Big|_{r+\Delta r}+4\pi r^2\cdot\Delta r\cdot R_A=0$

同除以$4\pi\cdot\Delta r$，令$\Delta r\rightarrow0$ $=>r^2\frac{dN_A}{dr}=-r^2\cdot k_1''ac_A$ (1)

Fick's 1st law $=>N_A=-D_A\frac{dC_A}{dr}+\cancel{x_A(N_A+N_B)}$ ∵ $N_A=N_B$爲等莫爾擴散

$=>N_A=-D_A\frac{dC_A}{dr}$ (2)代入(1)式$=>\frac{1}{r^2}\frac{d}{dr}\left(D_Ar^2\frac{dC_A}{dr}\right)=k_1''aC_A$

移項$=>\frac{1}{r^2}\frac{d}{dr}\left(r^2\frac{dC_A}{dr}\right)=\frac{k_1''aC_A}{D_A}$ (3)

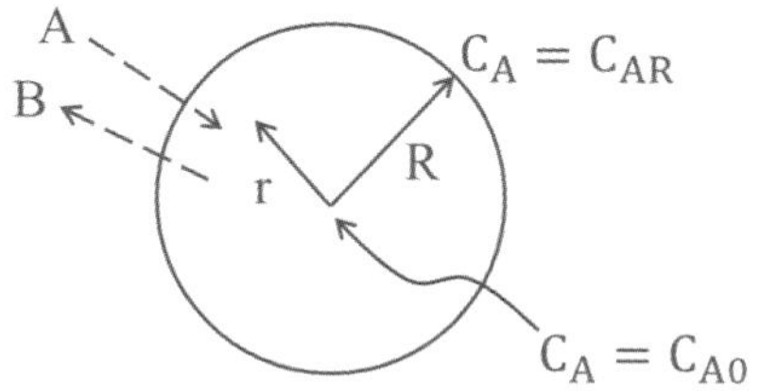

B.C.1 $r=0$ $C_A=0$

B.C.2 $r=R$ $C_A=C_{AR}$

令$C_A=\frac{f(r)}{r}C_{AR}$ (4)

$=>\frac{dC_A}{dr}=-\frac{C_{AR}}{r^2}f+\frac{C_{AR}}{r}\frac{df}{dr}$ $=>r^2\frac{dC_A}{dr}=-C_{AR}\cdot f+C_{AR}\cdot r\cdot\frac{df}{dr}$

$=>\frac{d}{dr}\left(r^2\frac{dC_A}{dr}\right)=-C_{AR}\cdot\cancel{\frac{df}{dr}}+C_{AR}\cdot\cancel{\frac{df}{dr}}+C_{AR}\cdot r\cdot\frac{d^2f}{dr^2}$ (5)

(4)和(5)代入(3)式 $=>\frac{1}{r^2}C_{AR}\cdot r\cdot\frac{d^2f}{dr^2}=\frac{k_1''a}{D_A}\frac{f\cdot C_{AR}}{r}$ $=>\frac{d^2f}{dr^2}-\frac{k_1''a}{D_A}f=0$

$=>f=A\cosh\sqrt{\frac{k_1''a}{D_A}}r+B\sinh\sqrt{\frac{k_1''a}{D_A}}r$ (6) 將原B.C代入(4)式轉換B.C

B.C.1 $r=0$ $f=0$ 代入(6)式 $A=0$

B.C.2 $r = R$ $f = R$ 代入(6)式 $B = \dfrac{R}{\sinh\sqrt{\frac{k_1''a}{D_A}}R}$

將 A&B 值代回(6)式=>$f = R\sinh\sqrt{\frac{k_1''a}{D_A}}r \Big/ \sinh\sqrt{\frac{k_1''a}{D_A}}R$

寫回原模式=>$\frac{C_A}{C_{AS}} = \left(\frac{R}{r}\right)\sinh\sqrt{\frac{k_1''a}{D_A}}r \Big/ \sinh\sqrt{\frac{k_1''a}{D_A}}R$

〈考題12－23〉(102高考三等)(20分)

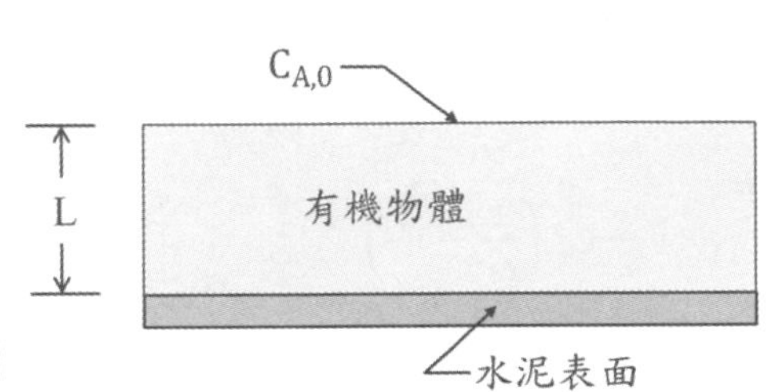

有一厚度爲L之有機物體置放於水泥平板面，該物體表面與大氣接觸，其表面處之氧氣濃度爲$C_{A,0}$(mole/m^3)，氧氣於該物體內擴散(有效擴散係數爲D_{AB})並與有機物進行一級(first order)反應，氧氣消耗速率可表示爲：$r_A(\text{mole/m}^3\cdot\text{sec}) = -kC_A$。假設一維(one-dimensional)的擴散且水泥平板爲氧氣不透過層，試推演穩定條件(steady-state conditions)下，氧氣傳送入此有機物體表面的通量[molar flux(mole/m$^2\cdot$sec)]。

Sol：同〈考題 12－18〉解法相同，B.C.1 $z = 0$ $C_A = C_{A0}$；B.C.2 $z = L$ $\frac{dC_A}{dz} = 0$

(當長度爲 L 時，水泥表面有殘存的氧氣$C_A \neq 0$)

〈考題12－24〉(104地方特考)(20分)

氣體A放置於一厚壁之中空球形容器內，厚壁之材質爲固體材料B。球形厚壁之內半徑及外半徑分別爲r_1及r_2。氣體A在固體材料B中之溶解度爲x_{A1}(以莫耳分率表示)，且x_{A1}值很小。A經固體材料B擴散至球形容器表面後立即被流動空氣帶走，請求解A在厚壁中之莫耳分率分佈x_A。

Sol：假設成份 A 爲氣體，成份 B 爲固體材料

對成份 A 作質量平衡：$4\pi r^2\cdot N_A\big|_r - 4\pi r^2\cdot N_A\big|_{r+\Delta r} = 0$ 同除以$4\pi\Delta r$ 令$\Delta r \to 0$

=>$\frac{d(r^2\cdot N_A)}{dr} = 0$ (1) 由 Fick's 1st law =>$N_A = -CD_{AB}\frac{dx_A}{dr} + x_A(N_A+N_B)$

∵成份 A 在固體 B 中濃度極低$x_A \doteqdot 0$

$=>N_A = -CD_{AB}\frac{dC_A}{dr}$ (2)代入(1)式 $=>\frac{d}{dr}\left(-CD_{AB}r^2\frac{dx_A}{dr}\right) = 0 \because -CD_{AB} = const$

$=>\frac{d}{dr}\left(r^2\frac{dx_A}{dr}\right) = 0 \ =>r^2\frac{dx_A}{dr} = c_1 \ =>x_A = -\frac{c_1}{r} + c_2$ (3)

B.C.1 $r = r_1 \quad x_A = x_{A1}$ 代入(3)式 $=>x_{A1} = -\frac{c_1}{r_1} + c_2$ (4)

B.C.2 $r = r_2 \quad x_A = 0$ 代入(3)式 $=>0 = -\frac{c_1}{r_2} + c_2$ (5)

(3)-(4)式 $x_A - x_{A1} = -c_1\left(\frac{1}{r} - \frac{1}{r_1}\right)$ (6)

(4)-(5)式 $x_{A1} = -c_1\left(\frac{1}{r_1} - \frac{1}{r_2}\right)$

$=>c_1 = -\frac{x_{A1}}{\left(\frac{1}{r_1}-\frac{1}{r_2}\right)}$ (7)代回(6)式 $=>x_A = x_{A1}\frac{\left(\frac{1}{r}-\frac{1}{r_1}\right)}{\left(\frac{1}{r_1}-\frac{1}{r_2}\right)} + x_{A1}$

〈考題 12 − 25〉(104 經濟部特考)(10/5 分)

純水放置在一隻金屬試管底部如圖所示，上方之空氣壓力爲 1atm，水在試管內氣化成水蒸氣，經由試管內空氣擴散至試管管口，假設試管水面至試管管口距離固定爲 0.15m，水蒸氣對空氣之擴散係數(D_{AB})，整個擴散過程之溫度視爲 300K。

(一)證明$N_A(z_2 - z_1) = \frac{D_{AB}P_t}{RT}\ln\frac{P_t-P_{A2}}{P_t-P_{A1}}$

(二)試計算水蒸氣擴散之莫耳流通量(N_A)爲多少$kgmol/m^2 \cdot sec$？

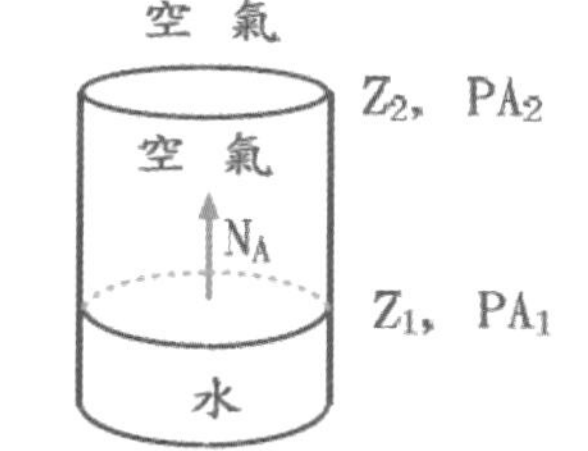

已知：$D_{AB} = 0.25 \times 10^{-4}\ m^2/sec$，空氣視爲停滯相。水面上之水蒸氣分壓$P_{A1} = 0.0235atm$；管口處之水蒸氣分壓$P_{A2} = 0.0005atm$，$P_t = 1atm = 1.01325 \times 10^5\ N/m^2$；$N_A = -D_{AB}\frac{dC_A}{dz} + y_A(N_A+N_B)$

註：當 X 在 1.001 至 1.05 之間，$\ln X \doteqdot X - 1$

Sol：(一)如〈類題 12 − 2〉導正過程

(二) $N_A = \frac{(1atm)\left(0.25\times10^{-4}\frac{m^2}{sec}\right)}{\left(0.082\frac{atm\cdot m^3}{kgmol\cdot k}\right)(300k)(0.15m)}\ln\left(\frac{1-0.0005}{1-0.0235}\right) = 1.58\times10^{-7}\left(\frac{kgmol}{cm^2\cdot sec}\right)$

〈考題12－26〉(88高考三等)(105地方特考)(20分)

有一半徑爲R之圓管，管內充滿靜止之某一液體，此液體中溶有濃度稀薄之溶質A，A依循下式進行擴散：$N_A = -D_{AB}\frac{dC_A}{dz}$式中z爲圓管之軸向座標。此管之內壁含有分解A之催化劑，其催化分解之速率可以kC_AA_W表示，其中k爲一階反應常數，A_W爲管內壁面積。假設管內徑向之濃度梯度可忽略，請推導描述此系統成分A濃度隨時間變化之微分方程式。

Sol：質量平衡 in−out+gen=acc（acc 已劃去）

對成份 A 作質量平衡：$N_A\cdot A_W\big|_z - N_A\cdot A_W\big|_{z+\Delta z} + A_W\cdot\Delta z\cdot kC_A = 0$

同除以$A_W\cdot\Delta z$令$\Delta z\to 0$ =>$\frac{dN_A}{dz} = -kC_A$ (1) 接下來導正過程同〈考題 12－18〉

〈考題12－27〉(105高考二等)(20/10分)

考慮一密度爲ρ_A、分子量爲M_A之液體A所形成之球形液滴懸浮於一溫度爲T之靜止乾空氣中。液滴之起始半徑(initial radius)爲r_0，其表面蒸氣壓爲飽和值P_A^*，氣相中之總壓力爲一常數p，A蒸氣在空氣中之擴散係數爲D_{AB}，而氣體常數爲R。(一)此液滴當其半徑爲r_1時之蒸發速率(與r_0無關)爲何？(可使用擬穩態假設)(二)此液滴完全蒸發所需要的時間爲何？座標圖可參考〈類題12－8〉

Sol：

(一) Fick's 1st law =>$N_A = -CD_{AB}\frac{dx_A}{dr} + x_A(N_A+N_B)$（$N_B$ 已劃去） ∵ N_B爲靜止空氣

=>$N_A - N_Ax_A = -CD_{AB}\frac{dx_A}{dr}$ =>$N_A = \frac{-CD_{AB}}{1-x_A}\frac{dx_A}{dr}$ (1)

對成份 A 作質量平衡：$4\pi r^2\cdot N_A\big|_r - 4\pi r^2\cdot N_A\big|_{r+\Delta r} = 0$ 同除以$4\pi\Delta r$

令$\Delta r\to 0$ =>$\frac{d(r^2\cdot N_A)}{dr} = 0$ =>$r^2\cdot N_A = const$ =>$4\pi r^2\cdot N_A = W_A = const$

$=>N_A=\frac{W_A}{4\pi r^2}$ (2)代入(1)式$=>\frac{W_A}{4\pi}\int_{r_0}^{r_1}\frac{dr}{r^2}=-CD_{AB}\int_{x_{A0}}^{x_{A1}}\frac{dx_A}{1-x_A}$

令$u=1-x_A$ $=>du=-dx_A$ $=>\frac{W_A}{4\pi}\left(\frac{1}{r_0}-\frac{1}{r_1}\right)=CD_{AB}\ln\left(\frac{1-x_{A1}}{1-x_{A0}}\right)$

∵水滴的半徑在無窮遠處在$r=r_1=\infty$ $=>W_A=4\pi CD_{AB}r_0\ln\left(\frac{1-x_{A1}}{1-x_{A0}}\right)$ (3)

又$x_{A1}=\frac{P_{A1}}{P}=0$(無窮遠處蒸汽壓爲$P_{A1}=0$)，$x_{A0}=\frac{P_A^*}{P}$，$C=\frac{P}{RT}$

代入(3)式$=>W_A=\frac{4\pi r_0\cdot P\cdot D_{AB}}{RT}\ln\left(\frac{P}{P-P_A^*}\right)$

假設在水滴表面$r=r_1$ $=>N_A\Big|_{r=r_1}=\frac{W_A}{4\pi r_1^2}=\frac{r_0PD_{AB}}{RT\cdot r_1^2}\ln\left(\frac{P}{P-P_A^*}\right)$ (4)

(二)A 的消失速率=單位時間 A 的莫爾變化量

$=>N_A\cdot A=-\frac{\rho_A}{M_A}\frac{d}{dt}\left(\frac{4}{3}\pi r_0^3\right)$ $=>\frac{4\pi r_0\cdot P\cdot D_{AB}}{RT}\ln\left(\frac{P}{P-P_A^*}\right)=-\frac{\rho_A}{M_A}\frac{d}{dt}\left(3\cdot\frac{4}{3}\pi r_0^2\right)\frac{dr_0}{dt}$

$=>\int_0^{t_F}dt=-\frac{\rho_A\cdot RT}{M_A\cdot P\cdot D_{AB}\ln\left(\frac{P}{P-P_A^*}\right)}\int_{r_0}^{0}r_0^2dr_1$ $=>t_F=\frac{\rho_A\cdot RT\cdot r_0^2}{2M_A\cdot P\cdot D_{AB}\cdot r_0\ln\left(\frac{P}{P-P_A^*}\right)}$

十三、成份系統的變化方程式

此章節包含一些質量傳送連續方程式的物理意義，另外在此等於就是質傳的公式解，如有時間讀者可針對質傳薄殼理論的例題利用連續方程式出發的公式解試著解題，但其實兩者結果都會相同，但本書為了不佔用篇幅，所以針對較難的幾個例題利用公式解說明，但我個人還是較喜好薄殼理論的解法，因為幾乎原文書都是以此方式解題，其實也是習慣上的問題，但考試題目也需看清楚，否則限定用薄殼理論解法的題目，你卻用公式解，就算結果是正確，也是拿不到分數的，所以這一點各位讀者需特別注意。

(一)成份 A 的連續方程式

Fick's 1st law => $N_A = -CD_{AB}\frac{dx_A}{dz} + x_A(N_A+N_B)$

(1)　　(2)　　(3)

物理意義：(1)相對於靜止座標的莫爾流通量(2)相對於流體整體流動的分子擴散(3)流體整體流動所造成的擴散

Fick's law => $J_{Az} = -D_{AB}\frac{dC_A}{dz}$

(1)　　(2)　　(3)

物理意義：(1)靜止流體中，分子擴散的質傳通量(2)A 在 A 和 B 二成份系統中的擴散係數(3)A 的濃度梯度

(二)成份 A 連續方程式的特殊形態

一般質傳中的連續方程式：$\frac{\partial C_A}{\partial t} + \nabla \cdot N_A = R_A$

(1)　　(2)　　(3)

物理意義：(1)在固定座標下，濃度隨時間的變化(2)因對流和分子擴散所引起的濃度變化(3)因化學反應所引起的濃度變化

質傳中成份 A 連續方程式的特殊形態通式(Equation of continuity of A)

$\frac{\partial C_A}{\partial t} + \vec{V} \cdot \nabla C_A = D_{AB}\nabla^2 C_A + R_A$ 對不可壓縮流體 (83 第二次化工技師)

(1) (2) (3) (4)

物理意義：(1)在固定座標下，濃度隨時間的變化(2)因分子移動所造成的分子擴散(3)因濃度差所造成的分子擴散(4)因化學反應所引起的濃度變化

1.系統中無化學反應且成份 A 無對流方式移動 (84 薦任升等)(98 化工技師)

$\frac{\partial C_A}{\partial t} + \vec{V} \cdot \nabla C_A = D_{AB}\nabla^2 C_A + R_A$ => $\frac{\partial C_A}{\partial t} = D_{AB}\nabla^2 C_A$ => Fick's 2nd law

無對流現象 無化學反應

2.系統中無化學反應且 A 濃度極低的情況下(98 化工技師)

$\frac{\partial C_A}{\partial t} + \vec{V} \cdot \nabla C_A = D_{AB}\nabla^2 C_A + R_A$ => $\frac{\partial C_A}{\partial t} = D_{AB}\nabla^2 C_A$ => Fick's 2nd law

A 濃度極低 無化學反應

3.系統中無化學反應且等莫爾逆向擴散的情況下

$\frac{\partial C_A}{\partial t} + \vec{V} \cdot \nabla C_A = D_{AB}\nabla^2 C_A + R_A$ => $\frac{\partial C_A}{\partial t} = D_{AB}\nabla^2 C_A$ => Fick's 2nd law

等莫爾逆向擴散 無化學反應

4.系統中擴散係數D_{AB}爲常數的情況下

$$\frac{\partial C_A}{\partial t} + \vec{V} \cdot \nabla C_A = D_{AB}\nabla^2 C_A + R_A$$

5.系統中質量密度ρ及擴散係數D_{AB}爲常數

$\frac{\partial C_A}{\partial t} + \vec{V} \cdot \nabla C_A + C_A \vec{V} \cdot \nabla = D_{AB}\nabla^2 C_A + R_A$ ($\rho = \text{const}$，$\vec{V} \cdot \nabla = 0$)

=> $\frac{\partial C_A}{\partial t} + \vec{V} \cdot \nabla C_A = D_{AB}\nabla^2 C_A + R_A$

6.系統中質量密度ρ及擴散係數D_{AB}為常數，速度$\vec{V}$為零及無化學反應的情況

$$\frac{\partial C_A}{\partial t}+\cancel{\vec{V}}\cdot\nabla C_A+C_A\cancel{\vec{V}}\cdot\nabla=D_{AB}\nabla^2C_A+\cancel{R_A} \Rightarrow \frac{\partial C_A}{\partial t}=D_{AB}\nabla^2C_A \quad \text{Fick's 2nd law}$$

速度$\vec{V}$為零　　　　　　無化學反應

7.穩態下，無流體流動及無化學反應

$$\cancel{\frac{\partial C_A}{\partial t}}+\cancel{\vec{V}}\cdot\nabla C_A=D_{AB}\nabla^2C_A+\cancel{R_A} \quad \Rightarrow \nabla^2C_A=0 \quad \text{Laplace equation}$$

S.S 無流體流動　　　　　無化學反應

8.系統中質量密度ρ及擴散係數D_{AB}為常數時，座標表示如下：

直角座標 $\boxed{\nabla^2C_A=\frac{\partial^2C_A}{\partial x^2}+\frac{\partial^2C_A}{\partial y^2}+\frac{\partial^2C_A}{\partial z^2}}$

圓柱座標 $\boxed{\nabla^2C_A=\frac{1}{r}\frac{\partial}{\partial r}\left(r\frac{\partial C_A}{\partial r}\right)}+\frac{1}{r}\frac{\partial^2C_A}{\partial\theta^2}+\frac{\partial^2C_A}{\partial z^2}$

球座標 $\boxed{\nabla^2C_A=\frac{1}{r^2}\frac{\partial}{\partial r}\left(r^2\frac{\partial C_A}{\partial r}\right)}+\frac{1}{r^2\sin\theta}\frac{\partial}{\partial\theta}\left(\sin\theta\frac{\partial C_A}{\partial\theta}\right)+\frac{1}{r^2\sin\theta}+\frac{\partial^2C_A}{\partial\theta^2}$

9.由質量平衡導正出成份 A 的連續方程式(圖一)

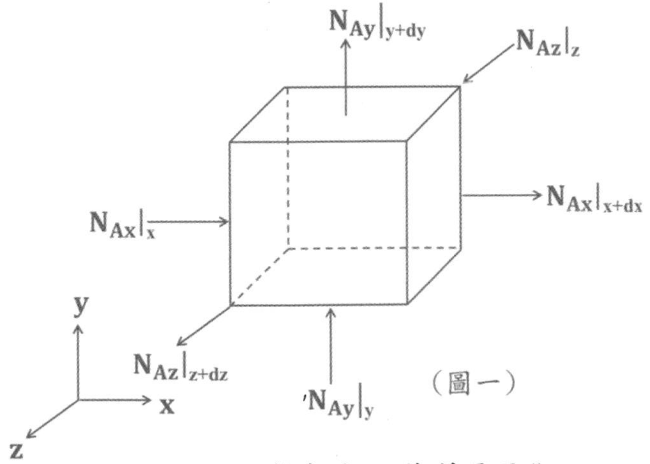

(圖一)

質量平衡：in−out+gen=acc 對成份 A 作質量平衡：

$$N_{Ax}\,dydz\big|_x-N_{Ax}\,dydz\big|_{x+dx}+N_{Ay}\,dxdz\big|_y-N_{Ay}\,dxdz\big|_{y+dy}+N_{Az}\,dxdy\big|_z-$$

$$N_{Az}\,dxdy\big|_{z+dz} + R_A(dxdydz) = \frac{\partial C_A}{\partial t}(dxdydz)$$

同除以dxdydz令dxdydz → 0

$$=>-\left(\frac{\partial N_{Ax}}{\partial x}+\frac{\partial N_{Ay}}{\partial y}+\frac{\partial N_{Az}}{\partial z}\right)+R_A=\frac{\partial C_A}{\partial t} \quad =>\frac{\partial C_A}{\partial t}+\nabla\cdot N_A=R_A$$

類題解析

〈類題13－1〉反應物A擴散進入半徑爲R之球狀觸媒(spherical catalyst)反應生成生成物B，$A \rightarrow B$。觸媒內單位體積A之反應速率爲$R_A = -k_1''ac_A$在觸媒表面反應物A之濃度爲c_{AR}。有效擴散係數(effective diffusivity)爲D_A，請問觸媒內A之濃度分佈爲何？，請以濃度連續方程式出發解題。

Sol：由濃度連續方程式 $\frac{\partial C_A}{\partial t}+\nabla\cdot N_A=R_A$ => $\nabla\cdot N_A=R_A$

s.s

$$=>\frac{1}{r^2}\frac{\partial}{\partial r}(r^2N_A)+\frac{1}{r\sin\theta}\frac{\partial}{\partial\theta}(N_{A\theta}\sin\theta)+\frac{1}{r\sin\theta}\frac{\partial N_{A\phi}}{\partial\phi}=R_A$$

$N_{A\theta}=0$ $\qquad N_{A\phi}=0$

Fick's 1st law $=>N_A=-D_A\frac{dC_A}{dr}+x_A(N_A+N_B)$ ($\because N_A=N_B$爲等莫爾擴散)

$=>N_A=-D_A\frac{dC_A}{dr}$ (2)代入(1)式$=>\frac{1}{r^2}\frac{d}{dr}\left(-D_Ar^2\frac{dC_A}{dr}\right)=-k_1''ac_A$

移項$=>\frac{1}{r^2}\frac{d}{dr}\left(r^2\frac{dC_A}{dr}\right)=\frac{k_1''ac_A}{D_{Ae}}$ (3)

B.C.1 $r=0$ $C_A=0$ B.C.2 $r=R$ $C_A=C_{AR}$

接下導正過程和上個章節〈考題 12－22〉(101 化工技師)題目過程相同。

〈類題 13－2〉分析系統內，AB 兩種氣體的通量比不會是一，而是取決於系統邊界的化學反應計量數。如果氣體 A 與某固體觸媒接觸時，會立即產生如下的化學反應，速度極快$2A \rightarrow A_2$，今有固體觸媒板，如圖所示，其右側爲氣體 A 和A_2。

在氣體本體內 A 和A_2的莫爾分率分別爲X_{A0}和X_{A20}，因爲氣體 A 往觸媒表面擴散的關係，在觸媒表面附近濃度有所變化，我們稱爲氣體膜，假設它的厚度是 L。試問氣體 A 在薄膜內濃度分佈爲何？亦即$X_A = X_A(z)$的表示式爲何？請由濃度連續方程式出發。

Sol：由濃度連續方程式$\frac{\partial C_A}{\partial t} + \nabla \cdot N_A = R_A$

s.s　　無化學反應

$=> \nabla \cdot N_A = 0 => \frac{\partial N_{Ax}}{\partial x} + \frac{\partial N_{Ay}}{\partial y} + \frac{\partial N_{Az}}{\partial z} = 0 \quad \because N_{Ax} = 0 \;\; N_{Ay} = 0$

$=> \frac{\partial N_{Az}}{\partial z} = 0 (1)$ Fick's 1st law $=> N_A = -CD_{AA_2}\frac{dx_A}{dz} + x_A(N_A + N_{A2})$ (2)

1mol 的 A 氣體生成 1mol 的 C 氣體，爲不等莫爾逆向擴散$\frac{-N_A}{2} = N_{A2}$代入(2)式

$=> N_A = -CD_{AA_2}\frac{dx_A}{dz} + x_A\left(N_A - \frac{N_A}{2}\right)$

$=> N_A - \frac{N_A}{2} = -CD_{AA_2}\frac{dx_A}{dz} => N_A = \frac{-CD_{AA_2}}{1-\frac{1}{2}x_A}\frac{dX_A}{dz}$ (3)

接下導正過程和上個章節〈例題 12－3〉等莫爾逆向擴散解題過程相同。

〈類題 13－3〉有一球形液滴懸浮於靜止不動的 B 氣體中，液滴的半徑爲r_1，氣相中有 A 和 B，但氣體 B 不會溶於液滴中，成份 A 自液滴表面蒸發，擴散至氣相，如圖二所示。假設液滴蒸發速率極慢，故液滴之半徑可視爲不變，氣相中成份 A 在液滴表面之莫爾分率爲$x_{A\infty}$，試求成份 A 在氣相中的莫爾分率表示式。

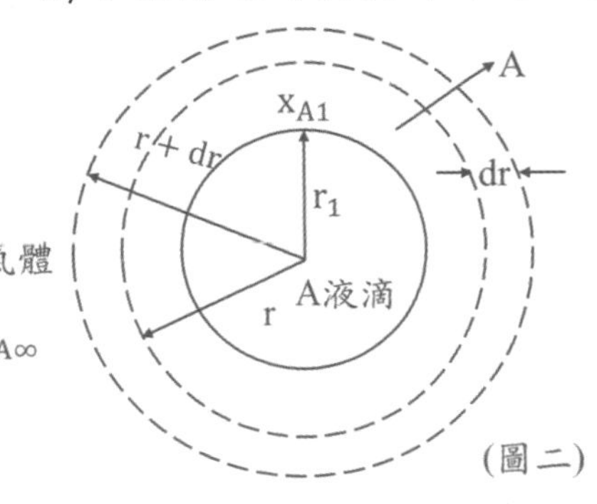

(圖二)

Sol：由濃度連續方程式$\frac{\partial C_A}{\partial t} + \nabla \cdot N_A = R_A => \nabla \cdot N_A = 0$

s.s　　無化學反應

$=> \frac{1}{r^2}\frac{\partial}{\partial r}(r^2 N_A) = 0$ (1)

Fick's 1st law $\Rightarrow N_A = -CD_{AB}\frac{dx_A}{dr} + x_A(N_A+N_B)$ ($\because N_B$為靜止空氣)

$\Rightarrow N_A - N_A x_A = -CD_{AB}\frac{dx_A}{dr} \Rightarrow N_A = \frac{-CD_{AB}}{1-x_A}\frac{dx_A}{dr}$ (2)代入(1)式

$\frac{1}{r^2}\frac{\partial}{\partial r}\left(r^2\frac{-CD_{AB}}{1-x_A}\frac{dx_A}{dr}\right) = 0 \Rightarrow \frac{1}{CD_{AB}}\frac{1}{r^2}\frac{\partial}{\partial r}\left(r^2\frac{1}{1-x_A}\frac{dx_A}{dr}\right) = 0$

(將CD_{AB}視為常數) $\Rightarrow \frac{1}{r^2}\frac{\partial}{\partial r}\left(r^2\frac{1}{1-x_A}\frac{dx_A}{dr}\right) = 0$ 積分$\Rightarrow r^2\frac{1}{1-x_A}\frac{dx_A}{dr} = c_1$

等號左右移項積分$\Rightarrow \int\frac{dx_A}{1-x_A} = \frac{c_1}{r^2}\int dr$ 令$u = 1 - x_A \Rightarrow du = -dx_A$

$\Rightarrow -\ln(1-x_A) = \frac{c_1}{r} + c_2$ (3)

B.C.1 $r = r_1$ $x_A = x_{A1}$ 代入(3)式$\Rightarrow -\ln(1-x_{A1}) = \frac{c_1}{r_1} + c_2$ (4)

B.C.2 $r = \infty$ $x_A = x_{A\infty}$ 代入(3)式$\Rightarrow -\ln(1-x_{A\infty}) = c_2$ (5)

(4)-(5)式$c_1 = -r_1\ln\left(\frac{1-x_{A\infty}}{1-x_{A1}}\right)$

c_1&c_2代回(3)式$\Rightarrow -\ln(1-x_A) = -\frac{r_1}{r}\ln\left(\frac{1-x_{A\infty}}{1-x_{A1}}\right) - \ln(1-x_{A\infty})$

等式兩邊取對數 e $\Rightarrow 1 - x_A = (1-x_{A\infty})\left(\frac{1-x_{A\infty}}{1-x_{A1}}\right)^{\left(\frac{r_1}{r}\right)}$

$\Rightarrow x_A = 1 - (1-x_{A\infty})\left(\frac{1-x_{A\infty}}{1-x_{A1}}\right)^{\left(\frac{r_1}{r}\right)}$

〈類題 13 − 4〉如圖三所示，液體 B 在$x = 0$和$x = \delta$之間，液體 B 內有低濃度液體 A。在$z = 0$和$z = \delta$處濃度分別維持定值C_{A0}及$C_{A\delta}$($C_{A0} > C_{A\delta}$)，在液體內會發生均相化學反應$A \to C$，氣體 A 能溶入液體 B 中發生一階化學反應(first order reaction) $A \to C$。因此在本系統中成份 A 一面產生化學反應，一面向右擴散。請由連續方程式出發導出成份 A 濃度C_A的分佈表示式。

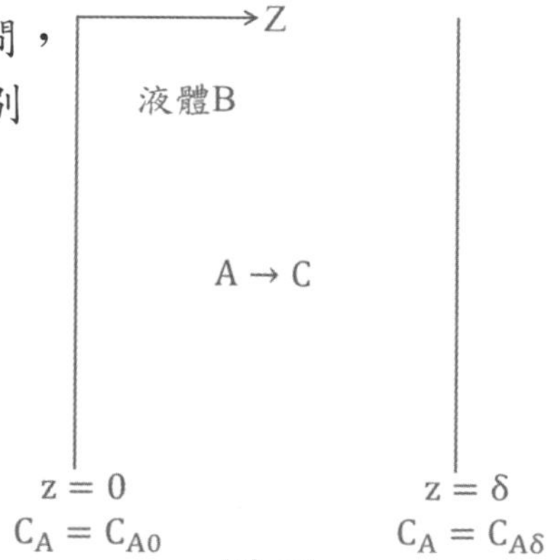

Z
液體B
$A \to C$
$z = 0$
$C_A = C_{A0}$
$z = \delta$
$C_A = C_{A\delta}$

(圖三)

Sol：

質傳連續方程式 $\frac{\partial C_A}{\partial t} + \nabla \cdot N_A = R_A$ =>$\nabla \cdot N_A = -kC_A$

S.S

=> $\frac{\partial N_{Ax}}{\partial x} + \frac{\partial N_{Ay}}{\partial y} + \frac{\partial N_{Az}}{\partial z} = -kC_A$ =>$\frac{\partial N_{Az}}{\partial z} = -kC_A$ (1)

$N_{Ax} = 0 \quad N_{Ay} = 0$

Fick's 1st law =>$N_A = -CD_{AB}\frac{dx_A}{dz} + x_A(N_A+N_B)$

(∵成份 A 在液體 B 中濃度極低$x_A \doteqdot 0$)

=>$N_A = -D_{AB}\frac{dC_A}{dz}$ (2)代入(1)式=>$\frac{d}{dz}\left(-D_{AB}\frac{dC_A}{dz}\right) = -kC_A$

=>$\frac{d^2C_A}{dz^2} = \frac{k}{D_{AB}}C_A$ =>$\frac{d^2C_A}{dz^2} - \frac{k}{D_{AB}}C_A = 0$

=>$C_A = A\cosh\sqrt{\frac{k}{D_{AB}}}z + B\sinh\sqrt{\frac{k}{D_{AB}}}z$ (3)

B.C.1 $z = 0$ $C_A = C_{A0}$ 代入(3)式=>$A = C_{A0}$

B.C.2 $z = \delta$ $C_A = C_{A\delta}$ 代入(3)式=>$C_{A\delta} = C_{A0} \cdot \cosh\sqrt{\frac{k}{D_{AB}}}\delta + B\sinh\sqrt{\frac{k}{D_{AB}}}\delta$

=>$B = \frac{C_{A\delta}}{\sinh\sqrt{\frac{k}{D_{AB}}}\delta} - \frac{C_{A0}\cdot\cosh\sqrt{\frac{k}{D_{AB}}}\delta}{\sinh\sqrt{\frac{k}{D_{AB}}}\delta} = \frac{C_{A\delta}}{\sinh\sqrt{\frac{k}{D_{AB}}}\delta} - \frac{C_{A0}}{\tanh\sqrt{\frac{k}{D_{AB}}}\delta}$

A 和 B 代回(3)式

=>$C_A = C_{A0}\cosh\sqrt{\frac{k}{D_{AB}}}z + \sinh\sqrt{\frac{k}{D_{AB}}}z\left[\frac{C_{A\delta}}{\sinh\sqrt{\frac{k}{D_{AB}}}\delta} - \frac{C_{A0}}{\tanh\sqrt{\frac{k}{D_{AB}}}\delta}\right]$

〈類題 13－5〉有一晶體成長的溶液的液面有一隻 A 的晶體柱濃度爲C_{As}，晶體以速度 V 往上拉，假設流動爲塞流，長度爲δ，假設在穩態情況下使濃度和擴散係數D_{AB}爲定值，爲使成份 A 濃度爲定值，在距離$z = 0$和$z = \delta$分別爲C_{A0}/k_0和C_{A0}，請由連續方程式出發導出成份 A 在細管中的濃度分佈。

Sol：質傳連續方程式$\frac{\partial C_A}{\partial t} + \vec{V} \cdot \nabla C_A = D_{AB}\nabla^2 C_A + R_A$

S.S　　無化學反應

$=>\vec{V}\frac{\partial C_A}{\partial z}=D_{AB}\frac{d^2C_A}{\partial z^2}$ (1)令$\vec{V}=V$；$\frac{dC_A}{dz}=C_A{}'$

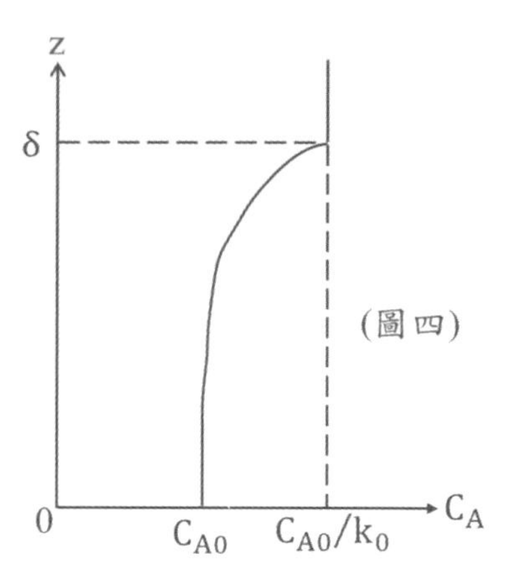

代入(1)式=>$\frac{\partial C_A{}'}{\partial z}=\frac{V}{D_{AB}}C_A{}'$

$=>\int\frac{\partial C_A{}'}{C_A{}'}=\frac{V}{D_{AB}}\int dz$ $=>\ln C_A{}'=\frac{V}{D_{AB}}z+c_1$

等號兩側取 e=>$C_A{}'=c_1e^{\frac{V}{D_{AB}}z}$

=>還原成假設=>$\frac{dC_A}{dz}=c_1e^{\frac{V}{D_{AB}}z}$

積分=>$\int dC_A=c_1e^{\int\frac{V}{D_{AB}}zdz}$ $=>C_A=\frac{D_{AB}}{V}c_1e^{\frac{V}{D_{AB}}z}+c_2$ (2)

B.C.1 $z=0$ $C_A=C_{A0}$ 代入(2)式$C_{A0}=\frac{D_{AB}}{V}c_1+c_2$ (3)

B.C.2 $z=\delta$ $C_A=\frac{C_{A0}}{k_0}$ 代入(2)式$\frac{C_{A0}}{k_0}=\frac{D_{AB}}{V}c_1e^{\frac{V}{D_{AB}}\delta}+c_2$ (4)

(4)-(3)式 $\frac{C_{A0}}{k_0}-C_{A0}=\frac{D_{AB}}{V}\left(e^{\frac{V}{D_{AB}}\delta}-1\right)c_1$ $=>c_1=\frac{\frac{C_{A0}}{k_0}-C_{A0}}{\frac{D_{AB}}{V}\left(e^{\frac{V}{D_{AB}}\delta}-1\right)}$ (5)

(2)-(3)式 $C_A-C_{A0}=\frac{D_{AB}}{V}\left(e^{\frac{V}{D_{AB}}z}-1\right)c_1$ (6)

(5)代入(6)式$=>C_A-C_{A0}=\frac{\frac{D_{AB}}{V}\left(e^{\frac{V}{D_{AB}}z}-1\right)\left(\frac{C_{A0}}{k_0}-C_{A0}\right)}{\frac{D_{AB}}{V}\left(e^{\frac{V}{D_{AB}}\delta}-1\right)}$

$=>C_A=C_{A0}+\left(\frac{C_{A0}}{k_0}-C_{A0}\right)\frac{\left(e^{\frac{V}{D_{AB}}z}-1\right)}{\left(e^{\frac{V}{D_{AB}}\delta}-1\right)}$

歷屆試題解析

〈考題 13－1〉(87 化工技師)(20 分)

某氣體 A 由氣相(以 1 表示之)擴散到催化劑表面(以 2 表示之)後，立即進行一不可逆反應(瞬間快速反應)，產生氣體 B，2A→B。氣體 B 產生後擴散返回氣相中。在穩態(steady state)，定壓 P 及定溫 T 下，試推導氣體 A 之質傳速率式。已知氣體 A 在位置 1 之分壓爲P_{A1}，且膜厚爲 z。

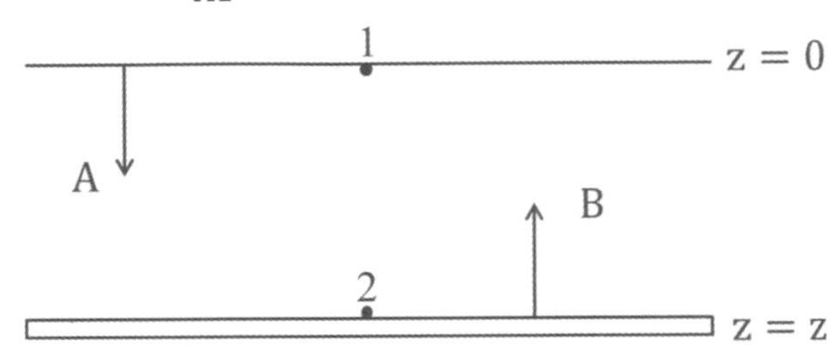

Sol：Fick's 1st law =>$N_A = -CD_{AB}\frac{dx_A}{dz} + x_A(N_A+N_B)$ (1)

2mol 的 A 氣體生成 1mol 的 B 氣體，爲不等莫爾逆向擴散$\frac{-N_A}{2} = N_B$代入(1)式

$$=>N_A = -CD_{AB}\frac{dx_A}{dz} + x_A\left(N_A - \frac{N_A}{2}\right)$$

$$=>N_A - \frac{N_A x_A}{2} = -CD_{AB}\frac{dx_A}{dz}$$

$$=>N_A = \frac{-CD_{AB}}{1-\frac{1}{2}x_A}\frac{dX_A}{dz} \ (2) \ =>N_A\int_0^z dz = -CD_{AB}\int_{x_{A1}}^{x_{A2}}\frac{dX_A}{1-\frac{1}{2}x_A}$$

令$u = 1 - \frac{1}{2}x_A$ =>$du = -\frac{1}{2}dx_A$ =>$dx_A = -2du$

$$=>N_A = \frac{2CD_{AB}}{z}\ln\left(\frac{1-\frac{1}{2}x_{A2}}{1-\frac{1}{2}x_{A1}}\right)$$ 又$x_{A1} = \frac{P_{A1}}{P}$，$x_{A2} = \frac{P_{A2}}{P}$，$C = \frac{P}{RT}$

$$=>N_A = \frac{2PD_{AB}}{RTz}\ln\left(\frac{1-\frac{1}{2}\frac{P_{A2}}{P}}{1-\frac{1}{2}\frac{P_{A1}}{P}}\right)$$ 當$z = z$時爲瞬間反應$P_{A2} = 0$

$$=>N_A = \frac{2PD_{AB}}{RTz}\ln\left(\frac{1}{1-\frac{1}{2}\frac{P_{A1}}{P}}\right) = \frac{2PD_{AB}}{RTz}\ln\left(\frac{P}{P-\frac{1}{2}P_{A1}}\right)$$

〈考題 13－2〉(90 簡任升等)(97 化工技師)(10/6/4 分)

考慮一等溫雙成份(A 與 B)混合物流體，假定其黏度、密度、濃度及擴散係數均爲常數，由成份 A 之質量均衡可得下式：$\frac{D\omega_A}{Dt} = D_{AB}\nabla^2\omega_A$

其中，D/Dt爲 substantial time derivative，ω_A爲 A 成份之質量分率，D_{AB}爲 A 對 B 之擴散係數，∇^2爲 Laplacian operator

(一)以特徵長度D，特徵速度 V、特徵濃度差$\omega_A - \omega_{A0}$來無因次簡化上式，試推導出下列無因次式子：$\frac{D\omega_A^*}{Dt^*} = \frac{\nabla^{*2}\omega_A^*}{ReSc}$，其中，*代表相對應之無因次量，Re 與 Sc 分別爲無因次系統之 Reynolds number 與 Schmidt number。(二)寫出 Re 與 Sc 之定義式並說明 Re 與 Sc 之物理意義。(三)對一同時存在有動量與質量傳遞邊界層的系統而言，若其 Sc 大於 1，則針對同一位置，哪一個邊界層厚？從物理的角度說明之。

Sol：(一)$\frac{D\omega_A}{Dt} = D_{AB}\nabla^2\omega_A$ (1)無因次變數$t^* = \frac{Vt}{D}$ (無因次時間)

$\Rightarrow \frac{1}{t} = \frac{V}{Dt^*}$ (2) $\omega_A^* = \frac{\omega_A - \omega_{A0}}{\omega_{A1} - \omega_{A0}}$ (無因次濃度) (3)

$\nabla^* = D\nabla$ (無因次梯度) $\Rightarrow \nabla = \frac{\nabla^*}{D}$ (4)；將(2)&(3)&(4)代入(1)式

$$\frac{V}{D}(\omega_{A1} - \omega_{A0})\frac{D\omega_A^*}{Dt^*} = D_{AB}\frac{\nabla^{*2}}{D^2}(\omega_{A1} - \omega_{A0})\omega_A^*$$

$$\Rightarrow \frac{V}{D}\frac{D\omega_A^*}{Dt^*} = D_{AB}\frac{\nabla^{*2}}{D^2}\omega_A^* \Rightarrow \frac{D\omega_A^*}{Dt^*} = \frac{D_{AB}}{VD}\nabla^{*2}\omega_A^* \Rightarrow \frac{D\omega_A^*}{Dt^*} = \frac{\nabla^{*2}\omega_A^*}{ReSc}$$

(二)$Re = \frac{DV\rho}{\mu} = \frac{\text{慣性力}}{\text{黏滯力}}$，$Sc = \frac{\mu}{\rho D_{AB}} = \frac{\nu}{D_{AB}} = \frac{\text{動黏度}}{\text{質量擴散係數}}$

(三)$Sc = \left(\frac{\delta}{\delta_t}\right)^3 = \frac{\text{動量邊界層厚度}}{\text{質量邊界層厚度}} > 1$ $\left(\therefore \text{動量邊界層較厚}\right)$

〈考題 13－3〉(96 高考三等)(10/20 分)

Fick 第一擴散定律如右式：$N_A = -CD_{AB}\frac{dx_A}{dz} + x_A(N_A + N_B)$

其中N_A和N_B分別爲成份 A 與成份 B 之質傳通量，D_{AB}爲擴散係數，C爲總濃度，x_A爲成份 A 之莫耳分率，z爲座標軸。

(一)請說明上式中等號右邊第一項$\left[-CD_{AB}\frac{dx_A}{dz}\right]$與第二項$[x_A(N_A+N_B)]$之意義分別爲何？(二)假設在稀薄狀態($x_A \ll 1$)及穩態(steady state)下，請證明$k = D_{AB}/\delta$，其中質傳係數k之定義爲$N_A = k(C_{A0} - C_{A\delta})$，δ爲邊界層厚度，$C_{A0}$與$C_{A\delta}$分別爲成份 A 在$z = 0$與$z = \delta$之邊界濃度。

Sol：

(一)$\left[-CD_{AB}\frac{dx_A}{dz}\right]$：相對於流體整體流動的分子擴散。

$[x_A(N_A+N_B)]$：流體整體流動所造成的擴散。

(二)Fick's 1st law =>$N_A = -CD_{AB}\frac{dx_A}{dz} + x_A(N_A+N_B)$ ($\because x_A \ll 1$)

$$=>N_A = -D_{AB}\frac{dc_A}{dz} \quad =>N_A\int_0^{\delta}dz = -D_{AB}\int_{C_{A0}}^{C_{A\delta}}dc_A$$

$$=>N_A = \frac{D_{AB}}{\delta}(C_{A0} - C_{A\delta}) \ (1) \quad 又N_A = k(C_{A0} - C_{A\delta}) \ (2)$$

$$=>(1)\&(2)式合併=> \frac{D_{AB}}{\delta}(C_{A0} - C_{A\delta}) = k(C_{A0} - C_{A\delta}) \quad =>k = \frac{D_{AB}}{\delta}$$

〈考題 13－4〉(98 化工技師)(12 分)

在 A 和 B 的二成份系統中，A 的連續方程式爲 $\frac{\partial C_A}{\partial t} = \underline{\nabla}\cdot\left(D_{AB}\underline{\nabla}C_A\right) - \underline{\nabla}\cdot C_A\,\underline{V} + R_A$，$C_A$：的濃度；t：時間；$D_{AB}$：擴散係數；$\underline{V}$：流速；$R_A$：每單位體積，A 因化學反應產生的速率。請寫出下面各個特殊情況下之連續方程式：(一)無化學反應，亦無整體流動(no bulk flow)(二)無化學反應，成份 A 濃度極低

Sol：(一)$\frac{\partial C_A}{\partial t} = \underline{\nabla}\cdot\left(D_{AB}\underline{\nabla}C_A\right) - \underline{\nabla}\cdot C_A\,\underline{V} + R_A$

no bulk flow；無化學反應

=>$\frac{\partial C_A}{\partial t} = D_{AB}\underline{\nabla}^2 C_A$ Fick's 2nd law

(二)$\frac{\partial C_A}{\partial t} = \underline{\nabla}\cdot\left(D_{AB}\underline{\nabla}C_A\right) - \underline{\nabla}\cdot C_A\,\underline{V} + R_A$

C_A濃度極低；無化學反應

$=>\frac{\partial C_A}{\partial t} = D_{AB}\underline{\nabla}^2 C_A$ Fick's 2nd law 和上題(一)結果相同

〈考題 13－5〉(105 經濟部特考)(20 分)

辦公室地板積水形成 0.02 公分厚的薄膜，水溫恆爲 24℃，空氣溫度亦爲 24℃，壓力爲 1atm，絕對溼度爲每千克乾燥空氣含 0.002 千克之水蒸汽，積水蒸發然後擴散通過 0.6 公分厚之氣膜。已知在 24℃下飽和溼度爲每千克乾空氣含 0.0189 千克之水蒸汽，問耗時多少小時，地板上之水始能完全蒸發？已知：(1).以 $1m^2$ 表面積爲基準。(2). 298k，1atm 下，水蒸氣在空氣中之擴散係數爲 $0.260cm^2/sec$(3).空氣分子量 29；水分子量：18。(計算至小數點後第四位，以下四捨五入)

Sol：假設水蒸氣爲 A，乾空氣爲 B

Fick's 1st law $=>N_A = -CD_{AB}\frac{dy_A}{dz} + y_A(N_A + \cancel{N_B})$(2) ($\because$B 靜止不動 $N_B \doteqdot 0$)

$=>N_A - N_A y_A = -CD_{AB}\frac{dy_A}{dz}$ $=>N_A = \frac{-CD_{AB}}{1-y_A}\frac{dy_A}{dz}$

$=>N_A\int_0^\delta dz = -CD_{AB}\int_{y_{A1}}^{y_{A2}}\frac{dy_A}{1-y_A}$ 令 $u = 1 - y_A$ $=>du = -dy_A$

$=>N_A = \frac{CD_{AB}}{\delta}\ln\left(\frac{1-y_{A2}}{1-y_{A1}}\right) = \frac{CD_{AB}}{\delta}\frac{y_{A1}-y_{A2}}{y_{BM}}$ $\because y_{BM} = \frac{y_{A1}-y_{A2}}{\ln\left(\frac{1-y_{A2}}{1-y_{A1}}\right)}$

蒸發水體積(一平方公尺) $= (1m^2)\left(\frac{0.02}{100}m\right) = 2\times10^{-4}(m^3)$

蒸發水質量 $m_{H_2O} = \rho_{H_2O}\cdot V_{H_2O} = \left(1000\frac{kg}{m^3}\right)(2\times10^{-4}m^3) = 0.2(kg)$

蒸發水莫耳數 $= \frac{0.2kg}{18\frac{kg}{kgmol}} = 0.0111(kgmol)$

=>每平方公尺蒸發水的莫耳數 $= 0.0111\left(\frac{kgmol}{m^2}\right)$

計算每千克乾空氣的水蒸氣莫爾分率：

$0.0189\frac{kgH_2O}{kgAiR}\times\frac{kgmolH_2O}{18kgH_2O}\times\frac{29kgAiR}{kgmolAiR} = 0.0304\left(\frac{kgmolH_2O}{kgmolAiR}\right)$

$=>y_{A1} = \frac{0.0304}{1+0.0304} = 0.0295$

※分母代 1 意思爲$\left(1\frac{kgmolH_2O}{kgmolAiR}\right)$，每千克莫爾的乾空氣含 1 千克莫爾水。

$$0.002\frac{kgH_2O}{kgAiR}\times\frac{kgmolH_2O}{18kgH_2O}\times\frac{29kgAiR}{kgmolAiR}=3.22\times10^{-3}\left(\frac{kgmolH_2O}{kgmolAiR}\right)$$

$$=>y_{A2}=\frac{3.22\times10^{-3}}{1+3.22\times10^{-3}}=3.2\times10^{-3}$$

$$=>y_{BM}=\frac{y_{A1}-y_{A2}}{\ln\left(\frac{1-y_{A2}}{1-y_{A1}}\right)}=\frac{0.0295-3.2\times10^{-3}}{\ln\left(\frac{1-3.2\times10^{-3}}{1-0.0295}\right)}=0.983$$

$$=>C=\frac{P}{RT}=\frac{1atm}{\left(0.082\frac{atm\cdot m^3}{kgmol\cdot k}\right)[(24+273)k]}=0.041\left(\frac{kgmol}{m^3}\right)$$

$$=>D_{AB}=\left(0.26\frac{cm^2}{sec}\right)\left(\frac{1m}{100cm}\right)^2\left(\frac{3600sec}{1hr}\right)=0.0936\left(\frac{m^2}{hr}\right)$$

$$N_A=\frac{CD_{AB}}{\delta}\frac{y_{A1}-y_{A2}}{y_{BM}}=\frac{(0.041)(0.0936)}{\left(\frac{0.6}{100}\right)}\frac{(0.0295-3.22\times10^{-3})}{0.983}=0.0171\left(\frac{kgmol}{m^2\cdot hr}\right)$$

$$=>t=\frac{\left(0.0111\frac{kgmol}{m^2}\right)}{\left(0.0171\frac{kgmol}{m^2\cdot hr}\right)}=0.6491(hr)$$

※此題摘錄於葉和明的單元操作與輸送現象(三)例題 24-1。

十四、多自變數系統的濃度分佈

此章節在考試上比例不多，但內容相似於流體力學與熱量傳送內邊界層理論部份，在此書中著重於統御方程式與邊界條件的假設，至於對於準備大型考試，除了高考二等的讀者，針對非穩態解題之過程，可以參考 Bird 或 3W 原文書之內容，針對一般考試的讀者，了解本書內容應付考試足矣。

(一)一維非穩態之質量傳送

〈例題 14－1〉如圖一所示有一含碳濃度爲C_{A0}的鋼板，先把它加熱至所需的高溫然後在$t=0$時通入含 CO 及 CO_2 的混合氣，在這些條件下，鋼板表面會使碳濃度維持在一定值C_{Ai}。因爲滲碳深度很低，鋼板可以看成半無限的固體，請寫出鋼板内碳濃度的統御方程式與邊界條件，而不需解出擴散通量。

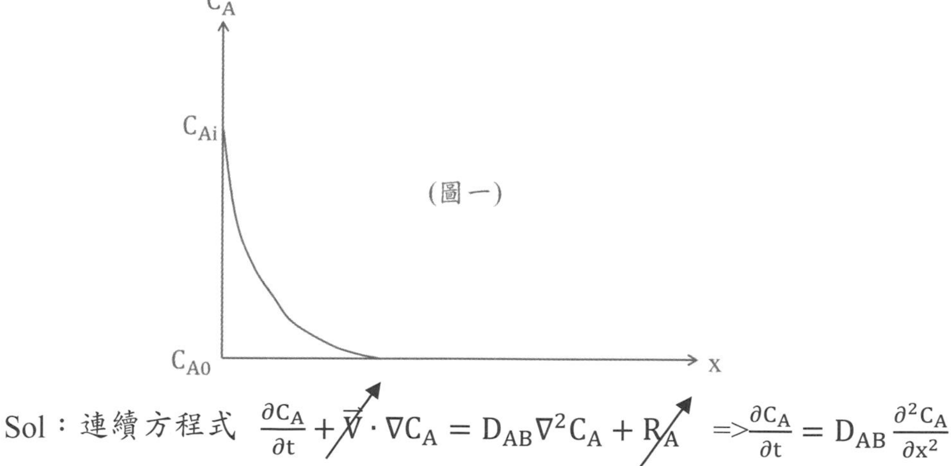

(圖一)

Sol：連續方程式 $\frac{\partial C_A}{\partial t}+\vec{v}\cdot\nabla C_A=D_{AB}\nabla^2 C_A+R_A$ => $\frac{\partial C_A}{\partial t}=D_{AB}\frac{\partial^2 C_A}{\partial x^2}$

無對流現象　　無化學反應

I.C.　$t=0$ $C_A=C_{A0}$　B.C.1 $x=0$ $C_A=C_{Ai}$　B.C.2 $x=\infty$ $C_A=C_{A0}$

〈例題 14－2〉有一多孔性平板，在 y 和 z 方向都無限大，在 x 方向的厚度爲2δ，假設板内含有 A 及 B 兩種成份，A 濃度很低爲C_{A0}，在$t=0$時將此板投入一攪拌的液體槽内，槽内 A 濃度維持爲C_{Ai}，因爲完全攪拌，所以平板的兩個面$x=0$及$x=2\delta$處 A 濃度都維持在C_{Ai}。請求出非穩態 A 濃度的統御方程式與邊界條件，而不需解出擴散通量。

Sol：連續方程式 $\frac{\partial C_A}{\partial t}+\vec{V}\cdot\nabla C_A=D_{AB}\nabla^2 C_A+R_A$ => $\frac{\partial C_A}{\partial t}=D_{AB}\frac{\partial^2 C_A}{\partial x^2}$

A 濃度很低　　　　無化學反應

I.C.　$t=0\ \ C_A=C_{A0}$

B.C.1　$x=0\ \ C_A=C_{Ai}$

B.C.2　$x=2\delta\ \ C_A=C_{Ai}$

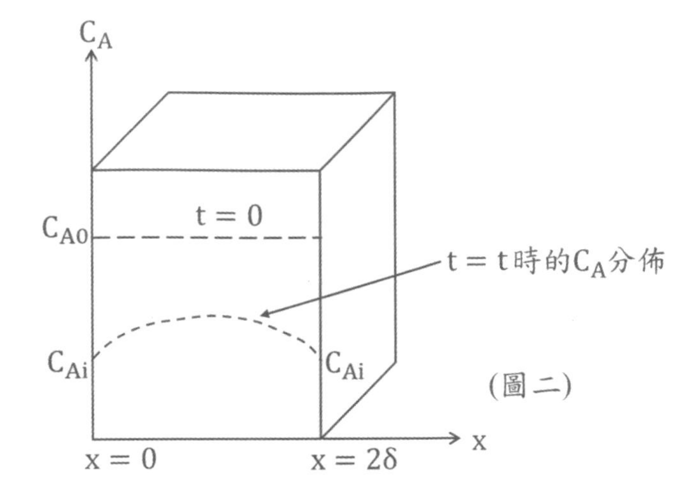

(圖二)

(二)二維穩態之質量傳送

〈例題 14－3〉水由一垂直圓管由下往上慢慢流動，至頂部後由圓管外面流下形成一薄膜如圖三右圖所示，當水膜流下時會和空氣接觸，空氣中的氧會擴散進入膜內，因爲圓管直徑很大，曲率效應(curvature effect)可以忽略，我們以直角座標來簡化這個系統如圖三所示，把系統變成牆壁寬 W，高度 L。膜厚δ的長方體；爲了簡化系統有做了以下假設：

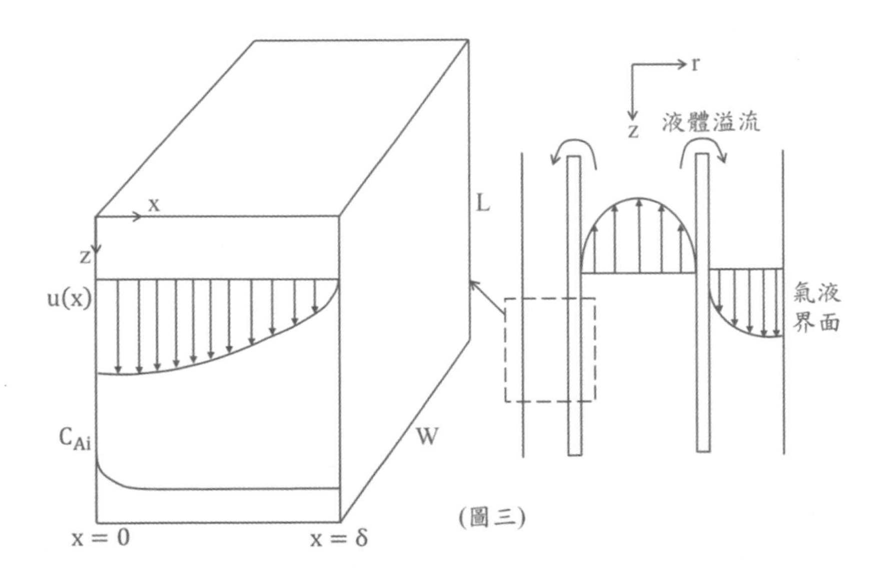

(圖三)

1.水的速度分佈不受氧氣擴散影響。2.水膜爲層流。3.氧在水中的濃度極低。4.液體的黏度是水的黏度，不受氧濃度影響。5.氧只能滲入膜內一段很薄的部份。6.D_{AB} 爲常數。7.系統爲完全發展流動(fully developed flow)；令 A 爲氧氣，而 B 爲液態水，請寫出統御方程式與邊界條件而不需解出擴散通量。

Sol：質傳連續方程式 $\cancel{\frac{\partial C_A}{\partial t}} + \vec{V}\cdot\nabla C_A = D_{AB}\nabla^2 C_A + \cancel{R_A}$

s.s　　　　無化學反應

$$=> \cancel{u_x}\frac{\partial C_A}{\partial x} + \cancel{u_y}\frac{\partial C_A}{\partial y} + u_z\frac{\partial C_A}{\partial z} = D_{AB}\left(\frac{\partial^2 C_A}{\partial x^2} + \cancel{\frac{\partial^2 C_A}{\partial y^2}} + \cancel{\frac{\partial^2 C_A}{\partial z^2}}\right)$$

$u_x = 0$　$u_y = 0$　　　　$C_A \neq f(y)$　$C_A \neq f(z)$

$$=> u_z\frac{\partial C_A}{\partial z} = D_{AB}\frac{\partial^2 C_A}{\partial x^2}$$

流體爲層流時$u_{z(x)} = u_{max}\left[1-\left(\frac{x}{\delta}\right)^2\right]$ 當$\delta \gg x$時 $\left(\frac{x}{\delta}\right)^2 \ll 1$

速度分佈$u_{z(x)} = u_{max}\left[1-\left(\frac{x}{\delta}\right)^2\right]$ 導正可參考第二章〈考題 2 − 16〉

$=> u_{z(x)} = u_{max}$ (氧氣擴散進入水膜極淺)

$$=> u_{max}\frac{\partial C_A}{\partial z} = D_{AB}\frac{\partial^2 C_A}{\partial x^2} \;=> \frac{\partial C_A}{\partial z} = \frac{D_{AB}}{u_{max}}\frac{\partial^2 C_A}{\partial x^2}$$

B.C.1 $z = 0$ $C_A = 0$ B.C.2 $x = 0$ $C_A = C_{Ai}$ B.C.3 $x = \infty$ $C_A = 0$

(三)質量傳送之邊界層理論

〈例題 14 − 4〉如圖所示有一流體 B(內含微量 A，濃度爲$C_{A\infty}$)流經一個平板，平板內含有成份 A，流體流過時，A 會擴散進入流體，形成濃度邊界層，在濃度邊界層內部，A 濃度C_A會隨著 x 及 y 改變，濃度邊界層外則維持$x < 0$時$C_{A\infty}$。請寫出濃度邊界層的統御方程式與邊界條件，而不需解出擴散通量。

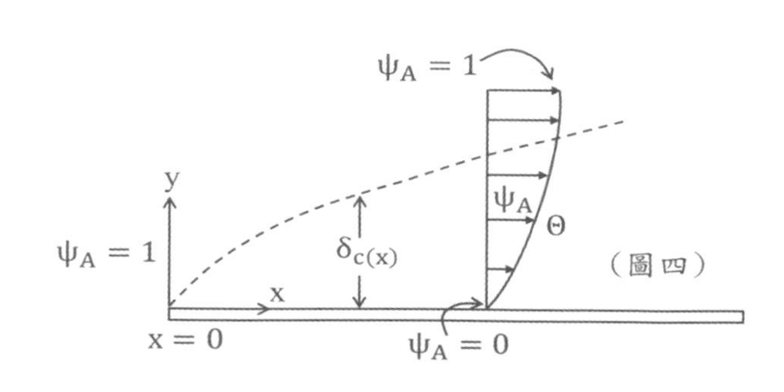

（圖四）

Sol：質傳連續方程式 $\cancel{\frac{\partial C_A}{\partial t}} + \vec{V}\cdot\nabla C_A = D_{AB}\nabla^2 C_A + \cancel{R_A}$

s.s　　　　無化學反應

$$=> u_x\frac{\partial C_A}{\partial x}+u_y\frac{\partial C_A}{\partial y}+u_z\frac{\partial C_A}{\partial z}=D_{AB}\left(\frac{\partial^2 C_A}{\partial x^2}+\frac{\partial^2 C_A}{\partial y^2}+\frac{\partial^2 C_A}{\partial z^2}\right)$$

$$u_z=0 \qquad \frac{\partial^2 C_A}{\partial y^2}\gg\frac{\partial^2 C_A}{\partial x^2} \qquad C_A\neq f(z)$$

$$=> u_x\frac{\partial C_A}{\partial x}+u_y\frac{\partial C_A}{\partial y}=D_{AB}\frac{\partial^2 C_A}{\partial y^2}$$

不考慮 z 方向，整體流體流動爲直角座標下的連續方程式 $\frac{\partial u_x}{\partial x}+\frac{\partial u_y}{\partial y}=0$

B.C.1 $x=0$ $C_A=C_{A\infty}$ B.C.2 $y=0$ $C_A=C_{As}$
B.C.3 $y=\infty$ $C_A=C_{A\infty}$

令$\phi_x=\frac{u_x}{u_\infty}$，$\phi_y=\frac{u_y}{u_\infty}$，$\Psi_A=\frac{C_A-C_{As}}{C_{A\infty}-C_{As}}$ 轉變成無因次濃度

$$=> \phi_x\frac{\partial \Psi_A}{\partial x}+\phi_y\frac{\partial \Psi_A}{\partial y}=\frac{D_{AB}}{u_\infty}\frac{\partial^2 \psi_A}{\partial y^2} \quad => \frac{\partial \phi_x}{\partial x}+\frac{\partial \phi_y}{\partial y}=0$$

B.C.1 $x=0$ $\Psi_A=1$ B.C.2 $y=0$ $\Psi_A=0$
B.C.3 $y=\infty$ $\Psi_A=1$

歷屆試題解析

〈考題 14－1〉(86 簡任升等)
如圖所示，有一牛頓流體沿一垂直板以穩定狀態層流方式(Laminar flow)向下流動。假設此流體在$z=0$成份 A 濃度爲C_{A0}，在垂直壁板塗有一層成份 A 之物質。因此吾人可以假設在$y=0$之流體中 A 成份之濃度爲$C_{A\delta}$是爲一常數。(一)試依動量均衡觀念求得在穩定狀態下流體速度分佈？(二)試依質傳均衡觀念，寫出質傳方程式與邊界條件但不需解出濃度分佈。(依當年度題目做修改)
Sol：請參考〈例題 14－3〉

〈考題 14－2〉(95 化工技師)
如下圖，一長圓管內充滿液體，中間被一隔板所隔。左邊含有溶質($C=C_0$)的水溶液，右邊爲清水($C=0$)。在時間開始時，將隔板取出，左邊的溶質擴散至右邊，

其擴散係數爲 D，請寫出統御方程式與邊界條件而不需解出擴散通量。(依當年度題目做修改)

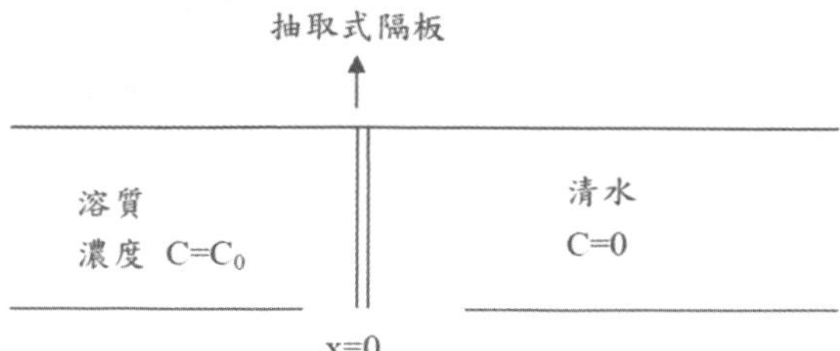

Sol：連續方程式 $\frac{\partial C}{\partial t}+\vec{V}\cdot\nabla C=D_{AB}\nabla^2 C+R_A$ => $\frac{\partial C}{\partial t}=D_{AB}\frac{\partial^2 C}{\partial x^2}$

無整體流動現象　無化學反應

I.C. $t=0\ C=0\quad x>0$　B.C.1 $x=\infty\quad C_A=0$

$C=C_0\ \ x<0$　B.C.2 $x=-\infty\ \ C_A=C_0$

〈考題 14－3〉(96 化工技師)

對於一濕壁塔吸收氣體系統，在氣體與液膜接觸時間極短的情形下，可以以滲透模式(penetration model)描寫此系統，其中V_{max}爲液膜表面流速，C_{A0}爲成份 A 在液膜表面之濃度，請寫出統御方程式與邊界條件而不需解出擴散通量。(依當年度題目做修改)

相關座標圖可參考〈例題 14－3〉

Sol：質傳連續方程式 $\frac{\partial C_A}{\partial t}+\vec{V}\cdot\nabla C_A=D_{AB}\nabla^2 C_A+R_A$

s.s　無化學反應

$=>u_x\frac{\partial C_A}{\partial x}+u_y\frac{\partial C_A}{\partial y}+u_z\frac{\partial C_A}{\partial z}=D_{AB}\left(\frac{\partial^2 C_A}{\partial x^2}+\frac{\partial^2 C_A}{\partial y^2}+\frac{\partial^2 C_A}{\partial z^2}\right)$

$u_x=0\quad u_y=0$　$C_A\neq f(y)\ \ C_A\neq f(z)$

$=>u_z\frac{\partial C_A}{\partial z}=D_{AB}\frac{\partial^2 C_A}{\partial x^2}$ 當流體爲層流時$u_{z(x)}=V_{max}\left[1-\left(\frac{x}{\delta}\right)^2\right]$

當$\delta\gg x$時 $\left(\frac{x}{\delta}\right)^2\ll 1$ $=>u_{z(x)}=V_{max}$ (氧氣擴散進入水膜極淺)

$=>V_{max}\frac{\partial C_A}{\partial z}=D_{AB}\frac{\partial^2 C_A}{\partial x^2}$ $=>\frac{\partial C_A}{\partial z}=\frac{D_{AB}}{V_{max}}\frac{\partial^2 C_A}{\partial x^2}$

B.C.1 $z=0\ \ C_A=0$ B.C.2 $x=0\ \ C_A=C_{A0}$ B.C.3 $x=\infty\ \ C_A=0$

〈考題 14 − 4〉(102 高考二等)

考慮一氣體吸收之問題，在液膜經垂直壁往下流動中，氣體中 A 成份被液膜吸收，液面(座標爲$x = 0$)之 A 成份濃度爲C_{A0}。液膜與垂直壁接觸座標爲$x = \delta$；氣體與液膜開始接觸之座標爲$z = 0$。系統之統治方程式及邊界條件爲：

$$V_{max}\left[1 - \left(\frac{x}{\delta}\right)^2\right]/(\partial C_A/\partial Z) = D_{AB}(\partial^2 C_A/\partial x^2)$$

B.C.1： at $z = 0 \quad C_A = 0$

B.C.2： at $x = 0 \quad C_A = C_{A0}$

B.C.3： at $x = \infty \quad C_A = 0$

考量氣體與液膜接觸時間極短的情況下，系統之統治方程式及邊界條件可轉變爲：$V_{max}(\partial C_A/\partial Z) = D_{AB}(\partial^2 C_A/\partial x^2)$

B.C.1： at $z = 0 \quad C_A = 0$

B.C.2： at $x = 0 \quad C_A = C_{A0}$

B.C.3： at $x = \infty \quad C_A = 0$

請解釋爲何可以做此轉變？ (依當年度題目做修改)

Sol：考量氣體和液膜的接觸時間極短，所以質傳邊界層遠小於速度邊界層，此時δ爲無限大，$\frac{x}{\delta} \ll 1$ 質傳邊界層以V_{max}移動。

十五、二成份系統之巨觀均衡

此章節考的不多，但偶而有冷箭題型出現，最主要也是質量平衡的觀念的應用，最經典的題型大概都是鹽水槽混合攪拌，另外在此章節也補充了動量平衡關係式的物理意義，可一併準備，但目前在國考中還沒有出現過，但因爲其實不難記憶，所以未來考的機會很高，所以仍需小心。

(一)質量平衡通式

成份 A 在控制體積的總累積速率：$\frac{d\dot{m}_{tot}}{dt}$ (控制體積Control Volume = C.V)

成份 A 流入與流出控制體積的累積速率：$\dot{m}_{A1}$與$\dot{m}_{A2}$
控制體積與外界成份 A 的交換速率：$\dot{m}_{AW}$

$\left[C.V\text{ 內}r_A\text{生成的成份 A 的速率}\right]-\left[C.V\text{ 內}r_A\text{消耗的成份 A 的速率}\right]=r_A$

r_A(化學反應)爲正，表示 A 是生成物，負則爲反應物。

=>$\frac{d\dot{m}_{tot}}{dt}=\dot{m}_{A1}-\dot{m}_{A2}+\dot{m}_{AW}+r_A$

(二)流動系統動量平衡 $\sum F=\iint_{C.S}\vec{V}\cdot\rho(\vec{V}\cdot\vec{n})dA+\frac{\partial}{\partial t}\iiint_{C.V}\vec{V}\rho dV$

$\iint_{C.S}\rho(\vec{V}\cdot\vec{n})dA$流體流進 C.V 的質量流速。

$\iint_{C.S}\vec{V}\cdot\rho(\vec{V}\cdot\vec{n})dA$流體流進 C.V 的淨動量流率。

$\frac{\partial}{\partial t}\iiint_{C.V}\vec{V}\rho dV$單位時間內在 C.V 的動量累積速率。

$\iint_{C.S}\vec{V}\cdot\rho(\vec{V}\cdot\vec{n})dA$與$\frac{\partial}{\partial t}\iiint_{C.V}\vec{V}\rho dV$的$\vec{V}$表示。

第一個$\vec{V}$爲流體流進 C.V 的速度。

第二個$\vec{V}$爲速度向量，視爲動量傳送方向的速度。

x-方向動量平衡方程式：$\sum \overrightarrow{F_x} = \iint_{C.S} \overrightarrow{V_x} \cdot \rho(\vec{V} \cdot \vec{n})dA + \frac{\partial}{\partial t} \iiint_{C.V} \overrightarrow{V_x} \rho dV$

類題練習

〈類題 15 − 1〉水以 5kg/hr的質量流率輸入一水槽中，並以 7kg/hr的流率輸出。已知該水槽以容納 200kg 的水，試回答下列各題：
(一)寫出該水槽質量變化的平衡方程式(二)求解該方程式(三)30hr 後，水槽質量多少？(四)水槽內的水，何時流光？

Sol：(一)總質量平衡 $\frac{d\dot{m}}{dt} = \dot{m}_1 - \dot{m}_2 = 5 - 7 = -2(kg/hr)$

(二) $\int_{200}^{\dot{m}} d\dot{m} = -\int_0^t 2dt$ => $\dot{m} = 200 - 2t$ (1)

(三)$t = 30hr$時代入上式(1) $\dot{m}|_{t=30} = (200 - 2t)|_{t=30} = 140(kg)$

(四)$\dot{m} = 0$ 代表水槽流光，代入(1)式=>$0 = 200 - 2t$ => $t = 100(hr)$

〈類題 15 − 2〉食鹽水以 5kg/hr的質量流率輸入一水槽中，並以相同的速率輸出。已知該水槽輸入的鹽水濃度爲50%，假設該塔槽攪拌均勻，在操作前已容納20kg的水，試回答下列各題：(一)寫出食鹽水溶液質量平衡方程式(二)列出食鹽質量平衡方程式，並求解方程式(三)操作至第4hr後，水槽內鹽水的質量分率與質量各爲多少？(四)該水槽以此速率需操作多久，槽內鹽水的濃度才達成穩態？

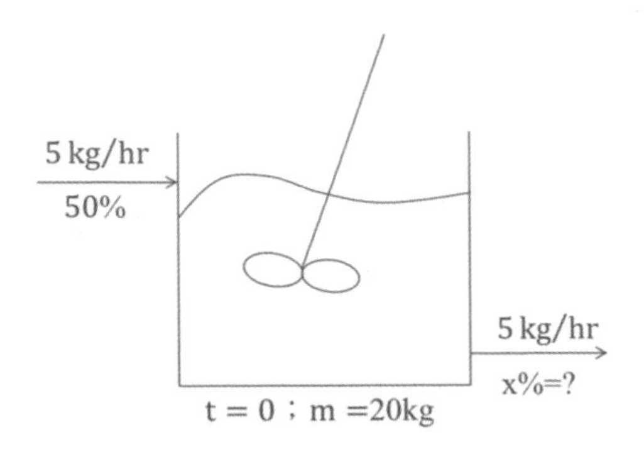

Sol：設槽內鹽水質量爲$\dot{m}$，含鹽分率爲 x

(一)總質量平衡$\frac{d\dot{m}}{dt} = \dot{m}_1 - \dot{m}_2 = 5 - 5 = 0$ =>$\int_{20}^{\dot{m}} d\dot{m} = 0$ =>$\dot{m} = 20$

(二)對食鹽做質量平衡 =>$\frac{d(\dot{m}\cdot x_A)}{dt} = \dot{m}\frac{dx_A}{dt} + x_A\frac{d\dot{m}}{dt}$

=>$20\frac{dx_A}{dt} = 5 \times 0.5 - 5x_A$ (1) =>$\int_0^{x_A}\frac{dx_A}{2.5-5x_A} = \frac{1}{20}\int_0^t dt$

令$u = 2.5 - 5x_A$ =>$du = -5dx_A$ =>$-\frac{1}{5}du = dx_A$

=>$-\frac{1}{5}\ln(2.5 - 5x_A)\Big|_0^{x_A} = \frac{1}{20}t$ =>$\ln\left(\frac{2.5-5x_A}{2.5}\right) = -\frac{1}{4}t$ 等號左右兩側取 e

=>$1 - 2x_A = e^{-\frac{1}{4}t}$ =>$x(t) = 0.5 - 0.5e^{-\frac{1}{4}t} = 0.5\left(1 - e^{-\frac{1}{4}t}\right)$ (2)

(三)$t = 4hr$ 代入(2)式=>$x(t)\Big|_{t=4}$ $=0.5\left(1 - e^{-\frac{1}{4}t}\right)\Big|_{t=4} = 0.316$

$\dot{m}_{NaCl} = \dot{m}\cdot x_A = 20 \times 0.316 = 6.32(kg)$

(四)S.S 下$t = \infty$ $\frac{dx_A}{dt} = 0$ 代入(1)式$20\frac{dx_A}{dt} = 2.5 - 5x_A$ =>$2.5 = 5x_A$ =>$x_A = 0.5$

或$x_A = 0.5$ 代入(2)式得知$t = \infty$時 $x_A = 0.5$

〈類題 15 − 3〉食鹽水以 7kg/hr的質量流率輸入一水槽中，並以 5kg/hr的速率輸出。已知該水槽輸入的鹽水濃度爲50%，假設該塔槽攪拌均勻，在操作前已容納20kg 的水，試回答下列各題：(一)寫出食鹽水溶液質量平衡方程式(二)列出食鹽質量平衡方程式，並求解方程式(三)操作至第 4hr 後，水槽內鹽水的質量分率與質量各爲多少？(四)該水槽以此速率需操作多久，槽內鹽水的濃度才達成穩態？

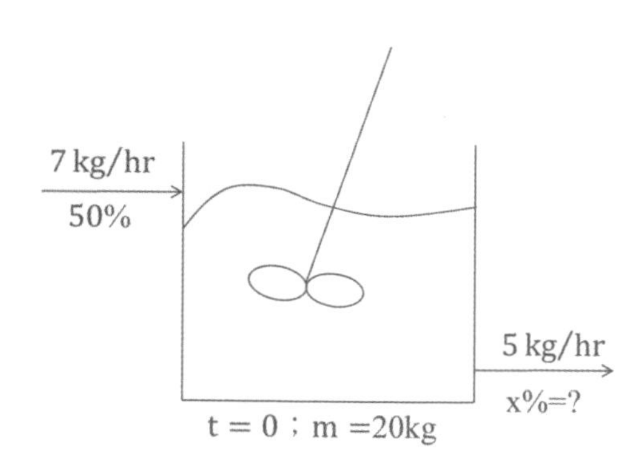

Sol：設槽內鹽水質量爲$\dot{m}$，含鹽分率爲 x

(一)總質量平衡 $\frac{d\dot{m}}{dt}=\dot{m}_1-\dot{m}_2=7-5=2$ => $\int_{20}^{\dot{m}}d\dot{m}=2\int_0^t dt$ => $\dot{m}=20+2t$ (1)

(二)對食鹽做質量平衡 => $\frac{d(\dot{m}\cdot x_A)}{dt}=\dot{m}\frac{dx_A}{dt}+x_A\frac{d\dot{m}}{dt}$

=> $(20+2t)\frac{dx_A}{dt}+2x=7\times0.5-5x_A$ (2) => $\int_0^{x_A}\frac{dx_A}{3.5-7x_A}=\int_0^t\frac{dt}{20+2t}$

令 $u=3.5-7x_A$ => $du=-7dx_A$ => $-\frac{1}{7}du=dx_A$

令 $u=20+2t$ => $du=2dt$ => $\frac{1}{2}du=dt$

=> $-\frac{1}{7}\ln(3.5-7x_A)\big|_0^{x_A}=\frac{1}{2}\ln(20+2t)\big|_0^t$ => $\ln\left(\frac{3.5-7x_A}{3.5}\right)=-\frac{7}{2}\ln\left(\frac{20+2t}{20}\right)$

=> $\ln(1-2x_A)=-\frac{7}{2}\ln(1+0.1t)$ 等號左右兩側取 e

=> $1-2x_A=(1+0.1t)^{-3.5}$ => $x(t)=0.5[1-(1+0.1t)^{-3.5}]$ (2)

(三) $t=4hr$ 代入(2)式=> $x(t)\big|_{t=4}=0.5[1-(1+0.1t)^{-3.5}]\big|_{t=4}=0.346$

=> $\dot{m}\big|_{t=4}=(20+2t)\big|_{t=4}=28$ => $\dot{m}_{NaCl}=\dot{m}\cdot x_A=28\times0.346=9.688(kg)$

(四) s.s 下 $t=\infty$ $\frac{dx_A}{dt}=0$ 代入(1)式 $(20+2t)\frac{dx_A}{dt}=3.5-7x_A$

=> $3.5=7x_A$ => $x_A=0.5$ 或 $x_A=0.5$ 代入(2)式得知 $t=\infty$ 時 $x_A=0.5$

〈類題 15－4〉有一 CSTR 純水以 150kg/hr 之流率注入槽內，而純 A 則以 30kg/hr 流率流進注入口，假設混合攪拌後，A 成份完全溶於水，此混合液以 120kg/hr 之流率流出攪拌槽。若在開始進料前，攪拌槽裡已有100kg之純水試計算 CSTR 內混合液中 A 成份。

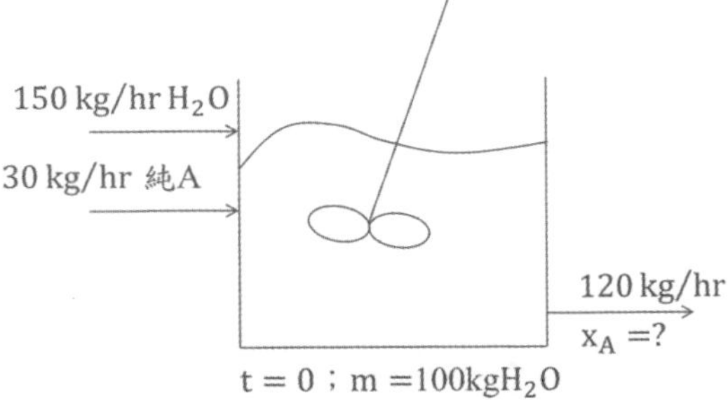

Sol：總質量平衡 $\frac{d\dot{m}}{dt} = \dot{m}_1 + \dot{m}_2 - \dot{m}_3 = (150 + 30) - 120 = 60$

$=>\int_{100}^{\dot{m}} d\dot{m} = 60\int_0^t dt$ $=>\dot{m} = 60t + 100$ (1)

對 A 成份做質量平衡 $=>\frac{d(\dot{m}\cdot x_A)}{dt} = \dot{m}\frac{dx_A}{dt} + x_A\frac{d\dot{m}}{dt}$

$=>(60t + 100)\frac{dx_A}{dt} + 60x_A = 30 - 120x_A$

$=>(60t + 100)\frac{dx_A}{dt} = 30 - 180x_A$ (2) $=>\int_0^{x_A}\frac{dx_A}{30-180x_A} = \int_0^t\frac{dt}{60t+100}$

令$u = 30 - 180x_A$ $=>du = -180dx_A$ $=>-\frac{1}{180}du = dx_A$

令$u = 60t + 100$ $=>du = 60dt$ $=>\frac{1}{60}du = dt$

$=>-\frac{1}{180}\ln(30 - 180x_A)\Big|_0^{x_A} = \frac{1}{60}\ln(60t + 100)\Big|_0^t$

$=>-\frac{1}{180}\ln\left(\frac{30-180x_A}{30}\right) = \frac{1}{60}\ln\left(\frac{60t+100}{100}\right)$ $=>\ln(1 - 6x_A) = -3\ln(0.6t + 1)$

等號左右兩側取 e $=>1 - 6x_A = (0.6t + 1)^{-3}$

$=>x(t) = \frac{1}{6}[1 - (0.6t + 1)^{-3}]$ (2)

$t = 1hr$ 代入(2)式$=>x(t)\Big|_{t=1} = \frac{1}{6}[1 - (0.6t + 1)^{-3}]\Big|_{t=1} = 0.126$

〈類題 15 – 5〉有一攪拌良好的容器，開始前槽內有 1000kg，10%的鹽水，進料流速$\dot{m}_1 = 20$ kg/min，出料流速$\dot{m}_2 = 10$ kg/min，(一)請問槽內鹽類達到 200kg 所需的時間？(二)當時間在 100min，出料中鹽的成份？

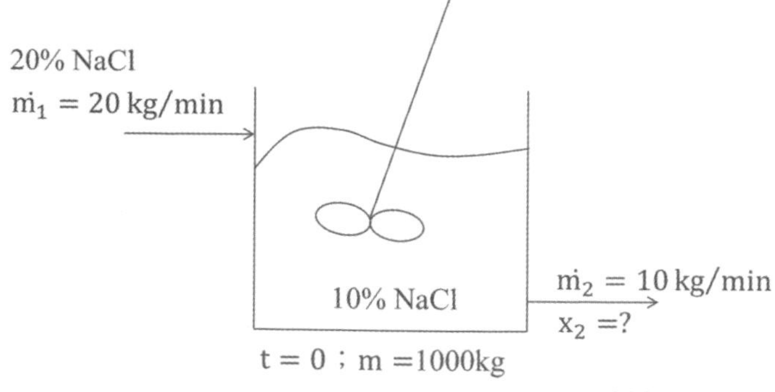

Sol：(一)總質量平衡 $\frac{d\dot{m}}{dt} = \dot{m}_1 - \dot{m}_2 = 20 - 10 = 10$

$=> \int_{1000}^{\dot{m}} d\dot{m} = 10\int_0^t dt$ $=> \dot{m} = 10t + 1000$

對鹽成份做質量平衡 $=> \frac{d(\dot{m}\cdot x_2)}{dt} = \dot{m}\frac{dx_2}{dt} + x_A\frac{d\dot{m}}{dt}$

$=> (10t + 1000)\frac{dx_2}{dt} + 10x_2 = 20 \times 0.2 - 10x_2$

$=> (10t + 1000)\frac{dx_2}{dt} = 4 - 20x_2 => \int_{0.1}^{x_2}\frac{dx_2}{4-20x_2} = \int_0^t \frac{dt}{10t+1000}$

令 $u = 4 - 20x_2$ $=> du = -20dx_2 => -\frac{1}{20}du = dx_2$

令 $u = 10t + 1000$ $=> du = 10dt$ $=> \frac{1}{10}du = dt$

$=> -\frac{1}{20}\ln(4 - 20x_2)\Big|_{0.1}^{x_2} = \frac{1}{10}\ln(10t + 1000)\Big|_0^t$

$=> -\frac{1}{20}\ln\left(\frac{4-20x_2}{2}\right) = \frac{1}{10}\ln\left(\frac{10t+1000}{100}\right)$ $=> \ln(2 - 10x_2) = -2\ln(0.01t + 1)$

等號左右兩側取 e

$=> 2 - 10x_2 = (0.01t + 1)^{-2}$ $=> x_2(t) = 0.2 - 0.1(0.01t + 1)^{-2}$ (1)

鹽的量 $= \dot{m}\cdot x_2(t) = (10t + 1000)\cdot[0.2 - 0.1(0.01t + 1)^{-2}] = 200$

$=> (2t + 200) - \frac{t+100}{(0.01t+1)^2} = 200$ (將等號左右同除以 100)

$=> (0.02t + 2) - \frac{0.01t+1}{(0.01t+1)^2} = 2$ $=> 2 + 0.02t = 2 + \frac{1}{0.01t+1}$

$=> 2 + 0.02t = \frac{0.02t+3}{0.01t+1}$ $=> 0.02t + 2 + (2 \times 10^{-4})t^2 + 0.02t = 3 + 0.02t$

$=> (2 \times 10^{-4})t^2 + 0.02t - 1 = 0$

$=> t = \frac{-0.02 \mp \sqrt{(0.02)^2 + [4\cdot(2\times10^{-4})\cdot 1]}}{2(2\times10^{-4})} = 36.6(\text{min})$ (負不合)

(二) $t = 100\text{min}$ 代入(1)式 $=> x_2(t)\big|_{t=100} = 0.175$

〈類題 15－6〉如圖所示，有一進料爲 1000kg/hr，300k 的水溶液進入蒸發器，水溶液中$MgSO_4$佔30%，其餘爲水，假設水溶液在結晶器冷卻至 288.8k 時有$MgSO_4 \cdot 7H_2O$的結晶析出。288k 的飽和溶液的溶解度爲24.5wt%。結晶過程中，進料中水的5%會被蒸發掉。請算出我們能得到多少kg/hr的結晶？Mg 及 S 的原子量分別爲 24.32 及 32.06。

Sol：$MgSO_4$分子量$= (24.32 + 32.06 + 16 \times 4) = 120.38$

$MgSO_4 \cdot 7H_2O$ 分子量 $= (24.32 + 32.06 + 16 \times 4 + 18 \times 7) = 246.38$

$MgSO_4 \cdot 7H_2O$中$MgSO_4$含量$= \frac{120.38}{246.38} \times 100\% = 48.86(\%)$

$MgSO_4 \cdot 7H_2O$中H_2O含量$= 100 - 48.86 = 51.74(\%)$

對作結晶器作質量平衡：$\cancel{\frac{d\dot{m}_{tot}}{dt}} = \dot{m}_{A1} - \dot{m}_{A2} + \cancel{\dot{m}_{AW}} + \cancel{r_A}$ (1)

$\frac{d\dot{m}_{tot}}{dt} = 0$ S.S 下；$\dot{m}_{AW} = 0$ (反應槽沒有器壁和外界成份作質量交換)

$r_A = 0$ (無伴隨其他化學反應產生)

對$MgSO_4$作平衡：$0 = 1000 \times 0.3 - 0 - C \times 0.4886 - S \times 0.245$ (2)

對H_2O作平衡：$0 = 1000 \times 0.70 - 1000 \times 0.7 \times 0.05 - C \times 0.5114 - S \times 0.755$ (3)

由(2)式=>$300 = 0.4886C + 0.245S$

由(3)式=>$665 = 0.5114C + 0.755S$，由(2)與(3)解聯立方程式 =>$C = 261.7 \left(\frac{kg}{hr}\right)$

〈類題 15－7〉考慮流體通過控制體積(如下圖所示)，dA 爲控制體積上微小面積，$\vec{n}$爲 dA 的單位向量，$\vec{V}$爲流體的速度向量，θ爲兩向量間的角度，ρ爲流體密度，V 爲控制體積，請寫出下列(1)至(3)各項的物理意義。

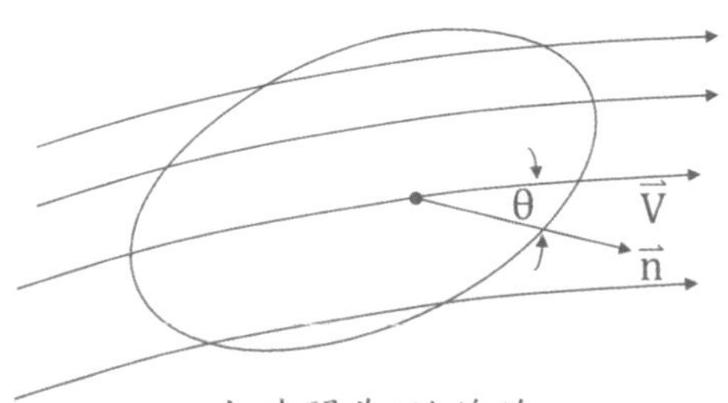

在時間為t的線流

$\oiint \rho(\vec{V}\cdot\vec{n})dA+\frac{\partial}{\partial t}\oiiint \rho dV=0$ (1)；$\oiint \vec{V}\cdot\rho(\vec{V}\cdot\vec{n})dA+\frac{\partial}{\partial t}\oiiint \rho VdV=0$ (2)

$\oiint_A V\rho\cos\theta dA$ (3)

Sol：$\oiint \rho(\vec{V}\cdot\vec{n})dA$在 C.V 中，質量因流進與流出所造成的變化量。(或流體流進 C.V 的質量流速)。

$\frac{\partial}{\partial t}\oiiint \rho dV$單位時間內在 C.V 的質量累積速率。

$\oiint \vec{V}\cdot\rho(\vec{V}\cdot\vec{n})dA$在 C.V 中，質量因流進與流出所造成的淨動量流率。(或在 C.V 中的淨動量流率)。

$\frac{\partial}{\partial t}\oiiint \rho VdV$單位時間內在 C.V 的動量累積速率。

$\oiint_A V\rho\cos\theta dA$質量輸出 C.V 的速率－質量輸入 C.V 的速率。

〈類題 15－8〉一製造 KNO_3 程序將濃度20wt% KNO_3 溶液以 1000kg/hr輸入蒸發器中，在蒸發器以 422k 的溫度移除水份，至溶液中的 KNO_3 濃度爲 50wt%再將濃的 KNO_3 溶液輸入溫度 311k 的結晶槽中進行結晶，析出結晶中含有 96 wt% KNO_3 並將含37.5wt% KNO_3 溶液回流至蒸發器中，求回流 R 的流量和結晶器出口處產品 P 的流量爲多少kg/hr？(91 二技聯招)

Sol：對外圍虛線部份作 KNO_3 的質量平衡：

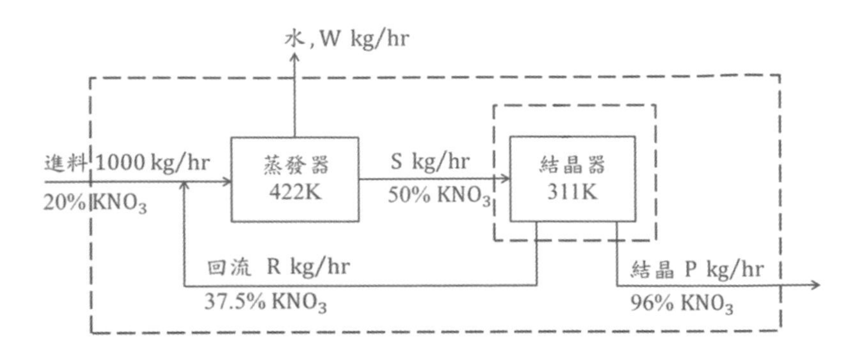

$=>1000\times0.2=P\times0.96$ $=>P=208.3\left(\frac{kg}{hr}\right)$

對結晶器虛線部份作 KNO_3 的質量平衡：

$=>S=R+P$ $=>S=R+208.3$ $=>S-R=208.3$ (1)

$=>0.5\times S=0.375\times R+0.96\times208.3$ $=>0.5S-0.375R=200$ (2)

由(1)與(2)解聯立方程式 $=>R=766.8\left(\frac{kg}{hr}\right)$

歷屆試題解析

〈考題15－1〉(92化工技師)(20分)

有一攪拌良好的貯存槽含有1000kg的甲醇水溶液(醇濃度$W_A=0.2$質量分率)。固定流量100kg/min的水突然加入槽中稀釋，而甲醇溶液開始以50kg/min定流量抽出，此二流量之物流爲連續操作，而且個別維持常數，試推導出槽中甲醇溶液濃度與時間之關係式，並求甲醇濃度降至5.0wt%所需的時間。

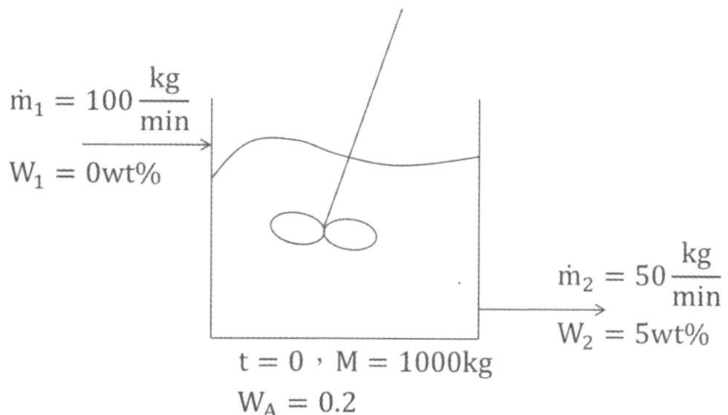

Sol：總質量平衡: $\frac{d\dot{m}}{dt}=\dot{m}_1-\dot{m}_2=100-50=50$

$=>\int_{1000}^{\dot{m}}d\dot{m}=50\int_0^t dt$ $=>\dot{m}=50t+1000$ (1)

對甲醇做質量平衡 $=>\frac{d(\dot{m}\cdot W_2)}{dt}=\dot{m}\frac{dW_2}{dt}+W_2\frac{d\dot{m}}{dt}$

$=>(50t+1000)\frac{dW_2}{dt}+50W_2=100\times0-50W_2$

$=>(50t+1000)\frac{dW_2}{dt}=-100W_2$ $=>-\frac{1}{100}\int_{0.2}^{W_2}\frac{dW_2}{W_2}=\int_0^t\frac{dt}{50t+1000}$

令$u=50t+1000$ $=>du=50dt$ $=>\frac{1}{50}du=dt$

$=>-\frac{1}{100}\ln W_2\Big|_{0.2}^{W_2}=\frac{1}{50}\ln(50t+1000)\Big|_0^t$

$=>\ln\left(\frac{W_2}{0.2}\right)=-2\ln\left(\frac{50t+1000}{1000}\right)$ $=>\ln\left(\frac{W_2}{0.2}\right)=2\ln\left(\frac{1000}{50t+1000}\right)$ (等號左右兩側取 e)

$=>W_2=0.2\left(\frac{1000}{50t+1000}\right)^2$ 當$W_2=0.05$代入左式$=>0.25=\left(\frac{1000}{50t+1000}\right)^2$

等號左右兩邊開根號$=>0.5=\frac{1000}{50t+1000}$ $=>t=20(min)$

〈考題 15－2〉(97 地方特考)(20 分)
有一體積(V_0)爲 $1m^3$的理想攪拌槽，槽內的濃度隨時皆能保持均勻。初始時($t=0$)，攪拌槽內充滿鹽(NaCl)的水溶液，其濃度(C_0)爲 $1kg/m^3$。開始計時後，純水以$0.01m^3/s$的體積流率穩定地流入該攪拌槽，同時鹽溶液以 $0.02m^3/s$的流率自槽底流出。
(一)推導溶液中鹽的濃度(C)與初始濃度(C_0)、時間(t)及攪拌槽體積(V_0)之間的關係式。(二)鹽的濃度自初始值降至 $0.05kg/m^3$需花多長的時間？

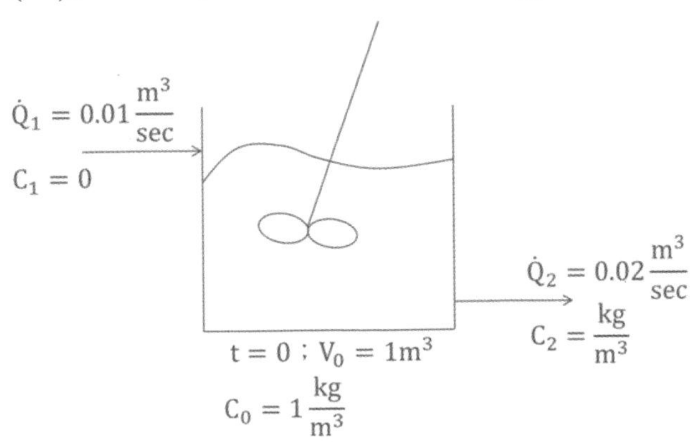

Sol：總質量平衡：$\rho Q_1-\rho Q_2=\frac{d}{dt}(\rho V)$ $=>Q_1-Q_2=\frac{dV}{dt}$

$=>0.01-0.02=\frac{dV}{dt}$ $=>\int_{V_0}^{V}dV=-0.01\int_0^t dt$ $=>V=V_0-0.01t$

對鹽作質量平衡：$C_1Q_1 - C_2Q_2 = \frac{d(C\cdot V)}{dt}$

$=> C_1Q_1 - C_2Q_2 = C\frac{dV}{dt} + V\frac{dC}{dt}$　完全攪拌$C_2 = C$

$=> 0 \times 0.01 - C \times 0.02 = -0.01C + (V_0 - 0.01t)\frac{dC}{dt}$

$=> \int_0^t \frac{dt}{(V_0 - 0.01t)} = -\frac{1}{0.01}\int_{C_0}^{C}\frac{dC}{C}$　令$u = V_0 - 0.01t$ $=> -\frac{1}{0.01}du = dt$

$=> -100\ln\left(\frac{V_0 - 0.01t}{V_0}\right) = -100\ln\left(\frac{C}{C_0}\right)$ 等號左右兩側取 e

$=> V_0 - 0.01t = V_0\left(\frac{C}{C_0}\right)$ $=> t = 100V_0\left(1 - \frac{C}{C_0}\right)$ (1)

(二)$C = 0.05\,kg/m^3$；$C_0 = 1\,kg/m^3$；$V_0 = 1m^3$

代入(1)式 $=> t = 100V_0\left(1 - \frac{C}{C_0}\right)\Big|_{C=0.05} = 95(sec)$

〈考題15－3〉(98化工技師)(24分)

時間爲零時， $t = 0$，攪拌槽內有500kg的鹽水(含10%的A)。t＞0時，開始進料，進料鹽水中含有20%的A，進料流率爲10kg/h。t＞0時，也開始出料，鹽水出料流率爲5kg/h。請由質量均衡開始，導出攪拌槽中A的質量分率W_A與時間t之間的關係式。M＝槽內鹽水質量；W_A＝槽內A之質量分率；t＝時間。

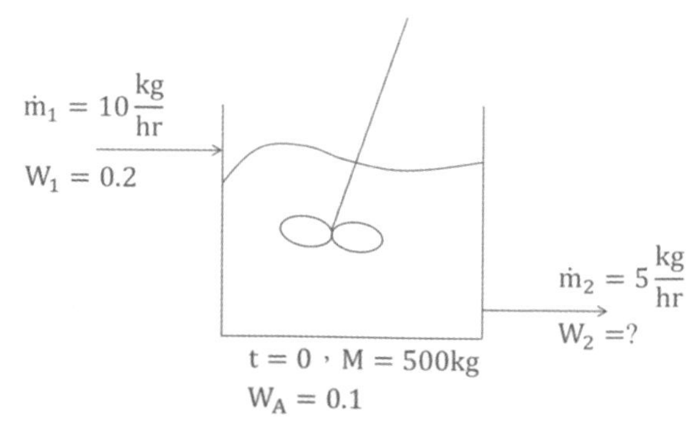

Sol：總質量平衡：$\frac{d\dot{m}}{dt} = \dot{m}_1 - \dot{m}_2 = 10 - 5 = 5$

$=> \int_{500}^{M} d\dot{m} = 5\int_0^t dt$ $=> M = 5t + 500$

對鹽做質量平衡 $=>\frac{d(M \cdot W_2)}{dt} = M\frac{dW_2}{dt} + W_2\frac{d\dot{m}}{dt}$

$=>(5t+500)\frac{dW_2}{dt} + 5W_2 = 10 \times 0.2 - 5W_2$

$=>(5t+500)\frac{dW_2}{dt} = 2 - 10W_2$ $=>\int_{0.1}^{W_2}\frac{dW_2}{2-10W_2} = \int_0^t\frac{dt}{5t+500}$

令$u = 5t + 500$ $=>du = 5dt$ $=>\frac{1}{5}du = dt$

令$u = 2 - 10W_2$ $=>-\frac{1}{10}du = dW_2$

$=>\frac{1}{5}\ln(5t+500)\Big|_0^t = -\frac{1}{10}\ln(2-10W_2)\Big|_{0.1}^{W_2}$

$=>\frac{1}{5}\ln\left(\frac{5t+500}{500}\right) = -\frac{1}{10}\ln(2-10W_2)$ (等號左右兩側取 e)

$=>2 - 10W_2 = (0.01t+1)^{-2}$ $=>W_2 = \frac{1}{10}[2-(0.01t+1)^{-2}]$

〈考題15－3〉(100經濟部特考)(8/2分)
一個鹽水調製的 CSTR 攪拌槽，最初槽內有 100kg的純水，鹽進料以 20kg/hr加入，稀釋水以 160kg/hr加入，混合液以 120kg/hr固定量流出。試算(一)1 小時後混合液流出鹽質量分率 (二)趨近穩定態(Steady state) 之混合液流出鹽質量分率。
Sol：設槽內鹽水質量爲$\dot{m}$，含鹽分率爲 x

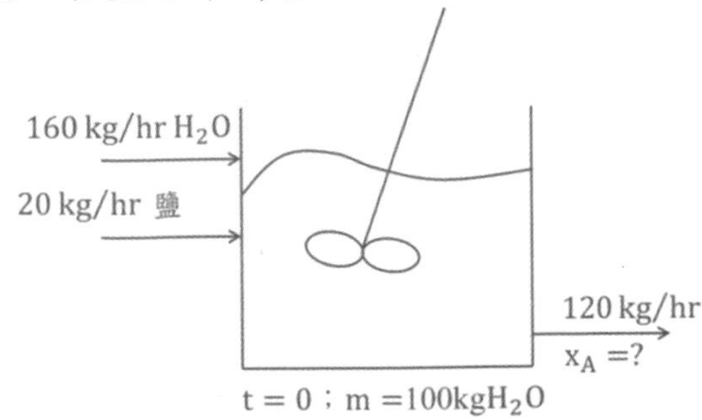

(一)總質量平衡 $\frac{d\dot{m}}{dt} = \dot{m}_1 - \dot{m}_2 = (20+160) - 120 = 60$

$=>\int_{100}^{\dot{m}} d\dot{m} = 60\int_0^t dt$ $=>\dot{m} = 100 + 60t$ (1)

對食鹽做質量平衡=>$\frac{d(\dot{m}\cdot x_A)}{dt}=\dot{m}\frac{dx_A}{dt}+x_A\frac{d\dot{m}}{dt}$

=>$(100+60t)\frac{dx_A}{dt}+60x_A=20-120x_A$ (2)

=>$\int_0^{x_A}\frac{dx_A}{20-180x_A}=\int_0^t\frac{dt}{100+60t}$ 令$u=20-180x_A$ =>$du=-180dx_A$

=>$-\frac{1}{180}du=dx_A$ 令$u=100+60t$ =>$du=60dt$ =>$\frac{1}{60}du=dt$

=>$-\frac{1}{180}\ln(20-180x_A)\Big|_0^{x_A}=\frac{1}{60}\ln(100+60t)\Big|_0^t$

=>$\ln\left(\frac{20-180x_A}{20}\right)=-3\ln\left(\frac{100+60t}{100}\right)$ =>$\ln(1-9x_A)=-3\ln(1+0.6t)$

等號左右兩側取 e =>$1-9x_A=(1+0.6t)^{-3}$

=>$x(t)=0.11[1-(1+0.6t)^{-3}]$ (3)

$t=1hr$ 代入(3)式 =>$x(t)\big|_{t=1}=0.11[1-(1+0.6t)^{-3}]\big|_{t=1}=0.08$

(二)s.s 下 $t=\infty$ $\frac{dx_A}{dt}=0$ 代入(2)式

=>$(100+60t)\frac{dx_A}{dt}+60x_A=20-120x_A$ =>$20=180x_A$ =>$x_A=0.11$

〈考題15－4〉(101關務特考)(15分)

有一攪拌良好的水槽在開始時裝有100公斤的水，將水以每小時100公斤的流速(量)流入水槽，同時也每小時加入水槽20公斤的乾鹽(NaCl)，經過完全充分攪拌後，鹽水以每小時120公斤的流速(量)流出水槽，請計算2小時後流出水槽的鹽水的濃度(重量百分比)？(指數值如下：)

X	-2.4	-1.2	1.2	2.4
Exp(X)	0.0907	0.3012	3.3201	11.0231

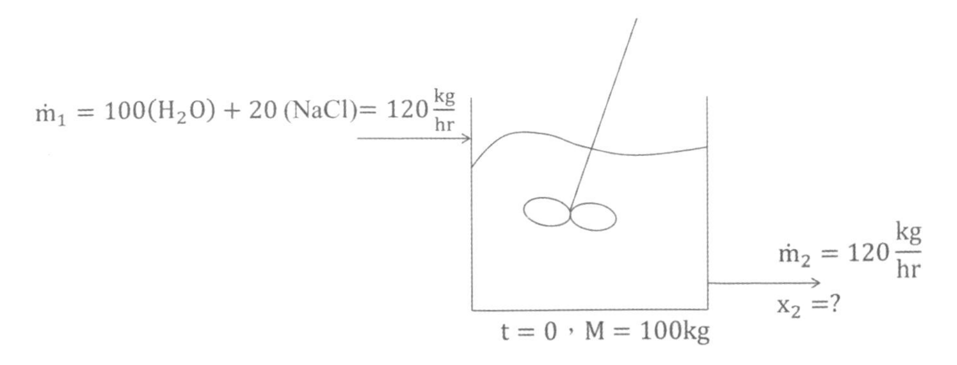

Sol：總質量平衡：$\frac{d\dot{m}}{dt} = \dot{m}_1 - \dot{m}_2 = 120 - 120 = 0$

$=> \int_{100}^{\dot{m}} d\dot{m} = 0\int_0^t dt \; => \dot{m} = 100$

對食鹽做質量平衡：

$=> \frac{d(\dot{m}\cdot x_2)}{dt} = \dot{m}\frac{dx_2}{dt} + x_2\frac{d\dot{m}}{dt} \; => 100\frac{dx_2}{dt} = 20 - 120x_2 \; => 100\int_0^{x_2}\frac{dx_2}{20-120x_2} = \int_0^t dt$ 令 $u = 20 - 120x_2$

$=> du = -120dx_2 \; => -\frac{1}{120}du = dx_2 \; => -\frac{100}{120}\ln(20 - 120x_2)\Big|_0^{x_2} = t$

$=> \ln\left(\frac{20-120x_2}{20}\right) = -1.2t$ 等號左右兩側取 e

$=> 1 - 6x_2 = e^{-1.2t} \; => x_2 = \frac{1}{6}(1 - e^{-1.2t})$ (1)

$t = 2hr$代入(1)式$=> x_2(t)\big|_{t=2} = \frac{1}{6}(1 - e^{-1.2t})\big|_{t=2} = 0.152 = 15.2(\%)$

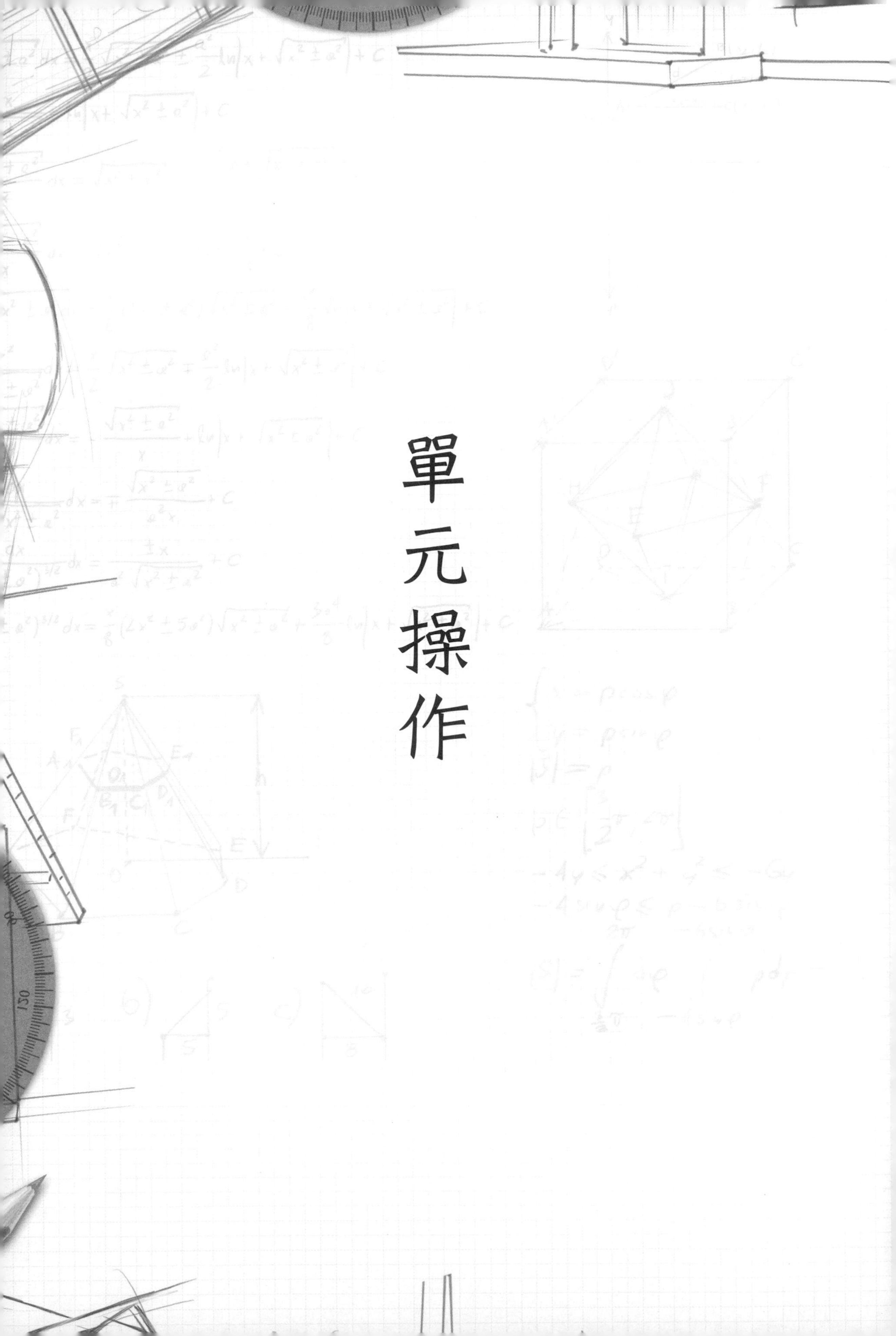

單元操作

十六、液體攪拌(流體力學)

此章節受關注的機會不大，比較容易在考試出現的部份爲攪拌槽無因次群的表示法，另外還有預防攪拌打漩的處理方式，但此章節容易準備，所以考試出來也算是送分數的好朋友。

(一)攪拌定義

爲了使 A 液體和 B 液體混合均勻，把兩種液體倒入一容器內，在容器內置入攪拌器，轉動攪拌器一段時間後，就可以使 A 和 B 混合均勻。

(二)攪拌功率消耗相關無因次群

$P_0 = f\left(Re，Fr\right)$

功率數 P_0(Power number) $= \frac{P}{D_a^5 \cdot n^3 \cdot \rho} = \frac{拖曳力(阻力)}{慣性力}$

雷諾數 Re(Reynolds number) $= \frac{D_a^2 \cdot n \cdot \rho}{\mu} = \frac{慣性力}{黏滯力}$

福祿得數 Fr(Froude number) $= \frac{D_a \cdot n^2}{g} = \frac{慣性力}{重力}$

如果攪拌槽裝有檔板，槽中的液體不形成漩渦，則Fr的影響消失=>$P_0 = f\,(Re)$

無因次群上述符號表示：

D_a 攪拌槽直徑，ρ流體密度，μ流體黏度，g重力加速度，P_0攪拌槽所需功率，n攪拌器轉速(rps)，rps = 轉/秒，rpm = 轉/分

歷屆試題解析

〈考題 16－1〉(88 簡任升等)(5 分)

請計算在旋轉半徑 5cm，旋轉速度 1000rpm 中離心力大小(單位：g forcc)

Sol：ω(角速度) $= 2\pi f$，a_R(加速度往徑向分量)

$$a_R = r\omega^2 = \left(\frac{5}{100}m\right)\left[2\pi\left(1000\frac{\text{轉}}{min} \times \frac{1min}{60sec}\right)\right]^2 = 547.7\left(\frac{m}{sec^2}\right)$$

$$g\ force(\text{離心力}) = \frac{m \cdot a_R}{g_c} = \frac{1kg \times 547.7\left(\frac{m}{sec^2}\right)}{1\frac{kg \cdot m}{N \cdot sec^2}} = 547.7(N)$$

〈考題 16－2〉(89 委任升等)(87 高考三等)(94 地方特考四等)(100 地方特考四等)請說明攪拌槽內加裝擋板之主要目的？ (4 分)

Sol：增加混合效果。

〈考題 16－3〉(96 普考)(10 分)

請舉出攪拌槽內打漩(swirling)與環流的三種方式。

Sol：1.軸作偏心安置(垂直放置但不要放在桶中心位置)。

2 轉軸斜放。3.轉軸垂直置於桶中央，但在桶子內壁上加裝 4 個擋板。

4.將輪葉固定在槽的旁邊與直徑成一夾角。

十七、等溫系統之界面動量傳送(流體化床與粒子流動狀態)

此章節偶而有配分較少題目出現，但比例上較低，流體化床壓降計算與定義則是出現在高普特考居多，經濟部特考則還沒出現過類似題目，但其實石化業流體化床反應器比例甚高，所以準備經濟部特考的朋友們也需多注意冷箭題型。

(一)拖曳力或牽引力(Drag Force) F_D：

定義：流動流體對於物體流動方向產生的力，以帶動物體。或靜止流體對通過之移動物體所施予物體移動方向相反之拉力，阻礙物體之運動。

總拖曳力(F_D) =壁拖曳力(F_W) +形狀拖曳力(F_F)

壁拖曳力(Wall Drag Force)：由壁剪應力產生之拖曳力。

形狀拖曳力(Form Drag Force)：由壓力產生之拖曳力。

拖曳係數(Drag coefficient)

$$\boxed{C_D = \frac{F_D/A_p}{\frac{\rho u_0^2}{2g_c}} = \frac{\text{拖曳力}}{\text{慣性力}}}$$

A_p物體在與流動方向垂直面之投影面積

u_0流體接近固體的速度，ρ流體密度

(二)潛流(Creeping flow)和史托克定律(Stoke′s law)

流體以$Re_{(P)} < 1.0$ 以層流方式通過球體粒子。

Stoke′s law $\boxed{F_D = 3\pi\mu u_0 D_P}$ (1)由實驗得到若離球體粒子的直徑 20 倍以內有固體壁存在，則需對 Stoke′s law 予以修正。

拖曳係數公式移項可得到 $\Rightarrow F_D = C_D \cdot A_p \frac{\rho u_0^2}{2g_c}$ (2)

合併(1)&(2)式 $\Rightarrow 3\pi\mu u_0 D_P = C_D \cdot \frac{\pi}{4} D_p^2 \frac{\rho u_0^2}{2g_c} \Rightarrow \boxed{C_D = \frac{24\mu}{\rho u_0 D_P} = \frac{24}{Re_{(P)}}}$

(三)球型粒子的沉降運動：

自由沉降：單一顆粒或者顆粒群在流體中充份分散，顆粒不會產生碰撞或干擾。
干擾沉降：沉降時顆粒間相互干擾，使沉降速度減小。

(四)粒子終端速度(96 經濟部特考)
累積量=靜力(當顆粒達到力平衡，速度爲定值，此速度稱終端速度)

$\frac{d}{dt}(mV) = F_g - F_b - F_D$ =>$F_g = F_b + F_D$ (重力=浮力+拖曳力)

=>$m\frac{dV}{dt} = mg - \frac{m\rho g}{\rho_p} - C_D \cdot A_p \frac{\rho u_0^2}{2g_c}$ 在 S.S(穩態)下， $\frac{dV}{dt} = 0$ $u_0 = V_t$

=>$mg - \frac{m\rho g}{\rho_p} - C_D \cdot A_p \frac{\rho V_t^2}{2g_c}$ =>$V_t = \sqrt{\frac{2g(\rho_p-\rho)m}{A_p \cdot \rho_p \cdot C_D \cdot \rho}}$ (1)

又$m = \rho_p \cdot V_P = \rho_p \cdot \frac{\pi}{6} D_p^3$；$A_p = \frac{\pi}{4} D_p^2$ 代入上式(1)

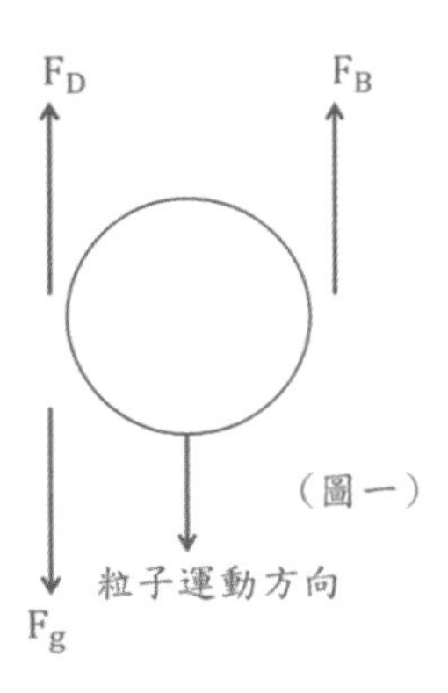

(圖一)

=> $\boxed{V_t = \sqrt{\frac{4D_P \cdot g(\rho_p-\rho)}{3C_D \cdot \rho}}}$ (2)

層流下，$Re_{(P)} < 1.0$ =>$C_D = \frac{24}{Re_{(P)}}$

代入(2)式 $\boxed{V_t = \frac{D_p^2 \cdot g(\rho_p-\rho)}{18\mu}}$ Stoke's law 範圍

亂流下，1000< $Re_{(P)} < 2 \times 10^5$ =>$C_D \doteqdot 0.44$ 代入上式(2)

=> $\boxed{V_t = 1.75\sqrt{\frac{D_P \cdot g(\rho_p-\rho)}{\rho}}}$ 牛頓範圍

※C_D值如果題目沒給的情況下，需配合查C_D Vs. $Re_{(P)}$圖，查C_D再代入公式求解。(此圖摘錄於 McCabe 第六版)

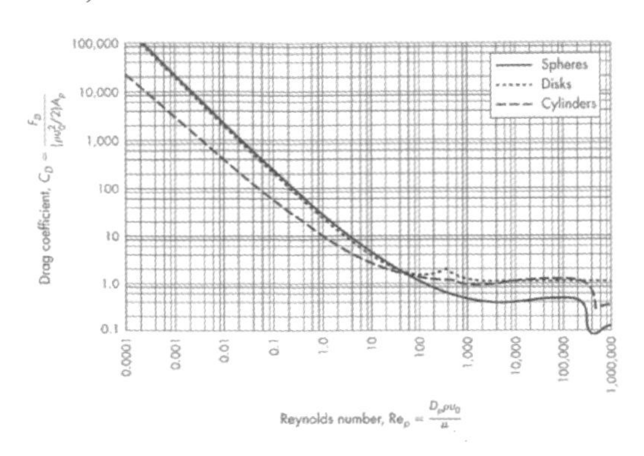

(五)填充床內的流體流動：

以一個中空塔(tower)中裝入一顆顆的填充物，流體由底部進入由頂端流出，也可逆向操作，這種裝置常用於吸收塔，在蒸餾中也可當反應器使用時，這些填充物就是類似流體化床使用觸媒。

分析填充床內流體流動前，必須有假設來簡化問題：

(1) 填料在流體化床內填充相當均勻。

(2) 在流體化床內無溝流現象(channeling)現象，也就是流體不會抄近路，專循某個路徑走，而某些地方流不到。

(3) 床的直徑比填料尺寸大很多，這表示床壁對流體流動的影響可以忽略。

床的空隙分率(Void fraction) $\varepsilon = \dfrac{\text{空隙體積}}{\text{床體積(空隙體積與填料體積的總和)}}$

填料的比表面積$a_V(m^2 \cdot m^{-3})$ $a_V = \dfrac{S_p}{V_p} = \dfrac{\text{填料表面積}}{\text{填料體積}}$ (1)

圓球填料定義 $a_V = \dfrac{\pi D_p^2}{\frac{\pi}{6}D_p^3} = \dfrac{6}{D_p} \Rightarrow D_p = \dfrac{6}{a_V}$ (2)

上面都是用以表示填料爲圓球顆粒，如果以床爲基準的比表面積爲：

$$a = \frac{\text{填料表面的和}}{\text{床體積}} = \frac{S_p}{V_p}(1-\varepsilon) = a_V(1-\varepsilon) = \frac{6}{D_p}(1-\varepsilon) \quad (3)$$

階間速度(interstitial velocity)u(m/sec)：在填充床空隙中實際的流體流速。

表觀速度(superficial velocity)u′(m/sec)：在所有條件不變下，填充床中無填充物下的流體流速。

填充物拿掉後，可供流動的面積會增加，但相對的速度會慢了下來 $\Rightarrow u \gg u'$

$\Rightarrow u' \cdot A = u \cdot A \cdot \varepsilon$ (式中的 A 代表填充床的面積)

$\Rightarrow$ $u' = u \cdot \varepsilon$ (4)

水力半徑的觀念在填充床可以定義爲以下表示：

$$r_H = \frac{\text{床中空隙體積/床體積}}{\text{床中填充物被水潤濕的面積/床體積}} = \frac{\varepsilon}{a} \quad (5)$$

將(3)代入(5)式 $\Rightarrow$ $r_H = \dfrac{\varepsilon \cdot D_p}{6(1-\varepsilon)}$ (6) Re 的定義爲$Re = \dfrac{D_{eq}u\rho}{\mu} = \dfrac{(4r_H)u\rho}{\mu}$ (7)

u爲階間速度(interstitial velocity)

由(4)&(6)代入(7)式=> $Re = \dfrac{\left[4 \cdot \frac{\varepsilon \cdot D_p}{6(1-\varepsilon)}\right] \cdot \left(\frac{u'}{\varepsilon}\right) \cdot (\rho)}{\mu} = \dfrac{4}{6(1-\varepsilon)} \cdot \dfrac{D_p u' \rho}{\mu}$ (8)

填充床研究者爾根(Ergan)把上式(8)的$\frac{4}{6}$拿掉，因此變爲=>$Re = \frac{D_p u' \rho}{\mu(1-\varepsilon)}$ (8-1)

把填料全部溶在一起，空隙也聚在一起，然後利用這些空隙體積做成很多管子，填料體積則等於包圍在管子外面固體的體積，就是一般化工廠常見的填充床反應器了，如下圖二所示。

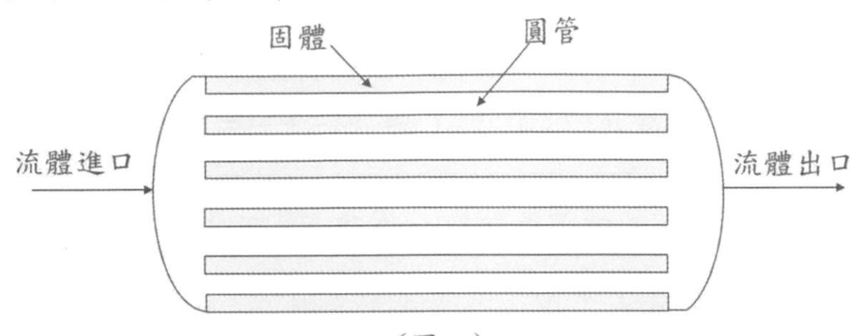

(圖二)

由黑根-帕舒(Hagen-Poiseuill)方程式：$\dot{Q} = \frac{\pi R^4}{8\mu}\left(\frac{\partial \bar{P}}{\partial z}\right)$ (9)

=>$u \cdot \pi R^2 \cdot \rho = \left[\frac{P_0 - P_L}{L} + \rho g\right]\frac{\pi R^4 \rho}{8\mu}$ 平均速度爲階間速度u(m/sec)

$\frac{\partial \bar{P}}{\partial z} = \frac{P_0 - P_L}{L} + \rho g$ 且$R = \frac{D}{2}$；則(9)式可改寫爲 $-\Delta P = \frac{32\mu u L}{g_c D^2}$ (10)

$D = 4r_H = \frac{4\varepsilon \cdot D_p}{6(1-\varepsilon)}$ (11) $u = \frac{u'}{\varepsilon}$ (12) 將(11)與(12)代入(10)得

=>$\Delta P = \frac{72\mu u' L}{D_p^2}\frac{(1-\varepsilon)^2}{\varepsilon^3}$ (13)

上式的L(m)爲床高，它代表流體由床底走到床頂的長度是不對的，實際的長度一定比 L 還要長，經實際實驗修正後，以$\frac{150}{72}$L來表示流體走的路長度比較符合實際，因此實驗數據爲150下(13)式修正爲：

$\Delta P = \frac{150\mu u' L}{D_p^2}\frac{(1-\varepsilon)^2}{\varepsilon^3}$ (14) (Blake-kozney equation)

實驗是在層流下進行$\varepsilon = 0.5$，$Re < 10$；如果在亂流下：$\Delta P = 4f\frac{L}{D}\frac{\rho u^2}{2g_c}$ (15)，且

$f = \frac{1.75}{12}$ 將(16)&(11)&(12)代入(15)式得

=>$-\Delta P = \frac{1.75\rho(u')^2 L}{D_p}\frac{(1-\varepsilon)}{\varepsilon^3}$ (17) $Re > 1000$

如果在$10 < Re < 1000$的過渡區，則(14)和(17)式合併：

$$=> \Delta P = \frac{150\mu u' L}{D_p^2}\frac{(1-\varepsilon)^2}{\varepsilon^3} + \frac{1.75\rho(u')^2 L}{D_p}\frac{(1-\varepsilon)}{\varepsilon^3} \quad (18)$$

(18)式可以應用到所有的範圍，速度小時的層流，(18)式右邊第二項比第一項小很多，可以忽略成(14)式，當亂流時，右邊第一項比第二項小，把它刪除可以得到(17)式；將(8-1)的 Re 定義與$G' = \rho u'$代入(18)式

$=> \frac{\Delta P \cdot \rho}{(G')^2}\frac{D_p}{L}\frac{\varepsilon^3}{1-\varepsilon} = \frac{150}{Re} + 1.75$ (19)；當 Re 很小時 $=> \frac{\Delta P\rho}{(G')^2}\frac{D_p}{L}\frac{\varepsilon^3}{1-\varepsilon} = 0$

當 Re 很大時 $=> 0 = \frac{150}{Re} + 1.75$ ；(19)式通常用於液體下，因此氣體式可壓縮流體，密度會跟著改變，因此密度需要用出入口密度的平均值(18)和(19)式都稱爲爾根方程式(Ergan equation)，用來計算填充床的壓力降ΔP

※上述導正過程僅供參考，準備考試只要記下黑框內的結果即可！

(六)流體化床概念

最小流體化：當一流體以低速度向上流過一粒子之填充床時，粒子仍保持靜止，當流體速度增加直至某速度時，粒子正要開始運動，稱爲最小流體化(minimum fluidization)，此時的流體速度稱爲最小流體化速度v_{mf}。

流體化最小孔隙度：當達最小流體化時，床所具有之空隙度稱爲流體化之最小孔隙度ε_{mf}(minimum porosity fluidization)。

1.床高 L 與孔隙度ε之關係

固體粒子之總體積爲$LA(1-\varepsilon)$爲定值時：$L_1A(1-\varepsilon_1) = L_2A(1-\varepsilon_2)$

$$\boxed{\frac{L_1}{L_2} = \frac{1-\varepsilon_2}{1-\varepsilon_1}}$$ 其中 A 爲床的截面積；L 爲床之高度

2.流體化機構(圖三)：

(1) O 至 A 區域：粒子靜止不動，爲靜止床。

(2) A 至 F 區域：粒子床瞬間蠕動，並趨於靜止，其壓力降也先增後減，由 A、B 而 F，處於靜態和動態間，稱爲中間區域。

(3) F 點：在此點粒子正要開始運動稱爲最小流體化。

(4) F 至 P 區域：粒子有如流體流動，稱爲流體化床(fluidization beds)，此時流

體之拖曳力將粒子帶動，自粒子床跳出，然因跳出之粒子在較大區間，得不到足以繼續帶動之牽引力而落入粒子床，如此跳上落下之現象，稱爲分批流體化或沸騰床。

(5) P 後區域：在更高速度，其拖曳力足以將粒子自粒子床向外移動，即 P 點以後，粒子連續不斷地移開，稱爲連續流體化。

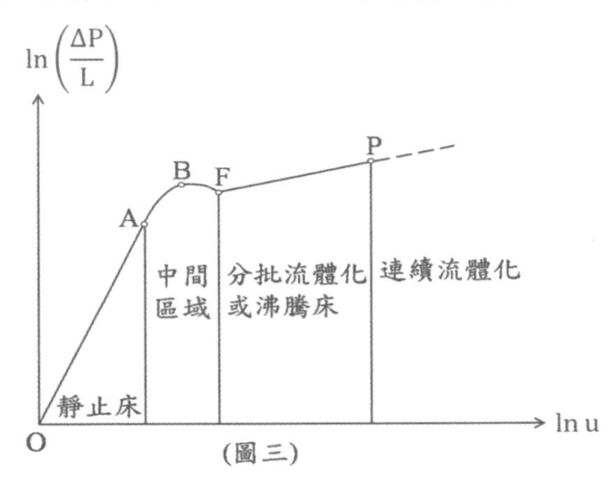

(圖三)

(七)壓力降與最小流體化速度

拖曳力(壓力降$\Delta P\times$床截面積 A) + 浮力 = 重力

$$=>\Delta PA + LA(1-\varepsilon)\rho g = LA(1-\varepsilon)\rho_p g$$

$\frac{\Delta P}{L} = (1-\varepsilon)(\rho_p-\rho)g$ 開始流體化時$\varepsilon\to\varepsilon_{mf}$，$L\to L_{mf}$

$$=> \boxed{\frac{\Delta P}{L_{mf}} = (1-\varepsilon_{mf})(\rho_p-\rho)g}$$

開始流體化時$\varepsilon\to\varepsilon_{mf}$，$L\to L_{mf}$，$u'\to V_{mf}$套用至(18)式

$$\frac{\Delta P}{L_{mf}} = \frac{150\mu V_{mf}}{D_p^2}\frac{(1-\varepsilon_{mf})^2}{\varepsilon_{mf}^3} + \frac{1.75\rho(V_{mf})^2}{D_p}\frac{(1-\varepsilon_{mf})}{\varepsilon_{mf}^3}$$

Geankoplis 原文書中將ϕ_s球度也一併考慮如下：

$$\frac{\Delta P}{L_{mf}} = \frac{150\mu V_{mf}}{\phi_s^2 {D_p}^2}\frac{(1-\varepsilon_{mf})^2}{\varepsilon_{mf}^3} + \frac{1.75\rho(V_{mf})^2}{\phi_s D_p}\frac{(1-\varepsilon_{mf})}{\varepsilon_{mf}^3}$$

類題解析

〈類題 17－1〉直徑爲2mm之圓球在密度 $0.2g/cm^3$，黏度爲$3Pa\cdot s$之液體中，試求所受0.5 m/sec之拖曳阻力與拖曳阻力係數？

Sol：$Re_{(p)}=\frac{D_p u\rho}{\mu}=\frac{(2\times10^{-3})(0.5)(200)}{3}=0.067<1.0$

$C_D=\frac{24}{Re}=\frac{24}{0.067}=358.2$

$F_D=C_D\cdot A_p\frac{\rho u_0^2}{2g_c}=(358.2)\left[\frac{\pi}{4}(2\times10^{-3})^2\right]\frac{(200)(0.5)^2}{2(1)}=0.028(N)$

另解：$F_D=3\pi\mu u_0 D_P=3\pi(3)(0.5)(2\times10^{-3})=0.028(N)$

〈類題 17－2〉直徑爲 2mm 鋼球，在密度 $7.87g/cm^3$，在密度 $1.12g/cm^3$之流體中沉降，經測量其終端速度爲$v_t=3.2\,cm/sec$，則流體之黏度爲多少 cp？假設在 Stoke′s law 範圍內。

Sol：$V_t=\frac{D_p^2\cdot g(\rho_p-\rho)}{18\mu}$ =>$3.2=\frac{\left(\frac{2}{10}\right)^2(980)(7.87-1.12)}{18\mu}$

=>$\mu=4.6\left(\frac{g}{cm\cdot sec}\right)=460(cp)$

Check => $Re_{(p)}=\frac{D_p u\rho}{\mu}=\frac{(0.2)(3.2)(1.12)}{4.6}=0.156<1.0$

因爲$Re_{(p)}<1.0$ 所以在 Stoke′s law 範圍內假設合理！

〈類題 17－3〉直徑爲 10mm 鋼球，在密度 $7.87g/cm^3$，流體之黏度爲 10cp，密度爲 $0.88g/cm^3$之流體中沉降，請問此鋼球之其終端速度爲何？假設在牛頓範圍內。

Sol：$V_t=1.74\sqrt{\frac{D_P\cdot g(\rho_p-\rho)}{\rho}}=1.74\sqrt{\frac{(1)(980)(7.87-0.88)}{(0.88)}}=154\left(\frac{cm}{sec}\right)$

Check => $Re_{(p)}=\frac{D_p u\rho}{\mu}=\frac{(1)(154)(0.88)}{10\times10^{-2}}=1355$

因爲$Re_{(p)}$在 1000-200000 所以牛頓範圍內假設合理！

〈類題 17 − 4〉固體粒子尺寸爲 0.12mm，球度$\emptyset_s$爲 0.88，密度爲 $1000kg/m^3$在 2atm 和 25°C下利用空氣使其流體化，而最小流體化空隙度爲ε_{mf}爲 0.42。空氣密度爲 $2.374kg/m^3$，黏度爲$1.845\times10^{-5}Pa\cdot s$。(一)假如空床截面積爲 $0.3m^2$且床含 300kg 的固體，計算流體化床最小高度。(二)計算最小流體化之壓力降。(三)計算最小流體化速度。(Geankoplis 例題 3.1-6)

Sol：(一)固體體積 $=\frac{300}{1000}=0.3(m^3)$，$\varepsilon_1=0$，$L_1=\frac{固體體積}{空床截面積}=\frac{0.3m^3}{0.3m^2}=1(m)$

$\frac{L_{mf}}{L_1}=\frac{1-\varepsilon_2}{1-\varepsilon_{mf}}$ =>$\frac{L_{mf}}{1}=\frac{1-0}{1-0.42}$ =>$L_{mf}=1.724(m)$

(二)$\Delta P=L_{mf}(1-\varepsilon_{mf})(\rho_p-\rho)g=1.724(1-0.42)(1000-2.374)9.8=9776(Pa)$

(三)$\frac{\Delta P}{L_{mf}}=\frac{150\mu v_{mf}}{\emptyset_s^2D_p^2}\frac{(1-\varepsilon_{mf})^2}{\varepsilon_{mf}^3}+\frac{1.75\rho(V_{mf})^2}{\emptyset_sD_p}\frac{(1-\varepsilon_{mf})}{\varepsilon_{mf}^3}$

=>$\frac{9776}{1.724}=\frac{150(1.845\times10^{-5})V_{mf}(1-0.42)^2}{(0.88)^2\left(\frac{0.12}{1000}\right)^2(0.42)^3}+\frac{1.75(2.374){V_{mf}}^2(1-0.42)}{(0.88)\left(\frac{0.12}{1000}\right)^3(0.42)^3}$

=>$V_{mf}=0.005\left(\frac{m}{sec}\right)$

〈類題 17 − 5〉圓柱形的氣體流體化床，最小流體化時空床速度 0.7m/sec，床高 0.3m，孔隙度 0.42，若空床流速增加至 0.8m/sec，床高 0.36m，問此時孔隙度若干？假設流體化床內固體粒子量不變。

Sol：$\frac{L_1}{L_2}=\frac{1-\varepsilon_2}{1-\varepsilon_1}$ =>$\frac{0.3}{0.36}=\frac{1-\varepsilon_2}{1-0.42}$ =>$\varepsilon_2=0.52$

〈類題 17 − 6〉空氣流經固定床(fixed bed)，床直徑 0.54m 高 2.6m，其中填滿直徑(D_p)10.2mm 玻璃球，孔隙(ε)0.36，已知空氣流量爲 0.382kg/sec，密度 $1.22kg/m^3$(平均氣壓條件下)，黏度(μ)$1.9\times10^{-5}Pa\cdot s$，(一)估算空床速度 (superficial velocity, V_s)及(二)雷諾數(Reynolds number, N_{Re})$N_{Re}=\frac{D_pV_s\rho}{(1-\varepsilon)\mu}$

(definition of Reynolds number)

Sol：

(一)空床速度$V_s=\frac{\dot{m}}{\rho A}=\frac{0.382}{1.22\times\frac{\pi}{4}(0.54)^2}=1.38\left(\frac{m}{sec}\right)$

(二) $N_{Re}=\frac{D_pV_s\rho}{(1-\varepsilon)\mu}=\frac{\left(\frac{10.2}{1000}\right)(1.38)(1.22)}{(1-0.36)(1.95\times10^{-5})}=1376$

歷屆試題解析

〈考題 17－1〉(81 化工技師)(20 分)

如圖三所示，爲一內徑 0.22m 玻璃柱之填充塔，塔內點 2 和點 3 間 1m 裝有 10mm 直徑之小球體，水在 20°C從玻璃柱上端流經玻璃柱內，假設水之液位維持在高於填充床上 3m 處，是求得水之柱內之表面速度(superficial velocity)。

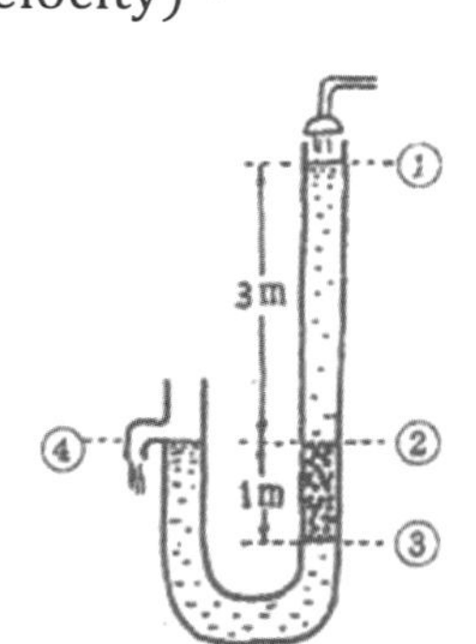

$$\frac{g\Delta Z}{g_c}+\frac{\Delta u^2}{2g_c}+\frac{\Delta P}{\rho}+W_s+\sum F=0$$

$$\sum F=\frac{150(1-\varepsilon)^2\mu L u_0}{g_c\varepsilon^3 d_p^2\rho}+\frac{1.75(1-\varepsilon)Lu_0^2}{g_c\varepsilon^3 d_p}$$

ε填充塔孔隙度$=0.38$；μ水之黏度

1.0×10^{-3} kg/m · sec

d_p小球體填充料之直徑；ρ液體密度；L 填充塔高度

Sol：在同一液面下，由圖得知點 2 與點 4 的壓力相等

對點 1 與點 4 做機械能平衡：

$$\frac{g\Delta Z}{g_c}+\frac{\Delta u^2}{2g_c}+\frac{\Delta P}{\rho}+W_s+\sum F=0 \quad \Rightarrow \sum F=9.8(3)=29.4\left(\frac{J}{kg}\right)$$

$D_1=D_4$忽略速度項；$P_1=P_4$忽略壓力項；$W_s=0$(無軸功)

$$\Rightarrow 29.4=\frac{150(1-0.38)^2(1.0\times10^{-3})(1)u_0}{(1)(0.38)^3\left(\frac{10}{1000}\right)^2(1000)}+\frac{1.75(1-0.38)(1)u_0^2}{(1)(0.38)^3\left(\frac{10}{1000}\right)}$$

$$\Rightarrow 29.4=10.508u_0+1977.33u_0^2 \quad \Rightarrow 1977.33u_0^2+10.508u_0-29.4=0$$

一元二次方程式 $\Rightarrow u_0=\frac{-10.508\mp\sqrt{(10.508)^2+4(1977.33\times29.4)}}{2(1977.33)}=0.119$(負不合)

$=> u_0 = 0.119\left(\frac{m}{sec}\right)$

〈考題 17 – 2〉(84 化工技師)(20 分)

流體化床之優缺點是什麼?敘述一求起始流體化速度之方法。

Sol:優點:粒子接觸表面積大、放熱反應熱量容易發散、結晶烘乾時乾燥速率大。缺點:壓力降落差大、粒子會因碰撞而破損、微小粒子隨流體流失。流體化速度之方法:請參考重點整理流體化敘述。

〈考題 17 – 3〉(87 高考三等)(20 分)

某研究人員欲以一沉降原理之粒徑分析儀量測一粉體之粒徑分佈。該分析儀係以史托克定律(Stoke's law)計算粒徑。粉體之比重爲 2,粒徑範圍爲 100μ至 1000μ,而溶劑爲水。試問該分析儀是否適用?如否可採用何法?

Stoke's law $u = \frac{g(\rho_p-\rho)}{18\mu}L^2$;L 固體粒徑;u 粒子的終端速度;ρ_p固體粒子密度;ρ溶劑密度;μ溶劑黏度,$1.25\times10^{-3}\ kg/m\cdot sec$

Sol:$L_1 = 100\mu m\times\frac{10^{-6}m}{1\mu m} = 10^{-4}(m)$;$L_2 = 1000\mu m\times\frac{10^{-6}m}{1\mu m} = 10^{-3}(m)$

$=> u_1 = \frac{9.8(2000-1000)(10^{-4})^2}{18(1.25\times10^{-3})} = 4.35\times10^{-3}\left(\frac{m}{sec}\right)$

Check => $Re_{(p)} = \frac{L_1u_1\rho}{\mu} = \frac{(10^{-4})(4.35\times10^{-3})(1000)}{1.25\times10^{-3}} = 0.348 < 1.0$

因爲$Re_{(p)} < 1.0$ 所以在 Stoke's law 範圍內假設合理!

$=> u_2 = \frac{9.8(2000-1000)(10^{-3})^2}{18(1.25\times10^{-3})} = 0.435\left(\frac{m}{sec}\right)$

Check => $Re_{(p)} = \frac{L_2u_2\rho}{\mu} = \frac{(10^{-3})(0.435)(1000)}{1.25\times10^{-3}} = 348 > 1.0$

※$Re_{(p)} < 1.0$才符合 Stoke's law 範圍,所以在 1000μ的粒徑下不適用,必須使用經驗圖表由$Re_{(p)}$查表求得C_D再代入經驗式中求解。

〈考題 17 – 4〉(88 化工技師)(20 分)

有一填充床,床直徑 40cm,床高 50cm。填充材料爲邊長 2cm 之正方形固體,填充材料之密度爲 1500kg/m^3,填充床之整體密度爲 1200kg/m^3,水密度爲

$1000\,kg/m^3$，水以 $0.05\,m^3/sec$之流量通過填充床。問(一)填充床之空隙度 $\varepsilon=$？(二)填充材料之有效直徑$D_p=$？(三)填充床之壓降$\Delta P=$？已知 Ergun 方程式爲 $\frac{\Delta P}{\rho V'^2}\frac{D_p}{L}\frac{\varepsilon^3}{1-\varepsilon}=\frac{150}{Re}+1.75$

Sol：(一)$\varepsilon=\frac{V_b-V_p}{V_b}=1-\frac{V_p}{V_b}=1-\frac{\frac{W}{\rho_p}}{\frac{W}{\rho_b}}=1-\frac{\rho_b}{\rho_p}=1-\frac{1200}{1500}=0.2$

(二) $a_V(\text{比表面積})=\frac{S_p}{V_p}=\frac{6L^2}{L^3}=\frac{6}{L}=\frac{6}{(2/100)}=300(m^{-1})$

令$L=D_p$(有效直徑) =>$D_p=\frac{6}{a_V}=\frac{6}{300}=0.02(m)$

(三)$u'=\frac{\dot{Q}}{A}=\frac{0.05}{\frac{\pi}{4}\left(\frac{40}{100}\right)^2}=0.398\left(\frac{m}{sec}\right)$

$a=\frac{S_p}{V_p}(1-\varepsilon)=a_V(1-\varepsilon)=\frac{6}{D_p}(1-\varepsilon)$ (1) $r_H=\frac{\varepsilon}{a}$ (2)

將(1)代入(2)式=>$r_H=\frac{\varepsilon\cdot D_p}{6(1-\varepsilon)}$

=>$Re=\frac{D_{eq}u\rho}{\mu}=\frac{(4r_H)u\rho}{\mu}=\frac{\left[4\cdot\frac{\varepsilon\cdot D_p}{6(1-\varepsilon)}\right]\cdot\left(\frac{u'}{\varepsilon}\right)\cdot(\rho)}{\mu}=\frac{4}{6(1-\varepsilon)}\cdot\frac{D_p u'\rho}{\mu}$

=>$Re=\frac{4}{6(1-0.2)}\cdot\frac{(0.02)(0.398)(1000)}{(1\times10^{-3})}=6633$

=>$\frac{\Delta P}{(1000)(0.398)^2}\left(\frac{0.02}{0.5}\right)\frac{(0.2)^3}{(1-0.2)}=\frac{150}{6633}+1.75$ =>$\Delta P=701973(Pa)$

〈考題 17－5〉(87 地方特考)(20 分)
有一球形固體($1100\,kg/m^3$)，直徑爲 2mm。問在水$\rho=1000\,kg/m^3$，$\mu=1c.p.$中作自由沉降時，其終端速度(terminal velocity)是多少m/sec？

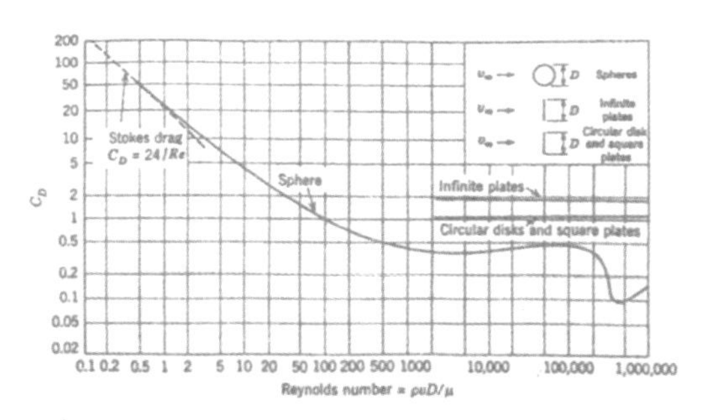

Sol：導正部分可參考上述重點整理(四)粒子終端速度

$$=>V_t=\sqrt{\frac{4D_P\cdot g(\rho_p-\rho)}{3C_D\cdot\rho}}\ =>V_t^2=\frac{4\left(\frac{2}{1000}\right)(9.8)(1100-1000)}{3C_D(1000)}\ =>C_D=\frac{2.61\times10^{-3}}{V_t^2}\ (2)$$

$$=>Re=\frac{D_pV_t\rho}{\mu}=\frac{\left(\frac{2}{1000}\right)V_t(1000)}{(1\times10^{-3})}=2000V_t\ (3)$$

假設V_t值 → try Re(3) → 查圖C_D (2) 如不合再重回假設V_t值直到收斂！

〈考題 17－6〉(88 化工技師)請回答下列問題：(25 分)

(一)請說明「形摩擦」(form drag)與「表面摩擦」 (skin drag)之差異。

(二)考慮一牛頓流體穩定地流經一水平直圓管(長 100 公尺直徑 1 公分)，若此時其 Reynolds 數爲 100 而壓力降爲 200Pa，請估計其形摩擦與表面摩擦。

(三)考慮一實心球(直徑 0.1 公分)穩定地於常溫水中以 1mm/s之速度運動，請估計形摩擦與表面摩擦之大小。

Sol：(一)形摩擦(form drag)：流體流過固體表面有邊界層分離或漩渦造成的附加阻力，爲流體流動方向和固體壁垂直下的阻力，如圖。表面摩擦(skin drag)：流體流動方向和固體壁平行所產生的壁剪應力。

木板

(二)形摩擦：$F_p=P\cdot A=P\left(\frac{\pi}{4}D^2\right)=200\left[\frac{\pi}{4}\left(\frac{1}{100}\right)^2\right]=0.0157(N)$

※沒有空洞的物體，參考面即爲截面。

表面摩擦：$Re=\frac{Du\rho}{\mu}=>\frac{\left(\frac{1}{100}\right)u(1000)}{(1\times10^{-3})}=100=>u=0.01\left(\frac{m}{sec}\right)$

※來自流體和有相對運動物體「表面」的摩擦力，和濕表面積(即物體和流體接觸的表面積)有關。

$$f_F=\frac{16}{Re}=\frac{16}{100}=0.16\ =>f_F=\frac{F_f/A}{\frac{1}{2}\rho u^2}\ =>0.16=\frac{F_f/\frac{\pi}{4}\left(\frac{1}{100}\right)^2}{\frac{1}{2}(1000)(0.01)^2}$$

$=>F_f = 6.28 \times 10^{-7}(N)$

(三)形摩擦：$F_p = P \cdot A = P\left(\frac{\pi}{4}D_p^2\right) = 200\left[\frac{\pi}{4}\left(\frac{0.1}{100}\right)^2\right] = 1.57 \times 10^{-4}(N)$

表面摩擦：$Re_{(p)} = \frac{D_P u\rho}{\mu} = \frac{\left(\frac{0.1}{100}\right)\left(\frac{1}{1000}\right)(1000)}{(1\times10^{-3})} = 1 => C_D = \frac{24}{Re_{(p)}} = \frac{24}{1} = 24$

$=>F_D = C_D \cdot A_p \frac{\rho u_0^2}{2g_c} = (24)\left[\frac{\pi}{4}\left(\frac{0.1}{1000}\right)^2\right]\frac{(1000)\left(\frac{1}{1000}\right)^2}{(2\times1)} = 9.42 \times 10^{-11}(N)$

〈考題 17－7〉(88 高考三等)(20 分)

一個密度爲ρ_s、直徑爲 D 的小球形固體置於一密度ρ、黏度μ的靜止流體中。此球體最初是被固定不動，而在時間$t = 0$時，受重力作用開始自由沉降。在小球沉降過程中，皆處於 Stokes law 的適用範圍內。試問：(一)在$t = 0$時，此小球之加速度(dv/dt)爲何？(二)此小球之終端速度v_t爲何？(三)當小球的速度 v 達到$\frac{1}{3}v_t$時，其加速度在$t = 0$時之加速度比值爲何？

Sol：(一) $m\frac{dV}{dt} = F_g - F_b - F_D$ $=>F_g = F_b + F_D$ (重力=浮力+拖曳力)

$=>m\frac{dV}{dt} = mg - \frac{m\rho g}{\rho_s} - C_D \cdot A_p\frac{\rho v^2}{2}$ $=>\frac{dV}{dt} = \frac{(\rho_s-\rho)g}{\rho_s} - C_D \cdot A_p\frac{\rho v^2}{2m}$ (1)

又$m = \rho_s \cdot V_P = \rho_s \cdot \frac{\pi}{6}D_p^3$；$A_p = \frac{\pi}{4}D_p^2$ 代入上式(1)

$=>\frac{dV}{dt} = \frac{(\rho_s-\rho)g}{\rho_s} - \frac{C_D \cdot \frac{\pi}{4}D_p^2 \cdot \rho v^2}{2\rho_s \cdot \frac{\pi}{6}D_p^3} = \frac{(\rho_s-\rho)g}{\rho_s} - \frac{3}{4}\frac{C_D\rho v^2}{\rho_s \cdot D_p}$ (2)

$C_D = \frac{24}{Re_{(P)}} = \frac{24\mu}{D_p\, v\rho}$ 代入(2)式 $=>\frac{dV}{dt} = \frac{(\rho_s-\rho)g}{\rho_s} - 18\frac{\mu v}{\rho_s \cdot D_p^2}$ (3)

令 $A = 18\frac{\mu}{\rho_s \cdot D_p^2}$；$B = \frac{(\rho_s-\rho)g}{\rho_s}$ $=>\frac{dV}{dt} + Av = B$

$=>v = \frac{B}{A} + ce^{-At}$ $=>t = 0\ \ v = 0$ $=>c = -\frac{B}{A}$ $=>v = \frac{B}{A}(1 - e^{-At})$

$=>a = \frac{dV}{dt} = Be^{-At}$ (4) (a爲加速度)

(二)$t = t_1 => v = v_1 = \frac{B}{A}(1 - e^{-At})$ (5)

$t = t_{\infty} => v = v_t = \frac{B}{A}$ (6)

(三)$v_1 = \frac{1}{3}v_t$與(6)代入(5)式 $=> \frac{1}{3}v_t = v_t(1 - e^{-At_1}) => e^{-At_1} = \frac{2}{3}$代回(4)式

$a_1 = B \cdot e^{-At_1} = \frac{2}{3}B$，$t = 0$ $a_0 = B$ 代回(4)式$=> \frac{a_1}{a_0} = \frac{\frac{2}{3}B}{B} = \frac{2}{3}$

〈考題 17 − 8〉(89 第二次化工技師)(20 分)
大小均勻的圓形球固體原料從反應槽頂端加入。槽中裝滿高度 h 之水溶液。固體在落到槽底前必須完全溶解，固體之溶解速率爲$-dL/dt = au^{0.5}$，其中 L 是圓球直徑，u 是球體在水中之速度，t 爲時間，a 爲常數。假設固體一直以終端速度下降，試求固體原料可允許之最大直徑。已知固體終端速度與直徑間之關係爲$u = bL^2$，其中 b 爲常數，又$-dh/dL = \frac{dh}{dt} \cdot \frac{dt}{dL}$，h 是槽高。

Sol：$-\frac{dL}{dt} = au^{0.5}$ (1) $u = bL^2$代入(1)式

$=> -\frac{dL}{dt} = ab^{0.5}L => dt = \frac{1}{ab^{0.5}}\frac{dL}{L}$ (2) 又$h = \int_0^t u dt = \int_0^t bL^2 dt$ (3)

將(2)代入(3)式 $=> \int_{L_0}^{0} bL^2 \frac{1}{ab^{0.5}}\frac{dL}{L} = \frac{b^{0.5}}{a}\frac{L^2}{2}\Big|_0^{L_0} => L_0 = \sqrt{\frac{2ah}{b^{0.5}}}$

〈考題 17 − 9〉(89 第二次化工技師)(20 分)
針對流體化床之操作，試繪出流體流經流體化床之壓力降與床高隨著流體表面速度(superficial velocity)從零增加到達完全流體化後，再減少回到零，其變化示意圖，並針對各階段之變化情形說明之。
Sol：可參考內容說明解釋即可。

〈考題 17 − 10〉(91 高考三等)(20 分)
對於氣體流過填充床，其壓力降可由 Ergun 方程式估算：

$\Delta P = \frac{150\mu u' L}{D_p^2}\frac{(1-\varepsilon)^2}{\varepsilon^3} + \frac{1.75\rho(u')^2 L}{D_p}\frac{(1-\varepsilon)}{\varepsilon^3}$ 其中是氣體黏度，是表面速度，L 是床高，

D_p是粒子有效直徑(effective diameter)，ε是空率(void fraction)，ρ是氣體在入、出口之平均壓力下之密度。現空氣於 311K($\mu = 1.9 \times 10^{-5}$Pa · s)流經一以直徑與高度均爲 1 公分之短圓柱體所堆積之塡充床，塡充床之空率爲 0.3，床高爲 3m。空氣以1m/ s之表面速度於1.22×10^5Pa 壓力下流入塡充床，試估算其壓力降。

Sol：$L = 3m$；$\varepsilon = 0.3$；$D_p = 0.01m$

$$\rho = \frac{PM}{RT} = \frac{\left(\frac{1.22\times10^5}{101325}atm\right)\left(28.8\frac{g}{gmol}\right)}{\left(0.082\frac{atm\cdot L}{mol\cdot k}\right)(311k)} = 1.35\left(\frac{g}{L}\right) = 1.35\left(\frac{kg}{m^3}\right)$$

$$\Delta P = \frac{150(1.9\times10^{-5})(1)(3)}{(0.01)^2}\frac{(1-0.3)^2}{(0.3)^3} + \frac{1.75(1.35)(1)^2(3)}{(0.01)}\frac{(1-0.3)}{(0.3)^3} = 19927(P_a)$$

〈考題 17－11〉(92 化工技師)(5 分)

拖曳係數(drag coefficient)

Sol：請參考重點整理(一)。

〈考題 17－12〉(94 簡任升等)(20 分)

有一不銹鋼圓球直徑(D)爲1mm，密度(ρ_s)爲 7870kg/m^3，於一高分子液體中自由落下，此液體之密度(ρ_f)爲 1050kg/m^3。若此圓球下降之終端速度(terminal velocity,u_t)爲0.035m/s，請問液體黏度(μ_f)爲多少？以Pa · s爲單位。拖曳係數(drag coefficient, C_D)與雷諾數之關係可假設爲$C_D = 24/Re$。

Sol：$C_D = \frac{24}{Re_{(P)}}$ =>$R_{e(P)} < 1.0$ Stoke's law

$$V_t = \frac{D_p^2\cdot g(\rho_s-\rho_f)}{18\mu} \Rightarrow \frac{\left(\frac{1}{1000}\right)^2(9.8)(7870-1050)}{18\mu} = 0.035 \Rightarrow \mu = 0.106\left(\frac{kg}{sec}\right)$$

Check => $Re_{(p)} = \frac{D_p u \rho_f}{\mu} = \frac{\left(\frac{1}{1000}\right)(0.035)(1050)}{0.106} = 0.346 < 1.0$

因爲$Re_{(p)} < 1.0$ 所以在 Stoke's law 範圍内假設合理！

〈考題 17－13〉(94 地方特考)(5 分)

史托克定律(Stokes's law)

Sol：請參考重點整理(二)。

〈考題 17 − 14〉(96 地方特考)(5 分)

定義：流體流過一球表面(直徑爲 D)之拖曳係數(Drag coefficient)

Sol：$C_D = \frac{F_D/A_p}{\frac{\rho u_0^2}{2g_c}} = \frac{拖曳力}{慣性力}$ ；$A_p = \frac{\pi}{4}D_p^2$

A_p物體在與流動方向垂直面之投影面積，u_0流體接近固體的速度，ρ流體密度。

〈考題17 − 15〉(97地方特考)(6分)

説明流體流過一填充床(packed bed)時，填充床之相當直徑與雷諾數(Reynolds number)和操作變數之間的關係。

Sol：可參考重點整理(五)填充床內的流體流動。

〈考題 17 − 16〉(99 高考三等)(6 分)

對於流體流過粒子床，典型之壓降(pressure drop)ΔP 及床高(height)L 與流體空床流速(superficial velocity)V 之關係常如下圖所示，於固定床階段，床高不變而壓降隨流速提高而增大，而於流體化階段則床高隨流速增大而膨脹但壓降不變，試説明造成此現象之機制。

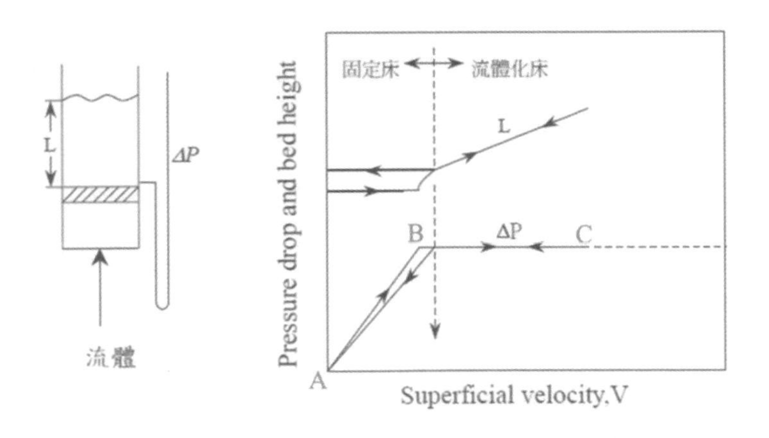

Sol：A → B爲固定床，ΔP ∝ V 斜率爲 1 的直線且床高 L 不變，點 B 爲固定床終點。B → C爲流體化床，點 B 即爲流體化床起點，稱臨界點，BC 段顆粒粒子被流體托起，不再由分佈板支撐，流體向上作用的總力和床內顆粒重力項平衡，若床體截面積 A，顆粒重 W 則$\Delta P = \frac{W}{A}$，所以ΔP維持不變。

〈考題17－17〉(102高考三等)(6分)

試說明流體流過粒子床之溝流(channeling)現象，且由粒子之受力分析說明最小流體化速度(minimum fluidization velocity)現象。

Sol：溝流現象：流體在粒子床中會抄近路，專門循某個地方流動，而某些地方流體無法通過。流體化速度：可參考重點整理說明。

〈考題 17－18〉(102 高考三等)(6 分)

對於以重力沉降(gravitational settling)配合 Stokes 定律來量測粒子粒徑的方法，其運用上有何限制？

Sol：$V_t = \frac{D_p^2 \cdot g(\rho_p - \rho)}{18\mu}$ 限制(1)圓球粒子(2)粒子沉降必須到達終端速度(3)因爲 $Re_{(p)} < 1.0$ 所以必須符合在Stoke′s law範圍內。

〈考題17－19〉(102經濟部特考)(3分)

某鋼球在某牛頓流體中的終端速度(Terminal Velocity)爲 2m/s，如果鋼球直徑變爲 2 倍，且其他條件不變，則其終端速度爲多少？假設爲 Creeping flow。

Sol：Creeping flow 下 $V_t = \frac{D_p^2 \cdot g(\rho_p - \rho)}{18\mu}$ Stoke′s law

$$V_t \propto D_p^2 \Rightarrow \frac{V_t}{V_t'} = \frac{D_{p1}^2}{D_{p2}^2} \Rightarrow \frac{2}{V_t'} = \frac{D_{p1}^2}{(2D_{p1})^2} \Rightarrow V_t' = 8\left(\frac{m}{s}\right)$$

〈考題17－20〉(103地方特考)(各10分)

有一離子交換樹脂粒子(ion-exchange bead)之填充床，擬以20℃水反洗(backwashing)方式移除粒子上之積垢物。若這樹脂粒子爲球形狀，粒徑0.001m，密度$1500kg/m^3$，粒子床高1.5m，粒子床孔隙度(porosity)0.4。而20℃水之密度爲$1000kg/m^3$，黏度爲1.0cp

$(= 10^{-3}\ kg/m \cdot s)$。試求：(一)其最小流體化速度(minimum fluidization velocity)。(二)使粒子床膨脹20%時所需之流體速度。

備註：流體流過小顆粒填充床之壓降關係式$\frac{\Delta P}{L} = 150\frac{\mu V}{D_p^2}\frac{(1-\varepsilon)^2}{\varepsilon^3}$

Sol：

(一)$\frac{\Delta P}{L} = (1-\varepsilon)(\rho_p - \rho)g$ 開始流體化時$\varepsilon \rightarrow \varepsilon_{mf}$，$L \rightarrow L_{mf}$

=>$\Delta P = L_{mf}(1-\varepsilon_{mf})(\rho_p - \rho)g$ (1)代入壓降關係式

=>$\frac{L_{mf}(1-\varepsilon_{mf})(\rho_p-\rho)g}{L_{mf}} = 150\frac{\mu V}{D_p^2}\frac{(1-\varepsilon_{mf})^2}{{\varepsilon_{mf}}^3}$

=>$(1-0.4)(1500-1000)(9.8) = 150\frac{(10^{-3})V}{(0.001)^2}\frac{(1-0.4)^2}{(0.4)^3}$

=> $V = 3.48 \times 10^{-3}\left(\frac{m}{sec}\right)$

Check => $Re_{(p)} = \frac{D_p V\rho}{\mu} = \frac{(0.001)(3.48\times10^{-3})(1000)}{10^{-3}} = 3.48 < 20$

因為$Re_{(p)} < 20$ 所以在 Ergan 壓降關係式可適用！

(二)$\frac{L_1}{L_2} = \frac{1-\varepsilon_2}{1-\varepsilon_1}$ $\because L_1 = L_{mf}$，$L_2 = 1.2L_{mf}$

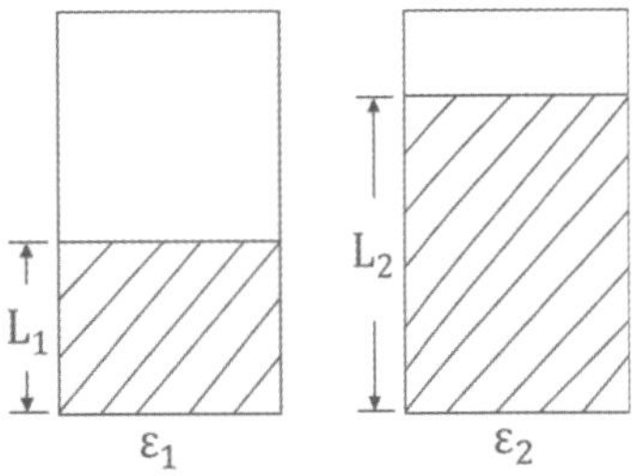

L_1 L_2

ε_1 ε_2

=>$\frac{L_{mf}}{1.2L_{mf}} = \frac{1-\varepsilon_2}{1-0.4}$ =>$\varepsilon_2 = \varepsilon_{mf} = 0.5$

=>$\frac{L_{mf}(1-\varepsilon_{mf})(\rho_p-\rho)g}{L_{mf}} = 150\frac{\mu V}{D_p^2}\frac{(1-\varepsilon_{mf})^2}{\varepsilon_{mf}^3}$

=>$(1-0.5)(1500-1000)(9.8) = 150\frac{(10^{-3})V}{(0.001)^2}\frac{(1-0.5)^2}{(0.5)^3}$

=>$V = 8.16 \times 10^{-3}\left(\frac{m}{sec}\right)$

Check => $Re_{(p)} = \frac{D_p V\rho}{\mu} = \frac{(0.001)(8.16\times10^{-3})(1000)}{10^{-3}} = 8.16 < 20$

因$Re_{(p)} < 20$ 所以在床體膨脹 1.2 倍時，Ergan 壓降關係式仍可適用！

〈考題 17－21〉(103 普考)(10 分)

請解釋說明流體化床(fluidized bed)以及它在化學工程上的應用。

Sol：當流體(氣體或液體)由固體粒子的床體下方通入時，在低速下，粒子不流動，此時為固定床，若流體流動速度逐漸增加時，其壓力差隨之增大，當速度大於最小流體化速度時，粒子互相分開呈懸浮狀，此一完全懸浮粒子床稱流體化床。

ex：流體化觸媒床、固體乾燥、氣體吸收塔、燃燒礦物及固體輸送。

〈考題17 − 22〉(104高考三等)(每小題5分，共20分)

有一填充床(packed bed)由直徑D = 1cm、長度h = D的圓柱形粒子堆積而成，整個填充床的整體密度(bulk density)爲900kg/m³，而固體密度爲1700kg/m³。將密度與黏度分別爲1000 kg/m³ 與 1×10^{-3} kg /m · s的水以表面速度(superficial velocity)0.2m/s 流過該填充床，試計算：(一)填充床的空隙分率(porosity)。(二)粒子的比表面積(單位體積具有的表面積)。(三)填充床內流體通道的相當直徑(equivalent diameter)。(四)流體在通道內流動之雷諾數(Reynolds number)。

Sol：(一) $\varepsilon = \frac{V_b - V_p}{V_b} = 1 - \frac{V_p}{V_b} = 1 - \frac{\frac{W}{\rho_p}}{\frac{W}{\rho_b}} = 1 - \frac{\rho_b}{\rho_p} = 1 - \frac{900}{1700} = 0.47$

(二) $a_V(\text{比表面積}) = \frac{S_p}{V_p} = \frac{2 \cdot \frac{\pi}{4} D_p^2 + \pi D_p^2}{\frac{\pi}{4} D_p^2 (D_p)} = \frac{6}{D_p} = \frac{6}{(1/100)} = 600(m^{-1})$

(三) $a = \frac{S_p}{V_p}(1-\varepsilon) = a_V(1-\varepsilon) = \frac{6}{D_p}(1-\varepsilon)$ (1) $r_H = \frac{\varepsilon}{a}$ (2)

將(1)代入(2)式 =>$r_H = \frac{\varepsilon \cdot D_p}{6(1-\varepsilon)}$

=>$D_{eq} = 4r_H = \frac{4}{6} \frac{\varepsilon \cdot D_p}{(1-\varepsilon)} = \frac{4}{6} \frac{(0.47) \cdot \left(\frac{1}{100}\right)}{(1-0.47)} = 5.91 \times 10^{-3}(m)$

(四) u (階間速度)爲填充床空隙中的實際速度。

$u' = 0.2m/s$ (表面速度)爲填充床無填料下的實際速度。

$Re = \frac{D_{eq} u \rho}{\mu} = \frac{(4r_H) u \rho}{\mu} = \frac{\left[4 \cdot \frac{\varepsilon \cdot D_p}{6(1-\varepsilon)}\right] \cdot \left(\frac{u'}{\varepsilon}\right) \cdot (\rho)}{\mu} = \frac{4}{6(1-\varepsilon)} \cdot \frac{D_p u' \rho}{\mu}$

=>$Re = \frac{4}{6(1-\varepsilon)} \cdot \frac{D_p u' \rho}{\mu} = \frac{4}{6(1-0.47)} \cdot \frac{\left(\frac{1}{100}\right)(0.2)(1000)}{(1 \times 10^{-3})} = 2515.72$

〈考題 17 − 23〉(104 地方特考)(20 分)

空氣流經一填充顆粒(particle)固定床之壓力降 $\frac{\Delta P}{L} = 84(lbf / in.^2) / ft$。空氣之空塔速度(superficial velocity)爲0.015ft/s，床孔隙度(void fraction)爲0.47。空氣之密度爲1.2kg/m³，黏度(viscosity)爲0.018mPa · s。顆粒之球狀度(sphericity)Φ_s爲 0.7，密度爲4.1g/cm³。請計算顆粒之平均直徑及單位質量之表面積。尤根方程式

(Ergun equation)：$\frac{\Delta P}{L}=\frac{150\mu\bar{V}_0}{\Phi_s^2 D_p^2}\frac{(1-\varepsilon)^2}{\varepsilon^3}+\frac{1.75\rho\bar{V}_0^2 L}{\Phi_s D_p}\frac{(1-\varepsilon)}{\varepsilon^3}$，球狀度$\Phi_s=\left(\frac{6}{D_p}\right)/\left(\frac{S_p}{V_p}\right)$；

$1\text{ ft}=12\text{ in.}$，$1\text{ft}=0.3048\text{ m}$，$1\text{lb}=453.6\text{ g}$，$1\text{ g/cm}^3=62.428\text{ lb/ft}^3$，$1\text{mPa}\cdot\text{s}=6.72\times10^{-4}\text{ lb/ft}\cdot\text{s}$，$g=32.174\text{ft/s}^2=9.8\text{m/s}^2$。

Sol：(一)$\frac{\Delta P}{L}=\frac{\left(84\frac{\text{lbf}}{\text{in}^2}\right)\left(\frac{12\text{in}}{1\text{ft}}\right)^2}{\text{ft}}=12096\left(\frac{\text{lbf}}{\text{ft}^3}\right)$

$$\mu=(0.018\text{mPa}\cdot\text{s})\left(\frac{6.72\times10^{-4}\frac{\text{lbm}}{\text{ft}\cdot\text{sec}}}{1\text{mPa}\cdot\text{s}}\right)=1.21\times10^{-5}\left(\frac{\text{lbm}}{\text{ft}\cdot\text{sec}}\right)$$

$$\rho_s=\left(4.1\frac{\text{g}}{\text{cm}^3}\right)\left(\frac{62.4\frac{\text{lbm}}{\text{ft}^3}}{1\frac{\text{g}}{\text{cm}^3}}\right)=255.95\left(\frac{\text{lbm}}{\text{ft}^3}\right)$$

$$\rho=\left(1.2\times10^{-3}\frac{\text{g}}{\text{cm}^3}\right)\left(\frac{62.4\frac{\text{lbm}}{\text{ft}^3}}{1\frac{\text{g}}{\text{cm}^3}}\right)=0.07488\left(\frac{\text{lbm}}{\text{ft}^3}\right)$$

因Φ_s與ε皆爲無因次，確認(Ergun equation)單位

$\frac{\Delta P}{L}=\frac{\frac{\text{lbf}}{\text{ft}^2}}{\text{ft}}=\frac{\text{lbf}}{\text{ft}^3}$，$\frac{\mu\bar{V}_0}{D_p^2}=\frac{\frac{\text{lbm}}{\text{ft}\cdot\text{sec}}\times\frac{\text{ft}}{\text{sec}}}{\text{ft}^2}=\frac{\text{lbm}}{\text{ft}^2\cdot\text{sec}^2}$，$\frac{\rho\bar{V}_0^2}{D_p}=\frac{\frac{\text{lbm}}{\text{ft}^3}\times\frac{\text{ft}^2}{\text{sec}^2}}{\text{ft}}=\frac{\text{lbm}}{\text{ft}^2\cdot\text{sec}^2}$

等式左側$\frac{\Delta P}{L}$相比得知等式右側差一個g_c=>$\frac{\text{lbm}}{\text{ft}^2\cdot\text{sec}^2}/\frac{\text{lbm}\cdot\text{ft}}{\text{sec}^2\cdot\text{lbf}}=\frac{\text{lbf}}{\text{ft}^3}$

$$\Rightarrow\frac{\Delta P}{L}=\frac{150\mu\bar{V}_0}{g_c\Phi_s^2 D_p^2}\frac{(1-\varepsilon)^2}{\varepsilon^3}+\frac{1.75\rho\bar{V}_0^2}{g_c\Phi_s D_p}\frac{(1-\varepsilon)}{\varepsilon^3}$$

$$\Rightarrow12096=\frac{150(0.015)(1.21\times10^{-5})}{(32.2)(0.7)^2D_p^2}\frac{(1-0.47)^2}{(0.47)^3}+\frac{1.75(0.7488)(0.015)^2}{(32.2)(0.7)D_p}\frac{(1-0.47)}{(0.47)^3}$$

$$\Rightarrow12096=\frac{4.67\times10^{-6}}{D_p^2}+\frac{6.67\times10^{-5}}{D_p}\Rightarrow12096D_p^2-6.67\times10^{-5}D_p-4.67\times10^{-6}=0$$

$$\Rightarrow D_p=\frac{6.67\times10^{-5}\mp\sqrt{(6.67\times10^{-5})^2+4(12096\times4.67\times10^{-6})}}{2(12096)}=1.97\times10^{-5}(\text{ft})\ (\text{負不合})$$

(二)a_V(比表面積)$=\frac{S_p}{\rho_s V_p}=\frac{\pi D_p^2}{\rho_s\frac{\pi}{6}D_p^3}=\frac{6}{\rho_s D_p}=\frac{6}{(255.95)(1.97\times10^{-5})}=1192.88\left(\frac{\text{ft}^2}{\text{lbm}}\right)$

十八、等溫系統之界面動量傳送

此章節需要學習的是水力計算的基礎，如：各個形狀管子相當管徑、水力半徑、雷諾數計算；另外還有如何藉由經驗圖表查得摩擦係數，內容不難理解，把握住重點即可輕易得分。

(一)雷諾數和相當管徑的關係(96/98 經濟部特考)

$Re=\frac{Du\rho}{\mu}$ D圓管直徑，若流體流經非圓管則以相當管徑代替。

$D_{eq}=4r_H$，$r_H=\frac{\text{流體流過之截面積}}{\text{同一截面和流體接觸的管壁周長}}=\frac{A}{L_p}$

D_{eq}相當管徑(equivalent diameter) (93 地方特考)
r_H水力半徑(hydraulic radius)

(二)流體在圓管中的摩擦係數

$f_F=f\left(Re，\frac{L}{D}\right)$摩擦係數 f 只和雷諾數Re、管長 L、管直徑 D 有關。

$f_F=f(Re)$流體在全展流下，軸向速度 z 方向和地點無關，則$\frac{L}{D}$和f_F無關。

$f_F=\frac{16}{Re}$ (只適用於層流$Re<2100$，且爲圓形管)

$f_F=\frac{0.0791}{Re^{\frac{1}{4}}}$ Blasius equation (只適用於亂流$3\times10^3<Re<10^5$，且爲圓形管)

$f_F=\frac{\tau_s}{\frac{1}{2}\rho u^2}=\frac{\text{黏滯力}}{\text{慣性力}}$ (86 簡任升等)

※若要知道亂流區和過渡區中f_F和 Re 間關係，仍需以實驗方式，ε/D：粗糙因素(roughness factor)，ε(m)：相當粗糙度因素(equivalent roughness)，ε(m)值可查材料性質得到。

類題解析

〈類題 18－1〉流體流經圓管，請導正出相當管徑爲何？

Sol：$D_{eq}=4r_H=4\frac{A}{L_p}=4\frac{\frac{\pi}{4}D^2}{\pi D}=D$

〈類題 18－2〉如圖一，流體流經雙套管，請導正出相當管徑爲何？

Sol：$D_{eq}=4r_H=4\frac{A}{L_p}=4\frac{\frac{1}{4}(\pi D_0^2-\pi D_1^2)}{\pi(D_0+D_1)}=\frac{(D_0+D_1)(D_0-D_1)}{(D_0+D_1)}=D_0-D_1$

〈類題 18－3〉如圖二，流體流經正方形管，請導正出相當管徑爲何？

Sol：$D_{eq}=4r_H=4\frac{A}{L_p}=4\frac{a^2}{4a}=a$

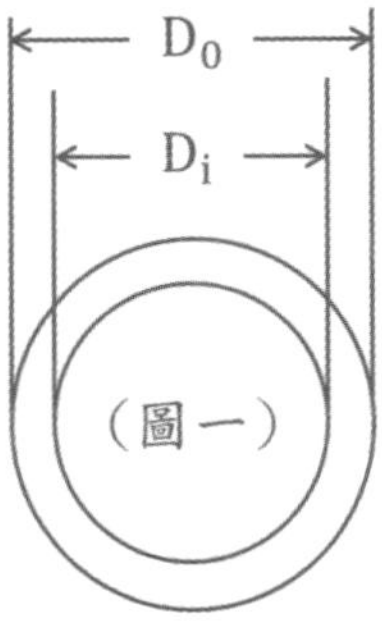

D_0 D_i (圖一)

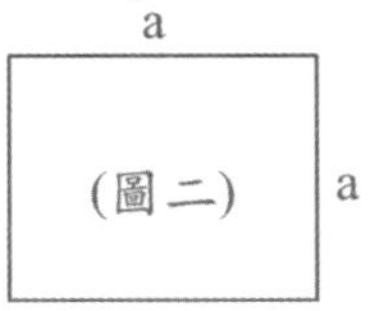

a a (圖二)

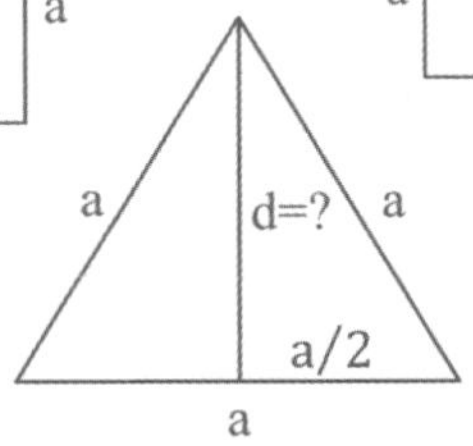

a a d=? a/2 a (圖三)

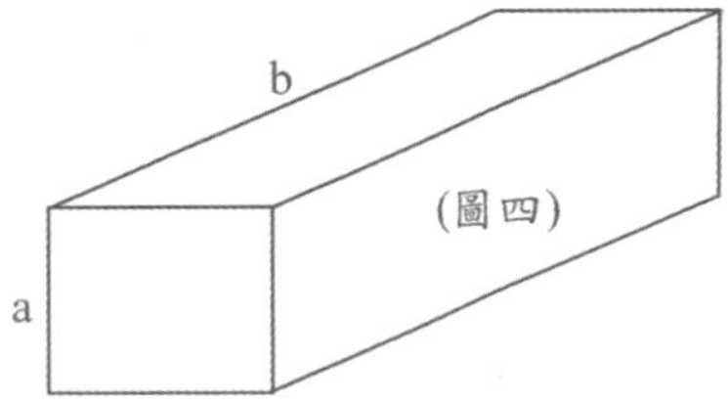

b a (圖四)

〈類題 18－4〉如圖三，流體流經三角形管，請導正出相當管徑爲何？

Sol：$d=\sqrt{a^2-\left(\frac{a}{2}\right)^2}=\frac{\sqrt{3}}{2}a$；$A=\frac{1}{2}a\cdot\frac{\sqrt{3}}{2}a=\frac{\sqrt{3}}{4}a^2$

$D_{eq}=4r_H=4\frac{A}{L_p}=4\frac{\frac{\sqrt{3}}{4}a^2}{3a}=\frac{\sqrt{3}}{3}a=\frac{a}{\sqrt{3}}$

〈類題 18－5〉如圖四，流體流經長方形管，請導正出相當管徑爲何？

Sol：$D_{eq}=4r_H=4\frac{A}{L_p}=4\frac{ab}{2(a+b)}=\frac{2ab}{a+b}$

〈類題 18－6〉范寧摩擦因子(Fanning friction factor)的 f 因子的定義爲何？

Sol：$f_F = \frac{\tau_s}{\frac{1}{2}\rho u^2} = \frac{\text{黏滯力}}{\text{慣性力}}$

〈類題 18 − 7〉請導出流體在圖五中的等腰三角形的管內流動，其摩擦因子 f 與流速、密度、管長、寬、高之間爲何？

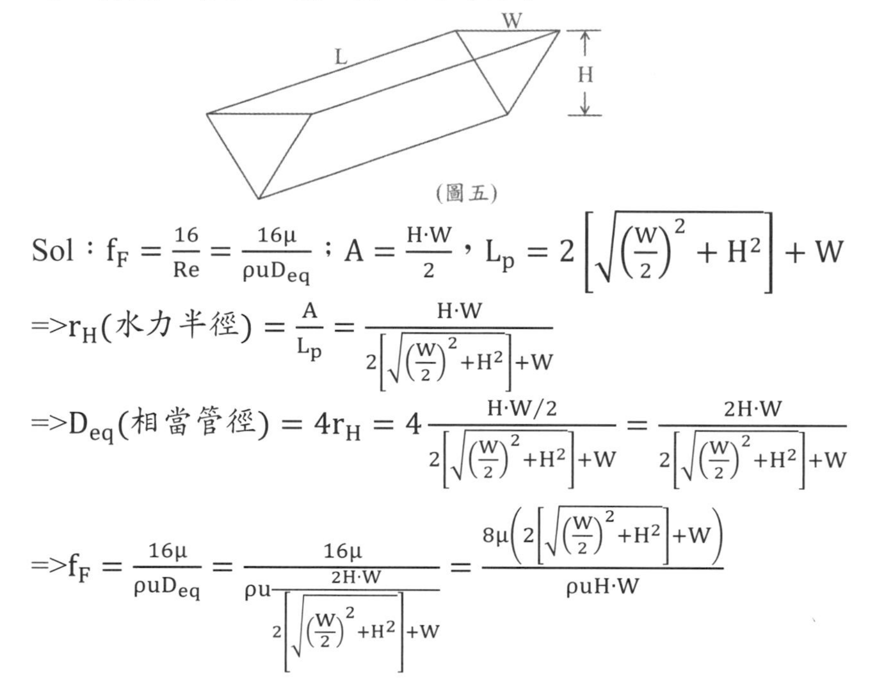

(圖五)

Sol：$f_F = \frac{16}{Re} = \frac{16\mu}{\rho u D_{eq}}$；$A = \frac{H \cdot W}{2}$，$L_p = 2\left[\sqrt{\left(\frac{W}{2}\right)^2 + H^2}\right] + W$

$$=> r_H(\text{水力半徑}) = \frac{A}{L_p} = \frac{H \cdot W}{2\left[\sqrt{\left(\frac{W}{2}\right)^2 + H^2}\right] + W}$$

$$=> D_{eq}(\text{相當管徑}) = 4r_H = 4\frac{H \cdot W/2}{2\left[\sqrt{\left(\frac{W}{2}\right)^2 + H^2}\right] + W} = \frac{2H \cdot W}{2\left[\sqrt{\left(\frac{W}{2}\right)^2 + H^2}\right] + W}$$

$$=> f_F = \frac{16\mu}{\rho u D_{eq}} = \frac{16\mu}{\rho u \frac{2H \cdot W}{2\left[\sqrt{\left(\frac{W}{2}\right)^2 + H^2}\right] + W}} = \frac{8\mu\left(2\left[\sqrt{\left(\frac{W}{2}\right)^2 + H^2}\right] + W\right)}{\rho u H \cdot W}$$

〈類題 18 − 8〉黏度爲 $0.025\ NS/m^2$，$\rho = 1840\ kg/m^3$ 之牛頓流體以 $0.002\ m^3/sec$ 的容積流速流經如圖六的套管(double pipe，內管爲 1.5cm 之正方形管，外管爲內徑5.0cm之圓形管)試求雷諾數爲多少？

Sol：$D_{eq} = 4r_H = 4\frac{A}{L_p} = 4\frac{\left(\frac{\pi}{4}D^2 - L^2\right)}{\pi D + 4L} = \frac{4\left[\frac{\pi}{4}\left(\frac{5}{100}\right)^2 - \left(\frac{1.5}{100}\right)^2\right]}{\pi\left(\frac{5}{100}\right) + 4\left(\frac{1.5}{100}\right)} = 0.032(m)$

$u = \frac{\dot{Q}}{A} = \frac{0.002}{\left[\frac{\pi}{4}\left(\frac{5}{100}\right)^2 - \left(\frac{1.5}{100}\right)^2\right]} = 1.15\left(\frac{m}{aec}\right)$

$Re = \frac{D_{eq} u \rho}{\mu} = \frac{(0.032)(1.15)(1840)}{(0.025)} = 2711$

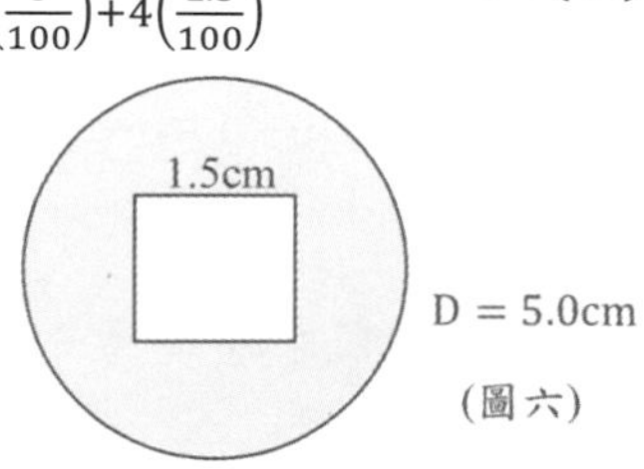

1.5cm

D = 5.0cm

(圖六)

〈類題 18 − 9〉如圖七，正三角形截面之水管，水之體積流率以 $5 \times 10^{-3} m^3/sec$，水的密度爲 $\rho = 1000\ kg/m^3$，$\mu = 1.13 \times 10^{-3}\ kg/m \cdot sec$，試計算邊長要有多大才不會產生亂流？

Sol：$h = L \cdot \sin 60° = 0.866L$，$A = \frac{L \cdot H}{2} = \frac{L \cdot (0.866L)}{2} = 0.433L^2$

$D_{eq} = 4r_H = 4\frac{A}{L_p} = 4\frac{0.433L^2}{3L} = 0.577L$

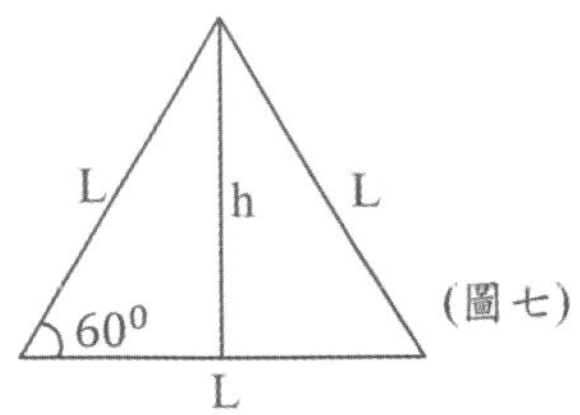

(圖七)

$u = \frac{\dot{Q}}{A} = \frac{5 \times 10^{-3}}{0.433L^2} = \frac{0.01155}{L^2}$

$Re = \frac{D_{eq}u\rho}{\mu} = \frac{(0.577L)\left(\frac{0.01155}{L^2}\right)(1000)}{(1.13 \times 10^{-3})} = 2100$ =>$L = 2.81(m)$

〈類題 18－10〉比重 0.9、黏度 0.1kg/m·sec之礦油，流經內部直徑 100mm 之水平鋼管$k = 4.6 \times 10^{-5}$。鋼管長 400m；礦油體積流率爲 $1500m^3/hr$；請求進出口之間壓力降爲多少N/m^2？已知鋼管的粗糙度爲4.6×10^{-5}。(此圖摘錄於 McCabe 6th)

Sol：$u = \frac{\dot{Q}}{A} = \frac{1500\frac{m^3}{hr} \times \frac{1hr}{3600sec}}{\left[\frac{\pi}{4}\left(\frac{100}{1000}\right)^2 m^2\right]} = 53\left(\frac{m}{sec}\right)$

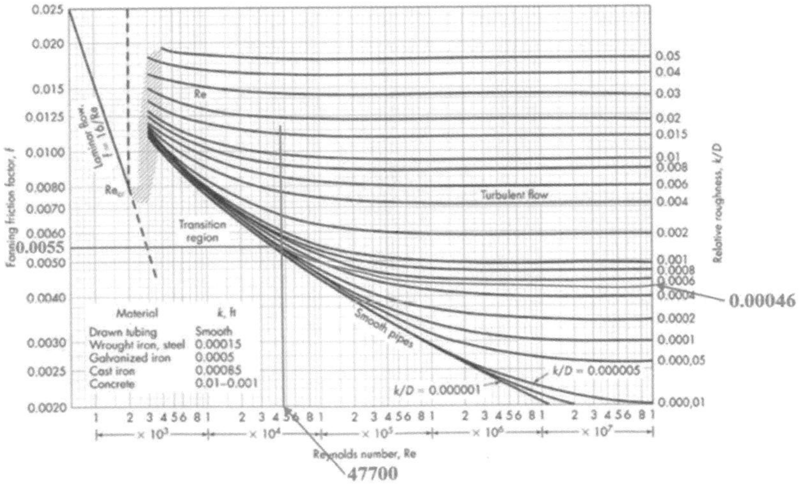

$Re = \frac{Du\rho}{\mu} = \frac{\left(\frac{100}{1000}\right)(53)(900)}{(0.1)} = 47700 > 2100$ 亂流

=>$\frac{k}{D} = \frac{4.6 \times 10^{-5}}{0.1} = 0.00046$，x 軸爲$Re = 47700$，y 軸爲$\frac{k}{D} = 0.00046$

爲一平滑曲線，查圖$f_F \doteq 0.0055$ (相對粗糙度在 McCabe 表示爲 k)

=>$\Delta P = 4f_F\frac{L}{D}\frac{\rho u^2}{2g_c} = 4(0.0055)\left(\frac{400}{0.1}\right)\frac{(900)(53)^2}{2 \times 1} = 1.1 \times 10^8(Pa)$

另解(假設無經驗圖表)：利用 Blasius equation (3×10^3 <Re< 10^5)

$f = \frac{0.0791}{Re^{\frac{1}{4}}} = \frac{0.0791}{(47700)^{\frac{1}{4}}} = 5.35 \times 10^{-3}$

$=> \Delta P = 4f_F \frac{L}{D}\frac{\rho u^2}{2g_c} = 4(5.35 \times 10^{-3})\left(\frac{400}{0.1}\right)\frac{(900)(53)^2}{2(1)} = 1.08 \times 10^{8}(Pa)$

〈類題 18－11〉某液體流經市售鋼管$\varepsilon = 4.6 \times 10^{-5}$，平均流速爲4.57 m/sec，管子直徑爲0.0525m，長度爲36.6m。液體的黏度爲4.46cp，密度爲801 kg/m³，試求其摩擦係數的值爲多少？可利用〈類題 18－10〉附圖查得f_F值。

Sol：$Re = \frac{Du\rho}{\mu} = \frac{(0.0525)(4.57)(801)}{(4.46\times10^{-3})} = 43089 > 2100$亂流

$=> \frac{\varepsilon}{D} = \frac{4.6\times10^{-5}}{0.0525} = 8.76 \times 10^{-4}$，Re對$\frac{\varepsilon}{D}$查圖$f_F \doteqdot 0.006$

※另解(假設無經驗圖表)：利用 Blasius equation($3 \times 10^3 < Re < 10^5$)

$f_F = \frac{0.0791}{Re^{\frac{1}{4}}} = \frac{0.0791}{(43089)^{\frac{1}{4}}} = 5.49 \times 10^{-3}$

**其實以經驗圖表與代數解法兩者差異不大！

歷屆試題解析

〈考題 18－1〉(82 化工技師)(6 分)
請分別討論層流(Laminar flow)及亂流(Turbulent flow)時，管壁表面粗糙度對摩擦因子(Friction factor)之影響。

Sol：亂流下：$f_F = f\left(Re，\frac{\varepsilon}{D}\right)$

摩擦係數 f 只和雷諾數Re、ε管壁表面粗糙度、管直徑 D 有關。

層流下：$f_F = \frac{16}{Re}$ (只適用於層流$Re < 2100$，且爲圓形管)

$f_F = f(Re)$流體在全展流下，軸向速度 z 方向和地點無關，則$\frac{L}{D}$和f_F無關。

〈考題 18 – 2〉(88 高考三等)(6 分)
流體在管中流動，請分別討論層流(Laminar flow)及亂流(Turbulent flow)時，摩擦因子(Friction factor) 是否會受管壁表面粗糙度之影響。
Sol：同上

〈考題 18 – 3〉(84 高考三等)(4 分)
流體在距離 b 的兩個無限大的平行板之間流動，請導正出相當管徑爲何？

Sol：$D_{eq} = 4r_H = 4\frac{A}{L_p} = 4\frac{L\cdot b}{2L} = 2b$

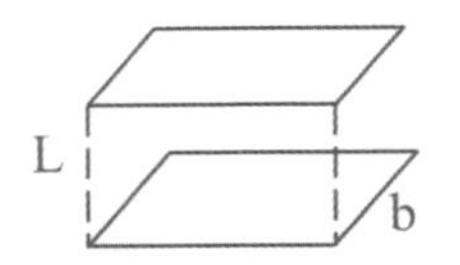

〈考題 18 – 4〉(90 關務特考)(20 分)
流體在非圓管之管中流動，其水力半徑(hydraulic radius)如何計算？如何以此水力半徑計算雷諾數(Reynolds number)？由圓管中流動求得之摩擦因數(friction factor)對雷諾數所作之圖，是否可應用於流體在非圓管之管中流動？請針對層流(laminar flow)與亂流(Turbulent flow)二種情形分別討論。
Sol：

(一)$Re = \frac{Du\rho}{\mu}$，D圓管直徑，若流體流經非圓管則以相當直徑代替。

$D_{eq} = 4r_H$，r_H(水力半徑)，D_{eq}(相當管徑)

$$r_H = \frac{\text{流體流過之截面積}}{\text{同一截面和流體接觸的管壁周長}} = \frac{A}{L_p}$$

(二)可以使用，但需代入水力半徑公式作修正才可以使用此圖。

亂流：$f_F = f\left(Re，\frac{\varepsilon}{D}\right)$

摩擦係數 f 只和雷諾數Re、ε管壁表面粗糙度、管直徑 D 有關。

層流：$f_F = \frac{16}{Re}$ (只適用於層流$Re < 2100$，且爲圓形管)

$f_F = f(Re)$流體在全展流下，軸向速度 z 方向和地點無關，則$\frac{L}{D}$和f_F無關。

〈考題18 – 5〉(94普考)(5/10分)
流體在管中流動時，(一)若爲紊流(Turbulent flow)，則管內壁粗糙度之大小如何影響摩擦係數之大小？

(二)若已達完全紊流，則其摩擦係數約爲一定值，此時：
1.若將流速變爲原來之兩倍，則其壓力降爲原來之多少倍？
2.若將管長變爲原來之一半，則其壓力降爲原來之多少倍？
3.若維持原來之質量流量，而將管徑變爲原來之一半，則其壓力降又會如何變化？

Sol：(一)亂流下：$f_F = f\left(Re，\frac{\varepsilon}{D}\right)$ 摩擦係數f_F只和雷諾數Re、ε管壁表面粗糙度、管直徑D有關 =>$f_F \propto \varepsilon$

(二)$\Delta P = 4f_F \frac{L}{D}\frac{\rho u^2}{2g_c}$ (Fanning Equation)范寧壓降公式

1. $\Delta P \propto u^2$ =>$\frac{\Delta P_2}{\Delta P_1} = \frac{u_2^2}{u_1^2} = \frac{(2u_1)^2}{u_1^2} = 4$

2. $\Delta P \propto L$ =>$\frac{\Delta P_2}{\Delta P_1} = \frac{L_2}{L_1} = \frac{(L_1/2)}{L_1} = 0.5$

3. $\Delta P \propto \frac{u^2}{D}$ =>$\frac{\Delta P_2}{\Delta P_1} = \left(\frac{u_2}{u_1}\right)^2\left(\frac{D_1}{D_2}\right) = \frac{(2u_1)^2}{u_1^2}\left(\frac{D_1}{D_1/2}\right) = 4 \times 2 = 8$

〈考題18－6〉(95高考二等)(10/10/20/5/5分)

圖一爲密度爲ρ(kg m^{-3})及黏度爲μ(Pa-s)牛頓流體(Newtonian fluid)以平均流速V(m s^{-1})流經一直徑D(m)、長度爲L(>>D, m)之圓形直管時其摩擦係數(f)與雷諾數(Re)之關係圖，其中f與Re之定義如下所示：

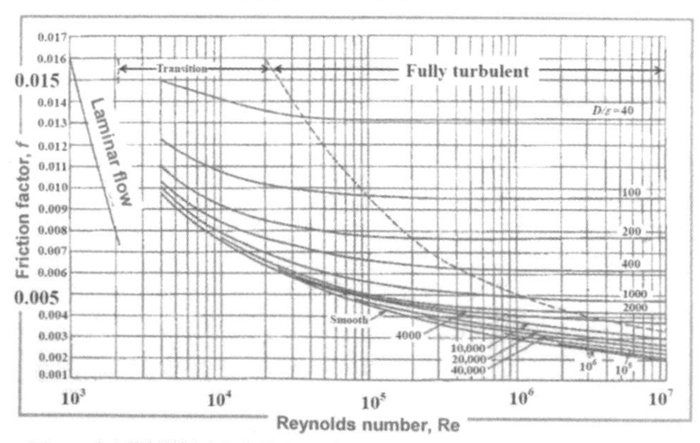

圖一 牛頓流體流經圓形直管摩擦係數(f)與雷諾數(Re)之關係圖

$f = \frac{|\Delta P|D}{2\rho V^2 L}$ ；$Re = \frac{DV\rho}{\mu}$(式1,2)產生之壓降(pressure drop)爲ΔP(Pa)，圖一中之ε爲壁面粗糙度(surface roughness, m)。請問：(一)雷諾數之物理意義爲何？(二)摩擦係數

之物理意義爲何？(96經濟部特考)(98地方特考四等)(三)摩擦係數(f)與雷諾數(Re)在圖一之層流(laminar flow)區中之關係爲$f = 16/Re$，請由動量方程式(momentum equation or equation of motion)開始推導出管內徑向速度(axial velocity)隨半徑方向(radial direction)變化之情形以說明此關係成立之原因。
(四)摩擦係數(f)與雷諾數(Re)在圖一之紊流(turbulent flow)區中之關係爲何？試說明其代表之物理意義。(五)壁面粗糙度(ε)在圖一之層流及紊流區中對摩擦係數(f)之影響並不相同，試說明其原因。

Sol：

(一) $Re = \frac{DV\rho}{\mu} = \frac{\text{慣性力}}{\text{黏滯力}}$ (二) $f_F = \frac{\tau_s}{\frac{1}{2}\rho u^2} = \frac{\text{黏滯力}}{\text{慣性力}}$

(三)導正結果可參考第二章：層流之殼動量均衡及速度分佈〈考題 2－23〉。

(四)亂流：$f_F = f\left(Re, \frac{\varepsilon}{D}\right)$ 摩擦係數f_F只和雷諾數Re、表面粗糙度ε、管直徑 D 有關。

(五)亂流：$f_F = f\left(Re, \frac{\varepsilon}{D}\right)$ 摩擦係數f_F只和雷諾數Re、管壁表面粗糙度ε、管直徑 D 有關=>$f_F \propto \varepsilon$

層流：$f_F = \frac{16}{Re}$ (只適用於層流$Re < 2100$，且爲圓形管)

$f_F = f(Re)$ 流體在全展流下，軸向速度 z 方向和地點無關，則$\frac{\varepsilon}{D}$和f_F無關。

〈考題18－7〉(97地方特考)(6分)
繪出牛頓流體(Newtonian fluid)在管道內流動之泛寧摩擦因子(Fanning friction factor)與雷諾數(Reynolds number)的關係圖，並簡要說明。
Sol：可參考〈考題 18－6〉敘述。

〈考題 18－8〉(104 地方特考)(6 分)
對於內直徑爲D_i、外直徑爲D_0之環狀管(annular tube)及邊長爲L之方形管(square duct)，其水力半徑(hydraulic radius)分別爲多少？

Sol：$\frac{A}{L_p} = \frac{\frac{\pi}{4}(D_0^2 - D_i^2)}{\pi(D_0 + D_i)} = \frac{\frac{1}{4}(D_0 + D_i)(D_0 - D_i)}{(D_0 + D_i)} = \frac{1}{4}(D_0 - D_i)$；$r_H = \frac{A}{L_p} = \frac{L^2}{4L} = \frac{L}{4}$

十九、管線中流量之量測(流體力學)

此章節考的機率很高，三大流量計的原理與簡圖畫法、作用與原理，幾乎是大型考試的常客，有考過計算的是高考三等，其他如經濟部特考則是考解釋名詞與流量計比較，所以這個章節我個人的建議是從設計方程式的導正必須熟悉，另外就是觀念的記憶與計算題還有流量計的適用環境與優缺點比較，另外，設計方程式的導正會遠比如何記憶來的重要，除了皮托管，其他的流量計要死記公式不太容易，尤其是浮子流量計最近這幾年觀念與導正衍伸出的計算題有頻率越來越高的趨勢必需注意。

(一)流量計型式

差壓式流量計：皮托管(Pitot tube)、孔口流量計(Orifice meter)、細腰流量計/文氏流量計(Venturi meter)、噴嘴流量計(Nozzle meter)。

面積式流量計：浮子流量計(Float flowmeter)。

(二)流量計原理(84 委任升等)(92 地方特考四等)

量測整個管線中的體積流率：孔口流量計(Orifice meter)、細腰流量計/文氏流量計(Venturi meter)、噴嘴流量計(Nozzle meter)。

量測整個管線中某一點的速度：皮托管(Pitot tube)。

差壓式流量計：利用流體流過管內不同的位置，不同的地點的壓力差，會隨著流量的變化而改變的的原理來量測。

面積式流量計：藉著流量改變時，流體通過的面積會變化的原理來量測：浮子流量計。(92 地方特考四等)

(三)流量計設計方程式與簡圖表示

1.皮托管：當流體流經至點 2 時，流體對皮托管產生衝擊力，因此造成 U 型管左右液高差，我們可量測出Δh，計算出點速度。

由柏努力方程式對點 1 和點 2 做平衡如圖一：

$$\frac{P_2-P_1}{\rho}+\frac{u_2^2-u_1^2}{2g_c}+\frac{g}{g_c}(z_2-z_1)=0$$ 柏努力方程式

$u_2=0$爲靜止點　水平流動

爲了防止誤差，上式加上C_p修正係數(C_p中的 P 代表 Pitot 縮寫)

$$u_1=C_p\sqrt{\frac{2g_c(P_2-P_1)}{\rho}}\quad(1)\quad C_p\doteqdot 0.98-1.0$$

P_2與P_1之間的壓差可表示爲 $\Delta P=P_2-P_1=(\rho_m-\rho)\frac{g}{g_c}\cdot\Delta h$　(2)

ρ_m：U 型管中液體密度(密度較大)，ρ：管線中流體密度(密度較小)

(2)代入(1)式=> $u_1=C_p\sqrt{\frac{2(\rho_m-\rho)g\cdot\Delta h}{\rho}}$

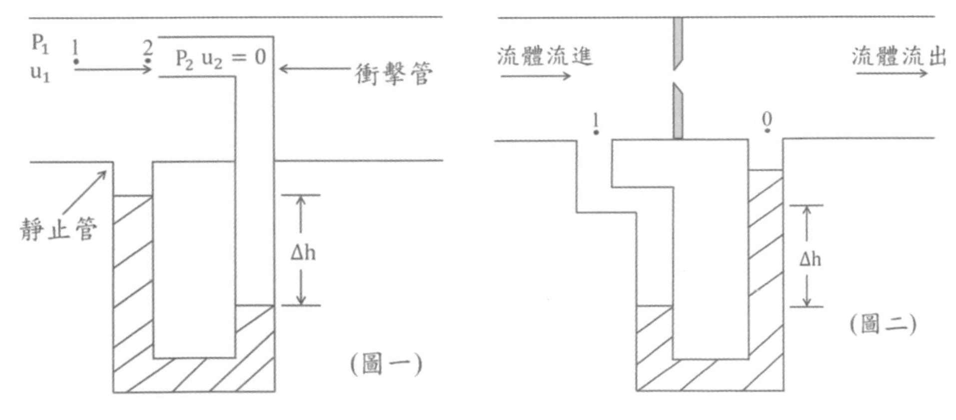

2.孔口流量計(92 地方特考四等)(96 地方特考四等)(103 普考)

由柏努力方程式對點 1 和點 0 做平衡如圖二：

$$\frac{P_1-P_0}{\rho}+\frac{u_1^2-u_0^2}{2g_c}+\frac{g}{g_c}(z_1-z_0)=0\quad(1)$$ 柏努力方程式

水平流動

$$\Rightarrow\frac{P_1-P_0}{\rho}=\frac{u_0^2-u_1^2}{2g_c}\quad(2)$$

在穩態下點 0 和點 1 的質量流率相同 =>$\dot{m}_1=\dot{m}_0$

質量平衡：$u_1 \cdot A_1 \cdot \not{\rho} = u_0 \cdot A_0 \cdot \not{\rho}$ =>$u_1 = \frac{u_0 \cdot A_0}{A_1}$ 代入(2)式

$$=>\frac{P_1-P_0}{\rho}=\frac{u_0^2-u_0^2\left(\frac{A_0}{A_1}\right)^2}{2g_c}=\frac{u_0^2\left[1-\left(\frac{A_0}{A_1}\right)^2\right]}{2g_c}$$

將摩擦損失及其他假設考慮進去，需加上C_o修正係數(C_o中的 O 代表 Orifice 縮寫)

$$u_0 = C_o\sqrt{\frac{2g_c(P_1-P_0)}{\rho\left[1-\left(\frac{A_0}{A_1}\right)^2\right]}} \quad (3)$$

P_1與P_0之間的壓差可表示爲：$\Delta P = P_1 - P_0 = (\rho_m - \rho)\frac{g}{g_c}\cdot \Delta h$ 代入(3)式

其中$A_0 = \frac{\pi}{4}D_0^2$；$A_1 = \frac{\pi}{4}D_1^2$ =>$u_0 = C_o\sqrt{\frac{2(\rho_m-\rho)g\cdot\Delta h}{\rho\left[1-\left(\frac{D_0}{D_1}\right)^4\right]}}$ 令$\beta = \frac{D_0}{D_1}$

$$=> \boxed{u_0 = C_o\sqrt{\frac{2(\rho_m-\rho)g\cdot\Delta h}{\rho[1-\beta^4]}}}$$

※當 Re>50000 時 $C_o \doteqdot 0.61$ 當 Re<50000 可由查圖求C_o值！

3.文氏流量計/細腰流量計(88 關務特考)(94 地方特考四等)(98 地方特考四等)

　　和孔口流量計作用類似，孔口流量計流體通過一小孔，而文氏計是管徑慢慢變小，再慢慢回到原來大小，且設計方程式相同，如圖三。

$$\boxed{u_o = C_V\sqrt{\frac{2(\rho_m-\rho)g\cdot\Delta h}{\rho[1-\beta^4]}}}$$

修正係數(或稱細腰細數)爲C_V

以點 1 的速度和管徑來算$Re > 10^4$

，且管徑$< 0.2m$ 時$C_V \doteqdot 0.98$

若管徑$> 0.2m$ 時$C_v \doteqdot 0.99$

(C_v中的 V 代表 Venturi 縮寫)

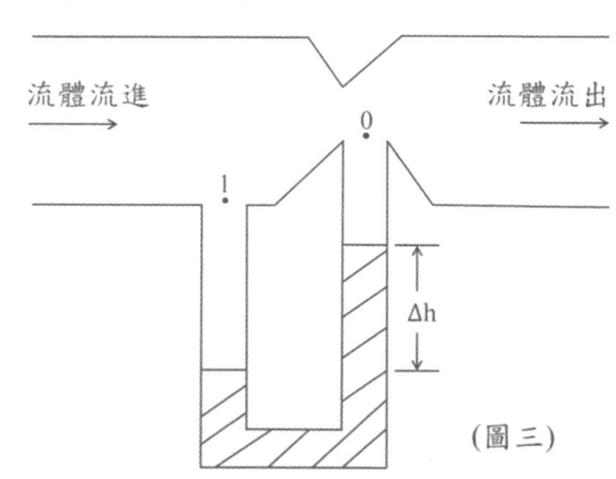

(圖三)

4.浮子流量計(94 地方特考四等)

　　將浮子置於一隻上寬下窄的玻璃管中，流體由底部進入，頂端流出，流量較大時，浮子會停留在較高的地方。

　　浮子流量計的壓力降幾乎不變，但是流體通過面積則會改變，流量越大面積越大，所以稱爲面積式流量計，如圖四。

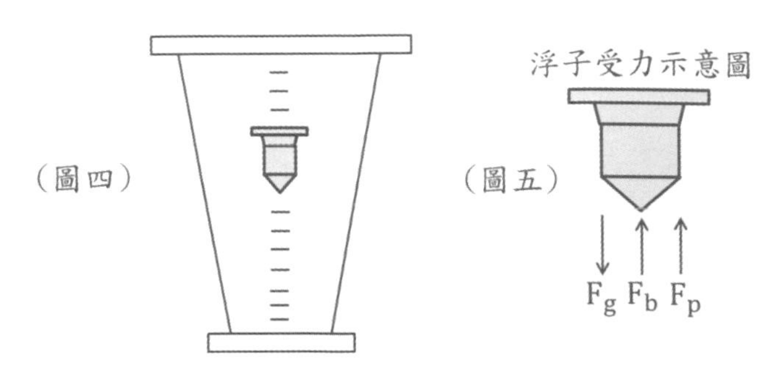

(圖四)　(圖五)

文氏計或孔口計之設計方程式套用於此，將C_V改成C_f (C_f中的 f 代表 float 縮寫)

$u_0 = C_f\sqrt{\frac{2g_c(P_1-P_0)}{\rho\left[1-\left(\frac{A_0}{A_1}\right)^2\right]}}$ (1) 假設穩定時，浮子達力平衡，如圖五

=>浮子向下的重力F_g = 浮子向上的浮力F_b + 浮子兩端向上的壓力F_p

=>$\rho_f \cdot V_f \cdot \frac{g}{g_c} = \rho \cdot V_f \cdot \frac{g}{g_c} + (P_1 - P_0) \cdot A_f$ =>$P_1 - P_0 = \frac{(\rho_f-\rho)\cdot V_f\cdot g}{A_f\cdot g_c}$ (2)

代入(1)式=>$u_0 = C_f\sqrt{\frac{2(\rho_f-\rho)\cdot V_f\cdot g}{\rho\cdot A_f\left[1-\left(\frac{A_0}{A_1}\right)^2\right]}}$

V_f浮子的體積；A_f浮子最大的截面積；ρ流體密度；ρ_f浮子密度

A_1管子的截面積；A_0(環狀面積) = $A_1 - A_f$

通常不用浮子流量計的設計方程式去算流速，而是用實驗校正(Calibration)的方法，先求出檢量線，再由檢量線(Calibration Curve)查出速度。

其中Re會重新定義：$Re = \frac{(D-D_f)\cdot u_0\cdot\rho}{\mu}$

D浮子停滯處玻璃管直徑；D_f浮子最大截面積處直徑

類題解析

〈類題 19－1〉使用皮托管量測圓管內某點之流速，流體密度爲$\rho = 1.0 \times 10^{-3}\ g/cm^3$。皮托管用以顯示差壓之液體密度爲$\rho_m = 0.95\ g/cm^3$。如果測得皮托管中液柱高度差$\Delta h = 0.2cm$。請問某點速度爲多少？假設$C_p \doteqdot 1.0$

Sol：$u_1 = C_p\sqrt{\frac{2g_c(P_2 - P_1)}{\rho}}$　Pitot 設計方程式

$$\Delta P = (\rho_m - \rho)\frac{g}{g_c}\cdot\Delta h = \frac{\left[(950-1)\frac{kg}{m^3}\right]\left(9.8\frac{m}{sec^2}\right)\left(\frac{0.2}{100}m\right)}{\left(1\frac{kg\cdot m}{sec^2\cdot N}\right)} = 18.6\left(\frac{N}{m^2}\right)$$

$$u_1 = C_p\sqrt{\frac{2g_c(P_2 - P_1)}{\rho}} = 1\sqrt{\frac{2\times1(18.6)}{1}} = 6.1\left(\frac{m}{sec}\right)$$

〈類題 19－2〉空氣(150°F，12psig)流過直徑爲 1ft 的圓管，將皮托管的管端置於圓管中心時，U 型管測得壓差爲$P_2 - P_1 = 0.42''$水柱。請求出管中心的空氣速度爲多少？如果圓管中的平均速度$\langle v\rangle$爲圓管中心速度$\langle v\rangle_{max}$的 0.85 倍，$\langle v\rangle = 0.85\langle v\rangle_{max}$，請求出圓管中空氣質量流率。假設$Cp = 1$；32°F，1atm 空氣的莫爾密度爲 $1/359 lbmol/ft^3$。

Sol：求空氣的絕對壓力 $P = \left(12psig \times \frac{1atm}{14.7psig}\right) + 1 = 1.816(atm)$

求 32°F下的空氣密度 $\rho = \frac{1}{359}\frac{lbmol}{ft^3} \times \frac{1.816atm}{1atm} \times \frac{(32+460)R^0}{(150+460)R^0} \times \frac{28.8lbm}{1lbmol} = 0.118\left(\frac{lbm}{ft^3}\right)$

$$P_2 - P_1 = (0.42inH_2O)\left(\frac{2.54cm}{1in}\right)\left(\frac{1atm}{1033.6cmH_2O}\right)\frac{\left(14.7\frac{lbf}{in^2}\right)\left(\frac{12in}{1ft}\right)^2}{1atm} = 2.18\left(\frac{lbf}{ft^2}\right)$$

$$\langle v\rangle_{max} = u_1 = C_p\sqrt{\frac{2g_c(P_2 - P_1)}{\rho}} = 1\sqrt{\frac{2\left(32.2\frac{lbm\cdot ft}{sec^2\cdot lbf}\right)\left(2.18\frac{lbf}{ft^2}\right)}{\left(0.118\frac{lbm}{ft^3}\right)}} = 34.5\left(\frac{ft}{sec}\right)$$

$$\langle v\rangle = 0.85\langle v\rangle_{max} = 0.85(34.5) = 29.3\left(\frac{ft}{sec}\right)$$

$$\dot{m} = \langle v\rangle\cdot A\cdot\rho = \left(29.3\frac{ft}{sec}\right)\left[\frac{\pi}{4}(1)^2ft^2\right]\left(0.118\frac{lbm}{ft^3}\right) = 2.71\left(\frac{lbm}{sec}\right)$$

〈類題 19 − 3〉某種油類(密度為 878kg/m³，黏度為 4.1cp)在直徑 0.1541m 的管路中傳送，以孔口流量計(孔口直徑為 0.0566m)量測其流量，若 U 型管裝的是水銀(密度為 13600kg/m³)，液柱高度差為 20cm，請問油的體積流率為多少？

Sol：$u_0 = C_0\sqrt{\frac{2g_c(P_1-P_0)}{\rho[1-\beta^4]}}$　Orifice 設計方程式

$P_1 - P_0 = (\rho_m - \rho)\frac{g}{g_c}\cdot\Delta h = (13600 - 878)\left(\frac{9.8}{1}\right)\left(\frac{20}{100}\right) = 24935\left(\frac{N}{m^2}\right)$

$\beta = \frac{D_0}{D_1} = \frac{0.0566}{0.1541} = 0.3673$；$C_0 = 0.61$；$\rho = 878\,kg/m^3$

$=>u_0 = C_0\sqrt{\frac{2g_c(P_1-P_0)}{\rho[1-\beta^4]}} = 0.61\sqrt{\frac{2\times1(24935)}{(878)[1-(0.3673)^4]}} = 4.63\left(\frac{m}{sec}\right)$

$=>\dot{Q} = u_0\cdot A_0 = \left(4.63\frac{m}{sec}\right)\left[\frac{\pi}{4}(0.0566)^2m^2\right] = 0.0117\left(\frac{m^3}{sec}\right)$

Check $=>Re = \frac{D_0\cdot u_0\cdot\rho}{\mu} = \frac{(0.0566)(4.63)(878)}{(4.1\times10^{-3})} = 56118.7 > 50000$

所以假設$C_0 = 0.61$數值無誤！

〈類題 19 − 4〉如果上述例題中的孔口計改為文氏計(喉口直徑為$D_0 = 0.0625m$)，其他條件不變時，請求出液柱差Δh為多少？

Sol：$u_0 = \frac{\dot{Q}}{A_0} = C_V\sqrt{\frac{2(\rho_m-\rho)g\cdot\Delta h}{\rho[1-\beta^4]}}$　Orifice 設計方程式

$\beta = \frac{D_0}{D_1} = \frac{0.0625}{0.1541} = 0.4055$；$\frac{0.0117}{\frac{\pi}{4}(0.0625)^2} = 0.98\sqrt{\frac{2(13600-878)(9.8)\cdot\Delta h}{878[1-(0.4055)^4]}}$ $=>\Delta h = 0.05(m)$

〈類題 19 − 5〉水平文氏計具有喉口直徑為 20mm，裝在 75mm 的管線中，15℃水流經此管線，液體壓力計在水之下含有水銀，以測定通過儀器之壓力差。當液體壓力計讀數為 500mm，試問其流率為多少gal/min？若壓力差的 12%為永久性損失，則流量計的動力消耗為多少？(McCabe 習題 8.8)

Sol：

(一) $u_0 = C_V\sqrt{\frac{2g_c(P_1-P_0)}{\rho[1-\beta^4]}}$ 文氏計設計方程式

$P_1 - P_0 = (\rho_m - \rho)\frac{g}{g_c}\cdot\Delta h = (13600 - 1000)\left(\frac{9.8}{1}\right)\left(\frac{500}{1000}\right) = 61740\left(\frac{N}{m^2}\right)$

$\beta = \frac{D_0}{D_1} = \frac{20}{75} = 0.267$，$C_V = 0.98$，$\rho = 1000\,\text{kg/m}^3$

$$=>u_0 = C_V\sqrt{\frac{2g_c(P_1-P_0)}{\rho[1-\beta^4]}} = 0.98\sqrt{\frac{2\times1(61740)}{(1000)[1-(0.267)^4]}} = 10.9\left(\frac{m}{sec}\right)$$

$$=>\dot{Q} = u_0\cdot A_0 = \left(10.9\frac{m}{sec}\right)\left[\frac{\pi}{4}\left(\frac{20}{1000}\right)^2 m^2\right] = 3.42\times10^{-3}\left(\frac{m^3}{sec}\right)$$

$$=>\dot{Q} = \left(3.42\times10^{-3}\frac{m^3}{sec}\times\frac{1000L}{1m^3}\times\frac{1gal}{3.785L}\times\frac{60sec}{1min}\right) = 54.3\left(\frac{gal}{min}\right)$$

(二)$P_f = \dot{m}(-W_s) = (\dot{Q}\rho)\left(\frac{\Delta P}{\rho}\right)$ =>求實際動力消耗$P_{f(act)}$？

$$P_{f(act)} = 0.12(\dot{Q}\Delta P) = 0.12\left(3.42\times10^{-3}\frac{m^3}{sec}\right)\left(61740\frac{N}{m^2}\right) = 25.3(W)$$

歷屆試題解析

〈考題 19－1〉(88 關務特考)(20 分)

水($\rho = 1000\,\text{kg/m}^3$，$\mu = 1\text{c.p}$)在直徑爲10cm之圓管內流動。已知流量爲 7.85kg/sec。若以皮托管(Pitot tube)測其中心點之速度，則差壓計所顯示之高差爲9.9cm。差壓計所用之液體密度爲 1800kg/m³。問若將皮托管置於離管中心2.5cm之位置時，差壓計之讀數應爲多少 m？已知在圓管內層流及亂流之速度分佈分別爲：

$$\frac{V_z}{V_{max}} = 1-\frac{r^2}{R^2} \text{ 及 } \frac{V_z}{V_{max}} = \left(1-\frac{r}{R}\right)^{\frac{1}{7}}$$

Sol：$\dot{m} = V_z\cdot A\cdot\rho$ =>$7.85 = V_z\left[\frac{\pi}{4}\left(\frac{10}{100}\right)^2\right](1000)$ =>$V_z = 1\left(\frac{m}{sec}\right)$

Check =>$Re = \frac{D_0\cdot\langle v\rangle\cdot\rho}{\mu} = \frac{(0.1)(1)(1000)}{(1\times10^{-3})} = 1\times10^5 > 2100$ 亂流

選擇速度分佈爲$\frac{V_z}{V_{max}} = \left(1-\frac{r}{R}\right)^{\frac{1}{7}}$ 求$V_z =$ ？

$R = \frac{10}{100\times2} = 0.05(m)$，$r = \frac{2.5}{100} = 0.025(m)$

$=>V_z = V_{max}\left(1-\frac{r}{R}\right)^{\frac{1}{7}} = V_{max}(1-0.5)^{\frac{1}{7}} = 0.9057V_{max}$

$=>1 = 0.9057V_{max}$ $=>V_{max} = 1.104\left(\frac{m}{sec}\right)$

$V_{max} = u_1 = C_p\sqrt{\frac{2g_c(P_2-P_1)}{\rho}} = C_p\sqrt{\frac{2g_c(\rho_m-\rho)g\cdot\Delta h}{\rho}}$ $=>1.104 = 1\sqrt{\frac{2\times1(1800-1000)(9.8)\Delta h}{1000}}$

$=>\Delta h = R_m = 0.077(m)$

〈考題 19－2〉(90 第二次化工技師)(20 分)

如圖所示(可參考重點整理皮托管繪圖)，吾人欲以一皮托管(pitot tube)量測一已知密度(ρ)、黏度(μ)之流體流經一已知管直徑(D)之流體質量流率(mass flow rate)。試敘明如何由皮托管之量測壓力差獲得此質量流率，注意：(一)需推導相關方程式(二)流體流速遠低於音速(三)對 Re 做圖爲已知，其中〈V〉爲平均流速，V_{max}爲最大流速，Re 爲雷諾數(Reynolds number,Re)(四)係數C_P爲已知。

Sol：

(一)皮托管：當流體流經至點 2 時，流體對皮托管產生衝擊力，因此造成 U 型管左右液高差，我們可量測出Δh，計算出點速度。

(二)證明過程請參考重點整理。(三)由$Re = \frac{D\cdot V_{max}\cdot\rho}{\mu}$ 查圖求得$\frac{\langle V\rangle}{V_{max}}$之比值，可得平均速度〈V〉，再代入$\dot{m} = \langle v\rangle\cdot A\cdot\rho$ 求得質量流率。

〈考題19－3〉(91化工技師)(20分)

吾人欲設計一孔口計(Orifice meter)以用於原油在37.8℃(密度890kg/m³，黏度5.45cp)於一內直徑爲0.1m之圓管中之流動計量，預期原油之最大流量爲80m³/hr。吾人使用水銀(密度爲13600kg/m³)爲壓力計流體，而以乙二醇(密度爲1110kg/m³)爲介於原油與水銀間之阻絕流體。若壓力計之最大讀數爲80cm，則孔口直徑應爲多大？注意：如在孔口處之流動之雷諾數大於30,000，則此孔口計之孔口係數可設爲0.61。

Sol：$u_o = \frac{\dot{Q}}{A_0} = C_o\sqrt{\frac{2g_c(P_1-P_0)}{\rho\left[1-\left(\frac{D_0}{D_1}\right)^4\right]}}$ (1) Orifice 設計方程式

$\Delta P = P_1 - P_0 = (\rho_m-\rho)\frac{g}{g_c}\cdot\Delta h = (13600-1110)\left(\frac{9.8}{1}\right)\left(\frac{80}{100}\right) = 97922\left(\frac{N}{m^2}\right)$

※阻絕流體密度必須考慮在內

質量平衡：$\dot{m}_0 = \dot{m}_1 \Rightarrow \rho_0 u_0 A_0 = \rho_1 u_1 A_1$ 又$\rho_0 = \rho_1 = \rho$

$\Rightarrow u_0 A_0 = u_1 A_1 \Rightarrow u_0 \frac{\pi}{4} {D_0}^2 = u_1 \frac{\pi}{4} {D_1}^2 \Rightarrow u_0 = u_1 \left(\frac{D_1}{D_0}\right)^2$ (2)

又$\beta = \frac{D_0}{D_1}$ 代入(2)式 $\Rightarrow u_0 = \frac{u_1}{\left(\frac{D_0}{D_1}\right)^2} = \frac{u_1}{\beta^2}$

$$u_1 = \frac{\dot{Q}}{\frac{\pi}{4}{D_1}^2} = \frac{80\frac{m^3}{hr}\times\frac{1hr}{3600sec}}{\left[\frac{\pi}{4}(0.1)^2 m^2\right]} = 2.83\left(\frac{m}{sec}\right) \Rightarrow u_0 = \frac{u_1}{\beta^2} = \frac{2.83}{\beta^2}$$ 代入(1)式

$$\frac{2.83}{\beta^2} = 0.61\sqrt{\frac{2\times(97922)}{890[1-\beta^4]}} \Rightarrow \frac{(4.63)^2}{\beta^4} = \frac{220}{1-\beta^4} \Rightarrow 21.4 - 21.4\beta^4 = 220\beta^4$$

$\Rightarrow \beta = 0.544 \Rightarrow D_0 = \beta \cdot D_1 = 0.544 \times 0.1 = 0.0543(m)$

Check $\Rightarrow u_0 = \frac{u_1}{\beta^2} = \frac{2.83}{\beta^2} = \frac{2.83}{(0.544)^2} = 9.53\left(\frac{m}{sec}\right)$

$\Rightarrow Re = \frac{D_0 \cdot u_0 \cdot \rho}{\mu} = \frac{(0.0543)(9.53)(890)}{(5.45\times10^{-3})} = 88290 > 30000$ 所以C_o假設 0.61 正確！

※石油化學工程原理 P-20 中國石化出版社 李陽初、劉雪暖

〈考題 19 − 4〉文氏計和孔口計均是常用的差壓式流量計，其各有何優、缺點？ (91 高考三等)(91 地方特考)(92 地方特考四等)(95 普考)(97 經濟部特考)

Sol：

差壓式流量計種類	文氏計(精確度高)	孔口計(銳孔計)
價格	貴	便宜
佔用空間	大	小
測量範圍	孔口面積不易更換，故測量範圍受限制	容易更換孔徑，故可測量流量範圍大
壓降	小	大
流體種類	範圍大	僅限於澄清液體，故範圍小
準確度	高	較低
摩擦損失	小	大

〈考題 19 − 5〉(94 化工技師)(5 分)

請以簡圖表示單元操作設備：皮托管(Pitot tube)

Sol：請參考重點整理(三)流量計設計方程式與簡圖表示。

〈考題 19－6〉(96 普考)(各 5 分)

(一)一離心泵管路可輸送水(密度約1.0g/cm^3)可達35公尺高，若相同設備管路改以輸送酒精(密度約0.8g/cm^3)，試問可達多少公尺高？ (二)一流體原先於水平管(直徑爲D_1)內以平均流速u_1流動，若後來管徑變爲$1/3D_1$，則平均流速變爲多少？(請以u_1表示)(三)使用皮托管(Pitot Tube)測量圓管內流體流速時，皮托管之外徑不可大於管徑之幾分之幾？(四)使用銳孔流量計時，大約要離銳孔盤約多少倍管徑距離之後不再受銳孔盤影響？

Sol：(一)$\Delta P_1 = \Delta P_2$ =>$\rho_1 g h_1 = \rho_2 g h_2$ =>$\rho_1 h_1 = \rho_2 h_2$

=>$1000(35) = 800h_2$ =>$h_2 = 43.8(m)$

(二)質量平衡：$\dot{m}_1 = \dot{m}_2$ =>$\rho_1 u_1 A_1 = \rho_2 u_2 A_2$ 又$\rho_1 = \rho_2 = \rho$

=>$u_1 A_1 = u_2 A_2$ =>$u_1 \frac{\pi}{4} {D_1}^2 = u_2 \frac{\pi}{4} {D_2}^2$ =>$u_1 = u_2 \frac{\left(\frac{1}{3}D_1\right)^2}{{D_1}^2} = \frac{1}{9}u_2$

(三)皮托管的外徑不可大於管徑的 1/15。

(四)爲避免造成誤差，孔口板上游至少 10 倍管徑，下游至少 50 倍管徑內，管徑上下不得有其他管件。

〈考題 19－7〉(98 普考)(各 5 分)

(一)當以開口U型測壓計量測A、B兩點壓差爲400mm，且壓力A>B。若改用斜角壓力計，其傾斜角爲30°，請問其讀數爲多少？ (二)1/2in、40號鋼管與1/2in、80號鋼管何者內徑較大？(三)使用浮子流量計測水流量刻度爲50時，若改測酒精(密度= 0.8g/cm^3)流量刻度也爲50，則何者體積流量較大？

Sol：(一)$R_s = \frac{R_m}{\sin\theta} = \frac{400}{\sin 30°} = 800(mm)$

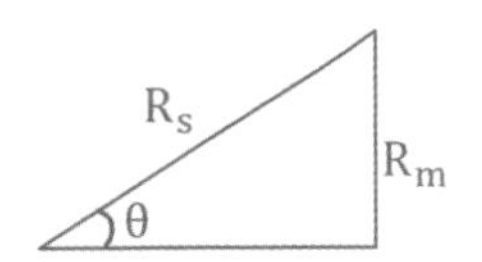

(二)40 號 1/2 in 管內徑較大(管號越大，管壁越厚，耐壓越高，但內徑越小)

(三)浮子流量計原理藉著流量改變時，流體通過的面積會變化的原理來量測，所以流量刻度相同，體積流量也相同。

〈考題 19－8〉(97 高考三等)(5/5/5/10 分)

下圖(a)所示爲浮子流量計(rotameter)的一段面，而下圖(b)所示爲控制體(control volume)。圖中z表示高度，u表示流速，p表示壓力，a, A表示面積，g表示重力加速度，M表示浮子的質量。令ρ和ρ_f分別表示流體和浮子的密度，根據位置1和2(圖中符號下標所示)建立：(一)連續方程式(質量均衡)(二)白努力方程式(Bernoulli equation 或能量均衡)(三)向上流的動量均衡方程式(upward momentum balance equation)(四)推導流體流率Q與M，g，A，a，ρ，ρ_f 的關係。

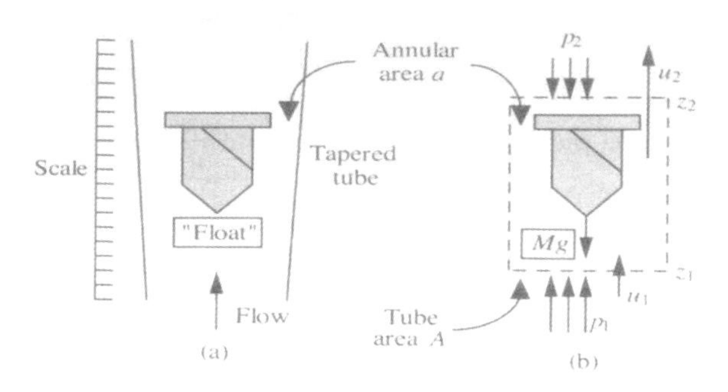

Sol：(一)質量平衡：$\dot{m}_1 = \dot{m}_2$ =>$\rho_1 u_1 A = \rho_2 u_2 a$ 又$\rho_1 = \rho_2 = \rho$

=>$u_1 = \frac{a}{A} u_2$ (1)

(二)假設無軸功與摩擦損耗，由柏努力方程式對點 1 和點 2 做平衡：

$\frac{P_2 - P_1}{\rho} + \frac{u_2^2 - u_1^2}{2g_c} + \frac{g}{g_c}(z_2 - z_1) = 0$　改爲水平流動

=>$\frac{P_1 - P_2}{\rho} = \frac{u_2^2 - u_1^2}{2g_c}$ (2) 將(1)代入(2)式 =>$\frac{P_1 - P_2}{\rho} = \frac{u_2^2 - u_2^2\left(\frac{a}{A}\right)^2}{2g_c} = \frac{u_2^2\left[1 - \left(\frac{a}{A}\right)^2\right]}{2g_c}$

=>$u_2 = \sqrt{\frac{2g_c(P_1 - P_2)}{\rho\left[1 - \left(\frac{a}{A}\right)^2\right]}}$ (3)

(三)當浮子達力平衡：$F_g = F_b + F_p$

=>$\rho_f \cdot V_f \cdot \frac{g}{g_c} = \rho \cdot V_f \cdot \frac{g}{g_c} + (P_1 - P_2) \cdot A_f$ 又$\rho_f = \frac{M}{V_f}$ =>$V_f = \frac{M}{\rho_f}$

=>$M \cdot \frac{g}{g_c} = \frac{M \cdot \rho}{\rho_f} \cdot \frac{g}{g_c} + (P_1 - P_2) \cdot A_f$ =>$P_1 - P_2 = \frac{M}{A_f} \cdot \frac{g}{g_c} - \frac{M \cdot \rho}{A_f \cdot \rho_f} \cdot \frac{g}{g_c}$

=>$P_1 - P_2 = \frac{(\rho_f - \rho) \cdot M \cdot g}{A_f \cdot \rho_f \cdot g_c}$ (4)

(四)將(4)代入(3)式 =>$u_2 = \sqrt{\frac{2(\rho_f - \rho) \cdot M \cdot g}{\rho_f \cdot A_f \cdot \rho\left[1 - \left(\frac{a}{A}\right)^2\right]}}$ =>$Q = a\sqrt{\frac{2(\rho_f - \rho) \cdot M \cdot g}{\rho_f \cdot A_f \cdot \rho\left[1 - \left(\frac{a}{A}\right)^2\right]}}$

考慮摩擦係數C_f =>$Q = a \cdot C_f \sqrt{\frac{2(\rho_f - \rho) \cdot M \cdot g}{\rho_f \cdot A_f \cdot \rho\left[1 - \left(\frac{a}{A}\right)^2\right]}}$

〈考題 19 – 9〉(99 高考三等)(15 分)

在如右圖之圓形管通以40°C之空氣，並於管中心插置 Pitot 管，差壓計讀數爲 0.03mH_2O，水的密度爲 1000kg/m^3，而空氣密度及黏度分別爲1.12kg/m^3及 0.017 cp，試估算該圓形管內氣體之質量流率。於層流時，圓管內流體平均速度與最大速度之比值爲 1/2，而於紊流時之比值則爲 0.85。

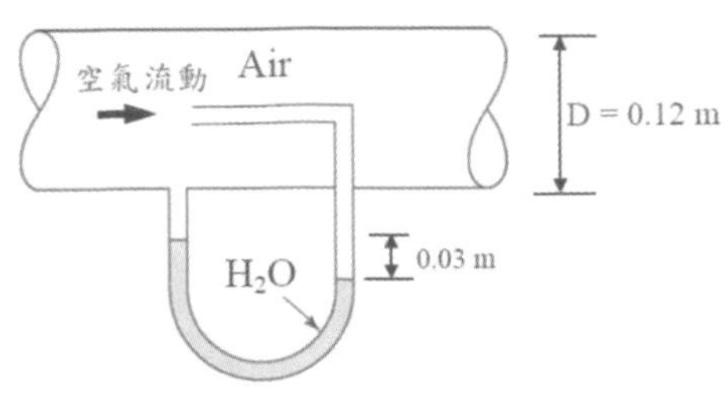

Sol：$u_{max} = u_1 = C_p\sqrt{\frac{2g_c(P_2-P_1)}{\rho}}$　Pitot 設計方程式

$$P_2 - P_1 = (\rho_m - \rho)\frac{g}{g_c}\cdot\Delta h = (1000-1.12)\left(\frac{9.8}{1}\right)(0.03) = 293.67\left(\frac{N}{m^2}\right)$$

$$u_{max} = C_p\sqrt{\frac{2g_c(P_2-P_1)}{\rho}} = 1\sqrt{\frac{2\times1(293.67)}{1.12}} = 22.9\left(\frac{m}{sec}\right)$$

$$u_{av} = 0.85u_{max} = 0.85(22.9) = 19.5\left(\frac{m}{sec}\right)$$

Check =>$Re = \frac{D\cdot u_{av}\cdot\rho}{\mu} = \frac{(0.12)(19.5)(1.12)}{(0.017\times10^{-3})} = 154164 > 2100$

=>$\dot{m} = u_{av}\cdot A\cdot\rho = \left(19.5\frac{m}{sec}\right)\left[\frac{\pi}{4}(0.12)^2m^2\right]\left(1.12\frac{kg}{m^3}\right) = 0.246\left(\frac{kg}{sec}\right)$

〈考題 19 – 10〉(97/101/102 經濟部特考)(101 普考)(101 地方特考四等)

請描繪並說明使用皮托管(pitot tube)量測管內流體流速之原理。

Sol：請參考重點整理(三)流量計設計方程式與簡圖表示。

〈考題19 – 11〉(102普考)(10分)

請說明浮子流量計(rotameter)的工作原理，又如何正確讀取浮子流量計的流量數據？

Sol：浮子流量計：爲面積式流量計，藉著流量改變時，流體通過的截面積會變化的原理來量測流量。測定流體體積流率時，應看浮子截面積最大處。

〈考題19－12〉(102高考三等)(10分)

有一浮子流量計(rotameter)，浮子材料之密度爲1500kg/m³，以水(密度＝1000kg/m³、黏度＝1 cp)通過時，其流量量測範圍爲20~200m³/hr，若改用材料密度爲2500kg/m³之浮子，以水通過時，則其流量量測範圍爲何？假設浮子之拖曳係數(drag coefficient)不隨其材質密度而改變。

Sol：$u_0 = \frac{\dot{Q}}{A_0} = C_f\sqrt{\frac{2(\rho_f-\rho)\cdot V_f\cdot g}{\rho\cdot A_f\left[1-\left(\frac{A_0}{A_1}\right)^2\right]}}$ 浮子流量計設計方程式

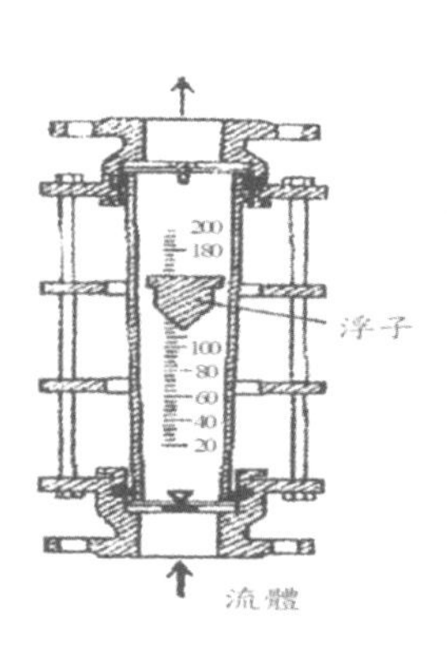

$=> \dot{Q} \propto \sqrt{\frac{\rho_f-\rho}{\rho}} => \frac{\dot{Q}_1}{\dot{Q}_2} = \sqrt{\frac{(\rho_{f0}-\rho_{H_2O})/\rho_{H_2O}}{(\rho_f-\rho_{H_2O})/\rho_{H_2O}}}$

$=> \frac{20}{\dot{Q}_{2(L.L)}} = \sqrt{\frac{(1500-1000)/1000}{(2500-1000)/1000}} => \dot{Q}_{2(L.L)} = 34.6\left(\frac{m^3}{hr}\right)$

同理如下：

$=> \frac{200}{\dot{Q}_{2(H.H)}} = \sqrt{\frac{(1500-1000)/1000}{(2500-1000)/1000}} => \dot{Q}_{2(H.H)} = 346.4\left(\frac{m^3}{hr}\right)$

※改用浮子材料後流量範圍爲$34.6-346.4\left(\frac{m^3}{hr}\right)$

二十、泵特性及相關運用(流體力學)

此章節是等溫系統之巨觀均衡觀念的延伸，此章節將 20 幾年來國家考試所出現的泵水力計算題型幾乎包含在內，另外壓縮機也是化工廠重要的設備之一，為了預防有冷箭型的壓縮機的計算題型也包含在中，經濟部特考可能較有機會出現，但如果準備時間較不充裕者可跳過壓縮機的計算部分，將火力集中在其他應考章節，可以節省許多複習的時間。

(一)泵軸功，泵對流體或(系統)做功：功為負值，如圖一

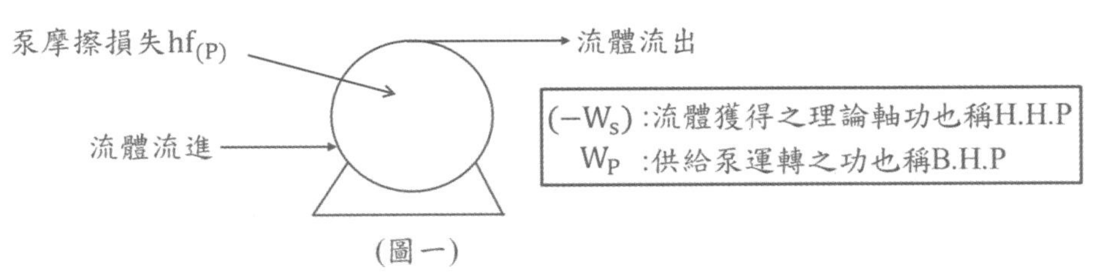

(圖一)

$W_p = (-W_s) + h_{f(P)}$;泵之效率 $\eta = \frac{(-W_s)}{W_p} \times 100\%$

泵輸送系統，如圖二，圖三。

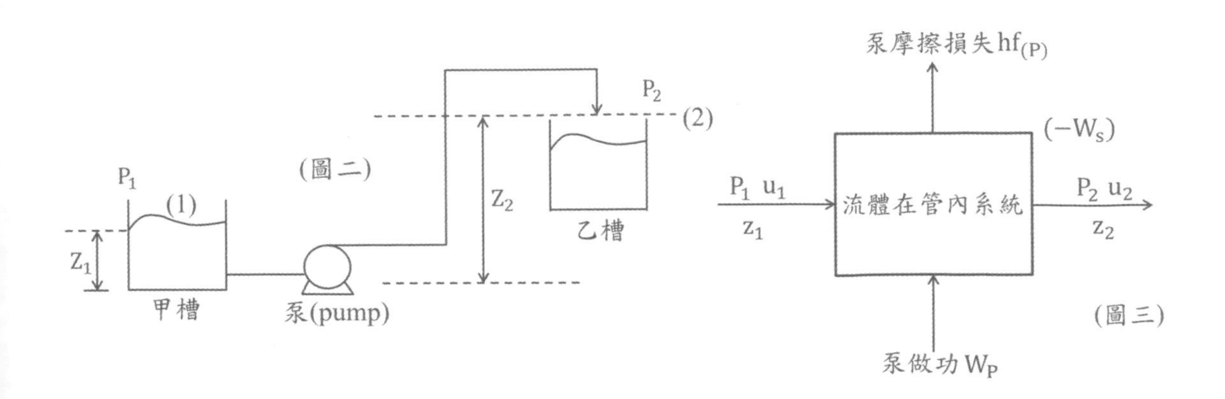

(二)泵馬力

(1)H.H.P. (Hydraulic Horse Power)理論馬力(P_f)也可稱流體馬力(Fluid Horse Power)或水力馬力(Fluid Horse Power)

(2)B.H.P. (Brake Horse Power)制動馬力(P_B)也可稱實際馬力。

泵實際運轉的馬力，因爲泵本身有摩擦損耗，所以一般大於理論馬力。

(3)泵效率(η_p)：理論馬力和實際馬力之比值稱泵效率，如圖四。

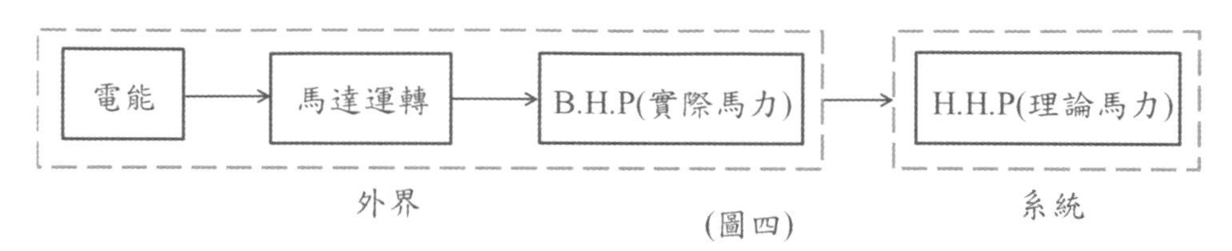

(圖四)

$$\eta_p = \frac{\text{H.H.P}}{\text{B.H.P}} \times 100\% = \frac{P_f}{P_B} \times 100\%$$

H.H.P(理論馬力)$= \dot{m}(-W_s)$；B.H.P(實際馬力)$= \dot{m}W_p$

D.H.P(驅動馬力)：泵帶動葉輪軸心旋轉所需的動力 =>D.H.P> B.H.P> H.H.P

W_s泵提供液體之功；W_p外界提供泵之功

P_f泵供給液體之功率，稱流體馬力(fluid horsepower)

P_B外界實際給與泵之功率，稱制動馬力(brake horsepower)

(三)Turbine(渦輪機/透平機)軸功：透平機因流體作用使轉動產生能量，如圖五。

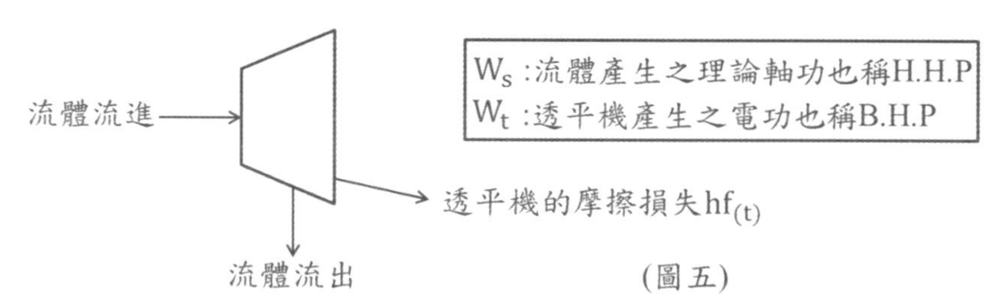

(圖五)

$W_s = W_t + h_{f(t)}$ 渦輪機之效率$\eta = \frac{W_t}{W_s} \times 100\%$(效率和泵相反，如圖六)

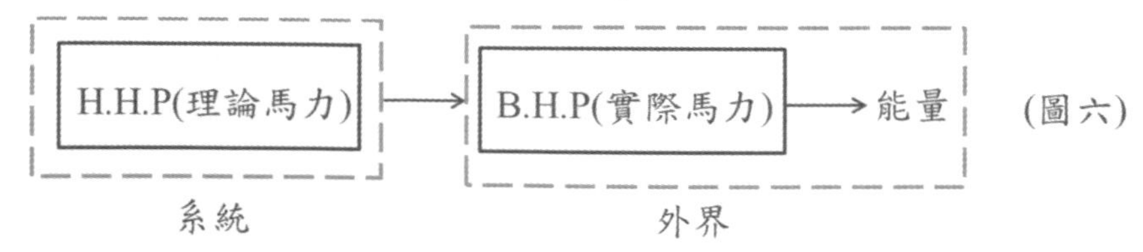

(圖六)

透平機輸送系統，如圖七，圖八。

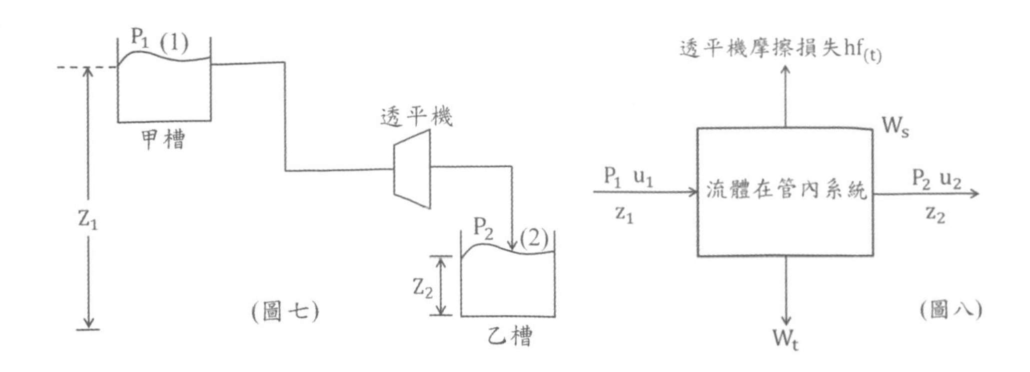

(四)透平機(Turbine)馬力

(1)理論馬力/流體馬力(H.H.P)：流體直接作用於透平機=> H.H.P= $\dot{m}W_s$

(2)實際馬力/制動馬力(B.H.P)：透平機對外界做功或稱發電功

=>B.H.P= $\dot{m}W_t$

(3)透平機效率(η_t)：實際馬力與理論馬力之比值=>$\eta_t = \frac{B.H.P}{H.H.P} \times 100\%$

(五)泵的$(NPSH)_a$和$(NPSH)_R$

(1) $(NPSH)_a$ (Available NPSH，可用的 NPSH)

(2) $(NPSH)_R$ (Require NPSH，需要的 NPSH，爲泵廠商所提供)

(3) $(NPSH)_a > (NPSH)_R$泵内液體才不會液化(一般泵正常運轉)

$(NPSH)_a > 0$ (理論上操作)

$(NPSH)_a < (NPSH)_R$會產生 Cavitation(空蝕現象)泵無法吸入液體

(4)$(NPSH)_R$：由泵廠商所提供之最小的 NPSH 值，通常和泵的大小和輸送流量有關。

(5)提升 NPSH 的方法：1.提高液面高度 2.降低泵位置 3.使用較大的泵 4.使用較低轉速的泵 5.使用較大葉輪的泵。

(6)所謂的 Cavitation 是指系統進口壓力不足，而泵的吸力太大所引起的現象。

1.入口管線洩漏，漩渦使製程液體有過多的氣泡。

2.入口管線有阻塞現象。

3.製程液體溫度過高有氣化現象。

4.$(NPSH)_a < (NPSH)_R$爲 Cavitation。

(五)$(NPSH)_a$計算：

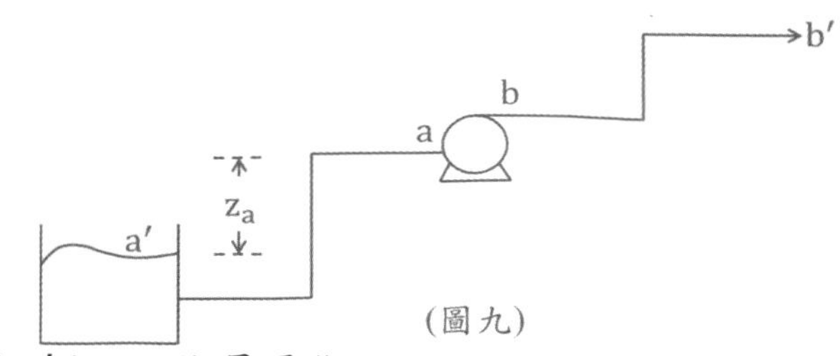

(圖九)

由圖九，在a'和a做能量平衡:

$$\frac{P_a-P_a'}{\rho}+\frac{u_a^2-u_a'^2}{2g_c}+\frac{g}{g_c}(Z_a-Z_a')+F_s+W_s=0$$

$A_a' \gg A_a \Rightarrow u_a \gg u_a'$　　$Z_a'=0$　　無軸功

$\frac{P_a}{\rho}+\frac{u_a^2}{2g_c}=\frac{P_a'}{\rho}-\frac{g}{g_c}Z_a-F_s$ (1)　已知$(NPSH)_a=\frac{P_a}{\rho}-\frac{P_V}{\rho}$ (2) (當考慮蒸氣壓影響時)

(1)代入(2)式=>上式同除以重力加速度 g

$\Rightarrow (NPSH)_a=\frac{P_a'-P_V}{\rho g}-Z_a-\frac{F_s}{g}-\frac{u_a^2}{2g_c}$ 以高度表示(SI 制，Geankoplis 原文書考慮速度勢能在內)

上式乘上$g_c \Rightarrow (NPSH)_a=\frac{P_a'-P_V}{\rho g}g_c-Z_a-\frac{F_s}{g}g_c-\frac{u_a^2}{2g}$ 以高度表示(FPS 制)

$$\boxed{(NPSH)_a=\frac{g_c}{g}\left(\frac{P_a'-P_V}{\rho}-F_s\right)-Z_a}$$ 通式

P_a'儲槽液面上的絕對壓力，P_V液體蒸氣壓，F_s泵吸入端摩擦損失，u_a 泵吸入端平均流速，Z_a液面與泵中心線高度(或泵中心點)。

※當槽液面高於泵中心線時ΔZ帶正號(+)；當槽液面低於泵中心線時ΔZ帶負號(-)

注意：為了預防離心泵無法順利的泵量出液體，使用前必須灌滿水把管路的空氣趕出，這個灌水程序稱 Priming。

(六)泵特性曲線圖(Performance Curve)

rated capacity(設計點流量)的上下範圍為最佳操作區。

空蝕界限：當流量上升時 NPSHa 曲線會越來越陡，超過空蝕界限時泵會產生空蝕現象；在空蝕界限左側區域為無空蝕區，在空蝕界限右側區域為空蝕區。

Shut-off Pressure(泵出口關斷壓力)：當泵出口關斷時的揚程為最大，在工程公司的泵 Data sheet 的計算書內會特別強調此項，因為泵關斷壓力影響到泵出口管線材質與磅數的選擇，預防材質與管線磅數不足以抵抗泵出口壓力，泵出口被關斷時可能造成破管的情況。

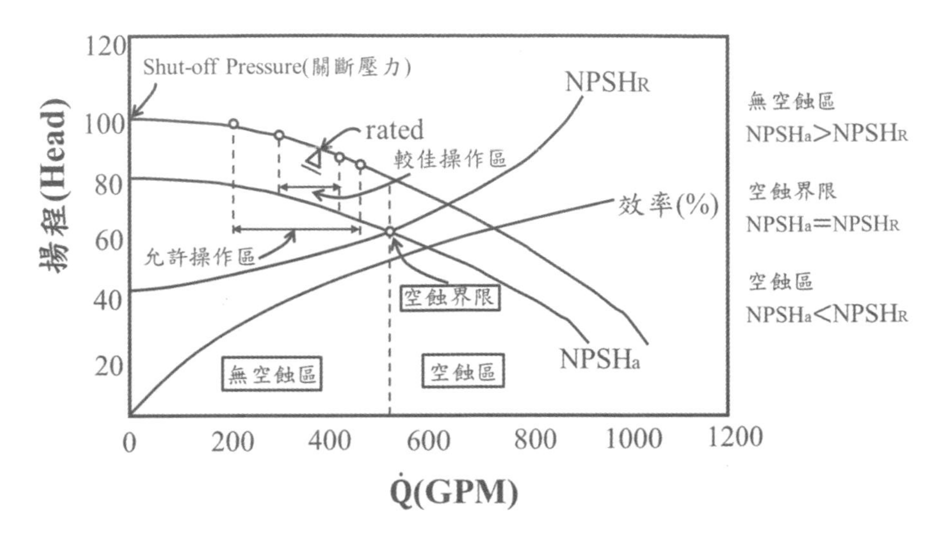

(七)發展揚程(Developed Head)，對點a′與點b′做平衡，如圖十。

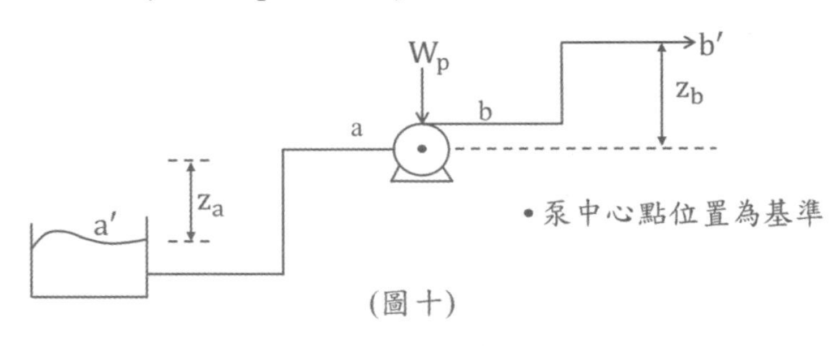

(圖十)

$H_s = H_a = \frac{P_a}{\rho} + \frac{\alpha u_a^2}{2g_c} = \frac{P_a'}{\rho} - \frac{g}{g_c}Z_a - F_s$ 吸入端高度差(Suction Head)

$H_d = H_b = \frac{P_b}{\rho} + \frac{\alpha u_b^2}{2g_c} = \frac{P_b'}{\rho} + \frac{g}{g_c}Z_b + F_d$ 排出端高度差(Discharge Head)

$\Delta H = H_d - H_s = \left(\frac{P_b'}{\rho} + \frac{g}{g_c}Z_b + F_d\right) - \left(\frac{P_a'}{\rho} - \frac{g}{g_c}Z_a - F_s\right)$ 總揚程(Total Head)

$W_P = \frac{H_d - H_s}{\eta} = \frac{W_s}{\eta}$ (F_s吸入端摩擦損失，F_d排出端摩擦損失)

若以高度表示：$\boxed{H_d - H_s = \left[\frac{P_b' g_c}{\rho g} + Z_b + \frac{g_c}{g}F_d\right] - \left[\frac{P_a' g_c}{\rho g} - Z_a - \frac{g_c}{g}F_s\right]}$

※泵揚程計算在泵吸入端摩擦損耗與 NPSHa 摩擦損耗定義相同皆為負號，排出端則固定為正號，為了使[總摩擦損耗為(+)號] =

$[F_d$排出端摩擦損耗代$(+)$號$] - [F_s$去吸入端摩擦損耗代$(-)$號$]$，如此定義泵才能做功，高度差的判別方式則看液位是否高於泵或低於泵中心點或泵吸入端管嘴，這個地方是比較多人較容易搞混之處，要特別小心。

$$(NPSH)_a = H_s - \frac{P_V}{\rho g} = \frac{P_a - P_V}{\rho g} + \frac{\alpha u_a^2}{2g_c} = \frac{g_c}{g}\left(\frac{P'_a - P_V}{\rho} - F_s\right) - Z_a \text{ 淨正吸引落差}$$

(八)離心泵的設計步驟

1.計算$(NPSH)_a$ 2.計算所需的揚程$(\Delta H)_p$。

3.由動黏度/揚程/體積流率查圖求校正因子C_H、C_V、C_η。

4.計算校正後的$\dot{Q}$及$(\Delta H)_p$=>$\dot{Q}_c = \frac{\dot{Q}}{C_V}$;$(\Delta H_c) = \frac{(\Delta H)_p}{C_H}$ (下標字體 C：calibration)

5.由$\dot{Q}_C$和ΔH_c泵特性曲線圖(Performance Curve)可求得：泵葉輪直徑、泵效率η_P、$NPSH_R$；6.計算校正η_P =>$\eta_c = \eta_P \times C_\eta$；

7.計算 B.H.P =>$B.H.P = \frac{(\dot{Q}_C \cdot \rho)(\Delta H_c)}{\eta_c}$

注意：1.相同之體積流率$\dot{Q}$下，揚程需要越大者，則葉輪的所需直徑越大。2.相同揚程下需要較大的$\dot{Q}$，則葉輪的所需直徑越大。3.既定的泵操作(即轉動葉輪直徑一定)所需的揚程減少時，則泵送的$\dot{Q}$增加。

(九)泵的並聯和串聯圖(95 經濟部特考)

並聯壓力不變，流量變兩倍，由圖十一得知可增加製程流體輸送量。

串聯壓力提升，壓力變兩倍，由圖十二得知可增加製程流體揚程高度，但製程流體輸送量變小。

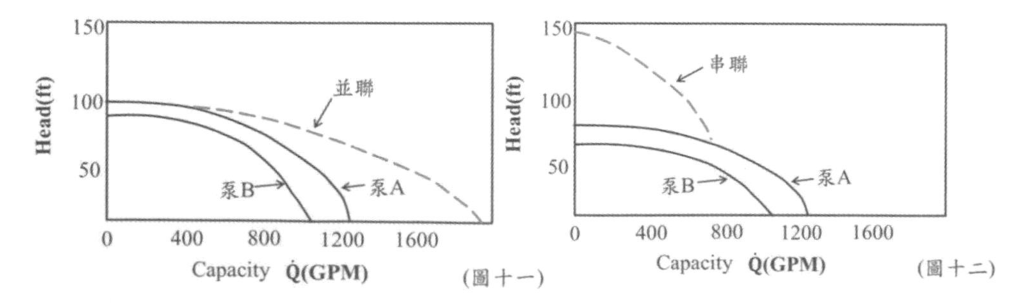

(圖十一) (圖十二)

(十)壓縮機計算：(時間較少的朋友們可以忽略此部分)

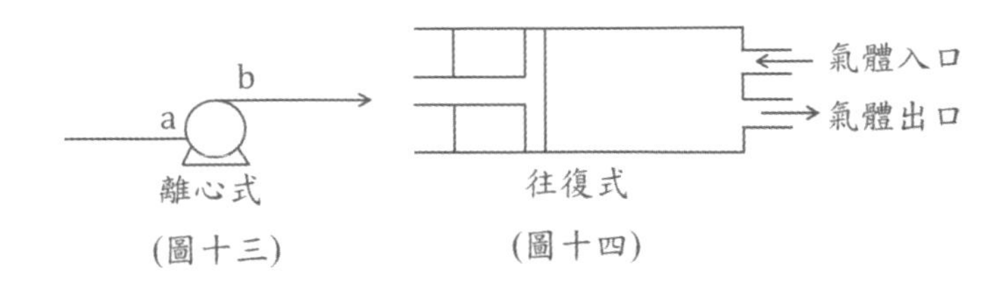

(圖十三)　(圖十四)

A. 單級壓縮　1.離心式(由機械能平衡方程式)，圖十三。

$$\int \frac{\Delta P}{\rho} + \frac{\Delta u^2}{2g_c} + \frac{g}{g_c}\Delta Z + \sum F + W_s = 0 \quad \Rightarrow -W_s = \int \frac{\Delta P}{\rho} \ (1)$$

$u_1 = u_2$　水平下　無摩擦損耗

B. 往復式，如上圖十四。

無間隙容積(clearance)之壓縮過程：(系統指氣體)　，如圖十五。

$a \rightarrow b$ 氣體被壓縮 $W_1 = -\int_a^b PdV$

$b \rightarrow c$ 定壓下排氣 $W_2 = -P_b(V_c - V_b)$ $\because V_c = 0$ $\therefore W_2 = P_bV_b$

$c \rightarrow d$ 氣體排光，壓力突降 $W_3 = 0$

$d \rightarrow a$ 定壓下吸氣膨脹 $W_4 = -P_a(V_a - V_d) = -P_aV_a$

一個循環 cycle，氣體被做功總和如下：

$$-W_s = -\int_a^b PdV + P_bV_b - P_aV_a = -\int_a^b PdV + \int_a^b d(PV)$$

$$= -\int_a^b PdV + \int_a^b (PdV + VdP) = -\int_a^b PdV + \int_a^b PdV + \int_a^b VdP = \int_a^b VdP$$

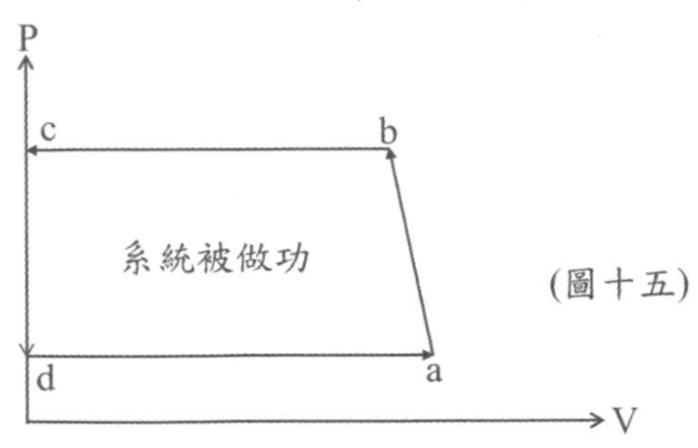

(圖十五)

(1)絕熱壓縮(adiabatic compressor)

若爲理想氣體 $\frac{P}{P_1} = (\frac{V_1}{V})^r$ 又 $\frac{W}{V} = \rho$; $V \propto \frac{1}{\rho}$ $\Rightarrow \frac{P}{P_1} = (\frac{\rho}{\rho_1})^r$

又$r=\frac{C_P}{C_V}$ => $\left(\frac{P}{P_1}\right)^{\frac{1}{r}}=\frac{\rho}{\rho_1}$ => $\frac{1}{\rho}=\frac{P_1^{\frac{1}{r}}}{\rho_1 P^{\frac{1}{r}}}$ 代入(1)式

$$=>(-W_s)=\frac{P_1^{\frac{1}{r}}}{\rho_1}\int_{P_1}^{P_2}\frac{dP}{P_1^{\frac{1}{r}}}=\frac{P_1^{\frac{1}{r}}}{\rho_1}\left(\frac{r}{r-1}\right)P^{\frac{r-1}{r}}\Big|_{P_1}^{P_2}=\frac{P_1^{\frac{1}{r}}}{\rho_1}\left(\frac{r}{r-1}\right)\left(P_2^{\frac{r-1}{r}}-P_1^{\frac{r-1}{r}}\right)$$

$$=>\frac{P_1}{\rho_1}\left(\frac{r}{r-1}\right)\left[\left(\frac{P_2}{P_1}\right)^{\frac{r-1}{r}}-1\right]=>\boxed{(-W_s)=\frac{RT}{M}\left(\frac{r}{r-1}\right)\left[\left(\frac{P_2}{P_1}\right)^{\frac{r-1}{r}}-1\right]}$$

(2)等溫壓縮(isothermal compressor)

若爲理想氣體 $\frac{P}{P_1}=\frac{V_1}{V}=\frac{\rho}{\rho_1}$ => $\frac{1}{\rho}=\frac{P_1}{P.\rho_1}$ =>代入(1)式

$$(-W_s)=\frac{P_1}{\rho_1}\int_{P_1}^{P_2}\frac{dP}{P}=\frac{P_1}{\rho_1}\ln\left(\frac{P_2}{P_1}\right)=>\boxed{(-W_s)=\frac{RT}{M}\ln\left(\frac{P_2}{P_1}\right)}$$

〈例題 20－1〉一單段式壓縮機在 26.7°C下將7.56×10^{-3} kgmol/sec甲烷氣由137.9kPa 壓縮至 551.6kPa，絕熱下甲烷$r=1.31$
(一)計算需要的動力，若機械效率爲 80%且爲絕熱壓縮。(二)同上之條件，但爲等溫壓縮。

Sol：(一)$T=26.7+273=299.7(K)$，$r=1.31$，$P_1=137.9kPa$
$P_2=551.6kPa$

$$\dot{m}=7.56\times10^{-3}\frac{kgmol}{sec}\times16\frac{kg}{kgmol}=0.121\left(\frac{kg}{sec}\right)$$

$$(-W_s)=\frac{RT}{M}\left(\frac{r}{r-1}\right)\left[\left(\frac{P_2}{P_1}\right)^{\frac{r-1}{r}}-1\right]$$

$$(-W_s)=\frac{8314\times299.7}{16}\left(\frac{1.31}{1.31-1}\right)\left[\left(\frac{551.6}{137.9}\right)^{\frac{1.31-1}{1.31}}-1\right]=255513.6\left(\frac{J}{kg}\right)$$

$$P_B=\frac{\dot{m}(-W_s)}{\eta}=\frac{0.121\times255513.6}{0.8}=38646(W)=38.64(kW)$$

$$(二)\ (-W_s)=\frac{RT}{M}\ln\left(\frac{P_2}{P_1}\right)=\frac{8314\times299.7}{16}\ln\left(\frac{551.6}{137.9}\right)=215889.8\left(\frac{J}{kg}\right)$$

$P_B = \frac{\dot{m}(-W_s)}{\eta} = \frac{0.121 \times 215889.8}{0.8} = 32653(W) = 32.65(kW)$

多級壓縮功之計算：

假設：(1)每級出口之氣體皆冷卻之初溫(2)每級壓縮比相同

(一)絕熱壓縮 $\boxed{(-W_s) = \frac{nRT}{M}\left(\frac{r}{r-1}\right)\left[\left(\frac{P_2}{P_1}\right)^{\frac{r-1}{nr}} - 1\right]}$ n：幾級壓縮

(二)等溫壓縮 $\boxed{(-W_s) = \frac{RT}{M}\ln\left(\frac{P_2}{P_1}\right)}$

〈例題 20－2〉某二級壓縮機，將1 m^3/sec流率的空氣自 1atm 下 15°C可逆絕熱壓縮至 20atm，假設第一段壓縮後將空氣冷卻至 15°C，且每級壓縮比相同，計算壓縮機所需動力爲多少？(r = 1.4)

Sol：$P_1 = 1atm$；$P_2 = 20atm$，$T = 15 + 273 = 288(K)$，$\dot{Q} = 1\frac{m^3}{sec}$

假設爲理想氣體$V = \frac{RT}{P} = \frac{8.314 \times 288}{101325} = 0.02363\left(\frac{m^3}{mol}\right)$

$\dot{m} = \frac{\dot{Q}}{V} = \frac{1\frac{m^3}{sec}}{0.02363\frac{m^3}{mol}} = 42.3\left(\frac{mol}{sec}\right)$

$(-W_s) = 2 \times 8.314 \times 288\left(\frac{1.4}{1.4-1}\right)\left[\left(\frac{20}{1}\right)^{\frac{1.4-1}{2\times1.4}} - 1\right] = 8952.5\left(\frac{J}{mol}\right)$

$P_B = \frac{\dot{m}(-W_s)}{\eta} = \frac{42.3 \times 8952.5}{1} = 378690(W) = 379(kW)$

同上題，如果改爲可逆壓縮則所需動力？

$(-W_s) = \frac{RT}{M}\ln\left(\frac{P_2}{P_1}\right) = 8.314 \times 288\ln\left(\frac{20}{1}\right) = 7173\left(\frac{J}{mol}\right)$

$P_B = \frac{\dot{m}(-W_s)}{\eta} = \frac{42.3 \times 7173}{1} = 303421(W) = 303(kW)$

最佳壓縮比計算：n 級壓縮機若每級壓縮後，氣體冷卻至初溫，則每級壓縮比相同下所需功爲最小。$\boxed{k = \left(\frac{P_b}{P_a}\right)^{\frac{1}{n}}}$；n 壓縮機級數，k 壓縮比，$P_a$進入第一及壓縮機氣體之壓力，$P_b$由最後一級壓縮機出口之壓力

多級離心式：圖十六

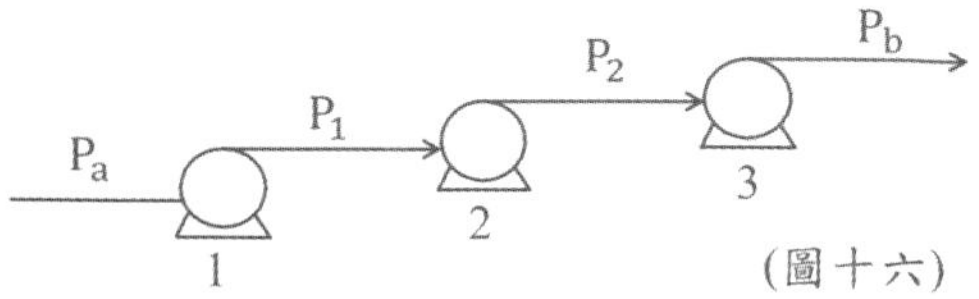

壓縮比=>$k_1 = \frac{P_1}{P_a}$，$k_2 = \frac{P_2}{P_1}$，$k_3 = \frac{P_b}{P_2}$

(圖十六)

相等壓縮比=>$\frac{P_1}{P_a} = \frac{P_2}{P_1} = \frac{P_b}{P_2}$ $\because k_1 = k_2 = k_3$

多級往復式：圖十七

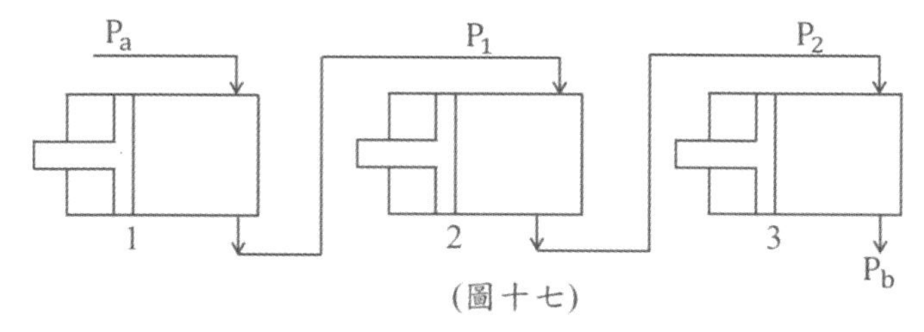

(圖十七)

壓縮比 $k_1 = \frac{P_1}{P_a}$，$k_2 = \frac{P_2}{P_1}$，$k_3 = \frac{P_b}{P_2}$ 相等壓縮比=>$\frac{P_1}{P_a} = \frac{P_2}{P_1} = \frac{P_b}{P_2}$ $\because k_1 = k_2 = k_3$

〈例題 20－3〉假設每級壓縮機之壓縮比介於 4.2~6 之間，利用往復式壓縮機，將氮氣由 14psi，80°F壓縮至 900psi，試問最好採用幾級壓縮機？

Sol：由$k = \left(\frac{P_b}{P_a}\right)^{\frac{1}{n}}$ 最佳壓縮比計算公式

=>$\left(\frac{900}{14}\right)^{\frac{1}{n}} = 4.2$ 等號兩邊取 ln =>$\frac{1}{n}\ln\left(\frac{900}{14}\right) = \ln 4.2$ =>$n = 2.9$(級)

=>$\left(\frac{900}{14}\right)^{\frac{1}{n}} = 6$ 等號兩邊取 ln =>$\frac{1}{n}\ln\left(\frac{900}{14}\right) = \ln 6$ =>$n = 2.3$(級)

故選擇三級壓縮機最佳，符合壓縮比4.2~6之間範圍！

〈例題 20－4〉使用三級往復式壓縮機將 1atm 的甲烷氣體壓縮至 64atm，假設串聯的每個氣缸之壓縮比相同，則第二氣缸的甲烷氣體出口壓力爲多少 atm？

Sol：由$k = \left(\frac{P_c}{P_a}\right)^{\frac{1}{n}}$ =>$k = \left(\frac{64}{1}\right)^{\frac{1}{2}} = 4$ 在相同壓縮比下

$=>k=\left(\frac{P_b}{P_a}\right)^{\frac{1}{n}}$ $=>4=\left(\frac{P_b}{1}\right)^{\frac{1}{2}}$ $=>P_b=16atm$

另解：在壓縮比相同下 $\frac{P_a}{1}=\frac{P_b}{P_a}=\frac{64}{P_b}$ 由$\frac{P_a}{1}=\frac{64}{P_b}$ $=>P_aP_b=64$ (1)

由$\frac{P_a}{1}=\frac{P_b}{P_a}$ $=>P_b=P_a^2$ (2)代入(1)式$=>P_a^3=64$ $=>P_a=4atm$

代入(1)式 $=>4P_b=64$ $=>P_b=16atm$

(十一)泵和壓縮機的特性

1.泵處理的爲製程流體，而壓縮機爲製程氣體。2.泵和壓縮機均可以對流體做功以輸送流體，或增高流體壓力之機械。3.壓縮機所處理的氣體可以壓縮，不像液體不能壓縮，且因氣體較輕，因而其速度可較相同泵速度爲高。

類題解析

〈類題 20 − 1〉密度爲 0.873g/cm^{3}的苯以 160L/min之流率，由泵自低於泵 1.5m 處之曝露於大氣之儲槽，泵經內徑爲 0.041m 之鋼管，提升至高於泵 4m 之 3kg/cm^{2}表壓力之密閉容器中，設吸入管線之摩擦勢能爲 9.8J/kg，而輸出管線之摩擦勢能爲 29.4J/kg，泵效率$\eta=60\%$，試求(一)泵的制動馬力(二)泵所提升之壓力(三)淨正吸勢能或淨正吸入高差，苯蒸氣壓爲 129mmHg。

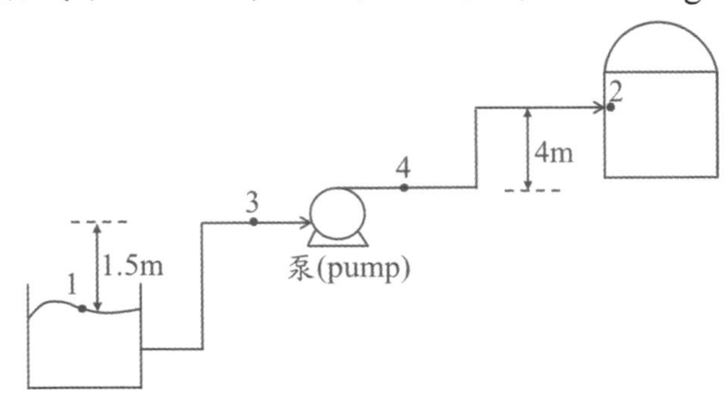

Sol：(一)對點 1 和點 2 做機械能平衡：

$$\frac{P_2-P_1}{\rho}+\frac{u_2^2-u_1^2}{2g_c}+\frac{g}{g_c}(z_2-z_1)+\sum F+W_s=0\ (1)$$ 機械能平衡方程式

$A_1 \gg A_2 \Rightarrow u_2 \gg u_1$

$$\dot{Q} = 160\frac{L}{min} \times \frac{1m^3}{1000L} \times \frac{1min}{60sec} = 2.67 \times 10^{-3}\left(\frac{m^3}{sec}\right)$$

$$\dot{m} = \dot{Q}\rho = 2.67 \times 10^{-3}\frac{m^3}{sec} \times 873\frac{kg}{m^3} = 2.328\left(\frac{kg}{sec}\right)$$

$$u_2 = \frac{\dot{Q}}{A_2} = \frac{2.67\times10^{-3}}{\frac{\pi}{4}(0.041)^2} = 2.02\left(\frac{m}{sec}\right)$$

∵絕對壓力＝大氣壓力＋表壓(計算泵以絕對壓力爲主)

$$P_2 = 101325Pa + 3\frac{kgf}{cm^3} \times \frac{9.8N}{1kgf} \times \left(\frac{100cm}{1m}\right)^2 = 395325(Pa)\ ;\ P_1 = 101325Pa$$

$$\Rightarrow \frac{395325-101325}{873} + \frac{(2.02)^2}{2\times1} + 9.8(4+1.5) + (9.8+29.4) + W_s = 0$$

$$\Rightarrow W_s = -432\left(\frac{J}{kg}\right) \Rightarrow W_p = \frac{(-W_s)}{\eta} = \frac{432}{0.6} = 720\left(\frac{J}{Kg}\right)$$

$$\Rightarrow P_B = \dot{m}W_p = 2.328\frac{kg}{sec} \times 720\frac{J}{Kg} \times \frac{1kJ}{1000J} \times \frac{1HP}{0.75kW} = 2.23(HP)$$

(二)對點 3 和點 4 做機械能平衡：

$$\frac{P_4-P_3}{\rho} + \frac{u_4^2-u_3^2}{2g_c} + \frac{g}{g_c}(z_4-z_3) + \sum F + W_s = 0 \Rightarrow \frac{P_4-P_3}{\rho} = -W_s$$

管徑相同　　水平管　　無摩擦損失

$$\Rightarrow \frac{P_4-P_3}{873} = 432 \Rightarrow P_4 - P_3 = 377136(Pa)$$

$$(三)\ (NPSH)_a = \frac{g_c}{g}\left(\frac{P'_a-P_V}{\rho} - F_s\right) - Z_a$$

$$= \frac{1\frac{kg.m}{N.sec^2}}{9.8\frac{m}{sec^2}}\left[\frac{(760-129)mmHg\times\frac{1atm}{760mmHg}\times\frac{101325Pa}{1atm}}{873\frac{kg}{m^3}} - 9.8\frac{J}{kg}\right] - 1.5m = 7.33(m)$$

〈類題 20－2〉假設你買了一台離心泵，但不知道泵的揚程(Head)對體積流量的特性曲線，請設計一個簡單的實驗裝置，並簡略描述如何去求得此曲線(不需要計算管路內，流體流動的摩擦阻力)

Sol：$(NPSH)_a = \frac{g_c}{g}\left(\frac{P_a'-P_V}{\rho} - F_s\right) - Z_a - \frac{u_a^2}{2g}$ (1)

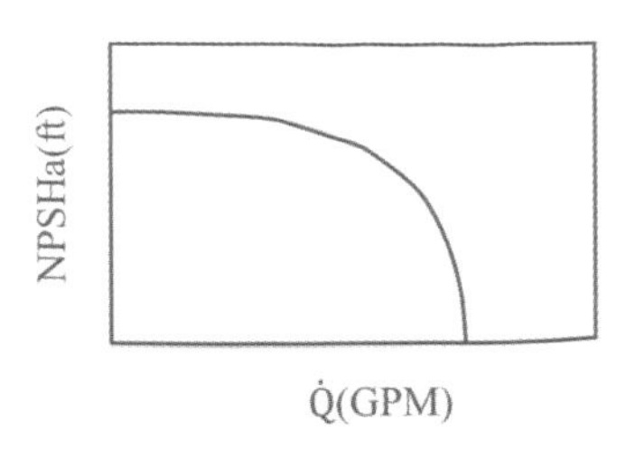

實驗方法：在泵入口裝一台壓力計，改變流速，可得到不同流速並測量其壓力，代入公式(1)可求得$(NPSH)_a$值，由 NPSHa 對體積流率作圖，另外，體積流率則可由公式$\dot{Q} = u_a \cdot \frac{\pi}{4}D^2$ (2)求得。

〈類題 20－3〉100°F的苯40gal/min流率，由泵打經如圖十的系統中。儲液槽在大氣壓力下排放端管線的計示壓力爲50lbf/in²。排放端和泵吸入端分別高於儲槽液面 10ft 和 4ft。排放端管號爲 40 號的 1.5 吋管。吸入端管線的摩擦損失爲0.5 lbf/in²，排放端管線的摩擦損失爲5.5lbf/in²，泵的效率爲 0.6，苯的密度爲 54lbm/ft³，其100°F時的蒸氣壓爲3.8lbf/in²。請計算(一)泵的揚程(提高的高差)(二)總輸入壓力(三)廠商提供之 NPSHR 需要值爲 10ft 則泵是否夠用？(McCabe 例題 8.1)

Sol：(一)發展揚程(Developed Head)：對點a′與點b′做平衡

$$\Delta H = H_d - H_s = \left(\frac{P_b'}{\rho} + \frac{g}{g_c}Z_b + F_d\right) - \left(\frac{P_a'}{\rho} - \frac{g}{g_c}Z_a - F_s\right)$$

$$\Rightarrow H_b - H_a = \frac{P_b'-P_a'}{\rho} + \frac{\alpha u_b^2 - \alpha u_a^2}{2g_c} + \frac{g}{g_c}\Delta Z + \sum F \quad (A_a \gg A_b \Rightarrow u_b \gg u_a)$$

(McCabe 此題將速度勢能考慮在內，但其實數值小到可忽略了)

$$\alpha = 1；u_b = \frac{40\frac{gal}{min}}{6.34\frac{gal}{min}} = 6.31\left(\frac{ft}{sec}\right) \because 1\frac{ft}{sec}\text{的速度相當於}6.34\frac{gal}{min}$$

$$P_b' = \text{計示壓力} + \text{大氣壓} = 50 + 14.7 = 64.7\left(\frac{lbf}{in^2}\right)，P_a' = 14.7\left(\frac{lbf}{in^2}\right)$$

$$H_b - H_a = \left[\frac{(64.7-14.7)144}{54} + \frac{(6.31)^2}{2\times32.2} + \frac{32.2}{32.2}(10) + \frac{(0.5+5.5)\times144}{54}\right] = 160\left(\frac{lbf\cdot ft}{lbm}\right)$$

$$(\text{二})\dot{Q} = 40\frac{gal}{min} \times \frac{1min}{60sec} \times \frac{3.785L}{1gal} \times \frac{1m^3}{1000L} \times \left(\frac{1ft}{0.3048m}\right)^3 = 0.09\left(\frac{ft^3}{sec}\right)$$

$$\dot{m} = \dot{Q}\rho = 0.09\frac{ft^3}{sec} \times 54\frac{lbm}{ft^3} = 4.86\left(\frac{lbm}{sec}\right)；W_p = \frac{W_s}{\eta} = \frac{160}{0.6} = 266.7\left(\frac{lbf\cdot ft}{lbm}\right)$$

$$P_B = \dot{m}W_p = 4.86\frac{lbm}{sec} \times 266.7\frac{lbf\cdot ft}{lbm} \times \frac{1HP}{550\frac{lbf\cdot ft}{lbm}} = 2.36(HP)$$

$$(\text{三})(NPSH)_a = \frac{g_c}{g}\left(\frac{P_a'-P_V}{\rho} - F_s\right) - Z_a$$

$$= \frac{32.2}{32.2}\left[\frac{(14.7-3.8)\times 144}{54} - \frac{0.5\times 144}{54}\right] - 4 = 23.73(\text{ft})$$

$NPSH_a \gg NPSH_R$ 所以泵適用！

〈類題 20－4〉欲將 114°C及絕對壓力與蒸氣壓各爲 1.1atm 的甲苯以 10000kg/hr的流率從一蒸餾塔的再沸器泵至第二個蒸餾單元，且當甲苯進入泵之前未冷卻。若再沸器和泵之間的管線的摩擦損失爲 $7KN/m^2$，且甲苯的密度爲 $866kg/m^3$，欲得到靜正吸引高度爲 2.5m(一)則再沸器的液位需維持在高於泵的若干公尺處？(二)若泵將甲苯提高 10m，而苯的第二單元蒸餾塔爲 1atm，且排放管線的摩擦損失爲 $35KN/m^2$，在泵排放管線的速度爲 2m/sec，求泵所需的動力？(McCabe 習題 8.2/8.3)

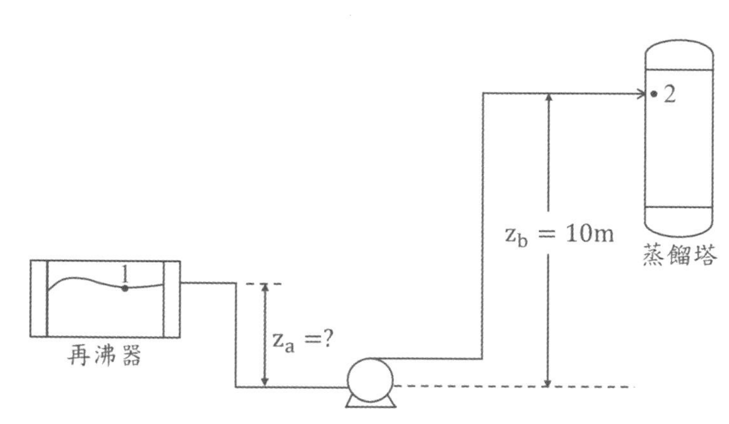

Sol：

(一) $(NPSH)_a = \frac{g_c}{g}\left(\frac{P_a' - P_V}{\rho} - F_s\right) + Z_a \quad \because P_a = P_V = 1.1\text{atm}$

$\Rightarrow 2.5 = \frac{1}{9.8}\left(-\frac{7\times 1000}{866}\right) + Z_a \Rightarrow Z_a = 3.22(\text{m})$

(二)對點 1 和點 2 做機械能平衡：

$$\frac{P_2 - P_1}{\rho} + \frac{u_2^2 - u_1^2}{2g_c} + \frac{g}{g_c}(z_2 - z_1) + \sum F + W_s = 0 \quad (1)$$

$A_1 \gg A_2 \Rightarrow u_2 \gg u_1$ 　且 $P_1 = P_a'$

$$\Rightarrow \frac{(1-1.1)\times 101325}{866} + \frac{(2)^2}{2\times 1} + \frac{9.8}{1}(10 - 3.22) + \frac{(35+7)1000}{866} + W_s = 0$$

$$\Rightarrow (-W_s) = 104\left(\frac{\text{J}}{\text{kg}}\right) = 0.104\left(\frac{\text{kJ}}{\text{kg}}\right)$$

$$=>P_f = \dot{m}(-W_s) = 10000\,\frac{kg}{hr} \times 0.104\,\frac{kJ}{kg} \times \frac{1hr}{3600sec} \times \frac{1HP}{0.75kW} = 0.386(HP)$$

〈類題 20－5〉一離心泵以 10000kg/hr流率將苯從一再沸器輸送至一儲存槽中，再沸器空間之絕對壓力爲 1.1atm，苯之蒸氣壓爲 841mmHg，密度爲 866kg/m^3，再沸器與泵之管線摩擦損失爲 8.08J/kg，爲使得 NPSH 爲 2.5m，則再沸器中的液位需維持在泵以上多高？可參考〈類題 20－4〉之示意圖。

Sol：$(NPSH)_a = \frac{g_c}{g}\left(\frac{P'_a - P_V}{\rho} - F_s\right) + Z_a$

$$=>2.5 = \frac{1\frac{kg.m}{N.sec^2}}{9.8\frac{m}{sec^2}}\left[\frac{\left(1.1-\frac{841}{760}\right)atm \times \frac{101325Pa}{1atm}}{866\frac{kg}{m^3}} - 8.08\,\frac{J}{kg}\right] + Z_a =>Z_a = 3.4(m)$$

〈類題 20－6〉50℃水置於開放水槽中，水面上壓力爲 1atm，泵在液面上方 3m 處吸水管流速爲 0.9m/sec，已知吸水管的摩擦損失揚程爲 1.0m，泵的$(NPSH)_R$ 爲 2.0m，試求可用之$(NPSH)_a$？(水的 $\rho = 988.07\ kg/m^3$，$P_{vap} = 12.349kPa$)

(Geankoplis 例題 3.3-1)

Sol：$(NPSH)_a = \frac{g_c}{g}\left(\frac{P'_a - P_V}{\rho} - F_s\right) - Z_a - \frac{u_a^2}{2g}$

$$= \frac{1}{9.8}\left[\left(\frac{101.325-12.349}{988.07}\right) \times 1000\right] - 1 - 3 - \frac{(0.9)^2}{2\times 9.8} = 5.147 > 2.0(m)$$

所以廠商所提供的泵適用！

〈類題 20－7〉某程序需要 28.32m^3/min的空氣(壓力和溫度分別爲 101.3kPa 和 294.1k)此空氣在 366.3k 和 741.7mmHg 時由靜止狀態進入風扇，然後以 45.7m/sec的速度和 769.6mmHg 的壓力排出，設風扇的效率 60%，求風扇的制動功率爲多少 kW？(Geankoplis 例題 3.3-3)

Sol：求入口處密度，假設爲理想氣體：$\frac{\rho_1 T_1}{P_1} = \frac{\rho_0 T_0}{P_0}$ $=>\frac{\rho_1 T_1}{P_1} = \frac{M_0 T_0}{V_0 P_0}$

$=>\frac{\rho_1(366.3)}{741.7} = \frac{28.97\times 273.2}{22.414\times 760}$ $=>\rho_1 = 0.94\left(\frac{kg}{m^3}\right)$ 又$PM = \rho RT$

$=>\rho \propto P =>\frac{\rho_1}{\rho_2} = \frac{P_1}{P_2} =>\frac{0.94}{\rho_2} = \frac{741.7}{769.6} =>\rho_2 = 0.975\left(\frac{kg}{m^3}\right)$；

平均密度$\bar{\rho} = \frac{\rho_1+\rho_2}{2} = \frac{0.94+0.975}{2} = 0.958\left(\frac{kg}{m^3}\right)$

求在 294.1k 下的密度$\rho T = \rho_0 T_0 =>\rho T = \frac{M_0 T_0}{V_0}$

$=>\rho(294.1) = \frac{28.97\times 273.2}{22.414} =>\rho = 1.2\left(\frac{kg}{m^3}\right)$

$=>\dot{m} = \dot{Q}\rho = 28.32\frac{m^3}{min}\times\frac{1min}{60sec}\times 1.2\frac{kg}{m^3} = 0.56\left(\frac{kg}{sec}\right)$

對點 1 和點 2 做機械能平衡：

$$\frac{P_2-P_1}{\bar{\rho}} + \frac{u_2^2-u_1^2}{2g_c} + \frac{g}{g_c}(z_2-z_1) + \sum F + W_s = 0 \quad (1)$$

入口速度爲零　水平管　無摩擦損失

$$=>\frac{\left[\left(\frac{769.6-741.7}{760}\right)\times 101325\right]}{0.958} + \frac{(45.7)^2}{2\times 1} + W_s = 0 =>(-W_s) = 4927\left(\frac{J}{kg}\right)$$

$$=>W_p = \frac{(-W_s)}{\eta} = \frac{4927}{0.6} = 8211.69\left(\frac{J}{kg}\right)$$

$$=>P_B = \dot{m}W_p = \left(0.56\frac{kg}{sec}\right)\left(8211.69\frac{J}{kg}\times\frac{1kJ}{1000J}\times\frac{1HP}{0.75KW}\right) = 6.1(HP)$$

〈類題 20－8〉60gal/min的液體(比重 0.85，蒸氣壓 4.2lbf/in^2)從開放水槽泵至高15ft 處如圖所示，摩擦損失在吸入端和排出端分別爲 0.8 和 7.5lbf/in^2，在點二的液體的表壓爲 45lbf/in^2，假設泵的效率爲 0.65。(一)求泵的發展勢能lbf/in^2？(二)NPSH(ft)？ ($\rho_{H2O} = 62.4\,lbm/ft^3$，$1ft^3 = 7.481gal$)

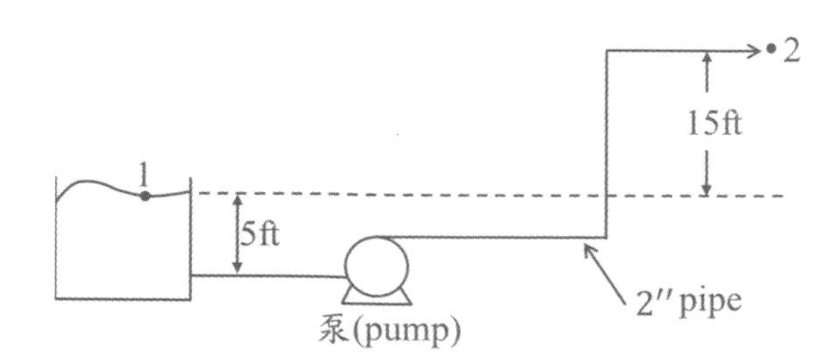

Sol：(一)對點 1 和點 2 做機械能平衡：

$$\frac{P_2-P_1}{\rho}+\frac{u_2^2-u_1^2}{2g_c}+\frac{g}{g_c}(z_2-z_1)+\sum F+W_s=0\quad(1)\qquad \because A_1\gg A_2 \Rightarrow u_2\gg u_1$$

$$u_2=\frac{\dot{Q}}{A}=\frac{60\frac{gal}{min}\times\frac{1ft^3}{7.481gal}\times\frac{1min}{60sec}}{\left[\frac{\pi}{4}\left(\frac{2}{12}\right)^2ft^2\right]}=6.1\left(\frac{ft}{sec}\right)$$

$$P_2=\left[(45+14.7)\frac{lbf}{in^2}\right]\left(\frac{12in}{1ft}\right)^2=8596.8\left(\frac{lbf}{ft^2}\right)$$ ∵絕對壓力=大氣壓力+表壓

$$P_1=14.7\frac{lbf}{in^2}\times\left(\frac{12in}{1ft}\right)^2=2116.8\left(\frac{lbf}{ft^2}\right)$$

$$\Rightarrow\frac{P_2-P_1}{\rho}=\frac{(8596.8-2116.8)\frac{lbf}{ft^2}}{(0.85\times62.4)\frac{lbm}{ft^3}}=122.17\left(\frac{lbf\cdot ft}{lbm}\right),\quad\frac{u_2^2}{2g_c}=\frac{(6.1)^2}{2\times32.2}=0.58\left(\frac{lbf\cdot ft}{lbm}\right)$$

$$\Rightarrow\frac{g}{g_c}(z_2-z_1)=\frac{32.2}{32.2}(15)=15\left(\frac{lbf\cdot ft}{lbm}\right)$$

$$\Rightarrow\sum F=\frac{[(0.8+7.5)\times144]\frac{lbf}{ft^2}}{(0.85\times62.4)\frac{lbm}{ft^3}}=22.53\left(\frac{lbf\cdot ft}{lbm}\right)$$(此處摩擦損失計算模式和壓力差計算相同)

$$\Rightarrow122.17+0.58+15+22.53+W_s=0\Rightarrow(-W_s)=160.28\left(\frac{lbf\cdot ft}{lbm}\right)$$

$$\Rightarrow W_p=\frac{(-W_s)}{\eta}=\frac{160.28}{0.65}=246.58\left(\frac{lbf\cdot ft}{lbm}\right)$$

$$\Rightarrow W_p=\left(246.58\frac{lbf\cdot ft}{lbm}\right)\left[(0.85\times62.4)\frac{lbm}{ft^3}\right]\left(\frac{1ft}{12in}\right)^2=90.8\left(\frac{lbf}{in^2}\right)$$

(二) $$(NPSH)_a=\frac{g_c}{g}\left(\frac{P_a'-P_V}{\rho}-F_s\right)+Z_a$$

$$=\frac{32.2}{32.2}\left[\left(\frac{14.7-4.2}{0.85\times62.4}\right)\times144-\frac{0.8\times144}{0.85\times62.4}\right]+5=31.3(ft)$$

〈類題 20－9〉由以下之泵性能曲線圖，求出體積流率在40gal/min下的制動馬力P_B爲多少？流體爲水。(Geankoplis 例題 3.3-1)

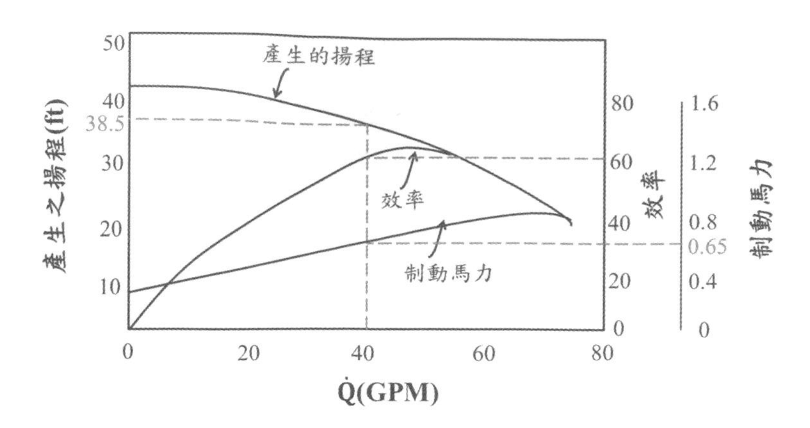

Sol：$\dot{Q}=$ 40gal/min下查得揚程$H_B-H_A=38.5(\text{ft})$，泵效率$\eta=60\%$

$$(-W_s)=(H_B-H_A)\frac{g}{gc}=(38.5)\frac{32.2}{32.2}=38.5\left(\frac{\text{lbf}\cdot\text{ft}}{\text{lbm}}\right)$$

$$W_P=\frac{(-W_s)}{\eta}=\frac{38.5}{0.6}=64.17\left(\frac{\text{lbf}\cdot\text{ft}}{\text{lbm}}\right)$$

$$\dot{m}=\dot{Q}\rho=\left(40\frac{\text{gal}}{\text{min}}\right)\left(\frac{1\text{min}}{60\text{sec}}\right)\left(\frac{3.785\text{L}}{1\text{gal}}\right)\left(\frac{1\text{m}^3}{1000\text{L}}\right)\left(\frac{1\text{ft}}{0.3048\text{m}}\right)^3\left(62.4\frac{\text{lbm}}{\text{ft}^3}\right)=5.56\left(\frac{\text{lbm}}{\text{sec}}\right)$$

$$P_B=\dot{m}W_P=\left(5.56\frac{\text{lbm}}{\text{sec}}\right)\left(64.17\frac{\text{lbf}\cdot\text{ft}}{\text{lbm}}\right)\left(\frac{1\text{hp}}{550\frac{\text{lbf}\cdot\text{ft}}{\text{sec}}}\right)=0.65(\text{HP})$$

※計算出的制動馬力和泵性能曲線圖查得數值相同！

〈類題 20－10〉某一離心式風扇係用於抽取靜止的煙道氣，其壓力爲 737mmHg 及溫度 200°F並且排氣壓力爲 765mmHg 及速度爲 150ft/sec，試計算欲抽送 10000ft^3/min的氣體所需的動力，設風扇的效率爲 65%，氣體分子量爲 31.3，壓力 30inHg(765mmHg)及溫度 60°F，莫爾體積爲 378.7ft^3/lbmol。(McCabe 例題 8.2)

Sol：假設爲理想氣體$\rho_a=\frac{P_aM}{RT_a}=\frac{\left(\frac{737}{760}\text{atm}\right)\left(31.3\frac{\text{lb}}{\text{lbmol}}\right)}{\left(0.73\frac{\text{atm.ft}^3}{\text{lbmol.°R}}\right)[(200+460)\text{°R}]}=0.0629\left(\frac{\text{lbm}}{\text{ft}^3}\right)$

又$PM=\rho RT \Rightarrow \rho\propto P \Rightarrow \frac{\rho_a}{\rho_b}=\frac{P_a}{P_b} \Rightarrow \frac{0.0629}{\rho_b}=\frac{737}{765} \Rightarrow \rho_b=0.0653\left(\frac{\text{lbm}}{\text{ft}^3}\right)$

平均密度$\bar{\rho}=\frac{\rho_a+\rho_b}{2}=\frac{0.0629+0.0653}{2}=0.0641\left(\frac{\text{kg}}{\text{m}^3}\right)$

b
a
離心式

$$\dot{m}=\dot{Q}\rho=\left(10000\frac{\text{ft}^3}{\text{min}}\right)\left(\frac{1\text{min}}{60\text{sec}}\right)\left(\frac{31.3\frac{\text{lb}}{\text{lbmol}}}{378.7\frac{\text{ft}^3}{\text{lbmol}}}\right)=13.78\left(\frac{\text{lbm}}{\text{sec}}\right)$$

對點 a 和點 b 做機械能平衡：

$$\frac{P_b-P_a}{\bar{\rho}}+\frac{u_b^2-u_a^2}{2g_c}+\frac{g}{g_c}(z_b-z_a)+\sum F+W_s=0 \quad (1)$$

$u_b \gg u_a$　　水平管　　無摩擦損失

$$=>\frac{\left(\frac{765-737}{760}\text{atm}\right)\times\frac{14.7\frac{\text{lbf}}{\text{in}^2}\times\left(\frac{12\text{in}}{1\text{ft}}\right)^2}{1\text{atm}}}{0.0641\frac{\text{lbm}}{\text{ft}^3}}+\frac{(150)^2}{2\times32.2}+W_s=0 => (-W_s)=1566\left(\frac{\text{lbf}\cdot\text{ft}}{\text{lbm}}\right)$$

$$=>W_p=\frac{W_s}{\eta}=\frac{1566}{0.65}=2409.3\left(\frac{\text{lbf}\cdot\text{ft}}{\text{lbm}}\right)$$

$$=>P_B=\dot{m}W_p=\left(13.78\frac{\text{lbm}}{\text{sec}}\right)\left(2409.3\frac{\text{lbf}\cdot\text{ft}}{\text{lbm}}\right)\left(\frac{1\text{HP}}{550\frac{\text{lbf}\cdot\text{ft}}{\text{sec}}}\right)=60.4(\text{HP})$$

歷屆試題解析

〈考題 20－1〉(82 化工技師)(6 分)

右圖爲一離心泵之送水系統。若由槽至泵之摩擦損耗爲h_f，試求：(一)NPSH(Net positive suction head)(二)若 NPSH 值很小或負值時，會發生什麼情況

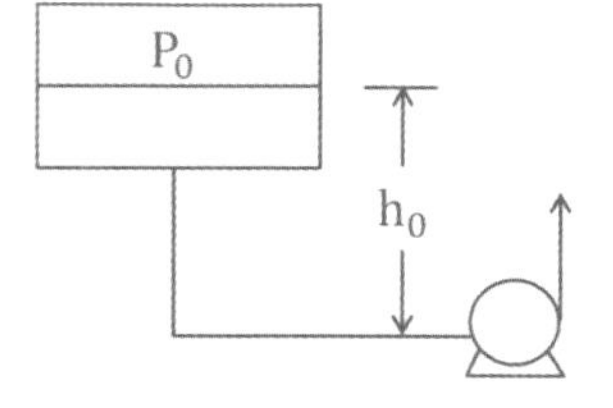

Sol：

$$(一)NPSH = \frac{g_c}{g}\left(\frac{P_0 - P_V}{\rho} - F_s\right) + h_0$$

P_0 儲槽液面上的絕對壓力，P_V液體蒸氣壓，h_0液面超過泵中心線高度，F_s泵吸入端摩擦損失

(二)當$NPSH < 0$泵吸入端壓力小於液體蒸氣壓時，管線中有氣泡產生，此現象爲空蝕現象(cavitation)，此現象會造成空轉及泵材質受損，爲了避免此現象，$NPSH > 0$，一般NPSH爲2~3m。

〈考題 20－2〉(84 委任升等)(86 普考)(5 分)

依美國鋼管規定 40 管號(schedule number)和 80 管號相較，何者較能耐壓。

Sol：管號越大，管壁越厚，越耐高壓，由此可知 80 管號較能耐壓。

〈考題 20－3〉(84 委任升等)(5 分)

請寫出下列管件的功用(一)管接頭(Coupling)(二)T 型管(Straight tee)(三)管帽(Cap)

Sol：(一)用於等直徑同方向兩管子之連接，內有內螺紋。

(二)匯集兩隻管爲一隻管，主要用於儀器空氣管路。

(三)用以套住管端阻止流體流動。

〈考題 20－4〉(84 委任升等)(5 分)

請比較管帽(Cap)和管塞(Plug)的相異點。

Sol：相同處：阻止流體流動。相異處：管帽用以套住管端，管塞用以栓入管端。

〈考題 20 – 5〉(84 簡任升等)(各 5 分)

(一)凸緣接合(Flange joint)通常用於多大以上鋼管接合？ (二)往復泵與旋轉泵是屬於正排量泵或動力泵？(三)以螺旋接合二隻管子時，公螺紋旋入母螺紋前，公螺紋上要纏上什麼製成的防洩帶？(四)單向閥的功能爲何？

Sol：(一)大於 2 吋的管子。(二)往復泵→正排量泵；旋轉泵→動力泵。

(三)纏上鐵氟龍材料的防洩帶。(四)限制流體單方向，用來防止管路或泵出口流體逆流。

〈考題 20 – 6〉(84 化工技師)(20 分)

水($\rho = 1000\,\mathrm{kg/m^3}$ ，$Cp = 4.187\,\mathrm{kJ/kg\cdot{}^\circ C}$)由水庫經等直徑導管進入一發電機。已知發電機上方100m處導管內壓力爲 200kPa absolute，而位於發電機下方3m處導管內壓力爲 120kPa absolute。水之流量 $1\,\mathrm{m^3/sec}$，發電機之輸出功率爲0.8MW(百萬瓦)，發電機之效率爲 0.9。問摩擦損失是多少J/kg ？又如果管路絕熱良好，問摩擦會造成水溫上升多少°C？

Sol：

(一)$\dot{m} = \dot{Q}\rho = \left(1\frac{\mathrm{m^3}}{\mathrm{sec}}\right)\left(1000\frac{\mathrm{kg}}{\mathrm{m^3}}\right) = 1000\left(\frac{\mathrm{kg}}{\mathrm{sec}}\right)$，

$P_p = \dot{m}W_t$ => $W_t = \frac{P_p}{\dot{m}} = \frac{0.8\times10^6}{1000} = 800\left(\frac{\mathrm{J}}{\mathrm{kg}}\right)$ (透平機系統對外界做功代+號)

$W_s = \frac{W_t}{\eta} = \frac{800}{0.9} = 889\left(\frac{\mathrm{J}}{\mathrm{kg}}\right)$ (泵和透平機的效率相反)

=> $\frac{(120-200)\times10^3}{1000} + \frac{9.8}{1}[0-(100+3)] + \sum F + 889 = 0$ => $\sum F = 200.4\left(\frac{\mathrm{J}}{\mathrm{kg}}\right)$

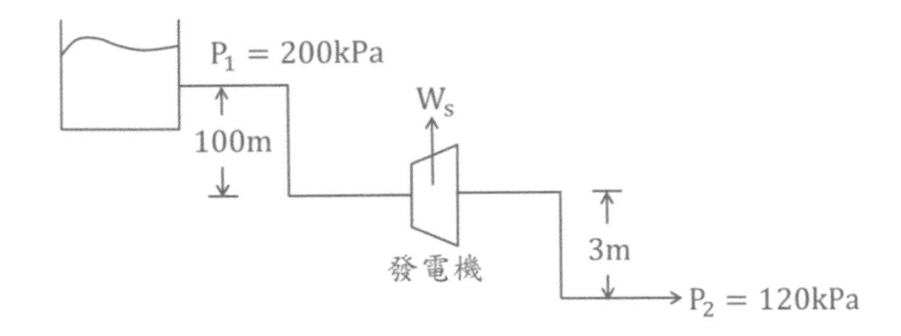

(二)$\Delta H = \sum F = C_p\Delta T = \left(4187\frac{\mathrm{J}}{\mathrm{kg\cdot{}^\circ C}}\right)\Delta T = 200.4\left(\frac{\mathrm{J}}{\mathrm{kg}}\right)$ => $\Delta T = 0.048(^\circ\mathrm{C})$

〈考題 20 − 7〉(84 委任升等)(各 3 分)

(一)試說明圓管(Pipe)與管子(Tube)之區別。

(二)試說明突緣接合(Flange joint)或稱法蘭接合之種類及適用範圍。

(三)試說明(Valve)之種類及功用。(93 關務特考)

(四)試說泵(Pump)之種類及功用。

Sol：(一)圓管：指管徑較大，管壁較厚者，由鑄造、煅燒或焊接而成，如：鋼管、鑄鐵管。抽製管：指管徑較小，管壁較薄者，以抽製擠壓或射出而成，如：銅管、鋁管、鉛管、玻璃管、塑膠管。

(二)在管端之凸緣上鑽 4 至 8 個圓孔，再用螺栓將兩個凸緣固定，爲防止洩漏，通常會在凸緣間加上法蘭密合墊片；2.5 吋以上管子且常需拆卸場合。(三)請參考(93 關務特考)題解。(四)可輸送液體裝置，泵功能是將外界提供的能量作用於液體，使液體產生壓力及運動，而達到輸送液體的目的。例如：離心泵、往復泵、旋轉泵、特殊泵。

〈考題 20 − 8〉(89 化工技師)(20 分)

如下圖所示之水(密度爲 $1000 kg/m^3$，黏度爲 1cp)輸送系統，輸送之管徑爲 0.1m，設幫浦的效率爲70%，則欲以 $20 m^3/hr$之流量將水從下槽輸送至上槽，需多大功率(瓦)之幫浦？注意：(一)可假定下列之摩擦損耗因子(friction loss factor,e_v)：突縮爲 0.45，90°肘管 0.5，突擴爲 1。(二)如果$2.1\times 10^3 < Re < 10^5$，摩擦因子(friction loss factor, f)= $\frac{0.0791}{Re^{\frac{1}{4}}}$。

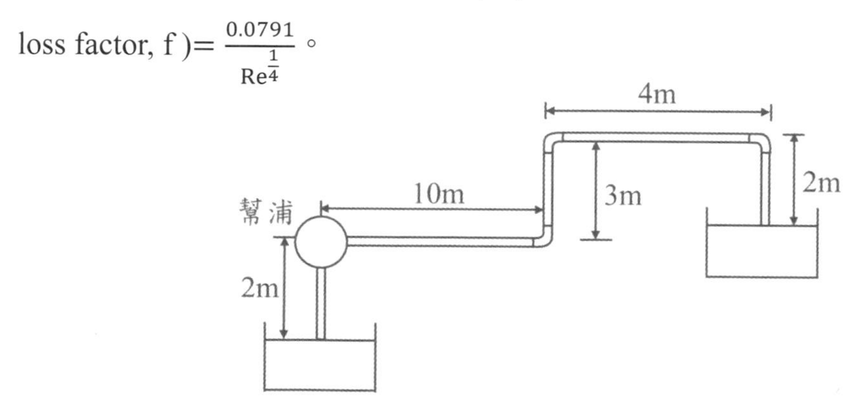

Sol：(一)$\dot{Q} = 20\frac{m^3}{hr}\times\frac{1hr}{3600sec} = 5.56\times 10^{-3}\left(\frac{m^3}{sec}\right)$

$u_2 = \frac{\dot{Q}}{A} = \frac{5.56\times 10^{-3}}{\frac{\pi}{4}(0.1)^2} = 0.71\left(\frac{m}{sec}\right)$

$Re = \frac{Du_2\rho}{\mu} = \frac{(0.1)(0.71)(1000)}{(1\times10^{-3})} = 71000 \gg 2100$ 亂流

$f = \frac{0.0791}{Re^{0.25}} = \frac{0.0791}{(71000)^{0.25}} = 4.85 \times 10^{-3}$

$\sum F = \left[4f\frac{L}{D_{eq}} + \sum k_i\right]\frac{u_2^2}{2g_c} = \left[4(4.85 \times 10^{-3})\frac{(2+10+3+4+2)}{(0.1)} + (0.45 + 3 \times 0.5 + 1)\right]\frac{(0.71)^2}{2\times1} = 1.77\left(\frac{J}{kg}\right)$

$\frac{P_2-P_1}{\rho} + \frac{u_2^2-u_1^2}{2g_c} + \frac{g}{g_c}(z_2 - z_1) + \sum F + W_s = 0$ (1) 機械能平衡方程式

$P_1 = P_2 = 1atm$，$A_1 \gg A_2 \Rightarrow u_2 \gg u_1$

$\Rightarrow \frac{(0.71)^2}{2\times1} + \frac{9.8}{1}(2 + 3 - 2) + 1.77 + W_s = 0 \Rightarrow (-W_s) = 31.4\left(\frac{J}{kg}\right)$

$\Rightarrow W_p = \frac{(-W_s)}{\eta} = \frac{31.4}{0.7} = 44.89\left(\frac{J}{kg}\right)$

$\Rightarrow P_B = \dot{m}W_p = \dot{Q}\rho W_p = (5.56 \times 10^{-3} \times 1000)\frac{kg}{sec} \times 44.89\frac{J}{kg} = 249.5(W)$

※高度勢能計算考慮高度差爲兩個儲槽液面與液面間高度，一般原文書內都是以此爲準則，此題過程與 Bird 內 Example 7.5-1 相同，只是差在 Bird 內單位是英制，讀者有空可自行翻閱。

〈考題20－9〉(93關務特考)(20分)

閥(valve)是管路中控制流體流動的附件：(一)說明阻塞閥、節流閥、止流閥和安全閥的功能。(二)比較閘閥(gate valve)、球閥(globe valve)、針閥(needle valve)、蝶形閥(butterfly valve)和控制閥(control valve)等各種閥的特性和用途。

Sol：阻塞閥：俗稱 on-off 閥，用於全開/全關以通過或阻斷流體。如：閘閥(gate valve)、旋塞閥(Plug valve)。

節流閥(Throttling valve)：用以調節流量大小。如：球閥(globe valve)、針閥(needle valve)、蝶形閥(butterfly valve)。

止流閥/單向閥(check valve)：用以控制流體單一流向，防止逆流。

安全閥(safety valve)：能於容器或設備壓力升高至某設定壓力時自動打開活門做洩壓動作，防止容器或設備爆炸。(96 地方特考四等)

控制閥(control valve)：連續式自動控制操作，以 DCS 連接控制閥與驅動器，以控制流量、液位、溫度、壓力，另裝有隔膜及彈簧輔助，使用空氣壓力或電子儀器操作。

〈考題 20－10〉(93 地方特考)(20 分)

利用離心泵吸取5m深的地下水，然後排放到10m高的排出口，排出口的錶壓力(Gauge Pressure)爲100kPa，管線的內徑爲5cm，相當長度爲30m，若泵的體積流率爲$30m^3/hr$，效率爲0.6，則泵所需之功率爲若干kW？注意：(一)水的密度爲$1000kg/m^3$黏度$1.0\times10^{-3}kg/m\cdot s$ (二)層流：$f=\frac{16}{Re}$ 紊流：$f=0.046Re^{-0.2}$

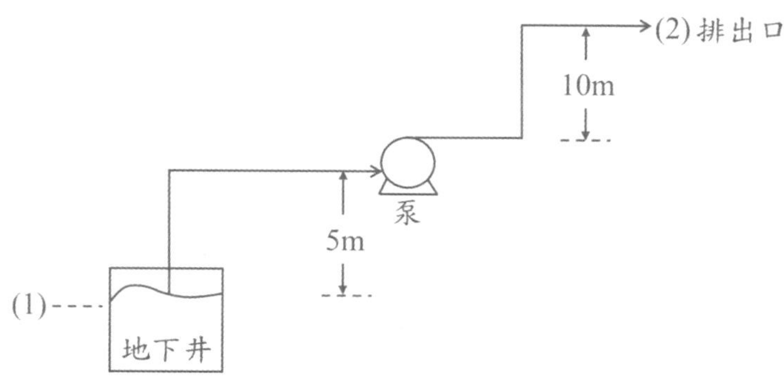

Sol：對點 1 和點 2 做機械能平衡：

$$\frac{P_2-P_1}{\rho}+\frac{u_2^2-u_1^2}{2g_c}+\frac{g}{g_c}(z_2-z_1)+\sum F+W_s=0\ (1)\quad \because A_1\gg A_2=>u_2\gg u_1$$

$$\dot{Q}=30\frac{m^3}{hr}\times\frac{1hr}{3600sec}=8.33\times10^{-3}\left(\frac{m^3}{sec}\right)$$

$$u_2=\frac{\dot{Q}}{A}=\frac{8.33\times10^{-3}}{\frac{\pi}{4}\left(\frac{5}{100}\right)^2}=4.24\left(\frac{m}{sec}\right)$$

$$\dot{m}=\dot{Q}\rho=(8.33\times10^{-3})(1000)=8.33\left(\frac{kg}{sec}\right)$$

$$\text{Check}=>Re=\frac{Du\rho}{\mu}=\frac{\left(\frac{5}{100}\right)(4.24)(1000)}{(1\times10^{-3})}=212000\gg2100\ \text{亂流}$$

$$=>f=0.046Re^{-0.2}=0.046(212000)^{-0.2}=3.958\times10^{-3}$$

$$\sum F=4f\frac{L}{D_{eq}}\frac{u^2}{2g_c}=4(3.958\times10^{-3})\frac{(30)}{\left(\frac{5}{100}\right)}\frac{(4.25)^2}{2\times1}=85.79\left(\frac{J}{kg}\right)$$

$$=>\frac{100\times10^3}{1000}+\frac{(4.24)^2}{2\times1}+\frac{9.8}{1}(10+5)+W_s+85.79=0$$

$$=>W_s = -341.78\left(\frac{J}{kg}\right) \ =>W_p = \frac{(-W_s)}{\eta} = \frac{341.78}{0.6} = 569.63\left(\frac{J}{kg}\right)$$

$$=>P_B = \dot{m}W_p = \left(8.33\frac{kg}{sec}\right)\left(569.65\frac{J}{kg}\right) = 4745\left(\frac{J}{sec}\right) = 4.7(kW)$$

〈考題20－11〉(94第二次地方特考)(20分)

欲以內徑爲10cm、長度爲425m之鋼管，將地面上開放大水槽中之水(槽內徑爲2m，水溫度爲20°C)，藉由泵(pump)以$1m^3/min$之流速輸送至25m高之開放儲槽中(內徑爲2m)。設管線中配有二個球閥、三個肘管、一個普通進口與一個出口，且泵之效率爲70%。試求所需泵之功率爲若干kW？注意：(一)水之密度爲$1000kg/m^3$，黏度爲$1\times10^{-3}\ N\cdot s/m^2$(二)泛寧摩擦係數(Fanning's friction factor)：層流：$f = 16/Re$；紊流：$f = 0.046Re^{-0.2}$，其中Re爲雷諾數(Reynolds number)(三)摩擦損失係數(friction loss)：球閥：$K_f = 10$，肘管：$K_f = 0.75$；膨脹損失係數：$K_e = (1-A_1/A_2)^2$，收縮損失係數：$K_c = 0.55(1-A_2/A_1)$

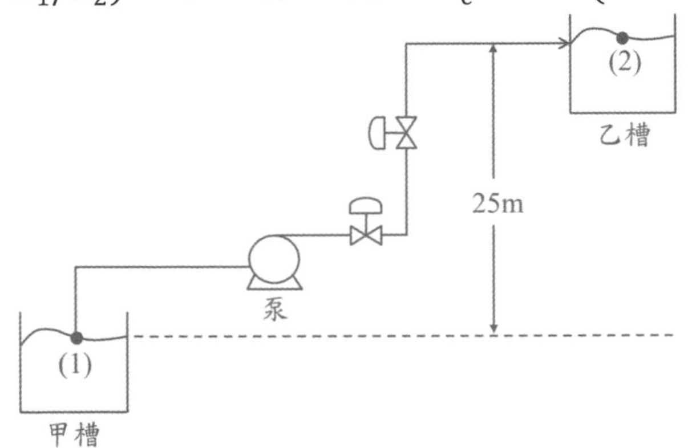

Sol：對點1和點2做機械能平衡：

$$\frac{P_2-P_1}{\rho} + \frac{u_2^2-u_1^2}{2g_c} + \frac{g}{g_c}(z_2-z_1) + \sum F + W_s = 0 \quad (1)$$

$P_1 = P_2 = 1atm \ \ A_1 \gg A_2 \ =>u_2 \gg u_1$

$$\dot{Q} = 1\frac{m^3}{min}\times\frac{1min}{60sec} = 0.0166\left(\frac{m^3}{sec}\right),\ u_2 = \frac{\dot{Q}}{A} = \frac{0.0166}{\frac{\pi}{4}(0.1)^2} = 2.12\left(\frac{m}{sec}\right)$$

$$Re = \frac{Du_2\rho}{\mu} = \frac{(0.1)(2.12)(1000)}{(1\times10^{-3})} = 2.12\times10^5 \gg 2100$$ 亂流

$$=> f = 0.046Re^{-0.2} = 0.046(2.12\times10^5)^{-0.2} = 3.957\times10^{-3}$$

$$=>\sum F = \left[2K_f(ball) + 3K_f(\text{肘管}) + k_c + k_e + k\right]\frac{u_2^2}{2g_c}$$

$K_c = 0.55(1 - A_2/A_1) = 0.55$ (大管到小管)

$K_e = (1 - A_1/A_2)^2 = 1$ (小管到大管)

$$k = 4f\frac{L}{D} = 4(3.957\times10^{-3})\left(\frac{425}{0.1}\right) = 67.27$$

$$=>\sum F = [2(10) + 3(0.75) + 0.55 + 1 + 67.27]\frac{(2.12)^2}{2\times1} = 204.65\left(\frac{J}{kg}\right)$$

$$=>\frac{(2.12)^2}{2\times1} + \frac{9.8}{1}(25) + 204.65 + W_s = 0 \ =>(-W_s) = 451.89\left(\frac{J}{kg}\right)$$

$$=>W_p = \frac{(-W_s)}{\eta} = \frac{451.89}{0.7} = 645.57\left(\frac{J}{kg}\right) = 0.645\left(\frac{kJ}{kg}\right)$$

$$=>P_B = \dot{m}W_p = \dot{Q}\rho W_p = \left[(0.0166\times1000)\frac{kg}{sec}\right]\left(0.645\frac{kJ}{kg}\right) = 10.7(kW)$$

〈考題 20 − 12〉(95 普考)(5/15 分)

(一)離心泵的定義爲何？(二)離心泵的用途非常廣泛，其特徵爲何？

Sol：(一)適用於工業界液體輸送，液體從軸心方向吸入，經由葉輪旋轉之作用沿著輪葉逐出，經由出口(離心方向)排出泵外。(二)可參考〈考題 20 − 20〉説明。

〈考題20 − 13〉(94高考三等)(每小題10分，共20分)

20℃的水，以75mm內徑，長度爲200m的管子，由水池送至離水池水面上方10m的凝結器中，並於1atm排出，已知在凝結器中的摩擦損失，相當於管中速度的16個速度揚程(velocity head)，設管線的摩擦係數$f = 0.006$，水的密度爲$1000\ kg/m^3$，泵之特性如下表所示：

體積流率m^3/sec	0.0028	0.0039	0.0050	0.0056	0.0059
產生揚程 m	23.2	21.3	18.9	15.2	11.0
效率	0.5	0.55	0.6	0.55	0.5

試求：(一)流體所需揚程h與體積流率之關係 (二)體積流率及泵所需之功率

Sol：

(一)可將表內數值標示在泵性能曲線圖內，可得知揚程$\Delta H\uparrow \dot{Q}\downarrow$，如下圖所示：

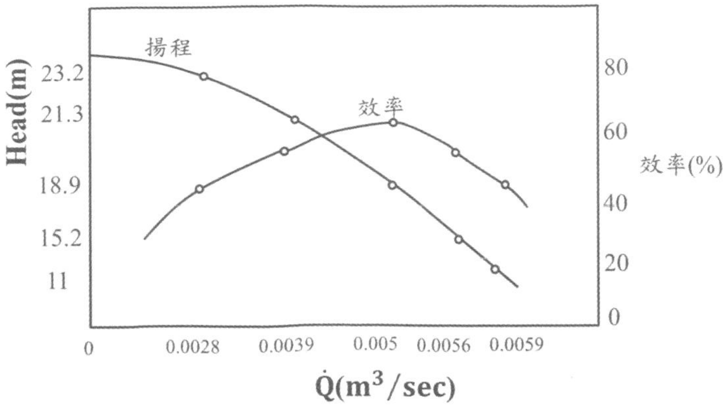

(二) $\frac{P_2-P_1}{\rho}+\frac{u_2^2-u_1^2}{2g_c}+\frac{g}{g_c}(z_2-z_1)+\sum F+W_s=0$ (1) 機械能平衡方程式

$P_1=P_2=1atm\ \ A_1\gg A_2 \Rightarrow u_2\gg u_1$

$$u_2=\frac{\dot{Q}}{A}=\frac{\dot{Q}}{\frac{\pi}{4}\left(\frac{75}{1000}\right)^2}=226\dot{Q}\left(\frac{J}{kg}\right),\ \frac{u_2^2}{2g_c}=\frac{(226\dot{Q})^2}{2\times1}=25538\dot{Q}^2\left(\frac{J}{kg}\right)$$

$$\frac{g}{g_c}(z_2-z_1)=\frac{9.8}{1}(10)=98\left(\frac{J}{kg}\right)$$

$$\sum F=4f\frac{L}{D_{eq}}\frac{u_2^2}{2g_c}+16\frac{u_2^2}{2g_c}=4(0.006)\frac{(200)}{\left(\frac{75}{1000}\right)}\frac{(226\dot{Q})^2}{2\times1}+16\frac{(226\dot{Q})^2}{2\times1}=2043040\dot{Q}^2$$

$$\Rightarrow -W_s=25538\dot{Q}^2+2043040\dot{Q}^2+98=2068578\dot{Q}^2+98\ (1)$$

泵測試數據 Run 1：$\dot{Q}_1=0.0028\frac{m^3}{sec}$ 代入(1)式 $\Rightarrow -W_s=114.2\left(\frac{J}{kg}\right)$

$$\Rightarrow W_p=\frac{(-W_s)}{\eta}=\frac{114.2}{0.5}=228.4\left(\frac{J}{kg}\right)$$

$$P_{B1}=\dot{m}W_p=(\dot{Q}_1\rho)W_p=2.8\frac{kg}{sec}\times228.4\frac{J}{kg}\times\frac{1kJ}{1000J}\times\frac{1HP}{0.75kW}=0.853(HP)$$

泵測試數據 Run 2：$\dot{Q}_2=0.0039\frac{m^3}{sec}$ 代入(1)式 $\Rightarrow -W_s=129.5\left(\frac{J}{kg}\right)$

$$\Rightarrow W_p=\frac{(-W_s)}{\eta}=\frac{129.5}{0.55}=235.4\left(\frac{J}{kg}\right)$$

$$P_{B2}=\dot{m}W_p=(\dot{Q}_2\rho)W_p=3.9\frac{kg}{sec}\times235.4\frac{J}{kg}\times\frac{1kJ}{1000J}\times\frac{1HP}{0.75kW}=1.22(HP)$$

泵測試數據 Run 3：$\dot{Q}_3=0.0050\frac{m^3}{sec}$ 代入(1)式 $\Rightarrow -W_s=149.7\left(\frac{J}{kg}\right)$

$$=>W_p = \frac{(-W_s)}{\eta} = \frac{149.7}{0.6} = 249.5\left(\frac{J}{kg}\right)$$

$$P_{B3} = \dot{m}W_p = (\dot{Q}_3\rho)W_p = 5\frac{kg}{sec} \times 249.5\frac{J}{kg} \times \frac{1kJ}{1000J} \times \frac{1HP}{0.75kW} = 1.66(HP)$$

泵測試數據 Run 4：$\dot{Q}_4 = 0.0056\frac{m^3}{sec}$ 代入(1)式$=> -W_s = 162.8\left(\frac{J}{kg}\right)$

$$=>W_p = \frac{(-W_s)}{\eta} = \frac{162.8}{0.55} = 296.1\left(\frac{J}{kg}\right)$$

$$P_{B4} = \dot{m}W_p = (\dot{Q}_4\rho)W_p = 5.6\frac{kg}{sec} \times 296.1\frac{J}{kg} \times \frac{1kJ}{1000J} \times \frac{1HP}{0.75kW} = 2.21(HP)$$

泵測試數據 Run 5：$\dot{Q}_5 = 0.0059\frac{m^3}{sec}$ 代入(1)式 $-W_s = 170\left(\frac{J}{kg}\right)$

$$=>W_p = \frac{(-W_s)}{\eta} = \frac{170}{0.5} = 340\left(\frac{J}{kg}\right)$$

$$P_{B5} = \dot{m}W_p = (\dot{Q}_5\rho)W_p = 5.9\frac{kg}{sec} \times 340\frac{J}{kg} \times \frac{1kJ}{1000J} \times \frac{1HP}{0.75kW} = 2.67(HP)$$

※可將計算出的制動馬力數值標示在泵性能曲線內，可得下圖：

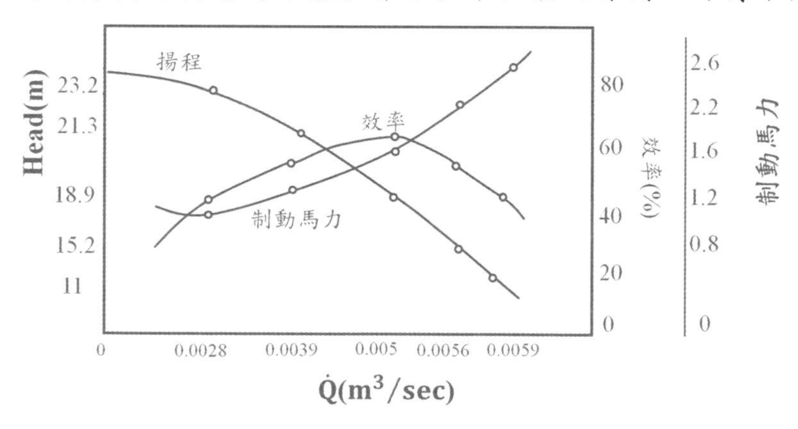

〈考題 20 − 14〉(95 地方特考)(20 分)

水(密度$= 980\ kg/m^3$，黏度$= 1.00 \times 10^{-3}\ kg/m \cdot s$)以$0.01\ m^3/s$之流量在直徑0.50m之圓管內流動；若管長爲1000m，請問壓降爲多少Pa？假設紊流時$f = \frac{0.079}{Re^{\frac{1}{4}}}$。

Sol：$\frac{P_2-P_1}{\rho} + \frac{u_2^2-u_1^2}{2g_c} + \frac{g}{g_c}(z_2 - z_1) + \sum F + W_s = 0$ 機械能平衡方程式

(相同管徑) $u_1 = u_2$　　水平管　　無軸功

$=>\frac{P_1-P_2}{\rho}=\sum F$ $=>\Delta P=4f\frac{L}{D_{eq}}\frac{\rho u_2^2}{2g_c}$ (1)，$u_2=\frac{\dot{Q}}{A}=\frac{0.01}{\frac{\pi}{4}(0.5)^2}=0.0509(\frac{m}{sec})$

Check $=>Re=\frac{Du_2\rho}{\mu}=\frac{(0.5)(0.0509)(980)}{(1\times10^{-3})}=24968>2100$ 亂流

$=>f=\frac{0.079}{Re^{\frac{1}{4}}}=\frac{0.079}{(24968)^{0.25}}=6.3\times10^{-3}$

代入(1)式 $=>\Delta P=4(6.3\times10^{-3})\left(\frac{1000}{0.5}\right)\frac{(980)(0.0509)^2}{2\times1}=63.9(Pa)$

〈考題 20－15〉(96 地方特考)(5/15 分)

有一直徑爲3m、水位爲1.5m之開放水槽。現欲以內徑爲2cm、長爲480cm之圓管，以虹吸方式將水流至槽外地上。

(一)若忽略管中之摩擦損失，估算出口處水之初始流速爲若干m/s？

(二)若考慮管中之摩擦損失，估算出口處水之初始流速爲若干m/s？

注意：25°C時水之密度爲1000kg/m^3，黏度爲$1\times10^{-3}N\cdot s/m^2$

泛寧摩擦係數(Fanning's friction factor)：層流：$f=\frac{16}{Re}$ 紊流：$f=0.046Re^{-0.2}$其中Re爲雷諾數(Reynolds number)

Sol：

(一)$\frac{P_2-P_1}{\rho}+\frac{u_2^2-u_1^2}{2g_c}+\frac{g}{g_c}(z_2-z_1)=0$ 柏努力方程式

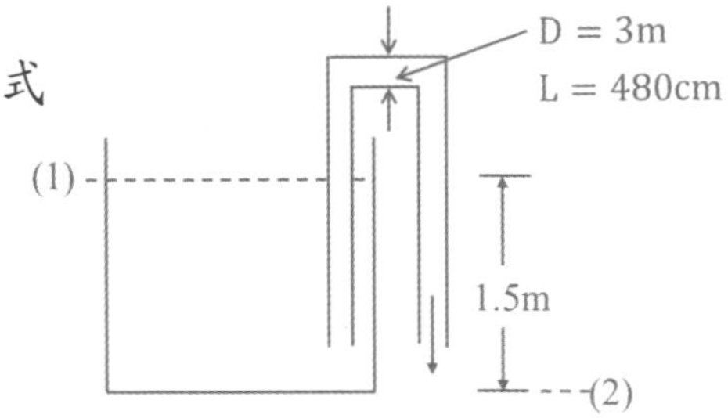

D = 3m
L = 480cm
(1)
1.5m
(2)

$P_1=P_2=1atm$ $A_1\gg A_2=>u_2\gg u_1$

$=>\frac{u_2^2}{2g_c}=\frac{g}{g_c}(z_1-z_2)$

$u_2=\sqrt{2g(z_1-z_2)}=\sqrt{2gH}=\sqrt{2\times9.8\times1.5}=5.42\left(\frac{m}{sec}\right)$

(二)對點1和點2做機械能平衡：

$\frac{P_2-P_1}{\rho}+\frac{u_2^2-u_1^2}{2g_c}+\frac{g}{g_c}(z_2-z_1)+\sum F+W_s=0$ (1)

$P_1=P_2=1atm$ $A_1\gg A_2=>u_2\gg u_1$

$=>\frac{u_2^2}{2g_c}=\frac{g}{g_c}(z_1-z_2)-\sum F$ $=>u_2=\sqrt{2g(z_1-z_2)-2g_c\sum F}$ (1)

Check =>$Re = \frac{Du_2\rho}{\mu} = \frac{\left(\frac{2}{100}\right)(u_2)(1000)}{(1\times10^{-3})} = 2\times10^4 u_2$ (2)

$\sum F = 4f\frac{L}{D_{eq}}\frac{u^2}{2g_c} = 4f\frac{(4.8)}{\left(\frac{2}{100}\right)}\frac{(u_2)^2}{2\times1} = 480fu_2^2$ (3) $f = 0.046Re^{-0.2}$ (4)

假設u_2=> Re(2) => f(4)=>$\sum$F(3) =>確認u_2(1)是否和假設是否正確

假設u_2	Re (2)	f (4)	$\sum$F (3)	u_2 (1)
2.8	5.6×10^4	5.42×10^{-3}	12.59	2.9
2.2	4.4×10^4	5.42×10^{-3}	12.59	2.2

$\therefore u_2 \doteqdot 2.2\left(\frac{m}{sec}\right)$

〈考題 20－16〉(98 地方特考四等)(5 分)

說明鋼管(steel pipe)與銅管(copper tubing)之差異。

Sol：鋼管：又稱黑鐵管(carbon steel)通常表面鍍鋅以增加耐蝕性，價格低，適用於低溫低壓的配管，具有良好的彎曲性、擴管性及焊接性，使用範圍大。銅管：富耐蝕性、熱良導性及延展性，故廣泛用於製造換熱器的內管或是儀表空氣管線。

〈考題 20－17〉(98 地方特考四等)(100 地方特考四等)(5 分)

(一)試說明管路連結之方式。(二)化工管線中管套節(union)的主要功用是甚麼？

Sol：管套節：爲連接管路之管件，用來連接兩隻管路，適用於無法轉動或是需經常拆卸之管路。

〈考題 20－18〉(98 經濟部特考)(各 2 分)

圖四中泵浦將流體(蒸氣壓P_s，密度ρ)由設備 A 送到設備 B，圖中各項參數說明如下：H_A和H_B分別爲設備 A 及設備 B 之液位高度，P_a和P_b分別爲設備 A 及設備 B 之操作壓力，L_{WS}和L_{WD}分別爲泵浦進口端與出口端整條管線之壓降損失(以壓力爲單位)，試以壓力單位表示本系統之(一)吸引揚程(suction head)(二)排出揚程(discharge head)(三)總揚程(total head)(四)NPSH(Net positive suction head)

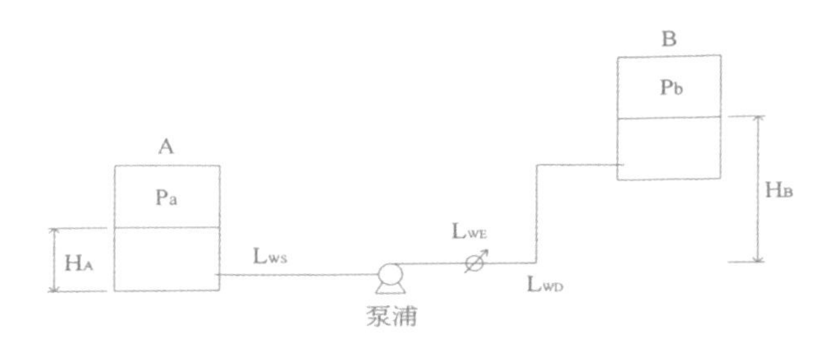

圖四

Sol：(一)$H_s = P_a + \rho g H_A - L_{WS}$　(二)$H_d = P_b + \rho g H_B + L_{WD} + L_{WE}$

(三)$\Delta H = H_d - H_s = (P_b + \rho g H_B + L_{WD} + L_{WE}) - (P_a + \rho g H_A - L_{WS})$

(四)$NPSH = P_a - P_s + \rho g H_A - L_{WS}$

〈考題 20－19〉(98 普考)(15 分)

使用一泵將水井之水(水面離地 3.5 公尺)抽到離地 5 公尺高的水塔中，抽水流量爲1L/s，水管內直徑爲 2 公分，若各項摩擦損失可忽略，泵效率爲65%，試決定需要的泵功率？

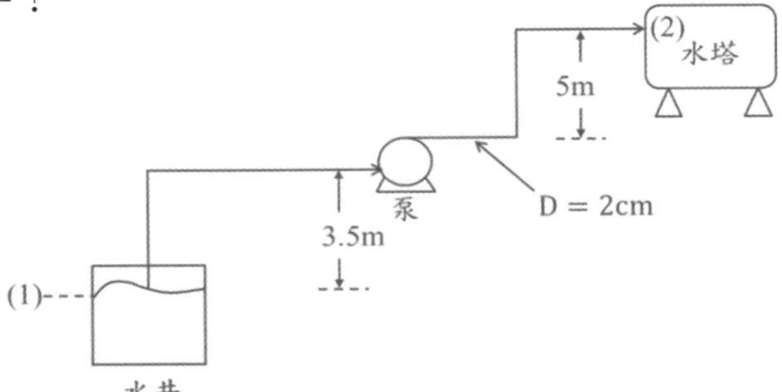

Sol：對點1和點2做機械能平衡：

$$\frac{P_2-P_1}{\rho} + \frac{u_2^2-u_1^2}{2g_c} + \frac{g}{g_c}(z_2 - z_1) + \sum F + W_s = 0$$

$P_1 = P_2 = 1atm$　$A_1 \gg A_2 \Rightarrow u_2 \gg u_1$　　無摩擦損失

$$\dot{Q} = 1\frac{L}{sec} \times \frac{1m^3}{1000L} = 1 \times 10^{-3}\left(\frac{m^3}{sec}\right)$$

$$\dot{m} = \dot{Q}\rho = (1 \times 10^{-3})(1000) = 1\left(\frac{kg}{sec}\right)$$

$$u_2 = \frac{\dot{Q}}{A} = \frac{1\times10^{-3}}{\frac{\pi}{4}\left(\frac{2}{100}\right)^2} = 3.185\left(\frac{m}{sec}\right)$$

$$\Rightarrow \frac{(3.185)^2}{2\times1} + \frac{9.8}{1}(3.5+5) + W_s = 0 \Rightarrow (-W_s) = -88.37\left(\frac{J}{kg}\right)$$

$$=>W_p=\frac{(-W_s)}{\eta}=\frac{88.37}{0.65}=135.95\left(\frac{J}{kg}\right)=0.135\left(\frac{kJ}{kg}\right)$$

$$=>P_B=\dot{m}W_p=\left(1\frac{kg}{sec}\right)\left(0.135\frac{kJ}{kg}\right)=0.135(kW)$$

〈考題 20－20〉(86/88/95 普考)(100 普考)(10/10/5 分)

請說明下列泵(pump)的特性：(一)離心泵(centrifugal pump)(二)旋轉泵(rotary pump)(三)齒輪泵(gear pump)

Sol：

(一)離心泵：優點：(1)排量穩定，且流量之範圍廣泛(2)可輸送略含懸浮固體(3)出口閥暫時關閉不損及泵(4)佔用空間小(5)構造簡單，價格便宜(6)出口壓力中等(7)可以直接連接馬達蒸汽機。缺點：(1)會產生氣縛現象(Air binding)(2)流體必須流入泵才可以使用。

(二)旋轉泵：優點：(1)因爲構造簡單，體積小，價格便宜，占地小(2)可以直接由馬達帶動。缺點：只能輸送清潔流體。

(三)齒輪泵：依靠泵和齒輪間所形成的工作容積變化和移動來輸送液體或使之增壓的迴轉泵，適用於輸送不含固體顆粒、無腐蝕性、黏度範圍較大的潤滑性液體。

〈考題 20－21〉(99 高考三等)(5 分)

離心泵(centrifugal pump)廣用於工業界液體之泵輸送，試述該泵之優缺點。

Sol：可參考上述題解〈考題 20－20〉。

〈考題 20－22〉(100 地方特考四等)(各 5 分)

一液體(蒸氣壓P_s，密度ρ)經幫浦由槽 A 輸送至槽 B，如下圖所示，其中H_A及H_B分別爲槽 A 及槽 B 之液位高，P_a及P_b分別爲槽 A 及槽 B 之操作壓力，L_{in}及L_{out}分別爲幫浦進口與出口端管線壓力損失(以長度爲單位)，L_{filter}爲液體經過濾器壓力損失(以長度爲單位)，試以上述符號來表示本系統之：(一)吸引揚程(suction head)(二)排出揚程(discharge head)(三)總揚程(total head)(四)淨正吸引揚程 NPSH(net positive suction head)

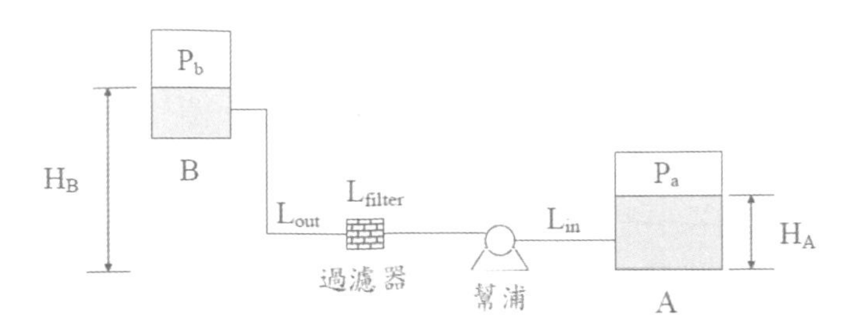

Sol：(一)$H_S=\frac{P_a}{\rho g}+H_A-L_{in}$　(二)$H_d=\frac{P_b}{\rho g}+H_B+L_{filter}+L_{out}$

(三)$\Delta H=H_d-H_S=\left(\frac{P_b}{\rho g}+H_B+L_{filter}+L_{out}\right)-\left(\frac{P_a}{\rho g}+H_A-L_{in}\right)$

(四)$NPSH=\frac{P_a-P_s}{\rho g}+H_A-L_{in}$

〈考題 20－23〉(101 普考)(5 分)

當流體流經一管路上時，皆會有摩擦損失，請列舉出七大類元件。

Sol：肘管、管帽、襯套、塞、大小頭、管套節、接頭。

〈考題 20－24〉(101 普考)(102 經濟部特考)(各 10 分)

(一)何謂淨正吸頭(net positive suction head，NPSH)？有何重要性？

(二)有一系統在 1 大氣壓下將水從 A 槽輸送至 B 槽(如下圖)，假設在吸入端的摩擦損耗(friction loss)是1.5m水柱，且水的蒸氣壓爲40mm汞柱，請問 NPSH 爲多少公尺水柱？

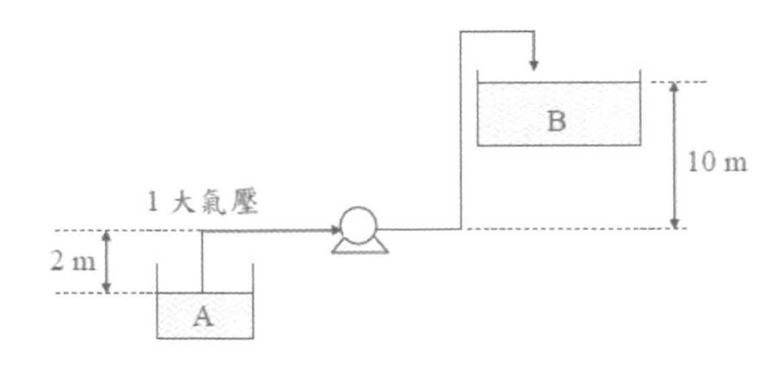

Sol：(一)可參考〈考題20－1〉內容說明。

(二)$NPSH=\frac{g_c}{g}\left(\frac{P'_a-P_V}{\rho}-F_s\right)-Z_a$

$=\frac{1\frac{kg.m}{N.sec^2}}{9.8\frac{m}{sec^2}}\left[\frac{\left(\frac{760-40}{760}\right)atm\times\frac{101325Pa}{1atm}}{1000\frac{kg}{m^3}}\right]-1.5-2=6.33(m)$

〈考題 20－25〉(100 經濟部特考)(4/3/3 分)
選購泵浦時，當選定流量 Q 及管徑後，必須分別計算出口及進口揚程(Head)，從而計算出ΔH&HHP(Hydraulic Horse Power)&BHP(Brake Horse Power)：(一)請以計算式簡要說明ΔH的計算考量。(二)請以計算式簡要說明NPSH(Net Positive Suction Head)，比較$NPSH_A$與$NPSH_R$的關係。(三)請以計算式簡要說明 HHP 的計算，並說明BHP與HHP的關係。
Sol：可參考重點整理(二)泵馬力敘述做說明。

〈考題 20－26〉(100 地方特考)(30 分)
有一個效率(overall efficiency)爲75%的幫浦被用來輸送某液體(比重sp. gr. = 1.8)，以18lb/s流量由一個開放池輸送到一個較高位置的製程塔槽。該塔槽操作壓力爲19.7psia，溶液送入塔槽入口高於開放池液面60ft且流速爲8.02ft/s。假設幫浦設置與開放池底部出水管爲同一平面高度，本系統能量損失(energy losses)相當於 18ft 水柱高(water head)，試計算本系統操作所需要的幫浦馬力(1hp = 550ft · lbf/s；水的密度爲62.37lb/ft³)？

Sol：對點1和點2做機械能平衡：

$$\frac{P_2-P_1}{\rho}+\frac{u_2^2-\cancel{u_1^2}}{2g_c}+\frac{g}{g_c}(z_2-z_1)+\sum F+W_s=0 \quad (1) \quad \because A_1 \gg A_2 \Rightarrow u_2 \gg u_1$$

$$\Rightarrow \frac{\left[(19.7-14.7)\frac{lbf}{in^2}\right]\left(\frac{12in}{1ft}\right)^2}{1.8\times 62.37\frac{lbm}{ft^3}}+\frac{\left[(8.02)^2\frac{ft^2}{sec^2}\right]}{2\left(32.2\frac{lbm\cdot ft}{lbf\cdot sec^2}\right)}+\frac{32.2\frac{ft}{sec^2}}{32.2\frac{lbm\cdot ft}{lbf\cdot sec^2}}(60ft)+\frac{32.2\frac{ft}{sec^2}}{32.2\frac{lbm\cdot ft}{lbf\cdot sec^2}}(18ft)+W_s=0$$

$$\Rightarrow (-W_s)=85.41\left(\frac{lbf\cdot ft}{lbm}\right)$$

※大氣的表壓爲零，所以絕對壓力爲 14.7psia

$$\Rightarrow W_p=\frac{(-W_s)}{\eta}=\frac{85.41}{0.75}=113.88\left(\frac{lbf\cdot ft}{lbm}\right)$$

$$=>P_B = \dot{m}W_p = 18\frac{lbm}{sec} \times 113.88\frac{lbf\cdot ft}{lbm} \times \frac{1hp}{550\frac{lbf\cdot ft}{sec}} = 3.72(hp)$$

〈考題 20－27〉(101 地方特考)(20 分)

水(密度爲$1000\ kg/m^3$)在穩態(steady state)下於一均勻管管徑之圓管中流動，已知進口之壓力爲101kPa，出口之壓力爲200kPa且出口比進口高5m；管路中有一幫浦(pump)提供200J/kg之能量。假設系統之雷諾數大於 4000。試計算此管路系統之摩擦損失。

Sol：$\frac{P_2-P_1}{\rho} + \frac{u_2^2-u_1^2}{2g_c} + \frac{g}{g_c}(z_2 - z_1) + \sum F + W_s = 0$　機械能平衡方程式

$u_1 = u_2$ ∴相同管徑

$=>\frac{(200-101)\times 10^3}{1000} + \frac{9.8}{1}(5) + \sum F + (-200) = 0$ $=>\sum F = 52\left(\frac{J}{kg}\right)$

〈考題 20－28〉(101 地方特考)(93 地方特考)(10 分)

什麼是白努利方程式(Bernoulli equation)？說明此方程式適用之條件。

Sol：$\frac{P_2-P_1}{\rho} + \frac{u_2^2-u_1^2}{2g_c} + \frac{g}{g_c}(z_2 - z_1) = 0$ (1)壓力勢能(2)速度勢能(3)高度勢能

(1)　(2)　(3)

適用之條件爲 1.系統無軸功產生 2.系統不發生摩擦損耗。

〈考題20－29〉(102普考)(各10分)

請解釋下列有關離心泵的現象：(一)抽空現象(cavitation)(二)氣結現象(air binding)

Sol：(一)可參考重點整理　(二)泵啓動前必須將泵入口管線及泵內氣體排出，否則產生氣結現象吸不進液體。

〈考題20－30〉(102地方特考)(20分)

一幫浦輸送32℃的水，其管線爲水平之直圓管，內徑爲1.22cm，全長爲40m。幫浦出口處(下圖之point 1)爲$2.2 \times 10^5 N/m^2$，管末端之壓力爲$1.1 \times 10^5 N/m^2$。求水之體積流量(m^3/s)及重量流量(kg/s)。(相關之常數如附表)

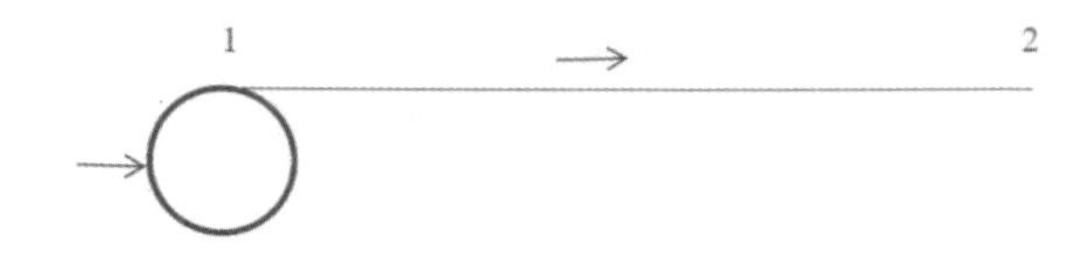

Viscosity of Liquid Water

Temperature K	Temperature °C	Viscosity [(Pa·s)10^3, (kg/m·s) 10^3, or cp]
273.15	0	1.7921
275.15	2	1.6728
277.15	4	1.5674
279.15	6	1.4728
281.15	8	1.3860
283.15	10	1.3077
285.15	12	1.2363
287.15	14	1.1709
289.15	16	1.1111
291.15	18	1.0559
293.15	20	1.0050
293.35	20.2	1.0000
295.15	22	0.9579
297.15	24	0.9142
298.15	25	0.8937
299.15	26	0.8737
301.15	28	0.8360
303.15	30	0.8007
305.15	32	0.7679
307.15	34	0.7371

Density of Liquid Water

Temperature K	Temperature °C	Density g/cm³	Density kg/m³
273.15	0	0.99987	999.87
277.15	4	1.00000	1000.00
283.15	10	0.99973	999.73
293.15	20	0.99823	998.23
298.15	25	0.99708	997.08
303.15	30	0.99568	995.68
313.15	40	0.99225	992.25

Sol：對點1和點2做機械能平衡：

$$\frac{P_2-P_1}{\rho}+\frac{u_2^2-u_1^2}{2g_c}+\frac{g}{g_c}(z_2-z_1)+\sum F+W_s=0$$

$u_1=u_2$ ∵相同管徑　水平管　　無軸功產生

$$=>\frac{P_2-P_1}{\rho}=-\sum F=4f\frac{L}{D_{eq}}\frac{u^2}{2g_c}$$ 內插法求$\rho_{32°C}$ $=>\frac{40-30}{40-32}=\frac{992.25-995.68}{992.25-\rho_{32°C}}$

$=>\rho_{32°C}\doteqdot 995\left(\frac{kg}{m^3}\right)$，$\frac{(1.1-2.2)\times10^5}{995}=-4f\left(\frac{40}{0.0122}\right)\frac{u_2^2}{2\times1}=>110=6557fu_2^2$ (1)

Check $=>Re=\frac{Du_2\rho}{\mu}=\frac{(0.0122)(u_2)(995)}{(0.7679\times10^{-3})}=15808u_2$ (2)

$$\frac{\varepsilon}{D}=\frac{4.6\times10^{-5}}{0.0122}=3.77\times10^{-3}$$

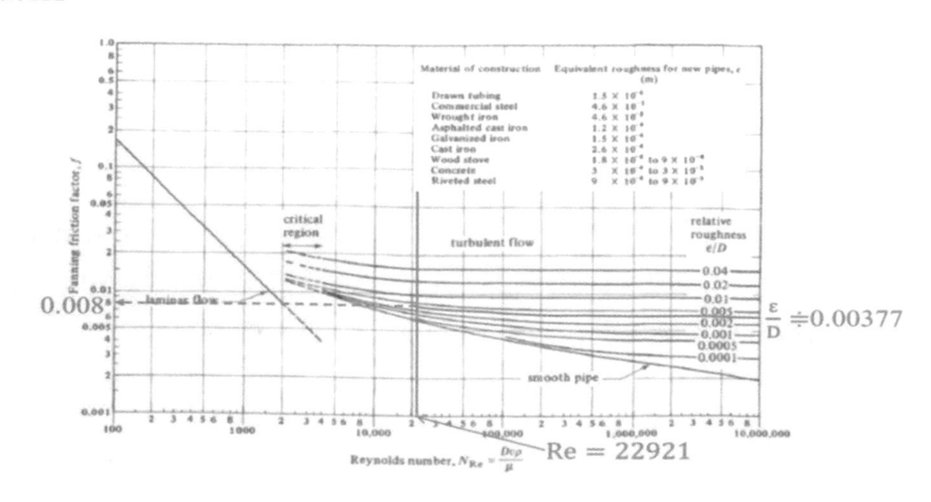

試誤法(Try and error)：假設u_2(1) => Re(2) =>查圖求 f => f&u_2代入(1)式≑ 110

假設u_2(1)	Re(2)	f	≑ 110
2	31616	0.008	209
1.5	23712	0.008	118
1.45	22921	0.008	110

$\therefore u_2 \doteqdot 1.45(\mathrm{m/sec})$

$$\dot{Q} = u_2 A = u_2 \frac{\pi}{4} D^2 = 1.45 \times \frac{\pi}{4}(0.0122)^2 = 1.69 \times 10^{-4}\left(\frac{m^3}{sec}\right)$$

$$\dot{m} = \dot{Q}\rho = (1.69 \times 10^{-4})(995) = 0.1685\left(\frac{kg}{sec}\right)$$

〈考題20 − 31〉(101地方特考四等)(20分)

有一泵浦欲將井水從低於地面2m抽到離地5m高的水塔中，抽水速率爲1.0 L/s，水管直徑爲2cm，若各項摩擦損失可忽略，泵效率爲60%，請算出所需要的泵功率。

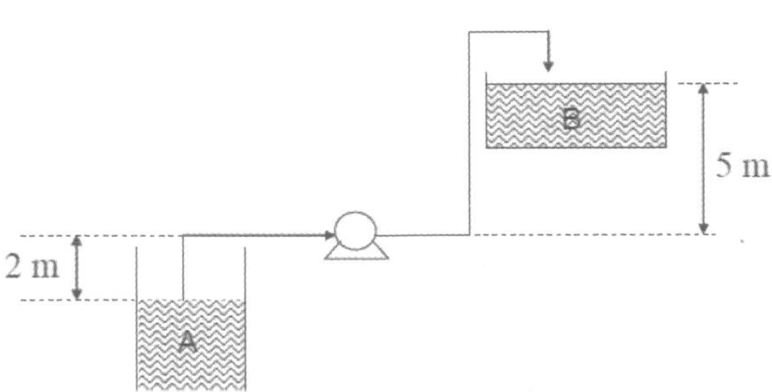

Sol：$\frac{P_2 - P_1}{\rho} + \frac{u_2^2 - u_1^2}{2g_c} + \frac{g}{g_c}(z_2 - z_1) + \sum F + W_s = 0$　機械能平衡方程式

$P_1 = P_2 = 1\mathrm{atm}$　$A_1 \gg A_2 \Rightarrow u_2 \gg u_1$　　無摩擦損失

$$\dot{Q} = 1\frac{L}{sec} \times \frac{1m^3}{1000L} = 1 \times 10^{-3}\left(\frac{m^3}{sec}\right)$$

$$\dot{m} = \dot{Q}\rho = (1 \times 10^{-3})(1000) = 1\left(\frac{kg}{sec}\right)$$

$$u_2 = \frac{\dot{Q}}{A} = \frac{1\times10^{-3}}{\frac{\pi}{4}\left(\frac{2}{100}\right)^2} = 3.185\left(\frac{m}{sec}\right) \Rightarrow \frac{(3.185)^2}{2\times1} + \frac{9.8}{1}(2+5) + W_s = 0$$

$$\Rightarrow (-W_s) = 73.67\left(\frac{J}{kg}\right) \Rightarrow W_p = \frac{(-W_s)}{\eta} = \frac{73.67}{0.6} = 122.78\left(\frac{J}{kg}\right)$$

$$=>P_B = \dot{m}W_p = \left(1\frac{kg}{sec}\right)\left(122.78\frac{J}{kg}\times\frac{1kJ}{1000J}\right) = 0.12(kW)$$

〈考題20－32〉(101地方特考四等)(10/5/5分)

(一)泵爲液體輸送之動力設備，請問依機械之作用方式泵分成那四種？(二)壓氣機依產生壓力之大小可分成那三種？並比較此三種產生壓力與氣體輸送量大小順序。

Sol：(一)動力式=>離心泵；正位移式=>往復泵、旋轉泵；眞空式—眞空噴射機；特殊泵=>酸蛋、氣升泵

(二)

類型	壓力大小	風量大小
風扇(送風機)	10kPa以下	風量最大，產生壓力小
鼓風機(送風機)	10-100kPa	風量適中，產生壓力中等
壓縮機	100kPa以上	風量最小，產生壓力最大，需有冷卻裝置

〈考題 20－33〉(102 高考三等)(12/8 分)

在下圖所示之液體輸送系統，槽壓1.2大氣壓之液體經直徑0.05m之圓管泵送至1.0大氣壓、高25m之槽體中。該液體密度爲$900kg/m^3$、黏度爲1.5cp而蒸氣壓爲20kPa，進料槽至泵吸入口(suction)之管長爲15m，而泵排出口至另一槽間的管長爲70m，若液體輸送量設計爲$24m^3/hr$，且除直管外其他管件(fitting)之摩擦損失可忽略。流體於管內若爲層流流動(laminar flow)，其摩擦係數與雷諾數的關係爲$f = 16/Re$；而紊流流動(turbulent flow)時，其摩擦係數與雷諾數的關係則爲$f = 0.05\,Re^{-1/5}$。$1hp = 745.7J/sec$ (一)若泵效率爲65%，試估算所需泵的馬力(hp)。(二)試估算該泵系統之有效 NPSH(available NPSH)。

Sol：(一)對點 1 和點 2 做機械能平衡：

$$\frac{P_2-P_1}{\rho}+\frac{u_2^2-u_1^2}{2g_c}+\frac{g}{g_c}(z_2-z_1)+\sum F+W_s=0 \quad \because A_1 \gg A_2 => u_2 \gg u_1$$

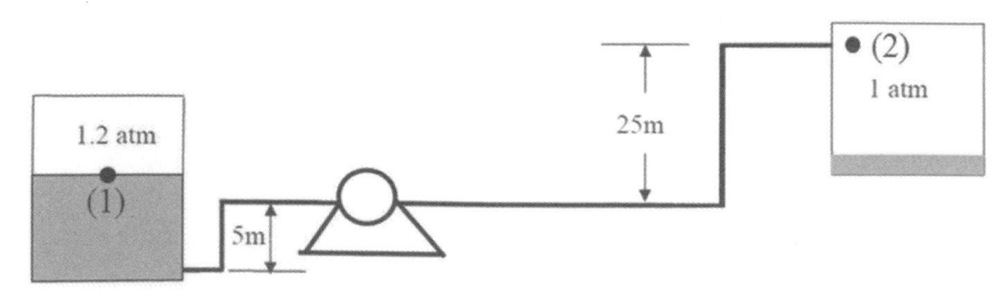

※其實考選部此題圖畫的不夠明確，應該是泵吸入端中心點與槽內液面同高，所以高度差是取 25m，如果是取 30m 則是在槽內液體底部，此時壓力不是 1.2atm，而是$P_1 = 1.2\text{atm} + \rho gH$才是！

$\dot{Q} = 24\frac{m^3}{hr} \times \frac{1hr}{3600sec} = 6.67 \times 10^{-3}\left(\frac{m^3}{sec}\right)$，$u = \frac{\dot{Q}}{A} = \frac{6.67\times10^{-3}}{\frac{\pi}{4}(0.05)^2} = 3.39\left(\frac{m}{sec}\right)$

Check =>$Re = \frac{Du\rho}{\mu} = \frac{(0.05)(3.39)(900)}{(1.5\times10^{-3})} = 101700 > 2100$亂流

$f = 0.05\ Re^{-1/5} = 0.05(101700)^{-0.2} = 4.98 \times 10^{-3}$

$\sum F = 4f\frac{L_t}{D}\frac{u^2}{2g_c} = 4(4.98\times10^{-3})\frac{(15+70)}{(0.05)}\frac{(3.39)^2}{2\times1} = 194.5\left(\frac{J}{kg}\right)$

=>$\frac{(1-1.2)\times101325}{900} + \frac{(3.39)^2}{2\times1} + 9.8(25) + 194.5 + W_s = 0$

=>$W_s = -422.73\left(\frac{J}{kg}\right)$ =>$W_p = \frac{(-W_s)}{\eta} = \frac{422.73}{0.65} = 650\left(\frac{J}{kg}\right)$

$P_B = \dot{m}W_p = (\dot{Q}\rho)W_p = (6.67\times10^{-3}\times900)\frac{kg}{sec}\times650.35\frac{J}{kg}\times\frac{1hp}{745.7\frac{J}{sec}} = 5.24(hp)$

(二) $NPSH = \frac{g_c}{g}\left(\frac{P'_a - P_V}{\rho} - F_s\right) + Z_a$ (在此槽體液面高於泵中心點所以Z_a取正號)

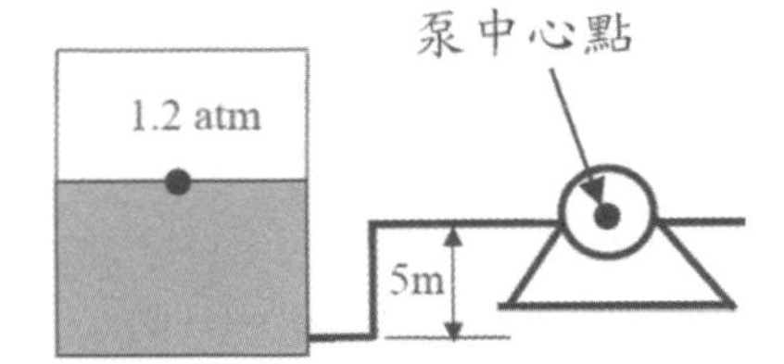

吸入端的摩擦損失：

$F_s = 4f\frac{L}{D}\frac{u^2}{2g_c} = 4(4.98\times10^{-3})\frac{(15)}{(0.05)}\frac{(3.39)^2}{2\times1} = 34.33\left(\frac{J}{kg}\right)$

=>$NPSH = \frac{1\frac{kg.m}{N\cdot sec^2}}{9.8\frac{m}{sec^2}}\left[\frac{(1.2\times101325-20\times1000)\frac{N}{m^2}}{900\frac{kg}{m^3}} - 34.33\frac{J}{kg}\right] + 5 = 13(m)$

※計算 NPSH 的高度差，應該是泵吸入端中心點與槽內液面之間高度差去判斷正負號，但此題的圖看起來如果是第(一)題計算方式，液面是與泵中心同高，是不需要去扣掉 5m，但一般情況槽體液面不可能和泵中心位置是同高度，本題其實出題有誤！

〈考題20－34〉(104薦任升等)(20分)

在穩定狀態下，水(密度爲63.2 lbm/ft^3)流入一個渦輪機，進口之壓力爲5atm，流速爲100ft/sec，而出口之壓力爲1.2atm，流速爲10ft/sec，進口較出口低2 ft，若渦輪機的效率爲72%，並且管路中的損耗可忽略，求渦輪機作功的能量損失爲多少？

Sol：$\frac{P_2-P_1}{\rho}+\frac{u_2^2-u_1^2}{2g_c}+\frac{g}{g_c}(z_2-z_1)+\sum F+W_s=0$　機械能平衡方程式

（$\sum F$ 劃去）無摩擦損失

$$\frac{P_2-P_1}{\rho}=\frac{[(1.2-5)\text{atm}]\frac{\left(14.7\frac{\text{lbf}}{\text{in}^2}\right)\left(\frac{12\text{in}}{1\text{ft}}\right)^2}{1\text{atm}}}{63.2\frac{\text{lbm}}{\text{ft}^3}}=-127.3\left(\frac{\text{lbf}\cdot\text{ft}}{\text{lbm}}\right)$$

$$\frac{u_2^2-u_1^2}{2g_c}=\frac{(10)^2-(100)^2}{2\times32.2}=-153.7\left(\frac{\text{lbf}\cdot\text{ft}}{\text{lbm}}\right)$$

$$\frac{g}{g_c}(z_2-z_1)=\frac{32.2}{32.2}(2)=2\left(\frac{\text{lbf}\cdot\text{ft}}{\text{lbm}}\right)$$

$$=>-127.3+(-153.7)+2+W_s=0\ =>W_s=278.9\left(\frac{\text{lbf}\cdot\text{ft}}{\text{lbm}}\right)$$

$$=>W_t=W_s\eta=278.9(0.72)=200.8\left(\frac{\text{lbf}\cdot\text{ft}}{\text{lbm}}\right)$$

〈考題 20－35〉(104 簡任升等)(22 分)

空氣自1atm及460°R 被壓縮至10atm及500°R。由壓縮機流出空氣之出口速度爲200ft/s。假設可省略系統之位能變化量及損失至外界之熱量且進口空氣之速度爲零。相對於一參考狀態，進口處及出口處空氣之比焓值分別爲210Btu/lb及219Btu/lb。若空氣進入的流率爲200lb/hr，求壓縮機的功率應爲若干馬力？(假設壓縮機的效率爲100%)

Sol：$(H_2-H_1)+\frac{u_2^2-u_1^2}{2g_c}+\frac{g}{g_c}(z_2-z_1)=Q-W_s$ 穩態能量平衡方程式

（位能項與 Q 劃去）不考慮位能　絕熱操作

※對理想氣體而言：$\Delta H=H_2-H_1=\int_{T_1}^{T_2}C_p\,dT+\frac{P_2-P_1}{\rho}$，焓值差$\Delta H$內已包含壓力項，所以壓力勢能$\frac{P_2-P_1}{\rho}$不需再計算！(此題參考葉和明單元操作演習例題 2-2 之

觀念)

$H_2 - H_1 = \left[(219 - 210)\frac{Btu}{lbm}\right]\left(\frac{778\ lbf\cdot ft}{1Btu}\right) = 7002\left(\frac{lbf\cdot ft}{lbm}\right)$

$\frac{u_2^2 - u_1^2}{2g_c} = \frac{(200)^2 - 0}{2\times 32.2} = 621\left(\frac{lbf\cdot ft}{lbm}\right)$ =>$7002 + 621 = -W_s$

=>$(-W_s) = 7623\left(\frac{lbf\cdot ft}{lbm}\right)$ 因爲$\eta = 100\%$ =>$(-W_s) = W_p$

=>$P_B = \dot{m}W_p = \left(200\frac{lbm}{hr}\times\frac{1hr}{3600sec}\right)\left(7623\frac{lbf\cdot ft}{lbm}\times\frac{1HP}{550\frac{lbf\cdot ft}{sec}}\right) = 0.77(HP)$

〈考題 20 − 36〉(105 地方特考)(8/18/6 分)
有關幫浦(pump)功率計算方程式，請回答下列問題：

(一)寫出下列方程式各符號(W_p,H_a,H_b與η)的意義。$W_p = \frac{H_b - H_a}{\eta}$

(二)寫出上列方程式係如何從下列方程式推導得到。

$$\frac{\delta Q}{dt} - \frac{\delta W_s}{dt} - \frac{\delta W_\mu}{dt} = \iint_{C.S.}\rho\left(e + \frac{P}{\rho}\right)(v\cdot n)dA + \frac{\partial}{\partial t}\iiint_{C.V.}\rho e dV$$

(三)寫出上項推導時，所做之三個重要假設。

Sol：

(一) W_p實際馬力；H_a吸入端揚程；H_b排出端揚程；η泵效率

(二)$\frac{\delta Q}{dt} - \frac{\delta W_s}{dt} - \frac{\delta W_\mu}{dt} = \iint_{C.S.}\rho\left(e + \frac{P}{\rho}\right)(v\cdot n)dA + \frac{\partial}{\partial t}\iiint_{C.V.}\rho e dV$

$\because e + \frac{P}{\rho} = \frac{u^2}{2g_c} + u + \frac{g}{g_c}z + \frac{P}{\rho}$

$\iint_{C.S.}\rho\left(e + \frac{P}{\rho}\right)(v\cdot n)dA = \left[\frac{u_a^2}{2g_c} + u_a + \frac{g}{g_c}z_a + \frac{P_a}{\rho}\right](\rho_a u_a A_a) - \left[\frac{u_b^2}{2g_c} + u_b + \frac{g}{g_c}z_b + \frac{P_b}{\rho}\right](\rho_b u_b A_b)$

$\because \rho_a u_a A_a = \rho_b u_b A_b = \dot{m}$ (又$H = \frac{P}{\rho} + u + \frac{u^2}{2g_c} + \frac{g}{g_c}z$)

=>$H_b - H_a = \frac{\dot{W}_s}{\dot{m}}$ =>$H_b - H_a = W_s$ 等號左右除上泵效率η =>$W_p = \frac{H_b - H_a}{\eta}$

補充說明：其中$\frac{P}{\rho}+u$項等同於能量方程式中的焓(enthalpy)

(三)$\frac{\partial}{\partial t}\iiint_{C.V.}\rho e dV$假設爲穩態流動(steady flow)，可以忽略。

$\frac{\delta W_\mu}{dt}$假設在控制體積表面可以克服黏滯效應，可以忽略。

$\frac{\delta Q}{dt}$假設系統沒有產生熱能，可以忽略。

$\sum F$假設系統沒有產生摩擦損耗。(假設題目有問第四項假設，才必須回答)

〈考題 20－37〉(105 經濟部特考)(10 分)
如圖一所示，一頂部爲開放之水槽裡的水位高爲25ft且水位保持固定，在底部接一直徑D_1爲6in之水管，水由噴嘴流出，噴嘴出口水管D_2爲3in，假設在水管內、入口及噴嘴內均無摩擦損失，則圖中 A 點速率是多少(ft/s)？假設下列各系統皆爲穩定流動(steady flow)且無擾流現象，請依題意列式計算各速率(計算小數點後第二位，以下四捨五入)

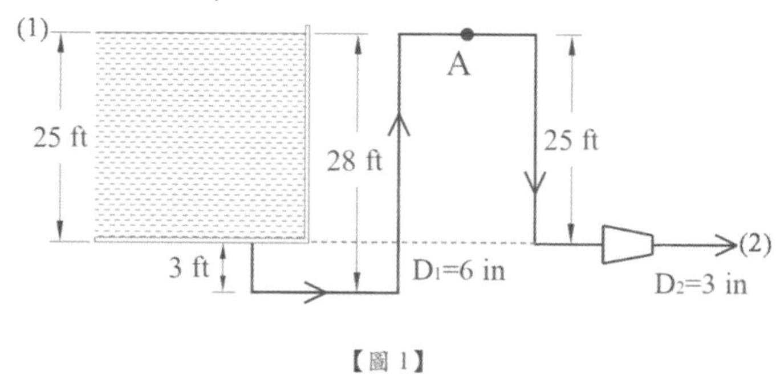

【圖 1】

Sol：系統無軸功產生、系統不發生摩擦損耗=>柏努力方程式

$\frac{P_2-P_1}{\rho}+\frac{u_2^2-u_1^2}{2g_c}+\frac{g}{g_c}(z_2-z_1)=0$ 對點(1)及點(2)作平衡

$P_1=P_2=1atm\ \ A_1\gg A_2$ =>$u_2\gg u_1$

$u_2^2=2g(z_1-z_2)$=>$u_2=\sqrt{2g(z_1-z_2)}=\sqrt{2(32.2)(25)}=40.12\left(\frac{ft}{sec}\right)$

穩態下=>$\dot{m}_1=\dot{m}_2$ =>$u_1A_1\rho=u_2A_2\rho$ =>$u_1\cdot\frac{\pi}{4}D_1^2=u_2\cdot\frac{\pi}{4}D_2^2$

=>$u_1\cdot D_1^2=u_2\cdot D_2^2$ =>$u_1\cdot\left(\frac{6}{12}\right)^2=(40.12)\cdot\left(\frac{3}{12}\right)^2$ =>$u_1=10.03\left(\frac{ft}{sec}\right)$

※此題摘錄於 3W 習題 Problem 6.20！

〈考題 20 − 38〉(105 經濟部特考)(10 分)

如圖二所示，水流入區域I時，流率爲$0.0021m^3/s$，平穩地流過水管交接處，流出區域II時平均速率是2m/s，其中有一部份的水經由區域III蓮蓬頭流出，而蓮蓬頭上有100個直徑爲1mm的孔洞。假設蓮蓬頭每一孔洞之水流量相同，則蓮蓬頭噴嘴出口速度是多少(m/s)？假設下列各系統皆爲穩定流動(steady flow)且無擾流現象，請依題意列式計算各速率(計算小數點後第二位，以下四捨五入)

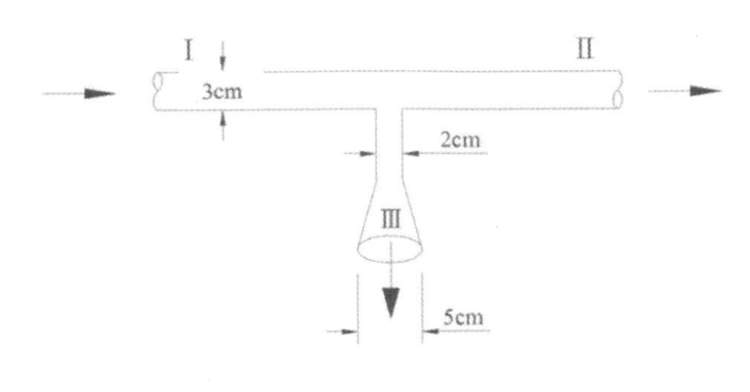

【圖 2】

Sol：在穩態下 S.S $\Rightarrow \dot{m}_1 = \dot{m}_2 + \dot{m}_3 \Rightarrow u_1A_1\rho = u_2A_2\rho + u_3A_3\rho$

$\Rightarrow u_1 \cdot \frac{\pi}{4}D_1^2 = u_2 \cdot \frac{\pi}{4}D_2^2 + u_3 \cdot \frac{\pi}{4}D_3^2 \Rightarrow \dot{Q}_1 = u_2 \cdot D_2^2 + \dot{Q}_3$

$\Rightarrow 0.0021 = (2) \cdot \frac{\pi}{4}\left(\frac{3}{100}\right)^2 + \dot{Q}_3 \Rightarrow \dot{Q}_3 = 6.87 \times 10^{-4}\left(\frac{m^3}{sec}\right)$

$\Rightarrow \dot{Q}_3 = u_3 \cdot \left[(100)\frac{\pi}{4}D_3^2\right] \Rightarrow 6.87 \times 10^{-4} = u_3 \cdot \left[(100)\frac{\pi}{4}\left(\frac{1}{1000}\right)^2\right]$

$\Rightarrow u_3 = 8.75\left(\frac{m}{sec}\right)$

※此題摘錄於 3W 原文書習題 Problem 4.18。

〈考題20 − 39〉(105普考)(15分)

請說明正排量泵(positive displacement pump)與動壓力泵(dynamic pressure pump)的工作原理與特性。

Sol：請參考〈考題20 − 20〉、〈考題20 − 32〉。

二十一、熱傳遞及其應用(輻射熱傳送)

此章節考的比例有上升的趨勢，尤其是解釋名詞的部份，但大部份都屬於容易理解的觀念，需注意的冷箭題型就屬視因子計算，其實這部份在原文書內有很多不易理解的題型，但我們只是要應付考試，所以只列出歷屆試題作爲練習的首要目標就已足夠。

r射線	X光	軟X光	真空UV	近UV	可見光	近IR	IR	遠IR	微波	無線電波
	$1A^0$	$10A^0$	$100A^0$	200nm	400nm	800nm	2.5μ	25μ	400μ	25cm

(圖一)

(一)基本定義：

$\boxed{c = \lambda \cdot \nu}$ 光速c$\left(3 \times 10^8 \frac{m}{sec}\right)$，波長λ(m)，頻率ν($sec^{-1}$)，能量E(J)

$\boxed{E = h \cdot \nu = \frac{h \cdot c}{\lambda}}$ 普朗克常數(Planck constant)：6.626×10^{-34}(J · sec)

1.熱輻射：溫度高於絕對零度的任何物體，皆以電磁波方式向外傳遞熱量，稱熱輻射。(103 普考)

2.輻射能(W)：物體在單位時間、單位面積下，所輻射(放射)出去的熱量。

(單位 $\frac{J}{m^2 \cdot sec}$，$\frac{W}{m^2}$，$\frac{Btu}{hr \cdot ft^2}$)

3.輻射強度(I)：物體接受外界輻射，於接受面上之單位時間、單位面積所接受的能量。(單位 $\frac{J}{m^2 \cdot sec}$，$\frac{W}{m^2}$，$\frac{Btu}{hr \cdot ft^2}$)

4.輻射速率(q)：單位時間下，面與面之間的輻射能量。(單位$\frac{J}{sec}$，$\frac{W}{m^2}$，$\frac{Btu}{hr}$)

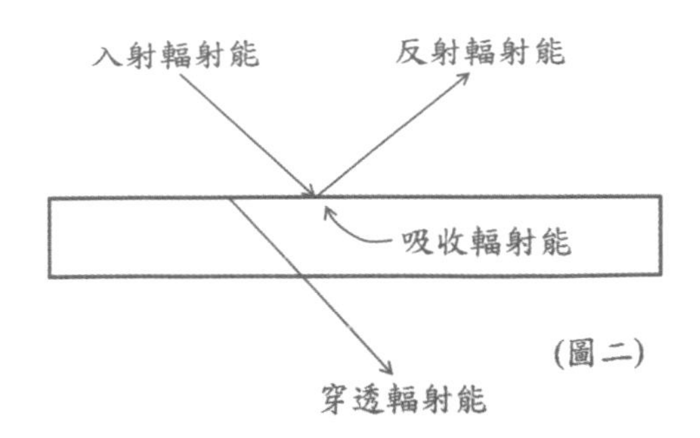

(圖二)

吸收率(α)：落在物體上的輻射能，其被吸收的分率稱爲吸收率。
反射率(β)：落在物體上的輻射能，其被反射的分率稱爲反射率。
穿透率(γ)：落在物體上的輻射能，其被穿透的分率稱爲穿透率。
=>$\alpha+\beta+\gamma=1$ (圖二)

放射係數(ε)：一物體的放射總能(W)與黑體的放射總能量(W_b)的比值$\varepsilon=\frac{W}{W_b}$

黑體：將落在物體的輻射能完全吸收和完全放射者。(ex：石棉板、紅磚、水)$\alpha=1$，$\beta=0$，$\gamma=0$ =>$\alpha=\varepsilon=1$ (82 第二次化工技師)
灰體：放射率等於吸收率的物體=> $\varepsilon=\alpha<1$
暗體：不透光的物體=> $\gamma=0$=> $\alpha+\beta=1$

(二)解釋名詞
1.普朗克定律(Planck's law)：由量子理論導出黑體的單波長輻射能與波長關係。
$W_{b\lambda}=\frac{2\pi hc^2\lambda^{-5}}{\exp\left(\frac{hc}{k\lambda T}\right)^{-1}}$ (h：普朗克常數)
2.偉恩位移定律(Wien displacement law)：於已知溫度下，可得到最大單波長下(λ_{max})輻射能值，而λ_{max}和絕對溫度成反比。$T\cdot\lambda_{max}=\text{const}$ (103 化工技師)
3.史蒂芬-波茲曼定律(Stefan-Boltzmann law)：物體的總輻射能和其絕對溫度 4 次方成正比。$\boxed{E=\varepsilon\sigma T^4}$；$\sigma(\text{Stefan}-\text{Boltzmann const})=5.67\times10^{-8}\left(\frac{W}{m^2\cdot k^4}\right)=4.88\times10^{-8}\left(\frac{kcal}{hr\cdot m^2\cdot k^4}\right)=0.17\times10^{-8}\left(\frac{Btu}{hr\cdot ft^2\cdot R^4}\right)$
4.克希何夫(Kirchhoff)定律：兩物體溫度相同時(達熱平衡)，其輻射能和吸收率的比值相同。$\boxed{\frac{E_1}{\alpha_1}=\frac{E_2}{\alpha_2}}$(103 化工技師)(103 經濟部特考)
任何一物體和周圍環境達熱平衡=>吸收率=放射率

任何一物體和周圍環境未達熱平衡=>吸收率≠放射率

5.餘弦定律(cosine law)：垂直方向的輻射強度(I)等於其任意方向的輻射強度(I_0)乘以cos Ø =>$I = I_0 \cos Ø$，(圖三)。

6.視因子(view factor)或角因子(angle factor)：F_{1-2}某一輻射體所放射的能量爲另一物體接受到的分率。

F_{m-n}：離開表面 m 而到達表面 n 的能量分率；$\boxed{A_m F_{m-n} = A_n F_{n-m}}$

(1)$A_1 F_{1-2} = A_2 F_{2-1}$倒置法則(reciprocity rule)以兩個黑體間爲例：

F_{1-2}離開表面 1 而到達表面 2 的能量分率。

F_{2-1}離開表面 2 而到達表面 1 的能量分率。

A_1表面 1 黑體的面積；A_2表面 2 黑體的面積。

(2)$\boxed{\sum_{i=1}^{n} F_{i-j} = 1}$ 總和法則(Summation rule) (只適用於密閉系統)

$\sum_{i=1}^{n} F_{i-j} = 1$輻射體 i 輻射至其本身及其他物體，也可解釋爲：表面 j 完全包覆表面 i。

$F_{1-1} + F_{1-2} + F_{1-3} + F_{1-4} = 1$ (圖四)。

$F_{1-1} = 0$ 輻射體無法射至其本身(如球體表面)；也可解釋爲：兩表面間無法直接看到對方。

淨輻射熱傳：$q_{1-2} = A_1 \cdot F_{1-2} \cdot \sigma(T_1^4 - T_2^4) = A_2 \cdot F_{2-1} \cdot \sigma(T_1^4 - T_2^4)$

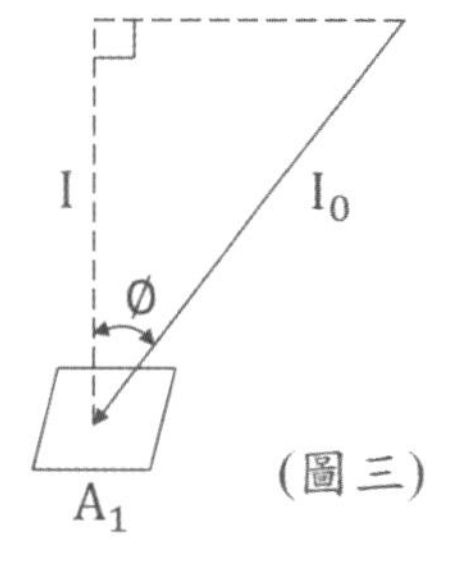

(圖三)

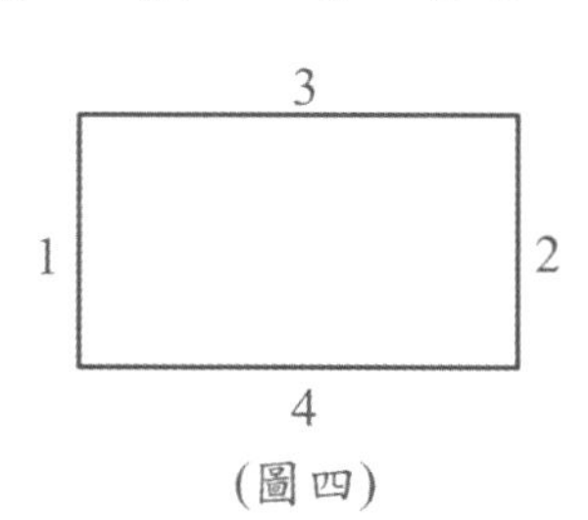

(圖四)

歷屆試題解析

〈考題21－1〉(84高考二等)(4分)

所謂黑體(Black body)是指：(A)物體表面爲黑色(B)吸收度(Absorptivity)爲1之物體(C)反射度(Reflectivity)爲1之物體(D)透射度(Transmissivity)爲1之物體

Sol：(B)將落在物體的輻射能完全吸收和完全放射者。

〈考題 21－2〉(86 地方特考)(4 分)
以下和者說明黑體輻射之溫度越高，其主要攜帶的能量波長越短？
(1)史帝芬-波茲曼(Stefan-Boltzmann law)定律(2)韋恩位移(Wien′s displacement law)定律(3)牛頓冷卻定律(Newton′s law of cooling)(4)符立葉(Fourier′s)定律
Sol：(2)$T \cdot \lambda_{max} = const$

〈考題 21－3〉(88 普考)(5 分)
輻射熱傳射需要介質嗎？
Sol：輻射不需要介質，只需電磁波就可以傳遞能量。

〈考題 21－4〉(88 關務特考)(20 分)
熱傳送過程中，若伴隨著相的變化產生，其熱傳現象與熱傳係數之計算，比無相變化單純流體間之熱傳更爲複雜，例如流體的沸騰和蒸氣之凝結等。請描繪古典的沸騰曲線(Typical Boiling curve)並說明其實驗觀察。請特別說明何謂核化沸騰(Nucleate Boiling)；膜沸騰(Film Boiling)現象和其機制(mechanism)。何謂最高熱通量(Maximum Heat Flux)或尖峰熱通量(Peak Heat Flux)？
Sol：可參考本章節(101 年地方特考)題型的詳解

〈考題 21－5〉(90 化工技師)(20 分)
太陽的直徑爲 86 萬英哩，與地球的距離約爲 9300 萬英哩。在一晴朗的白天，地球表面測得太陽熱輻射爲 $360 Btu/hr \cdot ft^2$，並知另有 $90 Btu/hr \cdot ft^2$ 被地球大氣所吸收。已知 Stefan-Boltzmann 常數爲 $0.1714 \times 10^{-8} (Btu/hr \cdot ft^2 \cdot R^4)$，試估計太陽表面溫度(1 英哩=5280 呎)。
Sol：

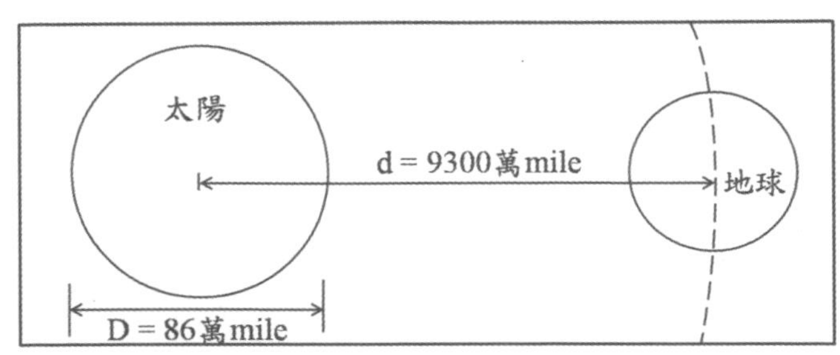

$A_0\left(\text{地球大氣上層每單位面積}\right) = 4\pi d^2$

$=>A_0 = 4\pi d^2 = 4\pi\left(9.3\times10^7\text{mile}\times\frac{5280\text{ft}}{1\text{mile}}\right)^2 = 3.03\times10^{24}(\text{ft}^2)$

$A\left(\text{太陽表面積}\right) = \pi D^2 = \pi\left(8.6\times10^5\text{mile}\times\frac{5280\text{ft}}{1\text{mile}}\right)^2 = 6.47\times10^{19}(\text{ft}^2)$

$E\left(\text{總功率}\right) = (h_i + h_0)A_0 = (90+360)(3.03\times10^{24}) = 1.36\times10^{27}\left(\frac{\text{Btu}}{\text{hr}}\right)$

$=>E = \sigma AT^4$ $=>1.36\times10^{27} = (0.1714\times10^{-8})(6.47\times10^{19})T^4$

$=>T = 10528.8(°R) = 5849(k)$

※維基百科上查得太陽表面溫度約 5800k，計算結果與實際數據其實很接近！

〈考題 21－6〉(92 化工技師)(5 分)

薄膜沸騰(film boiling)

Sol：可參考本章節〈考題 21－9〉(101 年地方特考)題型的詳解。

〈考題21－7〉(95高考三等)(16分)

在λ至$\lambda + d\lambda$波長的範圍內，輻射能通量爲G_λ ,W/ $(m^2 \cdot \mu m)$，G_λ與波長λ的關係如圖一所示。求出在所有波長範圍內的輻射能通量，請以W/m^2的單位表示。

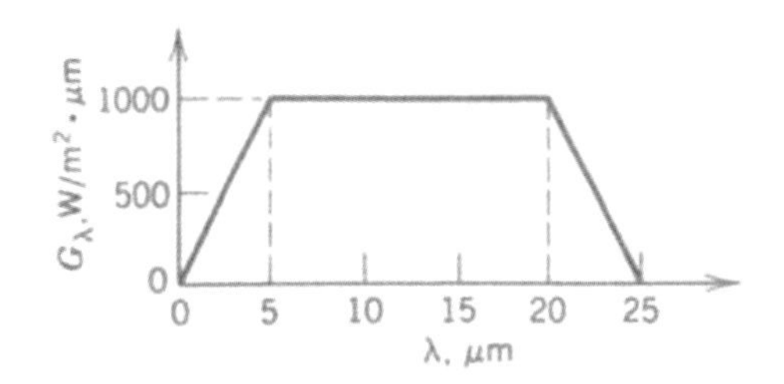

Sol：E(輻射能通量) $= \int_0^\infty G_\lambda \cdot \lambda(A)d\lambda$ 利用梯形面積解題

$=>A = \frac{\left(\text{上底}+\text{下底}\right)\times\text{高}}{2}$ $=>E = \frac{(15+25)\times1000}{2} = 20000\left(\frac{W}{m^2}\right)$

※此題摘錄於蔡豐欽編著熱傳遞，第八章例題 8-2，解題過程相同！

〈考題21－8〉(95地方特考)(15分)

一封閉之半圓球，由球面(一)及平面(二)所組成，求視因子(View factor)$F_{ij}\left(i = 1,2,3,4；j = 1,2,3,4\right)$。

Sol：由圖可得知球面爲1，平面爲2

$\sum_{i=1}^{n} F_{i-j} = 1$ 總和法則=> $F_{1-1} + F_{1-2} = 1$ (1)

$F_{2-1} + F_{2-2} = 1$ (2)

∵輻射體無法射至其本身 $F_{2-2} = 0$ 代入(2)式=> $F_{2-1} = 1$

$A_1F_{1-2} = A_2F_{2-1}$ (3)倒置法則

$A_1 = \frac{4\pi r_0^2}{2} = 2\pi r_0^2$，$A_2 = \pi r_0^2$ 代入(3)式=> $F_{1-2} = \frac{A_2}{A_1}F_{2-1} = \left(\frac{\pi r_0^2}{2\pi r_0^2}\right)F_{2-1} = 0.5$

由(1)式=> $F_{1-1} = 1 - F_{1-2} = 0.5$

〈考題 21－9〉(101 地方特考)(10 分)

試以熱通量(heat flux,q/A)爲縱座標，加熱線表面溫度爲橫坐標，繪出一加熱線在水中產生池沸騰(pool boiling)之特性曲線，並扼要說明沸騰之機制(mechanism)。

Sol：

1. 界面沸騰(自然對流)：沸騰開始時，雖有氣泡自熱面浮至液面，並不激烈攪動流體，主要熱輸送由自然對流進行。
2. 核沸騰：沸騰第二階段，生成大量的小氣泡，發生激烈，促進對流熱輸送提高熱通量。
3. 過渡沸騰：沸騰第三階段，生成大量小氣泡過於迅速，合併成大氣泡後浮起，對流情況差，熱通量降低，甚至形成絕熱現象，減低熱輸送。
4. 薄膜沸騰：熱面幾乎佈滿大氣泡，形成絕熱蒸氣膜，然而溫差增大，在大氣泡表面又形成小氣泡，促進熱傳使熱通量再度提高。

C 點爲臨界溫度差，有最高熱通量。

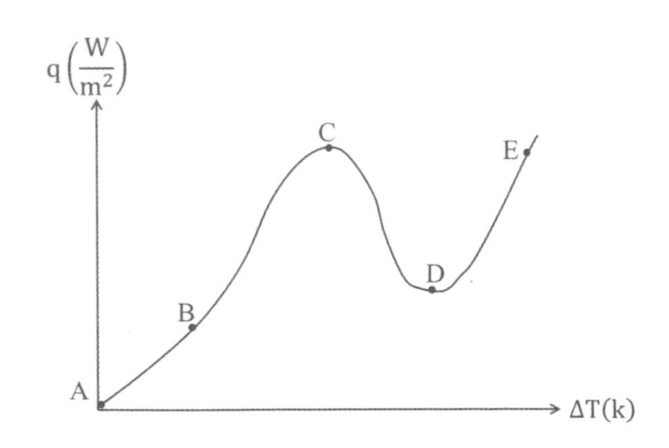

〈考題21 − 10〉(103普考)(各5分)

請解釋說明下列與熱傳有關的名詞：(一)顯熱(sensible heat) (二)潛熱(latent heat)

Sol：

(一)物質不發生相變化(固、液、氣態轉變)吸收或放出熱量。

ex：1mol 水由 25 度加熱至 100 度所需要吸收的熱量。

(二)物質發生相變化(固、液、氣態轉變)吸收或放出熱量。

ex：1mol 水由 100 度蒸發成 1mol 水蒸汽所需要吸收的熱量。

〈考題 21 − 11〉(103 地方特考)(6 分)

試說明輻射熱傳之視角係數(view factor)F_{ij}的物理意義及何謂兩物體表面間之淨輻射熱傳(net radiation between two surfaces)。

Sol：視因子(view factor)或角因子(angle factor)：F_{1-2}某一輻射體所放射的能量爲另一物體接受到的分率。

淨輻射熱傳$q_{1-2} = A_1 \cdot F_{1-2} \cdot \sigma(T_1^4 - T_2^4) = A_2 \cdot F_{2-1} \cdot \sigma(T_1^4 - T_2^4)$

σ(Stefan − Boltzmann const)；A_1物體1的面積，A_2物體2的面積。

〈考題 21 − 12〉(103 經濟部特考)(各 5 分)

請簡圖說明當熱輻射投射於一表面時，其輻射能與該表面之間所可能產生的情況

Sol：可參考本章節重點整理(一)圖二畫法與說明。

〈考題21 − 13〉(105化工技師)(各10分)

請計算或導出下列輻射熱傳中之「視因數」(view factor, F)：(一)非圓形「長管」內，求F_{12}及F_{21}(如下圖一)。

(二)面積A_1之小圓球位於較大同心半球($A_2 = 2A_1$)之下，且極長，求F_{12}及F_{21}(如下圖二)。

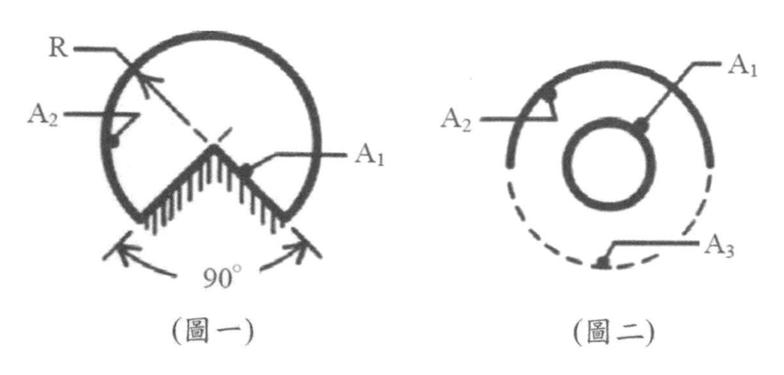

(圖一)　　(圖二)

Sol：

(一) $\sum_{i=1}^{n} F_{i-j} = 1$ 總和法則

=> $F_{1-1} + F_{1-2} = 1$ (1)∵輻射體無法射至其本身$F_{1-1} = 0$

代入左式(1) =>$F_{1-2} = 1$

$A_1F_{1-2} = A_2F_{2-1}$ (2)倒置法則

$A_1 = 2RL$，$A_2 = (弧長)(管長) = \left(\frac{\theta}{360}2\pi R\right)L = \left(\frac{270}{360}2\pi R\right)L = \frac{3}{2}\pi RL$

代入(2)式=>$F_{2-1} = \frac{A_1}{A_2}F_{1-2} = \left(\frac{2RL}{\frac{3}{2}\pi RL}\right)1 = 0.42$

(二) $\sum_{i=1}^{n} F_{i-j} = 1$ 總和法則

=> $F_{1-1} + F_{1-2} = 1$ (1) ∵輻射體無法射至其本身$F_{1-1} = 0$

代入上式(1)=>$F_{1-2} = 1$

$A_1F_{1-2} = A_2F_{2-1}$ (2) 倒置法則

實際上A_2由圖案得知實線的面積爲半圓球面積，而非全圓球面積。

$A_2 = 2A_1$代入(2)式=>$F_{2-1} = \frac{A_1}{A_2}F_{1-2} = \left(\frac{A_1}{2A_1}\right)1 = 0.5$

※解題過程摘錄於YouTube頻道LearnChemE內的View factor課程！

二十二、熱傳遞及其應用(蒸發器)

此章節大部份重點在於能量平衡的觀念用於單效蒸發器的計算出現在高普特考居多，經濟部特考則還沒出現過類似題目，但其實石化業蒸發器的比例甚高，所以準備經濟部特考的朋友們也需多注意冷箭題型。

(一)定義：利用加熱方式把溶液中的溶劑趕走，提高溶液的濃度。
ex：(1)提升果汁的濃度 (2)將海水引入鹽田，利用太陽光加熱使鹽析出。
(二)結垢的生成與處理方式：

處理蒸發過程中因溶劑密度變大、黏度增加；溶液中產生泡沫；溫度上升時溶解度增加，蒸發器容易結垢，有時也有結晶析出。

防止結垢的方式(86 委任升等)：

1. 添加微細種晶法：加入種晶，可以使原本析出的熱傳面的著垢成份變成微晶浮游在溶液，減少其附著熱傳面。
2. 切換加熱面法：把加熱面與蒸發面作週期性的切換，凝結後產生的凝結水會溶解在傳熱面之結垢。(此方式適合板框式加熱器，而不適合管殼形加熱器)

(三)蒸發器的附屬設備：循環泵、真空泵、冷凝器、祛水器、霧沫分離器。

祛水器(stream trap)：利用蒸汽凝結的加熱器不去除冷凝水時，將導致加熱面被凝結水覆蓋而使加熱器失去功能，需有去除凝結水的裝置稱祛水器，如圖一。

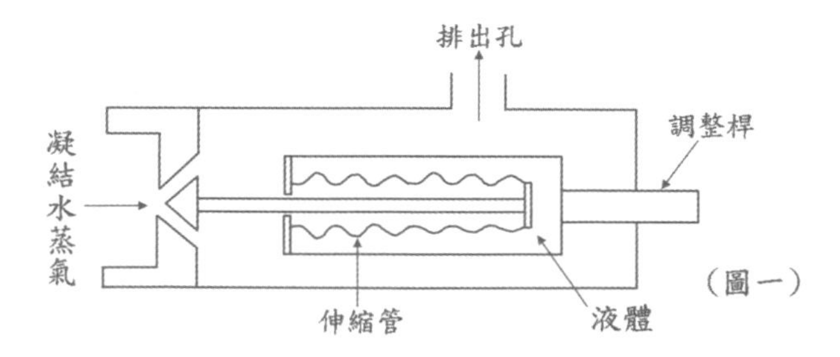

(圖一)

霧沫分離器：蒸發罐所產生的蒸汽挾帶蒸發產生的微小液滴(entrainment)，這些液滴會汙染凝結水，當冷卻水塔循環使用時容易長黴，有時管路或設備也容易腐蝕，所以要加裝霧沫分離器以利去除蒸汽所挾帶之液滴。

凝結器：蒸發器(在最後一效時)所排出的蒸氣不能直接排放大氣，以免現場周遭濕度增加而汙染環境，所以加裝凝結器以方便凝結蒸氣。

(四)單效蒸發器的計算與質量平衡：如圖二

F 進料量$\left(\frac{kg}{sec}\right)$，$x_F$進料分率，$h_F$進料焓$\left(\frac{J}{kg}\right)$，$T_F$進料溫度(k)

V 頂部產生蒸氣量$\left(\frac{kg}{sec}\right)$，$y_v$頂部出料分率，$H_V$頂部產生的焓$\left(\frac{J}{kg}\right)$

T_1頂部出口溫度(k)，L 底部冷凝液$\left(\frac{kg}{sec}\right)$

x_L底部出料分率，h_L底部產生的焓$\left(\frac{J}{kg}\right)$

T_L底部出口溫度(k)，S 進料水蒸氣量$\left(\frac{kg}{sec}\right)$

H_s進料水蒸氣焓，h_s出料水蒸氣焓
T_s水蒸氣溫度(k)

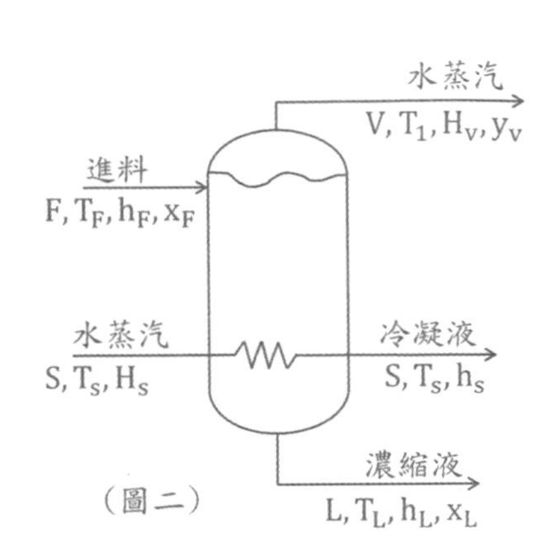

(圖二)

對整個蒸發器作質量平衡：$F = L + V$ (1)
對溶質作質量平衡：$Fx_F = Lx_L$ (2)
對整個蒸發器作能量平衡：$Fh_F + SH_s = VH_V + Sh_s + Lh_L$ (3)
$\Rightarrow Fh_F + S(H_s - h_s) = VH_V + Lh_L \quad (\because \lambda = H_s - h_s)$
$\Rightarrow Fh_F + S\lambda = VH_V + Lh_L$ (4)

(五)溶液沸點上升

如果假設在低濃度時蒸發器內溶液沸點一樣，但蒸發器產生的濃縮溶液高時，例如：NaOH 濃度> 50%時，誤差會很大，因濃溶液沸點比純水沸點高很多，濃度越高升高越多。

※杜林法則(Duhring′s rule)：當溶液濃度固定時，溶液的沸點和溶劑水的沸點成線性關係，(圖三)。

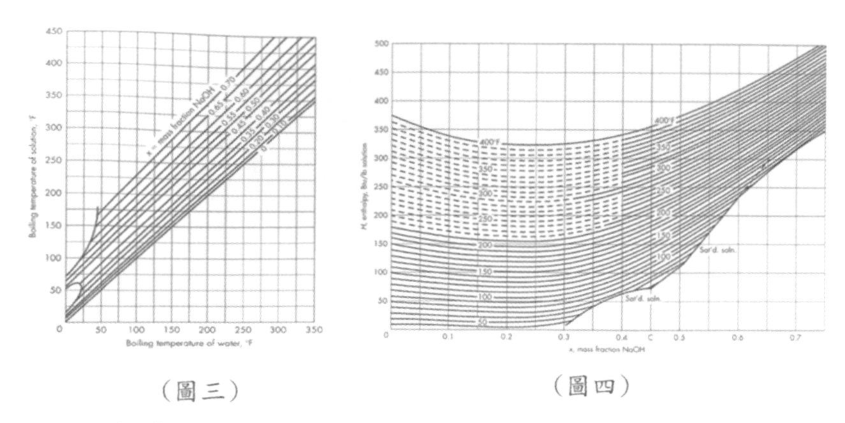

（圖三） （圖四）

(六)溶液焓值與濃度及溫度的關係

相同的濃度在不同的溫度下，有不同的焓值，但相同溫度但不同濃度，也有不同的焓值。如圖四；(圖三與圖四摘錄於 McCabe 6th)

(七)操作變數影響(86 委任升等)

蒸發器操作主要三變數：(1)進料溫度 (2)蒸發器壓力 (3)蒸汽壓力

(八)工場端節約能源的手法：

通常入料溫度比蒸發器內溶液沸點還要低，因此加熱管傳進來的熱量大約是 1/4 是用來提升溶液溫度達到沸點。因此如利用工場中其他地方的廢熱先把入料經過換熱器作預熱，可以節省能源，也減少預熱加溫的費用。

已知$Q = UA(T_s - T)$，利用眞空泵或冷凝器(裝在被蒸出蒸汽出口，把蒸汽冷凝成水，再排到大氣中)可降低蒸發器內溶液的溫度 T，相對提高$(T_s - T)$的值，因此在相同的 Q 值(蒸發器所需熱量)下，其 A 值(蒸發器面積)可以下降，可以降低蒸發器製作的固定成本(所以安裝眞空泵或冷凝器是增加固定成本與操作成本)。

但如果使用高壓飽和水蒸汽時T_s可以提高，相對提高$(T_s - T)$的值，在 Q 值固定時，A 值下降，但相對而言高壓飽和水蒸汽的成本是較高的，所以需視現場操作的情況而決定設計條件。

(九)多效蒸發器

假設溶液內無沸點上升及無溶解熱。第一效中，蒸發器蒸發出來的二次蒸汽引入下第二效蒸發器作爲加熱蒸汽、第三效也是依此類推，如此可以減少水蒸汽的使用量，(圖五：三效蒸發器)。

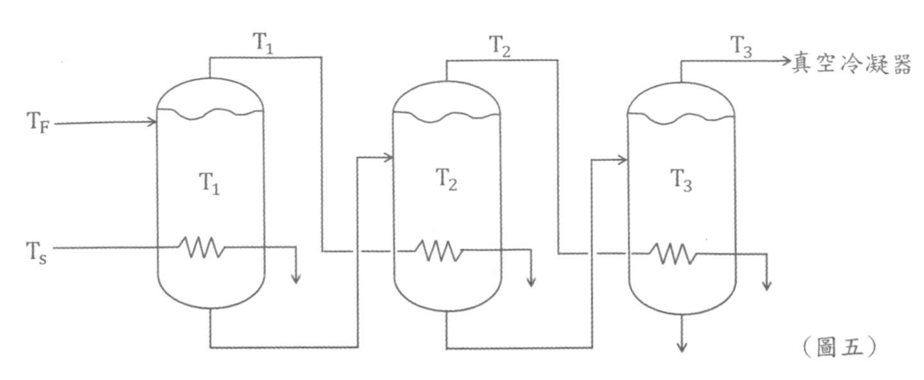

(圖五)

因此$q = q_1 = q_2 = q_3$ $=> U_1A_1\Delta T_1 = U_2A_2\Delta T_2 = U_3A_3\Delta T_3$ $=> \frac{q}{A} = \frac{\Delta T}{\frac{1}{U_1}+\frac{1}{U_2}+\frac{1}{U_3}}$

$\frac{\Delta T_1}{\frac{1}{U_1}} = \frac{\Delta T}{\frac{1}{U_1}+\frac{1}{U_2}+\frac{1}{U_3}}$ ；$\frac{\Delta T_2}{\frac{1}{U_2}} = \frac{\Delta T}{\frac{1}{U_1}+\frac{1}{U_2}+\frac{1}{U_3}}$ ；$\frac{\Delta T_3}{\frac{1}{U_3}} = \frac{\Delta T}{\frac{1}{U_1}+\frac{1}{U_2}+\frac{1}{U_3}}$

又$q_T = q_1 + q_2 + q_3 = U_1A_1\Delta T_1 + U_2A_2\Delta T_2 + U_3A_3\Delta T_3$

在A&U相同時$=> U = U_1 = U_2 = U_3$；$A = A_1 = A_2 = A_3$

$q_T = UA(\Delta T_1 + \Delta T_2 + \Delta T_3) = UA\Delta T = UA(T_F - T_3)$ (1)

又單效蒸發器為 $=> q_s = UA\Delta T$ (2)，(1)和(2)式比較 $=> q_1 = \frac{q_T}{3} = \frac{q_s}{3}$

單效放出的熱量等於三效總和，單效爲了達到相同的放出熱量，加入水蒸汽流率爲 3 倍，三效的經濟效益爲單效者的 3 倍，但製作成本也是單效的 3 倍。

由圖六可知：操作成本(水蒸汽費用)隨效數增加而下降，但固定成本隨效數增加而上升，總成本 = 固定成本 + 操作成本，可從圖中找出總成本曲線中的最低點爲最低總成本蒸發器效數。

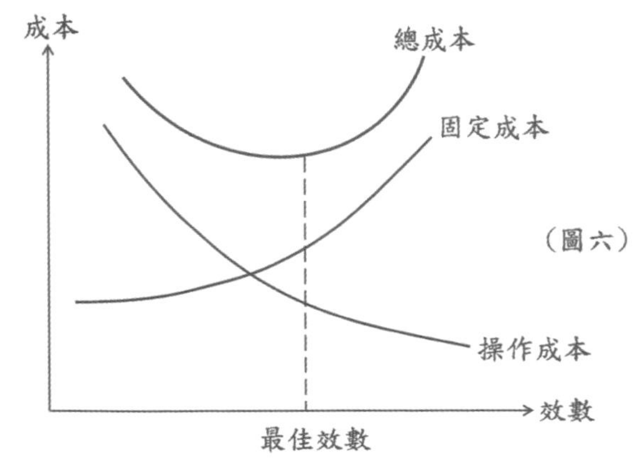

(圖六)

(十)最適當板數計算

效數越多，則使用的蒸汽費用越少，即操作費用少，但固定費用(設備成本)較多，反之則相反。若以C代表總費用，F代表固定費用，S代表蒸汽費用，N 代表效數，則 $\boxed{C = F + S}$ ，如此要求最適效數爲總費用最少時的效數，即 $\boxed{\frac{dC}{dN} = 0}$ 求得N爲最適效數，此時可得最高經濟效益。

類題解析

〈類題 22－1〉有一蒸發器用來濃縮 NaOH 溶液，每日使用$\frac{3.5\times10^5}{N}$kg之水蒸汽，該工場每年工作 300 天，蒸汽價格每 1000kg 爲 16 元。而蒸發器每一效之價格爲 20 萬元，且與折舊及利息等每年爲 33%，今以 N 代表蒸發器之效數，試計算該場需用多少效數以達最高之經濟效益？

Sol：蒸汽每年使用量 $= \frac{3.5\times10^5}{N}\text{kg} \times 300 = \frac{1.05\times10^8}{N}\text{kg}$

每年蒸汽費用 $S = \frac{1.05\times10^8}{N}\text{kg} \times \frac{16\text{ 元}}{1000\text{kg}} = \frac{1.68\times10^6}{N}$ 元

每年固定費用 $F = (20\times10^4\times1.33)N = 2.66\times10^5N$ 元

總費用 $C = S + F = \frac{1.68\times10^6}{N} + 2.66\times10^5N$

$\frac{dC}{dN} = -\frac{1.68\times10^6}{N^2} + 2.66\times10^5 = 0 \Rightarrow N^2 = 6.31 \Rightarrow N = 2.51 \doteqdot 3$ 效

∴最適效數爲 3 效，可達最高之經濟效益。

歷屆試題解析

〈考題 22－1〉(83 化工技師)(5 分)

突沸式蒸發(Flash evaporation)

Sol：又稱閃蒸，利用高熱溶液導進比其低飽和蒸汽壓的環境，使得溶液瞬間蒸發來濃縮的蒸發方式。Ex：海水淡化

〈考題 22－2〉(83 化工技師)(5 分)
沸點上升效應(Boiling point elevation effect)
Sol：此爲杜林法則(Duhring′s rule)：當溶液濃度固定時，溶液的沸點和溶劑水的沸點成線性關係。

〈考題 22－3〉(83 化工技師)(5 分)
落膜式蒸發罐(Falling film evaporator)
Sol：另一種長管蒸發器的設計。液體自管子上方以薄膜方式流下，蒸汽和液體的分離發生在管子的底部，由於滯留時間短(約 5-10 秒)熱傳係數高，故此類蒸發器常適用於熱敏感物質的蒸發操作。

〈考題 22－4〉(83 化工技師)(5 分)
大氣式凝結器(Barometric condenser)或直接接觸式凝結器
Sol：冷凝器位於一甚長的放洩尾端的頂部，其高度將使得放洩管中水柱壓力得以補償冷凝器放洩口的壓力(眞空)與放洩管出口處大氣壓間的壓差，冷卻水得以用重力排出。(冷凝器所在高度>10.4m)

〈考題 22－5〉(83 化工技師)(5 分)
多效蒸發罐(Multi-effect evaporator)(83 化工技師)(86 委任升等)
請簡述使用多效蒸發器(multi-effect evaporator)的優點(101普考)
Sol：假設溶液內無沸點上升及無溶解熱。第一效中，蒸發器蒸發出來的二次蒸汽引入下第二效蒸發器作爲加熱蒸汽、第三效也是依此類推，如此可以減少水蒸汽的使用量。

〈考題 22－6〉(86 委任升等)(3 分)
試說明橫管蒸發器之缺點及適用場合。
Sol：爲一密閉圓桶，中間安置一束橫向加熱管，構造類似熱交換器，爲最普遍的加熱方式。
缺點：沉積在管外的汙垢不易清除、容易產生泡沫、因受管群阻擋，自然對流效率差，尤其對高黏度流體、總熱傳係數小。

〈考題22－7〉(86委任升等)(3分)
試說明強制循環式蒸發器之優點及適用場合。

Sol：溶液的循環主要依靠外加的動力，利用泵迫使流體沿一定方向流動而產生循環。循環速度的大小可通過泵的流量調節來控制，一般在2.5m/s以上。優點：強制循環蒸發器的傳熱係數也比一般自然循環的大。在蒸發粘度大、易結晶和結垢的物料時，採用強制循環蒸發器。

〈考題22－8〉(87高考三等)(4分)
多效蒸發器比單效蒸發器之主要優點爲：
(A)處理量大 (B)使用壓力較低 (C)產品濃度較高 (D)蒸汽效益較高
Sol：(D)原因同上題〈考題 22－5〉

〈考題 22－9〉(90 普考)(25 分)
多效蒸發罐之進料方法有幾種？又其特徵各如何？
Sol：

進料方式	順向	逆向
物料和蒸汽流動方式	同向	逆向
各效濃度	$x_1 < x_2 < x_3$	$x_1 > x_2 > x_3$
最終濃縮液	最後一效	第一效
各效壓力	$P_1 > P_2 > P_3$	$P_1 > P_2 > P_3$
物料輸送方式	壓力差	泵
各效溫度	$T_1 > T_2 > T_3$	$T_1 > T_2 > T_3$
蒸發量	小	大
經濟效益	小	大
適用流體溫度	低	高

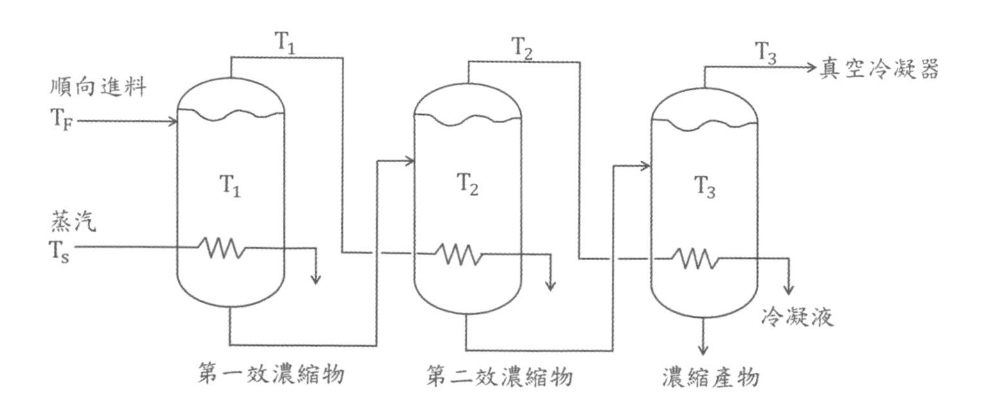

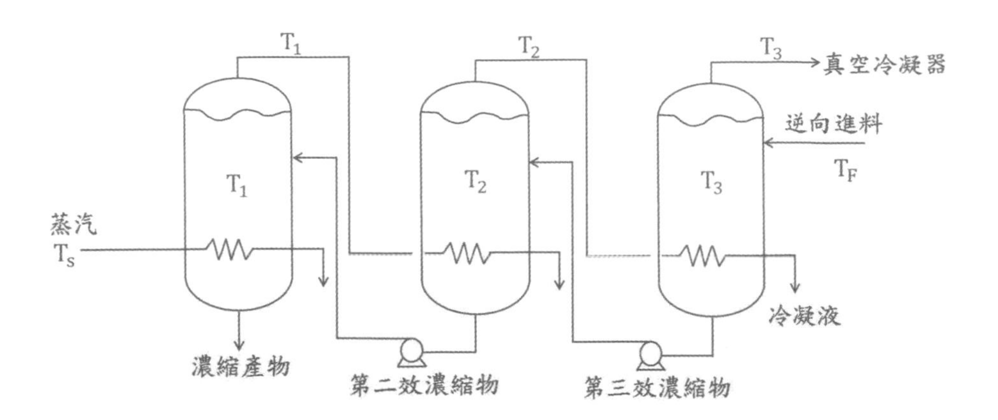

〈考題22－10〉(90第二次化工技師)(20分)

一組三效蒸發器(triple-effect evaporator)用以濃縮某液體，該液體的沸點上升可忽略，各效蒸發器的熱傳面積相同，若進入I效的蒸氣溫度爲108℃，III效溶液的沸點爲52℃，且I效、II效及III效的總熱傳係數分別爲2500、2000、1000W/m^2℃。試畫出三個蒸發器的聯結操作圖並求第I效及II效中液體的沸點？

Sol：示意圖可參考重點整理

$$q = q_1 = q_2 = q_3 \Rightarrow U_1A_1\Delta T_1 = U_2A_2\Delta T_2 = U_3A_3\Delta T_3$$

$$\frac{T_s - T_1}{\frac{1}{U_1}} = \frac{T_s - T_3}{\frac{1}{U_1}+\frac{1}{U_2}+\frac{1}{U_3}} \Rightarrow \frac{108 - T_1}{\frac{1}{2500}} = \frac{108-52}{\frac{1}{2500}+\frac{1}{2000}+\frac{1}{1000}} \Rightarrow T_1 = 96.2(℃)$$ 第一效

$$\frac{T_1 - T_2}{\frac{1}{U_2}} = \frac{T_s - T_3}{\frac{1}{U_1}+\frac{1}{U_2}+\frac{1}{U_3}} \Rightarrow \frac{96.2 - T_2}{\frac{1}{2000}} = \frac{108-52}{\frac{1}{2500}+\frac{1}{2000}+\frac{1}{1000}} \Rightarrow T_2 = 81.5(℃)$$ 第二效

〈考題 22－11〉(91 普考)(25 分)

某一水溶液於單效蒸發器內，由10%固體濃縮至50%固體，使用之蒸汽爲15psig，249°F(潛熱$\lambda = 946$ Btu/lb)，蒸發空間內維持4 inHg絕對壓力，此壓力下水之沸點爲125°F(潛熱$\lambda = 1023$ Btu/lb)。蒸發器的進料量爲50000lb/hr。若進料溫度爲125°F，試計算蒸汽的經濟效益(Economy)。假設進料溶液的比熱爲0.9 Btu/lb · °F，且溶液的潛熱可視爲與水相等，輻射損失可以忽略，溶液的沸點上升與稀釋熱均可忽略。

Sol：對整個蒸發器作質量平衡：$50000 = V + 10000 \Rightarrow V = 40000\left(\frac{lbm}{hr}\right)$

對溶質作質量平衡：$50000 \times 0.1 = L \times 0.5 \Rightarrow L = 10000\left(\frac{lbm}{hr}\right)$

對整個蒸發器作能量平衡：$Fh_F + SH_s = VH_V + Sh_s + Lh_L$

$=>Fh_F + S(H_s - h_s) = VH_V + (F - V)h_L \ (\because \lambda = H_s - h_s)$

$=>S\lambda = V(H_V - h_L) + F(h_L - h_F) \quad (\because H^* = H_V - h_L)$

$=>S\lambda = VH^* + FC_p(T_1 - T_F)$

$=>S(946) = 40000(1023) + 50000(0.9)(125 - 125)$

$=>S = 43255.8\left(\frac{lbm}{hr}\right)$，$\eta = \frac{V}{S} = \frac{40000}{43255.8} = 0.92$

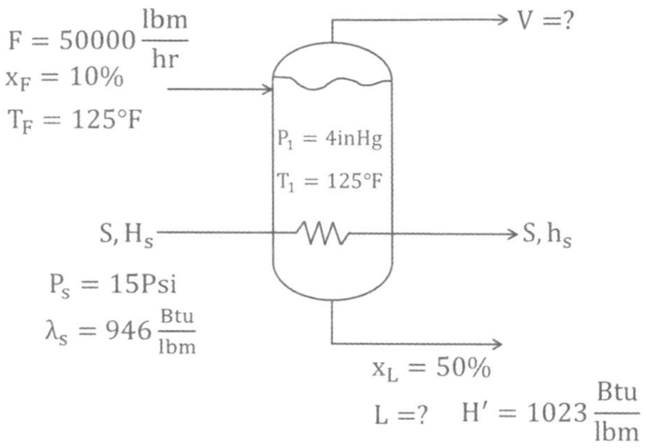

$F = 50000\frac{lbm}{hr}$
$x_F = 10\%$
$T_F = 125°F$
$V = ?$
$P_1 = 4inHg$
$T_1 = 125°F$
S, H_s
S, h_s
$P_s = 15Psi$
$\lambda_s = 946\frac{Btu}{lbm}$
$x_L = 50\%$
$L = ? \quad H' = 1023\frac{Btu}{lbm}$

〈考題22 − 12〉(93地方特考)(6/8/6分)

在單效蒸發器中，欲將溫度爲21°C，流率爲20000kg/h的有機膠質水溶液由10%濃縮至45%，加熱室使用之水蒸汽的錶壓力(Gauge Pressure)爲100 kPa，蒸發室的絕對壓力維持13.6kPa，若溶液的沸點上升與稀釋熱均可忽略不計，試計算下列各項：(一)蒸發水量(Capacity)。(二)蒸汽用量(Steam Consumption)。(三)蒸發效益(Economy)。注意：1.錶壓100kPa時，蒸汽溫度爲120°C，潛熱爲$\lambda = 2200kJ/kg$。2.絕對壓力13.6kPa時，沸點爲51°C，潛熱爲$\lambda = 2480\ kJ/kg$。3.溶液之比熱爲$C_P = 3.77\ kJ/kg \cdot °C$。

Sol：

(一)對整個蒸發器作質量平衡：

$20000 = L + V \ =>V = 15556\left(\frac{kg}{hr}\right)$ 蒸發水量

對溶質作質量平衡：$20000 \times 0.1 = L \times 0.45 \ =>L = 4444\left(\frac{kg}{hr}\right)$

(二)對整個蒸發器作能量平衡：$Fh_F + SH_s = VH_V + Sh_s + Lh_L$

$=>Fh_F + S(H_s - h_s) = VH_V + (F - V)h_L \ (\because \lambda = H_s - h_s)$

$=>S\lambda = V(H_V - h_L) + F(h_L - h_F) = V(H_V - h_L) + FC_p(T_1 - T_F)$

$=>S(2200) = 15556(2480) + 20000(3.77)(51 - 21)$

$=>S = 18564\left(\frac{kg}{hr}\right)$蒸汽用量 (三)$\eta = \frac{V}{S} = \frac{15556}{18564} = 0.837$

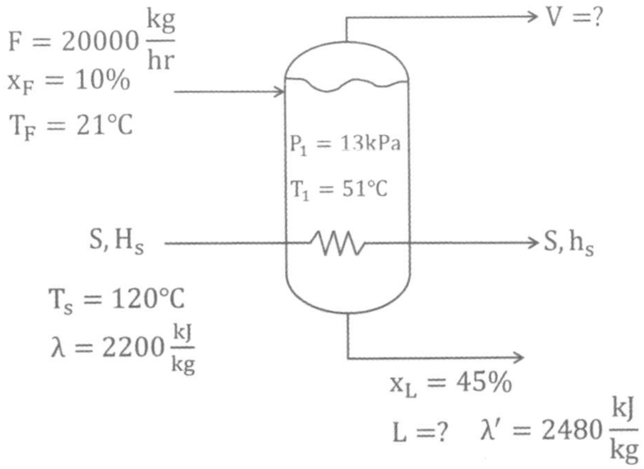

$F = 20000\frac{kg}{hr}$

$x_F = 10\%$

$T_F = 21°C$

$V = ?$

$P_1 = 13kPa$

$T_1 = 51°C$

S, H_s

S, h_s

$T_s = 120°C$

$\lambda = 2200\frac{kJ}{kg}$

$x_L = 45\%$

$L = ?$ $\lambda' = 2480\frac{kJ}{kg}$

〈考題 22－13〉(94 高考三等)(每小題 10 分，共 20 分)

4500kg/h的膠體水溶液，在單效蒸發器中，由5%濃縮至45%，入料溫度爲15.6°C，比熱爲4.06 kJ/kg · K，假設沒有沸點上昇，加熱器使用198.53kPa的飽和水蒸汽，而蒸發室之壓力爲15.3kPa，熱交換器的總括傳熱係數爲$1950W/m^2 \cdot k$，試求：(一)蒸發效益 (二)加熱面積。

註：(1)15.3 kPa時，T = 54°C，$h_{liq} = 229.10$ kJ/kg，$h_{vap} = 2595.72$ kJ/kg (2)101.3kPa時，T = 100°C，$h_{liq} = 419.42$ kJ/kg，$h_{vap} = 2671.22$ kJ/kg (3)198.53 kPa時，T = 120°C，$h_{liq} = 503.71$ kJ/kg，$h_{vap} = 2706.31$ kJ/kg

Sol：(一)對整個蒸發器作質量平衡：$4500 = L + V \Rightarrow V = 4000\left(\frac{kg}{hr}\right)$

對溶質作質量平衡：$4500 \times 0.05 = L \times 0.45 \Rightarrow L = 500\left(\frac{kg}{hr}\right)$

對整個蒸發器作能量平衡：$Fh_F + SH_s = VH_V + Sh_s + Lh_L$

$=>Fh_F + S(H_s - h_s) = VH_V + (F - V)h_L$ $(\because \lambda = H_s - h_s)$

$=>S\lambda = V(H_V - h_L) + F(h_L - h_F) = V(H_V - h_L) + FC_p(T_1 - T_F)$

$=>S(2706.31 - 503.71) = 4000(2595.72 - 229.1) + 4500(4.06)(54 - 15.6)$

$=>S = 4616\left(\frac{kg}{hr}\right)$，$\eta = \frac{V}{S} = \frac{4000}{4616} = 0.87$

(二) $S\lambda = U_0A_0(T_s - T_1)$

$$\left(4616\frac{kg}{hr}\right)\left[(2706.31-503.71)\frac{kJ}{kg}\times\frac{1000J}{1kJ}\times\frac{1hr}{3600sec}\right]=\left(1950\frac{W}{m^2\cdot k}\right)$$

$A_0(120-54)k$ => $A_0 = 22(m^2)$

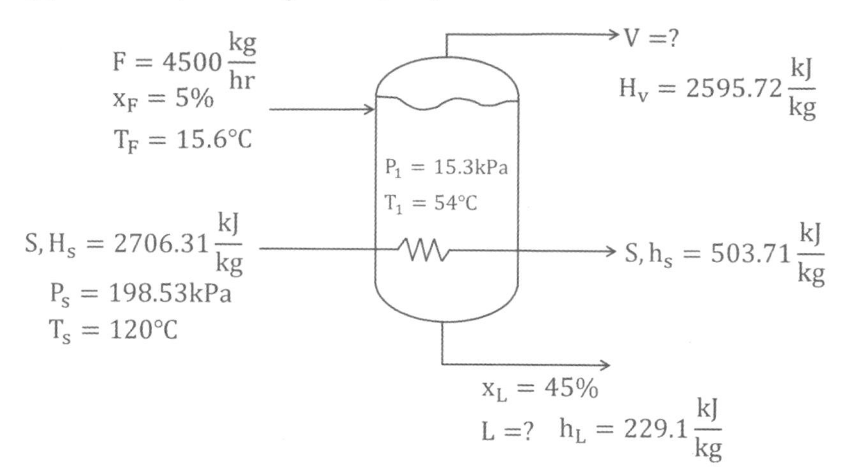

〈考題 22－14〉(94 化工技師)(5 分)

請以簡圖表示單元操作設備：三效蒸發罐(three-effect evaporator)

Sol：請參考重點整理簡圖。

〈考題 22－15〉(94 地方特考)(20 分)

某三效蒸發器，其進料方式爲前向進料(forward feeding)。假設第一效之進料溫度爲沸點，蒸氣溫度爲110°C。又知各效之熱傳係數分別爲$U_1 = 100\,W/m^2\cdot K$、$U_2 = 80\,W/m^2\cdot K$、$U_3 = 40\,W/m^2\cdot K$；各效之熱傳面積皆相同；且第一效出口液體之溫度爲96°C。試算第三效出口之溫度爲幾°C？

Sol：請參考重點整理簡圖。

$q = q_1 = q_2 = q_3$ => $U_1A_1\Delta T_1 = U_2A_2\Delta T_2 = U_3A_3\Delta T_3$

$$\frac{T_s-T_1}{\frac{1}{U_1}}=\frac{T_s-T_3}{\frac{1}{U_1}+\frac{1}{U_2}+\frac{1}{U_3}} \Rightarrow \frac{110-96}{\frac{1}{100}}=\frac{110-T_3}{\frac{1}{100}+\frac{1}{80}+\frac{1}{40}} \Rightarrow T_3 = 43.5(°C)$$

〈考題 22－16〉(94 普考)(5/10 分)

(一)一般蒸發多在減壓或眞空下操作，其優點爲何？

(二)採用一單效蒸發器，若水蒸汽的使用量爲100kg/hr，且蒸發器的經濟效益(economy)爲0.75，則可將進料流率爲100kg/hr 的蔗糖溶液之濃度(重量百分率)由5%提升至多少%？

Sol：(一)對於熱敏感性物質 ex：果汁、牛奶、醫藥品，高溫加熱會產生分解影響色澤、香味之改變，利用減壓操作或真空操作可降低溶液沸點，保證產品品質。

(二)$\eta = \frac{V}{S}$ =>$0.75 = \frac{V}{100}$ =>$V = 75\left(\frac{kg}{hr}\right)$

對整個蒸發器作質量平衡：$F = L + V$ =>$100 = L + 75$=> $L = 25\left(\frac{kg}{hr}\right)$

對溶質作質量平衡：$Fx_F = Lx_L$=>$100 \times 0.05 = 25x_L$=> $x_L = 0.2 = 20(\%)$

〈考題 22 − 17〉(95 普考)(15 分)

有兩個經濟效益分別爲75%和85%的蒸發罐，串聯成一雙效蒸發罐使用，若在第一效蒸發罐通入4000kg/hr的生蒸汽，則此雙效蒸發罐每小時最多可除去若干溶劑？

Sol：$\eta\left(\text{經濟效益}\right) = \frac{V\left(\text{蒸發能力}\right)}{S\left(\text{蒸汽消耗量}\right)} = \frac{\text{去除蒸汽量}}{\text{使用蒸汽量}}$

定義：假設溶液內無沸點上升及無溶解熱。第一效中，蒸發器蒸發出來的二次蒸汽引入下第二效蒸發器作爲加熱蒸汽。$V_t = V_1 + V_2$

=>$0.75 = \frac{V_1}{4000}$ =>$V_1 = 3000\left(\frac{kg}{hr}\right)$ =>$0.85 = \frac{V_2}{3000}$ =>$V_2 = 2550\left(\frac{kg}{hr}\right)$

※此雙效蒸發罐每小時最多可除去$V_t = 5550\left(\frac{kg}{hr}\right)$

〈考題22 − 18〉(100高考三等)(15/5分)

一單效蒸發罐(single-effect evaporator)進行濃縮操作，擬將一進料流量爲6000 kg/h之溶液從溶質組成10wt%(重量百分比)濃縮至25wt%之濃縮產物。進料溶液之溫度爲20°C，在蒸發罐內操作壓力爲15.3kPa，而用於提供加熱之熱源爲101.32 kPa下之飽和蒸汽。此蒸發罐內之總括熱傳係數爲$2000\ W/m^2 \cdot k$，假設溶液沸點上升可以忽略，進料溶液之比熱爲4.06 kJ/kg · K。請問此濃縮操作中：

(一)需要之飽和蒸汽流量爲何？(二)蒸發罐內之熱傳面積需要多少m^2？ 從蒸汽表得知：在15.3kPa下，水之沸點爲54.3°C，飽和蒸汽潛熱(latent heat)爲2372.4 kJ/kg；在101.32kPa下，水之沸點爲100°C，飽和蒸汽潛熱爲2257.1 kJ/kg。

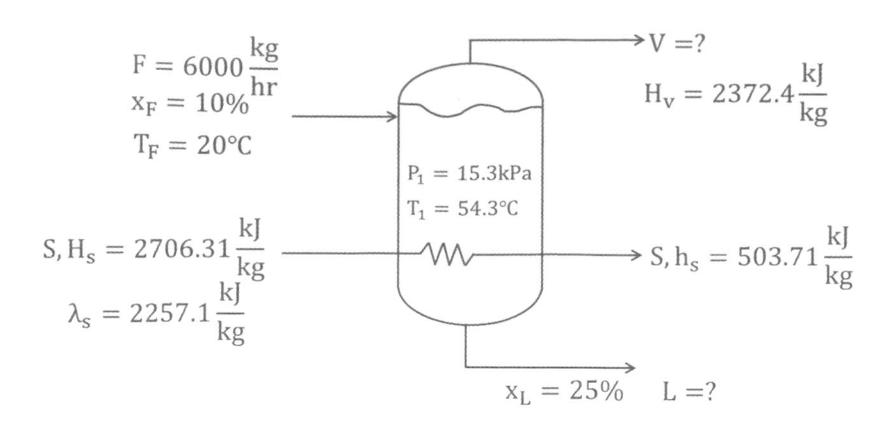

Sol：

(一)對整個蒸發器作質量平衡：$6000 = L + V \Rightarrow V = 3600\left(\frac{kg}{hr}\right)$

對溶質作質量平衡：$6000(0.1) = L(0.25) \Rightarrow L = 2400\left(\frac{kg}{hr}\right)$

對整個蒸發器作能量平衡：$Fh_F + SH_s = VH_V + Sh_s + Lh_L$

$\Rightarrow Fh_F + S(H_s - h_s) = VH_V + (F - V)h_L \quad (\because \lambda = H_s - h_s)$

$\Rightarrow S\lambda = V(H_V - h_L) + F(h_L - h_F) = V(H_V - h_L) + FC_p(T_1 - T_F)$

$\Rightarrow S\lambda = VH^* + FC_p(T_1 - T_F) \quad (1) \quad (\because H^* = H_V - h_L)$

$\Rightarrow S(2257.1) = 3600(2372.4) + 6000(4.06)(54.3 - 20)$

$\Rightarrow S = 4154\left(\frac{kg}{hr}\right)$

(二) $S\lambda = U_0A_0(T_s - T_1) \Rightarrow \left(4154\frac{kg}{hr}\right)\left(2257\frac{kJ}{kg} \times \frac{1000J}{1kJ} \times \frac{1hr}{3600sec}\right) =$

$\left(2000\frac{w}{m^2\cdot k}\right)A_0[(100 - 54.3)k] \Rightarrow A_0 = 28.4(m^2)$

〈考題22 − 19〉(100地方特考)(20分)

一組三效蒸發器(triple-effect evaporator)被用來濃縮某液體，過程中沸點沒有可察覺的明顯上升。假設第一效的蒸氣溫度爲110°C，第一效的溶液沸點爲98.2°C，總熱傳係數(overall heat-transfer coefficient, $W/m^2°C$)由第一效到第三效分別爲又知各效之熱傳係數分別爲2500、2000、1000。試估算第二效及最後一效的溶液沸點溫度？

Sol：請參考重點整理(八)多效蒸發器簡圖。

$q = q_1 = q_2 = q_3$ =>$U_1A_1\Delta T_1 = U_2A_2\Delta T_2 = U_3A_3\Delta T_3$

$\frac{T_s-T_1}{\frac{1}{U_1}} = \frac{T_s-T_3}{\frac{1}{U_1}+\frac{1}{U_2}+\frac{1}{U_3}}$ =>$\frac{110-98.2}{\frac{1}{2500}} = \frac{110-T_3}{\frac{1}{2500}+\frac{1}{2000}+\frac{1}{1000}}$ =>$T_3 = 53.95(°C)$最後一效

$\frac{T_1-T_2}{\frac{1}{U_2}} = \frac{T_s-T_3}{\frac{1}{U_1}+\frac{1}{U_2}+\frac{1}{U_3}}$ =>$\frac{98.2-T_2}{\frac{1}{2000}} = \frac{110-53.95}{\frac{1}{2500}+\frac{1}{2000}+\frac{1}{1000}}$ =>$T_2 = 83.45(°C)$第二效

〈考題22－20〉(102高考三等)(6分)

於蒸發操作中，蒸氣再壓縮蒸發(vapor recompression evaporation)之操作方式其能源效率常優於10個單元以上串聯之多效蒸發罐(multiple-effect evaporator)，試說明其原因。

Sol：從蒸發器出來的二次蒸汽，可經由壓縮機壓縮，提高其蒸汽壓力、溫度及熱焓ΔH，然後送至蒸發器的加熱室當作加熱蒸汽用，使料液維持沸騰狀態，而加熱蒸汽本身則冷凝爲水。這樣原本要廢棄的蒸汽得到充份利用，回收潛熱，又提高了熱效率，再生蒸汽能源效率可優於10個單元以上串聯之蒸發罐。$q = S\lambda = U_0A_0(T_s - T_1)$

T_s水蒸氣溫度，T_1溶液溫度 ∵提升T_s，等於提升q。

〈考題 22－21〉(103 普考)(5 分)

請解釋說明下列元件及其特性：祛水器(steam trap)

Sol：請參考重點整理(三)蒸發器的附屬設備。

〈考題22－22〉(103關務特考)(10分)

茲將22°C的液態氯以234.4kg/h的流速連續注入氣化器(vaporizer)中使之氣化爲5°C的氯氣，氣化的過程以2 bar(絕對壓力)的飽和蒸汽提供熱源，蒸汽通過蛇管(coil)釋出潛熱(2201.6kJ/kg)並以飽和液排出，已知液態氯在22°C的氣化熱爲290kJ/kg，氯氣的熱容爲0.48 kJ/(kg · °C)，試估算蒸汽的用量(kg/h)。

Sol：液態氯在穩態下熱平衡$\dot{m}_S \cdot \lambda_S = \dot{m}_V \cdot \lambda_V + \dot{m}c_P\Delta T$

=>水蒸氣之蒸發潛熱=液態氯之氣化熱+液態氯之顯熱

$$\Rightarrow \dot{m}_s\left(2201.6\frac{kJ}{kg}\right) = \left(234.4\frac{kg}{hr}\right)\left(290\frac{kJ}{kg}\right) + \left(234.4\frac{kg}{hr}\right)\left(0.48\frac{kJ}{kg\cdot°C}\right)[(5-22)°C]$$

$$\Rightarrow \dot{m}_s = 30\left(\frac{kg}{hr}\right)$$

〈考題22－23〉(104高考三等)(20分)

20°C的自來水被送入1大氣壓下操作的蒸發罐以生產蒸餾水，加熱源可以使用120°C的飽和蒸汽。該蒸發罐的熱傳總面積爲100m²，總熱傳係數爲2300W/m²·K。若原自來水中含有200ppm的可溶性固體，出料的液相中含有800ppm的可溶性固體，則每小時可生產多少kg的蒸餾水？(已知水在100°C與120°C下的蒸發潛熱分別爲2257.1kJ/kg 與2202.6kJ/kg，液態水的比熱爲4.2 kJ/kg·K)。

Sol：對整個蒸發器作能量平衡:$Fh_F + SH_s = VH_V + Sh_s + Lh_L$

=> $Fh_F + S(H_s - h_s) = VH_V + (F - V)h_L$ ($\because \lambda = H_s - h_s$)

=> $S\lambda = V(H_V - h_L) + F(h_L - h_F) = V(H_V - h_L) + FC_p(h_L - h_F)$

=> $S\lambda = FC_p(T_1 - T_F) + VH^*$ (1) ($\because H^* = H_V - h_L$)

$$S\lambda = U_0A_0(T_s - T_1) = (2300)\frac{W}{m^2 \cdot k} \times 100(m^2) \times (120 - 100)k = 4.6 \times 10^6(W)$$

$$=>\left(4.6 \times 10^6 \frac{J}{sec} \times \frac{3600sec}{1hr} \times \frac{1kJ}{1000J}\right) = 1.656 \times 10^7 \left(\frac{kJ}{hr}\right) \text{ 代入(1)式}$$

$$=>1.656 \times 10^7 = F(4.2)(100 - 20) + V(2257) \quad (2)$$

$$x_f = 200\left(\frac{mg}{L}\right) = 0.2\left(\frac{g}{L}\right) => x_F = \frac{\frac{0.2}{58.8}}{\frac{0.2}{58.8} + \frac{1000}{18}} = 6.12 \times 10^{-5}$$

$$x_L = 800\left(\frac{mg}{L}\right) = 0.8\left(\frac{g}{L}\right) => x_L = \frac{\frac{0.8}{58.8}}{\frac{0.8}{58.8} + \frac{1000}{18}} = 2.45 \times 10^{-4}$$

對整個蒸發器作質量平衡:$F = L + V$ (3)

對可溶性鹽類溶質(TDS)作質量平衡:$F(6.12 \times 10^{-5}) = L(2.45 \times 10^{-4})$ (4)

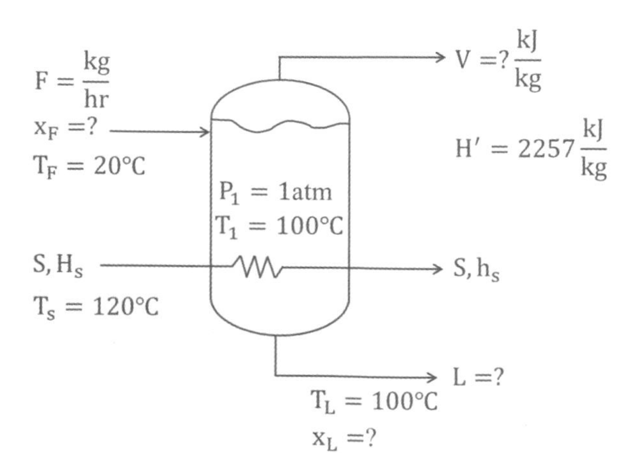

=>$F = 4L$，且$V = F - L = 4L - L = 3L$ 代入(2)式

=>$1.656 \times 10^7 = (4L)(4.2)(100 - 20) + (3L)(2257)$

=>$L = 2040\left(\frac{kg}{hr}\right)$時，$V = 3L = 6120\left(\frac{kg}{hr}\right)$

※此題為固-液分離，也可用重量百分濃度取代莫爾分率，因為固體本身沒有蒸氣壓，如果例如蒸餾的題目有考慮到 VLE(氣-液平衡)則使用莫爾分率，一般而言在稀薄溶液計算的結果沒有差別，超過 1%以上的濃度就會有誤差。

二十三、熱傳遞及其應用(經驗式計算)

此章節偶而有配分較少題目出現，但出題機率上其實頗高，因爲都是一些熱傳無因次群的記憶，另外也有一些較少出現的熱傳經驗式計算須多注意冷箭題型。

(一)熱傳係數的物理定義：

納賽數(Nusselt Number) $\boxed{Nu=\frac{hD}{k}=\frac{\text{熱對流率}}{\text{熱傳導率}}}$ (表示對流熱傳係數被決定的基準數)

(83 第二次化工技師)(86 簡任升等)(98 經濟部特考)(104 經濟部特考)

普蘭特數(Prandtl Number) $\boxed{Pr=\frac{C_p\mu}{k}=\frac{\mu/\rho}{k/\rho C_p}=\frac{\nu}{\alpha}=\frac{\text{動量擴散係數}}{\text{熱擴散係數}}}$

(表示流體物性的影響) (98 經濟部特考)

$\boxed{Pr=\left(\frac{\delta}{\delta_t}\right)^3=\frac{\text{流力邊界層厚度}}{\text{熱傳邊界層厚度}}}$ (在熱傳邊界層的表示法)(93 關務特考)(86 簡任升等)(98/104 經濟部特考)

葛拉雪夫數(Grashof Number) $\boxed{Gr=\frac{L^3\rho^2 g\beta\Delta T}{\mu^2}=\frac{\text{浮力}}{\text{黏滯力}}}$

路易士數(Lewis Number) $\boxed{Le=\frac{k}{\rho C_p D_{AB}}=\frac{\alpha}{D_{AB}}=\frac{\text{熱擴散係數}}{\text{質量擴散係數}}}$

皮力數(Pelet Number) $\boxed{Pe=Re\cdot Pr=\frac{Du\rho}{\mu}\frac{C_p\mu}{k}=\frac{\rho C_p uD}{k}=\frac{\text{熱對流率}}{\text{熱傳導率}}}$

(和Nu物理意義相同)

Pe很大時，在軸向的熱傳導速率可忽略。

Pe很小時，在軸向的熱傳導速率不可忽略。

h 對流熱傳係數$\left(\frac{W}{m^2\cdot k}\right)$，D 圓管直徑(m)，k 流體的熱傳導度$\left(\frac{W}{m\cdot k}\right)$

Cp熱容量$\left(\frac{J}{kg \cdot k}\right)$，μ流體黏度(Pa · sec)，ρ流體密度$\left(\frac{kg}{m^3}\right)$，β熱膨脹係數$(k^{-1})$，ΔT溫度差(k)

※H_2O 的$Pr > 1.0$，空氣 $Pr < 1.0$，超臨界流體$Pr = 1.0$

強制對流 加熱圓管 風扇	自然對流 無風扇 加熱圓管
利用空氣流動強制將熱量傳送至右側	由上升熱空氣將熱能往上帶
流體流動形式與外力有關	流體流動形式與受熱流體之浮力有關
$Nu = f\left(Re，Pr\right)$ (104 地方特考)	$Nu = f\left(Gr，Pr\right)$(93 地方特考)

(二)流體在圓管流動的熱傳係數

$Nu = 0.023Re^{0.8}Pr^{0.33}\left(\frac{\mu_b}{\mu_w}\right)^{0.14}$ Sieder-Tate Eq. (McCabe)

μ_b流體本體溫度所產生的黏度，μ_w管壁溫度下流體溫度所產生的黏度

適用範圍：$Re \geq 10000$，$0.7 \leq Pr \leq 16700$，$\frac{L}{D} \geq 10$ (針對亂流)

$Nu = 0.023Re^{0.8}Pr^{n}$ Dittus-Boelter eq. (McCabe)

n = 0.3(流體被冷卻)，n = 0.4(流體被加熱)

適用範圍：$Re \geq 10000$，$0.6 \leq P_r \leq 160$，$\frac{L}{D} \geq 10$

$Nu = 1.86\left(RePr\frac{D}{L}\right)^{0.33}\left(\frac{\mu_b}{\mu_w}\right)^{0.14}$ Sieder-Tate Eq.(Geankoplis/3W/Bird)

適用範圍：$Re < 2100$，$RePr\frac{D}{L} > 100$ (針對層流)

$Nu = 0.023Re^{0.8}Pr^{0.33}\left(\frac{\mu_b}{\mu_w}\right)^{0.14}$ Dittus-Boelter Eq. (Geankoplis/3W/Bird)

適用範圍：$Re > 6000$，$0.7 < Pr < 16000$，$\frac{L}{D} \geq 60$ (針對亂流)

上兩式其實有很大出入，McCabe 和 Geankoplis/3W/Bird 公式名稱與使用範圍有很大差異！

※其實這兩個經驗式，McCabe 原文書定義有些不同，經濟部特考曾考過辨別經驗式，另外陷阱就是在 Dittus-Boelter equation 的 n 值動手腳，要你去區分 n 值與 Sieder-Tate equation 的適用範圍，這個地方考試前需再稍微瀏覽，其實一不小心很容易有方程式選擇錯誤的情況產生。

在$2100 < Re < 6000$範圍的過渡區域，無法回歸一個方程式，Nu 和 Re 及 Pr 的關係如$\langle$類題 $23-1\rangle$附圖：須搭配$g = h_a \cdot A \cdot \Delta T_a$來算熱傳速率。

(三)常見水平圓管溫度差定義方式

$\Delta T_a = \frac{(T_w - T_{bi}) + (T_w - T_{bo})}{2}$ (1) 算術平均溫度差

T_w管壁溫度(有時爲蒸汽熱媒)，T_{bi}入口流體溫度，T_{bo}出口流體溫度

※算術平均溫度差在$(T_w - T_{bi})$與$(T_w - T_{bo})$兩者溫差不大時可以使用，在層流下因對流熱傳係數幾乎和管子長度一樣影響甚大，因此可採用算數平均值也不會有太大誤差。

※另外一種為常見的對數平均溫度差，在亂流中對流熱傳係數 h 幾乎和管子長度無關，因此必須以對數平均溫度來求 h，在換熱器的章節有詳細敘述，在此不再重覆敘述!!

$q_{(W)} = h_a \cdot A \cdot \Delta T_a$ (3)熱傳送速率

此類型溫度差的題目，通常和(3)式對流熱傳通量計算有關，考試時需多注意！

(四)流體流過固體的熱傳係數

1.流體流過圓柱的熱傳係數

流體流過一直徑 D(m)、長度 L(m)的圓柱，而流體流動方向和圓柱的軸垂直，如圖一所示，流體溫度爲T_∞(k)，圓柱表面溫度爲T_s(k)，二者溫度不同會產生熱傳送，此處 Re 和 Nu 的定義爲：

$Re = \frac{Du_\infty\rho}{\mu}$，$Nu = \frac{hD}{k}$ =>$Nu = (0.35 + 0.56Re^{0.52})Pr^{0.3}$

求流體物性時的溫度是T_∞和T_s的平均值

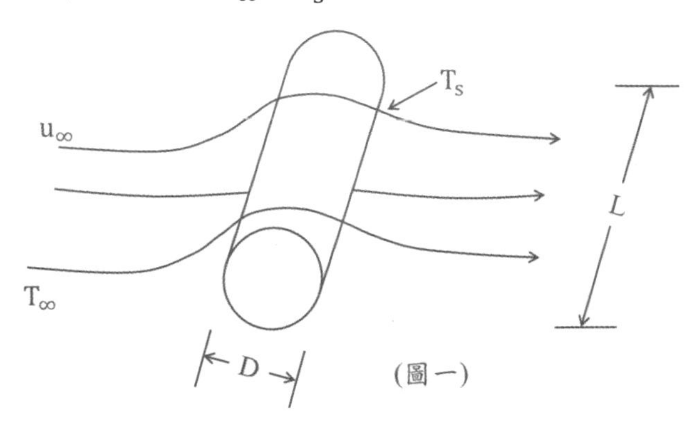

(圖一)

2.流體流過大平板的熱傳係數

如圖二所示，溫度爲T_∞(k)的流體以u_∞(m/sec)的速度，流過一個大平板長度爲L(m)，溫度爲T_s(k)。此情況下的 Re 和 Nu 都不是定值，而和板長有關，其定義爲：$Re = \frac{Lu\rho}{\mu}$，$Nu = \frac{hL}{k}$

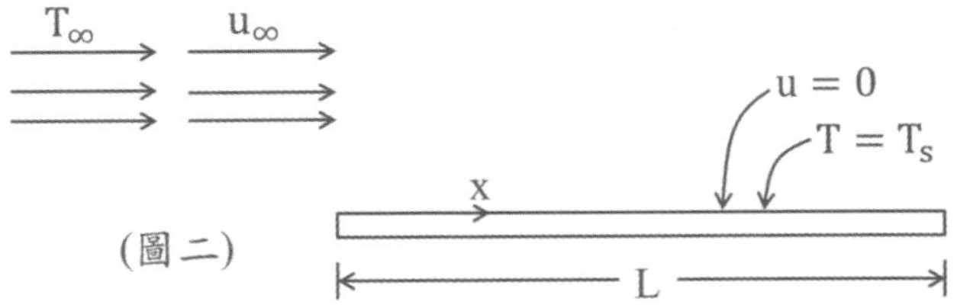

(圖二)

層流在$Re < 3 \times 10^5$，且$Pr > 0.7$時，$Nu = 0.664Re^{0.5}Pr^{0.33}$

亂流在$Re > 3 \times 10^5$，且$Pr > 7$時，$Nu = 0.0366Re^{0.8}Pr^{0.33}$

※平板不論在層流或亂流下$Pr^{0.33}$皆爲 0.33 次方！

3.流體流過圓球的熱傳係數

流體流過單一圓球時=>$Nu = 2.0 + 0.6Re^{0.5}Pr^{0.33}$ (Ranz-Marshall Eq.)假設流體不動時(圓球在一個不動的大液體池中)，Re = 0 時，Nu = 2.0。

另外一種表示法：$Nu = 2.0 + (0.4Re^{0.5} + 0.06Re^{0.67})Pr^{0.33}\left(\frac{\mu_\infty}{\mu_0}\right)^{0.25}$

流體物性時的溫度是T_∞來查流體物性，此經驗式範圍爲：

$3.5 < Re < 7.6 \times 10^4$，$7.0 < Pr < 380$，$\frac{\mu_\infty}{\mu_0} < 3.2$

4.自然對流時的熱傳係數

自然對流時分爲兩類：

固體垂直擺放在流體中(平板或圓柱)

固體水平擺放於流體中(水平圓管/平板)

固體(平板或圓柱)垂直擺放，而固體高度< 1m 時有不同的 Gr 和 Pr 值：

$Nu = 1.36(Gr \cdot Pr)^{0.2}$　　$Gr \cdot Pr < 10^4$

$Nu = 0.59(Gr \cdot Pr)^{0.25}$　　$10^4 < Gr \cdot Pr < 10^9$

$Nu = 0.13(Gr \cdot Pr)^{0.33}$　　$Gr \cdot Pr > 10^9$

固體爲水平圓管，且直徑$D < 0.2m$時：

$Nu = 1.09(Gr \cdot Pr)^{0.1}$　　$10^{-3} < Gr \cdot Pr < 1$

$Nu = 1.09(Gr \cdot Pr)^{0.2}$　　$1 < Gr \cdot Pr < 10^4$

$Nu = 0.53(Gr \cdot Pr)^{0.25}$　　$10^4 < Gr \cdot Pr < 10^9$

固體爲水平平板，置於流體下端，且固體溫度比流體的溫度高時：

$Nu = 0.54(Gr \cdot Pr)^{0.25}$　　$10^5 < Gr \cdot Pr < 2 \times 10^7$

$Nu = 0.14(Gr \cdot Pr)^{0.33}$　　$2 \times 10^7 < Gr \cdot Pr < 3 \times 10^{10}$

類題練習解析

〈類題 23－1〉比重為 0.83，比熱為 0.5kcal/kg · °C，熱傳導度 0.15kcal/h · m · °C，黏度$\mu = 14.4\,kg/m \cdot hr$之礦物油以0.3m/sec之平均速度流經內直徑 5.29cm，長度為 3.17m 之圓管，礦物油之平均溫度為 80℃，圓管內壁溫度為 100℃，求出圓管內熱傳係數值。礦物油之黏度為$\mu_{80°C} = 4cp$；$\mu_{100°C} = 3cp$。

Sol：$Re = \frac{Du\rho}{\mu} = \frac{(0.0529)(0.3)(830)}{4\times10^{-3}} = 3293$，$\frac{L}{D} = \frac{3.17}{0.0529} = 60$

(2100 < Re < 6000 爲過渡區域)

如下圖，x 軸爲 Re，y 軸爲$\left(\frac{h_a}{C_pG}\right)\left(\frac{C_p\mu}{k}\right)^{\frac{2}{3}}\left(\frac{\mu_w}{\mu_b}\right)^{0.14} = 0.0035$

$\frac{h_a}{C_pG} = \frac{h_a}{C_p\langle u\rangle\rho} = \frac{h_a}{0.5\times0.3\times830} = \frac{h_a}{124.5}$ ，$\frac{C_p\mu}{k} = \frac{0.5\frac{kcal}{kg\cdot°C}\times14.4\frac{kg}{m\cdot hr}}{0.15\frac{kcal}{hr\cdot m\cdot°C}} = 48$

$\frac{\mu_w}{\mu_b} = \frac{3\times10^{-3}}{4\times10^{-3}} = 0.75$ $=>\left(\frac{h_a}{124.5}\right)(48)^{\frac{2}{3}}(0.75)^{0.14} = 0.0035$

$=>h_a = 0.034\left(\frac{kcal}{hr\cdot m^2\cdot ℃}\right)$

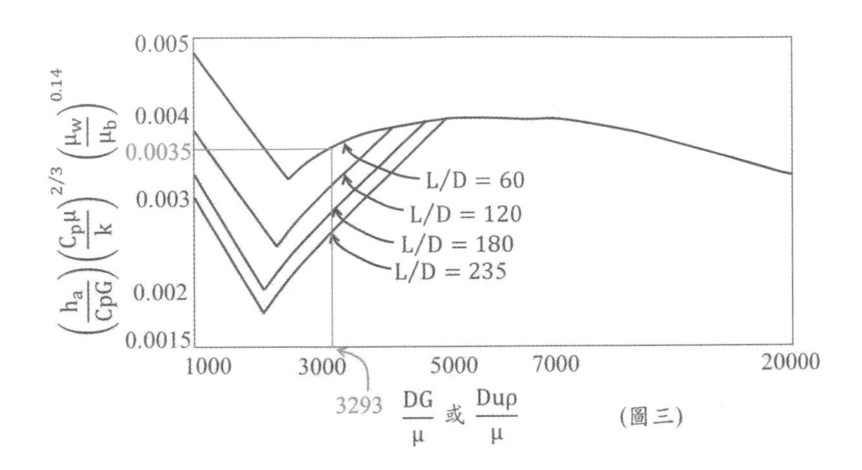

(圖三)

〈類題 23－2〉流體在圓管中流動，若流體的溫度和管壁之溫度不一致時，管內流體溫度必爲半徑函數，試問混合杯溫(cup-mixing temperature)T_b之定義？

Sol：$T_b = \frac{\int_0^R u(r)T(r)rdr}{\int_0^R u(r)rdr}$ 其中T(r)溫度分佈；u(r)速度分佈

〈類題 23－3〉有一流體在圓管中流動，管壁溫度爲T_S，較流體整體溫度(bulk temperature)T_b爲高，如圖四所示，寫出三種常用的熱傳係數定義式。

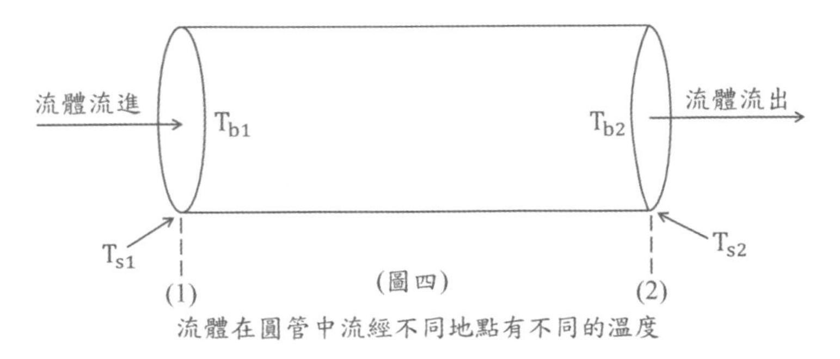

(圖四)

流體在圓管中流經不同地點有不同的溫度

Sol：(一)入口(1)溫度定義$q = h_1 \cdot A \cdot \Delta T_1 = h_1(\pi DL)(T_{S1} - T_{b1})$

(二)算術平均溫度定義h_a (a=average)

$q = h_a \cdot A \cdot \Delta T_a = h_a(\pi DL)\frac{(T_{S1}-T_{b1})+(T_{S2}-T_{b2})}{2}$

(三)對數平均溫度定義h_{ln}

$$q = h_{ln} \cdot A \cdot \Delta T_{ln} = h_{ln}(\pi DL)\left[\frac{(T_{S1}-T_{b1})-(T_{S2}-T_{b2})}{\ln\left(\frac{T_{S1}-T_{b1}}{T_{S2}-T_{b2}}\right)}\right]$$

〈類題 23－4〉101.3kPa 及 288.8k 的空氣以 3.05m/sec的速度流過一個大平板，空氣的流動方向與平板平行，板面的溫度爲 333.2k，請求出板長$L = 0.4m$的熱傳係數值？$C_p = 1.004\ kJ/kg \cdot k$，$\mu = 1.9 \times 10^{-5} Pa \cdot sec$，$k = 0.027\ W/m \cdot k$，$Pr = 0.705$，$\rho = 1.137\ kg/m^3$

Sol：空氣和平板的平均溫度$T_f = \frac{288.8+333.2}{2} = 311(k)$

$Re = \frac{Lu\rho}{\mu} = \frac{(0.4)(3.05)(1.137)}{1.9\times10^{-5}} = 73007$，$Pr = \frac{C_p\mu}{k} = \frac{(1000.48)(1.9\times10^{-5})}{0.027} = 0.7$

層流在$Re < 3 \times 10^5$，且$Pr > 0.7$時，$Nu = 0.664Re^{0.5}Pr^{0.33}$

$\Rightarrow Nu = 0.664(73007)^{0.5}(0.7)^{0.33} = 159.5$

$\Rightarrow Nu = \frac{hL}{k} \Rightarrow 159.5 = \frac{h(0.4)}{0.027} \Rightarrow h = 10.7\left(\frac{W}{m^2\cdot k}\right)$

〈類題 23－5〉油在 100°F下，以 1ft/sec的速度垂直流過一直徑爲 1in，長度爲 1ft 的圓柱，圓柱表面維持在 215°F不變。求出圓柱表面傳送出來熱量的速率多少？在157.5°F時，油的物性如下：

$C_p = 0.49\ Btu/lbm \cdot °F$，$\mu = 1.42\ lbm/hr \cdot ft$，$k = 0.0825\ Btu/hr \cdot ft \cdot °F$，$\rho = 55\ lbm/ft^3$

Sol：先求 Re 和 Pr 值$\Rightarrow Re = \frac{Du_\infty\rho}{\mu} = \frac{\left(\frac{1}{12}\right)(1)(55)}{\left(\frac{1.42}{3600}\right)} = 11620$

$Pr = \frac{C_p\mu}{k} = \frac{(0.49)(1.42)}{0.0825} = 8.43$，$Nu = (0.35 + 0.56Re^{0.52})Pr^{0.3}$

$Nu = [0.35 + 0.56(11620)^{0.52}](8.43)^{0.3} = 138.5$

$Nu = \frac{hD}{k} \Rightarrow 138.5 = \frac{h\left(\frac{1}{12}\right)}{0.0825} \Rightarrow h = 137\left(\frac{Btu}{hr\cdot ft^2\cdot °F}\right)$

$\Rightarrow g = h \cdot A \cdot \Delta T = h(\pi DL)\Delta T = (137)\left[\pi\left(\frac{1}{12}\right)1\right](215-100) = 4122\left(\frac{Btu}{hr}\right)$

〈類題 23 − 6〉混合輕油在 100°F下，以 1ft/sec的速度流向一個直徑爲 1in 的圓球，球內有電加熱器，使圓球表面維持在 215°F不變。請求出電加熱器發出熱量的速率爲多少Btu/hr？膜溫度(film temperature)$T_f = 157°C$下，混合輕油的物性如下：

$C_p = 0.49\,Btu/lbm\cdot°F$，$\mu = 1.42\,lbm/hr\cdot ft$，$k = 0.0825\,Btu/hr\cdot ft\cdot°F$，$\rho = 55\,lbm/ft^3$。

Sol：先求 Re 和 Pr 值：

$$Re = \frac{Du_\infty\rho}{\mu} = \frac{\left(\frac{1}{12}\right)(1)(55)}{\left(\frac{1.42}{3600}\right)} = 11620，Pr = \frac{C_p\mu}{k} = \frac{(0.49)(1.42)}{0.0825} = 8.43$$

由經驗式得知，流體流過單一圓球時 $=>Nu = 2.0 + 0.6Re^{0.5}Pr^{0.33}$

$$Nu = 2.0 + 0.6Re^{0.5}Pr^{0.33} = 2.0 + 0.6[(11620)^{0.5}(8.43)^{0.33}] = 132.7$$

$$Nu = \frac{hD}{k} =>132.7 = \frac{h\left(\frac{1}{12}\right)}{0.0825} =>h = 131\left(\frac{Btu}{hr\cdot ft^2\cdot°F}\right)$$

$$=>g = h\cdot A\cdot\Delta T = h(\pi D^2)\Delta T = (131)\left[\pi\left(\frac{1}{12}\right)^2\right](215-100) = 329.4\left(\frac{Btu}{hr}\right)$$

〈類題 23 − 7〉有一片4mx4m的落地玻璃，垂直擺放在 1atm，0°C空氣的左邊。假設玻璃表面溫度維持在 20°C不變。求出穩態下，玻璃到空氣的熱量傳送速率爲多少 W？空氣物性：$C_p = 1004.8\,J/kg\cdot k$，$\mu = 1.78\times10^{-5}Pa\cdot sec$，$k = 0.02492\,W/m\cdot k$，$\beta = 10^{-3}(1/k)$，$\rho = 1.246\,kg/m^3$。

Sol：$Gr = \frac{L^3\rho^2 g\beta\Delta T}{\mu^2} = \frac{(4)^3(1.246)^2(9.8)(10^{-3})(20)}{(1.78\times10^{-5})^2} = 6.1\times10^{10}$

$$Pr = \frac{C_p\mu}{k} = \frac{(1004.8)(1.78\times10^{-5})}{0.02492} = 0.717$$

$$Gr\cdot Pr = (6.1\times10^{10})(0.717) = 4.4\times10^{10}$$

由經驗式得知 $=>Gr\cdot Pr > 10^9$ $=>Nu = 0.13(Gr\cdot Pr)^{0.33}$

$$=>Nu = 0.13(4.4\times10^{10})^{0.33} = 422.9$$

$$=>Nu = \frac{hD}{k} =>422.9 = \frac{h(4)}{0.02492} =>h = 2.63\left(\frac{W}{m^2\cdot k}\right)$$

$$=>g = h\cdot A\cdot\Delta T = (2.63)(4\times4)(20-0) = 843(W)$$

〈類題 23 − 8〉不可壓縮流體在圓管中流動，管內流體的速度到處都一樣，$u(r) =$

c_1，管內壁溫度固定在$T=T_s$，流體內溫度分佈爲$T(r)=T_s+c_2\left[1-\left(\frac{r}{r_0}\right)^2\right]$，且 $r=r_0$，請導正出紐賽數(Nusselt Number)的表示式。

Sol：熱對流率=熱傳導率 $\Rightarrow h(T-T_s)=-k\frac{dT}{dr}\Big|_{r=r_0}$ (1)

$$\Rightarrow T-T_s=\frac{\int_0^{r_0}u(r)(T-T_s)r\cdot dr}{\int_0^{r_0}u(r)r\cdot dr}=\frac{\int_0^{r_0}c_1c_2\left[1-\left(\frac{r}{r_0}\right)^2\right]r\cdot dr}{\int_0^{r_0}c_1r\cdot dr}=\frac{\int_0^{r_0}c_1c_2\left[1-\left(\frac{r}{r_0}\right)^2\right]\left(\frac{r}{r_0}\right)\cdot d\left(\frac{r}{r_0}\right)}{\int_0^{r_0}c_1\left(\frac{r}{r_0}\right)d\left(\frac{r}{r_0}\right)}$$

(令$u=\frac{r}{r_0}$；$r=0$ $u=0$；$r=r_0$ $u=1$)

$$=\frac{\int_0^{r_0}c_1c_2(1-u^2)u\cdot du}{\int_0^{r_0}c_1udu}=\frac{\int_0^1c_2(1-u^2)u\cdot du}{\int_0^1udu}=\frac{c_2\left(\frac{u^2}{2}-\frac{u^4}{4}\right)\Big|_0^1}{\frac{u^2}{2}\Big|_0^1}=\frac{c_2}{2}\quad(2)$$

$$\frac{dT}{dr}=\frac{d}{dr}\left[T_s+c_2\left[1-\left(\frac{r}{r_0}\right)^2\right]\right]=-\frac{2c_2r}{r_0^2}\quad(3)$$

(2)&(3)式代入(1)式$\Rightarrow h\frac{c_2}{2}=-k\left[-\frac{2c_2r}{r_0^2}\right]\Big|_{r=r_0}$ $\Rightarrow h\frac{c_2}{2}=\frac{2c_2k}{r_0}$

$\Rightarrow\frac{hr_0}{k}=4$ $\Rightarrow Nu=\frac{hD}{k}=8$

歷屆試題解析

〈考題 23－1〉(87 高考三等)(4 分)
有一材質均勻之平板，已知板兩側之溫度在穩態(steady state)時分別爲 20 及 80℃，則板中心溫度應爲：(A)$(80+20)/2=50$℃ (B) $(80-20)/[\ln(80/20)]=43.3$℃ (C) $(80\times20)0.5=40$℃ (D)無材料之厚度及物性資料，故無法計算。
Sol：A (利用算術平均溫度即可)

〈考題 23－2〉(88 高考三等)(20 分)
在一熱交換器中，水在一英吋十六號銅管(內直徑爲 22.1mm，外直徑爲 25.4mm)

內以 2.3m/sec之速度流動。水蒸氣在管外凝結之溫度爲 150°C。已知水進口溫度分別爲 10 及 70°C，假設管內表面溫度爲 100°C，試求水側之熱傳係數 h。水物性和溫度的關係如下：

T(°C)	$\mu(10^3\ kg/m\cdot sec)$	$C_p(kJ/kg\cdot k)$	$k(W/m\cdot k)$	$\rho(kg/m^3)$
0	1.792	4.220	0.569	999.9
20	1.005	4.185	0.596	998.2
40	0.656	4.181	0.629	992.3
60	0.469	4.187	0.643	983.2
80	0.357	4.199	0.667	971.8
100	0.284	4.219	0.685	958.4

對圓管內之對流熱傳：

$Nu = 1.86(Re\,Pr\,D/L)^{0.333}(\mu_b/\mu_w)^{0.14}$，當$Re < 2100$

$Nu = 0.023Re^{0.8}Pr^{0.333}(\mu_b/\mu_w)^{0.14}$，當$Re > 10^4$

Sol：T(°C)流體的平均溫度 $= \frac{10+70}{2} = 40(°C)$

查 40°C下的流體性質：$\mu_b = 0.656\times10^{-3}\ kg/m\cdot sec$，

$C_p = 4.181\ kJ/kg\cdot k$，$k = 0.629\ W/m\cdot k$，$\rho = 992.3\ kg/m^3$

查100°C下的管壁表面黏度：$\mu_w = 0.284\times10^{-3}\ kg/m\cdot sec$

Check=>$Re = \frac{D_i u_i \rho}{\mu} = \frac{(0.0221)(2.3)(992.3)}{0.656\times10^{-3}} = 76888 > 10^4$

$Pr = \frac{C_p\mu}{k} = \frac{(4.181\times10^3)(0.656\times10^{-3})}{0.629} = 4.36$ =>$\frac{hD_i}{k} = 0.023Re^{0.8}Pr^{0.333}(\mu_b/\mu_w)^{0.14}$

=>$\frac{h(0.0221)}{0.629} = 0.023(76888)^{0.8}(4.36)^{0.333}\left(\frac{0.656\times10^{-3}}{0.284\times10^{-3}}\right)^{0.14}$

=>$h = 9739.3\left(\frac{W}{m^2\cdot k}\right)$

〈考題 23－3〉(91 普考)(6 分)

說明 Re、Pr、Sc。Sol：請參考〈考題 23－4〉。

〈考題23－4〉(93普考)(20分)

請寫出Reynolds number, Prandtl number, Nusselt number及它們所含各物理量的意義。例如，Grashof number, $Gr=\frac{L^3\rho^2 g\beta\Delta T}{\mu^2}$，其中D：直徑，ρ：流體密度，μ：黏滯係數……。

Sol：h對流熱傳係數$\left(\frac{W}{m^2\cdot k}\right)$，D圓管直徑(m)，k流體的熱傳導度$\left(\frac{W}{m\cdot k}\right)$

u 流體流速$\left(\frac{m}{sec}\right)$，Cp熱容量$\left(\frac{J}{kg\cdot k}\right)$，μ流體黏度(Pa · sec)，ρ流體密度$\left(\frac{kg}{m^3}\right)$，$D_{AB}$質量擴散係數$\left(\frac{m^2}{sec}\right)$，β流體膨脹係數$\left(\frac{1}{k}\right)$，ΔT流/固體溫度差，g 重力加速度

$Re=\frac{Du\rho}{\mu}=\frac{\text{慣性力}}{\text{黏滯力}}$ (82 第二次化工技師)(86 簡任升等)(93 關務特考)

(98 經濟部特考)(95 地方特考四等)

$Pr=\frac{C_p\mu}{k}=\frac{\mu/\rho}{k/\rho C_p}=\frac{\nu}{\alpha}=\frac{\text{動量擴散係數}}{\text{熱擴散係數}}$，$Sc=\frac{\mu}{\rho D_{AB}}=\frac{\mu/\rho}{D_{AB}}=\frac{\nu}{D_{AB}}=\frac{\text{動量擴散率}}{\text{質量擴散係數}}$

$Nu=\frac{hD}{k}=\frac{\text{熱對流率}}{\text{熱傳導率}}$

〈考題23 − 5〉(93地方特考)(各5分)
溫度爲300 K的原油，以5.0kg/s的流率，流入內徑爲2.09cm，外徑爲2.67cm 的管中，出口溫度爲340K，已知管壁溫度爲372K，試計算下列各項：(一)原油吸收之熱量 (二)熱交換器的溫度差(三)原油的熱傳係數。(四)管子所需的長度。注意：1. 原油的物性爲：
$\rho=897\ kg/m^3$，$C_p=1.92\times10^3\ J/kg\cdot K$，$k=0.131\ \ W/m\cdot K$，$\mu=0.0228\,kg/m\cdot s$ 2.紊流時，$\frac{hD}{k}=0.023\left(\frac{DV\rho}{\mu}\right)^{0.8}\left(\frac{C_p\mu}{k}\right)^{0.33}$

Sol：(一)$q=\dot{m}C_p(T_{H2}-T_{H1})=5(1.92\times10^3)(340-300)=384000\left(\frac{J}{sec}\right)$

(二)$\Delta T_{lm}=\frac{(T_s-T_{H1})-(T_s-T_{H2})}{\ln\left(\frac{T_s-T_{H1}}{T_s-T_{H2}}\right)}=\frac{(372-300)-(372-340)}{\ln\left(\frac{372-300}{372-340}\right)}=49.3(°C)$

(三)$D_i=2.09(cm)=0.0209(m)$

$V=\frac{\dot{m}}{\rho A}=\frac{\dot{m}}{\rho\frac{\pi}{4}D_i^2}=\frac{5}{897\times\frac{\pi}{4}(0.0209)^2}=16.26\left(\frac{m}{sec}\right)$

Check:$Re=\frac{D_iu_i\rho}{\mu}=\frac{(0.0209)(16.26)(897)}{0.0228}=13369>2100$ 亂流

=>$\frac{h_i(0.0209)}{0.131}=0.023(13367)^{0.8}\left[\frac{(1.92\times10^3)(0.0228)}{0.131}\right]^{0.33}$

=> $h_i=1959.89\left(\frac{W}{m^2\cdot k}\right)$

(四) $q=h_iA_i\Delta T_{lm}=h_i(\pi D_iL)\Delta T_{lm}$=>$384000=959.89[\pi(0.0209)L](49.3)$

=> $L=60.5(m)$

〈考題23－6〉(94化工技師)(20分)

請以適當無因次群解釋雷諾類比(Reynolds analogy)定理，及其延伸修正之所謂j-因子(Chilton-Colburn j-factor)，並請定義相關無因次群。(本題共20分，其中雷諾類比部分10分，j-factor部分10分)

Sol：雷諾類比 $\frac{h}{\rho C_pv_\infty}=s_t=\frac{c_f}{2}$ $(Pr=1)$ 不考慮正面牽引力

科本類比j因子 $\left(\frac{Nu}{Re\cdot Pr}\right)\cdot Pr^{\frac{2}{3}}=s_t\cdot Pr^{\frac{2}{3}}=\frac{c_f}{2}$ $(0.5<Pr<50)$

不考慮正面牽引力，當$Pr=1$時兩種相等。

〈考題23－7〉(95化工技師)(20分)

在討論熱傳問題時，經常用到紐塞數(Nusselt number, Nu)及比奧數(Biot number, Bi)這兩個無因次參數，請問其個別定義如何？在物理上的意義及如何應用？必要時繪圖說明之。

Sol：h對流熱傳係數$\left(\frac{W}{m^2\cdot k}\right)$，D圓管直徑(m)，k流體的熱傳導度$\left(\frac{W}{m\cdot k}\right)$

L特徵長度(m)

$Nu=\frac{hD}{k}=\frac{熱對流率}{熱傳導率}$ (表示對流熱傳係數被決定的基準數)

可藉由Nu之經驗式求出對流熱傳係數h，代入$q_c=hA\Delta T$求出q_c

$Bi=\frac{hL}{k}=\frac{內熱阻}{外熱阻}$ (86簡任升等)(86年第二次化工技師)

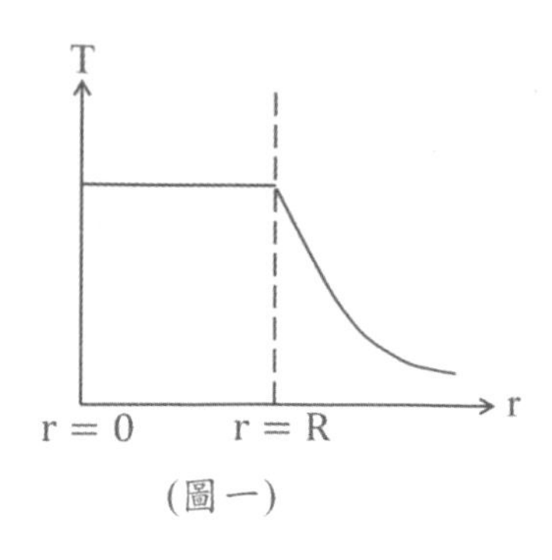

(圖一)

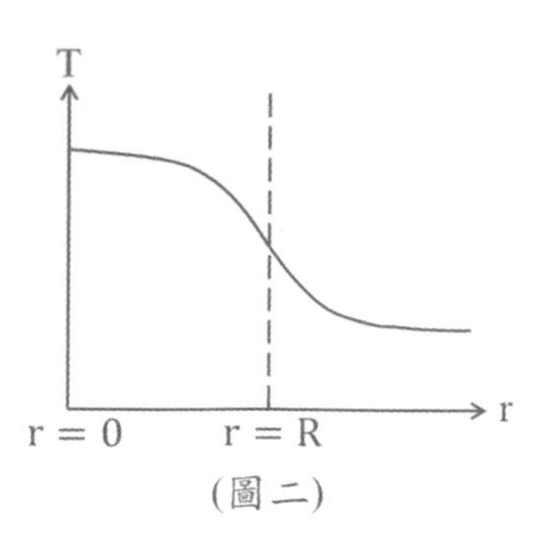

(圖二)

當Bi值很小時，內熱阻可以忽略，且內部溫度一致，如(圖一)。
當Bi值很大時，內熱阻不可忽略，且內部溫度不一致，如(圖二)。

〈考題23 − 8〉(98經濟部特考)(10分)

在化工廠中，許多製程流體需要冷卻水進行熱交換。有某一換熱器配置200隻1/2英吋80號管，冷卻水平均通過且溫度350K，並測得流量爲$5 \times 10^{-2}\ m^3/sec$，試計算管之熱傳係數。水在350K之性質爲：密度$(\rho) = 973.7\ kg/m^3$，黏度$(\mu) = 3.72 \times 10^{-4}\ kg/m \cdot sec$，熱導度$(k) = 0.668\ W/m \cdot k$，普蘭特數$(Pr) = 2.33$且亂流時Dittus-Boelter方程式爲$Nu = 0.023Re^{0.8}Pr^{0.33}$。管徑請查附表一。

附表一：鐵管的性質

管的公稱尺寸 (英吋)	OD, cm	規號數*	管壁厚 cm	ID, cm	截面積 金屬 cm²	截面積 流動	周長，cm 或單位管長之表面積 cm²/cm 外側	內側	在30.48cm/s速度的容量 L/min	kg/h 水	平口管重量 kg/m
1/8	1.029	10S	0.124	0.780	0.355	0.474	3.231	2.451	0.874	52.4	0.283
		40ST, 40S	0.173	0.683	0.465	0.372	3.231	2.149	0.677	40.6	0.357
		80XS, 80S	0.241	0.546	0.600	0.232	3.231	1.716	0.428	35.7	0.462
1/4	1.372	10S	0.165	1.041	0.626	0.855	4.298	3.261	1.559	93.8	0.492
		40ST, 40S	0.224	0.925	0.807	0.669	4.298	2.896	1.222	73.3	0.626
		80XS, 80S	0.302	0.767	1.013	0.465	4.298	2.408	1.848	50.8	0.804
3/8	1.715	10S	0.165	1.384	0.807	1.505	5.395	4.359	2.751	165.0	0.626
		40ST, 40S	0.231	1.252	1.077	1.236	5.395	3.932	2.255	135.3	0.849
		80XS, 80S	0.320	1.074	1.400	0.910	5.395	3.383	1.665	99.9	1.102
1/2	2.134	5S	0.165	1.803	1.019	2.555	6.706	5.669	4.669	280.1	0.804
		10S	0.211	1.712	1.271	2.304	6.706	5.364	4.208	252.4	0.998
		40ST, 40S	0.277	1.580	1.613	1.960	6.706	4.968	3.576	214.3	1.266
		80XS, 80S	0.373	1.387	2.065	1.514	6.706	4.359	2.762	165.7	1.624
		160	0.478	1.179	2.484	1.087	6.706	3.719	1.994	119.6	1.951
		XX	0.747	0.640	3.252	0.325	6.706	2.012	0.587	35.2	2.547
3/4	2.667	5S	0.165	2.337	1.297	4.283	8.382	7.346	7.840	470.3	1.028
		10S	0.211	2.245	1.626	3.958	8.382	7.041	7.201	431.9	1.281
		40ST, 40S	0.287	2.093	2.149	3.447	8.382	6.584	6.300	377.9	1.683
		80XS, 80S	0.391	1.885	2.794	2.787	8.382	5.913	5.089	305.3	2.190
		160	0.556	1.554	3.691	1.895	8.382	4.877	3.470	208.2	2.890
		XX	0.782	1.102	4.633	0.957	8.382	3.475	1.744	104.6	3.634
1	3.340	5S	0.165	3.010	1.645	7.135	10.485	9.449	13.051	783.2	1.296
		10S	0.277	2.786	2.665	6.094	10.485	8.748	11.148	668.5	2.085
		40ST, 40S	0.338	2.664	3.187	5.574	10.485	8.382	10.179	610.6	2.502
		80XS, 80S	0.455	2.431	4.123	4.636	10.485	7.620	8.476	508.5	3.232
		160	0.635	2.070	5.394	3.363	10.485	6.492	6.149	368.9	4.230
		XX	0.909	1.521	6.942	1.821	10.485	4.785	3.322	199.3	5.452

Sol：$A_i = (1.514cm^2)\left(\frac{1m}{100cm}\right)^2(200) = 0.03028(m^2)$

$u = \frac{Q}{A_i} = \frac{5\times10^{-2}}{0.03028} = 1.65\left(\frac{m}{sec}\right)$ ；$Re = \frac{Du\rho}{\mu} = \frac{\left(\frac{1.387}{100}\right)(1.65)(973.7)}{(3.72\times10^{-4})} = 59902$

$Nu = 0.023Re^{0.8}Pr^{0.33} = 0.023(59902)^{0.8}(2.33)^{0.33} = 201.8$

$Nu = \frac{h_{水}D}{k_{水}} = \frac{h_{水}\left(\frac{1.387}{100}\right)}{0.668} = 201.8 \Rightarrow h_{水} = 9719\left(\frac{w}{m^2 \cdot k}\right)$

〈考題23－9〉(100經濟部特考)(10分)

在一個換熱器，水以Bulk velocity= 7 ft/sec流經一條長的銅管(內徑=0.87in)，管外被300°F蒸汽冷凝液加熱，水以60°F進入，以140°F離開，請分別以(一) Dittus and Boelter方程式(二) Sieder and Tate方程式，計算水的heat transfer coefficient BTU/(hr)(ft^2)(°F)分別爲何？請分別說明其適用條件。(10分)已知：1.水在100°F時之物性爲：$\rho = 62.0$ lb/ft^3，Cp = 0.998BTU/(lb)(°F)，2.μ = 0.000458lb/(ft)(sec) k = 0.364BTU/(hr)(ft)(°F)，3.$h * d/k = 0.023 * Re^{0.8} * Pr^b * (\mu/\mu_s)^{0.14}$；$\mu_s$ = 0.000205 lb/(ft)(sec)@200°F；$h * d/k = 0.023 * Re^{0.8} * Pr^c$ 4.以上兩方程式b&c數值不同，請確認何者爲Dittus and Boelter方程式。

Sol：(一) $Nu = 0.023Re^{0.8}Pr^n$ (Dittus-Boelter equation)

水被蒸汽加熱n = 0.4(流體被加熱)；$Nu = \frac{hD}{k}$

$Re = \frac{Du\rho}{\mu} = \frac{\left(\frac{0.87}{12}ft\right)\left(7\frac{ft}{sec}\right)\left(62\frac{lb}{ft^3}\right)}{\left(0.000458\frac{lb}{ft \cdot sec}\right)} = 68701$，$Pr = \frac{C_p\mu}{k} = \frac{\left(0.998\frac{Btu}{lb \cdot °F}\right)\left(0.000458\frac{lb}{ft \cdot sec}\right)}{\left(0.364\frac{Btu}{ft \cdot hr \cdot °F} \times \frac{1hr}{3600sec}\right)} = 4.52$

$\Rightarrow \frac{h\left(\frac{0.87}{12}\right)}{0.364} = 0.023(68701)^{0.8}(4.52)^{0.4} \Rightarrow h = 1564\left(\frac{Btu}{ft^2 \cdot hr \cdot °F}\right)$

(二) $Nu = 0.023Re^{0.8}Pr^{0.33}\left(\frac{\mu}{\mu_s}\right)^{0.14}$ (Sieder-Tate equation)

$\Rightarrow \frac{h\left(\frac{0.87}{12}\right)}{0.364} = 0.023(68701)^{0.8}(4.52)^{0.33}\left(\frac{0.000458}{0.000205}\right)^{0.14}$

$\Rightarrow h = 1504\left(\frac{Btu}{ft^2 \cdot hr \cdot °F}\right)$

〈考題 23－10〉(101 高考三等)(10/10/5 分)

溫度$T_\infty = 25$°C的水流過一水平放置的不銹鋼板之上表面，其表面溫度保持在$T_{s,1} = 50$°C。該不銹鋼板之厚度爲 0.2m，熱傳導係數 61.7W/m · K，且其下表面溫度保持在$T_{s,2} = 110$℃。若水之熱傳導係數爲 0.62 W/m · K，在忽略邊端效應(end effects)與穩定狀態下，請回答下列問題：(一)計算水流之對流熱傳係數。(二)在水與鋼板接觸位置，水中與鋼板中之溫度梯度各爲何？(三)繪出一簡圖說明鋼板中與鄰近的水中之溫度分佈。

Sol：(一)熱傳導率=熱對流率 $=>-k_{steel}\frac{T_{s,1}-T_{s,2}}{\Delta x}=h_{H_2O}(T_{si}-T_\infty)$

$=>-61.7\frac{(50-110)}{0.2}=h_{H_2O}(50-25)$ $=>h_{H_2O}=740\left(\frac{W}{m^2\cdot k}\right)$

(二)$\frac{\Delta T}{\Delta x}(steel)=\frac{(50-110)}{0.2}=-300\left(\frac{℃}{m}\right)$ $=>\dot{q}_{steel}=\dot{q}_{H_2O}$

$=>(-61.7)\frac{(50-110)}{0.2}=-0.62\frac{\Delta T}{\Delta x}(H_2O)$ $=>\frac{\Delta T}{\Delta x}(H_2O)=-29854.8(℃/m)$

(三)

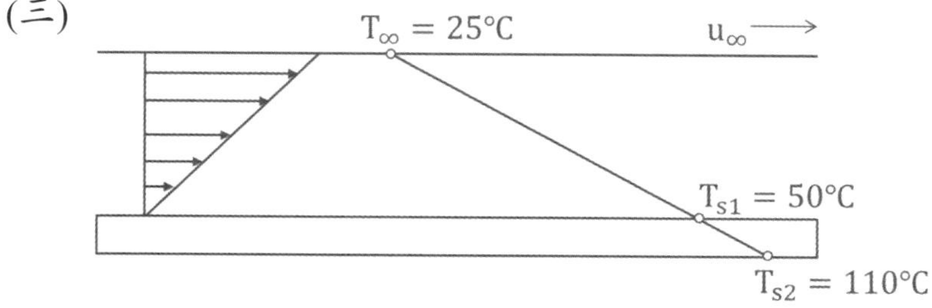

〈考題 23－11〉(102 高考二等)(8 分)

在熱傳與質傳之類比方程式中，相對應之無因次群爲何？

Sol：熱傳$Nu=\frac{hD}{k}$，質傳$Sc=\frac{k_cD}{D_{AB}}$ ；熱傳$Pr=\frac{C_p\mu}{k}$ 質傳$Sc=\frac{\mu}{\rho D_{AB}}$

〈考題 23－12〉(103 化工技師)(12 分)

請依下列各題之敘述，指出其錯誤並加以更正：

關於平板上邊界層的厚度之敘述：

1.紊流(turbulent flow)時速度邊界層厚度約大於熱傳邊界層厚度。

2.速度邊界層厚度總是比熱傳邊界層厚度大。

3.速度邊界層厚度與熱傳邊界層厚度的相對大小與雷諾數(Reynolds number)有關。

在單元操作及輸送現象之敘述：

4.熱傳中的熱擴散係數(thermal diffusivity)類似於流體力學中的黏度(viscosity)。

5.熱傳中的舒密數(Schmidt number)類似於質傳中的捨伍德數(Sherwood number)。

Sol：

1.$\delta > \delta_t$在層流時邊界層理論才成立！

2.不一定，須由 Pr 大小判斷大小。

3.和 Pr 有關 =>$Pr = \left(\frac{\delta}{\delta_t}\right)^3 = \frac{速度邊界層厚度}{熱傳邊界層厚度}$

4.$\alpha\left(熱擴散係數\right) = \frac{k}{\rho c_p}$ 等同於$\nu\left(動黏度\right) = \frac{\mu}{\rho}$ 5.等同於熱傳中的 Nu

〈考題 23 – 13〉(104 高考二等)(6 分)

包含強制對流及自然對流之運動方程式經無因次化之後，出現之無因次群爲何？

Sol：自然對流 $Nu = f\left(Gr，Pr\right)$，強制對流 $Nu = f\left(Re，Pr\right)$

二十四、熱傳遞及其應用(換熱器)

此章節是屬於單元操作內的重點單元，從定義、換熱器(或熱交換器)。相關原理與名詞解釋，計算的部份有對數平均溫度，換熱器有效度、換熱器面積計算，幾乎參加高普特考、經濟部特考，每年一定至少會有一題，而且配分很高，化工廠隨處可見換熱器，出題委員特別喜歡考此單元的原因也見怪不怪了。

定義：交換熱量，但物料不接觸，這種熱交換中心稱換熱器。

(一)套管式換熱器(Double pipe heat exchanger)：

順向流簡圖構造如(圖一)，逆向流如(圖二)：

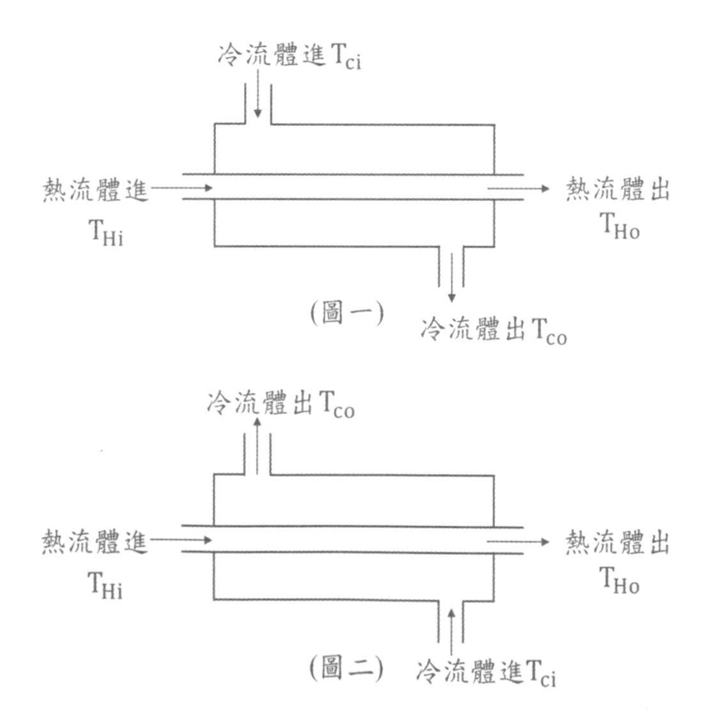

(圖一)

(圖二)

順向流距離與溫度分佈構造如(圖三)，逆向流如(圖四)：

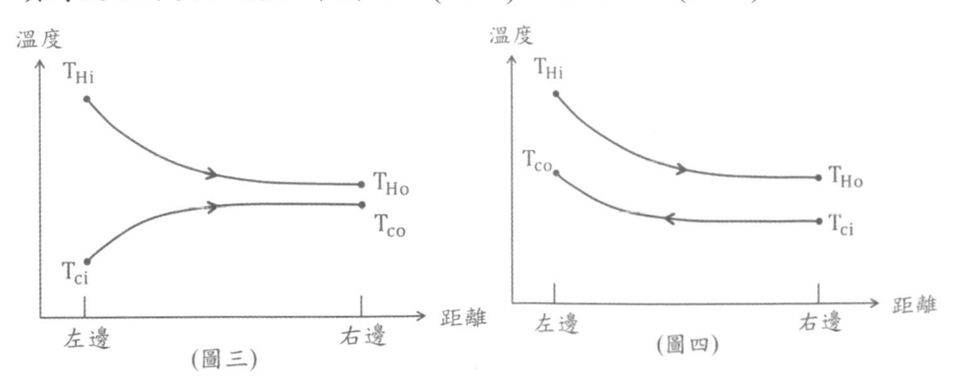

(圖三) (圖四)

(二)殼管式換熱器(Shell and tube heat exchanger)

1-1 殼管式換熱器(一程殼，一程管)如圖五：

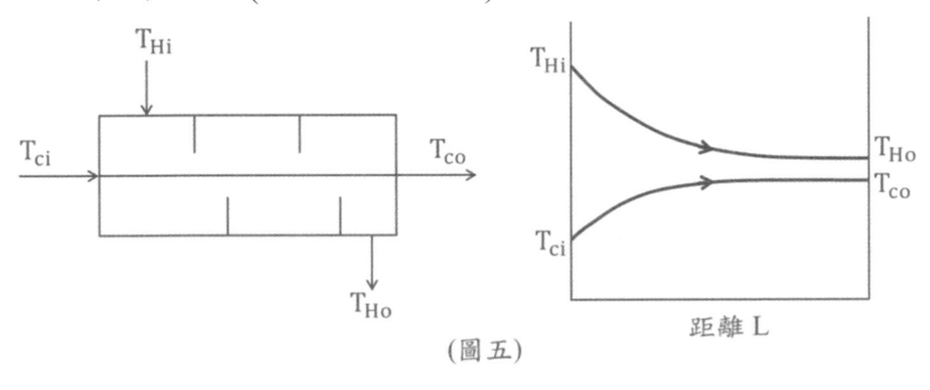

(圖五)

1-2 殼管式換熱器(一程殼，二程管)如圖六：

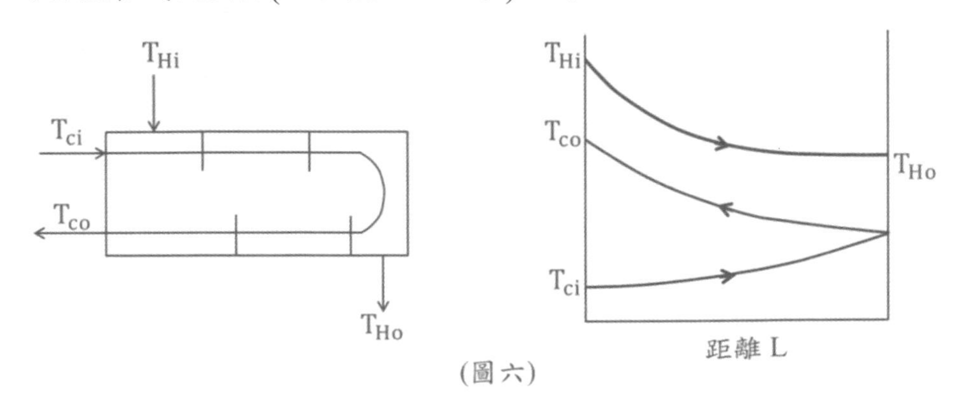

(圖六)

2-4 殼管式換熱器(二程殼，四程管)如圖七：

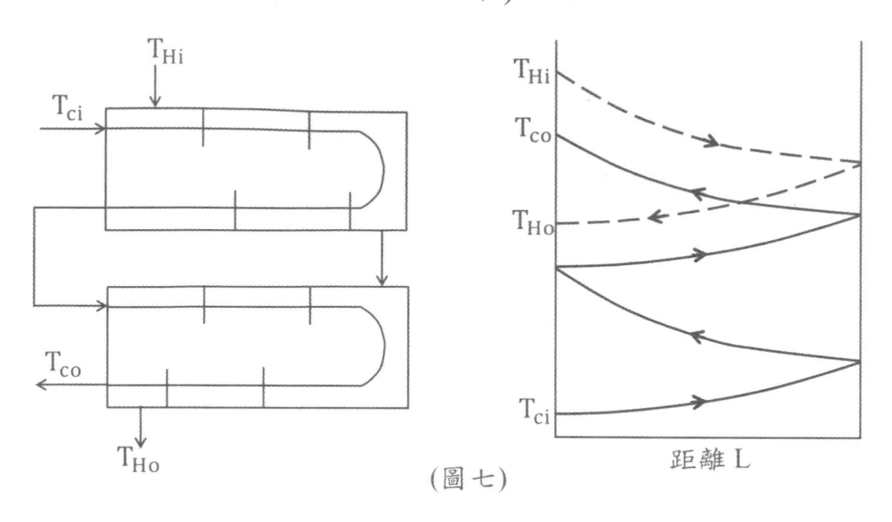

(圖七)

穩態下計算原則以能量平衡爲基準：

$$q = U_0A_0\Delta T_{lm} = \dot{m}_H C_{pH}(T_{Hi} - T_{Ho}) = \dot{m}_c C_{pc}(T_{co} - T_{ci})$$

對數平均溫度T_{lm}(log mean temperature different)：$\Delta T_{lm} = \frac{\Delta T_1 - \Delta T_2}{\ln\left(\frac{\Delta T_1}{\Delta T_2}\right)}$

換熱器冷熱流爲順向流：$\Delta T_1 = T_{Hi} - T_{ci}$；$\Delta T_2 = T_{Ho} - T_{co}$

換熱器冷熱流爲逆向流：$\Delta T_1 = T_{Hi} - T_{co}$；$\Delta T_2 = T_{Ho} - T_{ci}$

使用時機及假設：

1.總包熱傳係數 U 爲定值，和溫度無關，若熱傳係數和溫度有關，計算的準確度也會下降。

2. ΔT_{lm}是一個穩態的概念，不適用在暫態的分析。ΔT_{lm}應用在暫態中，其時間較短，熱交換器的二邊溫度梯度的符號相反，分母項自然對數内的兩者溫度差相除會出現負值，這也是不允許的。

3. ΔT_{lm}不適用在冷凝器及再沸器中，其中包括了相變化及其潛熱，因此假設無效。

4.假設二流體溫度的變化率和其溫差成正比，這對固定比熱的流體有效，流體的溫度變化若在一個較小的範圍，此假設成立，不過若比熱有變化，用計算對數平均溫差計算的熱交換量就不準了。

※對數平均溫度用於冷熱流進出口 4 個溫度變數，已知其他三個則可使用，當只有進口溫度已知T_{Hi}，T_{ci}已知但出口溫度T_{Ho}，T_{co}未知時，必須利用試誤法(try and error)或者是利用換熱器有效度計算方式才能解題。當特殊情況爲$\Delta T_1 = \Delta T_2$時：

$$\Delta T_{lm}=\frac{\Delta T_1-\Delta T_2}{\ln\left(\frac{\Delta T_1}{\Delta T_2}\right)}=\Delta T_2\frac{\frac{\Delta T_1}{\Delta T_2}-1}{\ln\left(\frac{\Delta T_1}{\Delta T_2}\right)} \Rightarrow \lim_{\frac{\Delta T_1}{\Delta T_2}\to 1}\Delta T_{lm}=\lim_{\frac{\Delta T_1}{\Delta T_2}\to 1}\left[\Delta T_2\frac{\frac{\Delta T_1}{\Delta T_2}-1}{\ln\left(\frac{\Delta T_1}{\Delta T_2}\right)}\right]$$

利用羅必達法則(分母上下對$\frac{\Delta T_1}{\Delta T_2}$微分) $\Rightarrow \lim_{\frac{\Delta T_1}{\Delta T_2}\to 1}\left[\Delta T_2\frac{1}{\frac{\Delta T_2}{\Delta T_1}}\right]=\Delta T_1$

(三)順向流和逆向流的特性

順向流(相變化下溫度分佈與距離如圖八)：

1.流體 A.B 在換熱器同端進入，一端爲放熱降低溫度，另一端則受熱漸升溫度，故在進口端溫度大，出口端溫度小。
2.用在限制冷液體加熱之最高溫度，即適用於因過熱而變質物體。
3.常用在須溫度急速變化場所。
4.熱傳率低，熱傳面積較大。
5.順流式較少用在單程式，一般使用在多程式換熱器。

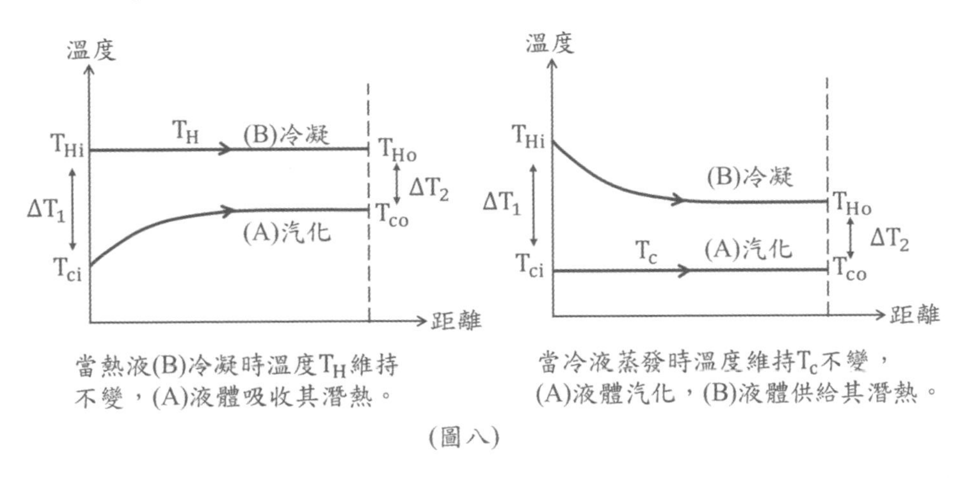

(圖八)

逆向流(相變化下溫度分佈與距離如圖九)：當流體進出口溫度確定時，逆流下的對數平均溫度差比順流時大，因此傳遞相同熱量時，逆流下所需熱交換面積較順向流少，可節省建造成本。

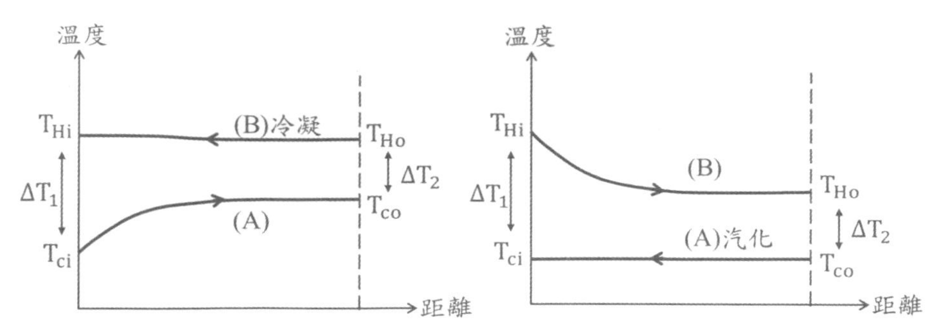

當(B)流體被冷凝，(A)液體吸收其潛熱。 (A)流體汽化，(B)流體供給其潛熱。

(圖九)

(四)殼管式換熱器修正係數

使用時機：計算多程之殼管式換熱器，必須乘上此係數F_T作爲修正。

$\boxed{Q = F_T U_0 A_0 \Delta T_{lm}}$；$F_T = f(Y，Z)$，$F_T$是 Y 和 Z 的函數。

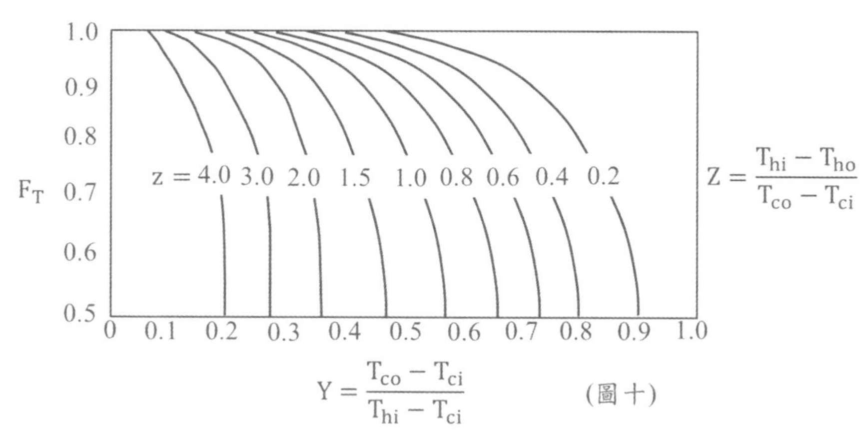

(圖十：1-2 殼管式換熱器)

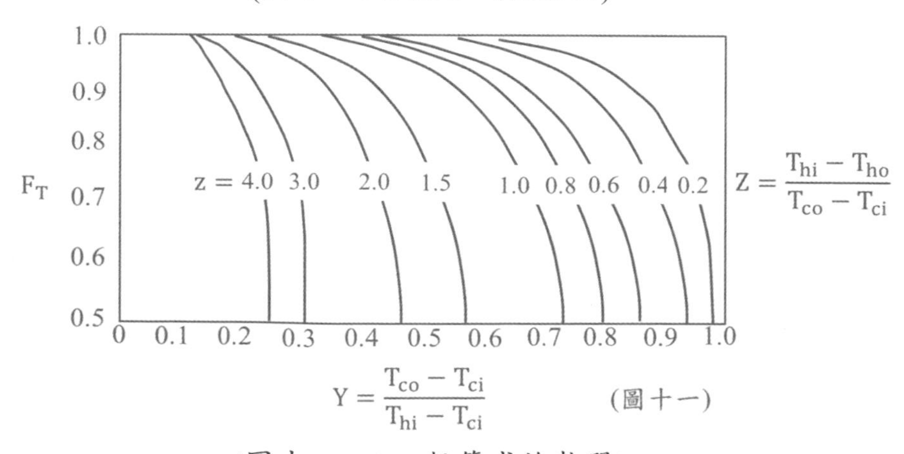

(圖十一：2-4 殼管式換熱器)

F_T(修正係數)的求法：先確定是哪種形式的殼管式換熱器(ex：1-2 or 2-4)，接著由計算出來的 Y 值對應計算出的 Z 值查圖求得F_T，之後由一般計算模式求其他的Q、U_0、A_0等數值。而 1-2 or 2-4 的 type 是不可置換的，簡單來說是不可互用，一般計算幾乎F_T值都落在 0.7-1.0 之間，如果算出或查表的值不在這個範圍，很可能是你算錯了！

(五)板式換熱器：(圖摘錄於 McCabe 第 6 版)

結構：由許多片金屬平板平行排列而成，用框架將板片(或墊片)夾緊，組裝於支架上，如(圖 a)所示。

作動情況：板片四角有圓孔形成流體通道，冷熱流體交替在板片兩側通過，藉由金屬平板如(圖 b)所示作熱交換。

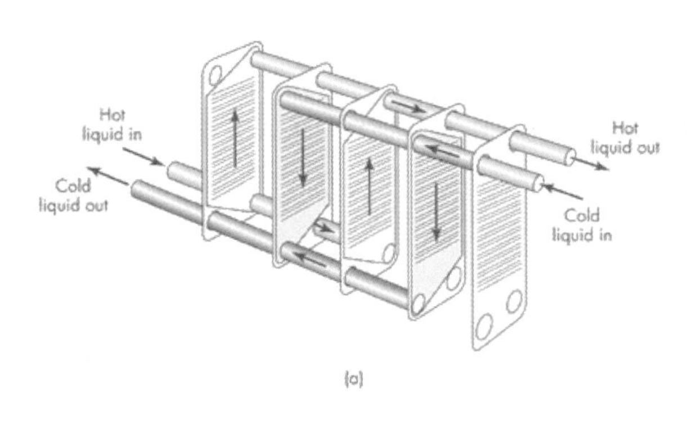

(a)

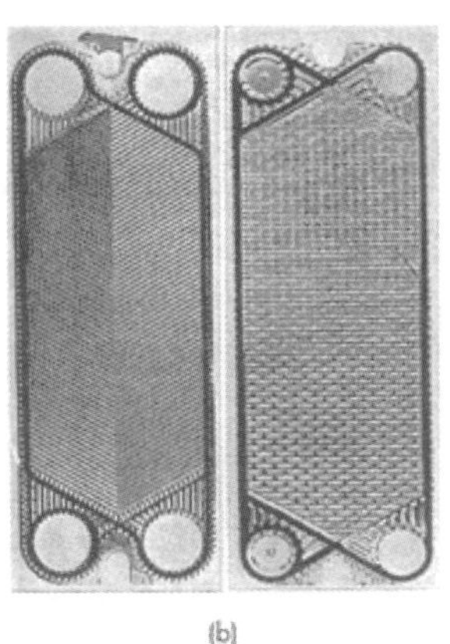
(b)

優點：

1.體積小、佔地面積小、重量輕。

2.總包熱傳係數U_0大，適用於食品業中熱敏感性流體之熱交換。

3.板片數可調整。(當板數越高時，則總包熱傳係數U_0越大)。

4.積垢不易形成，且易於清除。

缺點：

1.容許操作壓力$< 40\ kg/cm^2$。

2.操作溫度不能過高，溫度過高時墊片無法承受。(使用範圍大約 $-30℃ - 180℃$)

板式熱交換器的有效度：$\boxed{NTU = \frac{T_{Hi}-T_{H0}}{\Delta T_{lm}} = \frac{熱流入口-熱流出口}{對數平均溫度}}$

(六)殼管式換熱器構造：

管束排列方式：

排列方式	示意圖	優點	缺點
正方形		管外積垢清理方便	對流熱傳係數較小
正三角形		單位面積管子較多，殼側流體可產生擾流，熱傳效果較好。	管外積垢，不容易清理。

1.殼體、管束、擋板、管板等所組成。

2.在管束內流動的流體叫管側流體，在管束與殼體間流動者叫殼側流體。

3.管束的總表面積即爲熱傳面積A_0。

(七)有效度(effectiveness,ε)計算

使用時機：當只有進口溫度T_{Hi}，T_{ci}已知，但出口溫度T_{Ho}，T_{co}未知時，必須利用換熱器有效度計算方式才能解題。

$$\varepsilon = \frac{q}{C_{min}(T_{Hi} - T_{ci})} = \frac{\text{實際傳送熱量}}{\text{最大可能傳送熱量}} < 1.0$$

$$NTU = \frac{U_0 A_0}{C_{min}}$$

NTU傳遞單元數(number of transfer units)：爲熱交換器設計大小的指標，或稱換熱器熱傳性能大小(thermal size)，從公式內可得知爲換熱器面積A_0、總包熱傳係數U_0與最小熱容量C_{min}之間的組合。

1.$NTU > 5$時，流體出口溫度幾乎接近管壁溫度，在此情況下無論管路增長，都無法增加熱傳，反而會增加成本。

2.NTU很小時，代表管路長度增長可增加熱傳，但必須考量成本。

3.一般NTU在設計範圍大約在$NTU < 4.0$，但在密集式換熱器則可能超過。

4.有效度(effectiveness,ε)也可稱換熱器效率，爲無因次。

※順向流與逆向流有效度(effectiveness,ε)推導

順向流有效度推導：

$q = \dot{m}_H C_{pH}(T_{Hi} - T_{Ho}) = \dot{m}_c C_{pc}(T_{co} - T_{ci}) = C_H(T_{Hi} - T_{Ho}) = C_c(T_{co} - T_{ci})$ (1)

假設$C_c > C_H$ 所以$C_c = C_{max}$；$C_H = C_{min}$由(1)式$\Rightarrow \varepsilon = \frac{C_{min}(T_{Hi}-T_{Ho})}{C_{max}(T_{co}-T_{ci})}$ (2)

在最大可能傳送情況下$T_{co} = T_{Hi}$ $\Rightarrow \varepsilon = \frac{C_{min}(T_{Hi}-T_{Ho})}{C_{min}(T_{Hi}-T_{ci})} = \frac{T_{Hi}-T_{Ho}}{T_{Hi}-T_{ci}}$ (3)

由$q = U_0A_0\Delta T_{lm}$對應於(1)式$\ln\left(\frac{T_{Ho}-T_{co}}{T_{Hi}-T_{ci}}\right) = -U_0A_0\left(\frac{1}{\dot{m}_c C_{pc}} + \frac{1}{\dot{m}_H C_{pH}}\right)$

$\Rightarrow \ln\left(\frac{T_{Ho}-T_{co}}{T_{Hi}-T_{ci}}\right) = -U_0A_0\left(\frac{1}{C_{max}} + \frac{1}{C_{min}}\right)$ 將等號左右兩側取 e

$\Rightarrow \frac{T_{Ho}-T_{co}}{T_{Hi}-T_{ci}} = \exp\left[-\frac{U_0A_0}{C_{min}}\left(1 + \frac{C_{min}}{C_{max}}\right)\right]$ (4)

由(3)式 $\Rightarrow \frac{T_{Ho}-T_{co}}{T_{Hi}-T_{ci}} = \frac{T_{Ho}-T_{Hi}+T_{Hi}-T_{co}}{T_{Hi}-T_{ci}}$ (5)

由(1)式 $\Rightarrow C_{min}(T_{Hi} - T_{Ho}) = C_{max}(T_{co} - T_{ci})$

$\Rightarrow T_{co} = T_{ci} + (T_{Hi} - T_{Ho})\left(\frac{C_{min}}{C_{max}}\right)$ (6)代入(5)式

$\Rightarrow \frac{T_{Ho}-T_{co}}{T_{Hi}-T_{ci}} = \frac{T_{Ho}-T_{Hi}+T_{Hi}-\left[T_{ci}+(T_{Hi}-T_{Ho})\left(\frac{C_{min}}{C_{max}}\right)\right]}{T_{Hi}-T_{ci}}$

$= \frac{(T_{Ho}-T_{Hi})+(T_{Hi}-T_{ci})-(T_{Hi}-T_{Ho})\left(\frac{C_{min}}{C_{max}}\right)}{T_{Hi}-T_{ci}}$ 和(3)式相對比得知

$\Rightarrow \frac{T_{Ho}-T_{co}}{T_{Hi}-T_{ci}} = (-\varepsilon + 1) - \varepsilon\left(\frac{C_{min}}{C_{max}}\right) = 1 - \varepsilon\left(1 + \frac{C_{min}}{C_{max}}\right)$ (7)

(4)和(7)式合併 $\Rightarrow 1 - \varepsilon\left(1 + \frac{C_{min}}{C_{max}}\right) = \exp\left[-\frac{U_0A_0}{C_{min}}\left(1 + \frac{C_{min}}{C_{max}}\right)\right]$

$$\Rightarrow \boxed{\varepsilon = \frac{1-\exp\left[-\frac{U_0A_0}{C_{min}}\left(1+\frac{C_{min}}{C_{max}}\right)\right]}{\left(1+\frac{C_{min}}{C_{max}}\right)}}$$

逆向流有效度推導：

假設$C_H > C_C$，$C_H = C_{max}$；$C_C = C_{min}$由(1)式$\Rightarrow \varepsilon = \frac{C_{max}(T_{Hi}-T_{Ho})}{C_{min}(T_{co}-T_{ci})}$ (2)

在最大可能傳送能量下$T_{co} = T_{Hi}$

(2)式變成 $\Rightarrow \varepsilon = \frac{C_{max}(T_{Hi}-T_{Ho})}{C_{min}(T_{Hi}-T_{ci})} = \frac{q}{C_{min}(T_{Hi}-T_{ci})}$ (3)

由(1)式得知 $\Rightarrow q = C_{min}(T_{co} - T_{ci})$代入(3)式$\Rightarrow \varepsilon = \frac{T_{co}-T_{ci}}{T_{Hi}-T_{ci}}$ (4)

由$q = U_0A_0\Delta T_{lm}$對應於(1)式$\Rightarrow \ln\left(\frac{T_{Hi}-T_{co}}{T_{Ho}-T_{ci}}\right) = -U_0A_0\left(\frac{1}{\dot{m}_cC_{pc}} - \frac{1}{\dot{m}_HC_{pH}}\right)$

$\Rightarrow \ln\left(\frac{T_{Hi}-T_{co}}{T_{Ho}-T_{ci}}\right) = -U_0A_0\left(\frac{1}{C_{min}} - \frac{1}{C_{max}}\right) = -\frac{U_0A_0}{C_{min}}\left(1 - \frac{C_{min}}{C_{max}}\right)$

將等號左右兩側取 e $\Rightarrow \frac{T_{Hi}-T_{co}}{T_{Ho}-T_{ci}} = \exp\left[-\frac{U_0A_0}{C_{min}}\left(1 - \frac{C_{min}}{C_{max}}\right)\right]$ (5)

由(4)式$T_{Hi} = T_{ci} + \frac{1}{\varepsilon}(T_{co} - T_{ci})$等號左右同減$T_{co}$

$\Rightarrow T_{Hi} - T_{co} = (T_{ci} - T_{co}) + \frac{1}{\varepsilon}(T_{co} - T_{ci}) = \left(\frac{1}{\varepsilon} - 1\right)(T_{co} - T_{ci})$ (6)

由(1)式 $\Rightarrow C_{max}(T_{Hi} - T_{Ho}) = C_{min}(T_{co} - T_{ci})$

$\Rightarrow T_{Ho} = T_{Hi} - \frac{C_{min}}{C_{max}}(T_{co} - T_{ci})$ 等號左右同減T_{ci}

$\Rightarrow T_{Ho} - T_{ci} = T_{Hi} - T_{ci} - \frac{C_{min}}{C_{max}}(T_{co} - T_{ci})$ (7)

由(6)式 $T_{Hi} = T_{co} + \left(\frac{1}{\varepsilon} - 1\right)(T_{co} - T_{ci})$ (8)代入(7)式

$\Rightarrow T_{Ho} - T_{ci} = (T_{co} - T_{ci}) + \left(\frac{1}{\varepsilon} - 1\right)(T_{co} - T_{ci}) - \frac{C_{min}}{C_{max}}(T_{co} - T_{ci})$

$\Rightarrow T_{Ho} - T_{ci} = (T_{co} - T_{ci})\left[1 + \left(\frac{1}{\varepsilon} - 1\right) - \frac{C_{min}}{C_{max}}\right] = \left(\frac{1}{\varepsilon} - \frac{C_{min}}{C_{max}}\right)(T_{co} - T_{ci})$ (9)

(6)除以(9)式 $\frac{T_{Hi}-T_{co}}{T_{Ho}-T_{ci}} = \frac{\left(\frac{1}{\varepsilon}-1\right)(T_{co}-T_{ci})}{\left(\frac{1}{\varepsilon}-\frac{C_{min}}{C_{max}}\right)(T_{co}-T_{ci})} = \frac{1-\varepsilon}{\varepsilon\left(\frac{C_{max}-C_{min}\varepsilon}{C_{max}\varepsilon}\right)} = \frac{1-\varepsilon}{1-\frac{C_{min}}{C_{max}}\varepsilon}$ (10)

(5)和(10)式合併 $\Rightarrow \frac{1-\varepsilon}{1-\frac{C_{min}}{C_{max}}\varepsilon} = \exp\left[-\frac{U_0A_0}{C_{min}}\left(1 - \frac{C_{min}}{C_{max}}\right)\right]$

$\Rightarrow 1 - \varepsilon = \exp\left[-\frac{U_0A_0}{C_{min}}\left(1 - \frac{C_{min}}{C_{max}}\right)\right] - \frac{C_{min}}{C_{max}}\varepsilon \cdot \exp\left[-\frac{U_0A_0}{C_{min}}\left(1 - \frac{C_{min}}{C_{max}}\right)\right]$

$$\Rightarrow \boxed{\varepsilon = \frac{1-\exp\left[-\frac{U_0A_0}{C_{min}}\left(1-\frac{C_{min}}{C_{max}}\right)\right]}{1-\frac{C_{min}}{C_{max}}\exp\left[-\frac{U_0A_0}{C_{min}}\left(1-\frac{C_{min}}{C_{max}}\right)\right]}}$$

※此章節有效度的推導是較複雜的一部份，當初我自己在研讀的過程中，推導部份花了不少時間理解，原文書的推導過程很多是將各個觀念湊出來的，原文書只有推導逆向流，順向流則沒有導正過程，只列出結果，因爲我查過 3W、Bird、McCabe 這三本都是這種情況，目前只有在 102 年經濟部特考有考過順向流推導，逆向流推導目前還沒出現在大型的國家考試中，但無論如何順逆向流的推導結果必須背起來，否則有時候題目沒給，你只能用試誤法，很可能只有同情分數，或是完全沒有分數，所以必須特別注意。

(八)套管總包熱傳係數與管內產生積垢時情況的計算方式

套管總包熱傳係數計算：如圖(十二/十三/十四)

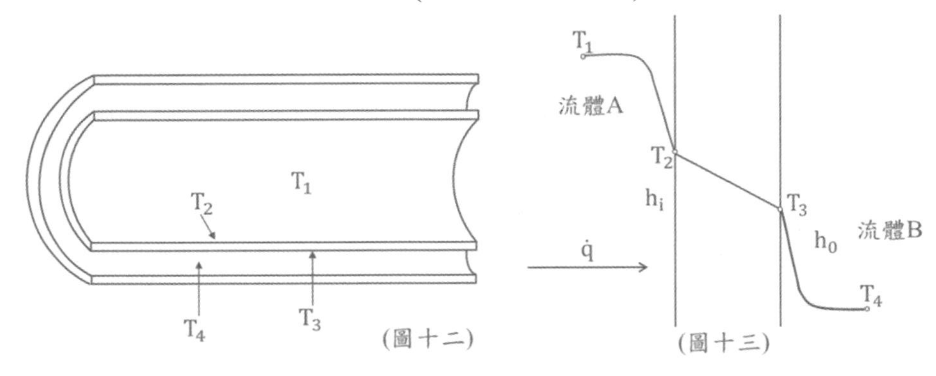

(圖十二)　(圖十三)

T_1 內管內側流體溫度　；h_i 內管內側流體之對流熱傳係數

T_2 內管內側管壁溫度　；h_o 內外管間流體之對流熱傳係數

T_3 內管外側管壁溫度　；A_i 內管內側流體之熱傳面積

T_4 內、外管間流體溫度　；A_o 內、外管間流體之熱傳面積

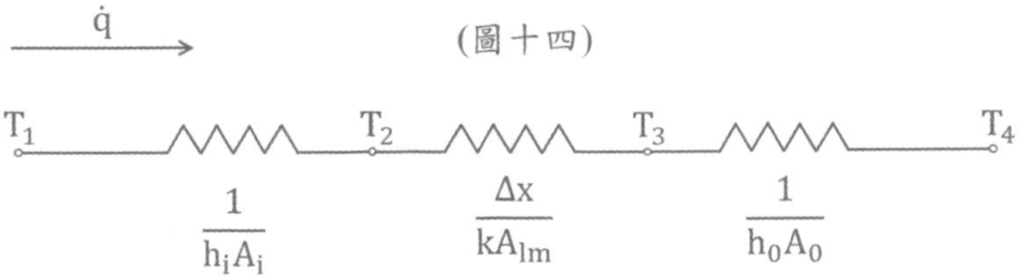

$\dot{q}$ →

(圖十四)

T_1 —— $\frac{1}{h_iA_i}$ —— T_2 —— $\frac{\Delta x}{kA_{lm}}$ —— T_3 —— $\frac{1}{h_0A_0}$ —— T_4

$$q = h_iA_i(T_1 - T_2) = kA_{lm}\frac{T_2 - T_3}{\Delta x} = h_oA_o(T_3 - T_4)$$

$T_1 - T_2 = q\left(\frac{1}{h_iA_i}\right)$ (1)，$T_2 - T_3 = q\left(\frac{\Delta x}{kA_{lm}}\right)$ (2)，$T_3 - T_4 = q\left(\frac{1}{h_0A_0}\right)$ (3)

(1)&(2)&(3)=> $\boxed{q = \frac{T_1 - T_4}{\frac{1}{h_iA_i} + \frac{\Delta x}{kA_{lm}} + \frac{1}{h_0A_0}}}$ (4) 可改寫爲 $\boxed{q = \frac{T_1 - T_4}{\frac{1}{h_iA_i} + \frac{\ln\left(\frac{r_0}{r_i}\right)}{2\pi kL} + \frac{1}{h_0A_0}}}$

第(4)式的分子與分母同乘以A_i => $q = U_iA_i(T_1 - T_4) = U_iA_i\Delta T$

=> $U_i = \frac{1}{\frac{1}{h_i}+\frac{\Delta x}{k}\frac{A_i}{A_{lm}}+\frac{A_i}{h_0A_0}}$ (5) U_i內管內側面積爲基準的總包熱傳係數

第(4)式的分子與分母同乘以A_0 => $q = U_0A_0(T_1 - T_4) = U_0A_0\Delta T$

=> $U_0 = \frac{1}{\frac{A_0}{h_iA_i}+\frac{\Delta x}{k}\frac{A_0}{A_{lm}}+\frac{1}{h_0}}$ (6) U_o內管外側面積爲基準的總包熱傳係數

※管內產生積垢時情況的計算：

發生情況：考慮管子結垢問題時，加入h_{di}和h_{do}之熱阻項。

h_{di}內管內側的積垢因子；h_{do}內管外側的積垢因子

第(5)式變成 $U_i = \frac{1}{\frac{1}{h_i}+\frac{1}{h_{di}}+\frac{\Delta x}{k}\frac{A_i}{A_{lm}}+\frac{A_i}{h_{d0}A_0}+\frac{A_i}{h_0A_0}}$ (7) $A_i = 2\pi r_iL = \pi D_iL$

第(6)式變成 $U_0 = \frac{1}{\frac{1}{h_0}+\frac{1}{h_{do}}+\frac{\Delta x}{k}\frac{A_0}{A_{lm}}+\frac{A_0}{h_{di}A_i}+\frac{A_0}{h_iA_i}}$ (8) $A_o = 2\pi r_oL = \pi D_oL$

$A_{lm}\left(\text{對數平均面積}\right) = \frac{A_o - A_i}{\ln\left(\frac{A_o}{A_i}\right)}$ 以直徑表示第(7)&(8)式

第(7)式變成 $U_i = \frac{1}{\frac{1}{h_i}+\frac{1}{h_{di}}+\frac{\Delta x}{k}\frac{D_i}{D_{lm}}+\frac{D_i}{h_{d0}D_0}+\frac{D_i}{h_0D_0}}$ D_i內管內側直徑

第(8)式變成 $U_0 = \frac{1}{\frac{1}{h_0}+\frac{1}{h_{do}}+\frac{\Delta x}{k}\frac{D_0}{D_{lm}}+\frac{D_0}{h_{di}D_i}+\frac{D_0}{h_iD_i}}$ D_0內管外側直徑

$D_{lm}\left(\text{對數平均直徑}\right) = \frac{D_o - D_i}{\ln\left(\frac{D_o}{D_i}\right)}$ 同理：$D_{lm}\left(\text{對數平均半徑}\right) = \frac{r_o - r_i}{\ln\left(\frac{r_o}{r_i}\right)}$

若管壁爲良導體組成，熱阻很小且管壁很薄，則內外表面積近似相等時如下

$\frac{1}{U_0} = \frac{1}{U_i} = \frac{1}{h_i} + \frac{1}{h_0}$ ※需確認h_i或h_0誰大，才可確定U_i或U_0！

※以上的導正過程有點複雜，但實際上出題仍以計算爲主，可藉由類題演練即可了解其中的公式應用即可，過程推導目前在考試中仍屬少見。

(九)換熱器設計之相關原理名詞

1.換熱器負荷(Heat duty)：此值代表換熱器之換熱量，是由 Process 的熱量平衡或流程的需要來決定。

2.平均溫度差：溫度差是熱傳的原動力，例如：冷熱流體是同向或逆向流動則平均溫度差是兩端溫度差的對數平均，如果冷熱流體不完全是逆向或同向流動

(ex：1-2 or 2-4 殼管式換熱器)，則平均溫度差則需針對對數平均溫度加以修正(乘上F_T修正因子)。

3.結垢係數：換熱器使用一段時間之後會在管壁結垢，降低熱傳速率和增加壓力降，結垢係數爲管壁結垢對熱傳阻力的一種數值表示法。

4.管壁溫度：管壁溫度影響管壁之流體黏度甚大，因而影響換熱效果與壓力降，若管子爲熱良導體，內外管壁溫度可視爲相同。

5.卡洛里溫度(caloric temperature)：當流體逆向流動時，平均溫度差是對數平均的一個重要前提，當總熱傳係數要不變才能成立。但事實上流體交過換熱器時，溫度逐漸改變，其物理性質也跟著改變，因此總熱傳係數也隨之改變。爲使平均溫度差爲兩端溫度差的對數平均可以使用，必須選擇一適當溫度，由此溫度導出總熱傳係數，可以代表此換熱器之總熱傳係數，此溫度稱爲卡洛里溫度。

(十)流體流動路徑的選擇

在換熱器中，哪種流體流經管側，哪一種流經殼側，可參考以下原則進行：

1.不潔淨或易於分解結垢的流體應當流經易於清洗的管側(管側可用高壓水柱清洗，但殼側則不易清洗)。

2.具有高腐蝕性的流體應流經管側，以免管束和殼體同時受到腐蝕。

3.壓力高的流體應走管側，以免殼程承受高壓。

4.需要提高流速以增大對其對流熱傳係數的流體流經管側，因爲管側流通截面積較小，而且可採用多管程以增大流速

5.被冷卻的流體應走殼側，以便利於散熱。

6.蒸汽一般走殼側，因爲爲乾淨流體，且利於排出冷凝液。

7.黏度大而流量小的流體一般應流經殼側，因流體在設有擋板(baffle)的殼側流動時，流通截面和流向都在不斷變化，在低雷諾數下($Re < 100$)即可達到亂流。

※上述各點在現場操作時常常不能同時兼顧，有時還可能互相矛盾，所以需視具體製程情況針對主要方面，作出合適選擇。

流體流速的選擇

流體在換熱器中的流速，不僅直接影響對流熱傳係數的數值，而且影響積垢熱阻。當流速增加時，對流熱傳係數增加，積垢不易在管壁面沈積，所以總包熱傳係數會增大，而使整個熱傳面積減小。但流體流速增加同時又使得流體的阻力增大，導致能耗增大，所以合適的流速選擇應通過經濟上的衡量與兼顧換熱器本體結構上的要求作出選擇，一般而言以管側流速設計值爲$u_0 = 1.0 - 1.1(m/sec)$。

管徑、管長及其在管板上的排列方式

換熱管的直徑越小，換熱器單位體積的傳熱面積越大，通常對於潔淨流體管徑可取得小些，對於不潔淨或易結垢的流體管徑則須取大，值得注意的是熱傳溫度差增大，有效能量損失跟著增大，從目前工場設計觀點來看，節能是一項很重要的考慮，熱傳儘量在低溫差條件下進行較佳。

增強熱傳過程的途徑

增強熱傳過程就是要提高過程的熱傳速率，力圖縮小換熱器的體積，減輕設備重量。從熱傳速率方程式$q = U_0A_0\Delta T_{lm}$可以看出，增大總包熱傳係數U_0、提高熱傳面積A_0、提高對數平均溫度差ΔT_{lm}均可提高熱傳速率。

1. 增大總包熱傳係數U_0

若忽略管壁熱阻下，總包熱傳係數可表示爲$U_0 = \frac{1}{\frac{1}{h_0}+\frac{1}{h_{do}}+\frac{D_0}{h_{di}D_i}+\frac{D_0}{h_iD_i}}$

很明顯的，減小分母中的任一項，即減少任一項熱阻，均可以使U_0增加。但是在各項熱阻中哪一項最大，即哪一項熱阻對熱傳過程最有影響，則應針對該向採取措施。如果積垢熱阻較大時，就應主要考慮如何防止或延緩積垢形成，或及時清理積垢；當h_0和h_i的數值比接近時，最好設法同時增大它們的數值；而當其差別較大時 ex：$h_0 \gg h_i$，則應考慮設法增大h_i值，才能有效的增加U_0。

2.提高對數平均溫度差ΔT_{lm}

對數平均溫度差ΔT_{lm}的大小取決於冷、熱兩種流體的初、終溫度，其中物料的溫度與生產的條件有關，一般不能任意變動，冷熱流體決定後，其溫度調整的餘度不大，當換熱器兩流體均無相變化時，盡可能採用逆流或接近逆流操作，以提高其對數平均溫度差ΔT_{lm}。

3. 提高熱傳面積A_0

熱傳速率隨熱傳面積A_0增大而增大，但從增強熱傳的意義上說明，應該是設法提高單位體積設備內的熱傳面積，實際上是設計者研究如何改進熱傳面積的結構，開發出高效率的換熱器，以達到增加熱傳速率的效果。如果熱交換的兩流體在程序上允許直接接觸，則應設法增大兩流體間的接觸面積及亂流程度。

所以增加熱傳途徑是多方面的，在實際應用上應根據實際的操作情況，從生產量需求、設備製造、設備維修、動力消耗及實際效益等方面進行綜合考量，採取經濟合理且切實可行的方式進行設計。目前幾乎大型的工程設計公司或大型石化公司都有類似的模擬軟體，業界最常用也最有公信力的換熱器選型軟體就屬 HTRI(Heat Transfer Research Institute)，少部份會用 Aspen Plus 內建的 EDR(Exchanger Design & Rating)模式的軟體，這部份軟體幾乎內建一般工場端常見的殼管式換熱器，簡稱 TEMA (Tubular Exchanger Manufacturers Association)，換熱器模組都內建在軟體，只需要輸入熱流或冷流質量和物理性質的其中一側，另外一側可由模擬軟體幫你模擬出結果，了解如何計算相對之下反而不是這麼重要，因爲程式內已將數學模式建立完畢，反而是結果的部份解讀是需要實務經驗的累積，如：管側流速、管側壓降、熱傳效率、換熱器是否有嚴重震動、設計餘度是否過大或過小，這部份需依照製程條件的取捨，對方法工程師而言是很常遇到的問題，也考驗設計者的功力。其實一般的工具書計算方式都是以單純的兩相流體作熱交換，如果遇到有一側發生相變化的情況，也無法用手算了，因爲整個熱力學模式與熱傳模式會整個有極大變化，工場內很多製程條件幾乎都是相變化的情形，最常發生的狀況就是蒸餾塔的冷凝器或再沸器，所以這也是模擬軟體在目前在設計上被依賴的原因之一了。

類題解析

〈類題 24－1〉冷卻器(Cooler)和冷凝器(Condenser)有何不同？

Sol：冷卻器將進料冷卻，被冷卻的物質不產生相變化。

冷凝器將進料冷凝，被冷凝的物質由氣相變液相。

〈類題 24－2〉飽和蒸汽在267°F流入一內徑 0.824in.，外徑 1.050in.之鋼管內，此管以 1.5in.厚的絕緣層覆在鋼管外表面，假如周圍是 80°F之空氣；飽和蒸汽對鋼管之對流熱傳係數為$1000\,Btu/hr\cdot ft^2\cdot °F$，空氣對絕緣層之對流熱傳係數為$2\,Btu/hr\cdot ft^2\cdot °F$，金屬之熱傳導係數為$26\,Btu/hr\cdot ft\cdot °F$，絕緣層之熱傳導係數為$0.037\,Btu/hr\cdot ft\cdot °F$。(一)以內面積$A_i$爲基準，計算總熱傳係數$U_i$，若管長在 1ft 爲基準。(二)計算熱損失爲多少Btu/hr？

Sol：(一) $U_i = \dfrac{1}{\frac{1}{h_i}+\frac{\Delta x_1}{k_A}\frac{A_i}{A_{lm(A)}}+\frac{\Delta x_2}{k_B}\frac{A_i}{A_{lm(B)}}+\frac{A_i}{h_0A_0}}$

$$r_i = \left(\frac{0.824}{2}\text{in}\right)\left(\frac{1\text{ft}}{12\text{in}}\right) = 0.0343(\text{ft})$$

$$r_1 = \left(\frac{1.05}{2}\text{in}\right)\left(\frac{1\text{ft}}{12\text{in}}\right) = 0.0437(\text{ft})$$

$$r_o = r_1 + \Delta x_2 = 0.0437 + \left(\frac{1.5}{12}\right) = 0.1687(\text{ft})$$

$$\Delta x_1 = r_1 - r_i = 9.4\times10^{-3}(\text{ft})\ \ ；\Delta x_2 = \frac{1.5}{12} = 0.125(\text{ft})$$

$$A_i = 2\pi r_i L = 2\pi(0.0343)1 = 0.215(\text{ft}^2)$$
$$A_1 = 2\pi r_1 L = 2\pi(0.0437)1 = 0.274(\text{ft}^2)$$
$$A_o = 2\pi r_o L = 2\pi(0.1687)1 = 1.059(\text{ft}^2)$$
$$A_{lm(A)} = \frac{A_1 - A_i}{\ln\left(\frac{A_1}{A_i}\right)} = \frac{0.274-0.215}{\ln\left(\frac{0.274}{0.215}\right)} = 0.243(\text{ft}^2)$$

$$A_{lm(B)} = \frac{A_0 - A_1}{\ln\left(\frac{A_0}{A_1}\right)} = \frac{1.059-0.274}{\ln\left(\frac{1.059}{0.274}\right)} = 0.581(\text{ft}^2)$$

$$\Rightarrow U_i = \frac{1}{\frac{1}{1000}+\frac{(9.4\times10^{-3})0.215}{26\times0.243}+\frac{0.125\times0.215}{0.037\times0.58}+\frac{0.2154}{2\times1.059}} = 0.737\left(\frac{\text{Btu}}{\text{hr}\cdot{}^\circ\text{F}}\right)$$

(二) $q = U_iA_i\Delta T = \left(0.737\frac{\text{Btu}}{\text{hr}\cdot{}^\circ\text{F}}\right)(0.215\text{ft}^2)[(267-80)^\circ\text{F}] = 29.7\left(\frac{\text{Btu}}{\text{hr}}\right)$

〈類題 24－3〉平均溫度爲 21.1°C的水流經一內徑爲 5.25cm，外徑爲 6.03cm 之圓管內，蒸汽 104.5°C在管外將水冷凝，圓管之k爲45.1W/m · k，而管內水之對流熱傳係數爲2839.1W/m^2 · k，而管外蒸汽之對流熱傳係數爲8715.5W/m^2 · k，管長爲 30.5cm。(一)計算熱損失。(二)以內面積A_i爲基準，計算U_i。(三)重複計算U_o。

Sol：$r_i = \left(\frac{5.25}{2\times100}\right) = 0.026(\text{m})$；$r_o = \left(\frac{6.03}{2\times100}\right) = 0.030(\text{m})$

$$\Delta x = r_o - r_i = 3.9\times10^{-3}(\text{m})$$

$$L = 30.5\text{cm}\times\frac{1\text{m}}{100\text{cm}} = 0.305(\text{m})$$

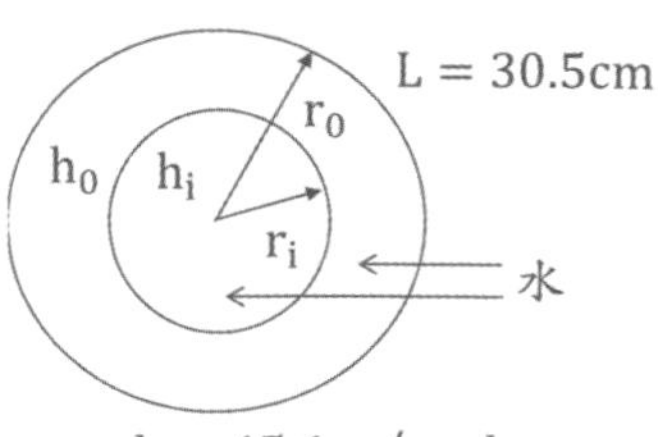

$$A_i = 2\pi r_i L = 2\pi(0.026)(0.305) = 0.050(\text{m}^2)$$
$$A_o = 2\pi r_o L = 2\pi(0.030)(0.305) = 0.057(\text{m}^2)$$

$$A_{lm}=\frac{A_0-A_i}{\ln\left(\frac{A_O}{A_i}\right)}=\frac{0.057-0.050}{\ln\left(\frac{0.057}{0.050}\right)}=0.053(m^2)$$

$$(一)q=\frac{T_i-T_o}{\frac{1}{h_iA_i}+\frac{\ln\left(\frac{r_0}{r_i}\right)}{2\pi kL}+\frac{1}{h_0A_0}}=\frac{104.5-21.1}{\frac{1}{2839.1(0.050)}+\frac{\ln\left(\frac{0.030}{0.026}\right)}{2\pi(45.1)(0.305)}+\frac{1}{8715.5(0.057)}}=7784(W)$$

$$(二)U_i=\frac{1}{\frac{1}{h_i}+\frac{\Delta x\ A_i}{k\ A_{lm}}+\frac{A_i}{h_0A_0}}=\frac{1}{\frac{1}{2839.1}+\frac{(3.9\times10^{-3})(0.050)}{(45.1)(0.053)}+\frac{0.050}{8715.5(0.057)}}=1871(W)$$

$$(三)U_o=\frac{1}{\frac{1}{h_o}+\frac{\Delta x\ A_O}{k\ A_{lm}}+\frac{A_O}{h_iA_i}}=\frac{1}{\frac{1}{8517.5}+\frac{(3.9\times10^{-3})(0.057)}{(45.1)(0.053)}+\frac{0.057}{2839.1(0.050)}}=1634(W)$$

〈類題 24－4〉甲醇在套管之內管流動，水在外層爲冷卻水，管之內徑與外徑分別爲 26.6mm 和 33.4mm，管之 k 爲54W/m · k，水之薄膜係數爲1464W/m² · k，甲醇之薄膜係數爲878W/m² · k，水之積垢係數爲2440W/m² · k，甲醇之積垢係數爲4880W/m² · k，試求總熱傳係數U_i與U_o。

Sol：$r_i=\left(\frac{26.6}{2\times1000}\right)=0.013(m)$，$r_o=\left(\frac{33.4}{2\times1000}\right)=0.016(m)$

$$\Delta x=r_o-r_i=3.0\times10^{-3}(m)$$
$$A_i=2\pi r_iL=2\pi(0.013)(1)=0.082(m^2)$$
$$A_o=2\pi r_oL=2\pi(0.016)(1)=0.1(m^2)$$
$$A_{lm}=\frac{A_0-A_i}{\ln\left(\frac{A_O}{A_i}\right)}=\frac{0.1-0.082}{\ln\left(\frac{0.1}{0.082}\right)}=0.09(m^2)$$

r_0 h_0 h_i r_i h_{d0} h_{di} 甲醇 水

k = 54 w/m · k

$$U_i=\frac{1}{\frac{1}{h_i}+\frac{1}{h_{di}}+\frac{\Delta x\ A_i}{k\ A_{lm}}+\frac{A_i}{h_{d0}A_0}+\frac{A_i}{h_0A_0}}\text{，}U_o=\frac{1}{\frac{1}{h_0}+\frac{1}{h_{do}}+\frac{\Delta x\ A_0}{k\ A_{lm}}+\frac{A_0}{h_{di}A_i}+\frac{A_0}{h_iA_i}}$$

$$U_i=\frac{1}{\frac{1}{878}+\frac{1}{4880}+\frac{(3\times10^{-3})(0.082)}{(54)(0.09)}+\frac{0.082}{1464(0.1)}+\frac{0.082}{2440(0.1)}}=437\left(\frac{W}{m^2\cdot k}\right)$$

$$U_o=\frac{1}{\frac{1}{1464}+\frac{1}{2440}+\frac{(3\times10^{-3})(0.1)}{(54)(0.09)}+\frac{0.1}{878(0.082)}+\frac{0.1}{4880(0.082)}}=357\left(\frac{W}{m^2\cdot k}\right)$$

〈類題 24 − 5〉甲苯在 230°F凝結於 3/4 in 的銅製冷凝管外側，平均溫度爲80°F的冷卻水流過管子的內側。個別熱傳係數與內外徑分別爲$h_i =$ $700 Btu/ft^2 \cdot hr \cdot °F$，$D_i = 0.62in$；$D_o = 0.75in$，$h_o = 500 Btu/ft^2 \cdot hr \cdot °F$可忽略管壁上的熱阻，試計算管壁溫度。(McCabe 例題 12.1)

Sol：$\frac{T_2-T_1}{\frac{1}{h_i}+\frac{A_i}{h_0A_0}} = \frac{T_W-T_1}{\frac{1}{h_i}}$ => $\frac{T_2-T_1}{\frac{1}{h_i}+\frac{\pi D_i L}{h_0(\pi D_0 L)}} = \frac{T_W-T_1}{\frac{1}{h_i}}$

=>$\frac{T_2-T_1}{\frac{1}{h_i}+\frac{D_i}{h_0D_0}} = \frac{T_W-T_1}{\frac{1}{h_i}}$ =>$\frac{230-80}{\frac{1}{700}+\frac{0.62}{500(0.75)}} = \frac{T_W-80}{\frac{1}{700}}$

=>$T_W = 149.5(°F)$

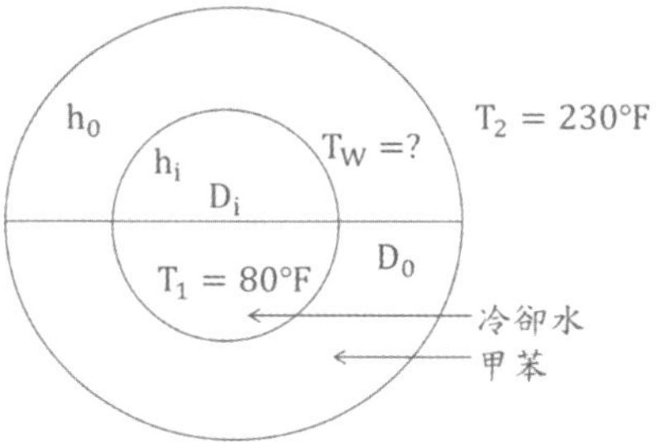

h_0　h_i　D_i　$T_W =?$　$T_2 = 230°F$　$T_1 = 80°F$　D_0　冷卻水　甲苯

〈類題 24 − 6〉某一具有一管程及一殼程之逆向流換熱器被用以回收溫度爲110°C之油股流的熱量，換熱器及流體性質如下所示，試估計出口處油溫。$\dot{m}_H =$ $3000\,kg/sec$，$T_{Ha} = 110°C$，$C_{ph} = 2300\,J/kg \cdot °C$，
$\dot{m}_C = 2400\,kg/sec$，$T_{ca} = 25°C$，$C_{pc} = 4180\,J/kg \cdot °C$，
$UA = 1.65 \times 10^7\,W/°C$ (McCabe 例題 15.4)

Sol：

$q = \dot{m}_H C_{ph}(T_{Ha} - T_{Hb}) = \dot{m}_c C_{pc}(T_{cb} - T_{ca}) = C_H(T_{Ha} - T_{Hb}) = C_c(T_{cb} - T_{ca})$ (1)

$C_H = \dot{m}_H C_{ph} = 3000\frac{kg}{sec} \times 2300\frac{J}{kg\cdot°C} = 6.9 \times 10^6\left(\frac{J}{sec\cdot°C}\right)$

$C_c = \dot{m}_C C_{pc} = 2400\frac{kg}{sec} \times 4180\frac{J}{kg\cdot°C} = 1.0 \times 10^7\left(\frac{J}{sec\cdot°C}\right)$

$C_c > C_H$ =>$C_c = C_{max}$；$C_H = C_{min}$ =>$R_c = \frac{C_{min}}{C_{max}} = \frac{6.9\times10^6}{1.0\times10^7} = 0.69$

$N_H = NTU = \frac{U_0A_0}{C_{min}} = \frac{1.65\times10^7}{6.9\times10^6} = 2.4$

查圖x 軸 $= NTU = 2.39$，y 軸 $= \frac{C_{min}}{C_{max}} = 0.69$ =>$\varepsilon = 0.78$

=>$q = \varepsilon C_{min}(T_{Ha} - T_{ca}) = (0.78)(6.9 \times 10^6)(110 - 25) = 4.57 \times 10^8(W)$
代回(1)式=> $q = \dot{m}_H C_{ph}(T_{Ha} - T_{Hb})$
=>$4.57 \times 10^8 = (6.9 \times 10^6)(110 - T_{Hb})$ =>$T_{Hb} = 43.7(°C)$

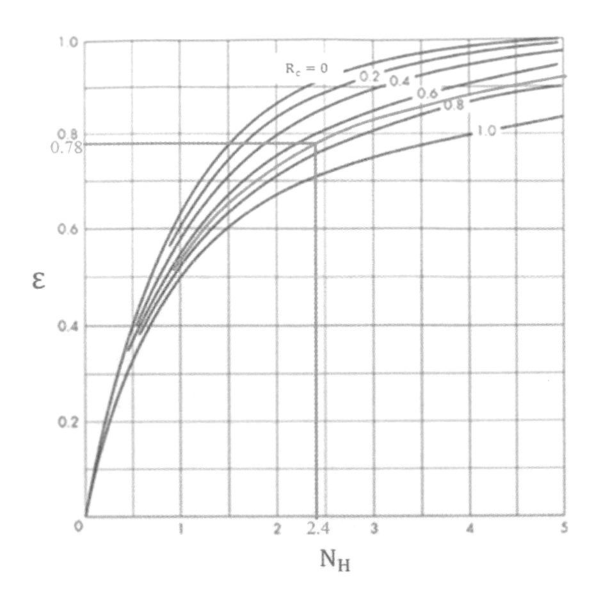

1-1 逆向流換熱器之效率ε對熱傳送單位N_H之關係圖

※代數解：$\varepsilon=\dfrac{1-\exp\left[-\frac{U_0A_0}{C_{min}}\left(1-\frac{C_{min}}{C_{max}}\right)\right]}{1-\frac{C_{min}}{C_{max}}\exp\left[-\frac{U_0A_0}{C_{min}}\left(1-\frac{C_{min}}{C_{max}}\right)\right]}=\dfrac{1-\exp[-2.4(1-0.69)]}{1-(0.687)\exp[-2.4(1-0.69)]}=0.78$

代回(1)式=> $q=\dot{m}_HC_{ph}(T_{Ha}-T_{Hb})$

=> $4.57\times10^8=(6.9\times10^6)(110-T_{Hb})$ => $T_{Hb}=43.7(℃)$

※兩者方式求出的結果是相同的！

〈類題 24－7〉一雙重管蒸發器，管內爲 R-22 冷媒，其蒸發溫度爲5℃，環側爲冷水，冷水入口溫度爲12℃，水流量爲0.1kg/scc，比熱爲 4180J/kg‧℃，蒸發器之總熱傳係數爲 2000W/m²‧k，換熱器的總長度爲 3m，管徑爲 2cm，試問冷水出口溫度爲何？

冷水出口　　冷水入口

R22冷媒入口　　R22冷媒出口

L = 3m

Sol：方法一：$C_{min}=\dot{m}_cC_{pc}=0.1\frac{kg}{sec}\times4180\frac{J}{kg\cdot k}=418\left(\frac{J}{sec\cdot k}\right)$

$NTU=\frac{U_0A_0}{C_{min}}=\frac{2000\left[\pi\left(\frac{2}{100}\right)3\right]}{418}=0.901$；如果不知道$C_{max}$的值爲何

$=>C^* = \frac{C_{min}}{C_{max}} = 0$，$\varepsilon = 1 - e^{-NTU} = 1 - e^{-0.901} = 0.594$

$q = \varepsilon C_{min}(T_{Hi} - T_{ci}) = (0.594)\left(418\frac{J}{sec\cdot°C}\right)(12-5)°C = 1738(W)$

$=>q = \dot{m}_c C_{pc}(T_{ci} - T_{co})$ $=>1738 = 418(12 - T_{co})$ $=>T_{co} = 7.8(°C)$

方法二：$\Delta T_{lm} = \frac{\Delta T_1 - \Delta T_2}{\ln\left(\frac{\Delta T_1}{\Delta T_2}\right)}$ ；$\Delta T_1 = 12 - 5 = 7$；$\Delta T_2 = x - 5$

$=>\Delta T_{lm} = \frac{7-(x-5)}{\ln\left(\frac{7}{x-5}\right)}$ ；在能量平衡下$q = \dot{m}_c C_{pc}(T_{ci} - T_{co}) = UA\Delta T_{lm}$

$=>(0.1)(4180)(12 - x) = 2000\left[\pi\left(\frac{2}{100}\right)3\right]\left[\frac{(12-x)}{\ln\left(\frac{7}{x-5}\right)}\right]$

$=>0.901 = \ln\left(\frac{7}{x-5}\right)$ $=>x = 7.85(°C)$

〈類題 24－8〉一雙重管換熱器，管內爲 R-22 冷媒，其蒸發溫度爲5°C，環側爲冷水其水流量爲0.1kg/sec，水入口和出口溫度分別爲12°C和7°C，比熱爲4180J/kg · °C，假設管直徑爲 2cm，蒸發器之總熱傳係數爲 $2000W/m^2 \cdot k$，試問雙重管換熱器長度需要多長才能滿足此一條件？

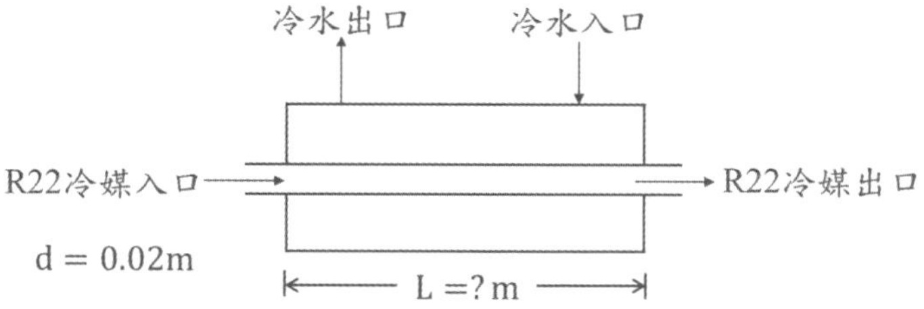

Sol：方法一：$C_{min} = \dot{m}_c C_{pc} = 0.1\frac{kg}{sec} \times 4180\frac{J}{kg\cdot k} = 418\left(\frac{J}{sec\cdot k}\right)$

$q = \varepsilon C_{min}(T_{Hi} - T_{ci}) = \dot{m}_c C_{pc}(T_{co} - T_{ci})$

$=>418(12-7) = \varepsilon(418)(12-5)$ $=>\varepsilon = 0.714$

如果不知道C_{max}的值爲何 $=>C^* = \frac{C_{min}}{C_{max}} = 0$ $=>\varepsilon = 1 - e^{-NTU}$

$=>0.714 = 1 - e^{-NTU}$；等號左右兩側取 ln，NTU = 1.253

$NTU = \frac{U_0 A_0}{C_{min}}$ ，$1.253 = \frac{2000A_0}{418}$ $=>A_0 = 0.262(m^2)$

$A_0 = \pi D_0 L$ $=>0.262 = \pi(0.02)L$ $=> L = 4.169(m)$

方法二：$\Delta T_{lm}=\frac{\Delta T_1-\Delta T_2}{\ln\left(\frac{\Delta T_1}{\Delta T_2}\right)}$，$\Delta T_1=12-5=7$；$\Delta T_2=7-5=2$

$=>\Delta T_{lm}=\frac{7-2}{\ln\left(\frac{7}{2}\right)}=4(°C)$，$q=\dot{m}_c C_{pc}(T_{co}-T_{ci})=U_0A_0\Delta T_{lm}$

$=>q=\dot{m}_c C_{pc}(T_{co}-T_{ci})=418(12-7)=2090\left(\frac{J}{sec}\right)$

$=>2090=2000\left[\pi\left(\frac{2}{100}\right)L\right](4)$ $=>L=4.17(m)$

※結論：

1. 不管使用 LMTD 或 NTU 法，其計算結果一定是相同。
2. 如果計算結果不同，一定是算錯！

當$C^*=\frac{C_{min}}{C_{max}}=0$，不管順逆流，其關係式相同$=>\varepsilon=1-e^{-NTU}$，其比熱$c_p\to\infty$下，$C_{max}\to\infty$即$C^*=0$ (例如在鍋爐或冷凝器的情況)

3. 當$C^*=\frac{C_{min}}{C_{max}}=1$時，即關係式為$\varepsilon=\frac{NTU}{1+NTU}$

〈類題 24－9〉有一逆流式殼管式換熱器在管側的質量流率為4kg/sec，從25°C將水加熱至40°C，熱水在殼側質量流率為2kg/sec，入口溫度為90°C，此為單程的pass，總包熱傳係數基於內管為基準的$U_i=1400\,W/m^2\cdot k$，管子的內徑為1.88cm，水的平均流速為0.38m/sec，允許管長的限制為2.5m，假設水的熱容量和密度視為常數，求管長和每程有幾根管子？

Sol：能量平衡$q=U_iA_i\Delta T_{lm}=\dot{m}_H C_{pH}(T_{Hi}-T_{Ho})=\dot{m}_c C_{pc}(T_{co}-T_{ci})$

$=>\left(2\frac{kg}{sec}\right)\left(4.184\frac{kJ}{kg\cdot k}\right)(90-T_{Ho})k=\left(4\frac{kg}{sec}\right)\left(4.184\frac{kJ}{kg\cdot k}\right)(40-25)k$

$=>T_{Ho}=60(°C)$，$\dot{m}=\langle u\rangle A\rho\cdot n$ $=>4=0.38\left[\frac{\pi}{4}\left(\frac{1.88}{100}\right)^2\right]1000n$

$=>n=37.9\doteqdot 38$(根)，$q=2\times4184\times(90-60)=251040\left(\frac{J}{sec}\right)$

$\Delta T_1=90-40=50(°C)$

$\Delta T_2=60-25=35(°C)$

$\Delta T_{lm}=\frac{\Delta T_1-\Delta T_2}{\ln\left(\frac{\Delta T_1}{\Delta T_2}\right)}=\frac{50-35}{\ln\left(\frac{50}{35}\right)}=42(°C)$

$T_{Hi}=90(k)$ → $T_{Ho}=?$ →

$T_{co}=40(k)$ ← $T_{ci}=25(k)$ ←

$\Delta T_1=50(k)$ $\Delta T_2=?(k)$

$=> q = U_i A_i \Delta T_{lm} => 251040 = (1400)A_i(42) => A_i = 4.269(m^2)$

$=> A_i = \pi D_i L \cdot n => 4.269 = \pi\left(\frac{1.88}{100}\right) L \cdot (38) => L = 1.9(m)$

〈類題 24－10〉使用冷卻水在 14.8bar 將所需的氨蒸氣 1430lbm/hr做冷凝，在 1-2 熱交換器中所需的表面積 46m²，蒸發焓的能量爲 261.4kcal/kg，此換熱器是否有足夠的冷卻能力，請表示出是否可行？或者是不可行？下列數值爲熱傳係數和積垢阻力被估計的數值，因水垢和氨氣相比之下，較容易積存在管側，因此被冷凝蒸氣通常使用在殼側：$h_i = 5000W/m^2 \cdot k$，$h_o = 8000W/m^2 \cdot k$，$R_{fi} = 2.5 \times 10^{-4} m^2 \cdot k/W$，$R_{fo} = 1 \times 10^{-4} m^2 \cdot k/W$，假設無過冷狀態下的氨氣被冷凝，冷凝後出口端溫度固定，計算出對數平均溫度差，因冷凝後爲恆壓狀態，進口和出口的氨蒸汽流爲41.4℃，冷卻水進口溫度爲30℃，出口溫度爲36.4℃。

Sol：$\Delta T_1 = 41.4 - 30 = 11.4(°C)$

$\Delta T_2 = 41.4 - 36.4 = 5(°C)$

$\Delta T_{lm} = \frac{\Delta T_1 - \Delta T_2}{\ln\left(\frac{\Delta T_1}{\Delta T_2}\right)} = \frac{11.4-5}{\ln\left(\frac{11.4}{5}\right)} = 7.77(°C)$

$T_s = 41.4(°C)$ →
$T_{ci} = 30(°C)$ → $T_{co} = 36.4(°C)$ →
$\Delta T_1 = 11.4(°C)$　$\Delta T_2 = 5(°C)$

$q = \dot{m}\lambda = \left(650\frac{kg}{hr} \times \frac{1hr}{3600sec}\right)\left(261.4\frac{kcal}{kg} \times \frac{4.184J}{1cal} \times \frac{1000J}{1kJ}\right) = 197473.2\left(\frac{J}{sec}\right)$

$q = U_o A_o \Delta T_{lm} => 197473.2 = (U_o)(46)(7.77)k => U_o = 552.5\left(\frac{W}{m^2 \cdot k}\right)$

在管子爲潔淨 clean(c)的總包熱傳係數：$\frac{1}{U_{o(c)}} = \frac{1}{h_i} + \frac{1}{h_o}$

$=> \frac{1}{U_{o(c)}} = \frac{1}{5000} + \frac{1}{8000} => U_{o(c)} = 3076\left(\frac{W}{m^2 \cdot k}\right)$

在管子在允許 available(a)的總包熱傳係數$R_{o(a)}$

$R_{o(a)} = \frac{1}{U_{o(a)}} = \frac{1}{U_0} - \frac{1}{U_{o(c)}} = \frac{1}{552.5} - \frac{1}{3076} = 1.48 \times 10^{-3}\left(\frac{m^2 \cdot k}{W}\right)$

實際下積垢熱阻 require(R)的總包熱傳係數$R_{o(R)}$

$=> R_{o(R)} = R_{fi} + R_{fo} = (2.5 \times 10^{-4}) + (1 \times 10^{-4}) = 3.5 \times 10^{-4}\left(\frac{m^2 \cdot k}{W}\right)$

$\because R_{o(a)} \gg R_{o(R)}$ =>允許積垢熱阻>>實際積垢熱阻

∴ 換熱器的管子仍不需以高壓水柱清洗積垢！

〈類題 24 − 11〉有一逆流式換熱器利用水將熱油作降溫，油的流率為0.25kg/s且入口溫度為$T_{hi} = 220°C$。水的流率為0.3kg/s且入口溫度為$T_{ci} = 20°C$，目標是希望水的出口溫度可以到達$T_{co} = 95°C$，另外熱油與水的比熱為$C_{pH} = 2100\,J/kg\cdot k$和$C_{pc} = 4200\,J/kg\cdot k$。試回答下列問題(一)請計算出換熱器的熱傳速率與熱油的出口溫度。(二)如果換熱器操作是在順流下，水的溫度是會越來約接近油溫？請解釋原因？(三)請定義換熱器的有效度ε與 NTU 的定義為何？並請計算ε與 NTU 的數值？$NTU = \frac{1}{C_r-1}\ln\left(\frac{\varepsilon-1}{\varepsilon C_r-1}\right)$，$C_r$是最小熱容量與最大熱容量比。(四)如果總包熱傳係數為$U_o = 300W/m^2\cdot k$，計算換熱器所需的表面積為何？

Sol：(一)能量平衡$q = \dot{m}_H C_{pH}(T_{Hi} - T_{Ho}) = \dot{m}_c C_{pc}(T_{co} - T_{ci})$

$$=>\left(0.25\frac{kg}{sec}\right)\left(2100\frac{J}{kg\cdot k}\right)(220 - T_{Ho})k = \left(0.3\frac{kg}{sec}\right)\left(4200\frac{J}{kg\cdot k}\right)(95 - 20)k$$

$$=>T_{Ho} = 40(°C)$$

$$q = \dot{m}_H C_{pH}(T_{Hi} - T_{Ho}) = \left(0.25\frac{kg}{sec}\right)\left(2100\frac{J}{kg\cdot k}\right)(220 - 40)k = 94500(W)$$

(二)在順流下的熱交換，在能量平衡的情況下，兩者出口溫度會接近！

(三) $\varepsilon = \frac{q}{C_{min}(T_{Hi}-T_{ci})} = \frac{實際傳送熱量}{最大可能傳送熱量} < 1.0$

$NTU = \frac{U_0 A_0}{C_{min}}$ 換熱器設計大小的指標

$$C_H = \dot{m}_H C_{ph} = \left(0.25\frac{kg}{sec} \times 2100\frac{J}{kg\cdot k}\right) = 525\left(\frac{J}{sec\cdot k}\right)$$

$$C_C = \dot{m}_c C_{pc} = \left(0.3\frac{kg}{sec} \times 4200\frac{J}{kg\cdot k}\right) = 1260\left(\frac{J}{sec\cdot k}\right)$$

$C_C > C_H$ $=>C_C = C_{max}$；$C_H = C_{min}$ $=>C_r = \frac{C_{min}}{C_{max}} = \frac{525}{1260} = 0.417$

$\varepsilon = \frac{q}{C_{min}(T_{Hi}-T_{ci})} = \frac{94500}{525(220-20)} = 0.9$；$NTU = \frac{1}{0.417-1}\ln\left(\frac{0.9-1}{0.9\times0.417-1}\right) = 3.14$

(四)$NTU = \frac{U_0 A_0}{C_{min}}$ $=>3.14 = \frac{300A_0}{525}$ $=>A_0 = 5.5(m^2)$

〈類題 24－12〉在一 3/8 in. schedule 40 之管線，其管內側熱傳係數h_i = 1500W/m²·k，管外側熱傳係數h_o = 2500W/m²·k，金屬管之導熱係數爲 57W/m·k。假設管線無壁垢，管長爲 2m。(一)管外爲 120℃之飽和蒸汽，管內之進出口溫度各爲 20℃與 95℃。求一公尺長之管線之熱傳速率(以 W 表示)(二)同樣之管線操作條件下，若管內壁垢係數及管外壁垢係數分別爲1900W/m²·k與3400W/m²·k，當進口之水溫仍爲 20℃時，出口水溫爲何？

鐵管之規格

A.5-1 Dimensions of Standard Steel Pipe

Nominal Pipe Size (in.)	Outside Diameter in.	Outside Diameter mm	Schedule Number	Wall Thickness in.	Wall Thickness mm	Inside Diameter in.	Inside Diameter mm	Inside Cross-Sectional Area ft²	Inside Cross-Sectional Area m² × 10⁴
1/8	0.405	10.29	40	0.068	1.73	0.269	6.83	0.00040	0.3664
			80	0.095	2.41	0.215	5.46	0.00025	0.2341
1/4	0.540	13.72	40	0.088	2.24	0.364	9.25	0.00072	0.6720
			80	0.119	3.02	0.302	7.67	0.00050	0.4620
3/8	0.675	17.15	40	0.091	2.31	0.493	12.52	0.00133	1.231
			80	0.126	3.20	0.423	10.74	0.00098	0.9059
1/2	0.840	21.34	40	0.109	2.77	0.622	15.80	0.00211	1.961
			80	0.147	3.73	0.546	13.87	0.00163	1.511
3/4	1.050	26.67	40	0.113	2.87	0.824	20.93	0.00371	3.441
			80	0.154	3.91	0.742	18.85	0.00300	2.791
1	1.315	33.40	40	0.133	3.38	1.049	26.64	0.00600	5.574
			80	0.179	4.45	0.957	24.31	0.00499	4.641
1¼	1.660	42.16	40	0.140	3.56	1.380	35.05	0.01040	9.648
			80	0.191	4.85	1.278	32.46	0.00891	8.275
1½	1.900	48.26	40	0.145	3.68	1.610	40.89	0.01414	13.13
			80	0.200	5.08	1.500	38.10	0.01225	11.40
2	2.375	60.33	40	0.154	3.91	2.067	52.50	0.02330	21.65
			80	0.218	5.54	1.939	49.25	0.02050	19.05
2½	2.875	73.03	40	0.203	5.16	2.469	62.71	0.03322	30.89
			80	0.276	7.01	2.323	59.00	0.02942	27.30
3	3.500	88.90	40	0.216	5.49	3.068	77.92	0.05130	47.69
			80	0.300	7.62	2.900	73.66	0.04587	42.61
3½	4.000	101.6	40	0.226	5.74	3.548	90.12	0.06870	63.79
			80	0.318	8.08	3.364	85.45	0.06170	57.35

Sol：(一)$D_i = \frac{12.52}{1000} = 0.012(m)$，$D_o = \frac{17.15}{1000} = 0.017(m)$

$\Delta x = \frac{D_o - D_i}{2} = \frac{0.017-0.012}{2} = 2.31 \times 10^{-3}(m)$ (圖示可參考例題 24－11)

$A_i = \pi D_i L = \pi(0.012)(1) = 0.038(m^2)$

$A_o = \pi D_o L = \pi(0.017)(1) = 0.053(m^2)$

$A_{lm} = \frac{A_o - A_i}{\ln\left(\frac{A_o}{A_i}\right)} = \frac{0.053-0.038}{\ln\left(\frac{0.053}{0.038}\right)} = 0.045(m^2)$

$T_s = 120(℃)$

$T_{ci} = 20(℃)$　$T_{co} = 95(℃)$

$\Delta T_1 = 100(℃)$　$\Delta T_2 = 25(℃)$

$U_0 = \frac{1}{\frac{1}{h_0} + \frac{\Delta x\, A_0}{k\, A_{lm}} + \frac{A_o}{h_i A_i}} = \frac{1}{\frac{1}{2500} + \frac{(2.31\times10^{-3})(0.053)}{(57)(0.045)} + \frac{0.053}{1500(0.038)}} = 725.9\left(\frac{W}{m^2 \cdot k}\right)$

$\Delta T_1 = 120 - 20 = 100(℃)$，$\Delta T_2 = 120 - 95 = 25(℃)$

$\Delta T_{lm}=\frac{\Delta T_1-\Delta T_2}{\ln\left(\frac{\Delta T_1}{\Delta T_2}\right)}=\frac{100-25}{\ln\left(\frac{100}{25}\right)}=54(°C)$ =>$q=U_oA_o\Delta T_{lm}=(725.9)(0.053)(54)=$ $2116.7(W)$

(二) $\Delta T_1=120-20=100(°C)$，$\Delta T_2=120-T_{co}$

$\Delta T_{lm}=\frac{\Delta T_1-\Delta T_2}{\ln\left(\frac{\Delta T_1}{\Delta T_2}\right)}=\frac{100-(120-T_{co})}{\ln\left(\frac{100}{120-T_{co}}\right)}$，$U_o'=\frac{1}{\frac{1}{h_0}+\frac{1}{h_{do}}+\frac{\Delta x\,A_0}{k\,A_{lm}}+\frac{A_0}{h_iA_i}+\frac{A_0}{h_{di}A_i}}$

$$U_o'=\frac{1}{\frac{1}{2500}+\frac{1}{3400}+\frac{(2.31\times10^{-3})(0.053)}{(57)(0.045)}+\frac{0.053}{1500(0.038)}+\frac{0.053}{1900(0.038)}}=415.7\left(\frac{W}{m^2\cdot k}\right)$$

=>$q=U_o'A_o\Delta T_{lm}$

=>$2116.7=(415.7)(0.053)\frac{100-(120-T_{co})}{\ln\left(\frac{100}{120-T_{co}}\right)}$

$T_s=120(°C)$

$T_{ci}=20(°C)$ $T_{co}=?(°C)$

$\Delta T_1=100(°C)$ $\Delta T_2=120-T_{co}$

=>$T_{co}\doteqdot25.7(°C)$

〈類題 24－13〉水流經一內徑爲 0.04m，外徑爲 0.048m，長度爲 4m 之標準不銹鋼圓管內，蒸汽在管外將水冷凝，而管內水之對流熱傳係數爲$2250W/m^2\cdot k$，而管外蒸汽之對流熱傳係數爲$10000W/m^2\cdot k$，不銹鋼圓管之k 爲 $43W/m\cdot k$，水與蒸汽的進口端溫度差爲$\Delta T_1=110°C$，出口端溫度差爲$\Delta T_2=50°C$。(一)以內面積爲基準計算總包熱傳係數。(二)計算水的熱傳送量 kW。

Sol：(一) $D_i=0.04(m)$；$D_o=0.048(m)$

$\Delta x=\frac{D_o-D_i}{2}=\frac{0.048-0.04}{2}=4\times10^{-3}(m)$

h_0 h_i D_i D_0 水 蒸汽

$k=43W/m\cdot k$

$A_i=\pi D_iL=\pi(0.04)(4)=0.502(m^2)$

$A_o=\pi D_oL=\pi(0.048)(4)=0.602(m^2)$

$A_{lm}=\frac{A_0-A_i}{\ln\left(\frac{A_0}{A_i}\right)}=\frac{0.602-0.502}{\ln\left(\frac{0.602}{0.502}\right)}=0.55(m^2)$，$U_i=\frac{1}{\frac{1}{h_i}+\frac{\Delta x\,A_i}{k\,A_{lm}}+\frac{A_i}{h_0A_0}}$

$$U_i=\frac{1}{\frac{1}{2250}+\frac{(4\times10^{-3})(0.502)}{(43)(0.55)}+\frac{0.502}{10000(0.602)}}=1632\left(\frac{W}{m^2\cdot k}\right)$$

(二)$\Delta T_{lm}=\frac{\Delta T_1-\Delta T_2}{\ln\left(\frac{\Delta T_1}{\Delta T_2}\right)}=\frac{110-50}{\ln\left(\frac{110}{50}\right)}=76(°C)$

=>$q=U_iA_i\Delta T_{lm}=(1632)(0.502)(76)=62344(W)=62.3(kW)$

〈類題 24－14〉有一 1-2 殼管式冷凝器，其熱量釋放曲線經細分下列三區段後，其溫度區間和熱負荷如下：

區段	殼端溫度區間(°F)	熱負荷(Btu/hr)
1	251-215	1880000
2	215-170	1110000
3	170-110	690000

冷卻水進口溫度約爲 80°F而出口溫度110°F，試問其重量溫度差爲何？

Sol：區域一：$\Delta T_1 = 251 - 110 = 141(°F)$；$\Delta T_2 = 215 - 80 = 135(°F)$

$\Delta T_{lm} = \frac{\Delta T_1 - \Delta T_2}{\ln\left(\frac{\Delta T_1}{\Delta T_2}\right)} = \frac{141-135}{\ln\left(\frac{141}{135}\right)} = 138(°F)$；$Y = \frac{T_{co}-T_{ci}}{T_{Hi}-T_{ci}} = \frac{110-80}{251-80} = 0.175$

$Z = \frac{T_{Hi}-T_{Ho}}{T_{co}-T_{ci}} = \frac{251-215}{110-80} = 1.2$

$T_{Hi} = 251(°C) \rightarrow$ $T_{Ho} = 215(°C) \rightarrow$

$T_{co} = 110(°C) \leftarrow$ $T_{ci} = 80(°C) \leftarrow$

$\Delta T_1 = 141\ (°C)$ $\Delta T_2 = 135\ (°C)$

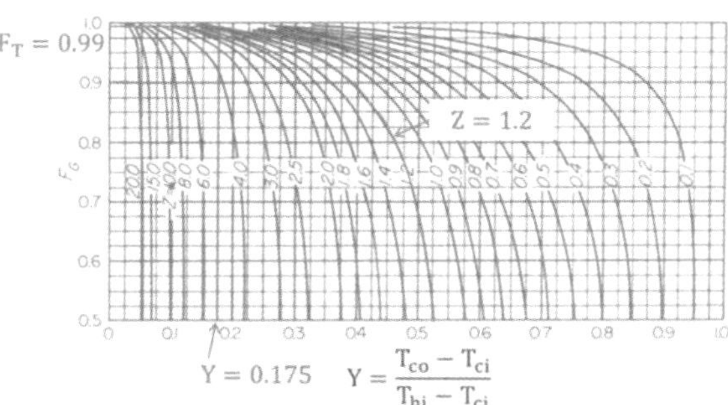

Y 值對應計算出的 Z 值查圖求得$F_T = 0.99$

$\Delta T_1' = F_T \Delta T_{lm} = 0.99 \times 138 = 136.6(°F)$

區域二：$\Delta T_1 = 215 - 110 = 105(°F)$；$\Delta T_2 = 170 - 80 = 90(°F)$

$\Delta T_{lm} = \frac{\Delta T_1 - \Delta T_2}{\ln\left(\frac{\Delta T_1}{\Delta T_2}\right)} = \frac{105-90}{\ln\left(\frac{105}{90}\right)} = 97.3(°F)$；$Y = \frac{T_{co}-T_{ci}}{T_{Hi}-T_{ci}} = \frac{110-80}{215-80} = 0.222$

$Z = \frac{T_{Hi}-T_{Ho}}{T_{co}-T_{ci}} = \frac{215-170}{110-80} = 1.5$

$T_{Hi} = 215(°C) \rightarrow$ $T_{Ho} = 170(°C) \rightarrow$

$T_{co} = 110(°C) \leftarrow$ $T_{ci} = 80(°C) \leftarrow$

$\Delta T_1 = 105\ (°C)$ $\Delta T_2 = 90\ (°C)$

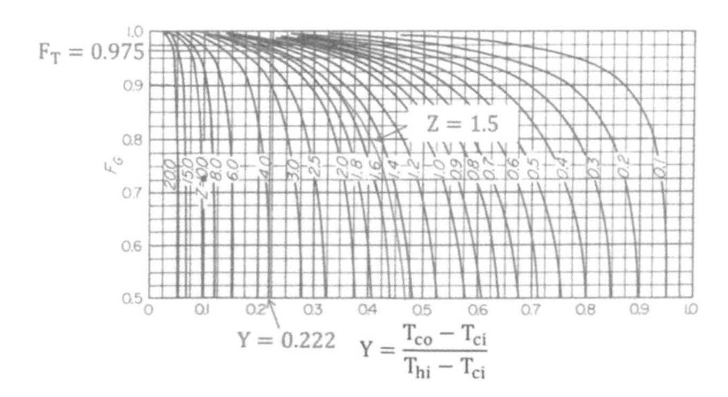

Y 值對應計算出的 Z 值查圖求得$F_T = 0.975$

$\Delta T_2' = F_T \Delta T_{lm} = 0.975 \times 97.3 = 95(°F)$

區域三：$\Delta T_1 = 170 - 110 = 60(°F)$；$\Delta T_2 = 110 - 80 = 30(°F)$

$\Delta T_{lm} = \frac{\Delta T_1 - \Delta T_2}{\ln\left(\frac{\Delta T_1}{\Delta T_2}\right)} = \frac{60-30}{\ln\left(\frac{60}{30}\right)} = 43.2(°F)$；$Y = \frac{T_{co} - T_{ci}}{T_{Hi} - T_{ci}} = \frac{110-80}{170-80} = 0.333$

$Z = \frac{T_{Hi} - T_{Ho}}{T_{co} - T_{ci}} = \frac{170-110}{110-30} = 2$

$T_{Hi} = 170(°C)$ → $T_{Ho} = 110(°C)$

$T_{co} = 110(°C)$ ← $T_{ci} = 80(°C)$

$\Delta T_1 = 60\ (°C)$　$\Delta T_2 = 30\ (°C)$

$F_T = 0.805$　Z = 2.0　Y = 0.333　$Y = \frac{T_{co} - T_{ci}}{T_{hi} - T_{ci}}$

Y 值對應計算出的 Z 值查圖求得$F_T = 0.805$

$\Delta T_3' = F_T \Delta T_{lm} = 0.805 \times 43.2 = 34.8(°F)$

重量溫度差$(\Delta t) = \frac{Q(總熱)}{\frac{Q_1}{\Delta T_1'} + \frac{Q_2}{\Delta T_2'} + \frac{Q_3}{\Delta T_3'}} = \frac{1880000+1110000+690000}{\frac{1880000}{136.6} + \frac{1110000}{95} + \frac{690000}{34.8}} = 81(°F)$

歷屆試題解析

〈考題 24－1〉(84 委任升等)(5 分)

有一熱交換器的溫度分佈線如下圖所示：請問它是並流式或逆流式？如第一題之熱交換器，內管或外管加熱？

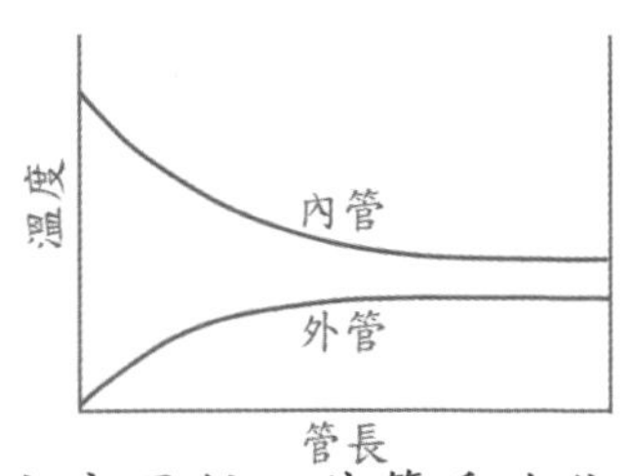

Sol：(1)並流式(2)由圖可知爲內管加熱，溫度由高至低。外管爲冷卻，溫度由低至高。

〈考題 24－2〉(84 化工技師)(20 分)

甲醇流經雙套管熱交換器的內管，而被流經夾套的水冷卻。內管 1 英吋，規格 40(Sch.40) 內徑＝1.049in，外徑＝1.315in之鋼管，鋼之導熱度(Conductivity)爲 26Btu/ft · hr · °F ，其個別熱傳係數和積垢因素如附表所示。試計算基於內管外側面積的總熱傳係數，附表：個別熱傳係數及積垢因素。

		$(Btu/ft^2 \cdot hr \cdot °F)$
甲醇側熱傳係數	h_i	180
水側熱傳係數	h_o	300
內側積垢因數	h_{di}	1000
外側積垢因數	h_{do}	500

Sol：$D_i = \frac{1.049}{12} = 0.087(ft)$，$D_o = \frac{1.315}{12} = 0.109(ft)$

$$\Delta x = \frac{D_o - D_i}{2} = \frac{0.109 - 0.087}{2} = 0.011(ft)$$

$$D_{lm} = \frac{D_o - D_i}{\ln\left(\frac{D_o}{D_i}\right)} = \frac{0.109 - 0.087}{\ln\left(\frac{0.109}{0.087}\right)} = 0.098$$

$$U_0 = \frac{1}{\frac{1}{h_0} + \frac{1}{h_{do}} + \frac{\Delta x\ D_0}{k\ D_{lm}} + \frac{D_0}{h_{di} D_i} + \frac{D_0}{h_i D_i}}$$

$$= \frac{1}{\frac{1}{300} + \frac{1}{500} + \frac{(0.011)(0.109)}{(26)(0.098)} + \frac{0.109}{1000 \times 0.087} + \frac{0.109}{180 \times 0.087}} = 71\left(\frac{Btu}{ft^2 \cdot hr \cdot °F}\right)$$

〈考題24－3〉(86委任升等)(100普考)(15分)

套管式熱交換器(double pipe heat exchanger)的操作有逆向流動(counter-current flow)操作與順向流動(co-current flow)操作，請說明有何差異？

Sol：請參考重點整理(三)順向流和逆向流的特性。

〈考題 24－4〉(88 普考)(5 分)

雙套管(double pipe)熱交換器是由什麼所構成的？

Sol：由標準迴頭與同心圓管所構成。

〈考題 24－5〉(89 第二次化工技師)(20 分)

質量流率20 kg/sec之熱水經由一管殼熱交換器之殼側進入，進出口溫度分別爲360及340k。質量流率25 kg/sec之冷卻水進入管側之溫度爲300k。假設總包熱傳係數(overall heat transfer coefficient)爲$2000W/m^2 \cdot k$，求此熱交換器所需之面積。水之熱容量$C_p = 4.18\ kJ/kg \cdot K$。熱交換器型式爲一殼程(1 shell pass)，二管程(2 tube pass)。

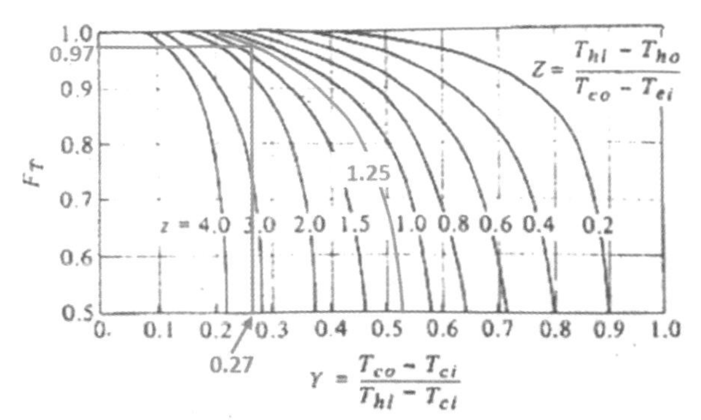

Sol：能量平衡爲基準$q = \dot{m}_H C_{pH}(T_{Hi} - T_{Ho}) = \dot{m}_c C_{pc}(T_{co} - T_{ci})$

$\Rightarrow \left(20\frac{kg}{sec}\right)\left(4.18\frac{kJ}{kg\cdot k}\right)(360-340)k = \left(25\frac{kg}{sec}\right)\left(4.18\frac{kJ}{kg\cdot k}\right)(T_{co}-300)k$

$\Rightarrow T_{co} = 316(k)$

$q = \dot{m}_H C_{pH}(T_{Hi} - T_{Ho}) = (20)(4180)(360-340) = 1.672 \times 10^6(W)$

$\Delta T_1 = T_{Hi} - T_{co} = 360 - 316 = 44(k)$

$\Delta T_2 = T_{Ho} - T_{ci} = 340 - 300 = 40(k)$

$\Delta T_{lm} = \frac{\Delta T_1 - \Delta T_2}{\ln\left(\frac{\Delta T_1}{\Delta T_2}\right)} = \frac{44-40}{\ln\left(\frac{44}{40}\right)} = 41.96(k)$

$T_{Hi} = 360(°C)$ → $T_{Ho} = 340(°C)$

$T_{co} = 316(°C)$ ← $T_{ci} = 300(°C)$

$\Delta T_1 = 44\ (°C)$　$\Delta T_2 = 40(°C)$

$Y = \frac{T_{co}-T_{ci}}{T_{Hi}-T_{ci}} = \frac{316-300}{360-300} = 0.27$；$Z = \frac{T_{Hi}-T_{Ho}}{T_{co}-T_{ci}} = \frac{360-340}{316-300} = 1.25$

Y 值對應計算出的 Z 值查圖求得$F_T = 0.97$

$\Rightarrow q = F_T U_o A_o \Delta T_{lm} \Rightarrow 1.672 \times 10^6 = (0.97)(2000)(A_o)(41.96)$

$\Rightarrow A_o = 20.54(m^2)$

〈考題 24－6〉(91 普考)(6 分)

對數平均溫度差 Sol：請參考重點整理(二)殼管式換熱器。

〈考題 24－7〉(92 化工技師)(5 分)

積垢因數(fouling factor) Sol：請參考重點整理(九)。

〈考題 24－8〉(93 經濟部特考)(20 分)

一座加熱面積爲2.0m²的 1-1 殼管式熱交換器，殼側以120°C飽和蒸汽加熱10^4kg/hr，30°C的油、當熱交換器初次操作使用，油的出口溫度爲60°C，在一段長時間連續操作後積垢，如果結垢係數(fouling coefficient 或 fouling factor h_d)經計算出爲1000 W/m²·K，請算出長期操作後出口油的溫度。(註：油的平均熱容

量 average heat capacity，Cp = 2.0 kJ/kg°C)

Sol：能量平衡爲基準 $q = \dot{m}C_p(T_2 - T_1) = U_oA_o\Delta T_{lm}$

$\Delta T_1 = T_s - T_1 = 120 - 30 = 90(°C)$

$\Delta T_2 = T_s - T_2 = 120 - 60 = 60(°C)$

$\Delta T_{lm} = \frac{\Delta T_1 - \Delta T_2}{\ln\left(\frac{\Delta T_1}{\Delta T_2}\right)} = \frac{90-60}{\ln\left(\frac{90}{60}\right)} = 73.98(°C)$

$T_s = 120(°C)$
$T_1 = 30\ (°C)$　$T_2 = 60\ (°C)$
$\Delta T_1 = 90(°C)$　$\Delta T_2 = 60(°C)$

$=>\left(10^4\frac{kg}{hr} \times \frac{1hr}{3600sec}\right)\left(2\frac{kJ}{kg\cdot°C} \times \frac{1000J}{1kJ}\right)(60-30)°C = U_o(2)(73.98)$

$=>U_o = 1126\left(\frac{W}{m^2\cdot k}\right)$

管壁爲良導體組成，熱阻很小且管壁很薄，則內外表面積近似相等時如下

$\frac{1}{U_o^*} = \frac{1}{U_0} + \frac{1}{h_d} = \frac{1}{1126} + \frac{1}{1000} = 1.887 \times 10^{-3}$ $=>U_o^* = 530\left(\frac{W}{m^2\cdot k}\right)$

長期操作下：

$\Delta T_1 = T_s - T_2^* = 120 - T_2^*$；$\Delta T_2 = T_s - T_1 = 120 - 30 = 90(°C)$

$\Delta T_{lm} = \frac{(120-T_2^*)-90}{\ln\left(\frac{120-T_2^*}{90}\right)}$

$T_s = 120(°C)$
$T_1 = 30\ (°C)$　$T_2' = ?\ (°C)$
$\Delta T_1 = 90(°C)$　$\Delta T_2 = 120 - T_2'$

$=> q = \dot{m}C_p(T_2^* - T_1) = U_o^*A_o\Delta T_{lm}$

$=>\left(10^4\frac{kg}{hr} \times \frac{1hr}{3600sec}\right)\left(2\frac{kJ}{kg\cdot°C} \times \frac{1000J}{1kJ}\right)(T_2^* - 30) = (530)(2)\frac{(120-T_2^*)-90}{\ln\left(\frac{120-T_2^*}{90}\right)}$

$=>T_2^* \doteqdot 45.6(°C)$

〈考題24－9〉(93化工技師)(20分)

有一套管式熱交換器被設計用來冷卻工廠內大型引擎用的潤滑油，該熱交換器採逆流(counterflow)式操作，內管的直徑爲25mm，而外管的直徑爲45mm。冷卻水在內管中流動的質量流率爲0.2kg/s，而潤滑油在兩管之間的環狀區域中流動的質量流率爲0.1kg/s。冷卻水與潤滑油的入口溫度分別爲30°C與100°C，則若潤滑油的出口溫度欲達到60°C，則熱交換器的長度需爲若干？潤滑油與冷卻水的物理性質如下表所示。

	比熱 (J/kg · K)	黏度 $(N \cdot S/m^2)$	熱傳導係數 (W/m · K)	Prandtl Number(Pr)
潤滑油(80°C)	2131	3.25×10^{-2}	0.138	
冷卻水(80°C)	4178	725×10^{-6}	0.625	4.85

假設熱交換器管壁相當薄，而且器內因積垢所造成的熱傳阻力可以忽略。此外，冷卻水之Nusselt number(Nu)可以下式估算：$Nu = 0.023Re^{4/5}\,Pr^{0.4}$ 式中之Re爲Reynolds number。而潤滑油之流動若爲層流(laminar flow)狀態，則其Nusselt number約爲5.56。

Sol：$D_i = \frac{25}{1000} = 0.025(m)$，$D_o = \frac{45}{1000} = 0.045(m)$

能量平衡爲基準$q = \dot{m}_H C_{pH}(T_{Hi} - T_{Ho}) = \dot{m}_c C_{pc}(T_{co} - T_{ci})$

$=>\left(0.1\frac{kg}{sec}\right)\left(2131\frac{J}{kg \cdot k}\right)(100-60)k = \left(0.2\frac{kg}{sec}\right)\left(4178\frac{J}{kg \cdot k}\right)(T_{co} - 30)k$

$=>T_{co} = 40.2(k)$

$\Delta T_1 = T_{Hi} - T_{co} = 100 - 40.2 = 59.8(k)$

$\Delta T_2 = T_{Ho} - T_{ci} = 60 - 30 = 30(k)$

$\Delta T_{lm} = \frac{\Delta T_1 - \Delta T_2}{\ln\left(\frac{\Delta T_1}{\Delta T_2}\right)} = \frac{59.8-30}{\ln\left(\frac{59.8}{30}\right)} = 43.2(k)$

$T_{Hi} = 100(°C)$ → $T_{Ho} = 60(°C)$ →

$T_{co} = ?(°C)$ ← $T_{ci} = 30(°C)$ ←

$\Delta T_1 = 59.8\ (°C)$ $\Delta T_2 = 30\ (°C)$

冷卻水在內管流速$u_i = \frac{\dot{m}}{\rho A_i} = \frac{\dot{m}}{\rho \cdot \frac{\pi}{4} D_i^2} = \frac{0.2}{1000 \times \frac{\pi}{4}(0.025)^2} = 0.407\left(\frac{m}{sec}\right)$

冷卻水的雷諾數$Re = \frac{D_i u_i \rho}{\mu} = \frac{(0.025)(0.407)(1000)}{725 \times 10^{-6}} = 14034 > 2100$亂流

$Nu = 0.023Re^{4/5}\,Pr^{0.4}$ $=>\frac{h_i D_i}{k} = 0.023Re^{4/5}\,Pr^{0.4}$

$=>\frac{h_i(0.025)}{0.625} = 0.023(14034)^{4/5}\,(4.85)^{0.4}$ $=>h_i = 2248\left(\frac{W}{m^2 \cdot k}\right)$

※題目假設潤滑油是在層流下流動$Nu = 5.56$，潤滑油在兩管之間的環狀區域中流動，所以需以相當管徑計算，如圖灰色部分所示：

$D_{eq} = 4r_H = 4\frac{A}{L_p} = 4\frac{\frac{1}{4}(\pi D_0^2 - \pi D_i^2)}{\pi(D_0 + D_i)} = \frac{(D_0 + D_i)(D_0 - D_i)}{(D_0 + D_i)} = D_0 - D_i$

$D_{eq} = D_0 - D_i = 0.045 - 0.025 = 0.02(m)$

$=>Nu = \frac{h_0 D_{eq}}{k}$ $=>5.56 = \frac{h_0(0.02)}{0.138}$ $=>h_0 = 38.36\left(\frac{W}{m^2 \cdot k}\right)$

D_0

D_i

若管壁爲良導體組成，熱阻很小且管壁很薄，則內外表面積近似相等時，且$h_i \gg h_0$

$\frac{1}{U_i} = \frac{1}{h_i} + \frac{1}{h_0} = \frac{1}{2248} + \frac{1}{38.36} = 0.026$ $=>U_i = 38.5\left(\frac{W}{m^2 \cdot k}\right)$

$q = \dot{m}_H C_{pH}(T_{Hi} - T_{Ho}) = (0.1)(2131)(100 - 60) = 8524(W)$

$q = U_i A_i \Delta T_{lm}$ =>$8524 = (38.5)(A_i)(43.2)$ =>$A_i = 5.13(m^2)$ =>$A_i = \pi D_i L$

=>$5.13 = \pi(0.025)L$ =>$L = 65.3(m)$

※摘錄於 Frank.P.Incropera David P.DeWitt 例題 Example 11.1！

〈考題 24 – 10〉(94 普考) (5/10 分)

(一)請繪簡圖說明並比較順流式與逆流式套管熱交換器在操作上之不同。(二)說明在相同流量下，爲何逆流式較順流式具有較佳之熱交換效率。

Sol：(一)請參考重點整理(一)，(二)請參考重點整理(十)。

〈考題 24 – 11〉(95 普考)(15 分)

殼管式熱交換器中，殼側與管側之流體的選擇依據爲何？

Sol：請參考重點整理敘述(十)流體流動路徑的選擇。

〈考題24 – 12〉(95地方特考)(10分)

有一雙套管逆向熱交換器，熱流體進出口溫度分別爲175℃及35℃，冷流體之進出口溫度分別爲30℃及45℃；求此熱交換器之總溫差ΔT。

Sol：$\Delta T_1 = T_{Hi} - T_{co} = 175 - 45 = 130(°C)$

$\Delta T_2 = T_{Ho} - T_{ci} = 35 - 30 = 5(°C)$

$\Delta T_{lm} = \frac{\Delta T_1 - \Delta T_2}{\ln\left(\frac{\Delta T_1}{\Delta T_2}\right)} = \frac{130-5}{\ln\left(\frac{130}{5}\right)} = 38.4(°C)$

$T_{Hi} = 175(°C)$ → $T_{Ho} = 35(°C)$

$T_{co} = 45(°C)$ ← $T_{ci} = 30(°C)$

$\Delta T_1 = 130\ (°C)$ $\Delta T_2 = 5\ (°C)$

〈考題24 – 13〉(96普考)(10分)

請用熱傳概念解釋爲什麼使用熱交換器管必須保持乾淨？

Sol：請參考重點整理(九)換熱器設計之相關原理名詞。

〈考題24 – 14〉(96地方特考四等)(10分)

有一熱油(比熱爲2000 J/kg · K)在套管式熱交換器中用水(比熱爲4200J/kg · K)來冷卻。油進入熱交換器的溫度是380K，離開的溫度是330K，其質量流率爲0.5 kg/s。而冷卻水進入的溫度爲290K，質量流率爲0.2kg/s。請計算冷卻水出口的溫度爲何？

Sol：能量平衡爲基準$q = \dot{m}_H C_{pH}(T_{Hi} - T_{Ho}) = \dot{m}_c C_{pc}(T_{co} - T_{ci})$

$=>\left(0.5\frac{kg}{sec}\right)\left(2000\frac{J}{kg\cdot k}\right)(380-330)k=\left(0.2\frac{kg}{sec}\right)\left(4200\frac{J}{kg\cdot k}\right)(T_{co}-290)k$

$=>T_{co}=350(k)$

〈考題24－15〉(96地方特考)(20分)

現有一套管式熱交換系統，內鋼管直徑爲25 mm，外鋼管直徑爲35 mm。甲醇於套管之內管內流動；而水則於環管的空隙間流動以冷卻內管之甲醇。試求基於外管面積之總熱傳係數爲若干$W/m^2\cdot K$？注意：(一)水與甲醇之熱傳薄膜係數分別爲$1500W/m^2\cdot K$與$900W/m^2\cdot K$(二)水與甲醇之積垢因數(fouling factor)分別爲$2500W/m^2\cdot K$與$5000W/m^2\cdot K$(三)鋼管之熱傳導係數爲55 $W/m\cdot K$。

Sol：$D_o=\frac{35}{1000}=0.035(m)$，$D_i=\frac{25}{1000}=0.025(m)$

$$\Delta x=\frac{D_o-D_i}{2}=\frac{0.035-0.025}{2}=5\times10^{-3}(m)$$

$$A_i=\pi D_iL=\pi(0.025)(L)=0.078L(m^2)$$

$$A_o=\pi D_oL=\pi(0.035)(L)=0.109L(m^2)$$

$$A_{lm}=\frac{A_0-A_i}{\ln\left(\frac{A_0}{A_i}\right)}=\frac{0.109L-0.078L}{\ln\left(\frac{0.109L}{0.078L}\right)}=0.093L(m^2)，U_0=\frac{1}{\frac{1}{h_0}+\frac{1}{h_{do}}+\frac{\Delta x\,A_0}{k\,A_{lm}}+\frac{A_0}{h_{di}A_i}+\frac{A_0}{h_iA_i}}$$

$$U_0=\frac{1}{\frac{1}{1500}+\frac{1}{2500}+\frac{(5\times10^{-3})(0.109L)}{(55)(0.093L)}+\frac{0.109L}{5000(0.078L)}+\frac{0.109L}{900(0.078L)}}=333\left(\frac{W}{m^2\cdot k}\right)$$

〈考題24－16〉(91地方特考)(91高考三等)(99化工技師)(25分)

請導證“同向流式、雙套管熱交換器”(parallel flow double-pipe heat exchanger)，其整體熱交換速率(q)可藉「對數平均溫差」(ΔT_{lm})表示如下：

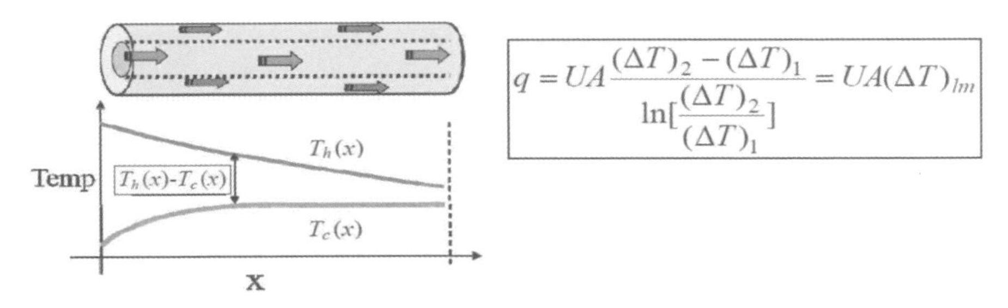

其中$(\Delta T)_1$與$(\Delta T)_2$分別爲熱交換器入口與出口處溫差，U爲整體熱傳係數，A爲熱傳面積。

Sol：$dq=\dot{m}_cC_{pc}dT_c=-\dot{m}_hC_{ph}dT_h=UdA(T_h-T_c)$ (1)(順流$\dot{m}_H$前取負號)

由(1)式可改寫爲=>$dT_c = \frac{dq}{\dot{m}_c C_{pc}}$，$dT_h = -\frac{dq}{\dot{m}_h C_{ph}}$

=>$dT_h - dT_c = dq\left(-\frac{1}{\dot{m}_h C_{ph}} - \frac{1}{\dot{m}_c C_{pc}}\right)$ =>$dq = \frac{dT_h - dT_c}{\frac{-1}{\dot{m}_h C_{ph}} - \frac{1}{\dot{m}_c C_{pc}}}$

由(1)式可改寫爲=>$UdA(T_h - T_c) = \frac{dT_h - dT_c}{\frac{-1}{\dot{m}_H C_{ph}} - \frac{1}{\dot{m}_c C_{pc}}}$ (2)

將(2)式狀態1(進口)積分到狀態2(出口)：

=>$\int_1^2 \frac{dT_h - dT_c}{(T_h - T_c)} = U\left(\frac{-1}{\dot{m}_h C_{ph}} - \frac{1}{\dot{m}_c C_{pc}}\right)\int dA$ =>$\ln\left(\frac{T_{h2} - T_{c2}}{T_{h1} - T_{c1}}\right) = UA\left(\frac{-1}{\dot{m}_h C_{ph}} - \frac{1}{\dot{m}_c C_{pc}}\right)$ (2)

由(1)式將狀態1(進口)積分到狀態2(出口)：

=>$\int dq = \dot{m}_c C_{pc}\int_1^2 dT_c = -\dot{m}_h C_{ph}\int_1^2 dT_h$

=>$q = \dot{m}_c C_{pc}(T_{c2} - T_{c1}) = -\dot{m}_h C_{ph}(T_{h2} - T_{h1})$ (3)

將(3)式移項=>$\frac{T_{c2} - T_{c1}}{q} = \frac{1}{\dot{m}_c C_{pc}}$ (4)；$\frac{T_{h2} - T_{h1}}{q} = -\frac{1}{\dot{m}_h C_{ph}}$ (5)

(4)和(5)式代回(2)式=>$\ln\left(\frac{T_{h2} - T_{c2}}{T_{h1} - T_{c1}}\right) = \frac{UA}{q}[(T_{h2} - T_{h1}) - (T_{c2} - T_{c1})]$

=>$q = UA(\Delta T)_{lm} = UA\frac{[(T_{h2} - T_{c2}) - (T_{h1} - T_{c1})]}{\ln\left(\frac{T_{h2} - T_{c2}}{T_{h1} - T_{c1}}\right)} = UA\frac{(\Delta T)_2 - (\Delta T)_1}{\ln\left[\frac{(\Delta T)_2}{(\Delta T)_1}\right]}$

※此題摘錄於葉和明的單元操作與輸送現象(二)熱傳篇內容敘述！

〈考題24－17〉(97高考三等)(25分)

一套管式熱交換器的局部單位面積熱通量(heat flux)dq/dA和冷熱流體之溫差

$\Delta T = T_h - T_c$的關係可表示成$\frac{dq}{dA} = U\Delta T = U(T_h - T_c)$

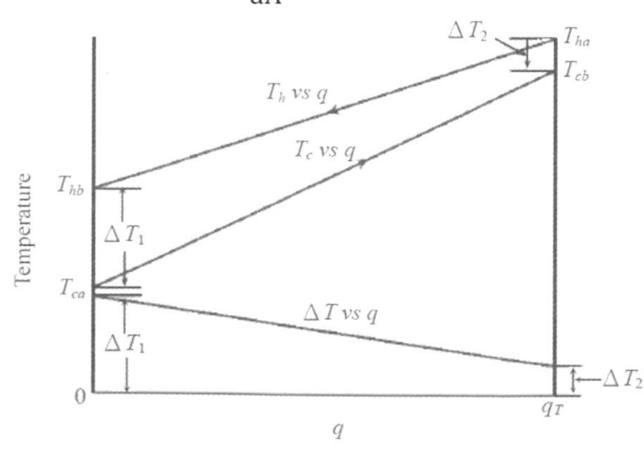

其中U爲局部總熱傳係數。下圖所示爲逆向流(countercurrent flow)套管式熱交換器操作時冷熱流溫度T對熱流率q的關係，這些關係都是線性的。圖中溫度T的下標a和b分別表示流體在進口和出口處，而下標c和h分別表示冷和熱流體。若總熱傳係數U爲常數，A_T表總熱傳面積，推導總熱傳速率q_T與溫差ΔT_1和ΔT_2的關係。

Sol：$dq = \dot{m}_c C_{pc} dT_c = \dot{m}_h C_{ph} dT_h = UdA_T(T_h - T_c)$ (1)

由(1)式$dT_c = \frac{dq}{\dot{m}_c C_{pc}}$，$dT_h = \frac{dq}{\dot{m}_h C_{ph}}$

$=> dT_h - dT_c = dq\left(\frac{1}{\dot{m}_h C_{ph}} - \frac{1}{\dot{m}_c C_{pc}}\right)$ $=> dq = \frac{dT_h - dT_c}{\frac{1}{\dot{m}_h C_{ph}} - \frac{1}{\dot{m}_c C_{pc}}}$

由(1)式可改寫爲 $=> UdA_T(T_h - T_c) = \frac{dT_H - dT_c}{\frac{1}{\dot{m}_h C_{ph}} - \frac{1}{\dot{m}_c C_{pc}}}$ (2)

將(2)式狀態a(進口)積分到狀態b(出口)：

$=> \int_a^b \frac{dT_h - dT_c}{(T_h - T_c)} = U\left(\frac{1}{\dot{m}_h C_{ph}} - \frac{1}{\dot{m}_c C_{pc}}\right)\int dA_T$

$=> \ln\left(\frac{T_{hb} - T_{cb}}{T_{ha} - T_{ca}}\right) = UA_T\left(\frac{1}{\dot{m}_h C_{ph}} - \frac{1}{\dot{m}_c C_{pc}}\right)$ (3)

由(1)式將狀態a(進口)積分到狀態b(出口)：

$=> \int dq = \dot{m}_c C_{pc} \int_a^b dT_c = \dot{m}_h C_{ph} \int_a^b dT_h$

$=> q = \dot{m}_c C_{pc}(T_{cb} - T_{ca}) = \dot{m}_h C_{ph}(T_{hb} - T_{ha})$ (4)

將(3)式移項$=> \frac{T_{cb} - T_{ca}}{q} = \frac{1}{m_c C_{pc}}$ (4)；$\frac{T_{hb} - T_{ha}}{q} = \frac{1}{m_h C_{ph}}$ (5)

(4)和(5)式代回(3)式$=> \ln\left(\frac{T_{hb} - T_{cb}}{T_{ha} - T_{ca}}\right) = \frac{UA_T}{q}[(T_{hb} - T_{ha}) - (T_{cb} - T_{ca})]$

$=> q = UA_T(\Delta T)_{lm} = UA_T \frac{[(T_{hb} - T_{cb}) - (T_{ha} - T_{ca})]}{\ln\left(\frac{T_{hb} - T_{cb}}{T_{ha} - T_{ca}}\right)} = UA_T\left[\frac{\Delta T_2 - \Delta T_1}{\ln\left(\frac{\Delta T_2}{\Delta T_1}\right)}\right]$

※此題摘錄於葉和明的單元操作與輸送現象(二)熱傳篇內容敘述！

〈考題24－18〉(98地方特考四等)(25分)

某輕潤滑油每小時以40000 kg/hr (Cp = 0.5 cal/kg ℃)之流量流經一雙套管熱交換器之一側，吾人擬將此輕潤滑油從100℃冷卻至45℃，如果以水在16℃做爲冷卻該輕潤滑油之用，水之流速爲160kg/hr，試求利用同向(co-current)及逆向(counter-current)熱交換器時，所需之熱傳面積，假設總熱傳送係數45cal/hr · m² · ℃。

Sol：能量平衡爲基準：$q = \dot{m}_H C_{pH}(T_{Hi} - T_{Ho}) = \dot{m}_c C_{pc}(T_{co} - T_{ci})$

$=>\left(40000\frac{kg}{hr}\right)\left(0.5\frac{cal}{kg \cdot ^\circ C}\right)(100-45)^\circ C = \left(160\frac{kg}{hr}\right)\left(1\frac{cal}{g \cdot ^\circ C} \times \frac{1000g}{1kg}\right)(T_{co}-16)^\circ C$

$=>T_{co} = 22.9(^\circ C)$

$q = \dot{m}_H C_{pH}(T_{Hi} - T_{Ho}) = (40000)(0.5)(100-45) = 1.1 \times 10^6 \left(\frac{cal}{hr}\right)$

順流：$\Delta T_1 = T_{Hi} - T_{ci} = 100 - 16 = 84(^\circ C)$

$\Delta T_2 = T_{Ho} - T_{co} = 45 - 22.9 = 22(^\circ C)$

$\Delta T_{lm} = \frac{\Delta T_1 - \Delta T_2}{\ln\left(\frac{\Delta T_1}{\Delta T_2}\right)} = \frac{84-22}{\ln\left(\frac{84}{22}\right)} = 46.3(^\circ C)$

$T_{Hi} = 100(^\circ C) \rightarrow \quad T_{Ho} = 45(^\circ C) \rightarrow$

$T_{ci} = 16(^\circ C) \rightarrow \quad T_{co} = ?(^\circ C) \rightarrow$

$\Delta T_1 = 84\ (^\circ C) \quad \Delta T_2 = 22\ (^\circ C)$

逆流：

$\Delta T_1 = T_{Hi} - T_{co} = 100 - 22.9 = 77(^\circ C)$

$\Delta T_2 = T_{Ho} - T_{ci} = 45 - 16 = 29(^\circ C)$

$\Delta T_{lm}^* = \frac{\Delta T_1 - \Delta T_2}{\ln\left(\frac{\Delta T_1}{\Delta T_2}\right)} = \frac{77-29}{\ln\left(\frac{77}{29}\right)} = 49.2(^\circ C)$

$T_{Hi} = 100(^\circ C) \rightarrow \quad T_{Ho} = 45(^\circ C) \rightarrow$

$T_{co} = ?(^\circ C) \leftarrow \quad T_{ci} = 16(^\circ C) \leftarrow$

$\Delta T_1 = 77\ (^\circ C) \quad \Delta T_2 = 29\ (^\circ C)$

同向$q = U_o A_o \Delta T_{lm} => 1.1 \times 10^6 = (45)A_o(46.3) => A_o = 527.9(m^2)$

逆向$q = U_o A_o^* \Delta T_{lm}^* => 1.1 \times 10^6 = (45)A_o^*(49.2) => A_o^* = 496.8(m^2)$

〈考題24－19〉(99高考三等)(6分)

攪拌槽(agitated vessel)與管殼型熱交換器(shell-and-tube heat exchanger)一般均裝有擋板(baffle)，請說明兩者所裝之擋板於構造與功能上之差異。

Sol：攪拌槽：沒有擋板的攪拌槽所需的功率較小，但它會產生漩渦，無法使液體完全混合均勻。

管殼型熱交換器：加裝擋板可提高殼程流體流速來增加對流熱傳係數。

〈考題24－20〉(99普考)(20分)

使用逆流式套管熱交換器將60 kg/min的水，自25°C加熱至60°C，所使用之熱媒的比熱爲0.45 Kcal/kg · °C，且入口及出口溫度分別爲120°C及72°C，若熱交換器的總熱傳導係數爲110Kcal/hr · m^2 · °C，則熱媒的流量爲若干kg/min？又需若干m^2的熱傳面積？

Sol：能量平衡爲基準$q = \dot{m}_H C_{pH}(T_{Hi} - T_{Ho}) = \dot{m}_c C_{pc}(T_{co} - T_{ci})$

$$=>\left(60\frac{kg}{min}\right)\left(1\frac{kcal}{kg\cdot°C}\right)(60-25)°C=\dot{m}_c\left(0.45\frac{kcal}{kg\cdot°C}\right)(120-72)°C$$

$$=>\dot{m}_c=97.2\left(\frac{kg}{min}\right)$$

$$q=\left(60\frac{kg}{min}\times\frac{60min}{1hr}\right)\left(1\frac{kcal}{kg\cdot°C}\right)(60-25)°C=126000\left(\frac{kcal}{hr}\right)$$

$$\Delta T_1=T_{Hi}-T_{co}=120-60=60(°C)$$

$$\Delta T_2=T_{Ho}-T_{ci}=72-25=47(°C)$$

$$\Delta T_{lm}=\frac{\Delta T_1-\Delta T_2}{\ln\left(\frac{\Delta T_1}{\Delta T_2}\right)}=\frac{60-47}{\ln\left(\frac{60}{47}\right)}=53.23(°C)$$

$T_{Hi}=120(°C)$ → $T_{Ho}=72(°C)$ →
$T_{co}=60(°C)$ ← $T_{ci}=25(°C)$ ←

$\Delta T_1=60\ (°C)$ $\Delta T_2=47\ (°C)$

$$q=U_oA_o\Delta T_{lm}\ =>126000=(110)A_o(53.23)\ =>A_o=21.5(m^2)$$

〈考題24－21〉(99高考三等)(15分)

有一化學反應程序於攪拌槽中進行連續操作，如下圖所示，進料(20°C)與排出液之速率皆爲2kg/sec，槽內之液體量維持於1000kg，此反應會伴隨熱產生，槽內每單位液體之熱產生速率爲300 J/kg · sec，爲維持槽內液體溫度於50°C，管圈(Tube Coil)式熱交換器置入槽中，以15°C水通入管圈進行槽內液體冷卻，該管圈與槽內流體間之總括熱傳係數(overall heat transfer coefficient)爲600 $J/m^2\cdot°C\cdot sec$，且攪拌槽進料與排出液之比熱(heat capacity)皆爲4000J/kg · °C，若穩定操作時管圈冷卻水出口溫度設定爲35°C，試估所需管圈之熱傳面積。假設攪拌槽爲完全混合，其與外界(surroundings)之熱傳可忽略。

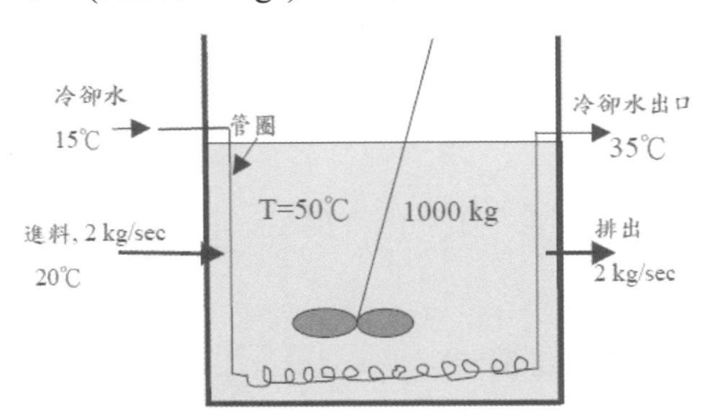

Sol：能量平衡爲基準$\dot{Q}=m\lambda=\dot{m}C_p(T_{out}-T_{in})$

$$=>\left(1000kg\times300\frac{J}{kg\cdot sec}\right)=\left(2\frac{kg}{sec}\right)\left(4000\frac{J}{kg\cdot°C}\right)(T_{out}-20)°C$$

=>$T_{out}=57.5(°C)$ 對攪拌槽作能量平衡$\int_{T_{in}}^{T_{out}}\frac{dT}{T-T_\infty}=\frac{U_0A_0}{\dot{m}C_p}\int_0^t dt$

=>$-\ln\left(\frac{T_{out}-T_\infty}{T_{in}-T_\infty}\right)=\frac{U_0A_0}{\dot{m}C_p}t$ (1)

※此題出題有誤，排出液溫度$T_{out}=57.5(°C)$不可能大於設定溫度$T_\infty=50(°C)$，此情況違反熱力學定律，另外就是題目並無提供冷卻水流量，如有冷卻水流量才能推估合理的T_{out}溫度，總而言之，T_{out}溫度一定是低於設定溫度代入(1)式才合理！

※另解(感謝讀者提供)

吸熱量=放熱量 =>槽內之液體熱量=管圈產生熱量+液體產生熱量

$\dot{Q}=m\lambda=UA\Delta T_{lm}+\dot{m}C_p(T_{out}-T_{in})$

=>$(1000\times300)=(600)A\left[\frac{15-5}{\ln\left(\frac{15}{5}\right)}\right]+(2)(4000)(50-20)$

=>$A=10.9(m^2)$

〈考題24－22〉(100地方特考四等)(20分)

有一套管熱交換器，內管爲一液體比熱容(C_p)爲3 kJ/kg°C，流率爲3000kg/hr，且其溫度從90°C被降至70°C，而水(C_p＝4 kJ/kg°C)在外管以逆向流動，流率爲1200 kg/hr，進口溫度爲20°C，若已知總包熱傳係數U＝300 W/m²K，請問水出口之溫度及熱傳面積爲多少？

Sol：能量平衡爲基準$q=\dot{m}_HC_{pH}(T_{Hi}-T_{Ho})=\dot{m}_cC_{pc}(T_{co}-T_{ci})$

=>$\left(3000\frac{kg}{hr}\right)\left(3\frac{kJ}{kg\cdot°C}\right)(90-70)°C=\left(1200\frac{kg}{hr}\right)\left(4\frac{kJ}{kg\cdot°C}\right)(T_{co}-20)°C$

=>$T_{co}=57.5(°C)$

$q=\left(3000\frac{kg}{hr}\times\frac{1hr}{3600sec}\right)\left(3\frac{kJ}{kg\cdot°C}\times\frac{1000J}{1kJ}\right)(90-70)°C=50000\left(\frac{J}{sec}\right)$

$\Delta T_1=T_{Ho}-T_{ci}=70-20=50(°C)$

$\Delta T_2=T_{Hi}-T_{co}=90-57.5=32.5(°C)$

$\Delta T_{lm}=\frac{\Delta T_1-\Delta T_2}{\ln\left(\frac{\Delta T_1}{\Delta T_2}\right)}=\frac{50-32.5}{\ln\left(\frac{50}{32.5}\right)}=40.6(°C)$

$T_{Hi}=90(°C)$ → $T_{Ho}=70(°C)$
$T_{co}=?(°C)$ ← $T_{ci}=20(°C)$
$\Delta T_1=32.5(°C)$ $\Delta T_2=50(°C)$

$q=U_oA_o\Delta T_{lm}$ =>$50000=(300)A_o(40.6)$ =>$A_o=4.1(m^2)$

〈考題24－23〉(101化工技師)(8/6/6分)

某空氣冷卻器，空氣在管外橫向流過，管外側的對流熱傳係數(heat transfer coefficient)爲$85W/(m^2 \cdot K)$，冷卻水在管內流過，管內側的對流熱傳係數爲 $4200\ W/(m^2 \cdot K)$。冷卻管是外直徑25mm管壁厚2.5mm的鋼管，其熱傳導係數爲$45W/(m \cdot K)$。試求：(一)總熱傳係數(overall heat transfer coefficient)；(二)若將管外側對流熱傳係數(h_0)提高一倍，其他條件不變，總熱傳係數增加的百分率；(三)若將管內側對流熱傳係數(h_i)提高一倍，其他條件不變，總熱傳係數增加的百分率。

Sol：

(一)$\Delta x = \frac{2.5}{1000} = 2.5 \times 10^{-3}(m)$

$$U = \frac{1}{\frac{1}{h_i}+\frac{\Delta x}{k}+\frac{1}{h_0}} = \frac{1}{\frac{1}{4200}+\frac{2.5\times10^{-3}}{45}+\frac{1}{85}} = 82.9\left(\frac{W}{m^2\cdot k}\right)$$

(二)管外側對流熱傳係數(ho)提高一倍$2h_0$

$$U^* = \frac{1}{\frac{1}{h_i}+\frac{\Delta x}{k}+\frac{1}{2h_0}} = \frac{1}{\frac{1}{4200}+\frac{2.5\times10^{-3}}{45}+\frac{1}{(2\times85)}} = 161.9\left(\frac{W}{m^2\cdot k}\right)$$

$$\% = \frac{U^*-U}{U}\times 100\% = \frac{161.9-82.9}{82.9}\times 100\% = 95(\%)$$

(三)管外側對流熱傳係數(hi)提高一倍$2h_i$

$$U^* = \frac{1}{\frac{1}{2h_i}+\frac{\Delta x}{k}+\frac{1}{h_0}} = \frac{1}{\frac{1}{(2\times4200)}+\frac{2.5\times10^{-3}}{45}+\frac{1}{85}} = 83.8\left(\frac{W}{m^2\cdot k}\right)$$

$$\% = \frac{U^*-U}{U}\times 100\% = \frac{83.8-82.9}{82.9}\times 100\% = 1.1(\%)$$

〈考題24－24〉(101化工技師)(20分)

一逆向流(counterflow)之熱交換器使用溫度爲20℃，流量爲12500kg/h的冷水將17000 kg/h之四氯化碳從80℃降溫爲40℃。管外(四氯化碳側)之熱傳係數爲$1600W/m^2\cdot k$，管內(冷水側)之熱傳係數爲$10000W/m^2\cdot k$，管壁之熱傳阻力可忽略。四氯化碳之比熱爲0.20 cal/g℃，水之比熱爲1cal/g℃，請問此熱交換器熱傳面積爲多少？(1cal = 4.184J)

能量平衡爲基準$q = \dot{m}_H C_{pH}(T_{Hi} - T_{Ho}) = \dot{m}_c C_{pc}(T_{co} - T_{ci})$

$$=>\left(17000\frac{kg}{hr}\times\frac{1hr}{3600sec}\right)\left(0.2\frac{cal}{g\cdot℃}\times\frac{4.184J}{1cal}\times\frac{1000g}{1kg}\right)(80-40)℃ = \left(12500\frac{kg}{hr}\times\right.$$

$$\frac{1\text{hr}}{3600\text{sec}}\Big)\left(1\frac{\text{cal}}{\text{g}\cdot°\text{C}}\times\frac{4.184\text{J}}{1\text{cal}}\times\frac{1000\text{g}}{1\text{kg}}\right)(T_{co}-20)°\text{C}$$

$$=>T_{co}=30.88(°\text{C})$$

$$\Delta T_1=T_{Hi}-T_{co}=80-30.88=49(°\text{C})$$

$$\Delta T_2=T_{Ho}-T_{ci}=40-20=20(°\text{C})$$

$$\Delta T_{lm}=\frac{\Delta T_1-\Delta T_2}{\ln\left(\frac{\Delta T_1}{\Delta T_2}\right)}=\frac{49-20}{\ln\left(\frac{49}{20}\right)}=32.3(°\text{C})$$

$T_{Hi}=80(°\text{C})$ → $T_{Ho}=40(°\text{C})$
$T_{co}=?(°\text{C})$ ← $T_{ci}=20(°\text{C})$
$\Delta T_1=49(°\text{C})$ $\Delta T_2=20\ (°\text{C})$

若管壁爲良導體組成，熱阻很小且管壁很薄，則內外表面積近似相等時，且$h_i\gg h_0$ $=>\frac{1}{U_i}=\frac{1}{h_i}+\frac{1}{h_0}=\frac{1}{10000}+\frac{1}{1600}$ $=>U_i=1379\left(\frac{W}{m^2\cdot k}\right)$

$$q=\left(\frac{17000}{3600}\right)(0.2\times4.184\times1000)(80-40)=158062(W)$$

$$q=U_iA_i\Delta T_{lm}=>158062=(1379)(A_i)(32.3)\ =>A_i=3.54(m^2)$$

〈考題 24－25〉(101 地方特考四等)(91 高考三等)(各 10 分)

(一)有一逆流(counterflow)單程(single pass)套管熱交換器如下圖，請繪出冷、熱流體溫度分布圖，並寫出其對數平均溫度差(LMTD)表示式。

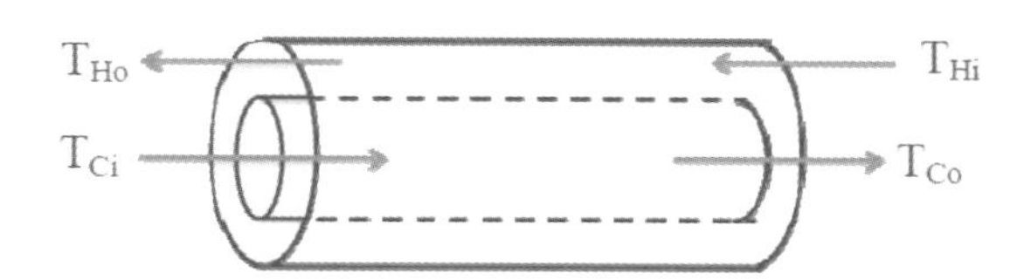

(二)若之熱交換器的兩端點溫度差相等時，其熱交換速率式如何表示？

Sol：請參考重點整理(二)殼管式換熱器(利用羅必達法則)。

〈考題24－26〉(100經濟部特考)(10分)

原油2000lb/hr流經雙套管換熱器之內管(從90°F加熱到200°F)，熱源是煤油(流經外圍環狀管，溫度爲450°F)，假設Temperature Approach(Minimum temperature Difference)爲20°F，請分別以(一)順向流cocurrent(二)逆向流countercurrent流向方式，分別計算出需要熱傳面積，及需要煤油流量爲何？請比較其差異。已知：1.Overall coefficient $U_0=80\ \text{BTU}/(\text{hr})(\text{ft}^2)(°\text{F})$ 2.原油及煤油之比熱分別爲0.56&0.60BTU/(lb)(°F)

(一)順向流：

$\Delta T_1 = T_{Hi} - T_{ci} = 450 - 90 = 360(°F)$

$\Delta T_2 = T_{Ho} - T_{co} = 220 - 200 = 20(°F)$

$\Delta T_{lm} = \frac{\Delta T_1 - \Delta T_2}{\ln\left(\frac{\Delta T_1}{\Delta T_2}\right)} = \frac{360-20}{\ln\left(\frac{360}{20}\right)} = 117.6(°F)$

$T_{Hi} = 450(°F) \rightarrow T_{Ho} = 220(°F)$

$T_{ci} = 90(°F) \rightarrow T_{co} = 200(°F)$

$\Delta T_1 = 360\ (°F)\quad \Delta T_2 = 20(°F)$

能量平衡爲基準$q = \dot{m}_H C_{pH}(T_{Hi} - T_{Ho}) = \dot{m}_c C_{pc}(T_{co} - T_{ci})$

$$q = \left(2000\frac{lb}{hr}\right)\left(0.56\frac{BTU}{lb\cdot°F}\right)(200-90)°F = 123200\left(\frac{Btu}{hr}\right)$$

$$=> 123200 = \dot{m}_H(0.6)(450-220) \ => \dot{m}_H = 892.8\left(\frac{lb}{hr}\right)$$

$$q = U_o A_o \Delta T_{lm} => \left(123200\frac{Btu}{hr}\right) = \left(80\frac{BTU}{hr\cdot ft^2\cdot °F}\right)A_o(117.6°F) => A_o = 13.1(ft^2)$$

(二)逆向流：

$\Delta T_1 = T_{Hi} - T_{co} = 450 - 200 = 250(°F)$

$\Delta T_2 = T_{Ho} - T_{ci} = 110 - 90 = 20(°F)$

$\Delta T_{lm}^* = \frac{\Delta T_1 - \Delta T_2}{\ln\left(\frac{\Delta T_1}{\Delta T_2}\right)} = \frac{250-20}{\ln\left(\frac{250}{20}\right)} = 91.1(°F)$

$T_{Hi} = 450(°F) \rightarrow T_{Ho} = 110(°F)$

$T_{co} = 200(°F) \leftarrow T_{ci} = 90(°F)$

$\Delta T_1 = 250(°F)\quad \Delta T_2 = 20\ (°F)$

$$=> 123200 = \dot{m}_H(0.6)(450-110) \ => \dot{m}_H = 603.9\left(\frac{lb}{hr}\right)$$

$$q = U_o A_o^* \Delta T_{lm}^* \ => \left(123200\frac{Btu}{hr}\right) = \left(80\frac{BTU}{hr\cdot ft^2\cdot °F}\right)A_o^*(91.1°F) => A_o^* = 16.9(m^2)$$

※計算結果得知：順向流所需煤油流量較多，但熱傳面積較小。逆向流所需煤油流量較少，但熱傳面積較多。

〈考題24－27〉(101經濟部特考)(7分)

已知熱交換器的修正因子(correction factor，F_G)爲0.8，入出口溫度如圖所示(單位爲°C)，請計算熱交換器之平均傳熱溫差。

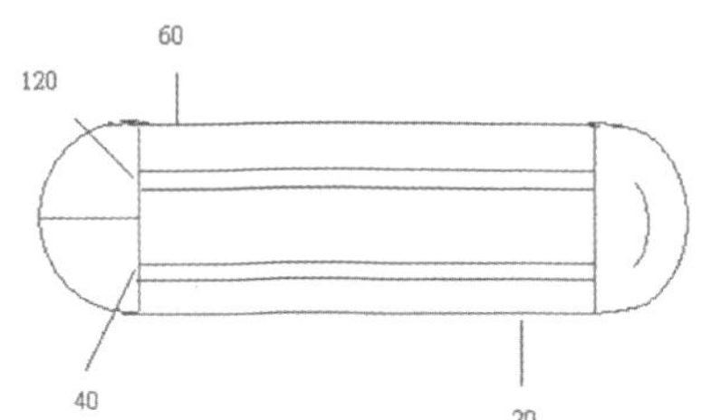

Sol：$\Delta T_1 = T_{Hi} - T_{co} = 120 - 60 = 60(k)$

$\Delta T_2 = T_{Ho} - T_{ci} = 40 - 20 = 20(k)$

$\Delta T_{lm} = \frac{\Delta T_1 - \Delta T_2}{\ln\left(\frac{\Delta T_1}{\Delta T_2}\right)} = \frac{60-20}{\ln\left(\frac{60}{20}\right)} = 36.4(°C)$

$=> \Delta T_{lm}' = \Delta T_{lm} \cdot F_G = 36.4(0.8) = 29.1(°C)$

〈考題24－28〉(102關務薦任升等)(10/5/5分)

有一股重油，流量爲3600 kg/h流入管殼式熱交換器中，溫度由372 K被冷至350K，而冷水(溫度290K)以流量1450kg/h流經管外。油之比熱爲2.3 kJ/kg．K，水之比熱爲4.187 kJ/kg．K，熱交換器之總熱傳係數U(overall heat transfer coefficient)爲340W/m²．K，試求：(一)水之出口溫度。 (二)熱傳面積，若流體流向爲countercurrent flow。(三)熱傳面積，若流體流向爲cocurrent flow。

Sol：

(一)能量平衡爲基準$q = \dot{m}_H C_{pH}(T_{Hi} - T_{Ho}) = \dot{m}_c C_{pc}(T_{co} - T_{ci})$

$$\left(3600\frac{kg}{hr}\right)\left(2.3\frac{kJ}{kg\cdot k}\right)(372-350)k = \left(1450\frac{kg}{hr}\right)\left(4.187\frac{kJ}{kg\cdot k}\right)(T_{co}-290)k$$

$=> T_{co} = 320(k)$

$$q = \left(3600\frac{kg}{hr}\times\frac{1hr}{3600sec}\right)\left(2.3\frac{kJ}{kg\cdot k}\times\frac{1000J}{1kJ}\right)(372-350)k = 50600\left(\frac{J}{sec}\right)$$

(二)逆流：

$\Delta T_1 = T_{Hi} - T_{co} = 350 - 290 = 60(°C)$

$\Delta T_2 = T_{Ho} - T_{ci} = 372 - 320 = 52(°C)$

$$\Delta T_{lm}^* = \frac{\Delta T_1 - \Delta T_2}{\ln\left(\frac{\Delta T_1}{\Delta T_2}\right)} = \frac{60-52}{\ln\left(\frac{60}{52}\right)} = 55.9(°C)$$

$T_{Hi} = 372(°C)$ → $T_{Ho} = 350(°C)$

$T_{co} = 320(°C)$ ← $T_{ci} = 290(°C)$

$\Delta T_2 = 52(°C)$ $\Delta T_1 = 60(°C)$

$q = U_o A_o^* \Delta T_{lm}^*$ $=> 50600 = (340)A_o^*(55.9k) => A_o^* = 2.66(m^2)$

(三)順流：

$\Delta T_1 = T_{Hi} - T_{ci} = 372 - 290 = 82(°C)$

$\Delta T_2 = T_{Ho} - T_{co} = 350 - 320 = 30(°C)$

$$\Delta T_{lm} = \frac{\Delta T_1 - \Delta T_2}{\ln\left(\frac{\Delta T_1}{\Delta T_2}\right)} = \frac{82-30}{\ln\left(\frac{82}{30}\right)} = 51.7(°C)$$

$T_{Hi} = 372(°C)$ → $T_{Ho} = 350(°C)$

$T_{ci} = 290(°C)$ → $T_{co} = 320(°C)$

$\Delta T_1 = 82(°C)$ $\Delta T_2 = 30(°C)$

$$q = U_o A_o \Delta T_{lm} => \left(50600\frac{J}{sec}\right) = \left(340\frac{W}{m^2\cdot k}\right)A_o(51.7k) => A_o = 2.87(m^2)$$

〈考題24－29〉(102化工技師)(8/16分)

有一支順流式(cocurrent flow)雙套管熱交換器(double pipe heat exchanger)。原油流入內管，由32.2 °C被加熱至93.3 °C，流率爲0.252kg/s。外管流的是加熱用的煤油(kerosene)；流入溫度爲232.2°C，流出溫度爲104.4°C。請求出：(一)煤油質量流率爲多少kg/s？(二)需要多少m²的熱傳送面積？[註]：總包熱傳係數$U_0 = 390.7$ kcal/(h．m²．°C)；原油比熱$Cp_c = 0.56$ kcal/(kg．°C)；煤油比熱

$Cp_h = 0.60\ \text{kcal}/(\text{kg}\cdot{}^\circ\text{C})$。

Sol：(一)能量平衡爲基準$q = \dot{m}_H C_{pH}(T_{Hi} - T_{Ho}) = \dot{m}_c C_{pc}(T_{co} - T_{ci})$

$$\dot{m}_H\left(0.6\frac{\text{kcal}}{\text{kg}\cdot{}^\circ\text{C}}\right)(232.2 - 104.4)^\circ\text{C} = \left(0.252\frac{\text{kg}}{\text{sec}}\right)\left(0.56\frac{\text{kcal}}{\text{kg}\cdot{}^\circ\text{C}}\right)(93.3 - 32.2)^\circ\text{C}$$

$$=>\dot{m}_c = 0.112\left(\frac{\text{kg}}{\text{sec}}\right)$$

$$(二)q = \left(0.252\frac{\text{kg}}{\text{sec}} \times \frac{3600\text{sec}}{1\text{hr}}\right)\left(0.56\frac{\text{kcal}}{\text{kg}\cdot{}^\circ\text{C}}\right)(93.3 - 32.2)^\circ\text{C} = 31041\left(\frac{\text{kcal}}{\text{hr}}\right)$$

$\Delta T_1 = T_{Hi} - T_{ci} = 232.2 - 32.2 = 200(^\circ\text{C})$

$\Delta T_2 = T_{Ho} - T_{co} = 104.4 - 93.3 = 11.1(^\circ\text{C})$

$$\Delta T_{lm} = \frac{\Delta T_1 - \Delta T_2}{\ln\left(\frac{\Delta T_1}{\Delta T_2}\right)} = \frac{200 - 11.1}{\ln\left(\frac{200}{11.1}\right)} = 65.3(^\circ\text{C})$$

$T_{Hi} = 232.2(^\circ\text{C}) \longrightarrow T_{Ho} = 104.4(^\circ\text{C})$

$T_{ci} = 32.2(^\circ\text{C}) \longrightarrow T_{co} = 93.3(^\circ\text{C})$

$\Delta T_1 = 200\ (^\circ\text{C})\quad \Delta T_2 = 11.1(^\circ\text{C})$

$$q = U_o A_o \Delta T_{lm} \ =>\left(31040\frac{\text{kcal}}{\text{hr}}\right) = \left(390.7\frac{\text{kcal}}{\text{hr}\cdot\text{m}^2\cdot\text{k}}\right)A_o(65.3\text{k})$$

$$=>A_o = 1.21(\text{m}^2)$$

〈考題24－30〉(102地方特考)(每小題10分，共20分)

在一1/2 in. schedule 40之管線，其管內側熱傳係數h_i爲$1800\text{W/m}^2{}^\circ\text{C}$，管外側熱傳係數$h_0$爲$2500\text{W/m}^2{}^\circ\text{C}$，金屬管之導熱係數爲$57\ \text{W/m}^\circ\text{C}$。

(一)求總包熱傳係數(Overall heat transfer coefficient)U_0及U_i。

(二)管外爲120°C之飽和蒸汽，管內之進出口處之水溫各爲30°C及90°C。求每一公尺長之管線之熱傳速率(以W爲單位表示)。

A.5-1 Dimensions of Standard Steel Pipe

Nominal Pipe Size (in.)	Outside Diameter in.	Outside Diameter mm	Schedule Number	Wall Thickness in.	Wall Thickness mm	Inside Diameter in.	Inside Diameter mm	Inside Cross-Sectional Area ft²	Inside Cross-Sectional Area m² × 10⁴
1/8	0.405	10.29	40	0.068	1.73	0.269	6.83	0.00040	0.3664
			80	0.095	2.41	0.215	5.46	0.00025	0.2341
1/4	0.540	13.72	40	0.088	2.24	0.364	9.25	0.00072	0.6720
			80	0.119	3.02	0.302	7.67	0.00050	0.4620
3/8	0.675	17.15	40	0.091	2.31	0.493	12.52	0.00133	1.231
			80	0.126	3.20	0.423	10.74	0.00098	0.9059
1/2	0.840	21.34	40	0.109	2.77	0.622	15.80	0.00211	1.961
			80	0.147	3.73	0.546	13.87	0.00163	1.511
3/4	1.050	26.67	40	0.113	2.87	0.824	20.93	0.00371	3.441
			80	0.154	3.91	0.742	18.85	0.00300	2.791
1	1.315	33.40	40	0.133	3.38	1.049	26.64	0.00600	5.574
			80	0.179	4.45	0.957	24.31	0.00499	4.641
1 1/4	1.660	42.16	40	0.140	3.56	1.380	35.05	0.01040	9.648
			80	0.191	4.85	1.278	32.46	0.00891	8.275
1 1/2	1.900	48.26	40	0.145	3.68	1.610	40.89	0.01414	13.13
			80	0.200	5.08	1.500	38.10	0.01225	11.40
2	2.375	60.33	40	0.154	3.91	2.067	52.50	0.02330	21.65
			80	0.218	5.54	1.939	49.25	0.02050	19.05
2 1/2	2.875	73.03	40	0.203	5.16	2.469	62.71	0.03322	30.89
			80	0.276	7.01	2.323	59.00	0.02942	27.30
3	3.500	88.90	40	0.216	5.49	3.068	77.92	0.05130	47.69
			80	0.300	7.62	2.900	73.66	0.04587	42.61
3 1/2	4.000	101.6	40	0.226	5.74	3.548	90.12	0.06870	63.79
			80	0.318	8.08	3.364	85.45	0.06170	57.35

Sol：(一)$D_i = \frac{15.8}{1000} = 0.015(m)$，$D_o = \frac{21.34}{1000} = 0.021(m)$

h_0
h_i
D_i
D_o
水
飽和蒸汽
$k = 57W/m \cdot °C$

$$\Delta x = \frac{2.77}{100} = 2.77 \times 10^{-3}(m)$$

$$A_i = \pi D_i L = \pi(0.015)(L) = 0.047L(m^2)$$

$$A_o = \pi D_o L = \pi(0.021)(L) = 0.066L(m^2)$$

$$A_{lm} = \frac{A_0 - A_i}{\ln\left(\frac{A_0}{A_i}\right)} = \frac{0.066L - 0.047L}{\ln\left(\frac{0.066L}{0.047L}\right)} = 0.056L(m^2)$$

$$U_0 = \frac{1}{\frac{1}{h_0} + \frac{\Delta x\ A_0}{k\ A_{lm}} + \frac{A_o}{h_i A_i}} = \frac{1}{\frac{1}{2500} + \frac{(2.77\times10^{-3})(0.066L)}{(57)(0.056L)} + \frac{0.066L}{1800(0.047L)}} = 808\left(\frac{W}{m^2 \cdot k}\right)$$

$$U_i = \frac{1}{\frac{1}{h_i} + \frac{\Delta x\ A_i}{k\ A_{lm}} + \frac{A_i}{h_o A_o}} = \frac{1}{\frac{1}{1800} + \frac{(2.77\times10^{-3})(0.047L)}{(57)(0.056L)} + \frac{0.047L}{2500(0.066L)}} = 1135\left(\frac{W}{m^2 \cdot k}\right)$$

$$\Delta T_1 = 120 - 30 = 90(°C)$$

$$\Delta T_2 = 120 - 90 = 30(°C)$$

$$\Delta T_{lm} = \frac{\Delta T_1 - \Delta T_2}{\ln\left(\frac{\Delta T_1}{\Delta T_2}\right)} = \frac{90-30}{\ln\left(\frac{90}{30}\right)} = 54.6(°C)$$

$T_s = 120(°C)$
$T_{ci} = 30(°C)$　$T_{co} = 90(°C)$
$\Delta T_1 = 90\ (°C)$　$\Delta T_2 = 30(°C)$

$$=>q = U_o A_o \Delta T_{lm} = \left(808\frac{W}{m^2 \cdot k}\right)(0.066m^2)(54.6k) = 2912(W)$$

$$=>q = U_i A_i \Delta T_{lm} = \left(1135\frac{W}{m^2 \cdot k}\right)(0.047m^2)(54.6k) = 2913(W)$$

〈考題 24 − 31〉(102 高考三等)(各 10 分)

有一程序於攪拌槽中進行加熱操作，進料與排出液之速率皆爲0.2kg/sec，槽內之液體量維持100kg，進料溫度維持於25℃，於初始時($t = 0$)槽內液體溫度亦爲25℃，而夾套(jacket)中通入100℃蒸氣以進行液體加熱，該夾套與槽內流體間之熱交換面積爲$0.8m^2$，而總括熱傳係數(Overall heat transfer coefficient)爲$500\ J/m^2 \cdot ℃ \cdot sec$，且攪拌槽進料與排出液之比熱(heat capacity)皆爲$4000\ J/kg \cdot ℃$。假設夾套內溫度維持100℃，攪拌槽爲完全混合，其與外界(surroundings)之熱傳可忽略，試估算：(一)達穩定操作時，攪拌槽排出液之溫度。(二)槽內液體達95%穩定溫度所需之加熱時間。

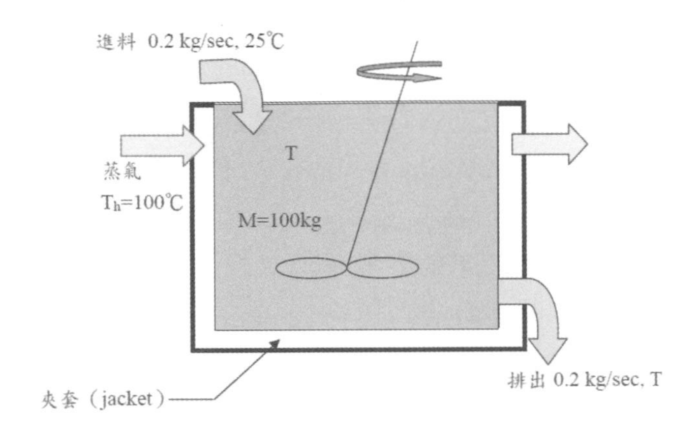

Sol：

(一)能量平衡$q_1 = q_2 \Rightarrow \dot{m}C_p(T_f - T_1) = U_0A_0(T_h - T_f)$

$\Rightarrow (0.2)(4000)(T_f - 25) = 500(0.8)(100 - T_f) \Rightarrow T_f = 50(℃)$

(二)夾套放熱量 + 液體顯熱 = 溶液吸熱量

$$\Rightarrow U_0A_0(T_h - T) + \dot{m}C_p(T_i - T) = MC_p\frac{dT}{dt}$$

$$\Rightarrow U_0A_0T_h + \dot{m}C_pT_i - (U_0A_0 + \dot{m}C_p)T = MC_p\frac{dT}{dt}$$

$$\Rightarrow \int_0^t dt = MC_p\int_{T_i}^{T_f}\frac{dT}{U_0A_0T_h + \dot{m}C_pT_i - (U_0A_0 + \dot{m}C_p)T}$$

令$u = U_0A_0T_h + \dot{m}C_pT_i - (U_0A_0 + \dot{m}C_p)T$，$du = -(U_0A_0 + \dot{m}C_p)dT$

$$\Rightarrow -\frac{1}{(U_0A_0 + \dot{m}C_p)}du = dT \Rightarrow \int_0^t dt = -\frac{MC_p}{(U_0A_0 + \dot{m}C_p)}\int_{T_i}^{T_f}\frac{du}{u}$$

$$\Rightarrow t = \frac{MC_p}{(U_0A_0 + \dot{m}C_p)}\ln\left[\frac{U_0A_0T_h + \dot{m}C_pT_i - (U_0A_0 + \dot{m}C_p)T_i}{U_0A_0T_h + \dot{m}C_pT_i - (U_0A_0 + \dot{m}C_p)T_f}\right]$$

$T_i = 25℃ = 298k$(初始溫度)，$T_h = 100℃ = 373k$ (蒸汽溫度)

在液位 95%下的熱平衡溫度$T_f = (50 \times 0.95) + 273 = 320.5(k)$

$U_0A_0T_h + \dot{m}C_pT_i = (500 \times 0.8 \times 373 + 0.2 \times 4000 \times 298) = 387600$

$U_0A_0 + \dot{m}C_p = (500 \times 0.8 + 0.2 \times 4000) = 1200$

$=>t = \frac{(100)(4000)}{1200} \ln\left[\frac{387600-(1200)(298)}{387600-(1200)(320.5)}\right] = 767.5(sec)$

〈考題24 − 32〉(102經濟部特考)(3/8/5/2/2分)

流體A與B均爲單相，在一個single-pass double pipe heat exchanger作同相流(Cocurrent flow)，流體A：質量流率= 1.0kg/s，比熱1500J/kg · k，進口溫度T = 375K；流體B：質量流率= 0.3kg/s，比熱2500J/kg · k，進口溫度T = 280K已知總熱傳係數(Overall heat transfer coefficient)爲$225W/m^2 \cdot K$，換熱面積爲$5m^2$。(一)求出本熱交換器的熱傳單元數NTU(number of transfer units)的值爲多少？(二)導出本熱交換器的熱交換效率ε(Effectiveness)，並求出其值。(三)求出本熱交換器的熱傳率(Heat transfer rate)，流體A、B出口溫度及對數平均溫度差。(四)如使用相同熱交換器，流體的進口溫度也相同，但流向改爲逆向流(countercurrent flow)，請問NTU(逆向流)將會大於、等於、或小於NTU(同向流)，爲什麼？(五)ε(同向流)將會大於、等於、或小於ε(逆向流)，爲什麼？

Sol：

(一)已知冷熱流入口溫度，但出口溫度未知，利用NTU法求解。

能量平衡$q = \dot{m}_H C_{pH}(T_{Hi} - T_{Ho}) = \dot{m}_c C_{pc}(T_{co} - T_{ci}) = C_{min}(T_{Hi} - T_{ci})$

$$C_H = \dot{m}_H C_{ph} = \left(1\frac{kg}{s}\right)\left(1500\frac{J}{kg \cdot K}\right) = 1500(J/K)$$

$$C_C = \dot{m}_c C_{pc} = \left(0.3\frac{kg}{s}\right)\left(2500\frac{J}{kg \cdot K}\right) = 750(J/K)$$

$C_H > C_C$ $=>C_H = C_{max}$；$C_C = C_{min}$ $=>NTU = \frac{U_0A_0}{C_{min}} = \frac{(225)(5)}{750} = 1.5$

(二)請參考重點整理導正 $\varepsilon = \frac{1-\exp\left[-\frac{U_0A_0}{C_{min}}\left(1+\frac{C_{min}}{C_{max}}\right)\right]}{\left(1+\frac{C_{min}}{C_{max}}\right)} = \frac{1-\exp\left[-1.5\left(1+\frac{750}{1500}\right)\right]}{\left(1+\frac{750}{1500}\right)} = 0.596$

(三)$q = \varepsilon C_{min}(T_{Hi} - T_{ci}) = (0.596)(750)(375 - 280) = 42465(J/s)$

$q = \dot{m}_H C_{pH}(T_{Hi} - T_{Ho}) =>42465 = (1 \times 1500)(375 - T_{Ho})$

$=>T_{Ho} = 346.7(K)$

$q = \dot{m}_c C_{pc}(T_{co} - T_{ci})$ =>$42465 = (0.3 \times 2500)(T_{co} - 280)$ =>$T_{co} = 336.6(K)$

$\Delta T_1 = T_{Hi} - T_{ci} = 375 - 280 = 95(K)$

$\Delta T_2 = T_{Ho} - T_{co} = 346.7 - 336.6 = 10.1(K)$

$\Delta T_{lm} = \frac{\Delta T_1 - \Delta T_2}{\ln\left(\frac{\Delta T_1}{\Delta T_2}\right)} = \frac{95-10.1}{\ln\left(\frac{95}{10.1}\right)} = 37.8(°C)$

$T_{Hi} = 375(°C)$ → $T_{Ho} = 346.7(°C)$

$T_{ci} = 280(°C)$ → $T_{co} = 336.6(°C)$

$\Delta T_1 = 95\ (°C)$ $\Delta T_2 = 10.1(°C)$

(四)在相同換熱器，冷熱流體性質皆相同，所以C_{min}不變，順逆向流NTU值相同。

(五)逆向流$\varepsilon = \frac{1-\exp\left[-NTU\left(1-\frac{C_{min}}{C_{max}}\right)\right]}{1-\frac{C_{min}}{C_{max}}\exp\left[-NTU\left(1-\frac{C_{min}}{C_{max}}\right)\right]} = \frac{1-\exp\left[-1.5\left(1-\frac{750}{1500}\right)\right]}{1-\left(\frac{750}{1500}\right)\exp\left[-1.5\left(1-\frac{750}{1500}\right)\right]} = 0.69$

∴逆向流的$\varepsilon >$順向流的ε，所以熱交換率較高。

〈考題24 − 33〉(103高考三等)(25分)

一逆向流(countercurrent flow)之殼管式熱交換器(shell-and-tube heat exchanger)將2500kg/h之油從160°C降溫至80°C以下之溫度。流進管內之冷水溫爲20°C，流量爲4000 kg/h。此熱交換器基於管外表面積之總熱傳係數(overall heat transfer coefficient)爲960 $W/m^2°C$，管子之外表面積爲4.1m^2。油之比熱爲0.72cal/g°C；水之比熱爲1 cal/g°C。此熱交換器中之油及水之出口溫爲多少？(1cal = 4.1868 J)

Sol：已知冷熱流入口溫度，但出口溫度未知，利用NTU法求解。

能量平衡$q = \dot{m}_H C_{pH}(T_{Hi} - T_{Ho}) = \dot{m}_c C_{pc}(T_{co} - T_{ci}) = \varepsilon C_{min}(T_{Hi} - T_{ci})$

$$C_H = \dot{m}_H C_{ph} = \left(2500\frac{kg}{hr} \times \frac{1hr}{3600sec}\right)\left(0.72\frac{cal}{g \cdot °C} \times \frac{4.184J}{1cal} \times \frac{1000g}{1kg}\right) = 2092(J/°C)$$

$$C_C = \dot{m}_c C_{pc} = \left(4000\frac{kg}{hr} \times \frac{1hr}{3600sec}\right)\left(1\frac{cal}{g \cdot °C} \times \frac{4.184J}{1cal} \times \frac{1000g}{1kg}\right) = 4649(J/°C)$$

$C_C > C_H$ =>$C_C = C_{max}$；$C_H = C_{min}$ =>$\frac{C_{min}}{C_{max}} = \frac{2092}{4649} = 0.45$

$$NTU = \frac{U_0 A_0}{C_{min}} = \frac{(960)(4.1)}{2092} = 1.88$$

$$逆流下\varepsilon = \frac{1-\exp\left[-NTU\left(1-\frac{C_{min}}{C_{max}}\right)\right]}{1-\frac{C_{min}}{C_{max}}\exp\left[-NTU\left(1-\frac{C_{min}}{C_{max}}\right)\right]} = \frac{1-\exp[-1.88(1-0.45)]}{1-(0.45)\exp[-1.88(1-0.45)]} = 0.767$$

$q = \varepsilon C_{min}(T_{Hi} - T_{ci}) = (0.767)(2092)(160 - 20) = 224639(J)$

=>$q = \dot{m}_H C_{pH}(T_{Hi} - T_{Ho})$ =>$224639 = (2092)(160 - T_{Ho})$

=>$T_{Ho} = 52.7(°C)$

$q = \dot{m}_c C_{pc}(T_{co} - T_{ci})$ =>$224639 = (4649)(T_{co} - 20)$
=>$T_{co} = 68.3(℃)$

〈考題24－34〉(103經濟部特考)(5/5/10分)
苯以流量2000lb/hr流過雙套管式熱交換器之內管，溫度由180°F下降至90°F，冷卻水以流量1000lb/hr逆流流過熱交換器之外管，進口溫度爲65°F，此熱交換器內管使用7/8 inch BMG 16號銅管，銅之熱傳導係數爲212 Btu/ft · hr · °F，內管直徑(ID)=0.745 inch，外管直徑(OD)=0.875 inch，假設內管苯側熱傳對流係數$h_i = 250\ Btu/ft^2 \cdot hr \cdot °F$，外管水側熱傳對流係數$h_o = 500\ Btu/ft^2 \cdot hr \cdot °F$，且熱交換器外層保溫絕熱良好。已知總括熱傳係數$U_o = 148\ Btu/ft^2 \cdot hr \cdot °F$，水的比熱$C_P = 1.0\ Btu/lb \cdot °F$，苯的比熱$C_P = 0.435\ Btu/lb \cdot °F$。請計算：(一)冷卻水的出口溫度(°F)之值(二)對數平均溫度差$(\Delta T)_{lm}$(°F)之值(三)熱交換器的熱交換管長度。

Sol：(一)能量平衡爲基準$q = \dot{m}_H C_{pH}(T_{Hi} - T_{Ho}) = \dot{m}_c C_{pc}(T_{co} - T_{ci})$

$$\left(1000\frac{lb}{hr}\right)\left(1\frac{Btu}{lb\cdot°F}\right)(T_{co} - 65)°F = \left(2000\frac{lb}{hr}\right)\left(0.435\frac{Btu}{lb\cdot°F}\right)(180 - 90)°F$$

=>$T_{co} = 143.3(°F)$；$q = 78300\left(\frac{Btu}{hr}\right)$

$T_{Hi} = 180(°F)$ → $T_{Ho} = 90(°F)$
$T_{co} = 143.3(°F)$ ← $T_{ci} = 65(°F)$
$\Delta T_1 = 36.7(°F)$ $\Delta T_2 = 25\ (°F)$

逆流：

$\Delta T_1 = T_{Hi} - T_{co} = 180 - 143.3 = 36.7(°F)$

$\Delta T_2 = T_{Ho} - T_{ci} = 90 - 65 = 25(°F)$

$$\Delta T_{lm} = \frac{\Delta T_1 - \Delta T_2}{\ln\left(\frac{\Delta T_1}{\Delta T_2}\right)} = \frac{36.7 - 25}{\ln\left(\frac{36.7}{25}\right)} = 30.48(°F)$$

(三)$q = U_o A_o \Delta T_{lm}$ =>$78300 = (148)(A_o)(30.48)$ =>$A_o = 17.35(ft^2)$

$A_o = \pi D_0 L$ =>$17.35 = \pi\left(\frac{0.875}{12}\right)L$ =>$L = 75.77(ft)$

※考試時請注意題目敘述，此題U_o是以管外徑爲基準！外徑不是半徑而是直徑。

〈考題24－35〉(104普考)(20分)
有一套管熱交換器將甲醇由65℃冷卻至40℃，甲醇在外徑爲6 cm之內管流動，冷卻液於外管，其流動方向與甲醇相反，其溫度由入口20℃提升至出口30℃。若總熱傳係數爲305 $W/m^2\ K$，甲醇之流量爲1.7kg/s，比熱爲2.6 kJ/kg K，請問套管熱交換器的長度爲何？

Sol：$\Delta T_1 = T_{Hi} - T_{co} = 65 - 30 = 35(°C)$

$\Delta T_2 = T_{Ho} - T_{ci} = 40 - 20 = 20(°C)$

$\Delta T_{lm} = \frac{\Delta T_1 - \Delta T_2}{\ln\left(\frac{\Delta T_1}{\Delta T_2}\right)} = \frac{35-20}{\ln\left(\frac{35}{20}\right)} = 26.8(°C)$

$T_{Hi} = 65(°C)$ → $T_{Ho} = 40(°C)$

$T_{co} = 30(°C)$ ← $T_{ci} = 20(°C)$

$\Delta T_2 = 35(°C)$ $\Delta T_1 = 20\ (°C)$

$q = \dot{m}_H C_{pH}(T_{Hi} - T_{Ho}) = \left(1.7\frac{kg}{sec}\right)\left(2.6\frac{kJ}{kg \cdot k}\right)(65 - 40)°C = 110.5(kW) =$

$110500(W)$

$q = U_o A_o \Delta T_{lm}$ =>$110500W = \left(305\frac{W}{m^2 \cdot k}\right)A_o(26.8k)$ =>$A_o = 13.52(m^2)$

=>$A_0 = \pi D_0 L$ =>$13.52 = \pi\left(\frac{6}{100}\right)L$ =>$L = 71.7(m)$

〈考題24－36〉(104關務特考-工業化學)(20分)

加熱釜含有1,000罐紅豆湯，今將其全部加熱到100°C，若在其將所有的罐移出加熱釜前需要冷卻至40°C，若冷卻水的進口溫度是15°C，出口溫度是35°C，紅豆湯的比熱是4.1 kJ/kg °C，罐子的比熱是0.50kJ/kg °C，每個罐子的重量是60克，其內含有0.45公斤的紅豆湯，假設加熱釜的壁在超過40°C時其焓(heat content)是1.6×10^4kJ，加熱釜的壁完全隔熱，請計算須使用多少冷卻水？

Sol：$q_{total} = q_1 + q_2 =$ 紅豆水和罐子降溫熱量＋加入釜壁熱焓

罐子重$(1000 \times 60)g \times \frac{1kg}{1000g} = 60(kg)$

紅豆湯重$(1000 \times 0.45)kg = 450(kg)$

$q_1 = 450kg \times 4.1\frac{kJ}{kg \cdot °C}(100 - 40)°C + 60kg \times 0.5\frac{kJ}{kg \cdot °C}(100 - 40)°C =$

$112500(kJ)$

$q_{total} = q_1 + q_2 = 112500 + 1.6 \times 10^4 = 128500(kJ)$

$q_{total} = ms\Delta T$ =>$128500(kJ) = m \times 4.1\frac{kJ}{kg \cdot °C} \times (35 - 15)°C$

=>$m = 1567(kg)$

〈考題24－37〉(105高考三等)(20/5分)

考慮一套管式熱交換器，其內、外流體之流動方向相反，內、外流體之溫度分別爲T_h與T_c，T_h高於T_c。假設熱通量(heat flux)正比於溫差，比例常數不隨溫度變化，流體之比熱爲常數，熱散失可忽略，穩態操作。若進口端之內、外流體溫差爲ΔT_i，出口端者爲ΔT_0，求總熱傳速率與總熱傳面積之關係。若內、外流體之流動方向改爲相同，有何優、缺點？

Sol：(一)可參考〈考題24－18〉推導過程。(二)可參考前面重點整理。

〈考題24－38〉(105化工技師-程序設計)(10/10/5/5分)

一橡膠工廠中，苯流量爲5 kg/min，需自21℃加熱至44℃。苯之熱含量爲2000 J/kg℃。今欲使用一對流式(counter-current)套管熱交換器，以98℃之熱油加熱，熱油之出口溫爲60℃，總包熱傳係數(total heat transfer coefficient)爲380 W/m²℃，試問：(一)所對應之傳熱面積(m²)爲何？(二)若熱油之熱含量爲2700 J/kg·℃，則熱油之流量爲何？(三)假設使用同向流式操作(co-current)，所對應之傳熱面積(m²)爲何？(四)氣相流體及液相流體之加熱裝置有何分別？

Sol：

(一)能量平衡爲基準$q=\dot{m}_H C_{pH}(T_{Hi}-T_{Ho})=\dot{m}_c C_{pc}(T_{co}-T_{ci})$

$$=>q=\dot{m}_c C_{pc}(T_{co}-T_{ci})=\left(5\frac{kg}{min}\times\frac{1min}{60sec}\right)\left(2000\frac{J}{kg\cdot℃}\right)(44-21)℃=3833(J/sec)$$

逆流：

$$\Delta T_1=T_{Hi}-T_{co}=98-44=54(℃)$$

$$\Delta T_2=T_{Ho}-T_{ci}=60-21=39(℃)$$

$$\Delta T_{lm}^*=\frac{\Delta T_1-\Delta T_2}{\ln\left(\frac{\Delta T_1}{\Delta T_2}\right)}=\frac{54-39}{\ln\left(\frac{54}{39}\right)}=46.09(℃)$$

$T_{Hi}=98(℃)$ → $T_{Ho}=60(℃)$ →
$T_{co}=44(℃)$ ← $T_{ci}=21(℃)$ ←
$\Delta T_2=54(℃)$　$\Delta T_1=39\ (℃)$

$$q=U_oA_o^*\Delta T_{lm}^* =>\left(3833\frac{J}{sec}\right)=\left(380\frac{W}{m^2\cdot k}\right)A_o^*(46.09℃)=>A_o^*=0.218(m^2)$$

(二) $q=\dot{m}_H C_{pH}(T_{Hi}-T_{Ho})$

$$=>q=\left(\dot{m}_H\times\frac{1min}{60sec}\right)\left(2700\frac{J}{kg\cdot℃}\right)(98-60)℃=3833(J/sec)=>\dot{m}_H=2.24\left(\frac{kg}{min}\right)$$

(三)順流：

$$\Delta T_1=T_{Hi}-T_{ci}=98-21=77(℃)$$

$$\Delta T_2=T_{Ho}-T_{co}=60-44=16(℃)$$

$$\Delta T_{lm}=\frac{\Delta T_1-\Delta T_2}{\ln\left(\frac{\Delta T_1}{\Delta T_2}\right)}=\frac{77-16}{\ln\left(\frac{77}{16}\right)}=38.8(℃)$$

$T_{Hi}=98(℃)$ → $T_{Ho}=60(℃)$ →
$T_{ci}=21(℃)$ → $T_{co}=44(℃)$ →
$\Delta T_1=77\ (℃)$　$\Delta T_2=16(℃)$

$$=>q = U_o A_o \Delta T_{lm} \quad =>\left(3833\frac{J}{sec}\right) = \left(380\frac{W}{m^2\cdot k}\right) A_o (38.8°C) => A_o = 0.26(m^2)$$

(四)氣相流體：於加熱器於外圍加裝環形散熱片fin，能使熱能傳導加速，增加散熱面積，達到加熱效率最高之目的。

液相流體：殼管式熱交換器、套管式熱交換器，利用流體和流體間交換熱量，但物料不接觸的熱交換中心稱之。

〈考題24－39〉(105經濟部特考)(3/7分)

有一逆流式套管式熱交換器(Heat Exchanger)，油欲從313K冷卻至298K，以水作爲冷媒，水的流量0.6 kg/s，進口溫度爲293K。已知油與水的比熱分別爲1880與4177J/kg · k，油流量爲0.4 kg/s。試求：(一)冷卻水之出口溫度爲多少(K)？(計算至小數點後第1位，以下四捨五入)(二)若內管外徑爲2cm，以內管外側表面面積爲基準之總熱傳係數(Overall heat transfer coefficient)爲$180W \cdot m^{-2} \cdot K^{-1}$，請計算熱交換器的管長應爲多少(cm)(計算至小數點後第1位，以下四捨五入)

Sol：(一)能量平衡爲基準$q = \dot{m}_H C_{pH}(T_{Hi} - T_{Ho}) = \dot{m}_c C_{pc}(T_{co} - T_{ci})$

$$=>\left(0.4\frac{kg}{s}\right)\left(1880\frac{J}{kg\cdot K}\right)(313 - 298)K = \left(0.6\frac{kg}{s}\right)\left(4177\frac{J}{kg\cdot K}\right)(T_{co} - 293)K$$

$=>T_{co} = 297.5(K)$；$q = 11280(J/s)$

逆流：

$\Delta T_1 = T_{Hi} - T_{co} = 313 - 297.5 = 15.5(K)$

$\Delta T_2 = T_{Ho} - T_{ci} = 298 - 293 = 5(K)$

$$\Delta T_{lm} = \frac{\Delta T_1 - \Delta T_2}{\ln\left(\frac{\Delta T_1}{\Delta T_2}\right)} = \frac{15.5-5}{\ln\left(\frac{15.5}{5}\right)} = 9.28(K)$$

$T_{Hi} = 313(°C)$ → $T_{Ho} = 298(°C)$ →

$T_{co} = 297.5(°C)$ ← $T_{ci} = 293(°C)$ ←

$\Delta T_1 = 15.5(°C)$ $\Delta T_2 = 5\,(°C)$

(二)逆向面積$q = U_o A_o \Delta T_{lm} => 11280 = (180)A_o(9.28)$

$$=>A_o = 6.753(m^2)，A_o = \pi d_0 L \quad =>6.753 = \pi\left(\frac{2}{100}\right)L$$

$=>L = 107.5(m) = 10752.9(cm)$

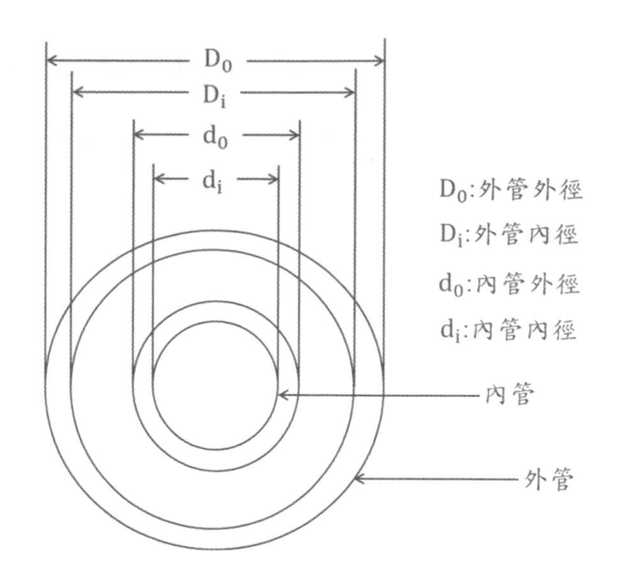

〈考題24－40〉(96化工技師)(20分)

一同向流(co-current)套管式熱交換器之冷熱流進口溫差爲40℃，出口溫差爲20℃。假設比熱及總熱傳係數均爲定值。假如二個相同的熱交換器串聯連接在原來的熱交換器之後，請問最後一個(即第三個)熱交換器之冷熱流出口溫差爲多少？請顯示中間之演導過程。

Sol：$q = U_oA_o\Delta T_{lm} = \dot{m}_H C_{pH}(T_{Hi} - T_{Ho}) = \dot{m}_c C_{pc}(T_{co} - T_{ci})$ (1)

$F = F(P, R)$，$R = \frac{T_{Hi}-T_{Ho}}{T_{co}-T_{ci}} = \frac{\dot{m}_c C_{pc}}{\dot{m}_H C_{pH}}$，$P = \frac{T_{co}-T_{ci}}{T_{Hi}-T_{ci}}$ => $PR = \frac{T_{Hi}-T_{Ho}}{T_{Hi}-T_{ci}}$ (2)

$$=>\Delta T_{lm} = \frac{[(T_{Hi}-T_{co})-(T_{Ho}-T_{ci})]}{\ln\left(\frac{T_{hi}-T_{co}}{T_{ho}-T_{ci}}\right)} = (T_{Hi} - T_{ci})\frac{\left(\frac{T_{Hi}-T_{co}}{T_{Hi}-T_{ci}} - \frac{T_{Ho}-T_{ci}}{T_{Hi}-T_{ci}}\right)}{\ln\left(\frac{\frac{T_{Hi}-T_{co}}{T_{Hi}-T_{ci}}}{\frac{T_{Ho}-T_{ci}}{T_{Hi}-T_{ci}}}\right)} \quad (3)$$

$$= (T_{Hi} - T_{ci})\frac{\left(\frac{T_{Hi}-T_{ho}}{T_{Hi}-T_{ci}} - \frac{T_{co}-T_{ci}}{T_{Hi}-T_{ci}}\right)}{\ln\left(\frac{\frac{T_{Hi}-T_{ho}}{T_{Hi}-T_{ci}}}{\frac{T_{co}-T_{ci}}{T_{Hi}-T_{ci}}}\right)} = (T_{Hi} - T_{ci})\frac{(PR-P)}{\ln\left(\frac{1-P}{\frac{1-P}{1-PR}}\right)} = (T_{Hi} - T_{ci})\frac{P(R-1)}{\ln\left(\frac{1-P}{\frac{1-P}{1-PR}}\right)}$$

且$\frac{1-P}{1-PR} = \frac{T_{hi}-T_{co}}{T_{ho}-T_{ci}}$ (4)，在逆向流動=>$\frac{Q}{U_oA_o} = \Delta T_{lm} = (T_{Hi} - T_{ci})\frac{P(R-1)}{\ln\left(\frac{1-P}{\frac{1-P}{1-PR}}\right)}$ (5)

$$=>\frac{\dot{m}_c C_{pc}(T_{co}-T_{ci})}{U_oA_o} = (T_{Hi} - T_{ci})\frac{P(R-1)}{\ln\left(\frac{1-P}{\frac{1-P}{1-PR}}\right)} = \frac{T_{Hi}-T_{ci}}{T_{co}-T_{ci}}\frac{P(R-1)}{\ln\left(\frac{1-P}{\frac{1-P}{1-PR}}\right)} = \frac{1}{P}\frac{P(R-1)}{\ln\left(\frac{1-P}{\frac{1-P}{1-PR}}\right)} = \frac{(R-1)}{\ln\left(\frac{1-P}{\frac{1-P}{1-PR}}\right)}$$

即：$\frac{\dot{m}_c C_{pc}}{U_o A_o} = \frac{(R-1)}{\ln\left(\frac{1-P}{\frac{1-P}{1-PR}}\right)}$ (6)同樣的=>$\frac{\dot{m}_H C_{pH}(T_{Hi}-T_{Ho})}{U_o A_o} = (T_{Hi} - T_{ci})\frac{P(R-1)}{\ln\left(\frac{1-P}{\frac{1-P}{1-PR}}\right)} =$

$\frac{T_{Hi}-T_{ci}}{T_{Hi}-T_{ho}}\frac{P(R-1)}{\ln\left(\frac{1-P}{\frac{1-P}{1-PR}}\right)} = \frac{1}{PR}\frac{P(R-1)}{\ln\left(\frac{1-P}{\frac{1-P}{1-PR}}\right)} = \frac{(R-1)/R}{\ln\left(\frac{1-P}{\frac{1-P}{1-PR}}\right)}$　即：$\frac{\dot{m}_H C_{pH}}{U_o A_o} = \frac{(R-1)/R}{\ln\left(\frac{1-P}{\frac{1-P}{1-PR}}\right)}$ (7)

假設兩座換熱器大小一樣，並聯的流量相同：

$R' = \frac{(\dot{m}_c/2)C_{pc}}{\dot{m}_H C_{pH}} = \frac{1}{2}\frac{\dot{m}_c C_{pc}}{\dot{m}_H C_{pH}} = \frac{R}{2}$ (8)

由(6)可得知$U_o A_o$、R'及$\dot{m}_c$相同時，P'也相同

$P' = \frac{T_{co,1}-T_{ci}}{T_{Hi}-T_{ci}} = \frac{T_{co,2}-T_{ci}}{T_{Hi}-T_{ci}}$ (9)，由(2)得=>$P'R' = \frac{T_{h,int}-T_{Ho}}{T_{h,int}-T_{ci}} = \frac{T_{Hi}-T_{h,int}}{T_{Hi}-T_{ci}}$ (10)

(10)可寫成=>$(T_{h,int})^2 - 2T_{ci}T_{h,int} + T_{ci}(T_{Hi} + T_{Ho}) - T_{Hi}T_{Ho} = 0$ (11)

=>$T_{h,int} = T_{ci} \mp \sqrt{(T_{Hi} - T_{ci})(T_{Ho} - T_{ci})}$ (12)

=>$T_{h,int} = T_{ci} + \sqrt{(T_{Hi} - T_{ci})(T_{Ho} - T_{ci})}$ (13)

其中+號適用於管側串接或$\frac{T_{h,int}-T_{ci}}{T_{Ho}-T_{ci}} = \sqrt{\frac{T_{Hi}-T_{ci}}{T_{Ho}-T_{ci}}}$ (14)

對第一座換熱器，由第(5)與(8)式得知 =>$\frac{\dot{m}_H C_{pH}(T_{Hi}-T_{Ho})}{UA/2}\frac{(R'-1)/R'}{\ln\left(\frac{T_{h,int}-T_{co,1}}{T_{Ho}-T_{ci}}\right)}$ (15)

由第(11)式得知 =>$P' = \frac{1}{R'}\frac{T_{Hi}-T_{h,int}}{T_{Hi}-T_{ci}}$ (16)

將(13)代入(16)式 => $P' = \frac{1}{R'}\frac{T_{Hi}-T_{h,int}}{T_{Hi}-T_{ci}} = \frac{1}{R'}\frac{T_{Hi}-T_{ci}-\sqrt{(T_{Hi}-T_{ci})(T_{Ho}-T_{ci})}}{T_{Hi}-T_{ci}}$

$= \frac{1}{R'}\left(1 - \sqrt{\frac{T_{Ho}-T_{ci}}{T_{Hi}-T_{ci}}}\right)$ (17)

由第(9)式得知 =>$T_{co,1} = T_{ci} + P'(T_{h,int} - T_{ci})$ (18)

將(12)代入(17)代入(18)式 =>$T_{co,1} = T_{ci} + P'(T_{h,int} - T_{ci})$

$= T_{ci} + \frac{1}{R'}\left(1 - \sqrt{\frac{T_{Ho}-T_{ci}}{T_{Hi}-T_{ci}}}\right)\left(T_{ci} + \sqrt{(T_{Hi} - T_{ci})(T_{Ho} - T_{ci})} - T_{ci}\right)$

$= T_{ci} + \frac{1}{R'}\left[\sqrt{(T_{Hi} - T_{ci})(T_{Ho} - T_{ci})} - (T_{Ho} - T_{ci})\right]$ (19)

將(13)代入(16)式=>$\frac{T_{h,int}-T_{co,1}}{T_{Ho}-T_{ci}}=\frac{T_{ci}+\sqrt{(T_{Hi}-T_{ci})(T_{Ho}-T_{ci})}-T_{ci}}{T_{Ho}-T_{ci}}+$

$\frac{\frac{1}{R'}\left[\sqrt{(T_{Hi}-T_{ci})(T_{Ho}-T_{ci})}-(T_{Ho}-T_{ci})\right]}{T_{Ho}-T_{ci}}$

$=\frac{\sqrt{(T_{Hi}-T_{ci})(T_{Ho}-T_{ci})}}{T_{Ho}-T_{ci}}\left(1-\frac{1}{R'}\right)+\frac{1}{R'}=\sqrt{\frac{T_{Ho}-T_{ci}}{T_{Hi}-T_{ci}}}\left(1-\frac{1}{R'}\right)+\frac{1}{R'}$ (20)

$\frac{\dot{m}_H C_{pH}}{U_o A_o/2}=\frac{(R'-1)/R'}{\ln\left(\frac{T_{h,int}-T_{co,1}}{T_{Ho}-T_{ci}}\right)}=\frac{(R'-1)/R'}{\ln\left[\left((R'-1/R')(T_{Hi}-T_{ci})(T_{Ho}-T_{ci})\right)^{0.5}+1/R'\right]}$ (21)

$\frac{Q}{U_o A_o}=\Delta T_{lm}=(T_{Hi}-T_{ci})\frac{(T_{Hi}-T_{co})(R'-1)/2R'}{\ln\left[\left((R'-1/R')(T_{Hi}-T_{ci})(T_{Ho}-T_{ci})\right)^{0.5}+1/R'\right]}$ (22)

如果考慮冷側出口合併後，溫度可均勻混合 =>$\overline{T}_{co}=(\overline{T}_{co1}+\overline{T}_{co2})/2$ (23)

又$R=\frac{T_{Hi}-T_{Ho}}{\overline{T}_{co}-T_{ci}}=2R'$ (24)， $P=\frac{\overline{T}_{co}-T_{ci}}{T_{Hi}-T_{ci}}$ (25)

=>$\frac{Q}{U_o A_o}=\Delta T_{lm}=(T_{Hi}-T_{ci})\frac{(T_{Hi}-T_{Ho})(R/2-1)/R}{\ln\left[\left((R/2-1)/(R/2)(1/1-PR)\right)^{0.5}+1/(R/2)\right]}$ (26)

或$q=U_o A_o \gamma(T_{Hi}-T_{ci})$ (27)

=>$\gamma=\frac{P(R/2-1)}{\ln\left[\left((R/2-1)/(R/2)(1/1-PR)\right)^{0.5}+1/(R/2)\right]}$ (28)

上述結果爲兩個換熱器組合的結果，如果擴充到 n 個換熱器，結果如下：=>$\gamma=\frac{P(R/n-1)}{\ln\left[\left((R/n-1)/(R/2)(1/1-PR)\right)^{\frac{1}{n}}+1/(R/n)\right]}$ (29)

※此題摘錄於王啓川的熱交換設計 P291-P296，此題型導正過於複雜，可以跳過不看，除非你要考榜首！

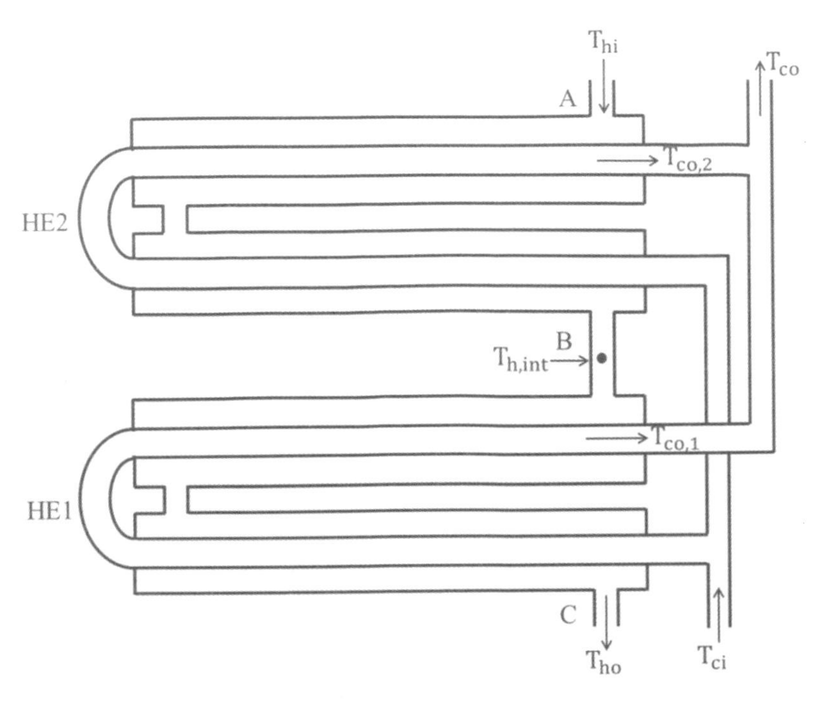

〈考題24 − 41〉(104地方特考)(20分)

一同向流(co-current)套管式熱交換器之冷熱流進口溫差為50°C，出口溫差為30°C。假設比熱及總熱傳係數均為定值，且冷熱流無相變化。假如另一個相同的熱交換器串聯連接在原來的熱交換器之後，請問最後一個(即第二個)熱交換器之冷熱流出口溫差為多少？請寫出全部之公式演導過程。

Sol：同〈考題 24 − 37〉過程至(28)式的結果。

二十五、質量傳遞與其運用(經驗式計算)

此章節偶而有配分較少題目出現，但出題機率上其實頗高，因爲都是一些質傳無因次群的記憶，另外也有一些較少出現的質傳經驗式計算須多注意冷箭題型。

質量傳遞與其應用(質傳經驗式計算)

(一)質傳係數定義：(發生條件 1.濃度差 2.流動的連續介質)

在等莫爾逆向擴散時

氣體：

$$N_A = k_c'(C_{As} - C_{Af}) = \left(\frac{m}{sec}\right)\left(\frac{kgmol}{m^3}\right) = \frac{kgmol}{m^2 \cdot sec}$$

$$N_A = k_G'(P_{As} - P_{Af}) = \left(\frac{kgmol}{m^3 sec \cdot Pa}\right)(Pa) = \frac{kgmol}{m^2 \cdot sec}$$

$$N_A = k_y'(y_{As} - y_{Af}) = \left(\frac{kgmol}{m^2 sec \cdot molfrac}\right)(molfrac) = \frac{kgmol}{m^2 \cdot sec}$$

($\because$ molfrac = 莫爾分率)

液體：

$$N_A = k_c'(C_{As} - C_{Af}) = \left(\frac{m}{sec}\right)\left(\frac{kgmol}{m^3}\right) = \frac{kgmol}{m^2 \cdot sec}$$

$$N_A = k_L'(C_{As} - C_{Af}) = \left(\frac{m}{sec}\right)\left(\frac{kgmol}{m^3}\right) = \frac{kgmol}{m^2 \cdot sec}$$

$$N_A = k_x'(x_{As} - x_{Af}) = \left(\frac{kgmol}{m^2 sec \cdot molfrac}\right)(molfrac) = \frac{kgmol}{m^2 \cdot sec}$$

在單成份擴散時

氣體：

$$N_A = k_c\ (C_{As} - C_{Af}) = \left(\frac{m}{sec}\right)\left(\frac{kgmol}{m^3}\right) = \frac{kgmol}{m^2 \cdot sec}$$

$$N_A = k_G\,(P_{As} - P_{Af}) = \left(\frac{kgmol}{m^3 sec\cdot Pa}\right)(Pa) = \frac{kgmol}{m^2\cdot sec}$$

$$N_A = k_y\,(y_{As} - y_{Af}) = \left(\frac{kgmol}{m^2 sec\cdot molfrac}\right)(molfrac) = \frac{kgmol}{m^2\cdot sec}$$

液體：

$$N_A = k_c\,(C_{As} - C_{Af}) = \left(\frac{m}{sec}\right)\left(\frac{kgmol}{m^3}\right) = \frac{kgmol}{m^2\cdot sec}$$

$$N_A = k_L\,(C_{As} - C_{Af}) = \left(\frac{m}{sec}\right)\left(\frac{kgmol}{m^3}\right) = \frac{kgmol}{m^2\cdot sec}$$

$$N_A = k_x\,(x_{As} - x_{Af}) = \left(\frac{kgmol}{m^2 sec\cdot molfrac}\right)(molfrac) = \frac{kgmol}{m^2\cdot sec}$$

單位整理：$k_c = k'_c = k_L = k'_L = \frac{m}{sec}$

$$k_x = k'_x = k_y = k'_y = \frac{kgmol}{m^2 sec\cdot molfrac}$$

※其實以上關係式的單位不需要死記，從質傳通量$N_A = \frac{kgmol}{m^2\cdot sec}$單位配合濃度差公式，就可以從單位與因次湊出質傳係數的單位。

(二)無因次群與類比關係：

$Nu = f\left(Re，Pr\right)$熱傳類比關係，$Sh = f\left(Re，Sc\right)$質傳類比關係

$$Sh = \frac{k'_c D}{D_{AB}} = \frac{\text{質量對流率}}{\text{質量擴散係數}\left(\text{質量擴散率}\right)} = Pe_{(M)}$$ (104 經濟部特考)

D圓管直徑，k'_c質傳係數，D_{AB}質量擴散係數，ρ流體密度，μ流體黏度

$$Sc = \frac{\mu}{\rho D_{AB}} = \frac{\nu}{D_{AB}} = \frac{\text{動量擴散度}\left(\text{動黏度}\right)}{\text{質量擴散係數}}$$ (98 經濟部特考)

$$Sc = \left(\frac{\delta}{\delta_m}\right)^3 = \frac{\text{流力邊界層厚度}}{\text{質傳邊界層厚度}}$$ (在質傳邊界層的表示法)(104 經濟部特考)

$$\boxed{Pe_{(M)} = Re\cdot S_c = \frac{Du\rho}{\mu}\frac{\mu}{\rho D_{AB}} = \frac{uD}{D_{AB}} = \frac{\text{質量對流率}}{\text{質量擴散率}\left(\text{質量擴散係數}\right)} = Sh}$$ (104 經濟部特考)

※在物理意義上雪武德數(Sherwood Number)Sh 與皮力數(Pelet Number)$Pe_{(M)}$是相同的！

(三)流體在圓管內流動時的質傳係數

如下圖一，有一支圓形鋼管，內壁塗有萘，空氣由左進入，由右邊流出，因為萘會昇華至空氣中，所以在$z = 0$處萘的濃度為$C_A = C_{A0}$，在$Z = L$處C_A則提升到C_{AL}，在管中$C_A = f(z)$。這裡的C_A是表示$z = z$處，空氣本體的 A 濃度。在空氣/萘界面的萘濃度C_{Ai}則是常數。

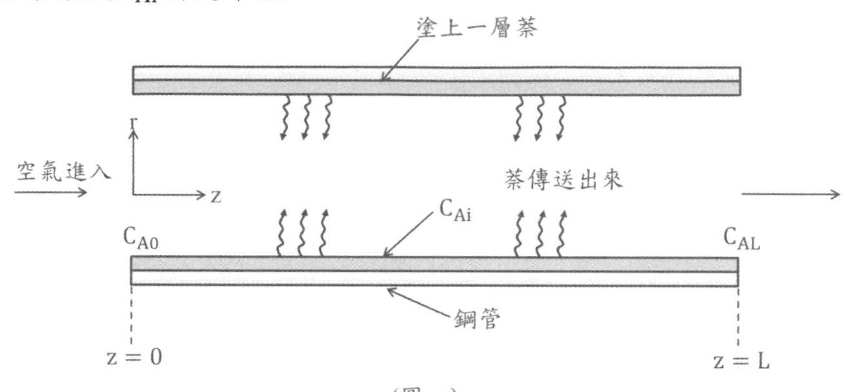

(圖一)

圖二的 x 軸是$\frac{\pi}{4}\frac{D}{L}ReSc$或$\frac{W}{D_{AB}\rho L}$，其中$W\left(\frac{kg}{sec}\right)$是質量流率，y 軸是$\frac{C_{AL}-C_{A0}}{C_{Ai}-C_{A0}}$，左上角一堆數據代表流體是氣體，因此管內流體的速度一致且$\frac{\pi}{4}\frac{D}{L}ReSc < 70$，右下角的一堆數據代表流體是液體，液體速度分佈是拋物線形狀，因數值小所以$\frac{\pi}{4}\frac{D}{L}ReSc > 400$，所以整理的經驗式爲：$\frac{C_{AL}-C_{A0}}{C_{Ai}-C_{A0}} = 5.5\left[\left(\frac{\pi}{4}\frac{D}{L}\right)ReSc\right]^{-0.67} = 5.5\left(\frac{W}{D_{AB}\rho L}\right)^{-0.67}$

(圖二)

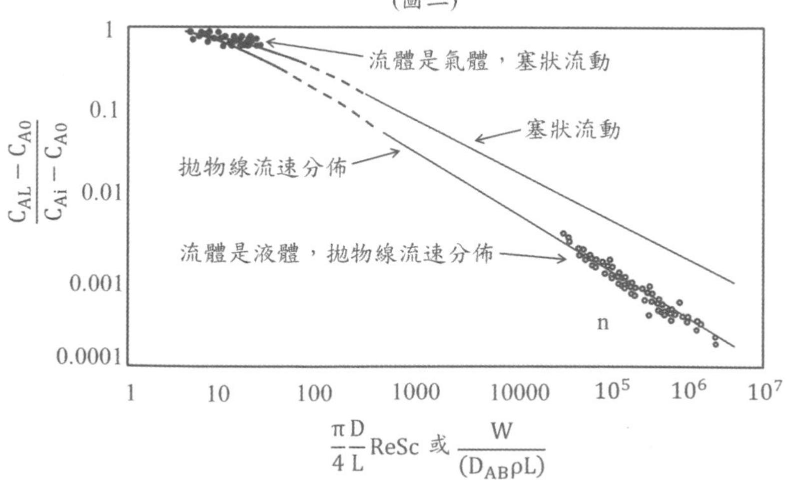

(四)圓管內亂流的質傳係數

當圓管內的流體做亂流流動，且$0.6 < Sc < 3000$，不管流體是氣體或液體都適用此經驗式：$Sh = \frac{k_c'D}{D_{AB}} = 0.023Re^{0.83}Sc^{0.33}$

(五)流體流過平板的質傳係數

流體流過大平板時，Re 定義和流體流過圓管中不同

$Re_{(L)} = \frac{Lu\rho}{\mu}$ 左式的 L 代表流體在平板上流過的距離，如果流體是氣體 $Re_{(L)} < 15000$，經驗式爲$J_D = 0.664Re_{(L)}^{-0.5}$ (1)

$J_D = \frac{Sh}{Re_{(L)}Sc^{0.33}}$ 代入(1)式=>$Sh = \frac{k_c'L}{D_{AB}} = 0.664Re_{(L)}^{0.5}Sc^{0.33}$

如果流體是氣體，而 $15000 < Re_{(L)} < 300000$時經驗式爲：

$J_D = 0.036Re_{(L)}^{-0.2}$

如果流體是液體，而 $600 < Re_{(L)} < 50000$時經驗式爲：

$J_D = 0.99Re_{(L)}^{-0.5}$

(六)流體流過圓球的質傳係數

如果流體是氣體，而$0.6 < Sc < 2.7$及$1 < Re < 48000$時經驗式爲：

$Sh = 2 + 0.552Re^{0.53}Sc^{0.33}$

如果流體是液體，$2 < Re < 2000$時經驗式爲：$Sh = 2 + 0.95Re^{0.5}Sc^{0.33}$

如果流體是液體，流速加快，$2000 < Re < 17000$時得經驗式爲：

$Sh = 0.34Re^{0.62}Sc^{0.33}$

(七)質傳經驗式

1.平板：$Sh = \frac{k_c'D}{D_{AB}} = 0.664Re_{(L)}^{0.5}Sc^{0.33}$

2.圓管：(1)層流，於管壁上質傳通量爲一定值，$Sh = \frac{48}{11} + f\left(Re, Sc, \frac{L}{D}\right)$

(2)柱流，於管壁上質傳通量爲一定值，$Sh = 8 + f\left(Re, Sc, \frac{L}{D}\right)$

(3)層流，於管壁上濃度爲一定值，$Sh = 3.66 + f\left(Re, Sc, \frac{L}{D}\right)$

3.球體：流體流經單一球體外部，$Sh = 2 + f(Re, Sc)$

(八)熱傳與質傳類比關係

1.雷諾類比(Reynold analogy) 熱傳$Pr = 1$；$S_{t.H} = \frac{c_f}{2}$

$$=>S_{t.H} = \frac{h(T_W - T_\infty)}{\rho c_p v(T_W - T_\infty)} = \frac{h}{\rho c_p v} = \frac{c_f}{2} = \frac{\text{對流熱傳率}}{\text{流體本身流動時所含之能量}}$$

$$S_{t.H} = \frac{Nu}{Re \cdot Pr} = \frac{h(Tw - T)}{\rho c_p v(Tw - T)} = \frac{\text{對流熱傳率}}{\text{流體本身流動時所含之能量}}$$ ($S_{t.H}$：stanton number)

T_W管壁溫度，T_∞流體溫度，v 流體流速，Cp熱容量，h對流熱傳係數
故其與Nusselt number意義類似,稱爲modified Nusselt number.

質傳$Sc = 1$；$S_{t.M} = \frac{c_f}{2}$ $=>S_{t.M} = \frac{k_c}{v} = \frac{c_f}{2}$，$S_{t.M} = \frac{Sh}{Re \cdot Sc}$($S_{t.M}$：stanton number)

2. 科本類比 j 因子(Chilton-Colburn j-factor)(83 第二次化工技師)

熱傳(0.5 <Pr< 50) $j_H = s_{t.H} \cdot Pr^{\frac{2}{3}} = \frac{c_f}{2}$ (j_H：熱傳科本 j 因子)

質傳(0.6 <Sc< 2500) $j_M = s_{t.M} \cdot Sc^{\frac{2}{3}} = \frac{c_f}{2}$ (j_M：質傳科本 j 因子)

※此稱爲修正雷諾類比Modified Reynolds analogy或稱契頓-柯本類比Chilton─Colburn Analogy。此類比亦適用於紊流，但不適用於管路層流流體。

類題解析

〈類題 25 − 1〉有一圓管(直徑 2.54cm，長 1.8m)管內塗有萘，管子內有空氣流過，平均速度為 0.6m/sec，管內溫度為 45°C，壓力為 1atm。假設空氣在管內的壓力降可以忽略，請求出萘的昇華速率為多少kg/sec？45°C萘的蒸氣壓為 0.555mmHg；45°C 1atm 萘在空氣中的擴散係數$D_{AB} = 6.92 \times 10^{-6}\ m^2/sec$；萘的分子量為

128.2，$\rho = 1.14\,kg/m^3$，$\mu = 1.934 \times 10^{-5}\,kg/m \cdot sec$。

Sol：先求 Re 和 Sc 值

$$Re = \frac{Du\rho}{\mu} = \frac{\left(\frac{2.54}{100}\right)(0.6)(1.14)}{1.934\times10^{-5}} = 898 < 2100 \text{ 層流}$$

$$Sc = \frac{\mu}{\rho D_{AB}} = \frac{1.934\times10^{-5}}{(1.14)(6.92\times10^{-6})} = 2.45$$

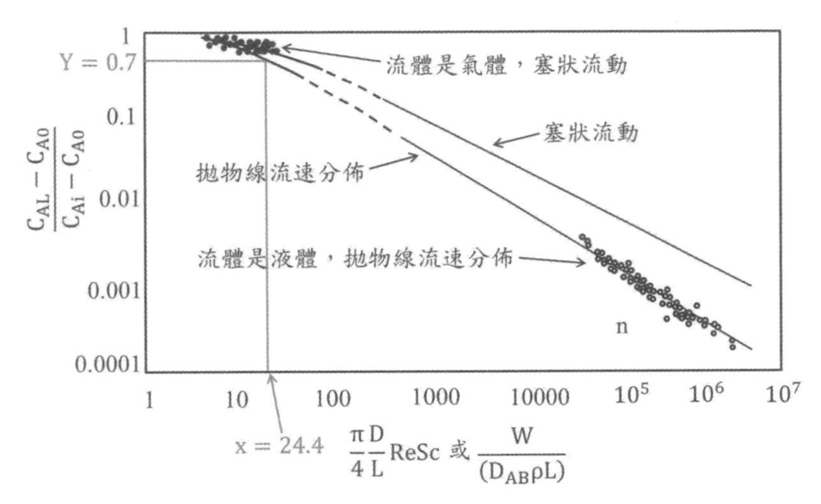

x 軸 $= \frac{\pi}{4}\left(\frac{0.0254}{1.8}\right)(898)(2.45) = 24.4$對應拋物線分佈得到 y 值$\frac{C_{AL}-C_{A0}}{C_{Ai}-C_{A0}} = 0.7$

$$C_{Ai} = \frac{P_{Ai}}{RT} = \frac{\left(\frac{0.555}{760}atm\times\frac{101325Pa}{1atm}\right)}{\left(8.314\frac{J}{gmol\cdot k}\right)[(45+273)k]} = 0.0279\left(\frac{gmol}{m^3}\right) = 2.8\times10^{-5}\left(\frac{kgmol}{m^3}\right)$$

$C_{A0} = 0$ (未進入管子內，空氣中萘的濃度為零)

$$=>\frac{C_{AL}-0}{2.8\times10^{-5}-0} = 0.7 \quad =>C_{AL} = 1.96\times10^{-5}\left(\frac{kgmol}{m^3}\right)$$

$$=>\dot{m} = \frac{\pi}{4}D^2\langle u\rangle\cdot M_W\cdot C_{AL}$$

$$= \left[\frac{\pi}{4}\left(\frac{2.54}{100}\right)^2 m^2\right]\left(0.6\frac{m}{sec}\right)\left(128.2\frac{kg}{kgmol}\right)\left(1.96\times10^{-5}\frac{kgmol}{m^3}\right) = 7.63\times10^{-7}\left(\frac{kg}{sec}\right)$$

〈類題 25 − 2〉水由直徑爲 15.24cm 的管子的管壁流下，形成一層薄膜，1atm 25℃的空氣以 197.8g/sec的質量流率由管底往上流動，水會蒸發到空氣中，請求出氣體的質傳係數k_y爲多少gmol/(cm^2 · sec)？1atm 25℃下空氣的黏度$\mu = 0.00018g/(cm\cdot sec)$，水在空氣的擴散係數$D_{AB} = 0.13cm^2/sec$。

Sol：先求 Re 和 Sc 值

$$Re=\frac{Du\rho}{\mu}=\frac{D\cdot\dot{m}\cdot\rho}{\rho A\mu}=\frac{D\cdot\dot{m}}{\frac{\pi}{4}D^2\mu}=\frac{4\dot{m}}{\pi D\mu}=\frac{4(197.8)}{\pi(15.24)(0.00018)}=91854>4000$$

$$\rho=\frac{PM}{RT}=\frac{1atm\times29\frac{g}{gmol}}{\left(82.05\frac{atm\cdot cm^3}{gmol\cdot k}\right)[(25+273)k]}=0.001186\left(\frac{g}{cm^3}\right)$$

$Sc=\frac{\mu}{\rho D_{AB}}=\frac{0.00018}{(0.001186)(0.13)}=1.167$，$Sh=\frac{k_c'D}{D_{AB}}=0.023Re^{0.83}Sc^{0.33}$

$$=>\frac{k_c'(15.24)}{0.13}=0.023(91854)^{0.83}(1.167)^{0.33}$$

$=>k_c'=2.72\left(\frac{cm}{sec}\right)$ 又空氣中水的濃度極低$k_c'=k_c$

$$=>k_y=k_c\cdot C=k_c\cdot\frac{\rho}{M_w}=\left(2.72\frac{cm}{sec}\right)\left[\frac{0.001186\frac{g}{cm^3}}{29\frac{g}{gmol}}\right]=1.1\times10^{-4}\left(\frac{gmol}{cm^2\cdot sec}\right)$$

〈類題 25 − 3〉空氣在 2atm 下以 2m/sec的速度，流過一個直徑$D=12mm$的萘球，萘在這個情況下的蒸氣壓為 0.35mmHg。萘會昇華由空氣帶走，請求出質傳係數k_c的值？假設萘的濃度很低$k_c=k_c'$；空氣在此條件下的黏度$\mu=1.83\times10^{-5}\,kg/m\cdot sec$，$\rho=2.258\,kg/m^3$，$\rho_m=0.0779\,kg/m^3$，$D_{nap-air}=3.29\times10^{-6}\,m^2/sec$。

Sol：先求 Re 和 Sc 值

$$Re=\frac{Du\rho}{\mu}=\frac{\left(\frac{12}{1000}\right)(2)(2.258)}{1.83\times10^{-5}}=2961\ \ (1<Re<48000)$$

$$Sc=\frac{\mu}{\rho D_{nap-air}}=\frac{1.83\times10^{-5}}{(2.258)(3.29\times10^{-6})}=2.46\ \ (0.6<Sc<2.7)$$

對應經驗式爲$Sh=2+0.552Re^{0.53}Sc^{0.33}$

$$\frac{k_c'D}{D_{AB}}=2+0.552Re^{0.53}Sc^{0.33}\ =>\frac{k_c'\left(\frac{12}{1000}\right)}{3.29\times10^{-6}}=2+0.552(2961)^{0.53}(2.46)^{0.33}$$

$$=>k_c'=1.46\times10^{-2}\left(\frac{m}{sec}\right)$$

〈類題 25 − 4〉(一)水在一直徑爲 2 吋之溼壁塔內在 10000 之雷諾數下及 40°C之溫度下蒸發入空氣中，試求氣膜(gas film)之有效厚度。(二)對於乙醇在相同情況下之蒸發重覆此計算。在 1atm 下，水在空氣之擴散係數爲 $0.288cm^2/sec$，而乙醇

在空氣中爲 $0.145 cm^2/sec$。$\mu = 0.0186cp$；$\rho = 1.129 \times 10^{-3}\ g/cm^3$，所需要的經驗式如下：$Sh = 0.023Re^{0.81}Sc^{0.44}$ (McCabe 例題 17.4)

Sol：

(一)$Sc = \frac{\mu}{\rho D_{AB}} = \frac{0.0186\times10^{-2}}{(1.129\times10^{-3})(0.288)} = 0.572$

$Sh = 0.023Re^{0.81}Sc^{0.44} = 0.023(10000)^{0.81}(0.572)^{0.44} = 31.26$ (1)

又$Sh = \frac{k_c' D}{D_{AB}}$ (2)且薄膜理論(film theory)$k_c = \frac{D_{AB}}{\delta}$ (3)

(2)&(3)代入(1)式=>$Sh = \frac{\left(\frac{D_{AB}}{\delta}\right)D}{D_{AB}}$ =>$Sh = \frac{D}{\delta}$ (3)=>$31.26 = \frac{2}{\delta}$ =>$\delta = 0.064(in)$

(二) $Sc = \frac{\mu}{\rho D_{AB}} = \frac{0.0186\times10^{-2}}{(1.129\times10^{-3})(0.145)} = 1.14$

$Sh = 0.023Re^{0.81}Sc^{0.44} = 0.023(10000)^{0.081}(1.14)^{0.44} = 42.3$ (4)代入(3)式

=>$42.3 = \frac{2}{\delta}$ =>$\delta = 0.047(in)$

〈類題 25－5〉考慮氨氣泡在水裡的吸收，可發現氣相質傳阻力可忽略，如果由實驗結果可得到質傳係數$k_c = 2\times10^{-4}\ m/sec$，而氨在水內的擴散係數爲$D_{AB} = 3.42\times10^{-9}\ m^2/sec$，求液相的薄膜厚度大小？

Sol：由薄膜理論$k_c = \frac{D_{AB}}{\delta}$ =>$\delta = \frac{D_{AB}}{k_c} = \frac{3.42\times10^{-9}}{2\times10^{-4}} = 1.71\times10^{-5}(m)$

〈類題 25－6〉直徑 1cm 的水滴在靜止空氣中氣化，忽略氣相阻力，已知$D_{steam-air} = 0.24\ cm^2/sec$。(一)求蒸氣對空氣的質傳係數(二)氣膜的厚度

Sol：

(一)$Sh = \frac{k_c D}{D_{AB}} = 2$ =>$\frac{k_c(1)}{0.24} = 2$ =>$k_c = 0.48\left(\frac{cm}{sec}\right)$

(二)由薄膜理論$k_c = \frac{D_{AB}}{\delta}$ =>$\delta = \frac{D_{AB}}{k_c} = \frac{0.24}{0.48} = 0.5(cm)$

〈類題 25－7〉說明如何以類比法，由 Fanning friction factor(范寧摩擦因子)估計圓管內流體的對流質傳係數？

Sol：1.計算 Reynold number (Re)，判斷流體流動的模式屬於層流或是亂流。2.根

據 Re，計算 Fanning friction factor(f_f)。3.計算 Schmidt number (Sc)，根據層流或亂流狀態，代入相對應類比公式。

4.若爲亂流常用 Chilton-Colburn analogies

$$j_M = j_H = \frac{c_f}{2} \Rightarrow \left(\frac{h}{\rho c_p v}\cdot Pr^{\frac{2}{3}} = \frac{k_c}{v}\cdot Sc^{\frac{2}{3}} = \frac{c_f}{2}\right)$$

若爲層流常用 Prandtl analogies $\Rightarrow Sh = \frac{(c_f/2)ReSc}{1+5\sqrt{(c_f/2)}(Sc-1)}$

或 Von-Karman analogies $\Rightarrow Sh = \frac{(c_f/2)ReSc}{1+5\sqrt{(c_f/2)}\{Sc-1+\ln[(1+5Sc)/6]\}}$

歷屆試題解析

〈考題 25－1〉(81 化工技師)(10 分)

有一 4 吋×4 吋×1 吋之萘(Naphthalene)薄板，水平置於平行流動之空氣中，在 32°F及一大氣壓下，空氣以每秒 50 呎速率平行通過，試問須歷時多久萘板之厚度始減小 1/4？假設板之上下經常保持平坦，擴散係數為 $0.199(\text{呎})^2/\text{小時}$，Sc 數為 2.57(Schmidt number)，32°F萘之蒸汽壓為 0.0059 毫米汞柱，忽略因昇華引起的板面溫度下降，萘的固體比重為 1.45，空氣之密度為 0.0806磅/立方呎，黏度為 0.017 厘泊，流體之質量傳送係數k_c為：$k_c = \left(\frac{D_{AB}}{L}\right)0.664Re_{(L)}^{\frac{1}{2}}Sc^{\frac{1}{3}}$

Sol：4 吋×4 吋×1 吋＝長×寬×厚

板面上及氣體主流中，萘蒸氣之濃度分別為：

$$\rho_{A\infty} = 0，\rho_{A0} = \frac{P_{A0}\cdot M_A}{RT} = \frac{\left(\frac{0.0059}{760}atm\right)\left(128\frac{lbm}{1bmol}\right)}{\left(0.73\frac{atm\cdot ft^3}{lbmol\cdot{}^\circ R}\right)[(32+460){}^\circ R]} = 2.77\times10^{-6}\left(\frac{lbm}{ft^3}\right)$$

因氣相中萘蒸氣之濃度稀薄，因此可視為空氣

$$Re_{(L)} = \frac{Lu\rho}{\mu} = \frac{\left(\frac{4}{12}\right)(50)(0.0806)}{0.017\times10^{-3}\frac{kg}{m\cdot sec}\times\frac{1lbm}{0.454kg}\times\frac{0.3048m}{1ft}} = 1.18\times10^5，Sc = 2.57$$

$$k_c = \left(\frac{D_{AB}}{L}\right)0.664Re_{(L)}^{\frac{1}{2}}Sc^{\frac{1}{3}} = \left(\frac{0.199}{4/12}\right)0.664(1.18\times10^5)^{\frac{1}{2}}(2.57)^{\frac{1}{3}} = 186.5\left(\frac{ft}{hr}\right)$$

$N_A = k_c(\rho_{A0} - \rho_{A\infty}) = 186.5(2.77 \times 10^{-6} - 0) = 5.17 \times 10^{-4}\left(\frac{lbm}{hr \cdot ft^2}\right)$

上下板之總面積$A = 2\left(\frac{4}{12}\right)^2 = 0.222(ft^2)$

萘板之昇華速率$W_A = N_A \cdot A = 5.35 \times 10^{-4}(0.222) = 1.14 \times 10^{-4}\left(\frac{lbm}{hr}\right)$

消失 1/4 的質量$m_A = V\rho = \left(\frac{4}{12} \cdot \frac{4}{12} \cdot \frac{1/4}{12}\right)(1.45 \times 62.4) = 0.209(lbm)$

昇華時間$t = \frac{m_A}{W_A} = \frac{0.209}{1.14 \times 10^{-4}} = 1833(hr)$

※此題摘錄於葉和明的單元操作演習例題 20-7。

〈考題 25 – 2〉(82 化工技師)(6 分)

圓管中熱傳之 j-因子(j-factor)可表示爲$j_H = StPr^{0.67}$，其中$St = \frac{Nu}{Re \cdot Pr}$

試問(一)質傳之St爲何？ (二)質傳之 j-因子爲何？

Sol：(一)$S_{t.M} = \frac{Sh}{Re \cdot Sc} = \frac{k_c}{v}$ (二) $j_M = s_{t.M} \cdot Sc^{\frac{2}{3}} = \frac{c_f}{2}$

〈考題 25 – 3〉(85 化工技師)(20 分)

質傳通量的式子爲：$Flux = -D_{AB}\frac{dC}{dz}$，請問與之相似的動量之通量式子爲何？說明符號之意義及彼此之相似性，用符號表示出列無因次數字：

(1) $\text{Schmidt number} = \frac{\text{momentum diffusivity}}{\text{mass diffusivity}}$

(2) $\text{Lewis number} = \frac{\text{thermal diffusivity}}{\text{mass diffusivity}}$

在熱傳中與 Sc 對等之無因次數字爲何？其定義又爲何？質傳中之 Sherwood Number 與熱傳中之 Nusselt Number 相似，其定義分別爲何？

Sol：

(一)動量通量牛頓黏度定律$\tau_{yx} = -\mu\frac{dv_x}{dy} = -\frac{\mu}{\rho}\frac{d(\rho v_x)}{dy} = -\nu\frac{d(\rho v_x)}{dy}$ =>動量通量 =

$-(\text{動量擴散度或動黏度})(\text{動量梯度})$

熱通量：傅立葉定律$q=-kA\frac{dT}{dy}$ $=>\frac{q}{A}=-\frac{k}{\rho c_p}\frac{d(\rho c_p T)}{dy}=-\alpha\frac{d(\rho c_p T)}{dy}$

$=>\text{熱通量}=-(\text{熱擴散度})(\text{熱量梯度})$

(二) $Sc=\frac{\text{momentum diffusivity}}{\text{mass diffusivity}}=\frac{\mu}{\rho D_{AB}}=\frac{\text{動量擴散度(動黏度)}}{\text{質量擴散係數}}$

$Le=\frac{\text{thermal diffusivity}}{\text{mass diffusivity}}=\frac{\alpha}{D_{AB}}=\frac{\text{熱擴散度}}{\text{質量擴散係數}}$

(三)$Pr=\frac{C_p\mu}{k}=\frac{\mu/\rho}{k/\rho C_p}=\frac{\nu}{\alpha}=\frac{\text{動量擴散係數}}{\text{熱擴散係數}}$ (四)$Sh=\frac{k_c'D}{D_{AB}}=\frac{\text{質量對流率}}{\text{質量擴散係數(質量擴散率)}}$

$Nu=\frac{hD}{k}=\frac{\text{熱對流率}}{\text{熱傳導率}}$，h 對流熱傳係數$\left(\frac{W}{m^2\cdot k}\right)$；D 圓管直徑(m)；k 流體的熱傳導度$\left(\frac{W}{m\cdot k}\right)$，$C_p$ 熱容量$\left(\frac{J}{kg\cdot k}\right)$，μ流體黏度(Pa · sec)，ρ流體密度$\left(\frac{kg}{m^3}\right)$，$D_{AB}$ 質量擴散係數$\left(\frac{m^2}{sec}\right)$，$k_c'$對流質傳係數$\left(\frac{m}{sec}\right)$

〈考題 25 − 4〉(86 地方特考)(4 分)
奇登-柯本類比(Chilton-Colburn Analogy)可表示成$j_M=j_H=f/2$，其中j_M，j_H分別叫做質傳及熱傳之 j 因子。上式對流體流過那一種物體較適用？(1)圓管(2)垂直流過圓柱(3)平行流過平板(4)流經填充床
Sol：(3) j 因子：因爲熱傳遞或質量傳遞和流體摩擦的表示方式，適用於流體平行流過平板。

〈考題 25 − 5〉(94 高考三等)(每小題 10 分，共 20 分)
直徑 1.75cm 的萘丸懸掛於 280K、1atm 的氣流中，氣流之流速為1.4m/s，試計算：(一)萘丸最初的蒸發速率 (二)萘丸直徑減為原來直徑的一半時，所經歷的時間；計算所需之數據如下：(1)球體之質傳係數之經驗公式爲：$\frac{k_c D}{D_{AB}}=2.0+0.6\left(\frac{DV}{\nu}\right)^{0.53}\left(\frac{\nu}{D_{AB}}\right)^{0.33}$；(2)280K 時，萘之蒸氣壓為 2.8Pa，密度爲$1.14\times$

$10^3\ \text{kg/m}^3$，分子量爲128kg/kgmol，動黏度ν爲$1.388 \times 10^{-5}\ \text{m}^2/\text{s}$，擴散係數爲$5.57 \times 10^{-6}\ \text{m}^2/\text{s}$。(3)氣體常數$R = 8.314\ \text{Pa} \cdot \text{m}^3/\text{mole} \cdot \text{K}$

Sol：

(一)$\dfrac{k_c\ (1.75\times10^{-2})}{5.57\times10^{-6}} = 2.0 + 0.6\left(\dfrac{1.75\times10^{-2}\times1.4}{1.388\times10^{-5}}\right)^{0.53}\left(\dfrac{1.388\times10^{-5}}{5.57\times10^{-6}}\right)^{0.33}$

$=>k_c\ = 0.0142\left(\dfrac{m}{sec}\right)$，$C_{A0} = \dfrac{P_{A0}}{RT} = \dfrac{2.8\frac{N}{m^2}}{\left(8314\frac{\frac{N}{m^2}\cdot m^3}{kgmol\cdot k}\right)(280k)} = 1.2 \times 10^{-6}\left(\dfrac{kgmol}{m^3}\right)$

對流質傳表示爲：

$N_A = k_c(C_{A0} - C_{A\infty}) = 0.0142(1.2 \times 10^{-6} - 0) = 1.7 \times 10^{-8}\left(\dfrac{kgmol}{m^2\cdot sec}\right)$

$=>W_A = N_A(4\pi r_1^2) = 1.7 \times 10^{-8} \times 4\pi\left(\dfrac{1.75\times10^{-2}}{2}\right)^2 = 1.6 \times 10^{-11}\left(\dfrac{kgmol}{sec}\right)$

(二)先求幾何平均直徑(Arithmetic diameter)

$$\overline{D_p} = \frac{D_{p|t1} + D_{p|t2}}{2} = \frac{D_{p|t1} + \left(\frac{1}{2}\right)^{\frac{1}{3}} \cdot D_{p|t1}}{2} = 0.897D_{p|t1} = 0.897(1.75 \times 10^{-2})$$

$= 0.0157(m)$

因爲直徑產生變化$=>\overline{D_p} = D = 0.0157(m)$

$=>k_c\ = \dfrac{D_{AB}}{D}[2.0 + 0.6(Re)^{0.53}(Sc)^{0.33}]$

$=>k_c\ = \dfrac{5.57\times10^{-6}}{0.0157}\left[2.0 + 0.6\left(\dfrac{0.0157\times1.4}{1.388\times10^{-5}}\right)^{0.53}\left(\dfrac{1.388\times10^{-5}}{5.57\times10^{-6}}\right)^{0.33}\right] = 0.015\left(\dfrac{m}{sec}\right)$

$=>W_A = 4\pi\bar{r}_1^2 \cdot N_A = 4\pi\bar{r}_1^2 \cdot k_c\ (C_{A0} - C_{A\infty})$

$=>W_A = 4\pi \cdot \left(\dfrac{0.0157}{2}\right)^2(0.015)(1.2 \times 10^{-6}) = 1.32 \times 10^{-11}\left(\dfrac{kgmol}{sec}\right)$

$=>m_A = \rho_A \cdot V$，當直徑減半時$=>\overline{D_{p2}} = \dfrac{0.0157}{2} = 7.85 \times 10^{-3}(m)$，且$\overline{D_p} = \overline{D_{p1}} =$

$0.0157(m)$

$=>m_A = \rho_A\left(\dfrac{\pi}{6}\overline{D}_{P1}^3 - \dfrac{\pi}{6}\overline{D}_{P2}^3\right) = \rho_A\dfrac{\pi}{6}(\overline{D}_{P1}^3 - \overline{D}_{P2}^3)$

$=>m_A = (1.14 \times 10^3)\dfrac{\pi}{6}[(0.0157)^3 - (7.85 \times 10^{-3})^3] = 2.02 \times 10^{-3}(kg)$

$=>t=\frac{m_A}{W_A}=\frac{2.02\times10^{-3}}{1.32\times10^{-11}}=1.5\times10^8(sec)$

※摘錄於 3W Ch30 Example 2 例題！

〈考題25－6〉(98地方特考)(25分)

寫出以下無因次群(dimensionless groups)的定義(所用符號皆須說明)，並簡述其物理意義：雷諾數(Reynolds number, Re)，普蘭特爾數(Prandtl number, Pr)，施密特數(Schmidt number, Sc)，雪爾屋數(Sherwood number, Sh)，熱傳中之紐賽爾數(Nusselt number, Nu)。若某人在探討一熱傳問題中獲得經驗式：

$Nu=0.43+0.532Re^{0.5}Pr^{0.31}$，則相對應的質傳問題經驗式爲何？

Sol：(一)$Re=\frac{Du\rho}{\mu}=\frac{慣性力}{黏滯力}$，$Pr=\frac{C_p\mu}{k}=\frac{\mu/\rho}{k/\rho C_p}=\frac{\nu}{\alpha}=\frac{動量擴散係數}{熱擴散係數}$

$Sc=\frac{\mu}{\rho D_{AB}}=\frac{\nu}{D_{AB}}=\frac{動量擴散度(動黏度)}{質量擴散係數}$，$Sh=\frac{k_c'D}{D_{AB}}=\frac{質量對流率}{質量擴散係數(質量擴散率)}$

$Nu=\frac{hD}{k}=\frac{熱對流率}{熱傳導率}$；h 對流熱傳係數$\left(\frac{W}{m^2\cdot k}\right)$，D 圓管直徑(m)，k 流體的熱傳導度$\left(\frac{W}{m\cdot k}\right)$，$C_p$熱容量$\left(\frac{J}{kg\cdot k}\right)$，μ流體黏度(Pa · sec)，ρ流體密度$\left(\frac{kg}{m^3}\right)$，$D_{AB}$質量擴散係數$\left(\frac{m^2}{sec}\right)$，$k_c'$對流質傳係數$\left(\frac{m}{sec}\right)$

(二) $Sh=0.43+0.532Re^{0.5}Sc^{0.31}$

〈考題 25－7〉(100 經濟部特考)(10 分)

空氣流經一條含有 Naphthalene 的管子(ID=1in、長度 6ft)，空氣溫度爲 50°F，平均壓力爲 1atm，Bulk velocities 爲 2ft/sec，假設沿著管子之壓力改變可以忽略，並且 Naphthalene 表面溫度爲 50°F，請問出口空氣的被飽和百分比及 Naphthalene 昇華量(lb/hr)分別爲何？

已知：1.空氣於 50°F，1atm：$\rho=0.078\,lb/ft^3$，$\mu=1.2\times10^{-5}\,lb/(ft)(sec)$ 2. Naphthalene 於 50°F：蒸汽壓=0.0209mmHg，分子量 128.2，Molecular diffusion in air$(D_{AB})=0.200\,ft^2/hr$

3.假設$[(\rho_{Ab}-\rho_{A0})/(\rho_{As}-\rho_{A0})]=5.5*[w/\rho*D_{AB}*x]^{-0.74}$

Sol：

(一) $w=\langle u\rangle A\rho=(2)\left[\frac{\pi}{4}\left(\frac{1}{12}\right)^2\right](0.078)=8.5\times10^{-4}\left(\frac{lb}{sec}\right)$

$$\%=5.5\left(\frac{W}{\rho*D_{AB}*x}\right)^{-0.74}=5.5\left(\frac{8.5\times10^{-4}\frac{lbm}{sec}}{0.078\frac{lbm}{ft^3}\times0.2\frac{ft^2}{hr}\times\frac{1hr}{3600sec}\times6ft}\right)^{-0.74}=0.416=41.6(\%)$$

(二) $\rho_{A0}=0$(未進入管子內，空氣中萘的濃度為零)

$$\rho_{As}=\frac{P_{As}M_W}{RT}=\frac{0.0209mmHg\times\frac{1atm}{760mmHg}\times128.2\frac{lb}{lbmol}}{\left(0.73\frac{atm\cdot ft^3}{lbmol\cdot{}^\circ R}\right)[(50+460)^\circ R]}=9.47\times10^{-6}\left(\frac{lb}{ft^3}\right)$$

$$=>\frac{\rho_{Ab}-0}{9.47\times10^{-6}-0}=0.416\ =>\rho_{Ab}=3.94\times10^{-6}\left(\frac{lb}{ft^3}\right)$$

$$\dot{m}=A\langle u\rangle\rho_{Ab}=\left[\frac{\pi}{4}\left(\frac{1}{12}\right)^2\right](2)(3.94\times10^{-6})\left(\frac{3600sec}{1hr}\right)=1.54\times10^{-4}\left(\frac{lb}{hr}\right)$$

〈考題25－8〉(101地方特考)(10分)

什麼是熱傳及質傳之j因子(j-factor for heat and mass transfer)？什麼是Chilton and Colburn j-factor analogy？

Sol：熱傳(0.5<Pr< 50) $j_H=s_{t.H}\cdot Pr^{\frac{2}{3}}=\frac{c_f}{2}$ (j_H：熱傳科本j因子)

質傳(0.6 <Sc< 2500) $j_M=s_{t.M}\cdot Sc^{\frac{2}{3}}=\frac{c_f}{2}$ (j_M：質傳科本j因子)

$S_{t.H}=\frac{Nu}{Re\cdot Pr}$；$S_{t.M}=\frac{Sh}{Re\cdot Sc}$

j因子：熱傳遞或質量傳遞和流體摩擦的表示方式，適用於流體平行流過平板。

〈考題25－9〉(103高考三等)(5分)

對於一圓球表面與外界流體之熱傳可以下列公式描寫：$Nu=2.0+0.6Re^{\frac{1}{2}}Pr^{\frac{1}{3}}$ 其中Nu爲紐塞數(Nusselt number)，Re爲雷諾數(Reynolds number)，Pr爲普朗特數(Prandtl number)。請問對於一樟腦圓球在空氣中揮發之質傳相對應公式爲何？

Sol：$Sh = 2.0 + 0.6Re^{\frac{1}{2}}Sc^{\frac{1}{3}}$ 其中：

$Sh = \frac{k_c' D}{D_{AB}} = \frac{質量對流率}{質量擴散係數(質量擴散率)}$，$Sc = \frac{\mu}{\rho D_{AB}} = \frac{\nu}{D_{AB}} = \frac{動量擴散度(動黏度)}{質量擴散係數}$

〈考題25 − 10〉(104化工技師)(28分)

在直徑5cm濕壁塔(wetted-wall column)牆壁流下的是水，水會蒸發進入空氣中。請求出在雷諾數$Re = 10000$、40°C及1atm下，水外面空氣薄膜的有效厚度(effective thickness)δ爲多少cm？參考資料：40°C，1 atm下空氣密度$\rho = 1.129 \times 10^{-3} g/cm^3$，黏度$\mu = 0.0186cp$；水在空氣中的擴散係數$D_{AB} = 0.288\ cm^2/s$；$Sh = 0.023Re^{0.81}Sc^{0.44}$；在薄膜理論下$kc = D_{AB}/\delta$，其中kc爲質傳係數；$D_{AB}$爲擴散係數；δ爲空氣薄膜有效厚度。$Sh = kc \cdot D/D_{AB}$，其中D爲濕壁塔直徑。

Sol：$Sc = \frac{\mu}{\rho D_{AB}} = \frac{0.0186 \times 10^{-2}}{(1.129 \times 10^{-3})(0.288)} = 0.572$

$Sh = 0.023Re^{0.81}Sc^{0.44} = 0.023(10000)^{0.81}(0.572)^{0.44} = 31.26$ (1)

又$Sh = \frac{k_c D}{D_{AB}}$ (2)　且薄膜理論(film theory)$k_c = \frac{D_{AB}}{\delta}$ (3)

(2)&(3)代入(1)式=>$Sh = \frac{\left(\frac{D_{AB}}{\delta}\right)D}{D_{AB}}$ =>$Sh = \frac{D}{\delta}$ (3) =>$31.26 = \frac{5}{\delta}$

=>$\delta = 0.159(cm)$

二十六、質量傳遞與其應用(蒸餾)

此章節是屬於單元操作內的重點單元，從定義、蒸餾塔相關原理與名詞解釋，計算的部份有，理論板數作圖法與解析法、幾乎參加高普特考、經濟部特考，每年一定至少會有一題，而且配分很高，化工廠的精髓就在於蒸餾塔，所以幾乎是必考，如果是經濟部特考差不多這邊的題型分數沒拿下，當年度落榜機率很高，所以在練習時需多花一些心思在此章節才是正確之道。

(一)定義：加熱液體混合物至沸騰，利用其成份的沸點不同(或揮發性不同)予以分離的操作。(97 經濟部特考)

ex：原油經由蒸餾可分離出(LPG、汽油、柴油、航空燃油、燃料油)

蒸餾與蒸發的比較：

相同點：皆是加熱溶液使其沸騰，以達分離目的。

相異點：蒸發目的是爲了取得不蒸發物。

蒸餾目的可獲得各種不同蒸出物。

蒸餾所處理的液體各組成份均能於沸點蒸出。

蒸發處理之液體，僅能蒸出部份蒸發性物質，而留下不蒸發物。

原理依據：拉午耳定律(Raoult′s law)和道爾頓(Dalton′s law)分壓定律。

(二)相對揮發度(定量出揮發性的好壞)

$$\alpha_{AB}(\text{相對揮發度}) = \frac{y_A/x_A}{y_B/x_B} = \frac{\left(\frac{P_A^0 x_A}{P_t}\right)/x_A}{\left(\frac{P_B^0 x_B}{P_t}\right)/x_B} = \frac{P_A^0}{P_B^0} \quad (1)$$

令$y_B = 1 - y_A$，$x_B = 1 - x_A$代入(1)式 $\Rightarrow \alpha_{AB} = \frac{y_A}{x_A}\frac{(1-x_A)}{(1-y_A)}$

$\Rightarrow \alpha_{AB}x_A - \alpha_{AB}y_A x_A = y_A(1 - x_A) \Rightarrow \alpha_{AB}x_A = \alpha_{AB}y_A x_A + y_A(1 - x_A)$

$\Rightarrow \alpha_{AB}x_A = y_A[\alpha_{AB}x_A + (1 - x_A)]$

$\Rightarrow \alpha_{AB}x_A = y_A[1 + (\alpha_{AB} - 1)x_A] \Rightarrow$ $\boxed{y_A = \frac{\alpha_{AB}x_A}{[1+(\alpha_{AB}-1)x_A]}}$

x_A、x_B液相中 A.B 成份的莫爾分率；y_A、y_B氣相中 A.B 成份的莫爾分率

結論：

1. α_{AB}越大時代表揮發的效果較好。
2. $\alpha_{AB}=1$時二成份系統的 AB 不能以蒸餾法分離(為共沸混合物)。
3. $\alpha_{AB}>1$時表示 A 較具有揮發性，可以以蒸餾法分離。
4. $\alpha_{AB}<1$時表示 B 較具有易揮發性。
5. 對於理想系統α_{AB}和溫度有關，但成反比，溫度越低，α_{AB}越高時，有利於蒸餾法進行。

(三)共沸現象：

1. 若非理想溶液進行蒸餾時，可能產生共沸現象。
2. 溶液進行蒸餾時，所得的蒸氣組成和原來溶液組成時，無法利用蒸餾做進一步分離，稱為共沸現象。
3. 共沸物的分離：改變總壓力(ex：加壓或減壓)

   加入第三成份：共沸蒸餾-加入高揮發性成份(ex：酒精加入苯)

   萃取蒸餾-加入低揮發性成份(ex：環己烷加入酚)

其他方式：接近共沸點時，改用其他方法分離(ex：萃取、結晶、吸收、吸附)通過共沸點後再繼續用分餾法進行。

(四)簡單蒸餾(微分蒸餾)實驗室蒸餾法：如圖一

微分蒸餾(也稱簡單蒸餾)：液體受熱所產生的蒸氣直接排出，不再冷凝與回流與其他蒸氣作氣液接觸，產生的蒸氣與殘餘液組成，皆隨時間改變，為非穩態操作。

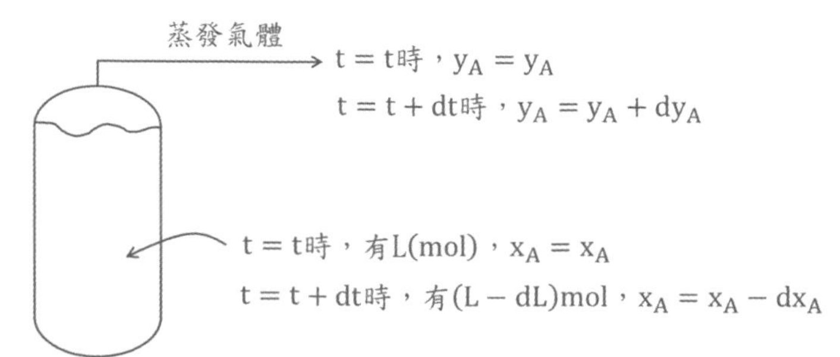

對成份 A 作質量平衡：(圖一)

$$\begin{bmatrix} t=t\text{ 時系統} \\ A\text{ 的含量} \end{bmatrix} = \begin{bmatrix} t=t+dt\text{ 時} \\ \text{液體中 }A\text{ 的含量} \end{bmatrix} + \begin{bmatrix} t=t+dt \\ \text{時氣體中 }A\text{ 的含量} \end{bmatrix}$$

$=> Lx_A = (L-dL)(x_A-dx_A) + dL(y_A+dy_A)$　假設蒸餾器中原有 L(kgmol)

x_A(A 的液相莫爾分率)；dL(莫爾液體蒸發量)

y_A(A 的氣相莫爾分率)；dL(莫爾氣體蒸發量)

$=> Lx_A = Lx_A - x_A dL - Ldx_A + x_A dL + y_A dL + dLdy_A$ (x_A與dy_A很小可忽略)

$=> Ldx_A = (y_A - x_A)dL$ $=> \int_{L_1}^{L_2}\frac{dL}{L} = \int_{x_{A1}}^{x_{A2}}\frac{dx_A}{y_A-x_A}$

$=> \boxed{\ln\left(\frac{L_2}{L_1}\right) = \int_{x_{A1}}^{x_{A2}}\frac{dx_A}{y_A-x_A}}$　銳雷方程式(Rayleigh equation)

※L_1為起始液體的莫爾數，L_2為蒸餾器中殘留的莫爾數。

(五)驟沸蒸餾/平衡蒸餾(flash distillation)：如(圖二)(93/95 地方特考四等)

平衡蒸餾(也稱驟沸蒸餾)：進料 F 受熱後，進入驟沸槽，將槽內壓力降低，則液體會部份氣化、蒸發而達到氣液平衡，予以分離，此爲單一段無回流穩態操作。

整個系統質量平衡　$F = V + L$ (1)

對成份 A 作質量平衡　$Fx_F = Vy_A + Lx_A$ (2)

由(1)式得知 $L = F - V$代入(2)式$=> Fx_F = Vy_A + (F-V)x_A$同除以F

$=> x_F = \frac{V}{F}y_A + \frac{(F-V)}{F}x_A$ $\left(\because f = \frac{V}{F} = \frac{V}{V+L}\right)$ $=> \boxed{y_A = -\frac{(1-f)}{f}x_A + \frac{x_F}{f}}$

令$x = x_f$代入驟沸蒸餾操作線，可得$y = x_f = x$，由$\left(x_f，x_f\right)$和對角線交於與截距$\frac{x_F}{f}$可得斜率爲$-\frac{(1-f)}{f}$，所以操作線和平衡曲線之交點 Q 爲$x = x_B$，$y = y_D$如(圖三)所示，圖中 Q 點爲成份 A 的組成。

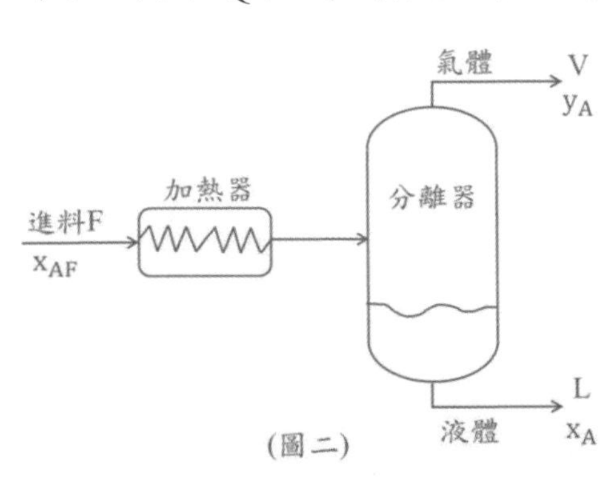

(圖二)

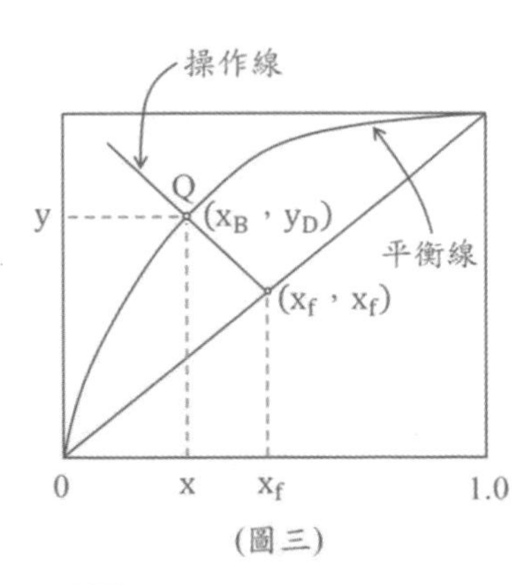

(圖三)

(六)麥泰法(McCabe-Thiele Method)爲 McCabe 原文書作者所發明

定義：成份 A 和成份 B 二者氣液變化的潛熱相同，使得一莫爾的 A 冷凝，會有一莫爾 B 氣化，稱定莫爾溢流(或等莫爾溢流 constant molar overflow)

整個蒸餾塔系統質量平衡=>$F = D + B$

對成份 A 作質量平衡=>$Fx_F = Dx_D + Bx_B$

1.增濃段的質量平衡(圖四)

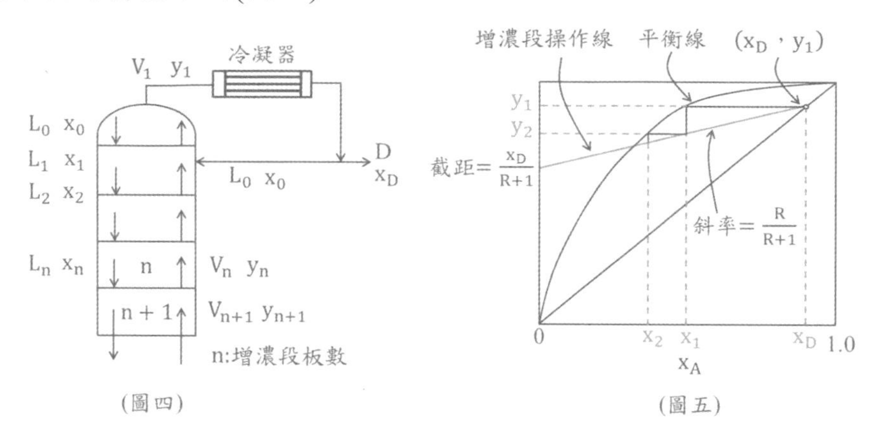

(圖四)　　(圖五)

由塔頂溢出的氣體全部被冷凝$y_1 = x_D$

冷凝器出來的液體分成兩支流，一爲回流L_0，一爲塔頂產品D =>$V_1 = L_0 + D$

等莫爾溢流 $L_0 = L_1 = L_2 = \cdots\cdots = L_n$；$V_1 = V_2 = \cdots = V_n = V_{n+1}$

對限制體積作質量平衡=>$V_{n+1} = L_n + D$ (1)

對成份作質量平衡=>$V_{n+1} \cdot y_{n+1} = L_n \cdot x_n + Dx_D$

=>$y_{n+1} = \frac{L_n}{V_{n+1}} x_n + \frac{D}{V_{n+1}} x_D$ (2)，將(1)代入(2)式

=>$y_{n+1} = \frac{L_n}{L_n+D} x_n + \frac{D}{L_n+D} x_D$ 分子分母同除以D

=>$y_{n+1} = \frac{L_n/D}{\frac{L_n}{D}+1} x_n + \frac{x_D}{\frac{L_n}{D}+1}$ 令$R\left(\text{回流比}\right) = \frac{L_n}{D}$

=> $\boxed{y_{n+1} = \frac{R}{R+1} x_n + \frac{x_D}{R+1}}$ 增濃段操作線(其物理意義爲稀釋頂部產品)

2.汽提段操作線：如(圖六)、(圖七)

對限制體積作質量平衡=>$V_{m+1} = L_m - B$ (1)

對成份作質量平衡=>$V_{m+1} \cdot y_{m+1} = L_m \cdot x_m - Bx_B$

=> $\boxed{y_{m+1} = \frac{L_m}{V_{m+1}} x_m - \frac{B}{V_{m+1}} x_B}$ (其物理意義爲增濃底部產品)

當三線交點的斜率(進料線、增濃線、汽提線) => $\boxed{\text{Slope} = \frac{L_m}{V_{m+1}} = \frac{y-x_B}{x-x_B}}$

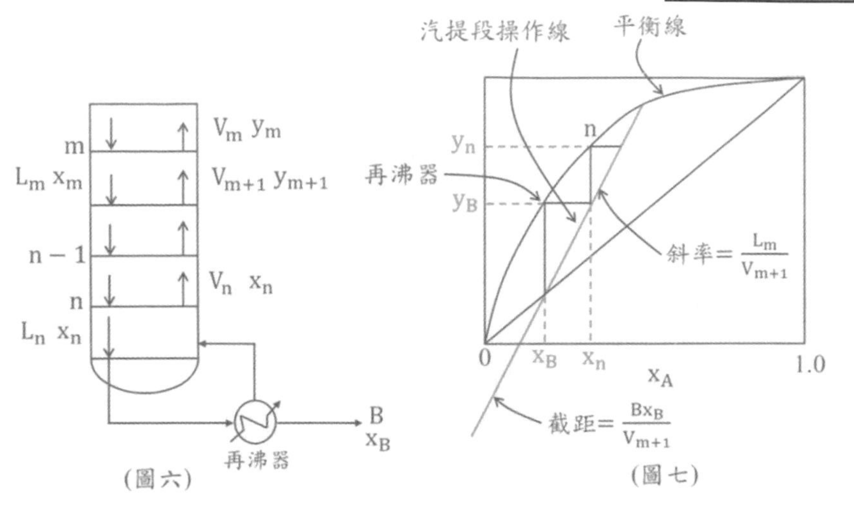

(圖六) (圖七)

3.進料段操作線

進料部份由焓的大小區分有五種進料:過熱蒸汽、飽和蒸汽、氣液共存、飽和液體、過冷液體。進料入蒸餾塔中分成兩股,一股氣體向上,另一股液體往下。

進料線定義:(圖八)

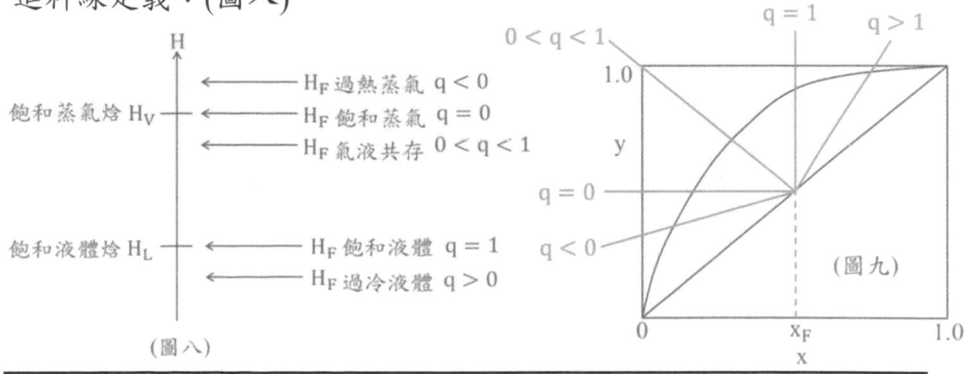

(圖八) (圖九)

$$q = \frac{H_V - H_F}{H_V - H_L} = \frac{\text{進料條件下,一莫爾進料汽化所需熱量}}{\text{進料條件下,一莫爾飽和液體汽化所需熱量}} = \frac{\text{使進料成爲飽和蒸汽所需的熱量}}{\text{進料汽化熱}}$$

H_V入料在露點的焓;H_L入料在沸點的焓;H_F入料在進料狀態的焓

進料爲飽和液體時,$H_F = H_L$ 代入上式得$q = 1$ (進料全部向下流)

進料爲飽和蒸汽時,$H_F = H_V$ 代入上式得$q = 0$ (進料全部往上流)

進料狀態	q值	q − line slope(圖九)
過熱蒸汽	<0	(+)值，第三象限，物質溫度>沸點
飽和蒸汽	0	為水平線，溫度達沸點的 100%蒸氣
氣液共存	0-1	(-)值，第二象限，達氣液平衡
飽和液體	1	(∞)為垂直線，溫度達 100°C液體
過冷液體	>1	(+)值，第一象限，ex：20°C液體

增濃段質量平衡=> $V_{n+1} \cdot y_{n+1} = L_n \cdot x_n + Dx_D$ 又 $V_n = V_{n+1}$

=> $V_n \cdot y_{n+1} = L_n \cdot x_n + Dx_D$ (1)

汽提段質量平衡=> $V_{m+1} \cdot y_{m+1} = L_m \cdot x_m - Bx_B$ 又 $V_{m+1} = V_m$

=> $V_m \cdot y_{m+1} = L_m \cdot x_m - Bx_B$ (2)

兩條線操作點相交時，令 $x_n = x$；$y_{n+1} = y$；$x_m = x$；$y_{m+1} = y$

代入(1)和(2)式=>由(1)式=> $V_n \cdot y = L_n \cdot x + Dx_D$ (3)

由(2)式=> $V_m \cdot y = L_m \cdot x - Bx_B$ (4)

(4)-(3)式=> $(V_m - V_n)y = (L_m - L_n)x - (Dx_D + Bx_B)$ (5)

F(kgmol/sec)流率進料後，有qF(kgmol/sec)流率往下降，另有 $(1-q)F$ 流率氣體往上升，進料板液體和氣體流率為 L_n 及 V_{n+1}，因假設為定莫爾溢流 $V_n = V_{n+1}$，變成 L_n 及 V_n 如(圖十)

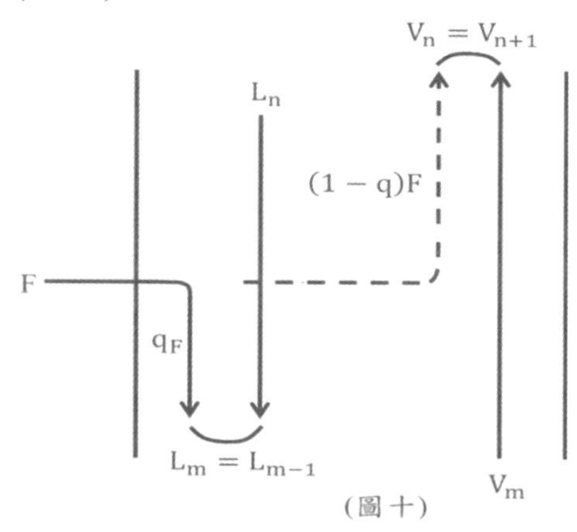

(圖十)

$L_m = L_n + qF$ => $L_m - L_n = qF$ (6)

$V_n = V_m + (1-q)F$ => $V_m - V_n = (q-1)F$ (7)

又 $Fx_F = Dx_D + Bx_B$ (8)；將(6)&(7)&(8)代入(5)式

=> $(q-1)Fy = qFx - Fx_F$ => $y = \frac{q}{q-1}x - \frac{x_F}{q-1}$ 進料線方程式(圖十一)

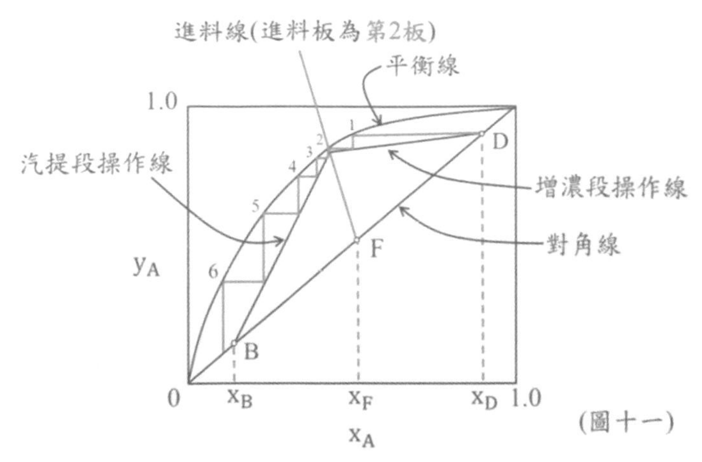

(圖十一)

4.回流比、全回流與最小回流比

回流比：表示增濃段(精餾段)之操作線單位重量產物有多少重返至蒸餾塔的比例。$R\left(\text{回流比}\right)=\dfrac{L\left(\text{回流比率}\right)}{D\left(\text{塔頂產品流率}\right)}$ (98 地方特考四等)

全回流：全回流時塔頂的出料完全回流至塔中(不出料)，即$D=0$，$L=V_1$，此時$R=\infty$，因此增濃段的操作線 slope=1，塔頂產品x_D也不變，由 D 點繪出的增濃段操作線和對角線重疊，汽提段操作線也和對角線重疊，此時平衡線距離增濃段與汽提段操作線距離最遠，即$N=N_{min}$(板數爲最少)，如(圖十二)。

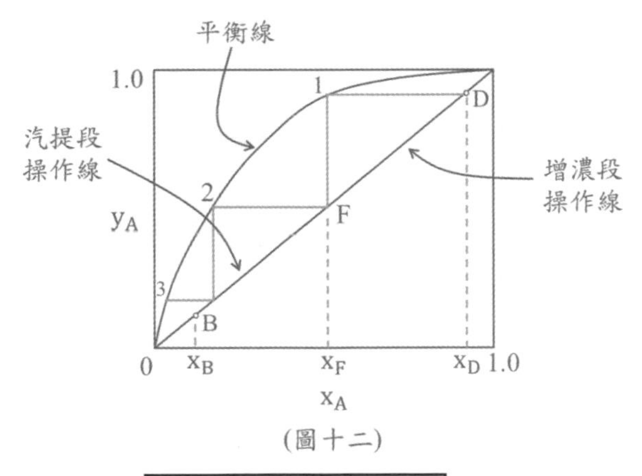

(圖十二)

最小理論板數計算 $\boxed{N_{min}=\dfrac{\ln\left(\frac{x_D}{1-x_D}\Big/\frac{x_B}{1-x_B}\right)}{\ln\alpha_{AB}}}$ 梵士其方程式(Fenske Eq.)

N_{min}最小理論板數，α_{AB}兩成份間相對揮發度

$\boxed{\alpha_{AB}=\sqrt{\alpha_D\cdot\alpha_B}}$ α_D頂部蒸氣的揮發度，α_B底部蒸氣的揮發度

最小回流比：回流比變小時，D 點固定(塔頂出料固定不變)，增濃段的操作線的 slope 變小，它和進料線(q-line)的交點 Q 會一直往上推至平衡線相交才停止，此時增濃段的板數爲∞，在此同時汽提段的操作線也是 Q 和 B 相連，所需板

數也是∞，所以此時回流比爲最小回流比$R = R_{min}$(圖十三)。最小回流比計算

$$\frac{R_{min}}{R_{min}+1} = \frac{x_D - y'}{x_D - x'}$$

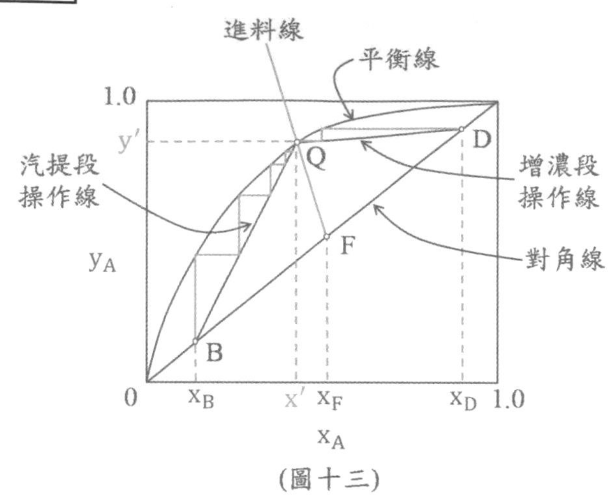

(圖十三)

※蒸餾如果是考作圖法，比例上最高的是飽和液體(垂直線)，其次是氣液共存(45 度線)，因爲這兩個 q-line 在作圖畫斜率誤差較小，或者是全回流與最小回流比考作圖的機率也頗高，但一般出題者在最近這幾年考試會更偏好解析法，畢竟考公式與數值計算在閱卷上是較無爭議，與圖解法相比之下，每個人畫出來的板數都會有誤差，而且閱卷委員一個人要看很多份考卷，自然比較不喜好考作圖題，尤其是經濟部特考，在考計算題的情況下有可能答案錯閱卷委員就可以算你全錯(因爲他們眞的很懶得看你寫的計算過程)，所以這點必須特別注意。

5.全回流與最小回流比產生的情況：

全回流時，爲了應付大流量，塔身直徑要很大，冷凝器和再沸器也要很大，這些都會增加成本。

最小回流比時，要有無限多的板子，這也會提高操作成本，因此最適操作通常爲$R_{op} = 1.2 - 1.5R_{min}$。(Geankoplis 內經驗值)

(七)板效率或稱總效率(overall efficiency)

麥泰法假設爲，離開蒸餾塔每一個板子(或每一階)的氣體液體都達到平衡狀態，此情況稱理想階(或理想板)，但實際上不可能達到平衡。因爲實際板數(number of real stage)>>理想板數(number of ideal stage)，所以沸點越接近，所需分餾板之數目越多。

$$\eta\left(\text{板效率}\right) = \frac{N_{ideal}\left(\text{理想板數}\right)}{N_{real}\left(\text{實際板數}\right)} < 1$$

(八)莫飛效率或稱單板效率(Murphree efficiency)

莫飛效率只考慮一塊板，以實際板上組成變化和理想板上組成變化的比值。

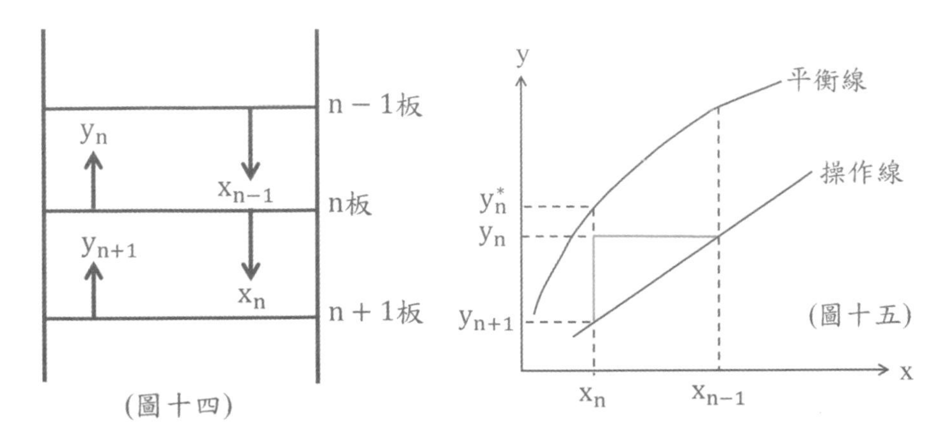

(圖十四)　(圖十五)

$\eta_M(V)=\frac{y_n-y_{n+1}}{y_n^*-y_{n+1}}<1$ (對氣相組成的莫飛效率)，如(圖十四)(圖十五)。

y_n(離開第n板之蒸氣的眞實組成)，y_n^*(和離開第n板之液體x_n成平衡之蒸氣濃度)，y_{n+1}(離開第n + 1板之蒸氣的眞實組成)

注意：蒸餾塔中每一板所分離的實際氣體量y_n比平衡時氣體y_n^*少，所以不能達到100%理想分離的程度。

$\eta_M(L)=\frac{x_{n-1}-x_n}{x_{n-1}-x_n^*}<1$ (對液相組成的莫飛效率)

x_n(離開第 n 板之液體的眞實組成)，x_n^*(和離開第 n 板之氣體y_n成平衡之液體濃度)，x_{n-1}(離開第 n-1 板之液體的眞實組成)

(九)局部效率或點效率(Local efficiency)

局部效率可表示塔板上某指定點處氣液組成的表示。

$\eta_M(V)=\frac{y'_n-y'_{n+1}}{y_n^*-y'_{n+1}}<1$ (對氣相組成的局部效率)

y'_n(離開第 n 板特定位置之蒸氣組成)，y_n^*(和離開第 n 板特定位置之液體x_n成平衡之蒸氣濃度)，y'_{n+1}(離開第n + 1板特定位置之蒸氣組成)

$\eta_M(L)=\frac{x'_{n-1}-x'_n}{x'_{n-1}-x_n^*}<1$ (對液相組成的局部效率)

x'_n(離開第 n 板特定位置之液體組成)，x_n^*(和離開第 n 板特定位置之蒸氣y_n成平衡之液體濃度)，x'_{n-1}(離開第 n-1 板特定位置之液體組成)

(十)蒸餾塔費用和回流比的關係(圖十六)。

(1)使總費用爲最低時之回流比稱最適回流比(optimum reflux ratio)，

(2)回流比增加，所需的板數小，由 a 線得知設備費用相對降低。

(3)回流比增加到某值，雖板數減少，但塔中流體流率增加，塔徑需相對提高，由 a 線得知設備費用隨回流比增加而增加。

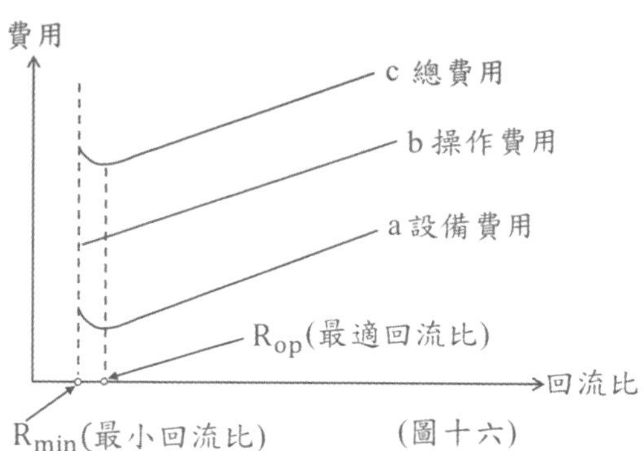

(圖十六)

(4)回流比增加，會增加再沸器中的水蒸汽用量和冷凝器中冷媒的用量，由 b 線得知操作費用隨回流比增加而增加。

(5)由 c 線得知 總費用 = 設備費用 + 操作費用，當 c 的曲線最低爲總費用最少，所對應之回流比稱爲最適回流比，通常爲最小回流比的 1.2-1.5 倍。

$$R_{op} = 1.2\sim1.5R_{min}$$

(十一)蒸餾塔中溫度與壓力之分佈

蒸餾塔溫度越底部溫度越高，壓力也是越底部壓力越高，如(圖十七)。蒸餾塔效率介於 10%~90%之間，例如：原油蒸餾塔上中下各區效率不同，上層約 70%、中層約 60%、下層約 50%。

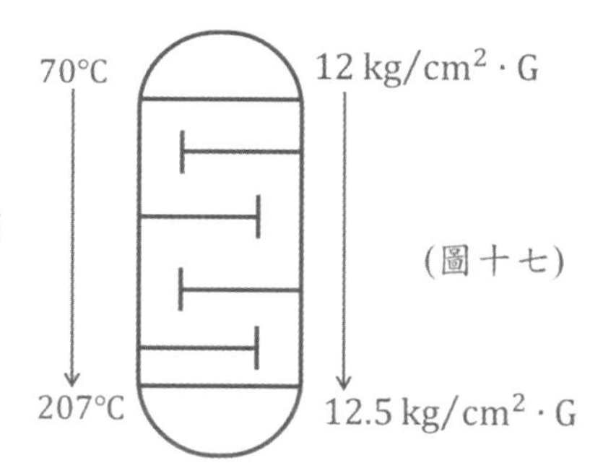

(圖十七)

(十二)彭川-索爾瑞法(Ponchon-Savarit method)

定義：利用質量平衡和能量平衡，按加成點和減出點原理逐板分析二成份系蒸餾之圖解法。

缺點：使用焓濃度圖不易獲得，實用上受限，計算法須借助試誤法的繁雜計畫，除非以電腦計算或模擬軟體才可簡化。

(十三)影響分餾塔效率之因素

1.蒸氣速度之影響 2.板上液體流動之影響 3.板上液體與蒸汽相互相接觸情形之影響 4.霧沫現象之影響。

(十四)蒸氣速度之影響

低速：產生扁蝶形氣泡，板效率低。

中速：產生眾多小氣泡，氣液兩相充份接觸，板效率高。

高速：蒸氣易將液體帶出產生之氣泡以連續延長狀態穿過液體產生渠道現象(channel)，未能使氣液之間充份接觸，使板效率下降。

(十五)板上液體流動之影響

流體流動如下幾點，則板效率佳。

1.液體在板上流動不發生短路。2.板上所有泡罩均有足夠的液體浸埋。3.板上水力坡度小。4.板上液體在流動方向互相混合。

(十六)板上液體與蒸氣相互接觸情形之影響

板效率佳的情況如下：

1.泡罩槽孔或泡罩底部邊緣之鋸齒缺口小，產生小氣泡，使氣液兩相充份接觸。2.板上液層深度大，接觸時間較長。3.氣泡間互相撞擊，可增加接觸面積。

(十七)霧沫現象之影響(blowing)

原因：因板間距過小或蒸氣速度過高，造成氣體挾帶液體容易產生霧沫現象。霧沫現象(blowing)：破壞氣液兩相平衡，減低板效率。

(十八)為什麼採用回流蒸餾塔

1.採用回流操作，蒸餾效率較高。

2.使塔內氣液充份接觸，增加分離效果並得到高純度產品。

3.藉著調整回流量可控制產品的品質，回流比越高濃度越高，但對設備越耗能。

4.造成內回流，更容易控制各種產品的品質。

回流操作的實例：當分餾塔底輕成份過多不合格時如何處理，(如：柴油輕成份過多，柴油中含有大量汽油)，請問分餾塔操作如何因應？

Sol：先提高回流量，立即增加再沸器之加熱量。

(十九)進料板位置

某一回流比例下，其所需最少板數的進料位置為正確的進料板。

一般而言進料全為液體，則進料層宜高；一般而言進料全為氣體，則進料層宜低。通常氣液混合體對分餾層次影響很小。

(二十)分餾塔高度

1.分餾塔之高度與板數有關，並和板與板之間距離有關。

2.板與板之間距離設計較大，可避免液滴被氣體挾帶上升，分離效果好，但是造塔過高，設備費增加。

3.板與板之間距離設計較小，容易造成液滴被氣體挾帶上升，分離效果變差。

(二十一)分餾塔的直徑

直徑過大：蒸氣速度過低，氣液接觸效率不良，板效率降低。

直徑過小：蒸氣速度過高，氣液接觸時間短，易產生霧沫現象(blowing)，氣體挾帶液體上升，降低板效率。

(二十二)液漏現象(weeping)

正常之分離：氣體由篩孔處往上流通，液體從下降管(downcomer)流下，如(圖十八)。

異常狀況：塔內蒸氣量不足，造成蒸氣上升力量不夠，液體從篩孔處流下，使得分離效果變差。

倒瀉現象(dumping)：和液漏現象(weeping)的情況相同，但塔盤上的液漏現象又更爲嚴重，整個挾帶大量液體往篩孔處流下，分離效果極低，如(圖十九)。

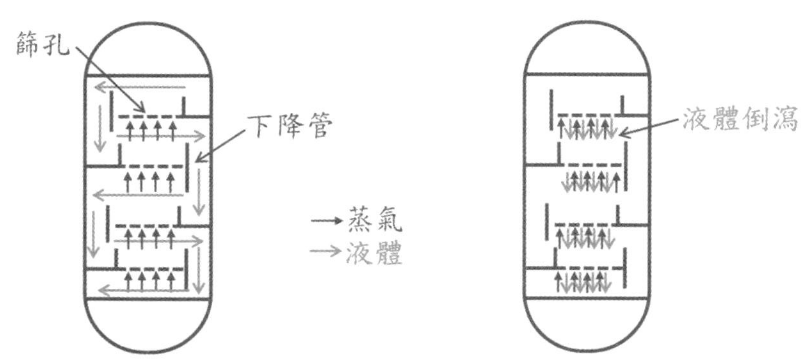

(圖十八)正常的氣液質傳交換　(圖十九)異常下的氣液質傳交換

(二十三)分餾塔操作壓力之選擇

就分餾成本而言：常壓下對分餾法最省成本，加壓分餾或眞空費用最高。就分餾進料物性而言：

1.高沸點物質(低蒸氣壓)：易分解，應在減壓(或眞空中)分餾。

2.低沸點物質(高蒸氣壓)：應在常壓或加壓中分餾，因爲沸點低的物質其塔頂蒸氣不能用冷卻水去做冷凝，因爲冷卻水溫度不足以冷卻塔頂蒸氣。

(二十四)分餾塔中發生泛溢現象(flooding)之原因

塔盤閥板設計不當、進料量比原設計值大很多、塔槽操作條件改變、進料組成改變很大、塔槽系統操作壓力接近臨界壓力、再沸器進料管線太小或阻塞、過多泡沫現象或過多液體氣化。

(二十五)全冷凝器和部份冷凝器

全冷凝器：蒸餾塔塔頂溢出之蒸氣經過冷凝器降溫至其泡點(飽和液體)或泡點之下(過冷液體)，沒有 VLE(氣液平衡)，不視爲一個理論板。

部份冷凝器：蒸餾塔塔頂溢出之蒸氣經過冷凝器降溫至其露點和泡點之間(產生飽和蒸氣和飽和液體)，有 VLE(氣液平衡)，視爲一個理論板。

(二十六)共沸蒸餾與萃取蒸餾(98 地方特考四等)(101 經濟部特考)

相同處：在蒸餾操作中，進料都具有共沸點而產生共沸現象。

相異處：

共沸蒸餾：加入一沸點較低(高揮發性物質)成份，破壞其共沸現象。

萃取蒸餾：加入一沸點較高(低揮發性物質)成份，破壞其共沸現象。

舉例：

共沸蒸餾(酒精加入苯)：酒精脫水時，若能加入苯，則苯和水在 69℃先行產生共沸，於是可由塔頂取出苯和水，而塔底可則可得到高純度酒精(苯的角色爲溶劑或挾帶劑)。

萃取蒸餾(環己烷加入酚)：環己烷和苯在 53℃先行產生共沸現象，爲了破壞其共沸點，加入高沸點之酚 182℃，使得酚和苯的混合物沸點增高，於是酚和苯的混合物由塔底流出，而塔頂可則可得到高純度環己烷。

(二十七)水蒸氣蒸餾(95 地方特考四等)

使用時機：高沸點物質的分離程序，因此類物質含有熱敏感物質(香料、食品、醫藥)，未達沸點即分解，故可使用水蒸汽蒸餾達到分離純化及保護熱敏感性物質。

水蒸氣蒸餾用途：

1.可降低有效總壓，提高分離效果。

2.降低沸點，使操作溫度降低，避免熱敏感物質分解。

(二十八)篩板(sieve tray)、閥板(valve tray)、泡罩板(bubble-cap tray)

篩板：為一般標準板，液體透過降流管(down-comer)到達板的上表面，蒸氣由底部往上通過板子的篩板的氣孔和液體作氣液接觸，為並流式(cross-flow)流動，在正常蒸氣流量下，有很好的氣液接觸，(圖二十)。

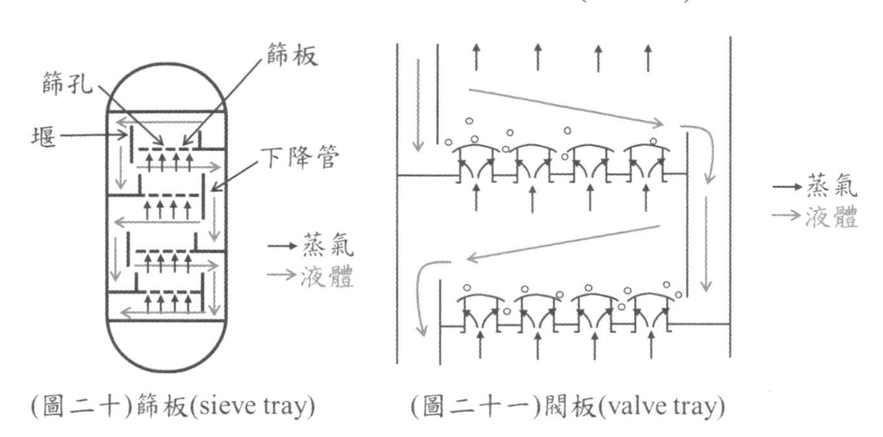

(圖二十)篩板(sieve tray)　　(圖二十一)閥板(valve tray)

閥板：為特殊板，當蒸氣流量太小時，或蒸氣力量不夠大，致使液體從篩板的氣孔往下流，使氣液接觸不良。而閥板因具有較大的孔徑，且裝配逆流盤，使氣液均勻通過篩孔以逆流式接觸(counter-flow)，可改善篩板不適用於低蒸氣流量的問題。且因板上有許多篩孔組成，每一篩孔各有一上舉之閥蓋，以提供隨氣體流率改變的開口面積，可防止低氣體流率時，液體從開口向下的 loss，適用於較大流率的範圍下操作，如圖二十一。

泡罩板：氣體從板上開口上升進入泡罩，氣體隨即流經每一泡罩邊緣的細長缺口，再冒泡穿過流動液體，(圖二十二)(圖二十三)。(95 地方特考四等)

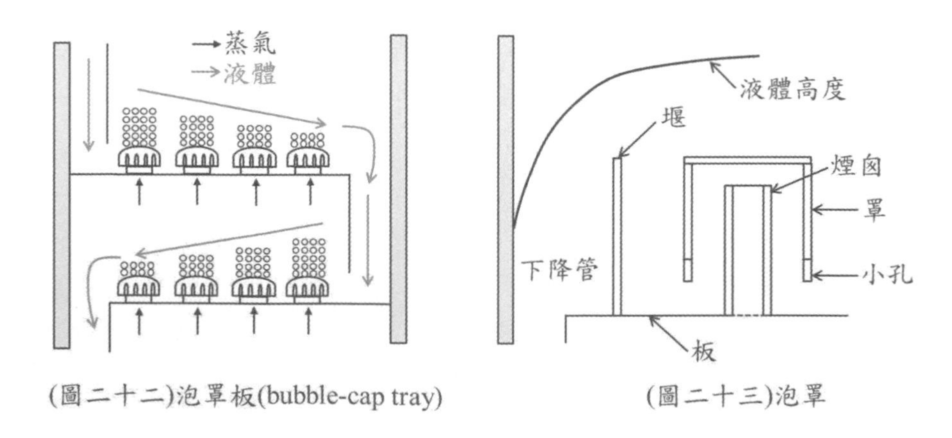

(圖二十二)泡罩板(bubble-cap tray)　　(圖二十三)泡罩

板塔種類	優點	缺點
篩板	構造簡單 造價便宜 壓降小	蒸氣流量範圍小
閥板	適用於流量範圍寬 氣液接觸狀態良好	相較其他三者而言操作數據較少
泡罩板	板效率高 不易發生滲漏	構造複雜 造價高 產生壓降大，氣液流速小

(二十九)蒸餾塔內操作壓力低，蒸餾效果、能耗、操作煉量之比較

Sol：塔頂操作壓力由冷凝器之冷卻能力決定。

塔底操作壓力由塔頂操作壓力、塔盤壓降、再沸器之加熱能力決定。

塔內操作壓力低，操作溫度低，就可降低再沸器加熱量。

塔內操作壓力低，熱力學相平衡之輕成份對重成份之相對揮發度會增加，提昇蒸餾效果，可以減少能耗。

塔內壓降低，可提升操作煉量。

(三十)HETP(Height Equivalent to Theoretical Plate)

定義：一個理論板相當於多少高度之填充物，如圖二十四。

用途：HETP 越小，表示填充物效率越佳。

求法 $\boxed{Z_T(\text{填充床高度}) = (NTP-1)\times HETP}$ NTP：理論板數含再沸器

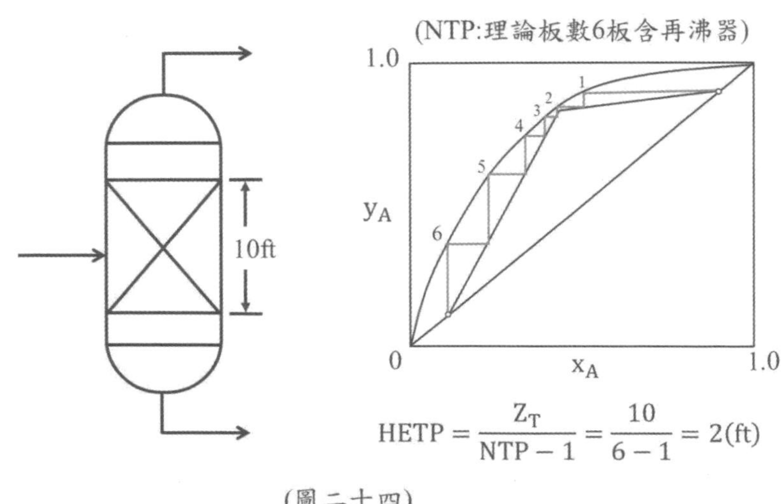

$$HETP = \frac{Z_T}{NTP-1} = \frac{10}{6-1} = 2(ft)$$

(圖二十四)

(三十一)連續式蒸餾塔之設計步驟

1. 依產品組成利用露點和泡點計算決定冷凝器之溫度與壓力。
2. 決定冷凝器的型式(全冷凝器或部份冷凝器)。
3. 由 VLE 決定蒸餾塔的溫度與壓力。
4. 整個蒸餾塔系統質量平衡=>$F = D + B$
   對成份作質量平衡=>$Fx_F = Dx_D + Bx_B$
5. 計算最小回流比R_{min}。
6. 計算最適回流比，通常爲最小回流比的$R_{op} = 1.2 - 2.0R_{min}$倍。
7. 能量平衡：$Fh_F + Q_r = Dh_D + Bh_B + Q_c$
8. 決定蒸餾塔之理論板數(McCabe 或 Ponchon-Savarit method)。
9. 決定蒸餾塔內件之型式：

   (a).使用板塔：$\eta\left(\text{板效率}\right) = \dfrac{N_{ideal}\left(\text{NTP 理想板數}\right)}{N_{real}\left(\text{NAP 實際板數}\right)} < 1$

   (b).使用填充塔：1. $Z_T(\text{填充床高度}) = (\text{NTP} - 1) \times \text{HETP}$
   2. $Z_T(\text{填充床高度}) = \text{HTU} \times \text{NTU}$

類題解析

〈類題 26 − 1〉平衡曲線(equilibrium)的物理意義爲何？何種情況可視平衡線爲直線？

Sol：

(一)平衡曲線表示氣液達平衡下氣相和液相之間的濃度關係，在蒸餾塔操作中假設每一個板會達氣液平衡，因此各板位置會在平衡曲線上。

(二)當濃度變化很小時，平衡曲線視爲直線；$\alpha_{AB} \to 1$，x_A與$y_A \to 0$。

〈類題 26 − 2〉說明增加精餾程序回流比(reflux ratio)之缺點？

Sol：增加回流比將導致精餾塔內溫度下降。

精餾塔內溫度下降，塔頂產品產量下降，液體量增加，再沸器所使用之水蒸汽消耗量增加(熱負荷增加)。

〈類題 26－3〉若苯之蒸氣壓比甲苯蒸氣壓隨溫度上升而增加的比較快，又 Raoult′ law可適用，則操作中增加塔中的操作壓力對塔頂和塔底產品中苯濃度之影響爲何？

Sol：根據 Raoult′ law，壓力上升時沸點低的氣相莫爾分率和液相的莫爾分率的差越小，表示分離效率越差($y_A \doteqdot x_A$)，所以塔頂的苯濃度降低，塔底的苯濃度提高。

〈類題 26－4〉莫飛效率η_M(Murphree efficiency)和點效率η_p(Local efficiency)不同處，在何種情況會相同？

Sol：在大直徑的蒸餾塔，液體板上不完全混合，某些蒸氣會和進入液體x_{n-1}接觸，此時濃度較x_n中高，而此點的蒸氣較出口多，因此$\eta_M \gg \eta_p$，將整板的η_p積分可得η_M。在小直徑的蒸餾塔，蒸氣充份攪拌液體，因此板上濃度均勻分佈，故離開板上的平均濃度與局部濃度相同。$y'_n = y_n$ ，$y'_{n+1} = y_{n+1}$，所以此$\eta_M = \eta_p$。

〈類題 26－5〉爲什麼蒸餾是一種很耗能的分離方法？

Sol：蒸餾利用物質的揮發度不同而分離，將物質加熱至沸騰必須使用蒸汽爲能源，且維持氣液爲逆流接觸，另外需使用冷媒將塔頂蒸氣冷凝，一部份回流(需有回流泵)，另一部份爲產品，所以耗能。

〈類題 26－6〉有什麼方法節約蒸餾所消耗能量的方法？

Sol：(1)降低操作壓力(2)進料可先利用其他廢熱能源作預熱(3)塔頂流出蒸氣熱能回收(4)採用高效率蒸餾內件，例如高效率塔板，以降低回流比且降低能源使用。

〈類題 26－7〉許多化工製程中，可採用蒸餾也可採用液相萃取時，爲什麼還是選用蒸餾？

Sol：(一)蒸餾塔之分離效率優於萃取塔。(二)使用萃取塔，必須加增一隻蒸餾塔以分離溶劑和萃取物。

〈類題 26－8〉今欲以簡單批式蒸餾分離A/B兩成份，已知原液爲50mol%之 A，平衡時，A 在氣相中之莫爾分率爲在液相中之 1.2 倍，試問原液剩一半莫爾時，餘液中 A 之莫爾分率爲多少？

Sol：由 $\ln\left(\frac{L_2}{L_1}\right) = \int_{x_{A1}}^{x_{A2}} \frac{dx_A}{y_A - x_A}$ 銳雷方程式，已知$y_A = 1.2x_A$代入左式

$=> \ln\left(\frac{L_2}{L_1}\right) = \int_{x_{A1}}^{x_{A2}} \frac{dx_A}{1.2x_A - x_A} = 5\ln\left(\frac{x_{A2}}{x_{A1}}\right) => \ln(0.5) = 5\ln\left(\frac{x_{A2}}{0.5}\right) => x_{A2} = 0.435$

〈類題 26－9〉苯與甲苯雙成份系之平衡關係爲$y = \sqrt{x}$，其中 y 與 x 分別爲氣相與液相中苯之莫爾分率，今欲將苯與甲苯混合液以閃餾(flash distillation)分離，此進料中含苯50mol%，若蒸餾後氣相與液相之莫爾流率相同，試決定氣相中苯之莫爾分率。

Sol：flash 的操作線：$y_A = -\frac{(1-f)}{f}x_A + \frac{x_F}{f}$ (1)

又$f = \frac{V}{F} = \frac{V}{L+V} = 0.5$(題意得知$V = L$)，且$x_F = 0.5$

將所有數值代入(1)式$=> y_A = -x_A + 1$ (2)；$y = \sqrt{x}$ (3)
解(2)&(3)聯立方程式$=> y_A = -y_A^2 + 1 => y_A^2 + y_A - 1 = 0$

解一元二次方程式$=> y_A = \frac{-1 \pm \sqrt{(1)^2 - 4(1)(-1)}}{2 \times 1} = 0.618$ (負不合)$=> y_A = 0.618$

〈類題 26－10〉最小回流比的求法及其意義？

Sol：當最小回流比時，所產生的理論板數無限多。當三線交點(進料線、氣提線、增濃段，落在平衡線上時的交點 pinch point)，由$\frac{R_{min}}{R_{min}+1} = \frac{x_D - y'}{x_D - x'}$求出$R_{min}$，$x'$與$y'$爲 q-line(進料線)和平衡線的交點。

〈類題 26－11〉若回流比爲零(R_D)，則精餾段之板數如何計算？

Sol：$R_D = 0$，當增濃段方程式爲水平線時$y_{n+1} = \frac{R}{R+1}x_n + \frac{x_D}{R+1} = x_D$，三線交點會超過平衡線以外的區域，這種情況和熱力學平衡不符合，無法計算理論板數。

〈類題 26－12〉在固定處理量及產品品質要求下，若將回流比調大，則對蒸餾塔操作成本及設備成本的影響爲何？並說明如何求得最佳回流比？
Sol：可參考重點整理(十)蒸餾塔費用和回流比的關係。

〈類題 26 − 13〉一精餾塔內含三個理想板，並將一含 0.4mol%氨及 99.6 mol%水之進料連續輸入此塔中。進料在塔之前已完全轉化爲飽和蒸氣，進料板為由上數下來之第三板，且其進入由塔頂算起有 1.35 莫爾之冷凝液返回頂板作爲回流，其餘蒸餾液移作塔頂產物。由底板流出之液體溢流至再沸器(此乃藉密閉蒸汽作加熱管子使用)，再沸器產生之蒸汽進入底板下方之塔，且塔底產物連續由再沸器移除。再沸器之蒸發量爲每莫爾進料蒸發 0.7 莫爾，所牽涉的濃度範圍內的平衡線表示爲：$y = 12.6x$，試計算(一)塔底產物莫爾分率x_B？(二)塔頂產物莫爾分率x_D？(三)離開進料板之液體回流中氨之莫爾分率x_3爲多少？。(McCabe 習題 21.7)

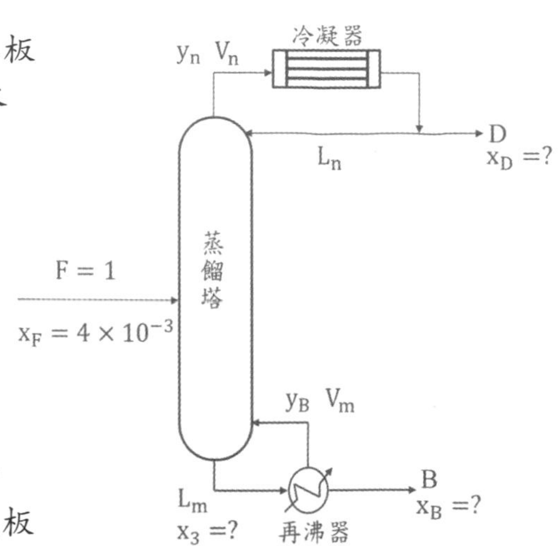

Sol：

(一)假設進料量爲$F = 1\text{mol}$，$V_m = 0.7\text{mol}$，飽和蒸氣$q = 0$

$L_m = L_n + qF = L_m = 1.35\text{mol}$；$V_n = V_m + (1 - q)F = 0.7 + 1 = 1.7\text{mol}$

$=> V_n = L_n + D \;=> D = V_n - L_n = 1.7 - 1.35 = 0.35\text{mol}$

汽提段質量平衡$=> V_m = L_m - B \;=> B = L_m - V_m = 1.35 - 0.7 = 0.65\text{mol}$

增濃段質量平衡$=> V_n \cdot y_n = L_n \cdot x + Dx_D$

$$=> y_n = \frac{L_n}{V_n}x + \frac{D}{V_n}x_D = \frac{1.35}{1.7}x + \frac{0.35}{1.7}x_D = 0.794x + 0.206x_D$$

對第一板：$y_1 = x_D$(全冷凝下) 由平衡線得知$=> x_1 = \frac{y_1}{12.6} = \frac{x_D}{12.6}$

對第二板：$y_2 = 0.794x_1 + 0.206x_D = \frac{0.794}{12.6}x_D + 0.206x_D = 0.269x_D$

$$=> x_2 = \frac{y_2}{12.6} = \frac{0.269x_D}{12.6} = 0.0213x_D$$

對第三板：$y_3 = 0.794x_2 + 0.206x_D = (0.794 \times 0.0213)x_D + 0.206x_D$

$$= 0.2229x_D \;=> x_3 = \frac{y_3}{12.6} = \frac{0.2229x_D}{12.6} = 0.01769x_D$$

對再沸器作質量平衡$=> V_m \cdot y_B = L_m \cdot x_3 - Bx_B$

$=> 0.7(12.6x_B) = 1.35(0.01769x_D) - 0.65x_B \;=> 9.47x_B = 0.02388x_D$

$=>x_D = 396.566x_B$

對氨氣作質量平衡：$Fx_F = Dx_D + Bx_B$

$=>1(4 \times 10^{-3}) = 0.35(396.566x_B) + 0.65x_B$ $=>x_B = 2.868 \times 10^{-5}$

(二) $x_D = 396.566x_B = 396.566(2.868 \times 10^{-5}) = 0.0113$

(三) $x_3 = 0.01769x_D = 0.01769(0.0113) = 2 \times 10^{-4}$

〈類題 26－14〉請計算下列情況之 q 值：
(一)進料爲液體且在其沸點(泡點)進料(飽和液體)。(二)進料爲蒸氣且在露點進料(飽和蒸氣)。(三)進料爲$\frac{1}{3}$液體和$\frac{2}{3}$蒸氣。(四)進料爲過冷液體，且 1mol 之進料可冷凝 0.2mol 之蒸氣。(五)進料爲過熱蒸氣，且每 1mol 之進料可蒸發 0.2mol 之液體。(六)進料爲 20°C之液體$\left(比熱 = 0.44\ cal/g\cdot°C\right)$，其沸點和蒸發潛熱分別爲 95°C和90 cal/g。(七)進料爲 165°C之過熱蒸氣$\left(比熱 = 0.35\ cal/g\cdot°C\right)$，其露點和蒸發潛熱分別爲 110°C和90 cal/g。

Sol：(一)$q = 1$ (二) $q = 0$ (三) $q = \frac{1}{3}$ (四) $q = 1 + 0.2 = 1.2$ (五) $q = -0.2$

(六) $q = 1 + \frac{V_m - V_n}{F} = 1 + \frac{C_{PL}(T_b - T_F)}{\lambda} = 1 + \frac{0.44(95-20)}{90} = 1.37$

(七) $q = -\frac{L_m - L_n}{F} = -\frac{C_{PV}(T_F - T_d)}{\lambda} = -\frac{0.35(165-110)}{90} = -0.21$

〈類題 26－15〉一精餾塔內含三個理想板，進料含15mol%A及85 mol%B且由第二板進入此塔中。進料中有 40mol%飽和液體，進料板爲由上數下來之第三板，由頂板出來的蒸氣經過一全冷凝器且每莫爾進料有 0.5 莫爾液體回流。由底板流出之液體進入至再沸器，再沸器汽化量爲每莫爾進料蒸發 0.5 莫爾

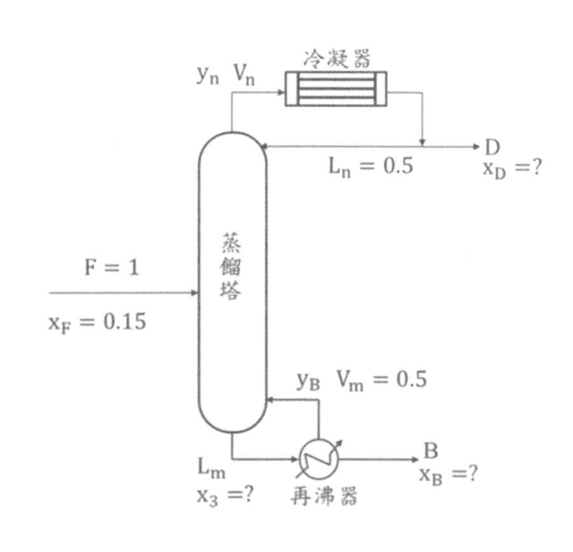

，已知輕成份 A 在氣體與液體之平衡關係爲：$y_A = 10x_A$試計算(一)塔底產物莫爾分率x_B？(二)塔頂產物莫爾分率x_D？

Sol：

(一)假設進料量爲$F = 1mol$，$V_m = 0.5mol$

飽和液體$q = 0.4$ =>$V_n = V_m + (1-q)F = 0.5 + (1-0.4)1 = 1.1mol$

=>$L_m = L_n + qF = 0.5 + (0.4 \times 1) = 0.9mol$

=>$V_n = L_n + D$ =>$D = V_n - L_n = 1.1 - 0.5 = 0.6$

汽提段質量平衡=>$V_m = L_m - B$ =>$B = L_m - V_m = 0.9 - 0.5 = 0.4$

增濃段質量平衡=>$V_n \cdot y_n = L_n \cdot x + Dx_D$

=>$y_n = \frac{L_n}{V_n}x + \frac{D}{V_n}x_D = \frac{0.5}{1.1}x + \frac{0.6}{1.1}x_D = 0.454x + 0.545x_D$

對第一板：$y_1 = x_D$(全冷凝下)由平衡線得知 =>$x_1 = \frac{y_1}{10} = \frac{x_D}{10}$

對第二板：$y_2 = 0.454x_1 + 0.545x_D = \frac{0.454}{10}x_D + 0.545x_D = 0.59x_D$

=>$x_2 = \frac{y_2}{10} = \frac{0.59x_D}{10} = 0.059x_D$

對第三板：$y_3 = 0.454x_2 + 0.545x_D = (0.454 \times 0.059)x_D + 0.545x_D$

$= 0.572x_D$ =>$x_3 = \frac{y_3}{10} = \frac{0.572x_D}{10} = 0.057x_D$

對再沸器作質量平衡=>$V_m \cdot y_B = L_m \cdot x_3 - Bx_B$

=>$0.5(10x_B) = 0.9(0.057x_D) - 0.4x_B$ =>$5.4x_B = 0.0513x_D$

=>$x_D = 105.26x_B$

對成份 A 作質量平衡：$Fx_F = Dx_D + Bx_B$

=>$1(0.15) = 0.6(105.26x_B) + 0.4x_B$ =>$x_B = 2.36 \times 10^{-3}$

(二) $x_D = 105.26x_B = 105.26(2.36 \times 10^{-3}) = 0.248$

〈類題 26－16〉在 A/B 雙成份系之蒸餾中，已知平衡時，成份 A 在氣相中之莫爾分率爲液相中之 1.2 倍，若進料爲飽和液體，含50mol%之 A，塔頂產物含90mol%之 A，試估算此蒸餾塔最小回流比？

Sol：飽和液體 q-line 爲垂直線，$x = x_F = 0.5$

且$y' = 1.2x' = 1.2(0.5) = 0.6$ =>$\frac{R_{min}}{R_{min}+1} = \frac{x_D - y'}{x_D - x'}$

$=>\frac{R_{min}}{R_{min}+1}=\frac{0.9-0.6}{0.9-0.5}=>R_{min}=3$

〈類題 26－17〉二成份進料進入蒸餾塔以理想板狀態下作塔頂餾出物和塔底餾餘物分離，下列是穩態下在塔中的揮發組成：

$x_D=0.957$		$x_4=0.382$	$y_5=0.521$
$x_0=0.890$	$y_1=0.911$	$x_5=0.237$	$y_6=0.421$
$x_1=0.745$	$y_2=0.842$	$x_6=0.172$	$y_7=0.282$
$x_2=0.604$	$y_3=0.776$	$x_B=0.062$	
$x_3=0.497$	$y_4=0.684$		

x. y爲液相和氣相的莫爾分率，x_D爲塔頂產物莫爾分率，x_B爲塔底產物莫爾分率，x_n爲板子的液相莫爾分率，y_n爲板子的氣相莫爾分率，系統中有固定常數的相對揮發度，每莫爾進料有0.545莫爾的塔頂出料。

請回答下列各題：(一)蒸餾最大分離範圍是根據什麼理論作假設？(二)進料組成x_F爲多少？(三)此冷凝器爲全冷凝器或是部份冷凝器？(四)相對揮發度α_{AB}？(五)回流比R_D？(六)假設q值爲液體莫耳數在汽提段比上莫爾進料，請問q值？(七)進料狀態爲何？(八)求進料線？

Sol：

(一)根據麥態法假設，爲定莫爾溢流：(1).離開各板液體流率大約相等(2).離開各板蒸氣流率大約相等(3).兩成份間的莫爾蒸發熱大約相等$\Delta H_V=\Delta H_L$ (Latent Heat 潛熱相同) (4).忽略兩成份間的混合熱$\Delta H_{mix}=0$

(二)整個蒸餾塔系統質量平衡：$F=D+B$ (1)

對成份作質量平衡：$Fx_F=Dx_D+Bx_B$ (2)

$\frac{D}{F}=0.545$ $=>D=0.545F$代入(1)式$B=0.455F$代入(2)式

$=>Fx_F=0.545F(0.957)+0.455F(0.062)$ $=>x_F=0.55$

(三)$y_1=0.911$，$x_D=0.957$；$y_1\neq x_D$ 爲部份冷凝器

(四) $\alpha_{AB}=\frac{y_A/x_A}{y_B/x_B}=\frac{y_1/x_1}{(1-y_1)/(1-x_1)}=\frac{0.911/0.745}{(1-0.911)/(1-0.745)}=3.5$

(五) $V_1 = L_0 + D$ (1)；$V_1 y_1 = L_0 x_0 + D x_D$ (2)

$R = \frac{L_0}{D}$ =>$L_0 = RD$代入(1)式

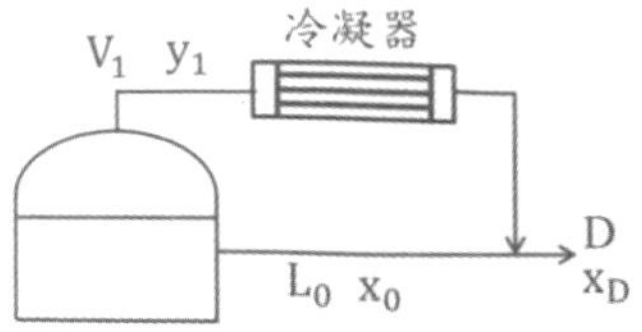

$V_1 = (R+1)D$代入(2)式

=>$(R+1)D \cdot y_1 = RD \cdot x_0 + Dx_D$

=>$(R+1)D \cdot y_1 = (R \cdot x_0 + x_D)D$

=>$(R+1)(0.911) = R(0.89) + 0.957$

=> $R = 2.19$

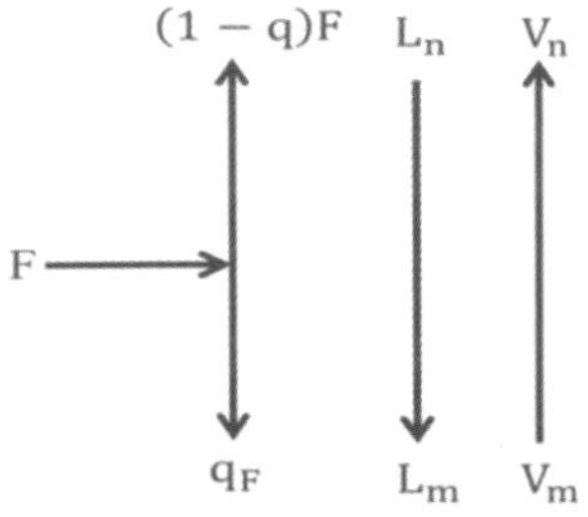

(六) $V_n = V_m + (1-q)F$

=>$V_m = V_n - (1-q)F$

=>$V_m = (R+1)D - (1-q)F$

=>$V_m = (2.19+1)(0.545F) - (1-q)F = (0.739+q)F$ (1)

$L_m = L_n + qF = (2.19)(0.545F) + qF = (1.194+q)F$ (2)

汽提段操作線

對限制體積作質量平衡=>$V_m = L_m - B$

對成份作質量平衡=>$V_m \cdot y_7 = L_m \cdot x_b - Bx_B$ (3)

(1)&(2)代入(3)式

=>$(0.739+q)F(0.282) = (1.194+q)F(0.172) - (0.455F)(0.062)$

=>$0.208 + 0.282q = 0.205 + 0.172q - 0.0282$ => $q = -0.284$

(七) $q < 0$ 過熱蒸氣

(八) $y = \frac{q}{q-1}x - \frac{x_F}{q-1} = \frac{-0.284}{-0.284-1}x - \frac{0.55}{-0.284-1} = 0.22x + 0.428$

〈類題 26－18〉一大氣壓下將 50mol%甲醇水溶液利用蒸餾塔操作分離，進料以飽和液體進入塔中，每一莫耳塔頂產物將一莫耳液體回流至塔中，塔頂為 90%甲醇蒸餾出，塔底為 5%甲醇蒸餾出。(一)求精餾段操作線並計算斜率。(二)計算汽提段(stripping section)L/V的比值。

Sol：(一)$R_D = \frac{L}{D} = \frac{1}{1} = 1$

$y_{n+1} = \frac{R}{R+1}x_n + \frac{x_D}{R+1} = \frac{1}{1+1}x_n + \frac{0.9}{1+1} = 0.5x_n + 0.45$

(二)當三線交點(進料線、氣提線、增濃段，落在平衡線上時的交點 pinch point)。

$x = 0.5$，$y = 0.5x + 0.45$ =>$y = 0.7$

$$=>\text{Slope}=\frac{L_m}{V_{m+1}}=\frac{y-x_B}{x-x_B}=\frac{0.7-0.05}{0.5-0.05}=1.44$$

〈類題 26－19〉證明下圖之二成份系統之 Lever-rule：

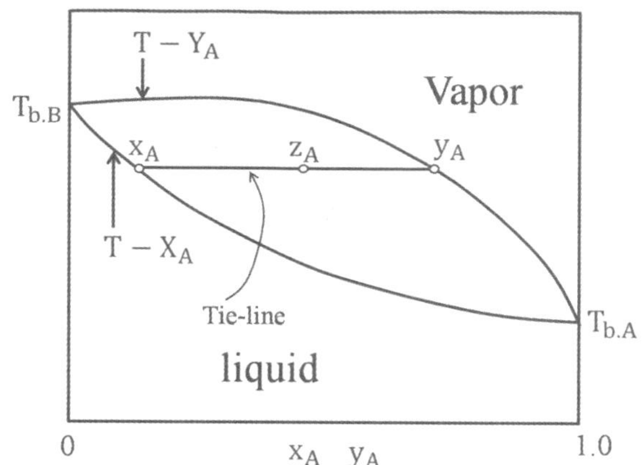

Sol：對成份 A 作質量平衡：$nz_A=n(g)y_A+n(L)x_A$ (1)

又$n=n(L)+n(g)$ $=>n(L)=n-n(g)$代入(1)式

$=>nz_A=n(g)y_A+[n-n(g)]x_A$ $=>n(z_A-x_A)=n(g)(y_A-x_A)$

$=>\frac{n(g)}{n}=\frac{z_A-x_A}{y_A-x_A}$

歷屆試題解析

〈考題 26－1〉(82 化工技師)(6 分)

填充塔(Packed column)與篩板塔(Plate column)在設計原理上有何不同？而篩板塔之兩板間距若設計不當，會發生什麼問題？

Sol：1.填充塔：圓柱塔內以多孔板(tray)裝入填充物，在塔頂裝有液體分散盤，溶劑從頂部均勻分散在填充床，讓液體能以薄膜狀態往下流動，而氣體則由底部穿過多孔板和填充物所構成的空隙往上升，形成氣液接觸的質量傳送。

2.篩板塔：液體由上往下往下經過下降管(downcomer)，從上一塊板往下垂直流動，然後橫向流動穿過塔板，塔板上有一攔堰(weir)，確保足夠液體負載，過多的液體從 weir 溢流至 downcomer，再流動到下一塊板，而氣體則由底部穿過 tray 上的篩孔及塔板上的液體負載往上升，形成氣液接觸的質量傳送。
3.請參考重點整理(二十)分餾塔高度。

〈考題 26 − 2〉(82 第二次化工技師)(10 分)

Fenske equation 是：$N+1=\frac{\log\frac{x_D(1-x_B)}{x_B(1-x_D)}}{\log\alpha_{AB}}$ 請說明此一方程式的意義及其中每一符號的定義。

Sol：N最小理論板數，α_{AB}兩成份間的相對揮發度，x_D塔頂產物分率，x_B塔底產物分率。

〈考題 26 − 3〉(86 地方特考)(各 10 分)

(一)階式操作設備內的效率，可分爲點效率、板效率及整體效率(point, tray, overall efficiency)三種，請分別說明之。並以氣相組成寫出其定義並配合圖解說。(二)當Murphree tray efficiency爲定值(各板皆相同)，且平衡線與操作線之斜率亦爲定值的情況下，請證明：

$E_0=\frac{\log\left[1+E_{MG}\left(\frac{1}{A}-1\right)\right]}{\log\left(\frac{1}{A}\right)}$，其中$A=L/mG$，m、L/G分別代表平衡線及操作線之斜率。

Sol：

(一)由圖一板效率可表示爲：E_{MG}(板效率) $=\frac{y_b{}'-y_b}{y_b{}^*-y_b}=\frac{y_a{}'-y_a}{y_a{}^*-y_a}$ (1)

$y_a{}', y_b{}'$離開第n板之蒸氣的眞實組成。 y_a ,y_b離開第$n+1$板之蒸氣的眞實組成。
$y_a{}^*, y_b{}^*$和離開第n板之液體x_n成平衡之蒸氣濃度。
點效率和板效率其實定義相似，只差異在表示其濃度在*特定位置*：

η_M(點效率) $=\frac{(y_b{}')-(y_b)}{(y_b{}^*)-(y_b)}=\frac{(y_a{}')-(y_a)}{(y_a{}^*)-(y_a)}$ ∵(　)表示在*特定位置*

$(y_a{}')(y_b{}')$離開第n板特定位置之蒸氣組成。
$(y_a)(y_b)$離開第$n+1$板特定位置之蒸氣組成。
$(y_a{}^*)(y_b{}^*)$和離開第n板特定位置之液體x_n成平衡之蒸氣濃度。

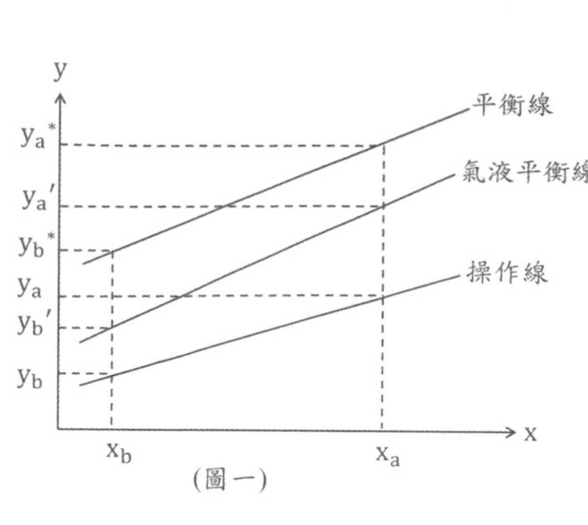

(圖一)

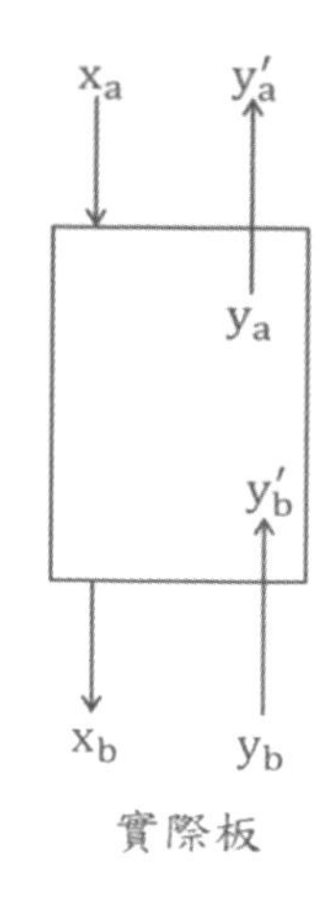

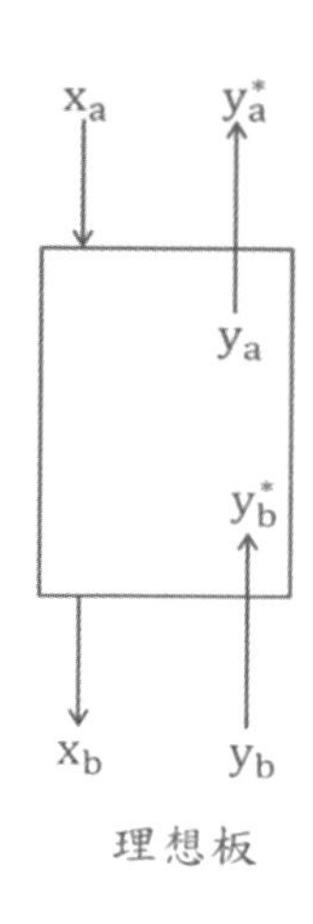

(圖二)

由圖二 $E_0=\dfrac{N_{ideal}(\text{理想板})}{N_{act}(\text{實際板})}=\dfrac{\dfrac{\log\left(\frac{y_a{}^*-y_a}{y_b{}^*-y_b}\right)}{\log\left(\frac{y_a-y_b}{y_a{}^*-y_b{}^*}\right)}}{\dfrac{\log\left(\frac{y_a{}'-y_a}{y_b{}'-y_b}\right)}{\log\left(\frac{y_a-y_b}{y_a{}'-y_b{}'}\right)}}=\dfrac{\log\left(\frac{y_a-y_b}{y_a{}'-y_b{}'}\right)}{\log\left(\frac{y_a-y_b}{y_a{}^*-y_b{}^*}\right)}=\dfrac{\log\left(\frac{y_a{}'-y_b{}'}{y_a-y_b}\right)}{\log\left(\frac{y_a{}^*-y_b{}^*}{y_a-y_b}\right)}$ (2)

(二)由圖三中操作線斜率可以表示為：$\dfrac{y_a-y_b}{x_a-x_b}=\dfrac{L}{G}$ (3)

由圖四中平衡線斜率可以表示為：$\dfrac{y_a{}^*-y_b{}^*}{x_a-x_b}=m$ (4)

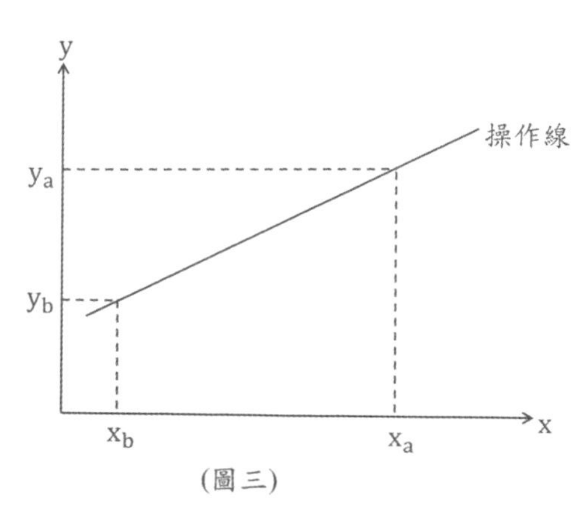

(圖三)

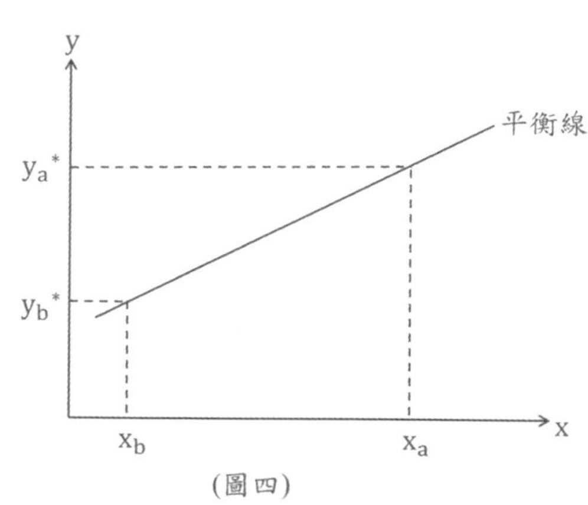

(圖四)

由(3)&(4)式=>$m\dfrac{G}{L}=\dfrac{1}{A}=\dfrac{y_a{}^*-y_b{}^*}{x_a-x_b}\cdot\dfrac{x_a-x_b}{y_a-y_b}=\dfrac{y_a{}^*-y_b{}^*}{y_a-y_b}$ (5)　A為吸收因子

由(1)式 =>$y_a{}'=y_a+E_{MG}(y_a{}^*-y_a)$(6)；$y_b{}'=y_b+E_{MG}(y_b{}^*-y_b)$ (7)

(6)-(7)式 =>$y_a{}'-y_b{}'=y_a-y_b+E_{MG}[(y_a{}^*-y_b{}^*)-(y_a-y_b)]$ (8)

(8)式等號兩側同除以$y_a - y_b$ =>$\frac{y_a' - y_b'}{y_a - y_b} = 1 + E_{MG}\left[\left(\frac{y_a^* - y_b^*}{y_a - y_b}\right) - 1\right]$ (9)

第(5)式代入(9)式 =>$\frac{y_a' - y_b'}{y_a - y_b} = 1 + E_{MG}\left[\left(\frac{1}{A}\right) - 1\right]$ (10)

第(5)&(10)式代入(2)式 =>$E_0 = \frac{\log\left[1 + E_{MG}\left(\frac{1}{A} - 1\right)\right]}{\log\left(\frac{1}{A}\right)}$ (11)

在氣提段E_0較高，$m\frac{G}{L} > 1$，在精餾段E_0較小，$m\frac{G}{L} < 1$；當$m\frac{G}{L} = 1$或$E_{MG} = 1$時

$E_0 = E_{MG}$上式(11)可成立！

※此題摘錄於曉園出版社單元操作與輸送現象問題詳解習題 37-6！

〈考題 26－4〉(86 委任升等)(各 3 分)

(一)試說明精餾塔內之構造，及包含哪些裝置種類。(二)爲何在平衡蒸餾程序中要有回流(Reflux)設施？其功用爲何？ (三)試說明回流比(Reflux ratio)與產品間之關係。(四)何謂理想板？

Sol：

(一)精餾塔構造：攔堰(weir)、下降管(downcomer)、多孔板(tray)、塔頂液體分散盤。附屬裝置：泵、再沸器、冷凝器。

(二)回流設施可以使部份塔頂產物再回到蒸餾塔中，提升回流比，可以使塔頂產品增濃。

(三)回流比上升，產品增濃，但產量減少。

(四)無論進入該板的氣液組成如何，在該板上經充份接觸並進行的質傳和熱傳，則離開該板時必爲平衡狀態，即其溫度相同，氣液兩相成平衡狀態。

〈考題 26－5〉(87 化工技師)(4 分)

共沸蒸餾(azeotrope distillation)

Sol：請參考重點整理(二十六)。

〈考題 26－6〉(87 化工技師)(4 分)

熱吸虹再沸器(thermosyphon reboiler)

Sol：將部份塔底液體產物，經由虹吸作用(密度差)導入換熱器受熱，再通回塔底，因此通回塔底的總成份和塔底液體產物相同，但產生的蒸氣量與成份則視換熱器所受的熱及壓力設定而定。由於密度差的推動力，可增加流體在管中流動的速度，

減少積垢，增加熱傳係數，且佔地小節省現場擺設空間。

〈考題 26 − 7〉(88 化工技師)(20 分)
考慮一含有 A 與 B 的雙成份系統。當此系統之氣相與液相達到平衡時，兩相中各成份之莫耳分率(mole fraction)應爲若干？假設兩相皆可視爲是理想狀態，亦即Raoult′s law 與Dalton′s law 兩定律可適用。已知在平衡溫度下，純物質 A 與純物質 B 之飽和蒸汽壓分別爲P_A與P_B，且此系統氣相之總蒸汽壓爲 P。

Sol：$P = P_A + P_B$ (Dalton′s law) 又$x_A + x_B = 1$

=> $P_t = P_A^0 x_A + P_B^0 x_B$ (Raoult′s law)

$y_A = \frac{P_A}{P} = \frac{P_A^0 x_A}{P_t}$ (1)；$y_B = \frac{P_B}{P} = \frac{P_B^0 x_B}{P_t}$ (2) $\alpha_{AB}\left(\text{相對揮發度}\right) = \frac{y_A/x_A}{y_B/x_B}$ (3)

(1)&(2)代入(3)式=>$\alpha_{AB}\left(\text{相對揮發度}\right) = \frac{y_A/x_A}{y_B/x_B} = \frac{\left(\frac{P_A^0 x_A}{P_t}\right)/x_A}{\left(\frac{P_B^0 x_B}{P_t}\right)/x_B} = \frac{P_A^0}{P_B^0}$

〈考題26 − 8〉(88關務特考)(20分)
某化學工程師欲利用一蒸餾塔每小時分離 12000kg 含苯(benzene)和甲苯(toluene)各 50%的混合物，使其塔頂產物含 98%的苯而塔底產物含 97%的甲苯(此處皆爲重量百分比)。已知苯和甲苯的汽化熱分別約爲7960kcal/kg · mole；已知此塔回流比(reflux ratio)定爲 3，且其回流與進料均爲在沸點下之液體。(一)試問塔頂和塔底每小時可分別生成若干kg · mole產物？(二)假設此塔熱量損失可以忽略不計。若以潛熱(latent heat)爲 520kcal/kg的蒸汽來加熱，則蒸汽之需求量應爲多少 kg/hr？ (三)若此塔使用溫度爲25°C之冷卻水，且其離開冷凝器之溫度爲65°C，則冷卻水的需求量應爲若干kg/hr？

Sol：(一)$F = \frac{12000\times0.5}{78} + \frac{12000\times0.5}{92} = 142.1\left(\frac{\text{kgmol}}{\text{hr}}\right)$，$x_F = \frac{\frac{50}{78}}{\frac{50}{78}+\frac{50}{92}} = 0.54$

$x_D = \frac{\frac{98}{78}}{\frac{98}{78}+\frac{2}{92}} = 0.982$；$x_B = \frac{\frac{3}{78}}{\frac{3}{78}+\frac{97}{92}} = 0.035$

整個蒸餾塔系統質量平衡$F = D + B$ =>$142 = D + B$

對苯作質量平衡$Fx_F = Dx_D + Bx_B$ =>$142 \times 0.54 = 0.982D + 0.035B$

$D = 75.7\left(\frac{\text{kgmol}}{\text{hr}}\right)$；$B = 66.3\left(\frac{\text{kgmol}}{\text{hr}}\right)$

(二)在飽和液體下$q = 1$ =>$V_n = V_m + (1 - q)F = V_m$

$$R(\text{回流比}) = \frac{L(\text{回流比率})}{D(\text{塔頂產品流率})} \Rightarrow V_n = V_m = L + D = RD + D = (R+1)D$$

$$\Rightarrow V_m = (3+1)(75.7) = 302.8\left(\frac{kgmol}{hr}\right)$$

$$\dot{m}_\lambda = \frac{V_m \cdot \lambda_{\text{甲苯}}}{\lambda} = \frac{302.8\frac{kgmol}{hr} \times 7960\frac{kcal}{kgmol}}{520\frac{kcal}{kg}} = 4635\left(\frac{kg}{hr}\right)$$

$$(\text{三})\ \dot{m}_{\text{水}} = \frac{V_n \cdot \lambda_{\text{苯}}}{c_p(T_2 - T_1)} = \frac{302.8\frac{kgmol}{hr} \times 7360\frac{kcal}{kgmol}}{1\frac{kcal}{kg \cdot ℃} \times (65-25)℃} = 55715\left(\frac{kg}{hr}\right)$$

(1 − q)F　L_n　V_n
F
q_F　L_m　V_m

※塔頂苯含量和塔底甲苯含量非常高，(二)(三)小題塔頂苯含量和塔底甲苯含量以 100%計算，不需乘上個別含量的莫耳分率，計算出來的結果差異小到可以忽略！

〈考題 26 − 9〉(89 普考)(25 分)
何謂微分蒸餾與平衡蒸餾？並以圖示表示之。
Sol：請參考重點整理(四)&(五)。

〈考題 26 − 10〉(89 化工技師)(5 分)
相對揮發度(relative volatility)
Sol：請參考重點整理(二)。

〈考題 26 − 11〉(91 普考)(13/12 分)
(一)在連續蒸餾操作中，何謂 q 線？(二)在 y 對 x 平衡曲線圖上，劃出下述進料狀態下之 q 線 1.過熱蒸氣 2.飽和蒸氣 3.低於沸點之液體
Sol：(一)可參考重點整理(六)，簡言之：使進料完全氣化的比例，稱進料線。(二)可參考重點整理，繪出$q < 0$、$q = 0$、$q > 1$。

〈考題 26－12〉(90 第二次化工技師)(20 分)

在蒸餾 McCabe-Thiele 圖解法中，所謂的 q-line 代表通過進料點及兩操作線交點之直線，請說明該 q-line 所代表之進料狀態為何？

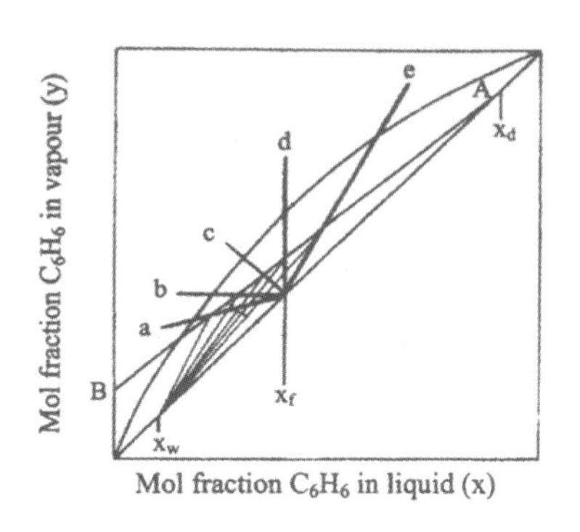

Sol：a.過熱蒸氣$q<0$　b. 飽和蒸氣$q=0$
c.氣液共存$0<q<1$　d. 飽和液體$q=1$
e.過冷液體$q>1$

〈考題 26－13〉(90 化工技師)(20 分)

就附圖 McCabe-Thiele 蒸餾設計結果，就回流比(Reflux ratio)及理論板數比較附圖 A 及圖 B 之差異。

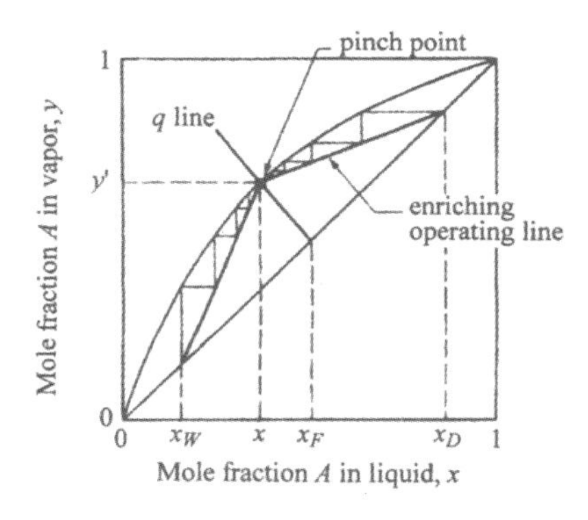

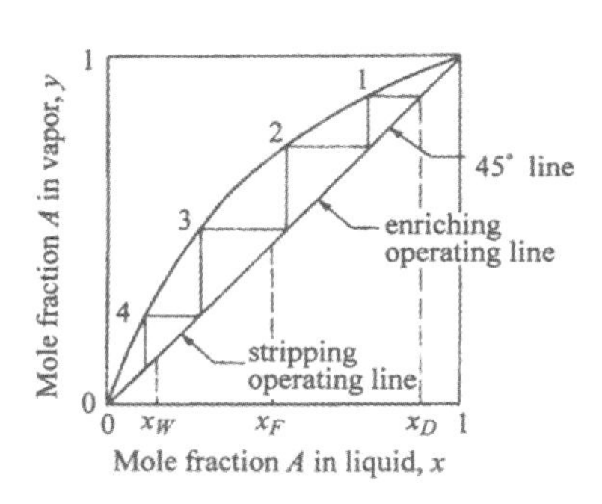

Sol：請參考重點整理(六)回流比、全回流與最小回流比敘述。

〈考題 26－14〉(93 普考)(每小題 5 分，共 20 分)

請回答下列問題：(一)利用蒸餾塔分離混合物，若分離出的產品純度不足時，這蒸餾塔設計時有什麼錯誤？(二)若蒸餾塔無法達到我們欲要求的煉量時，這蒸餾塔設計時有什麼錯誤？(三)一個單獨的蒸餾塔可以分離共沸混合物嗎？請簡單說明理由。(四)分離ABC三成分的混合物，以$AB/C_{\to C}^{\to AB\to A/B}$及$A/BC_{\to BC\to B/C}^{\to A}$兩種操作，其成本是否相同？請說明。

Sol：(一)沒有加裝回流設備，例如：塔頂與塔底回流泵及再沸器與冷凝器裝置，若純度不足時，可以先提高回流比再調整再沸器加熱量。

(二)一開始評估時所計算的質量平衡就有錯誤，才會造成產能不足。

(三)不可以!因為共沸混合物的相對揮發度$\alpha_{AB}=1$時為共沸點，如果沒有利用其他方式，例如加入第三成份破壞其共沸點，不可單靠蒸餾法分離。

(四)假設 C 爲我們要的產品

方法一：利用一次蒸餾分離即可得到 C，所需設備成本與操作成本較低。

方法二：需經過兩次蒸餾分離才可得到 C，所需設備成本與操作成本較高。

〈考題 26－15〉(90 高考三等)(20 分)

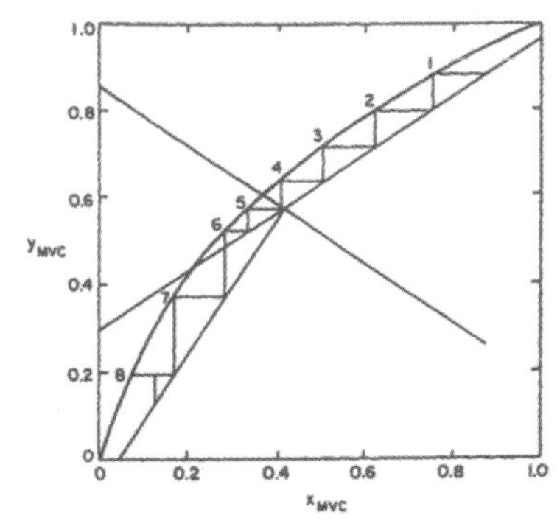

請依下圖所描述蒸餾 McCabe-Thiele 圖，回答下列問題：

(一)進料位置在第幾板？

(二)進料中揮發性較大的莫耳分率爲何？

(三)進料板上氣相組成爲何？

(四)進料板上液相組成爲何？

(圖中：MVC 表 more volatile compound，揮發性較高的成份)

Sol：q-line 代表通過進料點及兩操作線(增濃段與氣提段)交點之直線

(一)第 4 板(二)$x_F = 0.57$ (三)$y' = 0.58$ (四) $x' = 0.42$

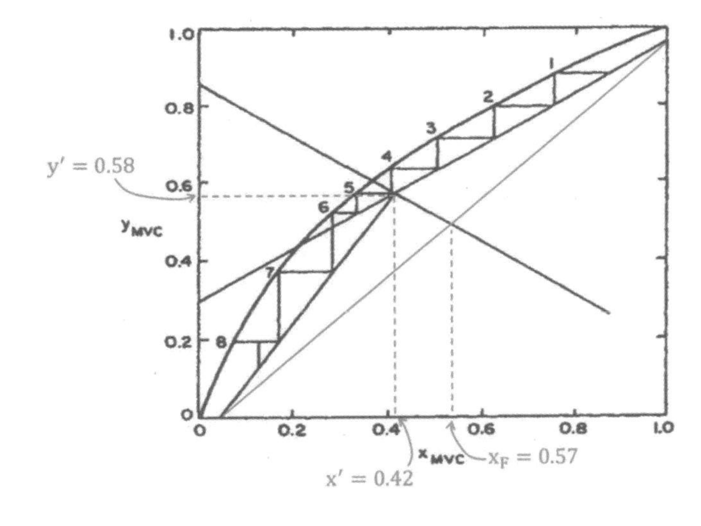

〈考題 26－16〉(93 經濟部特考)(4 分)

利用 McCabe-Thiele 作圖法計算蒸餾塔理想板數時，有所謂 Operation Line 請說明其代表的物理意義。

Sol：操作線原理利用成份 i 的質量平衡所得到，也可稱爲爲成份 i 的質量平衡。

$y_{n+1} = \frac{R}{R+1}x_n + \frac{x_D}{R+1}$ 增濃段操作線(其物理意義爲稀釋頂部產品)

$y=\frac{q}{q-1}x-\frac{x_F}{q-1}$ 進料線方程式(其物理意義爲使進料完全氣化的比例，稱進料線)

$y_{m+1}=\frac{L_m}{V_{m+1}}-\frac{B}{V_{m+1}}x_B$ 氣提段操作線(其物理意義爲增濃底部產品)

※呈上題，一般將 Operation Line 視爲直線，乃基於那一基本假設。

Sol：假設爲定莫爾溢流，蒸氣和液體之莫爾流率在塔中各段爲一定，若操作線不假設爲直線，則變得複雜，需考慮焓與質量的平衡問題，需利用彭川-索爾瑞法(Ponchon-Savarit method)。

〈考題26－17〉(92地方特考四等)(12/13分)

(一)圖示一般連續式精餾塔之構造。(二)以沸點曲線表示雙成分之共沸混合物(azeotrope)，並簡述如何使共沸混合物蒸餾分離。

Sol：(一)

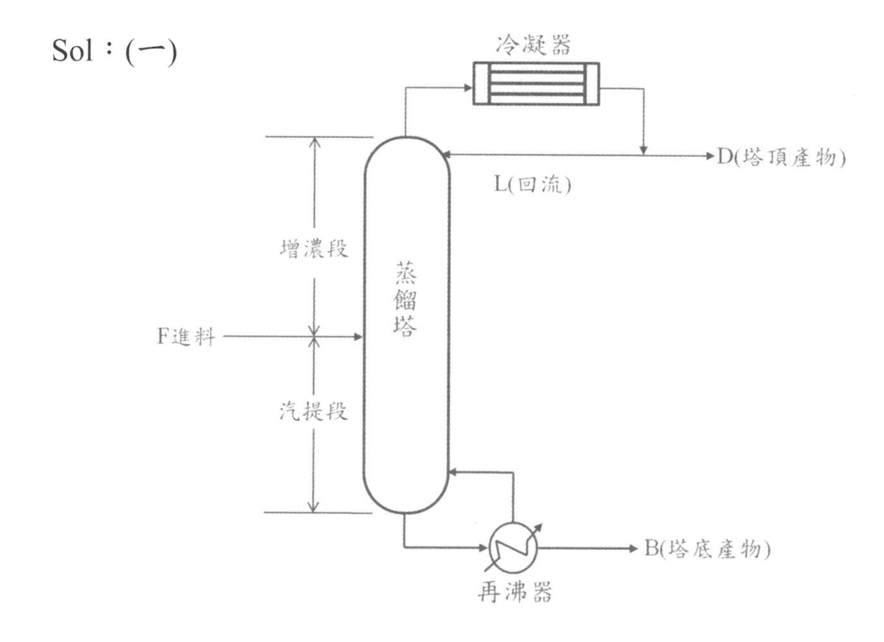

(二)

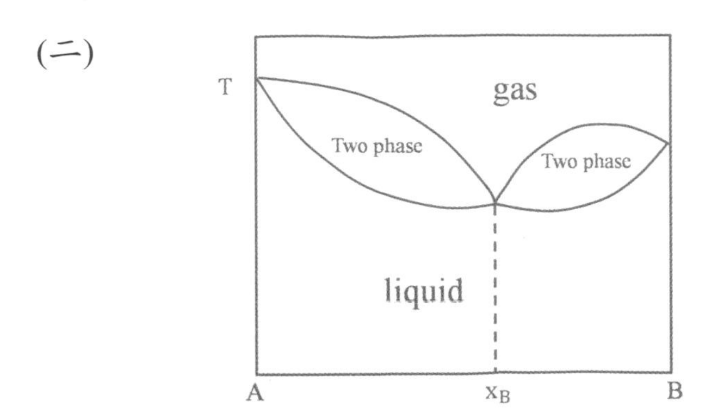

共沸物的分離:改變總壓力(ex:加壓或減壓)
加入第三成份:共沸蒸餾-加入高揮發性成份(ex:酒精加入苯)
萃取蒸餾-加入低揮發性成份(ex:環己烷加入酚)
其他方式:接近共沸點時，改用其他方法分離(ex:萃取、結晶、吸收、吸附)通過共沸點後再繼續用分餾法進行。

〈考題 26－18〉(93 經濟部特考)(4 分)

設計板式蒸餾塔，提高進料溫度對總板數、塔頂冷卻器與塔底再沸器熱負荷之影響各如何？

Sol：進料溫度高，塔內溫度提升。

增加蒸氣相流量=>塔頂冷凝器負荷上升；減少液相流量=>塔底再沸器負荷減少；不利於分離=>要維持蒸餾效果，總板數上升。

〈考題 26－19〉(93 關務特考)(20 分)

一連續式蒸餾塔用來分離正庚烷(n-heptane)和正辛烷(n-octane)兩成份的混合物，以得到純度99mol%的產物，進料混合物中含0.695莫耳分率的正庚烷和0.305莫耳分率的正辛烷，此塔在壓力$101.3kN/m^2$下操作，蒸氣的流速爲0.6m/s。進料爲處於沸點的液體，其速率爲1.25kg/s，塔頂的沸點溫度可取爲372°K，而其氣液平衡的數據如下：

y	0.96	0.91	0.83	0.74	0.65	0.50	0.37	0.24
x	0.92	0.82	0.69	0.57	0.46	0.32	0.22	0.13

其中y表氣相中正庚烷的莫耳分率，而x表液相中正庚烷的莫耳分率。(一)根據所列出的氣液平衡數據，畫出x-y平衡圖(x爲橫軸，y爲縱軸)。(二)決定最小回流比(reflux ratio)。(三)若回流比(reflux ratio)爲最小回流比的兩倍，則塔的直徑應爲多少？

Sol：(一)

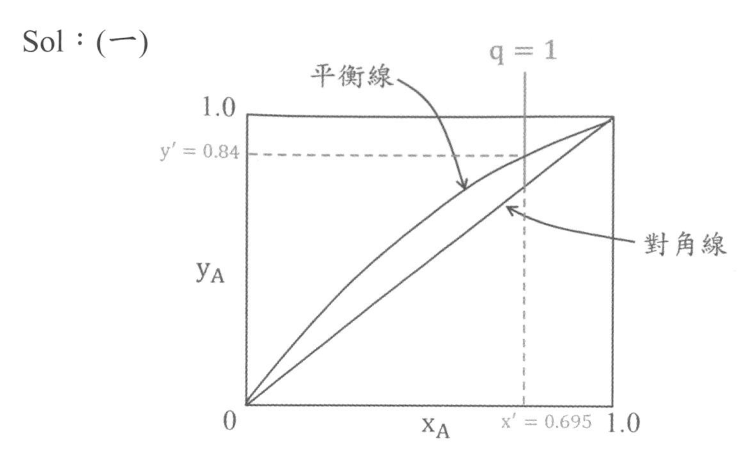

(二) $\frac{R_{min}}{R_{min}+1}=\frac{x_D-y'}{x_D-x'}$ =>$\frac{R_{min}}{R_{min}+1}=\frac{0.99-0.84}{0.99-0.695}$ =>$R_{min}=1.03$

(三) $R\left(回流比\right)=\frac{L\left(回流比率\right)}{D\left(塔頂產品流率\right)}$ =>$V_s=L+D=RD+D=(R+1)D$

$R=2R_{min}=2(1.03)=2.06$ =>$V_s=(2.06+1)D=3.06D$ (1)

正庚烷$M_W=100.2\frac{kg}{kgmo1}$；正辛烷$M_W=114.2\frac{kg}{kgmo1}$

平均分子量$=100.2\times0.695+114.2\times0.305=104.5\left(\frac{kg}{kgmo1}\right)$

$F=\frac{1.25\frac{kg}{sec}}{104.5\frac{kg}{kgmo1}}=0.012\left(\frac{kgmo1}{sec}\right)$

整個蒸餾塔系統質量平衡$F=D+B$ =>$0.012=D+B$

=>$D=8.4\times10^{-3}\left(\frac{kgmol}{sec}\right)$

對正庚烷作質量平衡 $Fx_F=Dx_D+Bx_B$

=>$0.012\times0.695=0.99D+0.01B$

先求 372k 下的蒸氣比容V_s？由(1)式單位可得知

=>$V_s=\left(3.06D\frac{kgmo1}{sec}\right)\left(\overline{V}\frac{m^3}{kgmo1}\right)=3.06D\overline{V}\left(\frac{m^3}{sec}\right)$

$PM=\rho RT$理想氣體 =>$T\propto\frac{1}{\rho}$ => $T\propto\overline{V}$

$1atm=101.3\frac{kN}{m^2}$下的$\overline{V}_0=22.4\frac{m^3}{kgmol}$ =>$\frac{\overline{V}_0}{\overline{V}_s}=\frac{T_0}{T'_S}$ =>$\frac{22.4}{\overline{V}_s}=\frac{273}{372}$

$=>\overline{V}_s = 30.5\left(\frac{m^3}{kgmol}\right)$代入(1)式

$=>V_s = \left(3.06 \times 8.4 \times 10^{-3}\frac{kgmo1}{sec}\right)\left(30.5\frac{m^3}{kgmo1}\right) = 0.78\left(\frac{m^3}{sec}\right)$

$=>$截面積$= \frac{蒸氣流率}{蒸氣速率} = \frac{0.78\frac{m^3}{sec}}{0.6\frac{m}{sec}} = 1.3(m^2)$ $=>A_0 = \frac{\pi}{4}D_0^2$ $=>1.3 = \frac{\pi}{4}D_0^2$

$=>D_0 = 1.28(m)$

※摘錄於 McCabe 例題 21-6，解題觀念相同！

〈考題 26－20〉(94 普考)(各 5 分)

(一)請依液、氣兩項操作的不同，說明簡易蒸餾(simple distillation)與精餾(rectification)的差異。(二)說明回流比如何影響蒸餾塔的分離效率、操作費用以及裝置費用，並說明最適回流比的意義。

Sol：(一)簡易蒸餾(simple distillation)：液體受熱所產生的蒸氣直接排出，不再冷凝與回流與其他蒸氣進行 氣液接觸。精餾(rectification)：液體受熱所產生的蒸氣，具有冷凝與回流裝置者，可再次進行氣液接觸。(二)請參考重點整理(十)。

〈考題 26－21〉(95 地方特考)(15 分)

在麥-泰法(McCabe-Thiele method)中，試說明：(一)q線(或稱進料線)之定義；(二)最大回流比及最小回流比之物理意義；(三)麥-泰法之最基本假設。

Sol：(一)可參考重點整理(六)，簡言之：使進料完全氣化的比例，稱進料線。(二)最大回流比(全回流)：理論板數最小，塔頂出料完全回流至塔中。最小回流比：理論板數無窮多。(三)參考〈類題 26－17〉第一題。

〈考題 26－22〉(94 第二次化工技師)(25 分)

一工廠須蒸餾60%甲醇及40%水之混合物。頂端出口產品含95%甲醇，底端出口產品含5%甲醇。進料爲飽和液體，採全冷凝器。回流比爲最適值之1.5倍且回流之溶液在其bubble point。計算(一)最小板數(二)最小回流比(三)若總包效率(overall efficiency)爲80%，則蒸餾塔本身所需之板數爲何？最適進料板之位置在何處？答題時須描述圖解法之過程。下表爲甲醇-水系統在工廠操作壓力下之平衡關係。其中x與y代表液相及氣相中甲醇之莫耳分率。平衡曲線見下圖。

x	0.1	0.2	0.3	0.4	0.5	0.6	0.7	0.8	0.9	1.0
y	0.417	0.579	0.669	0.729	0.780	0.825	0.871	0.915	0.959	1.0

Sol：

(一)

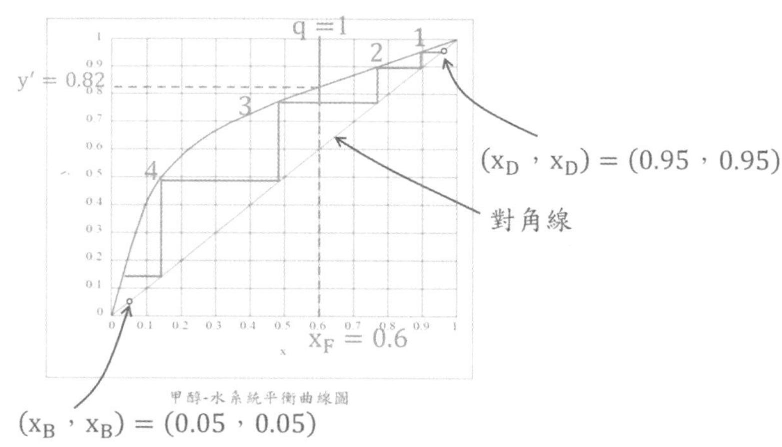

甲醇-水系統平衡曲線圖

步驟:

全回流下有最小理論板數，由點$(x_D，x_D) = (0.95，0.95)$畫平行線至平衡曲線，再往下畫垂直線接觸對角線，反覆操作畫梯形直到跨$(x_B，x_B) = (0.05，0.05)$為止，可得最小理論板數$N_{min} = 4.7$板含再沸器。

(二)泡點入料(bubble point) $q = 1$，$x' = x_F = 0.6$，$y' = 0.82$

$$\frac{R_{min}}{R_{min}+1} = \frac{x_D - y'_A}{x_D - x'_A} \Rightarrow \frac{R_{min}}{R_{min}+1} = \frac{0.95-0.82}{0.95-0.6} \Rightarrow R_{min} = 0.6$$

(三) $R = 1.5R_{min} = 1.5(0.6) = 0.9$

增濃段操作線：$y_{n+1} = \frac{R}{R+1}x_n + \frac{x_D}{R+1}$ =>截距$\frac{x_D}{R+1} = \frac{0.95}{0.9+1} = 0.5$

$$\eta(\text{板效率}) = \frac{N_{ideal}(\text{理想板數})}{N_{real}(\text{實際板數})} \Rightarrow N_{real} = \frac{N_{ideal}}{\eta} = \frac{9.2}{0.8} = 11.5$$

由作圖可得知最適進料板位置約爲 6 板！

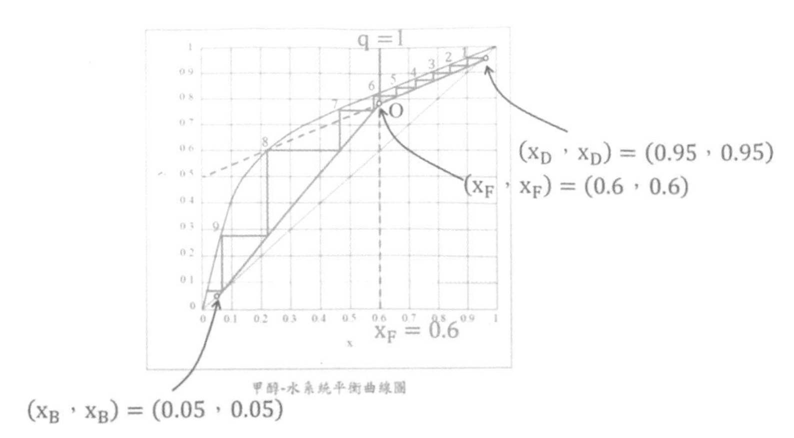

甲醇-水系統平衡曲線圖

步驟:

(1)由點$(x_D, x_D) = (0.95, 0.95)$連一直線$\left(0, \frac{x_D}{R+1}\right) = (0, 0.5)$，可得增濃段操作線。

(2)作進料線q-line，由點$(x_F, x_F) = (0.6, 0.6)$連一垂直線穿過對角線和平衡曲線得進料線，增濃段操作線與q-line交會處得點O。

(3)作氣提段操作線，將點$(x_B, x_B) = (0.05, 0.05)$與q-line和增濃段與進料線q-line交點O畫一直線可得氣提段操作線。

(4)由點$(x_D, x_D) = (0.95, 0.95)$開始往左畫水平線至氣液平衡曲線，再往下畫垂直線接觸增濃段操作線得一梯狀圖型，反覆操作畫梯形直到跨$(x_B, x_B) = (0.05, 0.05)$為止，可得理論板數約9.2板含再沸器。

〈考題 26－23〉(95 化工技師)(20 分)

甲苯和苯混合液使用連續蒸餾塔分離，進料含苯30mol%，甲苯70mol%，要求塔頂餾出物苯含量不低於95mol%，若餾出物中苯的回收率爲百分之九十，試求餾餘物的組成。

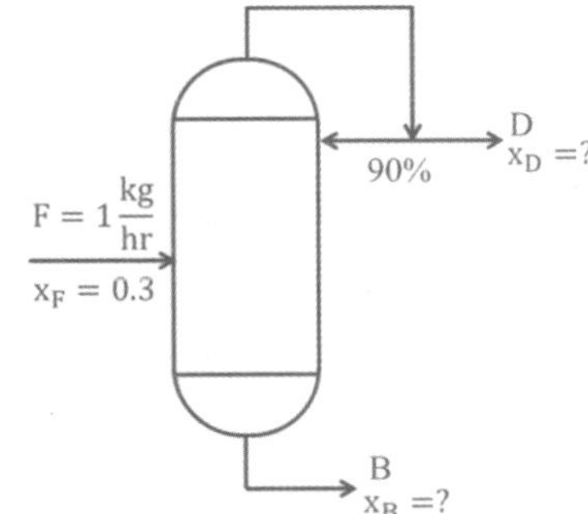

Sol：假設總入料量$F = 1kg/hr$

$$\varphi(\text{回收率}) = \frac{Dx_D}{Fx_F} \Rightarrow 0.9 = \frac{D(0.95)}{1(0.3)}$$

$\Rightarrow D = 0.284kg/h$

總質量平衡：$F = D + B$

$\Rightarrow 1 = 0.284 + B \Rightarrow B = 0.716kg/h$

對苯作質量平衡：$Fx_F = Dx_D + Bx_B$

$\Rightarrow 1(0.3) = 0.284(0.95) + 0.716x_B \Rightarrow x_B = 0.042$(塔底苯的莫爾分率)

〈考題 26－24〉(93 地方特考)(96 地方特考)(5 分)

莫飛效率(Murphree Efficiency)

Sol：請參考重點整理(八)莫飛效率。

〈考題 26－25〉(96 地方特考)(5 分)
最小回流比(Minimum reflux ratio,R_m)
Sol：請參考重點整理(六)麥泰法(McCabe-Thiele Method)。

〈考題26－26〉(96地方特考四等)(15分)
請說明回流比(reflux)及其對精餾的影響。
Sol：請參考重點整理(十)蒸餾塔費用和回流比的關係。

〈考題26－27〉(97地方特考)(6分)
層板式蒸餾塔(plate distillation column)常會安裝多層的蒸餾板或稱爲拖盤(tray)，試說明蒸餾板的種類與其特性。
Sol：請參考重點整理(二十八)篩板、閥板、泡罩板之敘述。

〈考題 26－28〉(97 經濟部特考)(各 5 分)
一連續之常壓蒸餾塔用來設計分離苯及甲苯，進料係在沸點下(泡點)送入塔内，已知增濃(精餾)線之方程式爲：$y = 0.776x + 0.216$；已知汽提(提餾)線之方程式爲：$y = 1.281x - 0.0066$，試求原料液、餾出物、及塔底餾餘物之組成，以苯的mole分率表示，並計算回流比？

Sol：增濃線方程式 $y_{n+1} = \frac{R}{R+1}x_n + \frac{x_D}{R+1}$作比對$y = 0.776x + 0.216$

$=> \frac{R}{R+1} = 0.776$ =>R(回流比) $= 3.464$

$=> \frac{x_D}{3.464+1} = 0.216 => x_D$(餾出物)$= 0.964$

由增濃線與氣提線交會可得知$x = x_F$
$y = 0.776x_F + 0.216$ (1)
$y = 1.281x_F - 0.0066$ (2) 解(1)&(2)聯立可得x_F(原料液)$= 0.441$

進料線交會與氣提線於點$(x_B，x_B)$可得知$y = x_B$ (3)

$y = 1.281x_B - 0.0066$ (4)；解(3)&(4)聯立可得x_B(塔底餾餘物)$= 0.023$
※如題目有給α_{AB}或數據，則可畫出進料板&理論板數，示意如圖。

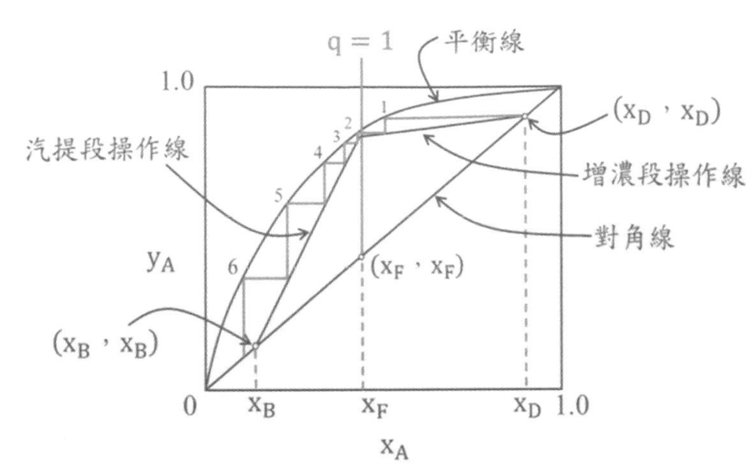

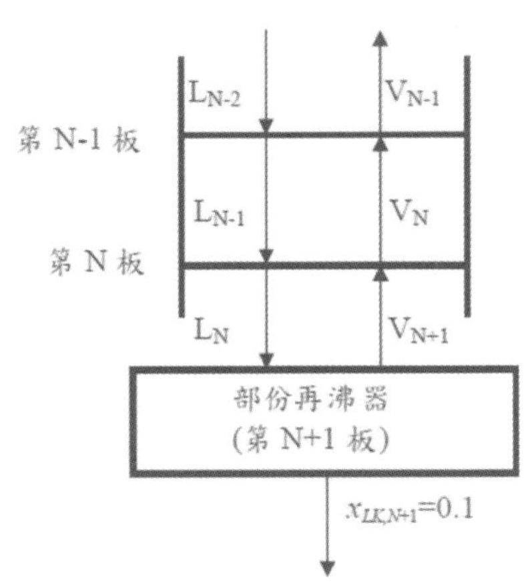

〈考題 26－29〉(97 高考三等)(25 分)
設計一座具有部份再沸器(partial reboiler)之蒸餾塔以分離兩物質LK和HK，其中LK是較易揮發之物質。給定此蒸餾塔塔底的部份再沸器的編號爲$N+1$，如右圖所示，並將其視爲一個平衡板。今假設塔底液相中LK的平衡莫耳分率(mole fraction) $x_{LK,N+1}=0.1$，塔底再沸器的boilup ratio $V/B=2$，且LK和HK的相對揮發度(relative volatility)固定爲2.4。計算離開第N-1板的氣相與液相組成。

Sol：由圖可知由逐板作分析組成：

$$y_{N+1}=\frac{L_N}{V_{N+1}}x_N-\frac{B}{V_{N+1}}x_B \ (1) \ 氣提線方程式$$

塔底再沸器boilup ratio $\frac{V_{N+1}}{B}=2$ =>$V_{N+1}=2B$

對限制體積作質量平衡=>$V_{N+1}=L_N-B$

=>$L_N=V_{N+1}+B=2B+B=3B$ =>$\frac{L_N}{V_{N+1}}=\frac{3B}{2B}=1.5$

且$\frac{B}{V_{N+1}}=\frac{B}{2B}=0.5$；$x_{N+1}=x_B=0.1$

代入(1)式 =>$y_{N+1}=1.5x_N-0.05$ (2)

第N + 1板氣相組成可表示爲=>$y_{N+1} = \frac{\alpha_{AB}x_{N+1}}{[1+(\alpha_{AB}-1)x_{N+1}]} = \frac{2.4x_{N+1}}{1+1.4x_{N+1}}$ (3)

對N + 1板時，x_{N+1}和y_{N+1}達平衡$x_{N+1} = 0.1$ 代入(3)式

=>$y_{N+1} = \frac{2.4(0.1)}{1+1.4(0.1)} = 0.21$

$y_{N+1} = 0.21$代入(2)式=>$0.21 = 1.5x_N - 0.05$ =>$x_N = 0.173$

對第N板時，x_N和y_N達平衡 =>$y_N = \frac{2.4x_N}{1+1.4x_N}$ (4)

$y_N = 1.5x_{N-1} - 0.05$ (5)

$x_N = 0.173$代入(4)式=>$y_N = \frac{2.4(0.173)}{1+1.4(0.173)} = 0.334$

$y_N = 0.334$代入(5)式=>$0.334 = 1.5x_{N-1} - 0.05$ =>$x_{N-1} = 0.256$

對N − 1板時，x_{N-1}和y_{N-1}達平衡=>$y_{N-1} = \frac{2.4x_{N-1}}{1+1.4x_{N-1}}$ (6)

$x_{N-1} = 0.256$ 代入(6)式=>$y_{N-1} = \frac{2.4(0.256)}{1+1.4(0.256)} = 0.452$

所以在第N − 1板時，液相組成$x_{N-1} = 0.256$，氣相組成$y_{N-1} = 0.452$

〈考題 26 − 30〉(98 經濟部特考)(10 分)
依圖二所提示蒸餾塔進出條件，請證明圖三中 OPQ 三點共線。

[註：X：莫耳百分比 H：單位熱焓；H_d'與H_b'分別爲H_d 與H_b 之修正熱焓]

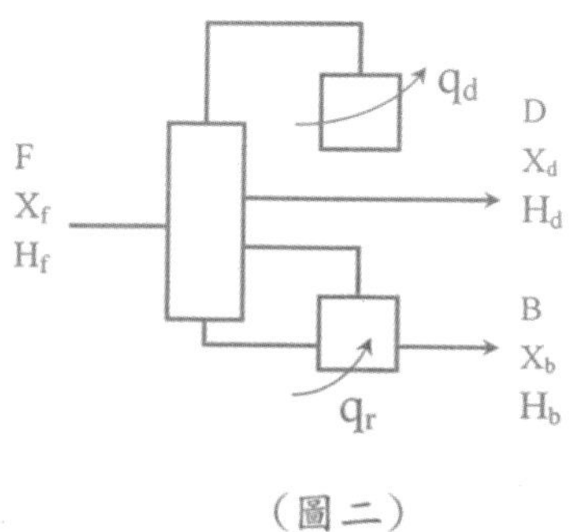

(圖二)

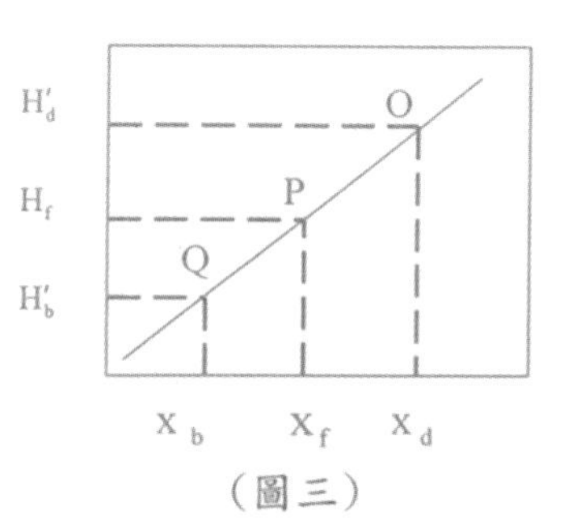

(圖三)

Sol：利用彭川-索爾瑞法：質量平衡和能量平衡觀念。
對系統做質量平衡 $m_P = m_O + m_Q$ (1)
對系統的焓做質量平衡 $m_PH_f = m_OH_d' + m_QH_b'$ (2)
對系統成分莫耳百分比做質量平衡 $m_Px_f = m_Ox_d + m_Qx_b$ (3)

由(1)代入(2)式 =>$(m_O+m_Q)H_f=m_OH'_d+m_QH'_b$

=>$m_OH_f+m_QH_f=m_OH'_d+m_QH'_b$ =>$m_OH_f-m_OH'_d=m_QH'_b-m_QH_f$

=>$m_O(H_f-H'_d)=m_Q(H'_b-H_f)$ =>$\frac{m_O}{m_Q}=\frac{H'_b-H_f}{H_f-H'_d}$ (4)

由(1)代入(3)式 =>$(m_O+m_Q)x_f=m_Ox_d+m_Qx_b$

=>$m_Ox_f+m_Qx_f=m_Ox_d+m_Qx_b$ =>$m_Ox_f-m_Ox_d=m_Qx_b-m_Qx_f$

=>$m_O(x_f-x_d)=m_Q(x_b-x_f)$ =>$\frac{m_O}{m_Q}=\frac{x_b-x_f}{x_f-x_d}$ (5)

由(4)和(5)式可證明，OPQ 三點共線！此題摘錄於陳振揚單元操作蒸餾內容敘述！

〈考題 26－31〉(97 高考三等)(15/10 分)

假設含A和B兩成份的混合物爲理想的混合物，其相對揮發度$\alpha_{AB}=\frac{Y_{Ae}/X_{Ae}}{Y_{Be}/X_{Be}}$爲常數，其中X和Y分別表示成份在液相和氣相的莫耳分率，下標Ae和Be分別表示A和B成份在平衡狀態。若要用有回流(reflux)的蒸餾塔來分離此混合物，使得A成份在塔頂產品的莫耳分率爲X_D，在塔底產品的莫耳分率爲X_B。(一)假設$\alpha_{AB}=2$，試說明如何求得Y_A對X_A的氣液平衡(VLE)曲線圖。

(二)若塔頂冷凝器爲全冷凝器(total condenser)，試證明所需的最少板數爲$N_{min}=\frac{\ln\left(\frac{x_D}{1-x_D}/\frac{x_B}{1-x_B}\right)}{\ln\alpha_{AB}}-1$。

Sol：(一) $\alpha_{AB}=\frac{Y_{Ae}/X_{Ae}}{Y_{Be}/X_{Be}}=\frac{Y_{Ae}/X_{Ae}}{(1-Y_{Ae})/(1-X_{Ae})}=\frac{Y_{Ac}(1-X_{Ac})}{X_{Ae}(1-Y_{Ae})}$

=>$\alpha_{AB}X_{Ae}-\alpha_{AB}X_{Ae}Y_{Ae}=Y_{Ae}(1-X_{Ae})$

=>$\alpha_{AB}X_{Ae}=Y_{Ae}[1+(\alpha_{AB}-1)X_{Ae}]$ =>$Y_{Ae}=\frac{\alpha_{AB}X_{Ae}}{[1+(\alpha_{AB}-1)X_{Ae}]}=\frac{2X_{Ae}}{(1+X_{Ae})}$ (1)

由X_{Ae}Vs. Y_{Ae}數據作圖，可假設 5 個X_{Ae}值代入(1)式，可繪出平衡線如下圖。

Y_{Ae}	0.18	0.57	0.75	0.88	1.0
X_{Ae}	0.1	0.4	0.6	0.8	1.0

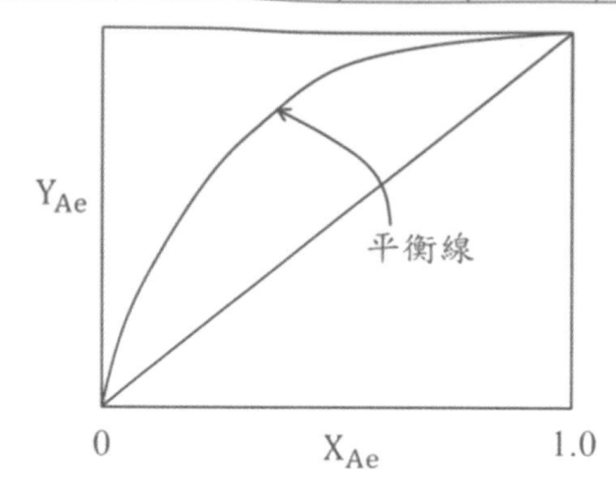

(二) $\alpha_{AB}=\frac{y_A/x_A}{y_B/x_B}=\frac{y_A}{y_B}\frac{x_B}{x_A}$ $=>\frac{y_A}{1-y_A}=\alpha_{AB}\frac{x_A}{1-x_A}$ 對n+1板$=>\frac{y_{n+1}}{1-y_{n+1}}=\alpha_{AB}\frac{x_{n+1}}{1-x_{n+1}}$ (1)

當$R=\infty$ $y_{n+1}=x_n$代入(1)式

$=>\frac{x_n}{1-x_n}=\alpha_{AB}\frac{x_{n+1}}{1-x_{n+1}}$

$n=0$ $\frac{x_D}{1-x_D}=\alpha_{AB}\frac{x_1}{1-x_1}$

$n=1$ $\frac{x_1}{1-x_1}=\alpha_{AB}\frac{x_2}{1-x_2}$

$n=2$ $\frac{x_2}{1-x_2}=\alpha_{AB}\frac{x_3}{1-x_3}$

$n=n-1$ $\frac{x_{n-1}}{1-x_{n-1}}=\alpha_{AB}\frac{x_n}{1-x_n}$

連乘$=>\frac{x_D}{1-x_D}=\alpha_{AB}{}^{n}\frac{x_n}{1-x_n}$ (2)

當$n=N_{min}$(包含再沸器) $x_n=x_B$代入(2)式

$\frac{x_D}{1-x_D}=\alpha_{AB}{}^{N_{min}}\frac{x_B}{1-x_B}$ 等號左右取ln

$$\ln\left(\frac{x_D}{1-x_D}\right)=N_{min}\ln\alpha_{AB}+\ln\left(\frac{x_B}{1-x_B}\right)$$

$$N_{min}=\frac{\ln\left(\frac{x_D}{1-x_D}\Big/\frac{x_B}{1-x_B}\right)}{\ln\alpha_{AB}}-1\text{(不含再沸器)}$$

〈考題 26－32〉(99 普考)(10 分)

蒸餾是利用混合物中各成分之何種性質的差異來分離混合物？又萃取是利用何種性質？

Sol：蒸餾：加熱液體混合物至沸騰，利用其成份的沸點不同(或揮發性不同)予以分離的操作。(液相和氣相間的質量傳遞)

萃取：利用溶劑自液體把可溶性成份溶解提取出來的操作。(液相和液相間的質量傳遞)

〈考題26－33〉(98化工技師)(24分)

有一飽和蒸氣和飽和液體的A和B混合物(A之莫耳分率爲x_{AF})，送入精餾塔(fractionating tower)中蒸餾(distillation)。塔頂產品之A莫耳分率爲x_{AD}塔底產品之A莫耳分率爲x_{AW}。我們利用麥凱布/奚禮(McCabe/Thiele)作圖法，求所需之階數

(stage)。請在y_A(A之氣體分率)對x_A(A之液體分率)的圖上標出下面各點或各線。(一)x_{AD}、x_{AF} 及x_{AW}。(二)平衡線、增濃段操作線、汽提段操作線及q線。(三)各階。(本題是要瞭解應考者對本作圖法的瞭解情形。請不要在意各點或各線的正確值)

Sol：$y_A = \frac{\alpha_{AB}x_A}{[1+(\alpha_{AB}-1)x_A]}$ (1)由x_A對y_A作圖，將x_A =**代入(1)式

由Run 1：y_A =** 以此類推Run2..Run3…可得氣液平衡線如下：

x_A	-	-	-	-	-	-	-
y_A	-	-	-	-	-	-	-

增濃段操作線：$y_{n+1} = \frac{R}{R+1}x_n + \frac{x_{AD}}{R+1}$ (進料爲飽和氣體與飽和液體0<q<1)

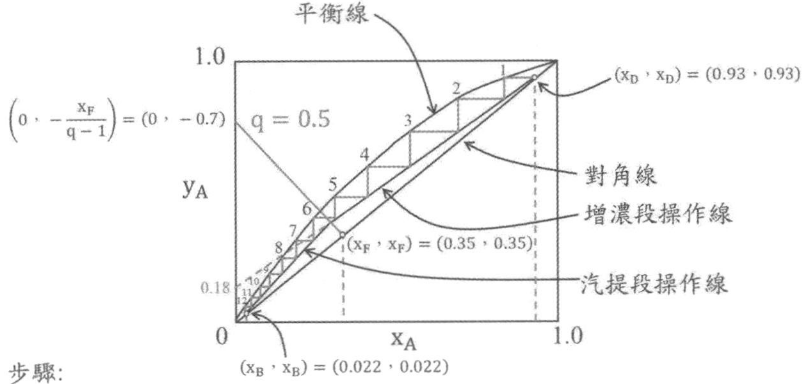

步驟:

(1)將回流比R與x_D代入增濃段操作線，截距得0.186，由點$(x_D，x_D) = (0.93，0.93)$連一直線$\left(0，\frac{x_D}{R+1}\right) = (0，0.186)$，可得增濃段操作線。

(2)作進料線q-line點$(x_F，x_F) = (0.35，0.35)$連截距$\left(0，-\frac{x_F}{q-1}\right) = (0，-0.7)$得進料線。

(3)作氣提段操作線，將點$(x_B，x_B) = (0.022，0.022)$與q-line和增濃段與進料線q-line交點O畫一直線可得氣提段操作線。

(4)由點$(x_D，x_D) = (0.93，0.93)$開始往左畫水平線至氣液平衡曲線，再往下畫垂直線接觸增濃段操作線得一梯狀圖型，反覆操作畫梯形直到跨$(x_B，x_B) = (0.022，0.022)$為止，可得理論板數約12板含再沸器。

〈考題26－34〉(99普考)(15分)

在1.0 atm下的苯-甲苯系統中，苯在液相中的莫耳分率爲0.4，已知苯對甲苯的相對揮發度爲3.0，則氣相中苯之分壓爲多少mmHg？

Sol：$x_A = 0.4$時 $y_A = \frac{\alpha_{AB}x_A}{[1+(\alpha_{AB}-1)x_A]} = \frac{3(0.4)}{[1+(3-1)0.4]} = 0.67$

$y_A = \frac{P_A}{P}$ =>$0.67 = \frac{P_A}{1}$ =>$P_A = 0.67$(atm)

〈考題 26 − 35〉(98 普考)(各 10 分)

(一)一精餾塔操作，擬將自塔中間進料之苯與甲苯混合液分離精製，若回流比加大，則對於塔頂與塔底產品中苯濃度以及冷凝器與再沸器熱負荷之影響爲何？

(二)有一精餾塔操作，其進料流率爲200kg/hr，塔底產品流率爲120kg/hr，而塔頂回流率爲480kg/hr，則回流比爲何？

Sol：(一)增加回流比，塔內溫度下降

塔頂：(1)溫度降低有利於分離，塔頂產品苯的輕成份濃度上升。(2)溫度降低蒸氣量減少，冷凝器負荷減少。(3)溫度降低有利於分離，理論板數減少。

塔底：(1)塔底苯產量下降，甲苯產量提升。(2)再沸器水蒸汽消耗量增加。(苯沸點約爲 80℃，甲苯沸點約爲 111℃，蒸餾塔溫度越底部溫度越高，以此做爲判斷塔頂與塔底產物分佈)

(二)整個蒸餾塔系統質量平衡 $F = D + B$

$=>200 = D + 120 \ => D = 80\left(\frac{kg}{hr}\right)$

$=> R\left(\text{回流比}\right) = \frac{L\left(\text{回流比率}\right)}{D\left(\text{塔頂產品流率}\right)} = \frac{480}{80} = 6$

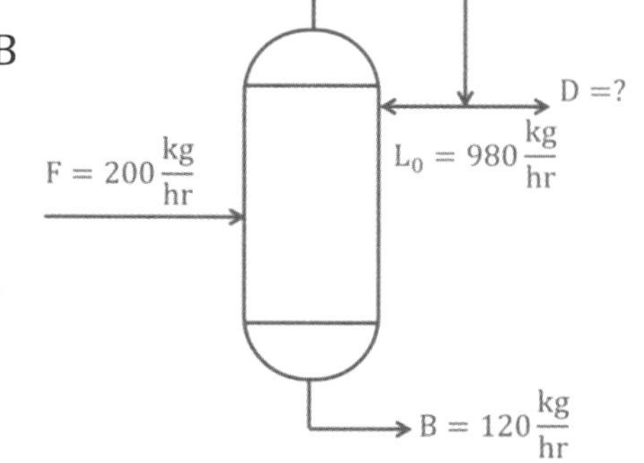

〈考題 26 − 36〉(99 化工技師)(各 10 分)

(一)請以相對揮發度(relative volatility爲2，繪製雙成分蒸餾所需之氣液平衡關係圖(x-y chart)(二)請利用上題氣液平衡關係圖(x-y chart)及圖解法求得當系統爲完全回流(total reflux)時，且塔頂產物莫耳分率爲0.95、塔底產物莫耳分率爲0.05，所需之理想板數？ (三)若進料濃度莫耳分率爲0.5，處於沸點狀態，且塔頂產物莫耳分率爲0.95、塔底產物莫耳分率爲0.05時，請以相同氣液平衡關係圖(x-y chart)圖解最小回流率(min. reflux ratio)爲何？

Sol：

(一)$y_A = \frac{\alpha_{AB}x_A}{[1+(\alpha_{AB}-1)x_A]} = \frac{2x_A}{1+x_A}$ (1)由x_A對y_A作圖將$x_A = 0.1$代入(1)式，由 Run 1：

$y_A = \frac{2(0.1)}{1+0.1} = 0.18$，以此類推 Run2..Run3…………可得氣液平衡線

x_A	0.1	0.2	0.4	0.6	0.8	0.9	1.0
y_A	0.18	0.33	0.57	0.75	0.89	0.95	1.0

(二)

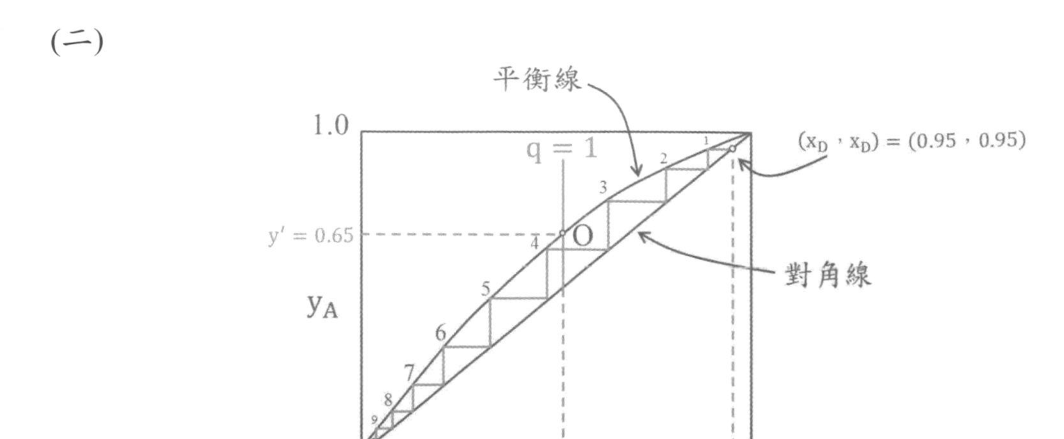

步驟:

$x_D = 0.95$向上延伸至對角線點$(x_D，x_D) = (0.95，0.95)$，往左作水平線接觸至氣液平衡線，再往下作垂直線接觸對角線，如此反覆至超過$(x_B，x_B) = (0.05，0.05)$可得理想板數9板含再沸器。

(三)q-line $x'_A = x_{AF} = 0.5$作垂直線至氣液平衡線點O，再往左作水平線至y軸可得$y'_A = 0.65$ $=> \frac{R_{min}}{R_{min}+1} = \frac{x_D - y'_A}{x_D - x'_A}$ $=> \frac{R_{min}}{R_{min}+1} = \frac{0.95-0.65}{0.95-0.5}$ $=> R_{min} = 2$

〈考題26－37〉(100地方特考四等)(5分)

若A氣體溶於水的亨利常數爲1.4×10^5mmHg，將A氣體分壓380 mmHg的混合氣通入水中達飽和時，溶液中A氣體的莫耳分率爲多少？

Sol：$P = H \cdot x$ (Henry's law) =>$380\text{mmHg} = (1.4 \times 10^5\text{mmHg}) \cdot x$

$=> x = 2.71 \times 10^{-3}$

〈考題 26－38〉(100 普考)(20 分)

請說明蒸餾操作時全回流(total reflux)與最小回流比(minimum reflux ratio)的意義。

Sol：請參考重點整理(六)麥泰法(McCabe-Thiele Method)。

〈考題26－39〉(100高考三等)(15/5分)

一雙成分混合溶液100kgmole，其組成爲60mol%之成分A和40 mol%之成分B。將此混合溶液置於蒸餾器進行微分蒸餾(differential distillation)操作，當收集得到之蒸餾產物總量有40kgmole時，請問此時：(一)留在蒸餾器內物料之組成爲何？(二)蒸餾產物中成分A之mol%爲何？假設成分A與成分B之相對揮發度(relative volatility)爲2.0，且在本操作中保持不變。

Sol：

(一)銳雷方程式(Rayleigh equation) $\ln\left(\frac{L}{L_0}\right)=\int_{x_{A0}}^{x_A}\frac{dx_A}{y_A-x_A}$ (1)

$y_A=\frac{\alpha_{AB}x_A}{[1+(\alpha_{AB}-1)x_A]}=\frac{2x_A}{1+x_A}$ 代入(1)式=>$\ln\left(\frac{L}{L_0}\right)=\int_{x_{A0}}^{x_A}\frac{dx_A}{\frac{2x_A}{1+x_A}-x_A}$

$=>\ln\left(\frac{L}{L_0}\right)=\int_{x_{A0}}^{x_A}\frac{dx_A}{\frac{2x_A}{1+x_A}-x_A}=\int_{x_{A0}}^{x_A}\frac{dx_A}{\frac{2x_A-(x_A+x_A^2)}{1+x_A}}=\int_{x_{A0}}^{x_A}\frac{1+x_A}{x_A-x_A^2}dx_A=\int_{x_{A0}}^{x_A}\frac{(1-x_A)+2x_A}{x_A(1-x_A)}dx_A$

$=\int_{x_{A0}}^{x_A}\left(\frac{1}{x_A}+\frac{2}{1-x_A}\right)dx_A=\ln\left(\frac{x_A}{x_{A0}}\right)+2\ln\left(\frac{1-x_{A0}}{1-x_A}\right)$

又$L_0=100kgmol$，$L=40kgmol$，$x_{A0}=0.6$

$=>\ln\left(\frac{40}{100}\right)=\ln\left(\frac{x_A}{0.6}\right)+2\ln\left(\frac{1-0.6}{1-x_A}\right)$ $=>x_A=0.452=45.2(mol\%)$

(二) $x_A=0.452$時，$y_A=\frac{\alpha_{AB}x_A}{[1+(\alpha_{AB}-1)x_A]}=\frac{2(0.452)}{[1+(2-1)0.452]}=0.623$

〈考題26－40〉(100經濟部特考)(10分)

苯與甲苯混合物在80°C存在氣液平衡，在氣相裡含有65mol%苯與35mol%甲苯，請問：(一)系統的總壓力是多少？(二)液相之組成爲何？1.假設液體爲Ideal solution，氣體爲Ideal gas。2.苯與甲苯在80°C蒸氣壓分別爲756mmHg&287mmHg。

Sol：$P_t=P_A^0x_A+P_B^0x_B$ (1) (Raoult's law)；$y_A=\frac{P_A^0x_A}{P_t}$ (2)

令x_A(苯液相分率)；x_B(甲苯液相分率)$=1-x_A$

由(2)式$P_t=\frac{(756)x_A}{0.65}=1163.07x_A$ (3)代入(1)式

$=>1163.07x_A=756x_A+287(1-x_A)$

$=>x_A=0.41$；$x_B=1-x_A=0.59$；將$x_A=0.41$代回(1)式

$=>P_t=P_A^0x_A+P_B^0x_B=756(0.41)+287(0.59)=479.29(mmHg)$

〈考題26－41〉(101普考)(20分)

一精餾塔用以分離12000kg/hr之苯與甲苯二成分混合物，其中苯占50%，若塔頂餾出物中含苯90%，塔底餾餘物中含甲苯92%，自塔頂入冷凝器之蒸氣量爲每小時8000kg，則其回流比R爲多少？

Sol：整個蒸餾塔系統質量平衡：$F = D + B$

$\Rightarrow 12000 = D + B$ (1)

對成份苯作質量平衡：$Fx_F = Dx_D + Bx_B$

$\Rightarrow 12000(0.5) = 0.9D + 0.08B$ (2)

由(1)&(2)式$\Rightarrow D = 6146.3\left(\frac{kg}{hr}\right)$

又$V = L_0 + D \Rightarrow 8000 = L_0 + 6146.3$

$\Rightarrow L_0 = 1853.7\left(\frac{kg}{hr}\right) \Rightarrow R = \frac{L_0}{D} = \frac{1853.7}{6146.3} = 0.3$

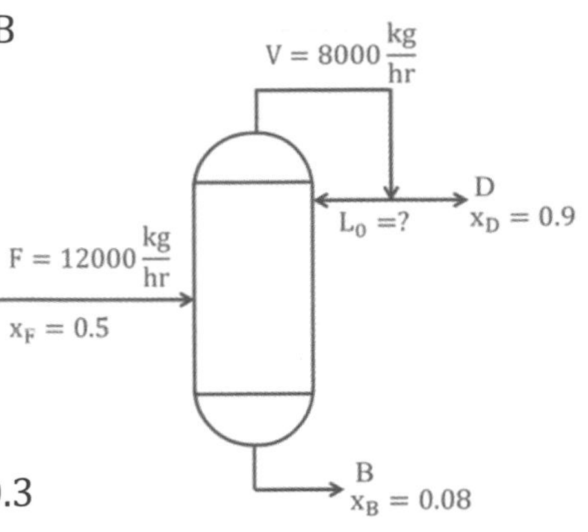

〈考題26－42〉(101高考三等)(一至三題各5分，第四題10分)

有關蒸餾(distillation)操作，請回答下列問題：

(一)簡要說明蒸餾的原理。(二)說明微分蒸餾(differential distillation)與閃蒸(flash distillation)之差異性。(三)對於A與B雙成分混合物的閃蒸操作，推導關聯氣相中成分A之摩耳分率y、液相中成分A之摩耳分率x、進料中成分A之摩耳分率x_f、單位時間進料摩耳數F、單位時間蒸發摩耳數V及單位時間留存在液相之摩耳數S的方程式。(四)對於A與B雙成分混合物的閃蒸操作，若已知進料的蒸發分率(V/F)，說明如何利用x-y圖中的氣-液平衡曲線，以作圖法迅速決定閃蒸後氣液兩相中成分A的摩耳分率。

Sol：請參考重點整理(一)(四)(五)。

〈考題26－43〉(101經濟部特考)(10分)

有一精餾塔(fractionating column)用來分離苯和甲苯的混合物，進料速率爲10000kg/hr，內含40%的苯，餾出物(distillate)含97%的苯，餾餘物(bottom)含98%的甲苯。請問餾出物及餾餘物餾出速率各爲多少kg/hr？

Sol：整個蒸餾塔系統質量平衡：$F = D + B$

$\Rightarrow 10000 = D + B$ (1)

對苯作質量平衡：$Fx_F = Dx_D + Bx_B$

$\Rightarrow 10000(0.4) = 0.97D + 0.02B$ (2)

由(1)&(2)式$\Rightarrow D = 4000\left(\frac{kg}{hr}\right)$；$B = 6000\left(\frac{kg}{hr}\right)$

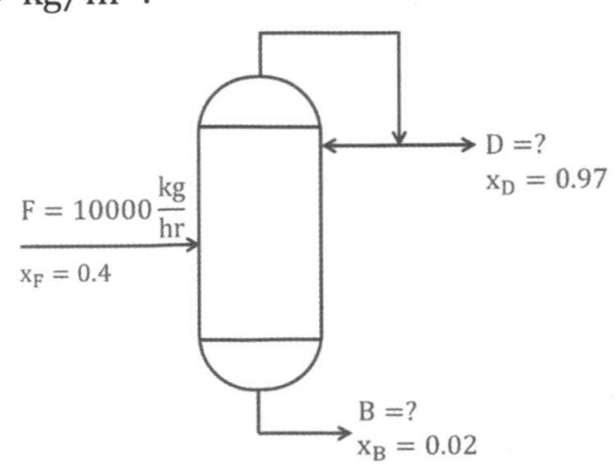

〈考題26 − 44〉(101化工技師)(20分)

一批粗戊烷(crude pentane)包含15mole %正丁烷(n-butane)及85mole %正戊烷(n-pentane)，如以大氣壓力下簡單之批次蒸餾(batch distillation)去除90%的正丁烷，剩下液體(remaining liquid)之成分爲何？平均相對揮發度(relative volatility)可假設爲3.5。

Sol：設溶液中正丁烷爲n_A，正戊烷爲n_B，氣化後爲dn_A和dn_B

α_{AB}(相對揮發度) $= \frac{y_A/x_A}{y_B/x_B}$ (1) $x_A = \frac{n_A}{n_A+n_B}$ ；$x_B = \frac{n_B}{n_A+n_B}$ (2)

$y_A = \frac{dn_A}{dn_A+dn_B}$；$y_B = \frac{dn_B}{dn_A+dn_B}$ (3)，將(2)&(3)代入(1)式中

$=>\alpha_{AB} = \frac{dn_A/n_A}{dn_B/n_B} => \frac{dn_A}{n_A} = \alpha_{AB}\frac{dn_B}{n_B} => \int_{n_{A0}}^{n_A}\frac{dn_A}{n_A} = \alpha_{AB}\int_{n_{B0}}^{n_B}\frac{dn_B}{n_B}$

$=>\ln\left(\frac{n_A}{n_{A0}}\right) = \alpha_{AB}\ln\left(\frac{n_B}{n_{B0}}\right)$ 兩邊取e $=>\left(\frac{n_A}{n_{A0}}\right) = \left(\frac{n_B}{n_{B0}}\right)^{\alpha_{AB}}$

$=>\left(\frac{n_B}{n_{B0}}\right) = \left(\frac{n_A}{n_{A0}}\right)^{\frac{1}{\alpha_{AB}}}$ 已知$n_{A0} = 0.15\text{mol}$；$n_{B0} = 0.85\text{mol}$

$=>n_A = n_{A0}(1-0.9) = 0.15(1-0.9) = 0.015(\text{mol})$

$=>\left(\frac{n_B}{0.85}\right) = \left(\frac{0.015}{0.15}\right)^{\frac{1}{3.5}} => n_B = 0.44(\text{mol})$

$=>n = n_A + n_B = 0.015 + 0.44 = 0.455(\text{mol})$

$=>x_A = \frac{n_A}{n} = \frac{0.015}{0.455} = 0.033$；$x_B = 1 - x_A = 1 - 0.033 = 0.967$

※也可使用銳雷方程式(Rayleigh equation)求解，結果相同，讀者可自己練習。

〈考題26 − 45〉(102高考三等)(6分)

説明板式蒸餾塔(plate distillation tower)之倒瀉(weeping)及泛溢(flooding)等現象。

Sol：倒瀉：塔内蒸氣量不足，造成蒸氣上升力量不夠，液體不走下降管而由篩孔處流下，使得分離效果變差。

泛溢：當氣體流速過高，被挾帶到上一層板(tray)的液沫流速增加使板上液層增厚，而液層厚度增加時又會加重液沫挾帶，反覆的惡性循環，使得液體充滿全塔，稱挾帶泛溢。

※另一種是下降管(downcomer)通過能力限制所引起，稱溢流泛溢。

當氣體流速過高，氣體通過板(tray)的壓降相對升高，增加至某一程度使下降管内

液體無法正常流下，液位超過溢流偃(wear)頂部後，液體充滿至上層板，使板上液體無法流下至下一層塔板，稱溢流泛溢。

〈考題26－46〉(102化工技師)(28分)

有一A和B的混合物(A占35mole%；B占65mole%)流入分餾塔(fractionating tower)中加以蒸餾。塔頂產品(overhead product)中含93mole%A；塔底產品(bottom product)中含2.2mole%A。進料中含一半的氣體及一半的液體。分餾塔的回流比(reflux ratio)爲4。平衡時x_A與y_A的關係如下表所示：

平衡時 x_A 與 y_A 的關係

x_A	0.000	0.200	0.400	0.500	0.600	0.800	1.000
y_A	0.000	0.333	0.571	0.667	0.770	0.889	1.000

請在試卷上自行繪出方格紙，並以麥泰(McCabe/Thiele)法作圖，求出分餾塔中要有多少平衡階？請在試卷中寫出解題步驟。

Sol：增濃段操作線：$y_{n+1} = \frac{R}{R+1}x_n + \frac{x_D}{R+1}$ =>截距$\frac{x_D}{R+1} = \frac{0.93}{4+1} = 0.186$

進料線方程式：$y = \frac{q}{q-1}x - \frac{x_F}{q-1} = \frac{0.5}{0.5-1}x - \frac{x_F}{q-1} = -x - \frac{0.35}{0.5-1} = -x + 0.7$

(進料一半氣體與一半液體=> $q = 0.5$)

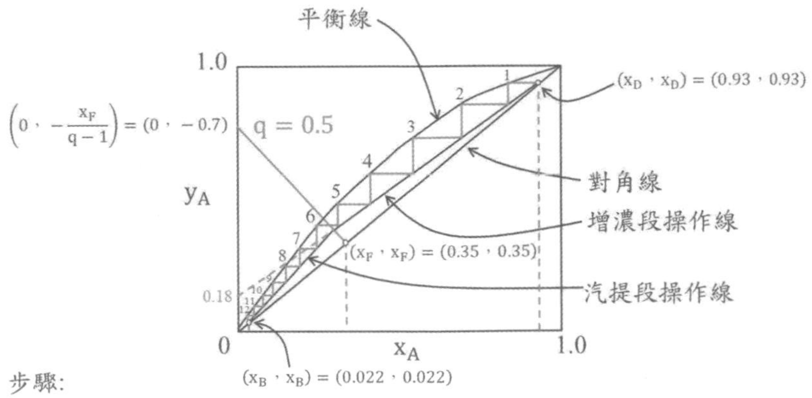

步驟：

(1)將回流比R與x_D代入增濃段操作線，截距得0.186，由點$(x_D，x_D) = (0.93，0.93)$連一直線$\left(0，\frac{x_D}{R+1}\right) = (0，0.186)$，可得增濃段操作線。

(2)作進料線q-line點$(x_F，x_F) = (0.35，0.35)$連截距$\left(0，-\frac{x_F}{q-1}\right) = (0，-0.7)$得進料線。

(3)作氣提段操作線，將點$(x_B，x_B) = (0.022，0.022)$與q-line和增濃段與進料線q-line交點O畫一直線可得氣提段操作線。

(4)由點$(x_D，x_D) = (0.93，0.93)$開始往左畫水平線至氣液平衡曲線，再往下畫垂直線接觸增濃段操作線得一梯狀圖型，反覆操作畫梯形直到跨$(x_B，x_B) = (0.022，0.022)$為止，可得理論板數約12板含再沸器。

〈考題26－47〉(103普考)(20分)

有A-B兩成分混合液在350K時的相對揮發度(relative volatility)爲2.5，試計算當A成分液相莫耳分率爲0.4和0.8時，與之達成平衡的氣相莫耳分率爲多少？

Sol：$x_A = 0.4$時，$y_A = \frac{\alpha_{AB} x_A}{[1+(\alpha_{AB}-1)x_A]} = \frac{2.5(0.4)}{[1+(2.5-1)0.4]} = 0.625$

$x_A = 0.8$時，$y_A = \frac{\alpha_{AB} x_A}{[1+(\alpha_{AB}-1)x_A]} = \frac{2.5(0.8)}{[1+(2.5-1)0.8]} = 0.909$

〈考題26－48〉(103化工技師)(12分)

請依下列各題之敘述，指出其錯誤並加以更正：

關於蒸餾(distillation)塔之敘述：

1.蒸餾塔進料位置以下的可稱爲rectifying(精餾)section。

2.所謂的q-line其截距代表著進料的狀態。

3.回流比(reflux ratio)與建塔硬體成本呈正向關係。

Sol：(1).爲汽提段 (2). q-line 其斜率才表示進料狀態 (3).回流比上升，理論板數下降，爲反比關係才對。

〈考題26－49〉(103關務特考/工業化學)(各10分)

茲將含40mol%正戊烷(n-pentane)及60mol%正己烷(n-hexane)的液體混合物連續注入250°F及80 psia的閃餾分離器(flash separator)中，已知在250°F時正戊烷的蒸氣壓爲9.07 atm，正己烷爲4.03 atm，試決定：(一)每莫耳混合液進料可得的塔頂氣體及塔底液體的莫耳數。(二)塔頂氣體及塔底液體的莫耳百分比組成。

Sol：(一)已知在 250°F時正戊烷$P_A^0 = 9.07$ atm，正己烷$P_B^0 = 4.03$ atm

$P_1 = 80\text{psia} \times \frac{1\text{atm}}{14.7\text{psia}} = 5.44(\text{atm})$

$\Rightarrow P_1 = P_A^0 x_A + P_B^0 x_B$ (Raoult's law)

$\Rightarrow 5.44 = 9.07 x_A + 4.03(1 - x_A)$

$\Rightarrow x_A = 0.279$

$y_A = \frac{P_A}{P} = \frac{P_A^0 x_A}{P_1} = \frac{9.07 \times 0.279}{5.44} = 0.465$

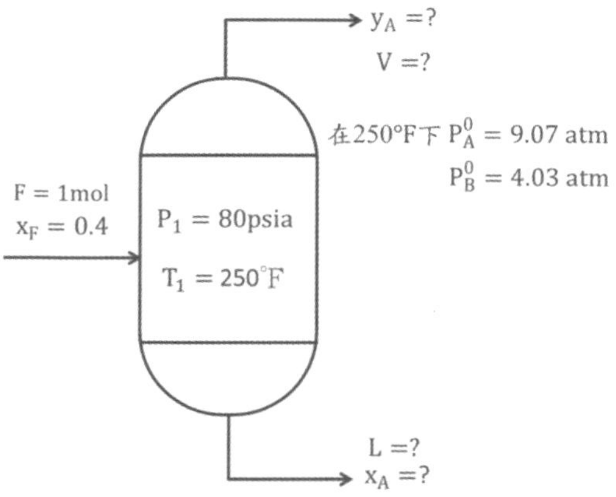

$y_A = ?$
$V = ?$
在250°F下 $P_A^0 = 9.07$ atm
$P_B^0 = 4.03$ atm
$F = 1$mol
$x_F = 0.4$
$P_1 = 80$psia
$T_1 = 250$°F
$L = ?$
$x_A = ?$

整個系統質量平衡：$F = V + L$ (1)

假設$F = 1$mol

對正戊烷(A)作質量平衡：$Fx_F = Vy_A + Lx_A$ (2)

由(1)式得知 $L = F - V$代入(2)式 =>$Fx_F = Vy_A + (F - V)x_A$

=>$1(0.4) = V(0.465) + (1 - V)0.279$ =>$V = 0.65(mol)$

代回(1)式$L = 0.65(mol)$

(二) $y_A = 0.465 = 46.5(mol\%)$；$x_A = 0.279 = 27.9(mol\%)$

〈考題 26－50〉(103 地方特考)(6 分)

試說明蒸餾操作中，相對揮發度(relative volatility)、Murphree效率(efficiency)及關鍵成分(key component)等三者之定義。

Sol：(一)和(二)請參考重點整理。

(三)本身和相對揮發度有關，在多成分蒸餾設計中需先定出，還需知道關鍵成分在塔頂及塔底的回收比例，則可由 Fenske eq.計算出最少理論板數。

〈考題 26－51〉(104 普考)(10 分)

請問用何種方法可將40%(by wet)之酒精水溶液，回收其中酒精並濃縮成98%(by wet)之酒精？

Sol：請參考重點整理(二十六)共沸蒸餾與萃取蒸餾。

〈考題 26－52〉(104 地方特考)(20 分)

一精餾塔(rectifying column)包含相當於三個理想板(ideal plate)之裝置，其進料爲0.4mol%氨(ammonia)及99.6mol%H_2O之飽和蒸汽(saturated vapor)。進料板(feed plate)爲由上數下來之第三板。從頂板(top plate)流出之蒸汽被完全凝結，但未冷卻(totally condensed, but not cooled)。相對於1莫耳之進料，1.35莫耳之凝結液(condensate)被當成回流(reflux)流至頂板，其餘蒸餾液(distillate)則作爲頂部產物(overhead product)。從底板(bottom plate)流出之液體被送至再沸器(reboiler)加熱。再沸器產生之蒸汽流至精餾塔之底部，而底部產物(bottom product)持續由再沸器移出。相對於1莫耳之進料，再沸器產生0.7莫耳之蒸汽。在精餾塔的操作範圍內，氣液平衡關係式可以$y = 12.6\,x$表示。請求解氨在底部產物及頂部產物之莫耳分率(mole fraction)。

Sol：請參考〈類題 26－13〉，此題計算過程相同。

〈考題 26－53〉(104 化工技師)(17 分)

請繪出分餾塔(fractionating tower)的示意圖。在圖中指出：進料(feed)、塔底產品(bottom product)、塔頂產品(overhead product)、增濃段(enriching section)、汽提段

(stripping section)、回流(recycle)、冷凝器(condenser)及再沸器(reboiler)。

Sol：請參考〈考題26－17〉(92地方特考四等)，此題繪圖結果相同。

〈考題 26－54〉(104 地方特考四等)(5 分)

請簡述蒸餾塔中增加回流比的優、缺點各兩項。

Sol：增加回流比，塔內溫度下降。

優點：(1)溫度降低有利於分離，塔頂產品輕成份濃度上升。

(2)溫度降低蒸氣量減少，冷凝器負荷減少。

(3)溫度降低有利於分離，理論板數減少。

缺點：(1)塔頂產品產量下降。(2)再沸器水蒸汽消耗量增加。

〈考題 26－55〉(104 普考)(20 分)

一蒸餾塔用以分離1500kg/hr之A與B的混合物，其中A所占的重量百分率爲40%，已知餾出物中含A重量百分率爲90%，餾餘物中含B重量百分率爲90%，且回流比爲0.45，則自塔頂入冷凝器的蒸氣質量流率約爲若干kg/hr？

Sol：整個蒸餾塔系統質量平衡：$F = D + B \Rightarrow 1500 = D + B$ (1)

對成份 A 作質量平衡：$Fx_F = Dx_D + Bx_B$

$\Rightarrow 1500(0.4) = 0.9D + 0.1B$ (2)

由(1)&(2)式$\Rightarrow D = 562.5\left(\frac{kg}{hr}\right)$

$\Rightarrow R$(回流比)$= \frac{L_0}{D}$

$\Rightarrow L_0 = R \cdot D = (0.45)(562.5) = 253\left(\frac{kg}{hr}\right)$

又$V = L_0 + D = 253 + 562.5 = 815.6\left(\frac{kg}{hr}\right)$

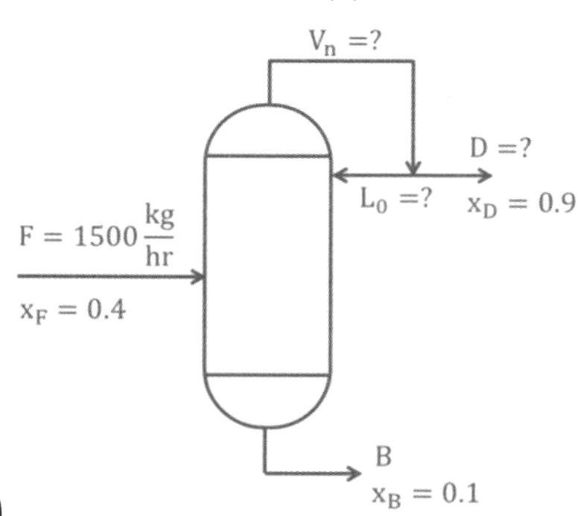

〈考題26－56〉(105普考)(5分)

蒸餾塔內的板層安裝有泡罩裝置，即所謂的泡罩板(bubble-cap plate)，請問泡罩的功能爲何？

Sol：請參考重點整理(二八)。

〈考題26－57〉(105經濟部特考)(各10分)

某一混合物含40%的苯(benzene)和60%甲苯(toluene)，欲利用一蒸餾塔每小時分離10000kg，使其塔頂產物含97%的苯而塔底產物含98%的甲苯(此處皆爲重量百分比)。已知苯和甲苯的汽化熱分別約爲7360和7960kcal/kg · mole；又知此蒸餾塔回流比(reflux ratio)設定爲3，且其回流與進料均爲在沸點之液體，並假設此蒸餾塔的熱量損失可以忽略不計。(計算小數點後第二位，以下四捨五入)

(一)試計算塔頂和塔底每小時可分別生成若干(kg · mole)的產物？

(二)若以潛熱(latent heat)爲520kcal/kg的蒸汽來加熱，則再沸器(Reboiler)蒸汽的需求量應爲多少(kg/hr)？

(三)若此蒸餾塔使用溫度爲25℃之冷卻水，且其離開冷凝器(Condenser)爲65℃，則冷卻水的需求量應爲若干(kg/hr)？

Sol：

(一)$F=\frac{10000\times0.4}{78}+\frac{10000\times0.6}{92}=116.5\left(\frac{\text{kgmol}}{\text{hr}}\right)$；$x_F=\frac{\frac{40}{78}}{\frac{40}{78}+\frac{60}{92}}=0.44$

$x_D=\frac{\frac{97}{78}}{\frac{97}{78}+\frac{3}{92}}=0.974$ ；$x_B=\frac{\frac{2}{78}}{\frac{2}{78}+\frac{98}{92}}=0.024$

整個蒸餾塔系統質量平衡$F=D+B \Rightarrow 116.5=D+B$

對苯作質量平衡$Fx_F=Dx_D+Bx_B \Rightarrow 116.5\times0.44=0.974D+0.024B$

$D=51.00\left(\frac{\text{kgmol}}{\text{hr}}\right)$；$B=65.50\left(\frac{\text{kgmol}}{\text{hr}}\right)$

(二)在飽和液體下$q=1 \Rightarrow V_n=V_m+(1-q)F=V_m+(1-1)F=V_m$

$R(\text{回流比})=\frac{L(\text{回流比率})}{D(\text{塔頂產品流率})} \Rightarrow V_n=V_m=L+D=RD+D=(R+1)D$

$\Rightarrow V_m=(3+1)(51)=204\left(\frac{\text{kgmol}}{\text{hr}}\right)$

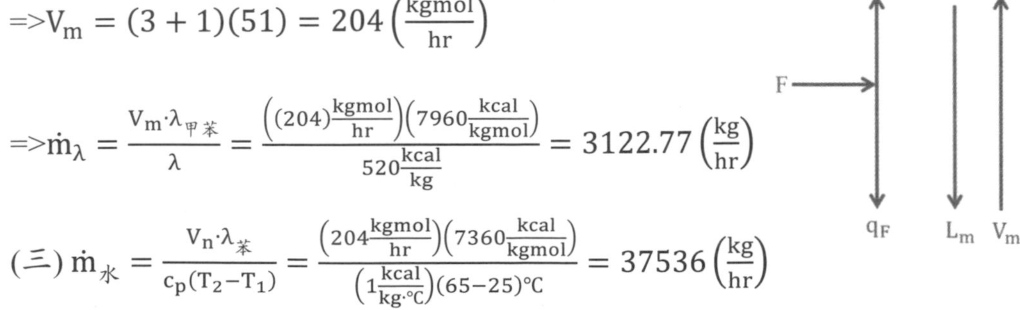

$\Rightarrow \dot{m}_\lambda=\frac{V_m\cdot\lambda_{\text{甲苯}}}{\lambda}=\frac{\left((204)\frac{\text{kgmol}}{\text{hr}}\right)\left(7960\frac{\text{kcal}}{\text{kgmol}}\right)}{520\frac{\text{kcal}}{\text{kg}}}=3122.77\left(\frac{\text{kg}}{\text{hr}}\right)$

(三) $\dot{m}_{\text{水}}=\frac{V_n\cdot\lambda_{\text{苯}}}{c_p(T_2-T_1)}=\frac{\left(204\frac{\text{kgmol}}{\text{hr}}\right)\left(7360\frac{\text{kcal}}{\text{kgmol}}\right)}{\left(1\frac{\text{kcal}}{\text{kg}\cdot℃}\right)(65-25)℃}=37536\left(\frac{\text{kg}}{\text{hr}}\right)$

※塔頂苯含量和塔底甲苯含量非常高，(二)(三)小題塔頂苯含量和塔底甲苯含量以100%計算，不需乘上個別含量的莫耳分率，計算出來的結果差異小到可以忽略！

〈考題26－58〉(105普考)(10分)

有一苯與甲苯的混合液，擬利用蒸餾方法進行分離。進料端含有45mol%的苯和55mol%的甲苯，以100kgmol/h的流率進入蒸餾塔。蒸餾結果，塔底可得到含有10mol%的苯和90mol%的甲苯，塔底餾餘物的流率爲60kgmol/h。請計算塔頂餾出物的流率每小時有多少kgmol？塔頂餾出物中可得到含有多少mol%的苯與甲苯？

Sol：整個蒸餾塔系統質量平衡$F = D + B \Rightarrow 100 = D + 60$ (1)

對成份苯作質量平衡$Fx_F = Dx_D + Bx_B$

$\Rightarrow 100(0.45) = 40x_D + 60(0.1)$ (2)

由(1)式 $\Rightarrow D = 40\left(\frac{kgmol}{hr}\right)$

由(2)式 $\Rightarrow x_D(苯) = 0.975$

$x_D(甲苯) = 1 - x_D = 0.025$

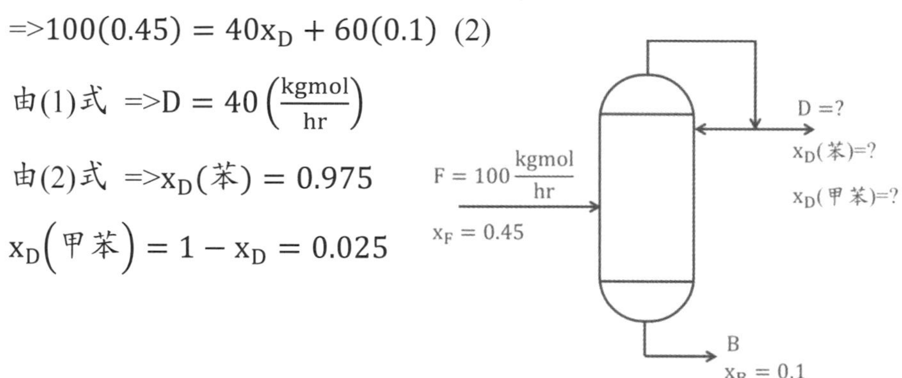

二十七、質量傳遞與其應用(吸收與氣提)

此章節是屬於單元操作內的重點單元，從定義、吸收塔相關原理與名詞解釋，計算的部份有氣液比的極限操作，理論板數作圖法與解析法、質傳單元數相關的塔高計算，幾乎參加高普特考、經濟部特考，每年一定至少會有一題，而且配分很高，重要性遠大於薄殼理論，薄殼理論的題型有時候還完全沒出，在學時很多學校教授幾乎沒什麼時間上到吸收部份學期就結束了，相較之下出題委員也深知這點，特別喜歡考此單元，此外因爲此章節有很多作圖題，我個人建議，如果題目沒有特別指定的情況，強烈建議使用解析法的準確性會較高，作圖法除非考卷有提供方格紙，沒提供的話可能 10 個人畫出來的理論板數 10 人皆不同，例如：經濟部特考的閱卷委員認爲答案的準確度比作圖過程重要，很可能你的作圖數據差一點就差很多，也很可能完全不給分，在此書兩種原文書計算方式都有列入，可供讀者選擇，因爲我是用微軟的投影片繪圖，所以請不要太過於在意理論板數的正確性，反而是做圖過程的熟悉度會比較重要。

(一)定義

吸收：氣體和液體接觸，使氣相中氣體溶質轉移至液相。

ex：空氣中的 SO_2(二氧化硫)利用 MEA(單乙醇胺)液體來吸收。

煉油廠廢氣中的 H_2S(硫化氫)利用 MEA(單乙醇胺)液體來吸收。

(86 委任升等)(96 普考)(97 經濟部特考)(103 普考)

氣提：氣體和液體接觸，使液相中液體溶質轉移至氣相。

ex：空氣和濃氨水接觸後氣流中有大量的氨氣。(96 普考)(103 普考)

物理吸收：氣體溶質溶解在液態溶劑中，不和溶劑起化學反應的吸收，或僅在液態溶劑中有解離現象的吸收。

物理吸收特性：溶解度低、溶解度隨溫度升高而降低、吸收劑容易回收、吸收效率和化學吸收相比較差、成本低。

ex：$N_{2(g)}$、$O_{2(g)}$、$CO_{2(g)}$、$HCl_{(g)}$、$NH_{3(g)}$溶於水。

化學吸收：氣體溶質可與液態溶劑起化學反應的吸收。
化學吸收特性：溶解度高、溶解度隨溫度升高而升高、吸收劑不易回收、吸收效率高、成本高。

ex：$CO_{2(g)}$、$SO_{2(g)}$溶於$NaOH_{(ag)}$分別生成Na_2CO_3與Na_2SO_3。

工業上常用的吸收程序：$CO_{2(g)}$的吸收劑
(a)物理吸收：CH_3OH(甲醇)
(b)化學吸收：MEA(單乙醇胺)、DEA(二乙醇胺)、$K_2CO_{3(aq)}$(碳酸鉀)、$CaO_{(s)}$(氧化鈣)、NaOH(氫氧化鈉)。

$SO_{2(g)}$的吸收劑(化學吸收)
鈉基吸收劑：NaOH(氫氧化鈉)、Na_2CO_3、$NaHCO_3$。
鈣基吸收劑：$CaCO_3$、$CaO_{(s)}$(氧化鈣)、$Ca(OH)_2$。

H_2S的吸收劑：(化學吸收)：MEA(單乙醇胺)、DEA(二乙醇胺)$CaCO_3$、熱的$K_2CO_{3(aq)}$(碳酸鉀)。

NO_2的吸收劑：$NH_{3(aq)}$、$KOH_{(aq)}$等鹼性物質。

※吸收劑選擇
1. 溶解度：溶解度大，可提高吸收效率。
2. 選擇性：被分離成份具有良好的溶解能力，對於其他成份爲不溶或微溶。
3. 再生性：可循環使用，可降低溶劑費用。
4. 揮發性：揮發度小，可降低吸收劑損失。
5. 黏度低、腐蝕性小、無毒、不易燃、具化學穩定性。
6. 價格便宜：ex：水爲首要考慮的吸收劑。

(二)單階分離程序之質量均衡(圖一)
總質量平衡 $L_0 + V_2 = L_1 + V_1$
對欲吸收成分作質量平衡：
$L_0x_0 + V_2y_2 = L_1x_1 + V_1y_1$ (1)

(圖一)

令$L' = L_0(1 - x_0)$；$V' = V_1(1 - y_1)$；$L' = L_1(1 - x_1)$；$V' = V_2(1 - y_2)$

代入(1)式=>$L'\left(\frac{x_0}{1-x_0}\right)+V'\left(\frac{y_2}{1-y_2}\right)=L'\left(\frac{x_1}{1-x_1}\right)+V'\left(\frac{y_1}{1-y_1}\right)$

L'惰性液體流量(幾乎不揮發液體)，V'惰性氣體流量(對液體無溶解度)

(三)多階分離程序之質量均衡(圖二)

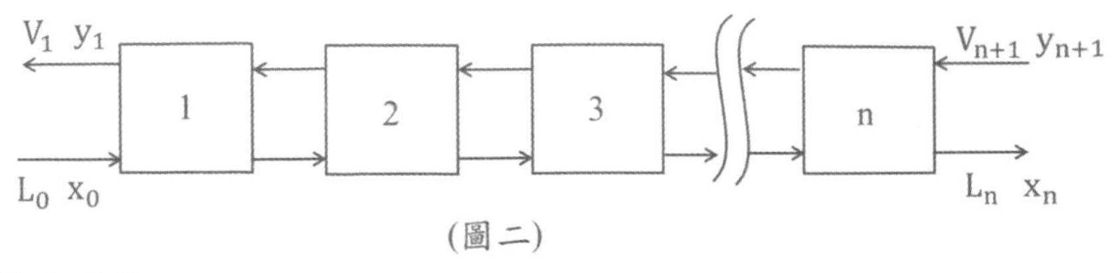

(圖二)

總質量平衡：$L_0+V_{n+1}=L_n+V_1$

對欲吸收成分作質量平衡：$L_0x_0+V_{n+1}y_{n+1}=L_nx_n+V_1y_1$

=>$V_{n+1}y_{n+1}=L_nX_n+V_1y_1-L_0x_0$ =>$y_{n+1}=\frac{L_n}{V_{n+1}}x_{An}+\frac{V_1y_1-L_0x_0}{V_{n+1}}$

作圖法：

如(圖三)，由$(x_0，y_1)$和$(x_1，y_2)$代表第一階和第二階，由點

$(x_0，y_1)$先往右畫水平線接觸平衡線，再往上畫垂直線碰觸操作線，如此反覆直到超過X_n垂直虛線停止，而且當我們在完成第 2 階作圖後，畫水平線往第 3 階前進時，當前進到約十分之三處就碰到X_n的垂直虛線，則可得理論板數約 2.3 板，但 2.3 是理論板數，實際上需要 3 板才能完成我們的任務。

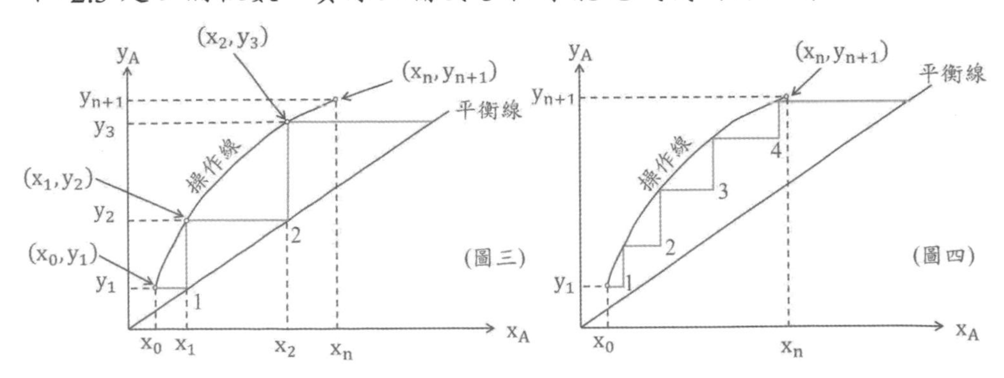

討論：在吸收操作中的假設，每一階都是平衡階，離開的氣相V和液相L要達成平衡，才離開平衡系統，在理想狀態下是達不到的，如要達成 50%的階效率(stage efficiency)是 0.5，效率小於 1.0 時，為了到達X_n值，所需的階數增加；如圖四，由點$(x_0，y_1)$先往右畫水平線時，只需畫一半就該停止，再往上畫垂直線接觸操

作線，如此反覆可得理論板數約爲 4.2 板，由(圖三)(圖四)比較得知，很明顯的效率降低，理論板數是往上增加的。

(四)吸收操作極限表示圖

$(L_n/V_{n+1})_{act}$爲實際操作線 o.p(operating line)斜率，當斜率下降至平衡線交叉於 a 點，此點稱夾點(pinch point)，此時爲最小操作線的氣液比表示爲$(L_n/V_{n+1})_{min}$如(圖五)；斜率持續下降時則無法達到X_n值，此時使氣相中氣體溶質無法轉移至液相，因氣相流量固定$V_{n+1} = const$，液相流量L_n減少，理論板數爲無窮多$N = \infty$如圖六，此時吸收效果極差，此外，最小氣液比時因其塔底之推動力爲零，因此需要無限長之吸收塔，但在實際吸收塔中液體流率必定大於此最低值才能達到所需效果，實際上操作線會是微曲線，但因濃度低時 V 相與 L 相流率幾乎爲常數，就像我們後面的解題過程以質量平衡出發，但需以惰性氣體V_s與惰性液體L_s表示之，整個氣液比斜率$(L_s/V_s)_{act} = const$，在氣液比斜率爲常數當然是直線了！

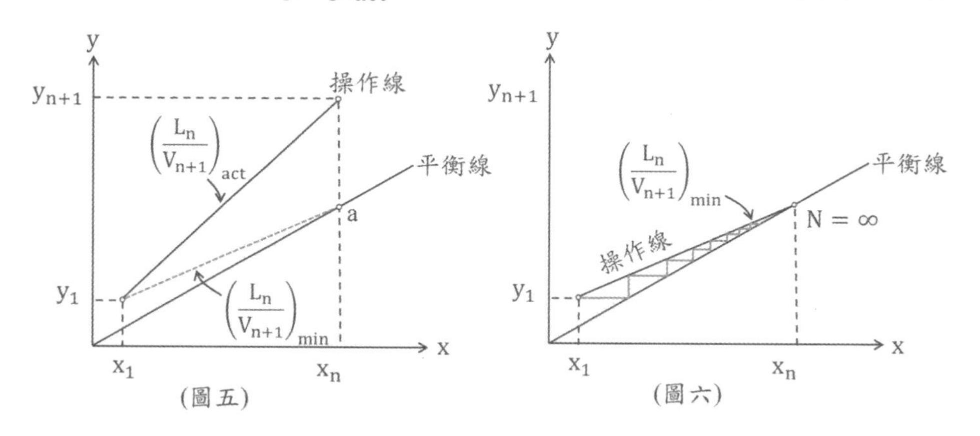

(圖五)　　(圖六)

另外，在逆流吸收塔之經濟考量上，當減少$(L_n/V_{n+1})_{act}$比值，雖可得較佳的吸收效果(即X_n值變高)，但需要較大之吸收塔(即需要較高之固定成本)；相反地，增加$(L_n/V_{n+1})_{act}$比值，雖然需要較小之吸收塔(因其有推動力存在)，但所得產物必定較稀薄，增加了氣提以回收溶質的困難(即需要較高之操作成本)，因此最適之液體流率可由固定成本和操作成本兩者之平均值得到。

(五)填充塔的質量平衡求操作線斜率(3W 原文書方式)

1.逆流式：總質量平衡 $G_1 + L_2 = G_2 + L_1$

對欲吸收成分作質量平衡 $G_1y_1 + L_2x_2 = G_2y_2 + L_1x_1$ (1)

L_s惰性液體流量；G_s惰性氣體流量

令$L_s = L_1(1 - x_1)$；$G_s = G_1(1 - y_1)$；$L_s = L_2(1 - x_2)$；$G_s = G_2(1 - y_2)$

代入(1)式=>$G_s\left(\frac{y_1}{1-y_1}\right)+L_s\left(\frac{x_2}{1-x_2}\right)=G_s\left(\frac{y_2}{1-y_2}\right)+L_s\left(\frac{x_1}{1-x_1}\right)$ (2)

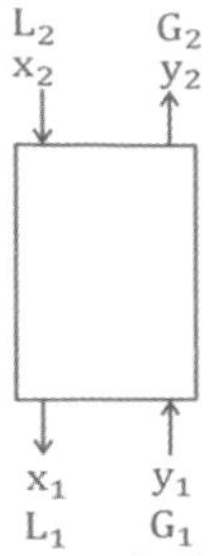

令$Y_A=\frac{y}{1-y}$ ；$X_A=\frac{x}{1-x}$ 代入(2)式

=>$G_sY_1+L_sX_2=G_sY_2+L_sX_1$

=>$G_sY_1-G_sY_2=L_sX_1-L_sX_2$ =>$\left(\frac{L_s}{G_s}\right)=\frac{Y_1-Y_2}{X_1-X_2}$

L_2 x_2 G_2 y_2 x_1 L_1 y_1 G_1

※當操作線$\frac{L_s}{G_s}=\text{const}$時，為理想狀態，斜率為直線，一般操作斜率是微曲線

2.順流式：總質量平衡 $G_1+L_1=G_2+L_2$
對欲吸收成分作質量平衡 $G_1y_1+L_1x_1=G_2y_2+L_2x_2$ (1)
L_s惰性液體流量；G_s惰性氣體流量
令$L_s=L_1(1-x_1)$；$G_s=G_1(1-y_1)$；$L_s=L_2(1-x_2)$；$G_s=G_2(1-y_2)$

代入(1)式 =>$G_s\left(\frac{y_1}{1-y_1}\right)+L_s\left(\frac{x_1}{1-x_1}\right)=G_s\left(\frac{y_2}{1-y_2}\right)+L_s\left(\frac{x_2}{1-x_2}\right)$ (2)

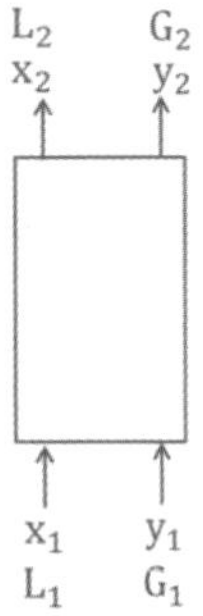

令$Y_A=\frac{y}{1-y}$ ；$X_A=\frac{x}{1-x}$ 代入(2)式

=>$G_sY_1+L_sX_1=G_sY_2+L_sX_2$

=>$G_sY_1-G_sY_2=L_sX_2-L_sX_1$ =>$\left(-\frac{L_s}{G_s}\right)=\frac{Y_1-Y_2}{X_1-X_2}$

L_2 x_2 G_2 y_2 x_1 L_1 y_1 G_1

※和逆流式相比，斜率前面多一負號

(六)吸收與氣提在順逆流下操作

一般逆流操作：

(圖七)如何判斷是吸收塔的塔頂與塔底？我們知道吸收為氣相溶質進入液相，所以高濃度氣相溶質Y_1由塔底進入吸收塔底部，經過吸收塔後高濃度氣相溶質Y_1降低為低濃度為Y_2。(圖八)以相同方式判斷，氣提為液相溶質進入氣相，液相溶質為高濃度X_2從塔頂利用重力流流下，經過氣提塔後高濃度液相溶質X_2降低濃度為X_1。

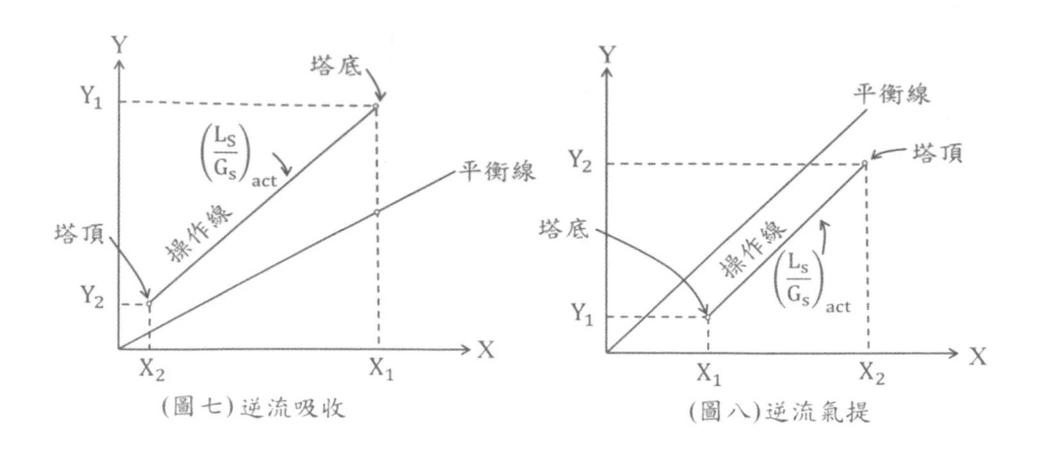

(圖七)逆流吸收　(圖八)逆流氣提

一般順流操作：如圖九、圖十

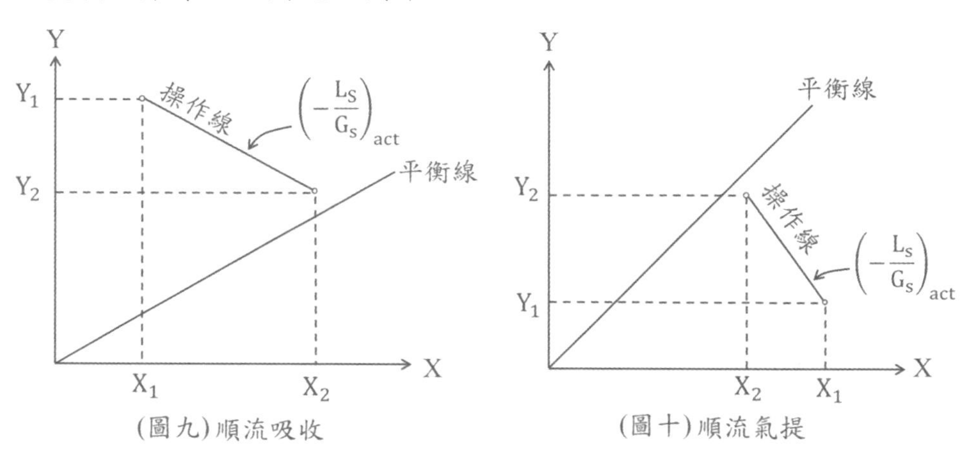

(圖九)順流吸收　(圖十)順流氣提

(七)吸收與氣提在順逆流下操作極限表示圖：

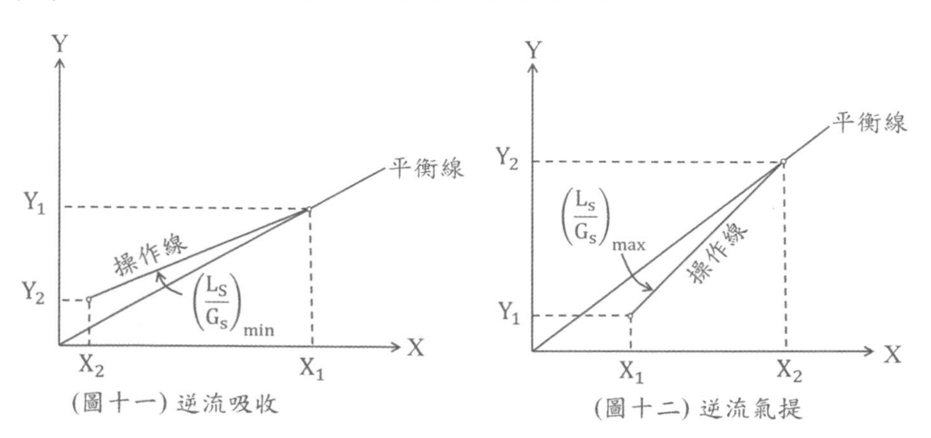

(圖十一) 逆流吸收　(圖十二) 逆流氣提

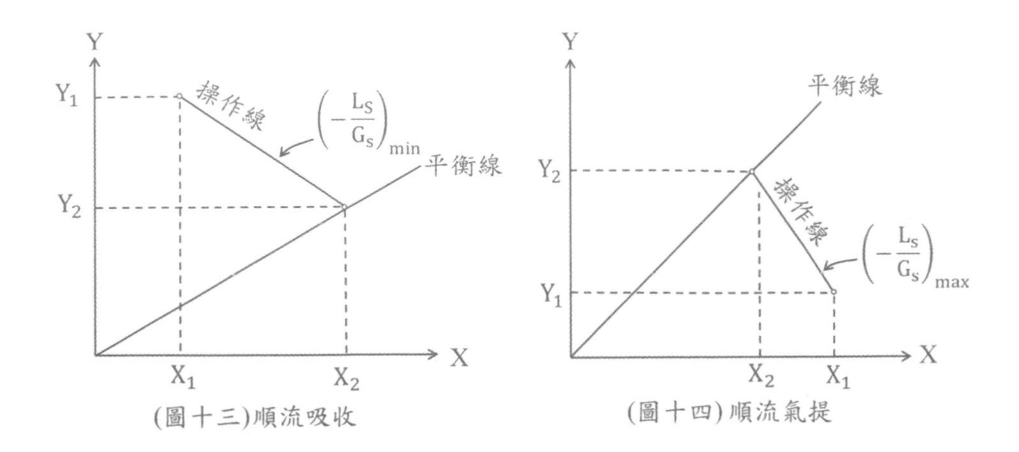

(圖十三)順流吸收　　(圖十四)順流氣提

※Geankoplis 和 3W 原文書斜率表示方式是一樣的，但差在符號，有些題解的作者喜歡直接切入氣液比的斜率結果做計算，對於準備考試者很容易誤導，閱卷委員也會認爲解題者有死背的感覺，最好的方式還是從質量平衡開始列出，比較不容易出錯，而且整個觀念也比較完整。

※吸收與氣提在操作極限在考試中是很常出現的題型，我個人的建議是上面這四個圖(圖十一)至(圖十四)可以先有個認知，再利用後面的題型作爲練習，會對操作極限的原理更爲了解，以上這四個圖也不用特別死記，因爲如果題目考作圖題一定會附有數值，或是有些是你要去算出的數值，在經由這些數值就可以繪出操作線了，繪出的圖就會跟上面的圖形一樣了，另外在工場端設計吸收塔或氣提塔都是以逆向操作，流體一定是走重力流，氣體也一定是往上竄，順向流必須要有驅動力(例如泵之類轉動機械的推動液體往上)，而且整個塔效率也差，在考試的題型也幾乎是逆向流爲主，不常見的順向流考題也通常只有在原文書內或研究所考試才看的到！。

(八)解析法(原文書 McCabe 的表示)

Kremser equation for absorption(吸收因素法)

平衡線$y_e = mx_e + B$ (1)；對第 n 板平衡線 $y_n = mx_n + B$ (2)

質量平衡 $Vy_b + Lx_a = Vy_a + Lx_b$ =>$Vy_{n+1} + Lx_a = Vy_a + Lx_n$

=>$y_{n+1} = \frac{L}{V}x_n + y_a - \frac{L}{V}x_a$ (3)，將(2)代入(3)式

=>$y_{n+1} = \frac{L}{mV}(y_n - B) + y_a - \frac{L}{V}x_a$ (4) $A\left(\text{吸收因子}\right) = \frac{L}{mV}$ 代入(4)式

=>$y_{n+1} = A(y_n - B) + y_a - Amx_a$ (5)

又$y_a^* = mx_a + B$ 代入(5)式=>$y_{n+1} = Ay_n - Ay_a^* + y_a$ (6)

$n = 1 \quad y_2 = Ay_1 - Ay_a^* + y_a = y_a(1 + A) - Ay_a^*$

$n = 2 \quad y_2 = Ay_2 - Ay_a^* + y_a = A[y_a(1 + A) - Ay_a^*] - Ay_a^* + y_a = y_a(1 + A + A^2) - y_a^*(A + A^2)$

$n = n \quad y_{n+1} = y_a(1 + A + A^2 + \cdots + A^n) - y_a^*(A + A^2 + \cdots + A^n)$ (7)

當$n = N$時 $y_{n+1} = y_{N+1} = y_b$

等比級數定義：$S_n = \frac{a_1(1-A^n)}{1-A}$ $(a_1 = A)$ =>$S_n = \frac{A(1-A^n)}{1-A}$

幾何級數定義：$S_n = \frac{a_1(1-r^{n+1})}{1-A}$ $(a_1 = 1)$=>$S_n = \frac{1-r^{n+1}}{1-A}$

第(7)式變成 $y_b = y_a\frac{1-A^{n+1}}{1-A} - y_a^*A\frac{1-A^n}{1-A}$ (8)

對第 N 階第(6)式變成 $y_b = Ay_n - Ay_a^* + y_a$ (9)

$y_N = y_b^*$ 第(9)式變成=>$y_a - y_b = -A(y_b^* - y_a^*)$ (10)

由第(8)式A^{N+1}項=> $A^{N+1}(y_b^* - y_a^*) = A(y_b - y_a^*) + (y_a - y_b)$

=>$A^N \cdot A(y_b^* - y_a^*) = A(y_b - y_a^*) + (y_a - y_b)$ (11)

(10)代入(11)式 $A^n \cdot A(y_a - y_a^*) = A(y_b - y_a^*) - A(y_b^* - y_a^*)$ (12)

=>$A^n(y_a - y_a^*) = (y_b - y_a^*) - (y_b^* - y_a^*) = y_b - y_b^*$

將上式取對數 =>$N = \frac{\ln\left(\frac{y_b - y_b^*}{y_a - y_a^*}\right)}{\ln A}$

Kremser equation for absorption(氣提因素法)

平衡線$y_{n+1} = mx_{n+1} + B$ (1)；對第 n+1 板平衡線 $y_n = mx_n + B$ (2)

質量平衡 $Vy_b + Lx_a = Vy_a + Lx_b$ =>$Vy_{n+1} + Lx_a = Vy_a + Lx_n$

=>$Lx_n = \frac{L}{V}x_n + \frac{Lx_a - Vy_a}{V}$ (3)

將(2)代入(3)式$x_n = \frac{V}{L}(mx_{n+1} + B) + x_a - \frac{V}{L}y_a$(4)

$S\left(\text{氣提因子}\right) = m\frac{V}{L} = \frac{1}{A}$ 代入(4)式

=>$x_n = \frac{x_{n+1}}{A} + \frac{B}{mA} - \frac{y_a}{mA} + x_a = \frac{x_{n+1}}{A} - \frac{y_a - B}{mA} + x_a$ (6)

又$y_a^* = mx_a^* + B$ (7)代入(6)式=>$x_n = \frac{x_{n+1}}{A} - \frac{x_a^*}{A} + x_a$ (8)

$=> x_{n+1} = Ax_n - Ax_a + x_a^*$ (9)

$n = 0 \quad x_1 = Ax_0 - Ax_a + x_a^* = x_a^*$ ($\because x_a = x_0$)

$n = 1 \quad x_2 = Ax_1 - Ax_a + x_a^* = (1 + A)x_a^* - Ax_a$

$n = 2 \quad x_3 = Ax_2 - Ax_a + x_a^* = A[(1 + A)x_a^* - (A + A^2)x_a]$

$n = n \quad x_{n+1} = x_a^*(1 + A + A^2 + \cdots + A^n) - x_a(A + A^2 + \cdots + A^n)$ (10)

當$n = N$時 $x_{n+1} = y_{N+1} = x_b^*$

等比級數定義：$S_n = \frac{a_1(1-A^n)}{1-A}$ $(a_1 = A) => S_n = \frac{A(1-A^n)}{1-A}$

幾何級數定義：$S_n = \frac{a_1(1-A^{n+1})}{1-A}$ $(a_1 = 1) => S_n = \frac{1-A^{n+1}}{1-A}$

第(10)式變成 $x_b^* = x_a^* \frac{1-A^{N+1}}{1-A} - x_a A \frac{1-A^N}{1-A}$ (11)

$=> x_b^*(1 - A) = x_a(1 - A^{N+1}) + x_a^* A(1 - A^N)$

$=> A^{N+1}(x_a - x_a^*) = A(x_a - x_b^*) + (x_b^* - x_a^*)$ (12)

$x_{n+1} = x_b^*$ 第(9)式變成$=> x_b^* = Ax_b - Ax_a + x_a^* = A(x_b - x_a) + x_a^*$ (13)

$=> \frac{x_a - x_b}{x_a^* - x_b^*} = \frac{x_a - x_b}{x_b^* - x_a^*} = \frac{1}{A} = S$ 由(13)式$=> x_b^* - x_a^* = A(x_b - x_a)$代入(12)式

$=> A^{N+1}(x_a - x_a^*) = A(x_a - x_b^*) + A(x_b - x_a)$ (12)

$=> A \cdot A^N(x_a - x_a^*) = A(x_a - x_b^*) + A(x_b - x_a)$

$=> A^N(x_a - x_a^*) = (x_a - x_b^*) + (x_b - x_a) = x_b - x_b^*$

$=> \frac{x_a - x_a^*}{x_b - x_b^*} = \frac{1}{A^N} = S^N$ 兩邊取對數 $=> N = \frac{\ln\left(\frac{x_a - x_a^*}{x_b - x_b^*}\right)}{\ln S}$

解析法(原文書 Geankoplis 的表示)

Kremser equation for absorption(吸收因素法)

質量平衡 $L_0 x_0 + V_{N+1} y_{N+1} = L_N x_N + V_1 y_1$ (1)

$=> L_N x_N - V_{N+1} y_{N+1} = L_0 x_0 - V_1 y_1$

在第 n 級下 $L_N x_N - V_{N+1} y_{N+1} = L_n x_n - V_{n+1} y_{n+1}$

V 和 L 爲常數 $=> L_n = L_N = L$ ；$L_n = V_{n+1} = V$

$=> L(x_n - x_N) = V(y_{n+1} - y_{N+1})$ (2)

由於y_{n+1}和x_{n+1}彼此平衡，且平衡線爲直線

$A(\text{吸收因子}) = \frac{L}{mV}$ 代入(2)式$=> \frac{L}{mV}(mx_n - mx_N) = y_{n+1} - y_{N+1}$

$A(y_n - mx_N) = y_{n+1} - y_{N+1}$ =>$y_{n+1} = Ay_n + [y_{N+1} - (Am)x_N]$

$n = 0 \quad y_1 = Ay_0 + [y_{N+1} - (Am)x_N]$

$n = 1 y_2 = Ay_1 - y_{N+1} - (Am)x_N = A[Ay_0 + y_{N+1} - (Am)x_N] - y_{N+1}$

=>$y_2 = A^2y_0 + y_{N+1}(1 + A) - (Am)x_N(1 + A)$

=>$y_2 = A^2y_0 + [y_1 - Ay_0 - (Am)x_N](1 + A) - (Am)x_N(1 + A)$

=>$y_2 = A^2y_0 + (1 + A)(y_1 - Ay_0)$

$y_{N+1} = (A + A^2 + \cdots + A^n)y_0 + (1 + A + A^2 + \cdots + A^n)(y_1 - Ay_0)$

幾何級數定義：$S_n = \frac{a_1(1-r^{n+1})}{1-A}$ $(a_1 = 1)$=> $S_n = \frac{1-A^{n+1}}{1-A}$

=>$y_{N+1} = \left(\frac{1-A^{n+1}}{1-A}\right)y_0 + \left(\frac{1-A^{n+1}}{1-A}\right)(y_1 - Ay_0)$ 又$y_0 = mx_0$

等號左右加上$y_{N+1} \cdot A$ =>$\frac{y_{N+1}-y_1}{y_{N+1}-mx_0} = \frac{A^{N+1}-A}{A^{N+1}-1}$

=>將上式取對數 =>$N = \frac{\ln\left[\frac{y_{N+1}-mx_0}{y_1-mx_0}\left(1-\frac{1}{A}\right)+\frac{1}{A}\right]}{\ln A}$

Kremser equation for stripping(氣提因素法)

質量平衡 $L_0x_0 + V_{N+1}y_{N+1} = L_Nx_N + V_1y_1$ (1)

=>$L_Nx_N - V_{N+1}y_{N+1} = L_0x_0 - V_1y_1$

在第 n 級下 $L_Nx_N - V_{N+1}y_{N+1} = L_nx_n - V_{n+1}y_{n+1}$

V 和 L 為常數 =>$L_n = L_N = L$ ；$L_n = V_{n+1} = V$

=>$L(x_n - x_N) = V(y_{n+1} - y_{N+1})$ (2)

由於y_{n+1}和x_{n+1}彼此平衡，且平衡線為直線 $y_{n+1} = mx_n + 1$ (3)

$A\left(\text{吸收因子}\right) = \frac{L}{mV}$ (4)；(3)(4)代入(2)式$L(x_n - x_N) = V(mx_{n+1} - y_{N+1})$

移項後等號左右同除以 m => $\frac{L}{mV}(x_n - x_N) = x_{n+1} - \frac{y_{N+1}}{m}$

=>$x_{n+1} = Ax_n + \left(\frac{y_{N+1}}{m} - Ax_N\right)$

$n = 0 \quad x_1 = Ax_0 + \left(\frac{y_{N+1}}{m} - Ax_N\right)$；$n = 1 \quad x_2 = Ax_1 + \left(\frac{y_{N+1}}{m} - Ax_N\right)$

$n = 2 \quad x_3 = A\left[Ax_0 + \left(\frac{y_{N+1}}{m} - Ax_N\right)\right] + \left(\frac{y_{N+1}}{m} - Ax_N\right)$

$x_3 = A^2 x_0 + (A+1)\left(\frac{y_{N+1}}{m} - Ax_N\right)$

$x_N = A^N x_0 + (1 + A + A^2 + \cdots + A^n)\left(\frac{y_{N+1}}{m} - Ax_N\right)$

幾何級數定義：$S_n = \frac{a_1(1-r^{n+1})}{1-A}$ $(a_1 = 1)$=> $S_n = \frac{1-A^{n+1}}{1-A}$

=>$x_N = A^N x_0 + \left(\frac{1-A^{n+1}}{1-A}\right)\left(\frac{y_{N+1}}{m} - Ax_N\right)$等號左右乘上$1-A$

=>$(A^{N+1}-1)x_N = A^N(A-1)x_0 + (A^{N-1}-1)\frac{y_{N+1}}{m}$

等號左右加減x_0 =>$\frac{x_0 - x_N}{x_0 - \frac{y_{N+1}}{m}} = \frac{\left(\frac{1}{A}\right)^{N+1} - \left(\frac{1}{A}\right)}{\left(\frac{1}{A}\right)^{N+1} - 1}$ =>$\frac{x_0 - x_N}{x_0 - \frac{y_{N+1}}{m}} = \frac{(S)^{N+1} - (S)}{(S)^{N+1} - 1}$

=>將上式取對數 =>$N = \frac{\ln\left[\frac{x_0 - \frac{y_{N+1}}{m}}{x_N - \frac{y_{N+1}}{m}}\left(1 - \frac{1}{S}\right) + \frac{1}{S}\right]}{\ln S}$

※目前在各項大型考試中，解析法的公式證明還沒有出現過，我建議讀者，只要把結果記下來就可以，如果比較認眞的讀者，我個人建議是考試前再把證明重新導正一次，但相信記證明過程的人不多，因爲本身推導就很複雜，能在考場中時間緊迫下能導正出來的考生也是極少數，所以此部份儘量不要浪費時間在記憶推導過程上面，理解如何使用公式會比較實際。

※此章節公式內牽涉到操作線很多*符號，以考題 27-17 雙膜理論的推導爲例，總包質傳係數與氣相和液相間的濃度差若表示爲$N_A = K_G(y_{AG} - x_{AL})$，但這個寫法是錯誤的，因爲$y_{AG}$和$x_{AL}$是不能相加減的，就像去出國不能直接以台幣消費一樣，要先將匯率(m)作兌換的意思是一樣的，所以應該表示成$y_A^* = mx_{AL}$，以上述的例子斜率 m 就跟匯率(m)的意思是一樣的，所以正確的寫法是$N_A = K_G(y_{AG} - y_A^*)$，這個章節很常用到這個觀念，所以要特別注意。

※使用時機：操作線和平衡線假設皆爲直線下：

Geankoplis 理論板數解法：可參考圖二

吸收：$N=\frac{\ln\left[\frac{y_{n+1}-mx_0}{y_1-mx_0}\left(1-\frac{1}{A}\right)+\frac{1}{A}\right]}{\ln A}$　$A_1=\frac{L_0}{mV_1}$；$A_n=\frac{L_n}{mV_{n+1}}$

兩者取幾何平均=>$A=\sqrt{A_1\cdot A_n}$

氣提：$N=\frac{\ln\left[\frac{x_0-\frac{y_{n+1}}{m}}{x_N-\frac{y_{n+1}}{m}}\left(1-\frac{1}{S}\right)+\frac{1}{S}\right]}{\ln S}$　$S_1=m\frac{V_1}{L_0}$；$S_N=m\frac{V_{n+1}}{L_n}$

兩者取幾何平均=>$S=\sqrt{S_1\cdot S_n}$

McCabe 理論板數解法：

吸收(圖十五)：$N=\frac{\ln\left(\frac{y_b-y_b^*}{y_a-y_a^*}\right)}{\ln A}=\frac{\ln\left(\frac{y_b-y_b^*}{y_a-y_a^*}\right)}{\ln\left(\frac{y_b-y_a}{y_b^*-y_a^*}\right)}$；$A\left(\text{吸收因子}\right)=\frac{L}{mV}=\frac{\text{操作線斜率}}{\text{平衡線斜率}}$

氣提(圖十六)：$N=\frac{\ln\left(\frac{x_a-x_a^*}{x_b-x_b^*}\right)}{\ln S}=\frac{\ln\left(\frac{x_a-x_a^*}{x_b-x_b^*}\right)}{\ln\left(\frac{x_a-x_b}{x_a^*-x_b^*}\right)}$；$S\left(\text{氣提因子}\right)=m\frac{V}{L}=\frac{\text{平衡線斜率}}{\text{操作線斜率}}$

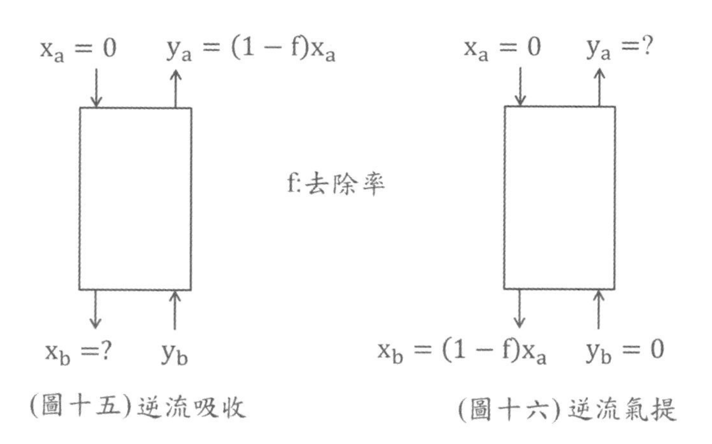

(圖十五)逆流吸收　　(圖十六)逆流氣提

(九)填充吸收塔/氣提塔高度計算：

$N_{OG}=\int_{y_1}^{y_2}\frac{dy}{y-y^*}$ (1) 在 dilute system；$y-y^*$爲線性

=>$y-y^*=ay+b$ 代入(1)式=>$N_{OG}=\int_{y_1}^{y_2}\frac{dy}{ay+b}$ 令$u=ay+b$ =>$du=ady$

=>$\frac{1}{a}du=dy$ =>$N_{OG}=\frac{1}{a}\ln\left(\frac{ay_1+b}{ay_2+b}\right)$ (2)

又$y_1-y_1^*=ay_1+b$ (3) $y_2-y_2^*=ay_2+b$ (4)

(3)-(4)式 $=>(y_1-y_1^*)-(y_2-y_2^*)=a(y_1-y_2)=>\frac{1}{a}=\frac{y_1-y_2}{(y_1-y_1^*)-(y_2-y_2^*)}$ (5)

(3)&(4)&(5)代入(2)式$=>N_{OG}=\frac{y_1-y_2}{\frac{(y_1-y_1^*)-(y_2-y_2^*)}{\ln\left(\frac{y_1-y_1^*}{y_2-y_2^*}\right)}}=\frac{y_1-y_2}{(y-y^*)_M}$

$(y-y^*)_M=\frac{(y_1-y_1^*)-(y_2-y_2^*)}{\ln\left(\frac{y_1-y_1^*}{y_2-y_2^*}\right)}$；$Z\left(塔高\right)=H_{OG}\left(長度\right)\cdot N_{OG}\left(無因次\right)$

(十)填充吸收塔/氣提塔流體力學：

1.如圖十七：(95 經濟部特考)

曲線 A 是高液體流量，壓力降的變化。

曲線 B 是低液體流量，壓力降的變化。

曲線 C 是氣體通過乾燥塔(沒有液流$G_x=0$)，

意義爲$-\frac{\Delta P}{L}\propto G_y^2$，斜率爲 2。

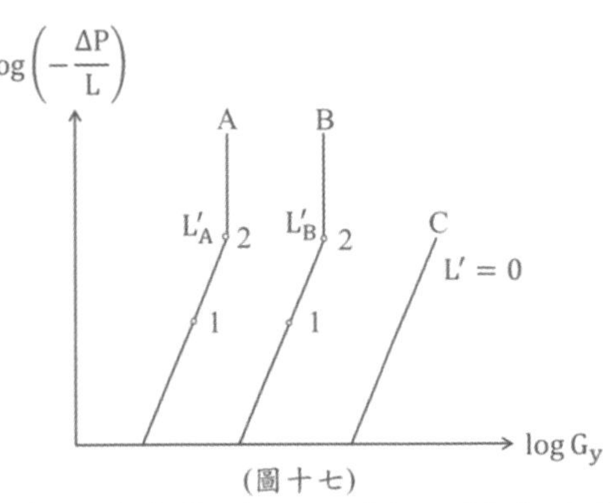

(圖十七)

填充塔中，若氣體速度保持一定，則塔中壓降隨液體流量增加而增加，圖中流量大小爲 A>B>C。

2.渠流現象(channeling)(101 經濟部特考)

液體在填充塔中流動時，常尋阻力最小或空隙最大的路徑流動，致使液體匯流成一條厚膜流下的現象，稱渠流現象或隧流現象。

分析：

產生渠流現象時，液體將無法使填料完全潤濕，因而降低氣液接觸面積，故渠流現象導致填充塔效率變低的原因。

填料以整齊排列方式填充，容易產生渠流現象，故一般填料都以隨意堆疊來作填充整個填充塔。

當液體流量大，或塔直徑大於填料直徑 8 倍以上時，渠流現象可以降至最低。

3.負載現象(Loading)與溢流現象(flooding)(101 經濟部特考)

負載現象：填充塔操作時，若液體流量保持固定，則塔中壓降隨氣體增加而增加，當氣體之速度增加至某一程度，開始阻礙液體流下，而使液體在填料間累積之現象稱負載現象。

溢流現象：填充塔發生負載現象後，若使氣體速度繼續增加，則塔中累積之液體逐漸增加至佔滿填料間的空隙而由塔頂溢出，稱溢流現象或泛溢現象。

分析：
(圖十七)中點 1 爲負載點(Loading Point)，點 2 爲泛溢點(flooding Point)對應的氣體速度稱溢流速度。
液體流量越大，氣體溢流速度越小，即液體流量越大越易產生溢流現象。
溢流速度是操作填充塔的極限，一般操作填充塔採用的氣體速度最適範圍爲溢流速度的 50-70%

(十一)薄膜理論、滲透理論、雙膜理論、表面更新理論
1.薄膜理論(film theory)：假設於相界面存在一靜止不動的薄膜層，薄膜層外的濃度爲均勻分佈，而溶質則由高濃度經由薄膜層擴散至低濃度區(圖十八)。

$N_A = \frac{D_{AB}}{\delta}(C_{Ai} - C_{A0}) = k_c(C_{Ai} - C_{A0})$ =>$k_c \propto D_{AB}$

假設：靜止液體蒸發至流動氣體。(83 年第 2 次化工技師)

2.滲透理論(penetration theory)：滲透理論假設在氣液邊界中，氣相濃度爲均勻分佈，液相界面濃度和氣相濃度達平衡，液體界面區爲連續流動液體所形成非常薄的薄膜，溶質穿過薄膜進行質量傳送 =>$k_c \propto D_{AB}^{0.5}$ (圖十九)。
在 z 方向的擴散效應>>對流質傳；在 x 方向的對流質傳比擴散重要
假設：靜止氣體滲透至流動液體且流動液體的液膜極薄。

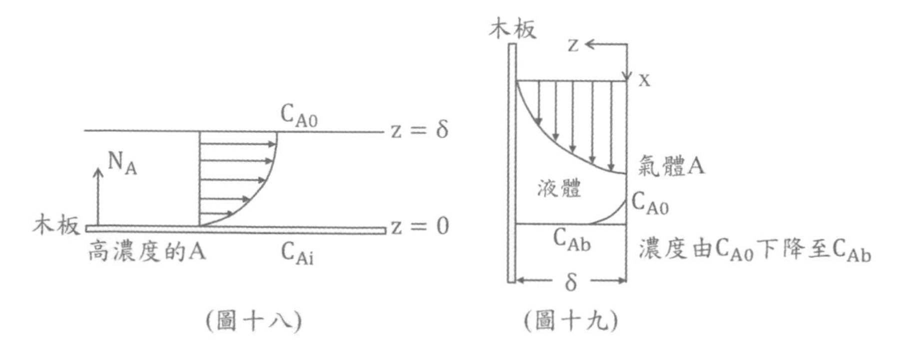

(圖十八) (圖十九)

3.雙膜理論(two film theory)：假設於氣液兩相的質傳中，氣液兩相於界面處均存在一薄膜層。於薄膜層外面，氣液相的濃度爲均勻分佈，於氣液界面處，氣相濃度達平衡。其中各相的質量傳送分別爲氣相：$N_A = k_y'(y_{AG} - y_{Ai})$；液相：$N_A = k_x'(x_{Ai} - x_{AL})$ (圖二十)。

(86 簡任升等)(86 委任升等)

4.表面更新理論(surface-renewal theory)：表面更新理論爲滲透理論加以改良所得到的，表面更新理論將液相分成兩個區域：一個爲完全混合的全液體區(bulk fluid)和快速更新的薄膜界面區。在界面區仍由滲透理論來描述質傳，只不過此小區域的界面區不再是靜止不動，而是不斷的由全區域中的新元素來更新(圖二十一)。提供簡單的直觀物理看法，表面在界面處發生的質傳阻力。
可預測其他原因存在，ex：化學反應或濃度過高所造成的質傳變化。

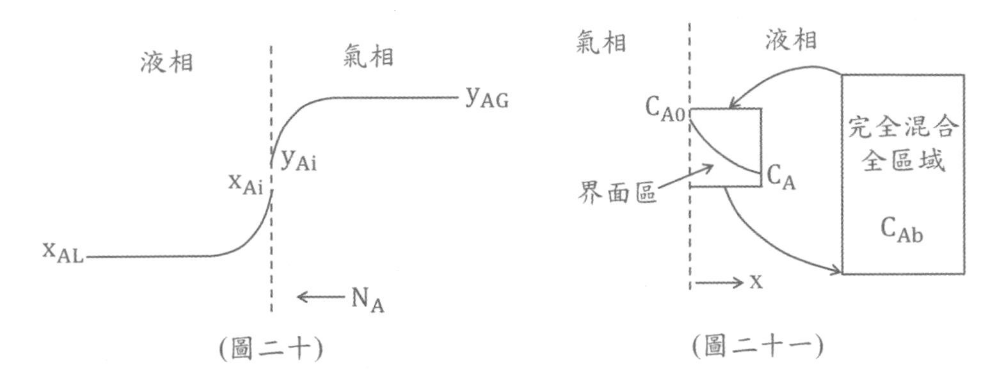

(圖二十)　(圖二十一)

(十二)吸收塔的設計方法
1.選擇吸收劑 2.決定操作溫度、壓力
3.決定溶劑量L_a：$\left(\frac{L}{V}\right)_{act} = (1.2 - 2.0)\left(\frac{L}{V}\right)_{min}$ 4.計算理論板數(NTP)-單級吸收只有一個理論板，利用代數法或圖解法。
5.決定吸收塔的型式：
採用連續逆流多級式(板塔)$\eta = \frac{\text{理論板(NTP)}}{\text{實際板(NAP)}}$
採用連續逆流微分接觸式(填充塔、噴灑塔、氣泡塔)
6.填充塔高度之決定：利用 VLE 法=>$Z_T = NTP \times HETP$
利用質傳方法$Z_T = HTU \times NTU = \left(\frac{G}{k_y a}\right)\int_{y_1}^{y_2}\frac{dy}{y-y_i}$ (限二成份系使用)
HTU(Height of Transfer Unit)：傳送單元高度
NTU(Number of Transfer Unit)：傳送單元數
7.計算填充塔直徑。

(十三)吸收塔填充物的選擇(95 經濟部特考)

填充物的功能：提供氣液兩項接觸所需的表面積。

1. 比表面積大：可提供大的氣液接觸面積。
2. 空隙度大：使流體流動的阻力小，可減少壓力損失及較不易產生泛溢現象。
3. 化學安定性：不與氣體或液體起反應。
4. 比重宜輕：可減低塔底負荷。
5. 表面宜鬆：填料表面鬆而多孔時，容易被液體潤濕，可增加氣液兩相之接觸界面。
6. 自由容積宜大：氣液在塔中接觸停留的時間較長，吸收效果較佳。
7. 堅固耐用與價格便宜。

(十四)吸收塔(Absorber)的種類

1. 板塔：內部構造和蒸餾塔相同。
2. 填充塔(填充塔蒸餾)：其構造爲垂直的圓筒形長筒，內置填料用以增加氣液之接觸面積，增加吸收率，氣體自塔底吸入上升，由塔頂排出，液體吸收劑自塔頂經分散器流入，在塔内和氣體逆流接觸而流下自塔底排出，屬於逆流連續微分接觸的質量傳送。
3. 噴霧塔：氣體以切線方向導入圓筒形吸收塔，並以迴旋方式上升，液體吸收劑自中央噴灑岐管向外噴灑，液體顆粒受氣體離心力影響，會減慢聚集時間，故可提高吸收效率，但整體而言和其他方式相比整體效率仍低。
4. 溼壁塔：爲一直立中空圓管，液體自塔頂流入，沿管内壁形成薄膜層往下流，混合氣體則自塔底輸入，與液層逆向接觸。氣液兩相接觸面積小，接觸時間短。適用於溶解度大的氣體，如鹽酸製備。

類題解析

〈類題 27－1〉某吸收操作之平衡線爲$y_e = 2x_e$，其中 x，y 分別爲液流與氣流之莫耳分率，其值如圖表示，試求：(一)吸收後液體之最高濃度。(二)氣-液最小極限比

Sol：

(一) $y_2 = 2x_e^*$ =>$0.02 = 2x_e^*$ =>$x_e^* = 0.01$

(二)質量平衡$L_1x_1 + V_2y_2 = L_2x_2 + V_1y_1$(1)(假設L與V分別為惰性物質)

令$L = L_1(1 - x_1)$；$V = V_1(1 - y_1)$；$L = L_2(1 - x_2)$；$V = V_2(1 - y_2)$

代入(1)式=>$L\left(\frac{x_1}{1-x_1}\right) + V\left(\frac{y_2}{1-y_2}\right) = L\left(\frac{x_2}{1-x_2}\right) + V\left(\frac{y_1}{1-y_1}\right)$

假設在稀薄系統$1 - x \doteqdot 1$；$1 - y \doteqdot 1$，上式變為：

$Lx_1 + Vy_2 = Lx_2 + Vy_1$ =>$L(x_2 - x_1) = V(y_2 - y_1)$

氣液實際比 =>$\left(\frac{L}{V}\right)_{act} = \frac{y_2-y_1}{x_2-x_1}$

氣液最小比 =>$\left(\frac{L}{V}\right)_{min} = \frac{y_2-y_1}{x_e^*-x_1} = \frac{0.02-0.01}{0.01-0} = 1$

$x_1 = 0$　$y_1 = 0.01$

$x_2 = ?$　$y_2 = 0.02$

〈類題 27 − 2〉某吸收操作之平衡線為$y = 5.2x^2$，其中 y 為每磅莫耳惰性氣體中可吸收物料之磅莫耳數，x 為每磅莫耳之吸收液中含可吸收物料之磅莫耳數，今該吸收塔逆流進入之氣體中，每 100 磅莫耳惰性氣體中含可吸收物料 2.5 磅莫耳，而塔頂淋下之吸收液為純物質，若離開塔之氣體中每 100 磅莫耳惰性氣體中含可吸收物料 2 磅莫耳，試求：(一)吸收後液體之最高濃度。(二)氣-液最小莫耳流速比。

Sol：(一) $y_1 = 5.2x_e^{*2}$ =>$0.025 = 5.2x_e^{*2}$ =>$x_e^* = 0.069$

(二)質量平衡$L_2x_2 + V_1y_1 = L_1x_1 + V_2y_2$ (1)(假設L與V分別為惰性物質)

令$L = L_1(1 - x_1)$；$V = V_1(1 - y_1)$；$L = L_2(1 - x_2)$；$V = V_2(1 - y_2)$

代入(1)式=>$L\left(\frac{x_1}{1-x_1}\right) + V\left(\frac{y_2}{1-y_2}\right) = L\left(\frac{x_2}{1-x_2}\right) + V\left(\frac{y_1}{1-y_1}\right)$

假設在稀薄系統$1 - x \doteqdot 1$；$1 - y \doteqdot 1$

上式變為$Lx_2 + Vy_1 = Lx_1 + Vy_2$

=>$L(x_1 - x_2) = V(y_1 - y_2)$

氣液實際比=>$\left(\frac{L}{V}\right)_{act} = \frac{y_1-y_2}{x_1-x_2}$

氣液最小比=>$\left(\frac{L}{V}\right)_{min} = \frac{y_1-y_2}{x_e^*-x_2} = \frac{0.025-0.02}{0.069-0} = 0.072$

$x_2 = 0$　$y_2 = 0.02$

x_1　$y_1 = \frac{2.5}{100} = 0.025$

〈類題 27 − 3〉一填充床希望用水將含有 1mole%A 的空氣去除 90%的 A，已知空氣的進料流量爲30kgmol/hr，純水流量爲90kgmol/hr，試求出口氣體、液體的A濃度？

Sol：進入填充床A速率 $= y_2V_2 = 0.01 \times 30 = 0.3\left(\frac{kgmol}{hr}\right)$

進入填充床空氣速率 $= (1 - y_2)V_2 = (1 - 0.01) \times 30 = 29.7\left(\frac{kgmol}{hr}\right)$

離開填充塔的V相中的A速率$= 0.1 \times 0.3 = 0.03\left(\frac{kgmol}{hr}\right)$

(0.1 表示吸收後剩下 10%A)

離開填充床的L相中的A速率$= 0.9 \times 0.3 = 0.27\left(\frac{kgmol}{hr}\right)$

(0.9 表示 90%A 被吸收)

$V_1 = 29.7 + 0.03 = 29.73\left(\frac{kgmol}{hr}\right)$

$=> y_1 = \frac{0.03}{29.73} = 1.0 \times 10^{-3} = 0.1mol\%$

$L_1 = 90 + 0.27 = 90.27\left(\frac{kgmol}{hr}\right)$

$=> x_1 = \frac{0.27}{90.27} = 3 \times 10^{-3} = 0.3mol\%$

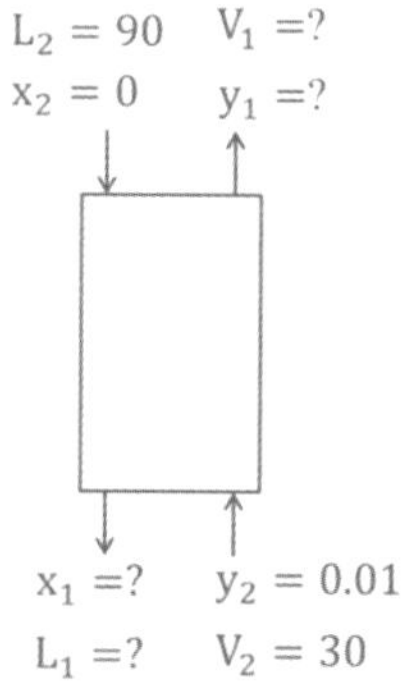

$L_2 = 90$ $V_1 = ?$
$x_2 = 0$ $y_1 = ?$

$x_1 = ?$ $y_2 = 0.01$
$L_1 = ?$ $V_2 = 30$

〈類題 27 − 4〉一吸收塔以水吸收空氣中的氨，自塔底進入的氣體含氨 20mole%，流率250kgmol/hr，水自塔頂流下4000kg/hr，若有 90%的氨被水吸收，試求出口氣體、液體的氨濃度？

Sol：進入吸收塔氨速率 $= y_2V_2 = 0.2 \times 250 = 50\left(\frac{kgmol}{hr}\right)$

進入吸收塔空氣速率 $= (1 - y_2)V_2 = (1 - 0.2) \times 250 = 200\left(\frac{kgmol}{hr}\right)$

離開吸收塔的V相中的氨速率$= 0.1 \times 50 = 5\left(\frac{kgmol}{hr}\right)$

(0.1 表示吸收後剩下 10%氨)

離開吸收塔的L相中的氨速率$= 0.9 \times 50 = 45\left(\frac{kgmol}{hr}\right)$

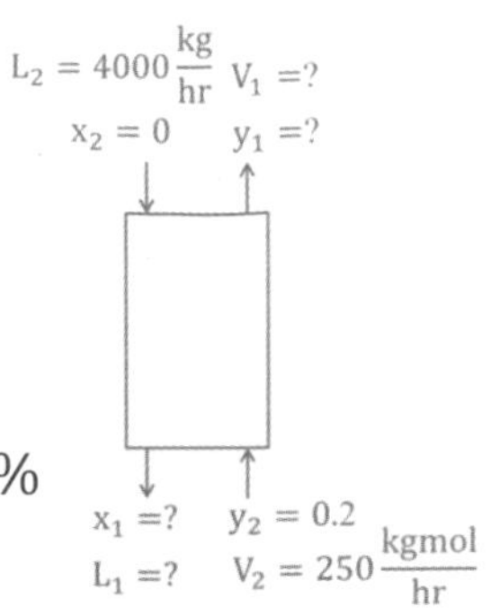

(0.9 表示 90%氨被吸收)

$$V_1 = 200 + 5 = 205\left(\frac{kgmol}{hr}\right) => y_1 = \frac{5}{205} = 0.0243 = 2.43mol\%$$

$$L_1 = \frac{4000}{18} + 45 = 267.2\left(\frac{kgmol}{hr}\right) => x_1 = \frac{45}{267.2} = 0.168 = 16.8mol\%$$

〈類題 27 − 5〉某吸收填充塔，利用純醋酸爲吸收劑，藉以回收空氣-氨氣流中氨之95%，進料含有 6mole%氨，且每莫耳乾燥氣體使用 2mole 醋酸，平衡線爲$y_e = 0.5x_e$，且總傳送單位高$H_{oy} = 5m$，求所需之塔高爲何？

Sol：進入填充塔氨 $= y_1V_1 = 0.06 \times 1 = 0.06$

進入填充塔空氣 $= (1 - y_1)V_1 = (1 - 0.06) \times 1 = 0.94$

離開填充塔的 V 相中的氨$= 0.05 \times 0.06 = 3 \times 10^{-3}$

(0.05 表示吸收後剩下 5%氨)

離開填充塔的 L 相中的氨$= 0.95 \times 0.06 = 0.057$

(0.95 表示 95%氨被吸收)

$L_2 = 2$ V_2 =?
$x_2 = 0$ y_2 =?
x_1 =? $y_1 = 0.06$
L_1 =? V_1 =1

$$V_2 = 0.94 + 3 \times 10^{-3} = 0.943$$

$$=> y_2 = \frac{3\times10^{-3}}{0.943} = 3.18 \times 10^{-3}$$

$$L_1 = 2 + 0.057 = 2.057 \quad => x_1 = \frac{0.057}{2.057} = 0.027$$

$y_1 = 0.06$，$y_1^* = 0.5x_1 = 0.5(0.027) = 0.014$；$y_1 - y_1^* = 0.046$

$y_2 = 3.18 \times 10^{-3}$，$y_2^* = 0.5x_2 = 0$；$y_2 - y_2^* = 3.18 \times 10^{-3}$

$$(y - y^*)_M = \frac{(y_1-y_1^*)-(y_2-y_2^*)}{\ln\left(\frac{y_1-y_1^*}{y_2-y_2^*}\right)} = \frac{0.046-3.18\times10^{-3}}{\ln\left(\frac{0.046}{3.18\times10^{-3}}\right)} = 0.016$$

$$N_{OG} = \frac{y_1-y_2}{(y-y^*)_M} = \frac{0.06-3.18\times10^{-3}}{0.016} = 3.55$$

$$Z = H_{Oy} \cdot N_{Oy} = 5(3.55) = 17.75(m)$$

〈類題 27 − 6〉有 A 和 B 混合氣體中的 A 被液體 C 在濕壁塔中吸收，由實驗求得總質傳係數爲$K_y = 0.205\ lbmolA/hr \cdot ft^2$，吸收溫度爲 68°F下，總大氣壓爲一大氣壓，85%質傳阻力是由氣體造成，氣液平衡式爲$y_A = 0.15x_A$，求出液相質傳係數？

Sol：由雙膜理論(Two-film theory) $\frac{1}{K_y}=\frac{1}{k_y}+\frac{m}{k_x}$

$\frac{1}{K_y}=\frac{1}{0.205}=4.88$；$\frac{1}{k_y}=0.85\left(\frac{1}{K_y}\right)=0.85(4.88)=4.148$

$=>4.88=4.148+\frac{0.15}{k_x}$ $=>k_x=0.205\left(\frac{\text{lbmolA}}{\text{hr}\cdot\text{ft}^2}\right)$

⟨類題 27－7⟩A/B 混合氣由塔底進入填充吸收塔，由塔頂溢出；C 液體由塔頂往下流，在塔中將氣體中的 A 吸收後由塔底流出，已知 A 濃度很低$V'=V$；$L'=L$，另外已知下列數據：
$k'_y a=3.78\times10^{-2}$ kgmol/s · m^3 · molfrac，$K'_y a=2.183\times10^{-2}$ kgmol/s · m^3 · molfrac，$(y_A-y_{Ai})_{iM}=0.00602$；$(y_A-y_A^*)_{iM}=0.01025$；$y_{A1}=0.026$；$y_{A2}=0.005$；平均氣體流率$V=3.852\times10^{-3}$ kgmol/s，及塔截面積$S=0.186\text{m}^2$求(一)利用H_G及N_G求塔高 Z (二)利用H_{OG}及N_{OG}求塔高 Z
Sol：

(一)$H_G=\frac{V}{k'_y aS}=\frac{3.852\times10^{-3}}{(3.78\times10^{-2})(0.186)}=0.547(\text{m})$

$N_G=\frac{y_{A1}-y_{A2}}{(y_A-y_{Ai})_{iM}}=\frac{0.026-0.005}{0.00602}=3.48$

$Z=H_G\cdot N_G=0.547(3.488)=1.91(\text{m})$

(二)$H_{OG}=\frac{V}{K'_y aS}=\frac{3.852\times10^{-3}}{(2.183\times10^{-2})(0.186)}=0.948(\text{m})$

$N_{OG}=\frac{y_{A1}-y_{A2}}{(y_A-y_A^*)_{iM}}=\frac{0.026-0.005}{0.01025}=2.05$，$Z=H_{OG}\cdot N_{OG}=0.948(2.05)=1.94(\text{m})$

其實兩種方式的計算結果很相近！

⟨類題 27－8⟩有一含有丙酮與空氣的混合物，其中丙酮 A 爲 0.02 的莫爾分率，把這個氣體混合物通入填充吸收塔之底部，氣體由上部溢出時只剩 0.002 的莫爾分率的 A。純水當作溶劑由塔頂流入，流出塔底時含 0.008 莫爾分率的 A，如果 overall gas-phase HTU 是 3ft，分配係數的 m 值是 2.0，需要的塔高爲多少？。
Sol：$y_1=0.02$，$y_1^*=mx_1=2(0.008)=0.016$；$y_1-y_1^*=4\times10^{-3}$
$y_2=0.002$，$y_2^*=mx_2=0$；$y_2-y_2^*=0.002$

$(y-y^*)_M=\frac{(y_1-y_1^*)-(y_2-y_2^*)}{\ln\left(\frac{y_1-y_1^*}{y_2-y_2^*}\right)}=\frac{4\times10^{-3}-0.002}{\ln\left(\frac{4\times10^{-3}}{0.002}\right)}=2.885\times10^{-3}$

$NTU=\frac{y_1-y_2}{(y-y^*)_M}=\frac{0.02-0.002}{2.885\times10^{-3}}=6.24$，$Z=HTU\times NTU=3(6.24)=18.7(ft)$

〈類題 27－9〉某一吸收填充塔，利用水作爲吸收劑，藉以回收空氣-氨氣流中氨之 98%，進料含有 5mole%氨，吸收填充塔在 10atm 下操作，採用之水溫爲 20°C，且爲純水；每莫耳之乾燥氣體使用 1.2moleH_2O，平衡線爲$y_e=0.2x_e$(一)求傳送單位數？(二)若$H_y=2.24m$，$H_x=1.68m$，求所需之塔高 m 爲何？

$L_2=1.2$ $V_2=?$
$x_2=0$ $y_2=?$
$x_1=?$ $y_1=0.05$
$L_1=?$ $V_1=1$

Sol：(一) 進入吸收塔氨 $=y_1V_1=0.05\times1=0.05$

進入吸收塔空氣 $=(1-y_1)V_1=(1-0.05)\times1=0.95$

離開吸收塔的 V 相中的氨$=0.02\times0.05=1\times10^{-3}$

(0.02 表示吸收後剩下 2%氨)

離開吸收塔的 L 相中的氨$=0.98\times0.05=0.049$

(0.98 表示 98%氨被吸收)

$V_2=0.95+(1\times10^{-3})=0.951$ =>$y_2=\frac{1\times10^{-3}}{0.951}=1.05\times10^{-3}$

$L_1=1.2+0.049=1.249$ =>$x_1=\frac{0.049}{1.249}=0.039$

$y_1=0.05$，$y_1^*=0.2x_1=0.2(0.039)=7.8\times10^{-3}$；$y_1-y_1^*=0.042$

$y_2=1.05\times10^{-3}$，$y_2^*=0.2x_2=0$；$y_2-y_2^*=1.05\times10^{-3}$

$(y-y^*)_M=\frac{(y_1-y_1^*)-(y_2-y_2^*)}{\ln\left(\frac{y_1-y_1^*}{y_2-y_2^*}\right)}=\frac{0.042-1.05\times10^{-3}}{\ln\left(\frac{0.042}{1.05\times10^{-3}}\right)}=0.011$

$N_{oy}=\frac{y_1-y_2}{(y-y^*)_M}=\frac{0.05-1.05\times10^{-3}}{0.011}=4.45$

(二) $L=L_2(1-x_2)=1.2$；$V=V_1(1-y_1)=1(1-0.05)=0.95$

$H_x=\frac{L}{k_xa}=1.68$ =>$\frac{1}{k_xa}=\frac{1.68}{L}$；$H_y=\frac{V}{k_yaS}=2.24$ =>$\frac{1}{k_ya}=\frac{2.24}{V}$

雙膜理論 $\frac{1}{K_ya}=\frac{1}{k_ya}+\frac{m}{k_xa}=\frac{1}{V}\left[2.24+\left(\frac{V}{L}\right)(m)(1.68)\right]$

$=\frac{\left[2.24+\left(\frac{0.95}{1.2}\right)(0.2)(1.68)\right]}{V}=\frac{2.51}{V}$，$H_{oy}=\frac{V}{K_ya}=2.51(m)$

=>$Z=H_{Oy}\cdot N_{Oy}=2.51(4.45)=11.18(m)$

〈類題 27－10〉有一含有 3%A 之氣體物流，流經一填充塔，藉以由水吸收而移除其中 99%的 A，此吸收塔在 1atm，25℃之狀況下操作，氣體與液體之流率分別爲 $20\text{mol/hr}\cdot\text{ft}^2$與$100\text{mol/hr}\cdot\text{ft}^2$，質傳係數及平均數據如下：

$y^* = 3.1x$，$k_xa = 60\text{mol/hr}\cdot\text{ft}^3\cdot\text{mol frac}$，$k_ya = 15\text{mol/hr}\cdot\text{ft}^3\cdot\text{mol frac}$ (一)假設爲等溫操作且忽略氣體與液體流率之變化。計算N_{oy}，H_{oy}及Z_T，又氣相阻力在總阻力中所佔百分率爲若干？(二)使用N_{ox}，H_{ox}求Z_T？(McCabe 例題 18.3)

Sol：$y_2 = (1-f)y_1 = (1-0.99)(0.03) = 3\times10^{-4}$

(一)質量平衡 $L_2x_2 + V_1y_1 = L_1x_1 + V_2y_2$ (1) (假設L與V分別爲惰性物質)

令$L = L_1(1-x_1)$；$V = V_1(1-y_1)$；$L = L_2(1-x_2)$；$V = V_2(1-y_2)$

代入(1)式=>$L\left(\frac{x_2}{1-x_2}\right) + V\left(\frac{y_1}{1-y_1}\right) = L\left(\frac{x_1}{1-x_1}\right) + V\left(\frac{y_2}{1-y_2}\right)$

$x_2 = 0$　$y_2 = (1-f)y_1$

$x_1 = ?$　$y_1 = 0.03$

假設在稀薄系統$1-x \doteqdot 1$；$1-y \doteqdot 1$，上式變爲：

$Lx_2 + Vy_1 = Lx_1 + Vy_2$ =>$L(x_1-x_2) = V(y_1-y_2)$

氣液實際比=>$\left(\frac{L}{V}\right)_{act} = \frac{y_1-y_2}{x_1-x_2}$ =>$\left(\frac{100}{20}\right)_{act} = \frac{0.03-3\times10^{-4}}{x_1-0}$

=>$x_1 = 5.94\times10^{-3}$

由雙膜理論(Two-film theory) $\frac{1}{K_ya} = \frac{1}{k_ya} + \frac{m}{k_xa} = \frac{1}{15} + \frac{3.1}{60} = 0.1183$

$H_{oy} = \frac{V}{K_ya} = 20(0.1183) = 2.4(\text{ft})$

$y_1 = 0.03$；$y_1^* = 3.1x_1 = 3.1(5.94\times10^{-3}) = 0.0184$；$y_1 - y_1^* = 0.0116$

$y_2 = 3\times10^{-4}$；$y_2^* = 3.1x_2 = 0$；$y_2 - y_2^* = 3\times10^{-4}$

$(y-y^*)_M = \frac{(y_1-y_1^*)-(y_2-y_2^*)}{\ln\left(\frac{y_1-y_1^*}{y_2-y_2^*}\right)} = \frac{0.0116-3\times10^{-4}}{\ln\left(\frac{0.0116}{3\times10^{-4}}\right)} = 3.09\times10^{-3}$

$N_{Oy} = \frac{y_1-y_2}{(y-y^*)_M} = \frac{3\times10^{-2}-3\times10^{-4}}{3.09\times10^{-3}} = 9.6$，$Z_T = H_{Oy}\cdot N_{Oy} = 2.4(9.6) = 23.1(\text{ft})$

$\% = \frac{\frac{1}{k_ya}}{\frac{1}{K_ya}}\times100\% = \frac{\frac{1}{15}}{0.1183}\times100\% = 56.17(\%)$

(二)由雙膜理論(Two-film theory) $\frac{1}{K_xa} = \frac{1}{k_xa} + \frac{1}{mk_ya} = \frac{1}{60} + \frac{1}{3.1\times15} = 0.038$

$H_{ox} = \frac{L}{K_ya} = 100(0.038) = 3.8(\text{ft})$

$x_1 = 5.94 \times 10^{-3}$，又$y_1 = 3.1x_1^*$，$3 \times 10^{-2} = 3.1x_1^*$ =>$x_1^* = 9.67 \times 10^{-3}$

；$x_1^* - x_1 = 3.73 \times 10^{-3}$

$x_2 = 0$，又$y_2 = 3.1x_1^*$，$3 \times 10^{-4} = 3.1x_2^*$ =>$x_2^* = 9.67 \times 10^{-5}$

；$x_2^* - x_2 = 9.67 \times 10^{-5}$

$$(x^* - x)_M = \frac{(x_1^*-x_1)-(x_2^*-x_2)}{\ln\left(\frac{x_1^*-x_1}{x_2^*-x_2}\right)} = \frac{(3.73\times10^{-3})-(9.67\times10^{-5})}{\ln\left(\frac{3.73\times10^{-3}}{9.67\times10^{-5}}\right)} = 9.94 \times 10^{-4}$$

$N_{Ox} = \frac{x_1-x_2}{(x^*-x)_M} = \frac{5.94\times10^{-3}-0}{9.94\times10^{-4}} = 5.9$；$Z_T = H_{Ox} \cdot N_{Ox} = 3.8(5.9) = 22.4(ft)$

※兩種方法計算的結果都很相近！

〈類題 27 − 11〉有一含有 2%氨的空氣由塔底進入填充吸收塔，其流量爲100lbmol/hr · ft^2，純水由塔頂往下流動的流量爲200lbmol/hr · ft^2，假設此吸收塔在 68°F和1atm 下進行，在 68°F時氨的氣-液平衡的關係爲$y_A = 1.075x_A$，如今需求爲離開吸收塔的氨含量爲 0.2%，試求需要的塔高爲多高？$H_G = 4ft$，$H_L = 2ft$

Sol：質量平衡$G_1y_1 + L_2x_2 = G_2y_2 + L_1x_1 (1)$

$L_s = L_1(1 - x_1)$；$G_s = G_1(1 - y_1)$；$L_s = L_2(1 - x_2)$；$G_s = G_2(1 - y_2)$

代入(1)式 =>$G_s\left(\frac{y_1}{1-y_1}\right) + L_s\left(\frac{x_2}{1-x_2}\right) = G_s\left(\frac{y_2}{1-y_2}\right) + L_s\left(\frac{x_1}{1-x_1}\right)$ (2)

(假設L_s與G_s分別爲惰性物質)

假設在稀薄系統：$1 - x \doteqdot 1$；$1 - y \doteqdot 1$，上式變爲：

$G_sy_1 + L_sx_2 = G_sy_2 + L_sx_1$ =>$L_s(x_1 - x_2) = G_s(y_1 - y_2)$

=>$\left(\frac{L_s}{G_s}\right) = \frac{y_1-y_2}{x_1-x_2}$ (3)

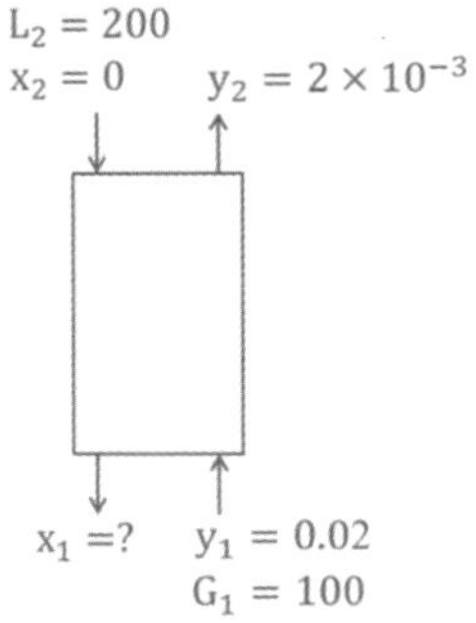

$L_2 = 200$
$x_2 = 0$
$y_2 = 2 \times 10^{-3}$
$x_1 = ?$
$y_1 = 0.02$
$G_1 = 100$

$G_s = G_1(1 - y_1) = 100(1 - 0.02) = 98\left(\frac{lbmol}{hr\cdot ft^2}\right)$

$L_s = L_2(1 - x_2) = 200(1 - 0) = 200\left(\frac{lbmol}{hr\cdot ft^2}\right)$

將數值代入(3)式=>$\left(\frac{200}{98}\right) = \frac{0.02-2\times10^{-3}}{x_1-0}$ =>$x_1 = 8.82 \times 10^{-3}$

$H_L = \frac{L_s}{k_xa} = 2$ =>$\frac{1}{k_xa} = \frac{2}{L_s}$；$H_G = \frac{G_s}{k_ya} = 4$ =>$\frac{1}{k_ya} = \frac{4}{G_s}$

雙膜理論 $\frac{1}{K_ya} = \frac{1}{k_ya} + \frac{m}{k_xa} = \frac{1}{G_s}\left[4 + \left(\frac{G_s}{L_s}\right)(m)(2)\right] = \frac{\left[4+\left(\frac{98}{200}\right)(1.075)(2)\right]}{G_s} = \frac{5.05}{G_s}$

$=>H_{OG} = \frac{G_s}{K_y a} = 5.05(ft)$，$y_1 = 0.02$

，$y_1^* = 1.075x_1 = 1.075(8.82 \times 10^{-3}) = 9.48 \times 10^{-3}$；$y_1 - y_1^* = 0.011$
$y_2 = 2 \times 10^{-3}$，$y_2^* = 1.075x_2 = 0$；$y_2 - y_2^* = 2 \times 10^{-3}$
$(y - y^*)_M = \frac{(y_1 - y_1^*) - (y_2 - y_2^*)}{\ln\left(\frac{y_1 - y_1^*}{y_2 - y_2^*}\right)} = \frac{0.011 - 2\times10^{-3}}{\ln\left(\frac{0.011}{2\times10^{-3}}\right)} = 5.28 \times 10^{-3}$

$N_{OG} = \frac{y_1 - y_2}{(y - y^*)_M} = \frac{0.02 - 2\times10^{-3}}{5.28\times10^{-3}} = 3.4$，$Z = H_{OG} \cdot N_{OG} = 5.05(3.4) = 17.2(ft)$

〈類題 27－12〉由石油蒸餾塔中冒出的氣體含有 Hydrocarbon 和 H_2S，我們將此氣體混合物通入一塡充塔中，由上部以 Triethanolamine-water solvent 淋下，將氣體中的 H_2S 吸收掉，此操作爲逆流操作的形式，溫度控制在 27℃，壓力爲 1atm，在此情況下平衡條件爲$y_A = 2x_A$，其他數據標示於下圖，試求HTU(H_{OG})和NTU(N_{OG})的值，並求出塔高爲多少 ft？$K_y a = 8 lbmol/hr \cdot ft^3$

Sol：對 A 作質量平衡 $G_A y_{A1} + L_B x_{A0} = G_B y_{A0} + L_A x_{A1}$ (1)
L_s惰性液體流量；G_s惰性氣體流量(假設L_s與G_s分別爲惰性物質)
$L_s = L_B(1 - x_{A0})$；$G_s = G_B(1 - y_{A0})$；$L_s = L_A(1 - x_{A1})$；$G_s = G_A(1 - y_{A1})$

代入(1)式$=>G_s\left(\frac{y_{A1}}{1-y_{A1}}\right) + L_s\left(\frac{x_{A0}}{1-x_{A0}}\right) = G_s\left(\frac{y_{A0}}{1-y_{A0}}\right) + L_s\left(\frac{x_{A1}}{1-x_{A1}}\right)$ (2)

由(2)式可得知$Y_{A0} = \frac{y_{A0}}{1-y_{A0}} => 0.03 = \frac{y_{A0}}{1-y_{A0}} => y_{A0} = 0.029$

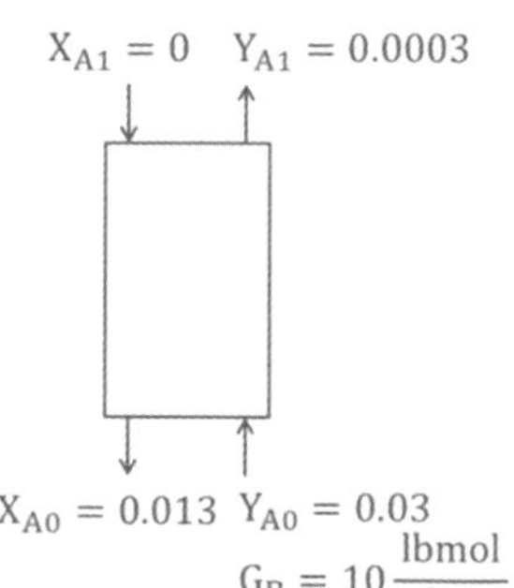

$X_{A0} = \frac{x_{A0}}{1-x_{A0}} => 0.013 = \frac{x_{A0}}{1-x_{A0}} => x_{A0} = 0.0128$

$Y_{A1} = \frac{y_{A1}}{1-y_{A1}} => 0.0003 = \frac{y_{A1}}{1-y_{A1}} => y_{A1} = 2.29 \times 10^{-4}$

$G_s = G_B(1 - y_{A0}) = 10(1 - 0.029) = 9.71\left(\frac{lbmol}{hr \cdot ft^2}\right)$

$H_{OG} = \frac{G_s}{K_y a} = \frac{9.71\frac{lbmol}{hr\cdot ft^2}}{8\frac{lbmol}{hr\cdot ft^3}} = 1.2(ft)$
$y_{A0} = 0.029$，$y_{A0}^* = 2x_{A0} = 2(0.0128) = 0.0256$；$y_{A0} - y_{A0}^* = 3.4 \times 10^{-3}$
$y_{A1} = 3 \times 10^{-4}$，$y_{A1}^* = 2x_{A1} = 0$；$y_{A1} - y_{A1}^* = 3 \times 10^{-4}$
$(y - y^*)_M = \frac{(y_{A0} - y_{A0}^*) - (y_{A1} - y_{A1}^*)}{\ln\left(\frac{y_{A0} - y_{A0}^*}{y_{A1} - y_{A1}^*}\right)} = \frac{3.4\times10^{-3} - 3\times10^{-4}}{\ln\left(\frac{3.4\times10^{-3}}{3\times10^{-4}}\right)} = 1.27 \times 10^{-3}$

$N_{OG}=\frac{y_{A0}-y_{A1}}{(y-y^*)_M}=\frac{0.03-3\times10^{-4}}{1.27\times10^{-3}}=23.3$，$Z=H_{OG}\cdot N_{OG}=1.2(23.3)=28.1(ft)$

〈類題 27－13〉於某填充塔中，用水吸收可溶性氣體，平衡關係爲$y_e=0.06x_e$，端點條件爲：

	塔頂	塔底
X	0	0.08
y	0.001	0.009

若$H_x=0.24m$，$H_y=0.36m$，填充塔高度爲？ (McCabe 習題 18.3)

Sol：由〈類題 27－11〉質量平衡觀念=>$\left(\frac{L_s}{G_s}\right)_{act}=\frac{y_1-y_2}{x_1-x_2}$ (3)

=>$\left(\frac{L_s}{G_s}\right)=\frac{y_1-y_2}{x_1-x_2}=\frac{0.009-0.001}{0.08-0}=0.1$

$x_2=0$　$y_2=0.001$

$x_1=0.08$　$y_1=0.009$

$H_x=\frac{L_s}{k_xa}=0.24$ =>$\frac{1}{k_xa}=\frac{0.24}{L_s}$；$H_y=\frac{G_s}{k_ya}=0.36$ =>$\frac{1}{k_ya}=\frac{0.36}{G_s}$

雙膜理論 $\frac{1}{K_ya}=\frac{1}{k_ya}+\frac{m}{k_xa}=\frac{1}{G_s}\left[0.36+\left(\frac{G_s}{L_s}\right)(m)(0.24)\right]$

$=\frac{\left[0.36+\left(\frac{1}{0.1}\right)(0.06)(0.24)\right]}{G_s}=\frac{0.504}{G_s}$ =>$H_{Oy}=\frac{G_s}{K_ya}=0.50(m)$

$y_1=0.009$，$y_1^*=0.06x_1=0.06(0.08)=4.8\times10^{-3}$；$y_1-y_1^*=4.2\times10^{-3}$

$y_2=0.001$，$y_2^*=0.06x_2=0$；$y_2-y_2^*=0.001$

$(y-y^*)_M=\frac{(y_1-y_1^*)-(y_2-y_2^*)}{\ln\left(\frac{y_1-y_1^*}{y_2-y_2^*}\right)}=\frac{4.2\times10^{-3}-0.001}{\ln\left(\frac{4.2\times10^{-3}}{0.001}\right)}=2.23\times10^{-3}$

$N_{Oy}=\frac{y_1-y_2}{(y-y^*)_M}=\frac{0.009-0.001}{2.23\times10^{-3}}=3.58$，$Z=H_{Oy}\cdot N_{Oy}=0.50(3.58)=1.8(m)$

〈類題 27－14〉我們將氨和空氣的氣體混合物由底部通入填充塔中，利用水由頂端流下以吸收氣體中的氨，設氣體流率爲133.25lbmol/hr，氣體入口處氨含量不多只佔莫爾分率爲 0.0244，氣體出口每一lbmol的氨空氣中含有 0.005lbmol的氨，液體進口處全部都是水，液體流率爲200lbmol/hr，氣-液平衡線可用$y_A=0.8x_A$表示，又$K_ya=2.1(G)^{0.57}$，式中 G 的單位爲 $lbmol/ft^2\cdot hr$，K_ya單位爲$lbmol/ft^3\cdot hr$，試求塔高爲多少 ft？

Sol：由〈類題 27 − 11〉質量平衡觀念 $=>\left(\frac{L_s}{G_s}\right)_{act} = \frac{y_1-y_2}{x_1-x_2}$ (3)

$=>\left(\frac{200}{133.25}\right) = \frac{0.0244-0.005}{x_1-0}$ $=> x_1 = 0.0129$

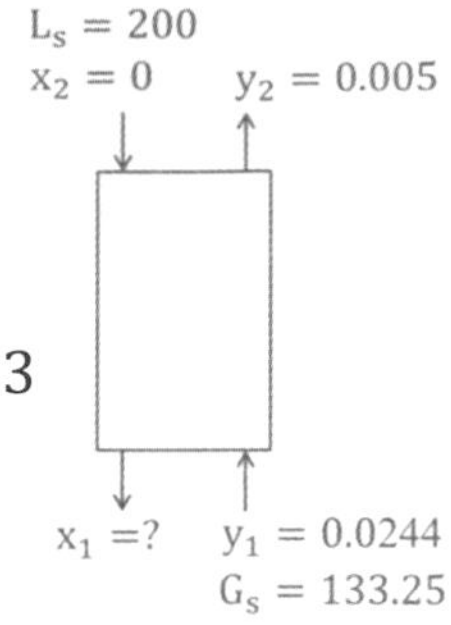

$L_s = 200$
$x_2 = 0$　$y_2 = 0.005$
$x_1 = ?$　$y_1 = 0.0244$
$G_s = 133.25$

$H_{OG} = \frac{G_s}{K_y a} = \frac{G_s}{2.1(G)^{0.57}} = \frac{133.25}{2.1(133.25)^{0.57}} = 3.9(\text{ft})$

$y_1 = 0.0244$，$y_1^* = 0.8x_1 = 0.8(0.0129) = 0.0103$
；$y_1 - y_1^* = 0.0141$

$y_2 = 0.005$，$y_2^* = 0.8x_2 = 0$；$y_2 - y_2^* = 0.005$

$(y-y^*)_M = \frac{(y_1-y_1^*)-(y_2-y_2^*)}{\ln\left(\frac{y_1-y_1^*}{y_2-y_2^*}\right)} = \frac{0.0141-0.005}{\ln\left(\frac{0.0141}{0.005}\right)} = 8.78\times10^{-3}$

$N_{OG} = \frac{y_1-y_2}{(y-y^*)_M} = \frac{0.0244-0.005}{8.78\times10^{-3}} = 2.2$，$Z = H_{OG}\cdot N_{OG} = 3.9(2.2) = 8.6(\text{ft})$

〈類題 27 − 15〉將含有 0.002 莫爾分率丙酮(A)的空氣，以 30kgmol/hr的速率通過單階混合器中，混合器之另外一端以90kgmol/hr的速率通過純水，如圖在混合器中會由空氣進入水中，但空氣和水不互溶。混合器兩隻出口流的平衡關係爲$y_A = 2.53x_A$。請求出兩支出口流率V_1及L_1值。

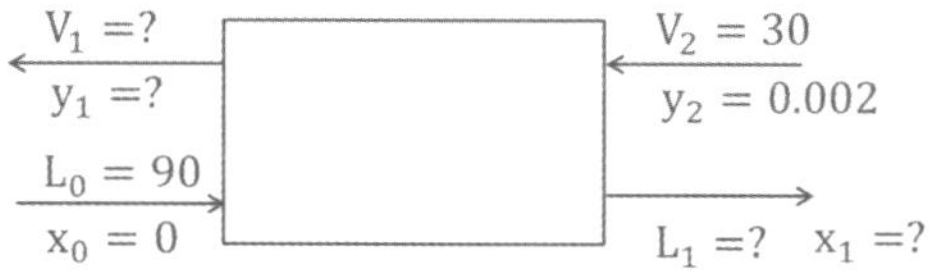

$V_1 = ?$　$y_1 = ?$
$L_0 = 90$　$x_0 = 0$
$V_2 = 30$　$y_2 = 0.002$
$L_1 = ?$　$x_1 = ?$

Sol：對 A 作質量平衡 $L_0x_0 + V_2y_2 = L_1X_1 + V_1y_1$ (1)

$=>L'\left(\frac{x_0}{1-x_0}\right) + V'\left(\frac{y_2}{1-y_2}\right) = L'\left(\frac{x_1}{1-x_1}\right) + V'\left(\frac{y_1}{1-y_1}\right)$

$L' = L_0(1-x_0) = 90(1-0) = 90\left(\frac{\text{kgmol}}{\text{hr}}\right)$

$V' = V_2(1-y_2) = 30(1-0.002) = 29.94\left(\frac{\text{kgmol}}{\text{hr}}\right)$

$=>90\left(\frac{0}{1-0}\right) + 29.94\left(\frac{0.002}{1-0.002}\right) = 90\left(\frac{x_1}{1-x_1}\right) + 29.9\left(\frac{y_1}{1-y_1}\right)$ (2)

$y_A = 2.53x_A$代入(2)式$=>29.94\left(\frac{0.002}{1-0.002}\right) = 90\left(\frac{x_1}{1-x_1}\right) + 29.94\left(\frac{2.53x_1}{1-2.53x_1}\right)$

$=>303.59{x_1}^2 - 165.95x_1 + 0.06 = 0$

$=>x_1 = \frac{165.95 \mp \sqrt{(165.95)^2 - 4(303.59 \times 0.06)}}{2(303.59)} = 3.62 \times 10^{-4}$或$0.546$(不合)

$=>y_1 = 2.53x_1 = 2.53(3.62 \times 10^{-4}) = 9.16 \times 10^{-4}$

$L' = L_1(1 - x_1) => 90 = L_1(1 - 3.62 \times 10^{-4}) \ => L_1 = 90.03\left(\frac{kgmol}{hr}\right)$

$V' = V_1(1 - y_1) => 29.94 = V_1(1 - 9.16 \times 10^{-4}) \ => V_1 = 29.97\left(\frac{kgmol}{hr}\right)$

〈類題 27 − 16〉將含有 1.0%莫爾分率丙酮的空氣以30kgmol/hr的速率通入多階平衡逆流吸收塔中，吸收塔想要吸收 90%以上的丙酮，吸收塔之另外一端以90kgmol/hr的速率通入純水。在吸收塔中丙酮會由空氣進入水中，但空氣與水不互溶。V 相中丙酮和 L 相中丙酮之平衡關係爲$y_A = 2.5x_A$，求理論板數爲多少？(Geankoplis 例題 10.3-2)

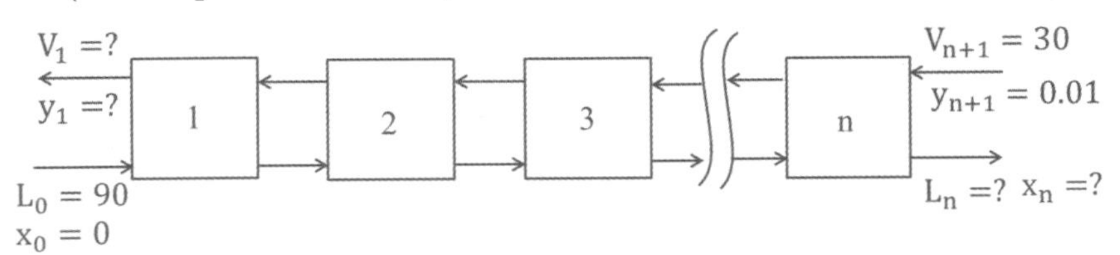

Sol：進入第 N 階 V 相中：丙酮速率 $= y_{n+1}V_{n+1} = 0.01 \times 30 = 0.3\left(\frac{kgmol}{hr}\right)$

空氣速率 $= (1 - y_{n+1})V_{n+1} = (1 - 0.01) \times 30 = 29.7\left(\frac{kgmol}{hr}\right)$

離開第 1 階 V 相中的丙酮$= 0.1 \times 0.3 = 0.03\left(\frac{kgmol}{hr}\right)$

(0.1 表示吸收後剩下 10%丙酮)

離開第 n 階的 L 相的丙酮$= 0.9 \times 0.3 = 0.27\left(\frac{kgmol}{hr}\right)$

(0.9 表示 90%丙酮被吸收)

$V_1 = 29.7 + 0.03 = 29.73\left(\frac{kgmol}{hr}\right) \ => y_1 = \frac{0.03}{29.73} = 0.001$

$L_n = 90 + 0.27 = 90.27\left(\frac{kgmol}{hr}\right) \ => x_n = \frac{0.27}{90.27} = 0.003$

※解析法：$N = \frac{\ln\left[\frac{y_{n+1} - mx_0}{y_1 - mx_0}\left(1 - \frac{1}{A}\right) + \frac{1}{A}\right]}{\ln A}$ 由 kremser equation 的吸收公式

$A_1=\frac{L_0}{mV_1}=\frac{90}{2.5\times29.73}=1.21$ ；$A_N=\frac{L_n}{mV_{n+1}}=\frac{90.27}{2.5\times30}=1.20$

兩者取幾何平均=>$A=\sqrt{A_1\cdot A_N}=\sqrt{1.21\times1.20}=1.2$

$=>N=\frac{\ln\left[\frac{0.01-0}{0.001-0}\left(1-\frac{1}{1.2}\right)+\frac{1}{1.2}\right]}{\ln(1.2)}=5(板)$

※圖解法：對丙酮作質量平衡 $L_0x_0+V_{n+1}y_{N+1}=L_nX_n+V_1y_1$

$=>V_{n+1}y_{n+1}=L_nX_n+V_1y_1-L_0x_0$

$=>y_{n+1}=\frac{L_n}{V_{n+1}}x_n+\frac{V_1y_1-L_0x_0}{V_{n+1}}=\frac{90.27}{30}x_n+\frac{29.73\times0.001-90\times0}{30}=3x_n+0.001$

求$y_A=2.5x_A$之的平衡線，假設x_A值代入平衡線求y_A值

y_A	2.5×10^{-3}	5.0×10^{-3}	7.5×10^{-3}
x_A	0.001	0.002	0.003

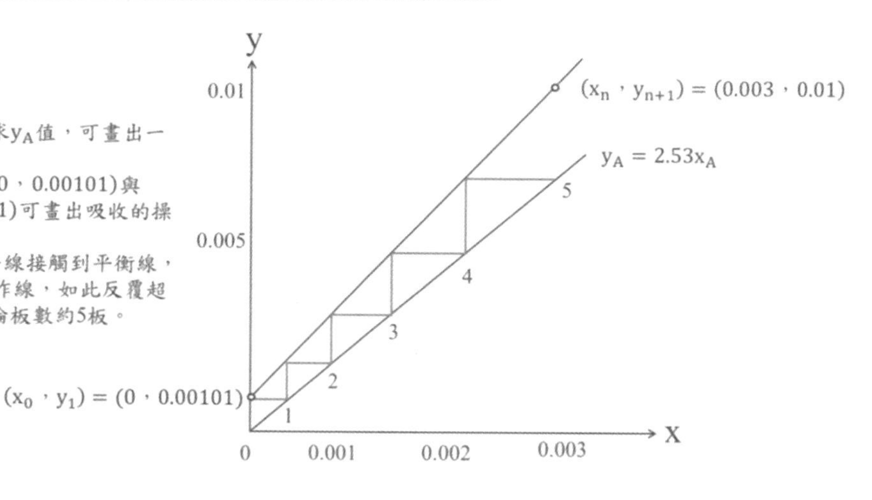

〈類題27－17〉當以逆流式操作進行氣體吸收、萃取、蒸餾設計時，必須避免流體發生泛濫現象(flooding)。今以填充塔中稀薄酒精水溶液之蒸餾爲例，若上升蒸氣質量速度之設計值爲泛濫值之50%、蒸氣與水溶液之入口莫耳流率固定，當以尺寸較大之填充材料(如Intalox saddles)設計時，簡述其對所設計之蒸餾塔之截面積、單位塔高度壓降、傳送單位N_{oy}(number of transfer units based on overall mass transfer coefficient of vapor phase)之影響。

Sol：以大尺寸爲填充材料：需保有原填充物自由空間→塔截面積變大

空隙度大→氣體上升阻力小→壓降小。

大尺寸造成質傳面積小→質傳效果變差→ N_{oy}變小。

〈類題 27 − 18〉將含有 0.008 莫爾分率丙酮的空氣以30kgmol/hr的速率通入多階平衡混合器中，混合器另一端 V 相出口中只剩 5%的丙酮，混合器之另外一端以90kgmol/hr的速率通入純水。在混合器中丙酮會由空氣進入水中，但空氣與水不互溶。V 相中丙酮和 L 相中丙酮之平衡關係爲$y_A = 2.53x_A$，求理論板數爲多少？

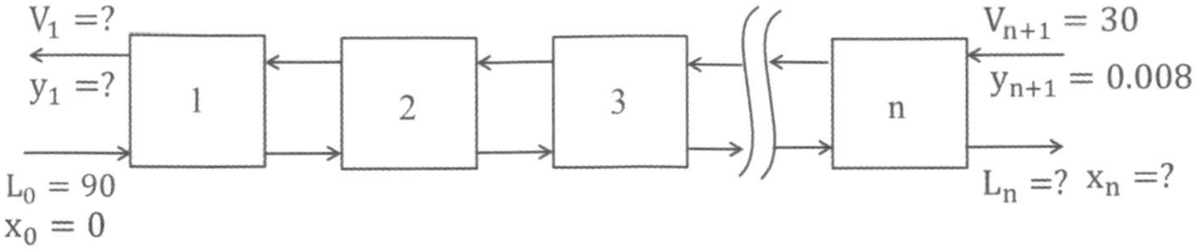

Sol：進入第 N 階 V 相中：丙酮速率 $= y_{n+1}V_{n+1} = 0.008 \times 30 = 0.24\left(\frac{kgmol}{hr}\right)$

空氣速率$= (1 - y_{n+1})V_{n+1} = (1 - 0.008) \times 30 = 29.76\left(\frac{kgmol}{hr}\right)$

離開第一階的 V 相中的丙酮速率$= 0.05 \times 0.24 = 0.012\left(\frac{kgmol}{hr}\right)$

(0.05 表示吸收後剩下 5%丙酮)

離開第 n 階的 L 相的丙酮速率$= 0.95 \times 0.24 = 0.228\left(\frac{kgmol}{hr}\right)$

(0.95 表示 90%丙酮被吸收)

$V_1 = 29.76 + 0.012 = 29.772\left(\frac{kgmol}{hr}\right)$ $=> y_1 = \frac{0.012}{29.772} = 0.0004$

$L_n = 90 + 0.228 = 90.228\left(\frac{kgmol}{hr}\right)$ $=> x_n = \frac{0.228}{90.228} = 0.0025$

解析法：$N = \frac{\ln\left[\frac{y_{n+1} - mx_0}{y_1 - mx_0}\left(1 - \frac{1}{A}\right) + \frac{1}{A}\right]}{\ln A}$ 由 kremser equation 的吸收公式

$A_1 = \frac{L_0}{mV_1} = \frac{90}{2.53 \times 29.772} = 1.195$ ；$A_N = \frac{L_n}{mV_{n+1}} = \frac{90.288}{2.53 \times 30} = 1.189$

兩者取幾何平均$=> A = \sqrt{A_1 \cdot A_N} = \sqrt{1.195 \times 1.189} = 1.192$

$=> N = \frac{\ln\left[\frac{0.008 - 0}{0.0004 - 0}\left(1 - \frac{1}{1.192}\right) + \frac{1}{1.192}\right]}{\ln(1.192)} = 7.97(板)$

圖解法：

對丙酮作質量平衡 $L_0x_0 + V_{n+1}y_{N+1} = L_nx_n + V_1y_1$

$=> V_{n+1}y_{n+1} = L_nx_n + V_1y_1 - L_0x_0$

$=> y_{n+1} = \frac{L_n}{V_{n+1}} x_n + \frac{V_1 y_1 - L_0 x_0}{V_{n+1}} = \frac{90}{30} x_n + \frac{29.772 \times 0.0004 - 90 \times 0}{30} = 3x_n + 0.0004$

求$y_A = 2.53x_A$之的平衡線，假設x_A值代入平衡線求y_A值

y_A	2.53×10^{-3}	5.06×10^{-3}	7.59×10^{-3}
x_A	0.001	0.002	0.003

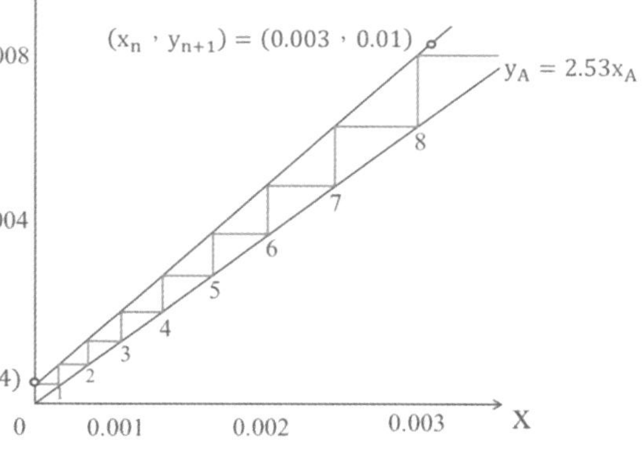

步驟:
1.由假設x_A值代入平衡線求y_A值，可畫出一條平衡線。
2.在圖上定出$(x_0，y_1) = (0，0.0004)$與$(x_n，y_{n+1}) = (0.0025，0.008)$可畫出吸收的操作線。
3.由點$(x_0，y_1)$往右畫水平線接觸到平衡線，再往上畫垂直線接觸到操作線，如此反覆超越點$(x_n，y_{n+1})$則可得理論板數約8.2板。

〈類題 27－19〉一常壓逆流式接觸填充塔中，以水進行空氣中氨吸收，水溫及空氣均為68°F且恆溫操作，純水不含氨，流量為75lbm/hr，空氣流量1540ft³/hr，若空氣中氨濃度由3.52vol%降低至1.29 vol%，參考平衡數據：其中$X(\text{lbmolNH}_3/\text{lbmol 水})$，$Y(\text{lbmolNH}_3/\text{lbmol 空氣})$

(一)計算$(L_S/G_S)_{actual}$及$(L_S/G_S)_{minimum}$比值。(3W，Ch31.3 Exercise 3)
(二)簡圖說明 actual 和 mininum 的 Y_A Vs X_A 的操作線。

$X(\text{lbmolNH}_3/\text{lbmol 水})$	0.0164	0.0252	0.0349	0.0455	0.0722
$Y(\text{lbmolNH}_3/\text{lbmol 空氣})$	0.021	0.032	0.042	0.053	0.08

Sol：(一)對 A 作質量平衡 $G_1y_{A1} + L_2x_{A2} = G_2y_{A2} + L_1x_{A1}$ (1)
L_s惰性液體流量；G_s惰性氣體流量(假設L_s與G_s分別為惰性物質)
$L_s = L_1(1 - x_{A1})$；$G_s = G_1(1 - y_{A1})$；$L_s = L_2(1 - x_{A2})$；$G_s = G_2(1 - y_{A2})$

代入(1)式$=> G_s\left(\frac{y_{A1}}{1-y_{A1}}\right) + L_s\left(\frac{x_{A2}}{1-x_{A2}}\right) = G_s\left(\frac{y_{A2}}{1-y_{A2}}\right) + L_s\left(\frac{x_{A1}}{1-x_{A1}}\right)$ (2)

令$Y_A = \frac{y_A}{1-y_A}$；$X_A = \frac{x_A}{1-x_A}$ 代入(2)式$=> G_sY_{A1} + L_sX_{A2} = G_sY_{A2} + L_sX_{A1}$

$=>\left(\frac{L_s}{G_s}\right)_{act}=\frac{Y_{A1}-Y_{A2}}{X_{A1}-X_{A2}}$ (3)，$X_{A2}=\frac{x_{A2}}{1-x_{A2}}=0$，$Y_{A1}=\frac{y_{A1}}{1-y_{A1}}=\frac{0.0352}{1-0.0352}=0.0365$

，$Y_{A2}=\frac{y_{A2}}{1-y_{A2}}=\frac{0.0129}{1-0.0129}=0.0131$

$x_{A2}=0$　$y_{A2}=0.0129$

$x_{A1}=?$　$y_{A1}=0.0352$

$$G_1=\frac{N_1}{A}=\frac{PQ}{RTA}=\frac{1atm\times1540\frac{ft^3}{hr}}{0.73\frac{atm\cdot ft^3}{lbmol\cdot°R}\times(460+68)°R\times A}=\frac{4}{A}\left(\frac{lbmol}{hr\cdot ft^2}\right)$$

$$=>G_s=G_1(1-y_{A1})=\frac{4}{A}(1-0.0352)=\frac{3.85}{A}\left(\frac{lbmol}{hr\cdot ft^2}\right)$$

$$=>L_s=\frac{75\frac{lbm}{hr}}{18\frac{lbm}{lbmmol}\times A}=\frac{4.17}{A}\left(\frac{lbmol}{hr\cdot ft^2}\right)\ =>\left(\frac{L_s}{G_s}\right)_{act}=\frac{\frac{4.17}{A}\left(\frac{lbmol}{hr\cdot ft^2}\right)}{\frac{3.85}{A}\left(\frac{lbmol}{hr\cdot ft^2}\right)}=1.08$$

所有數值代入(3)式$=>1.08=\frac{0.0365-0.0131}{X_{A1}-0}$ $=>X_{A1}=0.0216$

由(3)式可表示最小氣液比爲：$\left(\frac{L_s}{G_s}\right)_{min}=\frac{Y_{A1}-Y_{A2}}{X'-X_{A2}}=\frac{0.0365-0.0131}{0.0296-0}=0.79$

$$=>\frac{\left(\frac{L_s}{G_s}\right)_{act}}{\left(\frac{L_s}{G_s}\right)_{min}}=\frac{1.08}{0.79}=1.37$$

(二)簡圖說明如下：可得知操作線爲$\left(\frac{L_s}{G_s}\right)_{min}$時，理論板數爲$N=N_\infty$。

步驟:
1.由題目所給的X_A與Y_A值，可畫出一條平衡線。
2.在圖上定出(X_{A1}，Y_{A1})＝(0.0216，0.0365)與(X_{A2}，Y_{A2})＝(0，0.0131)可畫出吸收的操作線。
3.由點(X_{A2}，Y_{A2})＝(0，0.0131)往右畫斜線接觸到平衡線與平行虛線，再往下畫虛線接觸到x軸，可得$X'\fallingdotseq0.0296$。

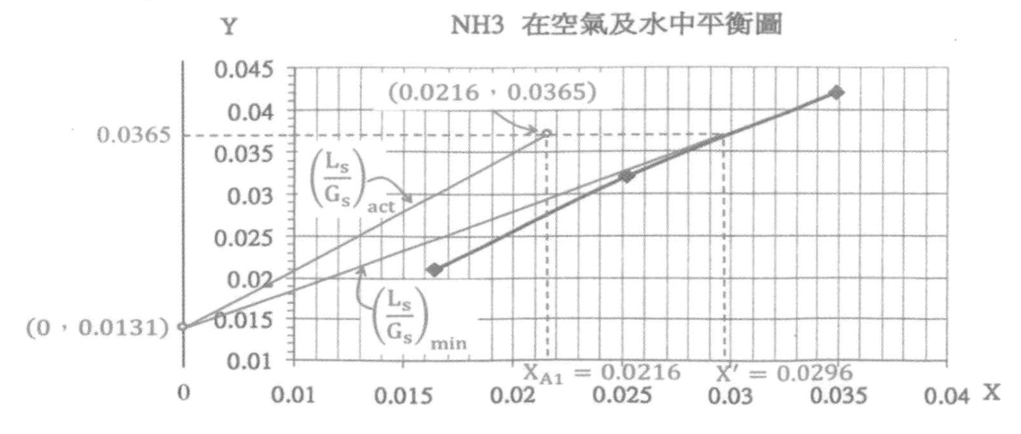

〈類題 27 − 20〉若改爲順流式吸收塔，若$\left(-\frac{L_s}{G_s}\right)_{act} = 1.37\left(-\frac{L_s}{G_s}\right)_{min}$

求(一)$\left(-\frac{L_s}{G_s}\right)_{min}$？(二)$(L_s)_{act}$？(三)出口濃度？

(一)

步驟:
1. 由題目所給的X_A與Y_A值，可畫出一條平衡線。
2. 在圖上定出$(X_{A1}，Y_{A1}) = (0，0.0365)$往右下畫斜線接觸到平衡線與平行虛線交會，再往下畫虛線接觸到x軸，可得$X' \doteqdot 0.01$。

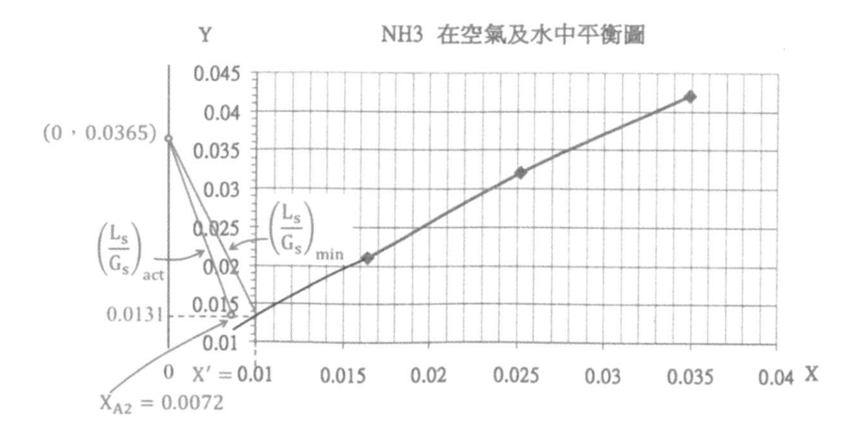

以相同方式對 A 作質量平衡$G_sY_{A1} + L_sX_{A1} = G_sY_{A2} + L_sX_{A2}$ (1)

$$=>\left(-\frac{L_s}{G_s}\right)_{act} = \frac{Y_{A1}-Y_{A2}}{X_{A1}-X_{A2}} \ (3)，X_{A1} = \frac{x_{A1}}{1-x_{A1}} = 0$$

$$Y_{A1} = \frac{y_{A1}}{1-y_{A1}} = \frac{0.0352}{1-0.0352} = 0.0365$$

$$Y_{A2} = \frac{y_{A2}}{1-y_{A2}} = \frac{0.0129}{1-0.0129} = 0.0131$$

$x_{A2} = ?$　$y_{A2} = 0.0129$

$x_{A1} = 0$　$y_{A1} = 0.0352$

由第(3)式，最小氣液比可改寫爲$\left(-\frac{L_s}{G_s}\right)_{min} = \frac{Y_{A1}-Y_{A2}}{X_{A1}-X'} = \frac{0.0365-0.0131}{0-0.01} = -2.34$

(二)$\left(\frac{L_s}{G_s}\right)_{act} = 1.37\left(\frac{L_s}{G_s}\right)_{min} = 1.37(-2.34) = -3.21$

$$=>G_s = G_1(1-y_{A1}) = \frac{4}{A}(1-0.0352) = \frac{3.85}{A}\left(\frac{lbmol}{hr\cdot ft^2}\right)$$

$$=>(L_s)_{act} = 3.21\left(\frac{3.85}{A}\right) = \frac{12.4}{A}\left(\frac{lbmol}{hr\cdot ft^2}\right)$$

(三)由(3)式$\left(-\frac{L_S}{G_S}\right)_{act}=\frac{Y_{A1}-Y_{A2}}{X_{A1}-X_{A2}}$=>$-3.21=\frac{0.0365-0.0131}{0-X_{A2}}$

=>$X_{A2}=0.0072$=>$X_{A2}=\frac{x_{A2}}{1-x_{A2}}$=>$0.0072=\frac{x_{A2}}{1-x_{A2}}$=>$x_{A2}=0.0071$

〈類題 27－21〉氨-空氣的氣流一常壓順流式接觸填充塔中，以水進行空氣中氨吸收，若空氣中氨濃度經由吸收程序後莫爾分率由 3.52%降低至 1.29 %，若$(-L_S/G_S)_{actual}=1.37(-L_S/G_S)_{minimum}$，請計算$(-L_S/G_S)_{actual}$及$(-L_S/G_S)_{minimum}$的值各爲多少？參考氨與水平衡式爲$Y_A=1.31X_A$。

Sol：由〈類題 27－20〉=>$\left(-\frac{L_S}{G_S}\right)_{act}=\frac{Y_{A1}-Y_{A2}}{X_{A1}-X_{A2}}$ (3)

$x_{A2}=?$　$y_{A2}=0.0129$

$x_{A1}=0$　$y_{A1}=0.0352$

$X_{A1}=\frac{x_{A1}}{1-x_{A1}}=0$，$Y_{A1}=\frac{y_{A1}}{1-y_{A1}}=\frac{0.0352}{1-0.0352}=0.0365$

$Y_{A2}=\frac{y_{A2}}{1-y_{A2}}=\frac{0.0129}{1-0.0129}=0.0131$

最小氣液比可改寫爲$\left(-\frac{L_S}{G_S}\right)_{min}=\frac{Y_{A1}-Y_{A2}}{X_{A1}-X'}$，$y_A=1.31x_A$

=>$0.0131=1.31X'$=>$X'=0.01$=>$\left(-\frac{L_S}{G_S}\right)_{min}=\frac{0.0365-0.0131}{0-0.01}=-2.34$

=>$\left(\frac{L_S}{G_S}\right)_{act}=1.37\left(-\frac{L_S}{G_S}\right)_{min}=1.37(-2.34)=-3.2$

〈類題 27－22〉有一 1atm 常壓操作逆流式接觸填充塔中，以水進行空氣中氨吸收，水溫及空氣均爲 68°F且恆溫操作，純水不含氨，流量爲70lbm/hr，空氣流量$1500ft^3/hr$，如果氨之含量經吸收塔操作後，氨濃度由 3.52%(體積)降低至 1.29 %(體積)，參考平衡數據：其中X(lbmolNH_3/lbmol 水)，Y(lbmolNH_3/lbmol 空氣)

(一)計算吸收塔操作線斜率？(二)塔底出口水中含氨之濃度？

X(lbmolNH_3/lbmol 水)	0.0164	0.0252	0.0349	0.0455	0.0722
Y(lbmolNH_3/lbmol 空氣)	0.021	0.032	0.042	0.053	0.08

Sol：(一)由〈類題 27－19〉 $=>\left(\frac{L_s}{G_s}\right)_{act}=\frac{Y_{A1}-Y_{A2}}{X_{A1}-X_{A2}}$ (3)

$$G_1=\frac{N_1}{A}=\frac{PQ}{RTA}=\frac{1atm\times1500\frac{ft^3}{hr}}{0.73\frac{atm\cdot ft^3}{lbmol\cdot°R}\times(460+68)°R\times A}=\frac{3.89}{A}\left(\frac{lbmol}{hr\cdot ft^2}\right)$$

$$=>G_s=G_1(1-y_{A1})=\frac{3.89}{A}(1-0.0352)=\frac{3.75}{A}\left(\frac{lbmol}{hr\cdot ft^2}\right)$$

$$=>L_S=\frac{70\frac{lbm}{hr}}{18\frac{lbm}{lbmmol}\times A}=\frac{3.89}{A}\left(\frac{lbmol}{hr\cdot ft^2}\right)\ =>\left(\frac{L_s}{G_s}\right)_{act}=\frac{\frac{3.89}{A}\left(\frac{lbmol}{hr\cdot ft^2}\right)}{\frac{3.75}{A}\left(\frac{lbmol}{hr\cdot ft^2}\right)}=1.04$$

$$(二)X_{A2}=\frac{x_{A2}}{1-x_{A2}}=0，Y_{A1}=\frac{y_{A1}}{1-y_{A1}}=\frac{0.0352}{1-0.0352}=0.0365$$

$$Y_{A2}=\frac{y_{A2}}{1-y_{A2}}=\frac{0.0129}{1-0.0129}=0.0131\ =>\left(\frac{L_s}{G_s}\right)_{act}=\frac{Y_{A1}-Y_{A2}}{X_{A1}-X_{A2}}$$

$$=>1.04=\frac{0.0365-0.0131}{X_{A1}-0}\ =>X_{A1}=0.0225$$

〈類題 27－23〉A 與 B 之氣體混合物由填充塔底端進入，頂端留下液體 C 吸收氣體中的 A，今此吸收塔兩端氣液兩相濃度如圖所示，設在此溫度時，氣液兩相之平衡式爲$y_A=1.25x_A$，試求操作線的$(L_S/G_S)_{actual}$值爲$(L_S/G_S)_{minimum}$值的若干倍？(假設在稀薄系統)

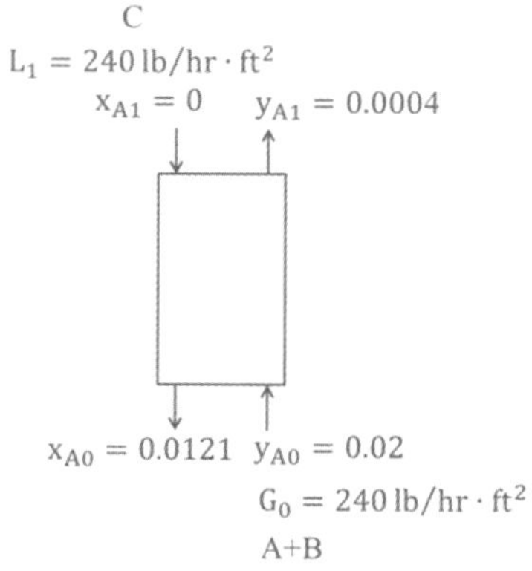

Sol：由質量平衡$=>\left(\frac{L_s}{G_s}\right)_{act}=\frac{y_{A1}-y_{A2}}{x_{A1}-x_{A2}}$ (3)

$$=>\left(\frac{L_s}{G_s}\right)_{act}=\frac{y_{A0}-y_{A1}}{x_{A0}-x_{A1}}=\frac{0.02-0.0004}{0.0121-0}=1.61$$

最小氣液比可表示爲$\left(\frac{L_s}{G_s}\right)_{min}=\frac{y_{A0}-y_{A1}}{x'-x_{A1}}$

$$y_{A0}=1.25x'\ =>0.02=1.25x'\ =>x'=0.016$$

$$\left(\frac{L_s}{G_s}\right)_{min}=\frac{y_{A0}-y_{A1}}{x'-x_{A1}}=\frac{0.02-0.0004}{0.016-0}=1.225\ =>\frac{\left(\frac{L_s}{G_s}\right)_{act}}{\left(\frac{L_s}{G_s}\right)_{min}}=\frac{1.61}{1.225}=1.31$$

C
$L_1=240\ lb/hr\cdot ft^2$
$x_{A1}=0$　$y_{A1}=0.0004$
$x_{A0}=0.0121$　$y_{A0}=0.02$
$G_0=240\ lb/hr\cdot ft^2$
A+B

〈類題 27－24〉設將一含有 2mol%乙醇與 98mol%水混合物，在一板塔中汽提成含量不超過 0.01mol%乙醇之塔底產物。蒸汽經底板液體中之開式盤管輸入，成爲蒸氣之一種來源。進料乃在其沸點，蒸氣流量爲每莫耳進料爲 0.2 莫耳蒸汽，對於稀釋之乙醇水溶液，平衡線爲直線且以$y_e = 9.0x_e$表示。試問共需多少理想板數？(McCabe 例題 21.4)

Sol：質量平衡$L_a x_a + V_b y_b = L_b x_b + V_a y_a$ (1) (假設 L 與V分別爲惰性物質)

令$L = L_a(1 - x_a)$；$V = V_a(1 - y_a)$；$L = L_b(1 - x_b)$；$V = V_b(1 - y_b)$

代入(1)式=>$L\left(\frac{x_a}{1-x_a}\right) + V\left(\frac{y_b}{1-y_b}\right) = L\left(\frac{x_b}{1-x_b}\right) + V\left(\frac{y_a}{1-y_a}\right)$

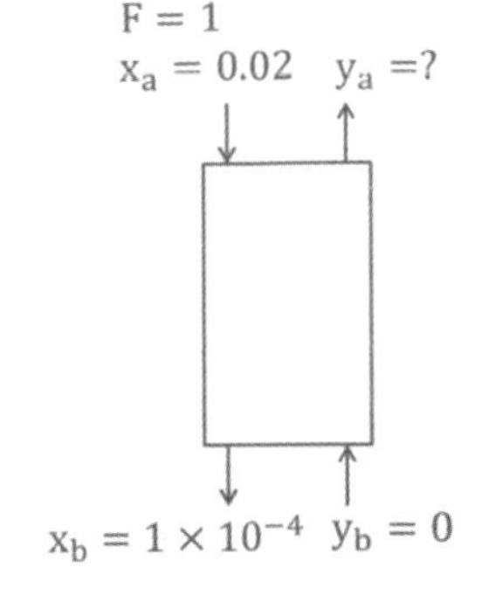

假設在稀薄系統：$1 - x \doteqdot 1$；$1 - y \doteqdot 1$，

上式變爲：$Lx_a + Vy_b = Lx_b + Vy_a$

$$=> y_a = \frac{L}{V}(x_a - x_b) = \frac{1}{0.2}(0.02 - 10^{-4}) = 0.0995$$

$y_a = 9.0x_a^*$ =>$0.0995 = 9.0x_a^*$ =>$x_a^* = 0.011$

$y_b = 9.0x_b^*$ =>$0 = 9.0x_b^*$ =>$x_b^* = 0$

Kremser equation for stripping：操作線和平衡線假設皆爲直線下

$$S(\text{氣提因子}) = m\frac{V}{L} = \frac{\text{平衡線斜率}}{\text{操作線斜率}} = 9\left(\frac{0.2}{1}\right) = 1.8$$

$$=> N = \frac{\ln\left(\frac{x_a - x_a^*}{x_b - x_b^*}\right)}{\ln S} = \frac{\ln\left(\frac{0.02-0.011}{10^{-4}-0}\right)}{\ln(1.8)} = 7.6(\text{板})$$

〈類題 27－25〉在 303K 與 101.3kPA 時，在板式吸收塔中，以純水和空氣流接觸利用吸收法吸收空氣中的乙醇，已知入料氣體流率爲100kgmol/hr，其中含有2.2mol%乙醇，預期回收 90%以上的乙醇，在此稀薄範圍內的平衡關係爲$y = mx = 0.68x$，設液體之流率爲最小流率的 1.5 倍。分別試以圖解法與解析方程式。決定所需理論板數爲多少？ (Geankoplis 例題 10.6-3)

V_1 =?
y_1 =?
L_0 =?
$x_0 = 0$
1　2　3　n
$V_{n+1} = 100$
$y_{n+1} = 0.022$
L_n =? x_n =?

Sol：進入第 N 階 V 相中：乙醇速率$= y_{n+1}V_{n+1} = 0.022 \times 100 = 2.2\left(\frac{\text{kgmol}}{\text{hr}}\right)$

空氣速率$V' = (1 - y_{n+1})V_{n+1} = (1 - 0.022) \times 100 = 97.8\left(\frac{\text{kgmol}}{\text{hr}}\right)$

離開第 1 階的 V 相的乙醇$= 0.1 \times 2.2 = 0.22\left(\frac{\text{kgmol}}{\text{hr}}\right)$

(0.1 表示吸收後剩下 10%乙醇)

離開第 n 階的 L 相的乙醇$= 0.9 \times 2.2 = 1.98\left(\frac{kgmol}{hr}\right)$

(0.9 表示 90%乙醇被吸收)

$V_1 = 97.8 + 0.22 = 98.02\left(\frac{kgmol}{hr}\right)$ =>$y_1 = \frac{0.22}{98.02} = 2.2 \times 10^{-3}$

質量平衡$L_0x_0 + V_{n+1}y_{N+1} = L_nX_n + V_1y_1$ (1) (假設L'與V'分別爲惰性物質)

令$L' = L_0(1 - x_0)$；$V' = V_1(1 - y_1)$；$L' = L_n(1 - x_n)$；$V' = V_{n+1}(1 - y_{n+1})$

代入(1)式=>$L'\left(\frac{x_0}{1-x_0}\right) + V'\left(\frac{y_{n+1}}{1-y_{n+1}}\right) = L'\left(\frac{x_n}{1-x_n}\right) + V'\left(\frac{y_1}{1-y_1}\right)$

當題目只給液體最小流率L_{min}時，上式可改寫爲

=>$L_{min}\left(\frac{x_0}{1-x_0}\right) + V'\left(\frac{y_{n+1}}{1-y_{n+1}}\right) = L_{min}\left(\frac{x'_n}{1-x'_n}\right) + V'\left(\frac{y_1}{1-y_1}\right)$

又$y_{n+1} = 0.68x'_N$ =>$x'_n = \frac{y_{n+1}}{0.68} = \frac{0.022}{0.68} = 0.0323$

=>$L_{min}\left(\frac{0}{1-0}\right) + 97.8\left(\frac{0.022}{1-0.022}\right) = L_{min}\left(\frac{0.0323}{1-0.0323}\right) + 97.8\left(\frac{2.2\times10^{-3}}{1-2.2\times10^{-3}}\right)$

=>$L_{min} = 59.45\left(\frac{kgmol}{hr}\right)$ =>$L' = 1.5L_{min} = 1.5(59.45) = 89.18\left(\frac{kgmol}{hr}\right)$

$L' = L_0(1 - x_0)$ =>$89.18 = L_0(1 - 0)$ =>$L_0 = 89.18\left(\frac{kgmol}{hr}\right)$

=>$L_n = 89.18 + 1.98 = 91.16\left(\frac{kgmol}{hr}\right)$ =>$x_n = \frac{1.98}{91.16} = 0.0217$

※解析法：$N = \frac{\ln\left[\frac{y_{n+1}-mx_0}{y_1-mx_0}\left(1-\frac{1}{A}\right)+\frac{1}{A}\right]}{\ln A}$ 由 kremser equation 的吸收公式

$A_1 = \frac{L_0}{mV_1} = \frac{89.18}{0.68\times98.02} = 1.337$ ；$A_N = \frac{L_n}{mV_{n+1}} = \frac{91.16}{0.68\times100} = 1.341$

兩者取幾何平均=>$A = \sqrt{A_1 \cdot A_N} = \sqrt{1.337 \times 1.341} = 1.338$

=> $N = \frac{\ln\left[\frac{0.022-0}{2.2\times10^{-3}-0}\left(1-\frac{1}{1.338}\right)+\frac{1}{1.338}\right]}{\ln(1.338)} = 4$(板)

※圖解法：

y_A	6.8×10^{-3}	1.36×10^{-2}	0.02
x_A	0.01	0.02	0.03

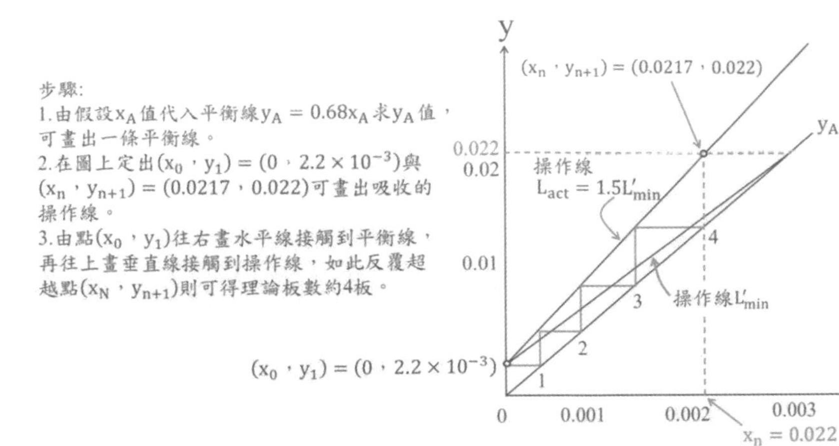

〈類題 27－26〉甲苯在 30℃下含有 680ppmH_2O，需用分餾乾燥至 0.3ppmH_2O，進料從塔頂送入，塔頂蒸汽冷凝至 30℃，並分爲兩層，然後將水份去除，已知水對甲苯之相對揮發度爲 120，若每莫耳之液體進料使用 0.25 莫耳蒸汽，則此氣提塔需要多少理論板數？(忽略塔內 L/V 的變化)(McCabe 習題 21.15)

Sol：已知$V=0.25mol$；並假設$L=1mol$；且$y_e=120x_e$

與〈類題 27－24〉假設相同，在稀薄系統：$Lx_a+Vy_b=Lx_b+Vy_a$

$=>y_a=\frac{L}{V}(x_a-x_b)=\frac{1}{0.25}(680-0.3)=2718.8$

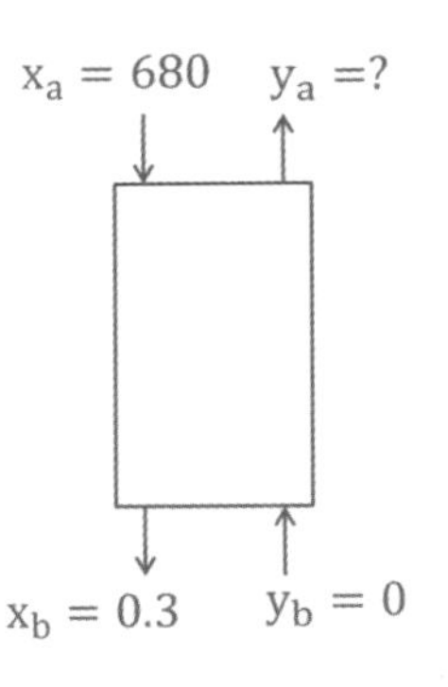

$y_a=120x_a^*$ $=>2718.8=120x_a^*$ $=>x_a^*=22.66$

$y_b=120x_b^*$ $=>0=120x_b^*$ $=>x_b^*=0$

操作線和平衡線假設皆爲直線下：Kremser equation

for stripping：$S(\text{氣提因子})=m\frac{V}{L}=120\left(\frac{0.25}{1}\right)=30$

$$=>N=\frac{\ln\left(\frac{x_a-x_a^*}{x_b-x_b^*}\right)}{\ln S}=\frac{\ln\left(\frac{680-22.66}{0.3-0}\right)}{\ln(30)}=2.26(\text{板})$$

〈類題 27－27〉利用某種不會揮發的油來吸收空氣中的丙酮，在吸收塔利用油與空氣/丙酮混合氣形成逆向流。由塔底進入的混合氣中含 0.3 莫爾分率的丙酮；塔底留下的油則無丙酮。混合氣中的丙酮有 97%會被吸收掉，底部流出的液體含有 0.1 莫爾分率的丙酮。油氣的平衡關係爲$y_A = 1.9x_A$，請求理論板數。

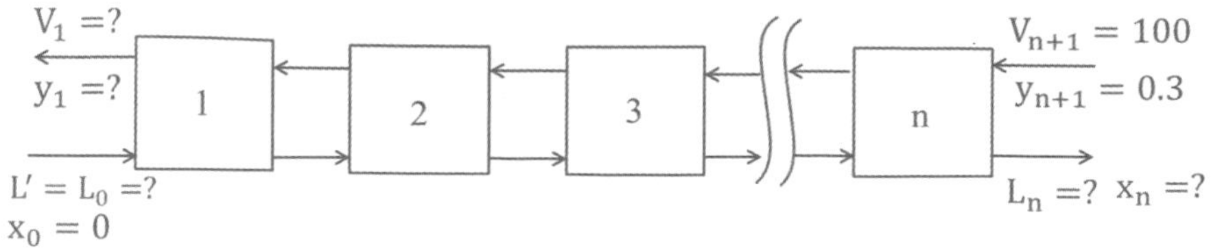

$V_1 = ?$ $y_1 = ?$ $L' = L_0 = ?$ $x_0 = 0$ 1 2 3 n $V_{n+1} = 100$ $y_{n+1} = 0.3$ $L_n = ?$ $x_n = ?$

Sol：設空氣流率爲$V_{n+1} = 100\left(\frac{kgmol}{hr}\right)$

進入第 N 階 V 相中：丙酮速率 $= y_{n+1}V_{n+1} = 0.3 \times 100 = 30\left(\frac{kgmol}{hr}\right)$

空氣速率 $= (1 - y_{n+1})V_{n+1} = (1 - 0.3) \times 100 = 70\left(\frac{kgmol}{hr}\right)$

離開第 1 階的 V 相中的丙酮$= 0.03 \times 30 = 0.9\left(\frac{kgmol}{hr}\right)$

(0.03 表示吸收後剩下 3%丙酮)

離開第 n 階的 L 相的丙酮$= 0.97 \times 30 = 29.1\left(\frac{kgmol}{hr}\right)$

(0.97 表示 97%丙酮被吸收)

$V_1 = 70 + 0.9 = 70.9\left(\frac{kgmol}{hr}\right)$ =>$y_1 = \frac{0.9}{70.9} = 0.0127$

已知底部流出的液體含 0.1 莫爾分率的丙酮=>$29.1 = L_n(0.1)$

=>$L_n = 291\left(\frac{kgmol}{hr}\right)$，又$L_n = L_0 + 29.1$ =>$L_0 = L' = 261.9\left(\frac{kgmol}{hr}\right)$

※解析法：$N = \frac{\ln\left[\frac{y_{n+1}-mx_0}{y_1-mx_0}\left(1-\frac{1}{A}\right)+\frac{1}{A}\right]}{\ln A}$ 由 kremser equation 的吸收公式

$A_1 = \frac{L_0}{mV_1} = \frac{261.9}{1.9\times70.9} = 1.94$ ；$A_N = \frac{L_n}{mV_{n+1}} = \frac{291}{1.9\times100} = 1.53$

兩者取幾何平均=>$A = \sqrt{A_1 \cdot A_N} = \sqrt{1.94 \times 1.53} = 1.72$

=> $N = \frac{\ln\left[\frac{0.3-0}{0.0127-0}\left(1-\frac{1}{1.72}\right)+\frac{1}{1.72}\right]}{\ln(1.72)} = 4.3$(板)

由〈類題 27 − 25〉質量平衡觀念(求吸收操作線)

=>$L'\left(\frac{x_0}{1-x_0}\right) + V'\left(\frac{y_{n+1}}{1-y_{n+1}}\right) = L'\left(\frac{x_n}{1-x_n}\right) + V'\left(\frac{y_1}{1-y_1}\right)$

$$=>261.9\left(\frac{0}{1-0}\right)+70\left(\frac{y_{n+1}}{1-y_{n+1}}\right)=261.9\left(\frac{x_n}{1-x_n}\right)+70\left(\frac{0.0127}{1-0.0127}\right)$$

※圖解法：

y_A	9.5×10^{-2}	0.19	0.285
x_A	0.05	0.1	0.15

由假設x_n值代入吸收操作線求y_{n+1}值，可畫出一條操作線：

y_{n+1}	0.0127	0.1	0.245	0.3
x_n	0	0.025	0.075	0.1

步驟:
1.由假設x_A值代入平衡線$y_A=1.9x_A$求y_A值，可畫出一條平衡線。
2.在圖上定出$(x_0，y_1)=(0，0.0127)$與$(x_n，y_{n+1})=(0.1，0.3)$可畫出吸收的操作線。
3.由點$(x_0，y_1)$往右畫水平線接觸到平衡線，再往上畫垂直線接觸到操作線，如此反覆超越點$(x_n，y_{n+1})$則可得理論板數約4.3板。

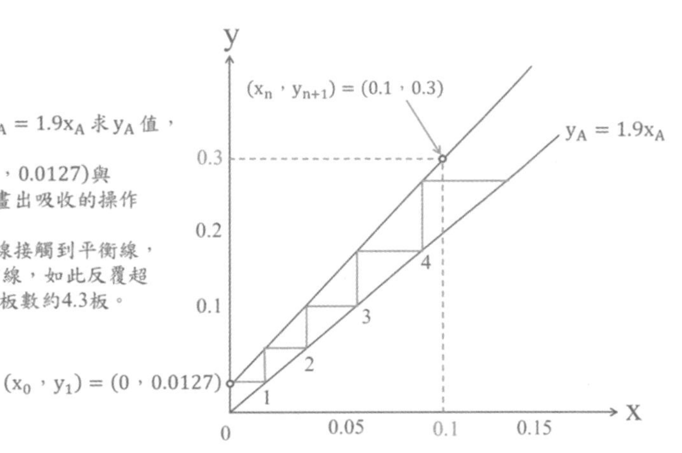

〈類題 27－28〉吸收塔以逆流方式用水吸收空氣中的氨，使出口空氣氨濃度不超過 0.3mol%，若空氣進料含氨 5.0mol%，流量20kgmol/hr，純水進料流量60kgmol/hr，已知氨-水平衡關係爲$y_A=2.5x_A$，試計算(一)氨氣被水吸收量？(二)理論板數爲幾板？

$V_1=?$　$y_1=3\times10^{-3}$　[1]→[2]→[3]…[n]　$V_{n+1}=20$　$y_{n+1}=0.05$
$L_0=60$　$x_0=0$　　$L_n=?$　$x_n=?$

Sol：

$$(一)V_{NH_3}=V_{n+1}(y_{n+1}-y_1)=20(0.05-3\times10^{-3})=0.94\left(\frac{kgmol}{hr}\right)$$

(二)由〈類題 27－25〉質量平衡觀念(求吸收操作線)

$$=>L'\left(\frac{x_0}{1-x_0}\right)+V'\left(\frac{y_{n+1}}{1-y_{n+1}}\right)=L'\left(\frac{x_n}{1-x_n}\right)+V'\left(\frac{y_1}{1-y_1}\right)$$

$$L'=L_0(1-x_0)=60(1-0)=60\left(\frac{kgmol}{hr}\right)$$

$$V' = V_{n+1}(1 - y_{n+1}) = 20(1 - 0.05) = 19\left(\frac{kgmol}{hr}\right)$$

$$=>60\left(\frac{0}{1-0}\right) + 19\left(\frac{0.05}{1-0.05}\right) = 60\left(\frac{x_n}{1-x_n}\right) + 19\left(\frac{3\times10^{-3}}{1-3\times10^{-3}}\right) \ =>x_n = 0.0155$$

※圖解法：

y_A	2.5×10^{-3}	5.0×10^{-3}	7.5×10^{-3}
x_A	0.001	0.002	0.003

步驟:
1.由假設x_A值代入平衡線$y_A = 2.5x_A$求y_A值，可畫出一條平衡線。
2.在圖上定出$(x_0，y_1) = (0，3\times10^{-3})$與$(x_n，y_{n+1}) = (0.0155，0.05)$可畫出吸收的操作線。
3.由點$(x_0，y_1)$往右畫水平線接觸到平衡線，再往上畫垂直線接觸到操作線，如此反覆超越點$(x_n，y_{n+1})$則可得理論板數約6.5板。

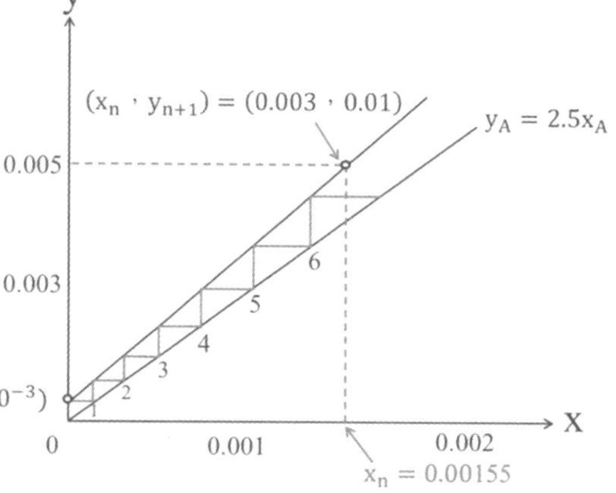

※解析法：(假設L′與V′分別爲惰性物質)

$$L' = L_n(1 - x_n) =>60 = L_n(1 - 0.015) =>L_n = 60.9\left(\frac{kgmol}{hr}\right)$$

$$V' = V_1(1 - y_1) =>19 = V_1(1 - 0.003) =>V_1 = 19.0\left(\frac{kgmol}{hr}\right)$$

$$N = \frac{\ln\left[\frac{y_{n+1}-mx_0}{y_1-mx_0}\left(1-\frac{1}{A}\right)+\frac{1}{A}\right]}{\ln A}$$ 由 kremser equation 的吸收公式

$$A_1 = \frac{L_0}{mV_1} = \frac{60}{2.5\times19.0} = 1.26 \quad ；A_N = \frac{L_n}{mV_{n+1}} = \frac{60.9}{2.5\times20} = 1.218$$

兩者取幾何平均$=>A = \sqrt{A_1 \cdot A_N} = \sqrt{1.26 \times 1.218} = 1.238$

$$=>N = \frac{\ln\left[\frac{0.05-0}{0.003-0}\left(1-\frac{1}{1.238}\right)+\frac{1}{1.238}\right]}{\ln(1.238)} = 6.5(\text{板})$$

〈類題 27－29〉一吸收塔以水吸收氣體中所含的氨，氣體以100kgmol/hr流量由塔底進入，其中含有 30mol%的氨，若有 80%氨被水吸收，使塔底流出的液體含10mol%的氨，已知氨-水平衡關係爲$y_A = 2.5x_A$，試計算：(一)使用的水量？(二)

理論板數爲幾板？(三)$\left(\frac{L_s}{V_s}\right)_{min}$ = ？

V_1 =?　y_1 =?　1　2　3　n　$V_{n+1} = 100$　$y_{n+1} = 0.3$　L_0 =?　$x_0 = 0$　L_n =? $x_n = 0.1$

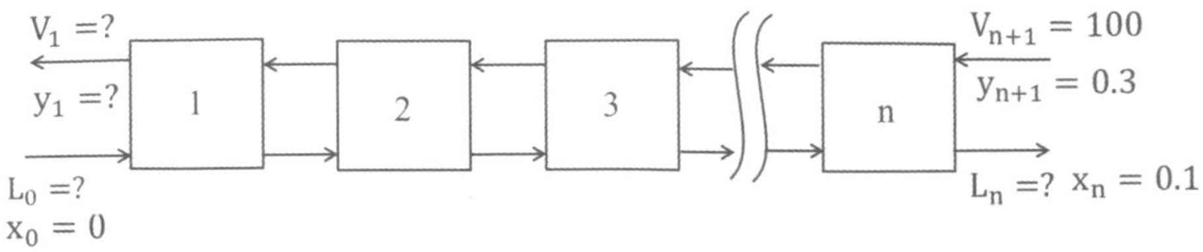

Sol：

(一)進入第 n 階吸收塔氨速率 $= y_{n+1}V_{n+1} = 0.3 \times 100 = 30\left(\frac{kgmol}{hr}\right)$

進入吸收塔空氣速率 $= (1 - y_{n+1})V_{n+1} = (1 - 0.3) \times 100 = 70\left(\frac{kgmol}{hr}\right)$

離開吸收塔的 V 相中的氨速率$= 0.2 \times 30 = 6\left(\frac{kgmol}{hr}\right)$

(0.2 表示吸收後剩下 20%氨)

離開吸收塔的 L 相中的氨速率$= 0.8 \times 30 = 24\left(\frac{kgmol}{hr}\right)$

(0.8 表示 80%氨被吸收)

$V_1 = 6 + 70 = 76\left(\frac{kgmol}{hr}\right)$ =>$y_1 = \frac{6}{76} = 0.0789$；$x_n = \frac{24}{L_0+24} = 0.1$

=>$L_0 = 216\left(\frac{kgmol}{hr}\right)$

(二)解析法：(假設L'與V'分別爲惰性物質)

$L' = L_n(1 - x_n)$ =>$216 = L_n(1 - 0.1)$ =>$L_n = 240\left(\frac{kgmol}{hr}\right)$

$V' = V_1(1 - y_1)$ =>$19 = V_1(1 - 0.003)$ =>$V_1 = 19.0\left(\frac{kgmol}{hr}\right)$

$N = \frac{\ln\left[\frac{y_{n+1}-mx_0}{y_1-mx_0}\left(1-\frac{1}{A}\right)+\frac{1}{A}\right]}{\ln A}$ 由 kremser equation 的吸收公式

$A_1 = \frac{L_0}{mV_1} = \frac{216}{2.5\times76} = 1.13$；$A_N = \frac{L_n}{mV_{n+1}} = \frac{240}{2.5\times100} = 0.96$

兩者取幾何平均=>$A=\sqrt{A_1\cdot A_N}=\sqrt{1.13\times0.96}=1.04$

$$=>N=\frac{\ln\left[\frac{0.3-0}{0.0789-0}\left(1-\frac{1}{1.04}\right)+\frac{1}{1.04}\right]}{\ln(1.04)}=2.6(\text{板})$$

※圖解法：

y_A	0.125	0.25	0.375
x_A	0.05	0.1	0.15

步驟:
1. 由假設x_A值代入平衡線$y_A=2.5x_A$求y_A值，可畫出一條平衡線。
2. 在圖上定出$(x_0，y_1)=(0，0.0789)$與$(x_n，y_{n+1})=(0.1，0.3)$可畫出吸收的操作線。
3. 由點$(x_0，y_1)$往右畫水平線接觸到平衡線，再往上畫垂直線接觸到操作線，如此反覆超越點$(x_n，y_{n+1})$則可得理論板數約3板。

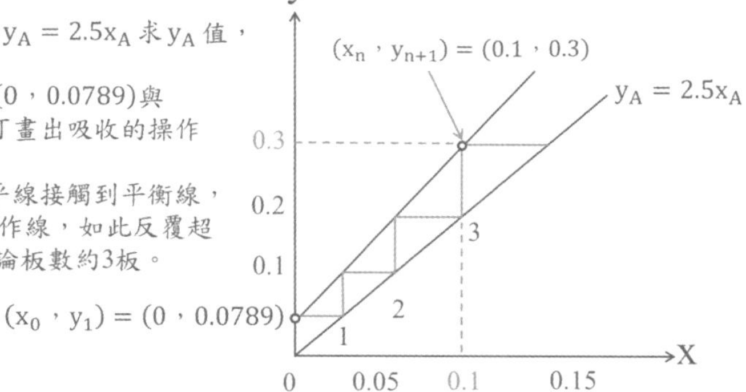

(三)由〈類題 27 − 25〉質量平衡觀念(求吸收操作線)

$$=>L'\left(\frac{x_0}{1-x_0}\right)+V'\left(\frac{y_{n+1}}{1-y_{n+1}}\right)=L'\left(\frac{x_n}{1-x_n}\right)+V'\left(\frac{y_1}{1-y_1}\right)$$

假設在稀薄系統$1-x\doteqdot1$；$1-y\doteqdot1$，上式變爲：

$L'x_0+V'y_{n+1}=L'x_n+V'y_1$ =>$L'(x_n-x_0)=V'(y_{n+1}-y_1)$

$=>\left(\frac{L'}{V'}\right)=\frac{y_{n+1}-y_1}{x_n-x_0}$ (3) 以最小液氣比表示=>$\left(\frac{L'}{V'}\right)_{min}=\frac{y_{n+1}-y_1}{x_n^*-x_0}$ (4)

$y_{n+1}=2.5x_n^*$ =>$0.3=2.5x_n^*$ =>$x_n^*=0.12$ =>$\left(\frac{L'}{V'}\right)_{min}=\frac{0.3-0.0789}{0.12-0}=1.84$

※圖解法：

y_A	2.5×10^{-3}	5.0×10^{-3}	7.5×10^{-3}
x_A	0.001	0.002	0.003

步驟:
1. 由假設x_A值代入平衡線$y_A=2.5x_A$求y_A值，可畫出一條平衡線。
2. 由點$(x_0，y_1)=(0，0.0789)$往右畫水平斜線與平行虛線交會接觸到平衡線，再往下畫虛線接觸到x軸，可得$x_n^*\doteqdot0.12$，此時$N=\infty$。再代入第(4)式求$\left(\frac{L'}{V'}\right)_{min}$數值。

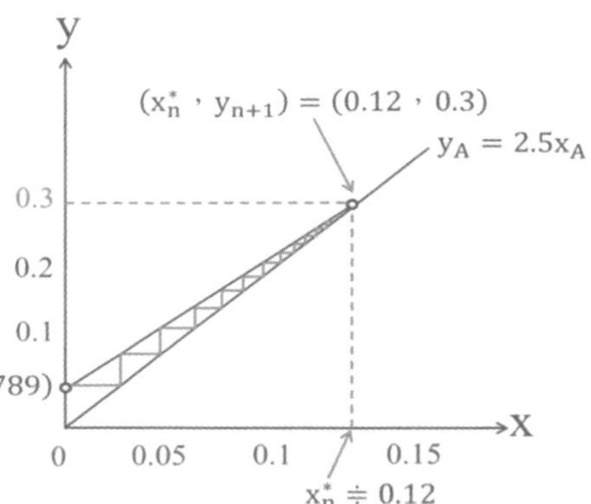

〈類題 27－30〉稀釋的水溶液含有一可溶性溶質，利用純溶劑通入逆流式的氣提塔去除 98%的溶質，已知溶質分配係數在此系統的$K_D = 8$，而K_D的定義爲溶質在溶劑中的濃度比值(y)與殘留相(x)比，$K_D = y/x$ (一)對此分離系統的需求，最小的溶劑液體流率(V_{min})比上進料液體 100mol 下，在此情況的理論板數爲多少？(二)假設溶劑流率(V)比上水溶液(L)爲V：L = 1：2，請問此時所需理論板數爲多少？

Sol：(一)與〈類題 27－24〉假設相同，在稀薄系統：$Lx_a + Vy_b = Lx_b + Vy_a$

$=> L(x_a - x_b) = V(y_a - y_b) \ => \left(\frac{L}{V}\right) = \frac{y_a - y_b}{x_a - x_b}$

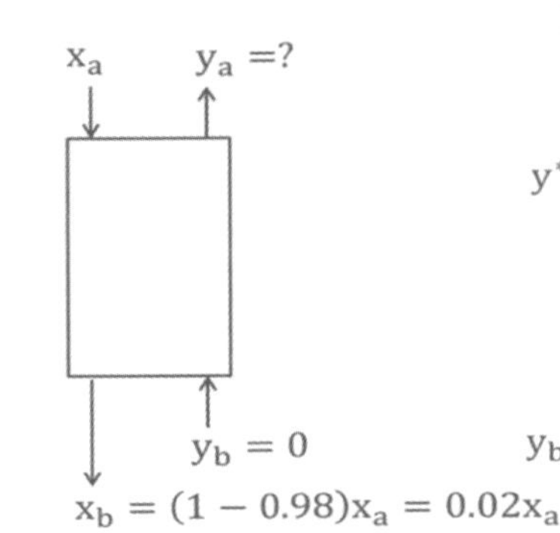

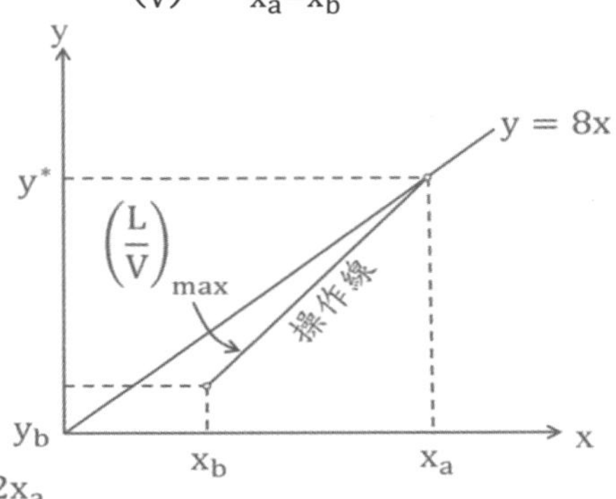

在氣提下的最大液氣比表示爲$=> \left(\frac{L}{V}\right)_{max} = \frac{y^* - y_b}{x_a - x_b}$

$$=> \left(\frac{L}{V}\right)_{max} = \frac{y^* - y_b}{x_a - x_b} = \frac{8x_a - 0}{x_a - 0.02x_a} = 8.16 \ (又 y^* = 8x_a)$$

$$=> \left(\frac{V}{L}\right)_{min} = \frac{1}{8.16} = 0.1225，此時 N = N_\infty$$

(二)由$Lx_a + Vy_b = Lx_b + Vy_a$

$$=> y_a = \left(\frac{L}{V}\right)(x_a - x_b) = \frac{2}{1}(x_a - 0.02x_a) = 1.96x_a$$

$y_a = 8x_a^* \ => 1.96x_a = 8x_a^* \ => x_a^* = 0.245x_a$

$y_b = 8x_b^* \ => 0 = 8x_b^* \ => x_b^* = 0$

Kremser equation for stripping：操作線和平衡線假設皆爲直線下

$$S(氣提因子) = m\frac{V}{L} = \frac{平衡線斜率}{操作線斜率} = 8\left(\frac{1}{2}\right) = 4$$

$$=> N = \frac{\ln\left(\frac{x_a - x_a^*}{x_b - x_b^*}\right)}{\ln S} = \frac{\ln\left(\frac{x_a - 0.245x_a}{0.02x_a - 0}\right)}{\ln(4)} = 2.62(板)$$

〈類題 27－31〉水溶液含有 30mol%的氨，利用空氣通入逆流式的氣提塔去除 95%的氨，已知平衡關係爲$y_e = 0.8x_e$(一)對此分離系統的需求，最小的空氣流率(V_{min})比上進料液體 100mol 下，最小的空氣流率爲多少？在此情況的理論板數爲多少？(二)假設進料空氣流率爲 1.5 倍的進料液體，請問此時所需理論板數爲多少？

Sol：(一)與〈類題 27－30〉假設相同$\Rightarrow \left(\frac{L}{V}\right)_{max} = \frac{y^*-y_b}{x_a-x_b}$

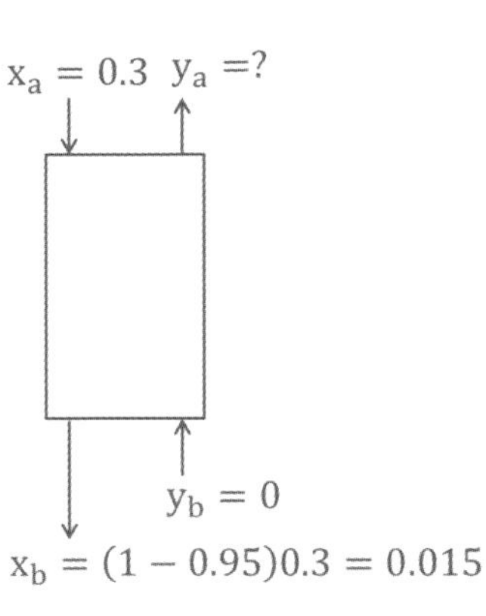

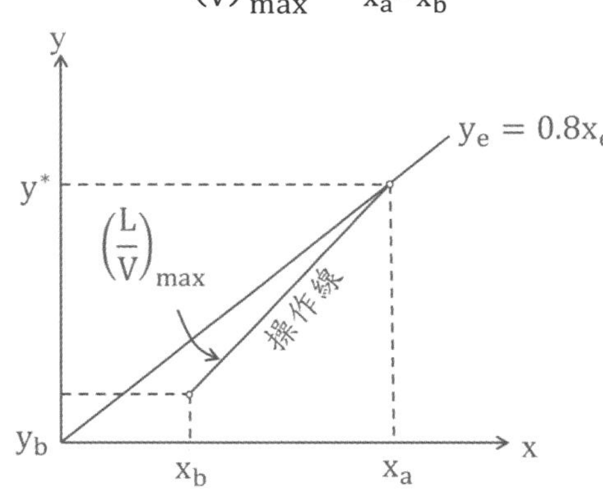

又$y^* = 0.8x_a = 0.8(0.3) = 0.24 \Rightarrow \left(\frac{L}{V}\right)_{max} = \frac{y^*-y_b}{x_a-x_b} = \frac{0.24-0}{0.3-0.015} = 0.842$

$\Rightarrow \left(\frac{V}{L}\right)_{min} = \frac{1}{0.842} = 1.2$；此時$N = N_\infty$；$L = L_a(1-x_a) = 100(1-0.3) = 70$

$\Rightarrow (V)_{min} = 70(1.2) = 84(mol)$

(二)$\left(\frac{L}{V}\right)_{act} = \frac{y_a-y_b}{x_a-x_b} \Rightarrow \left(\frac{1}{1.5}\right) = \frac{y_a-0}{0.3-0.015} \Rightarrow y_a = 0.19$

圖解法：

y_A	0.08	0.16	0.24
x_A	0.1	0.2	0.3

步驟:
1.由假設x_A值代入平衡線$y_A = 0.8x_A$求y_A值，可畫出一條平衡線。
2.在圖上定出$(x_a，y_a) = (0.3，0.19)$與$(x_b，y_b) = (0.015，0)$ 可畫出氣提的操作線。
3.由點 $(x_b，y_b)$ 往上畫垂直線接觸到平衡線，再往右畫水平線接觸到操作線，如此反覆超越點$(x_a，y_a)$則可得理論板數約7.8板。

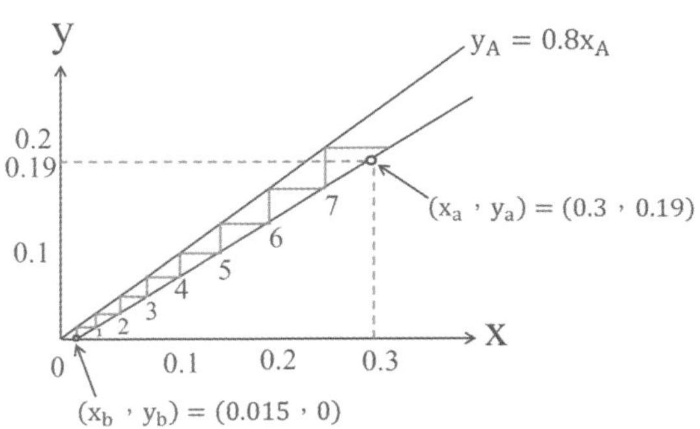

〈類題 27－32〉在含有 8 個篩孔板(sieve tray)之塔內，一稀釋的丙酮之水溶液經由氧氣逆向流接觸(countercurrent contact)。平衡關係式爲$y_e = 0.7x_e$，當氧氣的莫爾

流量(molar flow)爲丙酮水溶液的 2 倍時，95%之丙酮可以移除。(一)求此塔的理論板數(ideal stage)？板效率(stage efficiency)爲何？(二)如果氧氣的莫爾流量減少爲丙酮水溶液莫爾流量的 1.5 倍時，求丙酮的去除率爲多少？

Sol：(一)與〈類題 27－24〉假設相同，在稀薄系統：$Lx_a + Vy_b = Lx_b + Vy_a$ （y_b 畫斜線刪去）

$$=>y_a = \frac{L}{V}(x_a - x_b) = \frac{1}{2}(x_a - 0.05x_a) = 0.475x_a$$

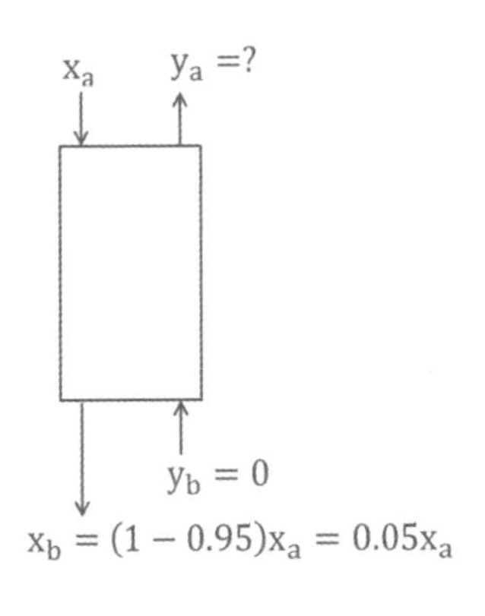

$y_a = 0.7x_a^*$ =>$0.475x_a = 0.7x_a^*$ =>$x_a^* = 0.6785x_a$

$y_b = 0.7x_b^*$ =>$0 = 0.7x_b^*$ =>$x_b^* = 0$

Kremser equation for stripping：

操作線和平衡線假設皆爲直線下

$$S(\text{氣提因子}) = m\frac{V}{L} = \frac{\text{平衡線斜率}}{\text{操作線斜率}} = 0.7\left(\frac{2}{1}\right) = 1.4$$

$$=> N = \frac{\ln\left(\frac{x_a - x_a^*}{x_b - x_b^*}\right)}{\ln S} = \frac{\ln\left(\frac{x_a - 0.6785x_a}{0.05x_a - 0}\right)}{\ln(1.4)} = 5.53(\text{板})$$

$$=>\eta = \frac{N_{ideal}}{N_{act}} \times 100\% = \frac{5.53}{8} \times 100\% = 69(\%)$$

$$(\text{二})y_a = \frac{L}{V}(x_a - x_b) = \frac{1}{1.5}[x_a - x_a(1-f)] = 0.67x_a f$$

x_a　y_a =?　$y_b = 0$　$x_b = (1-f)x_a$

$y_a = 0.7x_a^*$ =>$0.67x_a f = 0.7x_a^*$ =>$x_a^* = 0.952x_a f$

$y_b = 0.7x_b^*$ =>$0 = 0.7x_b^*$ =>$x_b^* = 0$

$$S(\text{氣提因子}) = m\frac{V}{L} = \frac{\text{平衡線斜率}}{\text{操作線斜率}} = 0.7\left(\frac{1.5}{1}\right) = 1.05$$

$$=>N = \frac{\ln\left(\frac{x_a - x_a^*}{x_b - x_b^*}\right)}{\ln S} =>5.53 = \frac{\ln\left[\frac{x_a - 0.952x_a f}{x_a(1-f) - 0}\right]}{\ln(1.05)}$$

$$=>0.269 = \ln\left(\frac{1-0.952f}{1-f}\right) \text{(等號兩邊取 e)} =>e^{0.269} = \frac{1-0.952f}{1-f}$$

$$=>f(\text{去除率}) = 0.865 = 86.5(\%)$$

〈類題 27－33〉一填充塔用以處理 25000ft^3/hr，含 2vol%(體積百分率)氨之進料空氣，純水用作吸收劑，操作溫度與壓力分別爲 68°F及 1atm，氣體常數$R = 0.7302\ ft^3 \cdot atm/lbmol \cdot °R$，氨及空氣的分子量分別爲 17 和 29。假設氣體與液體質量流率比爲 1，氣體之溢流速度G_y(單位 $lbm/ft^2 \cdot hr$)與液體質量速度

G_x(單位 $lbm/ft^2 \cdot hr$)間之關係可表示成$G_xG_y = 3 \times 10^6$(單位 $lbm^2/ft^4 \cdot hr^2$)，若操作氣體流速爲溢流速度之一半，則塔直徑爲多少？

Sol：輸入氣體平均分子量$= 29 \times 0.98 + 17 \times 0.02 = 28.76\left(\frac{lbm}{lbmol}\right)$

$$\rho_y = \frac{PM}{RT} = \frac{1atm \times 28.76\frac{lbm}{lbmol}}{\left(0.73\frac{ft^3 \cdot atm}{lbmol \cdot °R}\right)[(68+460)°R]} = 0.0746\left(\frac{lbm}{ft^3}\right)$$

已知$\frac{G_y}{G_x} = 1$ $=>G_x = G_y$ $=>G_y = \sqrt{3 \times 10^6} = 1732\left(\frac{lbm}{ft^2 \cdot hr}\right)$

$$\dot{m} = \dot{Q} \cdot \rho_y = \left(25000\frac{ft^3}{hr}\right)\left(0.0746\frac{lbm}{ft^3}\right) = 1865\left(\frac{lbm}{hr}\right)$$

當氣體流速爲溢流速度之一半：$\frac{G_y}{2} = \frac{\dot{m}}{\frac{\pi}{4}D^2}$ $=>\frac{1732}{2} = \frac{1865}{\frac{\pi}{4}D^2}$ $=>D = 1.65(ft)$

〈類題 27－34〉一填充塔裝填 1 吋磁製拉西環，擬以 1.5kg/sec的速率吸收 20°C，1atm，$0.07m^3/sec$的空氣(密度 $1.4\ kg/m^3$)中的某成份，若已知在此流率下氣體的泛溢速度爲$0.92\ kg/m^2 \cdot sec$，試求填充塔的直徑爲何？(假設操作速度爲泛溢速度的 50%)

Sol：$G_y = \frac{\dot{m}}{A} = \frac{\dot{Q} \cdot \rho_y}{\frac{\pi}{4}D^2}$ $=>0.92 \times 0.5 = \frac{0.07 \times 1.4}{\frac{\pi}{4}D^2}$ $=>D = 0.52(m)$

〈類題 27－34〉氣相中含 8mol%氨，以含有 2mol%氨之液體進行吸收，已知 VLE 下$y_{Ai} = 3x_{Ai}$，$k_x = 100\ mol/hr \cdot cm^2$，$k_y = 100\ mol/hr \cdot cm^2$，試計算氣液界面的組成？

液相 氣相
$y_{AG} = 0.08$
$y_{Ai} = 3\,x_{Ai}$
x_{Ai}
$0.02 = x_{AL}$
$\longleftarrow N_A$

Sol：雙膜理論$N_A = k_y(y_{AG} - y_{Ai}) = k_x(x_{Ai} - x_{AL})$

$=>100(0.08 - 3x_{Ai}) = 100(x_{Ai} - 0.02)$ $=>x_{Ai} = 0.025$

$=>y_{Ai} = 3x_{Ai} = 0.075$

〈類題 27－35〉氣相中含 4mol%氨，脫除含有 2mol%氨之液體，已知 VLE 下$y_{Ai} = 3x_{Ai}$，$k_x = 100\ mol/hr \cdot cm^2$，$k_y = 100\ mol/hr \cdot cm^2$，試計算氣液界面的組成？

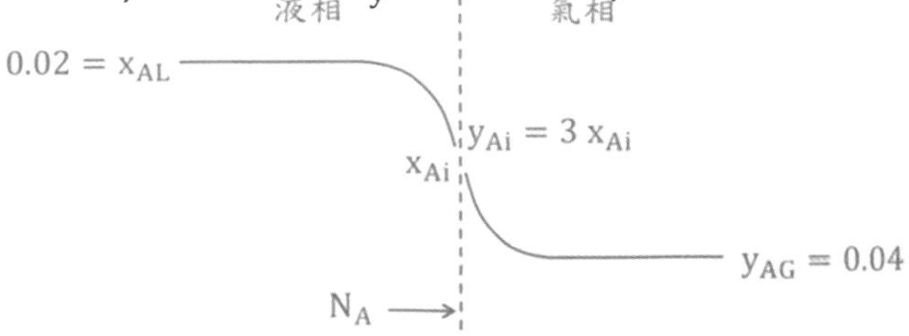

Sol：雙膜理論 $N_A = k_y(y_{Ai} - y_{AG}) = k_x(x_{AL} - x_{Ai})$

$=>100(3x_{Ai} - 0.04) = 100(0.02 - x_{Ai})$ $=>x_{Ai} = 0.015$

$=>y_{Ai} = 3x_{Ai} = 0.045$

〈類題 27－36〉一吸收式填充塔由塔底進入含 1mol%的氨和 99mol%的空氣，在塔頂爲純水引入並含有 0.002mol%的氨，其他數據如下：總壓 1atm，進入氣體流率 5 mol/hr，進入的液體流率100 mol/hr，塔截面積0.8ft^2，在氣相中的各別質傳係數$k_ya = 15\ mol/hr \cdot ft^3$，在液相中的各別質傳係數$k_xa = 70\ mol/hr \cdot ft^3$，平衡關係$y_e = 7x_e$。(一)如果氨的出口濃度減爲 0.08 mol%，求操作線？(二)總傳送單位高度H_{oy}爲多少？(三)求塔高 Z？(四)已知對應的氣相莫爾分率爲 0.005，求氣液界面的莫爾分率？

Sol：

(一)由〈類題 27－11〉質量平衡觀念$=>\left(\frac{L_s}{V_s}\right)_{act} = \frac{y_1 - y_2}{x_1 - x_2}$ (3)

$L_2 = 100$
$x_2 = 2 \times 10^{-5}$　$y_2 = 8 \times 10^{-4}$
$x_1 = ?$　$y_1 = 0.01$
$V_1 = 5$

$V_s = V_1(1 - y_1) = 5(1 - 0.01) = 4.95\left(\frac{mol}{hr}\right)$

$L_s = L_2(1 - x_2) = 100(1 - 2 \times 10^{-5}) = 99.99\left(\frac{mol}{hr}\right)$

將數值代入(3)式$=>\left(\frac{99.99}{4.95}\right) = \frac{0.01 - 8 \times 10^{-4}}{x_1 - 2 \times 10^{-5}}$

$=>x_1 = 4.75 \times 10^{-4}$；$\left(\frac{L_s}{V_s}\right)_{act} = 20.2$

(二)雙膜理論：$\frac{1}{K_yaS} = \frac{1}{k_yaS} + \frac{m}{k_xaS} = \frac{1}{15 \times 0.8} + \frac{7}{70 \times 0.8} = 0.208\left(\frac{hr \cdot ft}{mol}\right)$

$H_{oy} = \frac{V_s}{K_yaS} = 4.95(0.208) = 1.03(ft)$

(三)$y_1 = 0.01$，$y_1^* = 7x_1 = 7(4.75 \times 10^{-4}) = 3.325 \times 10^{-3}$

$y_1 - y_1^* = 6.675 \times 10^{-3}$

$y_2 = 8 \times 10^{-4}$，$y_2^* = 7x_2 = 7(2 \times 10^{-5}) = 1.4 \times 10^{-4}$

；$y_2 - y_2^* = 6.6 \times 10^{-4}$

$$(y - y^*)_M = \frac{(y_1-y_1^*)-(y_2-y_2^*)}{\ln\left(\frac{y_1-y_1^*}{y_2-y_2^*}\right)} = \frac{6.675\times10^{-3}-6.6\times10^{-4}}{\ln\left(\frac{6.675\times10^{-3}}{6.6\times10^{-4}}\right)} = 2.6 \times 10^{-3}$$

$N_{Oy} = \frac{y_1-y_2}{(y-y^*)_M} = \frac{0.01-8\times10^{-4}}{2.6\times10^{-3}} = 3.53$，$Z = H_{Oy} \cdot N_{Oy} = 1.03(3.53) = 3.64(ft)$

(四)假設在稀薄系統作質量平衡：

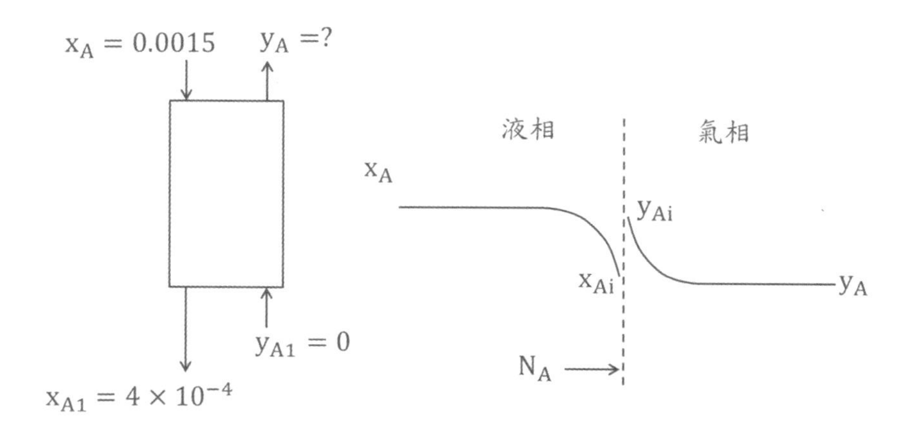

質量平衡$V_S y_A + L_S x_{A1} = V_S y_{A1} + L_S x_A$ $\Rightarrow \left(\frac{L_s}{V_s}\right)_{act} = \frac{y_{A1}-y_A}{x_{A1}-x_A}$

$\Rightarrow \left(\frac{99.99}{4.95}\right) = \frac{8\times10^{-4}-0.005}{2\times10^{-5}-x_A}$ $\Rightarrow x_A = 2.28 \times 10^{-4}$

雙膜理論 $N_A = k_y(y_A - y_{Ai}) = k_x(x_{Ai} - x_A)$

$\Rightarrow -\frac{k_x}{k_y} = \frac{y_A-y_{Ai}}{x_A-x_{Ai}}$ 又$y_{Ai} = 7x_{Ai}$ $\Rightarrow -\frac{k_x}{k_y} = \frac{y_A-7x_{Ai}}{x_A-x_{Ai}} \Rightarrow -\frac{70}{15} = \frac{0.005-7x_{Ai}}{2.28\times10^{-4}-x_{Ai}}$

$\Rightarrow x_{Ai} = 5.19 \times 10^{-4}$ $\Rightarrow y_{Ai} = 7x_{Ai} = 3.63 \times 10^{-3}$

〈類題 27 − 37〉氮氣用於填充塔將水中的 SO_2 去除，進入塔中的水含 0.4mol%的 SO_2，希望 90%的 SO_2 被脫除，液體流率10 mol/sec，塔的截面積$5m^2$，平衡關係 $y_e = 10x_e$。x_e和y_e爲平衡下液相和氣相的莫爾分率。(一)在氣提操作下，最小氣體流率(G_{min})爲多少？(二)如果氣體流率$G = 1.2G_{min}$，求出口氮氣中 SO_2 莫爾分率爲多少？(三)由結果(二)的氣體流率和個別相的質傳係數$k_xa = 0.03$ mol/sec · m^3，$k_ya = 0.01$ mol/sec · m^3，求此系統總傳送單位高度H_{oy}？(四)由結果(二)的氣體流率求填充塔的塔高？(五)已知在填充塔的液相莫爾分率爲 0.0015，求氣液界面的莫爾分率？(六)如果有一新型的填充塔宣稱可以減少操作成本，藉由增加氮氣和水中介面 SO_2 濃度，如考慮加入較好的物質幫助分離以利降低操作成本是否可行？

Sol：(一)質量平衡 $G_1y_1 + L_2x_2 = G_2y_2 + L_1x_1$ (1)

令$L_s = L_1(1 - x_1)$；$G_s = G_1(1 - y_1)$；$L_s = L_2(1 - x_2)$；$G_s = G_2(1 - y_2)$

代入(1)式=>$G_s\left(\frac{y_1}{1-y_1}\right) + L_s\left(\frac{x_2}{1-x_2}\right) = G_s\left(\frac{y_2}{1-y_2}\right) + L_s\left(\frac{x_1}{1-x_1}\right)$ (2)

假設在稀薄系統：$1 - x \doteqdot 1$；$1 - y \doteqdot 1$，上式變爲：

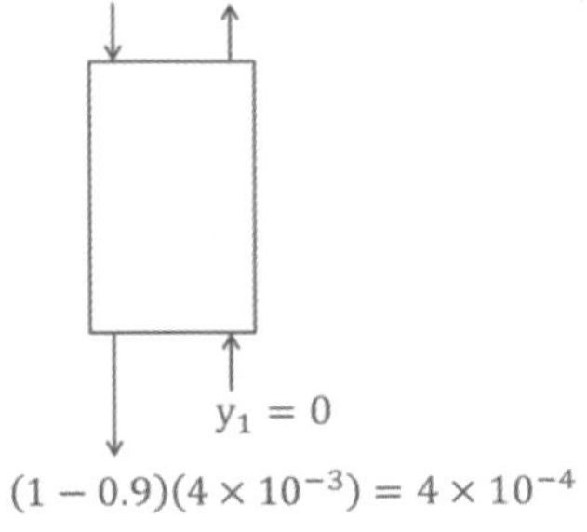

$G_Sy_1 + L_Sx_2 = G_Sy_2 + L_Sx_1$ =>$\left(\frac{L_s}{G_s}\right)_{act} = \frac{y_2-y_1}{x_2-x_1}$ (3)

$y^* = 10x_2 = 10(4 \times 10^{-3}) = 4 \times 10^{-2}$

氣提操作線的最大氣液比可表示爲：

=>$\left(\frac{L_s}{G_s}\right)_{max} = \frac{y^*-y_1}{x_2-x_1} = \frac{4\times10^{-2}-0}{4\times10^{-3}-4\times10^{-4}} = 11.11$

$\left(\frac{G_s}{L_s}\right)_{min} = \frac{1}{11.11} = 0.09$；$L_s = L_2(1 - x_2) = 10(1 - 4 \times 10^{-3}) = 9.96\left(\frac{mol}{sec}\right)$

=>$(G_s)_{min} = (L_s)_{min}(0.09) = 9.96(0.09) = 0.896\left(\frac{mol}{sec}\right)$

(二) $G = 1.2G_{min} = 1.2(0.896) = 1.075\left(\frac{mol}{sec}\right)$

由第(3)式=>$\left(\frac{9.96}{1.075}\right)_{act} = \frac{y_2-0}{4\times10^{-3}-4\times10^{-4}}$ =>$y_2 = 0.033$

(三)雙膜理論 $\frac{1}{K_ya} = \frac{1}{k_ya} + \frac{m}{k_xa} = \frac{1}{0.01\times5} + \frac{10}{0.03\times5} = 86.6\left(\frac{sec\cdot m}{mol}\right)$

$H_{oy} = \frac{G_s}{K_ya} = 1.075(86.6) = 93.2(m)$

(四)$y_1 = 0$，$y_1^* = 10x_1 = 10(4 \times 10^{-4}) = 4 \times 10^{-3}$；$y_1 - y_1^* = -4 \times 10^{-3}$

$y_2 = 0.033$，$y_2^* = 10x_2 = 10(4 \times 10^{-3}) = 4 \times 10^{-2}$；$y_2 - y_2^* = -7 \times 10^{-3}$

$(y - y^*)_M = \frac{(y_1-y_1^*)-(y_2-y_2^*)}{\ln\left(\frac{y_1-y_1^*}{y_2-y_2^*}\right)} = \frac{-4\times10^{-3}-(-7\times10^{-3})}{\ln\left(\frac{-4\times10^{-3}}{-7\times10^{-3}}\right)} = -5.35 \times 10^{-3}$

$N_{Oy} = \frac{y_1-y_2}{(y-y^*)_M} = \frac{0-0.033}{-5.35\times10^{-3}} = 6.2$，$Z = H_{Oy} \cdot N_{Oy} = 93.2(6.2) = 578(m)$

(五)假設在稀薄系統作質量平衡：

$G_S y_{A1} + L_S x_A = G_S y_A + L_S x_A$ => $L_s(x_A - x_{A1}) = V_s(y_A - y_{A1})$

=> $\left(\frac{L_s}{G_s}\right)_{act} = \frac{y_A - y_{A1}}{x_A - x_{A1}}$ => $\left(\frac{9.96}{1.075}\right) = \frac{y_A - 0}{0.0015 - 4\times10^{-4}}$ => $y_A = 0.0101$

由雙膜理論(Two-film theory) $N_A = k_y(y_A - y_{Ai}) = k_x(x_{Ai} - x_A)$

=> $-\frac{k_x}{k_y} = \frac{y_A - y_{Ai}}{x_A - x_{Ai}}$ 又 $y_{Ai} = 10x_{Ai}$ => $-\frac{k_x}{k_y} = \frac{y_A - 10x_{Ai}}{x_A - x_{Ai}}$ => $-\frac{0.03}{0.01} = \frac{0.0101 - 10x_{Ai}}{0.0015 - x_{Ai}}$

=> $x_{Ai} = 1.123 \times 10^{-3}$ => $y_{Ai} = 10x_{Ai} = 1.123 \times 10^{-2}$

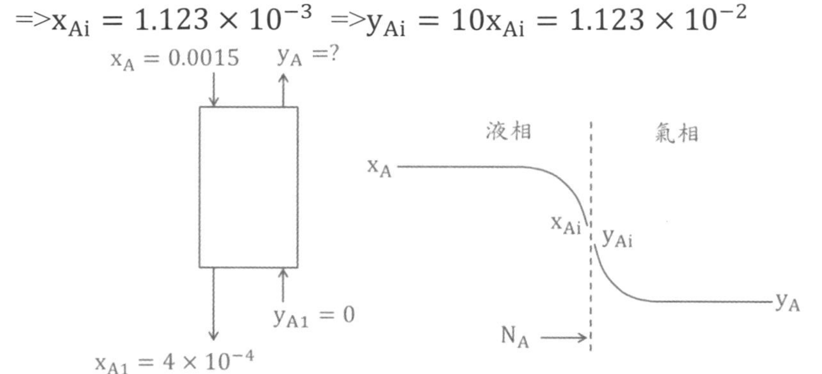

(六)在氣液接觸面若能提高 y_{Ai}/x_{Ai} 的比值，即爲提高 H(亨利常數)，因亨利定律 $y_{Ai} = Hx_{Ai}$，表示 SO_2 更適合在氣相，此現象有利於氮氣以氣提法除去 SO_2，可降低成本，可在氮氣中加入鹼性氣體如氨氣，即可達到效果。

〈類題 27－38〉今欲設計逆流式活性碳吸附，將水中酚濃度自 100ppm 降低至 10ppm，若入口活性碳不含酚，且平衡關係爲 $y = 0.05x$，y 與 x 分別代表酚在水溶液及活性碳中之質量分率。(一)若入口活性碳質量流率爲最小流率的 2 倍，則出口活性碳中酚之濃度爲多少？(二)若水相及活性碳相之傳送高度(height of transfer unit)分別爲 0.5 與 0.2m，則基於水相定義之總傳送單位高度(height of transfer unit based on aqueous phase)爲多少？(三)在上面條件，塔高爲多少？

Sol：(一)由〈類題 27－11〉質量平衡觀念 => $\left(\frac{L_s}{V_s}\right)_{act} = \frac{y_1 - y_2}{x_1 - x_2}$ (3)

$y_1 = 0.05x^*$ => $1 \times 10^{-4} = 0.05x^*$ => $x^* = 2 \times 10^{-3}$

吸收操作線的最小氣液比可表示爲：=> $\left(\frac{L_s}{V_s}\right)_{min} = \frac{y_1 - y_2}{x^* - x_2} = \frac{1\times10^{-4} - 1\times10^{-5}}{2\times10^{-3} - 0} = 0.045$

=> $\left(\frac{L_s}{V_s}\right)_{act} = 2\left(\frac{L_s}{V_s}\right)_{min} = 2(0.045) = 0.09$ 代回(3)式

$=>0.09=\frac{1\times10^{-4}-1\times10^{-5}}{x_1-0}$ $=>x_1=1\times10^{-3}=1000(ppm)$

(二) $H_x=\frac{L_s}{k_xaS}=0.2$ $=>\frac{1}{k_xaS}=\frac{0.2}{L_s}$；$H_y=\frac{G_s}{k_yaS}=0.5$ $=>\frac{1}{k_yaS}=\frac{0.5}{V_s}$

雙膜理論 $\frac{1}{K_yaS}=\frac{1}{k_yaS}+\frac{H}{k_xaS}=\frac{1}{V_s}\left[0.5+\left(\frac{V_s}{L_s}\right)(H)(0.2)\right]$

$=\frac{\left[0.5+\left(\frac{1}{0.09}\right)(0.05)(0.2)\right]}{V_s}=\frac{0.61}{V_s}$ $=>H_{Oy}=\frac{V_s}{K_yaS}=0.61(m)$

$x_2=0$　$y_2=1\times10^{-5}$

$x_1=?$　$y_1=1\times10^{-4}$

$y_1=1\times10^{-4}$，$y_1^*=0.05x_1=0.05(1\times10^{-3})=5\times10^{-5}$

；$y_1-y_1^*=5\times10^{-5}$

$y_2=1\times10^{-5}$，$y_2^*=0.05x_2=0$；$y_2-y_2^*=1\times10^{-5}$

$(y-y^*)_M=\frac{(y_1-y_1^*)-(y_2-y_2^*)}{\ln\left(\frac{y_1-y_1^*}{y_2-y_2^*}\right)}=\frac{5\times10^{-5}-1\times10^{-5}}{\ln\left(\frac{5\times10^{-5}}{1\times10^{-5}}\right)}=2.485\times10^{-5}$

$N_{OG}=\frac{y_1-y_2}{(y-y^*)_M}=\frac{1\times10^{-4}-1\times10^{-5}}{2.485\times10^{-5}}=3.6$，$Z=H_{Oy}\cdot N_{Oy}=0.61(3.6)=2.2(m)$

〈類題 27－39〉今欲設計逆流式氣提填充床(countercurrent stripping packed bed)，以去除水溶液中之微量有機溶質，水溶液入口含 1000ppm 有機溶質，欲將其降至 100ppm，若入口氣體不含有機溶質，且平衡關係爲$y=2x$，y 與 x 分別代表有機溶質在氣相及液相中之質量分率(mass fraction)。(一)當入口氣體質量流率爲最小流量的 2 倍，傳送單位數N_{oy}爲多少？(二)當傳送單位高度H_x爲 0.3 公尺，H_y爲 0.4 公尺，塔高爲何？(三)今改爲順流式操作(cocurrent operation)，則出口液體中有機溶質濃度最低爲何？若欲將出口液體中有機溶質濃度降至 100ppm，則氣體流量至少需增爲原使用量之幾倍？(四)比較逆流式與順流式設計氣提塔之優缺點。

Sol：(一)由〈類題 27－37〉質量平衡觀念$=>\left(\frac{L_s}{V_s}\right)_{act}=\frac{y_2-y_1}{x_2-x_1}$ (3)

$x_2=1\times10^{-3}$　$y_2=?$

$x_1=1\times10^{-4}$　$y_1=0$

$y^*=2x_1=2(1\times10^{-3})=2\times10^{-3}$

$=>\left(\frac{L_s}{V_s}\right)_{max}=\frac{y^*-y_1}{x_2-x_1}=\frac{2\times10^{-3}-0}{1\times10^{-3}-1\times10^{-4}}=2.22$

$=>\left(\frac{V_s}{L_s}\right)_{act}=2\left(\frac{V_s}{L_s}\right)_{min}=2\left(\frac{1}{2.22}\right)=0.9$ =>代回(3)式

$$=>\frac{1}{0.9}=\frac{y_2-0}{1\times10^{-3}-1\times10^{-4}}\ =>y_2=1\times10^{-3}=1000(ppm)$$

$$H_x=\frac{L_s}{k_xa}=0.3\ =>\frac{1}{k_xa}=\frac{0.3}{L_s}\text{；}H_y=\frac{V_s}{k_ya}=0.4=>\frac{1}{k_ya}=\frac{0.4}{V_s}$$

雙膜理論：$\frac{1}{K_ya}=\frac{1}{k_ya}+\frac{H}{k_xa}=\frac{1}{V_s}\left[0.4+\left(\frac{V_s}{L_s}\right)(H)(0.3)\right]$

$$=\frac{[0.4+(0.9)(2)(0.3)]}{V_s}=\frac{0.94}{V_s}\ =>H_{Oy}=\frac{V_s}{K_ya}=0.94(m)$$

$y_1=0$，$y_1^*=2x_1=2(1\times10^{-4})=2\times10^{-4}$；$y_1-y_1^*=-2\times10^{-4}$
$y_2=1\times10^{-3}$，$y_2^*=2x_2=2(1\times10^{-3})=2\times10^{-3}$
；$y_2-y_2^*=-1\times10^{-3}$

$$(y-y^*)_M=\frac{(y_1-y_1^*)-(y_2-y_2^*)}{\ln\left(\frac{y_1-y_1^*}{y_2-y_2^*}\right)}=\frac{-2\times10^{-4}-(-1\times10^{-3})}{\ln\left(\frac{-2\times10^{-4}}{-1\times10^{-3}}\right)}=-4.97\times10^{-4}$$

$N_{OG}=\frac{y_1-y_2}{(y-y^*)_M}=\frac{0-1\times10^{-3}}{-4.97\times10^{-4}}=2.01$，$Z=H_{Oy}\cdot N_{Oy}=0.94(2.01)=1.9(m)$

(三)$\left(-\frac{L_s}{V_s}\right)_{max}=\frac{y^*-y_1}{x_2-x_1}$ 又$y^*=2x_2=2(1\times10^{-4})=2\times10^{-4}$

$$=>\left(-\frac{L_s}{V_s}\right)_{max}=\frac{2\times10^{-4}-0}{1\times10^{-3}-1\times10^{-4}}=0.22$$

$$=>\left(-\frac{V_s}{L_s}\right)_{min}=\frac{1}{0.22}=4.5\ \text{又}\left(\frac{L_s}{V_s}\right)_{max}=2.22$$

$$=>\left(\frac{V_s}{L_s}\right)_{min}=\frac{1}{2.22}=0.45=>\frac{\left(-\frac{V_s}{L_s}\right)_{min}}{\left(\frac{V_s}{L_s}\right)_{min}}=\frac{4.5}{0.45}=10(\text{倍})$$

$x_2=1\times10^{-4}$　$y_2=?$

$x_1=1\times10^{-3}$　$y_1=0$

(四)逆流式優點：效率較高，氣液接觸面大。順流式優點：操作不易產生溢流現象。
缺點：操作容易產生溢流現象。　缺點：效率較低，氣液接觸面低。

〈類題27－40〉(一)於平衡級逆流式氣體吸收塔中，若y_a、y_b、V分別代表氣相塔頂溶質莫爾分率，x_a、x_b、L分別代表塔底溶質莫爾分率、莫爾流率。若亨利定律(亨利常數爲H，其不等於L/V比值)可用於描述稀薄溶液系統中平衡級上兩項溶質莫耳分率間之平衡關係，試導出求解理論板數N與出、入口溶質濃度間之差分方程式及其邊界條件(不須解出)。(二)上小題之氣體吸收塔改爲填充塔時，試導出傳送單位N_{oy}(number of transfer units based on overall mass transfer coefficient of vapor phase)與出入口溶質濃度間代數關係式。

Sol：

(一)$\frac{dN_y}{dy} = \frac{1}{y-y_i}$ B.C.1 $N = 0$ $y = y_a$；B.C.2 $N = N_y$ $y = y_b$

$\frac{dN_x}{dy} = \frac{1}{x_i-x}$ B.C.1 $N = 0$ $x = x_a$；B.C.2 $N = N_x$ $x = x_b$

$\frac{dN_{oy}}{dy} = \frac{1}{y-y^*}$ B.C.1 $N = 0$ $y = y_a$；B.C.2 $N = N_{oy}$ $y = y_b$

$\frac{dN_{ox}}{dy} = \frac{1}{x^*-x}$ B.C.1 $N = 0$ $x = x_a$；B.C.2 $N = N_{ox}$ $x = x_b$

(二) $N_{Oy} = \int_{y_1}^{y_2} \frac{dy}{y-y^*}$ (1) 在 dilute system；$y - y^*$爲線性

=>$y - y^* = ay + b$ 代入(1)式=>$N_{Oy} = \int_{y_a}^{y_b} \frac{dy}{ay+b}$ 令$u = ay + b$ =>$du = ady$

=>$\frac{1}{a}du = dy$ =>$N_{Oy} = \frac{1}{a}\ln\left(\frac{ay_b+b}{ay_a+b}\right)$ (2)

又$y_b - y_b^* = ay_b + b$ (3)；$y_a - y_a^* = ay_a + b$ (4)

(3)-(4)式=>$(y_b - y_b^*) - (y_a - y_a^*) = a(y_b - y_a)$ =>$\frac{1}{a} = \frac{y_b-y_a}{(y_b-y_b^*)-(y_a-y_a^*)}$ (5)

(3)&(4)&(5)代入(2)式=>$N_{Oy} = \frac{y_b-y_a}{\frac{(y_b-y_b^*)-(y_a-y_a^*)}{\ln\left(\frac{y_b-y_b^*}{y_a-y_a^*}\right)}} = \frac{y_b-y_a}{(y-y^*)_M}$

〈類題 27 − 41〉某一成份 A 在氣/液界面進行質量傳送，若 A 在氣相中分壓(P_{AG})爲10^{-4}atm，在液相中的濃度(C_{AL})爲0.1mM。若氣/液間的平衡可以利用亨利定律表示，而亨利常數爲$H = 10\,atm/(kg \cdot mole/m^3)$，且此時液相及氣相質傳係數分別爲$k_L = 5 \times 10^{-4}\,kg \cdot mole/m^2 \cdot s(kg \cdot mole/m^3)$

及$k_g = 0.01\,kg \cdot mole/m^2 \cdot s \cdot atm$。

(一)請判斷此系統的質傳方向。(二)若利用雙膜理論(two-film theory)來描述此一質傳程序，請繪出此成份在兩相及界面的濃度分佈圖，並推導出總質傳係數。(三)此質傳系統爲氣相阻力控制或液相阻力控制(必須列出具體計算式)？(四)請計算K_L(overall mass transfer coefficient based on liquid phase)

Sol：

(一)亨利定律 $P_A = HC_A = 10C_A$；$C_{AL} = 0.1\text{mM} = 10^{-4}\,\frac{\text{kg}\cdot\text{mole}}{\text{m}^3}$

$\Rightarrow P_A^* = 10C_{AL} = 10(10^{-4}) = 10^{-3}\text{atm}$ $\Rightarrow P_A^* \gg P_{AG}$ 由液相傳至氣相

(二) overall gas phase $N_A = K_G(P_A^* - P_{AG}) = \frac{P_A^* - P_{AG}}{\frac{1}{K_G}}$ (1)

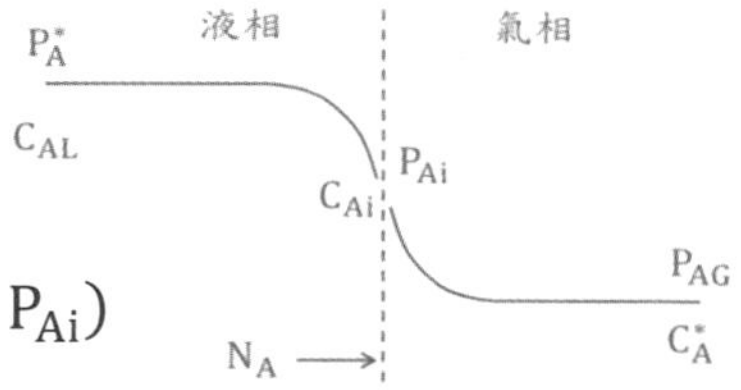

gas phase：$N_A = k_g(P_{Ai} - P_{AG}) = \frac{P_{Ai} - P_{AG}}{\frac{1}{k_g}}$ (2)

liquid phase：$N_A = k_L(C_{AL} - C_{Ai}) = k_L\frac{C_{AL} - C_{Ai}}{P_A^* - P_{Ai}}(P_A^* - P_{Ai})$

$= \frac{k_L}{H}(P_A^* - P_{Ai}) = \frac{P_A^* - P_{Ai}}{\frac{H}{k_L}}$ (3)，合併(2)&(3)式

$N_A = \frac{(P_{Ai} - P_{AG}) + (P_A^* - P_{Ai})}{\frac{1}{k_g} + \frac{H}{k_L}} = \frac{P_A^* - P_{AG}}{\frac{1}{k_g} + \frac{H}{k_L}}$ 和(1)式比較 $\Rightarrow \frac{1}{k_G} = \frac{1}{k_g} + \frac{H}{k_L}$

(三) $\frac{1}{k_g} = \frac{1}{0.01} = 100$，$\frac{1}{k_L} = \frac{1}{5\times10^{-4}} = 2000$ $\Rightarrow \frac{1}{k_L} \gg \frac{1}{k_g}$ 爲液相阻力控制

(四) $\frac{1}{K_L} = \frac{1}{k_L} + \frac{1}{Hk_g} = \frac{1}{5\times10^{-4}} + \frac{1}{10\times0.01} = 2010$

$\Rightarrow K_L = 4.975\times10^{-4}\,\text{kg}\cdot\text{mole/m}^2\cdot\text{s}(\text{kg}\cdot\text{mole/m}^3)$

〈類題 27 – 42〉請使用薄膜理論估計氧氣於氣相及水相之質量傳送係數 k_y、k_x 及質傳通量(mass flux)。若氧氣於水相及氣相之普通擴散係數分別爲 1.0×10^{-5} 及 $0.25\text{cm}^2/\text{sec}$，水膜及氣膜厚度分別爲 0.1 及 1.0cm，水膜及氣膜外氧氣之莫耳分率分別爲 0.01 及 0.21、水相及氣相之莫耳密度分別爲 0.056 及 $4.5\times10^{-5}\text{gmol/cm}^3$，又亨利常數爲 10 且假設以等莫耳擴散方式進行質量傳送。

Sol：等莫耳擴散 $N_A = \frac{CD_{AB}}{L}(y - y_i)$

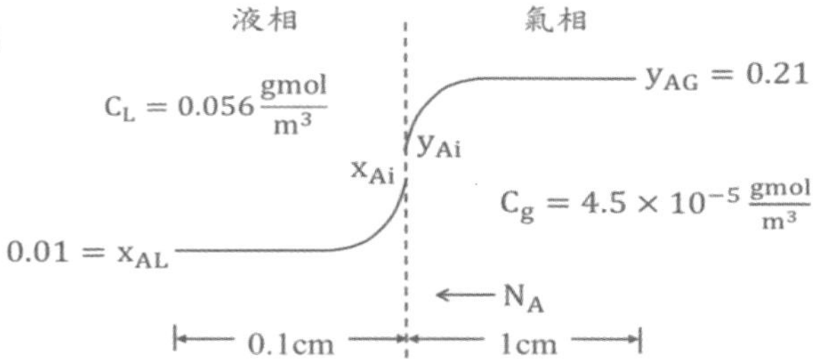

gas phase：$N_A = \frac{C_g D_g}{L_g}(y_{AG} - y_{Ai}) = k_y(y_{AG} - y_{Ai})$

$k_y = \frac{C_g D_g}{L_g} = \frac{(0.25)(4.5\times10^{-5})}{1} = 1.125 \times 10^{-5}\left(\frac{gmol}{cm^2 \cdot sec}\right)$

liquid phase：$N_A = \frac{C_L D_L}{L_L}(x_{Ai} - x_{AL}) = k_x(x_{Ai} - x_{AL})$

$k_x = \frac{C_L D_L}{L_L} = \frac{(1\times10^{-5})(0.056)}{0.1} = 5.6 \times 10^{-6}\left(\frac{gmol}{cm^2 \cdot sec}\right)$

$=> \frac{1}{K_y} = \frac{1}{k_y} + \frac{H}{k_x} = \frac{1}{1.125\times10^{-5}} + \frac{10}{5.6\times10^{-6}} => K_y = 5.33 \times 10^{-7}$

亨利定律：$y_A^* = Hx_{AL} = 10(0.01) = 0.1$

$N_A = K_y(y_{AG} - y_A^*) = (5.33 \times 10^{-7})(0.21 - 0.1) = 5.86 \times 10^{-8}\left(\frac{gmol}{cm^2 \cdot sec}\right)$

〈類題 27－43〉利用薄膜分離自水解產生相同濃度氫、氧氣體進行氫氣純化，當選用多孔性薄膜或非多孔性薄膜(如 dense polymer membrane)爲分離介質時，請劃出氫、氧氣體濃度於薄膜兩側之變化曲線圖。

Sol：氫氣和氧氣分子大小差異大，所以選用多孔性薄膜。

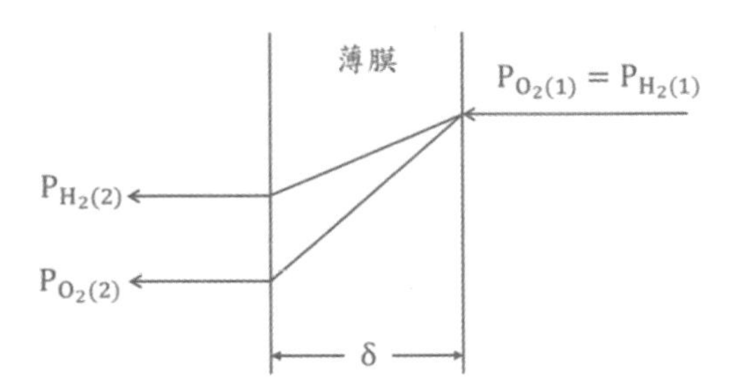

〈類題 27－44〉在吸收操作下的對流質傳係數$k_c = 0.0015\ cm/sec$，$D_{AB} = 1 \times 10^{-6}\ cm^2/sec$，試計算(一)平均表面更新因子(Fractional surface renewal rate s)(二)表面平均滯流時間。

Sol：(一)$k_c = \sqrt{\frac{D_{AB}}{\tau}} => s = \frac{1}{\tau} = \frac{k_c^2}{D_{AB}} = \frac{(0.0015)^2}{1\times10^{-6}} = 2.25\left(\frac{1}{sec}\right)$

(二)$\tau = \frac{1}{s} = \frac{1}{2.25} = 0.44(sec)$

歷屆試題解析

〈考題 27－1〉(81 化工技師)(各 5 分)

(一)何謂薄膜理論(film theory)？及何謂雙膜理論(two film theory)？

(二)試由薄膜理論導出成份 A 在流體 B 中之質傳係數與擴散係數之間的關係？

(三)假設有一成份 A 由油相傳送至水相如圖所示，試利用雙膜理論(two film theory)求得總質傳係數(Overall mass transfer coefficient)，K_0 與油相個別質傳係數(Individual mass transfer coefficient in oil phase)k_0，及水相個別質傳係數(Individual mass transfer coefficient in aqueous phase) k_L，和平衡常數 H 之關係，其中假設成份 A 在油水兩相之平衡常數恆爲常數。

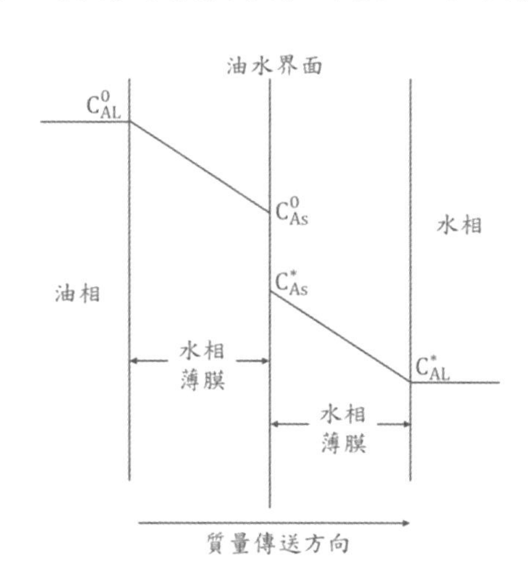

Sol：(一)請參考重點整理(十一)。

(二) $N_A = \frac{D_{AB}}{\delta}(C_{Ai} - C_{A0}) = k_c(C_{Ai} - C_{A0})$ =>$k_c \propto D_{AB}$

(三)Oil phase：$N_A = k_0(C_{AL}^0 - C_{AS}^0)$；liquid phase：$N_A = k_L(C_{As}^* - C_{AL}^*)$

Overall mass transfer：$N_A = K_0(C_{AL}^0 - C_{AL}^*)$；且$P_{Ai} = HC_{Ai}$(H 爲亨利常數)

〈考題27－2〉(82化工技師)(5/5/10分)

填充式吸收塔之高度可用下式計算：$Z = \frac{L}{K_x}\int_{x_a}^{x_b}\frac{(1-x)_{ln}}{(1-x)(x_1-x)}dx = H_{ox}N_{ox}(1)$其中$(1-x)_{ln}$是$(1-x)$與$(x_1-x)$之對數平均(一)假設濃度稀時，對數平均可用算數平均取代之，試推導$N_{ox} = \int_{x_a}^{x_b}\frac{dx}{x_1-x} + \frac{1}{2}\ln\left(\frac{1-x_b}{1-x_a}\right)$ (2)(二)一氣流含溶質0.05摩耳分率於一填充式吸收塔内以逆向操作，使溶質含量降至0.0001摩耳分率。假設質傳阻力全部在液相，且溶劑進入塔中時不含溶質。1.試求操作曲線。2. y是否等於y_1，理由爲何？ 3.以式(2)求塔高。已知：氣體摩耳流速$G = 10\ mol/m^2 \cdot hr$，液體摩耳流速$L = 400\ mol/m^2 \cdot hr$，$K_xa = 300\ mol/m^3 \cdot hr$，平衡關係式$y_1 = 20x_1$

Sol：

(一)算數平均值$(1-x)_{ln}=\frac{1}{2}[(1-x)+(1-x_1)]$代入題意中

$$N_{ox}=\int_{x_a}^{x_b}\frac{1}{x-x_1}\left(\frac{1-x+1-x_1}{2}\right)dx=\int_{x_a}^{x_b}\frac{1}{2(1-x)(x_1-x)}(2-2x+x-x_1)dx$$

$$=\int_{x_a}^{x_b}\frac{dx}{x_1-x}-\frac{1}{2}\int_{x_a}^{x_b}\frac{dx}{1-x}=\int_{x_a}^{x_b}\frac{dx}{x_1-x}+\frac{1}{2}\ln\left(\frac{1-x_b}{1-x_a}\right)$$

(二)1.由〈類題 27－11〉質量平衡觀念，氣液實際比=>$\left(\frac{L}{G}\right)_{act}=\frac{y_1-y_2}{x_1-x_2}$

$$=>\left(\frac{400}{10}\right)_{act}=\frac{0.0526-1\times10^{-4}}{x_1-0}\ =>x_1=1.3\times10^{-3}$$

求操作曲線=>$\frac{400}{10}=\frac{Y-1\times10^{-4}}{X-0}$=> $Y=40X+1\times10^{-4}$

2. 爲氣相中溶質的莫耳分率；y_1爲氣相中達平衡時溶質的莫耳分率，所以$y\neq y_1$

3. $H_{ox}=\frac{L}{K_xa}=\frac{400\frac{mol}{m^2\cdot hr}}{300\frac{mol}{m^3\cdot hr}}=1.33(m)$

$x_1=x_b=1.3\times10^{-3}$，$y_1=20x_1^*$，$0.05=20x_1^*$ =>$x_1^*=2.5\times10^{-3}$

；$x_1^*-x_1=1.2\times10^{-3}$

$x_2=x_a=0$，$y_2=20x_2^*$ ，$1\times10^{-4}=20x_2^*$ =>$x_2^*=5\times10^{-6}$

；$x_2^*-x_2=5\times10^{-6}$

$$(x^*-x)_M=\frac{(x_1^*-x_1)-(x_2^*-x_2)}{\ln\left(\frac{x_1^*-x_1}{x_2^*-x_2}\right)}=\frac{(1.2\times10^{-3})-(5\times10^{-6})}{\ln\left(\frac{1.2\times10^{-3}}{5\times10^{-6}}\right)}=2.18\times10^{-4}$$

$\frac{x_1-x_2}{(x^*-x)_M}=\frac{1.3\times10^{-3}-0}{2.18\times10^{-4}}=5.96$，$N_{Ox}=5.96+\frac{1}{2}\ln\left(\frac{1-1.3\times10^{-3}}{1-0}\right)=5.96$

$Z_T=H_{Ox}\cdot N_{Ox}=1.33(5.96)=7.92(m)$

〈考題 27－3〉(84 化工技師)(20 分)

通過氣液介面的質傳速率，通常假設由介面兩邊之擴散阻力所造成，而介面本身並不具有任何質傳阻力(Two-resistance theory)請：(一)畫出濃度 Vs 距離之示意圖，要加上適當的符號(如附圖)(設 Henry 常數<1.0；質傳方向爲氣相→液相)。(二)k_G，k_L，K_G，K_L分別爲氣相質傳係數，液相質傳係數，以氣相濃度差爲基準之總體質傳係數，總液體質傳係數，說明：(a)k_L/K_L之物理意義(b)證明$\frac{1}{K_L}=\frac{1}{Hk_G}+\frac{1}{k_L}$ 其中

H 爲Henry's常數(三)請在P_A Vs C_A的圖上畫出平衡曲線及通過介面條件點之斜率$-k_L/k_G$操作線及各相關座標符號。

Sol：(一) y_{Ai}在接觸面氣體的莫耳分率；x_{Ai}在接觸面液體的莫耳分率

在稀薄溶液的平衡條件下，$y_{Ai} = Hx_{Ai}$ (二) $\frac{k_L}{K_L} = \frac{\frac{1}{K_L}}{\frac{1}{k_L}} = \frac{總液體質傳阻力}{液膜阻力}$

(三) gas phase：$N_A = k_G(y_{AG} - y_{Ai}) = \frac{y_{AG}-y_{Ai}}{\frac{1}{k_G}}$ (1)

liquid phase：$N_A = k_L(x_{Ai} - x_{AL})$ (2)

overall gas phase $N_A = K_G(y_{AG} - y_A^*) = \frac{y_{AG}-y_A^*}{\frac{1}{K_G}}$ (3)

由(1)式$N_A = k_G \frac{y_{AG}-y_{Ai}}{x_A^*-x_{Ai}}(x_A^* - x_{Ai}) = k_G \cdot H(x_A^* - x_{Ai}) = \frac{x_A^*-x_{Ai}}{\frac{1}{H \cdot k_G}}$ (4)

由(2)式$N_A = k_L(x_{Ai} - x_{AL}) = \frac{x_{Ai}-x_{AL}}{\frac{1}{K_L}}$ (5)

overall liquid phase $N_A = K_L(x_A^* - x_{AL}) = \frac{x_A^*-x_{AL}}{\frac{1}{K_L}}$ (6)

合併(4)&(5)式 $\frac{(x_{Ai}-x_{AL})+(x_A^*-x_{Ai})}{\frac{1}{k_G}+\frac{1}{H \cdot k_G}} = \frac{x_A^*-x_{AL}}{\frac{1}{k_G}+\frac{1}{H \cdot k_G}}$ (7)

和(6)式比較=>$\frac{1}{K_L} = \frac{1}{k_G} + \frac{1}{H \cdot k_G}$

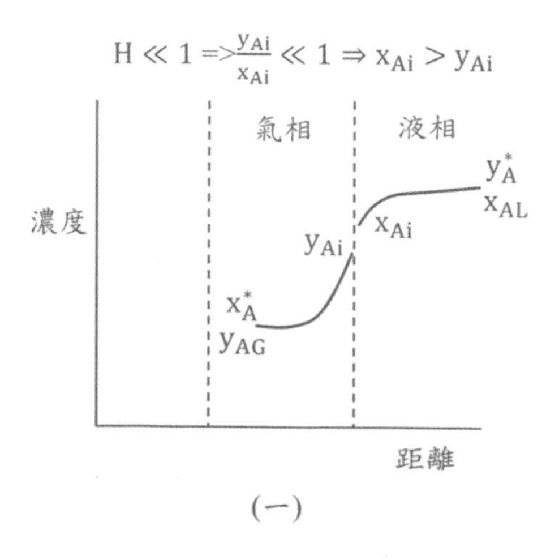

(一)

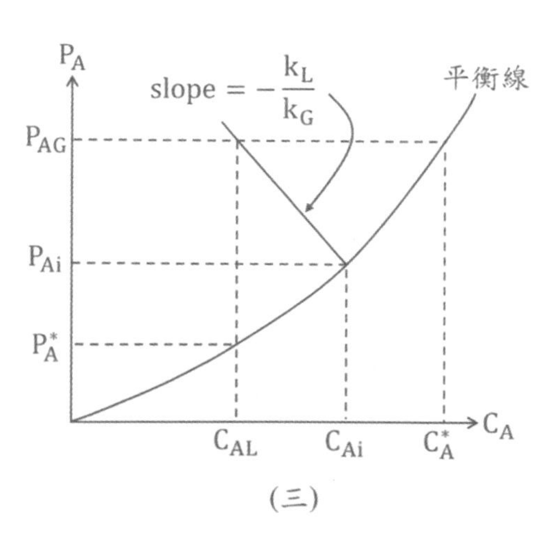

(三)

〈考題 27 – 4〉(86 委任升等)(3 分)

說明吸收塔(Absorber)的種類。

Sol：請參考重點整理(十四)吸收塔(Absorber)的種類。

〈考題 27－5〉(87 化工技師)(20 分)

一重量分率(weight fraction)為 0.01 的尼古丁(nicotine)水溶液欲以一含尼古丁重量分率 0.0005 的煤油溶液來萃取去除尼古丁；水與煤油可視為不互溶。若以 200kg 的煤油溶液來處理 100kg 的水溶液，則水溶液中尼古丁的去除百分比為何？已知在此操作範圍內，水溶液中尼古丁重量分率 x 與煤油溶液中尼古丁重量分率 y 之平衡關係為：$\frac{y}{1-y}=0.9\frac{x}{1-x}$

Sol：質量平衡 $L_1x_1+V_1y_1=L_2x_2+V_2y_2$ (1) (假設L與V分別為惰性物質)

令 $L=L_1(1-x_1)$；$V=V_1(1-y_1)$；$L=L_2(1-x_2)$；$V=V_2(1-y_2)$

代入(1)式=> $L\left(\frac{x_1}{1-x_1}\right)+V\left(\frac{y_1}{1-y_1}\right)=L\left(\frac{x_2}{1-x_2}\right)+V\left(\frac{y_2}{1-y_2}\right)$

$L=L_1(1-x_1)=100(1-0.01)=99(kg)$

$V=V_1(1-y_1)=200(1-0.0005)=199.9(kg)$

平衡關係為 $\frac{y_2}{1-y_2}=0.9\frac{x_2}{1-x_2}$

$$=>99\left(\frac{0.01}{1-0.01}\right)+199.9\left(\frac{0.0005}{1-0.0005}\right)=99\left(\frac{x_2}{1-x_2}\right)+(199.9\times0.9)\left(\frac{x_2}{1-x_2}\right)\ (2)$$

$$=>1.1-1.1x_2=99x_2+179.91x_2\ =>x_2=3.928\times10^{-3}$$

$$=>\%(\text{去除率})=\frac{x_1-x_2}{x_1}\times100\%=\frac{0.01-(3.928\times10^{-3})}{0.01}\times100\%=60.72(\%)$$

〈考題 27－6〉(87 化工技師)(各 4 分)

何謂傳送單位高(height of transfer unit ,HTU)；傳送單位數(number of transfer unit ,NTU)？

Sol：填充塔設計中，常用 HTU 與 NTU 來設計填充塔的高度。

塔的高度 z 和 HTU(長度)與 NTU(無因次)關係如下：

$$Z=H_G\cdot N_G\text{；}H_G=\frac{V}{k_yaS}\text{；}\frac{dN_G}{dy}=\frac{1}{y-y_i}\ =>N_G=\int_{y_1}^{y_2}\frac{dy}{y-y_i}$$

$$Z=H_L\cdot N_L\text{；}H_L=\frac{L}{k_xaS}\text{；}\frac{dN_L}{dx}=\frac{1}{x_i-x}\ =>N_L=\int_{x_1}^{x_2}\frac{dx}{x_i-x}$$

$$Z = H_{OG} \cdot N_{OG}；H_{OG} = \frac{V}{K_y aS}；\frac{dN_{OG}}{dy} = \frac{1}{y-y^*} \Rightarrow N_{OG} = \int_{y_1}^{y_2} \frac{dy}{y-y^*}$$

$$Z = H_{OL} \cdot N_{OL}；H_{OL} = \frac{L}{K_x aS}；\frac{dN_{OL}}{dx} = \frac{1}{x^*-x} \Rightarrow N_{OL} = \int_{x_1}^{x_2} \frac{dx}{x^*-x}$$

〈考題 27 − 7〉(88 簡任升等)(5 分)
請根據膜理論(film theory)、表面更新理論(surface-renewal theory)及邊界層理論(boundary theory)，說明質傳係數(mass transfer coefficient)與擴散係數(molecular diffusivity)之間的關係。
Sol：請參考重點整理(十一)。

〈考題27 − 8〉(94第二次化工技師)(20分)
請比較兩類填充物在分離操作上之應用
(一)Randompacking(二)Structured packing。
Sol：請參考〈考題27 − 9〉(91化工技師)敘述過程。

〈考題27 − 9〉(91化工技師)(各5分)
(一)在質傳操作中，填充塔(packed tower)中填充物(packing)之作用爲何？(二)何謂任意填充(random packing)及結構填充(structured packing)？(三)試畫出拉西環(Rasching ring)及雷西環(Lessing Ring)兩種填充物的樣子？(四)這兩種填充物是屬於random packing或structured packing？
Sol：(一)填充物：目的使氣體和液體間有充份接觸的機會，使填充塔的吸收效果增加。(二)任意填充：填料在任意堆置下，所導致的壓力降較高，但氣液接觸的效果較佳。結構填充：填料在整齊堆置下，所導致的壓力降較低，但氣液接觸的效果較差。

(三)

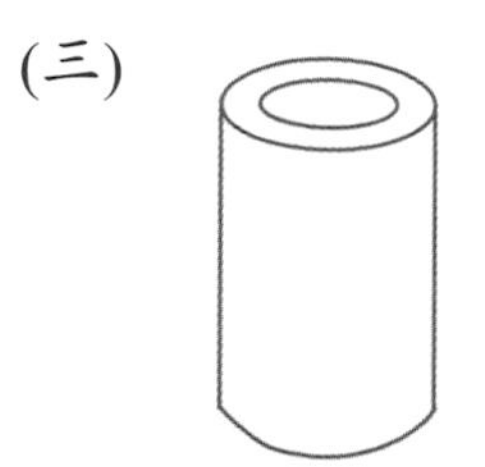

拉西環(Rasching ring)

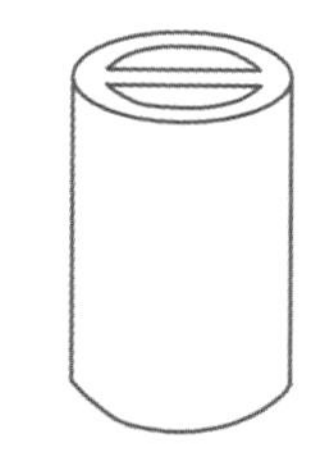

雷西環(Lessing ring)

(四)這兩種都是任意填充。

〈考題 27 − 10〉(92 化工技師)(5 分)
濕壁塔(wetted wall column)

Sol：請參考重點整理(十四)吸收塔(Absorber)的種類。

〈考題 27 – 11〉(92 化工技師)(20 分)

混合氣體在一濕壁塔中被吸收出氣體A，A於氣相之質傳係數爲$k_y = 1.465 \times 10^{-3}$ kgmol/(s · m^2 · 莫耳分率)，A於液相之質傳係數爲 $k_x = 1.967 \times 10^{-3}$ kgmol/(s · m^2 · 莫耳分率)，已知在298K，1 atm氣液平衡時之亨利常數(Henry constant)爲0.923莫耳分率/莫耳分率，試以雙膜理論(two-film theory)作爲開始，試推導出濕壁塔中氣體A分別基於液相或氣相的總包質傳係數K_x、K_y的關係式。若在濕壁塔中某處，A於氣相之莫耳分率爲0.38，A於液相之莫耳分率爲0.1，求A在液體界面之莫耳分率。

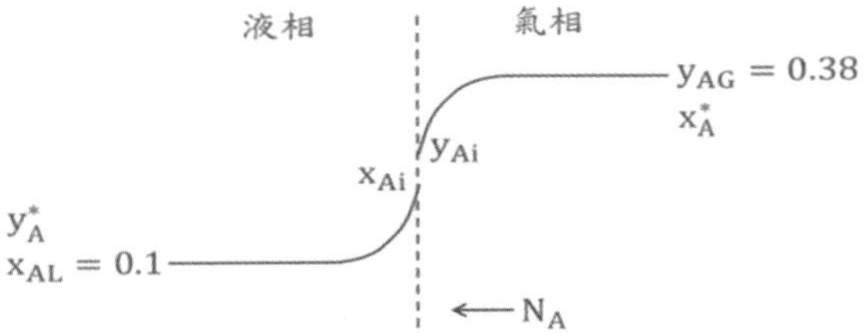

液相 氣相

$y_{AG} = 0.38$

x_A^*

y_{Ai}

x_{Ai}

y_A^*

$x_{AL} = 0.1$

$\leftarrow N_A$

Sol：gas phase：$N_A = k_y(y_{AG} - y_{Ai}) = \frac{y_{AG}-y_{Ai}}{\frac{1}{k_y}}$ (1)

liquid phase：$N_A = k_x(x_{Ai} - x_{AL}) = k_x \frac{x_{Ai}-x_{AL}}{y_{Ai}-y_A^*}(y_{Ai} - y_A^*)$

$= \frac{k_x}{m}(y_{Ai} - y_A^*) = \frac{y_{Ai}-y_A^*}{\frac{m}{k_x}}$ (2)

overall gas phase：$N_A = K_y(y_{AG} - y_A^*) = \frac{y_{AG}-y_A^*}{\frac{1}{K_y}}$ (3)

合併(1)&(2)式=>$N_A = \frac{(y_{AG}-y_{Ai})+(y_{Ai}-y_A^*)}{\frac{1}{k_y}+\frac{m}{k_x}} = \frac{y_{AG}-y_A^*}{\frac{1}{k_y}+\frac{m}{k_x}}$

和(3)式比較=>$\frac{1}{K_y} = \frac{1}{k_y} + \frac{m}{k_x}$

由(1)式$N_A = k_y(y_{AG} - y_{Ai}) = k_y \frac{y_{AG}-y_{Ai}}{x_A^*-x_{Ai}}(x_A^* - x_{Ai})$

$= k_y \cdot m(x_A^* - x_{Ai}) = \frac{x_A^*-x_{Ai}}{\frac{1}{m \cdot k_y}}$ (4)

由(2)式$N_A = k_x(x_{Ai} - x_{AL}) = \frac{x_{Ai}-x_{AL}}{\frac{1}{k_x}}$ (5)

overall liquid phase：$N_A = K_x(x_A^* - x_{AL}) = \frac{x_A^* - x_{AL}}{\frac{1}{K_x}}$ (6)

合併(4)&(5)式 $\frac{(x_{Ai} - x_{AL}) + (x_A^* - x_{Ai})}{\frac{1}{k_x} + \frac{1}{m \cdot k_y}} = \frac{x_A^* - x_{AL}}{\frac{1}{k_x} + \frac{1}{m \cdot k_y}}$ (7)

和(6)式比較 $=> \frac{1}{K_x} = \frac{1}{k_x} + \frac{1}{m \cdot k_y}$

符合雙膜理論時(1)&(2)式相等$=> k_y(y_{AG} - y_{Ai}) = k_x(x_{Ai} - x_{AL})$ (8)

$y_{Ai} = Hx_{Ai} = 0.923x_{Ai}$代入(8)式

$=> 1.465 \times 10^{-3}(0.38 - 0.923x_{Ai}) = 1.967 \times 10^{-3}(x_{Ai} - 0.1)$

$=> x_{Ai} = 0.23$ (A在液體界面之莫耳分率)

〈考題27－12〉(93關務特考)(各4分)

(一)氣液兩相流體在填充塔內逆向流動之質量表面速度(mass superficial velocity)。

(二)氣提(stripping)塔、填充塔(packed tower)。

Sol：(一)每單位空塔截面積的質量流率。$\dot{G} = \frac{\dot{m}}{A} = \frac{u_0 \cdot A \cdot \rho_0}{A} = u_0\rho_0$

(二)氣提塔：將液體中可溶性物質轉移至氣相，利用液體和氣體接觸的質量傳送，塔內部功能與填充塔相似。填充塔：塔中裝填充物，液體由上往下，氣體由下往上，利用液體和氣體逆流接觸的質量傳送。

〈考題27－13〉(93關務特考)(20分)

利用七個篩板(sieve trays)的接觸塔以空氣逆流除去稀氨水溶液中90％的氨氣(ammonia)，設平衡的關係式爲 $y_e = 0.8x_e$，空氣的莫耳流率爲水溶液的1.5倍：(一)此塔操作有多少個理想板？級效率(stage efficiency)爲多少？(二)若空氣的莫耳流率爲水溶液的2倍，則有多少個百分比的氨被除去？

Sol：

(一)與〈類題27－24〉假設相同，在稀薄系統：$Lx_a + Vy_b = Lx_b + Vy_a$ (Vy_b 劃去)

$=> y_a = \frac{L}{V}(x_a - x_b) = \frac{1}{1.5}(x_a - 0.1x_a) = 0.6x_a$

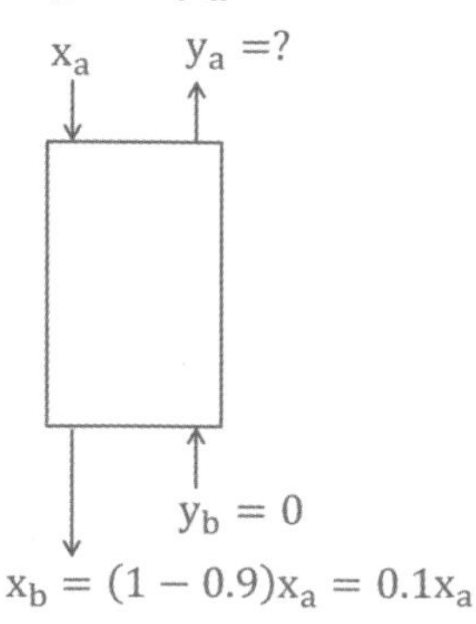

$y_a = 0.8x_a^* => 0.6x_a = 0.8x_a^* => x_a^* = 0.75x_a$

$y_b = 0.8x_b^* => 0 = 0.8x_b^* => x_b^* = 0$

操作線和平衡線假設皆爲直線下

Kremser equation for stripping：

$S(\text{氣提因子}) = m\frac{V}{L} = \frac{\text{平衡線斜率}}{\text{操作線斜率}} = 0.8\left(\frac{1.5}{1}\right) = 1.2$

$=>N = \frac{\ln\left(\frac{x_a - x_a^*}{x_b - x_b^*}\right)}{\ln S} = \frac{\ln\left(\frac{x_a - 0.75x_a}{0.1x_a - 0}\right)}{\ln(1.2)} = 5.03(\text{板})$

$=>\eta = \frac{N_{ideal}}{N_{act}} \times 100\% = \frac{5.03}{7} \times 100 = 72(\%)$

(二)$y_a = \frac{L}{V}(x_a - x_b) = \frac{1}{2}[x_a - x_a(1-f)] = 0.5fx_a$

$y_a = 0.8x_a^*$ =>$0.5fx_a = 0.8x_a^*$ =>$x_a^* = 0.625fx_a$

$y_b = 0.8x_b^*$ =>$0 = 0.8x_b^*$ =>$x_b^* = 0$

x_a $y_a = ?$ $y_b = 0$ $x_b = (1-f)x_a$

$S(\text{氣提因子}) = m\frac{V}{L} = \frac{\text{平衡線斜率}}{\text{操作線斜率}} = 0.8\left(\frac{2}{1}\right) = 1.6$

$=>N = \frac{\ln\left(\frac{x_a - x_a^*}{x_b - x_b^*}\right)}{\ln S}$ =>$5.02 = \frac{\ln\left[\frac{x_a - 0.625fx_a}{x_a(1-f) - 0}\right]}{\ln(1.6)}$ =>$2.359 = \ln\left(\frac{1-0.625f}{1-f}\right)$ (等號兩邊取 e)

$=>e^{2.359} = \frac{1-0.625f}{1-f}$ =>f(去除率) = 0.9623 = 96.2(%)

〈考題 27－14〉(93 經濟部特考)(4 分)

設計填充床式液體氣提塔時，提高氣體入口流量對泛濫速度、塔截面積、單位塔高度壓降與塔高之影響各如何。

Sol：提高氣體入口流量：泛濫速度不變、塔截面積不變、單位塔高度壓降升高、塔高會變高。

〈考題 27－15〉(93 普考)(各 10 分)

氨極易溶於水。欲以此特性以水吸收空氣中的氨。現空氣中氨的濃度爲 0.05 mole%，而水含氨的濃度已經是 0.03mole%，常溫、常壓下氨的氣液平衡關係爲$y = 0.94x$，請計算：(一)此時氨水能容許氨的最高濃度？(二)此含有 0.03mole%氨的水，是否還能吸收更多的氨？(10 分)(三)若用於吸收氨的水之濃度已是 0.04 mole%，它還能再吸收氨嗎？

Sol：

(一) $y = 0.94x^*$ =>$0.05 = 0.94x^*$ =>$x^* = 0.0532$

(二) $y^* = 0.94x = 0.94(0.03) = 0.0282$；$y^* < 0.05$，可繼續吸收

(三) $x^* > 0.04$，可繼續吸收。

〈考題27－16〉(94化工技師)

在氣-液吸收塔單元操作中，請繪出壓降對氣體流速之對數關係圖，圖中應分別畫出液體流量爲零(乾床)及不爲零時(濕床)之情形，同時圖中請標出負載點(loading point)與溢流點(flooding point)，並簡述負載點與溢流點時可觀察到的操作現象。(本題共20分，其中壓降對數圖示部分14分，負載點與溢流點描述部分6分)

Sol：請參考重點整理(十)填充吸收塔/氣提塔流體力學。

〈考題27－17〉(94化工技師)(20分)

Sol：請以雙膜理論(two-film theory)導證氣-液界面中各質傳係數之關係式，亦即導證氣-液局部質傳係數(local mass transfer coefficient, k_G,k_L)與總括質傳係數(overall mass transfer coefficient, K_G)具有倒數加成之關係式。m：氣-液平衡直線之斜率 $\boxed{\frac{1}{K_G}=\frac{1}{k_G}+\frac{m}{k_L}}$，並依此結果說明對低溶解度氣體(如氧氣)而言，此一質傳系統屬於氣膜或液膜控制系統？(導證質傳係數倒數加成部分15分，說明氣膜或液膜控制機構部分5分)

gas phase：$N_A = k_G(y_{AG}-y_{Ai}) = \dfrac{y_{AG}-y_{Ai}}{\frac{1}{k_G}}$ (1)

liquid phase：$N_A = k_L(x_{Ai}-x_{AL}) = k_L\dfrac{x_{Ai}-x_{AL}}{y_{Ai}-y_A^*}(y_{Ai}-y_A^*) = \dfrac{k_L}{m}(y_{Ai}-y_A^*) = \dfrac{y_{Ai}-y_A^*}{\frac{m}{k_L}}$ (2)

overall gas phase $N_A = K_G(y_{AG}-y_A^*) = \dfrac{y_{AG}-y_A^*}{\frac{1}{K_G}}$ (3)

合併(1)&(2)式 $N_A = \dfrac{(y_{AG}-y_{Ai})+(y_{Ai}-y_A^*)}{\frac{1}{k_G}+\frac{m}{k_L}} = \dfrac{y_{AG}-y_A^*}{\frac{1}{k_G}+\frac{m}{k_L}}$

和(3)式比較=>$\dfrac{1}{K_G} = \dfrac{1}{k_G}+\dfrac{m}{k_L}$

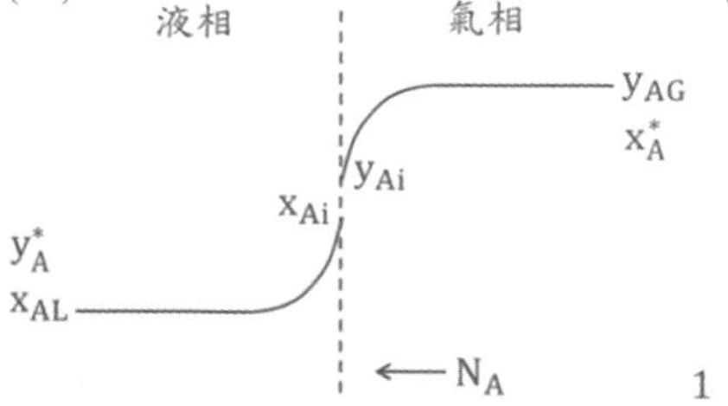

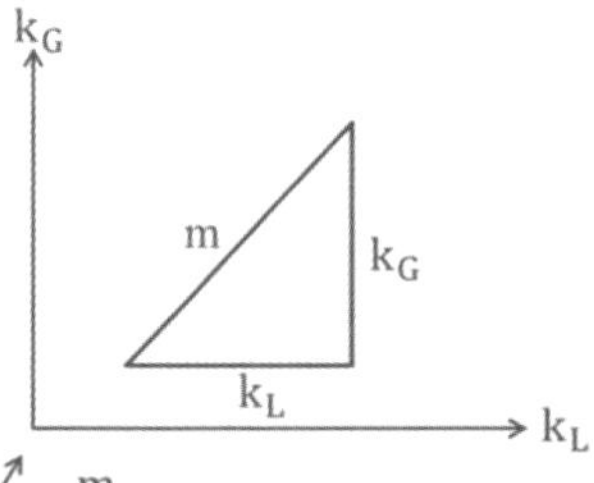

$\dfrac{1}{K_G} = \cancel{\dfrac{1}{k_G}} + \dfrac{m}{k_L}$ (當斜率m很大時，$\frac{m}{k_L}>>\frac{1}{k_G}$)

對低溶解度氣體而言，即溶質在液相中溶解度小，即氣-液平衡直線的斜率大，所以質傳阻力在液膜上，爲液膜控制。

〈考題27－18〉(95化工技師)(20分)
在一1.4公尺高截面積爲45平方公分的填充塔中使用苯萃取水溶液中的乙酸，假設由塔頂進料的乙酸濃度爲0.690Kmol/m^3，自塔底流出的乙酸濃度爲0.865Kmol/m^3，由塔底進料苯中乙酸濃度爲0.004Kmol/m^3，自塔頂流出苯中乙酸濃度爲0.0115Kmol/m^3，且在平衡時，乙酸在苯相中濃度與乙酸在水相中濃度比爲0.0247，而苯相的體積流速$5.7\times10^{-6}\ m^3/s$，請計算整體傳送係數(ovcrall transfer coefficient, K_{Ba})和傳送單元高度(height of the transfer unit, H_{OB})。

Sol：已知平衡關係爲$y\left(\text{苯相}\right)=0.0247x\left(\text{水相}\right)$

$y_1=0.004$，$y_1^*=0.0247x_1=0.0247(0.865)=0.0213$；$y_1-y_1^*=-0.0173$
$y_2=0.0115$，$y_2^*=0.0247x_2=0.0247(0.69)=0.017$；$y_2-y_2^*=-5.5\times10^{-3}$

$$(y-y^*)_M=\frac{(y_1-y_1^*)-(y_2-y_2^*)}{\ln\left(\frac{y_1-y_1^*}{y_2-y_2^*}\right)}=\frac{(-0.0173)-\left(-5.5\times10^{-3}\right)}{\ln\left(\frac{-0.0173}{-5.5\times10^{-3}}\right)}=-0.0103$$

$$N_{OB}=\frac{y_1-y_2}{(y-y^*)_M}=\frac{0.004-0.0115}{-0.0103}=0.728\quad 又Z_T=H_{OB}\cdot N_{OB}$$

$=>1.4=H_{OB}(0.728)\ =>H_{OB}=1.92(m)$
※假設爲等溫操作且忽略氣體與液體流率之變化

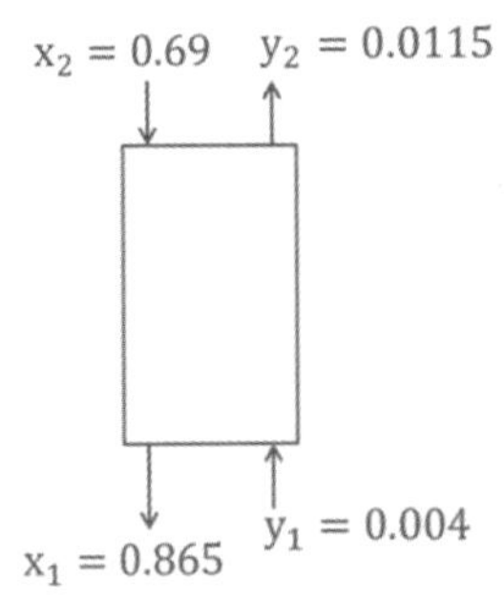

$$\dot{Q}=5.7\times10^{-6}\left(\frac{m^3}{sec}\right)$$

$$A=45cm^2\times\left(\frac{1m}{100cm}\right)^2=4.5\times10^{-3}(m^2)$$

$$G_1=y_1\dot{Q}=(0.004)(5.7\times10^{-6})=2.28\times10^{-8}\left(\frac{kmol}{sec}\right)$$

$$G_S=G_1(1-y_1)=(2.28\times10^{-8})(1-0.004)=2.27\times10^{-8}\left(\frac{kmol}{sec}\right)$$

$$=>\dot{G}=\frac{G_S}{A}=\frac{(2.27\times10^{-8})\frac{kmol}{sec}}{(4.5\times10^{-3})m^2}=5.04\times10^{-6}\left(\frac{kmol}{m^2\cdot sec}\right)$$

$$=>H_{OB}=\frac{\dot{G}}{K_{Ba}}\ =>1.92m=\frac{\left(5.04\times10^{-6}\frac{kmol}{m^2\cdot sec}\right)}{K_{Ba}}\ =>K_{Ba}=2.63\times10^{-6}\left(\frac{kmol}{m^3\cdot sec}\right)$$

〈考題 27－19〉(95 地方特考四等)(5 分)
填充塔蒸餾(distillation in packed tower)
Sol：其作用請參考重點整理。一般蒸餾塔除了應用篩板、閥板、泡罩板，也可因應實際操作情況將其中的幾層不用塔盤而用填充物取代之，這方面需要模擬軟體去作評估最大效益，何種方式最適合提升效率兼顧現場人員安裝與維修。

〈考題 27－20〉(96 地方特考四等)(15 分)
請說明吸收(absorption)操作的液體吸收劑如何選擇？
Sol：請參考重點整理(一)定義。

〈考題 27－21〉(97 經濟部特考)(2 分)
氣體吸收(gas adsorption) Sol：請參考重點整理(一)定義。

〈考題 27－22〉(98 普考)(15 分)
填充塔(packed tower)常被用於氣-液相之接觸操作，如吸收或氣-液反應。若氣體是由塔下往上，液體是由塔上向下流經填充塔，試以氣體量對氣體之壓力降繪圖，說明負荷點(loading point)與溢流點(flooding point)，並說明所謂最佳經濟設計時氣體流速為溢流速度的多少百分比？
Sol：請參考重點整理(十)填充吸收塔/氣提塔流體力學。

〈考題27－23〉(98高考三等)(10/15分)
對一個萃取(extraction)程序，萃取相(extract phase)及殘餘相(raffinate phase)之界面濃度變化可以用雙膜理論(two-film theory)說明如附圖。若萃取相及殘餘相濃度之平衡關係為

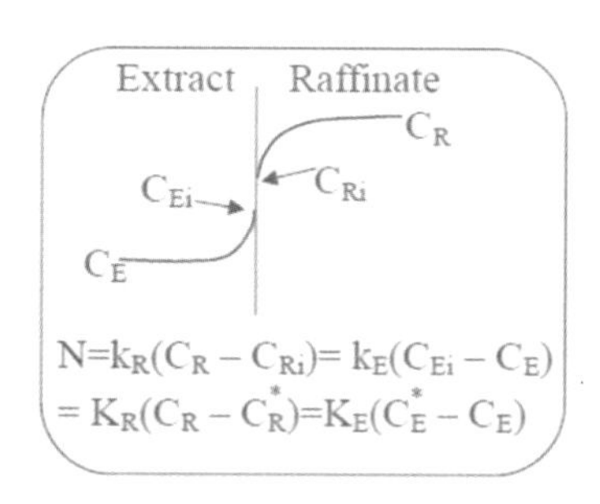

$C_R = mC_E$，請(一)簡單說明各符號及雙膜理論之假設。(二)推導局部質傳係數(local mass transfer coefficients, k_R, k_E)與總括質傳係數(overall mass transfer coefficients, K_R, K_E)之關係。

Sol：

(一) C_R殘餘相溶液中，溶質濃度；C_{Ri}在兩相接觸面，溶質在殘餘相的濃度。

C_E萃取相溶液中，溶質濃度；C_{Ei}在兩相接觸面，溶質在萃取相的濃度。

局部殘餘相質傳：$N_A = k_R(C_R - C_{Ri})$ (1)　k_R局部殘餘相質傳係數

局部萃取相質傳：$N_A = k_E(C_{Ei} - C_E)$ (2)　k_E局部萃取相質傳係數

總包殘餘相質傳：$N_A = K_R(C_R - C_R^*)$ (3)　k_R總包殘餘相質傳係數

總包萃取相質傳：$N_A = K_E(C_E^* - C_E)$ (4)　k_R總包萃取相質傳係數

(二)由(1)式 $N_A = \frac{C_R - C_{Ri}}{\frac{1}{k_R}}$ (5)

由(2)式$N_A = k_E \frac{C_{Ei} - C_E}{C_{Ri} - C_R^*}(C_{Ri} - C_R^*) = k_E \frac{C_{Ri} - C_R^*}{\frac{m}{k_E}}$ (6) (m 亨利常數)

由(3)式$N_A = \frac{C_R - C_R^*}{\frac{1}{K_R}}$ (7)；合併(5)&(6)式 $\frac{(C_R - C_{Ri}) + (C_{Ri} - C_R^*)}{\frac{1}{k_R} + \frac{m}{k_E}} = \frac{C_R - C_R^*}{\frac{1}{k_R} + \frac{m}{k_E}}$ (8)

(7)和(8)式比較=>$\frac{1}{K_R} = \frac{1}{k_R} + \frac{m}{k_E}$

由(1)式 $N_A = k_R \frac{C_R - C_{Ri}}{C_E^* - C_{Ei}}(C_E^* - C_{Ei}) = \frac{(C_E^* - C_{Ei})}{\frac{1}{mk_R}}$ (9)

由(2)式$N_A = \frac{C_{Ei} - C_E}{\frac{1}{k_E}}$ (10) 合併(9)&(10)式 $\frac{(C_{Ei} - C_E) + (C_E^* - C_{Ei})}{\frac{1}{k_E} + \frac{1}{mk_R}} = \frac{C_E^* - C_E}{\frac{1}{k_E} + \frac{1}{mk_R}}$ (11)

由(4)式$N_A = \frac{C_E^* - C_E}{\frac{1}{K_E}}$ (12)，(11)和(12)式比較=>$\frac{1}{K_E} = \frac{1}{k_E} + \frac{1}{mk_R}$

〈考題27 − 24〉(100普考)(各5分)

請回答下列有關吸收操作的問題：

(一)解釋何謂負載點(loading point)？(101 地方特考四等)

(二)解釋何謂泛溢點(flooding point)？ (93 地方特考)(101 地方特考四等)

(三)使用填充塔進行吸收操作時，如何選擇氣體流量？

Sol：請參考重點整理(十)填充吸收塔/氣提塔流體力學。

〈考題27 − 25〉(100高考三等)(15/5分)

有一逆流式多級接觸(counter-current multiple-stage contact)吸收塔進行以純水吸收空氣中丙酮(A)之操作。氣體進料流量爲30kgmol/h，其中丙酮之含量爲1.0mol%；純水進料流量爲90kgmol/h。假設本操作在穩態(steady state)下，且丙酮在空氣-水系統之平衡溶解關係式爲：$y_A = 2.5x_A$，其中y_A及x_A分別爲丙酮在氣相及水相之莫耳分率。若氣體進料中90%的丙酮被吸收至水相中，請計算在氣相出料及水相出料中丙酮之莫耳分率各爲何？需要多少個理想級(theoretical stage)可達到此吸收操作？此操作中若要達到吸收氣體進料中90%的丙酮之目標，請問純水最少需求流量爲何？

Sol：(一)可參考〈類題 27 − 16〉

另解：操作線和平衡線假設皆爲直線下：McCabe 解析法。

吸收：$N=\frac{\ln\left(\frac{y_b-y_b^*}{y_a-y_a^*}\right)}{\ln A}$；$A(\text{吸收因子})=\frac{L}{mV}=\frac{\text{操作線斜率}}{\text{平衡線斜率}}=1.2$

$y_a^*=2.5x_a=0$；$y_b^*=2.5x_b=2.5(0.003)=7.5\times10^{-3}$

$$N=\frac{\ln\left(\frac{y_b-y_b^*}{y_a-y_a^*}\right)}{\ln A}=\frac{\ln\left(\frac{0.01-7.5\times10^{-3}}{0.001-0}\right)}{\ln(1.2)}=5(\text{板})$$

(二)$L'\left(\frac{x_0}{1-x_0}\right)+V'\left(\frac{y_{n+1}}{1-y_{n+1}}\right)=L'\left(\frac{x_n}{1-x_n}\right)+V'\left(\frac{y_1}{1-y_1}\right)$

當題目只給液體最小流率L_{min}時，上式可改寫爲

$=>L_{min}\left(\frac{x_0}{1-x_0}\right)+V'\left(\frac{y_{n+1}}{1-y_{n+1}}\right)=L_{min}\left(\frac{x_n'}{1-x_n'}\right)+V'\left(\frac{y_1}{1-y_1}\right)$

又$y_{n+1}=2.5x_n'$ $=>x_n'=\frac{y_{n+1}}{2.5}=\frac{0.01}{2.5}=4\times10^{-3}$

$=>L_{min}\left(\frac{0}{1-0}\right)+29.7\left(\frac{0.01}{1-0.01}\right)=L_{min}\left(\frac{4\times10^{-3}}{1-4\times10^{-3}}\right)+29.7\left(\frac{0.001}{1-0.001}\right)$

$=>L_{min}=67.2\left(\frac{kgmol}{hr}\right)$

〈考題 27 – 26〉(100 化工技師)(20 分)

有一廢水流自一質傳汽提塔(stripper)的頂部引入，空氣自底部以逆流方向往上流動。在汽提塔的操作條件範圍內，液膜與氣膜的個別質傳係數(individual mass transfer coefficient)分別爲k_L和k_G。若操作濃度範圍符合亨利定律(Henry's Law) $P_{Ai}=HC_{Ai}$。試推導出總體質傳係數(overall mass transfer coefficient, K_L and K_G)和個別膜質傳係數(k_L和k_G)之間的關係。

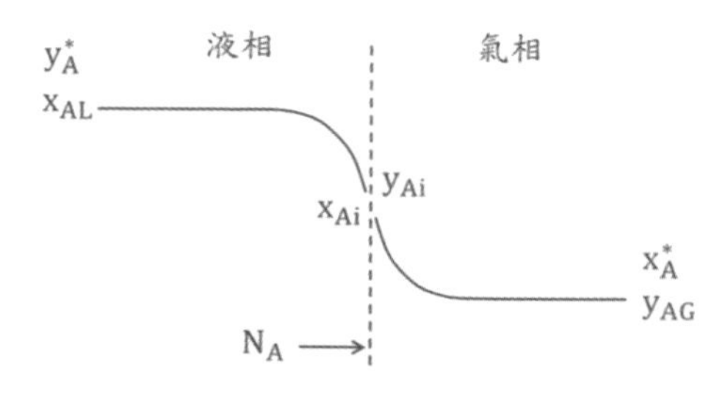

Sol：gas phase：$N_A = k_G(P_{Ai} - P_{AG}) = \frac{P_{Ai}-P_{AG}}{\frac{1}{k_G}}$ (1)

liquid phase：$N_A = k_L(C_{AL} - C_{Ai}) = k_L \frac{C_{AL}-C_{Ai}}{P_A^*-P_{Ai}}(P_A^* - P_{Ai})$

$= \frac{k_L}{H}(P_A^* - P_{Ai}) = \frac{P_A^*-P_{Ai}}{\frac{H}{k_L}}$ (2)

overall gas phase：$N_A = K_G(P_A^* - P_{AG}) = \frac{P_A^*-P_{AG}}{\frac{1}{K_G}}$ (3)

合併(1)&(2)式 $N_A = \frac{(P_{Ai}-P_{AG})+(P_A^*-P_{Ai})}{\frac{1}{k_G}+\frac{H}{k_L}} = \frac{P_A^*-P_{AG}}{\frac{1}{k_G}+\frac{H}{k_L}}$

上式和(3)式比較=>$\frac{1}{K_G} = \frac{1}{k_G} + \frac{H}{k_L}$

由(1)式$N_A = k_G \frac{P_{Ai}-P_{AG}}{C_{Ai}-C_A^*}(C_{Ai} - C_A^*) = k_G \cdot H(C_{Ai} - C_A^*) = \frac{C_{Ai}-C_A^*}{\frac{1}{H \cdot k_G}}$ (4)

由(2)式$N_A = k_L(C_{AL} - C_{Ai}) = \frac{C_{AL}-C_{Ai}}{\frac{1}{k_L}}$ (5)

overall liquid phase：$N_A = K_L(C_{AL} - C_A^*) = \frac{C_{AL}-C_A^*}{\frac{1}{K_L}}$ (6)

合併(4)&(5)式 $\frac{(C_{Ai}-C_A^*)+(C_{AL}-C_{Ai})}{\frac{1}{k_L}+\frac{1}{H \cdot k_G}} = \frac{C_{AL}-C_A^*}{\frac{1}{k_L}+\frac{1}{H \cdot k_G}}$ (7)

和(6)式比較=>$\frac{1}{K_L} = \frac{1}{k_L} + \frac{1}{H \cdot k_G}$

〈考題 27 − 27〉(100 經濟部特考)(7/3 分)
一常壓逆流式接觸填充塔中，以水進行空氣中氨(Ammonia)吸收，水溫及空氣均爲 68°F且恆溫操作，新鮮水不含氨，流量爲75lbm/hr，空氣流量1540ft³/hr，若空氣中氨濃度由 3.52vol%降低至 1.29 vol%，參考平衡數據：其中

$X\left(\text{lbmolNH}_3/\text{lbmol 水}\right)$，$Y\left(\text{lbmolNH}_3/\text{lbmol 空氣}\right)$其中(1)$L_s$：純液相流體(不含氨)之莫耳/hr · A,A 截面積，(2)G_s：純氣相流體(不含氨)之莫耳/hr · A (3)氣相流請用理想氣體計算，氣體常數$R = 0.73(ft^3atm/lbmol \cdot °R)and°R = °F + 460$
(一)計算$(L_S/G_S)_{actual}$及$(L_S/G_S)_{minimum}$比值。
(二)簡圖說明 actual 和 mininum 的 Y_A Vs X_A 的操作線。

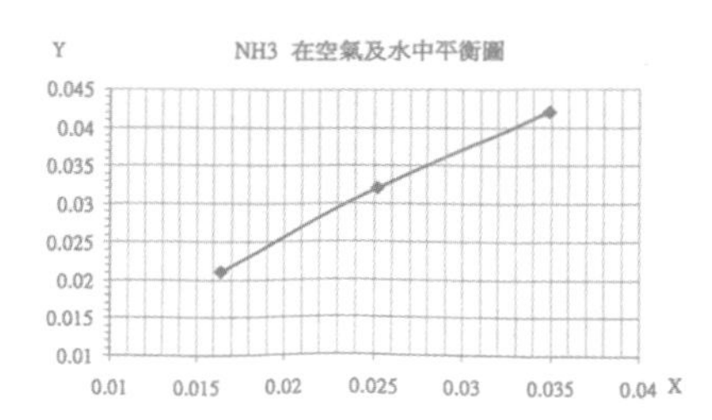

Sol：請參考〈類題27－19〉計算過程。

〈考題 27－28〉(101 普考)(5 分)

請說明氣、液兩相填充塔(packed tower)用途爲何？試舉出三種。

Sol：將物質做分離與純化動作，可應用在吸收塔、氣提塔、蒸餾塔，請參考重點整理(十四)吸收塔(Absorber)的種類。

〈考題27－29〉(101地方特考)(10分)

說明在質傳中什麼是膜理論(film theory)。質傳係數k_c可表示成$k_c = a(D_{AB})^c$。問在膜理論中c之值爲何？在穿透理論(penetration theory)中c之值爲何？

Sol：膜理論說明請參考重點整理(十)。

$$N_A = \frac{D_{AB}}{\delta}(C_{Ai} - C_{A0}) = k_c(C_{Ai} - C_{A0}) \Rightarrow k_c \propto D_{AB} \Rightarrow c = 1(\text{膜理論})$$

$$k_c \propto {D_{AB}}^{0.5} \Rightarrow c = 0.5(\text{穿透理論})$$

〈考題 27－30〉(101 經濟部特考)(各 5 分)

(一)簡述在填充塔(packed tower)操作中氣體速度超過溢流速度(flooding velocity)時之現象。(二)一般的分離操作，大都採用逆向流(counter-current arrangement)，其優缺點爲何？(三)在填充塔(packed tower)操作中，何謂洞穴效應(channeling effect)？

Sol：請參考重點整理(十)填充吸收塔/氣提塔流體力學。

〈考題27－31〉(102普考)(15分)

有一填充塔用來進行吸收程序，將含有2.0mol% A的氣體進料，去除其85%的A成分。若氣體進料的流率是40kmol/h，吸收劑採用純水，其流率是85kmol/h，試求氣體及水溶液離開填充塔時含A成分各爲何？

Sol：進入塔的A速率 $= y_2V_2 = 0.02 \times 40 = 0.8\left(\frac{\text{kmol}}{\text{hr}}\right)$

進入塔空氣速率 $= (1-y_2)V_2 = (1-0.02)\times 40 = 39.2\left(\frac{kmol}{hr}\right)$

離開塔的 V 相中的 A 速率$= 0.15\times 0.8 = 0.12\left(\frac{kmol}{hr}\right)$

(0.15 表示吸收後剩下 15%A)

離開塔的 L 相中的 A 速率$= 0.85\times 0.8 = 0.68\left(\frac{kmol}{hr}\right)$

(0.85 表示 85%A 被吸收)

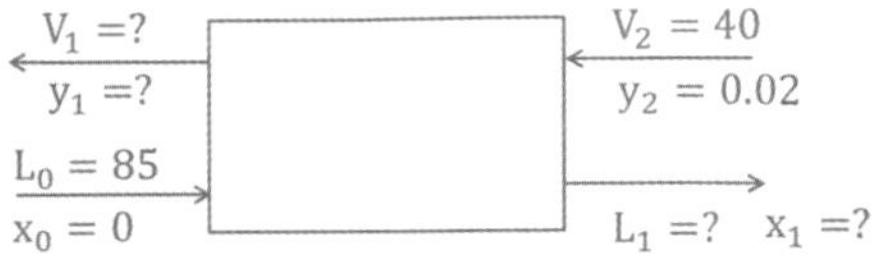

$V_1 = ?$　$y_1 = ?$　$L_0 = 85$　$x_0 = 0$　$V_2 = 40$　$y_2 = 0.02$　$L_1 = ?$　$x_1 = ?$

$V_1 = 39.2 + 0.12 = 39.32\left(\frac{kgmol}{hr}\right)$

$=> y_1 = \frac{0.12}{39.32} = 3.05\times 10^{-3} = 0.305mol\%$

$L_1 = 85 + 0.68 = 85.68\left(\frac{kgmol}{hr}\right)$ $=> x_1 = \frac{0.68}{85.68} = 7.93\times 10^{-3} = 0.793mol\%$

〈考題 27 − 32〉(102 地方特考)(8/8/4 分)

一氣體含2%之A成分流經一填充床吸收塔，該塔以水將99%的A吸收。此塔在常壓常溫下操作，氣體及液體之莫耳通量(molar flux)分別爲$1.5mol/s\cdot m^2$及$9mol/s\cdot m^2$。質傳及平衡關係之常數如下：平衡：$y = 2.7x$(y爲A之氣相分率，x爲A之液相分率)液膜質傳$k_xa = 2.5mol/s\cdot m^3$ unit mol fraction，氣膜質傳$k_ya = 0.9mol/s\cdot m^3$ unit mol fraction (一)求N_{Oy}, H_{Oy} and Z_T。其中N：Overall number of transfer unit；H：Overall height of transfer unit；Z_T：填充區總高度(假設系統之液相及氣相莫耳流率L,V爲定值)(二)求氣膜之質傳阻力占總質傳阻力之百分比。(三)求本案例之最小液體通量(minimum liquid molar flux)(請以$mol/s\cdot m^2$爲單位顯示結果)。

Sol：$y_2 = (1-f)y_1 = (1-0.99)(0.02) = 2\times 10^{-4}$

(一)由〈類題 27 − 11〉質量平衡觀念 =>氣液實際比=>$\left(\frac{L}{V}\right)_{act} = \frac{y_1-y_2}{x_1-x_2}$

$=>\left(\frac{9}{1.5}\right)_{act} = \frac{0.02-2\times 10^{-4}}{x_1-0}$ $=> x_1 = 3.3\times 10^{-3}$

由雙膜理論(Two-film theory) $\frac{1}{K_ya} = \frac{1}{k_ya} + \frac{m}{k_xa} = \frac{1}{0.9} + \frac{2.7}{2.5} = 2.19$

$H_{oy} = \frac{V}{K_y a} = 1.5(2.19) = 3.285(m)$

$y_1 = 0.02$，$y_1^* = 2.7x_1 = 2.7(3.3 \times 10^{-3}) = 8.91 \times 10^{-3}$；$y_1 - y_1^* = 0.011$

$y_2 = 2 \times 10^{-4}$，$y_2^* = 2.7x_2 = 0$；$y_2 - y_2^* = 2 \times 10^{-4}$

$(y - y^*)_M = \frac{(y_1 - y_1^*) - (y_2 - y_2^*)}{\ln\left(\frac{y_1 - y_1^*}{y_2 - y_2^*}\right)} = \frac{0.011 - 2\times10^{-4}}{\ln\left(\frac{0.011}{2\times10^{-4}}\right)} = 2.7 \times 10^{-3}$

$L_s = 9$
$x_2 = 0$　　$y_2 = (1 - f)y_1$

$x_1 = ?$　　$y_1 = 0.02$
$G_s = 1.5$

$N_{Oy} = \frac{y_1 - y_2}{(y - y^*)_M} = \frac{0.02 - 2\times10^{-4}}{2.7\times10^{-3}} = 7.3$

$Z_T = H_{Oy} \cdot N_{Oy} = 3.285(7.3) = 23.98(m)$

(二)$\% = \frac{\frac{1}{k_y a}}{\frac{1}{K_y a}} \times 100\% = \frac{\frac{1}{0.9}}{2.19} \times 100\% = 50.7(\%)$

(三)吸收操作線的最小氣液比可表示爲：$\left(\frac{L_s}{V_s}\right)_{min} = \frac{y_1 - y_2}{x^* - x_2}$

$y_1 = 2.7x^* \Rightarrow x^* = 7.4 \times 10^{-3}$，$\left(\frac{L_s}{V_s}\right)_{min} = \frac{0.02 - 2\times10^{-4}}{7.4\times10^{-3} - 0} = 2.676$

$\Rightarrow (V_s)_{min} = 2.676(1.5) = 4.1(mol/s \cdot m^2)$

〈考題27 − 33〉(102化工技師)(5分)
噴霧塔(spray tower) Sol：請參考重點整理(十四)吸收塔的種類。

〈考題27 − 34〉(102經濟部特考)(5/8/2分)
在平衡級操作中，常用Kremser方程式如(表1)來計算板數(N)：若x、y分別是某一成份(A)在液、氣相中的莫耳分率，x_a和x_b分別代表成份A在進口及出口處之液相莫耳分率，x_a^*、x_b^*分別代表成份A在進口及出口處氣相達平衡時之液相莫耳分率，試回答下列問題：(一)一稀薄(Dilute)氨水溶液，欲利用一連續逆流之氣提(stripping)裝置，以空氣來移除水溶液中的氨(NH_3)。系統中空氣的莫耳流率爲V，氨水溶液之莫耳流率爲L，且NH_3在氣/液相間的平衡關係可利用$y = 0.8x$來表示，請問在此一操作中，若欲達95%之移除率，則空氣對水溶液最小流率比$\left[\frac{V}{L}\right]_{min}$爲何？所需理想板數爲何？(二)呈第(一)小題。若空氣的流率(V)是氨水流率(L)的1.5倍，整個裝置有8個板，總板效率有75%。請利用Kremser方程式計

$$N = \frac{\ln\left(\frac{x_a - x_a^*}{x_b - x_b^*}\right)}{\ln\left(\frac{x_a - x_b}{x_a^* - x_b^*}\right)}$$
(表1)

算此一條件下NH_3移除率。(三)呈第(二)小題。若空氣的流率(V)增加，而其他條件不變，則NH_3移除率會如何變化？請說明爲什麼。

Sol：(一)與〈類題 27 − 30〉假設相同，在稀薄系統=>$\left(\frac{L}{V}\right)=\frac{y_a-y_b}{x_a-x_b}$

又$y^*=0.8x_a$ =>$\left(\frac{L}{V}\right)_{max}=\frac{y^*-y_b}{x_a-x_b}=\frac{0.8x_a-0}{x_a-0.05x_a}=0.842$

=>$\left(\frac{V}{L}\right)_{min}=\frac{1}{0.842}=1.188$，此時$N=N_\infty$

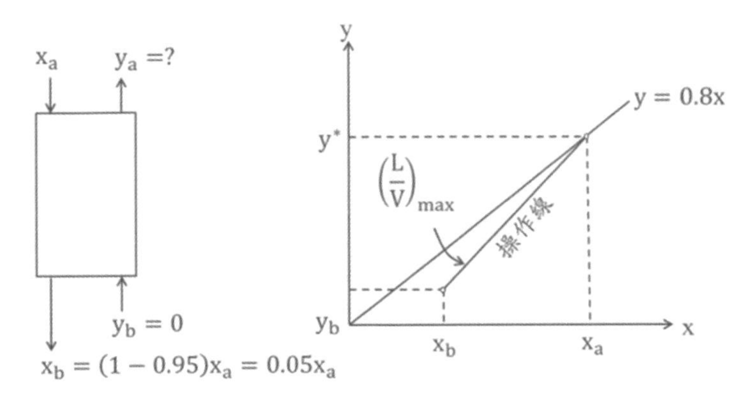

(二)$\eta=\frac{N_{ideal}}{N_{act}}\times100\%$ =>$75(\%)=\frac{N_{ideal}}{8}\times100\%$ =>$N_{ideal}=6$

$y_a=\frac{L}{V}(x_a-x_b)=\frac{1}{1.5}[x_a-x_a(1-f)]=0.67x_af$

$y_a=0.8x_a^*$ =>$0.67x_af=0.8x_a^*$ =>$x_a^*=0.8375x_af$

$y_b=0.8x_b^*$ =>$0=0.8x_b^*$ =>$x_b^*=0$

$S\left(\text{氣提因子}\right)=m\frac{V}{L}=\frac{\text{平衡線斜率}}{\text{操作線斜率}}=0.8\left(\frac{1.5}{1}\right)=1.2$

=>$N=\frac{\ln\left(\frac{x_a-x_a^*}{x_b-x_b^*}\right)}{\ln S}$ =>$6=\frac{\ln\left[\frac{x_a-0.8375x_af}{x_a(1-f)-0}\right]}{\ln(1.2)}$ =>$1.094=\ln\left(\frac{1-0.8375f}{1-f}\right)$(等號兩邊取 e)

=>$e^{1.094}=\frac{1-0.8375f}{1-f}$ =>$f=0.924=92.4(\%)$

(三)當空氣的流率(V)增加，可溶解的總量增加，去除率 f 也跟著增加。但要避免空氣的流率(V)增加過高產生的溢流現象。

〈考題27 − 35〉(103化工技師)(8分)

關於氣提(stripping)之敘述：(一)是指物質由氣相傳遞至液相。(二)與蒸發

(evaporation)是指同一單元操作。

Sol：(一)剛好相反，物質由液相傳遞至氣相(二)和吸收同爲一單元操作。

〈考題27－36〉(103高考三等)(25分)

在含有7個篩盤(sieve tray)之塔內，一稀釋(dilute)氨(ammonia)之水溶液經與空氣逆向流(countercurrent flow)接觸將氨氣提(air stripping)。平衡關係式爲 $y_e = 0.8x_e$。當空氣之莫耳流量(molar flow rate)爲水溶液莫耳流量之1.5倍時，90%之氨可被移除。請問此塔之理想階數(ideal stages)爲多少？階效率(stage efficiency)爲何？

Sol：解題過程如〈考題27－13〉(93關務特考)。

〈考題27－37〉(103地方特考)(各10分)

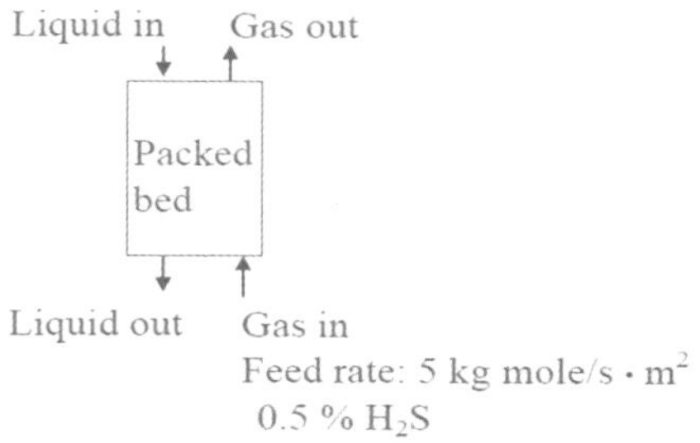

於溫度30°C，壓力1大氣壓，擬設計逆向流(countercurrent flow)操作之填充塔(packed bed)，以胺(Ethanolamine, ETA)水溶液吸收含0.5%H_2S之空氣流，H_2S之吸收去除率設定爲90%。進料胺水溶液中不含H_2S，此吸收塔每單位截面積之氣流進料速率爲$5\text{kgmole/s}\cdot\text{m}^2$。已知$H_2S$與胺水接觸之平衡關係爲$y = 2x$，且此吸收塔總質傳送能力係數(Overall mass transfer capacity coefficient)$K_ya = 6\text{kgmole/m}^3\cdot\text{s}\cdot\text{mol frac.}$。(一)進料速率需求量(minimum molar flow rate of ETA solution，$\text{kgmole/s}\cdot\text{m}^2$)

$$z = \frac{G}{K_y a}\int_{y_a}^{y_b}\frac{dy}{y-y^*} = \frac{G}{K_y a}\frac{y_b - y_a}{\left(y - y^*\right)_{lm}}$$

Liquid in　Gas out

Packed bed

Liquid out　Gas in

Feed rate: 5 kg mole/s · m²

0.5 % H_2S

(二)若胺水進料量比其最小需求量多1倍，試估所需之塔高。備註：對於稀濃度進料之氣體吸收，其吸收塔高度之關係式如右：

Sol：(一)質量平衡 $G_by_b + L_ax_a = G_ay_a + L_bx_b$ (1)

L_s惰性液體流量；G_s惰性氣體流量(假設L_s與G_s分別爲惰性物質)

$L_s = L_a(1 - x_a)$；$G_s = G_a(1 - y_a)$；$L_s = L_b(1 - x_b)$；$G_s = G_b(1 - y_b)$

代入(1)式=>$G_s\left(\frac{y_b}{1-y_b}\right) + L_s\left(\frac{x_a}{1-x_a}\right) = G_s\left(\frac{y_a}{1-y_a}\right) + L_s\left(\frac{x_b}{1-x_b}\right)$ (2)

當題目只給液體最小流率L_{min}時，上式可改寫爲

=>$G_s\left(\frac{y_b}{1-y_b}\right) + L_{min}\left(\frac{x_a}{1-x_a}\right) = G_s\left(\frac{y_a}{1-y_a}\right) + L_{min}\left(\frac{x_b'}{1-x_b'}\right)$

$x_a = 0$　　$y_a = (1-f)y_b$

$x_b = ?$　　$y_b = 5\times10^{-3}$

$G_b = 5$

又$y_b = 2x_b'$ $\Rightarrow x_b' = \frac{y_b}{2} = \frac{5\times10^{-3}}{2} = 2.5\times10^{-3}$

$G_s = G_b(1-y_b) = 5(1-5\times10^{-3}) = 4.975\left(\frac{kgmole}{s\cdot m^2}\right)$

$y_a = (1-f)y_b = (1-0.9)(5\times10^{-3}) = 5\times10^{-4}$

$\Rightarrow 4.975\left(\frac{5\times10^{-3}}{1-5\times10^{-3}}\right) + L_{min}\left(\frac{0}{1-0}\right) = 4.975\left(\frac{5\times10^{-4}}{1-5\times10^{-4}}\right) + L_{min}\left(\frac{2.5\times10^{-3}}{1-2.5\times10^{-3}}\right)$

$\Rightarrow L_{min} = 8.98\left(\frac{kgmole}{s\cdot m^2}\right)$

(二) $L_s = 2L_{min} = 2(8.98) = 17.96\left(\frac{kgmole}{s\cdot m^2}\right)$ 代入(2)式

$\Rightarrow 4.975\left(\frac{5\times10^{-3}}{1-5\times10^{-3}}\right) + 17.96\left(\frac{0}{1-0}\right) = 4.975\left(\frac{5\times10^{-4}}{1-5\times10^{-4}}\right) + 17.96\left(\frac{x_b}{1-x_b}\right)$

$\Rightarrow x_b = 1.25\times10^{-3}$ 又$H_{Oy} = \frac{G_s}{K_ya} = \frac{4.975}{6} = 0.829(m)$

$y_a = 5\times10^{-4}$，$y_a^* = 2x_a = 0$；$y_a - y_a^* = 5\times10^{-4}$

$y_b = 5\times10^{-3}$，$y_b^* = 2x_b = 2(1.25\times10^{-3}) = 2.5\times10^{-3}$；$y_b - y_b^* = 2.5\times10^{-3}$

$(y-y^*)_M = \frac{(y_b-y_b^*)-(y_a-y_a^*)}{\ln\left(\frac{y_b-y_b^*}{y_a-y_a^*}\right)} = \frac{2.5\times10^{-3}-5\times10^{-4}}{\ln\left(\frac{2.5\times10^{-3}}{5\times10^{-4}}\right)} = 1.243\times10^{-3}$

$N_{OG} = \frac{y_b-y_a}{(y-y^*)_M} = \frac{5\times10^{-3}-5\times10^{-4}}{1.243\times10^{-3}} = 3.62$

$Z = H_{Oy}\cdot N_{Oy} = 0.829(3.62) = 3(m)$

〈考題 27－38〉(104 化工技師)(30 分)

空氣和二氧化碳的混合氣(氣體莫耳流率$V_2 = 100$ kgmol/h，二氧化碳莫耳分率$y_{A2} = 0.20$)和純水(液體莫耳流率$L_0 = 300$kgmol/h，二氧化碳莫耳分率$x_{A0} = 0$)流入一個混合器中混合(溫度$= 293$ K，壓力$= 1.0$ atm)。氣體和液體完全混合且平衡後由混合器中分別離開。氣體莫耳流率爲V_1，二氧化碳莫耳分率爲y_{A1}；液體莫耳流率爲L_1，二氧化碳莫耳分率爲x_{A1}。293 K，1atm下的亨利定律(Henry's law)爲$y_{A1} = 0.142\times10^4 x_{A1}$。請算出$L_1$與$V_1$的莫耳流率分別爲多少kgmol/h及$x_{A1}$和$y_{A1}$的值分別爲多少？假設水不會揮發進入氣相。

Sol：令 CO_2 爲 A 作質量平衡 $L_0x_{A0} + V_2y_{A2} = L_1x_{A1} + V_1y_{A1}$ (1)

令$L' = L_0(1-x_{A0})$；$V' = V_1(1-y_{A1})$；$L' = L_1(1-x_{A1})$；$V' = V_2(1-y_{A2})$

代入(1)式=>$L'\left(\frac{x_{A0}}{1-x_{A0}}\right) + V'\left(\frac{y_{A2}}{1-y_{A2}}\right) = L'\left(\frac{x_{A1}}{1-x_{A1}}\right) + V'\left(\frac{y_{A1}}{1-y_{A1}}\right)$

$L' = L_0(1-x_{A0}) = 300(1-0) = 300\left(\frac{kgmol}{hr}\right)$ (假設L'與V'分別爲惰性物質)

$V' = V_2(1-y_{A2}) = 100(1-0.2) = 80\left(\frac{kgmol}{hr}\right)$

=>$300\left(\frac{0}{1-0}\right) + 80\left(\frac{0.2}{1-0.2}\right) = 300\left(\frac{x_{A1}}{1-x_{A1}}\right) + 29.94\left(\frac{y_{A1}}{1-y_{A1}}\right)$ (2)

$y_{A1} = 0.142 \times 10^4 x_{A1}$代入(2)

=>$80\left(\frac{0.2}{1-0.2}\right) = 300\left(\frac{x_{A1}}{1-x_{A1}}\right) + 80\left(\frac{0.142\times10^4 x_{A1}}{1-0.142\times10^4 x_{A1}}\right)$

=>$20 = \frac{113600x_{A1}}{1-1420x_{A1}} + \frac{300x_{A1}}{1-x_{A1}}$ (通分)

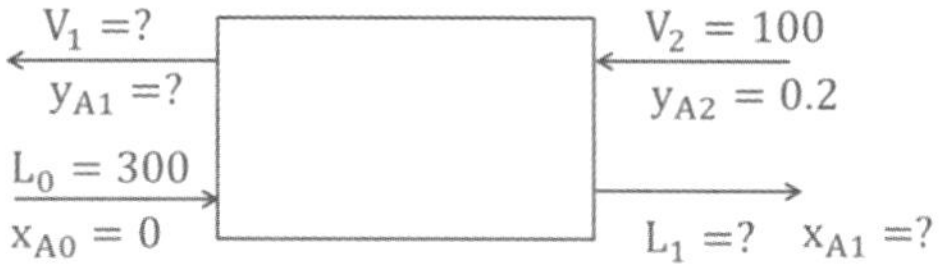

=>$568000{x_{A1}}^2 - 142320x_{A1} + 20 = 0$

$V_1 = ?$ ← $y_{A1} = ?$；$V_2 = 100$，$y_{A2} = 0.2$ ←；$L_0 = 300$，$x_{A0} = 0$ →；→ $L_1 = ?$ $x_{A1} = ?$

=>$x_{A1} = \frac{142320 \mp \sqrt{(142320)^2 - 4(568000\times20)}}{2(568000)} = 1.41 \times 10^{-4}$或0.25(不合)

=>$y_{A1} = 0.142 \times 10^4 x_{A1} = 0.142 \times 10^4(1.41\times10^{-4}) = 0.2$

$L' = L_1(1-x_{A1})$ =>$300 = L_1(1-1.41\times10^{-4})$ =>$L_1 = 300\left(\frac{kgmol}{hr}\right)$

$V' = V_1(1-y_{A1})$ =>$80 = V_1(1-0.2)$ =>$V_1 = 100\left(\frac{kgmol}{hr}\right)$

〈考題 27－39〉(104 薦任升等)(8/8/9 分)

在一吸收操作中，利用吸收液吸收惰性氣體中的吸收物，而進料中每100lbmole的惰性氣體含可吸收物2.5lbmole。操作以逆流方式進行，由塔頂淋下純的吸收液。平衡關係爲$y = 5x^2$(y爲每磅莫耳惰性氣體中可吸收物料的磅莫耳，x爲每磅莫耳之吸收液中含可吸收物料的磅莫耳)。若離開塔之氣體中，每100lbmole惰性氣體含可吸收物2lbmole。(一)吸收後液體最高濃度爲何？(二)液體與氣體的最小莫耳流速比爲何？(三)若使用2倍最小莫耳流速比，說明如何求出所需的板數。

Sol：(一) $y_1 = 5{x_e^*}^2$ =>$0.025 = 5{x_e^*}^2$ =>$x_e^* = 0.071$

(二)同〈類題 27－2〉計算過程，氣液實際比=>$\left(\frac{L}{V}\right)_{act}=\frac{y_1-y_2}{x_1-x_2}$

氣液最小比=>$\left(\frac{L}{V}\right)_{min}=\frac{y_1-y_2}{x_e^*-x_2}=\frac{0.025-0.02}{0.071-0}=0.070$

$\left(\frac{L}{V}\right)_{act}=2\left(\frac{L}{V}\right)_{min}=2(0.07)=0.14$ =>$0.14=\frac{0.025-0.02}{x_1-0}$ =>$x_1=0.036$

(三)圖解法：

y_A	0.0005	0.002	0.0045
x_A	0.01	0.02	0.03

步驟:
1.由假設x_A值代入平衡線$y_A=5x^2$求y_A值，可畫出一條平衡線。
2.在圖上定出$(x_2，y_2)=(0，0.02)$與$(x_1，y_1)=(0.036，0.025)$可畫出吸收的操作線。
3.由點$(x_2，y_2)$往右畫水平線接觸到平衡線，再往上畫垂直線接觸到操作線，如此反覆超越點$(x_1，y_1)$則可得理論板數約2.5板。

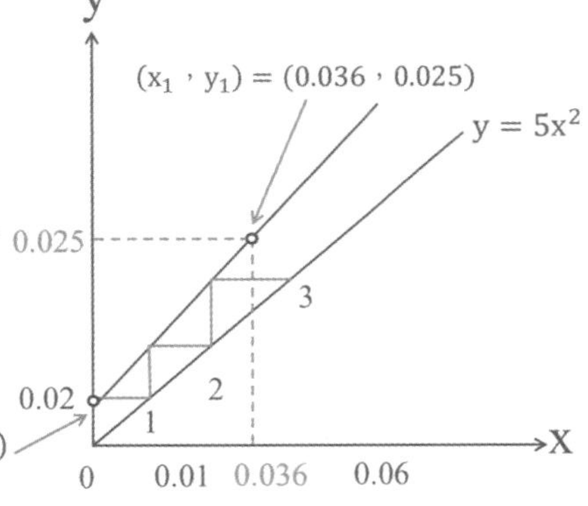

〈考題27－40〉(105普考)(5分)

氣-液吸收操作的填充塔內，通常會放置填料(packing)，請問填料的功能何在？

Sol：請參考重點整理(十三)吸收塔填充物的選擇。

〈考題 27－41〉(105 化工技師-程序設計)(5/10/10/5 分)

一氣體流含水溶性氣體成分A及空氣。此氣體流經過一填充塔，以水洗吸收成分A。A對水之平衡關係符合亨利定律，$y=0.06\,x$(其中y爲A之氣相莫耳分率，x爲A之液相莫耳分率)。假設氣體流不帶走水分，A爲稀薄成分。本塔之終端條件爲：

	頂	底
x	0	0.08
y	0.001	0.009

(一)請敘述一般填充塔之基本構造並説明填充物的形式及其功能。

(二)請計算本分離操作之傳送單元數NTU(Number of Transfer Unit)。(三)若液側及氣側之傳送單元高度(height of transfer unit)H_x與H_y，分別爲$H_x=0.24m$及$H_y=0.36m$，請計算填充區所需之高度。

(四)請敘述填充塔泛溢(flooding)現象，及其與所謂超重力操作之關係。

Sol：(一)請參考重點整理(十三)(十四)。(二)(三)解題過程如〈類題 27－13〉(四)泛溢現象請參考重點整理(十)填充吸收塔/氣提塔流體力學。超重力操作：其氣液逆向接觸的質傳原理，相同於一般的填充式蒸餾塔，但由於在旋轉填充床內具有數十倍到百倍以上的重力場，使得在旋轉填充床內的氣液質傳效果遠高於一般的填充式蒸餾塔，約只要3~4公分的填充厚度，就有一個理論板。此項技術我們稱之爲(超重力分離技術)。

二十八、質量傳遞與應用(萃取與瀝取)

此章節也是屬於吸收與氣提的章節延伸，但在考試出現的比例其實不高，最難的部份屬於三角作圖法，必須使用到槓桿定律(Level rule)作試誤法，另外還有逆流多級萃取的作圖法求理論板數難度也頗高，目前只有研究所考試：如台大、成大、中央、台科有出現過，但對外的國家考試 25 年來完全沒出現過萃取作圖題，如果眞的考了也認了，也準備可以買樂透，此章節只收入重要觀念與考古題，如果想當榜首的朋友沒讀三角作圖與逆流多級萃取的作圖法會吃不下飯睡不著覺，可自行翻閱相關單元操作書籍作研讀。

(一)萃取定義：
用溶劑自液體把可溶性成份溶解提取出來。(97 經濟部特考)(103 普考)(104 普考)
ex：自植物油利用己烷將游離脂肪酸作分離、苯萃取廢水中的酚、稀醋酸液中醋酸之回收、四氯化碳萃取水中的碘。

(二)瀝取定義：
用溶劑自固體把可溶性成份溶解提取出來。(103 普考)
ex：以硫酸自 CuO 中提取 Cu、泡茶：用熱水把茶葉中的茶成份提出、煮咖啡：用熱水把咖啡豆中的咖啡成份提出、煎中藥：用熱水把中藥中的中藥成份提出。

(三)萃取和蒸餾的區別：
蒸餾爲液相與氣相間的質量傳送。
萃取爲液相和液相，或液相和固相間的質量傳送。
各成份液體沸點相近時，用萃取代替蒸餾。
以溶劑提取溶質叫萃取。
以溶劑自原料中溶除溶質叫瀝取。
使用時機：沸點太高、共沸現象、熱分解的可能性。

(四)溶劑的選擇性，如圖一。(93 地方特考)

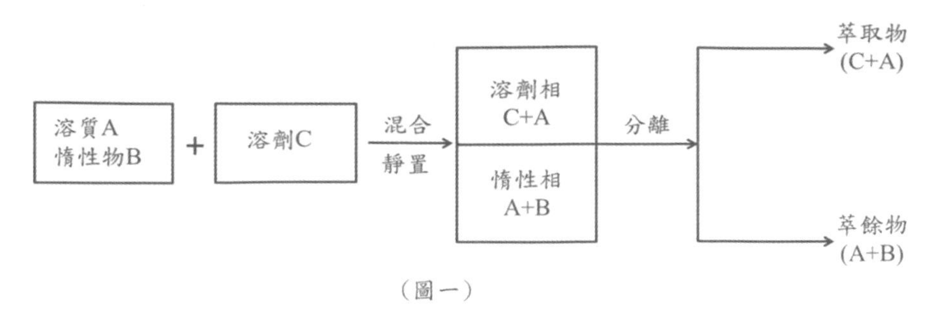

（圖一）

1.選擇性：在萃取中溶劑只對需要的溶質具有極大的溶解度，而不至於溶解其他雜質，以增加成品純度。

2.回收性：使用的溶劑與溶質應有較大的相對揮發度，才能有效回收溶劑。

3.安全性和安定性：溶劑必須在某種範圍內具有化學安定性，不易分解而且無毒，且具有不燃性。

4.表面張力：

表面張力大分離容易但分散困難，即萃取較慢，而萃取液和萃餘液分離容易。

表面張力小分散容易，分離困難。

一般使用低表面張力之溶劑使其分散容易，則萃取快，再用離心分離或添加界面活性劑，使其更有效之萃取。

5.密度：

溶劑與被萃取溶液密度差越小分散容易，分離困難。

若兩液體間密度差越大則分離容易，但分散困難，不利萃取。

一般使用密度相近之溶劑萃取，以增加其混合或分散性，而用離心分離取代重力分離，提升萃取效果。

6.黏度：黏度小則容易流動，輸送容易，可降低操作費用。

(五)影響固體瀝取因素

1.固體顆粒大小：固體顆粒小，和溶劑接觸面積越大，瀝取速率越快

2.溶劑選擇：選擇溶解度大、選擇度高、黏度小、無毒性的溶劑。

3.攪拌影響：增加攪拌，可加速瀝取速度。

4.一般溫度升高增加溶質溶解度，亦可能使其他成份溶出，造成萃取液雜質變多。

5.溶質在固體原料中的比例：溶質在固體原料中的比例少，瀝取速度慢，反之則快。

6. 溶質在固體原料中的分佈情形：溶質在固體原料中含量多且分佈均勻則瀝取

速度快，反之則慢。

(六)能士特分配律

在定溫定壓下，某溶質在兩種互不相溶的溶劑(A 與 B)中的濃度比爲一常數。

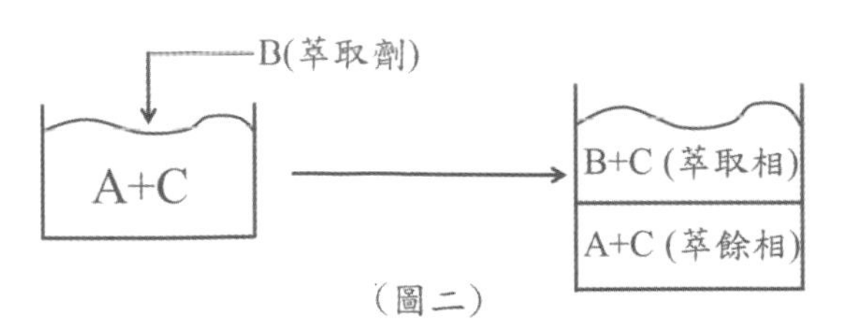

(圖二)

定義：$K\left(\text{分配係數}\right)=\frac{C_B}{C_A}=\frac{\text{萃取相}}{\text{萃餘相}}$ ；A 原有溶劑，B 加入的萃取劑

K 值變大有利於分離(萃取相增加)，K = 1 不能使用萃取法。

$K\left(\text{分配係數}\right)=f\left(\text{溶質種類、溶劑種類、溫度}\right)$

(七)萃取公式

令原溶劑體積V_0(ml)，加入萃取劑的總體積V(ml)，原溶劑含溶質的克數W_0(g)

1.一次萃取：$\boxed{\text{萃餘量}=W_0\left(\frac{K\cdot V_0}{K\cdot V_0+V}\right)}$ $\boxed{\text{萃取量}=W_0\left(1-\frac{K\cdot V_0}{K\cdot V_0+V}\right)}$

2.多次萃取(或稱 n 次萃取)：若使用相同體積的萃取劑，則多次萃取效果會比一次萃取佳。

$\boxed{\text{萃餘量}=W_0\left(\frac{K\cdot V_0}{K\cdot V_0+\frac{V}{n}}\right)^n}$ $\boxed{\text{萃取量}=W_0\left[1-\left(\frac{K\cdot V_0}{K\cdot V_0+\frac{V}{n}}\right)^n\right]}$

$\boxed{K\left(\text{分配係數}\right)=\frac{C_A}{C_B}=\frac{\text{萃餘相}}{\text{萃取相}}}$ ※分配係數定義如左，有些教科書的定義會剛好相反，上面兩個公式的分配係數需以此定義，否則計算出來的結果會有錯誤情況產生！

類題解析

〈類題 28－1〉(一)設有一溶質對水及乙醚之分配係數在20℃時爲 0.4，今在 100ml 之水溶液中含有溶質 5 克，若以 60ml 之乙醚，各以一次及三次萃取，求溶質被萃取的量？(二)上題中欲使萃取效果超過90%，而每次以 10ml 萃取，則最少需萃取幾次？

Sol：

(一) 一次萃取量 $= W_0\left(1-\frac{K\cdot V_0}{K\cdot V_0+V}\right)=5\left(1-\frac{0.4\times100}{0.4\times100+60}\right)=3(g)$

三次萃取量 $= W_0\left[1-\left(\frac{K\cdot V_0}{K\cdot V_0+\frac{V}{n}}\right)^n\right]=5\left[1-\left(\frac{0.4\times100}{0.4\times100+\frac{60}{3}}\right)^3\right]=3.52(g)$

(二)使萃取效果超過90%，至少需萃取$5\times0.9=4.5(g)$

n 次萃取量 $= W_0\left[1-\left(\frac{K\cdot V_0}{K\cdot V_0+\frac{V}{n}}\right)^n\right]$ =>$4.5=5\left[1-\left(\frac{0.4\times100}{0.4\times100+10}\right)^n\right]$

=>$\ln(0.1)=\ln(0.8)^n$ =>$-2.3=n(-0.223)$ =>$n=10.3$ 共萃取 11 次！

〈類題 28－2〉現有碘的水溶液 1L，內含碘重 32 克。在25℃下 300ml 的四氯化碳一次加入萃取，假設溶質之提取與溶入對溶液之體積變化影響甚小，則在達平衡後殘留在萃餘相中的溶質爲多少克？(註：25℃下碘於四氯化碳與水中的分配係數$K=86$)

Sol：$K(\text{分配係數})=\frac{\text{萃餘相}}{\text{萃取相}}=\frac{1}{86}$

=>萃餘量 $= W_0\left(\frac{K\cdot V_0}{K\cdot V_0+V}\right)=32\left(\frac{\frac{1}{86}\times1}{\frac{1}{86}\times1+0.3}\right)=1.2(g)$

※公式解：$K(\text{分配係數})=\frac{\text{萃取相}}{\text{萃餘相}}$ =>$86=\frac{\frac{32-x}{300}}{\frac{x}{1000}}$ =>$x=1.2(g)$

〈類題 28－3〉將溶劑分成 5 等份分別加入萃取器中，而被處理則由第一級流向第 n 級，稱爲並流多級接觸之萃取操作。在25℃下將含溶質 50g 之某溶劑 1000ml，每次加入 100ml 的溶劑進行上述操作，若分配係數$K=10$，假設溶質之提取與溶入對體積變化影響甚小，經 5 次接觸後，殘留在萃餘相中的溶質爲多少克？

Sol：$K\left(\text{分配係數}\right)=\frac{\text{萃餘相}}{\text{萃取相}}=\frac{1}{10}$

$$=>\text{萃餘量}=W_0\left(\frac{K\cdot V_0}{K\cdot V_0+\frac{V}{n}}\right)^n=50\left(\frac{\frac{1}{10}\times 1000}{\frac{1}{10}\times 1000+\frac{500}{5}}\right)^5=1.56(g)$$

〈類題 28－4〉在多級逆流萃取器中，原料含有100kg/hr的水溶液，其中含 0.01 質量分率的尼古丁 A 溶劑爲200kg/hr的煤油，其中含 0.0005 質量分率的尼古丁 A，水與煤油在本質上不互溶，若出口水中尼古丁的質量分率欲降至 0.001，平衡數據如下表所示，表中 x 爲尼古丁 A 在水中的質量分率，y 爲尼古丁 A 在煤油中的質量分率試以兩種方法，計算理論板數(一)解析法(二)圖解法 (Geankoplis 例題 12.7-3)

x	y	x	y
0.00101	0.000806	0.00746	0.00682
0.00246	0.001959	0.00988	0.00904
0.005	0.00454	0.0202	0.0185

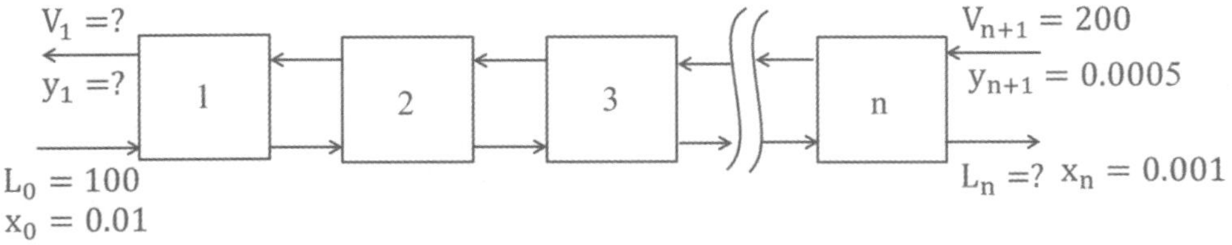

$V_1=?$　$y_1=?$　1　2　3　n　$V_{n+1}=200$　$y_{n+1}=0.0005$

$L_0=100$　$x_0=0.01$　$L_n=?$ $x_n=0.001$

Sol：(一)令$L=L_0(1-x_0)=100(1-0.01)=99\left(\frac{kg}{hr}\right)$

$$V=V_{n+1}(1-y_{n+1})=200(1-0.0005)=199.9\left(\frac{kg}{hr}\right)$$

$$L=L_n(1-x_n)=>99=L_n(1-0.001)\ =>L_n=99.099\left(\frac{kg}{hr}\right)$$

對尼古丁作質量平衡 $L_0x_0+V_{n+1}y_{n+1}=L_nX_n+V_1y_1$ (1)

令$L=L_0(1-x_0)$；$V=V_{n+1}(1-y_{n+1})$；$L=L_n(1-x_n)$；$V=V_1(1-y_1)$

代入(1)式$=>L\left(\frac{x_0}{1-x_0}\right)+V\left(\frac{y_{n+1}}{1-y_{n+1}}\right)=L\left(\frac{x_n}{1-x_n}\right)+V\left(\frac{y_1}{1-y_1}\right)$

$$=>99\left(\frac{0.01}{1-0.01}\right)+199.9\left(\frac{0.0005}{1-0.0005}\right)=99\left(\frac{0.001}{1-0.001}\right)+199\left(\frac{y_1}{1-y_1}\right)$$

$=>y_1 = 4.9\times10^{-3}$，$V = V_1(1-y_1) => 199.9 = V_1(1-4.9\times10^{-3})$

$=>V_1 = 200.89\left(\frac{kg}{hr}\right)$

※在題目未給平衡線斜率時：平衡數據為曲線的情況，必須先求塔頂與塔底斜率：

塔頂斜率$m_1 = \frac{y}{x} = \frac{0.0185}{0.0202} = 0.915$；塔底斜率$m_2 = \frac{y}{x} = \frac{0.000806}{0.00101} = 0.798$

$N = \frac{\ln\left[\frac{x_0-\frac{y_{n+1}}{m}}{x_N-\frac{y_{n+1}}{m}}\left(1-\frac{1}{S}\right)+\frac{1}{S}\right]}{\ln S}$ 由 kremser equation 的氣提公式(在此 m 使用塔底斜率)

$S_1 = m_1\frac{V_1}{L_0} = \frac{0.915\times200.89}{100} = 1.84$ ；$S_N = m_2\frac{V_{n+1}}{L_n} = \frac{0.798\times200}{99.099} = 1.61$

兩者取幾何平均$=>S = \sqrt{S_1\cdot S_N} = \sqrt{1.84\times1.61} = 1.72$；$m = m_2 = 0.798$

$=>N = \frac{\ln\left[\frac{x_0-\frac{y_{n+1}}{m}}{x_N-\frac{y_{n+1}}{m}}\left(1-\frac{1}{S}\right)+\frac{1}{S}\right]}{\ln S} = \frac{\ln\left[\frac{0.01-\frac{0.0005}{0.798}}{0.001-\frac{0.0005}{0.798}}\left(1-\frac{1}{1.72}\right)+\frac{1}{1.72}\right]}{\ln(1.72)} = 4.4(板)$

(二)

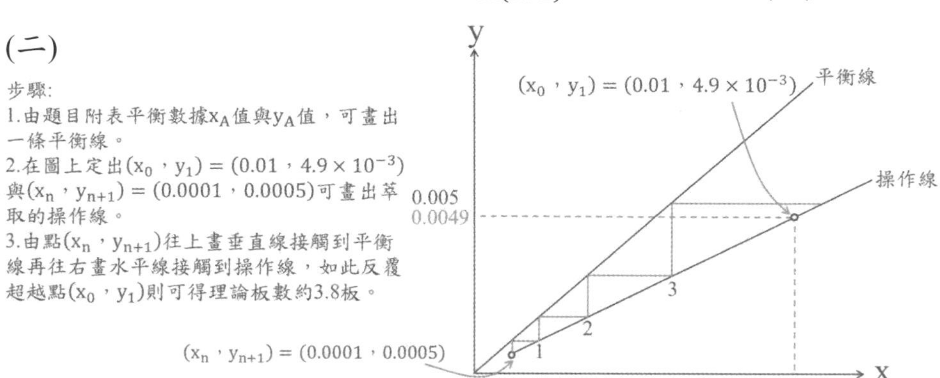

※注意：此小題實際作圖時，平衡線給的數據描繪在方格紙上略為曲線！

〈類題 28 − 5〉盤尼西林由一發酵槽中之稀釋水溶液利用乙酸戊酯萃取回收，每 100 體積之水溶液使用 6 體積之乙酸戊酯，在PH = 3.2時，分佈係數為$K_D = 80$(一)使用單階段萃取操作則盤尼西林的回收比率？(二)若使用兩階段萃取回收，以新鮮溶劑做萃取的回收比率為何？(三)假設使用逆流式串級萃取，且$V/L = 0.06$則想得到結果(二)的回收比率，此時理論板數多少？ (McCabe 例題 23.2)

Sol：(一)質量平衡 $L_0x_0 + V_0y_0 = L_1x_1 + V_1y_1$ (1)

令$L = L_0(1-x_0)$，$V = V_0(1-y_0)$，$L = L_1(1-x_1)$，$V = V_1(1-y_1)$

代入(1)式=>$L\left(\frac{x_0}{1-x_0}\right)+V\left(\frac{y_0}{1-y_0}\right)=L\left(\frac{x_1}{1-x_1}\right)+V\left(\frac{y_1}{1-y_1}\right)$ (2)

假設在稀薄系統：$1-x\doteqdot 1$；$1-y\doteqdot 1$

上式(2)變爲：$Lx_0+Vy_0=Lx_1+Vy_1$ (3)

$y_1=K_Dx_1$代入(3)式=>$Lx_0=Lx_1+VK_Dx_1$

=>$Lx_0=x_1(VK_D+L)$ =>$\frac{x_1}{x_0}=\frac{1}{K_D\frac{V}{L}+1}=\frac{1}{80\left(\frac{6}{100}\right)+1}=0.1724$

回收率(m) $=1-\frac{x_1}{x_0}=1-0.1724=0.8276$

(二) $\frac{x_2}{x_0}=\frac{1}{\left(K_D\frac{V}{L}+1\right)^2}$ ，$S=K_D\frac{V}{L}=80\left(\frac{6}{100}\right)=4.8$ =>$\frac{x_2}{x_0}=\frac{1}{(4.8+1)^2}=0.0297$

=>回收率(m) $=1-\frac{x_2}{x_0}=1-0.0297=0.97$

(三)質量平衡 $L_ax_a+V_by_b=L_bx_b+V_ay_a$ (1)

令$L=L_a(1-x_a)$，$V=V_a(1-y_a)$，$L=L_b(1-x_b)$，$V=V_b(1-y_b)$ 代入(1)式

=>$L\left(\frac{x_a}{1-x_a}\right)+V\left(\frac{y_b}{1-y_b}\right)=L\left(\frac{x_b}{1-x_b}\right)+V\left(\frac{y_a}{1-y_a}\right)$ (2)

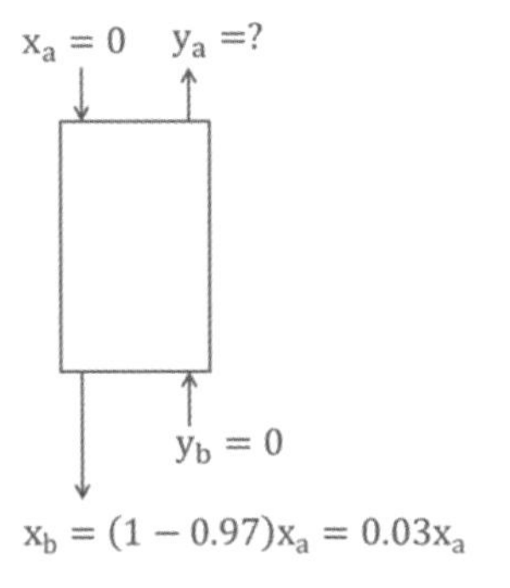

假設在稀薄系統：$1-x\doteqdot 1$；$1-y\doteqdot 1$

上式(2)變爲：$Lx_a+Vy_b=Lx_b+Vy_a$

=>$y_a=\frac{L}{V}(x_a-x_b)=\frac{1}{0.06}(x_a-0.03x_a)=16.17x_a$

$y_a=80x_a^*$ =>$16.17x_a=80x_a^*$ =>$x_a^*=0.2x_a$

$y_b=80x_b^*$ =>$0=80x_b^*$ =>$x_b^*=0$

操作線和平衡線假設皆爲直線下 Kremser equation for stripping：

=>$N=\frac{\ln\left(\frac{x_a-x_a^*}{x_b-x_b^*}\right)}{\ln S}=\frac{\ln\left(\frac{x_a-0.2x_a}{0.03x_a-0}\right)}{\ln(4.8)}=2.09$(板)

〈類題 28－6〉含氨0.6mol%之氨水溶液，以含氨0.1mol%之空氣脫除，已知出口液體含氨0.1mol%，出口氣體含氨0.8mol%，相平衡關係爲$y_A=2x_A$，試求理論板數？

Sol：質量平衡 $L_ax_a+V_by_b=L_bx_b+V_ay_a$ (1)

令$L=L_a(1-x_a)$，$V=V_a(1-y_a)$，$L=L_b(1-x_b)$，$V=V_b(1-y_b)$

代入(1)式=>$L\left(\frac{x_a}{1-x_a}\right)+V\left(\frac{y_b}{1-y_b}\right)=L\left(\frac{x_b}{1-x_b}\right)+V\left(\frac{y_a}{1-y_a}\right)$ (2)

假設在稀薄系統：$1-x \doteq 1$；$1-y \doteq 1$

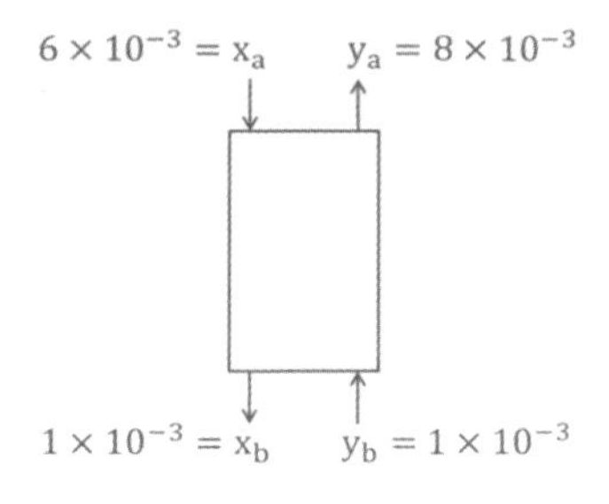

上式(2)變為：$Lx_a+Vy_b=Lx_b+Vy_a$

$y_a^*=2x_a=2(6\times10^{-3})=0.012$

$y_b^*=2x_b=2(1\times10^{-3})=2\times10^{-3}$

操作線和平衡線假設皆為直線下

Kremser equation for adsorption：

$$N=\frac{\ln\left(\frac{y_b-y_b^*}{y_a-y_a^*}\right)}{\ln\left(\frac{y_b-y_a}{y_b^*-y_a^*}\right)}=\frac{\ln\left(\frac{1\times10^{-3}-2\times10^{-3}}{8\times10^{-3}-0.012}\right)}{\ln\left(\frac{1\times10^{-3}-8\times10^{-3}}{2\times10^{-3}-0.012}\right)}=3.9(\text{板})$$

〈類題 28－7〉25℃時在逆流萃取塔中，以含有0.5wt%的丙酮的三氯乙烷萃取800kg/hr的水溶液，其中含12wt%的丙酮，丙酮在水中濃度低於27wt%時，水與三氯乙烷在本質上不互溶，若丙酮在出口萃餘相(水)中的濃度設定為1.0wt%時，平衡數據如下表所示，表中 x 為丙酮在水中的質量分率，y 為丙酮在三氯乙烷中的質量分率，試計算各小題(Geankoplis 例題 12.7-4)

x	y	x	y
0.0120	0.0196	0.0571	0.0909
0.0294	0.0476	0.0833	0.1304
0.0462	0.0741	0.1316	0.2000

(一)所需最小溶劑流率V'_{min}？(二)當$V'=1.3V'_{min}$以作圖法求理論板數？
(三)以解析法求理論板數？(四)使用填充萃取塔，設總括單為高度H_{OL}為 1.2m，計算總括傳送單位數N_{OL}和塔高Z？假設操作線和平衡線不是微曲線時，請利用此公式計算理論板數？$N_{OL}=\frac{\ln\left[\frac{x_0-\frac{y_{n+1}}{m}}{x_N-\frac{y_{n+1}}{m}}\left(1-\frac{1}{S}\right)+\frac{1}{S}\right]}{1-\frac{1}{S}}$

Sol：(一)令$L'=L_0(1-x_0)=800(1-0.12)=704\left(\frac{kg}{hr}\right)$

$V_1=?$ $y_1=?$ ← [1] ← [2] ← [3] ← … ← [n] ← $V_{n+1}=?$ $y_{n+1}=0.005$

$L_0=800$ $x_0=0.12$ → [1] → [2] → [3] → … → [n] → $L_n=?$ $x_n=0.01$

步驟:
1.由題目所給的x_A與y_A值，可畫出一條平衡線。
2.再圖上定出$(x_n，y_{n+1}) = (0.01，0.005)$與$(x_0，y_{1max}) = (0.12，y_{1max})$可畫出萃取的操作線，此時操作線如圖，靠近平衡線。
3.由點$(x_0，y_{1max}) = (0.12，y_{1max})$往左畫水平虛線接觸到y軸，可得$y_{1max} \doteq 0.184$。

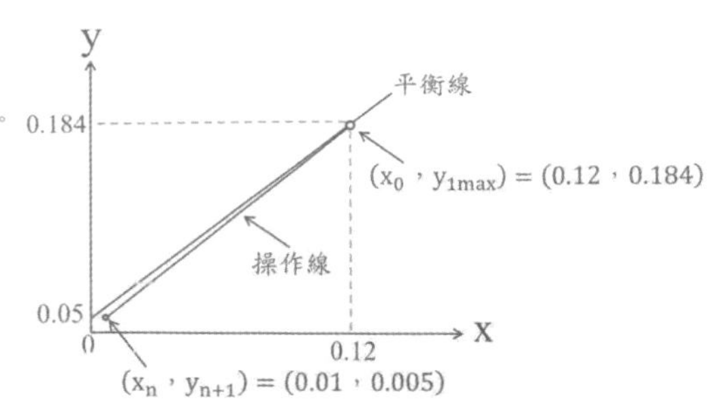

對丙酮作質量平衡 $L_0x_0 + V_2y_2 = L_1x_1 + V_1y_1$ (1)

令$L' = L_0(1 - x_0)$；$V' = V_1(1 - y_1)$；$L' = L_1(1 - x_1)$；$V' = V_2(1 - y_2)$

代入(1)式=>$L'\left(\frac{x_0}{1-x_0}\right) + V'\left(\frac{y_{n+1}}{1-y_{n+1}}\right) = L'\left(\frac{x_n}{1-x_n}\right) + V'\left(\frac{y_1}{1-y_1}\right)$ (2)

以最小溶劑流率表示=>$L'\left(\frac{x_0}{1-x_0}\right) + V'_{min}\left(\frac{y_{n+1}}{1-y_{n+1}}\right) = L'\left(\frac{x_n}{1-x_n}\right) + V'_{min}\left(\frac{y_{max}}{1-y_{max}}\right)$

$$=>704\left(\frac{0.12}{1-0.12}\right) + V'_{min}\left(\frac{0.005}{1-0.005}\right) = 704\left(\frac{0.01}{1-0.01}\right) + V'_{min}\left(\frac{0.184}{1-0.184}\right)$$

$$=>V'_{min} = 403.2\left(\frac{kg}{hr}\right)$$

(二) $V' = 1.3V'_{min} = 1.3(403.2) = 524.2\left(\frac{kg}{hr}\right)$

由(2)式=>$704\left(\frac{0.12}{1-0.12}\right) + 524.2\left(\frac{0.005}{1-0.005}\right) = 704\left(\frac{0.01}{1-0.01}\right) + 524.2\left(\frac{y_1}{1-y_1}\right)$

$$=>y_1 = 0.15$$

步驟:
1.由題目所給的x_A與y_A值，可畫出一條平衡線。
2.在圖上定出$(x_0，y_1) = (0.12，0.15)$與$(x_n，y_{n+1}) = (0.01，0.005)$可畫出萃取的操作線。
3.由點$(x_n，y_{n+1})$往上畫垂直線接觸到平衡線，再往右畫水平線接觸到操作線，如此反覆超越點$(x_0，y_1)$則可得理論板數約7.4板。

(三)在題目未給平衡線斜率時：平衡數據爲曲線的情況，必須先求塔頂與塔底斜率。

塔頂斜率$m_1 = \frac{y}{x} = \frac{0.2}{0.1316} = 1.519$，塔底斜率$m_2 = \frac{y}{x} = \frac{0.0196}{0.012} = 1.633$

$L' = L_n(1-x_n)$ =>$704 = L_n(1-0.01)$ =>$L_n = 711.1\left(\frac{kg}{hr}\right)$

$V' = V_{n+1}(1-y_{n+1})$ =>$524.2 = V_{n+1}(1-0.005)$ =>$V_{n+1} = 526.8\left(\frac{kg}{hr}\right)$

$V' = V_1(1-y_1)$ =>$524.2 = V_1(1-0.15)$ =>$V_1 = 616.7\left(\frac{kg}{hr}\right)$

$N = \frac{\ln\left[\frac{x_0-\frac{y_{n+1}}{m}}{x_N-\frac{y_{n+1}}{m}}\left(1-\frac{1}{S}\right)+\frac{1}{S}\right]}{\ln S}$ 由 kremser equation 的氣提公式

$S_1 = m_1\frac{V_1}{L_0} = \frac{1.519\times616.7}{800} = 1.168$，$S_N = m_2\frac{V_{n+1}}{L_n} = \frac{1.633\times526.8}{711.1} = 1.209$

兩者取幾何平均=>$S = \sqrt{S_1\cdot S_N} = \sqrt{1.168\times1.209} = 1.188$；$m = m_2 = 1.633$

$$=>N = \frac{\ln\left[\frac{x_0-\frac{y_{n+1}}{m}}{x_N-\frac{y_{n+1}}{m}}\left(1-\frac{1}{S}\right)+\frac{1}{S}\right]}{\ln S} = \frac{\ln\left[\frac{0.12-\frac{0.005}{1.633}}{0.01-\frac{0.005}{1.633}}\left(1-\frac{1}{1.188}\right)+\frac{1}{1.188}\right]}{\ln(1.188)} = 7.2(板)$$

$$(四)N_{OL} = \frac{\ln\left[\frac{x_0-\frac{y_{n+1}}{m}}{x_N-\frac{y_{n+1}}{m}}\left(1-\frac{1}{S}\right)+\frac{1}{S}\right]}{1-\frac{1}{S}} = \frac{\ln\left[\frac{0.12-\frac{0.005}{1.633}}{0.01-\frac{0.005}{1.633}}\left(1-\frac{1}{1.188}\right)+\frac{1}{1.188}\right]}{1-\frac{1}{1.188}} = 8.0(板)$$

$Z = H_{OL}N_{OL} = 1.2(8.0) = 9.6(m)$

※注意：此小題實際作圖時，平衡線給的數據描繪在方格紙上略爲曲線！

〈類題 28－8〉某種抗生素使用乙酸乙酯作爲溶劑，在低PH值由發酵液逆向萃取至PH = 6的清水中，其$k_D = 0.15$，假設水流速率爲 0.45 倍的溶劑流率，則在逆向串級萃取操作欲得98%回收率所需的理想板數爲多少？ (McCabe 習題 23.9)

Sol：質量平衡$L_ax_a + V_by_b = L_bx_b + V_ay_a$ (1)

令$L = L_a(1-x_a)$，$V = V_a(1-y_a)$，$L = L_b(1-x_b)$，$V = V_b(1-y_b)$

代入(1)式=>$L\left(\frac{x_a}{1-x_a}\right) + V\left(\frac{y_b}{1-y_b}\right) = L\left(\frac{x_b}{1-x_b}\right) + V\left(\frac{y_a}{1-y_a}\right)$ (2)

假設在稀薄系統：$1-x \doteqdot 1$；$1-y \doteqdot 1$

上式(2)變爲：$L\cancel{x_a} + Vy_b = Lx_b + Vy_a$

=>$x_b = \frac{V}{L}(y_b - y_a) = \frac{1}{0.45}(y_b - 0.02y_b) = 2.177y_b$

$y_a = (1-0.98)y_b = 0.02y_b$

$x_a = 0$

x_b y_b

$y_a^* = 0.15x_a = 0$

$y_b^* = 0.15x_b = 0.15(2.177y_b) = 0.326y_b$

※題意爲發酵液逆向萃取至清水中所以爲吸收

操作線和平衡線假設皆爲直線下

Kremser equation for adsorption：

$$A\left(吸收因子\right) = \frac{L}{mV} = \frac{0.45}{0.15(1)} = 3，N = \frac{\ln\left(\frac{y_b - y_b^*}{y_a - y_a^*}\right)}{\ln A} = \frac{\ln\left(\frac{y_b - 0.326y_b}{0.02y_b - 0}\right)}{\ln(3)} = 3.2(板)$$

〈類題 28－9〉以水萃取煤油中所含低濃度醋酸，則本系統之質量傳送可能爲水相或煤油相質傳控制？改用弱鹼水溶液進行萃取可以大幅提高萃取效率嗎？

Sol：因醋酸易溶於水不易溶於煤油，因此醋酸在水相中的質傳速率比在煤油相快，較慢的煤油相爲質傳控制步驟(煤油黏度大，相對應質傳阻力高)。醋酸會和弱鹼進行酸鹼中和，可以使反應速率加快，可以大幅提高萃取效率。

〈類題 28－10〉許多植物富含油溶性物質類胡蘿蔔素，欲從植物組織純化類胡蘿蔔素，需要利用哪些單元操作？

Sol：過濾、萃取、吸收、色層分析法。

歷屆試題解析

〈考題 28－1〉(86 委任升等)(3 分)

固體萃取(Leaching)受到哪些因素支配？

Sol：請參考重點整理。

〈考題 28－2〉(84 委任升等)(87 高考三等)(93 普考)(94 地方特考四等)(100 地方特考四等)(15 分)

請問下列各操作應用那一類相平衡(汽液、液液、固液、氣固)考慮以設計所需的設備：(一)汽油的煉製(二)有機溶劑萃取大豆油(三)水從丙酮-醋酸二酯溶液中萃取丙酮(四)愛玉的萃取(五)冰糖的製造

Sol：(一)液-液 (二)固-液 (三)液-液 (四)固-液 (五)固-液

〈考題28－3〉(93普考)(各5分)

分離操作時：(一)蒸餾是利用物質之何種性質的差異？(二)萃取是利用物質之何種性質的差異？

Sol：(一)物質與物質間沸點不同作分離。(二)物質與物質間溶解度不同作分離。

〈考題28－4〉(93地方特考四等)(20分)

大豆含油量爲18%，作爲沙拉油工廠的工作人員，你如何將油提煉出來，試繪出簡單流程。

Sol：可參考圖一，溶質A爲大豆，惰性物B爲水，溶劑C爲己烷繪出簡單流程即可。

〈考題 28－5〉(95 經濟部特考)(2 分)

倘有 1 公升之水溶液內含 0.005 克莫耳之碘，擬用 600 毫升之四氯化碳，在25°C依下列兩種方法萃取水中之碘，已知在25°C下，碘在水與四氯化碳之分佈係數爲 $k = C_{CCl_4}/C_{H_2O} = 85.47$，下列何者正確？

(A)以 600 毫升CCl_4一次萃取，萃餘相尚餘碘9.56×10^{-5}(g · mol)

(B)以 600 毫升CCl_4一次萃取，萃餘相尚餘碘7.86×10^{-5}(g · mol)

(C)分三次，每次以 200 毫升CCl_4一次萃取，萃餘相尚餘碘5.76×10^{-5}(g · mol)

(D)分三次，每次以 200 毫升CCl_4一次萃取，萃餘相尚餘碘1.66×10^{-5}(g · mol)

(E)溶劑總量一定時，則少量分多次萃取所得效果較佳。

Sol：$K\left(\text{分配係數}\right) = \dfrac{C_{H_2O}(\text{萃餘相})}{C_{CCl_4}(\text{萃取相})} = \dfrac{1}{85.47}$

$$=>\text{一次萃餘量} = W_0\left(\frac{K \cdot V_0}{K \cdot V_0 + V}\right) = 0.005\left(\frac{\frac{1}{85.47} \times 1}{\frac{1}{85.47} \times 1 + 0.6}\right) = 9.56 \times 10^{-5}(g \cdot mol)$$

$$=>n\ \text{次萃餘量} = W_0\left(\frac{K \cdot V_0}{K \cdot V_0 + \frac{V}{n}}\right)^n = 0.005\left(\frac{\frac{1}{85.47} \times 1}{\frac{1}{85.47} \times 1 + \frac{0.6}{3}}\right)^3 = 8.44 \times 10^{-7}(g \cdot mol)$$

選(A)與(E)

〈考題 28－6〉(101 地方特考四等)(5 分)

試述溶劑萃取(solvent extraction)與洗滌(washing)的異同。

Sol：相同處：以溶劑提取溶質。相異處：瀝取爲提取固體中有用的物質；洗滌爲除去不要的物質。

〈考題 28 – 7〉(103 經濟部特考)(5/10 分)

常見工業製程分離技術蒸餾和萃取(液-液)，兩者功能相似，均屬於分離液體混合物的操作。請分別說明(一)蒸餾與萃取(液-液)之原理。(二)請分析兩者在工業應用、操作能源耗用及分離效率優缺點。

Sol：

(一)請參考重點整理。

(二)

分離方式	蒸餾	萃取
工業應用	當物質沸點差異很大時使用，廣泛應用於工業，例如:苯和甲苯混合物的分離。	當物質有沸點太高、共沸現象、熱分解的可能性時使用，例如:重組或裂解汽油含有50%以上的芳香族原料(苯、甲苯、二甲苯BTX)因沸點差異小，需使用萃取+蒸餾 。
操作能源耗用	需要蒸汽作為加熱熱源，另外冷凝器需要冷媒作為媒介，動力設備需要回流泵及出料泵所以耗能。	萃取劑的選擇性、回收性、安全性和安定性、表面張力、黏度、密度都須考慮，萃取劑的使用量為最大成本考量。
分離效率	蒸餾塔之分離效率優於萃取塔。	使用萃取塔效果較差，必須加增一隻蒸餾塔以分離溶劑和萃取物。

〈考題 28 – 8〉(103 普考)(5 分)

請說明下列各操作單元所用之分離原理：液相萃取。

Sol：請參考重點整理。

〈考題 28 – 9〉(103 普考)(20 分)

某一有機酸對異丙醚和水的分配係數(distribution coefficient)在298K時爲0.25，若100公升的有機酸水溶液中含有機酸6公斤，現以70公升的異丙醚一次萃取，假設溶質的提取與溶入，對溶液的體積變化影響很小，因此可以被忽略，請計算萃取後水溶液中含有機酸還剩多少公斤？

Sol：$K\left(\text{分配係數}\right)=\frac{\text{萃餘相}\left(\text{水}\right)}{\text{萃取相}\left(\text{異丙醚}\right)}=\frac{1}{0.25}=4$

$=>\text{萃餘量}=W_0\left(\frac{K\cdot V_0}{K\cdot V_0+V}\right)=6\left(\frac{4\times100}{4\times100+70}\right)=5.1(kg)$

※公式解：$K\left(分配係數\right)=\frac{萃取相\left(異丙醚\right)}{萃餘相\left(水\right)}=0.25$

$=>0.25=\frac{\frac{6-x}{70}}{\frac{x}{100}}$ $=>x=5.1(kg)$

二十九、質量傳遞與應用(乾燥)

此章節在考試中出現的頻率不高，都是屬於冷箭題型，爲了不佔篇幅，在內容上不再多加敘述，有一些基礎內容可參考高職的化工裝置，或者是一些中譯本相關的內容，此章節只列出類題解析與歷屆試題供讀者參考用，如其他章節準備完整，有足夠的時間再複習此章節即可。

(一)定義：乾燥(Drying)是從物料中除去水分的一種操作(降低物料的水分至可以接受的程度) ex：除濕機、乾燥包。

(二)乾燥特性曲線，乾燥速率對含水率作圖，圖一。(93 地方特考四等)

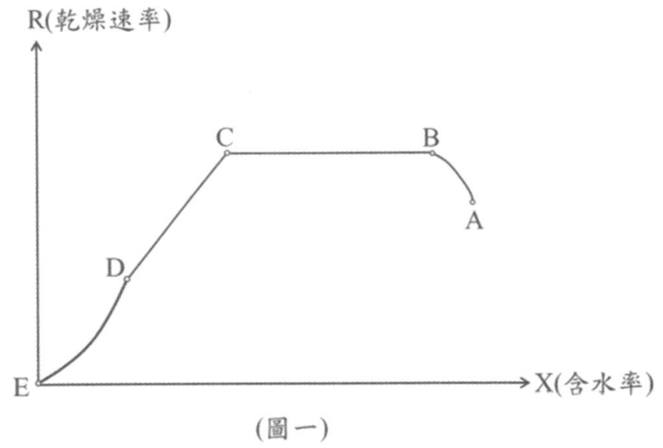

(圖一)

A → B (起始期)：乾燥最初階段，物料一開始被加熱而升溫，乾燥速率不穩定，時間很短。

B → C (恆速期)：水分蒸發現象爲表面蒸發，因物料內部水分會以毛細現象迅速補充到物料表面，所以乾燥速率不變。

*乾燥速率和自由含水率無關。

*物料表面溫度爲空氣濕球溫度。

*物料表面蒸氣壓爲飽和蒸汽壓。

C → D (第一減速期)：物料表面蒸發速率大於內部補充水分速率。

D → E (第二減速期)：水分的蒸發由物料的表面移至內部進行，此時物料表面溫度等於乾球溫度。

C 點爲臨界點(critical saturation)也稱臨界含水率：當固體表面之水份不是維持連續液膜以覆蓋整個固體表面時，則此點瞬間出現，此點之後的乾燥皆會受到固體的影響。

點 D：固體表面已達到完全乾燥(固體表面已達平衡含水率)。

點 E：固體整個均達平衡含水率。

(三)乾燥曲線，乾燥速率對含水率作圖，如圖二。

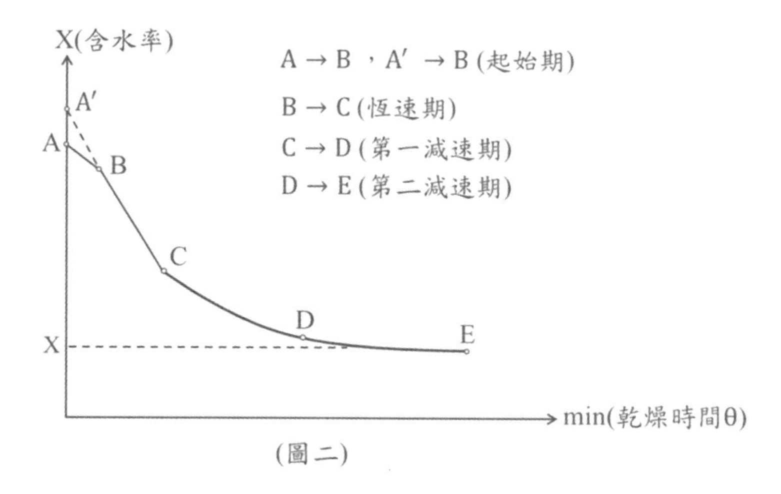

(圖二)

計算導正，如圖三

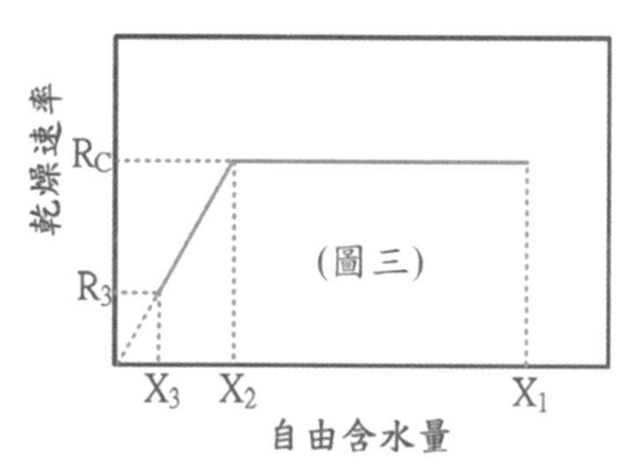

$x_1 \rightarrow x_2$ (恆速期)：假設$R = R_c$

$$R = -\frac{m_s}{A}\frac{dx}{dt} \ (1) => \int_0^t dt = -\frac{m_s}{A \cdot R_c}\int_{x_1}^{x_2} dx \ => \boxed{t = \frac{m_s}{A \cdot R_c}(x_1 - x_2)}$$

$x_2 \rightarrow x_3$(第一減速期)：假設x_2至x_3爲一直線，令$R = ax + b$

$$=> dR = adx \text{代入(1)式} => \int_0^t dt = -\frac{m_s}{aA}\int_{R_2}^{R_3}\frac{dR}{R} \ (2) \ \because R_2 = ax_2 + b；\ R_3 = ax_3 + b$$

將R_2與R_3相減=>$a\left(\text{斜率}\right) = \frac{R_2 - R_3}{x_2 - x_3}$

由圖得知當$x_2 = x_c$ =>$R_2 = R_c$

=>$\boxed{t = \frac{m_s(x_2 - x_3)}{A(R_2 - R_3)} \ln\left(\frac{R_2}{R_3}\right) = \frac{m_s(x_c - x_3)}{A(R_c - R_3)} \ln\left(\frac{R_c}{R_3}\right)}$

※注意：題目有給條件，求得R_3的值才可代入此式

$x_2 \rightarrow$ 原點 (由第一減速期開始至第二減速期爲止)：假設x_2至原點爲一直線，令$R = ax$ (沒有截距 b，因爲通過原點)

=>$dR = a dx$代入(1)式 =>$\int_0^t dt = -\frac{m_s}{aA} \int_{R_2}^{R_3} \frac{dR}{R}$

=>$t = \frac{m_s}{aA} \ln\left(\frac{R_2}{R_3}\right) = \frac{m_s}{aA} \ln\left(\frac{x_2}{x_3}\right)$ (3)；當$x_2 = x_c$=>$R_2 = R_c$

=>$a\left(\text{斜率通過原點}\right) = \frac{R_c - 0}{x_c - 0} = \frac{R_c}{x_c}$ 代入(3)式

=> $\boxed{t = \frac{m_s \cdot x_c}{A \cdot R_c} \ln\left(\frac{R_2}{R_3}\right) = \frac{m_s \cdot x_c}{A \cdot R_c} \ln\left(\frac{x_c}{x_3}\right)}$

(四)含水率：乾基準(以乾透物料的質量爲基準)，可參考圖四方便記憶公式。

m乾燥前物料之質量(kg)；m_e經過無限長時間乾燥，達平衡時之質量(kg)，m_s乾透物料(不含水分之物料)的質量(kg)

$\boxed{\text{物料總水分} = m - m_s}$

$\boxed{\text{物料自由含水率} x_f = \frac{m - m_e}{m_s}}$

$\boxed{\text{物料總含水率} X_t = \frac{m - m_s}{m_s}}$

$\boxed{\text{物料自由水分} = m - m_e}$

$\boxed{\text{物料平衡水分} = m_e - m_s}$

$\boxed{\text{物料平衡含水率} x_e = \frac{m_e - m_s}{m_s}}$

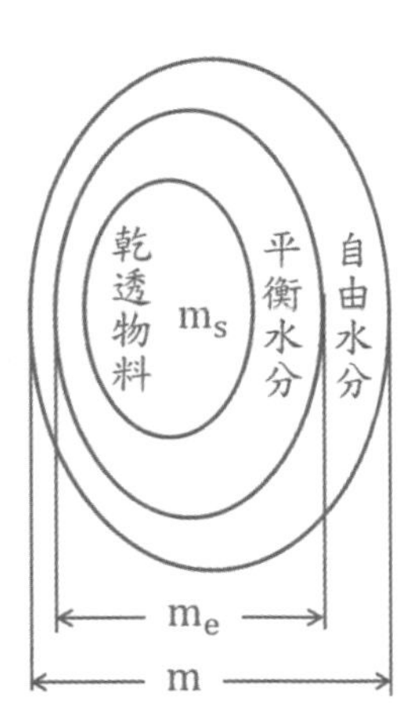

(圖四)乾燥物料之水分示意圖

*自由水分是利用乾燥所可以除去之水分。

*平衡水分是利用乾燥所無法除去之水分，其含水率和空氣之相對濕度及物料種類有關。

類題解析

〈類題29－1〉增濕操作牽涉到熱量輸送及質量輸送。請寫出下面四種操作所牽涉到的輸送現象：(一)乾燥(二)結晶(三)泵操作(四)液體混合

Sol：(一)熱量傳送與質量傳送(二)熱量傳送與質量傳送(三)動量傳送(四)動量傳送

〈類題29－2〉說明乾燥(drying)與蒸發(evaporation)的差異？

Sol：乾燥：將揮發性溶劑自非揮發性的溶質移除，產物含水量極低。

蒸發：將揮發性液體自固態溶質中移除，產物含水量仍高。

歷屆試題解析

〈考題29－1〉(各4分)

平衡含水率(Equilibrium moisture content)(88化工技師)

自由含水率(Free moisture content)(88化工技師)(93地方特考四等)

臨界含水率(Critical moisture content)(88化工技師)(96地方特考四等)

Sol：請參考重點整理(四)含水率。

〈考題 29－2〉(94 化工技師)(5 分)

請以簡圖表示單元操作設備：旋轉鼓式乾燥機(rotary drum dryer)。

Sol：

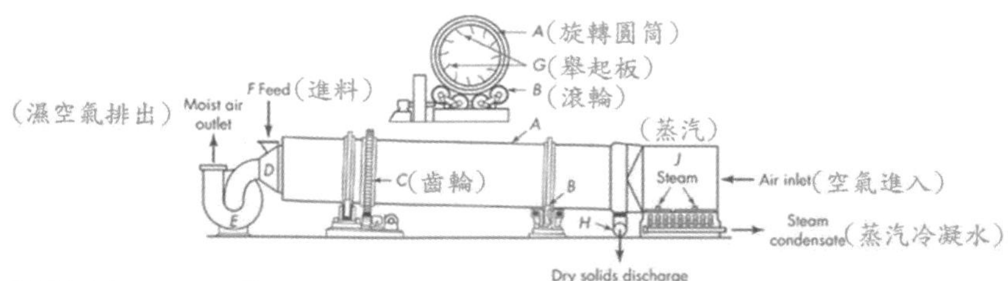

圖摘錄於McCabe 6th ch24(圖24.11)

〈考題 29－3〉(94 普考)(15 分)

在熱風乾燥實驗中，所獲得的部分實驗數據如下：乾燥面積爲0.02m^2，乾砂重爲

50g，於時間5min與10min時所秤得的試料重分別爲60g與58g，試求此期間之平均含水率X(單位：g水/g乾砂)與對應之平均乾燥速率R(單位：g/(m^2・min))。

Sol：$\overline{x_1}=\frac{60-50}{50}=0.2$；$\overline{x_2}=\frac{58-50}{50}=0.16$

$\overline{x_1}\rightarrow\overline{x_2}$ (恆速期)：假設$R=R_c$ $=>R=-\frac{m_s}{A}\frac{dx}{dt}$ (1)

$=>\int_{t_1}^{t_2}dt=-\frac{m_s}{A\cdot R_c}\int_{\overline{x_1}}^{\overline{x_2}}dx$ $=>R_c=\frac{m_s}{A(t_2-t_1)}(\overline{x_1}-\overline{x_2})$，$m_s$乾透物料的質量

$=>R_c=\frac{50}{(0.02)(10-5)}(0.2-0.16)=20\left(\frac{g}{m^2\cdot min}\right)$

〈考題 29 – 4〉(97 化工技師)(20 分)

針對乾燥過程，試以含水率對乾燥時間作圖，在圖中標示出不同乾燥階段，並說明各不同乾燥階段之特徵及原因。

Sol：請參考重點整理(三)的敘述，圖形畫法如圖二。

〈考題29 – 5〉(98普考)(各5分)

(一)乾燥裝置依加熱方式分爲那三大類？

(二)請説明乾燥過程有那三種機構？

(三)説明爲何從膠狀無孔固體去除結合水時，常會產生龜裂、裂紋與翹曲？

Sol：(一)熱空氣直接加熱、金屬壁加熱、紅外線高週波加熱。

(二)起始期、恆速期、減速期。

(三)自由含水量被去除過多，物料在失去水份後，其化學結構、物料性質完全改變。化學結合水與物料結合得很牢固，只能在很強的化學作用或非常強烈的熱加工(如煅燒)時才能將水分除去。通常一般常見的乾燥條件不能排除化學結合水。

〈考題29 – 6〉(100地方特考四等)(15分)

若有1000公斤的濕紙漿，原含水份75%，經乾燥處理，乾燥後的紙漿含水份變爲20%，請問乾燥後的紙漿內含有水量多少公斤？

Sol：對整個乾燥器作質量平衡：$1000=L+V$ (1)

對水作質量平衡：$1000\times0.75=L\times0.2+V$ (2)

解(1)&(2)聯立$=>L=312.5(kg)$

$V=687.5(kg)$

V =?
F = 1000kg
$x_F=0.75$
蒸發器
L =?
$x_L=0.2$

含水量$= 312.5 \times 0.2 = 62.5(\mathrm{kg})$

〈考題 29－7〉(104 經濟部特考)(各 10 分)

一個平板固體之乾燥曲線，如圖所示，此固體之單位面積之重量爲$20\ \mathrm{kg/m^2}$(假設乾燥過程皆不變)：請參考重點整理附圖三

(一)從自由含水率(free moisture) $x_1 = 0.49\ \mathrm{kg \cdot H_2O/kg}$乾固料，恆速乾燥(constant rate)，乾燥至自由含水量$x_2 = 0.35\ \mathrm{kg \cdot H_2O/kg}$乾固料，恆速乾燥時間爲 2 小時(hr)，試計算恆速期乾燥速率R_c爲多少$\mathrm{kg \cdot H_2O/hr \cdot m^2}$？(二)此平板固體之減速期乾燥速率(falling rate, R)假設與自由含水量(X)呈線性關係：$R = ax$。試計算此固體自由含水量$x_2 = 0.35\ \mathrm{kg \cdot H_2O/kg}$乾固料，減速乾燥至自由含水量$x_3 = 0.05\ \mathrm{kg \cdot H_2O/kg}$乾固料，所需爲多少小時？[可能使用對數之數據：$\mathrm{Ln}(3) = 1.1$，$\mathrm{Ln}(5) = 1.61$，$\mathrm{Ln}(7) = 1.95$]

Sol：(一) $x_1 \to x_2$(恆速期)：假設$R = R_c$；$R = -\frac{m_s}{A}\frac{dx}{dt}$ (1)

$=> \int_0^t dt = -\frac{m_s}{A \cdot R_c}\int_{x_1}^{x_2} dx => R_c = \frac{m_s}{A \cdot t}(x_1 - x_2) = \frac{20}{2}(0.49 - 0.35) = 1.4\left(\frac{kg \cdot H_2O}{hr \cdot m^2}\right)$

(二) $x_2 \to$ 原點(由第一減速期開始至第二減速期爲止)：假設x_2至原點爲一直線，令$R = ax$ (沒有截距 b，因爲通過原點) $=> dR = adx$

代入(1)式$=> \int_0^t dt = -\frac{m_s}{aA}\int_{R_2}^{R_3}\frac{dR}{R} => t = \frac{m_s}{aA}\ln\left(\frac{R_2}{R_3}\right) = \frac{m_s}{aA}\ln\left(\frac{x_2}{x_3}\right)$ (3)

當$x_2 = x_c => R_2 = R_c => a$(斜率通過原點)$= \frac{R_c - 0}{x_c - 0} = \frac{R_c}{x_c}$

代入(3)式 $t = \frac{m_s \cdot x_c}{A \cdot R_c}\ln\left(\frac{R_2}{R_3}\right) = \frac{m_s \cdot x_c}{A \cdot R_c}\ln\left(\frac{x_c}{x_3}\right)$

$=> t = \frac{m_s \cdot x_c}{A \cdot R_c}\ln\left(\frac{x_c}{x_3}\right) = \frac{(20)(0.35)}{(1.4)}\ln\left(\frac{0.35}{0.05}\right) = 9.73(hr)$

三十、質量傳遞與應用(增濕與減濕)

此章節在考試中出現的頻率不高，都是屬於冷箭題型，爲了不佔篇幅，在內容上不再多加敘述，有一些基礎內容可參考高職的化工裝置，或者是一些中譯本相關的內容，此章節只列出類題解析與歷屆試題供讀者參考用，如其他章節準備完整，有足夠的時間再複習此章節即可。

(一)濕度(Humidity)H：空氣中含有水蒸氣的量。(86 委任升等)

$H = \frac{kgH_2O}{kgdryair} = \frac{18}{29}\frac{P_A}{P-P_A}$　　P_A = 水蒸氣部分壓力，P = 總壓

(二)飽和濕度(Saturated Humidity)H_S

$H_S = \frac{kgH_2O}{kgdryair} = \frac{18}{29}\frac{P_{AS}}{P-P_{AS}}$　　P_{AS}飽和水蒸氣壓力

(三)百分濕度或稱溼度百分率(Percentage Humidity)H_P(102化工技師)

$H_P = \frac{H}{H_S} \times 100\%$

(四)相對溼度(Relative Humidity)(94地方特考四等)(97經濟部特考)(103化工技師)

$H_R = \frac{P_A}{P_{AS}} \times 100\%$ $\because H_S \geq H$；$H_R \geq H_P$

(五)露點(Dew Point)：使混合氣體之溫度下降至水蒸氣凝結出來的溫度。
(84 普考)(84 委任升等)(86 委任升等)(96 地方特考四等)(98 普考)

(六)乾球溫度(Dry Bulb Temperature)：普通溫度計所量測到的溫度。
(84 普考)(86 委任升等)(98 普考)

(七)濕球溫度(Wet Bulb Temperature)：水銀溫度計或熱電偶溫度計感測部份包覆一層濕紗布，置於空氣中所量測到的溫度。(84 普考)(86 委任升等)(93 關務特考)(98 普考)

(八)濕比容V_H：每單位質量乾空氣與其含水蒸汽所佔體積，或稱含水空氣的體積。

$V_H = \frac{22.41}{273} \times T(K)\left(\frac{1}{29} + \frac{H}{18}\right)$

(九)濕比熱(Humid heat C_S)：每單位質量乾空氣與水蒸汽溫度升高 1°C所需的熱量。

$C_S = 1.005 + 1.88H(SI\ kJ/kg\ dryair \cdot k)$

(十)濕焓(Total Enthalpy)H：某溫度、壓力下，單位質量之乾空氣與其含水蒸氣的總焓值。

(十一)濕度圖：將空氣中各項濕度性質，綜合列於同一圖中，便於查閱。

一般濕度圖爲總壓一大氣壓下，上下左右各代表如下：

1.上方橫軸爲濕比熱 2.下方橫軸爲攝氏溫度 3.左方縱軸爲濕比容及蒸發潛熱 4.右方縱軸爲濕度。

濕度圖中含有下列資訊：

(1)乾球溫度 t (2)濕球溫度t_w也稱爲絕熱冷卻溫度(絕熱飽和溫度)t_s (3)露點t_d (4)濕度 H (5)飽和溼度H_s (6)百分溼度H_p (7)濕比容V_H (8)濕比熱C_S (9)蒸發潛熱 λ，若已知兩個獨立數據，則可查得其他數據。※今以溫度 30C，百分濕度 75%的空氣爲例，求出以下性質：

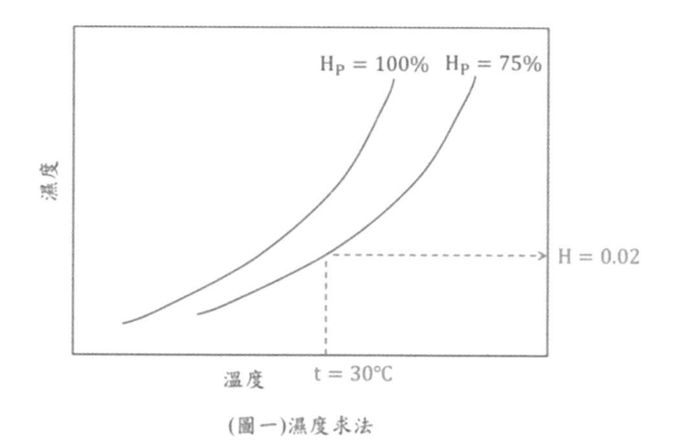

(圖一)濕度求法

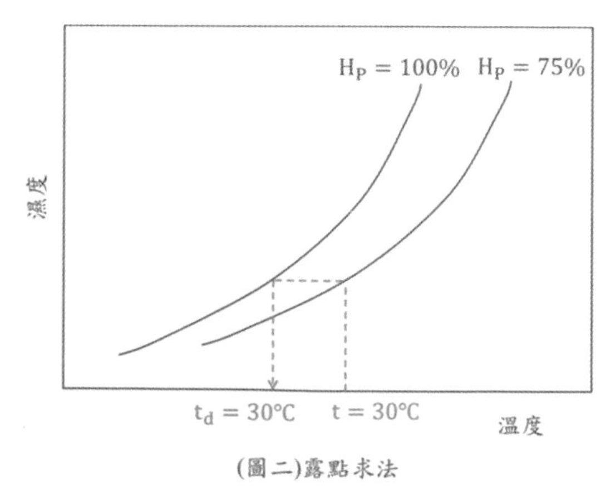

(圖二)露點求法

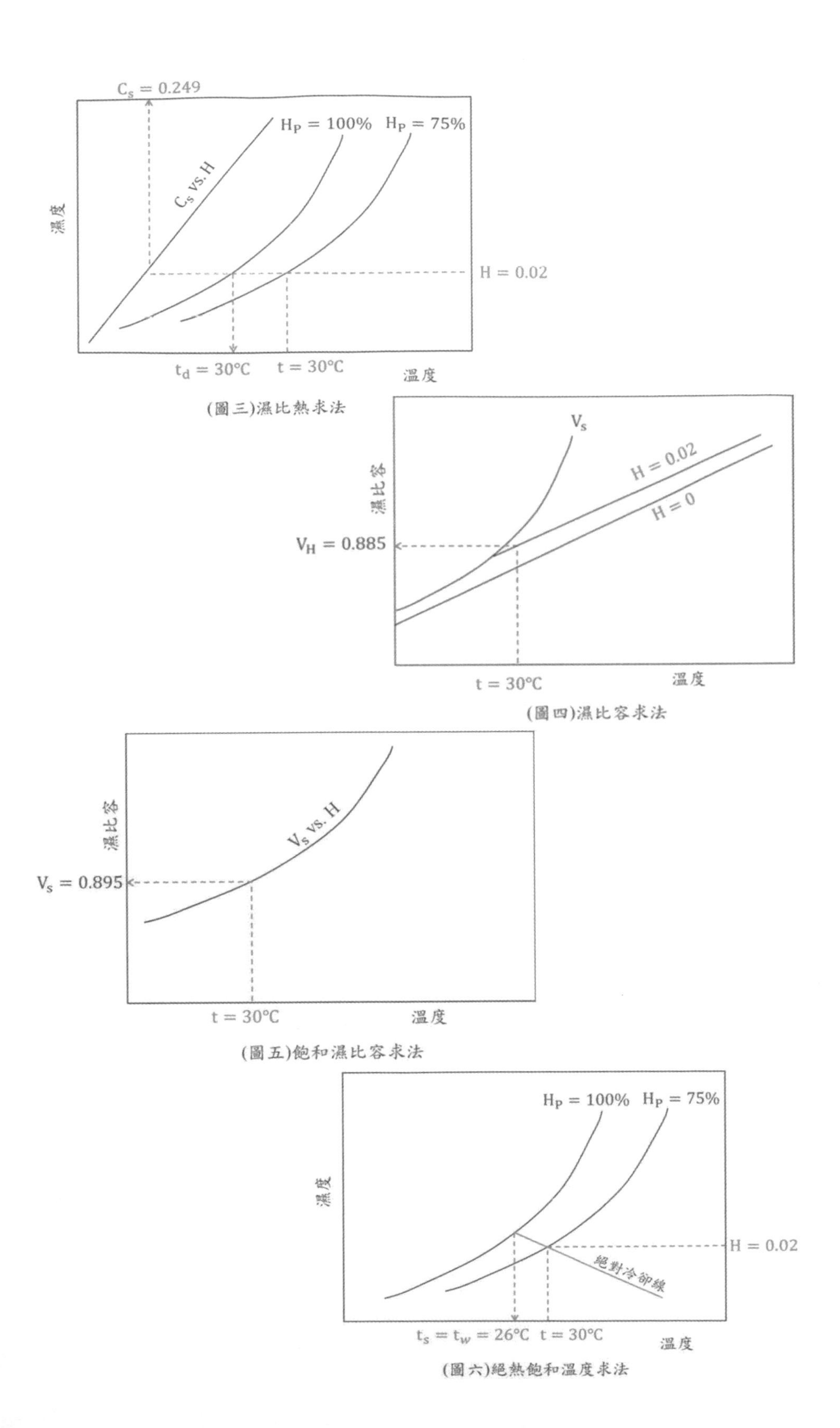

(圖三)濕比熱求法

(圖四)濕比容求法

(圖五)飽和濕比容求法

(圖六)絕熱飽和溫度求法

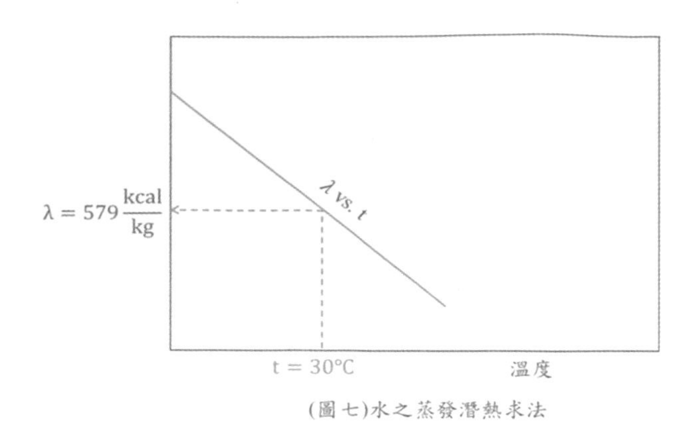

(圖七)水之蒸發潛熱求法

(十二)冷卻水塔(cooling tower)(98 經濟部特考)

定義：用來解省水而達到散熱效果的裝置，目的是重覆循環冷卻水達到省水的功能。

模式：將較高溫的水以顯熱傳給空氣，主要透過水和空氣的接觸，以氣化潛熱方式將冷卻水熱能轉移給空氣，達到降低水溫的目的。

機械通風式水塔(mechanical draft)

1.強通風式(Forced draft type) 2.引導通風式(Induced draft type)

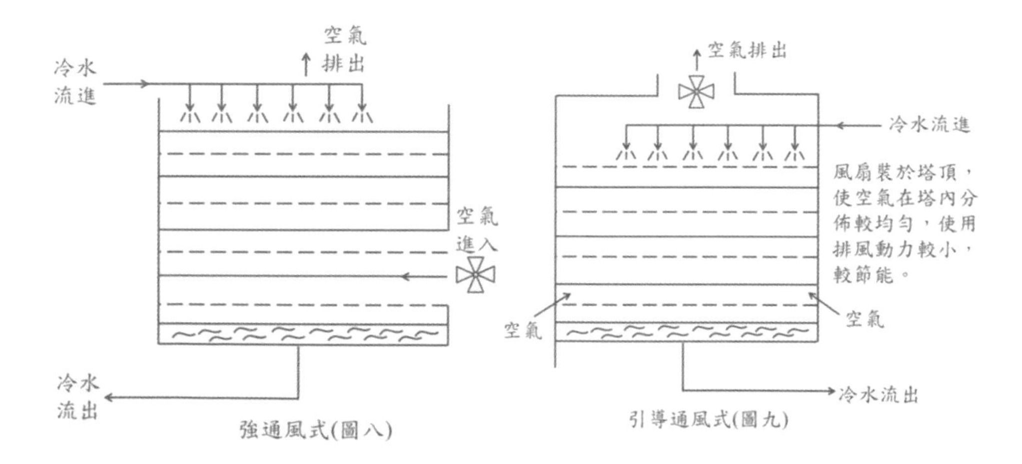

強通風式(圖八)　引導通風式(圖九)

歷屆試題解析

〈考題 30－1〉(86 委任升等)(2 分)
增溼與減溼之方法有哪些？
Sol：增溼：提高空氣中水蒸氣含量，通常亦伴隨降溫。(絕熱冷卻法、混合熱水蒸氣法)。
減溼：減少空氣中水蒸氣含量的操作。(冷卻法、吸收法、吸附法、壓縮法)。

〈考題 30－2〉(88 普考)(各 5 分)
(一)空氣調節裝置中，冷氣機和何種裝置原理相似？ (二)目前冷氣機常用的冷媒爲何？ (三)冷卻水在工業上佔水之全部使用量之百分比以上？ (四)誘導通風水塔，風扇裝置於何處？ (五)自然通風型涼水塔與涼水效果無關的因素爲何？
Sol：(一)熱泵(二)氟氯烷($CFCl_3$)(三)大約9%以上(四)風扇置於頂端，使塔內風速分佈均勻，效果較佳(五)和涼水效果無關的因素：氣壓；涼水有關的因素：溫度、風速、風向。

〈考題 30－3〉(89 化工技師)(5 分)
絕熱飽和溫度(adiabatic saturation temperature)？
Sol：在絕熱狀態下，使不飽和空氣增溼成飽和空氣之溫度。

〈考題 30－4〉(93 地方特考四等)(20 分)
濕度(humidity)如何定義？試以水分子量 18，水蒸氣分壓P_{H_2O}，大氣壓力爲一大氣壓，空氣分子量爲 29，以方程式表示濕度 H，並請定義相對濕度(relative humidity)R_H。
Sol：請參考重點整理(四)。

〈考題 30－5〉(97 化工技師)(10 分)
何謂溼球溫度？試説明達到溼球溫度之原理。
Sol：以水潤溼的溼布包住水銀球部分，待穩定後測得的溫度稱溼球溫度。
1. 此裝置爲穩態下，但未達平衡的增溼操作。
2. 溫度下降時，$T \rightarrow T_W$(溼球溫度)。

3. 濕度上升，$H \rightarrow H_W$。
4. 空氣進入到出來整個過程軌跡，稱溼球線或溼度線。

$\frac{H-H_W}{T-T_W} = \frac{-h/M_B \cdot k_y}{\lambda_W}$ M_B乾空氣分子量，k_y氣相質傳係數

5. 當$Pr = 1$，$Sc = 1$ 絕熱飽和線和溼球線重合$(T_S = T_W)$
6. 已知乾球溫度與溼球溫度，即可從溼度表球出溼度及其他物理量。

溼球溫度繪圖可參考〈考題 30－6〉(97 地方特考)題解！

〈考題 30－6〉(97 地方特考)(20 分)

有一潮濕的空氣在310K下量得濕球溫度(Wet Bulb Temperature)爲300K，該系統之總壓爲 $105 kN/m^2$。已知水在300K下的蒸發潛熱(latent heat)與蒸氣壓分別爲$2440 kJ/kg$與 $3.60 kN/m^2$，而310k下的水蒸氣壓爲 $6.33 kN/m^2$。若熱傳係數比上質傳係數與氣體密度的乘積所獲得之數值爲 1.0，回答下列問題：

(一)何謂濕球溫度？(二)空氣的濕度(Humidity)爲何？(三)空氣的百分相對濕度(Percentage relative Humidity)爲何？

Sol：(一)請參考重點整理(七)解釋。

(二)能量平衡：空氣放熱 = 水吸熱 (A 水，B 乾空氣)

$\Rightarrow -hA(T_W - T) = \lambda_W \cdot N_A \cdot A \cdot M_A$ (1) (A=截面積)

又$N_A = k_y(y_W - y)(2)$，$y(莫爾分率) = \frac{\frac{H}{M_A}}{\frac{1}{M_B}+\frac{H}{M_A}}$ 當 $H<<1 \Rightarrow y = \frac{HM_B}{M_A}$ (3)

(3)代入(2)式$\Rightarrow N_A = \frac{k_y M_B}{M_A}(H_W - H)$ (4)

(4)代入(1)式做移項 $\Rightarrow \frac{H-H_W}{T-T_W} = \frac{-\frac{h}{k_y M_B}}{\lambda_W}$ (3)

題意得知熱傳係數比上質傳係數與氣體密度的乘積所得數值爲1.0

$N_A = k_c(C_{A1} - C_{A2}) = k_y(y_{A1} - y_{A2}) \Rightarrow k_c C(y_{A1} - y_{A2}) = k_y(y_{A1} - y_{A2})$

$\Rightarrow k_c \frac{\frac{W}{M_B}}{V} = k_y \Rightarrow \frac{k_c \rho_B}{M_B} = k_y$代入(3)式 $\Rightarrow \frac{H-H_W}{T-T_W} = \frac{-\frac{h}{k_c \rho_B}}{\lambda_W}$ (4)

※已知 310k 下的數據爲飽和水蒸氣壓，可先求得飽和濕度如下：

$H_W(H_s) = \frac{18}{29}\frac{P_{AS}}{P-P_{AS}} = \frac{18}{29}\frac{6.33}{105-6.33} = 0.0398\left(\frac{kgH_2O}{kgdryair}\right)$

將數值代入(3)式=>$\frac{H-0.0398}{310-300}=\frac{-1}{2440}$ =>$H=0.0357\left(\frac{kgH_2O}{kgdryair}\right)$

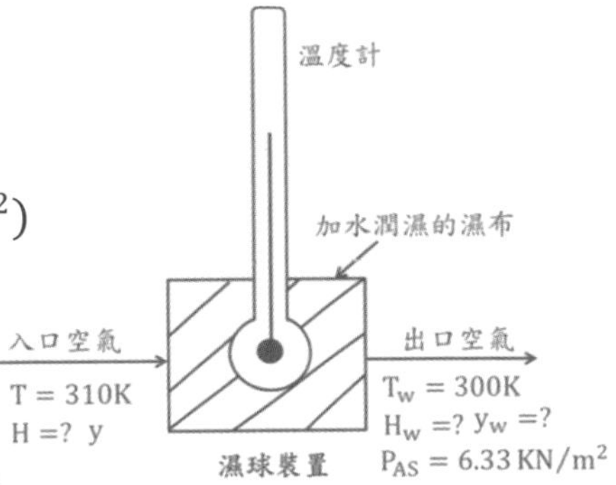

(三)$H=\frac{18}{29}\frac{P_A}{P-P_A}$

=>$0.0357=\frac{18}{29}\frac{P_A}{105-P_A}$ =>$P_A=5.71(kN/m^2)$

$(H_S\geq H)$=>$0.0398\gg 0.0357$
，可使用相對濕度定義求解：

$H_R=\frac{P_A}{P_{AS}}\times 100\%=\frac{5.71}{6.33}\times 100\%=90(\%)$

溫度計
加水潤濕的濕布
入口空氣
$T=310K$
$H=?\ y$
濕球裝置
出口空氣
$T_w=300K$
$H_w=?\ y_w=?$
$P_{AS}=6.33\ KN/m^2$

※若忘記質傳係數定義的讀者，可複習第二十五章質量傳遞與其應用(經驗式計算)。

〈考題 30－7〉(98 普考)(各 10 分)

(一)解釋何謂乾球溫度、濕球溫度、露點？ (二)30℃，1atm之空氣含水蒸氣分壓爲11mmHg，若30℃之飽和水蒸氣壓爲32mmHg，則該空氣之濕度、相對濕度各爲多少？

Sol：(一)請參考重點整理(二)$H=\frac{18}{29}\frac{P_A}{P-P_A}=\frac{18}{29}\left(\frac{11}{760-11}\right)=9.11\times 10^{-3}$

$H_R=\frac{P_A}{P_{AS}}\times 100\%=\frac{11}{32}\times 100\%=34.4(\%)$

〈考題30－8〉(99普考)(20分)

在1.0atm、27℃的空氣中，相對濕度爲82.7%。若水在27℃的飽和蒸氣壓爲0.0346atm，則水蒸氣的分壓爲若干atm？

Sol：$H_R=\frac{P_A}{P_{AS}}\times 100\%$ =>$82.7=\frac{P_A}{0.0346}\times 100\%$ =>$P_A=0.0286(atm)$

〈考題 30－9〉(100 地方特考)(10/15 分)

濕空氣在一個氣-液對向流動接觸(counter-current contact)的塡充塔進行除濕程序(溫度爲 25℃壓力爲 1atm)。空氣流率是 $0.06kgmol/m^2\cdot s$且總氣相質傳係數(overall mass transfer coefficient,K'_ya)是 $0.15kgmol/m^3\cdot s$，以下數據是由塡充塔實際操作時記錄：塔底入口空氣的乾球溫度爲 50℃，濕球溫度爲 40℃；塔頂出口空氣的乾球溫度爲 32.5°C，濕球溫度爲 20°C；塔頂入口除濕液的溫度爲 25°C，依此溫度可得平衡濕度爲 $0.005\mathrm{kgH_2O/kg\ dry}$。塔底出口除濕液的溫度爲 26°C，依此溫度可得平衡濕度爲 $0.006\mathrm{kgH_2O/kg\ dry}$。假設空氣與水的分子量分別爲 29 及 18，試計算(一)進出口空氣濕度($\mathrm{kgH_2O/kg\ dry\ air}$)值及露點溫度(dew-point temperature)值；(二)塡充床之塡充高度爲多少公分？

Sol：(一)塔頂入口$T_W = 40°C$，$T_{dry} = 50°C$，由$T_W = 40°C$，$H_p = 100\%$之交點 A，循絕熱飽和溫度曲線交 50°C之交點 B 於一點，繼續往右拉一直線之點 C 對應得$H = 0.045$。再由$H = 0.045$，$T_{dry} = 50°C$之交點 B，循水平線交$H_p = 100\%$於一點 D

往下拉得$T_d = 37.5°C$。

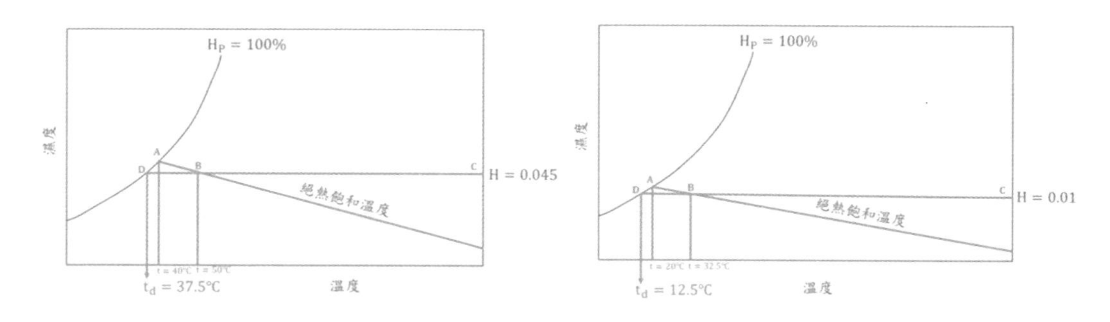

塔底入口$T_W = 20°C$，$T_{dry} = 32.5°C$，由$T_W = 20°C$，$H_p = 100\%$之交點 A，循絕熱飽和溫度曲線交 32.5°C之交點 B 於一點，繼續往右拉一直線之點 C 對應得$H = 0.01$。再由$H = 0.01$，$T_{dry} = 32.5°C$之交點 B，循水平線交$H_p = 100\%$於一點 D 往下拉得$T_d = 12.5°C$。

(二)$\because\ y = \frac{n_A}{n_A+n_B} = \frac{\frac{W_A}{M_A}}{\frac{W_A}{M_A}+\frac{W_B}{M_B}} = \frac{\frac{H}{M_A}}{\frac{H}{M_A}+\frac{1}{M_B}} = \frac{M_B}{M_A}H = \frac{29}{18}H$

$y_2^* = 0.0081$　$y_2 = ?$
$H_2^* = 0.005$　$H_2 = ?$
$H_1^* = 0.006$　$H_1 = ?$
$y_1^* = 0.0097$　$y_1 = ?$

$$y_1 = \frac{29}{18}H_1 = \frac{29}{18}(0.045) = 0.0725，y_2 = \frac{29}{18}H_2 = \frac{29}{18}(0.01) = 0.0161$$

$$y_1^* = \frac{29}{18}H_1^* = \frac{29}{18}(0.006) = 0.0097，y_2^* = \frac{29}{18}H_2^* = \frac{29}{18}(0.005) = 0.0081$$

$$(y-y^*)_M = \frac{(y_1-y_1^*)-(y_2-y_2^*)}{\ln\left(\frac{y_1-y_1^*}{y_2-y_2^*}\right)} = \frac{0.0628-8\times10^{-3}}{\ln\left(\frac{0.0628}{8\times10^{-3}}\right)} = 2.65\times10^{-2}$$

$$N_{Oy} = \frac{y_1-y_2}{(y-y^*)_M} = \frac{0.0725-0.0161}{2.65\times10^{-2}} = 2.12$$

$H_{oy} = \frac{V}{K_y'a} = \frac{0.06kgmol/m^2\cdot s}{0.15kgmol/m^3\cdot s} = 0.4(m)$

$Z_T = H_{Oy} \cdot N_{Oy} = 0.4(2.12) = 0.85(m)$

〈考題 30－10〉(102 高考三等)(6 分)

何謂濕球溫度(wet-bulb temperature)？如何藉由乾球及濕球溫度推求空氣之濕度？

Sol：(一)請參考重點整理。(二)1.可利用溼度表和乾溼球溫度查得溼度。2.代公式法，$P_A = P_{AS} - 0.5(t - t_W)$；t = 乾球溫度，$t_W$ = 濕球溫度，P_{AS} 飽和水蒸氣壓力；$H = \frac{kgH_2O}{kgdryair} = \frac{18}{29}\frac{P_A}{P-P_A}$，$P_A$ = 水蒸氣部分壓力；P = 總壓，由以上兩個公式可求得濕度。

〈考題30－11〉(102普考)(各5分)

在25℃，空氣壓力爲101.3 kPa，濕空氣中若含有水蒸氣分壓爲1.52 kPa，而25℃的飽和水蒸氣分壓爲3.17 kPa，請計算此空氣的：(一)絕對濕度(absolute humidity)(二)飽和濕度(saturated humidity)(三)百分濕度(percentage humidity)(四)相對濕度(relative humidity)

Sol：

(一) $H = \frac{18}{29}\frac{P_A}{P-P_A} = \frac{18}{29}\left(\frac{1.52}{101.3-1.52}\right) = 9.46 \times 10^{-3}$

(二) $H_S = \frac{18}{29}\frac{P_{AS}}{P-P_{AS}} = \frac{18}{29}\left(\frac{3.17}{101.3-3.17}\right) = 0.02$

(三) $H_P = \frac{H}{H_S} \times 100\% = \frac{9.46\times10^{-3}}{0.02} \times 100\% = 47(\%)$

(四) $H_R = \frac{P_A}{P_{AS}} \times 100\% = \frac{1.52}{3.17} \times 100\% = 47.9(\%)$

〈考題30－12〉(105普考)(20分)

請說明可應用那些操作方法達到除濕(dehumidification)的目的？

Sol：減少空氣中水蒸氣含量的操作，有以下四種。

1.冷卻法：是將空氣降溫至露點以下，使水蒸氣凝結出而減濕的方法，工業上最常用的減濕法，可分爲直接冷卻法與間接冷卻法。

*直接冷卻法：將低於空氣露點溫度的冷水，直接噴灑在空氣中，兩流體直接接觸，而使水蒸氣析出。

*間接冷卻法：讓空氣與冷凍機的冷卻管表面接觸，而將水蒸氣凝結的減濕方法。

2.吸收法：利用吸收劑，(如 $CaCl_{2(S)}$、$CaO_{(S)}$、$NaOH_{(S)}$、$P_4O_{10(S)}$、濃硫酸、甘油)以去除空氣中的水份。

3.吸附法：利用矽膠、氧化鋁、活性碳等多孔性吸附劑來吸附空氣中水分的方法。

4.壓縮法：將空氣中在某一定溫度下壓縮，當水蒸氣的分壓大於飽和蒸汽壓時，將凝結減濕。

三十一、粉粒體之操作(單元操作)

此單元和第十七章部份觀念上是相通的，高普特考、化工技師考的比例極低，但經濟部特考中考的機會相當大，平均兩年就會出現一次考題，不外乎是旋風分離器的構造與計算，另外還有比表面積的觀念也曾出現過在考題中，蠻多書對此章節都是截取一般常見的內容，而此書針對重點與考古題作解說，可在短時間內提升破題功力與觀念。

粉粒體的基本性質

化工問題中所討論的爲顆粒較小的粉粒體，而固態因顆粒的大小形狀，故不易處理。

(一)比重和密度

1.整體密度ρ_{bulk}或稱床體密度ρ_b(Bulk density)：單位物體體積所含固體質量。

$$\boxed{\rho_b = \frac{W_b(\text{總質量})}{V_b(\text{總體積})}}$$

在此$\rho_b = \rho_{bulk}$意義相同，此書上符號都縮寫爲ρ_b

比重(Specific gravity)：任何物體的密度與參考密度之比值。

氣體以 15℃的空氣爲參考物質，固體和液體以 4℃水爲參考物質($水 = 1\,g/cm^3$)在 4℃時水具有最大密度；若降低溫度則體積上升(因密度變小)；若升高溫度則體積上升。

※比重和密度之差異：密度有單位，比重無單位。

2.眞實密度ρ_{true}或稱粒子密度ρ_p(物料單獨一個顆粒密度)。

3.空隙度ε：單位體積中含空隙體積。

$$\boxed{\varepsilon = \frac{V_b - V_p}{V_b} = 1 - \frac{V_p}{V_b} = 1 - \frac{W/\rho_p}{W/\rho_b} = 1 - \frac{\rho_b}{\rho_p}}$$

$\rho_{true} \gg \rho_{bulk}$也可表示爲$\rho_p \gg \rho_b$

(二)比表面積(Specific surface area)：單位質量物質的表面積

第一種定義(常用在流動床的填充物，例如觸媒，蒸餾塔之反應填充物，有考慮到粒子密度ρ_p影響時) $a_V = \frac{S_p}{V_p} = \frac{\pi D_p^2}{\rho_p \cdot \frac{\pi}{6} D_p^3} = \frac{6}{\rho_p \cdot D_p}$

第二種定義(常用在流動床的填充物，例如觸媒，蒸餾塔之非反應填充物，不須考慮粒子密度影響) $a_V = \frac{S_p}{V_p} = \frac{\pi D_p^2}{\frac{\pi}{6} D_p^3} = \frac{6}{D_p}$

粒子的有效直徑$(D_p)_{eff}$ (Effective diameter)：指非球體粒子的有效直徑

$$(D_p)_{eff} = \frac{6}{a_V}$$

(三)填充床床體體積V_{bed}，空隙體積V_{void}，粒子體積V_p，空隙度ε

$V_{bed} = V_{void} + V_p$ (1) $\varepsilon = \frac{\text{空隙體積}}{\text{床體積(空隙體積與填料體積的總和)}} = \frac{V_{void}}{V_{bed}}$ (2)

由(2)式=>$V_{void} = \varepsilon V_{bed}$ 代入(1)式移項=> $V_p = V_{bed}(1-\varepsilon)$ (3)

如果以密度表示，(3)式可改寫爲=>$\frac{W}{\rho_p} = \frac{W}{\rho_b}(1-\varepsilon)$ => $\rho_b = \rho_p(1-\varepsilon)$

(四)球度(sphericity)：粉粒體顆粒在流體運動與圓球運動的關係。

$$\phi_s(\text{球度}) = \frac{\text{與該粒子相同體積球體之表面積}}{\text{粒子之表面積}}$$

※相同的球度，即使外型不同，材料不同，運動特性卻相同；對相同體積之粒子而言，球形粒子之表面積最小。(ϕ_s不可能>1；當ϕ_s小，粒子表面積越大)

(五)離心沉降(旋風分離器)

原理：粒子在分離器內，因重力和離心力的共同作用下，得以將固體和氣體分離的裝置。如(圖一)(圖二)。

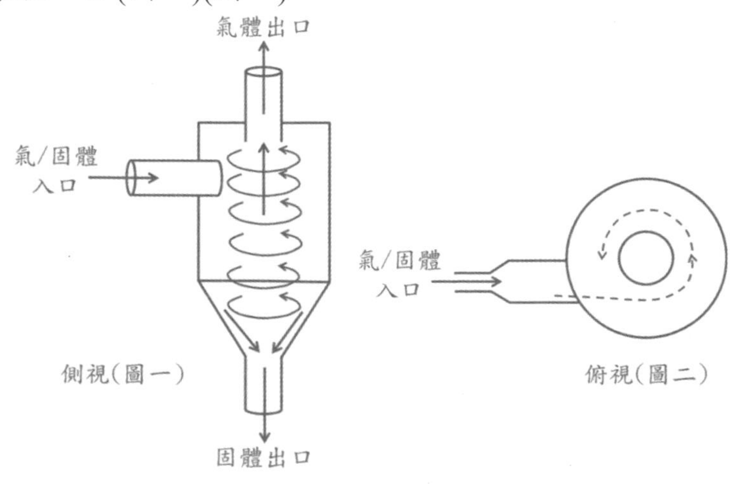

側視(圖一) 俯視(圖二)

※增加旋風分離器的效率方式：

1.顆粒直徑越大 2.粒子密度越大 3.氣體溫度越小 4.分離器直徑越大，長度越長

類題解析

〈類題 31－1〉一內徑 2.5cm，長 60 cm 鋼管，填充 24 顆粒徑爲 2.5cm 之鋼珠，且鋼珠間以水補滿。鋼珠之比重爲 7.8。求鋼管內物料之整體密度？

Sol：鋼管體積$V_b=\frac{\pi}{4}(2.5)^2(60)=294.3(cm^3)$

鋼珠體積$V_p=\frac{\pi}{6}(2.5)^3(24)=196.3(cm^3)$

$$\rho_b=\frac{W_b(\text{總質量})}{V_b(\text{總體積})}=\frac{(196.3cm^3)\left(7.8\frac{g}{cm^3}\right)+(294.3-196.3cm^3)\left(1\frac{g}{cm^3}\right)}{294.3\frac{g}{cm^3}}=5.53\left(\frac{g}{cm^3}\right)$$

〈類題 31－2〉一圓柱形塔，塔徑爲 1.2m，塔高 20m，裝滿 90000kg 之粒子，(一)求整體密度？(二)若孔隙度爲 0.4 時，求眞實密度？

Sol：

$$(一)\rho_b=\frac{W_b}{V_b}=\frac{90000}{\frac{\pi}{4}(1.2)^2(20)}=3981\left(\frac{kg}{m^3}\right)$$

$$(二)\rho_p=\frac{W_b}{V_p}=\frac{90000}{\frac{\pi}{4}(1.2)^2(20)(1-0.4)}=6635\left(\frac{kg}{m^3}\right)$$

〈類題 31－3〉一圓柱形塔，塔徑爲 1.2m，塔高 20m，起初裝滿水，當放入 90000kg 之粒子後，有 $13.56m^3$之水溢出塔外，(一)試求此塔之孔隙度與眞實密度ρ_p？(二)求塔含水之床體密度ρ_b？

Sol：(一)鋼管體積$V_b=\frac{\pi}{4}(1.2)^2(20)=22.6(m^3)$，

$$\varepsilon=1-\frac{V_p}{V_b}=1-\frac{13.56}{22.6}=0.4，\rho_p=\frac{W_b(\text{總質量})}{V_b(\text{總體積})}=\frac{90000}{13.56}=6637\left(\frac{kg}{m^3}\right)$$

(二) $\rho_b = \frac{W_b(總質量)}{V_b(總體積)} = \frac{W_p + W_水}{V_b} = \frac{90000+[(22.6-13.56)1000]}{22.6} = 4382\left(\frac{kg}{m^3}\right)$

〈類題 31－4〉邊長 a 的立方體粒子，其有效直徑爲多少？直徑爲 a，高亦爲 a 的圓柱型粒子，其有效直徑爲多少？

Sol：

(一)$a_V = \frac{S_p}{V_p} = \frac{6a^2}{a^3} = \frac{6}{a}$ =>$\left(D_p\right)_{eff} = \frac{6}{a_V} = \frac{6}{6/a} = a$

(二)$a_V = \frac{S_p}{V_p} = \frac{\left(\frac{\pi}{4}a^2 \cdot 2\right) + (\pi a \cdot a)}{\frac{\pi}{4}a^2 \cdot a} = \frac{6}{a}$ =>$\left(D_p\right)_{eff} = \frac{6}{a_V} = \frac{6}{6/a} = a$

〈類題 31－5〉一塡充床係由直徑 1cm，長 2cm 之圓柱狀粒子所塡充，已知塡充床之密度爲$1\ g/cm^3$，粒子密度爲$1.75\ g/cm^3$，(一)塡充床之空隙度(二)粒子之比表面積a_V(三)粒子之有效直徑爲多少？

Sol：

(一)$\varepsilon = 1 - \frac{\rho_b}{\rho_p} = 1 - \frac{1}{1.75} = 0.429$

(二)$a_V = \frac{S_p}{V_p} = \frac{\left(\frac{\pi}{4}D^2 \cdot 2\right) + (\pi DL)}{\frac{\pi}{4}D^2 \cdot L} = \frac{7.85}{1.57} = 5(cm^{-1})$

(三)$\left(D_p\right)_{eff} = \frac{6}{a_V} = \frac{6}{5} = 1.2(cm)$

〈類題 31－6〉一個直徑 5mm 之圓球，密度爲$6g/cm^3$，則比表面積(Specific surface area)爲多少？(以 CGS 制表示)

Sol：$a_V = \frac{S_p}{V_p} = \frac{\pi D_p^2}{\rho_p \cdot \frac{\pi}{6}D_p^3} = \frac{6}{\rho_p \cdot D_p} = \frac{6}{6 \cdot \left(\frac{5}{10}\right)} = 2\left(\frac{cm^2}{g}\right)$

〈類題 31－7〉將一體積$1cm^3$之立方體研磨成體積爲$0.001cm^3$之立方體時，則研磨後之立方體總表面積爲多少？

Sol：設立方體邊長爲 a，體積爲 V

$a = \sqrt[3]{V} = \sqrt[3]{0.001} = 0.1(cm)$ =>$N = \frac{1}{0.001} = 1000(倍)$

$A\left(\text{研磨後之立方體總表面積}\right) = 6a^2 \cdot N = 6(0.1)^2(1000) = 60(cm^2)$

〈類題 31－8〉有一立方體之粉粒，邊長爲 a，試求其球度(sphericity)爲多少？

Sol：令球體和立方體有相同體積 $\Rightarrow a^3 = \frac{4}{3}\pi r_s^3 \Rightarrow r_s = \left(\frac{3}{4\pi}\right)^{\frac{1}{3}} \cdot a$

$\phi_s\left(\text{球度}\right) = \frac{\text{與該粒子相同體積球體之表面積}}{\text{粒子之表面積}} = \frac{4\pi r_s^2}{6a^2} = \frac{4\pi\left(\frac{3}{4\pi}\right)^{\frac{2}{3}} \cdot a^2}{6a^2} = \left(\frac{\pi}{6}\right)^{\frac{1}{3}} = 0.806$

〈類題 31－9〉請計算長及半徑均爲 1 微米圓柱型粒子的球度因子(sphericity)？

Sol：令球體和圓柱體有相同體積 $\Rightarrow \pi r^2 L = \frac{4}{3}\pi r_s^3 \Rightarrow r_s = \left(\frac{3}{4}\right)^{\frac{1}{3}} \cdot r$

$\phi_s = \frac{\text{與該粒子相同體積球體之表面積}}{\text{粒子之表面積}} = \frac{4\pi r_s^2}{2\pi r^2 + 2\pi r L} = \frac{4\pi\left(\frac{3}{4}\right)^{\frac{2}{3}} \cdot r^2}{2\pi r^2 + 2\pi r^2} = 0.824$

(長度 L 和半徑 r 相同)

〈類題 31－10〉請計算長方體(4cm × 2cm × 1cm)之粒子的球度因子(sphericity)？

Sol：$V_p = 4 \times 2 \times 1 = 8(cm^3)$

$S_p = (4 \times 2)2 + (2 \times 1)2 + (4 \times 1)2 = 28(cm^2)$

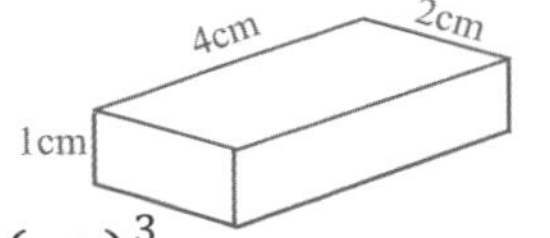

具有和此粒子同體積 $8(cm^3)$ 之球體粒子直徑 D_p' $\Rightarrow \frac{\pi}{6}\left(D_p'\right)^3 = 8$

$\Rightarrow D_p' = 2.48(cm)$

此 D_p' 之球體粒子之表面積 $S_p' = \pi\left(D_p'\right)^2 = \pi(2.48)^2 = 19.3(cm^2)$

$\phi_s = \frac{a_v'}{a_v} = \frac{S_p'/V_p'}{S_p/V_p} = \frac{19.3/8}{28/8} = 0.69$

〈類題 31－11〉一非球型粒子之表面積 $a_v = 5cm^{-1}$，球形度爲 0.832，試計算(一)有效直徑 $\left(D_p\right)_{eff}$？(二)此粒子之體積相當於直徑爲多少 cm 之球形因子？

Sol：

(一)$(D_p)_{eff} = \frac{6}{a_v} = \frac{6}{5} = 1.2(cm)$ (二) $\phi_s = \frac{a_v'}{a_v} = \frac{6/D_p'}{6/(D_p)_{eff}} = \frac{(D_p)_{eff}}{D_p'}$

$=> 0.832 = \frac{1.2}{D_p'}$ $=> D_p' = 1.442(cm)$

歷屆試題解析

〈考題 31－1〉(86 普考)(10 分)

一塡充床，塡充材料之密度爲1500kg/m^3，已知塡充床之整體密度(Bulk density)爲900kg/m^3，則塡充床之空隙度？

Sol：$\varepsilon = 1 - \frac{\rho_b}{\rho_p} = 1 - \frac{900}{1500} = 0.4$

〈考題 31－2〉(86 委任升等)(3 分)

迴轉研磨機的出品粗細由那些因素所控制？

Sol：進料速度：進料越快，產品越粗。磨球直徑：直徑越大，產品越粗。
磨球重量：重量越大，產品越細。圓筒直徑：直徑越大，產品越細。
磨機斜度：斜度越大，產品越粗。磨機轉動速度：速度越快，產品越細。

〈考題 31－3〉(88 普考)(25 分)

有一噸直徑2cm之石子壓研至1cm時，須用10PS之馬力。試問將2.5噸1cm之粒子壓研至1/2cm須用馬力若干？

Sol：由力丁格定律 $\frac{P}{T} = k_R\left(\frac{1}{D_{p2}} - \frac{1}{D_{p1}}\right)$

※PS 爲德文馬力之縮寫，其意義跟 hp 相同。

k_R力丁格常數(hp · hr · mm/ton)；T進料速度(ton/hr)；P減積所需供率(hp)；D_{p1}進料平均粒徑(mm)；D_{p2}出料平均粒徑(mm)

$=> P \propto \left(\frac{1}{D_{p2}} - \frac{1}{D_{p1}}\right)$ $=> \frac{10}{P_2} = \frac{\left(\frac{1}{10} - \frac{1}{20}\right)}{\left(\frac{1}{5} - \frac{1}{10}\right)}$ $=> P_2 = 20(Ps)$

〈考題 31－4〉(89 普考)(13/12 分)

(一)一邊長 2mm 之正立方形石英，其球形度爲若干？

(二)密度$2.65 g/cm^3$之石英，1000kg 之石英堆積所佔之體積爲$1.5 m^3$，試求其空隙度。

Sol：(一)令球體和正立方形石英有相同體積

$$=>a^3=\frac{4}{3}\pi r_s^3 \quad =>r_s=\left(\frac{3}{4\pi}\right)^{\frac{1}{3}}\cdot a$$

$$\phi_s=\frac{\text{與該粒子相同體積球體之表面積}}{\text{粒子之表面積}}=\frac{4\pi r_s^2}{6a^2}=\frac{4\pi\left(\frac{3}{4\pi}\right)^{\frac{2}{3}}\cdot a^2}{6a^2}=0.806$$

$$(二)\varepsilon=1-\frac{\rho_b}{\rho_p}=1-\frac{1000/1.5}{2650}=0.75$$

〈考題 31－5〉(91 普考)(25 分)

試述固體輸送裝置之選擇因素。

Sol：原理：工場中大量固體由一處轉移至他處的操作。

(1)輸送物料的數量(2)物料之形狀、體積之大小(3)物料之特性，如：黏滯性、侵蝕性(4)輸送方向(5)運輸成本：如初期設備成本、折舊率及保養費用、工作壽命、零件是否容易取得等因素。

〈考題31－6〉(94地方特考四等)(5分)

試由物料的大小來區分壓碎(crushing)和粉碎(pulverizing)的不同。

Sol：壓碎：減積成數厘米(cm)粒徑以上小塊。

粉碎：減積成數毫米(mm)粒徑以上之粉粒體。

研磨：減積成數微米(μm)粒徑以上之微粉。

〈考題 31－7〉(94 地方特考四等)(15 分)

粉粒體多半以篩析法作粒徑分析，而以網目(mesh)測定。今有一化工廠製程中所需細砂粒徑在100-400μm之間，而向原料商購買不知粒徑之細砂一批，決定自行篩析，廠內現有下列四種不同網目的篩網堪用。

網目(mesh)	開口孔徑(mm)
35	0.42
60	0.250
100	0.149
200	0.074

請設計一合理篩析方法，並說明如何計算其重量平均粒徑。

Sol：各種標準篩都會規定各篩網的規格，如：線徑(wire diameter)，孔徑(opening)，網目數(mesh)等。網目數愈大，孔徑愈小。此法適用 40μm 以上粒子之大小分析。
※網目數愈大，孔徑愈小。此法適用於 40μm 以上粒子之大小分析。

精秤 200g 的固體物料。以符合規定的毛刷輕刷標準篩，秤取各篩盤的空重，並紀錄。依篩孔大小由上往下疊，最下層放一底盤。將固體物料置於最上層篩盤，加蓋後固定。啓動震盪開關，操作 3~5 分鐘後停止。取下各篩盤，秤重並紀錄。

微分篩析法：假設留在某一篩盤的固體粒子，其直徑等於上一篩盤篩孔直徑與此篩盤篩孔直徑的平均值，以留在盤上粒子的質量分率$\Delta\phi_n$對平均直徑D_p作圖，繪製頻率曲線，表示粒子的粒徑分佈，如圖一。

累積篩析法：以通過某盤之固體的質量分率(即通過率)，對該盤篩孔直徑作圖，繪製累積通過率曲線，表示粒子的粒徑分佈，如圖二。

(圖一)頻率分佈曲線圖

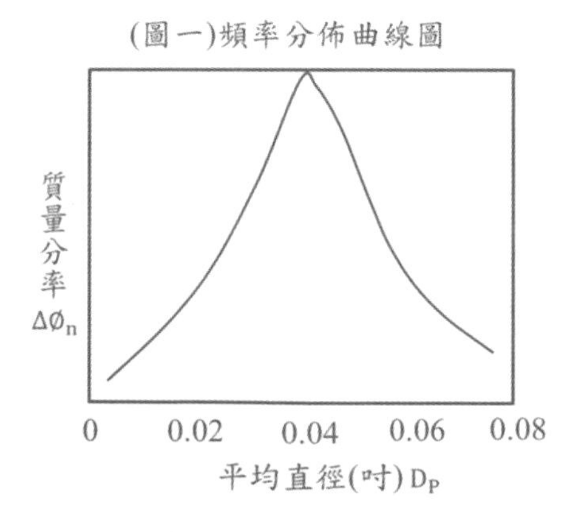

(圖二)累積通過率分佈曲線圖

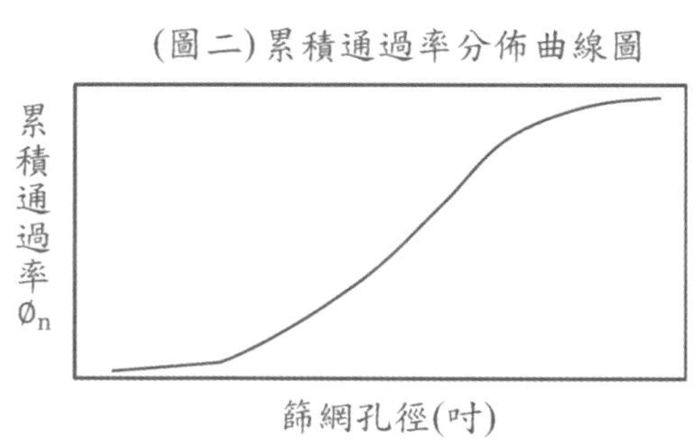

〈考題 31 − 8〉(94 普考)(各 5 分)

(一)泰勒標準篩網目(mesh)的意義爲何？考慮一網目 200 的標準篩，若所使用的金屬絲線徑爲 0.0021 英吋，則其篩孔的開度大小爲多少？(二)若一物料的粒徑分佈爲−10 + 20網目(mesh)，則其所代表的意義爲何？(三)請繪圖說明下列之粉粒體粒徑分佈曲線圖：

(1)頻率分佈曲線圖(2)通過率分佈曲線圖(3)殘留率分佈曲線圖

Sol：(一)篩網每吋邊長所含孔數稱篩孔(網目)

200孔爲一吋，則篩孔長度$=\frac{1}{200}=0.005(\text{in})$

篩孔大小=篩孔長度−線徑$=0.005-0.0021=2.9\times10^{-3}(\text{in})$

(二)粉粒通過10網目而不通過20網目。

(三)

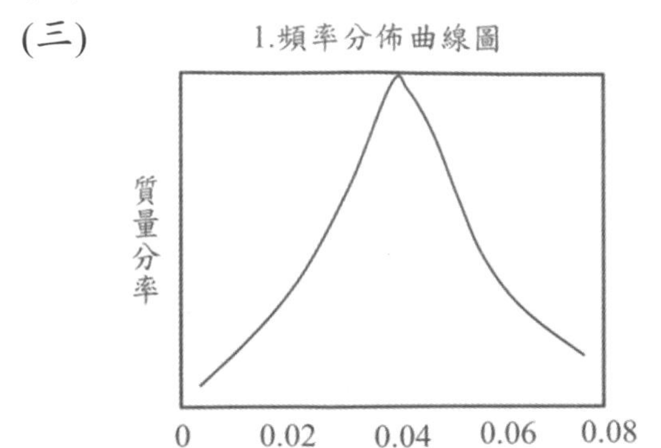

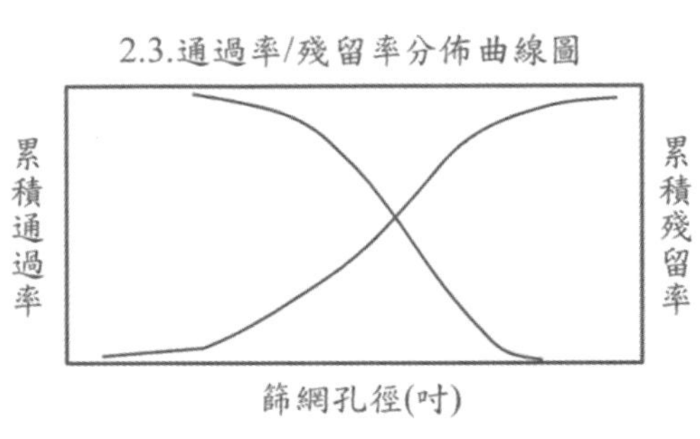

〈考題 31 − 9〉(95 地方特考)(10 分)

已知一填充床之整體密度(Bulk density)爲1300kg/m^3，而固體填充材料之密度爲1500kg/m^3，求此填充床之空分率(void fraction)。

Sol：$\varepsilon=1-\frac{\rho_b}{\rho_p}=1-\frac{1300}{1500}=0.133$

〈考題 31 − 10〉(100 經濟部特考)(6/3 分)

旋風分離器(Cyclone)在現代化工和環境工程設備扮演重要角色。

1.依據Stokes's law range：$u_t=\left[a_e*D_p^2*(\rho_p-\rho)\right]/(18*\mu)$，且$a_e=\omega^2 r$。2.定義：分離粒徑(cut diameter，$D_{pc}$)爲有50%之粒子被旋風分離器收集，而另50%隨氣體帶出。3.旋風分離器效率 vs.粒徑圖。(一)請繪 Cyclone 簡圖及略述旋風分離器之基本原理及如何增加分離效率？ (二)參考旋風分離器效率 vs.粒徑圖，有一旋風分離器其$D_{pc}=5\mu\text{m}$，請問粒徑10μm及3μm之分離效率各爲多少？

Sol： (一)請參考重點整理與簡圖説明。

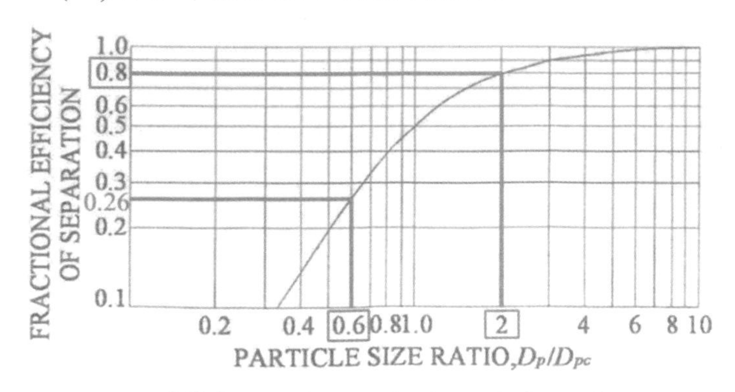

Efficiency VS. particle-size ratio for cyclones.

(二)當$D_p = 10\mu m$時，$\frac{D_p}{D_{pc}} = \frac{10}{5} = 2$，查圖得知分離效率爲 0.8。

當$D_p = 3\mu m$時，$\frac{D_p}{D_{pc}} = \frac{3}{5} = 0.6$，查圖得知分離效率爲 0.26。

〈考題31－11〉(100地方特考四等)(5分)

化學工廠使用固體爲原料，常需要將固體之體積減小，簡稱爲減積(size reduction)。請問減積過程中，所依據之作用力有那五種？

Sol：壓縮、撞擊：適合硬而脆之大塊物料。

摩擦(磨耗)：適合質軟而不耐磨之物料。

切削：適用於橡膠、塑膠、纖維等軟質材料。

爆破：以炸藥將大塊物料爆碎。

〈考題 31－12〉(102 經濟部特考)(5/10/5 分)

有一重油轉化工場旋風分離器(Cyclone)之設計條件：(一)進口條件：觸媒顆粒流量 42.6kg/s，觸媒顆粒密度(ρ_p)1362kg/m^3，進口氣體流量 5.66m^3/s，氣體黏度$(\mu_g)$$1.88 \times 10^{-5}$ kg/(m · s)，氣相密度(ρ_g)2.72kg/m^3，觸媒顆粒在 Cyclone 進口氣相中之負荷(Loading of Solids in Inlet Gas)爲 7.53kg/m^3；(二)觸媒顆粒粒徑分佈：

重量分率x_i	粒徑d_{pi}，m
0.002	9×10^{-6}
0.018	12×10^{-6}
0.08	20×10^{-6}

0.2	32×10^{-6}
0.2	50×10^{-6}
0.2	73×10^{-6}
0.3	130×10^{-6}

(三)旋風分離器尺寸如[圖 1]：(Inlet 爲箱型，Outlet 爲圓柱形)請利用[圖 2]、[圖 3]及[圖 4]，查圖並計算：

(一)若有粒徑$D_{p,th}$之觸媒顆粒進入 Cyclone 後有 50%回收、另 50%逸散，求$D_{p,th}$粒徑。$D_{p,th}=\sqrt{9\mu_g L_W/\left(\pi N_s V\left(\rho_p-\rho_s\right)\right)}$ (二)整體 Cyclone 觸媒顆粒收集效率。

(三)每日損失多少噸觸媒(Catalyst loss)。

Sol：(一)由圖一得知：$L_W=0.35\text{m}$，$H=0.8\text{m}$ (旋風分離器入口處)

圖1 CYCLONE DIMENSIONS

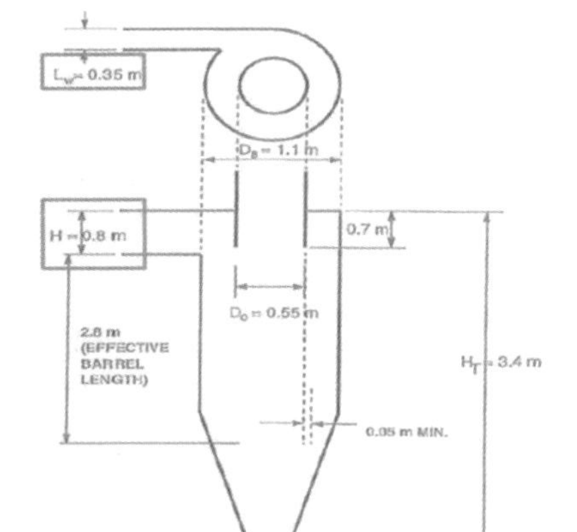

$D_{p,th}$可百分之百被分離之最小粒徑(m)
μ_g空氣之黏度(kg/m · sec)
L_W旋風機入口之寬度(m)
N_s氣體在旋風機內之迴旋次數
V進入旋風分離器氣體之平均速度(m/sec)
ρ_p粒子之密度(kg/m^3)
ρ_s運送氣體的密度(kg/m^3)

$$=>V=\frac{\dot{Q}}{L_W\cdot H}=\frac{5.66}{0.35\times0.8}=20.2\left(\frac{m}{sec}\right)$$

由圖二，x 軸爲$20.2\left(\frac{m}{sec}\right)$，往上相交於平滑曲線，再往右對 Y 軸可得$N_s\doteq4.1$。

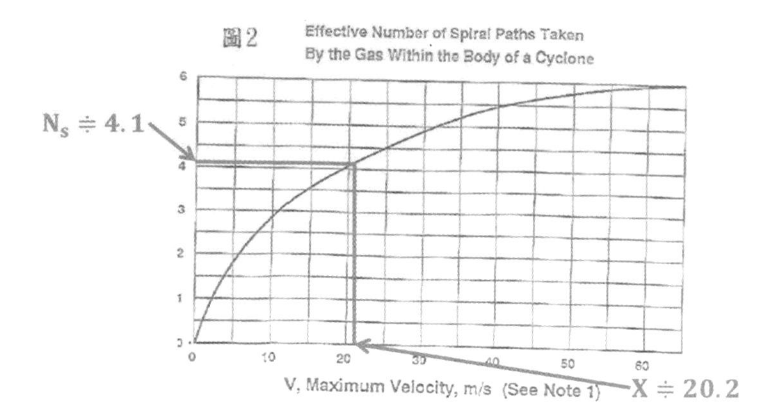

$$D_{p,th} = \sqrt{9\mu_g L_W / \left(\pi N_s V(\rho_p - \rho_s)\right)} = \sqrt{\frac{9(1.88\times10^{-5})(0.35)}{\pi(4.1)(20.2)(1362-2.72)}} = 1.3\times10^{-5}(\mathrm{m})$$

(二)D_{pm}(平均自由粒徑)$= \sum_{n=1}^{n} x_i \overline{D_{pi}} = 0.002(9\times10^{-6}) + 0.018(12\times10^{-6}) + 0.08(20\times10^{-6}) + 0.2(32\times10^{-6}) + 0.2(50\times10^{-6}) + 0.2(73\times10^{-6}) + 0.3(130\times10^{-6}) = 7.18\times10^{-5}(\mathrm{m})$

$\frac{D_{pm}}{D_{p,th}} = \frac{7.18\times10^{-5}}{1.3\times10^{-5}} = 5.565$，由圖三 Y 軸爲5.565往右相交於平滑曲線，再往下對 X 軸得$E_0 = 92\%$。

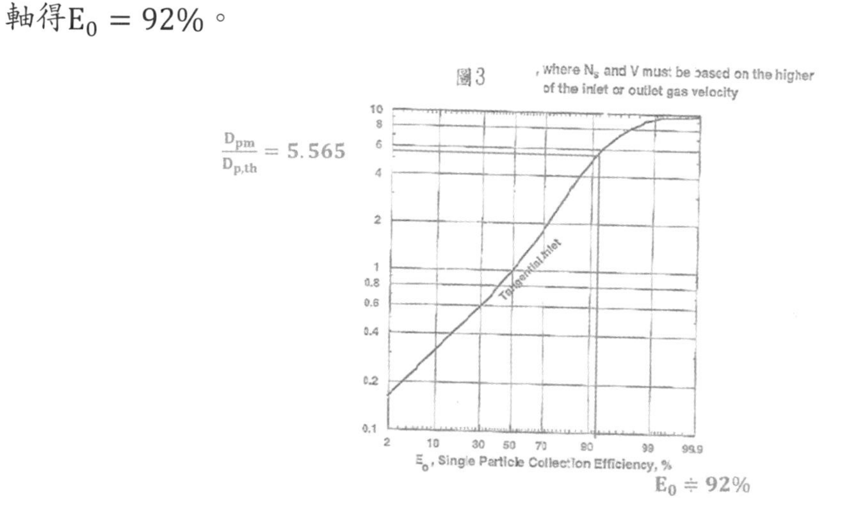

(三)題目已知 Inlet Gas, kg of solids/Cu. M of Gas 爲$\mathrm{kg/m^3}$單位，圖四上方 X 軸爲 $7.53\mathrm{kg/m^3}$，拉一垂直線對$E_0 \doteqdot 92\%$(介於$E_0 = 85 - 94\%$之間)，再往右對效率爲 $E_L \doteqdot 99.992(\%)$。(Y 軸左右側都爲收集效率，只差在小數點表示，Y 軸右方表示

小數點刻度的數值較精確)

圖4

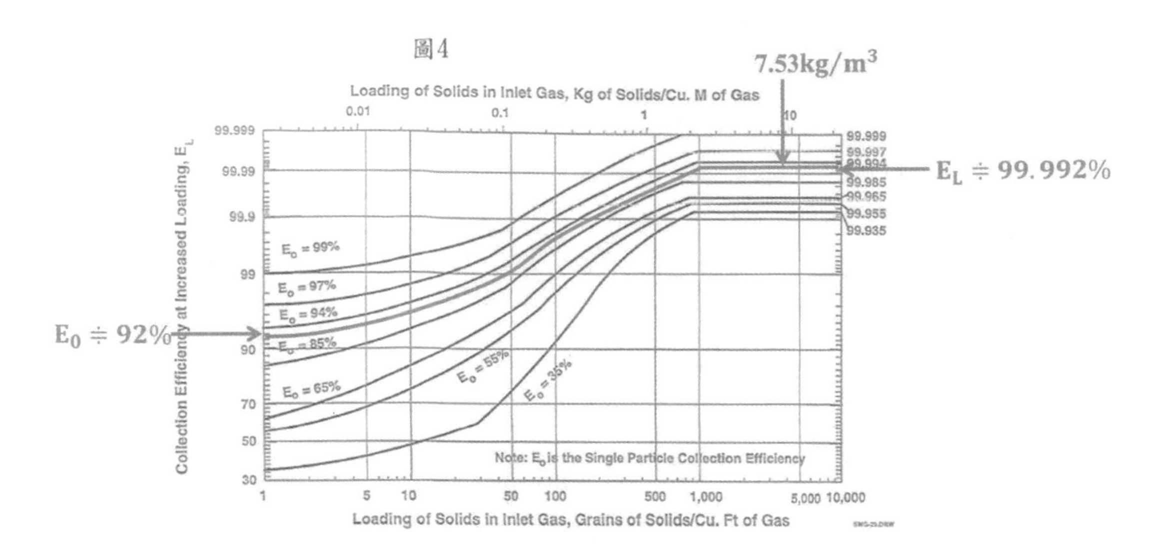

$$每日損失觸媒 = 42.6\frac{\text{kg}}{\text{sec}} \times \frac{3600\text{sec}}{1\text{hr}} \times \frac{24\text{hr}}{1\text{day}} \times \left(\frac{100-99.992}{100}\right) \times \frac{1\text{ton}}{1000\text{kg}} = 0.3\left(\frac{\text{ton}}{\text{day}}\right)$$

三十二、過濾_結晶_吸附分離

此章節在考試中出現的頻率不高，都是屬於冷箭題型，爲了不佔篇幅，在內容上不再多加敘述，有一些基礎內容可參考高職的化工裝置，或者是一些中譯本相關的內容，此章節只列出類題解析與歷屆試題供讀者參考用，如其他章節準備完整，有足夠的時間再複習此章節即可。

類題解析

〈類題 32－1〉列舉歸類於物理-機械分離程序(Physical-mechanical separation process)的單元操作類型？
Sol：過濾(Filtration)、沉降(Settling)、離心(Centrifugation)、篩選(Screening)、澄清(Classification)。

〈類題 32－2〉常見的過濾模式有 dead end flow 與 cross flow，兩者差異爲何？
Sol：dead end flow：過濾流體流動方向與過濾膜互爲垂直。
cross flow：過濾流體流動方向與過濾膜互爲平行。

歷屆試題解析

〈考題 32－1〉(84 薦任升等)(20 分)
試列舉五項比較(省能源)之分離/純化單元操作，並論述各項操作之原理和各適用於何種混合物(如氣/液；氣/氣；氣/固；液/固；或氣/液/固相混合物)之分離。(範例)：過濾(Filtration)乃利用過濾布之孔洞，濾除固/液或濁狀混合物中之固態粒子以獲純清液體之單元操作。

Sol：吸收(氣/液分離)：氣體和液體接觸，使氣相中氣體溶質轉移至液相。

加壓或減壓(氣/氣分離)：將經過淨化的帶壓或加壓的原料氣逐級冷卻至各分離組分的冷凝溫度進行分凝(單級或逐級冷凝);或使原料氣加壓、冷卻、液化、再精餾進行分離。從多組分原料氣中分離出單組分氣態和液態產品的深低溫設備。多組分原料氣通常指空氣、天然氣、焦爐氣、水煤氣和各種裂解氣等。

旋風分離器(氣/固分離)：粒子在旋風分離器內，因重力和離心力的共同作用下，得以將固體和氣體分離的裝置。

結晶(液/固分離)：液體和固體間溶解度不同，利用溶劑對被提純物質及雜質的溶解度不同，可以使被提純物質從中析出。而讓雜質全部或大部分仍留在溶液中(若在溶劑中的溶解度極小，則配成飽和溶液後被過濾除去)，從而達到提純目的。

離心分離器(氣/液/固分離)：設備的主要功能是盡可能除去輸送介質氣體中攜帶的固體顆粒雜質和液滴，達到氣固液分離，以保證管道及設備的正常運行。

分離原理：氣體經切面方向進入分離器後作圓周運動，由於液滴較重，受到較大離心力而被拋在容器器壁上，最終從氣體中分離出來;氣體旋轉速度逐漸減小最終向上運動從頂部流出，液體從底部流出。

〈考題 32 – 2〉(84 普考)(25 分)

試求以下混合粒子之平均粒徑。

粒徑範圍(μ)	此範圍粒子佔全體粒子之重量分率
50~75	0.167
75~100	0.250
100~125	0.333
125~150	0.167
150~175	0.083

Sol：d_m(平均粒徑)$=\frac{\sum_{i=1}^{n} a_i/d_i^2}{\sum_{i=1}^{n} a_i/d_i^3}$　　($a_i=$重量分率，$d_i=$粒徑大小)

$$\sum_{i=1}^{n} a_i/d_i^2=\frac{0.167}{50^2}+\frac{0.167}{75^2}+\frac{0.250}{75^2}+\frac{0.250}{100^2}+\frac{0.333}{100^2}+\frac{0.333}{125^2}+\frac{0.167}{125^2}+\frac{0.167}{150^2}+\frac{0.083}{150^2}+\frac{0.083}{175^2}=6.68\times10^{-5}+2.96\times10^{-5}+4.44\times10^{-5}+2.5\times10^{-5}+3.33\times10^{-5}+2.13\times10^{-5}+1.07\times10^{-5}+7.42\times10^{-6}+3.69\times10^{-6}+2.71\times10^{-6}=2.45\times10^{-4}$$

$\sum_{i=1}^{n} a_i/d_i^3 = \frac{0.167}{50^3} + \frac{0.167}{75^3} + \frac{0.250}{75^3} + \frac{0.250}{100^3} + \frac{0.333}{100^3} + \frac{0.333}{125^3} + \frac{0.167}{125^3} + \frac{0.167}{150^3} + \frac{0.083}{150^3} +$

$\frac{0.083}{175^3} = 1.34 \times 10^{-6} + 3.96 \times 10^{-7} + 5.92 \times 10^{-7} + 2.5 \times 10^{-7} + 3.33 \times 10^{-7} +$

$1.7 \times 10^{-7} + 8.55 \times 10^{-8} + 4.94 \times 10^{-8} + 2.46 \times 10^{-8} + 1.55 \times 10^{-8} = 3.256 \times 10^{-6}$

$=> d_m = \frac{\sum_{i=1}^{n} a_i/d_i^2}{\sum_{i=1}^{n} a_i/d_i^3} = \frac{2.45 \times 10^{-4}}{3.256 \times 10^{-6}} = 75.25(\mu)$

〈考題 32－3〉(85 化工技師)(20 分)
什麼是助濾劑(Filter Aid)？使用它的目的是什麼？構成助濾劑的條件是什麼？
Sol：可參考〈考題 32－4〉說明。

〈考題 32－4〉(89 化工技師)(90 普考)
試述過濾操作加入助濾劑(Filter Aid)之時機與應用方法？
Sol：助濾劑：藉著其細粉具有特殊之結構，能生成高空隙度與高耐壓性粒子層來提升過濾速度或濾液之澄清度，且容易摻合或預鋪。
條件：
1. 密度相當，爲細粉而容易分散於液體。
2. 具有多變化之外部結構，能構成高壓緊密性且空隙度高的粒子層。
3. 對進料泥漿有穩定的化學性，不與泥漿成份發生化學反應或染色現象。
4. 與進料泥漿粒子(固體)有良好的親和性。
5. 所構成之濾餅(粒子層)不易龜裂且密度要輕，才不會構成濾葉設計時的負荷。
6. 可溶性成份要降至最低，而所溶出成份不要有害濾液之用途。
7. 價廉而貨源不缺(例如：矽藻土、火山岩、石棉、纖維、碳粉……等)；矽藻土在助濾劑之應用市場佔了約 80%。

〈考題 32－5〉(86 委任升等)(3 分)
說明結晶器的種類？
Sol：冷卻結晶器、蒸發結晶器、眞空結晶器。

〈考題 32－6〉(86 委任升等)(各 3 分)
(一)過濾操作應考慮哪些條件？ (二)過濾介質應具備哪些條件？(三)試說明壓濾

機之優缺點？

Sol：(一)選用的過濾機需考慮(1).過濾漿體的濃度(2).固體粒徑(3).濾餅阻力(4).濾餅與濾液之性質與價值(5).選用合適的過濾機。

(二)(1).必須能從漿體中過濾掉固體，且得到澄清濾液，篩孔不能塞住以至於過濾速度變的過慢(2).必須有足夠的強度而不裂開，且對使用的溶液有抗化學性。

(三)優點：構造簡單、保養費低、濾餅可洗滌、適用於含貴重泥漿物之過濾。缺點：人工成本高、濾布耗損率高。

⟨考題 32 – 7⟩(87 地方特考)(20 分)

舉出並深入說明：在汙染防治和環境工程中比較常用的五項單元操作混凝膠凝、沉澱、過濾、吸附、離子交換。

Sol：混凝膠凝：混凝的意義就是要打破膠體粒子的穩定狀態，也就是降低粒子與粒子間的互斥電位，使粒子能相互接觸而凝聚。讓凝聚後的膠羽成爲較大的個體而增加其沉降速度，稱爲膠凝。

沉澱：溶質的量超過溶劑的溶解溶解度，讓多餘的溶質無法再溶解，稱爲沉澱。例如：糖、鹽、硝酸鉀等(可溶解的物質)都有所謂的沉澱作用。

過濾：可參考⟨考題 32 – 13⟩第二小題。

吸附：可參考 ⟨考題 32 – 34⟩第七小題。

離子交換：離子交換技術或稱離子色譜法，是將兩種電解質間做離子的交換，或是在電解溶液和配合物之間的交換。最常見到的例子是使用聚合物或礦物用來純化、分離或淨化純水和其他離子溶液。其他的例子有離子交換樹脂，功能化多孔或凝膠聚合物、沸石、黏土和土壤中的腐殖質。

⟨考題 32 – 8⟩(88 化工技師)(各 5 分)

(一)Meir′s 結晶理論(Meir′s theory of nucleation) (二)ΔL律(ΔL law of crystal growth)

Sol：(一)要有效控制晶體的生成，應是將少數微小晶體添加在準安定區成長，若在不安定區只能生成微小晶體，而不能使晶體成長形成較大晶體。

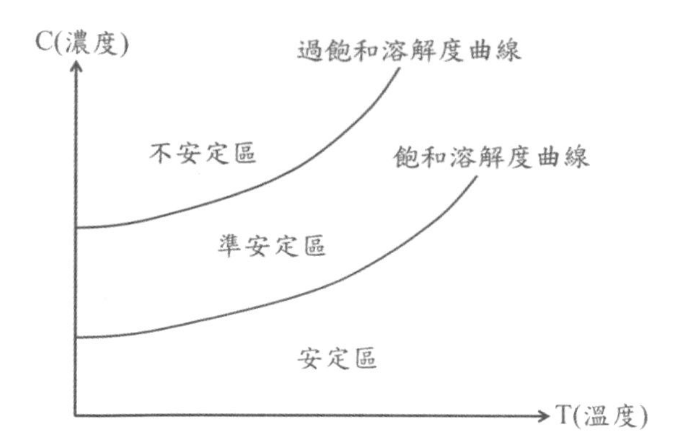

(二)赫宜定律(Law of Hauy)：同一物質析出之晶體雖然大小可能不同，然而相對應之各平面之夾角相等即成幾何相似形，稱赫宜定律。

〈考題 32－9〉(89 化工技師)(5 分)

膜濃度極化(membrane concentration polarization)

Sol：當溶劑透過半透膜時，溶液濃度增加，使滲透壓上升，因而降低了溶劑分子滲出的驅動力，最後導致分離效率降低。

〈考題 32－10〉(89 普考)(10/15 分)

(一)板框過濾機如將端板與不洗板記爲 1，框爲 2，可洗板爲 3 時，則板框疊合時應按何種順序排列？ (二)試述板框過濾機之優缺點。

Sol：(一)1232123……..321(二)優點：構造簡單、保養費用低、濾餅可洗滌、適用於含有貴重泥漿物料之過濾和水洗。缺點：爲間歇式操作，人工成本高，濾布損耗率高。

〈考題 32－11〉(90 普考)(8 分)

過濾操作時所使用的過濾介質應具備哪些條件？是簡述之

Sol：同〈考題 32－6〉(86 委任升等)第(二)小題內容敘述。

〈考題32－12〉(92地方特考)(每小題5分，共20分)

請指出下列實例中，所涉及的質傳單元操作，並簡單說明。(一)機車騎士用的含活性碳口罩(二)魚缸中打入空氣(三)濃縮果汁(四)洗腎/人工腎臟

Sol：(一)利用吸附原理：利用活性碳吸附有機氣體。(二)利用吸收原理：將空氣中的氧氣打入水中，由水吸收空氣中的氧氣。(三)利用蒸發原理：將果汁中的水

份加熱去除，提升果汁濃度。(四)利用薄膜分離原理：將人體血液中的代謝廢物和雜質作薄膜分離，血液再送回人體。

〈考題 32 – 13〉(92 地方特考四等)(101 地方特考四等)(10 分)
試述選擇過濾設備之考慮因素。
依過濾之作用力，濾機分成那四種？如何選用適當有效的濾機？
Sol：(一)重力、壓力、離心、眞空(二)過濾機需由過濾推動力的方法不同作選擇。過濾機應根據懸浮液的濃度、固體粒度、液體粘度和對過濾質量的要求選用。先選擇幾種過濾介質，利用過濾漏斗實驗測定不同過濾介質和不同壓差下的過濾速度、濾液的固體含量、濾渣層的厚度和含濕量，找出適宜的過濾條件，初步選定過濾機類型，再根據處理量選定過濾面積，並經實際試驗驗證。

〈考題32 – 14〉(94普考)(5/10分)
(一)簡述恆壓過濾與恆速過濾之差異。(二)請繪簡圖說明：1.板框式壓濾機的構造 2.過濾時與清洗時的操作方式。
Sol：(一)恆壓過濾：保持壓力差一定的操作，但流速會隨著時間而減慢。恆速過濾：保持流速一定的操作，但壓力差會隨著時間而增大。
(二)

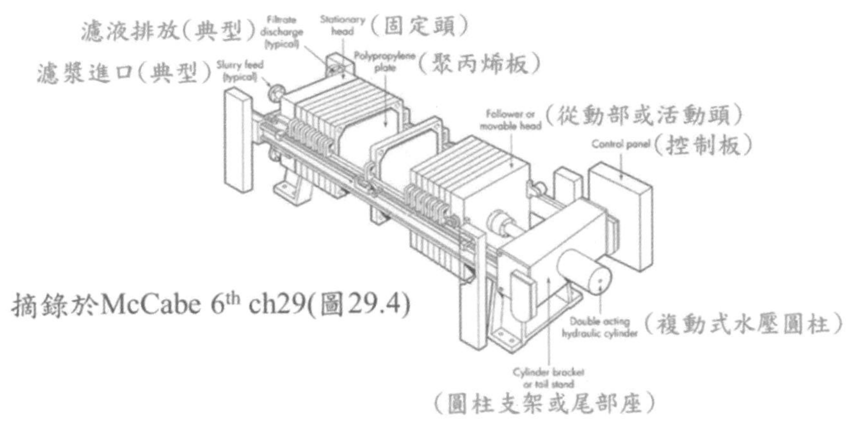

摘錄於McCabe 6th ch29(圖29.4)

過濾：由許多板和框作相互間置，中間夾濾布疊合而成，每片板和框之角上均有通道用以輸送漿體入框中，以及用以排出濾液。
清洗：濾餅過濾所得之濾餅其含液百分比 50-80%常需更進一步減低其含液量才能符合品質上的需求，或固體成份需洗除雜質，可藉由洗滌操作提高純度，或回收更多有用物質。

〈考題 32 – 15〉(94 地方特考四等)(5 分)

板框過濾機可用恆壓操作或恆速操作，爲具上述二者之優點及去除缺點時，最好用何種方式操作？

Sol：先恆速操作再恆壓操作。

〈考題32 – 16〉(95高考三等)(20分)

選出下列化工機械的簡圖。請在答案卷上寫出相對應的英文字母及阿拉伯數字。化工機械名稱如下：(a)皮托管(Pitot tube)(b)轉桶濾機(Rotary film filter)(c)噴霧塔(Spray tower)(d)孔口流量計(Orifice meter)(e)離心分離器(Centrifugal separator)

Sol：

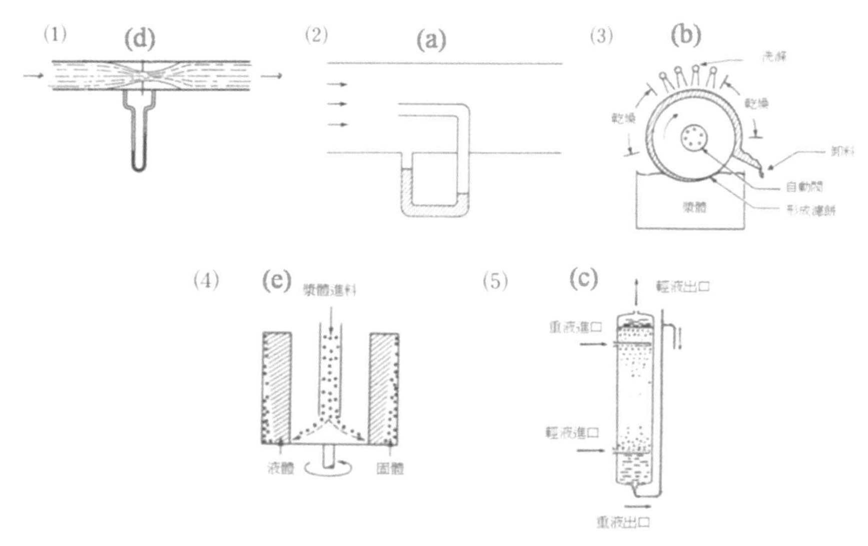

〈考題 32 – 17〉(95 地方特考四等)(10 分)

常壓常溫有機液體儲槽常有通氣損失(breathing loss)，請說明造成之原因與防制之道。

Sol：透氣洩漏：化學物質蒸氣受溫度或大氣壓力擾動影響，而蒸氣在擴散情況下受壓自儲槽緩慢溢出。

工作洩漏：當儲槽滿載或操作錯誤下(入料物質本身蒸汽壓高)，所造成蒸汽壓上升，可能發生的洩漏情況。

解決方式：安裝內浮頂槽或外浮頂槽，另外可考慮加裝呼吸閥或安全閥以防止因蒸氣壓過高時可作爲釋壓裝置。

〈考題 32 – 18〉(95 地方特考四等)(5 分)
相律(phase rule)？
Sol：$F = C - P + 2$；C ＝成份數，P ＝相數(固、液、氣)，2 ＝溫度與壓力

〈考題32 – 19〉(95地方特考四等)(20分)
批次吸附槽在吸附飽和後，請說明吸附質(adsorbate)之回收與吸附劑(adsorbent)之再生方式。

Sol：(一)吸附質：當流體與多孔固體接觸時，流體中某一組分或多個組分在固體表面處產生積蓄，此現象稱爲吸附。在固體表面積蓄的組分稱爲吸附物或吸附質。

(二)以適當方法去除吸附劑(如活性碳)上之吸附質而使吸附劑成爲可再利用之狀態。熱脫附是活性碳吸附最常用的再生方法。如果不考慮吸附質的回收，另可採用溼式氧化及生物處理爲粉狀活性碳再生的方法。吸附劑再生時如果同時也考慮回收吸附劑，可以使用高溫的氣體或蒸汽使平衡逆轉(活性碳吸附釋放熱反應，故加熱可使吸附平衡逆轉)。另有化學再生法是使用對吸附質具高度親和力的化學試劑將吸附劑上的吸附質濃縮出來，典型的試劑包括可溶解有機性吸附質的溶劑及脫附弱酸性(或弱鹼性)吸附質所需的鹼性(或弱酸性)溶液。

〈考題 32 – 20〉(96 地方特考四等)(5 分)
浮選(flotation)
Sol：利用物料對泡沫的附著力的不同而分離的操作(即進料中表面難被潤濕的成份，會隨著氣泡浮在水面；表面易被潤濕的成份，則沉於池底)，廣泛用於物料分離的選礦作業。

〈考題 32 – 21〉(96 地方特考四等)(7 分)
繪製化工機械簡單示意圖並解釋其功能：噴霧乾燥器(spray dryer)
Sol：屬於直接乾燥器，如下圖。對溶解度很高之溶質之粉末狀之製成產品，或對於不安定性之溶液，無法藉由結晶或其他方法令其成固態者最爲有效，如奶粉、清潔劑等之製造。

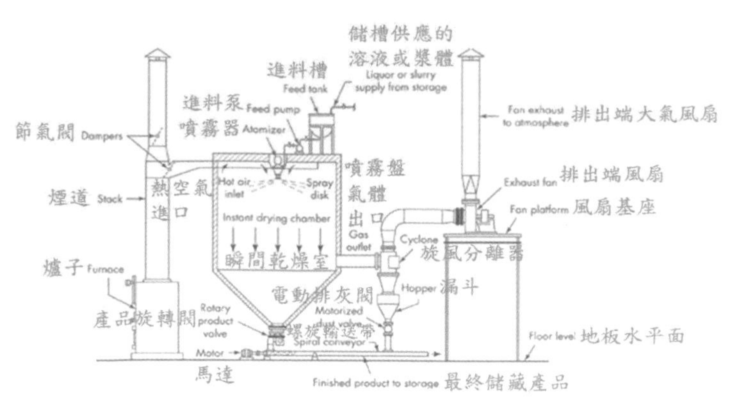

摘錄於McCabe 6th ch29(圖24.13)

〈考題 32－22〉(96 普考)(10 分)

當濾液流經過濾機之過濾過程，受到那三種阻力的作用？

Sol：(一)濾液進出管線之摩擦阻力(R_f)，其造成之壓力降落爲($-\Delta P_f$)。

(二)濾液流經濾餅之摩擦阻力(R_c)　，其造成之壓力降落爲($-\Delta P_c$)。

(三)濾液經由過濾介質(濾布)的阻力(R_m)，其造成之壓力降落爲($-\Delta P_m$)。

總阻力爲以上三阻力之和；以數學式表示爲：$R = R_f + R_c + R_m$上面三種阻力中，實際上R_f項很小，與R_c與R_m項比較可略而不計；在處理過濾問題，常只考慮濾餅造成之阻力及過濾介質(濾布)造成之阻力，故總阻力可重寫爲：$R = R_c + R_m$

濾餅之阻力與濾液中固體粒子、粒徑、濾餅之孔隙度及濾液黏度有關；過濾介質之阻力與介質之材料性質、孔性、孔徑及使用時間有關。

〈考題 32－23〉(96 地方特考四等)(7 分)

繪製化工機械簡單示意圖並解釋其功能：離心濾機(centrifugal filter)

Sol：將濾漿高速旋轉，以離心力迫使濾液通過濾布的過濾裝置，如圖。

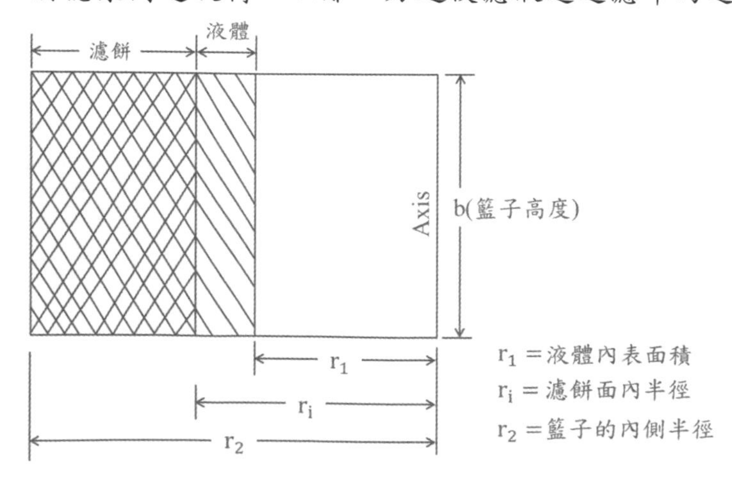

特性：離心過濾速度快，過濾時間短，所得的濾餅較乾燥。

批式離心濾機，構造簡單、製造方便，缺點是耗費人力、生產力低，適合小規模生產。

連續式離心濾機，操作簡便，產能大，省人力，適用於粒子較粗，易於過濾且不脆性晶體之大規模生產。

〈考題 32－24〉(96 地方特考四等)(7 分)

繪製化工機械簡單示意圖並解釋其功能：安全閥(safety valve)

Sol：能於容器或設備壓力升高至某設定壓力時自動打開活門做洩壓動作，防止容器或設備爆炸。

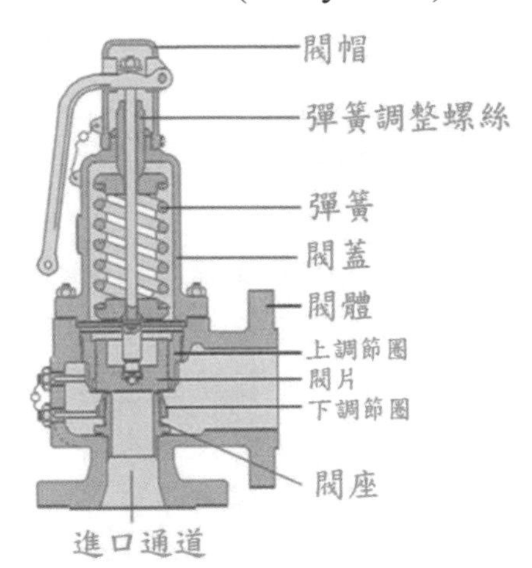

〈考題 32－25〉(97 化工技師)(10 分)

在結晶程序中，第一步就是要造成溶液之過飽和，試討論達成溶液過飽和的方式及其背後之原理。

Sol：形成過飽和的方法：

1. 冷卻法：使用於溶質溶解度隨溫度而降低的溶液。
2. 溶劑蒸發法：使用於溶質溶解度與溫度無關，可藉由溶劑的蒸發而形成過飽和溶液。
3. 鹽析法：使用於溶質溶解度極高，可加入第三成份和溶劑發生物理作用，以降低原溶質溶解度而形成過飽和溶液。
4. 絕熱眞空蒸發法：使用於溶劑不易蒸發時，可將熱溶液於眞空容器內，幫助溶劑蒸發而形成過飽和溶液。

〈考題32－26〉(98高考三等)(每小題5分共25分)

對於膜(membrane)分離技術及結晶技術，請解釋下列名詞：

(一)對稱膜與非對稱膜(symmetric and asymmetric membrane)

(二)透析(dialysis)與電透析(electro-dialysis)

(三)滲透(osmosis)與逆滲透(reverse osmosis)

(四)初成核與次成核(primary and secondary nucleation)

(五)掃流過濾與垂直過濾(cross-flow and dead-end filtration)

Sol：

(一)對稱膜(symmetric membrane)：膜結構中有對稱元素的存在，如中空纖維的徑向各向異性膜，其他構型的橫向，如：各向異性膜和雙皮層中空纖維膜都是對稱膜。

非對稱膜(asymmetric membrane)：目前使用最多的膜，具有精密的非對稱結構。這種膜具有物質分離最基本的兩種性質，即高傳質速率和良好的機械強度。它有很薄的表層(0.1～1μm)和多孔支撐層(100～200μm)，這非常薄的表層爲活性膜，其孔徑和表皮的性質決定了分離特性，而厚度主要決定傳遞速度。多孔的支撐層只起支撐作用，對分離特性和傳遞速度影響很小，非對稱膜除了高透過速度外，還有另一優點，即被脫除的物質大都在其表面，易於清除。

(二)透析(dialysis)：利用半透膜將小分子和大分子分離的一種技術。

電透析(electro-dialysis)：是利用不同特性的薄膜對水中的離子作分離選擇，水中離子的移動 則是靠正負直流電來當吸引的驅動力。

(三)滲透(osmosis)：水分子經半透膜擴散的現象。它由高水分子區域(即低濃度溶液)滲入低水分子區域(即高濃度溶液)，直到細胞內外濃度平衡(等張)爲止。水分子會經由擴散方式通過細胞膜。

逆滲透(reverse osmosis)：又稱RO、反滲透，是一種淨化水的辦法。原理是利用滲透作用，將清水(低張力溶液)和鹹水(高張力溶液)置於一管中，中間以一支允許水通過的半透膜分隔開來，可見到水從滲透壓低(低張力溶液)的地方流向滲透壓高(高張力溶液)的地方。然若在高張溶液處施予力，則可見水由滲透壓高的地方流向滲透壓低的地方。逆滲透是「正滲透」的反向方式，通常比正滲透的自然過程，耗費更多的能量。正滲透分離技術，逐漸成爲新趨勢。

(四)成核(primary nucleation)：也稱形核，是相變初始時的「孕育階段」。天空中的雲、霧、雨、燃燒生成的煙，冰箱之中冰的結晶，汽水、啤酒的冒出的泡等的形成，均爲成核現象。

二次成核(secondary nucleation)：晶核的成核有兩種形式：初級成核(包括初級均

相成核和初級非均相成核)及二次成核。在高於飽和度的情況下，溶液在自發形成晶核的過程，稱作初級均相成核；若晶核是在溶液外來物的誘導下生成，則稱其爲初級非均相成核；晶核如在含有溶質晶體的溶液中生成，則稱爲二次成核。

(五)掃流式過濾(cross-flow filtration)

利用泵將欲濾液平行地流過濾膜表面，借平行的流動剪切應力限制濾餅的成長，達到高速連續過濾的目的。搭配濾膜材質的選擇，掃流式膜過濾是近來在微生物菌体之分離、濃縮或蛋白質分離純化的主流。

垂直過濾(dead-end filtration)：流體及伴隨粒子的運動方向與膜面垂直，被阻擋的粒子滯留於膜面，其餘通過濾膜成爲濾液，隨著膜面粒子附著層的成長，流體流動阻力增加會導致固定壓力下操作濾速明顯下降。

〈考題32－27〉(99高考三等)(6分)

試比較濾餅過濾(cake filtration)之濾餅洗滌(cake washing)與顆粒床過濾(deep bed granular filtration)之反沖洗(backwashing)，兩者之操作與目的各有何不同？

Sol：濾餅洗滌：同〈考題 32－14〉(94 普考)第(二)小題清洗內容敘述。

反沖洗：顆粒床過濾操作一段時間後，因顆粒物累積於濾床中產生壓降會影響過濾效果，且顆粒物會貫穿濾床，使清水水質惡化。因此反沖洗可洗滌濾床中的固體有機物及雜質，以提升過濾效果。

〈考題 32－28〉(101 地方特考)(30 分)

有一葉濾器(leaf filter)用來以二階段方式過濾泥漿，所形成之濾餅爲不可壓縮。第一階段以恆速 $0.5(\mathrm{dm})^3/\mathrm{min}$操作直到壓差達到 50kPa；接著第二階段以恆壓(50kPa)操作一直到總共收集到之濾液體積爲 $8(\mathrm{dm})^3$。問總共過濾操作時間爲多少 min？已知在恆速操作時，壓力(P)、體積流率(Q)及時間(t)之關係爲$P = K_1Q^2t + K_2Q$；在恆壓過濾時，壓力(P)、濾液體積(V)及時間(t)之關係爲$dt/dV = (K_1V + K_2)/P$。當壓力、體積、流率及時間使用之單位分別爲 kPa、$(\mathrm{dm})^3$、$(\mathrm{dm})^3/\mathrm{min}$及 min 時，$K_1$及$K_2$之值分別爲 45 及 10。

Sol：推測單位爲$K_1 = \dfrac{(壓力)(時間)}{(體積)^2}$，$K_2 = \dfrac{(壓力)(時間)}{(體積)}$

恆速操作$P = K_1Q^2t_1 + K_2Q$

$$=>50(\mathrm{kPa}) = 45\frac{(\mathrm{kPa})(\mathrm{min})}{(\mathrm{dm}^3)^2}\left(0.5\frac{\mathrm{dm}^3}{\mathrm{min}}\right)^2 t_1 + 10\frac{(\mathrm{kPa})(\mathrm{min})}{(\mathrm{dm}^3)}\left(0.5\frac{\mathrm{dm}^3}{\mathrm{min}}\right)$$

$$=>t_1 = 4(\mathrm{min})$$

恆壓操作$\frac{dt}{dV}=\frac{(K_1V+K_2)}{P}$ =>$\int_0^{t_2}dt=\int_0^{V}\frac{(K_1V+K_2)}{P}dV$ =>$t_2=\frac{K_1}{P}\frac{V^2}{2}+\frac{K_2}{P}V$

$$=> t_2=\frac{45\frac{(kPa)(min)}{(dm^3)^2}}{50(kPa)}\frac{(8dm^3)^2}{2}+10\frac{(kPa)(min)}{(dm^3)}\frac{8(dm^3)}{50(kPa)}=30.4(min)$$

=>總過濾操作時間$t=t_1+t_2=4+30.4=34.4(min)$

※此題解題過程與葉和明編著輸送現象與單元操作例題 9-2 類似。

〈考題 32 − 29〉(102 地方特考)(10/5 分)

一蛋白質(濃度1.0mg/mL)水溶液以一吸附管柱進行純化。其突破曲線以下表之數據表示：突破濃度訂爲0.05mg/mL，

(一)請問到達突破點時，管柱之使用效率爲何？(二)如果我們換用同樣型式，但有兩倍長的管柱做前述之純化工作，此一管柱到達突破點時，其使用效率爲何？

x-axis 時間(hr)	0	4	5	6	7
y-axis濃度 (mg/mL)	0	0	0.5	1.0	1.0

Sol：$\frac{0.05-0}{t_B-4}=\frac{0.5-0}{5-4}$ =>$t_B=4.1(hr)$

由附表得知且在濃度$1.0\frac{mg}{mL}$下的$t_E=6(hr)$

(一)$\eta=\frac{2t_B}{t_B+t_E}\times100\%=\frac{2(4.1)}{4.1+6}=81.2(\%)$

(二)$L'=L(1-\eta)=L(1-0.812)=0.188L$ =>$0.188L=2L(1-\eta)$

=>$\eta=0.906=90.6(\%)$

〈考題 32 − 30〉(97 經濟部特考)(103 普考)(5 分)

請說明下列各操作單元所用之分離原理：結晶

Sol：利用溶解度的不同將溶質和溶劑分離開來。

〈考題32－31〉(103化工技師)(各10分)

在恆溫下以活性碳吸附含有苯甲酸之水溶液，實驗條件如下：水溶液體積爲0.25公升，苯甲酸起始濃度爲485mg/L，活性碳添加量爲0.1～2.0 g時，達吸附平衡之後苯甲酸濃度如附表所示。

實驗編號	活性碳添加量（g）	吸附後苯甲酸之濃度（mg/L）
1	0.1	404
2	0.2	324
3	0.3	246
4	0.4	169
5	0.6	51
6	0.8	15
7	1.0	9.2
8	1.2	5.6
9	1.5	4.2
10	2.0	2.5

(一)請畫出吸附等溫線。

(二)並以朗繆爾(Langmuir)吸附模式分析。

Sol：(一)$q=\frac{(C_0-C)V}{W}$ (1)；C_0初始濃度，C吸附後濃度，V移動相體積，W吸附劑添加量。

以 Run1 爲例：$q=\frac{(485-404)\times 0.25}{0.1}=203\left(\frac{mg}{g}\right)$，其餘 Run2，Run3……….以此類推。

Run	吸附後苯甲酸之濃度（mg/L）	苯甲酸吸附量（mg/g）
1	404	203
2	324	201
3	246	199
4	169	198
5	51	181
6	15	147
7	9.2	119
8	5.6	100
9	4.2	80
10	2.5	60

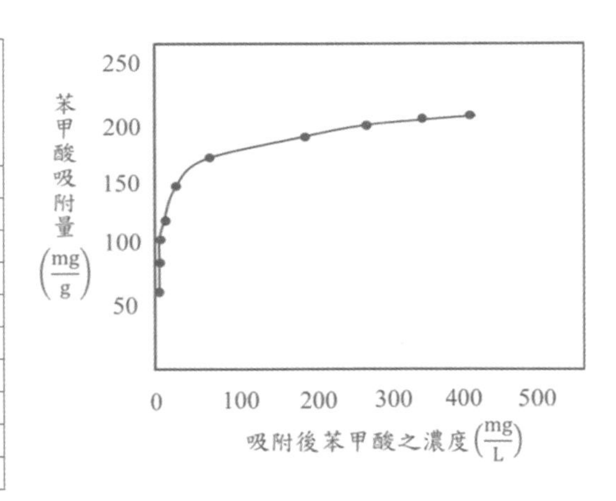

(二)上圖等溫吸附線稱朗繆爾(Langmuir)吸附模式，當吸附質濃度達到一定值時，吸附劑的吸附量會快速的增加至某一最大值，這種情形屬於單分子吸附，爲典型的化學吸附現象，此圖的特徵是表示很平穩的接近吸附極限。

※此題摘錄於呂維明化工單元操作(三)範例 7.1。

〈考題 32－32〉(104 普考)(10 分)

當過濾液流經過濾機之過濾過程，受到那三種阻力的作用？

Sol：重力、壓力、眞空力或離心力。

〈考題32－33〉(87化工技師)(103地方特考)(6分)
試說明吸附床操作之貫穿曲線(breakthrough curve)及質量傳送區(mass transfer zone)之定義。

Sol：圖一曲線稱貫穿或穿透曲線，在t_1和t_2時間，出口濃度爲零，當流動濃度達某一允許極限值稱爲穿透點(break point) t_b，則流動停止，或轉注入新鮮吸附床，穿透點濃度範圍大都取自 0.05-0.1 之間。

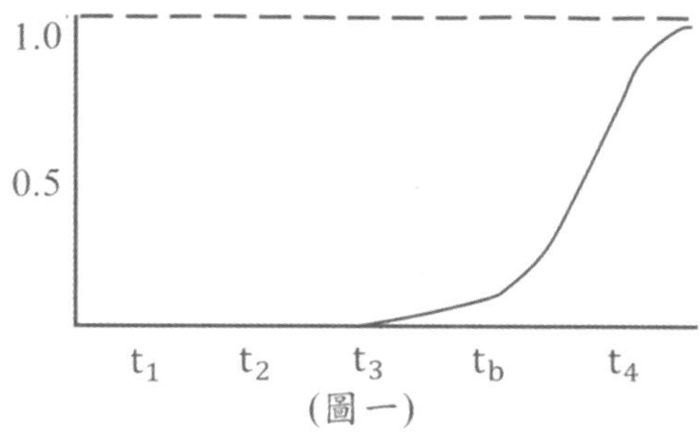

(圖一)

表示任何時間吸附的主要部份只發生在狹小的質量傳送區或吸附區，流體繼續流動時的質傳區域，其形狀爲 S 形，向塔之下方移動，如圖二。

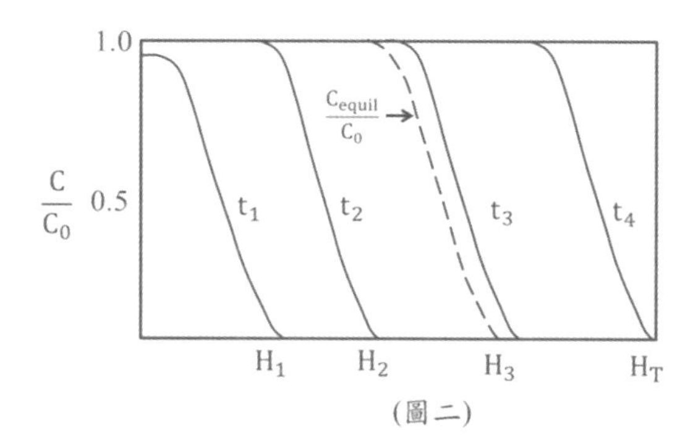

(圖二)

〈考題32－34〉(105地方特考)(每小題3分，共24分)
各種分離方法都是利用被分離的成分間性質的差異性進行分離，請寫出以下分離方法各是利用什麼性質的差異：(一)蒸餾(distillation)(二)液相萃取(liquid extraction)(三)氣體吸收(gas absorption)(四)乾燥(drying)(五)篩分(screening)(六)脫附(desorption)(七)吸附(adsorption)(八)結晶(crystallization)

Sol：(一)液體和液體間沸點不同(二)液體和液體間溶解度不同(三)液體和氣體間溶解度不同(四)固體和氣體間內部擴散速率與外部蒸發速率不同(五)固體和固體間粒徑不同(六)經由吸附的逆反應移除吸附物質(七)利用一多孔性固體表面將物質吸附過來，例如：由活性碳吸附空氣中的水份(八)液體和固體間溶解度不同。

106年公務人員高等考試三級考試

試題代號：26320　全一頁
類科：化學工程
科 目：輸送現象與單元操作
考試時間：2小時

一、請回答下列問題：
(一)試詳述離心泵(centrifugal pump)操作時的氣縛(air bound)與孔蝕(cavitation)現象，並說明避免方法。
(二)試詳述雷諾類似律(Reynolds analogy)與契爾頓-柯爾本類似律(Chilton-Colburnanalogy)。(各10分)
Sol:(一)請參考⟨考題20 − 28⟩(二)請參考⟨考題23 − 6⟩

二、有一離心泵在1800rpm轉速下操作時，揚程(head)爲200 ft，輸入功率(power input)爲175 hp，容量(capacity)爲3000gal/min。若泵的轉速降低到1200 rpm，則其揚程、容量和輸入功率有什麼影響？如果離心泵葉輪直徑從12吋變爲10吋，而轉速保持恆定在1800 rpm，這些變量會有什麼變化？(20分)
Sol: (一)N(轉速)∝ $\dot{Q}$(容量)；H(揚程)∝ $\dot{Q}^2$(容量)；P(功率)∝ N^3(轉速)

$$\frac{N_2}{N_1} = \frac{\dot{Q}_2}{\dot{Q}_1} \Rightarrow \frac{1200}{1800} = \frac{\dot{Q}_2}{3000} \Rightarrow \dot{Q}_2 = 2000\left(\frac{gal}{min}\right)$$

$$\frac{H_2}{H_1} = \frac{\dot{Q}_2^2}{\dot{Q}_1^2} \Rightarrow \frac{1200}{200} = \left(\frac{2000}{3000}\right)^2 \Rightarrow H_2 = 88.8(ft)$$

$$\frac{P_2}{P_1} = \frac{N_2^3}{N_1^3} \Rightarrow \frac{P_2}{175} = \left(\frac{1200}{1800}\right)^3 \Rightarrow P_2 = 51.8(hp)$$

(二)$\dot{Q}$(容量)∝ D(直徑)；H(揚程)∝ $\dot{D}^2$(直徑)；P(功率)∝ D^3(直徑)

$$\frac{\dot{Q}_2}{\dot{Q}_1} = \frac{D_2}{D_1} \Rightarrow \frac{\dot{Q}_2}{3000} = \frac{10}{12} \Rightarrow \dot{Q}_2 = 2500\left(\frac{gal}{min}\right)$$

$$\frac{H_2}{H_1} = \frac{D_2^2}{D_1^2} \Rightarrow \frac{H_2}{200} = \left(\frac{10}{12}\right)^2 \Rightarrow H_2 = 138.8(ft)$$

$$\frac{P_2}{P_1} = \frac{D_2^3}{D_1^3} \Rightarrow \frac{P_2}{175} = \left(\frac{10}{12}\right)^3 \Rightarrow P_2 = 101.27(hp)$$

此題摘錄於張學民、張學義 單元操作(上)P-327，攪拌器放大原理。

三、以填充塔洗滌含有空氣和氨的氣體混合物。氣體以20moles/hr流量進入塔，氨的莫耳分率(mole fraction)爲0.005。水流量爲20moles/hr。塔直徑爲2 ft，高4 ft。在25℃和1大氣壓下操作。填充材爲1/2吋拉西環(Raschig rings)。對於該填料和氨-空氣系統，總氣壓爲1atm時，$H_G = 5.31G^{0.1}L^{-0.39}$，$H_G$單位爲ft，G和L分別爲氣體與液體流通量，單位爲$lb/hr\cdot ft^2$。平衡關係由$P = x$表示，其中P是氨分壓(atm)，x是莫耳分率。若忽略水蒸氣，且假設氣膜控制質量傳送。試估算不同操作程序時，氨的回收率(%)：(一)逆流操作時。(10分) (二)平行流操作時。(10分)

Sol: (一)填充塔截面積$A = \frac{\pi}{4}D^2 = \frac{\pi}{4}(2)^2 = 3.14(ft^2)$

令$L = (20\times 18)\frac{lbm}{hr} = \left(\frac{360}{3.14}\right)\frac{lbm}{hr\cdot ft^2} = 114.6\left(\frac{lbm}{hr\cdot ft^2}\right)$ (假設L與G分別爲惰性物質)

$G = (20\times 29)\frac{lbm}{hr} = \left(\frac{580}{3.14}\right)\frac{lbm}{hr\cdot ft^2} = 184.7\left(\frac{lbm}{hr\cdot ft^2}\right)$

$H_G = 5.31G^{0.1}L^{-0.39} = H_G = 5.31(184.7)^{0.1}(114.6)^{-0.39} = 1.4(ft)$

採逆流操作時，因$H = 4ft > H_G$，塔頂氣體出口氨分壓可下降至液體入口氨的濃度達平衡，即$P_a = x_a = 0$，則$y_a = 0$

氨氣回收率$= \frac{(20)(0.005)-0}{(20)(0.005)}\times 100\% = 100(\%)$

(二)採平行流操作時，氣/液流過 1.4ft 的填充物濃度即達平衡，往後無質傳效果，在塔内的任何位置質傳效果皆一樣。

氨氣回收率$= \frac{1.408}{4}\times 100\% = 35.2(\%)$

※感謝讀者提供，此敘述方式供參考用!!

四、如圖示平行流向(parallel flow)雙套管熱交換器，外管的冷凝蒸汽(condensing steam)將內管壁溫度保持在T_0。基於初始溫度差可利用Sieder-Tate經驗式計算熱傳係數：$Nu = 0.023(Re)^{0.8}(Pr)^{0.3}$ 式中Nu爲納瑟(Nusselt)數、Re爲雷諾(Reynolds)數、Pr爲普蘭多(Prandtl)數。試就下列狀況分別評估溫度差$T_{b2} - T_{b1}$作何變化？

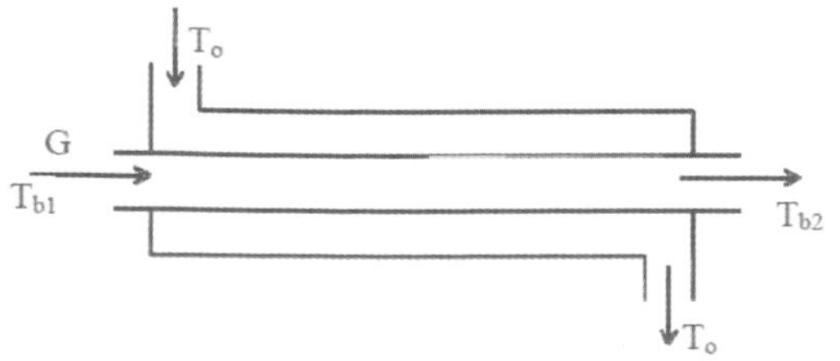

T_o
G
T_{b1}
T_{b2}
T_o

(一)內管直徑增爲二倍，同時保持原質量流率(G)和管長度。(10分)
(二)質量流率增爲二倍，同時保持原內管直徑和管長度。(10分)

Sol:根據對數平均溫度來定義$q = h \cdot A \cdot \Delta T_{ln} = h(\pi DL)\left[\frac{(T_0-T_{b1})-(T_0-T_{b2})}{\ln\left(\frac{T_0-T_{b1}}{T_0-T_{b2}}\right)}\right]$

題目提示評估溫度差$T_{b2}-T_{b1}$，冷凝蒸汽T_0爲定值，上式對數平均溫度分母項可視爲常數，所以可改寫爲=> $q = h \cdot A \cdot \Delta T_{ln} = h_i(\pi DL)(T_{b2}-T_{b1})$ (1)

將Sieder-Tate經驗式展開=>$\frac{hD}{k} = 0.023\left(\frac{Du\rho}{\mu}\right)^{0.8}\left(\frac{Cp\mu}{k}\right)^{0.3}$ (2)

=>$h = 0.023\frac{\rho^{0.8}u^{0.8}C_p^{0.3}k^{0.7}}{D^{0.2}\mu^{0.5}}$ =>$h_i \propto D^{0.2}\rho^{0.8}$

(一)當內管直徑D時對應爲h；$D = 2D$=>$h' = (2D)^{-0.2}$ ※上標( )′爲狀態2

$G = \dot{Q}\rho = uA\rho$，且$A = \frac{\pi}{4}D^2$，保持原質量流率G，直徑增爲二倍=>截面積A也增爲二倍=>u下降$\left(\frac{1}{2}\right)^2$倍。

=>$\frac{(T_{b2}-T_{b1})_2}{(T_{b2}-T_{b1})_1} = \frac{\frac{q}{h'A'}}{\frac{q}{hA}} = \frac{1}{(2D)^{-0.2}\left(\frac{1}{4}u\right)^{0.8}(2A)} \Big/ \frac{1}{(D)^{-0.2}(u)^{0.8}(A)} = \frac{1}{0.87\times0.33\times2} = 1.74$

(二)當$G' = 2G = 2uA\rho$=>$u' = 2u$ (假設內管壁保持T_0，且熱通量q不隨距離變化)

=>$\frac{(T_{b2}-T_{b1})_2}{(T_{b2}-T_{b1})_1} = \frac{\frac{q}{h'A'}}{\frac{q}{hA}} = \frac{1}{(D)^{-0.2}(2u)^{0.8}(A)} \Big/ \frac{1}{(D)^{-0.2}(u)^{0.8}(A)} = \frac{1}{1.74} = 0.57$

五、有一2吋直徑排氣管，在底部儲有正辛烷。管道出口距離液面5 ft。溫度爲31.5℃，總壓力爲1atm。正辛烷在31.5℃的蒸汽壓爲20mmHg。空氣吹過排氣管道的頂部，致管道頂部的正辛烷濃度可忽略不計。正辛烷的爆炸下限爲1.0%(體積)。在31.5℃的空氣中正辛烷的莫耳擴散係數(CD_{AB})爲0.577×10^{-3} lbmole/ft · hr。

(一)試計算正辛烷的蒸發速率是多少？(10分)
(二)距離管道頂端多遠處正辛烷濃度達到爆炸下限。(10 分)
Sol:(一)設 A=正辛烷 B=空氣 $P_{A1} = 20$mmHg，$P_{A2} = 0$ 參考〈例題 12 − 5〉圖五

$$N_A = \frac{CD_{AB}}{Z}\ln\left(\frac{P-P_{A2}}{P-P_{A1}}\right) = \frac{\left(0.577\times10^{-3}\frac{lbmole}{ft\cdot hr}\right)}{5ft}\ln\left(\frac{760-0}{760-20}\right) = 3.08\times10^{-6}\left(\frac{lbmol}{ft^2\cdot hr}\right)$$

(二)對成份 A 作質量平衡: $N_A\cdot A\big|_z - N_A\cdot A\big|_{z+\Delta z} = 0$ 同除以$A\cdot\Delta z$ 令$\Delta z\to 0$

=>$\frac{dN_A}{dz} = 0$ (1) Fick's 1st law =>$N_A = -CD_{AB}\frac{dx_A}{dz} + x_A(N_A+N_B)$ (2)

(∴B 靜止不動$N_B \doteqdot 0$)

=>$N_A - N_A x_A = -CD_{AB}\frac{dx_A}{dz}$ =>$N_A = \frac{-CD_{AB}}{1-x_A}\frac{dx_A}{dz}$ (2)代入(1)式

=>$\frac{1}{CD_{AB}}\frac{d}{dz}\left(\frac{1}{1-x_A}\frac{dx_A}{dz}\right) = 0$ (CD_{AB}可視爲常數可忽略)

積分兩次=>$-\ln(1-x_A) = c_1 z + c_2$ (3)

B.C.1 $z = 0$ $x_A = x_{A1}$ 代入(3)式=>$-\ln(1-x_{A1}) = c_2$ (4)

B.C.2 $z = L$ $x_A = x_{A2}$ 代入(3)式=>$-\ln(1-x_{A2}) = c_1 L - \ln(1-x_{A1})$ (5)

=>$c_1 = \frac{1}{L}\ln\left(\frac{1-x_{A1}}{1-x_{A2}}\right)$ $c_1\&c_2$代回(3)式=>$-\ln(1-x_A) = \frac{z}{L}\ln\left(\frac{1-x_{A1}}{1-x_{A2}}\right) - \ln(1-x_{A1})$

又$LEL = \frac{0.01m^3\cdot vapor}{m^3\cdot air} = x_A$ =>$-\ln(1-0.01) = \frac{z}{5}\ln\left(\frac{1-0}{1-\frac{20}{760}}\right) - \ln\left(1-\frac{20}{760}\right)$

=> $z = 3.12(ft)$ => $L - z = 1.88(ft)$

106年特種考試地方政府公務人員考試

試題代號：33770　全一張 (正面)
等別：三等考試
類 科：化學工程
科 目：輸送現象與單元操作

一、如圖1所示，平板a熱傳截面積$10m^2$，厚度爲100mm，T_1爲280℃，T_2爲220℃，假設此平板熱傳係數在100℃爲0.01 W/m · K，500℃爲0.15W/ m · K，試求通過平板的熱通量。(15分)在圖1有五種不同材料(a、b、c、d、e)，當通過不同材料的平板之熱通量爲恒定時，其溫度曲線如圖1所示，請問何種材料最適合做散熱片？(5分)

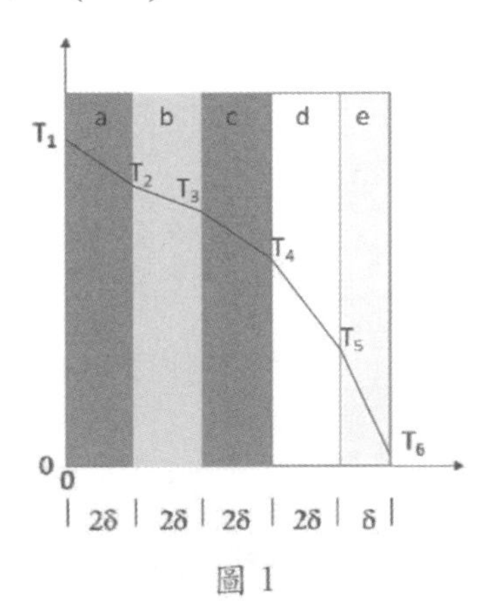

圖 1

Sol:(一)在穩態 S.S 下$q_a = q_b = q_c = q_d = q_e = Q$

先求 a 兩端平均溫差$T_f = \frac{280+220}{2} = 250(℃)$

內插法求250℃下的$\bar{k}$值 $\frac{500-100}{500-250} = \frac{0.15-0.01}{0.15-k_a}$ =>$k_a = 0.0625\left(\frac{W}{m \cdot K}\right)$

$$Q = q_a = k_a \frac{T_1 - T_2}{x_a} = 0.0625\frac{(280-220)}{\left(\frac{100}{1000}\right)} = 37.5\left(\frac{W}{m^2}\right)$$

(二)由Fourier Law $Q = -k\frac{\Delta T}{\Delta x}$ ，Q(熱通量)爲恆定下，斜率$\frac{\Delta T}{\Delta x}$最大時，k值小。

斜率大$\frac{\Delta T}{\Delta x}$: e>d>c>a>b；k值大小:b>a>c>d>e，圖1顯示出材質b，最適合作爲散熱

片。

二、吾人想將一個2公升的反應槽放大至2000公升反應槽，限制條件反應槽高度和槽體直徑比為2。2公升槽之攪拌葉直徑為3.24cm，攪拌速度500rpm，試求在設計條件(1)固定攪拌葉尖端速度(constant impeller tip speed)及(2)固定雷諾數(constant Reynolds number)下2000公升反應槽的攪拌速度？(20分)

Sol:由題意得知功率P不變，幾何放大下$V \propto D^3$ $\Rightarrow \frac{D_2^3}{D_1^3} = \frac{V_2}{V_1}$

(1)$\frac{D_2}{D_1} = \sqrt[3]{\frac{V_2}{V_1}} = \sqrt[3]{\frac{2000}{2}} = 10$，$D_2 = 3.24 \times 10 = 32.4(cm)$

固定攪拌葉尖端速度πDn不變，$D_1 n_1 = D_2 n_2$

$\Rightarrow 3.24 \times 500 = 32.4 n_2$ $\Rightarrow n_2 = 50(rpm)$

(2)固定雷諾數下$\frac{D^2 n \rho}{\mu}$ $\Rightarrow D_1^2 n_1 = D_2^2 n_2$

$\Rightarrow (3.24)^2(500) = (32.4)^2 n_2$ $\Rightarrow n_2 = 5(rpm)$

※此題摘錄於張學民、張學義 單元操作(上)P-327，攪拌器放大原理。

三、請依下表描述不同分離方法填入其不同的特性，按此表內容相對位置繪於試卷上作答。(20分)

分離方法	進入相（phase）	分離驅動力(separating agent）	加入可能相	分離原理
蒸餾	L and/or V	熱傳或作功	V or L	不同揮發度
氣提	L and/or V	熱/質傳或作功	V or L	不同溶解度
吸收	L and/or V	熱/質傳或作功	V or L	不同溶解度
萃取	L and/or L	熱/質傳或作功	L	不同溶解度
結晶	L and/or S	熱/質傳或作功	L or S	不同溶解度
薄膜	L and/or S	質傳或作功	L or S	不同大小、形狀

四、在蛋盒製程中當蛋盒成型後含水量為75%，需將產品送進加熱爐中烘乾(圖2)，使內含水量達適當比例。今有一紅外線加熱爐可加熱$5000W/m^2$，如輸送

帶進入加熱爐之滯留時間18sec，紙盒之暴露面積$0.0625m^2$，質量爲0.22kg；水之蒸發熱爲2400kJ/kg，若欲將蛋盒含水量由75%降至65%。而你的主管同意採購此加熱器，你的意見如何？(20分)

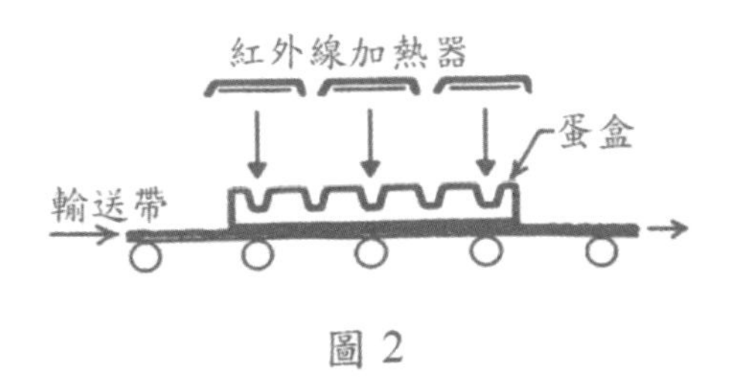

圖 2

Sol:

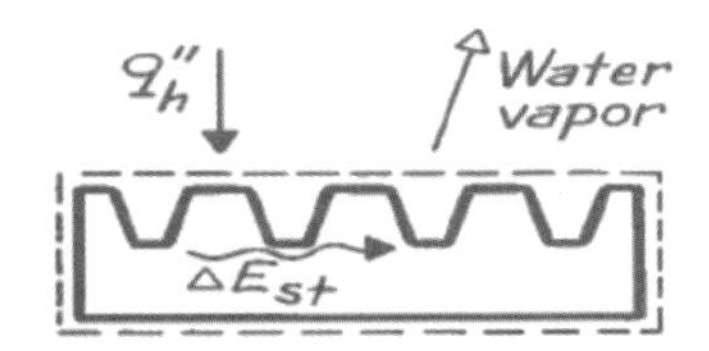

由能量守恆方程式$E_{st} = E_{in} - E_{out} = 0$

E_{in}:輻射吸收熱通量，E_{out}:從蛋盒蒸發水產生的熱通量

能量平衡:$\Delta M \cdot h_{fg} = q_h'' \cdot A_s \cdot \Delta t$ (q_h''爲輻射熱通量)

加熱爐實際去除水的質量

$$=>\Delta M = \frac{q_h'' \cdot A_s \cdot \Delta t}{h_{fg}} = \frac{5000\frac{J}{s \cdot m^2} \times 0.0625m^2 \times 18s}{2400\frac{kJ}{kg} \times \frac{1000J}{1kJ}} = 0.00234(kg)$$

需要去除10%水的質量$\Delta M_{req} = 0.22\frac{kJ}{kg} \times 0.1 = 0.022(kg)$

$\because \Delta M_{req} > \Delta M$，所以此加熱爐不適用!!

※摘錄自Foundamentals of Heat,and Mass Transfer 4th習題1.37，P-36。

五、有五種化合物及其進料流速如下：propane(C_3,45kgmol/hr)、isobutane(iC_4,130kgmol/hr)、n-butane(nC_4,226kgmol/hr)、isopentane(iC_5,181kgmol/hr)和n-pentane(nC_5,317kgmol/hr)。擬以簡單常壓蒸餾塔進行分離，進料壓力爲1.8MPa，進料溫度爲38℃，回收各化合物純度需達98%以上，其相對揮發度爲$C_3/iC_4 = 3.6$，$iC_4/nC_4 = 1.5$，$nC4/iC5 = 2.8$，$iC_5/nC_5 = 1.35$：有幾種蒸餾塔組合可以分離此五種化合物？依題意最有可能簡單組合爲何？並標明每個蒸餾塔產物。(各10分)

Sol: (一)4 種組份，可能分離途徑有 5 種。

5 種組份，可能分離途徑有 14 種。

6 種組份，可能分離途徑有 42 種。

7 種組份，可能分離途徑有 132 種。

(二)由題意相對揮發度排列爲$C_3 > iC_4 > nC_4 > iC_5 > nC_5$

我們考慮以原則 1 作進行分離:

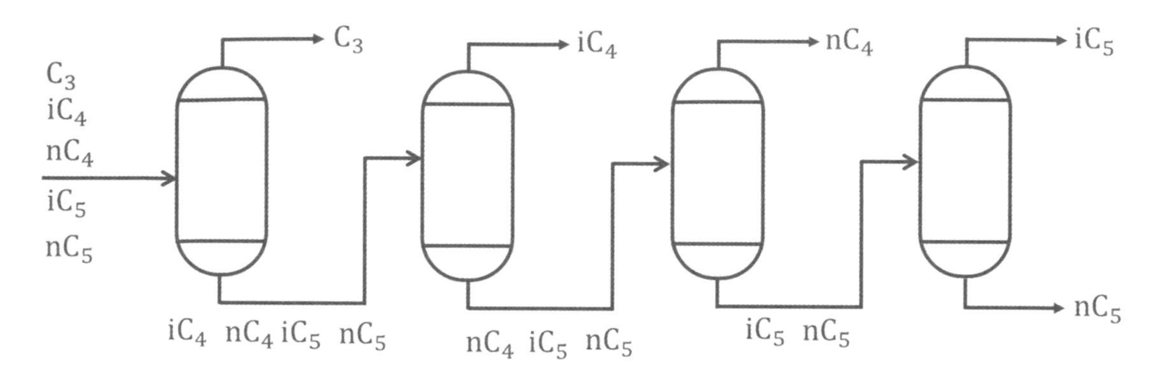

1.依相對揮發度大小作分離:最困難分離的兩個組份最後分，最後分的總量最少。因分離困難的原因是相對揮發度小，則需要用到的蒸餾塔板數則越多，則此蒸餾塔的造價將會非常昂貴；或是因爲有彼此共沸點，則需加入第三成份破壞共沸點，則使分餾過程變的複雜，所以將最難分離的組份放至最後，是比較省錢省事的作法。

2.依照蒸氣壓高低之分:蒸氣壓高的組份先作分離出來，再依次分出蒸氣壓次高的。分餾的溫度依序上升，這應該是最合乎經濟原則的作法。

3.量大的先分，將最大量的組份分離出來之後，要處理的總量大幅度的減少，分離的費用應該是最少的。

4.儘可能使塔頂與塔底的莫耳流量相接近，避免爲了要分離出少量的組份而需要處理大量物料的情形，這種分離方式是不浪費的分離方式。

※其他的考慮方式

5.不穩定的組份應該先分離出來，以免過程中造成問題。

6.未反應的原物料(反應物)儘早分離出來，再循環回反應器。

如果只考慮費用，這些原則會有不一致的時候，如果最大組份又同時爲最難分離的部份，要遵循原則 1 或原則 3 呢?所以需以實際工場操作最佳化的情況作調整。

※參考徐武軍/張有義編著 化工程序設計 Ch5 均相分離 P-147/148 內容說明。

106年專門職業及技術人員高等考試建築師、技師、第二次食品技師考試暨普通考試不動產經紀人、記帳士考試試題

代號：01510 全一張 (正面)

等別：高等考試類科 ：化學工程技師

科目：輸送現象與單元操作　　考試時間：2 小時

一、回答下列問題：(每小題6分，共30分)

(一)請試述旋風分離器(cyclone)之構造並說明其捕集粒子(particles)之機制。

(二)試由(a)速度分佈及(b)壓降與平均速度之定性關係等比較牛頓流體於管內流動時層流(laminar flow)與紊流(turbulent flow)兩者之差異。

(三)對於板式塔(plate column)，何謂總括板效率(overall plate efficiency)及莫非效率(Murphree efficiency)？並比較這兩效率值。

(四)何謂鰭片效率(fin efficiency)？於熱交換器中，鰭片皆添置於熱傳係數較低的那一側，試說明其原因。

(五)於設計或操作填充式吸收塔(packed towers for absorption)時，何謂最小之液-氣比(minimum liquid-gas ratio, (L/G)min)？一般操作其合適之液-氣比約爲(L/G)min之多少倍呢？

Sol: (一)請參考P-698頁(五)離心沉降(旋風分離器)。

(二)(a)(b)請參考P-34頁重點整理與P-57頁⟨考題2 − 6⟩。

(三)請參考P-542/543頁重點整理。

(四)請參考⟨考題8 − 5⟩。

(五)請參考 P-592 頁(四)吸收操作極限表示圖與 P-603 頁(十二)吸收塔的設計方法。

二、於攪拌操作，影響攪拌翼(impeller)所需功率(power) P[J/s]的主要變數有：攪拌翼的直徑 D [m]、攪拌翼之轉速(角速度) n [1/s]、液體的密度 ρ[kg/m^3]、液體的黏度 μ[kg/m · s]及重力加速度 g [m/s^2]等。試推導決定該攪拌系統功率之無因次群(dimensionless groups)。(10 分)

Sol: 請參考⟨類題 0 − 3⟩。

三、考慮一牛頓液體(黏度爲3 cp、密度爲900kg/m^3)以平均速度0.05m/s流入內徑爲0.1m之圓管中，於該管路系統中有一總長爲15m、內徑爲0.02m之側管(bypass)，於側管區段直徑0.1m之主管長度爲10m。假設所有管子均爲水平置放且側管之流體入口及出口處因收縮及擴張的摩擦損失(frictional loss in contraction and expansion)可忽略，試估算有多少比率之進料液體會流經側管。(20分)
備註：管內流體爲層流(laminar flow)流動時，其范寧摩擦係數(Fanning friction coefficient)與雷諾數之關係爲$f = 16/Re$，而爲紊流(turbulent flow)流動時，則$f = 0.05\ Re^{-1/5}$。

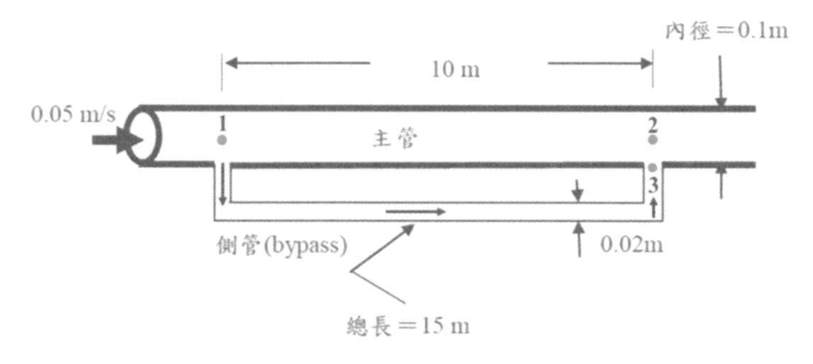

Sol:質量平衡 $\dot{m}_1 = \dot{m}_2 + \dot{m}_3$ =>$u_1A_1\rho = u_2A_2\rho + u_3A_3\rho$

=>$0.05 \times \frac{\pi}{4}(0.1)^2(900) = u_2 \times \frac{\pi}{4}(0.1)^2(900) + u_3 \times \frac{\pi}{4}(0.02)^2(900)$

Check Re =>$Re = \frac{Du_1\rho}{\mu} = \frac{(0.1)(0.05)(900)}{(3\times10^{-3})} = 1500 \ll 2100$ 層流

=>$f = \frac{16}{Re} = \frac{16}{1500} = 0.0106$

=>$\sum P = 4f\frac{L_{e1}}{D_1}\frac{\rho u_1^2}{2g_c} = 4(0.0106)\frac{(10)}{(0.1)}\frac{(900)(0.05)^2}{(2\times1)} = 4.77\left(\frac{N}{m^2}\right)$

主管和側管皆爲封閉導管，PAO 流體靜力學中假設壓降相同!!

=>$\sum P = 4f\frac{L_{e2}}{D_3}\frac{\rho u_3^2}{2g_c}$ =>$4.77 = 4f\frac{(15)}{(0.02)}\frac{(900)u_3^2}{(2\times1)}$ (2)

$Re = \frac{Du_3\rho}{\mu}$ (3)， $f = \frac{16}{Re}$ (4) $f = 0.05Re^{-0.2}$ (5)

試誤法(Try and error):假設u_3=>Re(1)式=>f(2)或(3)式 =>確認$\sum$P值數值≑ 4.77

u_3假設值	Re(3)式	f(4)或(5)式	(2)式數值≑ 4.77
0.1	600	0.0266	0.01
0.001	6	0.375	3.591
0.0013	7.8	2.05	4.68
0.00133	7.98	2.00	4.78

迴流比率=>% $= \frac{\dot{m}_3}{\dot{m}_1} \times 100\% = \frac{0.00133\times\frac{\pi}{4}(0.02)^2(900)}{0.05\times\frac{\pi}{4}(0.1)^2(900)} \times 100\% = 0.1(\%)$

※此題參考曉園出版社流體靜力學詳解習題 7-55!!

四、考慮一半徑爲R且內部有熱產生之長圓柱體(cylindrical rod)，其單位體積內之熱產生速率，$\dot{q}$[J/s · m^3] ，隨徑向而變化可表示爲$\dot{q} = \alpha\frac{r}{R}$，其中α爲常數，若圓柱周遭環境流體之溫度爲$T_\infty$，圓柱表面與流體間之熱對流係數(heat transfer coefficient)爲h，而圓柱內部之熱傳導係數(thermal conductivity)爲k，試推導圓柱體內之溫度分布。(20分)

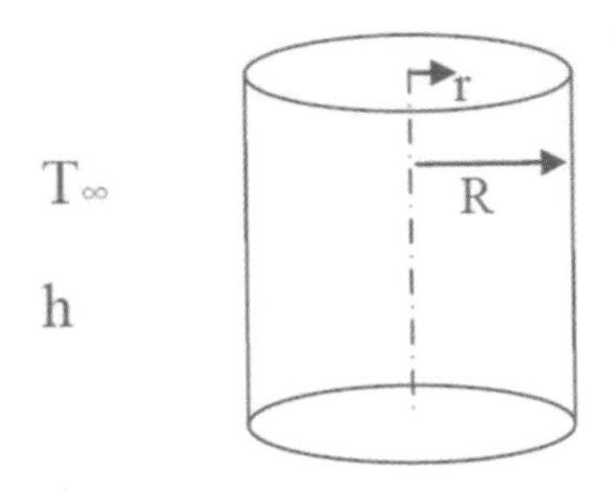

Shell-balance:$2\pi rL \cdot q_r|_r - 2\pi rL \cdot q_r|_{r+\Delta r} + 2\pi rL\Delta r \cdot \dot{q} = 0$

同除以$2\pi L \cdot \Delta r$ 令$\Delta r \to 0$=>$\frac{d(r\cdot q_r)}{dr} = r\dot{q}$ (1) Fourier Law $q_r = -k\frac{dT}{dr}$

(k 爲 const)且$\dot{q} = \alpha\frac{r}{R}$代入(1)式=>$\frac{\partial}{\partial r}\left(r\frac{\partial T}{\partial r}\right) = -\alpha\frac{r^2}{kR}$ 積分=>$r\frac{dT}{dr} = -\frac{\alpha}{3kR}r^3 + c_1$

=>$\frac{dT}{dr} = -\frac{\alpha}{3kR}r^2 + \frac{c_1}{r}$ (2) B.C.1 $r = 0$ $\frac{dT}{dr} = 0$ 代入(2)式$c_1 = 0$

=>$\frac{dT}{dr} = -\frac{\alpha}{3kR}r^2$ =>$T = -\frac{\alpha}{9kR}r^3 + C_2$

B.C.2 $r = R \quad -k\frac{dT}{dr}\Big|_{r=R} = h\left(T - T_\infty\right)\Big|_{r=R}$

代入(3)式=> $-k\left(-\frac{\alpha}{3kR}r^2\right)\Big|_{r=R} = h\left(-\frac{\alpha}{9kR}r^3 + C_2 - T_\infty\right)\Big|_{r=R}$

=> $\frac{\alpha R}{3} = -\frac{h \cdot \alpha \cdot R^2}{9k} + c_2 h - hT_\infty$ => $c_2 = \frac{\alpha R}{3h} + \frac{\alpha \cdot R^2}{9k} + T_\infty$ 代回(3)式

=> $T = -\frac{\alpha}{9kR}r^3 + \frac{\alpha R}{3h} + \frac{\alpha \cdot R^2}{9k} + T_\infty = T_\infty + \frac{\alpha \cdot R^2}{9k}\left[1 - \left(\frac{r}{R}\right)^3\right] + \frac{\alpha R}{3h}$

五、將液體霧化成微細液滴分散於氣相中，提高蒸發速率是增濕操作方式之一。現有直徑D_O之微細水滴分散於壓力P及溫度T之空氣中，於該氣相中水蒸氣的分壓爲P_W，而該溫度下之水飽和蒸氣壓爲P_{sat}，若水蒸氣分子於氣相中之擴散係數(diffusion coefficient)爲D_{AB}，試預估該液滴全部蒸發所需的時間。假設空氣不溶於水滴，且水滴蒸發過程中，氣相中水蒸氣的分壓及液滴表面之溫度皆維持於上述之條件。(20分)

備註：推演過程中，液體之分子量及密度請分別以 M 及ρ之符號表示。

Sol: 請參考〈考題 12 − 27〉，已知現有直徑D_O，可將半徑假設爲r_O出發作導正，其推導過程相同。

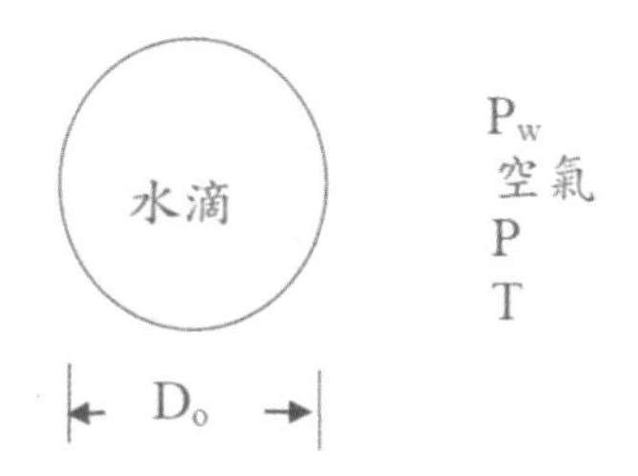

106年公務人員普通考試試題

代號：44260　全一頁
類科：化學工程
科 目：化工機械概要

一、(一)請繪圖說明皮托管(Pitot Tube)的原理。(二)使用皮托管測量圓管內流體流速時，皮托管之外徑不可大於管徑之幾分之幾？(各5分)

Sol: (一)請參考 P-370 頁(三)流量計設計方程式與簡圖表示(二)請參考〈考題 19 − 6〉。

二、(一)請說明旋風分離器的基本工作原理，並繪出殘留曲線與粒徑的關係圖。(二)試述何謂助濾劑及功用，並舉出一種常用助濾劑。(各10分)

Sol: (一)請參考 P-698 頁(五)離心沉降(旋風分離器)與〈考題 31 − 10〉簡圖(二)請參考〈考題 32 − 4〉。

三、請解釋說明與粉體粒徑篩選有關的名詞：通過率(D)和殘留率(R)，並畫出一般通過率分布曲線(即D對粒徑Dp做圖)和殘留率分布曲線(即R對粒徑Dp做圖)。(10分)

Sol:請參考〈考題31 − 8〉內容。

四、有一混合物以1200kg/hr的流率進入具回流比的精餾塔，該混合物由A與B組成，其中A占該混合物的重量百分率爲40%，若餾出物中含A的重量百分率爲90%，餾餘物中B的重量百分率爲95%，自塔頂進入冷凝器的蒸氣量爲900 kg/hr，則回流比爲何？(20分)

Sol:整個蒸餾塔系統質量平衡: $F = D + B \Rightarrow 1200 = D + B$ (1)

對成份 A 作質量平衡: $Fx_F = Dx_D + Bx_B \Rightarrow 1200(0.4) = 0.9D + 0.05B$ (2)

由(1)&(2)式=> $D = 494\left(\frac{kg}{hr}\right)$

又$V = L_0 + D \Rightarrow 900 = L_0 + 494 \Rightarrow L_0 = 405.8\left(\frac{kg}{hr}\right)$

=>$R\left(\text{回流比}\right) = \frac{L_0}{D} = \frac{405.8}{494} = 0.82$

五、有一液體(蒸氣壓0.25atm，密度$0.86g/cm^3$)經幫浦由儲槽輸送至高處，槽內壓力爲1atm，若幫浦進口端管線壓力損失爲0.05atm，幫浦的位置高於儲槽內液面1.2 m，試計算此幫浦的吸引揚程(suction head)；淨正吸引揚程NPSH(netpositive suction head)。(各10分)

Sol: (一)$H_a(\text{suction head}) = \frac{P_a}{\rho g} - Z_a - F_s\frac{g_c}{g}$

$$H_a(\text{suction head}) = \frac{1\text{atm}\times\frac{101325\text{Pa}}{1\text{atm}}}{860\frac{\text{kg}}{\text{m}^3}\times 9.8\frac{\text{m}}{\text{sec}^2}} - 1.2\text{m} - \frac{0.05\text{atm}\times\frac{101325\text{Pa}}{1\text{atm}}\times 1\frac{\text{kg.m}}{\text{N.sec}^2}}{860\frac{\text{kg}}{\text{m}^3}\times 9.8\frac{\text{m}}{\text{sec}^2}} = 10.2(\text{m})$$

(二) $(\text{NPSH})_a = \frac{g_c}{g}\left(\frac{P_a - P_V}{\rho} - F_s\right) - Z_a$

$$\Rightarrow (\text{NPSH})_a = \frac{1\frac{\text{kg.m}}{\text{N.sec}^2}}{9.8\frac{\text{m}}{\text{sec}^2}}\left[\frac{(1-0.25)\text{atm}\times\frac{101325\text{Pa}}{1\text{atm}}}{860\frac{\text{kg}}{\text{m}^3}} - \frac{0.05\text{atm}\times\frac{101325\text{Pa}}{1\text{atm}}}{860\frac{\text{kg}}{\text{m}^3}}\right] - 1.2 = 7.22(\text{m})$$

六、直徑10cm之蒸氣管，使用4cm厚之石棉(熱傳導率= 0.14 kcal/(hr · m · ℃))保溫以避免蒸氣輸送過程中熱損失。如果石棉內外面之溫度爲140℃與50℃，試求每單位公尺管長之熱損失率。(20分)

Sol:第一步先計算各層的半徑:

$$r_1 = \frac{10}{100\times 2} = 0.05(\text{m})\ ;\ r_2 = r_1 + \Delta x_1 = 0.05 + \left(\frac{4}{100}\right) = 0.09(\text{m})$$

再代入圓柱體熱阻與熱量計算的公式:$q = \frac{\Delta T}{R} = \frac{T_i - T_0}{\frac{\ln\left(\frac{r_2}{r_1}\right)}{2\pi kL}} = \frac{\text{推動力}}{\text{總阻力}}$

$$\frac{q}{L} = \frac{2\pi k(T_i - T_0)}{\ln\left(\frac{r_2}{r_1}\right)} = \frac{2\pi(0.14)(140-50)}{\ln\left(\frac{0.09}{0.05}\right)} = 134.6\left(\frac{\text{kcal}}{\text{m}}\right)$$

106年特種考試地方政府公務人員考試

試題代號：43530　全一頁
等別：四等考試
類　科：化學工程
科　目：化工機械概要

一、有個殼管式熱交換器，如圖一，化合物B在殼端流動，進料流量(物流1)爲20kg/s，進料溫度爲70℃，出料溫度(物流2)爲40℃。化合物A在管束端流動，進料流量(物流3)爲10kg/s，進料溫度爲20℃，假設兩者比熱容量(specific heat capacity)近似，請預估化合物A出料溫度？(20分)

能量平衡爲基準$q = \dot{m}_H C_{pH}(T_{Hi} - T_{Ho}) = \dot{m}_c C_{pc}(T_{co} - T_{ci})$

$$=>\left(20\,\frac{kg}{sec}\right)\left(1\,\frac{J}{kg\cdot k}\right)(70-40)k = \left(10\,\frac{kg}{sec}\right)\left(1\,\frac{J}{kg\cdot k}\right)(T_{co}-20)k$$

$$=>T_{co} = 80(℃)$$

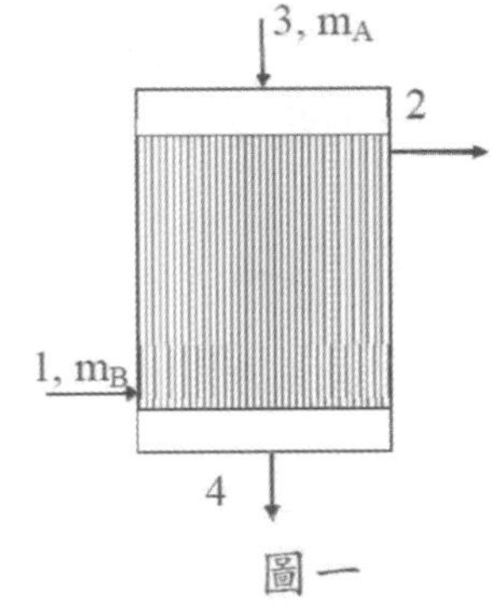

圖一

二、請依定義及應用比較吸收(absorption)、氣提(stripping)、萃取(extraction)、瀝取(leaching)的差異。(20分)

Sol:請參考P-589頁吸收與氣提定義，P-667頁萃取與瀝取定義。

三、如圖二所示，有一曝露於大氣的水槽，如不計摩擦損失時，液體(密度爲$0.9g/cm^3$)經由內直徑0.01m之圓管排出大氣中，試求其出口的平均速度？(20分)

Sol:假設無摩擦損失，無軸功，由柏努力方程式對點 1 與點 2 作平衡。

$$\frac{P_2-P_1}{\rho} + \frac{u_2^2-u_1^2}{2g_c} + \frac{g}{g_c}(z_2-z_1) = 0$$

$P_1 = P_2 = 1atm \quad A_1 \gg A_2 => u_2 \gg u_1$

$=>u_2^2 = 2g(z_1 - z_2)$

$=>u_2 = \sqrt{2g(z_1-z_2)} = \sqrt{2gH}$

$=>u_2 = \sqrt{2\times 9.8\times(12-3)} = 13.3\left(\frac{m}{sec}\right)$

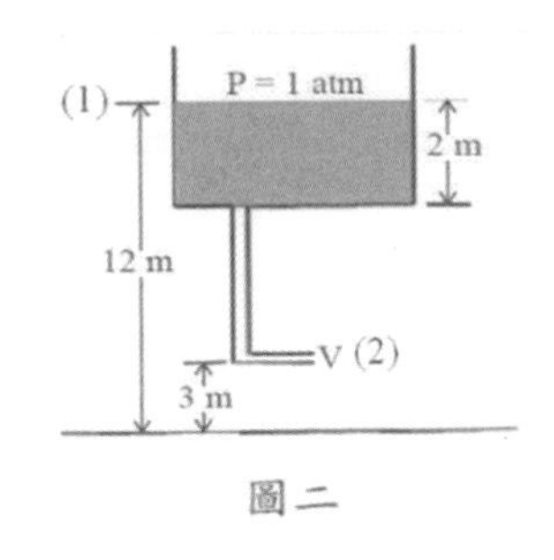

圖二

(四)請比較以下裝置應用的差異和其優缺點：
1.固體輸送之帶式運送機與氣動式運送機(pneumatic conveyor)。
2.熱量輸送之殼管式熱交換器和板式熱交換器。(各10分)
Sol:1.帶式運送機:使用最廣泛的運送機，物料在一條兩端被滾輪拉緊並驅動的循環皮帶上輸送。
優點:維護費用低、功率消耗小、載運距離可長可短、輸送物料範圍廣。
缺點:爬升波度小(圓滑物料不能超過30度)、皮帶耐熱性低。
氣動式運送機:爲鼓動空氣，使固體粒子在圓管內流體化，而達固體輸送之目的，ex:家用吸塵器。
優點:設備費用低、維修容易。
缺點:運輸量小、動力消耗大。
※可參考台科大出版社出版之化工裝置第15章固體的輸送與減積裝置。
2.殼管式熱交換器請參考P-468與P-478頁，板式熱交換器請參考P-471頁說明。

(五)管因受限於製造、搬運、儲存之條件，長度有其限定，需要由配管場合決定管徑與長度大小，也因此有不同的接合方法，分爲螺旋接合(screw joint)、凸緣接合(flangejoint)、焊接接合(welded joint)和插承接合(bell and spigot joint)，請問各接合方法有何不同？(20分)

Sol:

接合法	適用	特性	優缺點
螺旋接合	3吋以下管子	1.用絞牙機絞出螺紋，再用管接頭(聯結器)將兩隻管子連接。 2.連接前可用在螺紋上纏繞鐵弗龍止洩帶防漏。	可拆卸，接合方便
凸緣接合(法蘭接合)	2.5吋以上管子且常需拆卸場合	在管端之凸緣上鑽4至8個圓孔，再用螺栓將兩個凸緣固定，為防止洩漏可在兩個凸緣間加密合墊片	密合性佳，拆卸容易
焊接接合	2吋以下管子	用電焊、氣焊或熱熔接合，將管子連接。	強度強，絕對防漏，適合毒性、放射性物質，但接合後不易拆卸。
插承接合	適用於鑄鐵管、水泥管、陶瓷管。	在管子的一端先鑄成鐘形插入口，再連接兩隻管子，連接處填入水泥、麻線等填料，防止洩漏。	易漏，所能抵抗壓力不大，安裝方便。

※可參考台科大出版社出版之化工裝置第3章流體輸送裝置。

106年公務、關務人員升官等考試、106年交通事業鐵路、公路、港務人員升資考試試題

代號：16630 全一頁

等級：簡任

類科（別）：化學工程

科 目：化學程序工業研究

有一純質氣體A從點1（A分壓爲101.32kPa）擴散到點2，其間距離爲2mm，如下圖所示，點2爲觸媒表面，氣體A 在觸媒表面生成化學反應$A_{(g)} \rightarrow 2B_{(g)}$。B成分擴散由點2回到點1，假若系統處於穩態，總壓力是101.32kPa，溫度300 K，氣體擴散係數$D_{AB} = 1.5 \times 10^{-5} m^2/sec$，氣體常數$R = 8314\ Pa \cdot m^3/(kg \cdot mole \cdot K)$，若化學反應瞬間完成，請計算質傳通量(molar flux of A,N_A)與在點2的氣體A莫耳分率(mole fractionof A, X_{A2})。(20分)

Sol:請參考⟨類題12 − 11⟩內容。

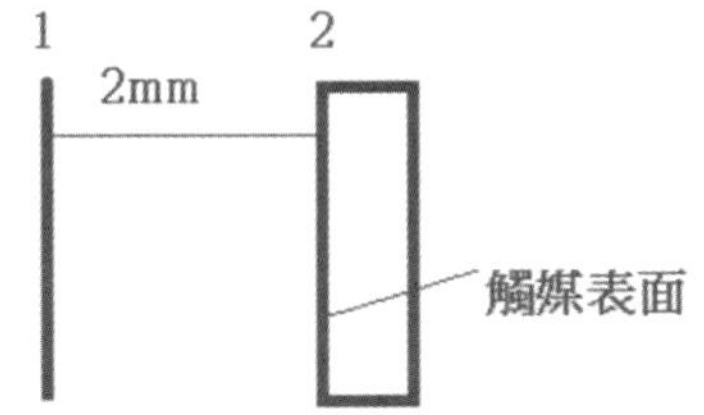

四、熱傳機構有那三種？寫出每一種機構的速率方程式，並指出其傳送物性或係數。(15分)

Sol:請參考 ⟨考題6 − 1⟩內容。

五、今用泵將苯由貯桶送到高處，桶內壓力爲1atm，苯之溫度爲37.8℃，在此溫度時苯之氣壓爲0.259atm，密度爲$0.865 g/cm^3$，若抽水端管線中之摩擦損失爲0.034atm，泵的位置高於桶內液面1.22 m，試計算此泵之淨正揚程(NPSH; Net Positive Suction Head)。(15分)

Sol:$(NPSH)_a = \frac{g_c}{g}\left(\frac{P_a - P_V}{\rho} - F_s\right) - Z_a$

$$=>(NPSH)_a = \frac{1\frac{kg.m}{N.sec^2}}{9.8\frac{m}{sec^2}}\left[\frac{(1-0.259-0.034)atm \times \frac{101325Pa}{1atm}}{865\frac{kg}{m^3}}\right] - 1.22 = 7.23(m)$$

經濟部所屬事業機構106年新進職員甄試試題

類別：化工製程 **節次：第三節**

科目：1.單元操作 2.輸送現象

注意事項	
注意事項	1.本試題共3頁(A3紙1張)。 2.可使用本甄試簡章規定之電子計算器。 3.本試題分6大題，每題配分於題目後標明，共100分。須用藍、黑色鋼筆或原子筆在答案卷指定範圍內作答，不提供額外之答案卷，作答時須詳列解答過程，於本試題或其他紙張作答者不予計分。 4.本試題採雙面印刷，請注意正、背面試題。 5.考試結束前離場者，試題須隨答案卷繳回，俟本節考試結束後，始得至原試場或適當處所索取。 6.考試時間：120分鐘。

一、某工廠蒸餾塔如圖一所示，請回答下列問題:(20分，每小題5分)

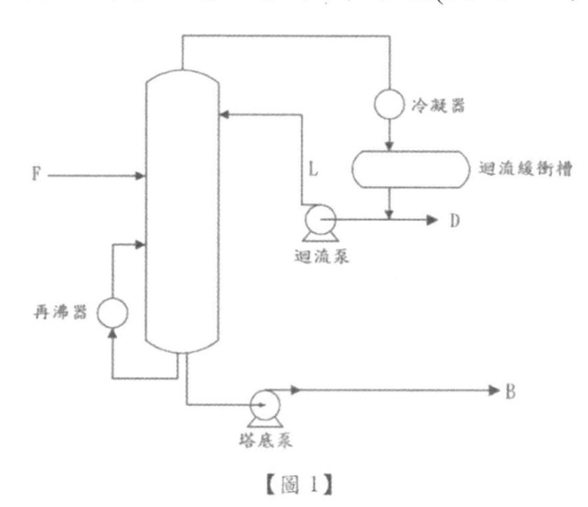

【圖1】

(一)若F流量爲100 kg/h，B的流量爲10 kg/h，迴流比(L/D)爲0.1，請問冷凝器入口流量是多少?

(二)蒸餾塔維持定壓，F、B及L流量固定，若塔頂輕成份太少，請問可調整什麼來增加輕成份?

(三)若塔底泵出口壓力偏低，請問B流量固定要如何調整以克服問題?

(四)塔底再沸器是以蒸氣加熱殼管式換熱器(Shell & Tube)，蒸汽是很乾淨的流體，請問塔底油要走管側還是殼側?

Sol:(一)整個蒸餾塔系統質量平衡$F = D + B$ =>$100 = D + 10$

$D = 90(kg/h)$ =>R(回流比) $= \frac{L}{D}$ =>$L = R \cdot D = (0.1)(90) = 9(kg/h)$

=>$V = L + D = 9 + 90 = 99(kg/h)$

(二)當 L 不動時，等於回流比不能調整;所以我們知道回流比調大時，塔頂產物減少，而且再沸器與冷凝器的負荷將會變大，相反的降低再沸器的流量，可增加塔頂輕成份。

(三)塔底泵出口壓力偏低且 B 流量固定時，可將泵出口閥關小，可以克服出口壓力偏低的問題。

(四)塔底油走管側。相關原則可參考第二十四章熱傳遞及其應用(換熱器)(十)流體流動路徑的選擇 P-477。

二、某油水分離槽，水滴在槽內行爲符合史托克定律(Stoke′s law)，油對水滴的拖拉力(F_D)公式如下: $F_D = 3\pi\mu Vd$，V:水滴沉降速度(m/s)，d:水滴直徑(m)，μ:油黏度(kg/m · s)，ρ_1:油密度(kg/m^3)，ρ_2:水密度(kg/m^3)，g:重力加速度(9.8 m/s^2)，球體積公式爲$\pi d^3/6$，請推導水滴最大沉降速度方程式?

Sol:$F_g = F_b + F_D$ (重力=浮力+拖曳力)

$$=>\left(\frac{\pi}{6}d^3\right)\rho_2 \cdot g = \left(\frac{\pi}{6}d^3\right)\rho_1 \cdot g + 3\pi\mu Vd \quad =>V = \frac{d^2 \cdot g(\rho_2 - \rho_1)}{18\mu}$$

註:此題爲油水分離，而不是一般粒子顆粒沉降，所以不能用$F_D = C_D \cdot A_p \frac{\rho u_0^2}{2g_c}$，

$F_b = \frac{m\rho g}{\rho_p}$，$F_g = mg = \rho_p \cdot \frac{\pi}{6} D_p^3 \cdot g$，$A_p = \frac{\pi}{4} D_p^2$作出發導正!!

三、某蒸餾塔塔底油計畫以泵輸送至塔底油槽如圖二，若輸送量 10m^3/h，塔底油密度爲1000kg/m^3，塔底油蒸氣壓2 kgf/cm^2，蒸餾塔塔底液面高度H_1 = 100m，液面上方絕對壓力P_1 = 2 kgf/cm^2。塔底油槽液面高度H_3 = 100m，液面上方絕對壓力P_1 = 1 kgf/cm^2。管線規劃如圖二，蒸餾塔塔底至泵入口無任何管件，泵出口至塔底油槽設有一個控制閥，閥相當管長(Equivalent length)是 50m。每 30.48m 的直管管線壓損爲1 kgf/cm^2，請回答下列問題: (20 分，每小題 10 分)

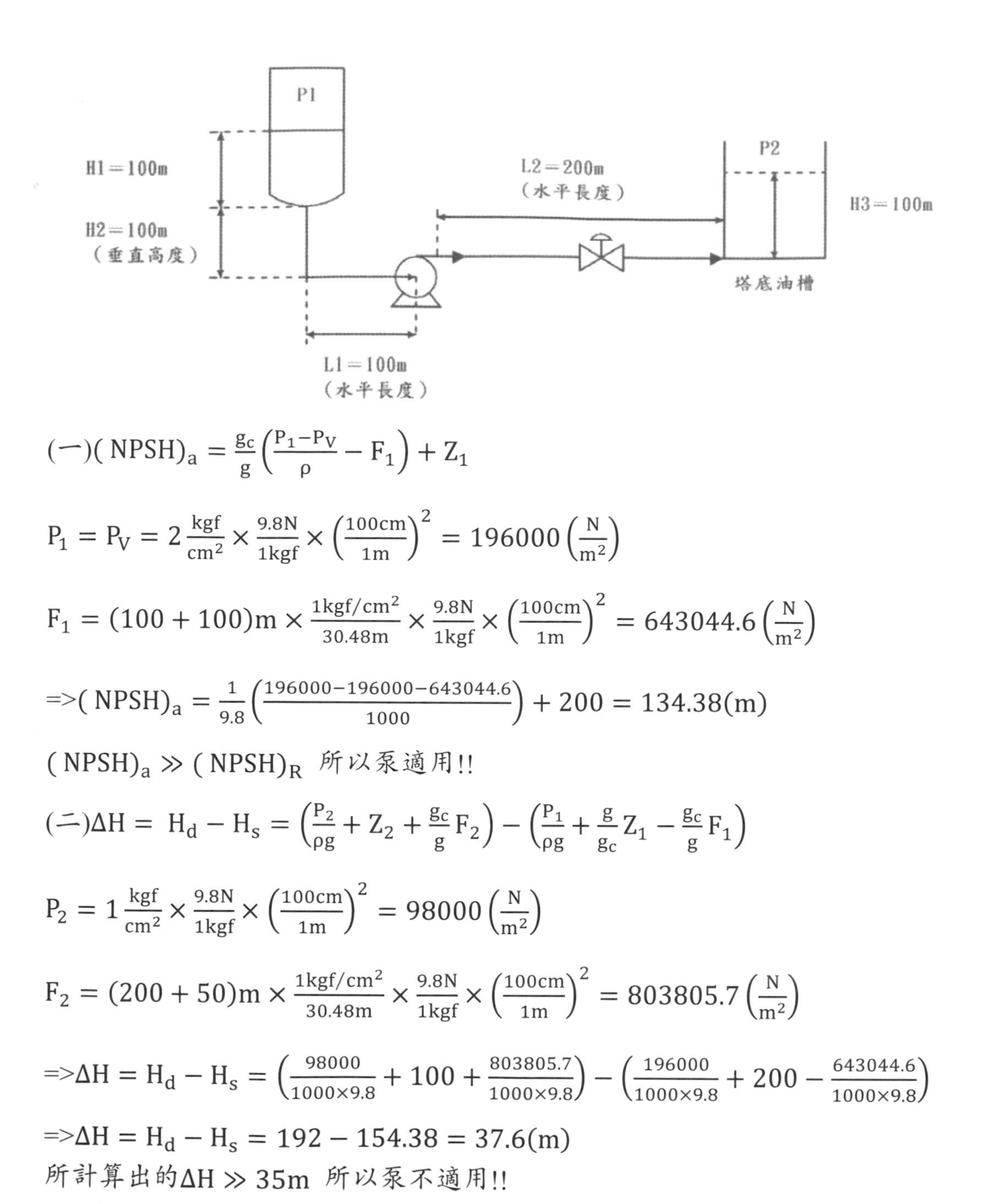

(一)$(\text{NPSH})_a=\frac{g_c}{g}\left(\frac{P_1-P_V}{\rho}-F_1\right)+Z_1$

$$P_1=P_V=2\frac{\text{kgf}}{\text{cm}^2}\times\frac{9.8\text{N}}{1\text{kgf}}\times\left(\frac{100\text{cm}}{1\text{m}}\right)^2=196000\left(\frac{\text{N}}{\text{m}^2}\right)$$

$$F_1=(100+100)\text{m}\times\frac{1\text{kgf/cm}^2}{30.48\text{m}}\times\frac{9.8\text{N}}{1\text{kgf}}\times\left(\frac{100\text{cm}}{1\text{m}}\right)^2=643044.6\left(\frac{\text{N}}{\text{m}^2}\right)$$

$$=>(\text{NPSH})_a=\frac{1}{9.8}\left(\frac{196000-196000-643044.6}{1000}\right)+200=134.38(\text{m})$$

$(\text{NPSH})_a\gg(\text{NPSH})_R$ 所以泵適用!!

(二)$\Delta H=H_d-H_s=\left(\frac{P_2}{\rho g}+Z_2+\frac{g_c}{g}F_2\right)-\left(\frac{P_1}{\rho g}+\frac{g}{g_c}Z_1-\frac{g_c}{g}F_1\right)$

$$P_2=1\frac{\text{kgf}}{\text{cm}^2}\times\frac{9.8\text{N}}{1\text{kgf}}\times\left(\frac{100\text{cm}}{1\text{m}}\right)^2=98000\left(\frac{\text{N}}{\text{m}^2}\right)$$

$$F_2=(200+50)\text{m}\times\frac{1\text{kgf/cm}^2}{30.48\text{m}}\times\frac{9.8\text{N}}{1\text{kgf}}\times\left(\frac{100\text{cm}}{1\text{m}}\right)^2=803805.7\left(\frac{\text{N}}{\text{m}^2}\right)$$

$$=>\Delta H=H_d-H_s=\left(\frac{98000}{1000\times9.8}+100+\frac{803805.7}{1000\times9.8}\right)-\left(\frac{196000}{1000\times9.8}+200-\frac{643044.6}{1000\times9.8}\right)$$

$$=>\Delta H=H_d-H_s=192-154.38=37.6(\text{m})$$

所計算出的$\Delta H\gg 35\text{m}$ 所以泵不適用!!

四、在 1 大氣壓下將 50mol%甲醇水溶液利用蒸餾塔操作加以分離，進料以100kgmol/hr飽和液體進入塔中，經分離獲得塔頂產物爲90mol%甲醇，以及塔底產物含5mol%甲醇，每一莫耳塔頂產物將有一莫耳液體回流至塔中。請回答下列問題(不必作圖): (10 分)

(一)寫出精餾段操作線與進料段操作線方程式並計算斜率。(4 分)(二)試求塔頂產物與塔底產物的莫耳流率?(計算小數點後第 1 位，以下四捨五入)。(2 分)(三)計算汽提段(stripping section)L(液體莫耳流率)/ V(氣體莫耳流率)的比值?。(計算小數點後第 1 位，以下四捨五入)。(4 分)

Sol: (一)因$R_D = \frac{L}{D} = \frac{1}{1} = 1$，在飽和液體下$q = 1$

$y_{n+1} = \frac{R}{R+1}x_n + \frac{x_D}{R+1} = \frac{1}{1+1}x_n + \frac{0.9}{1+1} = 0.5x_n + 0.45$ 精餾段操作線

$y = \frac{q}{q-1}x - \frac{x_F}{q-1} = \infty$，$x = x_F = 0.5$ 進料線方程式

(二)整個蒸餾塔系統質量平衡$F = D + B$ =>$100 = D + B$ (1)
對成份甲醇作質量平衡$Fx_F = Dx_D + Bx_B$
=>$100(0.5) = D(0.9) + B(0.05)$ (2)

由(1)& (2)式=>$D = 52.9\left(\frac{kgmol}{hr}\right)$，$B = 47.1\left(\frac{kgmol}{hr}\right)$

(三)當三線交點(進料線、氣提線、增濃段，落在平衡線上時的交點 pinch point)。$x = 0.5$，$y = 0.5x + 0.45$ =>$y = 0.7$

=>$Slope = \frac{L_m}{V_{m+1}} = \frac{y-x_B}{x-x_B} = \frac{0.7-0.05}{0.5-0.05} = 1.44$

五、有一個中空鐵球(圖三)，其內球直徑爲 12.2cm，內球直徑爲 30.5cm，鐵球內部含有加熱線，其放熱速率爲20160 Kcal/hr，鐵球外表面之溫度爲49℃，若考慮徑方向之熱傳導，請計算: (15 分)
(一)鐵球在熱傳方向之溫度分佈。(如(圖三)所示:內球半徑r_i、外球半徑r_o、內球表面溫度T_i、外球表面溫度T_O、放熱速率 q、熱傳導係數 K)。(10 分)(二)鐵球表面溫度?($k = 67$ kcal/hr · m · ℃) (計算小數點後第 1 位，以下四捨五入)。(5 分)
(一)Shell-balance: $4\pi r^2 \cdot q_r|_r - 4\pi r^2 \cdot q_r|_{r+\Delta r} + 4\pi r^2 \Delta r \cdot q = 0$ 同除以$4\pi \cdot \Delta r$ 令$\Delta r \to 0$

=>$\frac{\partial}{\partial r}(r^2 \cdot q_r) = qr^2$ (1) Fourier Law $q_r = -k\frac{dT}{dr}$ (k 爲 const) 代入(1)式

=> $\frac{\partial}{\partial r}\left(r^2 \frac{\partial T}{\partial r}\right) = -\frac{q}{k}r^2$ 積分=>$r^2\frac{dT}{dr} = -\frac{q}{3k}r^3 + c_1$

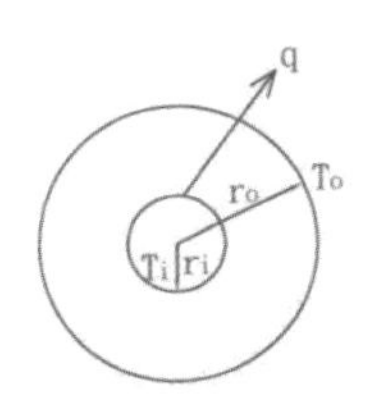

【圖 3】

=>$\frac{dT}{dr} = -\frac{q}{3k}r + \frac{c_1}{r^2}$ 積分=>$T = -\frac{q}{6k}r^2 - \frac{c_1}{r} + c_2$ (1)

B.C.1 $r = r_i$ $T = T_i$代入(1)式=>$T_i = -\frac{q}{6k}{r_i}^2 - \frac{c_1}{r_i} + c_2$ (2)

B.C.2 $r = r_o$ $T = T_0$代入(1)式=>$T_0 = -\frac{q}{6k}{r_o}^2 - \frac{c_1}{r_o} + c_2$ (3)

(2)-(3)式 $T_i - T_0 = -\frac{q}{6k}({r_i}^2 - {r_o}^2) - c_1\left(\frac{1}{r_i} - \frac{1}{r_0}\right)$ (4)

$=> c_1 = -\frac{(T_i - T_0) + \frac{q}{6k}({r_i}^2 - {r_o}^2)}{\left(\frac{1}{r_i} - \frac{1}{r_0}\right)}$ (5)

(1)-(2)式 $T - T_i = -\frac{q}{6k}(r^2 - {r_i}^2) - c_1\left(\frac{1}{r} - \frac{1}{r_i}\right)$ (6)

(5)代入(6)式=>$T - T_i = -\frac{q}{6k}(r^2 - {r_i}^2) + \frac{(T_i - T_0) + \frac{q}{6k}({r_i}^2 - {r_o}^2)}{\left(\frac{1}{r_i} - \frac{1}{r_0}\right)}\left(\frac{1}{r} - \frac{1}{r_i}\right)$ (7)

(二)$r_i = \frac{12.2}{2 \times 100} = 0.06(m)$ ；$r_0 = \frac{30.5}{2 \times 100} = 0.15(m)$

；$q = \frac{\dot{q}}{V} = \frac{\dot{q}}{\frac{4}{3}\pi r_0^3} = \frac{20160}{\frac{4}{3}\pi (0.15)^3} = 1426751.6\left(\frac{kcal}{hr \cdot m^3}\right)$

此題可能出題有誤，以$r = r_o$ $T = T_0$代入溫度分佈無法順利解出T_i，如有發現解法讀者可提供此題解題過程供我參考!!

六、請回答下列各題

(一)設計填充床式液體氣提(Stripping tower)塔時，提高氣體入口流量對泛濫速度(Flooding velocity)、塔截面積、單位塔高度壓降與塔高之影響各如何。(8分)

(二)以水萃取煤油中所含低濃度醋酸，則本系統之質量傳送可能爲水相或煤油相質傳控制? (3 分)改用弱鹼水溶液進行萃取可以大幅提高萃取效率嗎 (3 分)?請述明。

(三)在控制迴路中常用的程序控制方式如定值控制(Constant Value Control)、串級控制(Cascade Value Control)、比例控制(Ratio Value Control)等，請簡述(不用畫圖)三者之主要控制特性或使用差異。(6 分)

(四)質量傳送之 Fick's 第一擴散定律與第二擴散定律爲何?(二成份系) (5 分)

Sol: (一)請參考〈考題 27－14〉敘述。
(二)請參考〈考題 28－9〉敘述。
(三)定值控制:例如流量指示控制 FIC(Flow Indicate Control)控制，輸入所需要控制的流量值，還可做警報指示 H 高液位或 L 低液位指示。
串級控制:需有兩個控制器級及兩個控制元件，如下面兩個例子皆有兩個控制器。
第一個例子爲反應器溫度串級控制(下方冷卻水進料溫度會干擾夾套內物料溫度，所以需要兩個溫度控制點)。※溫度控制 TC(Temperature Control)

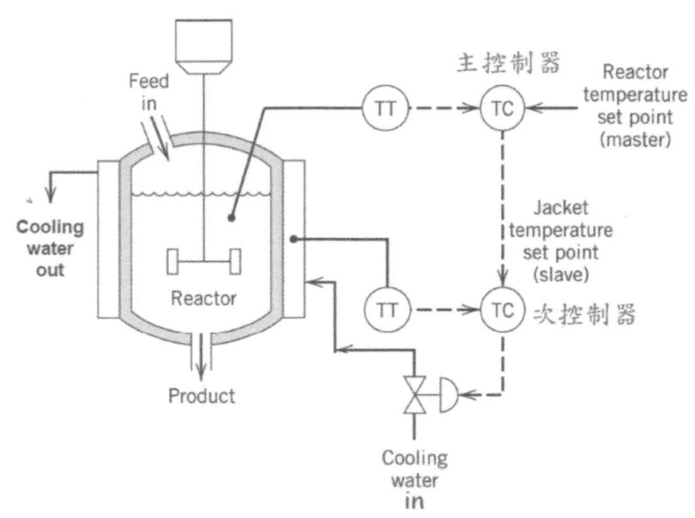

第二個例子爲加熱爐串級控制(燃料氣入料壓力產生流動之干擾到主要的溫度控制，需要 1 個 TC 溫度控制點與 1 個 PC 壓力控制點)。
※壓力控制 PC(Pressure Control)

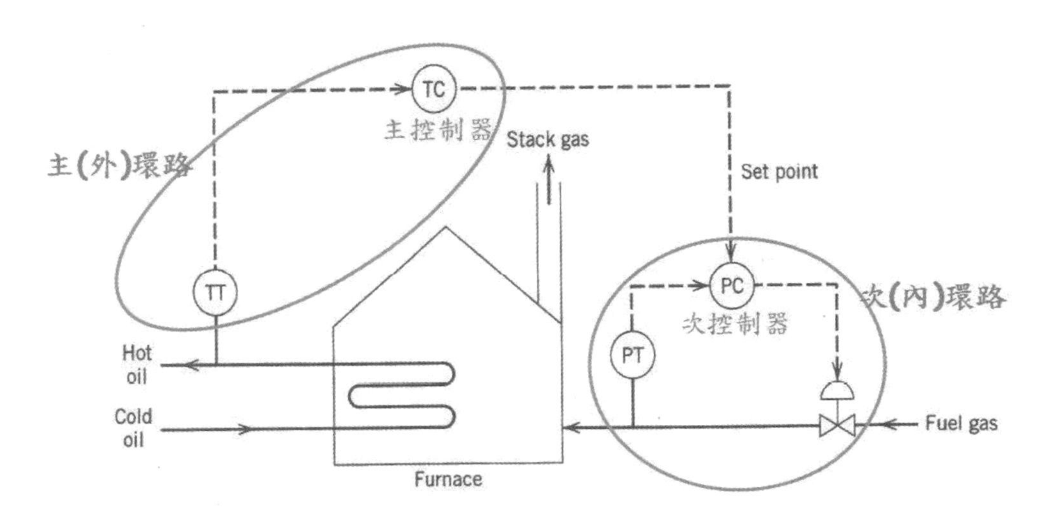

比例控制:輕油裂解反應，可調整裂解氣體與稀釋蒸汽的比例稱比例控制，例如:進裂解爐之石油腦、LPG(液化石油氣)、稀釋蒸汽三者之間最適合比例進裂解爐作裂解反應，可達到最佳產能。

(四)第一擴散定律請參考 P-253 頁，第二擴散定律請參考 P-306/307 頁。

107年公務人員高等考試三級考試試題

代號：36620　全一頁

類科：　化學工程

科目：　輸送現象與單元操作

考試時間：　2小時

一、一牛頓流體(Newtonian fluid)以層流(laminar flow)流經長度爲L、半徑爲R之水平圓管。流體之密度ρ及黏度μ皆爲定值。進出口壓力差爲ΔP。

(一)請求解體積流率(volumetric flow rate)Q。(15分)

(二)請求解泛寧摩擦係數(Fanning friction factor)f與雷諾數(Reynolds number)Re間之關係式。(10分)

(三)上述所得摩擦係數f與雷諾數Re間之關係式，是否適用於非圓形管內層流之流動？並請解釋其理由。(4分)

(四)對於平滑圓管之紊流(turbulent flow)而言，$f = 0.046\mathrm{Re}^{-0.2}(5 \times 10^4 < \mathrm{Re} < 1 \times 10^6)$。請問此公式是否適用於非圓形管內紊流之流動？並請解釋其理由。(4分)

(五)如上述層流或紊流之摩擦係數公式可適用於非圓形管內之流動，此時雷諾數Re之直徑應如何定義？(5分)

Sol: (一)可參考⟨例題 2 − 6⟩，在水平圓管下導正過程忽略重力項即可。

(二)可參考⟨考題 2 − 23⟩。

(三)(四)可參考⟨考題18 − 4⟩第二小題，必須由水力半徑做修正才可使用。

(五)可參考⟨考題18 − 4⟩第一小題。

二、使用一泵將25℃之水從位於地平面之蓄水池輸送至高處之吸收塔，水流量爲$9\ \mathrm{m^3/h}$，水之密度爲$998\mathrm{kg/m^3}$。水管出口高於地平面5m。從蓄水池至水管出口之50-mm水管的摩擦損耗(friction loss)共爲2.5J/kg。假如泵只能輸出0.1kW的功率，蓄水池的水面須維持在何高度？(20分)

Sol:可參考⟨類題5 − 25⟩。

三、一泵在夜間時利用離峰電力將河水輸送至離河面500ft高之山丘上蓄水池。在日間時將蓄水池之水經渦輪(turbine)回流至河流以協助日間供電。水之密度爲$62.3\ \mathrm{lb/ft^3}$。

(一)輸送河流水共用到兩條各長2,500ft的30-inch圓管，流量各爲20,000gal/min。管路之摩擦損耗(friction loss)相當於15ft水柱。如泵效率(efficiency)爲85%，所需之泵功率(power)爲多少馬力(horsepower)？(15分)
(二)日間回流如流量相同，渦輪效率爲85%，渦輪產生之功率爲多少馬力？(5分)
(三)此水力儲能系統之總效率(overall efficiency)爲何？(2分)
單位換算：$1ft^3/s = 448.83gal/min,\ 1\ ft = 12in,\ g = 32.174ft/s^2, 1hp = 550ft \cdot lbf/s$

Sol:

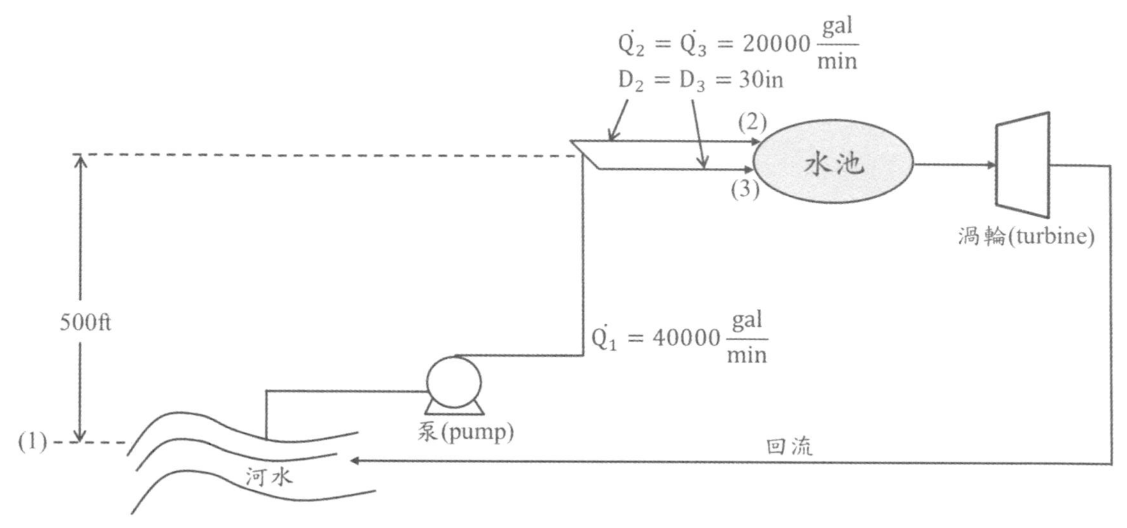

(一)對點 1 和點 2&3 做機械能平衡:

$$\frac{P_2-P_1}{\rho}+\frac{u_2^2-u_1^2}{2g_c}+\frac{g}{g_c}(z_2-z_1)+\sum F+W_s=0 \quad (1)\ 機械能平衡方程式$$

$P_1 = P_2 = 1atm\ \ A_1 \gg A_2 \Rightarrow u_2 \gg u_1$ 　且$u_2 = u_3$

$$\dot{Q}_1 = 40000\frac{gal}{min}\times\frac{1ft^3/s}{448.83\frac{gal}{min}} = 89.1\left(\frac{ft^3}{sec}\right)$$

$$\dot{Q}_2 = \dot{Q}_3 = 20000\frac{gal}{min}\times\frac{1ft^3/s}{448.83\frac{gal}{min}} = 44.56\left(\frac{ft^3}{sec}\right)$$

$$u_2 = u_3 = \frac{\dot{Q}_2}{A_2} = \frac{44.56\frac{ft^3}{sec}}{\frac{\pi}{4}\left(\frac{30}{12}\right)^2} = 9.08\left(\frac{ft}{sec}\right)\ (兩股支流)$$

$$\Rightarrow 2\left[\frac{(9.08)^2}{2\times32.2}\right]+\frac{32.2}{32.2}(500)+\frac{32.2}{32.2}(15)+W_s=0\ \ (兩股支流所以速度勢能*2)$$

$$=>(-W_s) = 517.56\left(\frac{ft\cdot lbf}{lbm}\right)，=>W_p = \frac{(-W_s)}{\eta_p} = \frac{517.56}{0.85} = 608.89\left(\frac{ft\cdot lbf}{lbm}\right)$$

$$P_B = \dot{m}W_p = (\dot{Q}_1\rho)W_p$$

$$P_B = \left(89.1\frac{ft^3}{sec} \times 62.3\frac{lbm}{ft^3}\right)\left(608.89\frac{ft\cdot lbf}{lbm} \times \frac{1hp}{550\frac{ft\cdot lbf}{sec}}\right) = 6145(HP)$$

(二)$W_t = W_s\eta_t = 517.56 \times 0.85 = 439.93\left(\frac{ft\cdot lbf}{lbm}\right)$

$$P_t = \dot{m}W_t = (\dot{Q}_1\rho)W_t$$

$$P_t = \left(89.1\frac{ft^3}{sec} \times 62.3\frac{lbm}{ft^3}\right)\left(439.93\frac{ft\cdot lbf}{lbm} \times \frac{1hp}{550\frac{ft\cdot lbf}{sec}}\right) = 4440(HP)$$

(三) $\eta = \frac{P_t}{P_B} \times 100\% = \frac{4440}{6145} \times 100\% = 72(\%)$

四、一逆向流(counterflow)之熱交換器中，熱流從120℃降溫爲40℃，冷流從20℃增溫爲60℃。如熱交換器以同向流(parallel flow)操作，熱流及冷流之出口溫各爲多少？(20分)

Sol:可參考 P-472 頁(七)有效度(effectiveness, ε)計算使用時機:當只有進口溫度T_{Hi}，T_{ci}已知，但出口溫度T_{Ho}，T_{co}未知時，必須利用換熱器有效度計算方式才能解題。

※但所需資料需要換熱器的冷熱流之流量與比熱$\dot{m}_c C_{pc}$、$\dot{m}_H C_{pH}$與總包熱傳係數U_0及換熱器面積A_0。才可估算熱流及冷流之出口溫度。此題偏向說明題，因爲題目給的資料不夠明確，只可針對過程做說明，能力好一點朋友可以針對整個有效度(effectiveness, ε)順向流導正過程做申論及說明。

107年公務人員普通考試

試題代號：44860 全一頁

類科：化學工程

科 目：化工機械概要

一、請回答下列各題：

(一)請說明在攪拌槽中放置擋板功能爲何？(5分)

(二)2 in、40號鋼管與2 in、80號鋼管相較，何者管壁厚度較厚？(5分)

(三)請說明泵之淨正吸引頭(net positive suction head, NPSH)。(5分)

(四)熱傳遞有那幾種機制？其中那些機制需要介質，那些機制不需要介質？(10分)

(五)請解釋蒸發器經濟效益(evaporator economy)。(5分)

(六)請說明皮托管(pitot tube)之原理。(5分)

Sol: (一)請參考〈考題 16 − 2〉。(二)請參考〈考題 20 − 2〉。

(三)請參考〈考題20 − 1〉。(四)請參考〈考題6 − 1〉。(五)請參考〈考題22 − 17〉。

(六)請參考P-370頁(三)流量計設計方程式與簡圖表示

二、使用一泵將水井之水(水面低於地面3公尺)抽到離地5公尺高的水塔中，水流量爲1.2L/s，水管內直徑爲2公分，若各項管件摩擦損失可忽略，泵效率爲70%，試決定需要的泵功率？重力加速度$g = 9.8\ m/s^2$。(15分)

Sol:請參考P-414頁〈考題20 − 19〉。

Sol: $\frac{P_2-P_1}{\rho}+\frac{u_2^2-u_1^2}{2g_c}+\frac{g}{g_c}(z_2-z_1)+\sum F+W_s=0$ 機械能平衡方程式

$P_1 = P_2 = 1atm\ \ A_1 \gg A_2 \Rightarrow u_2 \gg u_1$ 無摩擦損失

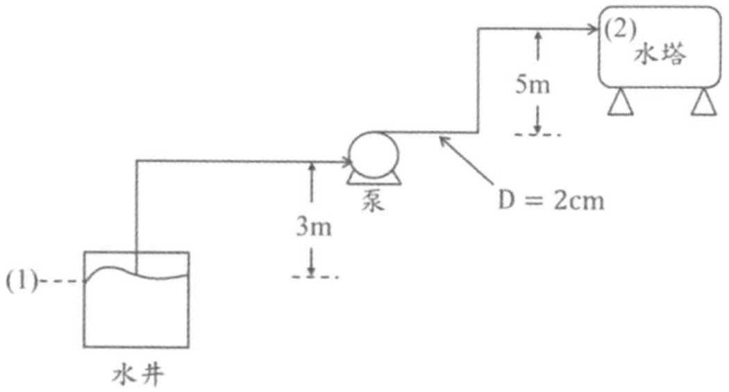

$\dot{Q} = 1.2\frac{L}{sec}\times\frac{1m^3}{1000L} = 1.2\times10^{-3}\left(\frac{m^3}{sec}\right)$

$\dot{m} = \dot{Q}\rho = (1.2\times10^{-3})(1000) = 1.2\left(\frac{kg}{sec}\right)$

$u_2 = \frac{\dot{Q}}{A} = \frac{1.2\times10^{-3}}{\frac{\pi}{4}\left(\frac{2}{100}\right)^2} = 3.82\left(\frac{m}{sec}\right)$

$\Rightarrow \frac{(3.82)^2}{2\times1}+\frac{9.8}{1}(3+5)+W_s=0 \Rightarrow (-W_s) = 85.7\left(\frac{J}{kg}\right)$

$$=>W_p = \frac{(-W_s)}{\eta} = \frac{85.7}{0.7} = 122.4\left(\frac{J}{kg}\right) = 0.122\left(\frac{kJ}{kg}\right)$$

$$=>P_B = \dot{m}W_p = \left(1.2\frac{kg}{sec}\right)\left(0.122\frac{kJ}{kg}\right) = 0.146(kW)$$

三、有一套管式熱交換器，內管液體之比熱(Cp)爲3kJ/kg℃，流率爲2000kg/hr，且其溫度從90℃被降至70℃，而水(Cp = 4.2 kJ/kg℃)在外管以逆向流動，流率爲6000kg/hr，進口溫度爲30℃，若已知總熱傳係數$U = 300W/m^2\ K$，請問水之出口溫度及熱交換器熱傳面積爲多少？(20分)

Sol:能量平衡爲基準$q = \dot{m}_H C_{pH}(T_{Hi} - T_{Ho}) = \dot{m}_c C_{pc}(T_{co} - T_{ci})$

$$=>\left(2000\frac{kg}{hr}\right)\left(3\frac{kJ}{kg\cdot℃}\right)(90-70)℃ = \left(6000\frac{kg}{hr}\right)\left(4.2\frac{kJ}{kg\cdot℃}\right)(T_{co}-30)℃$$

$$=>T_{co} = 34.8(℃)$$

$$q = \left(2000\frac{kg}{hr}\times\frac{1hr}{3600sec}\right)\left(3\frac{kJ}{kg\cdot℃}\times\frac{1000J}{1kJ}\right)(90-70)℃ = 33333\left(\frac{J}{sec}\right)$$

$$\Delta T_1 = T_{Hi} - T_{co} = 90 - 34.8 = 55.2(℃)$$

$T_{Hi} = 90(℃)$ → $T_{Ho} = 70(℃)$ →

$T_{co} = ?(℃)$ ← $T_{ci} = 30(℃)$ ←

$\Delta T_1 = 55.2\ (℃)$ $\Delta T_2 = 40\ (℃)$

$$\Delta T_2 = T_{Ho} - T_{ci} = 70 - 30 = 40(℃)$$

$$\Delta T_{lm} = \frac{\Delta T_1 - \Delta T_2}{\ln\left(\frac{\Delta T_1}{\Delta T_2}\right)} = \frac{55.2-40}{\ln\left(\frac{55.2}{40}\right)} = 47.1(℃)$$

$$q = U_o A_o \Delta T_{lm}\ =>33333 = (300)(A_o)(47.1) =>A_o = 2.36(m^2)$$

四、文氏流量計(Venturi meter)和銳孔流量計(orifice meter)均是常用的差壓式流量計，其各有何優、缺點？(10分)

Sol:請參考⟨考題19 − 4⟩。

五、一平面爐壁由12cm厚之耐火磚內層及24cm厚之普通磚外層所構成，耐火磚及普通磚之熱導係數各爲0.2及0.8kcal/hr · m · ℃。爐壁內表面之溫度爲720℃，外表面之溫度爲70℃。(一)磚間接觸點之熱阻不計，試求穩定狀態時，爐壁每平方公尺之熱損失。(15分)(二)兩磚界面之溫度爲多少？(5分)

Sol:(一) $\frac{q}{A}=\frac{T_1-T_2}{\frac{\Delta x_1}{k_1}+\frac{\Delta x_2}{k_2}}$

$=>\frac{q}{A}=\frac{720-70}{\frac{12/100}{0.2}+\frac{24/100}{0.8}}=\frac{650}{0.6+0.3}=722.2\left(\frac{kcal}{hr\cdot m^2}\right)$

(二) $722.2=\frac{T_2-75}{\frac{24/100}{0.8}}$ $=>T_2=291.6(℃)$

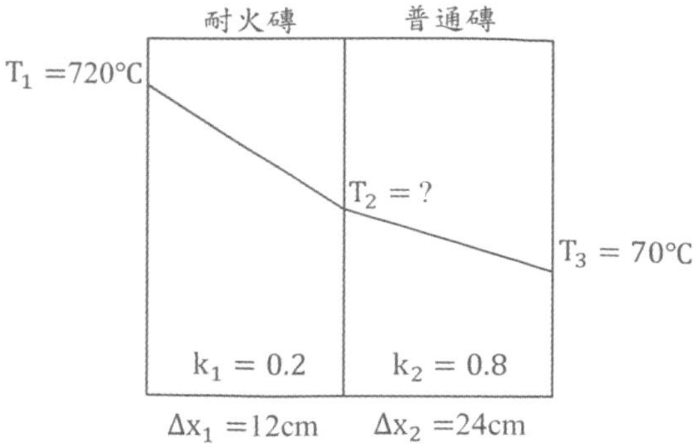

耐火磚 普通磚

$T_1=720°C$

$T_2=?$

$T_3=70°C$

$k_1=0.2$ $k_2=0.8$

$\Delta x_1=12cm$ $\Delta x_2=24cm$

經濟部所屬事業機構107年新進職員甄試試題

類別：化工製程 **節次：第三節**

科目：1.單元操作 2.輸送現象

注意事項	
	1.本試題共2頁(A4紙1張)。 2.可使用本甄試簡章規定之電子計算器。 3.本試題分6大題，每題配分於題目後標明，共100分。須用藍、黑色鋼筆或原子筆在答案卷指定範圍內作答，不提供額外之答案卷，作答時須詳列解答過程，於本試題或其他紙張作答者不予計分。 4.本試題採雙面印刷，請注意正、背面試題。 5.考試結束前離場者，試題須隨答案卷繳回，俟本節考試結束後，始得至原試場或適當處所索取。 6.考試時間：120分鐘。

一、傳統化工業常見的裂解單元程序有熱裂解(例如：輕油裂解)及觸媒媒裂(例如：重油裂解)，請就前述兩種裂解特性回答下列問題：（15分）

(一)主要進料與產品的種類。（5分）

(二)反應條件(溫度、壓力、耗能等)的差異。（5分）

(三)熱裂解主要的裂解機制。（5分）

Sol:

(一)輕油裂解=>進料:石油腦，產品:乙烯、丙烯、丁二烯、苯、甲苯、二甲苯。

重油裂解=>進料:重油，產品:丙烯、丁烯、汽油、柴油、燃油。

(二)輕油裂解=>反應溫度與壓力均高。

重油裂解=>反應溫度與壓力與輕油裂解相比較低。

(三)熱裂解(cracking)係將分子量較高之分子分解成較小之分子。

二、已知某流體動態黏度(kinematic viscosity)為 0.8×10^{-5} m^2/s，密度為 1,050 kg/m^3，流量為 0.72 m^3/hr，流經內直徑 2 cm、長 30 m 的水平圓形導管，請列式計算回答下列問題：(計算至小數點後第2位，以下四捨五入)（15分）

(一)雷諾數(Reynolds number)為多少？（5分）

(二)范寧摩擦係數(Fanning friction factor)為多少？（5分）

(三)流經此段導管之水頭損失(head loss)為多少？（5分）

Sol:(一) $Re=\frac{Du\rho}{\mu}=\frac{Du}{\nu}$，$u=\frac{\dot{Q}}{A}=\frac{0.72\frac{m^3}{hr}\times\frac{1hr}{3600sec}}{\left[\frac{\pi}{4}\left(\frac{2}{100}\right)^2m^2\right]}=0.64\left(\frac{m}{sec}\right)$

$Re=\frac{Du}{\nu}=\frac{\left(\frac{2}{100}\right)(0.64)}{(0.8\times10^{-5})}=1600<2100$ 層流

(二) $f_F=\frac{16}{Re}=\frac{16}{1600}=0.01$

(三) $\sum F=4f_F\frac{L}{D}\frac{u^2}{2g_c}=4(0.01)\frac{(30)}{\left(\frac{2}{100}\right)}\frac{(1050)(0.6369)^2}{2(1)}=12.17\left(\frac{J}{kg}\right)$

※或以高度單位表示水頭:

$\Delta P=4f_F\frac{L}{D}\frac{\rho u^2}{2g_c}=4(0.01)\frac{(30)}{\left(\frac{2}{100}\right)}\frac{(1050)(0.6369)^2}{2(1)}=12902.40(P_a)$

$H=\frac{\Delta P\cdot g_c}{\rho g}=\frac{12902.40\times1}{1050\times9.8}=1.25(m)$

三、兩種成分之混合物以蒸餾方式來分離，其中較易揮發的成分其塔頂莫耳分率為 0.95、塔底莫耳分率為 0.05，假設平均相對揮發度為常數 α=1.6，蒸餾系統只使用一個加熱器(reboiler)並設計為全迴流(total reflux)，請問蒸餾塔最小理論板數為多少？(計算至小數點後第 2 位，以下四捨五入)（15 分）

Sol:最小理論板數計算 $N_{min}=\frac{\ln\left(\frac{x_D}{1-x_D}/\frac{x_B}{1-x_B}\right)}{\ln\alpha_{AB}}$ 梵士其方程式(Fenske Eq.)

$=>N_{min}=\frac{\ln\left(\frac{0.95}{1-0.95}/\frac{0.05}{1-0.05}\right)}{\ln(1.6)}=12.53$(板) (最小理論板數 12.53 板含一加熱器)

四、某有機酸在一大氣壓、20 ℃下，對水及乙醚之分配係數為 0.4，今有 100 ml 水溶液含有此有機酸 5 公克，請列式計算回答下列問題：(計算至小數點後第 2 位，以下四捨五入)（15 分）

(一)以 50 ml 乙醚一次萃取該水溶液，則水溶液中還剩下有機酸多少公克？（5 分）

(二)將 50 ml 乙醚平均分 5 次萃取該水溶液，則可萃取有機酸多少公克？（10 分）

Sol: K(分配係數) $=\frac{C_A}{C_B}=\frac{\text{萃餘相(水)}}{\text{萃取相(乙醚)}}=0.4$

(一)一次萃取量 $=W_0\left(1-\frac{K\cdot V_0}{K\cdot V_0+V}\right)=5\left(1-\frac{0.4\times100}{0.4\times100+50}\right)=2.77(g)$

剩下有機酸量$=5-2.77=2.23(\text{g})$

(二)五次萃取量 $=W_0\left[1-\left(\frac{K\cdot V_0}{K\cdot V_0+\frac{V}{n}}\right)^n\right]=5\left[1-\left(\frac{0.4\times100}{0.4\times100+\frac{50}{5}}\right)^5\right]=3.36(\text{g})$

五、100 °F的某液體 40 gal/min流率，由泵輸送如【圖 1】的系統中。儲液槽在大氣壓力下排放端管線計示壓力為 50 lbf/in^2。排放端和吸入端分別高於儲槽液面 10 ft和 4 ft，a 與 b之間高度差為 1 ft。排放端和吸入端管號同為 40 號的 1.5 吋管。吸入端管線的摩擦損失為 0.5 lbf/in^2，排放端管線的摩擦損失為 5.5 lbf/in^2，泵的效率為 0.6，此液體的密度為 54 lbm/ft^3，其 100 °F時的蒸氣壓為 3.8 lbf/in^2。請計算：(計算至小數點後第 2 位，以下四捨五入)（20 分）

(一)泵出口端壓力頭(pressure head)。(截面 b之壓力頭，單位 ft)（5 分）

(二)泵入口端壓力頭。(截面 a之壓力頭，單位 ft)（5 分）

(三)因在【圖 1】a、b 兩截面之間的管路短，可忽略速度頭(velocity head)差異及摩擦損失，請計算泵所提供之揚程及泵所需之制動馬力。（5 分）

(四)廠商提供泵之 NPSHR 需要值為 10 ft，請列式計算說明此泵是否適用？（5 分）

註：管號為 40 號的 1.5 吋管 1 ft/sec 的速度相當於 6.34 gal/min，1 gal/min=0.00223 $\frac{ft^3}{sec}$，

1 HP=550(lbf・ft)/sec

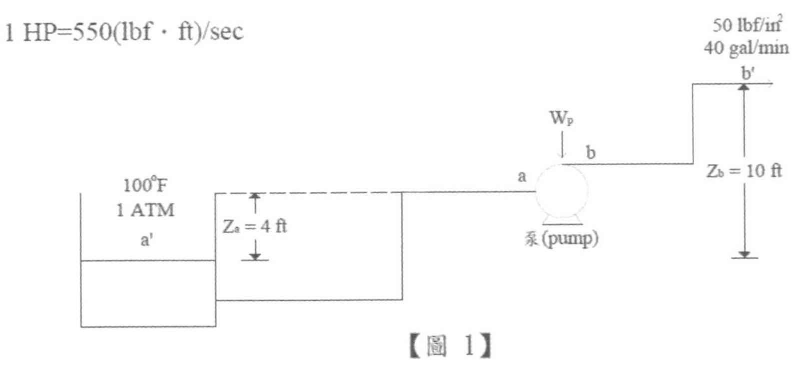

【圖 1】

Sol:(一)排出揚程(Discharge Head):對點 b 與點b'做平衡

$H_d=\frac{P_b'g_c}{\rho g}+Z_b+\frac{g_c}{g}F_d$ ∵點 b 與點b'因爲相同管徑下速度相同，忽略速度頭!!

$P_b'=$ 計示壓力 $+$ 大氣壓 $=50+14.7=64.7\left(\frac{\text{lbf}}{\text{in}^2}\right)$

$H_d=\frac{64.7\times144\times32.2}{54\times32.2}+(10-4-1)+\frac{5.5\times144\times32.2}{54\times32.2}=192.2(\text{ft})$

(二)吸入端高度差(Suction Head) :對點a'與點 a 做平衡

∵點 a 與點a′因爲兩點面積不同，需考慮速度頭!! $A'_a \gg A_a \Rightarrow u_a \gg u'_a$

$$u_a = \frac{40\frac{gal}{min}}{6.34\frac{gal}{min}/1\frac{ft}{sec}} = 6.31\left(\frac{ft}{sec}\right) \quad ∵1\frac{ft}{sec}\text{的速度相當於}6.34\frac{gal}{min}$$

$$H_s = \frac{P'_a g_c}{\rho g} - Z_a - \frac{g_c}{g}F_s - \frac{u_a^2}{2g} = \frac{14.7\times144\times32.2}{54\times32.2} - 4 - \frac{0.5\times144\times32.2}{54\times32.2} - \frac{(6.31)^2}{2(32.2)} = 33.2(ft)$$

(三)對點a′與點b′做平衡

$$\Delta H = H_d - H_s = \left(\frac{P'_b}{\rho} + \frac{u_b'^2}{2g_c} + \frac{g}{g_c}Z_b + F_d\right) - \left(\frac{P'_a}{\rho} + \frac{u_a'^2}{2g_c} - \frac{g}{g_c}Z_a - F_s\right)$$

$$\Rightarrow H_b - H_a = \frac{P'_b - P'_a}{\rho} + \frac{u_b'^2 - u_a'^2}{2g_c} + \frac{g}{g_c}\Delta Z + \sum F \qquad A'_a \gg A'_b \Rightarrow u'_b \gg u'_a$$

$$H_b - H_a = \left[\frac{(64.7-14.7)144}{54} + \frac{(6.31)^2}{2(32.2)} + \frac{32.2}{32.2}(10) + \frac{(0.5+5.5)\times144}{54}\right] = 160\left(\frac{lbf\cdot ft}{lbm}\right)$$

$$\dot{Q} = 40\frac{gal}{min} \times \frac{0.00233ft^3/sec}{1gal/min} = 0.09\left(\frac{ft^3}{sec}\right)$$

$$\dot{m} = \dot{Q}\rho = 0.09\frac{ft^3}{sec} \times 54\frac{lbm}{ft^3} = 4.86\left(\frac{lbm}{sec}\right)，W_p = \frac{W_s}{\eta} = \frac{160}{0.6} = 266.67\left(\frac{lbf\cdot ft}{lbm}\right)$$

$$P_B = \dot{m}W_p = 4.86\frac{lbm}{sec} \times 266.67\frac{lbf\cdot ft}{lbm} \times \frac{1HP}{550\frac{lbf\cdot ft}{lbm}} = 2.36(HP)$$

$$(三)(NPSH)_a = \frac{g_c}{g}\left(\frac{P'_a - P_V}{\rho} - F_s\right) - Z_a$$

$$\Rightarrow (NPSH)_a = \frac{32.2}{32.2}\left[\frac{(14.7-3.8)\times144}{54} - \frac{0.5\times144}{54}\right] - 4 = 23.73(ft)$$

$NPSH_a \gg NPSH_R$ 所以泵適用!!

六、有一套管式熱交換器被設計用來冷卻工廠內大型引擎用的潤滑油，該熱交換器採逆流(counterflow)式操作，內管的內直徑為 25 mm，而外管的內直徑為 45 mm。冷卻水在內管中流動的質量流率為 0.2 kg/s，而潤滑油在兩管之間的環狀區域中流動的質量流率為 0.1 kg/s。冷卻水與潤滑油的入口溫度分別為 30 ℃與 100 ℃，潤滑油與冷卻水的物理性質如附表。

	比熱 (J/kg · K)	黏度 (N · S/m²)	熱傳導係數 (W/m · K)	Prandtl Number(Pr)
潤滑油(80℃)	2,131	3.25×10^{-2}	0.138	
冷卻水(80℃)	4,178	725×10^{-6}	0.625	4.85

此熱交換器管壁相當薄，且器內因積垢所造成的熱傳阻力可以忽略。冷卻水之 Nusselt number(Nu)在亂流情況下，可運用下式估算：$Nu=0.023Re^{4/5}Pr^{0.4}$，式中之 Re 為 Reynolds number。潤滑油之流動為層流(laminar flow)狀態，其 Nusselt number 為 5.56。請回答下列問題：(計算至小數點後第 2 位，以下四捨五入)（20 分）

(一)求總包熱傳系數？（8 分）

(二)若潤滑油的出口溫度欲達到 60 °C，則熱交換器的長度需為多少公尺？（8 分）

(三)兩流體熱傳系數差異大，造成熱交換困難，為降低熱交換器的長度，有何改善方式？（4 分）

註：$\ln(1.99)=0.69$，$(2337)^{0.8}=495.37$，$(2)^{0.8}=1.74$，$(3)^{0.8}=2.41$，$(4.85)^{0.4}=1.88$

Sol:(一)(二)請參考〈考題 24-9〉。(三)可利用以下方式:旋管(spiral)設計、特殊 fin、熱管設計，加裝在對流熱傳係數低的一側；也可提升流體接觸面積也一並增加對流熱傳係數，降低熱交換器尺寸。

107年專門職業及技術人員高等考試建築師、技師、第二次食品技師考試暨普通考試不動產經紀人、記帳士考試試題

等別：高等考試

類科：化學工程技師

科目：輸送現象與單元操作

考試時間：2小時

一、有關通過沉浸物體(immersed objects)的流體，請說明或計算下列問題：

(一)何謂史托克定律(Stoke's Law)，其適用的範圍爲何？(5分)

(二)若沉降的粒子爲球型體，在史托克定律之適用範圍，請導出拖曳阻力係數(drag coefficient)C_D和粒子在流體中$N_{Re,p}$（雷諾(Reynold)數）的關係？(5分)

(三)有一填充床，直徑爲0.5 m，固體粒子填充於其間，床的孔隙度(porosity)爲0.4。流體通過的流率爲$0.25 m^3/sec$，求其孔隙間平均速度。(10分)

Sol: (一)請參考〈考題 17 – 13〉。(二)請參考 P-342 頁重點整理。

(三) (空床速度/表面速度): $u' = \frac{\dot{Q}}{A} = \frac{0.25}{\frac{\pi}{4}(0.5)^2} = 1.27\left(\frac{m}{sec}\right)$

孔隙間平均速度: $u' = u \cdot \varepsilon$ $\Rightarrow u = \frac{1.27}{0.4} \Rightarrow u = 3.2\left(\frac{m}{sec}\right)$

二、有一內含A和B二成分之系統，在室溫下，A和B的蒸氣和液體呈現平衡狀態。A和B的相對揮發度(relative volatility)爲α_{AB}，請回答下列問題：

(一)解釋α_{AB}的定義。請以系統中A和B二成分的分壓(partial pressure)P_A和P_B以及組合物的莫耳分率(molar fraction)表示。x和y分別爲液相和汽相的莫耳分率。(5分)(二)請由相對揮發度的定義，推導出α_{AB}和組合物莫耳分率(x_A, x_B, y_A, y_B)的數學關係式。(5分)(三)假設在92℃下，A與B之飽和蒸氣壓爲1180mmHg與480mmHg，請計算在一大氣壓以及92℃下達平衡時，A成分於混合液與混合蒸氣中的莫耳分率各爲何？(10分)

Sol: (一)(二)請參考 P-535 頁重點整理

(三) $P_t = P_A^0 x_A + P_B^0 x_B$ (1) (Raoult's law)；$y_A = \frac{P_A^0 x_A}{P_t}$ (2)

令x_A(A 液相分率)；x_B(B 液相分率) $= 1 - x_A$

=>$760 = 1180x_A + 480(1 - x_A)$ =>$x_A = 0.41$將$x_A = 0.4$代回(2)式

=>$y_A = \frac{P_A^0 x_A}{P_t} = \frac{1180 \times 0.4}{760} = 0.62$

三、含有無水硫酸鈉(Na_2SO_4)500 kg之飽和溶液2000kg，在冷卻至5℃之過程中，水因蒸發而損失水總重的5%，而其結晶產物爲$Na_2SO_4 \cdot 10H_2O$。假設結晶終結時晶體與母液已達平衡，而其母液之飽和濃度爲8%無水Na_2SO_4，以及92%水(亦即其溶解度爲8%)。試問此結晶之理論產量爲多少kg？(註：Na_2SO_4和$Na_2SO_4 \cdot 10H_2O$ 之分子量分別爲142與322 g/mole) (10分)

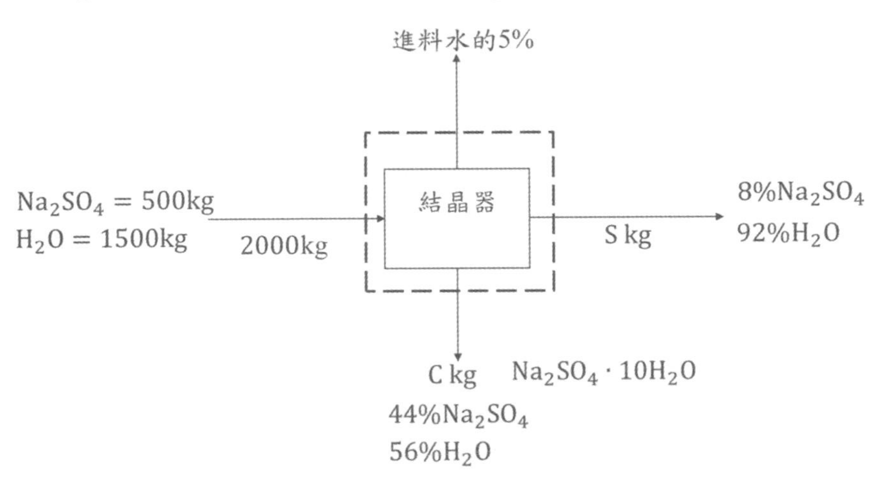

Sol:$Na_2SO_4 \cdot 10H_2O$中$MgSO_4$含量$= \frac{142}{322} \times 100\% = 44(\%)$

$Na_2SO_4 \cdot 10H_2O$中H_2O含量$= 100 - 444 = 56(\%)$

對作結晶器作質量平衡: $\frac{d\dot{m}_{tot}}{dt} = \dot{m}_{A1} - \dot{m}_{A2} + \dot{m}_{AW} + r_A$ (1)

$\frac{d\dot{m}_{tot}}{dt} = 0$ S.S 下；$\dot{m}_{AW} = 0$ (反應槽沒有器壁和外界成份作質量交換)

$r_A = 0$ (無伴隨其他化學反應產生)

對Na_2SO_4作平衡:$0 = 500 - 0 - C \times 0.44 - S \times 0.08$ (2)

對H_2O作平衡:$0 = 1500 - 1500 \times 0.05 - C \times 0.56 - S \times 0.92$ (3)

由(2)式=>$500 = 0.44C + 0.08S$

由(3)式=>$1425 = 0.56C + 0.92S$，由(2)與(3)解聯立方程式 =>$C = 961(kg)$

四、外半徑(outside radius)為r_2的圓管型長蒸汽管，其表面覆蓋有外半徑為r_3的隔熱材料。蒸汽管管外表面的溫度T_2和周圍空氣的溫度T_∞，皆保持為恆定值。

絕緣外表面每單位面積的能量損失可由牛頓冷卻速率方程式(Newton rate equation)描述，$q_r/A = h\Delta T$能量損失會隨著絕緣厚度的增加而增加嗎？請推導在什麼條件下會出現這種情況(即找到絕緣材料的臨界半徑r_c)？
註：k為熱傳導係數；L為管長；在圓管中熱傳導(conduction)的熱阻(thermal resistance)為R，$R = \ln(r_2/r_1)/2\pi kL$。(20分)
Sol: (一)請參考〈考題7 − 4〉與〈考題7 − 12〉。

五、有一液-氣反應系統(liquid-gas reaction system)，氣體A擴散入液體B，進行化學反應。系統中，液體B置於容器內，A氣體於液體B上方；氣體A 溶解在液體B 中，並等溫地擴散到液相B。當A擴散時，也經歷不可逆的一級均相反應，A + B →AB(反應速率以$dC_A/dt = -kC_A$表示。C_A為A的濃度；t為時間；k為一級反應速率常數)。液體深度以z表示：在液體表面的z為0；容器底部之$z = L$。假設液體表面的A濃度保持在C_{A0}的固定值，溶解反應非常迅速，在容器底部只有非常少量的A。D_{AB}為A對B的擴散係數(diffusivity)。
(一)請由基本的質量平衡，建立濃度和位置的微分方程式(含C_A、k、D_{AB}和z等)，並寫出系統的邊界條件(boundary conditions)。(15分)
(二)試求解出液相中組成 A 的濃度分布(濃度分布方程式)。(15 分)
Sol: 請參考〈例題 12 − 6〉。

107年特種考試地方政府公務人員考試試題

等別：四等考試
類科：化學工程
科目：化工機械概要
考試時間： 1小時30分

一、請回答下列問題：(每小題10分，共20分)
(一)流體流經管路系統時會因流動摩擦而造成能量損失，請詳細說明通常因流動摩擦而造成能量損失的種類與原因？
(二)欲直接量測流體輸送管路中某一點的流體流速，請問可選用何種測量裝置？並請說明該裝置的工作原理。
Sol:(一)請參考第五章管線摩擦損失表示式整理表。(二)請參考第十九章皮托管內容敘述。

二、請解釋說明下列分離程序及其特性：(每小題10分，共20分)
(一)超臨界萃取(supercritical extraction) (二)眞空蒸餾(vacuum distillation)
Sol:
(一)超臨界流體萃取是一種將超臨界流體作爲萃取劑，把一種成分(萃取物)從另一種成分(基質)中分離出來的技術。使用這種技術時基質通常是固體，但也可以是液體。超臨界流體萃取可以作爲分析前的樣品製備步驟，也可以用於更大的規模，從產品剝離不需要的物質(例如脫咖啡因)或收集所需產物(如精油)。二氧化碳(CO_2)是最常用的超臨界流體。

超臨界萃取方法提取天然產物時，一般用 CO_2 作萃取劑。因爲 CO_2 的臨界溫度(31℃)接近室溫，對易揮發或具有生理活性的物質破壞較少。同時，CO_2 安全無毒，萃取分離可一次完成，無殘留，適用於食品和藥物的提取。CO_2 液化壓力低，臨界壓力(7.31MPa)適中，容易達到超臨界狀態也是重要原因。

超臨界萃取技術的特點與優勢有以下幾點：

1.可在接近常溫下完成萃取工藝，適合對一些對熱敏感、容易氧化分解、破壞的成分進行提取和分離。

2.在最佳工藝條件下，能將提取的成分幾乎完全提出，從而提高產品的收率和資源的利用率。

3.萃取工藝簡單，無污染，分離後的超臨界流體經過精製可循環使用。

(二)眞空蒸餾是一種使待分離液體上方壓力小於其蒸汽壓的蒸餾方法。這種方法適用於蒸汽壓大於環境壓力的液體。由於待分離液體沸點降低，眞空蒸餾不一定需要加熱。

眞空蒸餾在工業上有幾個優點，沸點相近的混合物可能需要多個平衡級來分離出關鍵的物質，而眞空蒸餾可以減少平衡級的數目。

在大多數系統中，壓力降低而相對揮發度升高。眞空蒸餾增加了許多應用中關鍵產物的相對揮發度，相對揮發度越高，就越容易分離不同產物。這意味著眞空蒸餾可以通過更少的步驟達到蒸餾塔相同的分離效果。

在高溫下，一些反應的反應產物會發生進一步反應，眞空蒸餾在工業上還可以在低壓下降低分離物質所需的溫度。

三、請解釋物理吸附(physisorption)與化學吸附(chemisorption)，並說明它們在吸附特性上的差異。(20分)

Sol:

吸附性能	物理吸附	化學吸附
作用力	凡德瓦	化學鍵
選擇性	無	有
吸附層	單分子或多分子	單分子
吸附熱	較小	較大
吸附速度	快，幾乎不須活化能	較慢，需要活化能
溫度	放熱過程，低溫有利吸附	溫度升高，吸附速度增加
可逆性	可逆	化學鍵大時為不可逆

四、請詳細說明有那些操作方法可以達到空氣增濕(humidification)的目的，並繪製簡易的濕度圖以示意增濕的操作程序？(20分)

Sol: 增溼:提高空氣中水蒸氣含量，通常亦伴隨降溫。(絕熱冷卻法、混合熱水蒸氣法)

※絕熱冷卻法

1.空氣原料從左邊入口進入，經加熱器升溫後，進入噴霧室。2.噴霧室的壁面設有多個噴霧器，噴出水滴將空氣絕熱冷卻。3.離開噴霧室的空氣再經一加熱器升溫後被鼓風機抽離。

※混合水蒸氣法

空氣原料中直接加入適當的飽和水蒸氣，由於水蒸氣的溫度較高，空氣的濕度及溫度都會升高，然後再以加熱器將空氣加熱到產品所需的溫度。

變化走向圖：以A點爲例，簡介如下

1. 假設其他條件不變，只有乾球溫度變化時：當溫度升高，則往A點右側水平移動；溫度下降，則往A點左側水平移動。

2. 假設其他條件不變，使用水霧加濕方式時：會隨沿A點左側上方之等熱焓線方向走，因水霧加濕爲等焓加濕。

3. 假設其他條件不變，使用蒸汽濕方式時：會由A點垂直往上方向走，因蒸汽加濕爲等溫加濕。

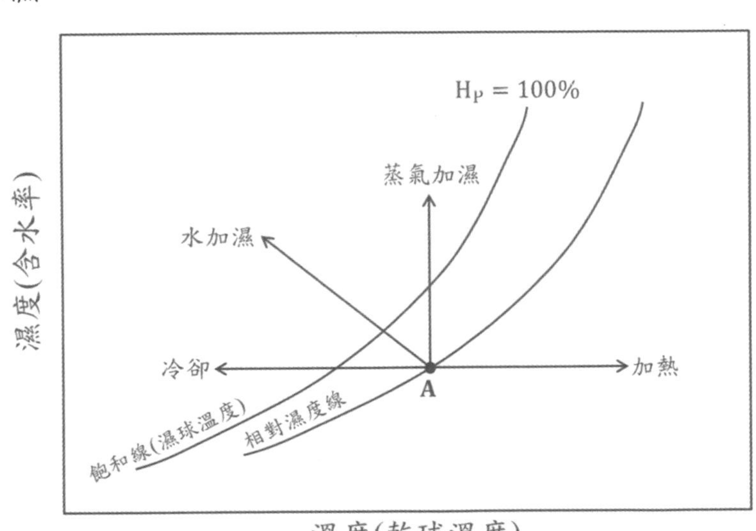

五、有一冷藏室，其結構爲內層是用厚度15mm的松木板，中間層是用厚度100mm的軟木板，最外層則用厚度75mm的水泥構成。松木板的導熱係數是0.151W/m · K，軟木板是0.043W/m · K，水泥是0.762W/m · K。假若冷藏室內層表面溫度−15℃，最外層溫度則爲25℃，請計算每平方公尺熱損失多少瓦(W)？以及松木板與軟木板之間溫度爲多少度(℃)？(20分)

Sol:

(一)熱阻串聯與熱量計算公式:$\frac{q}{A}=\frac{\Delta T}{\sum R}=\frac{T_1-T_4}{\frac{\Delta x_1}{k_1}+\frac{\Delta x_2}{k_2}+\frac{\Delta x_3}{k_3}}=\frac{25-(-15)}{\frac{0.075}{0.762}+\frac{0.1}{0.043}+\frac{0.015}{0.151}}=15.9\left(\frac{W}{m^2}\right)$

(二) $15.9=\frac{T_3-(-15)}{\frac{0.015}{0.151}}$ =>$T_3=-13.4\left(℃\right)$

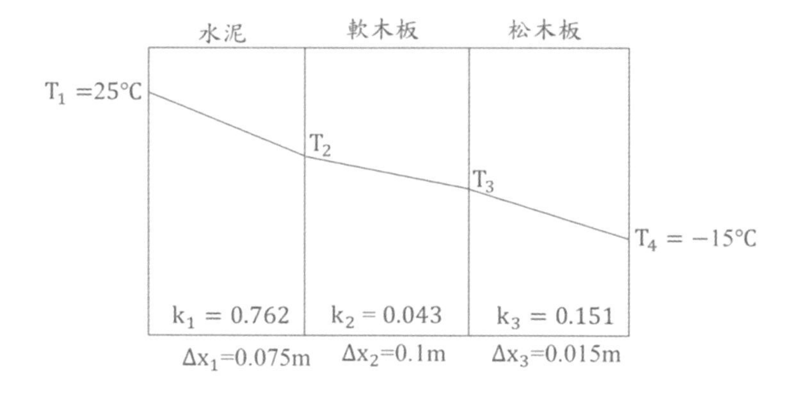

108年公務人員高等考試三級考試試題

代號：36620 全一頁
類科：化學工程
科目：輸送現象與單元操作
考試時間：2小時

一、一牛頓流體(Newtonian fluid)以層流(laminar flow)流經長度爲L、半徑爲R之水平圓管。流體之密度ρ及黏度μ皆爲定值。進出口壓力差爲ΔP。
(一)請求解體積流率(volumetric flow rate)Q。(15分)(二)請求解泛寧摩擦係數(Fanning friction factor)f與雷諾數(Reynolds number)Re間之關係式。(10分)
(三)上述所得摩擦係數f與雷諾數Re間之關係式，是否適用於非圓形管內層流之流動？並請解釋其理由。(4分)(四)對於平滑圓管之紊流(turbulent flow)而言，$f = 0.046Re^{-0.2}(5\times10^4 < Re < 1\times10^6)$。請問此公式是否適用於非圓形管內紊流之流動？並請解釋其理由。(4分)(五)如上述層流或紊流之摩擦係數公式可適用於非圓形管內之流動，此時雷諾數Re之直徑應如何定義？(5分)

Sol: (一)可參考〈例題 2 − 6〉，在水平圓管下導正過程忽略重力項即可。
(二)可參考〈考題 2 − 23〉。
(三)(四)可參考〈考題18 − 4〉第二小題，必須由水力半徑做修正才可使用。
(五)可參考〈考題18 − 4〉第一小題。

二、利用一離心泵(centrifugal pump)以$3ft^3/min$流率，從一開口的儲槽輸送180°F的水(水蒸氣壓爲7.51psi，黏度2.25×10^{-4} lb/ft·s，密度60.6 lb/ft^3)。水槽出口位於泵的上方5 ft處。泵吸入管線爲內直徑4 in的不鏽鋼管，長度爲8 ft。若摩擦因子可依$f = 0.0791Re^{-0.25}$計算，當水槽中水位維持在其出口上方2 ft時，試計算此泵系統有效的淨正吸水頭(available NPSH)。註：1psi = 27.68 in水柱。(20分)

Sol: $NPSH = \frac{g_c}{g}\left(\frac{P_a - P_V}{\rho} - F_s\right) - Z_a$

$\dot{Q} = 3\frac{ft^3}{min}\times\frac{1min}{60sec} = 0.05\left(\frac{ft^3}{sec}\right)$;$u = \frac{\dot{Q}}{A} = \frac{0.05}{\frac{\pi}{4}\left(\frac{4}{12}\right)^2} = 0.573\left(\frac{ft}{sec}\right)$ Check Re

$Re = \frac{Du\rho}{\mu} = \frac{\left(\frac{4}{12}\right)(0.573)(60.6)}{(2.25\times10^{-4})} = 51443 \gg 2100$ 爲亂流

$=>f = 0.0791Re^{-0.25} = 0.0791(51443)^{-0.25} = 5.25 \times 10^{-3}$

$F_s = 4f\frac{L}{D}\frac{u^2}{2g_c} = 4(5.25 \times 10^{-3})\frac{(8)}{\left(\frac{4}{12}\right)}\frac{(0.573)^2}{2 \times 32.2} = 2.57 \times 10^{-3}\left(\frac{lbf \cdot ft}{lbm}\right)$

$P_a = 1atm \times \frac{14.7psi}{1atm} \times \left(\frac{12in}{1ft}\right)^2 = 2116.8\left(\frac{lbf}{ft^2}\right)$

$P_V = 7.51\frac{lbf}{in^2} \times \left(\frac{12in}{1ft}\right)^2 = 1081.44\left(\frac{lbf}{ft^2}\right)$

$=>NPSH = \frac{32.2\frac{lbm \cdot ft}{lbf \cdot sec^2}}{32.2\frac{ft}{sec^2}}\left[\frac{\left[(2116.8-1081.44)\frac{lbf}{ft^2}\right]}{60.6\frac{lbm}{ft^3}} - 2.57 \times 10^{-3}\right] + 7 = 24.08(ft)$

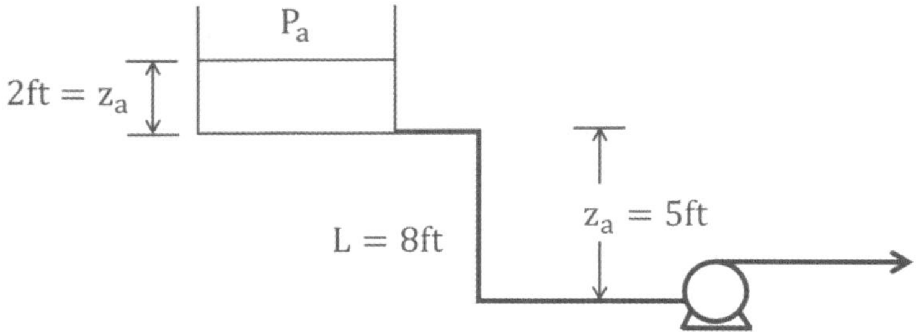

P_a
$2ft = z_a$
$L = 8ft$
$z_a = 5ft$

三、利用逆流式套管熱交換器(countercurrent double-pipe heat exchanger)，以220°F凝結水蒸汽(condensing steam)將空氣自80°F加熱至180°F。假設主要熱傳阻力控制在空氣熱對流部分。已知空氣熱對流的熱傳係數(h)經驗式爲，式中爲納瑟數(Nusselt number)、Re爲雷諾數(Reynolds number)、Pr爲普蘭多數(Prandtl number)。若改用250°F凝結水蒸汽加熱空氣自80°F加熱至180°F，試問所能加熱空氣的質量流率爲原加熱空氣質量流率的多少倍？(20分)

Sol:根據對數平均溫度來定義$q = h \cdot A \cdot \Delta T_{ln} = h(\pi DL)\left[\frac{(T_S-T_i)-(T_S-T_o)}{\ln\left(\frac{T_S-T_i}{T_S-T_o}\right)}\right]$ (1)

※題目中所提供 Dittus-Boelter equation 經驗式已暗示爲亂流，在亂流下對流熱傳係數 h 幾乎和管子長度無關，可視爲 h 無變化，因此必須以對數平均溫度求解。

另外，題目已提供溫度差爲$T_o - T_i$，冷凝蒸汽T_s爲定值，上式對數平均溫度分母項可視爲常數，所以可改寫爲=> $q = h \cdot A \cdot \Delta T_{ln} = \dot{m}C_p(T_o - T_i)$ (2)

合併(1)&(2)式=>$\dot{m}C_p(T_o - T_i) = h(\pi DL)\left[\frac{(T_S-T_i)-(T_S-T_o)}{\ln\left(\frac{T_S-T_i}{T_S-T_o}\right)}\right]$

$$=>\dot{m}=\frac{h(\pi DL)\left[\frac{(T_S-T_i)-(T_S-T_o)}{\ln\left(\frac{T_S-T_i}{T_S-T_o}\right)}\right]}{C_p(T_o-T_i)}$$ 由題意得知(πDL)與$C_p(T_o-T_i)$皆視爲定值

$$=>\frac{\dot{m}_2}{\dot{m}_1}=\frac{\frac{(T'_S-T_i)-(T'_S-T_o)}{\ln\left(\frac{T'_S-T_i}{T'_S-T_o}\right)}}{\frac{(T_S-T_i)-(T_S-T_o)}{\ln\left(\frac{T_S-T_i}{T_S-T_o}\right)}}=\frac{\frac{(250-80)-(250-180)}{\ln\left(\frac{250-80}{250-180}\right)}}{\frac{(220-80)-(220-180)}{\ln\left(\frac{220-80}{220-180}\right)}}=\frac{112.7}{79.8}=1.41(倍)$$

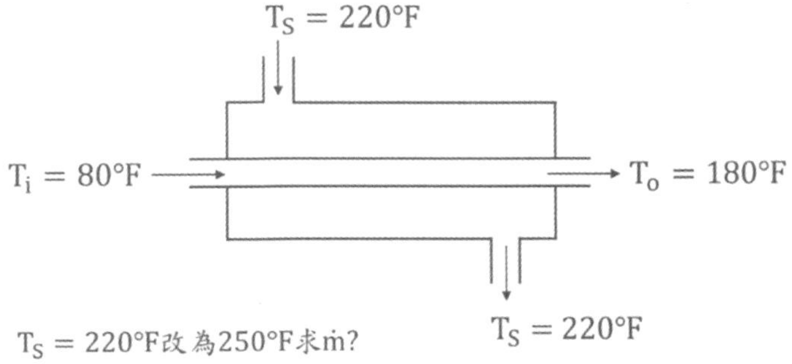

$T_S=220°F$

$T_i=80°F$　$T_o=180°F$

$T_S=220°F$

$T_S=220°F$改為$250°F$求$\dot{m}$?

※摘錄於 Frank.P.Incropera David P.DeWitt 例題 Example 8.3!!

四、有一層板塔(plate column)用於連續蒸餾含A(較易揮發組分)和B的二元液體混合物。A和B在整個組成範圍內形成理想溶液(ideal solution)。相對揮發率(relative volatility) α是常數，且等於2.0。設計條件如下：進料條件爲飽和液體；進料組成，$x_F=50mol\%A$；進料速率(feed rate)爲100lb mol/h；餾出物組成$x_D=90mol\%A$；底部組成$x_B=10mol\%A$。(每小題10分，共20分)

(一)試以解析法計算最少理論塔板的數量。

(二)試以解析法計算最小回流比(L/D)。

Sol:(一)最小理論板數計算 $N_{min}=\frac{\ln\left(\frac{x_D}{1-x_D}/\frac{x_B}{1-x_B}\right)}{\ln\alpha_{AB}}$ 梵士其方程式(Fenske Eq.)

$$=>N_{min}=\frac{\ln\left(\frac{0.9}{1-0.9}/\frac{0.1}{1-0.1}\right)}{\ln(2)}=6.3(板)$$ (最小理論板數 6.3 板含一加熱器)

(二)$x_A=x_F=0.5$時，$y'=\frac{\alpha_{AB}x_A}{[1+(\alpha_{AB}-1)x_A]}=\frac{2(0.5)}{[1+(2-1)0.5]}=0.67$

$$\frac{R_{min}}{R_{min}+1}=\frac{x_D-y'}{x_D-x'}=>\frac{R_{min}}{R_{min}+1}=\frac{0.9-0.67}{0.9-0.5}=>R_{min}=2.35$$

五、二氧化碳(A)可被氫氧化鈉水溶液(B)吸收，並進行一階不可逆反應，A +

$B \rightarrow AB$，其單位體積反應速率爲$R_A = -k_1C_A$。由於反應生成物濃度很低，可假設爲擬二元(pseudobinary)系統。已知二氧化碳在水溶液界面的平衡濃度爲C_{A0}，由於溶解度低，在溶解液膜(δ)外，二氧化碳的濃度爲$C_{A\delta}$。若氣液接觸面積爲S，試計算二氧化碳在氫氧化鈉水溶液中的吸收速率。(24 分)

Sol: (一)可參考〈類題 13 − 4〉。

108年公務人員普通考試試題

代號：36620 全一頁
類科： 化學工程
科目： 化工機械概要
考試時間： 1小時30分

一、關於流體輸送裝置，請回答下列問題：(每小題10分，共20分)
(一)請論述孔口板流量測量原理與其關係式。
(二)流體流量常需控制閥加以調節，控制閥依其動作分爲氣開型(air to open)與氣閉型(air to close)，請論述何謂氣開型與氣閉型控制閥？
Sol: (一)請參考P-370重點整理。
(二)Air to open(氣開式正作用)
對燃料氣溫度控制閥選擇失效關閉(Fail to Close)，避免燃料氣大量流入爐膛內引起劇烈燃燒產生危險。
Air to close(氣關式反作用)
對愈熱流體流量控制閥選擇失效開啓(Fail to Open)，避免加熱爐管内液料結碳阻塞，嚴重時則爆破燃燒。

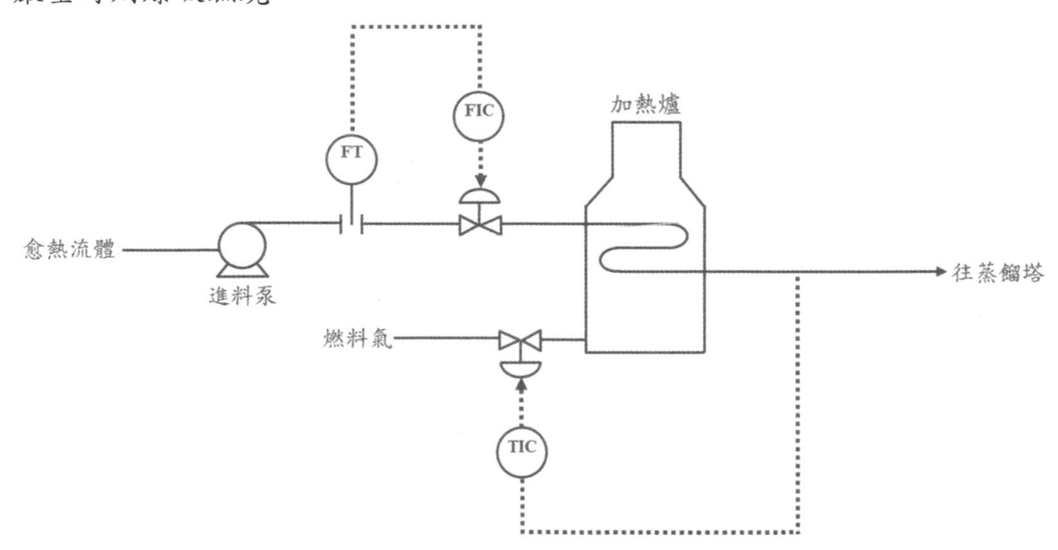

二、關於分離程序之裝置，請回答下列問題：(每小題10分，共20分)
(一)何謂三效蒸發器？操作方式有那些？ (二)何謂乾燥？氣體如何乾燥？
Sol: (一)請參考〈考題22－9〉。(二)請參考〈考題29－5〉。

三、製程使用固體原料時，往往需要縮小尺寸(size reduction，或稱減積)，使效率提高，請論述：(每小題10分，共20分)

(一)減少尺寸的理由。(二)裝置縮小尺寸方式。

Sol: (一)(二)請參考〈考題31－11〉

四、有一股廢醇溶液，流量爲2000 kg mol/h，含甲醇80 mol%(摩爾百分比)其餘爲分子量較高的醇類物質及少量的水，今欲採用蒸餾塔分離出含甲醇99 mol%之產品(假設密度爲$0.8\mathrm{g/cm^3}$)，並使回收率達95%，而其餘爲廢液。若回流比爲1.2，塔頂壓力1大氣壓(101.3 kPa)，每塔板壓差爲0.86 kPa，而總塔板數爲42(塔高爲29 m)，請計算： (每小題10分，共20分)

(一)塔頂與塔底之質量流率kg mol/h？(二)回流幫浦功率(假設效率70%)。單位轉換資訊：$1\mathrm{atm} = 101.3\ \mathrm{kPa}$；$1\mathrm{Pa} = 1(\mathrm{N/m^2})$；$1\mathrm{J} = 1(\mathrm{N \cdot m}) = 1(\mathrm{kg \cdot m^2/s^2})$；$1\mathrm{W} = 1\ \mathrm{J/s}$。

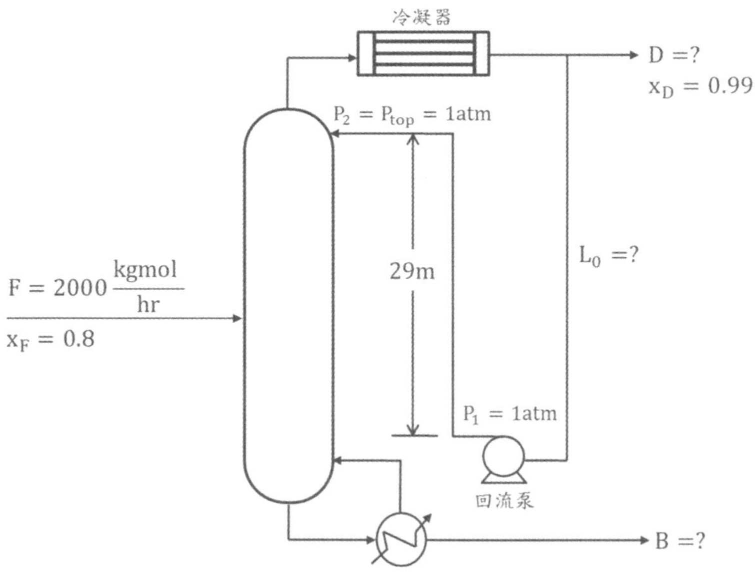

Sol: (一)總入料量$F = 2000(\mathrm{kgmol/h})$，$\varphi\left(回收率\right) = \frac{Dx_D}{Fx_F}$ =>$0.95 = \frac{D(0.99)}{2000(0.8)}$

=>$D = 1538(\mathrm{kgmol/h})$

總質量平衡: $F = D + B$

=>$2000 = 1535 + B$ =>$B = 465(\mathrm{kgmol/h})$

(二)$R(回流比) = \frac{L_0}{D}$ =>$L_0 = R \cdot D = (1.2)(1538) = 1845.6(\mathrm{kgmol/h})$

$$L_0 = \dot{m} = 1845.6\frac{kgmol}{hr} \times 32\frac{kg}{kgmol} \times \frac{1hr}{3600sec} = 16.4\left(\frac{kg}{sec}\right)$$

$$\frac{P_2 - P_1}{\rho} + \frac{u_2^2 - u_1^2}{2g_c} + \frac{g}{g_c}(z_2 - z_1) + \sum F + W_s = 0 \quad (1)$$ 機械能平衡方程式

$P_2 = P_1$　$u_1 = u_2$ ∴相同管徑　假設管子間摩擦損耗極小

※塔盤壓差在這題目是陷阱，回流泵只需考慮蒸餾塔高度差，頂部出口壓力爲 $P_2 = P_{top} = 1atm$，一般塔頂冷凝器或冷卻器假設不考慮壓損，進入泵中心點或泵入口管嘴也爲$P_1 = 1atm$，所以點 1 與點 2 壓力項相同。

$$=> \frac{9.8}{1}(29) + W_s = 0 \; => (-W_s) = 284.2\left(\frac{J}{kg}\right) \; => W_p = \frac{(-W_s)}{\eta} = \frac{284.2}{0.7} = 406\left(\frac{J}{kg}\right)$$

$$=> P_B = \dot{m}W_p = 16.4\frac{kg}{sec} \times 406\frac{J}{kg} \times \frac{1kW}{1000J} \times \frac{1hp}{0.75kW} = 8.88(HP)$$

五、燃燒爐是一個重要的化工裝置，使燃料透過燃燒以釋放出能量供程序使用，關於燃燒爐使用，請論述下列問題：(每小題10分，共20分)

(一)若欲有良好燃燒，其控制要素有那些？ (二)燃燒後尾氣若含粒狀物，粒狀物之去除裝置有那些？

Sol:(一)1.充足的氧氣量 2.燃料與空氣的充分混合 3.足夠的燃燒時間 4.達到一定的溫度。

(二)請參考旋風分離器介紹P-698頁。

108年專門職業及技術人員高等考試建築師、25類科技師（含第二次食品技師）考試暨普通考試不動產經紀人、記帳士考試試題　代號：01510　全一頁

等　別：高等考試
類　科：化學工程技師
科　目：輸送現象與單元操作
考試時間：2 小時　座號：＿＿＿＿＿＿

※注意：(一)可以使用電子計算器。
(二)不必抄題，作答時請將試題題號及答案依照順序寫在試卷上，於本試題上作答者，不予計分。
(三)本科目得以本國文字或英文作答。

一、若水在一半徑為 r_i 的圓管中，其流速 $U(r)$ 與最大流速 U_{max} 的關係式是 $U(r)=U_{max}(\frac{r_i-r}{r_i})^{1/7}$（for turbulent flow），試推導出水的平均流速 U_{avg} 與 U_{max} 的關係式。（20 分）

$$\text{Sol:}U_{(r)}=U_{max}\left(1-\frac{r}{r_i}\right)^{\frac{1}{7}}\ (\text{亂流下速度分佈})\ \text{當}\ r=0\ \ U_{(r)}=U_{max}\ \ (1)$$

$$U_{avg}=\frac{\int_0^{2\pi}\int_0^R V_{max}\left(1-\frac{r}{r_i}\right)^{\frac{1}{7}}r\,dr\,d\theta}{\int_0^{2\pi}\int_0^{r_i}r\,dr\,d\theta}=\frac{2\pi V_{max}\int_0^R\left(1-\frac{r}{r_i}\right)^{\frac{1}{7}}r\,dr}{\pi r_i^2}$$

$$=2U_{max}\int_0^R\left(1-\frac{r}{r_i}\right)^{\frac{1}{7}}\left(\frac{r}{r_i}\right)d\left(\frac{r}{r_i}\right)\ \left(\text{令}u=1-\frac{r}{r_i}\ \ \text{當}r=0\ \ u=1;\ r=r_i\ \ u=0\right)$$

$$=2U_{max}\int_1^0 u^{\frac{1}{7}}(1-u)(-du)=2U_{max}\int_0^1 u^{\frac{1}{7}}(1-u)(du)$$

$$=2U_{max}\int_0^1\left(u^{\frac{1}{7}}-u^{\frac{8}{7}}\right)(du)=2U_{max}\left(\frac{7}{8}u^{\frac{8}{7}}-\frac{7}{15}u^{\frac{15}{7}}\right)\Big|_0^1=0.8166U_{max}\ \ (2)$$

當(2)除以(1)式 $\frac{U_{avg}}{U_{max}}=0.8166$

二、甲水槽的內部壓力為 10 psig，乙水槽的內部壓力為 20 psig，若甲槽的液位比甲槽高 30 英尺，假設水流經連結甲水槽與乙水槽之間水管的摩擦力可被忽略，試算甲水槽的水是否可流向乙水槽。（25 分）

Sol:

甲水槽的壓力爲 $\Delta P_1=P_1+\frac{\rho gh}{g_c}=10+\frac{62.4\frac{lbm}{ft^3}\times32.2\frac{ft}{sec^2}\times30ft}{32.2\frac{lbm\cdot ft}{lbf\cdot sec^2}}\times\left(\frac{1ft}{12in}\right)^2=23(psig)$

乙水槽的壓力爲 $\Delta P_2=20(psig)$

※由於壓力差 $\Delta P_1>\Delta P_2$，所以甲水槽的水可流向乙水槽

三、一不銹鋼圓管外直徑為 6.0 公分，表面包覆以 5.0 公分的發泡棉，熱導係數為 0.55 瓦特/(公尺‧℃)，其外再表面包覆以 4.0 公分的軟木，熱導係數為 0.05 瓦特/(公尺‧℃)。若不銹鋼圓管的表面溫度為 150℃，軟木層的表面溫度為 30℃，計算不銹鋼圓管每公尺長的導熱量為多少瓦特？（25 分）

Sol:第一步先計算各層的半徑:$r_1 = \frac{6}{2\times100} = 0.03(m)$

$r_2 = r_1 + \Delta x_1 = 0.03 + \frac{5}{100} = 0.08(m)$， $r_3 = r_2 + \Delta x_3 = 0.08 + \frac{4}{100} = 0.12(m)$

再代入熱阻串聯與熱量計算的公式$q = \frac{\Delta T}{\sum R} = \frac{T_1 - T_3}{\frac{\ln\left(\frac{r_2}{r_1}\right)}{2\pi k_1 L} + \frac{\ln\left(\frac{r_3}{r_2}\right)}{2\pi k_2 L}} = \frac{推動力}{總阻力}$

$$q = \frac{2\pi(T_1 - T_3)L}{\frac{\ln\left(\frac{r_2}{r_1}\right)}{k_1} + \frac{\ln\left(\frac{r_3}{r_2}\right)}{k_2}} = \frac{2\pi(150-30)(1)}{\frac{\ln\left(\frac{0.08}{0.03}\right)}{0.55} + \frac{\ln\left(\frac{0.12}{0.08}\right)}{0.05}} = \frac{753.6}{1.783+8.109} = 76.18(W)$$

四、若在空氣流體流經一個水平的淺水盤（pan）時所產生的邊界層中（boundary layer），在 x 的水平方向得到下列 Nusselt number（Nu）與 Reynolds number（Re_x）和 Schmit number（Sc，為 kinematic viscosity 與 mass diffusivity 的比值）的關係式為：

$$Nu = \frac{kx}{D} = 0.332\, Re_x^{\ 0.5}\, Sc^{0.33} \text{ for laminar flow}$$

and $$Nu = \frac{kx}{D} = 0.0292\, Re_x^{\ 0.8}\, Sc^{0.33} \text{ for turbulent flow}$$

當過渡區（transition）發生在 $Re_x = 3\times10^5$ 時，空氣的流速為每秒 15 英尺，kinematic viscosity 為每秒 1.81×10^{-4} 平方英尺，水在空氣中的擴散係數（mass diffusivity）D 值為每秒 2.81×10^{-4} 平方英尺，熱擴散係數（thermal diffusivity）α值為每秒 2.37×10^{-4} 平方英尺，空氣的密度為每立方英尺 0.0735 磅（lbm），空氣的比熱（heat capacity）為 0.24 Btu/(lbm)(°F)，求取：

㈠在距離水盤前端 $x = 4.5$ 英尺的 k 值（mass transfer coefficient）for water film。（15 分）

㈡利用 Colburn Analogy 的原理，預測此處 $x = 4.5$ 英尺的熱傳係數（heat transfer coefficient for convection）。（15 分）

Sol:

(一) $Sc = \frac{\mu}{\rho D_{AB}} = \frac{\nu}{D_{AB}} = \frac{動量擴散度(動黏度)}{質量擴散係數} = \frac{1.81\times10^{-4}}{2.81\times10^{-4}} = 0.644$

已知$Re_x = 3\times10^5$爲亂流，熱傳類比關係可改寫爲質傳類比如下:

=>$Sh = 0.0292 Re^{0.8} Sc^{0.33} = 0.0292(3\times10^5)^{0.8}(0.644)^{0.33} = 608.152$

=>$Sh = \frac{k_c x}{D_{AB}}$ =>$608.152 = \frac{k_c(4.5)}{2.81\times10^{-4}}$ =>$k_c = 0.038\left(\frac{ft}{sec}\right)$

(二)若爲亂流常用 Chilton-Colburn analogies

$$j_M = j_H = \frac{c_f}{2} \Rightarrow \left(\frac{h}{\rho c_p v} \cdot Pr^{\frac{2}{3}} = \frac{k_c}{v} \cdot Sc^{\frac{2}{3}} = \frac{c_f}{2}\right) \Rightarrow \frac{h}{\rho c_p} \cdot Pr^{\frac{2}{3}} = k_c \cdot Sc^{\frac{2}{3}}$$

由(一)結果得知在解出$x = 4.5ft$下的k_c值可套用上式

$$\Rightarrow Pr = \frac{C_p \mu}{k} = \frac{\mu/\rho}{k/\rho C_p} = \frac{v}{\alpha} = \frac{\text{動量擴散係數}}{\text{熱擴散係數}} = \frac{1.81\times10^{-4}}{2.37\times10^{-4}} = 0.764$$

$$\Rightarrow \frac{h}{0.0753\times0.24}(0.764)^{\frac{2}{3}} = (0.038)(0.644)^{\frac{2}{3}} \Rightarrow h = 6.13\times10^{-4}\left(\frac{Btu}{sec\cdot ft^2\cdot{}^{\circ}F}\right)$$

經濟部所屬事業機構108年新進職員甄試試題

類別：化工製程　　　　　　　　　　　　　　節次：第三節

科目：1.單元操作 2.輸送現象

注意事項	1.本試題共3頁(A3紙1張)。 2.可使用本甄試簡章規定之電子計算器。 3.本試題分6大題，每題配分於題目後標明，共100分。須用藍、黑色鋼筆或原子筆在答案卷指定範圍內作答，不提供額外之答案卷，作答時須詳列解答過程，於本試題或其他紙張作答者不予計分。 4.本試題採雙面印刷，請注意正、背面試題。 5.考試結束前離場者，試題須隨答案卷繳回，俟本節考試結束後，始得至原試場或適當處所索取。 6.考試時間：120分鐘。

一、請簡述下列問題：（25分）

(一)請說明化工製程採取降低壓力控制之操作策略的優點。（4分）

(二)有關填充塔(packing tower)之設計與操作：

(1)請說明何謂孔道效應(channeling effect)。（4分）

(2)請說明溢流(flooding)現象發生之原因。（4分）

(三)請說明淨正吸揚程(Net Positive Suction Head, NPSH)的定義及其重要性。（5分）

(四)流量測量儀器在化工製程經常被使用，請分別說明皮托管(pitot tube)及流孔板(orifice plate)的測量原理。（4分）

(五)溫度測量儀器依動作原理，有膨脹式溫度儀器、電阻式溫度儀器(Resistance Temperature Detector, RTD)與熱電偶式溫度儀器(Thermocouple)等種類，請分別說明後2者之動作原理，並比較其精確度。（4分）

Sol:

(一)請參考P-549(二十九)蒸餾塔內操作壓力低，蒸餾效果、能耗、操作煉量之比較。

(二)請參考P-601(十)填充吸收塔/氣提塔流體力學。

(三)請參考⟨考題20－1⟩。

(四)請參考⟨考題19－4⟩。

(五)熱電偶式:將兩條不同材質的金屬線(如銅與鐵)兩端接合，一端加熱，另一端溫度不變，即兩接合點溫度不同時，導線會有連續電流(或電動式)產生，此現象稱爲西貝克效應。

電阻式:金屬的電阻隨溫度增高而上升，半導體的電阻隨溫度升高而減小，藉由量測一段金屬或半導體的電阻即可求出待測溫度。

電阻溫度計的優點為電子式信號，可遠距離傳送，與熱電偶式相比靈敏性與精確度皆較高，適用於跨距窄，準確度要求高的場合。

二、有一精餾塔(fractionating column)欲將各含 50% 的 A、B 混合物分離，進料速率為 12000 kg/hr，塔頂產品為 95 % A + 5 % B，塔底產品為 95 % B + 5 % A，由塔頂出來進入全冷凝器的蒸氣速率為 10000 kg/hr，請計算其回流比。(計算至小數點後第 2 位，以下四捨五入)（10 分）

Sol:整個蒸餾塔系統質量平衡:$F = D + B$ $\Rightarrow 12000 = D + B$ (1)

對成份 A 作質量平衡:$Fx_F = Dx_D + Bx_B$

$\Rightarrow 12000(0.5) = 0.95D + 0.05B$ (2)

由(1)&(2)式$\Rightarrow D = 6000\left(\frac{kg}{hr}\right)$

$\Rightarrow R(\text{回流比}) = \frac{L_0}{D}$

又$V_n = L_0 + D \Rightarrow 10000 = L_0 + 6000$

$\Rightarrow L_0 = 4000\left(\frac{kg}{hr}\right) \Rightarrow R = \frac{L_0}{D} = \frac{4000}{6000} = 0.67$

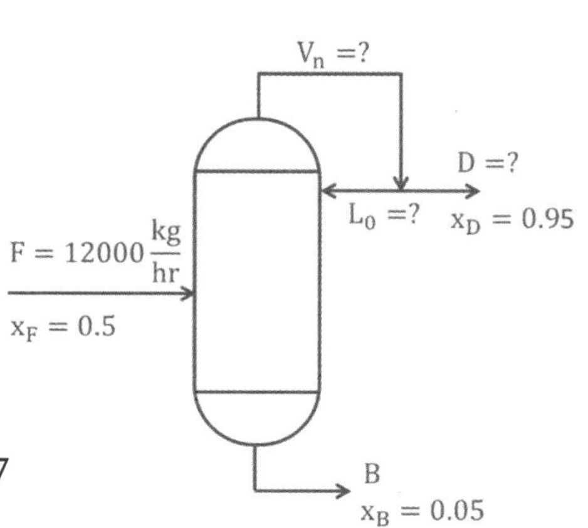

三、設計一座雙套管熱交換器(double tube heat exchanger)，將水的溫度由 360 K 降至 340 K，水進入熱交換器的速率為 20 kg/s，進入熱交換器的冷媒的溫度為 295 K，速率為 25 kg/s。假設總包熱傳係數(overall heat transfer coefficient)固定為 2.0 kW/(m² · K)，水與冷媒的平均比熱(average specific heat)均固定為 1.0 BTU/(lbm · R)；1 BTU = 1.055 kW · s；1 lbm = 0.454 kg。請回答下列問題：（15 分）

(一)計算下列 2 種排列方式所需之熱傳面積及冷媒出口溫度。(計算至小數點後第 3 位，以下四捨五入)（12 分）

(1)同向流式(cocurrent flow)熱交換器（6 分）

(2)反向流式(countercurrent flow)熱交換器（6 分）

(二)承上，依據計算結果，在實際設計與操作時，哪一種排列方式較佳？請說明理由。（3 分）

(一)順向流:

$\Delta T_1 = T_{Hi} - T_{ci} = 360 - 295 = 65(K)$

$\Delta T_2 = T_{Ho} - T_{co} = 340 - 311 = 29(K)$

$\Delta T_{lm} = \frac{\Delta T_1 - \Delta T_2}{\ln\left(\frac{\Delta T_1}{\Delta T_2}\right)} = \frac{65-29}{\ln\left(\frac{65}{29}\right)} = 40.6(k)$

$T_{Hi} = 360(K)$	$T_{Ho} = 340(K)$
$T_{ci} = 295(K)$	$T_{co} = 311(K)$
$\Delta T_1 = 65\ (K)$	$\Delta T_2 = 29(K)$

能量平衡為基準$q = \dot{m}_H C_{pH}(T_{Hi} - T_{Ho}) = \dot{m}_c C_{pc}(T_{co} - T_{ci})$

$$q = \left(20\frac{kg}{sec}\right)\left(1.0\frac{BTU}{lbm{\cdot}R}\times\frac{1.8R}{1K}\times\frac{1bm}{0.454kg}\times\frac{1.055kW{\cdot}s}{1BTU}\right)(360-340)K = 1673(kW)$$

$$=>1673(kW) = \left(25\frac{kg}{sec}\right)\left(1.0\frac{BTU}{lbm{\cdot}R}\times\frac{1.8R}{1K}\times\frac{1bm}{0.454kg}\times\frac{1.055kW{\cdot}s}{1BTU}\right)(T_{co}-295)$$

$$=>T_{co} = 311(k)$$

$$q = U_oA_o\Delta T_{lm} => (1673kW) = \left(2\frac{kW}{m^2{\cdot}k}\right)(A_o)(40.6k)\ \ =>A_o = 20.603(m^2)$$

逆向流: $\Delta T_1 = T_{Hi} - T_{co} = 360 - 311 = 49(k)$

$\Delta T_2 = T_{Ho} - T_{ci} = 340 - 295 = 45(k)$

$$\Delta T^*_{lm} = \frac{\Delta T_1 - \Delta T_2}{\ln\left(\frac{\Delta T_1}{\Delta T_2}\right)} = \frac{49-45}{\ln\left(\frac{49}{45}\right)} = 47(°F)$$

$T_{Hi} = 360(K)$ → $T_{Ho} = 340(K)$

$T_{co} = 311(K)$ ← $T_{ci} = 295(K)$

$\Delta T_1 = 49\,(K)$ $\quad \Delta T_2 = 45\,(K)$

$$q = U_oA^*_o\Delta T^*_{lm} => (1673kW) = \left(2\frac{kW}{m^2{\cdot}k}\right)(A_o)(47k)\ \ =>A_o = 17.797(m^2)$$

$$=>A^*_o = 16.9(m^2)$$

(二)計算結果得知:逆向流所需熱傳面積較小，所以逆向流在設計上或實際操作時較佳。

四、1000 lb/hr 流體於內徑 0.5 ft 管內流動，流體黏度 0.003 lb/(ft‧sec)，求其雷諾數 Re =？(計算至小數點後第 3 位，以下四捨五入，π = 3.1416)（5 分）

Sol:

$$Re = \frac{Du\rho}{\mu} = \frac{D\dot{m}}{\mu A}\ \ 又 u = \frac{\dot{m}}{\rho A}\ => Re = \frac{D\dot{m}}{\mu A} = \frac{0.5ft\times1000\frac{lbm}{hr}\times\frac{1hr}{3600sec}}{0.003\frac{lbm}{ft{\cdot}sec}\times\left[\left(\frac{\pi}{4}(0.5)^2\right)ft^2\right]} = 235.9$$

五、如【圖 1】所示，連續分液罐，水為連續相，油為分散相，因油水易分離，於穩定時油水有明確介面，假設槽及管壁皆無摩擦，閥 V1、V2 及 V3 皆通大氣，油密度 0.5 g/cm³，請回答：（15 分）

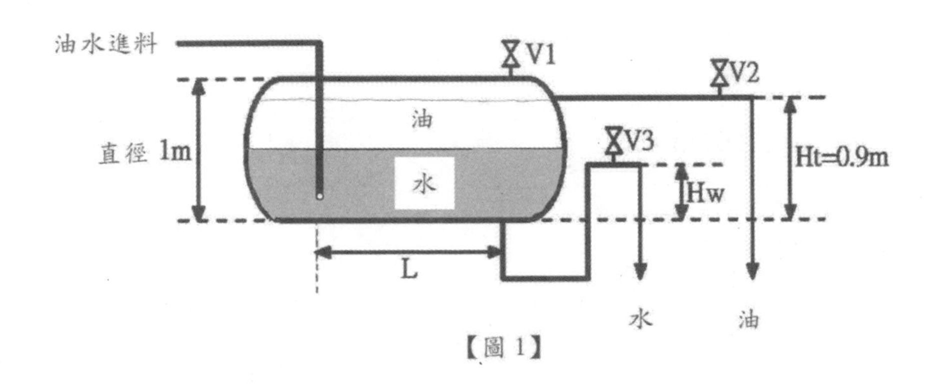

【圖 1】

(一)於穩定時，若油水介面要控制在 0.5 m ，Hw 需幾公尺？（5 分）

(二)依據 Stoke's 定律，分液罐內水相油滴在水的上升終端速度 ut = 0.003 m/sec，若分液罐內水相的截面積如【圖 2】陰影所示為 0.393 m²，水流出分液罐流量為 10000 kg/h，於穩定時，若要避免油隨水流出。則【圖 1】之 L 至少為多少公尺？(計算至小數點後第 3 位，以下四捨五入)（10 分）

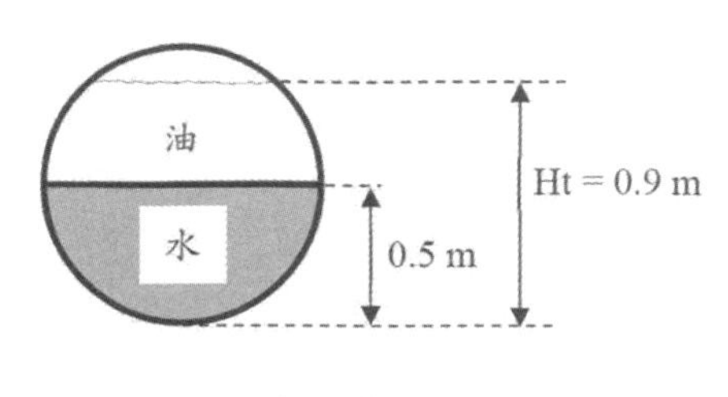

【圖 2】

Sol:

(一)Drum 水相高度(油水界面高度)$= H_A = 0.5\text{m}$，水相密度$\rho_A = 1000\,\text{kg/m}^3$

Drum 油相高度$= H_B = H_t - H_A = 0.9 - 0.5 = 0.4\text{m}$，油相密度$\rho_B = 500\,\text{kg/m}^3$

假設在穩定下，忽略液體在排液管的摩擦阻力$\Rightarrow H_t\rho_A = H_A\rho_A + H_B\rho_B$

$$\Rightarrow H_t = \frac{H_A\rho_A + H_B\rho_B}{\rho_A} = \frac{0.5\times1000+0.4\times500}{1000} = 0.7\text{m}$$

(二)假設離開油水進料管之油滴油罐底開始上升馬上達到終端速度，若要避免油隨水流出，油滴到達長度 L 時需抵達油水界面:

油滴到達長度L所耗費時間$t =$油滴到達油水界面所耗費時間t_A

油滴上升高度$= H_A = 0.5\text{m}$

$$t = t_A \Rightarrow \frac{L}{u} = \frac{H_A}{u_t} \Rightarrow \frac{L}{H_A} = \frac{u}{u_t}$$

u水相在槽軸向前進速度=油滴在水相中前進速度

u_t油滴在水相中的上升終端速度

$$u = \frac{\dot{m}}{\rho A} = \frac{10000}{1000\times0.393} = 25.45\left(\frac{\text{m}}{\text{hr}}\right) = 0.007\left(\frac{\text{m}}{\text{sec}}\right)$$

$$\Rightarrow \frac{L}{0.5} = \frac{0.007}{0.003} \Rightarrow L = 1.167\text{m}$$

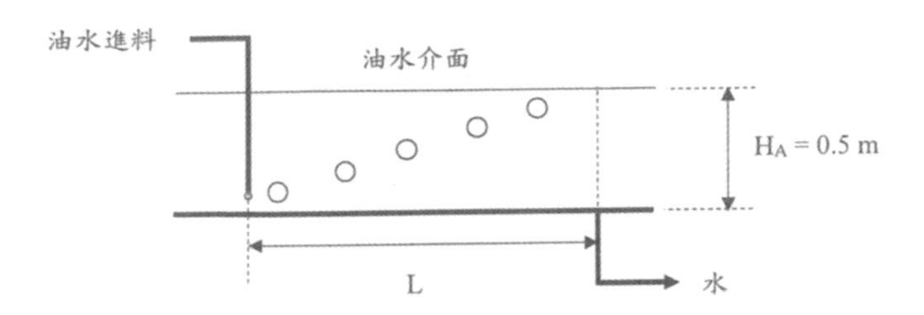

※參考 McCabe Ch2 例題 2.2 與內容敘述!!

六、如【圖 3】所示水槽，槽頂恆壓 P_1，槽底部有水管連通大氣 P_2，管上有一閥，槽與管液面等高，均為 100 cm。假設槽及管壁皆無摩擦。($g = 9.8\ m/sec^2$ ；$g_c = 9.8\ (kg \cdot m)/(kgf \cdot sec^2)$ ；$\pi = 3.1416$)（30 分）

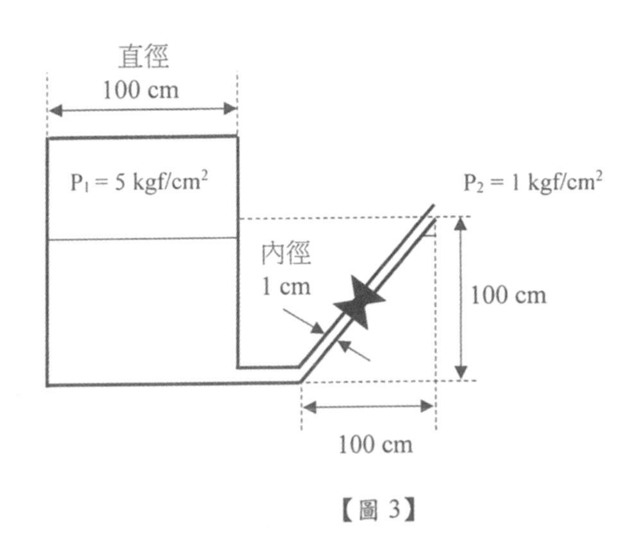

【圖 3】

(一)若水管無水噴出到大氣，請問閥的摩擦損失是幾公尺？（10 分）

(二)若閥全開時，閥摩擦損失為零，試計算閥全開瞬間槽液面下降速度(m/sec)？（10 分）

(三)若閥全開時，水管無水噴出到大氣，請問水管需增長多少公尺？($\sqrt{2} = 1.414$；$\sqrt{4} = 2$；$\sqrt{10} = 3.162$)（10 分）

Sol:

(一) $\frac{P_2 - P_1}{\rho} + \frac{u_2^2 - u_1^2}{2g_c} + \frac{g}{g_c}(z_2 - z_1) + \sum F + W_s = 0$ (1)機械能平衡方程式

$u_2 = u_1$　　相同高度　　無軸功

$\Rightarrow \sum F = \frac{P_1 - P_2}{\rho} = (5-1)\frac{kgf}{cm^2} \times \frac{9.8N}{1kgf} \times \left(\frac{100cm}{1m}\right)^2 = 392000\left(\frac{N}{m^2}\right)$

所有數據代回(1) =>$\sum F = \frac{392000}{1000} = 392\left(\frac{J}{kg}\right)$

=>$Z = \frac{\sum F \cdot g_c}{g} = \frac{392 \times 1}{9.8} = 40(m)$

(二)$\frac{P_2 - P_1}{\rho} + \frac{u_2^2 - u_1^2}{2g_c} + \frac{g}{g_c}(z_2 - z_1) + \sum F + W_s = 0$ (1) 機械能平衡方程式

$A_1 \gg A_2$ =>$u_2 \gg u_1$ 閥瞬間全開液面仍等高 無摩擦損耗 無軸功

=>$u_2 = \sqrt{\frac{2g_c(P_1 - P_2)}{\rho}} = \sqrt{\frac{(2\times1)(5-1)\frac{kgf}{cm^2}\times\frac{9.8N}{1kgf}\times\left(\frac{100cm}{1m}\right)^2}{1000\frac{kg}{m^3}}} = 28\left(\frac{m}{sec}\right)$

水管噴到大氣質量流率=槽液面下降質量流率 =>$\dot{m}_2 = \dot{m}_3$

=>$u_2 A_2 \rho = u_3 A_3 \rho$ =>$u_2 D_2^2 = u_3 D_3^2$ =>$28 \times \left(\frac{1}{100}\right)^2 = u_3 \times (1)^2$

=>$u_3 = 0.0028\left(\frac{m}{sec}\right)$

※此題和 105 年經濟部職員的概念相同，可去翻閱相關內容!!

(三)計算出的數值和(一)結果相同=>$Z = \frac{\sum F \cdot g_c}{g} = \frac{392 \times 1}{9.8} = 40(m)$

管子需增長 40m 液位高，依據畢式定理 1:1: $\sqrt{2}$
=>管子長度爲$40\sqrt{2} = 56.56(m)$

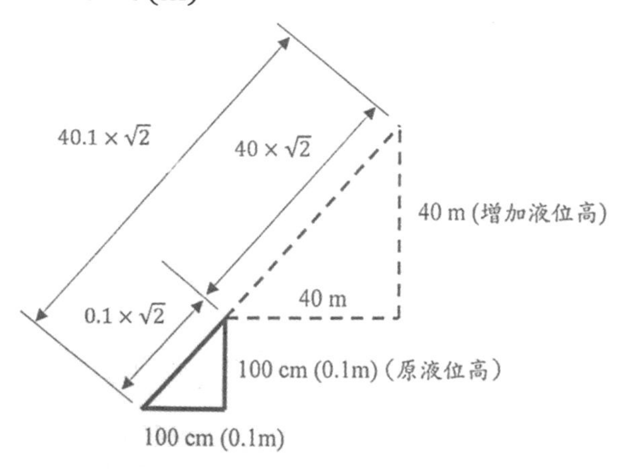

代號：39120
頁次：2-1

109年公務人員高等考試三級考試試題

類　　科：化學工程
科　　目：輸送現象與單元操作
考試時間：2小時　　　　座號：＿＿＿＿＿＿

※注意：(一)可以使用電子計算器。
(二)不必抄題，作答時請將試題題號及答案依照順序寫在試卷上，於本試題上作答者，不予計分。
(三)本科目除專門名詞或數理公式外，應使用本國文字作答。

一、在流動為蜓流（creeping flow）時，牛頓流體（Newtonian fluid）流經圓球所受之力為$F_k=6\pi\mu Rv_\infty$，其中μ為黏度（viscosity），v_∞為遠方流體之流速，R為圓球半徑。請由摩擦係數（friction factor）f之定義：$F_k=AKf$，其中A為特徵面積，K為單位體積流體之特徵動能，求得摩擦係數f與雷諾數（Reynolds number）Re間之關係式。（10分）

Sol: $F_k = 6\pi\mu Rv_\infty$ 又$D_P = 2R$ =>$F_k = 3\pi\mu D_P v_\infty$ (1)　Stoke Equation

$F_k = C_D A\frac{\rho v_\infty^2}{2g_c} = C_D \frac{\pi}{4} D_P^2 \frac{\rho v_\infty^2}{2g_c}$ (2) 拖曳阻力

(1)和(2)式結合 =>$3\pi\mu D_P v_\infty = C_D \frac{\pi}{4} D_P^2 \frac{\rho v_\infty^2}{2g_c}$ =>$C_D = \frac{24\mu}{D_p\, v_\infty\, \rho} = \frac{24}{Re}$

二、一液膜因受重力沿垂直壁面往下流，液膜厚度為δ。假設流動為恆溫之層流（laminar flow），液體為冪次流體（power-law fluid），液體之密度為ρ，黏度（viscosity）為μ，請求解液體之流速分布。（對於冪次流體而言，$\tau_{xz} = -m\left|\frac{dv_z}{dx}\right|^{n-1}\frac{dv_z}{dx}$。）（25分）

Sol: 請參考〈考題 2 − 11〉過程。

三、一液體密度為162 lb/ft³，黏度（viscosity）為4.84 lb/ft·h，流經長達9,134 ft之平滑圓管。管路壓力降為0.183 $lb_f/in.^2$。如液體質量流率為7,000 lb/h，請問圓管之直徑為何？對於層流（laminar flow）而言，泛寧摩擦係數（Fanning friction factor）f與雷諾數（Reynolds number）Re間之關係式為f=16/Re；對於紊流（turbulent flow）而言，$f=0.046Re^{-0.2}$。單位換算：1 ft=12 in., g=32.174 ft/s², 1 lb_f=32.174 lb·ft/s²。（20分）

Sol: $u = \frac{\dot{Q}}{A} = \frac{\dot{m}}{\rho A} = \frac{7000\frac{lbm}{hr}\times\frac{1hr}{3600sec}}{162\frac{lbm}{ft^3}\times\left[\left(\frac{\pi}{4}D^2\right)ft^2\right]} = \frac{0.0153}{D^2}$ (1)

Check Re=>$Re = \frac{Du\rho}{\mu} = \frac{(D)\left(\frac{0.0153}{D^2}\right)(162)}{\left(4.84\frac{lbm}{ft\cdot hr}\times\frac{1hr}{3600sec}\right)} = \frac{1844}{D^2}$ (2) $f = 0.046Re^{-0.2}$ (3)

$\Delta P = 4f\frac{L}{D}\frac{\rho u^2}{2g_c}$ =>$0.183\frac{lbf}{in^2}\times\left(\frac{12in}{1ft}\right)^2 = 4f\frac{(9134)}{(D)}\frac{(162)\left(\frac{0.0153}{D^2}\right)^2}{2\times32.2}$ =>$26.35 = \frac{21.5}{D^5}f$ (4)

試誤法(Try and error):假設圓管直徑 D =>Re(2) =>f (3) =>f&D代入(4)式≑ 26.35

假設直徑 D	Re (2)	f (3)	ΔP(4) ≑ 26.35
0.34	15951	6.64×10^{-3}	31.4
0.35	15053	6.71×10^{-3}	27.5
0.353	14715	6.74×10^{-3}	26.4

※所以圓管直徑D = 0.353(ft)，假設接近!!

四、一氣體包含3 mole %的A。將此氣體通過一填充塔以水吸收99%的A。吸收塔操作在25°C及1 atm，且氣體及液體之流率分別為20 mol/h·ft^{2}及100 mol/h·ft^2。平衡關係式及質傳係數如下：

$y^* = 3.1x$ at 25°C

$k_x a = 60$ mol/h·ft^3· unit mole fraction

$k_y a = 15$ mol/h·ft^3· unit mole fraction

假設恆溫操作及忽略氣體及液體流率之變化，請求解吸收塔塔高。(20分)

Sol: 請參考〈類題 27 − 10〉過程。

五、水以150 lb$_m$/min之流率流入逆向流（counterflow）之套管式熱交換器，水溫從60°F升溫至140°F。進入熱交換器之熱油則由240°F降溫為80°F。水之比熱為1 Btu/lb$_m$ °F，油之比熱為0.45 Btu/lb$_m$ °F。熱交換器之總熱傳係數為50 Btu/h·ft^2 °F。

㈠熱交換器之熱傳面積為多少？（10分）

㈡如水流率降為120 lb$_m$/min，熱油之流率不變，水出口溫應為多少？（15分）

Sol:

(一)能量平衡爲基準$q = \dot{m}_H C_{pH}(T_{Hi} - T_{Ho}) = \dot{m}_c C_{pc}(T_{co} - T_{ci})$

=>$q = \left(150\frac{lbm}{min}\times\frac{60min}{1hr}\right)\left(1\frac{Btu}{lbm\cdot°F}\right)(140-60)°F = 720000\left(\frac{Btu}{hr}\right)$

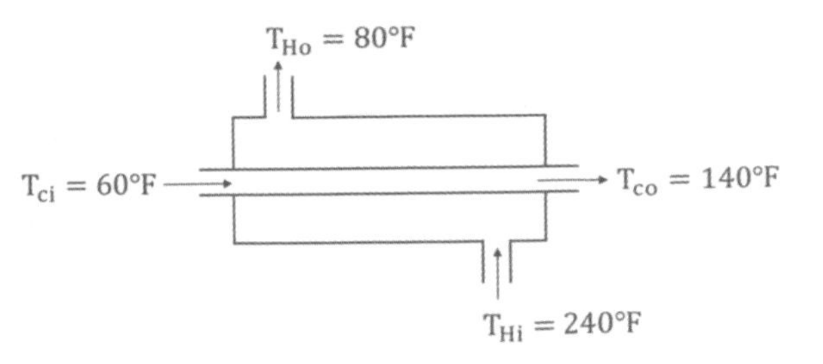

逆流:

$\Delta T_1 = T_{Hi} - T_{co} = 240 - 140 = 100(°F)$

$\Delta T_2 = T_{Ho} - T_{ci} = 80 - 60 = 20(°F)$

$\Delta T_{lm} = \frac{\Delta T_1 - \Delta T_2}{\ln\left(\frac{\Delta T_1}{\Delta T_2}\right)} = \frac{100-20}{\ln\left(\frac{100}{20}\right)} = 49.7(°F)$

逆向面積$q = U_o A_o \Delta T_{lm}$=>$720000 \frac{Btu}{hr} = \left(180 \frac{Btu}{hr \cdot ft^2 \cdot °F}\right)(A_o)(49.7°F)$

=>$A_o = 80.4(ft^2)$

(二) $720000\left(\frac{Btu}{hr}\right) = \left(120 \frac{lbm}{min} \times \frac{60min}{1hr}\right)\left(1 \frac{Btu}{lbm \cdot °F}\right)(T_{co} - 60)°F$

=>$T_{co} = 160(°F)$

代號：45760
頁次：2-1

109年公務人員普通考試試題

類　　科：化學工程
科　　目：化工機械概要
考試時間：1小時30分　　　　座號：＿＿＿＿＿＿

※注意：㈠可以使用電子計算器。
㈡不必抄題，作答時請將試題題號及答案依照順序寫在試卷上，於本試題上作答者，不予計分。
㈢本科目除專門名詞或數理公式外，應使用本國文字作答。

一、請回答下列各題：（每小題10分，共30分）
㈠當設計氣體吸收或萃取等單元操作時，以順流式取代逆流式設計之優缺點為何？
㈡結晶是溶液中溶質已達過飽和，請舉三種可使溶質達到過飽和而結晶之方法。
㈢篩選機必須具備較高篩分效度（screen effectiveness），請問篩分效度為那兩效度的乘積？

Sol: (一)請參考⟨類題 27 − 37⟩過程。(二)請參考⟨考題 32 − 25⟩過程。
(三)Screen Effectiveness 也稱爲(Overall Screen Effectiveness，E)
Screen Effectiveness 在 Oversize 下爲E_a
Screen Effectiveness 在 Undersize 下爲E_b
兩效度乘積爲=>$E = E_aE_b$

二、㈠固體減積設備常依據那5種作用力？（5分）
㈡就固體與固體物料之機械分離操作方法，可分為那四大類？（5分）

Sol: (一)請參考⟨考題 31 − 11⟩過程。
(二)篩選:利用篩網將粒徑不同的固體顆粒做分離操作。(適用粒徑範圍:數十 cm 至數十μm)
浮選:利用物料對泡沫的附著力的不同而分離的操作(即進料中表面難被潤濕的成分，會隨著氣泡浮在水面；表面易被潤濕的成分，則沉於池底)。
類析:利用不同粒徑與比重的物料，在流體中沉降速度不同的原理，將物料分離的操作(即Stoke′s law)；流體是水時，即爲水力類析，流體是氣體時，稱爲乾式類析。
磁分:利用物料感磁性不同的原理而分離的操作。

三、有一雙套管逆流熱交換器（counter-current heat exchanger）欲將熱油從380 K冷卻至350 K，此熱油的熱容為2.3 kJ/kgK且流量為3800 kg/hr；而外部為冷卻水，其進口溫度288 K，熱容為4.187 kJ/kgK且流量為1500 kg/hr。若此逆流熱交換器的總熱傳係數為U＝350 W/m²K，請問：
（每小題10分，共20分）
㈠冷卻水出口的溫度。
㈡熱傳面積為多少？

Sol: (一)能量平衡爲基準$q = \dot{m}_H C_{pH}(T_{Hi} - T_{Ho}) = \dot{m}_c C_{pc}(T_{co} - T_{ci})$

$=>\left(3800\frac{kg}{hr}\right)\left(2.3\frac{kJ}{kg\cdot k}\right)(380-350)k = \left(1500\frac{kg}{hr}\right)\left(4.187\frac{kJ}{kg\cdot ℃}\right)(T_{co}-288)k$

$=>T_{co} = 330(℃)$

$(二)q = \left(3800\frac{kg}{hr}\times\frac{1hr}{3600sec}\right)\left(2.3\frac{kJ}{kg\cdot k}\times\frac{1000J}{1kJ}\right)(380-350)k = 72833\left(\frac{J}{sec}\right)$

$\Delta T_1 = T_{Ho} - T_{ci} = 350 - 288 = 62(k)$

$\Delta T_2 = T_{Hi} - T_{co} = 380 - 330 = 50(k)$

$T_{Hi} = 380(k) \rightarrow$ $T_{Ho} = 350(k) \rightarrow$

$T_{co} = 330(k) \leftarrow$ $T_{ci} = 288(k) \leftarrow$

$\Delta T_2 = 50(k)$ $\Delta T_1 = 62(k)$

$\Delta T_{lm} = \frac{\Delta T_1 - \Delta T_2}{\ln\left(\frac{\Delta T_1}{\Delta T_2}\right)} = \frac{62-50}{\ln\left(\frac{62}{50}\right)} = 55.7(℃)$

$=>q = UA\Delta T_{lm}$ $=>72833 = (350)(A)(55.7) => A = 3.74(m^2)$

四、有一精餾塔在一大氣壓下操作，此塔進料800 kg/hr含苯與甲苯的混合液，進料中苯之質量分率為0.4。已知餾出物中苯之質量分率為0.95；餾餘物中甲苯之質量分率為0.15，且回流比為0.5，則自塔頂入冷凝器的蒸氣質量流率為多少kg/hr？（20分）

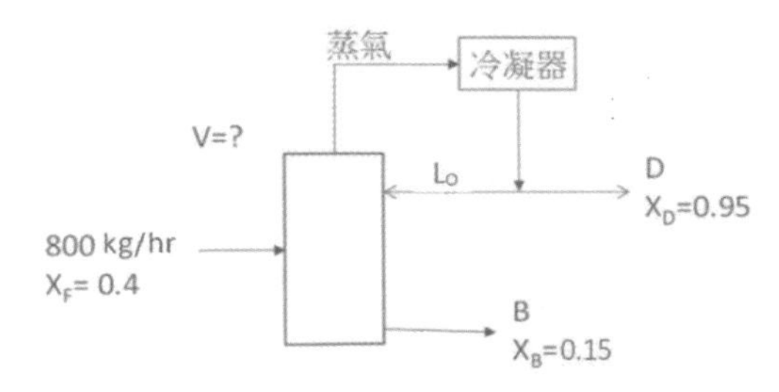

Sol: 整個蒸餾塔系統質量平衡: $F = D + B$ $=>800 = D + B$ (1)

對成份苯作質量平衡:$Fx_F = Dx_D + Bx_B$ $=>800(0.4) = 0.95D + 0.15B$ (2)

由(1)&(2)式$=>D = 250\left(\frac{kg}{hr}\right)$ $=>R(回流比) = \frac{L_0}{D}$

$=>L_0 = R \cdot D = (0.5)(250) = 125\left(\frac{kg}{hr}\right)$，又$V = L_0 + D = 125 + 250 = 375\left(\frac{kg}{hr}\right)$

五、有一幫浦將苯由貯桶送至高處，桶內壓力為0.85大氣壓，苯的溫度為38℃，在此溫度時苯的蒸氣壓為0.26大氣壓，密度為0.85 g/cm^3，若進口端管路中的摩擦損耗為0.04大氣壓，幫浦的位置高於桶內液面4公尺，試計算此幫浦的淨正吸引揚程（net positive suction head, NPSH）；若NPSH為負值會如何？（單位：1大氣壓=1.013×10^5 Pa）（20分）

Sol: (一) $(\text{NPSH})_a = \frac{g_c}{g}\left(\frac{P_a - P_V}{\rho} - F_s\right) - Z_a$

$$=>(\text{NPSH})_a = \frac{1\frac{kg.m}{N.sec^2}}{9.8\frac{m}{sec^2}}\left[\frac{(0.85-0.26-0.04)atm\times\frac{101325Pa}{1atm}}{850\frac{kg}{m^3}}\right] - 4 = -0.96(m)$$

(二)請參考〈考題 20－1〉過程。

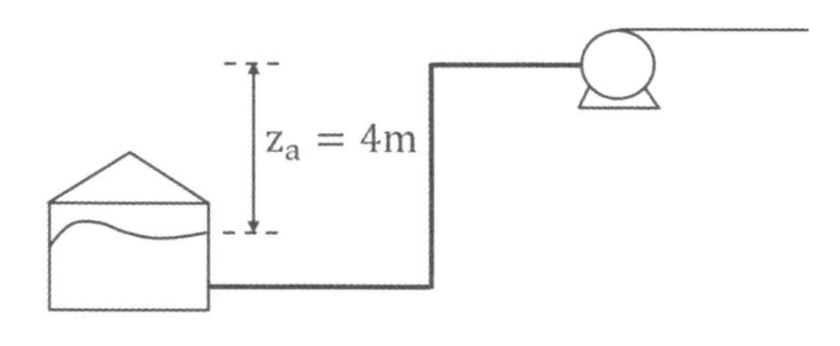

經濟部所屬事業機構 109 年新進職員甄試試題

類別：化工製程 **節次：第三節**

科目：1. 單元操作 2. 輸送現象

注意事項	
	1.本試題共 3 頁(A3 紙 1 張)。 2.可使用本甄試簡章規定之電子計算器。 3.本試題分 7 大題，每題配分於題目後標明，共 100 分。須用藍、黑色鋼筆或原子筆在答案卷指定範圍內作答，不提供額外之答案卷，作答時須詳列解答過程，於本試題或其他紙張作答者不予計分。 4.本試題採雙面印刷，請注意正、背面試題。 5.考試結束前離場者，試題須隨答案卷繳回，俟本節考試結束後，始得至原試場或適當處所索取。 6.考試時間：120 分鐘。

一、有一比重為 0.85，黏度為 1.0 poise 之液體，在一內直徑為 100 mm，長 300 m 的水平圓管內流動。如果流率為 30 m³/hr，不考慮摩擦損耗的問題，則其壓力降應為多少kg_f/m^2 (計算至整數，以下四捨五入) ($g = 9.8\,m/sec^2$；$g_c = 9.8(kg \cdot m)/(kg_f \cdot sec^2)$；$\pi = 3.1416$)？（10 分）

Sol: $\frac{P_2-P_1}{\rho}+\frac{u_2^2-u_1^2}{2g_c}+\frac{g}{g_c}(z_2-z_1)+\sum F+W_s=0$ 機械能平衡方程式

$u_2=u_1=u$　水平管　無摩擦損耗　無軸功

※此題出題有誤，題目敘述管線無摩擦損耗時則無壓降，若刪除此敘述，正確計算方式可參考〈類題18 − 10〉計算過程。

二、直徑 5 公分的蒸氣管，以 A、B 各為 1 公分的絕熱材料包覆以減少熱損失，其中 A 絕熱材料的熱傳導係數為 B 的 10 倍。假設此一複合絕熱層的內、外表面溫度固定不變，試問：（2 題，每題 5 分，共 10 分）

(一)以 B 材料為內層或外層，何者熱損失較小(已知$ln(3.5/2.5) = 0.3365$；$ln(4.5/3.5) = 0.2513$；$ln(4.5/2.5) = 0.5878$)？

(二)承(一)較好的絕熱方式相對於較差的絕熱方式，請計算共減少多少熱損失百分比（計算至小數點後第 2 位，以下四捨五入）？

Sol: 可參考〈類題8 − 4〉計算過程。

三、如【圖 1】所示觸媒表面附近氣體的擴散現象。成分 A 經由薄膜(stagnant film)擴散進入觸媒表面，在觸媒表面立即發生反應轉變成產物 R，接著 R 擴散經薄膜而離開表面。在觸媒表面的反應式依 A→3R 進行，試推導成分 A 在薄膜內的濃度分布。假設系統的溫度與壓力維持不變。(δ：薄膜層厚度；X_{A0}：A 在 δ 層之莫耳分率)（15分）

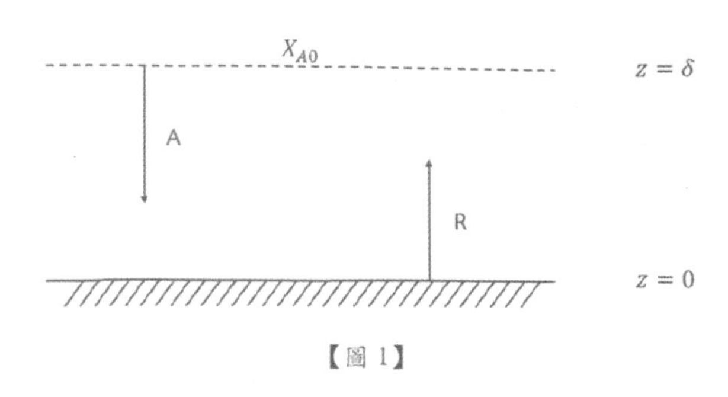

【圖 1】

Sol: Fick's 1st law =>$N_A = -CD_{AR}\frac{dx_A}{dz} + x_A(N_A+N_R)$ (1)

1mol 的 A 氣體生成 3mol 的R氣體，爲不等莫爾逆向擴散$N_R = -3N_A$代入(1)式

=>$N_A = -CD_{AR}\frac{dx_A}{dz} + x_A(N_A - 3N_A)$ =>$N_A + 2N_Ax_A = -CD_{AR}\frac{dx_A}{dz}$

=>$N_A = \frac{-CD_{AR}}{1+2x_A}\frac{dX_A}{dz}$ (2)

對成份 A 作質量平衡: $N_A \cdot A\big|_z - N_A \cdot A\big|_{z+\Delta z} = 0$ 同除以$A \cdot \Delta z$ 令$\Delta z \to 0$

=>$\frac{dN_A}{dz} = 0$ (3)代入(2)式=>$\frac{d}{dz}\left(\frac{-CD_{AR}}{1+2x_A}\frac{dx_A}{dz}\right) = 0$ =>$\frac{1}{1+2x_A}\frac{dx_A}{dz} = c_1$ ($-CD_{AR}$視爲常數)

令$u = 1 + 2x_A$ =>$du = 2dx_A$=>$dx_A = \frac{1}{2}du$=>$\frac{1}{2}\ln(1 + 2x_A) = c_1z + c_2$ (4)

B.C.1 $z = \delta$ $x_A = x_{A0}$ 代入(4)式=>$\frac{1}{2\delta}\ln(1 + 2x_{A0}) = c_1$

B.C.2 $z = 0$ $x_A = 0$ (瞬間反應) 代入(4)式=>$c_2 = 0$

c_1&c_2代回(4)式=>$\frac{1}{2}\ln(1 + 2x_A) = \frac{1}{2}\ln(1 + 2x_{A0})\left(\frac{z}{\delta}\right)$

=>$\left(\frac{z}{\delta}\right) = \frac{\ln(1+2x_A)}{\ln(1+2x_{A0})}$

四、如【圖 2】所示，常溫下水自一開口槽藉由泵浦以每分鐘 15 加侖(gpm)之流速泵入一壓力為 10 psig 之密閉槽中，密閉槽之水位比開口槽穩定高 100 呎(ft)，相對於兩水槽，輸送管線之截面積很小。泵浦之入口、出口壓力錶分別顯示 5 psig 及 80 psig。已知馬達輸入泵的功率(制動馬力)為 1 hp，試計算：(水密度 = $62.4\ lbm/ft^3$，$1\ hp = 550(1b_f)(ft)/s$，$1\ gal = 7.48\ ft^3$)（共 2 題，共 15 分）

(一)當泵入口、出口管線短，其高程差異、速度能差異及管線摩擦損失可以忽略下，求泵之效率(以百分比率表示，計算至小數點後第 1 位，以下四捨五入)？（7 分）

(二)請計算本系統每輸送1 lbm(磅)水之摩擦損失多少(單位以$ft \cdot lbf/lbm$表示，計算至小數點後第 1 位，以下四捨五入)？（8 分）

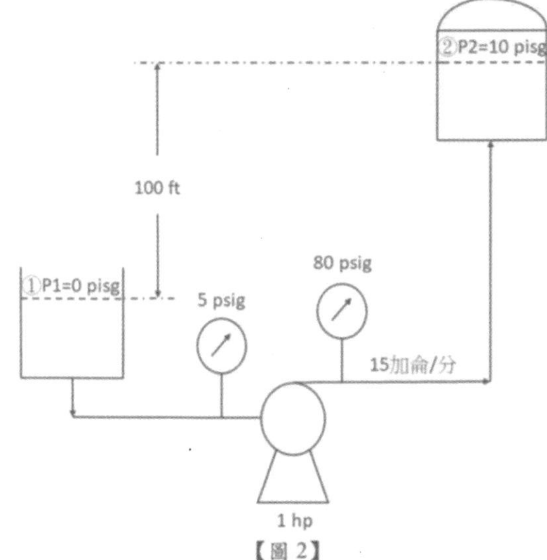

【圖 2】

Sol: $\frac{P_2-P_1}{\rho}+\frac{u_2^2-u_1^2}{2g_c}+\frac{g}{g_c}(z_2-z_1)+\sum F+W_s=0$ 對點1跟點2做機械能平衡

$u_2=u_1=u$　　無摩擦損耗

$\frac{P_2-P_1}{\rho}=\frac{(10-0)\frac{lbf}{in^2}\times\left(\frac{12in}{1ft}\right)^2}{62.4\frac{lbm}{ft^3}}=23.07\left(\frac{lbf\cdot ft}{lbm}\right)$，$\frac{g}{g_c}(z_2-z_1)=\frac{32.2\frac{ft}{sec^2}}{32.2\frac{lbm\cdot ft}{lbf\cdot sec^2}}(100-0)ft=$

$100\left(\frac{lbf\cdot ft}{lbm}\right)$

$=>23.07+100+W_s=0$ $=>(-W_s)=123.07\left(\frac{lbf\cdot ft}{lbm}\right)$

$=>W_p=\frac{(-W_s)}{\eta}=\frac{123.07}{0.7}=-349.5\left(\frac{lbf\cdot ft}{lbm}\right)$ $=>P_f=\dot{m}(-W_s)=(\dot{Q}\rho_1)(-W_s)$

$=>P_f=\left(15\frac{gal}{min}\times\frac{1min}{60sec}\times\frac{1ft^3}{7.48gal}\times62.4\frac{lbm}{ft^3}\right)\left(123.07\frac{lbf\cdot ft}{lbm}\times\frac{1HP}{550\frac{lbf\cdot ft}{sec}}\right)=0.46(HP)$

$=>\eta_p=\frac{P_f}{P_B}\times100\%=\frac{0.46}{1}\times100\%=46(\%)$

(二) $\frac{P_2-P_1}{\rho}+\frac{u_2^2-u_1^2}{2g_c}+\frac{g}{g_c}(z_2-z_1)+\sum F+W_s=0$ 對泵進出口管線做機械能平衡

$u_2 = u_1 = u$　　水平管　　無軸功

$$=>\sum F = \frac{P_2 - P_1}{\rho} = \frac{(80-5)\frac{lbf}{in^2}\times\left(\frac{12in}{1ft}\right)^2}{62.4\frac{lbm}{ft^3}} = 173.08\left(\frac{lbf\cdot ft}{lbm}\right)$$

五、有一平面火爐內襯由兩層磚塊所構成：內層為 0.7 ft 厚之耐火磚($k = 0.6\frac{Btu}{hr\cdot ft\cdot °F}$)，外層為 0.1 ft 厚之絕熱磚($k = 0.04\frac{Btu}{hr\cdot ft\cdot °F}$)。假設內外壁表面係恆溫且為均勻分布。請問：（共 2 題，共 12 分）

(一)若內壁溫度為 1800 °F，外壁溫度為 100 °F。試求該火爐單位面積之熱損失(heat loss)速率(以$\frac{Btu}{hr\cdot ft^2}$表示，計算至整數，以下四捨五入)。（4 分）

(二)承(一)：

(1)若可允許之熱損失(heat loss)速率為 300 $\frac{Btu}{hr\cdot ft^2}$，則外層絕熱磚之厚度至少應改為多少(ft)(計算至小數點後第 2 位，以下四捨五入)？（4 分）

(2)承(1)此時兩磚介面的溫度是多少(°F)(計算至整數，以下四捨五入)？（4 分）

Sol:(一)$\frac{q}{A} = \frac{T_1 - T_2}{\frac{\Delta x_1}{k_1}+\frac{\Delta x_2}{k_2}}$ $=>\frac{q}{A} = \frac{1800-100}{\frac{0.7}{0.6}+\frac{0.1}{0.04}} = \frac{1700}{1.166+2.5} = 470.13\left(\frac{Btu}{hr\cdot ft^2}\right)$

(二)(1) $300 = \frac{1800-100}{\frac{0.7}{0.6}+\frac{\Delta x_2}{0.04}}$ $=>\Delta x_2 = 0.18(ft)$

(2) $300 = \frac{1800-T}{\frac{0.7}{0.6}}$ $=> T = 1450(°F)$

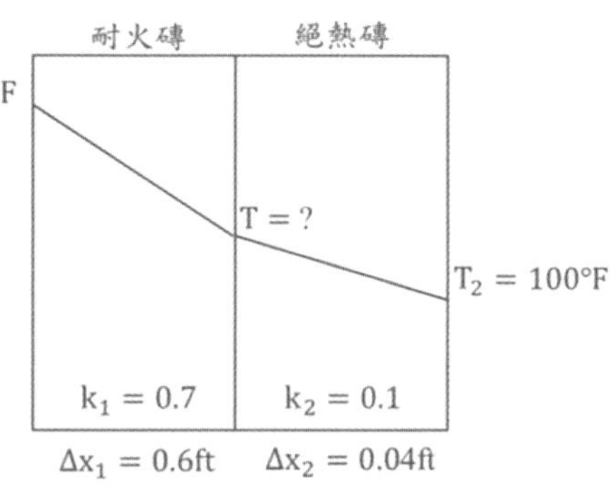

六、如【圖 3】所示，某方法工程師欲設計一銳孔流量計(Orifice flow meter)用於測量水在 15.6℃(密度 999 kg/m³，黏度 1.147 cp)，在一內直徑為 100 mm 圓管中之體積流量，預期最大流量為$50\ m^3/hr$。同【圖 3】，假設使用比重為 13.6 的水銀測量 U 型壓力計之差壓，其上方則填充水，壓力計水銀柱高讀值為 Rm，整個系統溫度維持 15.6℃。
(重力加速度$g = 9.8m/sec^2$)。請問：(2 題，每題 10 分，共 20 分)

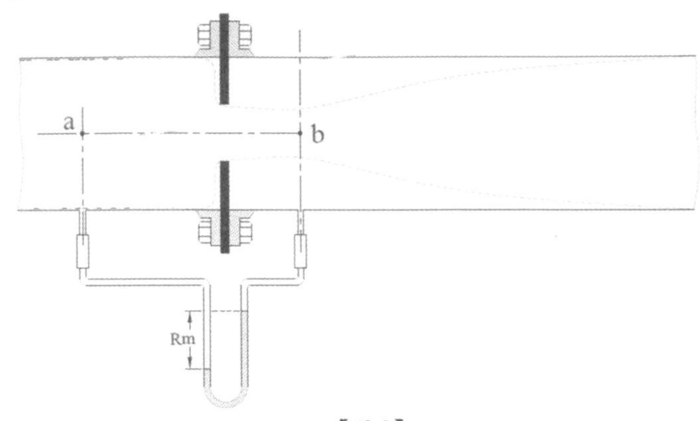

【圖 3】

(一)如要設計最大流量 50 m^3/hr 時，U 型壓力計水銀柱高讀值 Rm 是 1250 mm，此銳口流量計孔口直徑(bore size)應為多少(以 mm 表示，計算至小數點後第 1 位，以下四捨五入)？
(提示：如在孔口處之流動雷諾數(Reynolds number)大於 50,000，銳孔流量計之孔口係數C_0以常數 0.61 計算)

(二)承(一)依上述孔口尺寸(bore size)製作、安裝，實際運作後，U 型壓力計水銀柱高讀值是 50 mm(Rm)，請計算 15.6℃水流經圓管中之實際流量應為多少m^3/hr (計算至整數，以下四捨五入)？
(提示：流動雷諾數(Reynolds number)大於 50,000，銳孔流量計之孔口係數C_0以常數 0.61 計算)

Sol: (一)$u_0 = C_0\sqrt{\frac{2g_c(P_1-P_0)}{\rho[1-\beta^4]}}$ Orifice 設計方程式

$$P_1 - P_0 = (\rho_m - \rho)\frac{g}{g_c}\cdot R_m = (13600 - 999)\left(\frac{9.8}{1}\right)\left(\frac{1250}{1000}\right) = 154362.3\left(\frac{N}{m^2}\right)$$

質量平衡:$\dot{m}_0 = \dot{m}_1 \Rightarrow \rho_0 u_0 A_0 = \rho_1 u_1 A_1$ 又$\rho_0 = \rho_1 = \rho$

$\Rightarrow u_0 A_0 = u_1 A_1 \Rightarrow u_0 \frac{\pi}{4} D_0^{\ 2} = u_1 \frac{\pi}{4} D_1^{\ 2} \Rightarrow u_0 = u_1\left(\frac{D_1}{D_0}\right)^2$ (2)

又$\beta = \frac{D_0}{D_1}$ 代入(2)式 $\Rightarrow u_0 = \frac{u_1}{\left(\frac{D_0}{D_1}\right)^2} = \frac{u_1}{\beta^2}$

$$u_1 = \frac{\dot{Q}}{\frac{\pi}{4}{D_1}^2} = \frac{50\frac{m^3}{hr}\times\frac{1hr}{3600sec}}{\left[\frac{\pi}{4}\left(\frac{100}{1000}\right)^2\right]m^2} = 1.8\left(\frac{m}{sec}\right) \Rightarrow u_0 = \frac{u_1}{\beta^2} = \frac{1.8}{\beta^2}$$ 代入(1)式

$$\frac{1.8}{\beta^2} = 0.61\sqrt{\frac{2(154362.3)}{999[1-\beta^4]}} \Rightarrow \frac{(1.8)^2}{\beta^4} = \frac{114.5}{1-\beta^4} \Rightarrow 1-\beta^4 = 35.3\beta^4$$

$$\Rightarrow \beta = 0.4 \Rightarrow D_0 = \beta\cdot D_1 = 0.4\times 0.1 = 0.04(m) = 40.0(mm)$$

(二) $P_1 - P_0 = (\rho_m - \rho)\frac{g}{g_c}\cdot R_m = (13600-999)\left(\frac{9.8}{1}\right)\left(\frac{50}{1000}\right) = 6174\left(\frac{N}{m^2}\right)$

$$\Rightarrow u_0 = 0.61\sqrt{\frac{2(6174)}{999[1-(0.4)^4]}} = 2\left(\frac{m}{sec}\right)$$

$$\Rightarrow \dot{Q} = u_0A_0 = 2\times\frac{\pi}{4}(0.04)^2 = 3\times10^{-3}\left(\frac{m^3}{sec}\right) = 11\left(\frac{m^3}{hr}\right)$$

七、請簡答下列各題：（共 4 題，共 18 分）

(一)化工廠常用之鋼管(steel pipe)，依美國標準協會(American Standard Association)採用管號(schedule number)表示其厚度。管號之定義為何？（3 分）

(二)祛水器(steam trap)的功用為何？（2 分）

(三)冷卻器(cooler)和冷凝器(condenser)功能有何不同 ？（4 分）

(四)計算流力和熱傳，常需計算水力半徑(Hydroaulic radius)和相當直徑(Equivalent diameter)：

(1)何謂水力半徑，r_h？（3 分）

(2)何謂相當直徑，D_e？（3 分）

(3)有一雙套管，其內管外徑為 D_1，外套管之內徑為 D_2，試計算流體流經環隙間(annular space)時之水力半徑r_h和相當直徑D_e為何？（3 分）

Sol: (一)管號(Sche.no):指耐壓強度的指標。$\text{Sche. no} = \frac{P}{S}\times 1000$

P 管内使用壓力(Pa、kg/cm^2、psi)，S 材料容許強度(Pa、kg/cm^2、psi)

※常用管號爲 40 號標準管，80 號爲加強管(或加厚管)，管號越大者，管壁越厚，越耐壓。

(二)請參考第二十二章熱傳遞與應用(蒸發器)内容。

(三)請參考〈類題 24 − 1〉。

(四)請參考第十八章流體力學(摩擦因子在層流與亂流的經驗圖表)内容(一)定義與〈類題 18 − 2〉。

國家圖書館出版品預行編目資料

單元操作與輸送現象完全解析／林育生著. —
三版. --臺中市：白象文化事業有限公司，2021. 10
面； 公分
ISBN 978-626-7018-45-3（平裝）
1. 化學工程 2. 單元操作
460. 21 110012803

單元操作與輸送現象完全解析

作　　者　林育生
校　　對　林育生
發 行 人　張輝潭
出版發行　白象文化事業有限公司
412台中市大里區科技路1號8樓之2（台中軟體園區）
出版專線：（04）2496-5995　傳真：（04）2496-9901
401台中市東區和平街228巷44號（經銷部）
購書專線：（04）2220-8589　傳真：（04）2220-8505
專案主編　林榮威
出版編印　林榮威、陳逸儒、黃麗穎、水邊、陳媁婷、李婕
設計創意　張禮南、何佳諠
經銷推廣　李莉吟、莊博亞、劉育姍、李如玉
經紀企劃　張輝潭、徐錦淳、廖書湘、黃姿虹
營運管理　林金郎、曾千熏
印　　刷　基盛印刷工場
三版一刷　2021 年 10 月
定　　價　1000 元